physikalischen und chemischen Methoden

der

quantitativen Bestimmung organischer Verbindungen.

Von

Dr. Wilhelm Vaubel,

Privatdocent an der techn. Hochschule zu Darmstadt.

I. Band.

Die physikalischen Methoden.

Mit 74 in den Text gedruckten Figuren.

Berlin.

Verlag von Julius Springer.

1902.

ISBN-13:978-3-642-90490-5 e-ISBN-13:978-3-642-92347-0
DOI: 10.1007/978-3-642-92347-0

Softcover reprint of the hardcover 1st edition 1902

Vorrede.

Das vorliegende Werk ist aus der Nothwendigkeit entstanden, dem Mangel an einer umfassenden Bearbeitung der Methodik der quantitativen Analyse der organischen Verbindungen, den der Verfasser bei seiner Thätigkeit in Technik und Wissenschaft empfunden hat, und der allseitig anerkannt wird, abzuhelfen. Einige der nachstehend abgehandelten Methoden sind bereits in werthvollen Monographien ausführlich bearbeitet worden. Ich erinnere nur an E. Landolt, „Das optische Drehungsvermögen organischer Substanzen“ u. s. w., an die „Kolorimetrie und quantitative Spektralanalyse“ von G. und H. Krüss. Weiterhin sei noch des von Kohlrausch und Holborn herausgegebenen Buches „Das Leitvermögen der Elektrolyte insbesondere der Lösungen“ sowie des von H. Meyer über „Die Bestimmung der organischen Atomgruppen“ gedacht.

Trotz dieser einzelnen Bearbeitungen besonders wichtiger Kapitel der Methodik der quantitativen Analyse organischer Verbindungen habe ich es aus mehreren Gründen für vortheilhaft gehalten, auch in dem vorliegenden Werke dieselben in entsprechender Weise zu berücksichtigen. Da den Studirenden meist derartige Monographien während ihrer Studienzeit unbekannt bleiben, wenn nicht gerade an der betreffenden Hochschule, an der sie studiren, das eine oder andere Gebiet speciell ausführlich behandelt wird, und da die Kenntniss aller Methoden auch im Interesse der auf einen allgemeinen Ueberblick gerichteten Ausbildung nothwendig erscheint, so habe ich auch diese Kapitel eingehend abgehandelt.

Eine derartige Zusammenstellung der Methoden bietet auch den Vortheil, dass die eine oder andere derselben, die aus der Mode gekommen ist, wieder entsprechend an's Licht gerückt wird, und auch bei den Methoden, die eine grössere Beachtung verdienen, aber eine weitergehende Anwendung noch nicht gefunden haben, wird dadurch dieselbe erleichtert. Das Material ist möglichst vollständig zusammengetragen. Meine Thätigkeit in der Praxis einmal als Analytiker einer grösseren Anilinfarbenfabrik, dann als Betriebsführer und Betriebsleiter in Anilinfarbenfabrik und Fabrik chemischer Präparate sowie mehrjähriges Arbeiten in einem medicinischen Laboratorium haben es mir ermöglicht, die technischen Methoden sowohl als die physiologisch-chemischen eingehend kennen zu lernen, nachdem ich bereits als langjähriger Assistent an chemischen Universitäts- und Hochschullaboratorien durch Unterricht und Vortrag mich mit dieser Materie ausführlich beschäftigt hatte. Wenn ich trotzdem glaube, nicht den gesammten Stoff, der sich im Laufe der Jahre angesammelt hat, berücksichtigt zu haben, so liegt das einmal an der Möglichkeit des Uebersehens, was bei der Fülle des Materials verzeihlich erscheinen dürfte, dann aber auch mitunter an der Unzugänglichkeit der verschiedenen Literaturstellen.

Das vorliegende Werk soll dem Studirenden einen Ueberblick ermöglichen und dem in Wissenschaft oder Technik thätigen Chemiker als Unterrichtsmittel oder Nachschlagebuch dienen. Wenn es dazu beiträgt, die Kenntniss der analytischen Methoden zu verbreiten und überhaupt dem Mangel einer eingehenden analytischen Durchbildung, die so unbedingt nothwendig für den technischen Chemiker ist, und an der es leider vielfach fehlt, in etwas abhilft, so glaubt der Verfasser damit dem Stande der Chemiker sowie auch der Industrie in gleicher Weise genützt zu haben.

Aber auch dem Mediciner und besonders dem in physiologischen oder klinischen Laboratorien beschäftigten dürfte ein Werk willkommen sein, welches ihm gestattet, in eingehender Weise sich mit dem, was durch die einzelnen Methoden erreichbar ist, und vor allem mit den vorhandenen Fehlerquellen sowie auch mit der theoretischen Seite bekannt zu machen. Da es dem Mediciner meist nicht möglich ist, sich mit allen Einzelheiten so ausführlich zu beschäftigen, dass er sich über den grösseren oder geringeren Werth einer Methode Rechenschaft abzulegen vermag, und er dadurch leicht zu ganz falschen Anschauungen gelangt, da ihm ausserdem vielfach die tiefere theoretische Kenntniss der Vorgänge sei es auf organischem oder anorganischem, sei es auf physikalischem oder gar physikalisch-chemischem Gebiete mangelt, so dürfte ihm die durch das vorliegende Werk gebotene Vertiefung seiner Anschauung von wesentlichem Nutzen sein. Verfasser dieses Werkes, dem es durchaus ferne liegt, dem Stande der Mediciner aus dem betreffenden Mangel einen Vorwurf zu machen, hat vielfach Gelegenheit gehabt, in persönlichem Verkehr wie auch häufig durch die Publikationen von Medicinern, zu beobachten, wie ausserordentlich weitgehend die Unkenntniss der diesbezüglichen Thatsachen ist. Selbstverständlich gibt es auch hier in diesem Stande Forscher, die durch ihre eminente Begabung sowie die Gunst der Umstände in der Lage waren, ihre Kenntnisse zu einer sogar für den Chemiker bewundernswerthen Höhe zu entwickeln, und denen entsprechende Erfolge zur Seite stehen. Aber diese Männer verschliessen sich dann auch nicht der Nothwendigkeit einer tiefer gehenden Bildung des Gros der Mediciner in der chemischen Wissenschaft, und ich glaube mit Recht annehmen zu dürfen, dass dieselben das vorliegende Werk, das ihnen ihre Aufgabe erleichtert, einer freundlichen Aufnahme würdigen.

Sollten diese, meine Erwartungen in bescheidenem Masse erfüllt werden, so darf ich das als schönsten Erfolg meiner Arbeit betrachten.

Darmstadt, Oktober 1901.

Wilhelm Vaubel.

Inhaltsverzeichniss des I. Bandes.

Einleitung.

Der Eintheilung des Stoffes in physikalische und chemische Methoden liegen lediglich praktische Erwägungen zu Grunde. Eine durchgehende Trennung lässt sich nicht ermöglichen ebensowenig wie eine Trennung der chemischen Wissenschaft von der physikalischen. Da nun in diesem Falle der Titel physikalisch-chemische Methoden leicht missgedeutet werden konnte, wurde vorgezogen eine Theilung des Stoffes in dem Sinne erfolgen zu lassen, dass die Methoden, bei denen es überwiegend auf eine physikalische Erscheinung ankommt, im ersten Theile, und solche, bei denen die chemischen Reaktionen in den Vordergrund treten, im zweiten Theile besprochen werden.

Einige Beispiele werden zeigen, in welcher Weise hier verfahren wurde. Bei der Methode der Probefärbung kann je nach Umständen die Bindung des Farbstoffs durch die Faser eine rein physikalische oder eine chemische Wirkung oder beider zugleich sein. Der Endeffekt ist jedoch, da hierbei nur die Farbnuance und ihre Reinheit sowie die Ausgiebigkeit des betreffenden Farbstoffes in Frage kommt, eine physikalische Erscheinung, die Farbe. Demgemäss ist dieses Kapitel im ersten Theile unter den physikalischen Methoden abgehandelt worden.

Dasselbe gilt von der Methode der Bestimmung der Verbrennungswärme oder derjenigen der Bestimmung der Reaktionswärme. Obschon die Verbrennung eines Körpers ein rein chemischer Vorgang ist, bei dem allerdings physikalische Vorgänge wie Licht- und Wärmeentwicklung nebenhergehen, so ist doch die Erscheinung, nach deren grösserem oder geringerem Betrag man urtheilt, ein physikalischer Vorgang, nämlich die durch die Verbrennung der Substanz bewirkte Temperaturerhöhung und die hierbei also freiwerdende Wärmemenge. Das Gleiche gilt von der Bestimmung der Reaktionswärme.

Noch zwei andere Kapitel beweisen, wie schwierig, ja unmöglich eine vollständige Trennung der physikalischen oder chemischen Erscheinungen ist. Die Lösung eines Körpers in einer Flüssigkeit kann eine rein physikalische oder aber eine physikalisch-chemische Erscheinung sein in gleicher Weise wie das Anfärben einer Gespinnstfaser. Ebenso kann das Ausfällen eines Körpers aus einer Lösung durch Zusatz eines anderen auf einem rein physikalischen oder aber einem physikalisch-chemischen Process beruhen, letzteres kann selbst dann eintreten, wenn keine Vereinigung zwischen gelöstem Körper und Fällungsmittel eintritt.

Und wenn wir gar erst annehmen, dass jede Umlagerung innerhalb eines Moleküls, jede Trennung und Zerlegung grösserer Komplexe in kleinere Bestandtheile, die gleichartig sein können wie bei der häufig vorkommenden Spaltung des Flüssigkeitsmoleküls in einzelne Dampfmoleküle, oder die ungleichartig sein können wie bei der elektrolytischen Dissociation, — wenn wir erst alle diese Vorgänge, die eine Veränderung im Aufbau der Molekel bedingen, als rein chemische betrachten, so dürfte es überhaupt unmöglich sein, physikalische Vorgänge von den chemischen zu trennen. Denn selbst wenn wir nur die Vorgänge als rein physikalische betrachten wollten, bei denen nach erfolgter Einwirkung sagen wir einmal des Tageslichtes oder des polarisirten Lichtes wieder ein Uebergang in die Ruheform bezw. die bei der gewöhnlichen Temperatur doch nur in gewisser Beziehung so zu benennende Pseudo-Ruheform möglich ist, wo ist da die Grenze? — Die Belichtung durch das Tageslicht bewirkt das Auftreten der Farbe, sie führt aber auch vielfach zu einer mitunter erst nach Jahren erkennbaren Zersetzung. Das Schmelzen eines Körpers bedingt eine Veränderung der Lagerung der kleinsten Theilchen. Bei Erniedrigung der Temperatur findet wieder ein Uebergang in die ursprüngliche Lage bei den meisten Körpern statt. Wir wissen jedoch, dass häufig hierbei auch eine Veränderung der Lagerung eintreten kann, die sich durch die Verschiedenheit des neuen Schmelzpunktes kund thut. Diese so entstehende Lagerung ist vielfach nur eine labile, nach einiger Zeit geht die labile Konfiguration in die stabile über. Bei anderen aber bleibt sie längere Zeit. Ist diese Veränderung im Aufbau nun als physikalische oder chemische Erscheinung zu deuten?

Soviel ist jedenfalls sicher, wie wir auch die rein physikalischen oder chemischen Erscheinungen definiren mögen, es werden tausenderlei Uebergänge zu finden sein. In derselben Weise wie es keine absolut durchgreifenden Unterschiede zwischen Thier und Pflanze giebt, so lässt sich auch die Physik nicht von der Chemie trennen. Es ist nur eine Wissenschaft, die lediglich aus Zweckmässigkeitsgründen eine Theilung erfahren hat, aus dem Mangel, der durch die Grenzen unseres Auffassungsvermögen bedingt ist. Dieses innigen Zusammenhangs von Physik und Chemie müssen sich die Jünger der einzelnen Zweige der Wissenschaft bewusst bleiben und nach Moltke's taktischem Grundsatze, der auch hier durchaus seine Giltigkeit behält, verfahren: Getrennt marschiren und vereint schlagen. Vergisst man diese Zusammengehörigkeit nicht, so kann es auch nicht vorkommen, dass man seine eigene Arbeit überschätzt, die eines anderen aber unterschätzt, weil derselbe die Dinge von einer anderen Seite sieht. Extreme schaden hier wie dort und fördern die Sache nicht. Ihrer Aufgabe entsprechend soll hier die junge Wissenschaft, die physikalische Chemie, vermittelnd eintreten. Vermitteln kann aber nur der, der das Zutrauen beider Parteien geniesst, und dieses durch einseitige Auffassung nicht zu verscherzen, muss der oberste Grundsatz derjenigen sein, welche sich dazu berufen fühlen, nach Charakter wie auch Kenntnissen und Begabung, der vermittelnden Richtung der physikalischen Chemie zu dienen.

Die Anordnung des Stoffes ergiebt sich aus dem Inhaltsverzeichniss. Selbstverständlich wurden verwandte Methoden möglichst nebeneinander oder in direkter Folge abgehandelt. Eine weitere Trennung der einzelnen Methoden in Unterabtheilungen wäre wohl möglich gewesen; sie ist aber im Interesse der Uebersichtlichkeit nicht ausgeführt worden. Daher kommt es, dass einige der hier abgehandelten Methoden umfangreicher sind, als andere.

Um ein möglichst leichtes Nachlesen der ausführlicheren Originalarbeiten zu gestatten, sind überall da, wo es irgendwie nothwendig erschien, die Litteraturstellen angeführt. Auch da, wo ich in die Nothwendigkeit versetzt war, mich an das eine oder andere bewährte Vorbild anzulehnen, habe ich dies immer unter der Angabe der betreffenden Litteraturstelle gethan. Ich wollte nicht verfehlen, dies ausdrücklich zu betonen.

Meine Arbeit bestand nicht nur in dem Sammeln des Stoffes, sondern auch in dem Durcharbeiten des theoretischen wie auch des der Praxis entnommenen Materials sowie in der kritischen Sichtung desselben. Da meine eigenen Arbeiten in die meisten der nachstehend abgehandelten Methoden eingreifen, so habe ich nicht gezögert, dieselben in entsprechender Weise zu verwerthen. Auch überall da, wo meine eigenen Erfahrungen vorliegen, habe ich dieselben erwähnt, ohne jedoch diese als von mir beobachtet zu kennzeichnen.

Methode der Bestimmung des Schmelz- und Erstarrungspunktes.

Die Methode der Bestimmung des Schmelz- und Erstarrungspunktes, welche sich mit identischen Zuständen, die aber in entgegengesetzter Richtung verlaufen, beschäftigt, wird einmal dazu benutzt, die Identität und Reinheit einer Substanz zu bestimmen, dann aber auch, um eventuell in Gemischen den Grad der Verunreinigung festzustellen. Die Verwendbarkeit in letzterer Hinsicht ist eine beschränkte. Man kann deshalb nur in gewissen Fällen behaupten, dass die Ermittlung des Schmelz- und Erstarrungpunktes die Quantität der vorhandenen Substanz erkennen lässt. Mit viel grösserem Rechte lässt sich dies jedoch sagen bei der Ermittlung des Schmelzpunktes zum Nachweise der absoluten Reinheit des betreffenden Körpers. Hierbei dient diese Methode also als Hilfsmittel zur Feststellung, dass thatsächlich ein ca. 100 % des betreffenden Stoffes enthaltender Körper vorliegt.

Aus diesem Grunde besonders habe ich die Bestimmung des Schmelz- oder Erstarrungspunktes in gleicher Weise wie die des Siedepunktes oder der Löslichkeit als Methode der quantitativen Analyse ansehen zu müssen geglaubt.

Die Eintheilung des Stoffes ist folgende:

1. Schmelzpunkt und Konstitution.
2. Auftreten verschiedener Schmelz- und Erstarrungspunkte.
3. Schmelzpunkt und Erstarrungspunkt bei Gemischen.
4. Schmelzpunktserhöhung durch Druck.
5. Thermometer.
6. Methoden der Schmelzpunktbestimmung.
7. Bestimmung bei Fetten.
8. Bestimmung bei schmalzartigen Fetten.

1. Schmelzpunkt und Konstitution.

Hinsichtlich der Beziehungen, welche zwischen den Schmelzpunkten und der Zusammensetzung bezw. Konstitution der organischen Verbindungen bestehen, haben sich einige Gesetzmässigkeiten gezeigt, welche, wenn auch nicht streng giltig, doch wenigstens einigermassen gestatten, einen Ueberblick über diese Verhältnisse zu gewinnen.

Es sind folgende Regeln, welche sich aus der Betrachtung dieser Beziehungen ergeben haben und die in ausführlicher Weise von W. Marckwald in Graham-Otto's Lehrbuch Bd. I, Abth. 3 behandelt sind. Von dem dort mitgetheilten Stoff sei das Folgende erwähnt:

a) „Von zwei isomeren Verbindungen schmilzt diejenige höher, deren Molekül die symmetrischere Struktur besitzt".

Aethylenverbindungen schmelzen z. B. höher als die entsprechenden Aethylidenverbindungen. p-Verbindungen schmelzen höher als m und o-Verbindungen. Ausnahmen hiervon bilden die Nitromandelsäuren, von denen die o-Verbindung am höchsten (140^0) schmilzt, während das p-Derivat einen Schmelzpunkt von 126^0 und die m-Verbindung von 120^0 hat. Ebenso ist es bei den Sulfamiden der Benzolreihe. Bei dreifacher Substitution in Benzolderivaten hat ebenfalls die Verbindung mit den Substituenten in 1 . 3 . 5 meist den höheren Schmelzpunkt.

Bei den Naphthalinderivaten vermindert der Eintritt eines Substituenten in die β-Stellung die Schmelzbarkeit in höherem Grade als dies bei der Substitution der α-Stellung der Fall ist. Ausnahmen von dieser Regel scheinen nur die Acetnaphthalide zu bilden, von denen die α-Verbindung bei 159^0, die β-Verbindung bei 132^0 schmilzt.

Weitere Ausnahmen von dieser Regel bilden noch die Dimethylharnstoffe, von denen der symmetrische $CO(NHCH_3)_2$ bei 99,5—102,5^0 schmilzt, der unsymmetrische $CONH_2.N(CH_3)_2$ aber bei 180^0.

b) „Die Schmelzbarkeit ist um so geringer, je verzweigter die Kohlenstoffkette ist".

Diese Regel gilt fast für alle einfacher zusammengesetzten Kohlenstoffverbindungen der Methanreihe, speciell aber für die Brenzweinsäuren, für welche sie von Markownikoff[1]) aufgestellt worden ist.

Ausnahmen hiervon sind die Buttersäuren und die Hexansäuren, dagegen zeigen die Amide das regelrechte Verhältniss.

Bei den racemischen Verbindungen sind bisher wenig einfache Beziehungen aufgefunden worden.

Für die stereoisomeren Verbindungen vom Typus der Maleïnsäure und Fumarsäure gilt die Regel, dass die stabile Modifikation höher schmilzt als die labile. Diese Gesetzmässigkeit gilt nicht für die Stickstoffverbindungen.

---

1) Markownikoff, Liebig's Ann. **182**, 340.

c) „Die Schmelzpunkte homologer Reihen steigen mit wachsendem Molekulargewicht. Vergleicht man die geraden Glieder einer Reihe unter sich und die ungeraden für sich, so zeigt sich in jeder der beiden so gebildeten Reihen ein ununterbrochenes Steigen des Schmelzpunktes mit wachsendem Molekulargewicht und zwar so, dass der Grad dieser Steigerung zwischen je zwei aufeinanderfolgenden Gliedern derselben Reihe fortgesetzt abnimmt.“

Diese Gesetzmässigkeiten, auf welche zuerst A. v. Baeyer[1]) aufmerksam machte, zeigen sich meist erst vom fünften oder sechsten Gliede, nachdem die Schmelzbarkeit ihr Maximum überschritten hat. Ein unregelmässiges Verhalten zeigen die Fettsäureamide.

d) „Gesättigte Verbindungen schmelzen gewöhnlich niedriger als die entsprechenden ungesättigten Methylenverbindungen.“

Ausnahmen hiervon zeigen sich bei Eläidinsäure und Stearinsäure sowie einigen ihrer Derivate, Brassidin- und Behensäure, ausserdem bei Dibromäthan, $CH_2Br . CH_2Br$, und Dibromäthylen, $CHBr : CHBr$, sowie den entsprechenden Jodverbindungen.

Die Unterschiede der Schmelzpunkte zwischen Aethylen- und Acetylenverbindungen lassen diese Regelmässigkeit nicht in dem Maasse erkennen.

e) „Ersetzt man ein Wasserstoffatom einer Verbindung durch ein Halogenatom, so erhöht sich der Schmelzpunkt, wenn die symmetrische Struktur des Moleküls nicht gestört wird, und zwar schmilzt in der Regel die Chlorverbindung niedriger als die Bromverbindung und diese niedriger als die Jodverbindung.“

Wie alle diese Regeln, so zeigt auch vorstehende einige Ausnahmen; eine besonders frappante findet sich z. B. bei dem halogensubstituirten Anilin.

p-Chloranilin schmilzt bei 30^0
p-Bromanilin schmilzt bei 66,4^0
p-Jodanilin schmilzt bei 60^0.

Ausserdem ist die Regel, dass der Ersatz eines Wasserstoffatoms durch Halogen den Schmelzpunkt erhöht, nur dann allgemein giltig, wenn das Kohlenstoffatom, an welchem die Substitution erfolgt, noch nicht mit Halogen verbunden ist. Im anderen Falle tritt häufig das entgegengesetzte Verhalten ein.

---

[1]) A. v. Baeyer, Ber. **10**, 1286, vergl. auch die nicht streng giltigen Formeln zur Berechnung des Schmelzpunktes dieser homologen Verbindungen von Mills, Philos. Mag. (5) **17**, 175; W. Solonina, Journ. Russ. Phys. Ch. Ges. (7) **30**, 819, 1898, G. Cohn, Journ. pr. Ch. **50**, 38, 1894.

f) „Der Eintritt einer Hydroxylgruppe an Stelle eines Wasserstoffatoms erhöht in der Regel den Schmelzpunkt, ebenso auch der Ersatz von Wasserstoff durch die Amidogruppe[1]) und auch die Nitrogruppe."

g) „Der Schmelzpunkt steigt, wenn zwei an ein Kohlenstoffatom gekettete Wasserstoffatome durch Sauerstoff ersetzt werden, ebenso wenn drei an ein Kohlenstoffatom gekettete Wasserstoffatome durch Stickstoff ersetzt werden[1])".

h) „Der Schmelzpunkt sinkt bei Ersatz eines Wasserstoffatoms der Hydroxyl- oder Amidogruppe durch Methyl."

i) „Die Karboxylgruppe erhöht den Schmelzpunkt. Noch höher schmelzen meist die Amide; dagegen schmelzen die Ester entsprechend der Regel (h) niedriger."

k) „Die Schmelzpunkte steigen von den Nitrokörpern zu den Azokörpern und nehmen bis zu den Amidokörpern wieder ab[2])."

2. Auftreten verschiedener Schmelz- bezw. Erstarrungspunkte.

Sehr häufig tritt die Erscheinung auf, dass eine Substanz infolge der Möglichkeit in zwei oder mehr verschiedenen physikalisch isomeren oder chemisch isomeren Formen zu existiren auch verschiedene Schmelz- oder Erstarrungspunkte hat, je nachdem die eine oder andere Modifikation vorliegt. Hierbei handelt es sich alsdann nur entweder um Erscheinungen, bei denen trotz der möglichen Umwandlung durch Temperaturerhöhung, die labile Modifikation durch Umlösen u. dergl. wieder erhalten werden kann, oder aber um solche, bei denen die einmal bewirkte Umlagerung also speciell bei chemisch isomeren Formen nicht mehr rückgängig gemacht werden kann.

Die gegenseitige Umwandlungsfähigkeit der beiden Formen, der labilen in die stabile durch Temperaturerhöhung, der stabilen in die labile durch Umlösen oder sonstige Manipulation tritt bei physikalisch isomeren Modifikationen auf.

O. Lehmann[3]) beschreibt diese Art der Isomerie in folgender Weise:

„Kann eine Lösung in zwei verschiedenen Modifikationen erstarren, so ist anzunehmen, dass der Schmelzfluss in der Höhe der Erstarrungstemperatur nicht reine flüssige Modifikation sei, sondern eine Mischung der Lösungen beider Modifikationen in ihr derart, dass bei dem höheren

1) A. P. N. Franchimont, Rec. trav. chim. Pays-Bas **16**, 126, 1897.

2) G. Schultz, Liebig's Ann. **207**, 362.

3) O. Lehmann, Molekularphysik, Leipzig, 1888.

Erstarrungspunkte die Mischung gerade gesättigt ist in Bezug auf die stabile Modifikation und untersättigt in Bezug auf die labile, während sie beim Erstarrungspunkte gesättigt ist in Bezug auf die labile und übersättigt hinsichtlich der stabilen."

„Leider liegen bis jetzt keine Beobachtungen über die physikalischen Eigenschaften solcher Schmelzflüsse vor, aus welchen man Schlüsse über die Wahrscheinlichkeit dieser Hypothese ziehen könnte. Eine einzige Beobachtung, die bei Dichlorhydrochinondikarbonsäureäther $(HO)_2C_6Cl_2(CO_2C_2H_5)_2$, von Hantzsch und Zeckendorf[1]) gemacht wurde, könnte vielleicht hier Erwähnung finden. Diese Substanz zeigt eine stabile farblose und eine labile grüne Modifikation. Der Schmelzfluss ist blassgrün, als ob er eine Lösung der grünen Modifikation wäre, die auch bei rascher Kühlung auskrystallisirt."

„Labile Modifikationen entstehen immer nur aus Schmelzflüssen, die unter den höheren Erstarrungspunkt abgekühlt, „überkühlt", sind, was am einfachsten dadurch geschieht, dass man das betreffende Präparat zuerst stark erhitzt und dann möglichst rasch abkühlt. Nur dadurch, dass man annimmt, in dem Schmelzflusse finde eine chemische Umsetzung statt, durch welche die Krystallisation der einen oder anderen Modifikation bedingt wird, wird diese Thatsache überhaupt verständlich."

Erhitzt man ein Präparat, welches nebeneinander labile und stabile Modifikation enthält, so schmilzt erstere stets früher und die stabile wächst in dem entstehenden Schmelzfluss weiter.

Lehmann führt alsdann folgende Beispiele auf, welche noch soweit als möglich von mir ergänzt wurden:

Benzophenon, $C_6H_5COC_6H_5$. Von diesem Körper hat Th. Zincke[2]) zwei verschiedene Modifikationen aufgefunden. Die labile Modifikation krystallisirt anscheinend im monoklinen System und schmilzt bei 26—26,5^0; die stabile Modifikation dagegen schmilzt bei 48—49^0 und krystallisirt rhombisch.

Stearin, $C_3H_5(C_{18}H_{35}O_2)_3$. Bereits Duffy (1854) entdeckte, dass dasselbe in zwei Modifikationen existire. Nach den Untersuchungen von Heintz (1854) erstarrt das Stearin, bis über 71,6^0 erhitzt und dann rasch abgekühlt, in einer bei 55^0 schmelzenden Modifikation. Wird es dagegen längere Zeit auf einer Temperatur von 56—70^0 gehalten, so erstarrt es zu einer bei 71,6^0 schmelzenden Modifikation. Nach Untersuchungen von Kopp (1855) geht bei 50^0 die erste Modifikation unter Kontraktion um 2,25^0/o in die zweite über.

Hierher dürfte auch gehören das Verhalten folgender Fettkörper:

---

[1]) Hantzsch und Zeckendorf, Ber. **20**, 1312, 1887.

[2]) Th. Zincke, Liebig's Ann. **159**, 372; R. Meyer, Ber. **22**, 550, 1889, Tanatar, Journ. Russ. Ch. Ges. **24**, 621, 1893.

Oleodistearin, das gemischte Glycerid aus 1 Mol. Oelsäure und 2 Mol. Stearinsäure, zeigt folgende Schmelzpunkte vor und nach dem Erstarren [1][2])

	Schmelzpunkt der krystallisirten Substanz	Schmelzpunkt der vorher geschmolzenen Substanz
Aus Eisessig	45—46 ⁰	39—40 ⁰
Aus absol. Alkohol . .	44,5—45,5 ⁰	38,5—39,5 ⁰

Krystallisirt man die geschmolzene Substanz aus Alkohol-Aether um, so zeigen die Krystalle wieder den Schmelzpunkt 45—46 ⁰.

Chlorjod-Oleostearin[2]) schmilzt als krystallisirte Substanz bei 44,5—45,5 ⁰; vorher geschmolzen und wieder erstarrt zeigt es den Schmelzpunkt 41,5—42,5 ⁰.

Elaïdo-Stearin[2]) zeigt diese Unterschiede nicht. Schmelzpunkt 61 ⁰.

Chlorjod-Elaïdo-Stearin[2]) verhält sich ebenso; es schmilzt bei 57—58 ⁰.

E. J. Bevan[3]) fand bei der fraktionirten Krystallisation von reinem Talg aus Aether einen Körper, welcher, frisch in die Kapillare gefüllt, bei 43 ⁰ C. schmolz, während derselbe Körper bei eintägigem Liegenlassen der Kapillare den Schmelzpunkt 61,5 ⁰ C. zeigte. Der bei 43 ⁰ gerade fest gewordene Körper schmolz beim nunmehrigen Erwärmen bei 47 ⁰ zu einer klaren Flüssigkeit, wurde dann aber wieder fest bei ungefähr 53 ⁰ C., um bei 62 ⁰ C. wieder zu schmelzen.

$\alpha\beta$. Bibrompropionsäure, $CH_2BrCHBrCOOH$. Dieser Körper wurde von Tollens und Münder[4]) (1871) in zwei verschiedenen Modifikationen erhalten. Später beobachtete Tollens (1875) eine direkte Umwandlung. Die eine bei 64 ⁰ schmelzende stabile Modifikation krystallisirt nach v. Zepharovich[5]) monosymmetrisch, tafelartig, die andere bei 51 ⁰ schmelzende ebenfalls monosymmetrisch mit anderem Axenverhältniss in prismatischer Ausbildung.

Monochloressigsäure, $CH_2ClCOOH$. Nach den Beobachtungen von Tollens (1884) schmelzen schöne Krystalle bei 62 bis 62,5 ⁰. Der erstarrte Schmelzfluss zeigt dann einen niedrigeren Schmelzpunkt bei 52—52,5 ⁰. Wird aber in die Masse ein Krystallsplitterchen hineingebracht, so tritt eine Umwandlung ein, und der Schmelzpunkt wird wieder der frühere.

---

1) R. Heise, Arb. aus Kais. Ges. **1896**, 540.

2) R. Henriques u. H. Künne, Ber. **32**, 387, 1899: vgl. auch W. Lenz, Zeitschr. analyt. Ch. **23**, 568, 1884.

3) E. J. Bevan, The Analyst **18**, 286.

4) Tollens und Münder, Liebig's Ann. **167**, 222; Linnemann und Paul, Ber. **8**, 1097, 1875.

5) v. Zepharovich, Jahresber. **1878**, 693; Haushofer, ibid. **1881**, 687.

α-Triphenylcyanidin, $N(C_6H_5):C(NHC_6H_5)_2$. Der stark erhitzte und rasch abgekühlte Schmelzfluss erstarrt amorph. Wird derselbe einige Zeit der Ruhe überlassen und von neuem erwärmt, so erfolgt Krystallisation und zwar treten zweierlei Sphärokrystalle auf. Im polarisirten Lichte zwischen gekreuzten Nicols zeigen beide Arten das bekannte schwarze Kreuz, indes verschiedene Interferenzfarben und zwar unter den speciellen Versuchsumständen die grobstrahlige grüne, die feinstrahlige rothe. Wird nun nach dem Erstarren des Schmelzflusses etwas erwärmt, so sieht man deutlich die rothen Scheiben wachsen und allmälig die grüne Masse aufzehren. Wird plötzlich stark erhitzt, so dass Schmelzen erfolgen muss, so verschwindet die grüne Masse zuerst, sie wird durch den schwarz erscheinenden Schmelzfluss ersetzt; es bestätigt sich also auch hier die Regel, dass die labile Modifikation den niedrigeren Schmelzpunkt besitzt.

Acetanilid, $C_6H_5NHC_2H_3O$, ist nach den Untersuchungen von O. Lehmann ebenfalls in zwei Modifikationen existenzfähig.

Metachlornitrobenzol, $C_6H_4{(1)NO_2 \atop (3)Cl}$. Nach den Beobachtungen von A. Laubenheimer[1]) (1876) wird der Schmelzpunkt der Substanz durch Schmelzen und Erstarrenlassen von 44,2° auf 23,2° erniedrigt. Vor dem Schmelzen krystallisirt die Substanz in prismatischen Krystallen, nachher in nadelförmigen. Letztere sind sehr labil, denn schon beim Drücken werden sie opak und gehen wieder in die prismatische, bei 44,2° schmelzende Modifikation über. Auch ganz von selbst erfolgt die Umlagerung etwa eine halbe Stunde nach Herstellung der nadelförmigen Modifikation.

Nitro-m-nitrochlorbenzol vermag nach den Beobachtungen von Laubenheimer[1]) (1826) in drei krystallisirten Modifikationen aufzutreten, deren Form von C. Bodewig näher untersucht wurde. Aus der überschmolzenen Masse entsteht nach einiger Zeit von selbst die bei 36° schmelzende α-Modifikation. Die bei 37° schmelzende β-Modifikation kann ebenfalls aus dem Schmelzflusse erhalten werden, wenn dieser sehr langsam, in einem Bade von warmem Wasser, abgekühlt wird. Nach einiger Zeit wandeln sich ganz von selbst die α- und die β-Modifikation in die bei 38,8° schmelzende γ-Modifikation um, welche auch direkt aus dem Schmelzfluss, durch Eintragen eines Kryställchens als Krystallisationskeim erhalten werden kann.

Aehnliche Erscheinungen wurden beobachtet bei:

1. Resorcin, $C_6H_4{(1)OH \atop (3)OH}$.
2. Hydrochinon, $C_6H_4{(1)OH \atop (4)OH}$.
3. m-Dinitrobenzol, $C_6H_4{(1)NO_2 \atop (3)NO_2}$.

[1]) A. Laubenheimer, Ber. 7, 1765, 1874.

4. Nitrotetrabrombenzol, $C_6HNO_2Br_4$.
5. Dinitrobrombenzol, $C_6H_3(NO_2)Br$.
6. Styphninsäure, $C_6H(NO_2)_3(OH)_2$.
7. Nitro-o-Kresol, $C_6H_3\begin{cases}OH\\CH_3\\NO_2\end{cases}$.
8. Trinitro m-Kresol, $C_6H_3(OH)(CH_3)(NO_2)_3$.
9. p-Nitrophenol, $C_6H_4\begin{matrix}(1)OH\\(4)NO_2\end{matrix}$.
10. p-Tolylphenylketon, $C_6H_5(CH_3)COC_6H_5$.
11. Triphenylmethan, $(C_6H_5)_3CH$.
12. Diphenylnaphthylmethan, $(C_6H_5)_2C_{10}H_7CH$.
13. Pentamethylleukanilin, $HC\begin{cases}C_6H_4NH(CH_3)\\(C_6H_7N(CH_3)_2)_2\end{cases}$
14. Bibromfluoren, $(C_6H_3Br)_2 : CH_2$.
15. Stilbendichlorid, $C_6H_5CHClCHClC_6H_5$.
16. Benzoin, $C_6H_5CHOHCOC_6H_5$.
17. Isohydrobenzoinbiacetat, $\begin{matrix}C_6H^5CHOOC_2H_3\\|\\C_6H_5CHOOC_2H_3\end{matrix}$
18. Phenylkrotonsäure, $C_6H_5CH:CHCH_2COOH$.
19. Mandelsäure, $C_6H_5CHOHCOOH$.
20. Karbostyryl, Oxychinolin, $C_6H_4\begin{cases}CH:CH\\\quad\quad\;|\\N\;:CHOH\end{cases}$
21. Zimmtsäure, $C_6H_5CH:CHCOOH$.
22. Cinnamenylacrylsäure, $C_6H_5CH:CH.CH:CHCOOH$.
23. Pseudochlorkarbostyryl, C_9H_6ClNO.
24. Dioxychinon p-dikarbonsäureester, $(HO)_2C_6O_2(COOC_2H_5)_2$.
25. Phthalsäure, $C_6H_4\begin{matrix}(1)COOH\\(2)COOH\end{matrix}$.
26. Triphenylbismuthin, $Bi(C_6H_5)_3$.
27. Quecksilberdiphenyl, $Hg(C_6H_5)_2$.
28. o-Quecksilberditolyl, $Hg(C_6H_4CH_3)_2$.
29. Monojodchinolin, C_9H_5BN.
30. Limonentetrabromid, $C_{10}H_{16}Br_4$.

Das Verhalten dieser Körper findet sich in Lehmann's „Molekularphysik ausführlich beschrieben, und verweise ich hinsichtlich der näheren Erläuterung auf dieses interessante Werk.

Hieran schliesst sich die Besprechung der Fälle mit chemischer Isomerie, bei der die Umwandlungsthätigkeit eine einseitige ist, indem die labile Modifikation nicht mehr aus der stabilen erhalten werden kann. Ein Beispiel hierfür ist Diazoamidobenzol. Wahrscheinlich bildet sich zuerst die Modifikation $C_6H_5N : N . \underset{H}{N}C_6H_5$, wofür verschiedene Thatsachen sprechen. Dieselbe geht dann über in $C_6H_5\underset{N}{\underset{\cdot}{N}} . \underset{H}{\underset{\cdot}{N}}C_6H_5$ bezw. $C_6H_5N : \underset{H}{N} : NC_6H_5$. Diese Umwandlung zeigt sich auch in dem Schmelzpunkt[1]) an; derselbe steigt bis zu 99°. Sind noch Antheile der anderen Modifikation vorhanden, so zeigt sich wohl auch bereits ein Flüssigwerden bei 75—78° und darauffolgendes Erstarren. Die einmal umgewandelte Modifikation kann wohl noch bei gewissen Reaktionen nach Formel 1 reagiren, aber eine direkte Umwandlung in dieselbe ist noch nicht beobachtet worden, wenigstens nicht bei substituirten Derivaten, bei denen dies verfolgt werden konnte, wie z. B. bei der Diazoamidobenzol-p-disulfosäure[2]).

Zum Schlusse sei noch auf die Existenz der sog. „fliessenden Krystalle" aufmerksam gemacht. Mit diesem Namen hat Lehmann[3]) gewisse Stoffe bezeichnet, welche die merkwürdige Eigenschaft besitzen, in geschmolzenem Zustande zwischen gekreuzten Nikols hell zu erscheinen. Diese Verbindungen, Cholesterylbenzoat[4]), p-Azoxanisol und p. Azoxyphenetol[5]) sind bei gewöhnlicher Temperatur fest und besitzen einen scharfen Schmelzpunkt. Alsdann schmelzen dieselben zu einer trüben Flüssigkeit, die doppeltbrechend ist und erst bei einer bestimmten höheren Temperatur plötzlich klar und isotrop wird.

Eingehende Versuche über diese Verbindungen sind von Schenck[6]) ausgeführt worden, der auch zeigen konnte, dass der Zusatz eines fremden Körpers einen derartigen Umwandlungspunkt herabdrückt. Ausserdem liegt eine Arbeit von G. A. Hulett[7]) vor.

3. Schmelz- und Erstarrungspunkt bei Gemischen.

Im allgemeinen kann man bei der Betrachtung dieser Verhältnisse von dem Satze ausgehen, dass, wie bei Flüssigkeiten der Gefrierpunkt durch Auflösung eines Körpers erniedrigt wird, so auch bei festen Körpern der Schmelzpunkt durch Beimischung eines anderen niedriger schmelzenden Stoffes herabgedrückt wird.

---

1) Vgl. A. Hantzsch und F. M. Perkin, Ber. **30**, 1314, 1897; R. Walther, Journ. ph. Ch. **55**, 548, 1897.

2) Vgl. W. Vaubel, Zeitschr. angew. Ch. **1900**, 762.

3) O. Lehmann, Zeitschr. physik. Ch. **4**, 462 und **5**, 417; Wied, Ann. **40**, 401.

4) Reinitzer, Wiener Monatsh. f. Ch. **9**, 435.

5) Gattermann und Ritschke, Ber. **23**, 1738, 1890.

6) F. Schenck, Zeitschr. physik. Ch. **25**, 343, 1898; Habilitationsschrift Marburg 1897.

7) G. A. Hulett, Zeitschr. physik. Ch. **28**, 629, 1899.

Für das Erstarren fertig gebildeter Lösungen gilt bekanntlich das *Raoult-van 'tHoff'sche Gesetz, dass der Gefrierpunkt in einem beliebigen Lösungsmittel durch Auflösen aequimolekularer Mengen um gleich viel erniedrigt wird.* Dieses Gesetz darf, wie die Untersuchungen von R. *Fabinyi*[1]) ergeben haben, auch auf Gemenge fester Stoffe ausgedehnt werden. Er erwärmte Gemenge von Naphthalin mit anderen Stoffen und bestimmte den Schmelzpunkt derselben. Die erhaltenen Zahlen liessen trotz ihrer nicht absoluten Genauigkeit doch die vorhandenen Gesetzmässigkeiten gut erkennen. Bei der Anwendung grösserer Mengen stieg die Uebereinstimmung.

Eine interessante Bestätigung dieses Gesetzes ist bei der Untersuchung von Gemischen von *Stearinsäure* und *Palmitinsäure* beobachtet worden. Die Versuche sind von *Heintz* ausgeführt und später von *de Visser*[2]) wiederholt worden. *de Visser* bediente sich dabei der Methode des Festwerdens, welche der Methode des Schmelzens gleich zu stellen ist, vorausgesetzt, dass Ueberschmelzung vermieden wird.

Für *Stearinsäure* wurde der Erstarrungspunkt zu 69,320^0, für *Palmitinsäure* zu 62,618^0 gefunden. Bei Mischungen der beiden Säuren wurden folgende Beobachtungen gemacht.

Gew. Theile Stearinsäure auf 100 Theile der Mischung	Erstarrungs-Temperatur	Gew. Theile Stearinsäure auf 100 Theile der Mischung	Erstarrungs-Temperatur
100	69,32	43	56,31
90	67,02	42	56,25
80	64,51	41	56,19
70	61,73	40	56,11
60	58,76	39	56,00
55	57,20	38	55,88
54	56,85	37	55,75
53	56,63	36	55,62
52	56,50	34	55,38
51	56,44	32	55,12
50	56,42	{30	54,85}
49	56,41	{29	54,92}
{48	56,40}	25	55,46
{47	56,40}	20	56,53
46	56,39	15	57,80
45	56,38	10	59,31
44	56,36	0	62,610

Die hiermit korrespondirende Kurve (Gehalt an Stearinsäure auf der X-Axe, Temperaturen auf der Y-Axe) besitzt zwei Inflexionspunkte,

1) R. *Fabinyi*, Zeitschr. physik. Ch. **3**, 38, 1889.

2) O. *de Visser*, Recueil Pays-Bas **17**, 182, 346, 1898, Ref. Zeitschr. physik. Ch. **29**, 564, 1899.

bei 54 % und bei 43,5 %, wo die Tangente mit der X-Axe parallel ist. Diese Erscheinung ist auf Bildung von festen Lösungen zurückzuführen. Die auskrystallisirende feste Phase wird nämlich fortwährend reicher an Palmitinsäure, so dass die Erniedrigung der Erstarrungstemperatur von 56,85° an fortwährend geringer und bei 56,40° = 0 wird, alsdann besitzt die ausgeschiedene feste Lösung die nämliche Zusammensetzung wie die flüssige Mischung. Diese letztere wird daher bei der korrespondirenden Zusammensetzung (etwa 47,5 %) während der ganzen Krystallisationsdauer ihre Zusammensetzung nicht ändern, indem auch die Erstarrungstemperatur dabei unveränderlich bleibt (56,40°).

Die niedrigste Temperatur ist 54,82° und bezieht sich auf einen Gehalt von 29,76 %. Das ist der kryohydratische Punkt. Hier giebt es zwei feste Phasen: eine feste Lösung von Palmitinsäure in Stearinsäure und von Stearinsäure in Palmitinsäure.

Etwas anders liegen die Verhältnisse bei den Mischungen isomorpher Körper. Einen derartigen Fall hat F. W. Küster[3]) untersucht. „In dem Hexachlor-α-Keto-γ-Rpenten, C_5Cl_6O, und dem Pentachlormonobrom-α-Keto-γ-Rpenten, C_5Cl_5BrO, fand er zwei Stoffe, welche krystallographisch ausserordentlich ähnlich sind; sie vermögen in jedem Verhältnisse zusammen zu krystallisiren. Löst man die eine Verbindung in der anderen nach bestimmten Molekulargewichten, so kann man den Erstarrungspunkt der Lösung nicht nach dem Gesetze der Gefrierpunktserniedrigung berechnen, da sich nicht reines Lösungsmittel ausscheidet. Wenn die Mischung zweier Stoffe zu homogenen isomorphen Krystallen erstarrt, so wird sich der Erstarrungspunkt der Mischung aus demjenigen der Bestandtheile nach der Mischungsregel berechnen lassen."

„Löst man z. B. in 100 Molekeln des niedriger schmelzenden Stoffes mit dem Schmelzpunkt t_1, eine Molekel des höher schmelzenden mit dem Schmelzpunkt t_2, so berechnet man den Schmelzpunkt des Gemisches t_x nach der Mischungsregel zu

$$t_x = t_1 + \frac{t_2 - t_1}{100}.\text{“}$$

„Der Schmelzpunkt des Gemisches liegt unter diesen Umständen stets höher als derjenige des niedrig schmelzenden Stoffes und zwar zwischen diesem und dem des höher schmelzenden. Dieses Verhalten trifft bei den genannten isomorphen Stoffen thatsächlich zu, wie folgende Tabelle zeigt:"

1) F. W. Küster, Zeitschr. physik. Ch. **5**, 601, 1890, **8**, 577, 1891. Vgl. auch K. Windisch, Best. des Molekulargewichts, Springer, Berlin 1892, S. 454.

Molekeln C_5Cl_5BrO in 100 Mol. Lösungsmittel	Gefrierpunkt beobachtet a	Gefrierpunkt beobachtet b	Gefrierpunkt berechnet
0,00	87,50	87,50	—
5,29	87,97	88,00	88,04
8,65	88,30	88,29	88,38
14,29	88,80	88,80	88,96
17,47	89,10	89,11	89,28
25,32	89,85	89,85	90,09
29,95	90,30	90,29	90,55
42,26	91,60	91,61	91,87
58,91	93,26	93,27	93,51
71,33	94,58	94,59	94,78
82,09	95,74	95,74	95,88
90,45	96.68	96,66	96,74
98,00	97,48	97,49	97,50
100,00	97,71	97,71	—

Die Konstanz der mit dem Beckmann'schen Apparate bestimmten Gefrierpunkte während der allmäligen oft 1/2 Stunde währenden Ausscheidung bewies, dass sich eine homogene Mischung ausschied. Es lässt sich also in diesem Falle das Thermometer zur Bestimmung des Gehaltes der Mischung benützen.

Später untersuchte F. W. Küster noch die Erstarrungspunkte einer ganzen Anzahl isomorpher Gemische. Die Ergebnisse waren den früheren ähnlich. Jedoch giebt es auch Ausnahmen. So scheiden sich nach Eykman[1]) beim Erstarren der Lösungen von Antimon in Zinn und von β-Naphtol in Naphthalin Krystalle aus, welche reicher an dem gelösten Stoffe (Sb bezw. β-Naphtol) sind, als die ursprüngliche Lösung. Ebenso zeigten Lösungen von Thiophen in Benzol und m-Kresol in Phenol zu niedrige molekulare Gefrierpunktserniedrigungen.

In einer sehr ausführlichen Arbeit über die Erstarrungspunkte der Mischkrystalle zweier Stoffe giebt H. W. Bakhuis Roozeboom[2]) eine Darstellung über die hier obwaltenden theoretischen Verhältnisse. Als Ausgangspunkt nimmt er die Gibbs'sche Phasenregel und unterscheidet bei den festen Phasen drei Fälle:

A. Die Mischkrystalle bilden eine ununterbrochene Reihe von 0 bis 100%.

B. Die beiden Stoffe sind nicht in allen Verhältnissen mischbar; die Mischungsreihe zeigt eine Lücke.

C. Die beiden Stoffe erstarren zu verschiedenen Krystallarten.

---

1) J. F. Eykman, Zeitschr. physik. Ch. **4**, 509, 1884.

2) H. W. Bakhuis Roozeboom, Zeitschr. physik. Ch. **30**, 385, 413, 1891; C. van Eyk, ibid. **30**, 430, 1891.

Unter die Rubrik A, bei der die Schmelzen zu einer kontinuirlichen Reihe von Mischkrystallen derselben Art erstarren, gehören als specieller Fall die von Küster untersuchten isomorphen Mischungen. Garelli[1]) hat darauf hingewiesen, dass, wenn man in einer Substanz eine zweite mit ihr isomorphe, aber von sehr niedrigem Schmelzpunkt löst, der Erstarrungspunkt der ersteren nach der Regel Küster's so stark erniedrigt werden sollte, dass dies nach den Gesetzen der verdünnten festen Lösungen unmöglich wäre. Küster entgeht dieser Schwierigkeit, indem er diese Gesetze nicht giltig erklärt für die isomorphen Gemische, und Bodländer schliesst sich hierin an, indem er sie nicht als feste Mischungen betrachtet haben will. Bruni[2]) spricht sich für die Ausführungen von Garelli aus, für deren Richtigkeit sich auch Bakhuis Roozeboom entscheidet.

Bei Gemischen von optisch aktiven und racemischen bezw. pseudoracemischen Verbindungen liegen die Verhältnisse nicht gerade einfach. H. W. Bakhuis Roozeboom[3]) giebt folgende Schilderung von den bis jetzt erhaltenen Resultaten und denjenigen, die noch zu erwarten sind.

Die genaue Untersuchung der Schmelzpunkte der aktiven und racemischen oder pseudoracemischen Formen vieler krystallisirter Substanzen hat bisher nicht gestattet, mit Sicherheit zu entscheiden, ob Verbindung, Mischung oder Konglomerat vorliegt. Wohl allgemein ist man darüber einig, dass, wenn ein inaktiver Körper einen höheren Schmelzpunkt hat, als die aktive Form, eine racemische Verbindung vorliegt.

Viele inaktiven Körper haben aber einen niedrigeren Schmelzpunkt als die aktiven Formen; dann liegt die Möglichkeit vor, dass nicht eine Verbindung, sondern ein Konglomerat von D und L[4]) vorhanden ist, das, wie alle Gemenge zweier Substanzen, niedriger schmilzt als die einzelnen Bestandtheile. Bis jetzt ist es nur mit Hilfe von krystallographischen Dichtemessungen gelungen, für einzelne Substanzen aus dieser Kategorie zu zeigen, dass sie dennoch wirkliche racemische Verbindungen sind[5]).

Die inaktiven Körper mit gleichem Schmelzpunkt wie die aktiven Formen hatten wenig Beachtung gefunden, bis durch die Arbeiten von Kipping und Pope[6]) diese Rubrik eine grosse Ausdehnung erlangte und sie zu der Annahme eines dritten Typus geführt wurden, die pseudo-

---

1) Garelli, Gazz. chim. ital. 1894, **2**, 263.

2) Bruni, Rend. Accad. dei Lincei, 1898, **2**, 138.

3) H. W. Bakhuis Roozeboom, Zeitschr. physik. Ch. **28**, 505, 1899; Ber. **32**, 539, 1899. Vgl. auch K. Centnerszwer, Zeitschr. physik. Ch. **29**, 715, 1899.

4) E. Fischer, Ber. **27**, 3225, 1894.

5) Wallach, Ber. **24**, 1559, 1891, Liebig's Ann. **272**, 208, **286**, 135; F. Walden, Ber. **29**, 1692, 1896.

6) Kipping und Pope, Journ. Chem. Soc. **71**, 989.

racemischen Mischkrystalle. Diesen Forschern kommt weiter das Verdienst zu, mit grossem Nachdruck auf den bei aktiven und inaktiven Formen vielfach vorkommenden Polymorphismus hingewiesen zu haben, wodurch die Schmelzpunkterscheinungen bisweilen keine Bedeutung haben für die richtige Deutung des Zusammenhanges der Formen, welche bei gewöhnlicher Temperatur auftreten und meistens aus Lösungsmitteln abgesetzt sind. Auch ihnen ist es aber nicht gelungen, den Werth der Schmelzpunkte zur Charakterisirung der inaktiven Formen klarzulegen.

Mit Hilfe der Phasenregel gelangt Bakhuis Roozeboom zu folgenden Resultaten für die einzelnen Formen.

1. Typus. Konglomerate von L- und D-Formen.

In nachstehender Figur 1 und den folgenden sind auf der horizontalen Axe LD die Mischverhältnisse aufgetragen zwischen L- und D-Form, ausgedrückt in Molekülprocenten. Ein inaktives Gemisch oder eine racemische Verbindung wird also stets dargestellt durch einen in der Mitte gelegenen Punkt. Die Temperatur wird auf der vertikalen Axe abgelesen.

A und B sind die zwei Schmelzpunkte der L- und D-Form. Weil beide bei der nämlichen Temperatur liegen, und weil weiter die festen Körper sowohl wie ihre flüssigen Moleküle vollkommen gleichwerthig sind in Bezug auf die Gleichgewichte in und mit der Lösung, sind in dieser und folgenden Figuren immer alle Kurven vollkommen symmetrisch. Im jetzigen Falle giebt es zwei Schmelzkurven AC und BC; die erste giebt an, bei welchen Temperaturen aus einer Schmelze, die 0—50% D-Körper enthält, sich der L-Körper anfängt auszuscheiden, die zweite die Temperaturen, wobei aus Schmelzen mit 50—100% D-Körper sich dieser anfängt auszuscheiden, wenn Uebersättigung ausgeschlossen ist. Alle diese Lösungen erstarren nun vollkommen beim Punkte C. Natürlich ist die Menge Flüssigkeit, welche dann noch übrig war, desto grösser, nachdem die ursprüngliche Schmelze näher an 50% L und D kam. Diese übrig gebliebene Schmelze erstarrt zu einem Konglomerat von 50% D und 50% L. Unterhalb der Linie ECF hat man nur Konglomerate von L und D, jedoch in allerlei Verhältnissen.

Umgekehrt lässt sich aus der Figur ableiten, dass alle Konglomerate von L und D anfangen zu schmelzen bei der Temperatur des eutektischen Punktes C, dass aber alle Konglomerate, die einen Ueberschuss an L und D enthalten, nur allmälig schmelzen, bis derjenige Punkt von AC und CB erreicht ist, welcher korrespondirt mit der Zusammensetzung. Nur das Konglomerat von 50%, das also im ganzen genommen inaktiv ist, schmilzt konstant bei C, eben als ob es eine einheitliche Substanz wäre. Dies ist der Nachtheil der Symmetrie, denn bei einem Gemenge zweier nicht gleichwerthiger Stoffe liegt der eutektische Punkt im allgemeinen nicht bei gleicher Molekülzahl.

2. Typus. Racemische Verbindung.

Die Schmelzkurven können bei Anwesenheit einer racemischen Verbindung nur die Gestalt haben, wie in den Figuren 2 und 3 angegeben ist. Hierbei ist angenommen, dass stets nur eine Verbindung möglich ist, nämlich zu gleichen Molekülen, deshalb racemisch.

Es giebt bis jetzt keine Andeutung, welche Lage der Schmelzpunkt einer Verbindung hat gegenüber den Schmelzpunkten der Komponenten. Auch bei den racemischen Verbindungen fehlt diese Einsicht; deshalb kann ihr Schmelzpunkt C, wie in der Figur 2 höher, oder wie in der Figur 3 niedriger gelegen sein als die Punkte A und B. Als Zwischenform konnte er auch gleich hoch gelegen sein, doch wird eine genaue Uebereinstimmung wohl sehr wenig vorkommen. In den Erstarrungs- und Schmelzungserscheinungen giebt es aber keinen principiellen Unterschied.

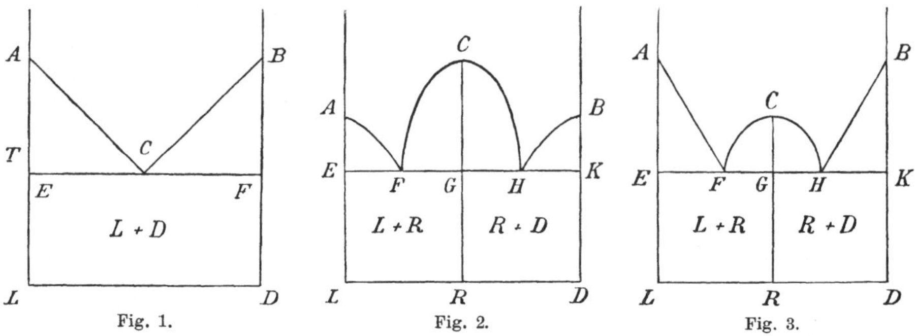

Fig. 1. Fig. 2. Fig. 3.

AF und BH sind jetzt die Erstarrungskurven für diejenigen Schmelzen, woraus sich resp. L oder D absetzen. Die Kurve für die racemische Verbindung hat aber zwei Aeste, die in ihrem Schmelzpunkt C zusammenkommen; sie treffen da nicht in einem Knick zusammen, sondern bilden wohl immer eine kontinuirliche Kurve. Der Theil FC giebt die Erstarrungspunkte für Schmelzen, die gebildet sind aus der racemischen Verbindung mit einem Ueberschuss an L, HC mit D. F und H sind zwei eutektische Punkte, wo jede Schmelze schliesslich erstarrt, entweder zu einem Konglomerat von R + L oder von R + D. Die Punkte liegen symmetrisch und bei derselben Temperatur, jedoch brauchen die Stücke EF und FG, GH und HK nicht gleich zu sein.

Umgekehrt lassen sich die Schmelzungserscheinungen willkürlicher Gemische von R + L oder R + D unmittelbar aus der Figur ableiten. Der Unterschied mit dem 1. Typus liegt in der Anwesenheit dreier Kurven.

Ist also der inaktive Körper eine racemische Verbindung, so wird sein Schmelzpunkt durch Zusatz von L und D erniedrigt; war er ein inaktives Konglomerat, so hat er selbst den niedrigsten Schmelzpunkt.

Die Lage des Schmelzpunktes der reinen racemischen Verbindung thut nichts zur Sache. Auch bei gleicher oder niedriger Lage als die Punkte A und B giebt die Feststellung der Kurvenzahl unmittelbaren Aufschluss, ob der inaktive Körper racemisch ist oder ein Konglomerat.

Bei partiell racemischen Verbindungen werden A und B unterschieden sein, AF und BH, CF und CH werden dann nicht mehr symmetrisch sein, ebensowenig F und H. Sonst bleibt der Typus der nämliche.

3. Typus. Pseudoracemische Mischkrystalle.

Die Existenz dieses Typus steht durch die Untersuchungen Kipping's genügend fest. Da aber nur an einzelnen Beispielen gezeigt worden ist, dass Mischkrystalle von L und D in allerlei Verhältnissen existiren konnten, bei anderen nur das Mischungsverhältniss 1:1 studirt wurde, bleibt noch

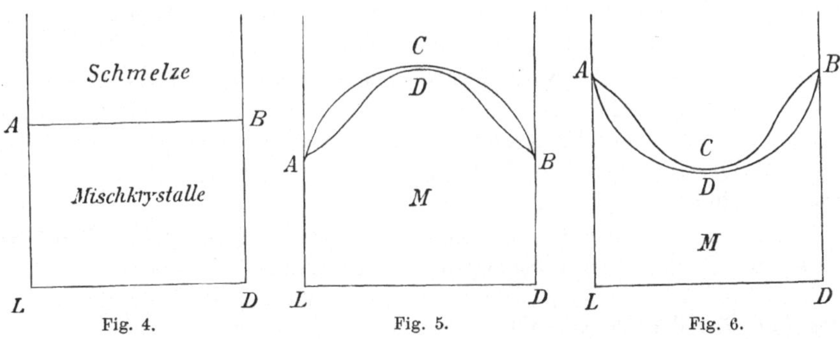

Fig. 4. Fig. 5. Fig. 6.

unsicher, ob immer Mischung in allen Verhältnissen möglich ist in der Höhe der Schmelztemperaturen oder auch bei niedrigeren Temperaturen.

Nehmen wir an, die Mischung sei eine vollkommene, so liegt der Hauptunterschied in den Schmelzerscheinungen von dem vorigen Typus in dem Umstand, dass homogene Mischkrystalle nur eine feste Phase darstellen, sie geben also nur eine kontinuirliche Schmelz- oder Erstarrungskurve.

Fig. 4 giebt die Verhältnisse, welche eintreten, wenn Mischkrystalle von L und D in allen Verhältnissen immer bei der nämlichen Temperatur schmelzen werden. Fig. 5 und 6 die anderen Fälle, welche möglich sind.

Dabei ist die obere Kurve die der Erstarrungstemperaturen; die andere giebt die Zusammensetzung der Mischkrystalle, welche sich aus einer Schmelze zuerst absetzen; die zu einander gehörenden Punkte auf beiden Kurven liegen auf einer Horizontallinie. Eine Vertikallinie zwischen beiden giebt das Temperaturintervall an, worin sich die Erstarrung vollzieht, also umgekehrt auch die Schmelzung. Wegen der Symmetrie fällt das Maximum oder Minimum auf 50% Gehalt; hier berühren die Kurven einander und deshalb haben Mischkrystalle, die inaktiv sind, wieder einen einheitlichen Schmelzpunkt, auch wenn die übrigen Mischverhältnisse nicht einen solchen haben.

Wenn wir jetzt die drei Typen übersehen, so folgt, dass ein inaktiver Körper einen einheitlichen Schmelzpunkt aufweisen kann, niedriger gelegen als derjenige der aktiven Körper sowohl wenn er Konglomerat, Verbindung als auch Mischkrystall ist; und wenn der Schmelzpunkt gleich hoch oder höher liegt, kann er sowohl Verbindung als Mischkrystall sein. Die Bestimmung des Schmelzpunktes allein giebt also keine Entscheidung über den Typus, den er vergegenwärtigt. Dagegen liefert die Bestimmung der Erstarrungspunkte an einer so grossen Anzahl Schmelzen, dass daraus die Anzahl Kurven, welche bestehen, hervorgeht, einen völlig sicheren Schluss, ob der inaktive Körper Mischkrystall, Konglomerat oder Verbindung ist, indem im ersten Falle nur eine Schmelzkurve existirt, im zweiten Falle deren zwei, im dritten drei.

Bestätigungen für diese theoretischen Untersuchungen von Bakhuis Roozeboom haben die Arbeiten von Centnerszwer (l. c.) gebracht. Es erübrigt auf dieselben hinzuweisen, da die Hauptresultate die erwarteten sind.

Bakhuis Roozeboom hat dann ferner noch die Uebergänge zwischen den drei Typen behandelt, da es nöthig ist, worauf Kipping zuerst hinwies, mögliche Umwandlungen der drei Typen zu beachten, weil der Fall ziemlich oft vorzukommen scheint, dass sich aus der Schmelze ein anderer fester Typus bildet als derjenige, welcher bei niedriger Temperatur stabil ist. Hinsichtlich der einzelnen Fälle muss ich auf die Abhandlung verweisen.

4. Schmelzpunkterhöhung durch Druck.

Wenngleich die Schmelzpunkterhöhungen durch Druck vorerst für die zur quantitativen Analyse dienenden Bestimmungen von geringer Bedeutung sind, mögen doch wegen des theoretischen Interesses, die diese Untersuchungen verdienen, die Resultate derselben hier kurz wiedergegeben werden.

Bisher wurden folgende Beobachtungen über die Schmelzpunktserhöhung durch Druck gemacht.[1])

Naphtalin giebt nach den Versuchen von Barus[1]) eine Schmelzpunkterhöhung $\frac{dt}{dp} = 0{,}036$, Mack[2]) fand $t = 79{,}8 + 0{,}0373\,p$

[1]) Barus, Sill. Journ. (3), **42**, 125.

[2]) Mack, Compt. rend. **127**, 361.

— 0,0000019 p^2 und G. A. Hulett[1]) beobachtete $\left.\begin{array}{l}\text{Sm. To} = 79{,}95 \\ \text{Sm. } T_{300} = 91{,}14\end{array}\right\} \frac{dt}{dp}$ = 0,037 ± 0,0002.

Phenol giebt nach Hulett folgende Werthe.

$\left.\begin{array}{l}\text{Sm. To} = 40{,}75 \\ \text{Sm. } T_{300} = 45{,}226\end{array}\right\} \frac{dt}{dp} = 0{,}0149 \pm 0{,}00015$

Thymol. $\left.\begin{array}{l}\text{Sm. To} = 49{,}68 \\ \text{Sm. } T_{300} = 55{,}21\end{array}\right\} \frac{dt}{dp} = 0{,}0184 \pm 0{,}0001$

Naphtylamin. $\left.\begin{array}{l}\text{Sm. To} = 48{,}86 \\ \text{Sm. } T_{300} = 54{,}86\end{array}\right\} \frac{dt}{dp} = 0{,}0200$

Benzophenon $\left.\begin{array}{l}\text{Sm. To} = 48{,}10^0 \\ \text{Sm. } T_{300} = 56{,}77^0\end{array}\right\} \frac{dt}{dp} = 0{,}0289 \pm 0{,}0001.$

Stearinsäure. $\left.\begin{array}{l}\text{Sm. To} = 68{,}38^0 \\ \text{Sm. } T_{300} = 76{,}13\end{array}\right\} \frac{dt}{dp} = 0{,}0258 \pm 0{,}0001.$

Krotonsäure. $\left.\begin{array}{l}\text{Sm. To} = 71{,}4^0 \\ \text{Sm. } T_{300} = 82{,}6^0\end{array}\right\} \frac{dt}{dp} = 0{,}0373 \pm 0{,}00015.$

o-Nitrophenol. $\left.\begin{array}{l}\text{Sm. To} = 44{,}90^0 \\ \text{Sm. } T_{300} = 52{,}10^0\end{array}\right\} \frac{dt}{dp} = 0{,}0240 \pm 0{,}00025.$

Menthol a) bei 36,5 ⁰ schmelzende Modifikation.

$\left.\begin{array}{l}\text{Sm. To} = 36{,}50^0 \\ \text{Sm. } T_{300} = 43{,}30^0\end{array}\right\} \frac{dt}{dp} = 0{,}0248.$

b) bei 42,5 ⁰ schmelzende Modifikation.

$\left.\begin{array}{l}\text{Sm. To} = 42{,}40^0 \\ \text{Sm. } T_{300} = 49{,}90^0\end{array}\right\} \frac{dt}{dp} = 0{,}0245.$

Monochloressigsäure.

$\left.\begin{array}{l}\text{Sm. To} = 62{,}50 \\ \text{Sm. } T_{100} = 68{,}10\end{array}\right\} \frac{dt}{dp} = 0{,}0147 \pm 0{,}0002.$

Heydweiller[2]) fand folgende Temperaturerhöhungen bei nebenstehendem Druck:

	Temperaturerhöhung.	Berechneter Druck.
Menthol	34 ⁰	142 ⁰ Atm.
o-Nitrophenol	55 ⁰	230 ⁰ „
Stearinsäure	59 ⁰	229 ⁰ „

Weitere Versuche sind noch von G. Tammann[3]) angestellt worden über die Grenzen des festen Zustandes, wozu er Schmelzdruckkurven von verschiedenen Stoffen bis zu Drucken von 339 Atmosphären untersuchte.

1) G. A. Hulett, Zeitschr. physik. Ch. **28**, 663, 1899.
2) A. Heydweiller, Wied. Ann. **54**, 513, **64**, 732.
3) G. Tammann, Ref. in Wied. Ann. **66**, 473.

Von A. Michael[1]) wurde die Ermittlung des Schmelzpunktes sehr hoch schmelzender oder leicht sublimirbarer Körper in beiderseitig zugeschmolzenen Röhrchen ausgeführt. Es ist jedoch sicherlich nothwendig, sich vorher über die Schmelzpunktsveränderungen durch Druck Klarheit zu verschaffen, ehe man diese Methode als allgemein brauchbar empfehlen kann.

Die von ihm untersuchten Körper waren Fumarsäure, Schmp. 287—288° Dibrombernsteinsäure, Schmp 260—261°, Mellithsäure Schmp. 286—288°, Chloranilsäure, Schmp. 283—284°, Asparagin schmilzt im geschlossenen Röhrchen bei 226—227°, bei 226° eingetaucht erst bei 234—235° u. s. w.

5. Thermometer.

Zur Verwendung eignen sich am besten Thermometer von Jenaer Glas, da diese am wenigsten dauernde Veränderungen, wie sie bei neuen Thermometern beobachtet worden sind, erleiden[2]). Es ergab sich, dass der Anstieg des Eispunktes bei den Thermometern aus Jenaischem Normalglas, im Gegensatz zu den Instrumenten aus den bisher üblichen Glassorten so gering ist, dass er für gewöhnlich unbedenklich vernachlässigt werden kann (im Mittel 0,03° gegen 0,3° bei den Thermometern aus anderen Glassorten).

Weiterhin fand Allihn, dass bei andauernder Erhitzung auf Temperaturen in der Höhe von 300° sich das Jenaische Glas etwa doppelt so günstig verhält wie das gewöhnliche Thüringer Thermometerglas. Für den Gebrauch bei höheren Temperaturen ist es dringend zu empfehlen, nur Thermometer aus Jenaischem Glas zu verwenden, welche vor Herstellung der Skala auf etwa 300° erhitzt sind.

Die Prüfung eines Thermometers[3]) geschieht entweder durch Vergleichung mit einem Normalthermometer oder durch Kalibrirung und Berücksichtigung der thermometrischen Konstanten. Die letztere Art der Prüfung ist meist die mühevollere, jedoch für Normalthermometer unerlässlich; aber auch die Vergleichung von Thermometern erfordert, zumal wenn sie sich auf sehr tiefe oder auf Temperaturen über 50° erstreckt, besondere Massnahmen.

Bei Prüfungen zwischen 0 und 50° bedient man sich am besten eines Wasserbades. Ueber 50° sind Wasserbäder nicht mehr gut verwendbar, es werden dann vielmehr Dampfbäder in geeigneten Apparaten benützt. Als Siedeflüssigkeiten verwendet man:

---

1) A. Michael, Ber. **28**, 1629, 1895.

2) Vgl. F. Allihn, Zeitschr. analyt. Ch. **28**, 435, 1889; **29**, 381, 1890.

3) H. F. Wiebe, Zeitschr. analyt. Ch. **30**, 1, 1891; L. Marchis, Zeitschr. physik. Ch. **29**, 1, 1899.

	Siedepunkt		Siedepunkt
Chloroform	60,6 ° C.	Toluol	109,4 „
Methylalkohol	64,5 „	Isobutylacetat	114,1 „
Methyl-Aethylalkohol		Paraldehyd	124,6 ° C.
1 : 1	69,8 „	Amylalkohol	129,8 „
3 : 7	72,4 „	Xylol	139,4 „
Aethylalkohol	78,1 „	Amylacetat	140,0 „
Aethyl-Propylalkohol	79,8 „	Bromoform	148,9 „
16 : 3		Terpentin	etwa 160 „
Benzol	79,9 „	Anilin	184,3 „
Aethyl-Propylalkohol	82,2 „	Dimethylanilin	194,0 „
7 : 4		Methylbenzoat	199,3 „
Isobutylbromid	87,4 „	Toluidin	199,5 „
Aethyl-Propylalkohol	91,5 „	Aethylbenzoat	212,3 „
1 : 8		Chinolin	235,9 „
Propylalkohol	96,0 „	Amylbenzoat	259,5 „
Wasser	100 „	Glycerin	290,1 „
Isobutylalkohol	105,7 „	Diphenylamin	301,9 „

Weiterhin lassen sich die Temperaturen zwischen 50 und 140 ° auch durch Verwendung eines Apparates feststellen, bei dem Siedepunkte unter vermindertem Drucke bestimmt werden. Die Reichsanstalt bedient sich desselben, weil die vorerwähnten Flüssigkeiten sich durch häufigen Gebrauch mitunter zersetzen.

Bei Thermoterprüfungen über 300 ° werden Bäder von geschmolzenem Salpeter benützt.

Nach den Untersuchungen der Reichsanstalt lassen sich Quecksilberthermometer aus Jenaer Glas, welche oberhalb des Quecksilbers mit Stickstoff gefüllt sind, nach vorgängiger andauernder Erhitzung auf etwa 480° gut zu Temperaturmessungen bei 450° verwenden[1]).

Wie F. Grützmacher[2]) mittheilt, wird statt der früher üblichen Reduktion auf das Luftthermometer in der Physikalisch-Technischen Reichsanstalt jetzt die Reduktion auf die internationale Wasserstoffskala angewandt. Die betreffenden Korrektionen betragen höchstens 0,011 °.

Es muss noch erwähnt werden, dass die von der Reichsanstalt in den beigegebenen Prüfungsbescheinigungen angegebenen Fehler stets auf ganz eintauchenden Quecksilberfaden bezogen sind, während beim Gebrauch der Thermometer meist ein mehr oder weniger grosser Theil des Quecksilberfadens aus dem Temperaturbade hervorragt.

---

1) Zeitschr. f. Instrumentkde. 1890, 208.

2) F. Grützmacher, Wied. Ann. **68**, 768, 1899.

Zur Bestimmung des Einflusses des herausragenden Fadens benutzt man für gewöhnlich die Gleichung

$$T = t + 0{,}000156\,a(t-t_0),$$

wobei T die gesuchte Temperatur, t die beobachtete, t_0 die des Zimmers, a die Länge des herausragenden Fadens und 0,000156 den Ausdehnungscoefficienten des Quecksilbers bedeutet. F. E. Thorpe[1]) giebt hierfür die Formel

$$T = t + 0{,}000143\,\alpha(t-t_0).$$

Korrekturtabellen für Ablesungen an Thermometern mit theilweise herausragendem Faden hat E. Rimbach[2]) für Thermometer aus Jenaer Normalglas berechnet.

Bei Prüfungen unter 0° bedient man sich der Gefrierpunkte gesättigter Salzlösungen, besonders von Chlorkalium, Chlornatrium und Chlorcalcium. Für tiefere Temperaturen, die bei Prüfung von Alkoholthermometern vorkommen, benützt man als Temperaturbad ein Gemenge von fester Kohlensäure mit verschiedenen Alkoholwassergemischen, welche einen syrupartigen Brei bilden. Die feste Kohlensäure siedet nach den Versuchen der Reichsanstalt unter Atmosphärendruck bei —78,8°. Ein Gemisch von fester Kohlensäure mit 85,5 %igem Spiritus giebt eine konstante Temperatur von —68°, ein solches mit 78 %igem Spiritus eine Temperatur von —53° u. s. w.

6. Ausführung der Schmelzpunktbestimmung.

Die Art der Bestimmung des Schmelz- oder Erstarrungspunktes richtet sich einmal nach der Genauigkeit, welche man mit der betreffenden Methode erzielen will, dann aber auch nach der Natur des betreffenden Körpers. Im allgemeinen wird man lieber den Schmelzpunkt wie den Erstarrungspunkt bestimmen, da bei der Bestimmung des letzteren leicht Unterkühlung eintreten kann, ohne dass es zum Erstarren kommt, wodurch alsdann fehlerhafte Resultate erhalten werden. Man wird also nur in besonderen Fällen die Ermittlung des Erstarrungspunktes vornehmen; einige dieser Fälle sind nachfolgend bei der Bestimmung des Erstarrungspunktes der Oele beschrieben.

Die Bestimmung des Schmelzpunktes kann mit umso grösserer Genauigkeit vorgenommen werden, je mehr Substanz angewendet wird, da durch die vollständige Umhüllung der Quecksilberkugel mit Substanz die Einflüsse von Strahlung und Leitung ziemlich vermieden werden. Selbstverständlich ist dabei die Länge und die Temperatur des herausragenden Fadens in entsprechender, in dem Abschnitt über das Thermometer angegebenen Weise zu berücksichtigen.

---

1) T. G. Thorpe, Journ. Chem. Soc. **37**, 160, 1880.

2) E. Rimbach, Ber. **22**, 3072, 1889.

Für gewöhnlich genügt die Anwendung geringerer Substanzmengen. Namentlich in den Fällen, wo nur wenig Substanz vorhanden ist, wird man Kapillarröhrchen verwenden, die an einem Ende zugeschmolzen sind, und die mit etwas Substanz angefüllt werden, deren Menge zur bequemen Beobachtung hinreicht. Alsdann befestigt man das Kapillarröhrchen an einem Thermometer mit Hilfe eines Stückchen Gummischlauchs oder eines Platindrahtes oder der Adhäsionskraft der Substanz des Flüssigkeitsbades. Die Befestigung ist derart, dass Substanz und Thermometerkugel sich in gleicher Höhe befinden.

Hierauf führt man das Thermometer und das Kapillarröhrchen in ein Flüssigkeitsbad, dessen Siedetemperatur oberhalb des zu erwartenden Schmelzpunktes der zu untersuchenden Substanz liegt. Man kann als Badflüssigkeit Wasser, konc. Schwefelsäure, Glycerin, Vaselin, Paraffin u. s. w. anwenden. Während der Beobachtung muss mit Hilfe eines Rührers stark gerührt werden, damit Thermometerkugel und Kapillarröhrchen gleichmässig erwärmt werden.

Die Schnelligkeit der Temperatursteigerung richtet sich ganz nach der betreffenden Substanz. Im allgemeinen empfiehlt sich ein nicht zu rasches Ansteigenlassen der Temperatur. In bestimmten Fällen, z. B. bei der Ermittlung des Schmelzpunktes der Osazone, ist eine rasche Steigerung der Temperatur nothwendig, da hierbei nur unter diesen Umständen übereinstimmende Resultate erhalten werden können. Mitunter muss man, um vergleichbare Werthe zu erzielen, die betreffende Substanz erst kurz vor der Erreichung des Schmelzpunktes in die Heizflüssigkeit eintauchen lassen.

Neben dieser einfachen Methode, die als Heizbad ein Bechergläschen oder ein Kölbchen benützt und bei der bei genauen Messungen die Temperatur des herausragenden Fadens berücksichtigt werden muss, existirt noch eine ganze Reihe von Vorschlägen über die Art der Ausführung der Schmelzpunktbestimmung, die zum Theil nachstehend beschrieben sind.

Jedenfalls ist es sehr empfehlenswerth, immer nur korrigirte Beobachtungen wiederzugeben, damit auch endlich bei diesen Bestimmungen nur eindeutige Resultate in die Litteratur übermittelt werden, was vom wissenschaftlichen wie auch vom praktischen Standpunkte sehr zu begrüssen wäre.

H. Landolt[1]) hat Versuche über verschiedene Methoden zur Schmelzpunktsbestimmung gemacht, um zu ermitteln, bis zu welcher Genauigkeitsgrenze sich die Schmelz- und Erstarrungstemperaturen organischer Körper bei Anwendung verschiedener Methoden und Vornahme exakter thermometrischer Messung feststellen lassen.

Es kamen folgende Methoden zur Prüfung:

---

1) H. Landolt, Beibl. Ann. Phys. Chem. Ztg. **13**, R. 237, 1889.

1. Schmelzen und Erstarrenlassen grösserer Mengen Substanz mit direkt in dieselbe eingetauchtem Thermometer.

2. Erhitzen der Substanz in Kapillarröhrchen verschiedener Form.

3. Die elektrische Methode von J. Löwe[1]) mit ihren Abänderungen.

Als Untersuchungsobjekte dienten Anethol, Naphthalin, Mannit und Anthracen. Folgende Resultate wurden erhalten:

1. „Die Methode des Schmelzens oder Erstarrenlassens grösserer Mengen Substanz mit direkt in dieselbe eingetauchtem Thermometer liefert stets sehr übereinstimmende Zahlen, und sie muss als die einzige bezeichnet werden, welche zu sicheren Resultaten führt. Hierfür ist aber stets die Anwendung von mindestens 20 g des Körpers nöthig. Bei Benützung grösserer Quantitäten lässt sich im allgemeinen die Temperatur der Erstarrung leichter als die der Schmelzung ermitteln."

2. Die Schmelzpunktsbestimmungen durch Erhitzen der Substanz in verschiedenartigen Kapillarröhrchen können unter einander erheblich abweichen. Bisweilen fallen dieselben mit dem richtigen Werthe zusammen, meist aber sind die erhaltenen Resultate zu hoch, namentlich bei Anwendung enger Röhrchen."

3. „Die elektrische Methode (Erwärmen eines mit der Substanz überzogenen Platindrahtes im Quecksilberbade, bis durch Abschmelzen Kontakt der Metalle entsteht und dadurch ein Strom geschlossen wird) giebt ebenfalls wenig übereinstimmende und leicht zu hohe Schmelzpunkte. Sicherlich spielt hier die Zähigkeit der geschmolzenen Masse auch eine gewisse Rolle."

Hier sei noch die von Carnelley[2]) angegebene Methode zur Schmelzpunktsbestimmung sehr hoch schmelzender Körper erwähnt. Diese Methode ist eine calorimetrische; man bedient sich eines gewogenen Platintiegels, in welchem eine nicht zu kleine Menge der Substanz mittelst der Gasflamme zum Schmelzen gebracht wird. Sobald die Substanz schmilzt, wird der Tiegel in eine abgewogene Menge Wasser von bekannter Temperatur gebracht und die entstehende Temperaturerhöhung gemessen. Hieraus lässt sich alsdann, falls die specifischen

---

[1]) J. Löwe, vgl. Zeitschr. analyt. Ch. **11**, 211, 1872; Muter, The Analyst. **15**, 85, 1891.

[2]) Carnelley, Journ. Chem. Soc. **14**, 289.

Wärmen alle bekannt sind, die Temperatur des Tiegels bei dem Beginn des Schmelzens berechnen. Auf dem gleichen Princip beruht die Messung hoher Temperaturen mit Hilfe des Calorimeters.

Zur genauen Bestimmung des Schmelzpunktes empfiehlt C. Graebe[1]) die Angaben des neben dem Schmelzpunktröhrchen befindlichen Thermometers durch ein zweites Thermometer zu kontrolliren, dessen Quecksilber bis zum Beobachtungspunkt fast ganz in das Heizbad eingetaucht ist. Zu diesem Zwecke hat man drei Vergleichsthermometer nöthig, bei denen sich der eine Fixpunkt, der Siedepunkt des Wassers, bezw. Naphtalins oder Benzophenons dicht über der Thermometerkugel befindet; man erhält dadurch verkürzte Thermometer, wie sie z. B. von Anschütz, der die Skala auf sieben Thermometer mit etwa 50 Graden vertheilt, vorgeschlagen worden sind für die Siedepunktsbestimmung.

Fig. 7.

C. F. Roth[2]) hat einen Apparat angegeben, der direkt korrigirte Werke liefert, d. h. Werthe, bei denen berücksichtigt ist, dass für genaue Bestimmungen der ganze Quecksilberfaden auf die Temperatur des schmelzenden Körpers erhitzt sein muss. Der Apparat erscheint als eine Modifikation des von Anschütz und Schultz[3]) konstruirten und unterscheidet sich im wesentlichen dadurch von diesem, dass das den inneren Cylinder umgebende Mantelrohr beträchtlich höher reicht, und dass die Oeffnung zum Einfüllen der Schwefelsäure sowie zur Kommunikation mit der äusseren Luft nicht im Bauche des Kölbchens, sondern ganz oben am Halse angebracht ist. Hierdurch wird es möglich, den Mantelraum bis zur Stelle f mit Schwefelsäure zu füllen.

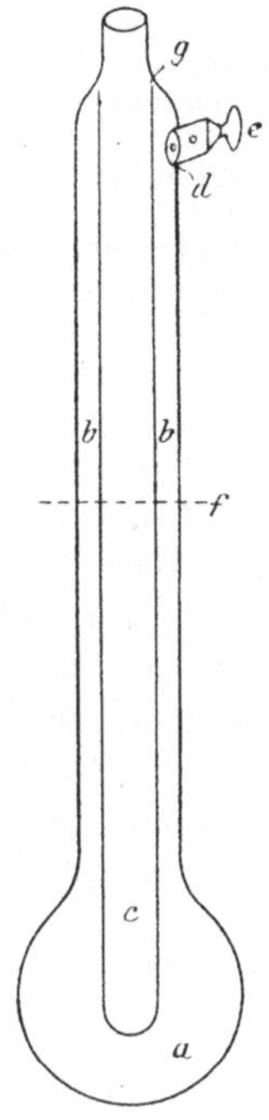

a ist ein Rundkolben von 65 mm Durchmesser und 200 mm langem, 28 mm weitem Halse b. c ist ein 15 mm weites Glasrohr, das bis zu 17 mm vom Boden des Rundkolbens eingelassen ist. Bei g ist die Verschmelzungsstelle und bei d ist ein 11 mm weiter Tubus eingelassen, welcher seitlich eine runde Oeffnung besitzt. In diesen Tubus passt ein eingeschliffener, hohler Glasstöpsel e, an welchem sich gleichfalls eine seitliche Oeffnung befindet. Das Thermometer wird bis nahezu 280^{0} in das heisse Luftbad eingelassen.

---

[1]) C. Graebe, Chem. Centrbl. (37) **16**, 833.

[2]) C. F. Roth, Ber. **19**, 1972, 1886, vgl. auch J. Houben, Chem. Ztg. **24**, 538, 1900.

[3]) Vgl. Zeitschr. analyt. Ch. **17**, 470, 1878.

Folgende Tabelle giebt einen Vergleich der erzielten Resultate:

	Mittlere Temperatur	Schmelzpunkt bestimmt in		
		H_2SO_4	Apparat	Corrig.
Benzoësäure	35⁰	121,5⁰	123⁰	123,3⁰
Harnstoff	35⁰	132⁰	135,5—139⁰	134,1⁰
α-Picolinquecksilberdoppelsalz	35⁰	154⁰	156,5—157⁰	157⁰
Pyridinquecksilberdoppelsalz	40⁰	174,5⁰	178⁰	178,4⁰
β-Dinitronaphthalin . . .	35⁰	168,5⁰	172⁰	172,2⁰
Nikotinsäure	50⁰	228⁰	235⁰	234,6⁰

Einen bequemen Apparat zur Schmelzpunktsbestimmung im Flüssigkeitsbade wendet R. Ebert[1]) an. In ein als Schwefelsäurebad dienendes Reagensrohr von ca. 180 mm Länge und 25 mm Weite ist in der Höhe von 15 mm vom Boden ein siebartiges Platinblech zur Vertheilung der heissen Flüssigkeitswellen eingepasst. Oben auf dem Reagensrohre liegt eine Blei- oder Asbestplatte mit dreifacher Durchbohrung. In der mittleren dieser Bohrungen steckt das Thermometer, welches bis 15 mm über das Platindrahtnetz hinabreicht, während ziemlich dicht neben diesem links und rechts zwei Versuchskapillaren mit oberer trichterförmigen Erweiterung eingesetzt sind. Um die Schwefelsäure zu mischen, leitet er, ähnlich wie dies Wiley[2]) vorgeschlagen hat, einen Luftstrom in dieselbe ein. Zu diesem Zwecke führt er eine dritte, auch durch oder unter der Deckplatte eintauchende und bis beinahe auf das Platinblech reichende, unten aber offene und rechtwinkelig umgebogene Kapillare in das Reagensrohr ein. Das äussere Ende dieses Kapillarrohres ist mit einer dreihalsigen Woulfe'schen Flasche verbunden, in welcher durch Einfliessen von Wasser die Luft komprimirt wird. Ein in den dritten Hals eingesetztes Heberrohr mit Quetschhahn gestattet, wenn nöthig, das Wasser wieder abzulassen.

Von L. N. Vandenvyver[3]) ist folgender Schmelzpunktsbestimmungsapparat beschrieben worden. Derselbe besteht aus einem Metalldraht AB, am unteren Ende mit einem Spiegel M, welcher unter einem Winkel von 135⁰ befestigt ist. Darüber ist ein Ring C fest angebracht und oberhalb desselben ein verschiebbarer Ring D mit Rand. Soll eine Schmelzpunktsbestimmung ausgeführt werden, so klemmt man zwischen die beiden Ringe

1) R. Ebert, Chem. Ztg. **15**, 76, 1891.

2) Wiley, Zeitschr. analyt. Ch. **30**, 514, 1891.

3) L. N. Vandenvyver, Ann. Chim. anal. Appl. **13**, 397, 1899; Chem. Centrbl. 1899, I, 241.

eine Scheibe Filtrirpapier und legt auf letzteres ein Stück der zu untersuchenden Substanz. Dann befestigt man den Draht mittels eines Korkes so in einem Probirrohr, wie Fig. 8 b zeigt. Ein empfindliches Thermometer T ist derart in dem Korke befestigt, dass sich seine Kugel dicht neben der Substanz befindet. Das Ganze taucht man in ein Glasgefäss V mit Wasser, Glycerin oder Paraffin. R ist ein Rührer, dessen Ring S mit einer Bürste versehen ist, um mit derselben die Glaswand von Luftblasen befreien zu können.

Der Inhalt des Gefässes V wird nun in der Nähe eines Fensters langsam und vorsichtig erhitzt, wobei man den Spiegel im Auge behält. Der Augenblick des beginnenden Schmelzens ist durch die Entstehung

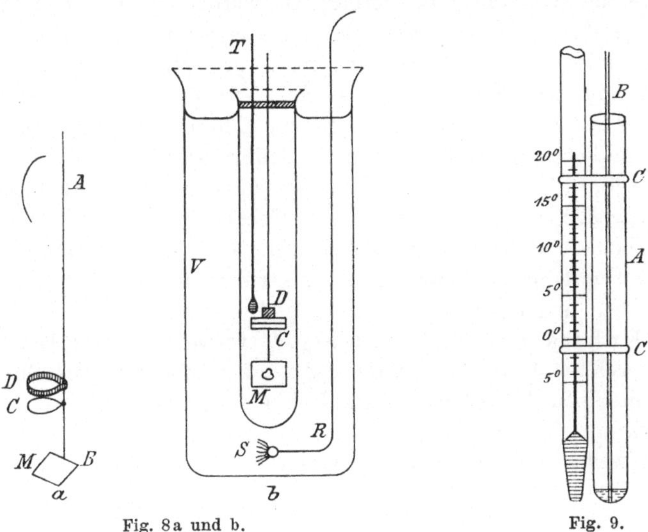

Fig. 8a und b. Fig. 9.

eines Fleckes zu beobachten, der sich auf dem Papier bildet und dessen Bild durch den Spiegel reflektirt wird. Vandenvyver hat zahlreiche Bestimmungen ausgeführt, die unter einander gut übereinstimmen.

H. R. Le Sueur und A. W. Crossley[1]) gründen eine Methode der Schmelzpunktsbestimmung von Fetten darauf, dass Flüssigkeiten das Phänomen der Kapillarität zeigen, während dies feste Körper nicht thun. In ein kleines, dünnwandiges Glas A (Fig. 9) von etwa 75 mm Länge und 7 mm Weite ist eine feine Kapillare B gebracht, deren Durchmesser nicht mehr als 3/4 mm betragen darf, und die an beiden Enden offen ist. Dann wird von dem zu untersuchenden Fett so viel hineingebracht, dass das untere Ende der Kapillare davon umgeben ist. Das Ganze wird mit zwei

1) H. R. Le Sueur und A. W. Crossley, Journ. Soc. Chem. Ind. **17**, 988, 1898; Chem. Centrbl. 1899, I. 247.

Gummibändern an ein Thermometer befestigt und in einem Wasserbade unter Umrühren langsam erwärmt. Als Schmelzpunkt wird derjenige Punkt notirt, bei dem man Flüssigkeit in der Kapillare aufsteigen sieht. Die von den Verfassern nach dieser Methode erhaltenen Resultate für verschiedene Substanzen vom Schmelzpunkt 46—219^0 stimmen sehr gut mit den früheren Beobachtungen überein.

Von Ledden-Hülsebosch[1]) beschreibt eine neue Methode der Schmelzpunktsbestimmung, wobei es sich um eine gerichtliche Untersuchung handelte, ob die abgekratzten Flecke auf den Kleidern eines Spitzbuben von Kerzen oder solchen Stoffen, welche zur Kerzenfabrikation gebraucht wurden, herrührten. Die vorhandene Menge Fettsubstanz war für ein Kapillarröhrchen zu gering; es wurden daher einige Stäubchen derselben auf ein kleines Schälchen (Uhrglasform) aus Aluminiumblech geschüttet und dieses auf der Oberfläche des Wassers in einem Becherglase, das auf dem Wasserbade vorsichtig erwärmt wurde, schwimmen gelassen. Es wurde an einem sehr genauen Thermometer beobachtet, wann das Fettstäubchen glänzend und durchsichtig wurde.

Eine ähnliche Art der Bestimmung führt E. H. Cook[2]) aus, indem er die betreffende Substanz auf Deckgläschen bringt und dieselben auf im Kölbchen befindliches Quecksilber legt. Bei der Erwärmung wird das Quecksilber mit einem Thermometer umgerührt und die Temperatur direkt an demselben abgelesen.

M. Kuhara und M. Chikashigé[3]) verwenden zwei Deckgläschen, zwischen welche sie die betreffende Substanz vertheilen. Dieselben werden alsdann in einen Halter aus Platinblech eingeklemmt und in einem Luftbade erwärmt.

Ein weiterer Apparat ist noch von Kunz-Krause[4]) beschrieben worden.

7. Bestimmung bei Fetten.

Benedikt[5]) giebt folgende ausführliche Darstellung der bei den Fetten üblichen Methoden: „Die Bestimmung des Schmelzpunktes der Fette wird in sehr verschiedener Weise vorgenommen, wobei die einzelnen Methoden häufig von einander abweichende Resultate geben, was seinen Grund vornehmlich darin hat, dass eine Unsicherheit darüber besteht, ob die Temperatur, bei welcher das Fett flüssig zu werden beginnt, oder jene, bei welcher es vollkommen klar wird, als Schmelztemperatur zu bezeichnen sei. Bei anderen Methoden wird als Schmelzpunkt eine Temperatur an-

1) Ledden-Hülsebosch, Pharm. Centrbl. K. **37**, 231, 1895.

2) E. H. Cook, Proc. Chem. Soc. 1896/97, Nr. 177, 74.

3) M. Kuhara und M. Chikashigé, Chem. New **80**, 270, 1900.

4) H. Kunz-Krause, Chem. Ztg. **25**, 149, 1901.

5) R. Benedikt, Analyse der Fette, Springer, Berlin.

gesehen, bei welcher nur ein bestimmter Grad des Erweichens eintritt, so z. B. diejenigen, bei welchen das Aufsteigen des Fettes in beiderseits offenen, in erwärmtes Wasser gestellten Röhrchen oder das Loslösen von einer in Wasser getauchten Thermometerkugel beobachtet wird. Eine Einigung über die bei Fettuntersuchungen einzuschlagende Methode wäre deshalb sehr erwünscht."

„Da die Fette nach dem Umschmelzen ihren normalen Schmelzpunkt oft erst nach längerer Zeit wieder erhalten, so lässt man die zur Schmelzpunktsbestimmung damit überzogenen Thermometer oder die Röhrchen, in die man das Fett im geschmolzenen Zustande eingebracht hat, erst einige Tage liegen."

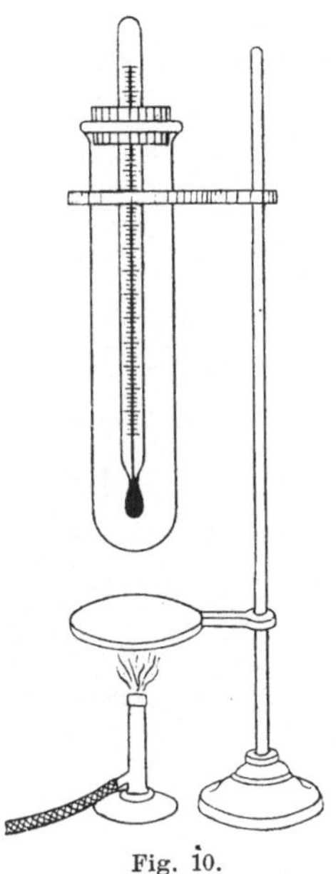

Fig. 10.

„Sehr verbreitet ist die von Pohl[1]) angegebene Methode der Schmelzpunktsbestimmung, bei welcher die Temperatur ermittelt wird, bei der das Fett flüssig wird, wobei es jedoch noch feste Partikelchen enthalten kann. Man taucht das kugelförmige Gefäss eines Thermometers einen Augenblick in das wenig über seinen Schmelzpunkt erhitzte Fett, so dass dieses nach dem Herausnehmen einen dünnen Ueberzug bildet, lässt das Thermometer längere Zeit liegen und befestigt es mittels eines Korks in einer weiten und langen Eprouvette in der Art, dass die Kugel noch etwa 1 cm vom Boden entfernt ist. Die Eprouvette hält man mittels einer Klammer 2—3 cm über ein Schutzblech oder eine Asbestplatte, die man mit dem Brenner erwärmt, und beobachtet den Punkt, bei welchem sich am unteren Ende der Kugel ein Tropfen geschmolzenen Fettes zeigt[2])."

„Sehr häufig wird die Schmelzpunktbestimmung in Kapillarröhren vorgenommen, dieselben sollen sehr dünnwandig und nicht zu eng sein. Nach den „Vereinbarungen der bayerischen Vertreter der angewandten Chemie"[2]) soll man von dem geschmolzenen und filtrirten Fett je nach der Länge des Quecksilberbehälters des Thermometers 1—2 cm in ein Kapillarröhrchen einsaugen, das Ende desselben zuschmelzen und es so an einem Thermometer mit langgezogenem Quecksilbergefäss befestigen, dass sich die Substanz in gleicher Höhe mit dem letzteren befindet. Erst wenn die Substanz im Röhrchen vollständig erstarrt ist, oder besser nach 24stündigem Liegen bringt man das Thermometer in ein ca. 3 cm im

1) Pohl, Wien. Akad. Ber. **6**, 587.

2) R. Benedikt, Analyse der Fette, Springer, Berlin.

Durchmesser weites Reagensglas, in welchem sich die zum Erwärmen dienende Flüssigkeit (Glycerin) befindet. Der Moment, da das Fettsäulchen vollkommen klar und durchsichtig geworden ist, ist als Schmelzpunkt festzuhalten. Diese Methode giebt etwas höhere Resultate als die vorhergehende, sie zeigt den Endpunkt des Schmelzens an."

„Olberg[1]) empfiehlt zur Schmelzpunktsbestimmung einen Apparat von beistehender Form (Fig. 11). Derselbe wird mit Oel gefüllt und hat den Zweck, das Umrühren zu vermeiden. Thermometer und Kapillarröhrchen

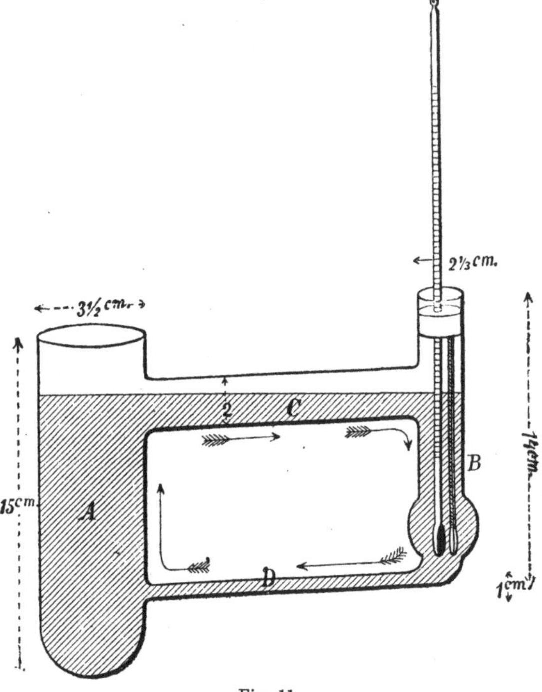

Fig. 11.

stehen in einer zur Zeichnung senkrechten Ebene. Der Apparat wird bei A erwärmt."

„Bensemann[2]) bestimmt den Anfangs- und Endpunkt des Schmelzens in folgender Weise: In ein auf der Hälfte seiner Länge verengtes und oben wenig aufgeblasenes Glasrohr, welches an dem engeren Ende zugeschmolzen ist, werden 2—3 Tropfen des Fettes gebracht, durch Neigen unmittelbar über der Verengungsstelle gesammelt und dann vollständig erstarren gelassen. Bei Schmelzpunktsbestimmungen von Fettsäuren genügt

---

1) Olberg, Repert. analyt. Ch. **6**, 95, 1886.

2) Bensemann, Repert. analyt. Ch. **4**, 165, 1884; **6**, 202, 1886.

Uebergiessen mit kaltem Wasser oder Betröpfeln mit Aether. Das so beschickte Röhrchen wird in senkrechter oder schwach geneigter Lage in ein mit kaltem Wasser gefülltes Becherglas gestellt, in welches man ein Thermometer eintaucht. Man erwärmt mit einer kleinen Flamme möglichst langsam, bis der Fettsäuretropfen eben herabzufliessen beginnt. Die in diesem Augenblick beobachtete Temperatur ist der Anfangspunkt des Schmelzens. Man erwärmt langsam weiter, bis der Tropfen vollständig durchsichtig erscheint, und notirt die gerade herrschende Temperatur als den „Endpunkt des Schmelzens".

Die Unregelmässigkeiten, welche die Schmelzpunkte der Fette zeigen (vgl. vorher), und die Nothwendigkeit, die ungeschmolzenen Fette vor der Bestimmung längere Zeit liegen zu lassen, haben dazu geführt, dass gegenwärtig zur Vergleichung und Werthbestimmung der Fette weit häufiger die Schmelzpunkte der daraus abgeschiedenen Fettsäuren als die der Fette selbst ermittelt werden.

Ueber den Erstarrungspunkt der Fette hat Rüdorff[1]) eingehende Beobachtungen angestellt. Die Fette wurden geschmolzen, mit dem Thermometer beständig umgerührt, und die Temperatur von Zeit zu Zeit notirt. Dabei zeigte sich, dass die Temperatur bei einigen Fetten bis zu einem gewissen Werthe sinkt, dann eine Zeit lang konstant bleibt und von da an weiter sinkt. Das Fett erstarrt während des Konstantbleibens, die dabei herrschende Temperatur ist der Erstarrungspunkt, In dieser Art verhält sich z. B. technische Stearinsäure (sowie wohl alle Gemenge freier Fettsäuren und diese selbst, welche folgende Ablesungen gab:

60,0 56,7, 56,1, 55,6, 55,3, 55,3, 55,2, 55,2, 55,2, 55,2, 55,2, 55,1, 55,0, 54,9, 54,8.

Bei 55,1 war die Masse vollkommen fest, die Stearinsäure hatte den Erstarrungspunkt 55,2.

Bei anderen Fetten und zwar den meisten Triglyceriden sinkt die Temperatur im Beginne des Erstarrens und steigt sodann auf ein Maximum, den Erstarrungspunkt, auf welchem sie sich bis zum völligen Festwerden erhält.

Einige Fette, wie z. B. Rinder- und Hammeltalg, haben keinen eigentlichen Erstarrungspunkt, indem die Temperatur um einige Grade steigt, jedoch nicht konstant wird. Solche Fette verhalten sich wie Mischungen, indem durch das Erstarren eines Theiles des Fettes das flüssig gebliebene eine andere Zusammensetzung erhält.

Man zieht deshalb ebenso wie bei der Schmelzpunktsbestimmung vor, zur Beurtheilung eines Fettes nicht seinen eigenen Erstarrungspunkt, sondern den der daraus abgeschiedenen Fettsäuren zu bestimmen.

---

1) Rüdorff, Pogg. Ann. **145**, 279.

Zur Ermittlung der Erstarrungspunkte der Fettsäuren verfährt man nach Dalican in folgender Weise: Ein 10 bis 12 cm langes, 1,5 bis 2 cm weites Reagensglas wird zu zwei Drittheilen mit den Fettsäuren gefüllt und über der Spirituslampe erwärmt. Sind zwei Drittheile des Inhalts geschmolzen, so hört man zu erwärmen auf und rührt mit einem Glasstabe um, wobei sich meist alles verflüssigt, sonst erwärmt man weiter. Nun setzt man das Reagensrohr mit Hilfe eines Korks in ein Glas ein und taucht ein in $^1/_5$ Grad getheiltes Thermometer so in das Fett ein, dass sich die Kugel in der Mitte der Masse befindet. Hat die Krystallisation am Rande begonnen, so liest man ab und rührt mit dem Thermometer nach rechts und nach links um. Dabei sinkt die Temperatur etwas, steigt aber bald wieder auf den zuerst notirten Punkt, bei dem sie mindestens zwei Minuten konstant bleibt; das ist der Erstarrungspunkt.

Nach Finkener[1]) erhält man genauere Resultate, wenn man mehr Fettsäuren nimmt und die Gefässe mit Watte umhüllt. Die Gefässe sind unten zugeschmolzene Glascylinder von 45 mm Weite oder Glaskolben von 45 mm Durchmesser mit cylindrischem Hals. Das Thermometer wird mittels Kork bei jedem Versuch bis zu derselben Marke genau in die Axe bezw. Mitte des Gefässes eingesetzt. Der Erstarrungspunkt wird stets etwas höher als nach Dalican gefunden.

J. Freundlich[2]) schlägt vor, mit dem Rühren bei einer möglichst tiefen, aber sicher noch über dem Erstarrungspunkt liegenden Temperatur zu beginnen. Es wird ganz kurz, etwa je zweimal links und rechts gerührt, das Thermometer in Ruhe gebracht und abgelesen. Sinkt der Quecksilberfaden, so wird in gleicher Weise gerührt. In dem Augenblick, wo das Quecksilberniveau sich 30—40 Sekunden nicht verändert, rührt man etwas länger, im Ganzen 15—25 mal. Während des Rührens sinkt die Temperatur und steigt während der Ruhe bis zum wahren Erstarrungspunkt.

Zur Bestimmung des Erstarrungs- oder Gefrierpunktes von Oelen kann man das Oel in ein Reagensglas bringen, in dessen Mündung man mittels nicht luftdicht schliessenden Stopfens ein Thermometer einsetzt, dessen Theilung erst oberhalb des Stopfens beginnt. Das Gefäss wird in eine Kältemischung eingetaucht und zur Beobachtung von Zeit zu Zeit einen Augenblick herausgenommen.

In den königlichen technischen Versuchsanstalten in Berlin sind von Martens[3]) und Hofmeister[4]) vergleichende Untersuchungen über die verschiedenen Methoden zur Bestimmung des „Kältepunktes von Schmierölen" angestellt worden. Hofmeister empfiehlt folgendes

---

1) Finkener, Mitth. königl. techn. Versuchsanst. Berlin, **7**, 24, 1889.
2) J. Freundlich, Chem. Ztg. **23**, 1014, 1899.
3) Martens, ibid. Ergänzungsheft V. 10, 1889 und 1890, 53.
4) Hofmeister, ibid. 1889, 24.

Verfahren: Das Oel wird in ein Reagensglas von 15 mm Weite bis zu einer ca. 30 mm über dem Boden befindlichen, ringförmigen, mit weisser Farbe angelegten Strichmarke eingefüllt. Diese Gläser werden zu 8—10 in ein Gestell eingesetzt, welches in eine Salzlösung gesenkt wird. Dieselbe ist umgeben von einer Kältemischung aus Kochsalz und Eis. Man kann mit Hilfe geeignet gewählter Salze und Verdünnungen erreichen, dass bei dem Gefrieren der Salzlösungen eine ganze Zeit lang eine bestimmte Temperatur herrscht, indem derartige Salzlösungen, einmal zum Gefrieren gebracht, die Fähigkeit besitzen, die Temperatur ihres Gefrierpunktes so lange beizubehalten, als einerseits noch feste Bestandtheile in der Lösung enthalten sind und anderseits noch nicht die ganze Masse erstarrt ist. Man entspricht diesen Bedingungen durch zeitweises Herausnehmen der Lösungen aus den Kältemischungen. Als Salzlösungen zum Füllen der Gefässe dienen:

Zur Erzeugung von:	oder nahezu:	Name des Kälteüberträgers.	Thl. Salz in 100 Thl. Wasser.
0°	—0°	Destillirtes Wasser	—
—2,85°	—3°	Lösung von Kaliumnitrat	13
—5,0°	—5,0°	„ „ „ } „ und Kochsalz }	13 3,3
—8,7°	—9°	„ „ Chlorbarium	35,8
—15,4°	—15°	„ „ Chlorammonium	25

Wenn die Salzlösungen die vorgenannte Eigenschaft zeigen sollen, ist es nothwendig, dass sich beim Gefrieren Eis und Salz im Verhältniss der Lösung ausscheiden, was nach Annäherung an den Gefrierpunkt der Lösung durch Hineinwerfen eines Stückchens Eis und des gelösten Salzes erreicht wird.

Die Probe bleibt 1—2 Stunden in der Lösung, worauf bei kurzem Herausnehmen und Neigen des Reagensglases festgestellt wird, ob noch eine Aenderung des Flüssigkeitsspiegels eintritt. Die Temperatur, bei welcher ein Oel nicht mehr fliesst, ist sein „Kältepunkt“. Fliesst es nicht mehr, so senkt man, nachdem es sofort in die kalte Lösung zurückversetzt ist, einen Glasstab ein und prüft es mit diesem nach etwa 1/4 Stunde auch auf seine Beschaffenheit. Ist es dann noch leicht beweglich, so ist es als dünnsalbig zu bezeichnen; der Stab soll sich noch herausziehen lassen, ohne das Becherglas mitzuheben. Lässt sich der Stab schwer bewegen, und wird das Glas beim Herausnehmen mitgehoben, so ist das Oel dicksalbig. Zur näheren Bezeichnung der Konsistenz des noch halb flüssigen oder schon erstarrten Oeles bedient man sich der Bezeichnungen „schwer fliessend, fadenziehend, dünnsalbig, dicksalbig, schmalzartig, butterartig, talgartig“.

Im Berichte des Pariser städtischen Laboratoriums sind folgende Erstarrungspunkte der Oele angegeben:

Olivenöl	erstarrt bei	+ 2° C.	Buchenkernöl	erstarrt bei	— 17,5° C.
Leberthran	„ „	0° C.	Leindotteröl	„ „	— 18°
Rüböl	„ „	— 3,75°	Mohnöl	„ „	— 18°
Colzaöl	„ „	— 6,25°	Leinöl	„ „	— 27,5°
Erdnussöl	„ „	— 7°	Hanföl	„ „	— 27,5°
Mandelöl	„ „	— 10°			

Die erstarrten Oele schmelzen nach Glässner[1]).

Hanföl	bei —27° C.	Colzaöl	bei —4° C.
Ricinusöl	„ —18	Sesamöl	„ —5
Leinöl	bei —16 bis —20	Olivenöl	„ +2,5
Sonnenblumenöl	bei —16	Schmalzöl	bei +6 bis +8
Rapsöl	„ —6	Mandelöl	bei —20 bis —25

Zur Unterscheidung der Oele von einander eignen sich besser die Schmelz- und Erstarrungspunkte der freien Fettsäuren. Einschlägige Bestimmungen sind von Bach[2]), Bensemann[3]), Herz[4]), Allen und Dieterich[5]) gemacht worden. Bach fand folgende Werthe:

Fettsäuren aus:	Schmelzen bei:	Erstarren nicht unter:
Olivenöl	26,5 bis 28,5° C.	22° C.
Cottonöl	38,0	35
Sesamöl	35,0	32,5
Erdnussöl	33,0	31,0
Sonnenblumenöl	23,0	17,0
Rüböl	20,7	15,0
Ricinusöl	13,0	2,0

Nach Dieterich soll die Bestimmung des Schmelz- und Erstarrungspunktes der Fettsäuren wenig Werth für die Oelanalyse haben, da damit selbst 25% fremder Zusätze meist nur mit geringer Sicherheit zu erkennen sind.

Zur Schmelzpunktsbestimmung dunkel gefärbter Fette schlägt R. Zaloziecki[6]) vor, in einem kleinen, 3—3,5 cm langen, 3 mm weiten, dünnwandigen Röhrchen eine kleine Schicht des geschmolzenen Körpers, etwa 3 mm, erstarren zu lassen, mit einer feinen Nadel eine centrale Oeffnung durch die ganze Schicht herzustellen und das Röhrchen am oberen Ende

1) Glässner, Arch. Pharm. **249**, 201.
2) Bach, Chem. Ztg. **7**, 356, 1883.
3) Bensemann, l. c.
4) Herz, Repert. analyt. Ch. 1886, 605.
5) Dieterich, Helfenberger Annalen.
6) R. Zaloziecki, Chem. Ztg. **13**, 788, 1889.

zuzuschmelzen. Beim Schmelzen und zunächst folgendem oberen Schluss der eventuell auch mit einem Schrotkorn verschlossenen Oeffnung des Stichkanals entweicht die Luft aus demselben, und dieser Vorgang erleichtert die Beobachtung.

C. Th. Kyll[1]) befestigt etwas Fett zwischen einem Spiegel und einem Objektträger und beobachtet so den Schmelzpunkt. Der Moment, in dem die Substanz schmilzt, wird sich sehr scharf daran erkennen lassen, dass der Spiegel an der Stelle des Fettfleckes seinen vollen Glanz zeigt.

Eine ausführliche Zusammenstellung und Kritik der verschiedenen Methoden findet sich in der Arbeit von C. Reinhardt[2]).

8. Bestimmung bei schmalzartigen Fetten.

Zur zolltechnischen Unterscheidung des Talgs, der schmalzartigen Fette, soweit sie nicht in Schmalz von Schweinen oder Gänsen bestehen, und der unter dem Namen Stearin in den Handel kommenden, nach Nr. 26 i zu tarifirenden festen, harten Fettsäuregemische der Stearin- und Palmitinsäure, sowie ähnlicher Kerzenstoffe, dient in erster Linie die von den Zollämtern vorzunehmende Feststellung des Erstarrungspunktes. Liegt der ermittelte Erstarrungspunkt der Fette unter 30 ° C., so sind sie als schmalzartige Fette, über 45 ° C., so sind sie als Kerzenstoffe zu behandeln. Jedoch wird Presstalg, der als solcher deklarirt ist, noch mit einem Erstarrungspunkte von 50 ° C. zur Verzollung als Talg zugelassen, wenn er nicht mehr als 5 % freie Fettsäure enthält.

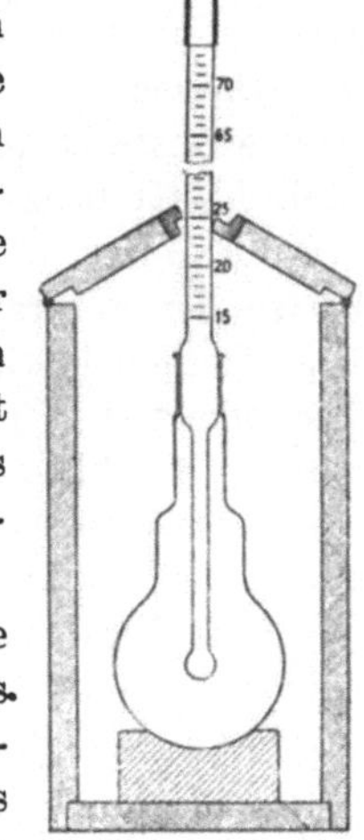

Fig. 12.

Behufs der Prüfung ist eine Durchschnittsprobe der Waare in der Weise herzustellen, dass mittels eines Bohrlöffes aus verschiedenen Höhenlagen des zu prüfenden Fettes, und zwar sowohl aus der Mittelaxe als auch aus den gegen die Seitenränder hin gelegenen Theilen desselben, Proben entnommen und miteinander vermischt werden. Bei grösseren Fettposten von augenscheinlich gleicher Beschaffenheit und gleichem Ursprung genügt es, wenn aus 2 bis 5 % der Kolli je eine Durchschnittsprobe entnommen wird. Jede Probe ist für sich zu untersuchen; zeigt hierbei der Inhalt auch nur eines Kollo der Sendung eine abweichende Beschaffenheit, so ist die Prüfung auf sämmtliche Kolli der Sendung auszudehnen.

---

1) C. Th. Kyll, Chem. Ztg. **17**, 72, 1888.

2) C. Reinhardt, Zeitschr. analyt. Ch. **25**, 11, 1886.

Die Feststellung des Erstarrungspunktes hat mittels des in Fig. 12 abgebildeten, von Finkener[1]) vorgeschlagenen Apparates (die Figur stellt die hintere Hälfte desselben nach Entfernung der vorderen durch einen senkrechten ebenen Schnitt dar) zu erfolgen. Derselbe besteht aus einem mit Klappendeckel versehenen, viereckigen Kasten von Buchenholz von 70 mm lichter Weite, 144 mm lichter Höhe und 9 mm Wandstärke, einem Glaskolben, dessen Kugel einen Durchmesser von 49 bis 51 mm hat, und einem in den Hals des Kolbens eingeschliffenen Thermometer. In der Mitte des Bodens des Kastens ist ein 92 mm hoher Kork befestigt; derselbe hat eine kleine Vertiefung in Form einer Kugelschale, in welche der Kolben zu stehen kommt. Wenn das in den Kolbenhals eingeschliffene Thermometer in den Schliff eingesetzt wird, fällt der Mittelpunkt seiner Kugel mit demjenigen der Kugel des Kolbens in einen Punkt. In dem Schliff des Thermometers ist parallel zu der Axe eine Rinne angebracht, so dass die Luft in dem Kölbchen über dem Fette immer unter dem Drucke der Atmosphäre steht, wenn man die Schliffflächen rein hält. Werden die beiden Klappen, welche den Deckel des Kastens bilden, heruntergelassen und in dieser Lage durch zwei Haken befestigt, so halten sie das Thermometer, welches eine Durchbohrung in der Mitte des Deckels gerade ausfüllt und mit ihm den Kolben in der richtigen Lage fest. Der Hals des Kolbens ist unten etwas erweitert (25 mm breit, damit die Kugel beim Erkalten des Fettes sicher voll bleibt, wenn man das flüssige Fett bis zu der Marke am Halse, etwa 10 mm über der Kugel eingefüllt hat. Die Thermometerkugel hat 9 mm Durchmesser, der dünnere Theil des Thermometers 5 mm und der Schliff 12 mm. Die Theilung des Thermometers geht bis zu 75° C in $^1/_5$ Graden, die Thermometerröhre hat aber ein etwas grösseres Reservoir, so dass das Thermometer bis zu 120° C. erhitzt werden kann, ohne zu platzen.

Das Verfahren der Feststellung des Erstarrungspunktes, welches etwa 2 Stunden Zeit in Anspruch nimmt, ist folgendes:

Man bringt 150 g der Durchschnittsprobe des zu untersuchenden Fettes in einer unbedeckten Porcellanschale auf einem siedenden Wasserbade zum Schmelzen, lässt sie nach dem Eintritt der Schmelzung mindestens 10 Minuten oder so lange auf dem siedenden Wasserbade stehen, bis das geschmolzene Fett eine völlig klare Flüssigkeit darstellt, und füllt alsdann aus der aussen abgetrockneten Schale Fett in das Kölbchen des Apparats bis zur Marke. Das Kölbchen stellt man, nachdem der Schliff wenn nöthig, abgeputzt und das Thermometer eingesetzt ist, sofort in den Kasten, klappt den Deckel desselben zu und fängt, wenn das Thermometer auf 50° C. gesunken ist, an, den Stand desselben mit Zwischenräumen von 2 Minuten abzulesen und aufzuschreiben.

[1]) Finkener, kgl. techn. Versuchsanst. Berlin, 8, 153.

Bei harten Fetten fängt das Thermometer nach einiger Zeit an langsamer zu fallen, bleibt einige Minuten stehen, steigt wieder, erreicht einen höchsten Stand und sinkt abermals. Dieser höchste Stand ist der Erstarrungspunkt.

Bei weichen Fetten fängt das Thermometer nach einiger Zeit an langsamer zu fallen, bleibt mehrere Minuten auf einem sich nicht ändernden Stand stehen und sinkt dann, ohne den vorigen dauernden Stand wieder zu erreichen. Der beobachtete höchste, sich auf einige Zeit nicht ändernde Stand giebt den Erstarrungspunkt an.

In zweifelhaften Fällen ist die Bestimmung des Erstarrungspunktes in der Weise zu wiederholen, dass das Fett im Kolben, nachdem man das Thermometer herausgenommen hat, durch Einstellen in das Heisswasserbad abermals geschmolzen und demnächst nochmals auf seinen Erstarrungspunkt geprüft wird.

Eine genaue Regelung der Temperatur des Zimmers, in welchem die Untersuchung vorgenommen wird, ist, wenn dieselbe von einer gewöhnlichen Zimmertemperatur nicht sehr stark abweicht, nicht erforderlich. Das Abkühlen des mit einer Temperatur von 100 ° C. in den Kolben gebrachten Fettes auf 50 ° C. dauert etwa ³/₄ St. Wenn die Untersuchung vollendet ist, bringt man das Fett in dem Kölbchen durch Einstellen des letzteren in siedendes Wasser zum Schmelzen, nimmt erst dann das Thermometer heraus, giesst das Fett aus und spült das erkaltete Kölbchen mit einigen ccm Aether einige Male aus.

Bestehen über die Richtigkeit der Ermittelungen nach dem Verfahren der Prüfung des Fettes in Bezug auf den Erstarrungspunkt Zweifel oder Meinungsverschiedenheiten, so ist durch einen Chemiker die Jodzahl des Fettes zu bestimmen etc.

II.

Methode der Bestimmung des Siedepunktes bezw. Dampfdruckes.

Siedepunkt und Dampfdruck einer Flüssigkeit sind zwei von einander abhängige Grössen. Die Höhe der einen bedingt die Stärke der anderen. Je geringer der Dampfdruck bei gewöhnlicher Temperatur ist, umso höher liegt auch meist der Siedepunkt.

Trotz dieser nahen Beziehungen bestimmt man fast durchweg lieber den Siedepunkt einer Flüssigkeit, wie ihren Dampfdruck. Der Grund hierfür ist der, dass die Bestimmung des Siedepunktes eine wesentlich einfachere und leichter mit grösserer Genauigkeit ausführbare Operation ist als die Ermittlung des Dampfdruckes. Nur in sehr seltenen Fällen wird es für technische Zwecke nothwendig sein, den Dampfdruck einer Flüssigkeit zu ermitteln. Immerhin giebt es auch hierfür Vorschläge und werden dieselben nachstehend besprochen werden. Die theoretischen Betrachtungen sind für beide Arten der quantitativen Bestimmung organischer Körper die gleichen, indem der Siedepunkt eben diejenige Temperaturhöhe anzeigt, bei der der Druck des Dampfes der Flüssigkeit gleich dem Atmosphärendruck geworden ist.

Der Siedepunkt ist ein für die meisten Flüssigkeiten äusserst charakteristischer Punkt. Es lässt sich somit in gleicher Weise wie der Schmelzpunkt für die festen Körper die Bestimmung des Siedepunktes zur Ermittlung des Grades der Reinheit der betreffenden Flüssigkeit benützen. Aber auch bei dem Vorhandensein von Verunreinigungen lässt sich aus der Grösse des Temperaturintervalls, innerhalb dessen die Destillation stattfindet, auf die Menge der beigemischten Stoffe schliessen. Es ist somit die Bestimmung des Siedepunktes eine bei der Analyse organischer Körper sehr häufig auszuführende Operation.

Die Eintheilung des Stoffes ist folgende:

1. Siedepunktsregelmässigkeiten und Konstitution,

1. Siedepunktsregelmässigkeiten und Konstitution.

Wenngleich sich das von Kopp im Jahre 1842 aufgestellte Gesetz, dass gleichen Unterschieden in der Zusammensetzung bei organischen Verbindungen gleiche Differenzen der Siedepunkte entsprechen, durchaus nicht in vollem Umfange und besonders nicht mit aller Schärfe bestätigt hat, so sind doch genügende Beispiele vorhanden, die bei einer grossen Zahl von Verbindungen gewisse Regelmässigkeiten nicht verkennen lassen.

Kopp hatte das obige Gesetz auf Grund der Beobachtungen aufgestellt, dass bei einer grossen Zahl von homologen Reihen, bei denen sich also immer das folgende aus dem vorhergehenden Gliede durch Zufügen einer CH_2gruppe ableitet, die Siedepunktsdifferenz 19^0 beträgt. Dies trifft annähernd zu für die Alkohole der Methylalkoholreihe, die Säuren der Essigsäurereihe, die Essigsäureester, die Normalbuttersäureester, die Aethylester der Essigsäurereihe, die Nitrile der Methylcyanidreihe, die Ketone der Acetonreihe und die sekundären Alkohole, wobei immer die normalen Verbindungen allein in Frage kommen. Jedoch ist zu beachten, dass hierbei die Differenz durchaus nicht immer genau 19^0 beträgt, sondern Schwankungen bis zu 5 und 6^0 nach oben und unten davon zeigt. Auch geht gewöhnlich die Siedepunktsdifferenz mit wachsendem Molekulargewicht etwas zurück.

Solche Verminderungen der Differenzen, die in mehr oder weniger regelmässiger Weise vor sich gehen, zeigen sich z. B. bei den normalen Kohlenwasserstoffen der Methanreihe. Während die Differenz zwischen Butan und Pentan $35{,}5^0$ beträgt, ist sie bei Decan und Undecan nur noch $21{,}5^0$ und geht sogar bei Octdecan und Nondecan auf 13^0 zurück. Aehnliche Erscheinungen zeigen sich bei den entsprechenden normalen Chloriden, Bromiden und Jodiden.

Für die aus normalen Alkoholen gebildeten Aether hat Dobriner gefunden, dass die Differenzen der Siedepunktsunterschiede umso grösser sind, je kleiner die Molekulargrösse der verglichenen Verbindung ist.

	Methyl	Diff.	Aethyl	Diff.	Propyl	Diff.	Butyl	Diff.
Methyl	−23,6°		10,8°		38,9°		70,3°	
		34,4°		23,8°		24,7°		21,1°
Aethyl	+10,8°		34,6°		63,6°		91,4°	
		28,1°		29,0°		27,1°		25,7°
Propyl	+38,9°		63,6°		90,7°		117,1°	
		31,4°		27,8°		26,4°		23,8°
Butyl.	+70,3°		91,4°		117,1°		140,9°	
		3.26,5°		3.25,1°		3.23,5°		3.21,6°
Heptyl	+149,8°		166,6°		187,6°		205,7°	

Auch hier zeigt sich die Regel bei den Anfangsgliedern nicht in voller Reinheit ausgeprägt.

Aehnliches gilt nach den Untersuchungen von Gartenmeister[1]) für die Ester aus normalen Fettsäuren und Fettalkoholen.

„Weitere allgemeine Regeln, die aber ebenfalls nicht ohne Ausnahmen sind, sind die folgenden:

1. Der Siedepunkt liegt umso niedriger, je verzweigter die Kohlenstoffkette ist. Ausnahmen finden sich bei den Kohlenwasserstoffen der aromatischen Reihe.

2. Primäre Alkohole sieden höher als sekundäre und diese wiederum höher als tertiäre. Ausnahmen bilden die Phenole, die doch eventuell als tertiäre Alkohole anzusehen sind.

3. Die Derivate der Acetylenreihe zeigen einen höheren Siedepunkt als die der Aethanreihe, während die der Aethylenreihe nicht allzu sehr von denen der Aethanreihe abweichen.“

„Aus dieser Zusammenstellung ergiebt sich, dass, wenn auch die Siedepunktsdifferenzen vielfach einen additiven Charakter tragen, doch quantitative Einflüsse in überaus reichem Maasse thätig sind. Diese Erscheinung entspricht aber auch durchaus den Erwartungen, welche man nach den gegenwärtig sich durchringenden Anschauungen über die räumliche Anordnung der Moleküle hegen darf.“

„Von Interesse ist noch eine Beobachtung von Beketow und von Berthelot[2]), wonach man den Siedepunkt von Estern berechnen kann aus der Summe der Siedepunkte der Bestandtheile, vermindert um ca. 120°. Bei gemischten Aethern trifft dies nicht zu.“

Eine ausführlichere Behandlung dieses Stoffes findet sich in Graham-Otto, Lehrb. d. Chemie, Abtheilung III, 1898, von W. Marckwald, ausserdem in einzelnen Monographien, wie z. B. in C. Windisch, Inaug.-Diss. „Ueber die Beziehungen zwischen dem Siedepunkt und der Zusammensetzung chemischer Verbindungen, Berlin 1889.

[1]) Gartenmeister, Liebig's Ann. **233**, 249. Weitere Literaturangaben, denen zum Theil diese Sätze entnommen sind, siehe nachstehend.

[2]) Berthelot, Ann. chim. phys. (3) **48**, 323.

2. Dampfdruck und Siedetemperatur von Gemischen.

In gleicher Weise wie bei der Ermittlung des Molekulargewichts mit Hilfe der Gefrierpunktsmethode lässt sich auch die Bestimmung der Siedepunktserhöhung zur Molekulargewichtsbestimmung bei allen den Lösungen verwenden, bei welchen die Dampfspannung des gelösten Körpers bei der Siedetemperatur der lösenden Flüssigkeit gleich Null oder doch nahezu Null ist. Bei diesen Körpern kann man aus dem Molekulargewicht und der angewandten Substanzmenge die Erhöhung des Siedepunktes berechnen, indem hier, wie Arrhenius nachwies, eine einfache Abhängigkeit zwischen Siedepunkt und Verdampfungswärme des Lösungsmittels vorhanden ist.

Zeigt jedoch der gelöste Körper ebenfalls Dampfspannung bei der Siedetemperatur der lösenden Flüssigkeit, so werden die Verhältnisse ungleich komplicirter.

Für verdünnte Lösungen gilt alsdann nach W. Nernst[1]) die Gleichung für den Theildruck des Lösungsmittels

$$P = P_0 \frac{n}{N + n}.$$

Hierbei bedeutet P_0 den Dampfdruck des reinen Lösungsmittels bei der Siedetemperatur der Lösung unter dem Barometerstande B. N sind die Anzahl der Grammmolekeln des Lösungsmittels, n die des flüchtigen Stoffes.

Setzt man dem Theildruck des gelösten Stoffes $= p$, so ist

$$B = P + p,$$

und man erhält

$$p = B - P_0 \frac{N}{N + n}.$$

Ist die Abweichung von der Siedetemperatur des reinen Lösungsmittels nach Zufügung der n-Grammmolekeln des gelösten Stoffes $= \varDelta$, und bezeichnet man den Temperaturkoefficienten des Dampfdruckes dP_0/dT mit β, so ist $P_0 = B + \beta\varDelta$, und man erhält

$$p = B \left(\frac{n}{N + n} - \frac{\beta\varDelta}{B} \cdot \frac{N}{N + n} \right)$$

Der für β einzusetzende Werth kann mit Hilfe der Gleichung

$$\frac{dP}{dT} = \frac{B\varrho}{RT^2}$$

oder experimentell bestimmt werden. In dieser Gleichung bedeutet R die Gaskonstante $= \frac{V_0 p_0}{273} = \frac{22400 . 1033}{273} = 84758$ und ϱ die molekulare

1) W. Nernst, Zeitschr. physik. Ch. **8**, 128, 1891. Vgl. auch Planck, ibid. **2**, 411, 1888.

Verdampfungswärme. Bei nichtflüchtigen gelösten Stoffen wird $p = 0$, und man erhält

$$\frac{dP}{dT} = \frac{P\varrho}{RT^2}$$

Setzt man $p/B = c^1$, d. i. gleich dem Verhältniss der beiden Stoffe im Dampf und $n/N + n = c$, d. i. gleich dem Verhältniss der Stoffe in der Flüssigkeit, so gilt folgende Gleichung

$$c - c^1 = \frac{\beta\Delta}{B} \cdot \frac{N}{N+n} = \frac{\beta\Delta}{B} - \frac{P}{P_0}.$$

Dementsprechend hat $c - c^1$ dasselbe Zeichen wie Δ und wird gleichzeitig mit diesem = Null. Man kann somit den Satz aussprechen:

Sinkt der Siedepunkt eines Lösungsmittels durch den Zusatz eines flüchtigen Stoffes, so ist in dem Dampfe mehr von diesem enthalten als in der Lösung, und bleibt der Siedepunkt unverändert, so hat der Dampf und der Rückstand die gleiche Zusammensetzung[1]).

W. Nernst hat diese Verhältnisse experimentell geprüft, indem er Chloroform und Benzol in ätherischer Lösung untersuchte. Hierbei fand er, dass die Siedepunktserhöhungen der Koncentration proportional und um 20 bezw. 10% geringer waren, als sich unter Benutzung der Gleichung für nichtflüchtige Stoffe berechnen liessen. Allerdings wurde hierbei eine Analyse des Dampfes nicht ausgeführt.

Bei Lösungen von Essigsäure in Benzol und Wasser in Aether lagen die Verhältnisse komplicirter, indem bei Essigsäure wie auch bei Wasser das Vorhandensein von Doppelmolekeln in Frage kommt.

Während sich schon hier bei den verdünnteren Lösungen unter gewissen Umständen verwickeltere Fälle erwarten lassen, tritt dies in noch höherem Maasse ein bei den höher koncentrirten Lösungen der in allen Verhältnissen mischbaren Flüssigkeiten. Auch hier zeigen die Dämpfe selbst keine erkennbare gegenseitige Wechselwirkung, sondern die Einwirkung der Flüssigkeiten auf einander und auf die entstandenen Dämpfe bedingt diesen Wechsel der Erscheinungen.

Ein besonderes Verdienst um die Untersuchung dieser Verhältnisse hat sich D. Konowalow[2]) erworben. Man erhält eine gute Uebersicht, wenn man die betreffenden Werthe in graphischer Darstellung wiedergiebt und die Dampfdrucke bei gleicher Temperatur als Funktion des Mengenverhältnisses in Form einer Kurve darstellt, wobei die Abscissen Procente und die Ordinaten Drucke sind. Folgende Beispiele werden die Verhältnisse am besten erläutern:

---

1) W. Nernst, Zeitschr. physik. Ch. 8. 129, 1891.

2) D. Konowalow, Wied. Ann. **14**, 34, 1881; **14**, 219, 1881.

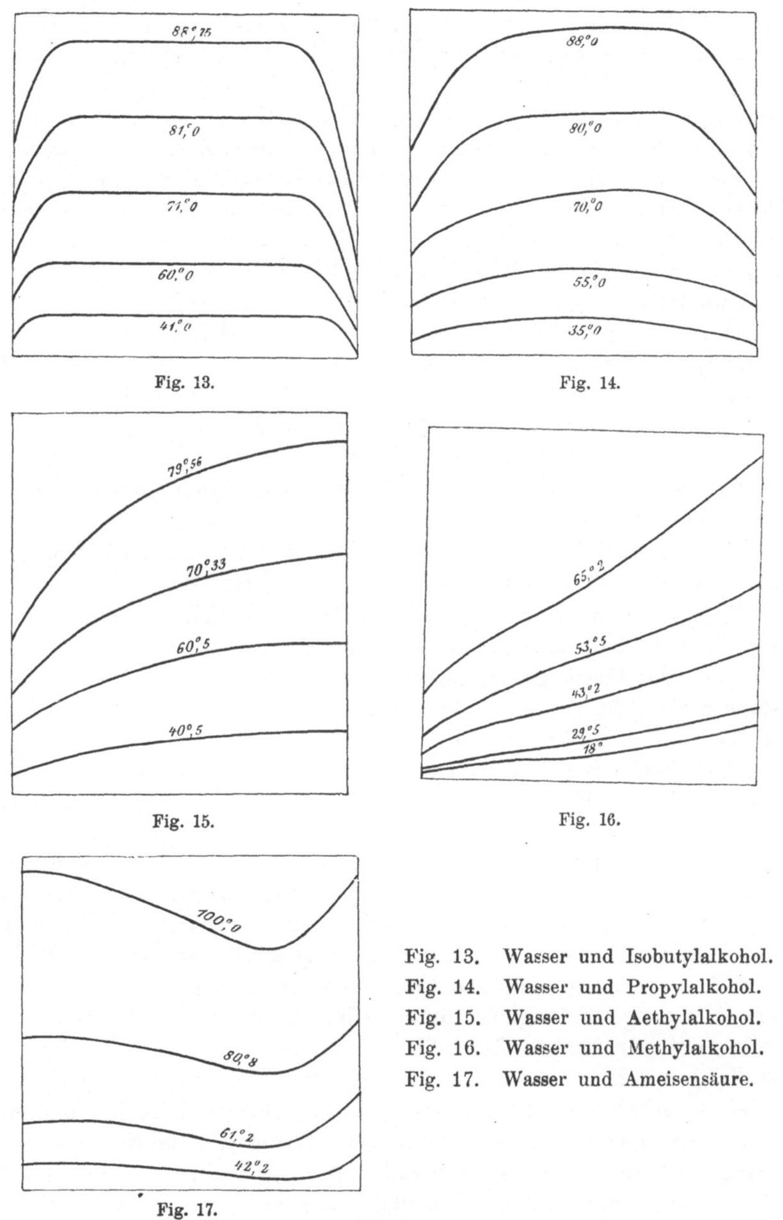

Fig. 13. Fig. 14.

Fig. 15. Fig. 16.

Fig. 17.

Fig. 13. Wasser und Isobutylalkohol.
Fig. 14. Wasser und Propylalkohol.
Fig. 15. Wasser und Aethylalkohol.
Fig. 16. Wasser und Methylalkohol.
Fig. 17. Wasser und Ameisensäure.

Bei einem Gemenge von Wasser und Isobutylalkohol (Fig. 13), die sich also nicht in allen Verhältnissen mischen, steigen die Kurven bis zu einem Maximum und behalten einen konstanten Werth bis zu ca. 90 %

Alkohol. Zwischen 10 und 90% Alkohol erhält man also ein Destillat von konstanter Zusammensetzung, wie bereits von Pierre und Puchot[1]) beobachtet worden ist. Dies dauert so lange, bis der in geringerer Menge vorhandene Bestandtheil verschwunden ist. Hierbei hinterbleibt alsdann die andere Flüssigkeit in mehr oder weniger reinem Zustande. „Es ergiebt sich somit, dass die Mengenverhältnisse, bei welchen je eine Flüssigkeit mit der anderen gesättigt ist, auch diejenigen sind, bei welchen die Dampfspannungskurven aus der geraden in die gekrümmte Linie übergehen“ (Ostwald, Allg. Ch. I. 645).

Von den in allen Verhältnissen mischbaren Flüssigkeiten, die von Konowalow untersucht worden sind, seien erwähnt: Wasser und Propylalkohol. Die Kurven zeigen noch eine gewisse Aehnlichkeit mit den vorhergehenden des Gemenges von Isobutylalkohol und Wasser. Auch hier findet sich noch ein Maximum. (Fig. 14.)

Wasser und Aethylalkohol. Ein Maximum ist nicht mehr vorhanden, dagegen zeigt sich noch eine schwache Krümmung der Kurven nach oben. (Fig. 15.)

Wasser und Methylalkohol. Weder Maximum noch nach oben konvex gekrümmte Kurven sind vorhanden. (Fig. 16.)

Wasser und Ameisensäure. Hier zeigt sich im Gegensatze zu den vorhergehenden eine Einbuchtung der Kurven nach unten. Somit ist der Druck des Gemenges in allen Verhältnissen niedriger als der der Bestandtheile. Bei ca. 70% Ameisensäure zeigt er den kleinsten Werth. (Fig. 17.)

„Aus diesen Beziehungen lassen sich nun nach Ostwald, Allg. Ch. I. 648, Schlüsse auf das Verhalten der Gemenge beim Destilliren ziehen. Solche, die dem Typus Propylalkohol-Wasser entsprechen, die also ein Maximum des Dampfdruckes besitzen, werden beim Beginn der Destillation Dämpfe geben, welche den Mengenverhältnissen, unter denen das Maximum eintritt, nahe stehen, während der Rückstand sich davon entfernt. Wiederholt man die Destillation, so gelangt man schliesslich dazu, ein niedrig siedendes Destillat mit höchstem Dampfdruck zu isoliren, während diejenige Flüssigkeit zurückbleibt, welche in Bezug auf das Verhältniss mit maximalem Dampfdruck im Ueberschuss vorhanden war. Destillirt man z. B. ein Gemenge von 50% Propylalkohol und 50% Wasser, so erhält man ein an Propylalkohol reicheres Destillat, und nach wiederholten Operationen schliesslich ein niedrig und konstant siedendes Gemenge mit 75% Alkohol, während Wasser zurückbleibt. Propylalkohol von 90% giebt ein 75%iges Destillat und reinen Propylalkohol im Rückstande. Man übersieht die obwaltenden Verhältnisse gleichfalls, wenn man sich vergegenwärtigt, dass jedes Gemenge von Propylalkohol und

---

[1]) J. Pierre und E. Puchot, Ann. de phys. (4) **26**, 145, 1872.

Wasser leichter siedet, als beide Bestandtheile für sich und am leichtesten das mit 75 % Propylalkohol, welches den höchsten Dampfdruck hat; durch Fraktioniren muss eben dieses Gemenge isolirt werden."

„Der Fall, welcher durch Aethyl- bezw. Methylalkohol und Wasser repräsentirt wird, gestattet im allgemeinen eine vollständige Trennung durch fraktionirte Destillation, weil die Siedepunkte aller Gemenge zwischen denen der Bestandtheile liegen. Doch lässt sich übersehen, dass es viel leichter ist, Wasser durch Destilliren von Alkohol zu befreien als umgekehrt, weil, wie die Form der Kurve anzeigt, ein kleiner Gehalt des Wassers an Alkohol einen viel grösseren Einfluss auf den Dampfdruck und daher den Siedepunkt hat, als ein kleiner Wassergehalt im Alkohol."

„Die Ameisensäure stellt schliesslich den Fall stärkster gegenseitiger Beeinflussung der Bestandtheile dar; die Dampfdrucke der Gemenge liegen alle unterhalb, die Siedetemperaturen also oberhalb der den Bestandtheilen eigenen, und naturgemäss existirt daher ein Gemenge von niedrigstem Dampfdruck und höchster Siedetemperatur. Bei der Destillation wird dieses stets den Rückstand zu bilden streben, während je nach dem Mengeverhältniss Wasser mit wenig Ameisensäure (bei verdünnten Lösungen) oder fast reine Ameisensäure destillirt. Ein Gemenge in dem Verhältniss, welches dem Maximum der Siedetemperatur entspricht, lässt sich ebensowenig durch Destillation scheiden, wie das beim Propylalkohol auftretende mit normaler Siedetemperatur."

Aehnliche Verhältnisse finden sich bei anderen wasserhaltigen Säuren, wie Salzsäure, Salpetersäure u. s. w. Auch hier zeigen sich konstante Siedepunkte, wobei Gemenge übergehen, für welche der Dampfdruck ein Minimum und der Siedepunkt ein Maximum ist.

Weitere Versuche in dieser Richtung sind von D. H. Jackson und S. Young[1]) über Gemenge von Benzol und Normal-Hexan, von E. Taylor[2]) über Gemenge von Aceton und Wasser u. s. w. ausgeführt worden. Für die Abhängigkeit der Zusammensetzung des Dampfes von der Zusammensetzung der Flüssigkeit hat Duhem bezw. Margules[3]) eine Gleichung aufgestellt

$$\frac{d\ln p_1}{d\ln x} = \frac{d\ln p_2}{d\ln(1-x)}$$

deren experimentelle Prüfung von J. von Zawidski[4]) ausgeführt wurde. Derselbe untersuchte folgende Flüssigkeitspaare:

---

1) D. H. Jackson und S. Young, Journ. Chem. Soc. **1898**, 922.

2) A. E. Taylor, The Journ. of Physical. Chem. **4**, 290 und 355, 1900.

3) Margules, Sitzber. Wien. Akad. (2), **104**, 1243, 1891. Vgl. ferner: Lehfeldt, Phil. Mag. (5), **40**, 402, 1895; Dolezalek, Zeitschr. phys. Ch. **26**, 321, 1898; Luther, Ostwald's Allg. Ch. **3**, 6, 39; Gahl, Zeitschr. physikal. **33**, 178, 1900.

4) J. von Zawidzki, ibid. **35**, 129, 1900; P. Duhem, ibid. **35**, 483, 1900.

Benzol und Kohlenstofftetrachlorid,
Benzol und Aethylenchlorid,
Kohlenstofftetrachlorid und Aethylacetat,
Kohlenstofftetrachlorid und Jodäthyl,
Aethylacetat und Jodäthyl,
Essigsäure und Benzol,
Essigsäure und Toluol,
Pyridin und Wasser,
Schwefelkohlenstoff und Methylal,
Schwefelkohlenstoff und Aceton,
Chloroform und Aceton,
Aethylenbromid u. Propylenbromid.

Im allgemeinen ergab sich eine gute Bestätigung der Formel von Duhem-Margules und zwar nicht nur bei Flüssigkeiten mit normalen Dampfdichten, sondern auch bei solchen mit abnormen Dampfdichten wie z. B. der Essigsäure. Die Gehaltsbestimmung erfolgte auf refraktometrischem Wege mit Hilfe des Pulfrich'schen Totalrefraktometers.

3. Siedetemperatur und Barometerstand.

Als den normalen Siedepunkt sieht man diejenige Temperatur an, bei welcher eine Flüssigkeit bei 760 mm Druck siedet. Mit Veränderung des Barometerstandes erleidet auch die Siedetemperatur eine Veränderung. Wie Crafts[1]) gefunden hat, ergiebt es sich, dass die Siedepunktsänderung innerhalb nicht zu grosser Schwankungen des Luftdrucks direkt proportional der absoluten Siedetemperatur T der betreffenden Substanz angesehen werden kann.

$$\varDelta = Tk$$

Hierbei bedeutet k eine von der Natur der Substanz abhängige Konstante.

Für folgende Substanzen ergeben sich die von verschiedenen Autoren experimentell bestimmten Konstanten, von P. Fuchs[2]) umgerechnet, zu:

	$\varDelta$	$\varDelta_0$	
Aceton, $(CH_3)_2CO$,	0,0388 °	2,57 mm	1)
Aethylalkohol, C_2H_5OH,	0,0362 °	2,76 „	5)
Anilin, $C_6H_5NH_2$,	0,0518 °	1,93 „	3)
Benzol, C_6H_6,	0,0430 °	2,37 „	4)
Methylalkohol, CH_3OH,	0,0362 °	2,76 „	5)
Monobrombenzol, C_6H_5Br,	0,0526 °	1,90 „	3)
Monochlorbenzol, C_6H_5Cl,	0,0496 °	2,01 „	3)
Metaxylol, $C_6H_4(CH_3)_2$	0,0508 °	1,96 „	1)

Hierbei bedeutet $\varDelta$ die Siedepunktsänderung für 1 mm Druck und $\varDelta_0$ die Spannkraftsänderung des Dampfes der Substanz pro 0,1 ° Tem-

1) Crafts, Ber. **20**, 401, 1887.
2) P. Fuchs, Zeitschr. angew. Ch. **1898**, 868.
3) Ramsay und Young, Zeitschr. physik. Ch. **1**, 247.
4) Régnault, Memoire de l'acad. **21**, 624, **26**, 339; Compt rend. **39**, 301, 347, 397.
5) Schmidt, Zeitschr. physik. Ch. **7**, 433, **8**, 628.

peraturvariation. Die Giltigkeit dieser Werthe erstreckt sich auf eine Druckdifferenz von ± 50 mm gegenüber dem Normaldruck von 760 mm bei 0°. Man erhält also bei einem Druck, der vom normalen Barometerstand um n mm abweicht, als korrigirten Werth: ± (n k) t, welche Grössen in den folgenden Tabellen abgelesen werden können:

Siedepunkts-Reduktionstafel auf Normaldruck von 760 mm für

Barometer-Stand	Ganze Millimeter									
mm	0	1	2	3	4	5	6	7	8	9
					Aceton, $(CH_3)_2CO$.					
710	55,06	,10	,14	,18	,21	,25	,29	,33	,37	,41
720	55,45	,49	,52	,56	,60	,64	,68	,72	,76	,80
730	55,83	,87	,91	,95	56,00	,03	,07	,11	,15	,18
740	56,22	,26	,30	,34	,38	,42	,46	,49	,53	,57
750	56,61	,65	,69	,73	.77	.80	,84	,88	,92	,96
760	57,00	,04	,08	,12	,15	,19	,23	,27	,31	,35
770	57,39	,43	,46	,50	.54	,58	,62	,66	,70	,74
780	57,78	,81	,85	,89	,93	,97	58,00	,04	,08	,12
					Aethylalkohol, C_2H_5OH.					
710	76,36	,40	,43	,47	,51	,54	,58	,62	,65	,69
720	76,37	,76	,80	,84	,87	,91	,95	,98	77,02	,06
730	77,10	,13	,17	,21	,24	,28	,32	,35	,39	,43
740	77,46	,50	,54	,57	,61	,64	,68	,72	,76	,79
750	77,83	,87	,90	,94	,98	78,02	,05	,09	,13	,16
760	78,20	,24	,27	,31	,35	,38	,42	,46	,49	,53
770	78,57	,60	,64	.68	,71	,75	,79	,82	,86	,90
780	78,94	,97	79,00	,04	,08	,12	,16	,19	,23	,27
					Anilin, $C_6H_5NH_2$.					
710	181,41	,46	,51	,56	,62	,67	,72	,77	,82	,88
720	181,93	,98	182,03	,08	,13	,19	,24	.29	,34	,39
730	182,45	,50	,55	,60	,65	,70	,76	,81	.86	,91
740	182,96	183,01	,06	,12	,17	,22	,27	,33	,38	,43
750	183,48	,53	,58	,64	,69	,74	,79	,84	,90	,95
760	184,00	,05	,10	,15	,21	,26	,31	,36	,41	,47
770	184,52	,57	,62	,67	,72	,78	,83	,88	,93	,98
780	185,04	,09	,14	,19	,24	,30	,35	,40	,45	,50
					Benzol, C_6H_6.					
710	77,85	,89	,94	,98	78,02	,06	,11	,15	,19	,24
720	78,28	,32	,36	,40	,45	,49	,54	,58	,62	,67
730	78,71	,75	,79	,84	,88	,92	,97	79,01	,05	,10
740	79,14	,18	,23	,27	,31	,35	,40	,44	,48	,53
750	79,57	,61	,66	,70	,74	,78	,83	,87	,91	,96
760	80,00	,04	,09	,13	,17	,21	,26	,30	,34	,39
770	80,43	,48	,52	,56	,60	,64	,69	,73	,77	,82
780	80,86	,90	,95	,99	81,03	,07	,12	,16	,20	,25

Barometer-Stand mm	Ganze Millimeter 0	1	2	3	4	5	6	7	8	9
	Methylalkohol, CH_3OH.									
710	65,06	,10	,13	,17	,21	,24	,28	,32	,35	,39
720	65,43	,46	,50	,54	,57	,61	,65	,68	,72	,76
730	65,80	,83	,87	,91	,94	,98	66,02	,05	,09	,13
740	66,16	,20	,24	,27	,31	,35	,38	,42	,46	,49
750	66,53	,57	,60	,64	,68	,72	,75	,79	,83	,86
760	66,90	,94	,97	67,01	,05	,08	,12	,16	,19	,23
770	67,27	,30	,34	,38	,42	,45	,49	,53	,56	,60
780	67,64	,67	,71	,75	,78	,82	,86	,89	,93	,97
	Monobrombenzol, C_6H_5Br.									
710	153,37	,42	,47	,53	,58	,63	,68	,74	,79	,84
720	153,90	,95	154,00	,05	,11	,16	,21	,26	,32	,37
730	154,42	,47	,53	,58	,63	,68	,74	,79	,84	,89
740	154,95	155,00	,05	,11	,16	,21	,26	,32	,37	,42
750	155,47	,53	,58	,63	,68	,74	,79	,84	,89	,95
760	156,00	,05	,10	,16	,21	,26	,32	,37	,42	,47
770	156,33	,58	,63	,68	,74	,79	,84	,89	,95	157,00
780	157,05	,10	,16	,21	,26	,31	,37	,42	,47	,53
	Monochlorbenzol, C_6H_5Cl.									
710	129,52	,57	,62	,67	,72	,77	,82	,87	,92	,97
720	130,02	,07	,12	,16	,21	,26	,31	,36	,41	,46
730	130,51	,56	,61	,66	,71	,76	,81	,86	,91	,96
740	131,00	,06	,11	,16	,21	,26	,31	,36	,40	,45
750	131,50	,55	,60	,65	,70	,75	,80	,85	,90	,95
760	132,00	,05	,10	,15	,20	,25	,30	,35	,40	,45
770	132,50	,55	,60	,64	,69	,74	,79	,84	,89	,94
780	132,99	133,04	,09	,14	,19	,24	,29	,34	,39	,44
	Meta-Xylol, $C_6H_4(CH_3)_2$.									
710	136,46	,51	,56	,61	,66	,71	,76	,82	,87	,92
720	136,97	137,02	,07	,12	,17	,22	,27	,32	,37	,42
730	137,48	,53	,58	,63	,68	,73	,78	,83	,88	,93
740	137,98	138,03	,09	,14	,19	,24	,29	,34	,39	,44
750	138,49	,54	,59	,64	,69	,75	,80	,85	,90	,95
760	139,00	,05	,10	,15	,20	,25	,30	,36	,41	,46
770	139,51	,56	,61	,66	,71	,76	,81	,86	,91	,97
780	140,02	,07	,12	,17	,22	,27	,32	,37	,42	,47

Durch Versuche mit Handelsbenzolen und ihnen ähnlichen Gemischen von Benzol, Toluol und Xylol gelangte Landers[1]) unter Benützung des von der Analysenkommission des Vereins zur Wahrung der Interessen der chemischen Industrie empfohlenen Destillationsapparates[2]) zu folgenden, für eine Temperatur von 100° geltenden Regeln.

---

1) A. Landers, Chem. Ind. **12**, 169.

2) Chem. Ind. **9**, 328.

a) Zu den bei 100° C. bei einem Barometerstande zwischen 720 und 780 mm erhaltenen Destillationsprocenten sind, um dieselben auf 760 mm zu reduciren, für jeden Millimeter

für 50er Benzol = 0,077%,
„ 90er „ = 0,033%

zu- bezw. abzuzählen.

b) Bei einer Destillation zwischen 720 und 780 mm muss man zu 100° C. für jeden Millimeter

bei 50er Benzol = 0,0461° C.
„ 90er „ = 0,0453° C.

zu- bezw. abzählen, um die richtige Temperatur zu bekommen, die dem normalen Barometerstande von 760 mm entspricht.

Bei Einhaltung der gleichen Destillationsmethode würden also bei 100° C. Kriterien für die Beurtheilung von Handelsbenzolen gegeben sein. Aehnliche Beziehungen für die unter 100° C. liegenden Temperaturen lassen sich jedoch nicht aufstellen, da der Gehalt der Handelsbenzole an flüssigen Kohlenwasserstoffen und an Schwefelkohlenstoff ein zu verschiedener ist.

Die Ermittlung des Siedepunktes bei normalem Atmosphärendruck lässt sich mit Hilfe des von H. Bunte[1]) konstruirten Druckregulators ausführen, bei dem der vorhandene Luftdruck auf einen solchen von 760 mm mit Hilfe einer Wassersäule ergänzt wird. Weiterhin ist von Staedel und Hahn[2]) ein Apparat konstruirt worden, der es ermöglicht, sowohl Ueberdruck wie Unterdruck herzustellen.

4. Ausführung der Siedepunktsbestimmung.

Sehr genaue Siedepunktsbestimmungen lassen sich mit Hilfe des von Beckmann konstruirten Siedeapparates zur Ermittlung des Molekulargewichtes gelöster Substanzen ausführen. Für gewöhnlich sind solche feineren Messungen nicht nothwendig, und es genügt, wenn man sich des folgenden von B. Philips, (Hilfsbuch für chemische Praktikanten), empfohlenen Apparates[3]) von nachstehender Form (Fig. 18) bedient. Man führt das Quecksilbergefäss des Thermometers so weit ein, dass es sich etwa in der Mitte der beiden Abzweigungen befindet, wobei man sich, um die Korrektion wegen des hervorragenden Fadens zu umgehen, eines abgekürzten Thermometers bedienen kann. Durch den unteren Ansatz ist ein Berühren der aus dem Kühler ablaufenden Flüssigkeit mit der Thermometerkugel unmöglich geworden und daher eine genaue Bestimmung leicht ausführbar.

---

1) H. Bunte, Liebig's Ann. **168**, 139.
2) W. Staedel und Hahn, Liebig's Ann. **195**, 218.
3) Vgl. hierzu: R. Ramsay und L. Meyer, Zeitschr. physik. Ch. **2**, 216, 1886.

Meist wird man sich bei der technischen Analyse eines Fraktionirkölbchens für 100 ccm Flüssigkeit bedienen und so destilliren, dass in der Minute ca. 30 Tropfen fallen. Zum Auffangen benützt man einen 100 ccm Cylinder und liest daselbst für jeden Temperaturgrad das übergegangene Quantum ab. In den meisten Fällen wird nach Vereinbarung eine bestimmte Probe als Type (Muster) angenommen. Man destillirt dann zunächst den Type und darauf mit demselben Kölbchen und mit gleich grosser Flamme die Probe der neuen Sendung. Dabei wird immer der Barometerstand gleichzeitig mit angegeben. Indem die beiden Destillationen unter möglichst gleichen Bedingungen ausgeführt werden, ist es auch möglich, durchaus vergleichbare Resultate zu erhalten. Man destillirt dabei so, dass ca. 2—5 ccm in dem Destillationskölbchen zurückbleiben, lässt dasselbe nach dem Erkalten gut austropfen und füllt direkt die neue Probe ein.

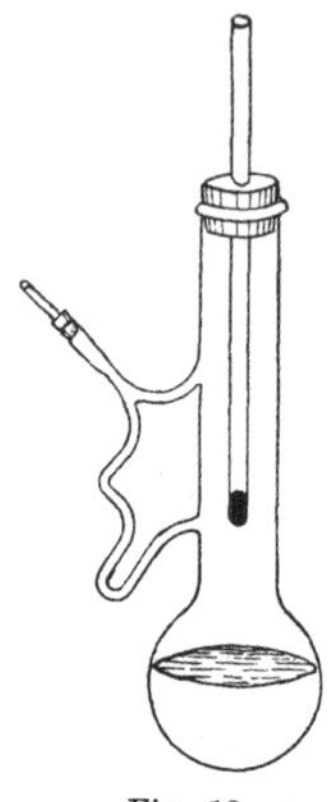
Fig. 18.

Nachstehend seien einige Beispiele gegeben, welche die betreffenden Verhältnisse noch mehr klarlegen.

Buttersäure technisch.

	Type.		Probe.		
—158°	15		55		
—160°	25	70	15	30	bei 750 mm
—162°	45		15		Barometerstand.
—164°	12		10		
—172°	0		4		
	97 ccm		99 ccm		

O. Toluidin technisch.

	Type.	Probe.	
—195°	16,8	18,2	
—196°	73,0	68,5	bei 765 mm Barometerstand.
—197°	9,8	13,0	
	99,6	99,7	

Xylidin technisch.

	Type.	Probe.	
—211°	4,8	3,0	
—212°	77,2	75,4	bei 750 mm
—213°	15,7	18,2	Barometerstand.
—214°	2,0	3,2	
	99,7	99,8	

Diäthylanilin technisch.

	Type.	Probe.	
—212°	74,0	68,5	
—213°	20,4	18,3	bei 770 mm
—214°	3,0	5,2	Barometerstand.
—215°	2,5	8,0	
	99,9	100,0	

G. Lunge[1]) untersuchte die verschiedenen Verfahren der fraktionirten Destillation zur Werthbestimmung von chemischen Produkten. Er weist darauf hin, dass nicht nur der Barometerstand und die absolute Genauigkeit des Thermometers von Einfluss sind, sondern auch das Material des Destillationsgefässes, dessen Gestalt, diejenige des Thermometers und vor allem die Stelle, welche das letztere im Verhältniss zum Abzugsrohre für die Dämpfe einnimmt, die Schnelligkeit der Destillation u. s. w. Daher rühren auch die Verschiedenheiten, welche Käufer und Verkäufer sehr häufig bei der Bestimmung fanden. Da es sich hierbei um erfahrungsmässige Proben und nicht um wissenschaftliche Methoden handelt, ist es nothwendig zu Vereinbarungen zu gelangen. Solche sind vorgeschlagen worden von der Kommission, welche der Verein für chemische Industrie zur Vereinbarung von Methoden für Handelsanalysen eingesetzt hat. Nach den von Lunge bei den Vereinsmitgliedern eingezogenen Erkundigungen wurden damals von den Verbindungen der fetten Reihe nur Methylalkohol, Aethylalkohol, Aldehyd, Eisessig und Erdölprodukte durch Destillation untersucht. Weitaus wichtiger ist die fraktionirte Destillation für aromatische Verbindungen; Benzole aller Art, Toluol, Xylol, Nitrobenzol, Anilin, Toluidin, Xylidin, Cumidin, sog. Echappées, Dimethylanilin, Diaethylanilin, Benzylchlorid, Benzotrichlorid, Benzaldehyd, Chinolin, Chinaldin, Karbolsäure, Naphtalin.

Die befragten Firmen destilliren ausschliesslich in Glasgefässen mit Ausnahme von zweien, welche kupferne Flaschen mit Glasaufsätzen benutzen. Man muss hieraus schliessen, dass die meisten Fabriken die Gefahr des Springens von Glasgefässen geringer achten als die Bequemlichkeit der fortwährenden Beobachtung und die grössere Reinlichkeit, welche sich mit denselben erreichen lässt. Ein Nachtheil der Glasgefässe ist bekanntlich der, dass bei manchen Stoffen, vor allem den Alkoholen, ein Siedeverzug eintritt, welcher die Destillationsergebnisse zu ganz regelwidrigen machen kann. Bei Benzol und den meisten anderen oben erwähnten Stoffen beobachtet man dies nicht; auch bei Alkoholen u. s. w. kann der Siedeverzug durch Anwendung von Platinspiralen u. dgl. aufgehoben werden.

---

1) G. Lunge, Chem. Ind. 1884, 150.

Von den deutschen Theerdestillationen wendet keine die in England gebräuchliche Methode der Destillation aus Retorten und des Eintauchens des Thermometers in die siedende Flüssigkeit an. Hauptsächlich werden Fraktionirkolben benutzt. Mit Festhallung des Princips, dass das Quecksilbergefäss des Thermometers sich im Dampf der überdestillirenden Flüssigkeit befinden soll, lassen sich zwei Hauptklassen von Apparaten unterscheiden, nämlich solche, bei denen eine Verdichtung des minderflüchtigen Theils, eine sog. Dephlegmirung der Dämpfe erfolgt, und solche, bei denen vielmehr die einmal entwickelten Dämpfe möglichst schnell abgeführt werden.

Von den für fraktionirte Destillation zu verwendenden Aufsatzrohren seien folgende wiedergegeben:

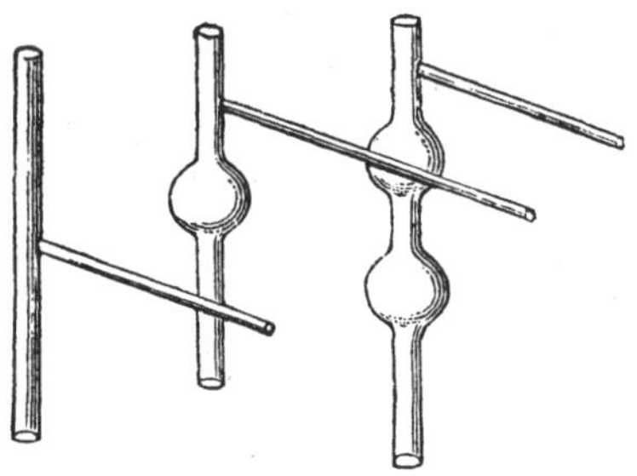

Fig. 19.

Im Uebrigen üben die gewöhnlichen Fraktionirkolben schon eine grosse verdichtende Wirkung aus, wenn man nicht eine bis zum Dampfrohre hinaufgehende Schutzhülle anwendet. Diese Scheidung ist aber stets eine sehr unvollkommene und je nach der Länge des Kolbenhalses und der äusseren Temperatur schwankend. Wenig weiter in dieser sog. Dephlegmation gehen die Fabriken, welche im Kolbenhalse Erweiterungen anbringen. Sehr wenige Fabriken verwenden einen für vollständige Dephlegmirung bestimmten Aufsatz.

In dieser Beziehung hat H. Kreis[1]) gezeigt, dass der theure, durch seine Höhe lästige und äusserst zerbrechliche Le Bel-Henninger'sche Aufsatz vollkommen durch das billige und einfache Glasperlenrohr von W. Hempel[2]) ersetzt werden kann, und dass man selbst mit kleinen Mengen von 50 ccm recht gute Erfolge erreicht. Mit gewöhnlichen Fraktionirkolben führt nach diesen Untersuchungen nur eine grössere Reihe (12) von Fraktionirungen zum Ziele einer annähernd vollständigen Trennung z. B. von Benzol und Toluol. Auch bei Wurtz'schem Zweikugelkolben braucht man noch sechs Destillationen, man kommt dagegen mit einer Hempel'schen Röhre schon durch eine einzige Destillation zu einem

1) H. Kreis, Liebig's Ann. **224**, 259. Vgl. ferner C. Bannow, Chem. Ind. 1886, 728.

fast ebenso guten Ziele. Aehnlich wirkt auch der etwas umständliche Linnemann'sche Aufsatz.

Von einzelnen Fabriken, welche direkt eine vollständige Abführung einmal gebildeter Dämpfe erstreben, wird ein Destillationsgefäss von nachstehender Form (Fig. 20) benutzt. Der Einsatz unterhalb des Abflussrohres verhindert ein Zurückfliessen der wieder kondensirten Flüssigkeit in den Kolben. Vielmehr muss dieselbe nach dem Kühler hinabfliessen.

Weiterhin schlägt Lunge vor, Vereinbarungen über die Art des Destillirens zu treffen, in der Weise, dass man bei der Destillation im

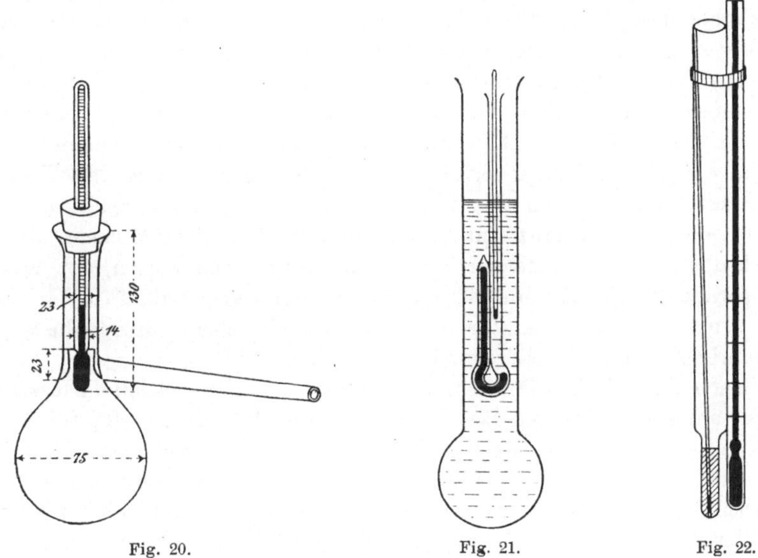

Fig. 20. Fig. 21. Fig. 22.

kleinen die Bedingungen einer fabrikmässigen Rektifikation genauer nachahmt.

Zu berücksichtigen ist ferner, dass der Ansatz des Abzugsrohres an dem Kolbenhals nicht verengt sein sollte (Fig. 20). Die Länge und Weite des Kühlers sind auch nicht gleichgiltig und sollen ebenfalls vereinbart werden, desgleichen die Schnelligkeit der Destillation. Gasbrenner und womöglich auch das Destillationsgefäss sind durch Asbestpappe oder Blech vor Zugluft zu schützen.

Wenn ein Fixpunkt als entscheidend angesehen wird z. B. 100° für Handelsbenzol, so gilt die auch in der englischen Vorschrift vorkommende Regel, dass man die Flamme ausdreht, sowie das Quecksilber über dem Striche erscheint, das noch im Kühler befindliche Destillat sich verdichten und nachtropfen lässt und erst dann abliest, wie viel übergegangen ist.

Will man nun noch beobachten, welche Antheile bei höheren Temperaturen übergehen, was ja gerade für Benzol sehr wichtig ist, so wird man die Flamme wieder anzünden und noch bei beliebigen höheren Graden in oben beschriebener Weise nach dem Abtropfen ablesen. Als Vorlage werden Cylinder oder Röhren mit Theilung verwendet.

Zur Bestimmung des Siedepunkts mit kleinen Substanzmengen bringt A. Schleiermacher[1]) eine bequeme und schnell ausführbare Methode in Vorschlag. Dieselbe beruht auf dem gleichen Princip wie die von A. Handl und R. Pribram[2]) sowie von A. van Hasselt[3]) angegebenen Bestimmungsweisen.

Die im Folgenden mitgetheilte Methode ist anwendbar auf bei gewöhnlicher Temperatur feste und flüssige Körper und bedarf zur Ausführung nur ganz einfacher Hilfsmittel. Im wesentlichen gestaltet sich die Ausführung folgendermassen: Die Substanz befindet sich im geschlossenen Schenkel eines U-rohres, der ausserdem vollständig mit Quecksilber erfüllt ist (Fig. 21). Der offene Schenkel bleibt bis auf seinen untersten, ebenfalls von Quecksilber erfüllten Theil leer und nimmt das Thermometer auf. Erhitzt man das U-rohr in einem Flüssigkeitsbade, bis sich Dampf aus der Substanz entwickelt, und liest in dem Moment, wo die Quecksilberkuppen in beiden Schenkeln gleich hoch stehen, der Dampf also gerade Atmosphärendruck hat, das Thermometer ab, so erhält man die gesuchte Siedetemperatur. — Eine ausführlichere Beschreibung der Ausführung findet sich an der citirten Stelle.

Nach Siwoloboff[4]) bringt man die zu untersuchende Flüssigkeit in eine am Ende zugeschmolzene Glasröhre (Fig. 22). In dieselbe führt man ein Kapillarröhrchen ein, welches nahe am Ende so verschmolzen ist, dass man durch Eintauchen desselben in die Flüssigkeit ein minimales Luftbläschen bringt. Man stellt sich ein solches her dadurch, dass man das Kapillarröhrchen in der Mitte zuschmilzt und dasselbe kurz vor der zugeschmolzenen Stelle abbricht. Vorstehende Figur giebt die Art der Bestimmung wieder. Röhre und Thermometer werden in ein entsprechendes Bad gebracht. Kurz vor dem Eintritt des Siedens entwickeln sich an dem Kapillarröhrchen Luftbläschen, welche sich schnell vermehren. Alsdann bildet sich ein kontinuirlicher Faden von Dampfbläschen. Dieser Punkt zeigte uns den Siedepunkt an. Die Bestimmung muss man einige Male wiederholen und dann das Mittel nehmen. Die Anwendung des Kapillarröhrchens geschieht zu dem Zwecke, um die Ueberwärmung der Flüssigkeit zu verhindern und dieselbe in ruhigem, regelmässigen Sieden zu erhalten.

---

1) A. Schleiermacher, Ber. **24**, 944, 1895.

2) A. Handl und R. Pribram, Repert. d. Physik **14**, 103, 1878.

3) A. van Hasselt, Zeitschr. analyt. Ch. **18**, 251, 1879.

4) A. Siwoloboff, Ber. **19**, 795, 1885.

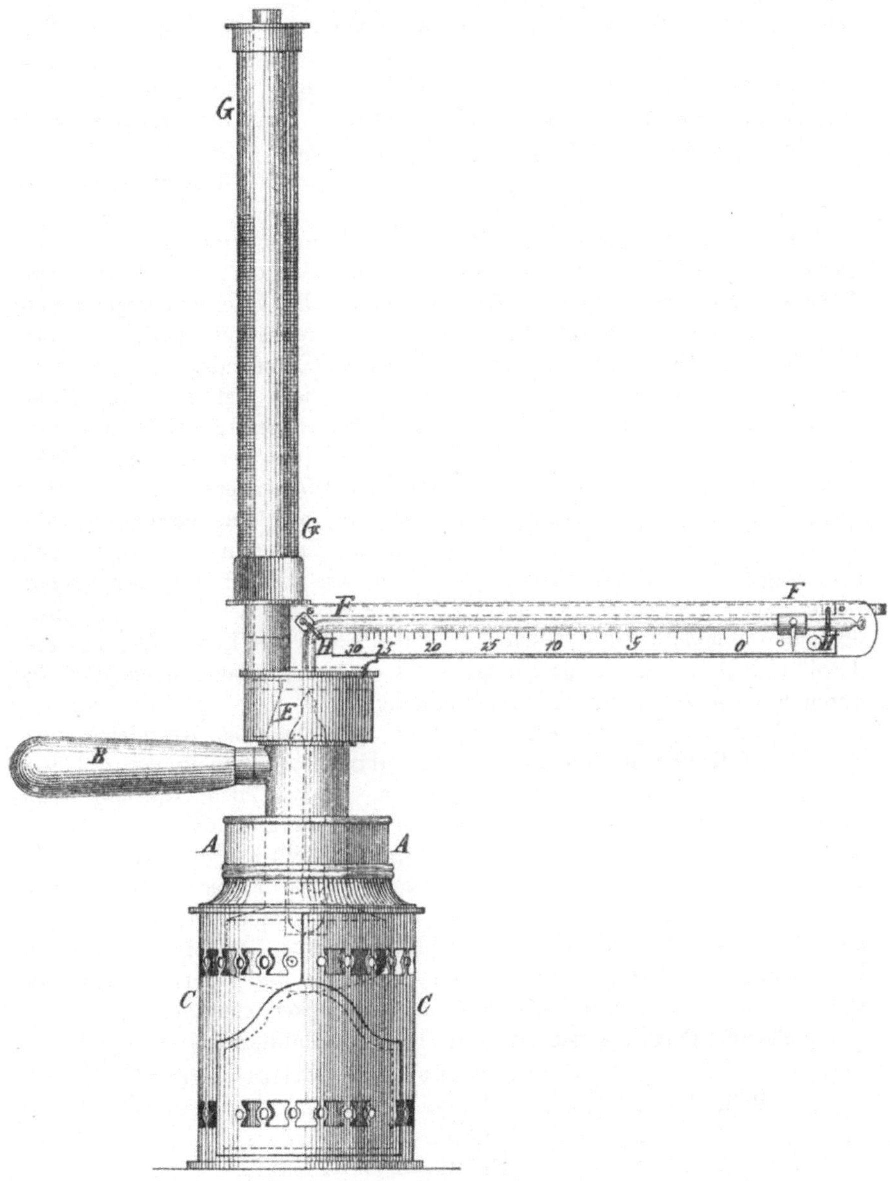

Fig. 23.

5. Verwendung des Ebullioskops.

Mit dem Namen Ebullioskop bezeichnet man Apparate zur Siedepunktsbestimmung, die speciell für die Zwecke der Ermittlung des

Alkoholgehaltes von wässerigen Lösungen des Alkohols, sowie von alkoholischen Getränken dienen sollen. Dementsprechend ist auch die Einrichtung. Die ersten derartigen Apparate sind wohl die von Amagat, sowie von Brossard-Vidal, bezw. Malligand. Eine Beschreibung nebst Abbildung, sowie der Verwendung erfolgt nachstehend.

Das von Brossard-Vidal[1]) beschriebene Ebullioskop ist in vorstehender Figur 23 wiedergegeben.

A ist ein kupfernes Kesselchen, welches mit der zu untersuchenden Flüssigkeit beschickt wird, B ein hölzerner Griff, C der kleine Ofen. F ist ein horizontal liegendes Thermometer. Das Quecksilbergefäss von F ist durch eine Metallscheide geschützt und reicht bis zum Boden des Kesselchens. Der horizontal liegende Theil von F befindet sich auf einer Messingplatte, welche am Deckel des Kesselchens befestigt ist. Diese Platte trägt ein kupfernes, mit einer Skala versehenes Lineal H, auf dem die Alkoholprocente, welche den Siedepunkten der verschiedenen direkt dargestellten Mischungen von Alkohol und Wasser entsprechen, notirt sind. Die Länge der Skala beschränkt sich auf eine geringe Anzahl von Graden, da in der Thermometerröhre eine Erweiterung zur Aufnahme des ausgedehnten Quecksilbers angebracht ist. J ist ein beweglicher Zeiger. Der innere Röhrentheil des Doppelrohrs G ist unten wie oben offen und kommunicirt mit dem Kesselinhalte und der Luft. Der äussere Theil von G ist unten geschlossen. Oben besitzt dieser einen Deckel, durch welchen die innere Röhre hindurchgeht.

Bei Anwendung des Apparates wird zunächst das Kesselchen mit Wasser gefüllt und dasselbe zum Kochen erhitzt. Auf den Punkt, welchen das Quecksilber jetzt einnimmt, stellt man alsdann den Nullpunkt der Skala und den Zeiger. Hat man so den Nullpunkt, welcher in grösseren Zwischenräumen kontrollirt werden muss, festgestellt und will einen Wein auf seinen Alkoholgehalt prüfen, so füllt man denselben in das Kesselchen und das äussere Rohr von G zu $^2/_3$ mit Wasser, welches als Kühlflüssigkeit dient. Die Quecksilbersäule erleidet beim Ansteigen einen Stillstand von mehreren Sekunden, welcher Punkt mittels des Zeigers festgestellt wird und dem wirklichen Siedepunkt der Flüssigkeit entspricht.

Folgende Resultate wurden mittels dieses Ebullioskops erzielt:

	Ebullioskop.	Destillationsmethode.
Wein Nr. 1	7,25	7,50 % Alkohol
„ „ 2	8,00	7,75 „ „
„ „ 3	15,50	15,50 „ „
„ „ 4	18,25	18,50 „ „
„ „ 5	11,50	11,50 „ „
„ „ 6	11,50	11,50 „ „

[1]) Brossard-Vidal, Bull. de la soc. d'encouragment. Sept. 1863, 516; Dingler's polyt. Journ. **171**, (2), 146; Zeitschr. analyt. Ch. **3**, 223, 1864.

Ein wohlfeiles Ebullioskop mit beweglichem Kochgefäss zur technischen Untersuchung der Weine hat Benevola[1]) konstruirt. Dasselbe wird durch nachstehende Figur 24 veranschaulicht und besteht:

a) aus einem hohlen kupfernen Cylinder, an welchem das Kochgefäss B, das mit einem Holzgriff versehen ist, befestigt wird, jedoch so, dass es auch abgenommen werden kann;

b) aus einem Kühler R, befestigt an dem mit einem Henkel versehenen Fusse P;

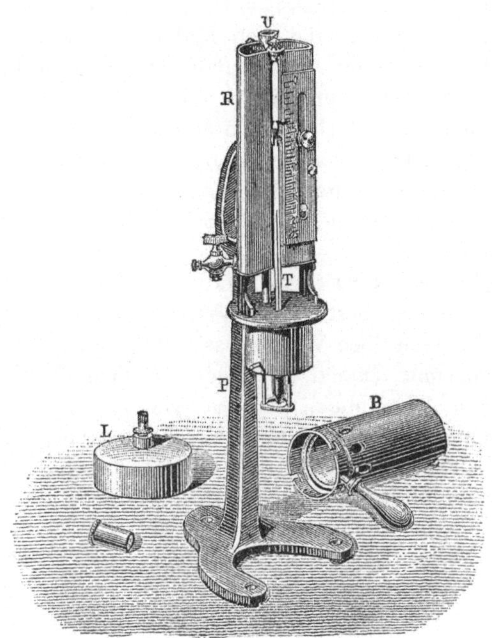

Fig. 24.

c) aus einem Thermometer T, angebracht längs des Kühlers; an diesem Thermometer kann sich ein Schieber mit zwei Zeigern und einer Spitze bewegen;

d) aus einer beweglichen, in drittel und halbe Alkoholgrade bei 20^0 getheilten Skala.

e) aus einer Röhre U, welche durch das Innere des Kühlers zieht und aus einer Alkohollampe L.

Das Einstellen des Apparates geschieht folgendermassen: Man giesst in das Kochgefäss bis zu dem über dem Boden angebrachten Zeichen alkoholfreies Wasser und stellt die angezündete Lampe unter den Apparat.

---

1) Benevola, Ref. in Zeitschr. analyt. Ch. **29**, 704, 1890.

In dem Kühler darf sich kein Wasser befinden. Das Quecksilber im Thermometer steigt bald, um endlich still zu stehen, wenn der Wasserdampf durch die Röhre U entweicht; in diesem Augenblicke stellt man den Schieber so, dass der Zeiger desselben auf die Kuppe der Quecksilbersäule einsteht, stellt den Nullpunkt der Skala auf den Zeiger ein und schraubt die Skala mittels der zu diesem Zwecke vorhandenen Schrauben fest.

Die Untersuchung kann jetzt nach der Einstellung in 5 Minuten geschehen. Man spült den Apparat mit der zu untersuchenden Flüssigkeit aus, füllt hierauf mit dieser und den Kühler mit kaltem Wasser. Mit dem Schieber folgt man dann dem Aufsteigen des Quecksilbers, welches bald still steht; man wartet ungefähr 1 Minute und liest auf der Skala, gegenüber der Spitze des Schiebers, den angezeigten Grad ab. Der Zeiger auf der rechten Seite dient beim Einstellen des Apparates und beim Ablesen des Alkoholgehaltes von Mischungen von Wasser und Alkohol (Branntwein), der Zeiger auf der linken Seite dient, um den Alkoholgehalt von Wein abzulesen.

Sehr alkoholhaltige (über 20 % Alkohol enthaltende) und zuckerreiche Weine werden in einem bestimmten Verhältnisse verdünnt und die gefundenen Grade in demselben Verhältniss multiplicirt. Es ist nothwendig, den Apparat wenigstens einmal am Tage vor dem Operiren einzustellen.

Der günstigste Augenblick, um den Alkoholgrad auf der Skala abzulesen, ist zwischen der ersten Minute, wo das Thermometer stabil geworden ist, und der Zeit, welche das Wasser des Kühlers braucht, um die Temperatur von 35° zu erreichen; über dieser Temperatur kondensirt sich der Alkoholdampf nicht mehr und kann durch die Röhre U entweichen; die Ablesung der Grade ist dann nicht mehr genau.

Der Apparat wird von den italienischen Zollbehörden gebraucht. Ein von demselben Erfinder konstruirtes Taschen-Ebullioskop liefert nicht so genaue Resultate. Ein eben solches hat H. Kappeller[1]) angefertigt.

Das von Vidal und Malligand konstruirte Ebullioskop ist im Jahre 1875 von Dumas, Dessains und Thénard[2]) einer gründlichen Untersuchung unterworfen worden. In demselben Jahre hat Griessmayer[3]) einige Versuche mitgetheilt, die zu dem Zwecke angestellt waren, um zu prüfen, in wieweit sich dieses Instrument für Bieruntersuchungen eigne. Sowohl die französischen wie auch der deutsche Forscher wurden zu dem Schlusse geführt, dass das Ebullioskop unter allen bisher benützten Mitteln zur Alkoholbestimmung den ersten Grad einnimmt.

P. Waage[4]) hat im Vereine mit mehreren Schülern Untersuchungen

---

1) H. Kappeller, Ref. in Zeitschr. analyt. Ch. **31**, 301, 1892.

2) Dumas, Dessains und Thénard, Compt. rend. **80**, 1114, 1875.

3) Griessmayer, Dingler's polyt. Journ. **218**, 262, 1875.

4) P. Waage, Zeitschr. analyt. Ch. **18**, 417, 1879.

über die Brauchbarkeit des Ebullioskops für Bieruntersuchungen angestellt und kommt zu folgenden Resultaten:

Die mit dem Ebullioskop im Destillat gefundenen Alkoholmengen kommen nahe mit den aus dem specifischen Gewichte abgeleiteten Werthen überein. Die Mittelzahl der Abweichungen von 16 Versuchen beträgt 0,006 %. Bei der direkten Bestimmung im Ebullioskop zeigt dieses einen etwas zu hohen Gehalt infolge der Wirkung des Extraktes auf den Siedepunkt. Derselbe ist für bayerisches Bier mit über 6 Volumprocente ca. 0,216 % gross, bei solchen mit 5—6 Volumprocenten 0,159, so dass nach Abzug dieser Werthe richtige Zahlen erhalten werden.

Ueber die Anwendung des Ebullioskops zur Bestimmung des Alkoholgehalts in alkoholischen Flüssigkeiten, wie Wein, Bier etc., macht F. Freyer[1]) Mittheilungen. Er weist darauf hin, dass die Bestimmung des Alkohols in Flüssigkeiten durch Feststellung ihres Siedepunktes zu unrichtigen Resultaten führt, sobald die alkoholischen Lösungen noch andere Stoffe, Extrakt, Salze etc., gelöst enthalten. Freyer konnte die Angabe von Thudichum und Dupré[2]) bestätigen, dass der Siedepunkt einer alkoholischen Flüssigkeit nicht eine Funktion des Alkoholgehaltes, sondern eine Funktion des Verhältnisses von Alkohol und Wasser ist, unter Berücksichtigung der geringen Erhöhung des Siedepunktes durch die gelösten festen Verbindungen.

Durch Anwendung des verbesserten Amagat'schen Instrumentes und unter Benützung einer Korrektionstabelle glaubt Freyer auch mittels des Ebullioskops richtige Zahlen für den Alkoholgehalt zu erhalten. Durch Versuche mit Flüssigkeiten von verschiedenem Gehalt an Alkohol und Extrakt kann eine Korrektionstabelle berechnet werden. Für das gebräuchlichste Malligand'sche Ebullioskop, das aber keine sehr genauen Ablesungen gestattet, hat Freyer eine entsprechende Korrektionstabelle ausgearbeitet, und auch eine solche für das Amagat'sche Instrument in Aussicht gestellt.

6. Bestimmung der Siedetemperatur der Mineralöle.

Nach der bundesrathlichen Vorschrift vom 20. Mai 1898 verfährt man folgendermassen:

A. Beschreibung des Apparates.

Der nachstehend in 1/8 der natürlichen Grösse abgebildete Apparat besteht aus einem zur Aufnahme von 100 ccm Mineralöl bestimmten vernickelten Metallkesselchen A, das mittels Konus und Bajonettverschluss mit dem Helmaufsatze a verbunden ist; t ist ein mittels Kork in a be-

1) F. Freyer, Zeitschr. angew. Ch. 1896, 654.

2) Thudichum und Dupré, Origin. Nature and Varieties of Wine. S. 146.

festigtes, bis auf 360 ^{0} C. gehendes Thermometer, dessen Nullpunkt genau in gleicher Höhe mit dem oberen Ende des Helmaufsatzes steht, wenn das Quecksilbergefäss die in der Zeichnung angedeutete Stellung hat, d. h. mit seinem oberen Ende gerade bis zur Entbindungsröhre reicht. Kesselchen und Helmaufsatz sind von dem Blechmantel BB mit abnehmbarem konischen Deckel (Hut) CC umgeben; unten befinden sich zwei Blechböden b′ und b″ und unter diesen ein guter Bunsenbrenner, der in einem Schlitz des Mantelfusses auf- und abwärts beweglich ist. Mittels einer Flanschverschraubung steht das Dampfentbindungsrohr des Kesselchens A mit dem aus vernickeltem Metall angefertigten Liebig'schen

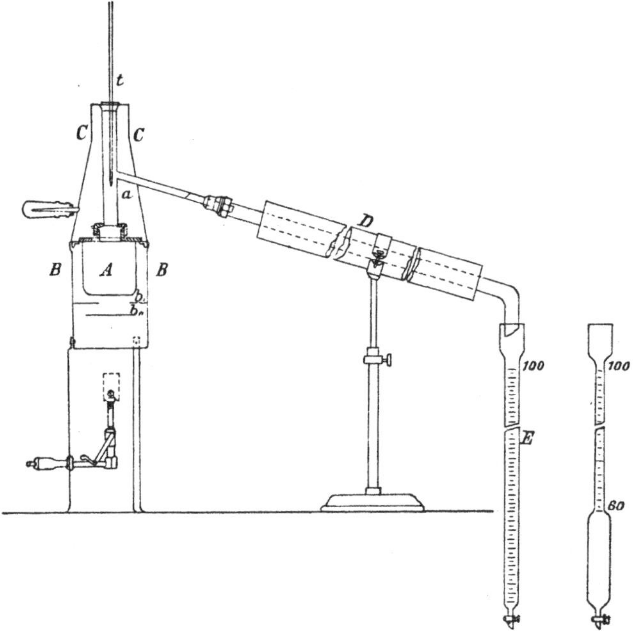

Fig. 25.

Kühler D in Verbindung, an dessen unterem Ende die Messburette E aufgestellt wird. Es sind solche zu 60 und 100 ccm in $^{1}/_{10}$ getheilt, erforderlich.

Der Apparat nebst zugehörigem Thermometer muss von der physikalisch-technischen Reichsanstalt geprüft und beglaubigt sein; auch dürfen zu den Untersuchungen nur geaichte Kölbchen und Buretten verwendet werden. Der vollständige, geaichte und beglaubigte Apparat mit allem Zubehör, ein Thermometer, zwei Buretten, zwei Kolben, wird nach einer Bekanntmachung des Finanzministeriums von der Firma Sommer und Runge, Berlin SW. Wilhelmstrasse Nr. 122 zum Preise von 183 M.

60 Pf. geliefert. Wahrscheinlich wird sich wohl der eine oder andere Bestandtheil des Apparates etwas billiger beschaffen lassen.

B. Ausführung des Versuchs.

a) Prüfung der leichten Mineralöle (Benzin, Ligroin, Petroleumäther etc.)

Der Apparat wird an einem möglichst zugfreien Orte aufgestellt; Hut C und Helm a werden abgenommen. Hierauf werden 100 ccm des zu untersuchenden Oeles bei einer von der vorhandenen Zimmertemperatur um nicht mehr als etwa 5° abweichenden Temperatur abgemessen. Die Abmessung erfolgt in dem den Apparaten beigegebenen Messkölbchen von der Form eines Erlenmeyer'schen Kölbchens mit Theilstrich im Hals. Nach Eingiessen des Oeles in das Destillirkesselchen A stellt man das Messkölbchen auf besonderem kleinen Dreifuss in schief umgekehrter Lage so über A auf, dass die Mündung gerade über der Oeffnung des Kesselchens zu stehen kommt, und lässt noch fünf Minuten nachtropfen. Alsdann setzt man Helm a mit Thermometer ein, verbindet das Dampfentbindungsrohr mit dem Kühler und stellt die Messburette auf. Der Raum zwischen dem in den oberen Theil der Messburette etwas hineinragenden Ende des Kühlers und der Wandung der Messburette wird gegen Verdunstung von Oel mit etwas Baumwolle gedichtet. Hierauf wird die Destillation in folgender Weise geleitet:

Stellung der Bunsenlampe an die tiefste Stelle des Schlitzes; Anstecken und Reguliren derselben derart, dass die schwach leuchtende Spitze der Flamme beinahe bis an den unteren Boden des Heizkörpers reicht; Anstellung des Kühlwassers.

Beim ersten Tropfen Destillat erfolgt die Regulirung der Destillation so, dass in jeder Minute die Temperatur um umgefähr 4° oder in etwa 15 Sekunden um etwa 1° steigt, wobei darauf zu achten ist, dass auch die Gesammtdauer der Destillation der vorgeschriebenen Zeit entspricht. Die Regulirung der Temperatur beginnt unter allen Umständen — auch wenn bis dahin wenig oder nichts übergegangen ist — spätestens von 120° ab. Dabei ist allmälig etwas mehr Gas zuzuführen.

Bei 149° löscht man die Flamme aus, lässt die Temperatur noch auf 150° steigen und nimmt rasch den Hut ab, so dass die Temperatur nicht oder nur sehr wenig über 150° steigt. Wenn nöthig, bläst man zur Abkühlung auf das Helmaufsatzrohr bei der Abzweigung des Dampfentbindungsrohres.

Bei der Abmessung der Temperaturgrenze ist der Barometerstand zu berücksichtigen, indem für je 2,7 mm unter 760 mm Barometerstand die Temperaturgrenze um 0,1° niedriger genommen wird. Zeigt das Barometer z. B. 747 mm, so hat man statt auf 149 und 150° nur auf 148,5 und 149,5° zu gehen.

Hierauf wartet man, bis keine Flüssigkeit mehr abtropft und liest alsdann das Volumen des Destillats ab. Sind mindestens 90 Volumprocente des Oeles übergegangen, so ist es als leichtes Mineralöl zu bezeichnen.

Mit jeder zu untersuchenden Oelsorte sind im Zweifelfalle mindestens drei Siedeversuche, wie vorstehend beschrieben, auszuführen, deren Ergebnisse, wenn sie nicht um mehr als 1 Volumprocent von einander abweichen, zu einem Mittel zu vereinigen sind. Andernfalls sind noch weitere Versuche anzustellen, und es ist das Mittel aller Ergebnisse, soweit bei ihnen nicht etwa offenbar Fehler untergelaufen sind, zu nehmen.

b) Prüfung des Rohpetroleums auf die zwischen 150 und 320° siedenden Theile.

Die Aufstellung des Apparates, die Abmessung des Oeles und die Leitung der Destillation erfolgt bis 150° C. genau nach der unter a beschriebenen Methode. Alsdann wird in folgender Weise weiter verfahren:

Nachdem die Temperatur 150° erreicht und die Flüssigkeit abgelaufen ist, lässt man den Apparat noch so lange stehen, bis das Thermometer um ungefähr 30°, also auf etwa 120° gesunken ist, alsdann wird eine neue trockene Burette vorgelegt, der Mantelhut C wieder aufgelegt, die Flamme wieder angesteckt und stärker als vorher brennen gelassen, so dass sie bis an den Heizboden schlägt. Der Gang der Destillation wird so geleitet, dass in jeder Minute die Temperatur um 8 bis 10° oder in je 15 bis 12 Sekunden ungefähr um 2° steigt.

Das Kühlwasser wird bei 200°, für besonders dicke Oele schon bei 150° abgestellt.

Unmittelbar ($^1/_3$°) unter 320° ist die Flamme rasch zu löschen und bei 320° der Hut C abzunehmen; der Quecksilberfaden darf nicht über 320° steigen. Bei der Abmessung der Temperaturgrenze ist der Barometerstand ebenfalls zu berücksichtigen, indem für je 2,7 mm unter 760 mm die Endtemperatur (320°) um 0,1° niedriger genommen wird. Zeigt das Barometer z. B. 733, so hat man statt auf 320° nur auf 319° zu gehen.

Hierauf lässt man mindestens noch 10 Minuten lang abtropfen und den Apparat so lange stehen, bis das Oeldestillat ungefähr die Zimmertemperatur angenommen hat. Ergiebt sich beim Ablesen der Volumprocente (= ccm) des Destillats, dass weniger als 40 Volumprocente übergegangen sind, so ist das Oel nicht mehr als Rohöl, sondern als Schmieröl zu bezeichnen.

Mit jeder zu untersuchenden Oelsorte sind im Zweifelfalle mindestens drei Siedeversuche, wie vorstehend beschrieben, auszuführen, deren Ergebnisse, wenn sie nicht um mehr als ein Volumprocent von einander abweichen, zu einem Mittel zu vereinigen sind. Andernfalls sind noch weitere

Versuche anzustellen, und es ist das Mittel aller Ergebnisse, soweit bei ihnen nicht offenbar Fehler untergelaufen sind, zu nehmen.

Zur Abmessung sehr dicker Oele bedient man sich eines Messkölbchens mit Marke bei 104 ccm. Hierzu erwärmt man das Oel vorher in einem besonderen Gefäss auf 70° C. und füllt den Messkolben damit bis zur Marke 104 ccm an. Das Oel hat alsdann eine 60° nahestehende Temperatur; die mehr abgemessenen 4 ccm entsprechen ungefähr der Volumvergrösserung von 100 ccm des Oeles beim Erwärmen auf 60°.

c) Prüfung der Schmieröle.

Bei der Prüfung der weder unter die leichten Oele (Abschnitt a) noch unter den Begriff des Rohöls (Abschnitt b) fallenden Mineralöle wird ebenso verfahren, wie unter b) vorgeschrieben ist, nur ist die Unterbrechung des Versuchs und die Vorlegung einer neuen Burette bei 150° C. nicht erforderlich, und die Endtemperatur nicht auf 320°, sondern nur auf 300° zu treiben. Ergiebt das untersuchte Oel bei der Erhitzung bis auf 300° C. kein Destillat, oder gehen von einem 830° Dichte überschreitenden Oele bei der Erhitzung bis 300° C. weniger als 70 Volumprocente Destillate über, so ist das Oel als Schmieröl zu bezeichnen; andernfalls fällt es unter den Begriff des Leuchtpetroleums.

C. Behandlung des Apparats nach Abschluss des Versuchs.

Gleich nach Schluss eines jeden Destillationsversuchs ist der Apparat auseinander zu nehmen, insbesondere das Kesselchen noch heiss zu entleeren, auszuspülen und zum Trocknen aufzustellen.

7. Ausführung der Bestimmung der Dampfspannung.

Wie schon erwähnt wurde, kann man die Wechselbeziehung zwischen Dampfdruck und Siedepunkt auf zweierlei Arten zur quantitativen Bestimmung benutzen, nämlich zu einer bestimmten Temperatur den Druck des Dampfes oder zu einem bestimmten Druck die Siedetemperatur ermitteln.

Die Bestimmung der Siedetemperatur bei einem Druck von 760 mm ist vorher beschrieben worden, sie ist, wie schon erwähnt wurde, die einfachere. Die Ermittlung des Dampfdruckes bei einer bestimmten Temperatur wird nach Dalton's Methode in der Weise ausgeführt, dass man den betreffenden Stoff in die Barometerleere bringt, dieses Barometer nebst einem Vergleichsbarometer mit einem Mantel umgiebt und auf die gewünschte Temperatur bringt. Die Differenz der Höhen der beiden Quecksilbersäulen giebt den betreffenden Dampfdruck an. Magnus wendete für höhere Drucke einen U-förmigen Apparat an.

Diese Methode von Dalton bezw. Magnus kann man als die statische bezeichnen. Sie führt, wie Tammann[1]) nachwies, leicht zu fehlerhaften Resultaten, da selbst ganz geringe Verunreinigungen eine Erhöhung des Dampfdruckes bewirken können. Wie jedoch die Untersuchungen von Raoult[2]) lehren, kann man mit Hilfe dieser Methode doch auch recht brauchbare Resultate erhalten.

Man zieht es meist vor, den Dampfdruck mit Hilfe der dynamischen Methode zu bestimmen, d. h. man bestimmt den Punkt, bei welchem in einem Gefässe mit konstantem Druck die betreffende Flüssigkeit zum Sieden kommt. Ein Specialfall hiervon ist die Ermittlung der Siedetemperatur bei dem Druck einer Atmosphäre. Den konstanten Druck stellt Régnault durch Verwendung eines Ballons von 40 l Inhalt her, mit dem er das Siedegefäss in Verbindung brachte. Städel und Hahn

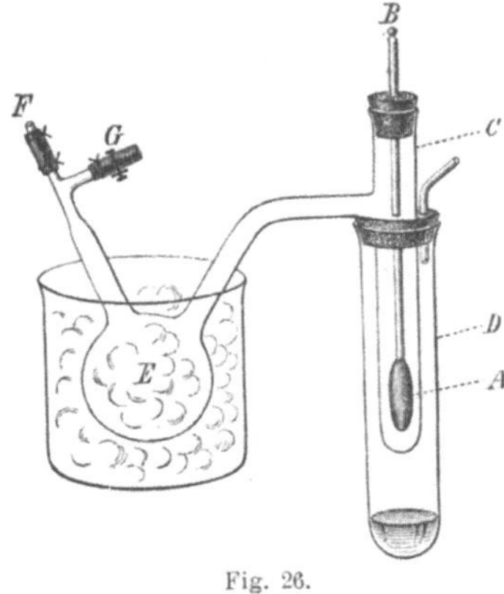

Fig. 26.

bezw. Schumann[3]) konstruirten einen Druckregulator, der schon vorher erwähnt wurde.

Ramsay und Young[4]) benutzten bei ihren Bestimmungen nebenstehenden Apparat. Das Thermometer A ist von Watte oder Asbest umgeben, die dann mit der betreffenden Flüssigkeit benetzt sind. Mittels der Oeffnung G der getheilten Vorlage E ist eine Verbindung mit der Saugpumpe hergestellt, während F mit einem Manometer in Verbindung steht. D ist das Heizbad, durch welches die Flüssigkeit zur stetigen Destillation nach E gebracht wird. Die zu dem betreffenden Druck gehörige Siedetemperatur kann alsdann an dem Thermometer abgelesen werden.

Weitere Methoden der Ermittlung des Dampfdrucks von Lös-

1) G. Tammann, Wied. Ann. **32**, 683, 1887.
2) Raoult, Zeitschr. physik. Ch. **2**, 353, 1888.
3) Städel und Schumann, Zeitschr. f. Instrum. **1882**, 39.
4) Ramsay und Young, Phil. Trans. **1**, 37, 1884.

ungen zur Bestimmung des Molekulargewichts der gelösten Substanz, die also in diesem Falle bei der fraglichen Temperatur keinen Dampfdruck zeigen darf, sind von verschiedenen Forschern angewandt worden. E. Beckmann[1]) modificirte das von Raoult angewendete statische Verfahren, indem er die Barometerröhren oben an Stelle der Kapillaren mit einem Stöpselverschluss versah. Weiterhin versuchte Beckmann die Bestimmung mit dem nachfolgend beschriebenen Geisslerschen Vaporimeter auszuführen, einem Apparat, der häufig zur Bestimmung des Alkohols in geistigen Getränken benutzt wird.

G. Tammann[2]) schlug vor, die Bestimmung des Dampfdruckes durch Wägung des entwickelten Dampfes zu bestimmen. Eine ähnliche Methode hatte Ostwald[3]) bereits früher angewendet, und wurde dieselbe späterhin von J. Walker[4]) beschrieben. Die Ermittlung der Dampfspannung des Wassers mit Hilfe eines August'schen Hygrometers wurde von G. Charpy[5]) ausgeführt, nachdem Ostwald[3]) diese Methode schon vorher erwähnt hatte. W. Will und G. Bredig[6]) benützten diese Methode für alkoholische Lösungen, während Beckmann die Methode für ätherische Lösungen etwas modificirte.

Hinsichtlich der Genauigkeit der mit der statischen oder dynamischen Methode ermittelten Resultate fand eine längere Diskussion zwischen Kahlbaum und Ramsay und Young statt, die zu dem Ergebniss führte, dass man bei Anwendung reiner Stoffe auch übereinstimmende Resultate erhält, dass aber bei Benutzung unreiner Substanz die statische Methode unzuverlässige Werte liefert, indem schon die kleinste Menge von Verunreinigung merkbare Fehler verursacht.

Zum Schlusse seien noch einige von Ramsay und Young[7]) mitgetheilte Tabellen über die Dampfdrucke mehrerer organischer Substanzen gegeben, die ein allgemeines Interesse besitzen. Die Dampfdrucke sind in mm Quecksilber ausgedrückt.

---

1) E. Beckmann, Zeitschr. physik. Ch. **4**, 352, 1889.

2) G. Tammann, Wied. Ann. (2), **33**, 322, 1888.

3) W. Ostwald, Zeitschr. physik. Ch. **2**, 436, 1888.

4) J. Walker, ibid. **2**, 602, 1888.

5) G. Charpy, Compt. rend. **111**, 135, 1890.

6) W. Will und G. Bredig, Ber. **22**, 1084, 1889. Vgl. auch E. Beckmann, Zeitschr. physik. Ch. **4**, 538, 1889.

7) Ramsay und Young, Zeitschr. physik. Ch. **1**, 249, 253, 1887.

Temperatur	Methyl-Alkohol	Aethyl-Alkohol	Aether	Schwefel-kohlenstoff
— 20°	6,27	3,34	67,49	43,48
10	13,47	6,58	113,35	81,01
0	26,82	12,83	183,34	131,98
+ 5	36,89	17,73	230,1	164,5
10	50,13	24,30	286,4	203,0
15	67,11	33,02	353,6	248,4
20	88,67	44,48	433,3	301,8
25	116,0	59,35	526,9	364,2
30	150,0	78,49	636,3	437,0
35	192,0	102,9	763,3	521,4
40	243,5	133,6	909,6	617,0
45	307,1	172,1	1077	729,7
50	381,7	219,9	1271	856,7
55	472,2	278,6	1485	1001
60	579,9	350,3	1728	1164
65	707,3	437,0	2002	1347
70	857,1	541,3	2308	1552
75	1032	665,5	2648	1780
80	1238	812,8	3024	2034
85	1471	986,0	3440	2314
90	1742	1188	3898	2622
95	2052	1423	4401	2960
100	2405	1694	4951	3330
105	2806	2006	5552	3731
110	3260	2362	6208	4167
115	3770	2765	6924	4638
120	4342	3220	7702	5145
125	4981	3730	—	—
130	5091	4301	—	—
135	6479	4935	—	—
140	7337	5637	—	—
145	8309	6411	—	—
150	9761	7259	—	—

Temperatur	Chloroform	Aceton	Benzol	Wasser
— 20°	—	—	4,94	1,029
10	—	—	13,36	2,151
0	—	—	26,62	4,569
+ 5	—	—	35,60	6,507
10	—	—	45,69	9,140
15	—	—	60,02	12,674
20	160,5	197,9	76,34	17,363
25	199,4	226,3	96,09	23,517
30	245,9	281,0	119,9	31,51
35	301,1	345,2	148,4	41,78
40	366,2	420,2	182,3	54,87
45	442,4	507,5	222,4	71,36

Temperatur	Chloroform	Aceton	Benzol	Wasser
50	531,0	602,9	269,5	91,98
55	633,4	726,0	324,6	117,52
60	751,0	860,5	388,6	148,88
65	885,4	1014	462,6	187,10
70	1038	1139	547,5	233,31
75	1211	1387	644,6	288,76
80	1405	1611	756,6	354,87
85	1621	1862	829,6	433,19
90	1863	2142	1020	525,47
95	2131	2453	1177	633,66
100	2427	2797	1352	760
105	2751	3177	1547	906
110	3107	3594	1761	1075
115	3495	4050	1997	1269
120	3916	4547	2256	1491
125	4372	5086	2537	1744
130	4866	5670	2846	2030
135	5396	6299	3178	2354
140	5966	6974	3537	2718
145	6575	—	3923	3126
150	7226	—	4337	3581

Die für das Wasser angegebenen Dampfdrucke sind durch Magnus bezw. Régnault bestimmt worden.

Zur Berechnung der Dampfdrucke für bestimmte Temperaturen mit Hilfe von Konstanten sind verschiedene Formeln gegeben worden. Dieselben zeigen jedoch wenig Uebereinstimmung und liefern namentlich für höhere Temperaturen unmögliche Werthe. Die Formel von Régnault lautet:

$$\log p = a + b\alpha^t$$

Hierbei ist p der Druck, a und b sind Koefficienten, von denen b stets das negative Vorzeichen hat, α bedeutet einen echten Bruch und t ist die Temperatur vermehrt um eine Konstante.

Beispiele:

	a	b	lg a	C
Wasser	5,42332	—5,46428	0,9972311—1	$+20^0$
Aethylalkohol	5,54320	—5,01945	0,9972021—1	$+20^0$
Aether	5,17838	—3,34016	0,9970503—1	$+20^0$ u. s. w.

Weitere Angaben finden sich bei Ostwald, Allgem. Chemie 2. Aufl. I. Bd. 313.

Im Anschlusse hieran seien einige in der Technik gebräuchliche Apparate beschrieben.

R. Wollny[1]) hat ein Vaporimeter von beistehender Form (Fig. 27) zur Bestimmung des Petroleums konstruirt. Dasselbe beruht auf dem von Ure[2]) angewendeten Princip der Messung der Spannkraft der Dämpfe. Es besteht aus dem Barometer bvdef, dessen geschlossener Schenkel von dem Rohre dvb gebildet wird. Dieser Schenkel besteht aus zwei Stücken, die bei v durch Glasschliff verbunden sind. Auch bei v_1 ist die Verbindung mit cf durch einen Glasschliff hergestellt. Der obere Theil läuft in das Gefäss b aus, welches oben durch das Ventil c geschlossen ist. Ueber diesem Ventile befindet sich noch das Gefäss a, welches zur Aufnahme der zu prüfenden Flüssigkeit dient. b ist von einem doppelten Mantel umgeben, welcher durch Wasser- oder Dampfleitung auf konstante Temperatur gebracht werden kann. Der untere Theil des geschlossenen Schenkels endet in das T-stück d, dessen Enden einerseits mit dem 160 cm langen Barometerrohr emf und anderseits mittels Kautschukschlauchs mit dem Quecksilberreservoir R verbunden werden. An dem offenen Schenkel emf ist eine Skala angebracht, deren Nullpunkt in gleicher Höhe mit der Marke m des Rohres vb liegt. Dieselbe ist von da aus nach oben und unten in Millimeter getheilt.

Die Handhabung des Apparates ist folgende: Nachdem die einzelnen Theile verbunden sind und R mit Quecksilber gefüllt ist, wird das Barometer bei geöffneten Ventilen c und g bis etwa über c mit Quecksilber gefüllt, darauf r geschlossen und die zu prüfende Flüssigkeit in a eingefüllt. Nunmehr wird durch Oeffnen von c und Senken von R b zur Hälfte (bis zur Marke n) mit der Flüssigkeit gefüllt und c wieder geschlossen. Man giesst dann etwas Quecksilber in a ein, um einen absolut dichten Verschluss des Ventils zu bewirken, schliesst q und senkt R bis etwa 10 cm über d. Während nun b mittels der Heizvorrichtung allmälig erwärmt wird, stellt man die Quecksilberoberfläche in b durch vorsichtiges Oeffnen von q allmälig auf die Marke m ein, bis dieselbe, wenn die Temperatur konstant geworden ist, bei m feststeht. Nunmehr kann der Stand des Quecksilbers in ef an der Skala abgesehen werden, welche Ziffer zum Barometerstande addirt oder von demselben subtrahirt (je nachdem die Temperatur von b über oder unter dem Siedepunkte der betreffenden Flüssigkeit liegt), die Spannkraft der Dämpfe in b giebt bei der Temperatur, welche das Thermometer t anzeigt. Bei genauen Versuchen liest man die Differenz der Quecksilberhöhe im offenen und geschlossenen Schenkel mittels des Kathetometers ab.

Bei Anwendung dieses Vaporimeters kann die Tension von Dämpfen über und unter dem Siedepunkte gemessen werden. Auch können absorbirte Gase vor dem Versuche aus der Flüssigkeit entfernt werden,

---

1) R. Wollny, Zeitschr. analyt. Ch. **24**, 206, 1885.

2) Vgl. Wüllner's Lehrb. d. Experimentalphysik **3**, 539.

indem man durch Senken von R bei geöffnetem Hahn g den Atmosphärendruck in b aufhebt, wodurch die absorbirten Gase ausgetrieben werden, sich über der Flüssigkeit in b ansammeln und durch Heben von R und Oeffnen von c aus b entfernt werden können.

Ein weiterer Apparat von G. Th. Gerlach ist nachstehend bei der Bestimmung des Glycerins beschrieben. (Fig. 28.)

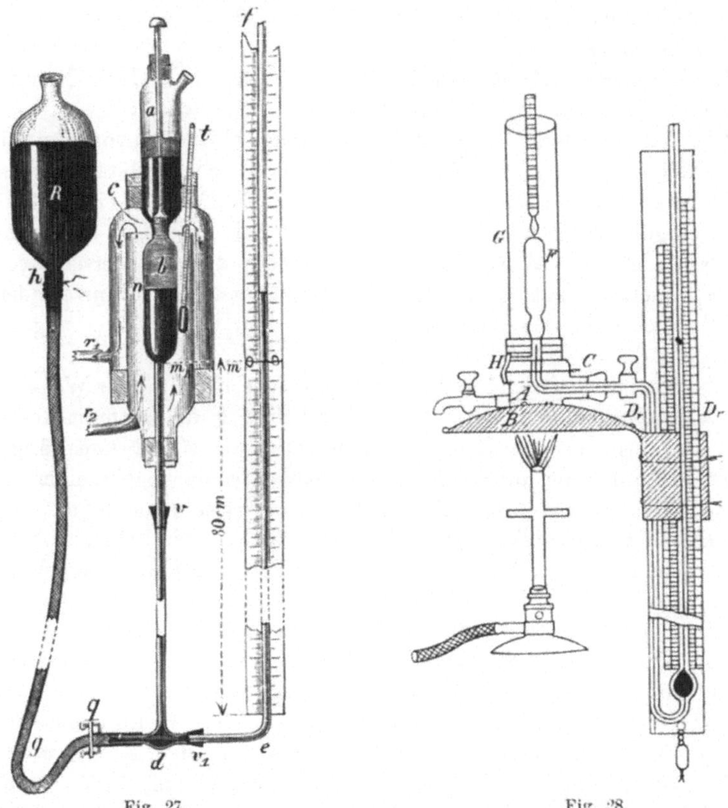

Fig. 27. Fig. 28.

Ein Vaporimeter zur Bestimmung der Spannkraft von Dämpfen bei der Siedetemperatur des Wassers hat ebenfalls G. Th. Gerlach[1]) angegeben und in seiner Anwendung sowohl für Flüssigkeiten, die niedriger, als für solche, die höher sieden wie Wasser, eingehend besprochen. Bei diesem Apparat ist das Erhitzungsbad durch ein Dampfbad aus zwei koncentrischen Glasröhren ersetzt. Die Einrichtung dieses Dampfbades ist dieselbe, wie sie von Rudberg für Bestimmungen des Siedepunktes

1) G. Th. Gerlach, Chem. Ind. **12**, 332, 1889.

angegeben wurde und bei der genauen Feststellung des Punktes 100° bei den Thermometern vielfach angewendet wird.

8. Bestimmung des Dampfdruckes des Glycerins.

Von Gerlach[1]) ist ein Vaporimeter konstruirt worden, mit welchem man die Dampfspannung wässeriger Glycerinlösungen leicht bestimmen kann. Aus einer von ihm gegebenen Tabelle lässt sich dann der Gehalt an Glycerin ablesen.

Der Apparat, welcher von F. Müller, Dr. Geisslers Nachfolger, in Bonn zu beziehen ist, ist folgendermassen eingerichtet:

Das Vaporimetergestell besteht aus einer Hülse A von Rothkupfer oder Neusilber, welche auf den Teller B aus gleichem Metall aufgenietet ist. In die Oeffnung C wird das Glasrohr D_r D_r mit einem Gummistopfen eingesetzt. Der Glascylinder G lässt sich durch ein Stück dicken Gummischlauchs mit A verbinden. Zur Sicherung des Verschlusses ist dasselbe einerseits mit Draht an A angebunden und kann anderseits durch den konischen Metallring H fest an den Glascylinder angedrückt werden.

Die Ausführung der Bestimmung geschieht in folgender Weise. Man nimmt den Glascylinder G und das Fläschchen F ab, entfernt auch den Konus aus dem in das Rohr D_r eingesetzten Glashahn und hängt das Instrument an der am unteren Ende des Skalenlineals angebrachten Drahtschlinge, aber umgekehrt, auf. Sodann schwenkt man F mit der zu untersuchenden Flüssigkeit gut aus und füllt so viel Quecksilber ein, dass es genau bis zu einer an der engsten Stelle des Halses angebrachten Marke reicht. Man giesst etwas von der Glycerinprobe auf, schüttelt um und saugt die Flüssigkeit einige Male mit einem fein ausgezogenen Glasrohr vom Quecksilber ab. Dann füllt man ganz voll, lässt stehen, bis alle Luftblasen entwichen sind, und setzt nun das Fläschchen an das in seinen Hals eingeschliffene Ende des Rohres D_r an. Wenn keine Flüssigkeit mehr durch den Glashahn abtropft, setzt man den Konus wieder in denselben ein, kehrt das Vaporimeter um, setzt G auf, füllt den durch A und G gebildeten Raum mit Wasser und erhitzt das Bad zum Sieden, wobei sich aus der Probe Dampf entwickelt, durch welchen das Quecksilber erst in das Rohr D_r, dann in die am Fusse angebrachte Kugel und endlich in das Steigrohr selbst gedrückt wird. Dabei treibt das Quecksilber einen Faden der Glycerinlösung vor sich her, welcher stets gleich lang ist, was durch Herausnahme des Glashahnes vor dem Ansetzen des Fläschchens bewirkt wurde, so dass sein Einfluss vernachlässigt werden kann.

---

1) Gerlach, Chem. Ind. 7, 277, 1884.

Enthält das Fläschchen reines Wasser, so wird das Quecksilber in D_r bei diesem Versuche gerade so weit steigen, dass die Quecksilberkuppen im Fläschchen und im Steigrohr das gleiche Niveau haben, weil der Dampfdruck des Wassers bei der Siedetemperatur genau gleich dem Atmosphärendruck ist. Dieser Punkt wurde in der Skala mit Null bezeichnet, und die Millimetertheilung nach unten hin aufgetragen. Seine Lage ist bei allen Barometerständen dieselbe, da eine Aenderung des Luftdrucks die Siedetemperatur des Wassers im Mantel und die Spannkraft der in F entwickelten Dämpfe in gleicher Weise beeinflusst.

Bei der Prüfung der Glycerinlösung verfährt man genau in derselben Weise. Der Nullpunkt der Skala wird aber jetzt durch den Quecksilberfaden nicht erreicht sein. Die in der Skala direkt abgelesene Abnahme des Druckes bedarf noch einer Korrektur, indem der Stand des Quecksilbers im Vaporimeterfläschchen ein höherer ist als früher und diese Erhöhung noch zu der Angabe der Skala hinzuaddirt werden muss. Bei jedem Instrument ist nun angegeben, welche Erhöhung der Quecksilberfaden von 0—500 mm in dem cylindrischen Vaporimeterfläschchen bedingt, und daraus lässt sich die Erhöhung für jeden Stand des Quecksilbers berechnen.

Es sei z. B.:

Die Erhöhung des Niveaus im Fläschchen für den Quecksilberfaden von 0—500 mm	21,0 mm
Der beobachtete Quecksilberstand an der Skala des Vaporimeters	492,0 „
Somit berechnet sich die Erhöhung des Quecksilberstandes im Fläschchen für 492 mm aus der Proportion 500 : 21 = 492 : x; sie beträgt	20,6 „
Die wirkliche Verminderung der Spannkraft der Glycerinlösung ist demnach	512,6 „

Somit enthält die Probe nach der untenstehenden Tabelle 90% Glycerin.

Um die Dampfbildung bei koncentrirteren Glycerinlösungen von 70% an hervorzurufen, setzt man an das Steigrohr ein Glasrohr mit Gummischlauch an und saugt. Dann geht die Dampfbildung genügend vor sich. Nur bei reinem Glycerin versagt auch dieses Mittel.

Specifische Gewichte und Siedepunkte der Glycerinlösungen, sowie die Spannkraft der Dämpfe dieser Lösungen bei 100° C. Nach Gerlach.

Gew. Thl. Glycerin in 100 Thl. der Lösung	Gew. Thl. Glycerin bei 100 Thl. Wasser	Specifisches Gewicht bei 15° C. Wasser von 15° C. = 1	Specifisches Gewicht bei 20° C. Wasser von 20° C. = 1	Siedetemperatur bei 760 mm	Spannkraft der Dämpfe der Glycerinlösungen bei 100° C. Verminderte Spannkraft gegen Wasserdampf	Spannkraft der Dämpfe der Glycerinlösungen bei 100° C. Spannkraft bei 760 mm
100	Glycerin	1,2653	1,2620	290	696	64
99	9900	1,2628	1,2594	239	673	87
98	4900	1,2602	1,2568	208	653	107
97	3233,333	1,2577	1,2542	188	634	126
96	2400	1,2552	1,2516	175	616	144
95	1900	1,2526	1,2490	164	578	162
94	1566,666	1,2501	1,2464	156	580	180
93	1328,571	1,2476	1,2438	150	562	198
92	1150	1,2451	1,2412	145	545	215
91	1011,111	1,2425	1,2386	141	529	231
90	900	1,2400	1,2360	138	513	247
89	809,090	1,2373	1,2333	135	497	263
88	733,333	1,2346	1,2306	132,5	481	279
87	669,231	1,2319	1,2279	130,5	465	295
86	614,286	1,2292	1,2252	129	449	311
85	566,666	1,2265	1,2225	127,5	434	326
84	525	1,2238	1,2198	126	420	340
83	488,235	1,2211	1,2171	124,5	405	355
82	455,555	1,2184	1,2144	123	390	370
81	426,316	1,2157	1,2117	122	376	384
80	400	1,2130	1,2090	121	364	396
79	376,190	1,2102	1,2063	120	352	408
78	354,500	1,2074	1,2036	119	341	419
77	334.782	1,2046	1,2009	118,2	330	430
76	316,666	1,2018	1,1982	117,4	320	440
75	300	1,1990	1,1955	116,7	310	450
74	284,615	1,1962	1,1928	116	300	460
73	270,370	1,1934	1,1901	115,4	290	470
72	257,143	1,1906	1,1874	114,8	280	480
71	244,828	1,1878	1,1847	114,2	271	489
70	233.333	1,1850	1,1820	113,6	264	496
65	185,714	1,1710	1,1685	111,3	227	553
60	150	1,1570	1,1550	109	195	565
55	122,222	1,1430	1,1415	107,5	167	593
50	100	1,1290	1,1280	106	142	618
45	81,818	1,1155	1,1145	105	121	639
40	66,666	1,1020	1,1010	104	103	657
35	53,846	1,0885	1,0875	103,4	85	675
30	42,857	1,0750	1,0740	102,8	70	690
25	33,333	1,0620	1,0610	102,3	56	704
20	25	1,0490	1,0480	101,8	43	717
10	11,111	1,0245	1,0235	100,9	20	740
0	0	1,0000	1,0000	100	0	760

9. Bestimmung des Vorlaufs und Fuselöls im Spiritus.

Ueber die Verwendung des Vaporimeters zur Bestimmung des Vorlaufs und Fuselöls hat J. Traube[1]) unter Benützung des Geissler'schen Apparates berichtet und dabei folgende Werthe gefunden:

			Vapor. Höhendifferenz in mm der Quecksilberhöhe gemessen.
	a) Sprit von 99 Vol. %.		
Sprit rein			0
+0,5	Volum %	Aldehyd	+29,6
+0,5	„ „	Kartoffelfuselöl	— 4,6
+0,5	„ „	Kornfuselöl	— 4,0
+0,5	„ „	Maisfuselöl	— 4,7
+0,5	„ „	Isoamylalkohol	— 5,0
+0,1	„ „	Aldehyd	+ 5,8
+0,02	„ „	„	+ 1,2
0,1	„ „	Kartoffelfuselöl	— 0,9
	b) Sprit von 50 Vol. %.		
Sprit rein			0
+0,25	Volum %	Aldehyd	+16,2
+0,25	„ „	Kartoffelfuselöl	— 2,1
+0,25	„ „	Kornfuselöl	— 1,7
+0,25	„ „	Maisfuselöl	— 1,1
+0,25	„ „	Isoamylalkohol	— 2,5
	c) Sprit von 20 Vol. %.		
Sprit rein			0
+0,1	Volum %	Aldehyd	+ 8,3
+0,1	„ „	Kartoffelfuselöl	— 1,8
+0,1	„ „	Kornfuselöl	— 1,6
+0,1	„ „	Maisfuselöl	— 1,3
+0,1	„ „	Isoamylalkohol	— 1,9
	d) Sprit von 10 Vol. %.		
Sprit von			0
+0,05	Volum %	Aldehyd	+ 6,0
+0,05	„ „	Kartoffelfuselöl	+ 0,5
+0,05	„ „	Kornfuselöl	+ 0,5
+0,05	„ „	Maisfuselöl	+ 0,0
+0,05	„ „	Isoamylalkohol	+ 0,6

[1]) J. Traube, Zeitschr. analyt. Ch. 28, 36, 1889.

Es ergiebt sich also Folgendes:

1. Bei allen Koncentrationen des wässerigen Sprits wirken die Vorlaufprodukte erhöhend auf die Dampfspannung des betreffenden Sprits.

2. Bei den höheren Koncentrationen bis unterhalb 20 Volum$^0/_0$ wirken die Nachlaufprodukte erniedrigend auf die Dampfspannung des betreffenden Sprits. Bei einer zwischen 20 und 15$^0/_0$ liegenden Koncentration üben die Nachlaufprodukte keinen Einfluss auf die Dampfspannung des Sprits aus, unterhalb der betreffenden Koncentration wirken dieselben gleich den Produkten des Vorlaufs erhöhend.

3. Entsprechend den Raoult'schen Sätzen ist die durch die Vor- und Nachlaufprodukte bewirkte Erhöhung bezw. Erniedrigung der Dampfspannung sehr angenähert proportional dem Gehalte an gelöster Substanz (!)

4. Im hochprocentigen Sprit bringen die verschiedenen Arten von Fuselöl einen annähernd gleichen Einfluss auf die Dampfspannung hervor, in allen Koncentrationen ist der Einfluss des Fuselöls weit geringer als derjenige entsprechend grosser Mengen Aldehyds.

Hieraus lässt sich schliessen:

α) Dass in einem Sprit, welcher nur Vorlauf und Nachlauf enthält, bei einem Procentgehalt von 90 bis 100$^0/_0$ noch $^1/_{10000}$ auf Aldehyd berechneter Vorlauf, sowie $^1/_{1000}$ Fuselöl festgestellt werden kann.

β) Dass man in einem Sprit, welcher Vorlauf und Nachlauf enthält, aus der bei einer Koncentration von etwa 17 Volum $^0/_0$ beobachteten Erhöhung der Dampfspannung quantitative Schlüsse ziehen kann auf den Vorlaufgehalt des Sprits, da die in Betracht kommenden Nachlaufmengen bei dieser Koncentration keinen Einfluss auf die Dampfspannung ausüben. Auch bei den niederen Koncentrationen lässt sich noch bis zu $^1/_{10000}$ Aldehyd feststellen.

γ) Durch Vergleich der bei den beiden Koncentrationen erhaltenen Werthe kann man für jeden Sprit — allein mit Hilfe der vaporimetrischen Methode — annähernd quantitativ Vor- und Nachlauf getrennt von einander bestimmen.

Methode der Bestimmung des specifischen Gewichtes.

Die Verwendung der Bestimmung des specifischen Gewichtes zu analytischen Zwecken dürfte hauptsächlich bei flüssigen Körpern und namentlich bei Lösungen in Frage kommen. Vor allem sind es in diesem Falle die wässerigen Lösungen, die eine besondere Berücksichtigung verdienen, nnd bei denen auch vielfach Tabellen ausgearbeitet bezw. besondere Instrumente konstruirt worden sind, um die Ermittlung des specifischen Gewichtes dieser Lösungen zu erleichtern.

Jedenfalls ist die Bestimmung des specifischen Gewichtes in sehr vielen Fällen ein ausgezeichnetes Hilfsmittel, um sich je nach Umständen und nach der erforderlichen Genauigkeit mehr oder weniger rasch über die Reinheit der betreffenden Substanz zu unterrichten. Indem die Ausführung dieser Methode eine verhältnissmässig so einfache ist, kann dieselbe sogar in den Fällen, wo es auf grösstmöglichste Genauigkeit nicht ankommt, Laienhänden anvertraut werden, ohne dass bei einigermassen zuverlässiger Ausführung in die Richtigkeit der Resultate Zweifel gesetzt zu werden brauchten.

Die Eintheilung der vorliegenden Stoffe ist folgende:

1. Volumverhältnisse und Konstitution der flüssigen organischen Verbindungen.
2. Specifisches Gewicht und Gehalt wässeriger Lösungen.
3. Apparatur und Ausführung der Bestimmung.
   a) Pyknometer.
   b) Mohr-Westphal'sche Waage.
   c) Aräometer.
4. Bestimmung des Alkoholgehaltes des Branntweins.
5. Arten der zur amtlichen Benutzung bestimmten Thermoalkoholometer.
6. Indirekte Bestimmung des Alkohols.

7. Anlage zur Anleitung für die Ermittlung des Alkoholgehaltes in Branntwein.

8. Bestimmung des Methylalkohols in Gemischen mit Aethylalkohol.

9. Ermittlung des specifischen Gewichtes von Rohrzuckerlösungen.

10. Ermittlung des specifischen Gewichtes der Zuckerabläufe nach Brix.

11. Bestimmung des Traubenzuckers im Harn.

12. Bestimmung des specifischen Gewichtes des Blutes.

13. Bestimmung des Eiweisses in thierischen Flüssigkeiten.

1. Volumverhältnisse und Konstitution der flüssigen organischen Verbindungen.

Bei vergleichbaren Zuständen hängen die hinsichtlich der Volumverhältnisse auftretenden Unterschiede im allgemeinen nur noch von der chemischen Zusammensetzung und der Konstitution ab. Die Untersuchungen von Kopp hatten zu einer Zeit, da man die Verschiedenheit und den Einfluss der Konstitution nur in geringem Umfange erkannt hatte, zu folgenden Gesetzmässigkeiten geführt:

„Die Atomgewichte eines jeden Elementarbestandtheiles nehmen in allen flüssigen Verbindungen unter vergleichbaren Umständen und bei gleicher Art der Bindung denselben Raum ein. Die Molekularvolume sind daher gleich der Summe der konstanten Atomvolume der Bestandtheile[1].“

Aus Kopp's Arbeiten ergeben sich folgende Verhältnisszahlen der Atomvolumina für die einzelnen Elemente:

Kohlenstoff	=	11
Wasserstoff	=	5,5
Karbonylsauerstoff	=	12,2
Hydroxylsauerstoff	=	7,8
Schwefel	=	22,6
Chlor	=	22,8
Brom	=	27,8
Jod	=	37,5
Stickstoff	=	2,3 (?)

Auch beim Stickstoff sind je nach der Art der Bindung verschiedene Werthe für das Atomvolum vorhanden.

[1]) Vgl. A. Horstmann, Beziehungen zwischen der Raumerfüllung fester und flüssiger Körper und deren chemischer Zus., Graham-Otto's physik.-theoret. Ch., Bd. I., Abth. 2, Vieweg, Braunschweig.

Die Arbeiten von Thorpe[1]), Lossen[2]), L. Meyer im Verein mit W. Städel[3]) und E. Elsässer[4]) sowie von Rob. Schiff[5]) führten zu folgenden Ergebnissen:

a) „Bei den Fettsäuren stimmen die Molekularvolumina mit den nach Kopp's Regeln berechneten nahezu überein."

	ber.	gef.	Diff.
Ameisensäure	42	41,3	
			22,3
Essigsäure	64	63,6	
			22,0
Propionsäure	86	85,6	
			22,2
n. Buttersäure	108	107,8	
			22,2
n. Valeriansäure	130	ca. 130	
			23,0
n. Capronsäure	152	ca. 153	
			—
Isobuttersäure	108	109,1	
			21,0
Isovaleriansäure	130	130,1	
Trimethylessigsäure	130	ca. 131	
		Im Mittel:	22,1

Ebenso verhalten sich die Aether.

b) „Bei den Alkoholen der Methylalkoholreihe finden grössere oder geringere Abweichungen statt."

	ber.	gef.	Diff.
Methylalkohol	40,8	42,4	
			19,9
Aethylalkohol	62,8	62,3	
			19,7
Propylalkohol	84,8	81,0	
			20,6
Butylalkohol	106,8	101,6	
			21,0
Amylalkohol	128,8	122,6	
Isopropylalkohol	84,8	82,4	
			20,0
Trimethylkarbinol	106,8	ca. 102,4	
			21,3
Gährungsamylalkohol	128,8	123,7	
Aktiver Amylalkohol	128,8	122,3	
		Im Mittel:	20,4

1) Thorpe, Journ. Chem. Soc. **141**, 327, 1880.

2) W. Lossen, Liebig's Ann. **214**, 818, 1880; **233**, 316; **243**, 64.

3) W. Staedel, Ber. **15**, 2559, 1882.

4) E. Elsässer, Liebig's Ann. **218**, 302, 1883.

5) R. Schiff, Ber. **14**, 2761, 1881, Liebig's Ann. **220**, 71, 1883. Vgl. auch Zander, ibid. **214**, 138, 1880; **224**, 56; **225**, 109.

Ebenso verhalten sich die Glykole.

Trimethylenglykol	92,6	84,0
Propylenglykol	97,6	85,2

Das Gleiche gilt von den Aldehyden.

Weitere Abweichungen ergeben sich bei den ungesättigten Verbindungen, wozu auch die der aromatischen Reihe zu rechnen sind, ohne dass es gelang, hierbei Regelmässigkeiten zu finden.

c) „Auch liess sich feststellen, dass die Molekularvolume isomerer Verbindungen ungleich gross sind und zwar sowohl bei gleichen Temperaturen als auch den Siedetemperaturen.“

	Norm.	Iso.	Diff.	Norm.	Iso.	Diff.	
	bei 0°			bei den Siedepunkten			
Propylalkohol	73,2	75,0	1,8	81,3	82,8	1,5	
Propylchlorid	85,9	88,8	2,9	91,4	93,6	2,2	
Heptan	142,7	143,5	0,8	162,6	162,0	−0,6	
Dipropylaether	133,6	137,2	3,6	150,9	151,6	0,8	etc.

Ausführliche Mittheilungen sind hierüber bei Horstmann l. c. zu finden.

d) „Die Ringschliessung hat einen wesentlich grösseren Einfluss auf das Molekularvolum, als die Bildung einer gewöhnlichen Doppelbindung.“

		Mol. Vol. bei 0°	Diff.
Benzolhydrür,	C_6H_{12},	110,5	8,6
Hexylen,	C_6H_{12},	119,1	
Toluolhydrür,	C_7H_{14},	126,6	9,7
Heptylen,	C_7H_{14},	136,3	
Xylolhydrür,	C_8H_{16},	143,3	8,2
Octylen,	C_8H_{16},	151,5	
Xyloltetrahydrür,	C_8H_{14},	135,1	7,0
Octin	C_8H_{14},	142,1	

Im allgemeinen lässt sich sagen, dass thatsächlich Regelmässigkeiten in ausgesprochenem Maasse bezüglich des Verhältnisses der Atomvolumina der Bestandtheile zum Molekularvolum vorhanden sind, dass aber der additive Charakter nicht in streng giltiger Weise zum Ausdruck gelangt. J. Traube[1]) versuchte durch Einführung bestimmter Konstanten mit Hilfe des sog. Covolums mit einiger Aussicht auf Erfolg die Beschränk-

[1]) J. Traube, Ber. **30**, 265, 1897; **31**, 157, 1898.

ungen, denen das Kopp'sche Gesetz unterworfen ist, auszumerzen. Immerhin mag darauf hingewiesen werden, dass die von ihm auf diesem Wege ermittelten Associationsfaktoren der Flüssigkeitsmoleküle mit den von Ramsay und Shields aus der Oberflächenspannung bestimmten Werthen einige Abweichungen zeigen, ebenso von den von dem Verfasser[1]) aus der Verdampfungswärme berechneten.

2. Specifisches Gewicht und Gehalt wässeriger Lösungen.

Wohl in den seltensten Fällen dürfte es möglich sein, bei der Lösung eines flüssigen Körpers in Wasser direkt aus den Gewichtsverhältnissen die Dichte der Lösung aus denjenigen der Bestandtheile zu berechnen. Sehr häufig finden grössere oder geringere Kontraktionen statt, seltener Vergrösserung des Volums. Mitunter findet sich ein Maximum der Dichte bei bestimmtem Procentgehalt, um alsdann nach beiden Seiten eine Abnahme zu zeigen.

Ein solches Dichtemaximum zeigt z. B. die Essigsäure, wie sich aus der folgenden Tabelle von Oudemans ergiebt.

Volumgewicht der Essigsäure bei 15⁰ C.

% Essigsäure	Vol. Gewicht	% Essigsäure	Vol. Gewicht
0	0,9992	55	1,0653
5	1,0067	60	1,0685
10	1,0142	65	1,0712
15	1,0214	70	1,0733
20	1,0284	75	1,0746
25	1,0350	**80**	**1,0748**
30	1,0412	85	1,0739
35	1,0470	90	1,0713
40	1,0523	95	1,0660
45	1,0571	100	1,0553
50	1,0615		

Das Dichtemaximum zeigt sich also bei 80% Essigsäure. Ein ähnliches Dichtemaximum hat Mac Elroy[2]) bei der Untersuchung wässeriger Acetonlösungen beobachtet, und zwar ist dies bei der Lösung gleicher Gewichtsmengen Aceton und Wasser vorhanden. Auch die Acetaldehydlösungen besitzen nach meinen Untersuchungen[3]) ein solches Dichtemaximum bei einer 30%igen Aldehydlösung.

Bei der Ameisensäure zeigt sich diese Kontraktion nicht. Das Gleiche konnte ich konstatiren bei der Untersuchung von Monochlor-

1) Vgl. W. Vaubel, Journ. pr. Ch. **57**, 337, 1898.

2) Mac. Elroy, Journ. Americ. Chem. Soc. **16**, 618, 1894.

3) W. Vaubel, Journ. pr. Ch. (NF.) **59**, 34, 1899.

essigsäure, Trichloressigsäure, Buttersäure, Isobuttersäure Isovaleriansäure und Essigäther, und ebenso verhält sich das in wässeriger Lösung nicht in seine Bestandtheile zerfallende Chloralhydrat bis zu einer 80%igen Lösung, wie ich einer Arbeit von M. Rudolphi[1]) entnehme.

Um bei den Lösungen, welche ein Dichtemaximum besitzen, in zweifelhaften Fällen festzustellen, ob man es mit der verdünnteren oder koncentrirteren Lösung zu thun hat, muss man dieselbe etwas verdünnen und sehen, ob die Dichte zu oder abnimmt. Im letzteren Falle liegt alsdann die geringer koncentrirte Lösung vor.

Von Interesse ist noch die Beobachtung von A. Herzfeld[2]), wonach das specifische Gewicht von Invertzuckerlösungen höher ist als das von Dextrose- und Lävuloselösungen, ja sogar höher als das von Rohrzuckerlösungen. So weit diese Verhältnisse untersucht sind, liegt hier eine Bindung von Lävulose durch Dextrose vor.

Es dürfte wohl kaum angebracht sein, den Inhalt des Buches durch Zugabe zahlreicher Tabellen über die Volumgewichte wässeriger Lösungen zu vermehren, da meinen Erfahrungen nach dieselben in einem umfangreicheren Werke doch nicht in beträchtlichem Masse benutzt werden würden. Indem man überdies noch aus anderen Gründen auf die Benutzung von Zusammenstellungen derartiger Tabellen und Formeln in anderen Gebieten angewiesen ist, glaube ich, die Benutzung des Chemiker-Kalenders als vorzügliches Nachschlagebuch empfehlen zu sollen.

Die Ermittlung des specifischen Gewichtes anderer als wässeriger Lösungen der organischen Körper ist bisher noch nicht in dem Maasse ausgeführt worden, dass man hierüber allgemeinere Mittheilungen machen könnte.

3. Apparatur und Ausführung der Bestimmung.

Bei der Ermittlung der Dichte von flüssigen Körpern bezw. von Lösungen kann man sich verschiedener Methoden bedienen. Es sind dies hauptsächlich:

a) Bestimmung mit Hilfe des Pyknometers,
b) Bestimmung mit der Mohr-Westphal'schen Waage.
c) Bestimmung mit Hilfe des Aräometers.

Die Bestimmung mit Hilfe des Pyknometers zeigt in Bezug auf die Form des Pyknometers mancherlei Abweichung, je nachdem man mit der einen oder anderen Eigenschaft des zu untersuchenden Körpers zu rechnen hat.

---

1) M. Rudolphi, Die Molekularrefraktion fester Körper in Lösungen etc. Habilitationsschrift, Darmstadt, 1900.

2) A. Herzfeld, Zeitschr. analyt. Ch. **30**, 70, 1891.

Ein Pyknometer ist ein mit einer Marke an dem eng verlaufenden Halse versehenes Gefäss von 10 bis 100 g Inhalt. Mitunter ist an dem Pyknometer direkt in der Form eines eingeschliffenen Stöpsels oder in anderer Weise ein Thermometer angebracht zur Ermittlung der Temperatur, welche von Einfluss auf die Bestimmungen ist und demgemäss entsprechend berücksichtigt werden muss.

Man wiegt bei der Ausführung der Bestimmung das Pyknometer leer, dann gefüllt mit Wasser von 15° C., wobei die Füllung genau bis zur Marke geht. Alsdann wiegt man das Pyknometer, nachdem es wiederum genau bis zur Marke mit der zu untersuchenden Flüssigkeit von 15° C. gefüllt worden ist.

Die erste Bestimmung ergab den Rauminhalt des Gefässes, indem aus der Anzahl von Grammen Wasser, welche das Gefäss bis zur Marke fasst, sich das Volum ergiebt. Dividirt man das für den gleichen Rauminhalt bei der gleichen Temperatur erhaltene Gewicht der betreffenden Flüssigkeit (m) durch das Gewicht der gefundenen Wassermenge (r), so erhält man die Dichte nach der folgenden Formel.

$$d^{15}_{(H_2O.15^0)} = \frac{m}{r}.$$

Will man, was meist geschieht, an Stelle von $d^{15^0}_{(H_2O.15^0)}$, also der Dichte des betreffenden Körpers bei 15° bezogen auf Wasser von 15°, die Dichte angeben, bezogen auf Wasser von 4°, also $d^{15^0}_{(H_2O.4^0)}$, so muss man die für r gemessene Grösse entsprechend vergrössern. Dies geschieht, indem man das Wassergewicht mit dem specifischen Gewichte des Wassers bei der betreffenden Temperatur dividirt, oder, was dasselbe ist, die ermittelte Dichte der betreffenden Flüssigkeit mit der Zahl multiplicirt.

Folgende Tabelle giebt die Dichte des Wassers für die Temperaturen von 0—25° C. wieder:

Dichte des Wassers.

Temperatur	Dichte	Temperatur	Dichte	Temperatur	Dichte
0° C.	0,999878	9° C.	0,999819	18° C.	0,998663
1 „	0,999933	10 „	0,999789	19 „	0,998475
2 „	0,999972	11 „	0,999650	20 „	0,998272
3 „	0,999993	12 „	0,999544	21 „	0,998065
4 „	1,000000	13 „	0,999430	22 „	0,997849
5 „	0,999992	14 „	0,999297	23 „	0,997623
6 „	0,999969	15 „	0,999154	24 „	0,997386
7 „	0,999933	16 „	0,999004	25 „	0,997140
8 „	0,999882	17 „	0,998839		

Man erhält also, wenn man das für Wasser von 15° ermittelte Gewicht auf solches von 4° C. umrechnen will, folgende Gleichung:

$$d^{15^0}_{(H_2O.4^0)} = d^{15}_{(H_2O.15^0)} \times 0{,}999\,154 = \frac{m \,.\, 0{,}999\,154}{r}$$

Sollen die Bestimmungen absolut genau werden, so ist ausserdem die Ausdehnung des Glasgefässes, sowie die Masse der verdrängten Luft zu berücksichtigen. Für solche Fälle sei darauf hingewiesen, dass der kubische Ausdehnungskoëfficient des Glases $3\beta = {}^{1}/_{40000}$ bei 1 Grad Temperaturerhöhung beträgt, und dass man für das Gewicht von 1 ccm Luft einen mittleren Werth von 0,0012 g setzen kann. Bei Substanzen, die leichter sind als Wasser, bewirkt die Vernachlässigung des Luftgewichts und der Ausdehnung des Wassers eine Summirung der Fehler, bei solchen, die schwerer sind als Wasser, subtrahiren sie sich und kompensiren sich dementsprechend theilweise.

P. Fuchs[1]) giebt folgende Tabelle, die es ermöglicht, direkt den für die Ausdehnung des Glases und für die Abweichung der Temperatur von 4^{0} C. einzusetzenden Korrektionsfaktor zu ersehen. Diese scheinbaren Ausdehnungswerte des Wassers sind für Jenaer Glas 16^{III} berechnet worden.

Tafel zur Reduktion des Inhaltes gläserner Hohlgefässe an Wasser auf $+4^{0}$ zwischen den Temperaturen $+4{,}0^{0}$ bis $+30^{0}$.

$+^{0}$	0,2° C.				
	,0	,2	,4	,6	,8
4	1,000000	0,999997	0,999994	0,999990	0,999987
5	0,999984	999984	999984	999983	999983
6	999983	999986	999989	999991	999994
7	999997	1,000003	1,000009	1,000014	1,000020
8	1,000026	000035	000043	000051	000059
9	000068	000079	000090	000100	000111
10	1,000122	1,000137	1,000151	1,000166	1,000180
11	000195	000212	000228	000245	000261
12	000278	000298	000317	000336	000355
13	000374	000396	000418	000439	000461
14	000483	000508	000532	000556	000680
15	1,000604	1,000631	1,000657	1,000684	1,000710
16	000737	000766	000795	000823	000852
17	000881	000913	000944	000975	001006
18	001037	001071	001104	001138	001171
19	001205	001241	001277	001312	001358
20	1,001384	1,001422	1,001460	1,001497	1,001535
21	001572	001612	001651	001690	001729
22	001768	001811	001853	001896	001938
23	001981	002025	002069	002113	002157
24	002201	002247	002293	002339	002385
25	1,002431	1,002479	1,002527	1,002575	1,002623
26	002671	002721	002771	002820	002870
27	002920	002972	003023	003075	003126
28	003178	003232	003785	003338	003391
29	003445	1,003500	1,003555	1,003610	1,003665
30	003720				

[1]) P. Fuchs, Zeitschr. angew. Ch. **1899**, 26.

Man entnimmt aus der Tabelle den der Einfülltemperatur t^0 entsprechenden Werth, welcher, mit dem bei t^0 gefundenen multiplicirt, den Inhalt an Wasser bei $+4^0$ giebt. Hat man z. B. $t = 19{,}2^0$ und Masse H_2O zu 48,2974 g, so multiplicirt man 48,2974 mit dem in Spalte $19{,}2^0$ zu findenden Werth 1,001 241, um den Inhalt bei $+4^0$ zu erhalten.

Oft ist man genöthigt, Beziehungen wie Dichte bei 15^0, bezogen auf Wasser bei 15^0, also d $^{15}/_{15}$, auf d $^{15}/_{4}$ zu reduciren oder umgekehrt d $^{15}/_{4}$ auf d $^{15}/_{15}$ umzurechnen. Ersterer Fall kommt häufiger vor, wenn man z. B. in Tafeln, welche Procentverhältniss und Dichte bezogen auf d $^{15}/_{4}$ enthalten, benützt und mit Aräometern, welche in H_2O von 15^0 bis zur Partie 1,0000 eintauchen, die Dichtigkeit ermittelt.

Folgende ebenfalls von P. Fuchs gegebene Tabelle erleichtert diese Umrechnung derart, dass man nur noch eine Addition oder Subtraktion auszuführen hat.

Tabelle enthaltend Werthe zur Umrechnung der Beziehungen d $^{15}/_{15}$ auf d $^{15}/_{4}$.

Dichte	Redukt.-Glied	Dichte	Redukt.-Glied	Dichte	Redukt.-Glied	Dichte	Redukt.-Glied	Dichte	Redukt.-Glied	Dichte	Redukt.-Glied
0,70	0,000608	0,89	0,000773	1,09	0,000947	1,29	0,001120	1,49	0,001294	1,69	0,001468
71	617	90	782	10	956	30	1129	50	1303	70	1477
72	625	91	790	11	964	31	1138	51	1311	71	1485
73	634	92	799	12	973	32	1147	52	1320	72	1494
74	643	93	808	13	981	33	1155	53	1329	73	1503
75	651	94	817	14	990	34	1164	54	1338	74	1512
76	660	95	825	15	999	35	1173	55	1346	75	1521
77	669	96	834	16	0,001008	36	1182	56	1355	76	1529
78	677	97	842	17	1017	37	1190	57	1364	77	1538
79	686	98	851	18	1025	38	1199	58	1373	78	1546
0,80	695	99	860	19	1034	39	1207	59	1382	79	1555
81	703	1,00	868	20	1042	40	1216	60	1390	80	1564
82	712	01	876	21	1051	41	1225	61	1398	81	1573
83	721	02	884	22	1060	42	1233	62	1407	82	1582
84	729	03	894	23	1068	43	1242	63	1416	83	1590
85	738	04	903	24	1077	44	1251	64	1424	84	1598
86	747	05	911	25	1086	45	1259	65	1433	1,85	1607
87	756	06	921	26	1094	46	1268	66	1442		
88	764	07	930	27	1103	47	1277	67	1451		
		08	938	28	1112	48	1286	68	1460		

Hat man eine Beziehung d $^{15}/_{15}$ auf d $^{15}/_{4}$ umzurechnen, so muss der aus der Tafel entnommene Werth von Resultat d $^{15}/_{15}$ subtrahirt werden. Hat man jedoch eine Umrechnung von d $^{15}/_{4}$ auf d $^{15}/_{15}$ auszuführen, so hat man das Korrektionsglied zum Resultat d $^{15}/_{4}$ zu addiren.

Beispiele: $d\,^{15}/_{15} = 1{,}8400$ $d\,^{15}/_{4} = 0{,}8600$
$d\,^{15}/_{4} = 1{,}8400 - 0{,}0015$ $d\,^{15}/_{15} = 0{,}8600 + 0{,}0007$.

Wie schon erwähnt wurde, giebt es sehr verschiedene Arten von Pyknometern. Nachstehend sind einige der gebräuchlichsten Formen abgebildet.

Figur 29a stellt die von H. Kopp[1]) angegebene und unter dem Namen Regnault'sches Pyknometer bekannte Form dar.

Figur 29b ist ein solches mit eingeschliffenem Thermometer.

Figur 29c giebt das U-förmige, von Sprengel[2]) konstruirte Instrument wieder, welches von Ostwald[3]) etwas modificirt worden ist. Auch von A. Minozi[4]) ist eine abgeänderte Form mitgetheilt worden.

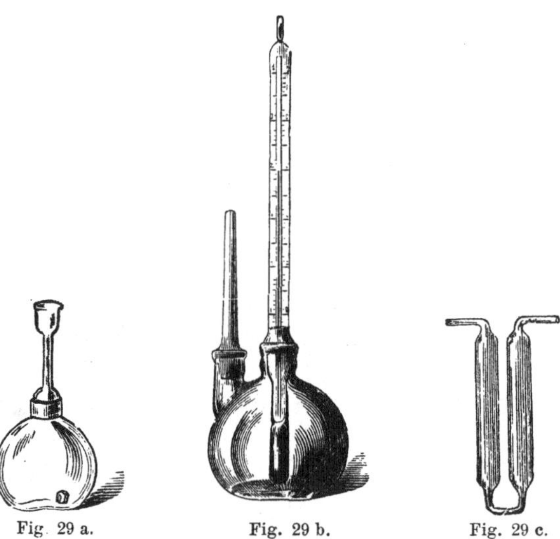

Fig. 29 a. Fig. 29 b. Fig. 29 c.

Sehr empfehlenswerth ist nach Kohlrausch[5]) die Anwendung eines Pyknometers, welches keine Oeffnung mit Stöpsel, sondern zwei angeblasene, enge Röhren mit Marken besitzt. Die eine Röhre mit angeblasenem kleinen Trichter dient zur Einfüllung der Flüssigkeiten, die andere zum Entweichen der Luft.

Von anderen in der Litteratur angeführten Apparaten seien noch folgende erwähnt.

J. C. Boot[6]) hat das gebräuchliche Pyknometer, bei dem der Ver-

1) H. Kopp, Pogg. Ann. **72**, 34, 1847.
2) Sprengel, Pogg. Ann. **150**, 459, 1873.
3) W. Ostwald, Journ. pr. Ch. (2) **16**, 396, 1877.
4) A. Minozi, Chem. Centrbl. 1899, II, 82.
5) F. Kohlrausch, Leitfaden d. praktischen Physik, Teubner, Leipzig.
6) J. C. Boot, Chem. Ztg. **20**, 616, 1896.

schluss durch einen von einer Kapillare durchbohrten Glasstopfen geschieht, in der Weise modificirt, dass er es noch mit einem äusseren Luftmantel umgiebt (Fig. 30). Hierdurch wird erreicht, dass bei erhöhter Zimmertemperatur eine Temperatursteigerung der im Pyknometer befindlichen Substanz nicht so rasch eintritt, und somit auch nicht so leicht Flüssigkeit durch die Kapillare austritt.

Auf Verbesserungen, die E. E. Squibb[1]) angiebt, sei hier nur hingewiesen, ebenso auf ein pipettenartiges Pyknometer von W. F. Keating-Stock[2]), sowie auf die von H. Göckel[3]) gegebene Form mit eingedrückten Wandungen zur schnellen Temperirung.

Ueber Pyknometer mit konstantem Volum und Präcisionsjustirung macht P. Fuchs[4]) Mittheilungen. Die dünnwandigen Pyknometer unterliegen einer ähnlichen Deformation, wie die Gefässe der Quecksilberthermometer. Diese störenden, auf Elasticitätsänderungen zurückzuführenden Einflüsse lassen sich durch einen in der Thermometrie längst

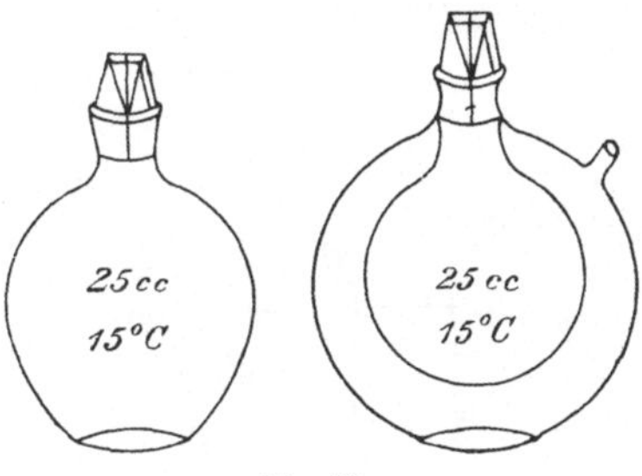

Fig. 30.

angewandten Kunstgriff, das „künstliche Altern" oder auch durch längeres Lagern vor der Justirung beseitigen. Unter künstlichem Altern wird eine nachträgliche Erhitzung auf eine hohe Temperatur und daran sich anschliessende feine Auskühlung verstanden. Aus diesem Grunde ist bei exakten Versuchen das Volum der Pyknometer vor jeder Untersuchung aufs neue zu messen. Die Formen des Präcisionspyknometers zeigen nachstehende Figuren:

Für exakte Bestimmungen eignet sich namentlich die von Sprengel angegebene Form mit Thermometer, Fig. 31 a. Die Bedenken in Betreff der Angaben des Thermometers sind nicht stichhaltig. Der Nullpunkt wird nach Auffüllen des Hohlraums des Thermometers mit Quecksilber ebenso sicher bestimmt, wie an jedem anderen Thermometer und das weitere Bestimmen der Gradwerthe +15 und 25^0 erfolgt auf dieselbe

1) E. R. Squibb, Journ. Americ. Chem. Soc. **19**, 111, 1897.
2) W. F. Keating Stock, The Analyst, **22**, 85, 1897.
3) H. Göckel, Zeitschr. angew. Ch. **1899**, 494, 1194.
4) P. Fuchs, Zeitschr. angew. Ch. **1898**, 352.

Art. Da man auf so kurze Strecken völlig kalibrische Röhren findet, so wird unter Benützung der drei Punkte glatt durchgetheilt. Die Oese am Thermometer dient zum Aufhängen des Pyknometers am Waagebalken, der Fuss als sicherer Aufbewahrungsort. Auf letzterem können Tara und Wasserwerth bei gegebener Temperatur aufgeätzt werden oder dem Pyknometer wird eine Tara beigegeben.

Für die meisten Fälle eignet sich die Form der Fig. 31 b; die weitere Kapillare trägt die Ringmarke. Für geringe Flüssigkeitsmengen dient die Form in Fig. 31 c.

Als Material zur Darstellung der Pyknometer dient das Jenaer Normalglas 16 ^{III}, dessen chemische und physikalische Konstanten bekannt sind und das eine gleichbleibende Zusammensetzung besitzt. Der Wasserwerth wird durch Doppelwägungen nach Gauss' Verfahren abgeleitet und

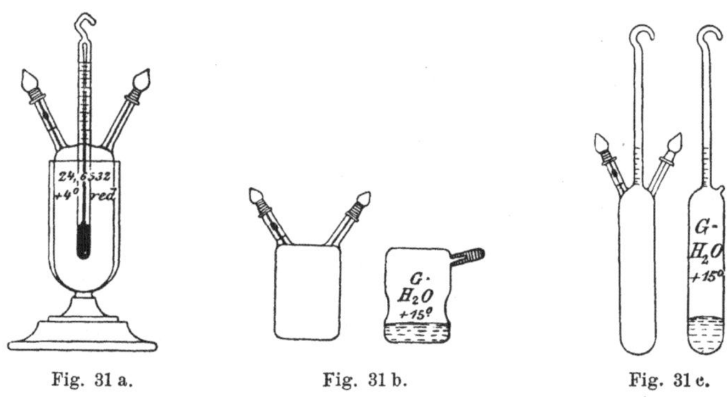

Fig. 31 a. Fig. 31 b. Fig. 31 c.

auf den leeren Raum reducirt. Für die Dichte des Glases wird 2,5 angenommen, für die Dichte der Luft wird λ ermittelt. Die zur Bestimmung der Masse verwandten Gewichte sind sowohl unter einander als auch mit Normalen verglichen. Die Masse des Inhalts bezieht sich auf Wasser von grösster Dichte, also $J_{+4^0} = 1{,}000$. Auf Wunsch kann auch für J_{+15^0} der Werth angegeben werden.

J. W. Brühl[1]) hat ein Pyknometer für zähflüssige Stoffe konstruirt. Dasselbe ist ein Flaschenpyknometer mit etwas weiterem Hals als gewöhnlich und seitlichem Ansatzrohr. Beide Oeffnungen sind durch Glasstopfen geschlossen. Die Marke befindet sich etwas unter dem Ansatzrohr. Zum Füllen dient eine Pipette mit entsprechend weiter Abflussröhre, die in die zu untersuchende Flüssigkeit eingetaucht wird und dann mit einer Wasserluftpumpe in Verbindung zu bringen ist. Nach Füllung der Pipette wird ein Kautschukschlauch über die senkrechte Röhre des Pyknometers gezogen und die Pipette bis an den Bauch des-

1) J. W. Brühl, Ber. **24**, 182, 1891.

selben durchgesteckt. Alsdann wird an dem seitlichen Ansatzrohr die Wasserluftpumpe angebracht und so das Pyknometer gefüllt.

C. Scheibler[1]) weist darauf hin, dass er bereits im Jahre 1878 zum gleichen Zweck eine Vorrichtung angegeben hat, die aus einer oben und unten durch Glashähne abschliessbaren Pipette besteht, an welcher nach beiden Seiten an die Hähne Verlängerungsröhren angeschlossen sind. Man saugt die Pipette mit dem Munde oder der Luftpumpe voll, schliesst den unteren Hahn, nimmt das untere Ansatzrohr ab, stellt in Wasser von der gewünschten Temperatur, schliesst dann auch den oberen

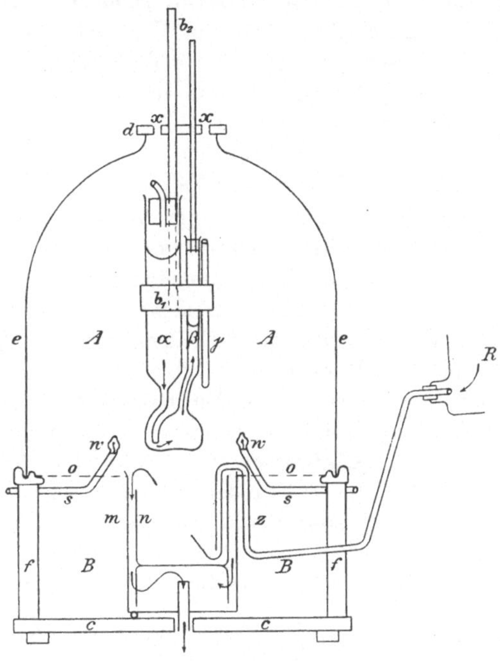

Fig. 32.

Hahn, nimmt das obere Rohr ab, stellt zur Entfernung äusserlich anhaftender Substanz das obere Ende in Wasser, trocknet die Pipette äusserlich ab und wägt.

Ueber eine pyknometrische Dichtebestimmungsmethode der weichen Fette macht J. Zawalkiewicz[2]) nähere Mittheilung. Die Methode bezweckt, die Dichte weicher Fette bei 15^0 absolut genau zu bestimmen und wird mit Hilfe folgenden Apparates ausgeführt (Fig. 32).

1) C. Scheibler, Ber. **24**, 357, 1891.

2) Z. Zawalkiewicz, Monatsschr. f. Chem. **15**, 132, 1894; Chem. Centrbl. 1894, I, 938.

Derselbe steht auf der Holzplatte cc und zerfällt in den Heizraum AA und den Kühlraum BB, welche durch das Drahtnetz oo getrennt werden. Die Glasglocke ee steht auf den drei Füssen ff und trägt oben einen schweren durchlöcherten Holzstöpsel. Das Pyknometer a hat einen langen gekrümmten Füllungsarm und einen kurzen geraden Ergänzungsarm, welche mit dem Füllungsreservoir α und dem Ergänzungsreservoir β durch Gummischläuche verbunden werden. Das Ergänzungsreservoir ist mit einer aus der Glocke herausragenden Glasröhre verbunden. Beide Reservoire, sowie ein in 100^0 getheiltes Thermometer sitzen im Messingring b, welcher mit Hilfe des Leitstabes b_2 gehoben und gesenkt werden kann. Die Heizung geschieht durch die Flämmchen rr, zu denen das Gas durch ss von aussen gelangt. Zu dem Kühlraum mn kommt das Wasser von gewünschter Temperatur aus R durch z und fliesst in der Richtung der Pfeile wieder ab.

Die Ausführung der Bestimmung geschieht in der Weise, dass das 10—20 ccm enthaltende Pyknometer kalibrirt wird; alsdann füllt man das Füllungsreservoir mit dem zu untersuchenden Fett und verbindet das Pyknometer mit den Reservoiren. Die Flammen werden angezündet und die Einrichtung so weit in den Heizraum eingesenkt, dass der Boden des Pyknometers in der Höhe der Flammen steht. Die Temperatur soll den Schmelzpunkt der Fette nicht um 20^0 übersteigen. Das schmelzende Fett senkt sich in dem Pyknometer und steigt von da in das Ergänzungsreservoir. Ist das Niveau in beiden Reservoiren gleich, so beginnt man mit der Abkühlung durch sehr langsames Einsenken des Pyknometers in das strömende Kühlwasser von gewünschter Temperatur. Die Abkühlung ist nach $1^1/_2$ bis 3 Stunden beendigt, und man erkennt die richtige Arbeit am Mangel aller Fettabhebungen von der Wand des Gefässes. Die Flammen werden sodann gelöscht, die Einrichtung herausgehoben, die Kautschukschläuche abgeschnitten, das Pyknometer vorsichtig getrocknet und gewogen.

Mit diesem Apparat bestimmte Zawalkiewicz D_{16} für Lanolin von Liebreich 0,95178, für gelbe Vaseline von Hell & Co. 0,88273, für Schweinefett 0,94093 und für Kuhbutter 0,93175.

Die Verwendung der Mohr-Westphal'schen Waage beruht ebenso wie die der Aräometer auf dem Archimedischen Princip, nach dem ein in eine Flüssigkeit eintauchender Körper soviel an seinem Gewichte verliert als das Volum der verdrängten Flüssigkeitsmasse beträgt. Bei der Mohr-Westphal'schen Waage wird ein Glaskörper der an einem Waagebalken aufgehängt ist und der in einer Flüssigkeit sich vollständig eingetaucht befindet, durch Auflegen von Gewichtstücken in's Gleichgewicht gebracht. Die Anordnung ist so gewählt, dass die aufgelegten Gewichtstücke, die aus Reitern bestehen, welche auf dem Waagebalken beliebig verschiebbar sind, und deren Gewichtseffekt auf dem Waagebalken infolge einer entsprechenden Eintheilung abgelesen werden kann, direkt die Dichte der betreffenden Flüssigkeit ergeben.

Der eintauchende Glaskörper ist mit einem Thermometer versehen, so dass die Temperatur leicht festgestellt werden kann. Bei der Benützung hat man zu beachten, dass der Glaskörper, der an einem Platindraht befestigt ist, vollständig und zwar am besten bis zu einer Marke am Platindraht in die Flüssigkeit eintaucht. Die Regulirung des Standes der Waage geschieht durch am Fusse derselben angebrachte Schrauben und muss so geschehen, dass der Waagebalken eine vollständig horizontale Lage einnimmt. Nimmt die Wage nicht einen festen Stand ein, so kon-

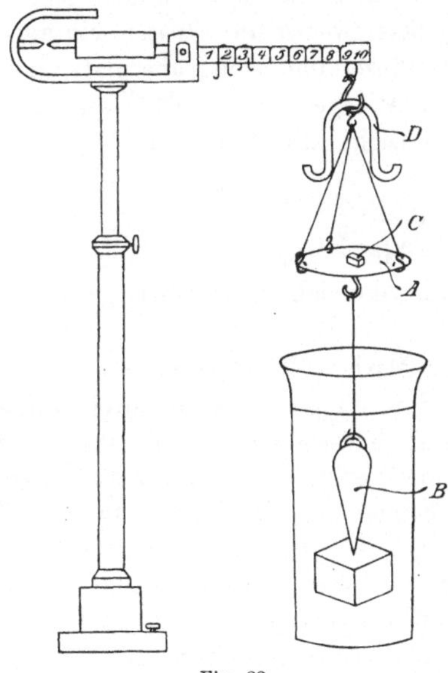

Fig. 33.

trollirt man dieselbe dadurch, dass man die Dichte einer bekannten Flüssigkeit z. B. Wasser ermittelt. In gleicher Weise lässt sich auch die Konstanz des Gewichtes der einzelnen Reiter kontrolliren, indem man entsprechende Vergleichsflüssigkeiten zur Prüfung wählt.

Eine Mohr'sche Waage von sehr exakter Ausführung beschreibt B. W. Gerland[1]). Die Resultate sind bis auf die vierte Decimale genau.

Das specifische Gewicht von Wachs und Harz bestimmt J. F. Liverseege[2]) mit Hilfe der Mohr-Westphal'schen Waage (Fig. 33). Zu diesem Zwecke hängt er am Ende des Balkens statt des Thermometer-Schwimmkörpers eine leichte Waagschale A an kurzen Fäden auf und

1) B. W. Gerland, J. Soc. Chem. Ind. **17**, 13, 1898.

2) J. F. Liverseege, Chem. New. **70**, 103; Zeitschr. analyt. Ch. **39**, 67, 1900.

an dieser an einem auf ihrer Unterseite angebrachten Haken mittels eines Platindrahtes einen spindelförmigen, spitzen Messingsenkkörper B. Man setzt den Einheitsreiter D des Instrumentes auf das Ende des Balkens, lässt den Messingsenkkörper in Wasser von 15° C. eintauchen und stellt durch Auflegen von Bleistückchen auf die Waage völliges Gleichgewicht her. Nunmehr entfernt man den Einheitsreiter und legt auf die Waagschaale ein kubisches, mittels eines Läppchens polirtes Stück des zu untersuchenden Wachses, dessen Gewicht geringer sein muss als das des Reiters. Dann bringt man durch Aufsetzen der betreffenden kleineren Reiter Gleichgewicht hervor und notirt die Belastung der Waage. Hierauf befestigt man den Wachswürfel am Senkkörper, indem man mit der Spitze des letzteren hineinsticht, lässt wieder in Wasser eintauchen, entfernt etwaige Luftbläschen mit dem Pinsel und stellt abermals Gleichgewicht her. War die erste Belastung der Waage z. B, 0,2615, die zweite 1,0240, so ergiebt sich als specifisches Gewicht des Wachses:

$$\frac{1 - 0{,}2615}{1{,}0240 - 0{,}2615} = 0{,}969.$$

Der Wachswürfel darf natürlich in seinem Inneren keine Luftblasen enthalten, man schneidet ihn daher aus frisch geschmolzenen und ungestört erkaltetem Wachs aus.

Während bei der Mohr-Westphal'schen Waage das Princip dasselbe ist wie bei den Senkwaagen, welche durch aufgelegte Gewichtstücke zum Eintauchen in eine Flüssigkeit bis zu einer bestimmten Marke veranlasst werden, liegen die Verhältnisse bei den Aräometern insofern etwas anders, als hier die Ermittlung der Dichte in der Weise geschieht, dass man an einer Skala sieht, wie tief das Aräometer in die betreffende Flüssigkeit eintaucht, und wie gross demgemäss die Dichte derselben ist. Da das Aräometer in der Flüssigkeit schwimmt, so taucht es soweit ein, dass das Gewicht der verdrängten Flüssigkeitsmasse seinem Eigengewicht gleichkommt. Ist also die Dichte der Flüssigkeit eine höhere, so taucht das Aräometer weniger ein als bei einer Flüssigkeit von geringerer Dichte. Dementsprechend sind auch die Aräometer konstruirt.

Auf den Aräometern soll[1]) sowohl die Normaltemperatur wie auch die Temperatur des Wassers, auf welche die Dichte bezogen wird, angegeben werden. Bei Saccharometern macht es in der Nähe von 20° Brix 0,41° aus, ob die Aichung auf Wasser von 20° oder von 4° bezogen wird. Laktodensimeter werden in München auf Wasser von 15°, in Ilmenau auf Wasser von 4° bezogen, was einen vollen Milchgrad-Unterschied ausmacht.

Unter den Aräometern unterscheidet man[2]) Aräometer für

[1]) Vgl. H. Göckel, Zeitschr. angew. Ch. **1898**, 867; **1899**, 712.

[2]) Vgl. F. Paul, Zeitschr. analyt. Ch. **38**, 333, 1899.

allgemeinen Gebrauch mit gleichtheiliger Skala und Aräometer mit Theilungen, welche Beziehungen zu einer bestimmten, auf dem Instrument vermerkten Substanz haben.

Zu den ersteren gehören die nach Baumé, Beck und Cartier, zu den letzteren die Oelwaage nach Fischer, das Grad-Aräometer für schwere Oele, das Grad-Aräometer für leichte Oele, das Procent-Salinometer, das hunderttheilige Procent-Aräometer für Salzsäure und das für Essigsäure.

Die Oelwaage nach Fischer soll eine Unterscheidung von Oelen nach Graden ermöglichen. So wird angegeben, dass ein künstlich gereinigtes Raps- oder Rübenöl 38—39 ^{0}, Leinöl 29—30^0, Petroleum 130 bis 140^0 zeigen soll u. s. w. Dem Instrument wird ferner auf dem Thermometer statt Temperaturgraden eine Temperatur-Korrektionstheilung gegeben, und zwar entspricht eine Temperaturänderung von $\pm$ 3^0 C. einer Gradänderung der Aräometerablesung um $\pm$ 1^0. Die Zahlenwerthe sind berechnet worden nach der Formel

$$dn = \frac{400}{400 + n}$$

Die Grad-Aräometer für schwere und leichte Oele dienen ähnlichen Zwecken wie die Fischer'sche Oelwaage. Die Theilung von 10—50^0 gehört dem Instrumente für leichte, die von 45—80^0 dem Instrumente für schwere Oele an. In der Tafel von F. Paul sind die Beziehungen der Dichte zu den Oelgraden angegeben.

Das Laktodensimeter oder die Milchwaage giebt direkt Milchgrade an, d. h. nur die zweite und dritte Decimalstelle der Dichte. Milch von 34 Grad besitzt also ein specifisches Gewicht von 1,034.

Die Mostwaage von Oechsle ist ein Aräometer, welches die auf drei Stellen berechneten Decimalen als Grade giebt. 115^0 Oechsle ist gleich 1,115, 95^0 Oechsle = 1,095.

Gewisse andere Aräometer geben direkt die Procente an, in welchen sich der betreffende Körper in der Lösung vorfindet. Man nennt sie deswegen Procentaräometer und unterscheidet hierbei noch zwischen solchen, die Volumprocente und Gewichtsprocente anzeigen.

Das Saccharometer von Balling (Brix) zeigt die Procente an reinem Rohrzucker als Saccharometergrade (Grade Brix) an und gilt für eine Temperatur von 17,5^0.

Zur Bestimmung des Alkoholgehalts benutzt man Alkoholometer für Gewichtsprocente und für Volumprocente. Das Alkoholometer von Tralles giebt die Volumprocente Alkohol bei 15^0.

Ueber die Beziehungen zwischen Dichte, Graden Brix oder Balling und Graden Baumé hat N. v. Lorenz[1]) eine Abhandlung veröffent-

[1]) N. v. Lorenz, d. Zeitschr. f. analyt. Ch. **31**, 706, 1892.

licht, in welcher er Formeln zur Umrechnung dieser Grössen in einander ableitet. Derartige Tabellen finden sich im Chemikerkalender, auf welche hier verwiesen werden muss.

Znr Prüfung und Berichtigung der Saccharometerskala verfährt K. Ulsch[1]) in der Weise, dass er das Instrument nach Art des Senkkörpers an der hydrostatischen Waage aufhängt und für die einzelnen Skalentheile den Gewichtsverlust bestimmt, den das Instrument beim Eintauchen in reines Wasser von 14° R. bis an den betreffenden Skalentheil erfährt. Um den wahren Werth dieses Skalentheils zu erhalten, braucht man nur das Gewicht des Saccharometers durch den gefundenen Gewichtsverlust zu dividiren.

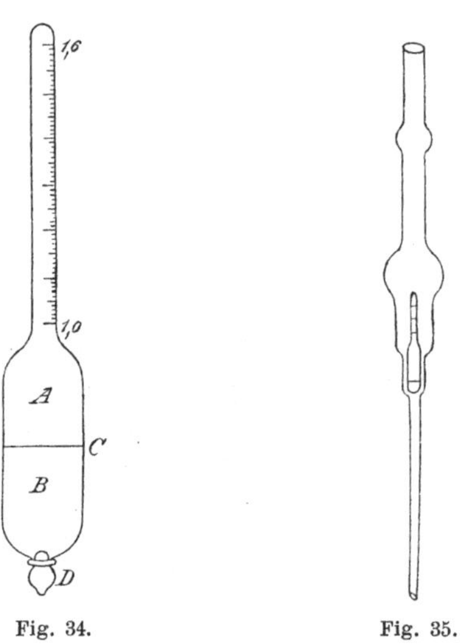

Fig. 34. Fig. 35.

Eine neue Art von Aräometern ist von L. N. Vandenvyver[2]) konstruirt worden. Der in der Figur 34 abgebildete Apparat ist bei C durch eine Scheidewand in 2 Theile A und B getrennt. Man füllt die Abtheilung B des Aräometers nach Umkehrung desselben mit der zu untersuchenden Flüssigkeit bis zum Ueberlaufen und setzt unter Vermeidung von Luftblasen den Stopfen D ein. Dann wird das Instrument gut von den aussen haftenden Flüssigkeitstheilchen gereinigt, in ein Standglas mit destillirtem Wasser eingesetzt und der Punkt, bis zu welchem es einsinkt durch Ablesen des der Dichte entsprechenden Werthes ermittelt. Durch Füllen von B mit destillirtem Wasser von Normaltemperatur bezw. mit

---

[1]) K. Ulsch, d. Beibl. z. Ann. f. Physik u. Chemie **15**, 39; Zeitschr. analyt. Ch. **31**, 672, 1892.

[2]) N. L. Vandenvyver, Arch. Sc. phys. Genève **34**, 409, 1896; Chem. Centrbl. 1896, I, 82.

anderen Flüssigkeiten von bekannter Dichte, wird die Skala kontrollirt. Der Apparat zeigt gegenüber den bisher gebräuchlichen folgende Vortheile: Korrektur für Kapillarattraktion und -depression fällt weg, da der Apparat stets in die nämliche Flüssigkeit taucht; das Volum der zu untersuchenden Flüssigkeit braucht nicht gemessen zu werden, die Dichte von zähen Flüssigkeiten lässt sich mit ihm leicht bestimmen; die gewünschten Temperaturen sind leicht einzuhalten; man bedarf nur eine kleinere Menge der Flüssigkeit zur Untersuchung; bei einem auf 15° C. calibrirten Instrument verursachten Temperaturschwankungen von 8—20° C. eine Abweichung von dem bei 25° C. erhaltenen Werthe, welche nur 1 oder 2 Einheiten der vierten Decimale ausmacht.

Weiterhin sei noch erwähnt die Aräometerpipette von Greiner und Friedrichs[1]) (Fig. 35). Dieselbe besteht aus einer eigenartig geformten Pipette und einer aus Resistenzglas angefertigten Senkwaage, welche durch die Ansaugeröhre eingeführt wird. Bei der Kleinheit des Aräometers ist die Ausdehnung der Skala gering. Der Apparat soll zur schnellen Bestimmung der Dichte kleiner oder schwer zugänglicher Mengen von Flüssigkeiten dienen.

Neue Normalprocentaräometer sind von P. Fuchs[2]) konstruirt worden. Dieselben sind unter Benutzung der allgemein gebräuchlichen Tafeln so eingetheilt, dass man direkt an der Skala die procentuale Menge gelöster Substanz ablesen kann und so das zeitraubende Nachschlagen in Tabellen erspart. Die Aräometer sind fast durchweg bei + 15° graduirt. Eine Korrektion der Ablesungen auf diese Temperatur ist in den meisten Fällen möglich, da den benutzten Tafeln Reduktionsfaktoren beigegeben sind. Wo dies nicht der Fall ist, sollen dieselben noch experimentell ermittelt werden, so dass stets präcise, direkte Gehaltsfeststellungen möglich sind. Die Skala ist doppelt getheilt, so dass man ausser der gelösten Substanzmenge auch die dazu gehörigen Dichten ablesen kann. Auch sollen auf den neueren Instrumenten die einem Temperaturgrad Differenz gegen die Normaltemperatur entsprechenden Korrektionswerthe direkt auf der Skala vermerkt werden, auf welcher sie in einfacher Weise abgelesen werden können.

Weiterhin giebt P. Fuchs[2]) noch Tafeln zur Temperaturkorrektion für aräometrische Messungen, von denen uns speciell folgende für organische Verbindungen ermittelte interessiren. Bei der Ablesung über der Normaltemperatur hat man das Korrektionsglied als positive, unter der Normaltemperatur als negative Grösse zu verrechnen,

---

1) Greiner und Friedrich, Zeitschr. analyt. Ch. **35**, 169, 1896.

2) P. Fuchs, Chem. Ztg. **22**, 104, 1898; Zeitschr. angew. Chem. **1899**, 15; **1898**, 909.

Temperatur-Korrektionstafeln für araeometrische Messungen für Instrumente aus Thüringer Glas.

Name	Mittl. cub. Ausdehnungs-coefficient $\alpha =$	Differenz in Graden						
		1°	2°	3°	4°	5°	6°	7°
Aceton	0,0016160	0,00130	0,00260	0,00389	0,00519	0,00649	0,00780	0,00909
Aethylacetat . .	0,0015691	143	286	429	572	715	858	0,01001
Aethylaether . .	0,00214967	159	320	480	640	800	960	0,01120
Aethylbenzol . .	0,00109684	097	194	291	388	486	583	0,00680
Ameisensäure. .	0,00111485	142	284	426	568	710	852	994
Amylacetat . .	0,00127120	116	232	348	464	580	696	812
Anilin	0,00091549	097	194	291	388	485	582	679
Benzol	0,00138466	127	254	381	508	635	762	889
Chloroform . .	0,00013993	217	434	651	868	0,01085	0,01302	0,01519
Glycerin . . .	0,0005342	068	136	204	272	0,00340	0,00408	1,00476
Methylalkohol .	0,00143718	116	232	348	464	580	696	812
Nitrobenzol . .	0,00089223	110	220	330	440	550	660	770
Petroleum (d 15/4 = 0,8467) . .	0,0010390	091	182	273	364	455	546	637
Terpentinöl . .	0,00105125	093	186	279	372	465	588	651
Toluol	0,0012059	109	218	327	436	545	654	763
Xylole	0,00109806	099	198	297	396	495	594	693

Ein neues Gewichtsaräometer hat Th. Lohnstein[1]) konstruirt. Dasselbe hat vor dem Skalenaräometer den Vorzug, dass man es für Flüssigkeiten vom spec. Gewicht 0,7—2,0 benützen kann, während dieses Intervall bei Skalenaraeometern stets die Anwendung eines Satzes von mindestens drei Stücken erfordert, sowie den, dass die bei den Skalenaräometern die Genauigkeit so sehr beeinträchtigenden Kapillaritätseinflüsse in Wegfall kommen.

Eine specielle Form des Lohnstein'schen Gewichtsaräometers ist das von demselben Forscher konstruirte Urometer[1]). Für geringe Harnmengen hat A. Jolles[2]) ein neues Urometer konstruirt. Die gewöhnlichen Urometer haben als Ausgangspunkte der Skala 1000 und 1050. Jolles schlägt vor, anstatt dieser als Anfangspunkte 1010 und 1035 zu benützen.

Nach F. Maly[3]) soll man sich zur Entfernung der auf jedem Aräometer haftenden Fettschicht eines feuchten Leinwandläppchens bedienen, während Abreiben mit trockener Leinwand nichts hilft.

---

1) Th. Lohnstein, Zeitschr. f. Instr. **14**, 164; Zeitschr. analyt. Ch. **14**, 65, 185, 1895; Allg. med. Centrztg. 1894, 31; Centrbl. f. innere Med. 1897, Nr. 12.

2) A. Jolles, Zeitschr. analyt. Ch. **36**, 221, 1897; Centrbl. f. inn. Med. 1897, Nr. 8; Wiener med. Presse 1897, Nr. 8.

3) F. Maly, Zeitschr. f. Instr. **12**, 61.

Erwähnt sei noch, dass F. Kohlrausch[1]) Dichtebestimmungen sehr verdünnter Lösungen durch Bestimmung des Auftriebs eines an einem Platindraht aufgehängten Senkkörpers ausführt. Es ist ihm dabei gelungen, die Fehlergrenze bei derartigen Bestimmungen auf eine Einheit in der siebenten Decimale zu vermindern, so dass sich kleine Verunreinigungen destillirten Wassers schon bemerkbar machen.

Eine weitere Methode der Bestimmung der Dichte von Flüssigkeiten beruht auf der Verwendung kommunicirender Röhren, in denen sich die betreffenden, nicht mischbaren Flüssigkeiten ihrer Dichte entsprechend verschieden hoch einstellen. Von dieser Art der Bestimmung dürfte nur in Ausnahmefällen Gebrauch gemacht werden.

4. Bestimmung des Alkoholgehalts des Branntweins.

Nach der Vorschrift des Bundesrathes vom 17. Juli 1895 verfährt man folgendermassen:

Zur Feststellung des specifischen Gewichts des Branntweins bedient man sich eines mit einem Glasstopfen verschliessbaren, amtlich geaichten Dichtefläschchens von 50 ccm Inhalt. Das Dichtefläschchen wird in reinem und trockenem Zustande leer gewogen, nachdem es $^1/_2$ Stunde im Waagekasten gestanden hat. Dann wird es mit Hilfe eines fein ausgezogenen Glockentrichters bis über die Marke mit destillirtem Wasser gefüllt und in ein Wasserbad von 15^0 gestellt. Nach einstündigem Stehen in dem Wasserbade wird das Fläschchen herausgehoben, wobei man nur den leeren Theil des Halses anfasst, und sofort die Oberfläche des Wassers auf die Marke einstellt. Dies geschieht durch Eintauchen kleiner Stäbchen oder Streifen aus Filtrirpapier, die das über der Marke stehende Wasser aufsaugen. Die Oberfläche des Wassers bildet in dem Halse des Fläschchens eine nach unten gekrümmte Fläche; man stellt die Flüssigkeit am besten in der Weise ein, dass bei durchfallendem Lichte der schwarze Rand der gekrümmten Oberfläche soeben die Marke berührt. Nachdem man den inneren Hals des Fläschchens mit Stäbchen aus Filtrirpapier getrocknet hat, setzt man den Glasstopfen auf, trocknet das Fläschchen äusserlich ab, stellt es $^1/_2$ Stunde in den Waagekasten und wägt es. Die Bestimmung des Wasserinhaltes des Dichtefläschchens ist dreimal auszuführen und aus den drei Wägungen das Mittel zu nehmen. Wenn das Dichtefläschchen längere Zeit in Gebrauch gewesen ist, müssen die Gewichte des leeren und des mit Wasser gefüllten Fläschchens von neuem bestimmt werden, da diese Gewichte mit der Zeit sich nicht unerheblich ändern können.

Nachdem man das Dichtefläschchen entleert und getrocknet oder mehr-

[1]) F. Kohlrausch, Ann. d. Phys. u. Chem. (N. F.) **56**, 185.

mals mit dem zu untersuchenden Branntwein ausgespült hat, füllt man es mit dem Branntwein und verfährt genau in derselben Weise wie bei der Bestimmung des Wasserinhaltes des Dichtefläschchens; besonders ist darauf zu achten, dass die Einstellung der Flüssigkeitsoberfläche stets in derselben Weise geschieht.

Bedeutet:

a) das Gewicht des leeren Dichtefläschchens,

b) das Gewicht des bis zur Marke mit destillirtem Wasser von 15^0 gefüllten Dichtefläschchens,

c) das Gewicht des bis zur Marke mit Branntwein von 15^0 gefüllten Dichtefläschchens,

so ist das specifische Gewicht d des Branntweins bei 15^0 C., bezogen auf Wasser von derselben Temperatur

$$d = \frac{c - a}{b - a}.$$

Den dem specifischen Gewichte entsprechenden Alkoholgehalt des Branntweins in Gewichtsprocenten entnimmt man der zweiten Spalte der Alkoholtafel von Windisch (Berlin 1893, bei Julius Springer).

5. Arten der zur amtlichen Benutzung bestimmten Thermo-Alkoholometer (5. Juni 1889).

Der Handelswerth einer Mischung von Alkohol und Wasser wird durch die darin enthaltene Menge reinen Alkohols bedingt.

Letztere ist einerseits durch das absolute Gewicht (das Nettogewicht), anderseits durch die Dichte (das specifische Gewicht) der Flüssigkeit bestimmt. Da aber der jeweiligen Dichte einer Mischung von Alkohol und Wasser ein ganz bestimmter Gehalt an Alkohol entspricht, so pflegt man zum Zwecke der Werthbestimmung der Mischungen nicht deren Dichte, sondern, was auch für die Praxis bequemer ist, ihren procentischen Alkoholgehalt, die sog. Spiritusstärke, zu ermitteln. Spiritusstärke in Volumprocenten heisst das Verhältniss des Volums des in der Mischung enthaltenen Alkohols zu dem Volum der ganzen Mischung; Spiritusstärke in Gewichtsprocenten heisst das Verhältniss des Gewichtes des in der Mischung enthaltenen Alkohols zu dem Gewicht der ganzen Mischung.

Zur Ermittlung der Spiritusstärke dient das Alkoholometer. Das Alkoholometer sinkt, da das specifische Gewicht des Alkohols geringer ist als das des Wassers, in alkoholreichen Mischungen tiefer ein als in alkoholarmen; es stellt sich somit je nach der Spiritusstärke einer Mischung verschieden in derselben ein. Seine Einstellung wird aber ausserdem durch die Temperatur der Mischungen beeinflusst. Weil bei steigender Temperatur die Dichte einer Mischung abnimmt, und zwar schneller als das Volumen des Alkoholometers zunimmt, so sinkt mit jeder Temperaturerhöhung das Instrument tiefer in die Mischung ein; demzufolge ist, je höher die Temperatur steigt, um so grösser die durch das Instrument angegebene Stärke. Bei allen Beobachtungen mit Hilfe des Alkoholometers bedarf es somit auch einer Feststellung der Temperatur. Zu dem Behufe ist das Alkoholometer mit einem Thermometer verbunden und bildet mit ihm das Thermo-Alkoholometer.

Um den Einfluss der verschiedenen Temperaturen auszuschliessen, hat man bei den Untersuchungen über den Zusammenhang zwischen der Dichte und der procentischen Zusammensetzung der Mischungen von Alkohol und Wasser eine bestimmte Temperatur eingeführt, und diese ist dann als Normaltemperatur in das Alkoholisirungsverfahren übertragen worden. Die bei der Normaltemperatur am Alkoholometer abgelesene Stärke ist die wahre Stärke, die Angabe des Alkoholometers bei jeder anderen Temperatur heisst die zu dieser Temperatur gehörige scheinbare Stärke.

An Stelle der bisherigen Thermo-Alkoholometer, welche — unter Annahme einer Normaltemperatur von $12^4/_9$ Grad der 80theiligen Thermometerskala (nach Réaumur) — angeben, wie viel Procente des Volumens der zu untersuchenden Mischung aus reinem Alkohol bestanden (Stärke nach Volumprocenten) haben fortan für alle steueramtlichen Ermittlungen — unter Annahme einer Normaltemperatur von $+15^0$ der 100teiligen Thermometerskala (nach Celsius) — nur solche Instrumente Anwendung zu finden, welche angeben, wie viel Procente des Gewichtes der zu untersuchenden Mischung aus reinem Alkohol bestehen (Stärke nach Gewichtsprocenten).

Letztere Instrumente tragen auf der Alkoholometerskala die Bezeichnung „Alkoholometer nach Gewichtsprocenten“, auf der Thermometerskala die Bezeichnung „Grade des 100theiligen Thermometers“, sie sind zum Unterschiede von den noch im Verkehr befindlichen Volum-Alkoholometern dadurch gekennzeichnet, dass die Thermometerskala an beiden Seiten durch einen blassrothen, etwa 1 mm breiten Strich gerändert ist, und zerfallen in

a) Thermo-Alkoholometer für die Bestimmung der scheinbaren Stärken des Branntweins von 10 bis zu ausschliesslich 65 Gewichtsprocenten mit Eintheilung der Alkoholometerskala nach ganzen und halben Gewichtsprocenten und der Thermometerskala nach ganzen Graden Celsius.

b) Thermo-Alkoholometer für die Bestimmung der scheinbaren Stärken des Branntweines von 65 bis 100 Gewichtsprocenten mit Eintheilung der Alkoholometerskala nach Ganzen und Fünftel-Gewichtsprocenten und der Thermometerskala nach ganzen und halben Graden Celsius.

Zur Abfertigung von Lutter unter 10% scheinbarer Stärke dient ein kleineres Thermo-Alkoholometer, „Lutterprober“ genannt, mit Theilung der Alkoholometerskala nach ganzen Gewichtsprocenten und der Thermometerskala nach ganzen Graden Celsius. Die Lutterprober tragen auf der Alkoholometerskala die Bezeichnung „Alkoholgehalt nach Gewichtsprocenten“, auf der Thermometerskala die Bezeichnung „Grade des 100-theiligen Thermometers.

Die Thermo-Alkoholometer müssen geaicht, die Lutterprober amtlich beglaubigt sein. Die Aichung des ersteren wird ersichtlich gemacht durch Aufätzen eines Stempels nebst Jahreszahl und Nummer auf dem Glaskörper oberhalb der Thermometerskala, sowie eines kleineren Stempels auf die Spindelkuppe. Auf den Glaskörper wird die Angabe des Gewichtes des Instrumentes in Milligramm aufgeätzt. Auf die Spindel wird über den oberen Rand der Alkoholometerskala ein Strich aufgeätzt, welcher sich mindestens über die Hälfte des Spindelumfanges erstreckt, und dessen untere Grenzlinie in die Ebene des Skalenrandes fällt. Fällt die untere Grenzlinie desselben nicht in die Ebene des Skalenrandes, so ist dies ein Zeichen dafür, dass eine unzulässige Verschiebung der Skala stattgefunden hat.

Die Beglaubigung der Lutterprober erfolgt durch Aufätzen eines Stempels nebst Jahreszahl und Nummer auf den Glaskörper oberhalb der Thermometerskala. Auf die Spindel wird unterhalb der Kuppe der Stempel und über den oberen Rand der Alkoholometerskala, in gleicher Weise wie bei Thermo-Alkoholometern, ein Strich aufgeätzt.

6. Indirekte Bestimmung des Alkohols.

Zur indirekten Bestimmung des Alkohols in aus Wasser, Alkohol und Extrakt bestehenden Flüssigkeiten hat man die Dichte der betreffenden Flüssigkeit vor und nach dem Entgeisten zu bestimmen, wobei gewöhnlich das Volum, bezw. das Gewicht, der entgeisteten Lösung durch Wasserzusatz mit der ursprünglichen Flüssigkeit in ein einfaches Verhältniss gebracht wird. Eine Anzahl Autoren, wie Korschelt, Reischauer, Tabarié, Metz etc., haben hierfür geeignete Formeln entwickelt. N. von Lorenz[1]) hat es nun, da in der Litteratur eine präcise Ableitung dieser Formeln fehlt, unternommen, dieselben von einem einheitlichen Gesichtspunkte aus zu entwickeln und auch selbst einige neue Formeln empfohlen.

Von allen besprochenen Formeln verdienen diejenigen die meiste Beachtung, welche zur Voraussetzung haben, dass man nach dem Entgeisten auf das Anfangsvolum bringt, was weit bequemer ist als das Verdünnen auf das Anfangsgewicht.

Folgende Formeln stehen demnach zur Verfügung, wobei m = Dichte

[1]) N. v. Lorenz, Zeitschr. f. ges. Brauwesen 1891, 501; Zeitschr. analyt. Ch. **31**, 335, 1892.

der ursprünglichen Flüssigkeit und p = Dichte der nach dem Entgeisten auf das Anfangsvolum gebrachten Lösung ist.

(1) $D = 1 + m - p$ für Volumprocente,

und (2) $D = \frac{m}{p}$. für Gewichtsprocente.

Man vergesse nicht, dass der Werth von Gleichung (1) aus einer Volumprocenttabelle direkt Volumprocente ergiebt, während der Werth von (2) aus einer Gewichtsprocenttabelle direkt Gewichtsprocente Alkohol anzeigt.

Eine nähere Beschreibung der Ausführung der Bestimmung ist im nachfolgenden Abschnitt zu finden.

7. Anlage

zur Anleitung für die Ermittlung des Alkoholgehaltes in Branntwein. Abfertigung von versetzten Branntweinen, Fruchtsäften und dergleichen. (5. Juni 1889.)

1. Die Feststellung der Litermenge reinen Alkohols bei Branntweinen, Punschessenzen und anderen alkoholhaltigen Essenzen, welche derartig mit Zuckerstoffen oder anderen Ingredienzien versetzt sind, dass eine zuverlässige Prüfung mittels des Thermo-Alkoholometers ausgeschlossen erscheint, sowie bei Fruchtsäften, erfolgt mit Hilfe des unter Nr. 3 näher bezeichneten Destillirapparates.

2. Der abzufertigenden Flüssigkeit ist nach gründlicher Durchrührung oder Durchschüttelung eine Probe zum Zwecke der Alkoholisirung zu entnehmen und dieselbe darauf zu prüfen, dass ihre Beschaffenheit nicht den im § 1 der Anleitung zur Ermittlung des Gehalts an reinem Alkohol in Branntwein unter b_1 gegebenen Voraussetzungen zuwiderläuft.

Werden mittels eines und desselben Abfertigungspapieres mehrere mit gleichem Branntweinfabrikat gefüllte Fässer oder Flaschen von annähernd gleich grossem, d. h. nicht mehr als 10% von einander abweichenden Rauminhalt oder verschiedene Sorten von Fabrikaten in einer gleich grossen Anzahl von Flaschen von annähernd gleich grossem Rauminhalt zur Revision gestellt, so kann zum Zweck der Alkoholisirung eine Durchschnittsprobe in der Art gebildet werden, dass nach gehöriger Umrührung des Inhalts aus der Mitte jedes Fasses, bei in Flaschen vorgeführten Fabrikaten aus einer hinreichenden Anzahl von Flaschen oder, falls verschiedene Sorten von Fabrikaten in Flaschen vorgeführt werden, aus einer gleich grossen Anzahl von Flaschen jeder Sorte eine Probe von annähernd gleich grossem Volumen entnommen wird. Diese Proben werden in ein vollkommen reines und trockenes Gefäss geschüttet, sodann wird die Mischung gehörig umgerührt und der erforderliche Theil derselben zur Ermittlung der Stärke auf den Destillirapparat gebracht. Die für die Mischung ermittelte Stärke ist der Berechnung des in den zur Untersuchung gezogenen Fässern und Flaschen enthaltenen reinen Alkohols zu Grunde zu legen.

3. Der zur Alkoholisirung dienende Dettillirapparat (Fig. 36) besteht aus dem mittels Spiritusflamme zu erhitzenden Siedekolben F und dem durch das Rohr R damit zu verbindenden Kühler K, in welchem die bei der Destillation erzeugten Dämpfe sich verdichten. Ein Messglas M mit einer dem Raumgehalte von 100 ccm entsprechenden Marke dient zur richtigen Befüllung des Kolbens, sowie zur Aufnahme der aus dem Kühler

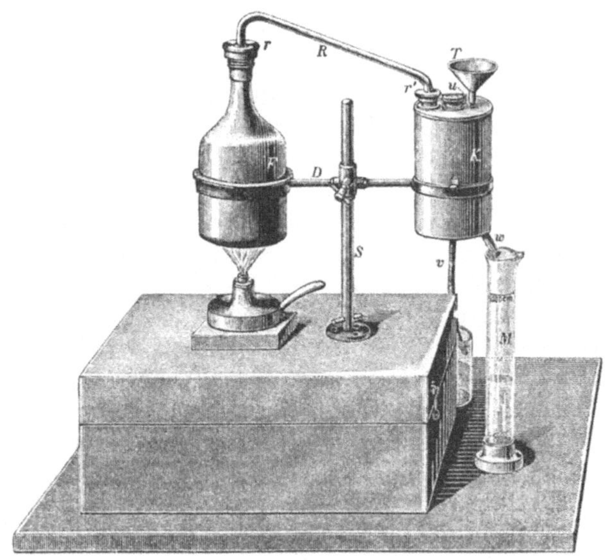

Fig. 36.

ablaufenden Flüssigkeit. Der Alkoholgehalt der letzteren wird in demselben Messglas mit Hilfe kurzer Thermo-Alkoholometer ermittelt.

Die Zeichnung giebt die Aufstellung des Apparates beim Gebrauch; Kolben F und Kühler K hängen in den Ringen des Doppelträgers D; dieser wird von der Säule S gehalten, welche in das auf dem Kastendeckel vorgesehene Gewinde eingeschraubt ist. Das Rohr R lässt sich durch die Ueberwurfschraube r an den Kolben und durch eine zweite kleinere Ueberwurfschraube r^1 auf den Kühler dicht anziehen; die Dichtung wird an beiden Stellen durch Lederplättchen gesichert. Der Kühlcylinder K umschliesst eine innen verzinnte Messingschlange, welche oben mit Rohr R kommunicirt und unten bei w aus dem Cylinder heraustritt. Der Deckel des letzteren trägt den Trichter T, dessen Fortsatzrohr bis nahe auf den Boden von K reicht, so dass das durch T eingefüllte Kühlwasser zuerst den unteren Theil der Schlange umspült. Das warm gewordene überschüssige Wasser fliesst durch das Rohr v und den übergezogenen Schlauch ab. Das obere Ende von v steigt bis über den Deckel des Cylinders K auf und liegt unter der Kappe u, welche für die vollständige Entleerung von K dient.

4. Mit dem Messglas M werden 100 ccm des auf seinen Alkoholgehalt zu untersuchenden Fakrikats sorgfältig abgemessen und in den Kolben F eingegossen, sodann werden 100 ccm Wasser hinzu gefügt. Hierauf werden Kolben und Kühler in den Doppelträger D eingehängt und durch das mittels der Ueberwurfsschrauben r und r^1 fest angezogene Rohr R mit einander verbunden. Endlich wird der Kühler mit kaltem Wasser angefüllt, bis der Ueberschuss aus v abzulaufen beginnt. Wird nun der Kolben F erhitzt, so fliesst bald aus dem Kühler bei r eine klare Flüssigkeit in Tropfen ab, welche man in dem vorher mit reinem Wasser ausgespülten und sodann völlig entleerten Messglas M auffängt. Bei Fortsetzung der Erwärmung wird zunächst der obere Theil des Kühlers heiss, allmälig beginnt auch sein unterer Theil sich zu erwärmen. Tritt dies ein, so giesst man sofort in den Trichter von neuem so lange kaltes Wasser, bis der ganze Kühler sich wieder kalt anfühlt. Auf rechtzeitige Erneuerung des Kühlwassers ist in der ersten Hälfte der Destillation mit besonderer Aufmerksamkeit zu achten; im übrigen ist die Erneuerung während der Destillation zwei-, höchstens dreimal erforderlich.

Die Destillation ist so zu führen, dass ein direktes Uebertreten der Flüssigkeit aus dem Destillirkolben durch den Kühler hindurch in das Messglas vermieden wird. Zu diesem Behuf ist auch auf die Grösse der Spiritusflamme zu achten; insbesondere empfiehlt es sich, die Flamme nur während des Anheizens nahe der Mitte des Kolbens zu halten, dagegen, sobald das Sieden eingeleitet ist und das Abtropfen von Flüssigkeit aus dem Kühler beginnt, die Lampe so weit zur Seite zu rücken, dass die Flamme nicht nur den Boden, sondern zum Theil auch den Mantel des Kolbens bestreicht. Proben, bei welchen fahrlässiger Weise die Destillation so stürmisch erfolgt, dass das Destillat nicht ausschliesslich in Tropfen, sondern zum Theil im zusammenhängenden Flusse abläuft, sind stets zu verwerfen.

Hat sich das Niveau der Flüssigkeit im Messglas M allmälig der Marke genähert, und liegt nur noch 1 bis 2 mm unterhalb derselben, so wird das Glas vom Ausfluss r entfernt und die Destillation durch Beseitigung der Spiritusflamme unterbrochen. Hierauf füllt man in das Messglas behutsam so viel Wasser ein, dass das Flüssigkeitsniveau die Marke gerade erreicht, sodann durchschüttelt oder durchrührt man die Füllung des Glases und senkt schliesslich von den zu dem Apparat gehörigen beiden kurzen Thermo-Alkoholometern das entsprechende ein.

Sollte etwa beim Aufsaugen des Destillats im Messglas oder bei dem letzten Auffüllen desselben mittels Wasser das Flüssigkeitsniveau bis über die Marke angestiegen sein, so ist der Versuch zu verwerfen.

Vor der Prüfung einer zweiten Sorte von Fabrikaten ist das Verbindungsrohr R nach Lösen der Schrauben zu entfernen und der Kolben F zu entleeren. Einer Reinigung desselben bedarf es hierbei nicht; dagegen empfiehlt es sich, das Messglas vor jeder neuen Untersuchung mit Wasser auszuspülen. Bei dem Einlegen des Apparates in den zugehörigen Kasten erhalten die einzelnen Theile die in letzterem vorgemerkten Plätze. Vor dem Einlegen des Kühlers ist dieser, der während des Gebrauches mit Wasser stets angefüllt bleibt, zu entleeren, zu welchem Behufe die Kappe u abgeschraubt werden muss.

5. Die Ermittlung der scheinbaren Stärke des gewonnenen Destillates mit Hilfe des entsprechenden Thermo-Alkoholometers und die Ermittlung der wahren Stärke erfolgt nach Massgabe der allgemeinen Vorschriften der §§ 7 und 10 der Anleitung unter Anwendung der Tafel 1 bezw. 4. Die hierbei gefundene wahre Stärke ist der Alkoholgehalt des untersuchten Fabrikats.

8. Bestimmung des Methylalkohols in Gemischen mit Aethylalkohol.

A. Lam[1]) führt die Alkohole in die Jodide über, bestimmt deren specifisches Gewicht und kann dann aus einer Tabelle den Gehalt an Methyljodid entnehmen. Beim Mischen von Aethyljodid mit Methyljodid findet nur eine kaum merkliche Kontraktion statt; es lässt sich deshalb das specifische Gewicht von Mischungen auf einfache Weise berechnen. Lam bestimmte das specifische Gewicht des reinen Aethyljodids bei 15° C. zu 1,9444, dasjenige des Methyljodids zu 2,2677. Man berechnet also den Gehalt an Methyljodid im Aethyljodid pro 1% zu $\frac{2{,}2677 - 1{,}9444}{100}$ $= 0{,}003\,233$. Dividirt man mit diesem Werth in die Differenz der Zahl, welche man bei der Bestimmung des specifischen Gewichts der betreffenden Flüssigkeit erhält, minus 1,9444, so hat man direkt die Gewichtsprocente Methyljodid.

Die Bestimmung wird in der Weise ausgeführt, dass man in ein 100 ccm Destillationskölbchen 8 g rothen Phosphor, 40 ccm der zu untersuchenden Alkoholmischung und dann unter starker Kühlung des Kölbchens 64 g fein gepulvertes Jod bringt. Hierauf verschliesst man das Kölbchen rasch mit einem Korkstopfen. Dieser trägt ein Rohr, welches vorher luftdicht mit dem inneren Rohr eines Kühlers verbunden ist; das

[1]) A. Lam, Zeitschr. angew. Ch. 1898, 125. Vgl. auch Zeitschr. analyt. Ch. **15**, 342, 1876.

fein ausgezogene und umgebogene Ende des Kölbchens taucht unter Wasser. Nach Eintreten der Reaktion wird diese durch Wasserkühler regulirt. Nach beendeter Umsetzung wird destillirt, bis der letzte Tropfen des Jodids übergegangen ist. Das Destillat sammelt sich unter dem Wasser als braune Flüssigkeit an; dieselbe wird wiederholt mit Natronlauge behandelt, bis in der Lösung kein Jod mehr nachgewiesen werden kann. Man wäscht mit Wasser bis zur Entfernung der alkalischen Reaktion und lässt über Nacht stehen. Hierauf lässt man die Jodide in einen Messcylinder ab und bestimmt deren Volum bei 15° C. Nachdem man die Jodide mit einigen Körnchen geschmolzenen Chlorcalciums geschüttelt hat, wird ihr specifisches Gewicht im Pyknometer bestimmt und wie oben angegeben berechnet.

Die Resultate fallen genügend genau aus, wenn das Alkoholgemenge nicht mehr als 50 Vol. % Methylalkohol enthält. Ergiebt ein Vorversuch einen höheren Gehalt, so wiederholt man die Bestimmung, nachdem man das zu untersuchende Alkoholgemisch mit Aethylalkohol auf einen Gehalt von unter 50% Methylalkohol gebracht hat. Zweckmässig beträgt die Menge Methylalkohol in den angewandten 40 ccm Alkoholgemisch 10 ccm bezw. 8 g.

Aethylalkohol wird hierbei nur zum Theil in Aethyljodid umgewandelt; deshalb ist eine gleichzeitig direkte Bestimmung desselben nicht möglich.

Die Methode lässt sich gut für die Untersuchung von Spirituosen (Branntwein) verwenden, um eine etwaige Verfälschung mit Methylalkohol nachzuweisen.

9. Ermittlung des specifischen Gewichts von Rohrzuckerlösungen.

Für die Ermittlungen des specifischen Gewichts von Rohrzuckerlösungen kann man sich des Pyknometers, des gewöhnlichen Aräometers oder der Saccharometer bedienen, welche letzteren direkt den Procentgehalt (°Brix) der wässerigen Lösung des Rohrzuckers geben.

Bestimmt man das specifische Gewicht mittels des gewöhnlichen Aräometers, so kann man den Procentgehalt aus einer der hierfür berechneten Tabellen entnehmen, wie sie von Balling, Niemann, Scheibler oder der Wiener Normal-Aichungskommission angegeben worden sind. Es genügt, wenn hier die für eine Temperatur von 17,5° C. giltige Tabelle von Balling angeführt wird nebst der für andere Temperaturen einzusetzenden Korrektion der Saccharometergrade. Weitere Tabellen über die specifischen Gewichte der Lösungen finden sich im Chemiker Kalender.

Dichte der Rohrzuckerlösungen bei 17,5° C. nach Balling.

Zucker in 100 Gewichtstheilen	Specifisches Gewicht der Lösungen	Zucker in 100 Gewichtstheilen	Specifisches Gewicht der Lösungen	Zucker in 100 Gewichtstheilen	Specifisches Gewicht der Lösungen
0	1,0000	26	1,1106	52	1,2441
1	1,0040	27	1,1153	53	1,2497
2	1,0080	28	1,1200	54	1,2553
3	1,0120	29	1,1247	55	1,2610
4	1,0160	30	1,1295	56	1,2667
5	1,0200	31	1,1343	57	1.2725
6	1,0240	32	1,1391	58	1,2783
7	1,0281	33	1,1440	59	1,2841
8	1,0322	34	1,1490	60	1,2900
9	1,0363	35	1,1540	61	1,2959
10	1,0404	36	1,1590	62	1,3019
11	1,0446	37	1,1641	63	1,3079
12	1,0488	38	1,1692	64	1,3139
13	1,0530	39	1,1743	65	1,3190
14	1,0572	40	1,1749	66	1,3260
15	1,0614	41	1,1846	67	1,3321
16	1,0657	42	1,1898	68	1,3383
17	1,0700	43	1,1951	69	1,3445
18	1,0744	44	1,2004	70	1,3507
19	1,0788	45	1,2057	71	1,3570
20	1,0832	46	1,2111	72	1,3633
21	1,0877	47	1,2165	73	1,3696
22	1,0922	48	1,2219	74	1,3760
23	1,0967	49	1,2247	75	1,3824
24	1,1013	50	1,2329	75,35	1,3847
25	1,1059	51	1,2385		

Temperatur-Korrektion für Saccharometergrade nach Balling.

Beobachtete Temperatur	Korrektion	Beobachtete Temperatur	Korrektion
5	— 0,4	20	+ 0,1
10	— 0,3	25	+ 0,3
15	— 0,1	30	+ 0,6

Eine weitere Korrektionstabelle findet sich bei der Methode der Bestimmung der optischen Aktivität XII 12, (Anleitung für die Steuerstellen zur Bestimmung der Quotienten der Syrupe oder Melassen).

10. Ermittlung des specifischen Gewichtes der Zuckerabläufe nach Brix.

Nach der Vorschrift des Bundesraths vom 31. Mai 1892 verfährt man folgendermassen:

Von einem tarirten Becherglase werden 200 bis 300 g des zu untersuchenden Zuckerablaufs abgezogen. Man fügt alsdann 100 bis 200 ccm heisses destillirtes Wasser hinzu, rührt mit einem Glasstabe so lange um, bis der Ablauf sich vollständig gelöst hat, und stellt das Becherglas in kaltes Wasser, bis der Inhalt ungefähr Zimmertemperatur angenommen hat. Hierauf stellt man das Becherglas wiederum auf die Waage und setzt aus einer Spritzflasche vorsichtig noch so viel Wasser hinzu, dass das Gewicht des im Ganzen hinzugesetzten Wassers gleich demjenigen der verwendeten Menge des Zuckerablaufs ist. Waren beispielsweise 251 g Zuckerablauf zur Untersuchung abgewogen worden, so ist so lange Wasser hinzuzusetzen, bis die Flüssigkeit 502 g wiegt. Nach dem Hinzufügen des Wassers rührt man die Flüssigkeit nochmals um und füllt damit den zur Vornahme der Spindelung bestimmten Glascylinder so weit, dass die Flüssigkeit durch das Einsenken der Brix'schen Spindel nicht ganz bis zum oberen Rand steigt. Der Cylinder muss senkrecht aufgestellt werden, so dass die Spindel frei in der Flüssigkeit schwimmen kann, ohne seine Wandung zu berühren. Man senkt die Spindel langsam in die Flüssigkeit ein und achtet dabei darauf, dass derjenige Theil des Instrumentes nicht benetzt wird, welcher ausserhalb der Flüssigkeit verbleibt, nachdem es frei schwimmend zur Ruhe gekommen ist. Ist letzteres geschehen, so liest man an der Spindel den Saccharometergrad an derjenigen Linie ab, in welcher der Flüssigkeitsspiegel die Spindel schneidet,

Die an der Spindel abgelesenen Grade gelten nur für die Normaltemperatur von 17,5 ^{0} C. Besitzt die Flüssigkeit nicht zufällig die Normaltemperatur, so müssen die abgelesenen Grade, nachdem die wirkliche Temperatur an dem am Bauche der Spindel angebrachten Thermometer ermittelt worden ist, nach Massgabe der folgenden Tabelle berichtigt werden.

Tabelle für die Berichtigung der Grade Brix bei einer von der Normaltemperatur (17,5 ^{0} C.) abweichenden Temperatur.

Bei einer Temperatur nach Celsius von	und bei							
	25	30	35	40	50	60	70	75
	Graden der Lösung							
	von der Saccharometeranzeige abzuziehen							
0	0,72	0,82	0,92	0,98	1,11	1,22	1,25	1,29
5	0,59	0,65	0,72	0,75	0,80	0,88	0,91	0,94
10	0,39	0,42	0,45	0,48	0,50	0,54	0,58	0,61
11	0,34	0,36	0,39	0,41	0,43	0,47	0,50	0,53
12	0,29	0,31	0,33	0,34	0,36	0,40	0,42	0,46
13	0,24	0,26	0,27	0,28	0,29	0,33	0,35	0,39
14	0,19	0,21	0,22	0,22	0,23	0,26	0,28	0,32
15	0,15	0,16	0,17	0,17	0,17	0,19	0,21	0,25
16	0,10	0,11	0,12	0,12	0,12	0,14	0,16	0,18
17	0,04	0,04	0,04	0,04	0,04	0,05	0,05	0,06

Bei einer Temperatur nach Celsius von	und bei							
	25	30	35	40	50	60	70	75
	Graden der Lösung							
	und zur Saccharometeranzeige hinzuzurechnen							
18	0,03	0,03	0,03	0,03	0,03	0,03	0,03	0,02
19	0,10	0,10	0,10	0,10	0,10	0.10	0,08	0,06
20	0,18	0,18	0,18	0,19	0,19	0,18	0,15	0,11
21	0,25	0,25	0,25	0,26	0,26	0,25	0,22	0,18
22	0,32	0,32	0,32	0,33	0,34	0.32	0,29	0,25
23	0,39	0,39	0,39	0,40	0,42	0,39	0,36	0,33
24	0,46	0,46	0,47	0.47	0,50	0,46	0,43	0,40
25	0,53	0,54	0,55	0,55	0,58	0,54	0,51	0,48
26	0,60	0,61	0,62	0,62	0,66	0,62	0,58	0,55
27	0,68	0,68	0,69	0,70	0,74	0,70	0,65	0,62
28	0,76	0,76	0,78	0,78	0,82	0,78	0,72	0,70
29	0,84	0,84	0,86	0,86	0,90	0,86	0,80	0,78
30	0,92	0,92	0,94	0,94	0,98	0.94	0,88	0,86

Nach der Berichtigung sind die Grade Brix in der Weise auf volle Zehntelgrade abzurunden, dass 5 und mehr Hundertstel als 1 Zehntelgrad gerechnet und geringere Beträge weggelassen werden. Die ermitttelten Grade sind schliesslich mit 2 zu multipliciren, weil die zur Spindelung verwendete Menge des Ablaufs mit der gleichen Menge Wasser verdünnt worden ist.

11. Bestimmung des Traubenzuckers im Harn.

Die Bestimmung des Zuckers im Harn nach der Methode von Roberts beruht auf der Abnahme der Dichte nach der Vergährung. Man multiplicirt die Differenz der beiden Dichten vor und nach der Gährung mit einem Faktor und erhält direkt den Procentgehalt an Zucker. Nach Th. Lohnstein[1]) ist dieser Faktor 234, welcher mit einer Annäherung von $\pm$ 5 % den Zuckergehalt in Grammen von 100 ccm Harn ergiebt.

Wie V. Budde[2]) gefunden hat, ist der betreffende Faktor nicht durchaus konstant, während Worm-Müller dies bestreitet.

12. Bestimmung des specifischen Gewichtes des Blutes.

Es werden vergleichende Versuche angestellt mit Flüssigkeiten von verschiedenem specifischen Gewicht in der Art, dass man feststellt, in welcher Flüssigkeit der Bluttropfen weder aufsteigt noch niedersinkt. Man ahmt also hierbei ein bei der Bestimmung des specifischen Gewichts von Mineralien schon lange gebräuchliches Verfahren nach.

1) Th. Lohnstein, Pflüger's Archiv **62**, 82.

2) V. Budde, Zeitschr. physiol. Ch. **13**, 326.

Als Vergleichsflüssigkeit empfiehlt G. Fano[1]) Gummilösung, Ch. S. Roy[2]) Salzlösung, L. E. Jones[3]) Glycerin, A. Hammerschlag[4]) ein Gemenge von Benzol und Chloroform.

R. Schmalz[5]) wendet das Pyknometer an, wenn grössere Blutmengen zur Verfügung stehen.

13. Bestimmung des Eiweisses in thierischen Flüssigkeiten.

Wiederholt[6]) ist der Vorschlag gemacht worden, zur Bestimmung des Eiweisses die Dichtigkeitsabnahme zu benutzen, welche eine eiweisshaltige Flüssigkeit durch Coagulation erfährt. Man geht dabei von der Annahme aus, dass die Verminderung der Dichtigkeit der Menge des abgeschiedenen Eiweisses direkt proportional und demgemäss der Faktor, mit welchem man den beobachteten Dichteunterschied zu multipliciren hat, um die Menge des gefällten Eiweisses zu erhalten, eine konstante Grösse sei.

Hingegen hat Budde[7]) auf Grund theoretischer Erwägungen geltend gemacht, dass der Faktor je nach der Anfangsdichte der Flüssigkeit einen wechselnden Werth besitzen muss. Er empfiehlt die Benutzung der Formel

$$vx = \frac{100\ v_2}{v_2 - v^1}\ (v - v_1),\ \text{worin}$$

vx = Eiweissgehalt in 100 ccm,

v = ursprüngliche Dichte der Eiweisslösung,

v_1 = Dichte nach Abscheidung des Eiweisses,

v_2 = Dichte des in Lösung befindlichen Eiweisses bezeichnet; überdies macht er die Annahme, dass die letztere Grösse einem wechselnden, von v^1 abhängigen Werth besitzt, welcher sich ausdrücken lässt durch $v_2 = 1{,}3879 - 0{,}9946\ (v_1 - 1)$.

Am nächsten bis auf Differenzen in der zweiten Decimale kommt den Wägungsresultaten die Berechnung nach der Formel:

$$vx = [\alpha + \beta\,(v - 1) + \gamma\,(v_1 - 1)]\,(v - v_1),$$

worin $\alpha = 351,424, \beta = 911,44, \gamma = 833,22$ zu setzen ist.

H. Huppert und H. Záhoř[8]) haben diese Formel geprüft und die Uebereinstimmung ihrer Ergebnisse mit der gewichtsanalytischen Methode festgestellt, trotzdem ziehen sie die letztere Methode vor, da die Formeln den wirklichen Verhältnissen nicht genau, sondern nur annähernd

---

1) G. Fano, d. Zeitschr. analyt. Ch. **30**, 521, 1891.

2) Ch. S. Roy, Journ. of physiol. **5**, 9, 1885.

3) L. E. Jones, Journ. of physiol. **8**, 1, 1888.

4) A. Hammerschlag, Wien. klin. Wochenschr. 1890, 1018.

5) R. Schmaltz, Archiv. f. klin. Med. **47**, 145.

6) Vgl. Bornhardt, Zeitschr. analyt. Ch. **16**, 124, 1872.

7) Budde, Zeitschr. analyt. Ch. **25**, 282, 1886.

8) H. Huppert und H. Záhor, Zeitschr. f. physiol. Ch. **12**, 467 und 482.

entsprechen, anderseits die Ausführung der Bestimmung nicht weniger Arbeit und Uebung beansprucht als eine gewichtsanalytische Bestimmung.

Etwas günstiger sind die Verhältnisse für die densimetrische Eiweissbestimmung im Harn, da hier wegen des relativ geringen Eiweissgehaltes die Schwankungen in den Dichtigkeitsdifferenzen und damit auch die davon abhängigen Fehler sich innerhalb engerer Grenzen halten. In 14 vergleichenden Doppelbestimmungen, welche Záhoř ausführte, und bei denen der Eiweissgehalt des Harns 0,0631 — 0,76345 in 100 ccm betrug, war Eiweissgehalt und Dichtigkeitsabnahme soweit proportional, dass bei Multiplikation der letzteren mit dem empirischen Faktor 400 Uebereinstimmung mit den Wägungsergebnissen bis auf $\pm$ 0,0175 % im Mittel sich herausstellte. Die grössten Differenzen waren 0,0432 und 0,0544 %.

Die Fällung des Eiweisses geschieht mit Essigsäure. Man prüft, ob im Filtrat keine Trübung mehr mit Essigsäure und Ferrocyankali entsteht und bestimmt die Dichte mittels des Aräometers.

Th. Lohnstein stellt hierbei folgende Regeln fest. 1. Wie sich auf rechnerischem Wege und durch den Versuch ergiebt, ist die Dichtigkeitsabnahme dem Eiweissgehalt direkt proportional, sobald, abweichend von dem bisherigen Vorgehen, bei der Berechnung stets der Gehalt an Eiweiss in 100 ccm, statt in 100 g Flüssigkeit zu Grunde gelegt wird. Dementsprechend ist der Faktor, mit welchem der ermittelte Dichtigkeitsunterschied ermittelt werden muss, um den Eiweissgehalt zu erhalten, eine Konstante, im Mittel 360. 2. Die bisher gemachte Annahme, dass die Flüssigkeit, welche die abfiltrirten Eiweissgerinnsel durchtränkt, mit dem Filtrat gleiche Dichte besitzt, ist nicht sicher gestellt. Zweckmässiger ist es, diesen Theil den Coagulis zu entziehen und mit zur Dichtebestimmung zu benutzen. 3. Soweit beim Vergleich der Dichte von Harn und Filtrat Temperaturkorrektionen nöthig werden, ist zu berücksichtigen, dass sich Salzlösungen stärker ausdehnen als destillirtes Wasser. Betrachtet man z. B. den Harn als eine Lösung von 1 % Kochsalz, so ergiebt sich eine Mehrausdehnung gegenüber reinem Wasser von 0,000026 für jeden Grad zwischen 15 und 20^{0}.

Schliesslich empfiehlt Lohnstein zur Bestimmung des spec. Gew. sein Aräometer. Die Fällung der Eiweisskörper geschieht mit 2 ccm Eiweiss pro 125 ccm Harn. Die eine Probe wird erwärmt, hierdurch coagulirt das Eiweiss, und man kann dann im Filtrat das spec. Gew. ermitteln. Die andere Probe wird ebenfalls mit 8 ccm Eisessig versetzt und hierin direkt das spec. Gew. bestimmt. Weitere Vorschläge sind im Pflüger's Archiv **59**, 479 und **60**, 136 zu finden.

IV.

Methode der Lösung und Extraktion.

Diese Methode der Gehaltsbestimmung organischer Verbindungen beruht auf der Eigenschaft derselben, ein gleiches oder verschiedenartiges Verhalten gegenüber dem einen oder anderen Lösungsmittel zu besitzen, so dass dieser Umstand zur Trennung und Abscheidung des einen oder anderen Bestandtheiles eines Gemisches dienen kann, wodurch alsdann eine gewichtsanalytische oder sonstige Bestimmung ermöglicht wird. Von dieser Methode wird man auch in sehr vielen Fällen als Hilfsmittel Gebrauch machen. Es würde aber wohl nicht angebracht sein, auch diese Fälle unter der Methode der Löslichkeitsbestimmung und Extraktion zu besprechen. Vielmehr sollen hier nur die Bestimmungen Erwähnung finden, bei denen die Benützung der verschiedenartigen Löslichkeit der Bestandtheile direkt zu einer quantitativen analytischen Bestimmung verwendet wird. Die einer jeden Eintheilung anhaftenden Mängel zeigen sich allerdings auch in diesem Falle.

Die Eintheilung des Stoffes ist folgende:

1. Theorien der Lösungen und ihre praktische Anwendung.
   - A. Gegenseitige Beeinflussung von gelöstem Körper und Lösungsmittel.
   - B. Beeinflussung der Löslichkeit eines Körpers durch eine zweite in derselben Flüssigkeit gelöste Substanz.
   - C. Verhalten von Molekularverbindungen.
2. Lösen und Extraktion.
   - a) Lösen.
   - b) Extraktion.
3. Apparatur und Ausführung.

1. Theorien der Lösungen und ihre praktische Anwendung.

Entsprechend dem bei den Gasen geltenden Avogadro'schen Gesetz, wonach in gleichen Raumtheilen verschiedener Gase bei gleichem Druck und gleicher Temperatur eine gleiche Anzahl von Molekeln vorhanden ist, hat J. H. van 'tHoff für die Lösungen folgendes Gesetz aufgestellt und experimentell bestätigt gefunden:

In gleichen Volumina verschiedenartiger, mit demselben Lösungsmittel hergestellter Lösungen sind bei gleicher Temperatur und gleichem osmotischen Druck eine gleiche Anzahl von Molekeln vorhanden.

Weiterhin hatte sich bereits durch die Arbeiten von Raoult ergeben, dass äquimolekulare Lösungen desselben Lösungsmittels eine gleich grosse Gefrierpunktserniedrigung und eine gleich grosse Siedepunktserhöhung bezw. Dampfdruckverminderung bewirken. Die Erklärung folgt dann durch die Aufstellung des van t'Hoff-Avogadro'schen Gesetzes. An Stelle der Messung des osmotischen Druckes, welche mit einigen experimentellen Schwierigkeiten behaftet ist, verwendet man die Bestimmung der Gefrierpunktserniedrigung bezw. Siedepunktserhöhung, also Methoden, die dank den von Beckmann u. A. konstruirten Apparaten zu den verhältnissmässig leicht ausführbaren gehören, und die immer dann Anwendung finden können, wenn bei der Bestimmung der Gefrierpunktserniedrigung der betreffende gelöste Körper nicht ebenfalls mit auskrystallisirt, bezw. derselbe bei dem Siedepunkte des Lösungsmittels keine oder nur sehr geringe Dampfspannung zeigt.

A. Gegenseitige Beeinflussung von gelöstem Körper und Lösungsmittel.

Die gegenseitige Beeinflussung von gelöstem Körper und Lösungsmittel ist vielfach eine ausserordentlich weitgehende und je nach den Umständen recht verschiedenartige.

Bei wässerigen Lösungen müssen wir unterscheiden zwischen elektrolytisch dissociirbaren Substanzen, wie Säuren, Basen und Salzen, also den Elektrolyten, und den in dieser Hinsicht indifferenten Stoffen, den Nichtelektrolyten, dann zwischen hydrolytisch dissociirbaren und nicht hydrolytisch dissociirbaren Salzen, racemischen und nicht racemischen, krystallwasserhaltigen und nicht krystallwasserhaltigen Verbindungen.

Die betreffenden Verhältnisse lassen sich wohl am besten durch folgende Sätze wiedergeben:

a) Elektrolytisch zerlegbare Stoffe, also Säuren, Basen und Salze sind in wässeriger Lösung zum grösseren oder geringeren Theile in ihre Ionen gespalten (Clausius, Arrhenius). Die Grösse dieser Spaltung richtet sich ganz nach der „Stärke“ der Säure oder Base, sowie nach der Verdünnung und dem etwaigen Vorhandensein anderer ebenfalls gelöster Stoffe. Je verdünnter die Lösung ist, um so weitgehender ist auch diese sog. elektrolytische Dissociation. Bei der elektrolytischen Dissociation ist nur ein Theil der Affinität der Ionen gelöst, da dieselben z. B. durch Osmose nicht von einander getrennt werden können.

b) Salze mit saurer oder alkalischer Reaktion sind zum grösseren oder geringeren Theile in ihre Komponenten, Säure und Base, gespalten. Je nach der Natur der betreffenden Säure oder Base überwiegt der Einfluss der einen oder anderen bezw. die elektrolytische Dissociation, und demgemäss ist alsdann die Reaktion sauer oder alkalisch. Dies ist die sog. hydrolytische Dissociation, welche also eintritt, wenn schwache Base mit starker Säure oder starke Base mit schwacher Säure sich vereinigt. Es ist vor der Annahme zu warnen, als ob die so hydrolytisch gespaltenen Theile keinen Einfluss mehr auf einander ausübten, dieser ist trotz der durch die saure oder alkalische Reaktion nachgewiesenen Trennung immerhin in fast allen Fällen, wenn auch mit graduellen Unterschieden vorhanden.

Beispiele für die hydrolytische Dissociation sind folgende:

Sauere Reaktion zeigt sich bei den anorganischen Salzen von Cu, Ag, Hg, Pb, Cd, Zn, Fe, Mn, Ni, Co, Cr u. s. w., bei den Salzen schwacher organischer Basen wie Anilin, Toluidin, Xylidin.

Alkalische Reaktion zeigt sich bei den Alkalisalzen schwacher Säuren, wie Karbonaten, Phosphaten, Boraten, Silikaten, Cyaniden (bei KCN lässt sich die Blausäure sogar durch einen Luftstrom entfernen).

Die Grösse der Hydrolyse lässt sich mit Hilfe der Bestimmung der Inversions- oder der Verseifungsgeschwindigkeit feststellen.

c) Molekularassociationen können in der Lösung als solche associirt bleiben oder durch den Einfluss des Lösungsmittels oder der Temperatur dissociirt werden. Auch durch Zusatz des einen oder anderen Stoffes, welche in der Molekularassociation vereinigt sind, kann Dissociation der wässerigen Lösung bewirkt werden.

Beispiele:

α) Hinsichtlich der Zerlegung der in festen Körpern vorhandenen Molekülkomplexe aus gleichartigen Bestandtheilen bei der Lösung ist nicht viel bekannt, da man die Grösse der Moleküle bei festen Körpern noch nicht mit genügender Sicherheit bestimmen kann.

Die bei gewöhnlicher Temperatur vorhandenen grösseren Molekülkomplexe, wie wir sie bei dem Methyl- und Aethylalkohol, sowie der Essigsäure haben, werden wahrscheinlich eine Spaltung erleiden. Ueber die Grösse derselben lässt sich bei koncentrirten Lösungen nichts sagen, da andere Erscheinungen, wie das Auftreten eines Dichtemaximums z. B. bei einer Lösung von 80 % Essigsäure in Wasser geeignet sind, die eventuelle Dissociation der Molekülkomplexe der Essigsäure, die auch im Dampfzustande noch undissociirte Moleküle besitzt, zu verdecken.

β) Beim Schmelzen krystallwasserhaltiger Verbindungen können zwei gesättigte Lösungen bei derselben Temperatur existiren, wie z. B. bei Chlorcalcium[1]), $CaCl_2 + 6H_2O$.

Aber auch beim Lösen solcher krystallwasserhaltiger Verbindungen treten Erscheinungen auf, die dafür sprechen, dass das eine Mal bei den betreffenden Verhältnissen dieses Hydrat, unter anderen Umständen ein anderes bezw. ein Gemisch von beiden in Lösung geht, bezw. sich befindet. Solche Aenderungen treten meist bei gewissen Temperaturen ein. So weiss man z. B. schon lange vom Natriumsulfat, dass dessen Löslichkeitskurve bei 33° einen Knick zeigt. Es hat sich herausgestellt, dass das Gleichgewicht der gesättigten Natriumsulfatlösung sich unterhalb 33° auf das Salz Na_2SO_4, $10 H_2O$ bezieht. Dieses Hydrat ist aber nur bis 33° beständig, von da an schmilzt es theilweise, indem sich eine gesättigte Lösung und das wasserfreie Sulfat, Na_2SO_4 bildet. Bei dem Lösen tritt also von 33° an die Kurve des wasserfreien Salzes auf.

Besonders interessant ist das Beispiel des Thoriumsulfats, welches sich bekanntlich dadurch reinigen lässt, dass man es in entwässertem Zustande in Eiswasser löst und die Lösung auf 20° erwärmt. Alsdann scheidet sich ein sehr schwer lösliches Salz mit 2 Mol. Wasser, $Th(SO_4)_2\ 9H_2O$ aus. Wie Bakhuis Roozeboom[2]) gefunden hat, bildet sich beim Erhitzen der mit Thoriumsulfat gesättigten Lösung auf höhere Temperaturen ein flockiges Salz, $Th(SO_4)_2$, $4H_2O$, in der Nähe von 100° krystallisirt ein Salz mit $2H_2O$ aus. Zwischen 18 und 55° existiren zwei gesättigte Lösungen des Thoriumsulfats neben einander, von denen die eine mit dem Salz $Th(SO_4)_2$, $9H_2O$, die andere mit dem Salz $Th(SO_4)_2$, $4H_2O$ gesättigt ist. Zwischen 43 und 55° wandelt sich die letztere unter Ausscheidung des Salzes mit $4H_2O$ in die Lösung des letzteren um; dagegen findet die Umwandlung des ersten in die zweite unter Ausscheidung von $Th(SO_4)_2$, $9H_2O$ zwischen 18° und 43° statt.

γ) Bei racemischen Verbindungen, also bei solchen, die die beiden Formen, l und d, der betreffenden optisch aktiven Verbindungen in gleich grosser Menge enthalten und demgemäss optisch inaktiv sind, tritt eine Spaltung der beiden Antipoden in der Lösung der Racemkörper dann ein, wenn die Mischung der optischen Antipoden weniger löslich ist als der Racemkörper. Diese Dissociation ist von der Temperatur abhängig und besitzt einen Umwandlungspunkt.

1) H. W. Bakhuis Roozeboom, Zeitschr. physik. Ch. **4**, 31, 1889.
2) H. W. Bakhuis Roozeboom, Zeitschr. phys. Ch. **5**, 198, 1890.

So krystallisirt beim Vorbeugen von Uebersättigung aus einer Lösung des Natriumammoniumracemats[1]) unterhalb 28° das Tartratgemisch, oberhalb 28° das Racemat. van t'Hoff und Deventer[2]) zeigten, dass es sich hier um eine Umwandlungserscheinung handelt, deren Umwandlungspunkt mittels des Apparates von Beckmann durch Schmelzpunktsbestimmung oder mittels des Dilatometers festgestellt werden kann. Auf diese Weise wurde der Umwandlungspunkt für das Rubidiumracemat von van t'Hoff und Müller[3]) bestimmt. Diese Umwandlungserscheinungen drücken sich auch in entsprechender Weise in den Löslichkeitskurven aus.

Nach van t'Hoff lassen sich die spaltungsfähigen inaktiven Körper mit asymmetrischem Kohlenstoff in drei Gruppen eintheilen, die auf der Verschiedenheit der Umwandlungstemperaturen beruhen, nämlich:

a) solchen, bei denen die Umwandlungstemperatur so weit von der gewöhnlichen entfernt liegt, dass die Körper aus inaktiven Lösungen praktisch nur als Racemkörper erscheinen, wie bei der Traubensäure. Die Löslichkeit der Racemkörper ist hierbei bedeutend geringer als die der inaktiven Mischungen[4]),

b) solchen, welche gespalten auftreten wie das Gulonsäurelakton, und bei denen die Racemkörper grössere Löslichkeit als die inaktiven Mischungen besitzen,

c) solchen, bei denen eine leicht erreichbare Umwandlungstemperatur das Auftreten der einen oder anderen Form verursacht, wie bei Natriumammoniumracemat, Ammoniumbimalat, Rubidium- und Kaliumracemat und bei Methylmannosid.

Auch bei den sog. indifferenten organischen Lösungsmitteln sind die möglicherweise vorkommenden chemischen oder anderweitigen physikalischen Einflüsse nicht zu übersehen. Eines der drastischsten Beispiele dürfte wohl hier die Verschiedenheit der Färbungen der Lösungen des Jods in Alkohol, Chloroform und Schwefelkohlenstoff sein. Während die alkoholische Jodlösung bekanntlich eine braune bis gelbbraune Farbe zeigt, sind die Lösungen in

---

1) Vgl. hierzu W. Städel, Ber. **11**, 1752, 1878; Scacchi, Rendiconti di Napoli 1865, 250; Wyrouboff, Ann. de Chim. et de Phys. (6), **9**, 221.

2) van t'Hoff und van Deventer, Zeitschr. phys. Ch. **1**, 173, 1887; van t'Hoff, Goldschmidt und Jorissen, ibid. **17**, 49, 505, 1895.

3) van t'Hoff und Müller, Ber. **31**, 2206, 1898; vgl. auch J. H. van t'Hoff, Vortr. über theoretische und physikalische Chem. II. Heft 100 u. f. Braunschweig 1899; Kap. 1 d. Buches Methode der Bestimmung des Schmelzp. und Erstarrungsp. sowie H. W. Bakhuis Roozeboom, Ber. **32**, 537 und 2172, 1899; A. Ladenburg, Ber. **32**, 864 und 1822, 1899.

4) Vgl. hierzu F. W. Küster, Ber. **31**, 1847, 1898; H. W. Bakhuis Roozeboom l. c. und Zeitschr. phys. Ch. **28**, 494, 1899.

Chloroform und Schwefelkohlenstoff violett gefärbt. Die zuerst gehegte Vermuthung, dass es sich hier um verschiedene Grösse des Jodmoleküls handle, hat sich nicht bestätigt.

Ein weiteres hierher gehöriges Beispiel ist das von Ch. N. van Deventer und E. Cohen[1]) untersuchte „Ueber Salzbildung in alkoholischer Lösung". Die Neutralisationswärme starker Basen durch starke Säuren beträgt im allgemeinen 138—140 k (100 g Calorien.). Die kalorimetrische Untersuchung der Neutralisation von Salzsäure und Bromwasserstoffsäure durch Natriumhydroxyd oder Natriumäthylat in Lösung von wasserhaltigem Alkohol ergab, dass die Neutralisationswärme der Salzsäure bei Anwendung von 100%igem Alkohol 112 k beträgt, mit dem Wassergehalt des Alkohols bis auf ein Minimum von 90,5 bei 88%igem Alkohol sinkt und dann bis auf 137,4 k bei 30%igem Alkohol steigt. Aehnliches zeigte sich bei der Neutralisation durch Bromwasserstoffsäure. Dagegen nahm die Neutralisationswärme der Essigsäure bei Wasserzusatz von 73 k in 100%igem Alkohol stetig bis auf 133,6 k in 30%igem Alkohol zu. Hierbei wird, da die an der Reaktion betheiligten Stoffe in dem 88%igen Alkohol fast gar nicht dissociirt sind, die Reaktion der undissocirten Moleküle gemessen.

B. Beeinflussung der Löslichkeit eines Körpers durch eine zweite in derselben Flüssigkeit lösliche Substanz.

Ueber die Beeinflussung, welche die Löslichkeit eines Körpers in Wasser dadurch erfährt, dass in dem Wasser noch ein zweiter Körper gelöst ist, liegen zahlreiche experimentelle Angaben vor.

Zunächst seien folgende Arbeiten erwähnt, ehe wir zu den allgemein giltigen Resultaten übergehen:

W. Nernst[2]) hat darauf aufmerksam gemacht, dass, wenn man mit van t'Hoff Identität der Gesetze für die im Gaszustande und die in Lösung befindliche Materie annimmt, in nothwendiger Folge hiervon Verdampfung bezw. Sublimation und Auflösung eines Körpers in irgend einem Lösungsmittel als einander gänzlich analoge und den gleichen Gesetzen unterworfene Vorgänge erscheinen. Dieser Satz dürfte nur von bedingter Richtigkeit sein, insofern als auch die eventuelle chemische Wirkung des Lösungsmittels auf den gelösten Körper in Rücksicht zu ziehen ist.

„Wenn ein Körper mit einem Lösungsmittel, z. B. Rohrzucker mit Wasser in Berührung gebracht wird, so treten sofort Kräfte in Aktion,

---

[1]) Ch. N. van Deventer und E. Cohen, Zeitschr. phys. Ch. **14**, 124, 1894.

[2]) W. Nernst, Zeitschr. phys. Ch. **49**, 129 und 376, 1889; vgl. hierzu C. Hoitsema, ibid. **24**, 577, 1897; **27**, 312, 1898.

welche die Molekeln des Zuckers in das Lösungsmittel zu befördern suchen. Da durch diesen Vorgang im allgemeinen nicht Lösungen von beliebiger Koncentration entstehen, sondern der Process ein Ende erreicht, bis letztere eine gewisse Grösse — die der Sättigung — erlangt hat, so müssen wir annehmen, dass an der Berührungsstelle zwischen dem ungelösten Zucker und der Lösung eine Gegenwirkung sich einstellt, welche die Molekeln des gelösten Zuckers, die mit dem ungelösten in Berührung kommen, an letzterem festzuhalten strebt. Im Gleichgewichtszustande sind die Kräfte einander gleich gross und entgegengesetzt, d. h. die erstere transportirt ebenso viele Zuckermolekeln in der Zeiteinheit in die Lösung hinein, als die letztere daraus niederschlägt."

„Ohne über die Natur dieser Kräfte irgend etwas vorauszusetzen, können wir mit van t'Hoff's Hypothese die Arbeit berechnen, welche zum Transport einer g-Molekel des zu lösenden Körpers in die gesättigte Lösung erforderlich ist, und diene zur Veranschaulichung folgende Maschine. Auf dem Boden des Cylinders befinde sich fester Zucker in Berührung mit seiner gesättigten Lösung. Die Lösung sei mittels eines aus einer „halb durchlässigen" Wand gefertigten Kolbens abgesperrt, und darüber befinde sich reines Wasser; solche „halb durchlässige" Wände, die den Molekeln des Wassers den Durchgang gestatten, nicht aber denen des gelösten Körpers, sind bekanntlich gerade für den hier behandelten Fall von Pfeffer realisirt worden. Es sei nun p der osmotische Druck und v das Volum der gesättigten Lösung in Litern, welche eine g-Molekel Zucker gelöst enthält, v' dasjenige einer g-Molekel festen Zuckers. Wenn wir nun eine g-Molekel in Lösung gehen lassen wollen, so muss der Kolben hinaufgeschoben werden, bis das Volum der Lösung um v—v' zugenommen hat, wobei die Arbeit

$$(v-v')p$$

geleistet wird."

„Bei verdünnten Lösungen verschwindet v' gegen v; da wir bei diesen ausserdem p sicher berechnen können, so wollen wir im Folgenden uns auf wenig lösliche Substanzen beschränken."

„Die Arbeit also, welche bei der Umwandlung der g-Molekel einer beliebigen, wenig löslichen Substanz in gesättigte Lösung (etwa mittels der soeben beschriebenen Maschine) gewonnen werden kann, beträgt pv; bezeichnen p' und v' die entsprechenden Grössen bei einem zweiten Lösungsmittel, so beträgt dieselbe p'v'. Bedeutet schliesslich π den Dampfdruck der betreffenden zu lösenden Substanz und V das Volum, welches eine g-Molekel desselben im Gaszustande einnimmt, so bedeutet πV die Arbeit, welche geleistet werden muss, um eine g-Molekel der betrachteten Substanz in den Zustand des gesättigten Dampfes überzuführen. Man sieht, dass π, p, p' gänzlich analoge Grössen sind; wir wollen daher die Grössen pp' als die „Lösungstension der Substanz" dem betreffenden

Lösungsmittel gegenüber bezeichnen; „dem Vakuum gegenüber" wird dann $p = \pi$."

„Nach dem Boyle-Mariotte'schen Gesetze ist nun aber

$$pv = p'v' = \pi V = p_0,$$

wo p_0 den Druck in einem Raume bedeutet, der im Liter eine g-Molekel als Gas oder in Lösung enthält und bekanntlich 22,35 Atm. bei 0^0 beträgt. Wir sehen also, dass die Arbeiten, welche bei der Auflösung der g-Molekeln einer beliebigen Substanz in beliebigen Lösungsmitteln zur gesättigten Lösung bei gleichen Temperaturen in maximo gewonnen werden können, von der Natur der Substanz und des Lösungsmittels unabhängig und ebenso gross sind, als wenn ein letzteres gar nicht vorhanden und der Körper sich einfach in gesättigten Dampf verwandeln würde."

Ist der betreffende Körper elektrolytisch dissociirt wie z. B. Kaliumchlorat, von dem die gesättigte Lösung bei Zimmertemperatur etwa eine halbe g-Molekel enthält, und fügen wir K- oder ClO_3-Ionen hinzu, so muss die Löslichkeit des Kaliumchlorats abnehmen und daher festes Salz auffallen. Man erreicht die Zufügung dieser Ionen, indem man ein stark dissociirtes Kaliumsalz oder Chlorat der Lösung beimischt. Das negative Radikal des ersteren oder das positive des zweiten ist ohne Einfluss, da indifferente Stoffe die Dissociationsspannung nicht verändern [1]). In der That entsteht bei Zusatz einiger Tropfen einer sehr koncentrirten Lösung von KOH oder KCl zu der gesättigten Lösung des Kaliumchlorats eine Ausfällung des letzteren, ebenso bei Zusatz von etwas gesättigter $NaClO_3$-Lösung.

Analoge Ergebnisse lieferten die Versuche mit Silberacetatlösungen, wobei als Zusatzmittel salpetersaures Silber und Natriumacetat verwendet wurden.

Diese Versuche stehen also in völliger Uebereinstimmung mit denen, welche Horstmann mit dem karbaminsauren Ammoniak im Gaszustande ausführte; an Stelle der Dampftension haben wir hier die Lösungstension, an Stelle der gasförmigen Zersetzungsprodukte die in Lösung befindlichen Jonen.

Diese Gesetzmässigkeiten gelten in mancher Beziehung auch für koncentrirte Lösungen leicht löslicher Stoffe, obgleich sie in ihrer Gesammtheit nicht so scharf zu Tage treten und mitunter ganz versteckt sind. Einige Beispiele finden sich in einer Abhandlung von Engel [2]):

„Eine gesättigte Lösung von neutralem oxalsauren Ammoniak fällt, mit wenig Oxalsäure versetzt, das neutrale Salz aus; die Löslichkeit der

---

1) Vgl. hierzu A. Horstmann, Liebig's Ann. **187**, 48, 1877.

2) Engel, Ann. ch. ph. (16) **13**, 134, 1888; (6) **17**, 340, 1889; Nernst, l. c.; St. Tolloczko, Zeitschr. physik. Ch. **20**, 389, 1890.

stark dissociirten Salze KCl, NaCl, LiCl, NH_4Cl nimmt auf Zusatz von Salzsäure beträchtlich ab; auch die Löslichkeit der Chloride der zweiwerthigen Metalle (Sr, Ba, Cu, Zn etc.) sinkt in Gegenwart von Salzsäure. Nur einige wenige Chloride z. B. Sublimat, sind in Salzsäure leichter löslich wie in Wasser, aber gerade bei diesem hat Engel eine chemische Einwirkung theils wahrscheinlich gemacht, theils direkt nachgewiesen. Er gelangt nach seinen eingehenden Untersuchungen zu dem Schluss, dass die Beeinflussung der Löslichkeit der Chloride durch Salzsäure aus zwei Wirkungen sich zusammensetze; von diesen sei die eine rein physikalisch und durch den Gleichgewichtszustand bedingt, der infolge der Anziehung von Salz und Säure zum Wasser sich herstelle, während die zweite in der chemischen Einwirkung von Salz und Säure auf einander bestehe."

Nernst entwickelt alsdann folgenden mathematischen Ausdruck für die Beeinflussung der Löslichkeit bei binären Elektrolyten [1]).

$$(m_0 a_0)^2 = ma\,(ma + xa_1).$$

Hierin ist m_0 = Löslichkeit des Körpers ohne Zusatz,
m = " " " nach dem Zusatz von
x = Menge des Körpers mit anderem Jon,
a_0 = Dissociation des ersten Körpers in gesättigter Lösung ohne Zusatz,
a_1 = Dissociation nach Zusatz,
a = " des zugesetzten Körpers.

Diese Formel drückt die Konstanz des Produktes der Mengen der Jonen aus, denn $m_0 a_0$ ist die Menge von jedem der beiden Jonen vor dem Zusatz, ma die Menge des nicht zugesetzten Jons und $(ma + xa_1)$ die Menge des zugesetzten Jons nach dem Zusatz.

„Als Ausdruck des Satzes, welcher die Konstanz des undissociirten Antheils behauptet, ergiebt sich die einfache Formel:

$$m_0\,(1 - a_0) = m\,(1 - a)."$$

„Löst man beide Gleichungen für m, die Löslichkeit nach dem Zusatz, so erhält man:

$$m = -\frac{xa_1}{2a} + \sqrt{m_0^2 \frac{a_0^2}{a^2} + \frac{x^2}{4} \cdot \frac{a_1^2}{a^2}} \qquad (1)$$

und

$$m = m_0 \frac{1 - a_0}{1 - a} \qquad (2)$$

---

1) Vgl. hierzu A. A. Noyes, Zeitschr. physik. Ch. **6**, 241, 1890; A. A. Noyes und Ch. C. Abbot, Zeitschr. physik. Ch. **16**, 125, 1895; A. A. Noyes und C. H. Woodwork, ibid. **26**, 152, 1898; A. A. Noyes, ibid. **27**, 267, 1898; A. A. Noyes und D. Schwarz, ibid. **27**, 279, 1898; A. A. Noyes und E. J. Chappin, ibid. **27**, 442, 1898.

„Diese beiden Gleichungen sind theoretisch identisch. Die zweite empfiehlt sich ihrer grösseren Einfachheit wegen für die Diskussion specieller Fälle. Die erste dagegen hat in ihrer Anwendung auf Salze, welche im allgemeinen viel dissociirt sind, den grossen praktischen Vortheil für die Berechnung, dass Fehler in der Dissociation (a) verhältnissmässig wenig ausmachen, während dieselben in der zweiten Formel in der Grösse (1—a) sehr multiplicirt werden.“

Als weiteres Beispiel seien die Versuche von A. A. Noyes (l. c.) wiedergegeben, der hierbei Oxanilsäure zu Lösungen von α-Bromisozimmtsäure (Smp. 120°) zusetzte.

Folgende Tabelle giebt die betreffenden Resultate.

α Bromisozimmtsäure mit Oxanilsäure.

Zusatz.	Gef. Löslichkeit.	Ber. Löslichkeit [Formel (1)].
0	0,0176	—
0,0272	0,0140	0,0136
0,0524	0,0129	0,0120

Bei dieser nach Formel (1) ausgeführten Berechnung wird $m_0 = 0,0176$ und $x = 0,0272$ bezw. 0,0524 gesetzt.

Die Jonen der Oxanilsäure sind $\overset{+}{H}$ und $C_6H_5\overline{NHCOCO_2}$ — die der Bromzimmtsäure $\overset{+}{H}$ und $C_6H_5\overline{CH:CBrCO_2}$. Beide Säuren haben also H Jonen gemeinsam, und eine Verminderung der Löslichkeit muss eintreten.

Weitere Versuche wurden ausgeführt mit Silberbromat unter Zusatz von Silbernitrat und Kaliumbromat, mit Thalliumnitrat unter Zusatz von Kaliumnitrat und Thalliumbromid, von Thalliumrhodanat, mit Thalliumnitrat und Kaliumrhodanat, von Thalliumchlorid mit Thalliumnitrat und Salzsäure, bei denen sich mitunter kleine Abweichungen von der Theorie ergeben. Diese Abweichungen können daher rühren, dass die Dissociationskonstante den Verhältnissen nicht ganz entspricht, indem Ostwald's Verdünnungsgesetz keine allgemeine Giltigkeit besitzt.

Ausserdem wurden von A. A. Noyes noch Versuche ausgeführt, bei denen zwei Substanzen im Ueberschuss vorhanden sind. Als Beispiel sei folgende Tabelle über die Beeinflussung der Löslichkeit von Thalliumchlorür und Thalliumrhodanür gegeben.

TlCl und TlSCN (25°).

	Löslichkeit in reinem Wasser.	Löslichkeit in gesättigter Lösung des anderen Salzes.	Dieselbe berechnet.
TlCl	0,0161	0,0119	0,0119
TlCNS	0,0149	0,0107	0,0103
Summa	0,0310	0,0226	0,0222

Bezeichnen m_0 und m' die Löslichkeit von jedem Salz im reinen Wasser, a_0 und a_0' die diesen Mengen und a die der Menge $(m + m')$ entsprechende Dissociation, dann wird die mit m bezw. m' bezeichnete Löslichkeit von jedem Salz bei Gegenwart des anderen durch die folgenden Gleichungen gegeben.

$$m = -\frac{m'}{2} + \sqrt{\frac{m_0^2 a_0^2}{a^2} + \frac{m'^2}{4}} \quad (1) \qquad \text{und}$$

$$m^1 = -\frac{m}{2} + \sqrt{\frac{m'^2_0 a'^2_0}{a^2} + \frac{m^2}{4}} \quad (2).$$

Die Uebereinstimmung zwischen Rechnung und Theorie ist eine befriedigende. Die Löslichkeit des Thalliumchlorürs ist um 26 %, die des Rhodanürs um 28 % vermindert, also bei beiden nahezu gleich viel, weil die Salze in reinem Wasser nahezu gleich löslich sind.

Eine Untersuchung von Le Blanc und Noyes[1]) zeigt, dass es auch Ausnahmen von der durch Nernst theoretisch begründeten und durch die Versuche von Nernst und auch von Noyes experimentell nachgewiesenen Löslichkeitsverminderung durch Zusatz von Körpern mit gleichem Ion giebt. Dieselben lassen sich jedoch dadurch erklären, wie die betreffenden Forscher zeigten, dass die Löslichkeitsvermehrung, welche anstatt der Verminderung eintritt, auf der Bildung von Doppelsalzen beruht, in gleicher Weise wie bei der Vermehrung der Löslichkeit von $HgCl_2$ durch HCl[2]).

Beispiele für diese Doppelsalzbildung sind:

$KNO_3 + Pb(NO_3)_2$, $HgCl_2 + NaCl$,
$KNO_3 + Sr(NO_3)_2$, $HgCl_2 + KCl$,
$HgCl_2 + HCl$, $AgCN + KCN$,
$J + KJ$.

Die Entscheidung über das Vorhandensein von Doppelverbindungen wurde mit Hilfe der Gefrierpunktserniedrigungsmethode geführt.

Eine grosse Reihe weiterer Versuche, deren Ergebnisse zu denselben Resultaten führen, sind von Kopp, Karsten, Pfaff, Diacon, Mülder, von Hauer, Rüdorff, Page und Keightley, Droeze, Soret, Schönach, Precht und Wittgen, Ditte, Le Chatelier, Engel und Etard hauptsächlich über anorganische Salze ausgeführt worden. Noyes giebt eine Zusammenstellung der gefundenen und berechneten Werthe und zeigt, dass dieselben fast durchweg mit der Theorie übereinstimmen.

Wir haben also noch folgende Sätze, die für die wässerigen

1) M. Le Blanc und A. A. Noyes, Zeitschr. physik. Ch. **6**, 385, 1890.

2) Vgl. Engel, l. c.

Lösungen von Elektrolyten und zwar solchen, die nicht zu den sehr leicht löslichen gehören, gelten:

d) In einer gesättigten Lösung von einem theilweise dissociirten Stoffe bleibt der undissociirte Antheil desselben unverändert, auch wenn ein anderer dissociirter Stoff zugesetzt wird (Nernst).

e) Dasselbe gilt auch für das Produkt der aktiven Massen der Dissociationsprodukte, den Ionen des Stoffes, mit welchem die Lösung gesättigt ist (Nernst).

f) Sind zwei elektrolytisch-binäre Salze für sich allein in Wasser gleich löslich, dann wird die an beiden gesättigte Lösung äquivalente Mengen von jedem enthalten (Noyes).

Ueber die Löslichkeit von Stoffen in Gemischen von Wasser und Alkohol ist von verschiedener Seite gearbeitet worden. Aus den Untersuchungen von C. Scheibler[1]) über die Löslichkeit von Rohrzucker in wässerigem Alkohol hat sich, wie G. Bodländer[2]) feststellte, ergeben, dass das in einem Alkoholwassergemisch enthaltene Wasser weniger Zucker zu lösen im Stande ist, als die gleiche Menge reinen Wassers, und um so weniger, mit je mehr Alkohol es vermischt ist, wobei noch zu bemerken ist, dass absoluter Alkohol Rohrzucker überhaupt nicht löst. Man kann also annehmen:

Ein bestimmter Theil Wasser vermag nur entweder Alkohol oder Zucker zu lösen, nicht aber beide gemeinsam, und wenn zu einer gesättigten wässerigen Lösung von Zucker Alkohol gesetzt wird, so theilt sich das Wasser zwischen diesen und den Zucker, und der Theil Wasser, der sich mit Alkohol verbindet, lässt die von ihm vorher gelöste Menge Zucker fallen, während das Lösungsvermögen des Restes ungeändert bleibt.

Weiterhin hat Bodländer[3]) noch die Verhältnisse bei Lösungen von KCl, KNO_3, NaCl, $NaNO_3$, $(NH_4)_2SO_4$ mit Alkoholwassergemischen untersucht und hat gefunden, dass die Verhältnisse, die hier obwalten, sich durch die Gleichung

$$\frac{W}{\sqrt[3]{S}} = \text{konst.}$$

wiedergeben lassen, wobei W die Wassermenge und S die Substanzmenge bedeutet. Auch die Untersuchung einer Alaninlösung ergab eine Bestätigung dieser Formel.

G. Bodländer hat ebenfalls die Löslichkeit von Salzgemischen

---

1) C. Scheibler, Ber. **5**, 343, 1872.

2) G. Bodländer, Zeitschr. physik. Ch. **7**, 308, 1889; **16**, 729, 1895.

3) G. Bodländer, ibid. **7**, 350, 1889.

bearbeitet, indem er an Stelle des Alkohols ein Salz als Verdünnungsmittel des Wassers setzte. Die erhaltenen Resultate, welche durch die Untersuchung von Gemischen von $KCl + KNO_3$, $KNO_3 + NaCl$ geliefert wurden, stimmen annähernd mit der Theorie, wenn man, was sich schon aus den früheren Bearbeitungen ergab, annimmt, dass das Chlornatrium in wässeriger Lösung das Doppelsalz $NaCl, 2H_2O$ bildet.

Zum Schlusse sei noch auf die grossartigen Ergebnisse hingewiesen, welche J. H. van t'Hoff im Vereine mit W. Meyerhoffer[1]) erzielte bei Anwendungen der Gleichgewichtslehre auf die Bildung oceanischer Salzablagerungen mit besonderer Berücksichtigung des Stassfurter Salzlagers.

C. Verhalten von Molekularverbindungen.

Das Verhalten von Doppelsalzen behandeln die Untersuchungen von J. E. Trevor[2]) und zwar speciell das des Doppelsalzes K_2SO_4, $CuSO_4$. F. A. H. Schreinemakers[3]) arbeitete über das Verhalten des Doppelsalzes von Jodblei und Jodkalium, PbJ_2, KJ, $2H_2O$, in wässeriger Lösung. Das gleiche Salz wurde von A. Ditte[3]) untersucht, aber unter Zugrundelegung einer falschen Formel. H. W. Bakhuis Roozeboom[4]) untersuchte den Astrakanit, ein Doppelsalz von der Zusammensetzung Na_2SO_4, $MgSO_4$, $4H_2O$. Meyerhoffer[5]) bearbeitete das System $CuCl_2$, KCl und H_2O; Vriens[6]) bestimmte für diese die Druckkurven. A. A. Jakowkin[7]) behandelte das Verhalten der Doppelverbindung KJ, 2J in wässeriger Lösung.

E. Hoitsema[8]) hat die in fester Phase beständigen Doppelverbindungen von Salicylsäure und Natriumsalicylat, von Hippursäure und Kaliumhippurat bearbeitet. Weiterhin hat G. Bodländer[9]) die Verbindungen von Chlorsilber und Bromsilber mit Ammoniak untersucht. Hierbei hat sich ergeben, dass in einer Lösung von Chlorsilber in wässerigem Ammoniak das gesammte Chlorsilber in Form der Verbindung 2AgCl, $3NH_3$[10])

---

1) J. H. van t'Hoff und W. Meyerhoffer, ibid. **30**, 64, 1899; vgl. hierzu ferner H. W. Bakhuis Roozeboom, ibid. **8**, 504 und 531, 1891; **10**, 145, 1892; **12**, 359, 1893; J. W. Retgen, ibid. **5**, 449, 1890; J. L. L. Schröder van der Kolk, ibid. **13**, 166, 1893; W. Stortenbeker, **17**, 643, 1895; **22**, 61, 1897.

2) J. E. Trevor, Zeitschr. physikal. Ch. **7**, 460, 1890.

3) F. A. H. Schreinemakers, ibid. **9**, 57, 1892; **10**, 465, 1893; **11**, 25, 1893; **30**, 168, 1899.

4) A. W. Bakhuis Roozeboom, ibid. **2**, 513 und 469, 1888.

5) Meyerhoffer, ibid. **3**, 336, 1889; **3**, 97, 1890.

6) Vriens, ibid. **7**, 194, 1891.

7) A. A. Jakowkin, ibid. **13**, 539, 1894.

8) C. Hoitsema, ibid. **27**, 312, 1898.

9) G. Bodländer, Zeitschr. physik. Ch. **9**, 730, 1892.

10) Vgl. hierzu D. Konowalow, Journ. Russ. Physik. Ges. (4) **30**, 367, 1898.

enthalten ist und dass diese Verbindung zum Theil elektrolytisch dissociirt ist. E. Bödtker[1]) arbeitete über den Einfluss des Wassers auf die Löslichkeit einiger Krystallwasser enthaltenden Körper in Alkohol und Aether.

Es ergiebt sich, dass im allgemeinen vier Lösungsgleichgewichte in Berührung mit festen Stoffen eintreten können.

1. Lösung gesättigt mit den beiden getrennten Salzen A und B,
2. „ „ „ dem Doppelsalz und A,
3. „ „ „ „ „ „ B,
4. „ „ „ „ „ allein.

Das erste System einerseits und das zweite und dritte System anderseits sind nur möglich diesseits und jenseits einer bestimmten Umwandlungstemperatur, wenn nicht gerade labile Zustände auftreten, wie z. B. bei dem Doppelsalz: Jodblei, Jodkalium.

Ausführlicher beschrieben seien die Versuche von R. Behrend[2]).

Die erste untersuchte Doppelverbindung war die, welche man aus dem bei 118° schmelzenden Benzyläther des Isoparanitrobenzaldoxims und dem isomeren, bei 106° schmelzenden Paranitrobenzyläther des Isobenzaldoxims erhält, die sich im Verhältniss ihrer Molekulargewichte zu einer bei 93—94° schmelzenden Doppelverbindung vereinigen. Die Molekulargewichtsbestimmung der Doppelverbindung ergab, dass dieselbe in Eisessiglösung bei 16° ganz oder nahezu vollständig dissociirt ist.

Molekulargewicht berechn.	gefunden:
512	268,7 und 282.

Die Versuche sind mit 90% Alkohol angestellt. Eine direkte Bestimmung des Dissociationsgrades liess sich nicht durchführen, da die für ähnliche Fälle geeignete Methode von Will und Bredig bei dem hohen Molekulargewicht und der geringen Löslichkeit der Verbindung nicht hinreichend genaue Resultate liefern dürfte. Indem jedoch nach Beckmann's Versuchen Alkohol in derselben Weise dissociirend zu wirken pflegt wie Eisessig und sich auch aus den Löslichkeitsbestimmungen selbst dasselbe schliessen lässt, so darf man mit ziemlicher Sicherheit annehmen, dass die Verbindung auch unter den eingehaltenen Bedingungen nahezu vollständig dissociirt war. Für die Temperatur des siedenden Alkohols wurde dies noch mit Hilfe des Beckmann'schen Apparates nachgewiesen.

Es wurde dann nachzuweisen versucht, dass sich die Beeinflussung der Löslichkeit dieser in der Lösung dissociirten Doppelverbindung durch die Gegenwart eines Ueberschusses eines ihrer Bestandtheile auf Grund der

[1]) E. Bödtker, ibid. **22**, 505, 1897.

[2]) R. Behrend, Liebig's Ann. **263**, 175; Zeitschr. physik. Ch. **9**, 405, 1892; **10**, 265, 1892.

Gesetze des chemischen Gleichgewichtes unter Zuhilfenahme der van t'Hoff-schen Hypothese über den Zustand der Körper in Lösungen in qualitativer und quantitativer Hinsicht entsprechend der von Nernst entwickelten Theorie erklären lässt.

„Wenn eine chemische Verbindung in zwei Bestandtheile zerfällt und bei derselben Temperatur wieder entsteht, so findet Gleichgewicht zwischen den beiden Reaktionen statt, wenn die Bedingung $Cu = C_1 u_1 u_2$ erfüllt ist, wo u die wirksame Menge der Verbindung, u_1 und u_2 die wirksamen Mengen der Bestandtheile, C und C_1 die Geschwindigkeiten des Zerfalles und der Wiederbildung der Verbindung aus den Bestandtheilen bedeuten. Wenn ein fester Körper in zwei gleichvolumige gasförmige zerfällt, so wird u konstant, und wir erhalten für den Gleichgewichtszustand die Beziehung $\frac{Cu}{C_1} = u_1 u_2 =$ konst. Die Giltigkeit des Gesetzes ist für diesen Fall an mehreren Beispielen nachgewiesen. Ganz dasselbe Gesetz muss aber auch bestehen, wenn sich ein fester Körper bei der Lösung in zwei Moleküle seiner Bestandtheile dissociirt. Das Produkt der in der Lösung befindlichen wirksamen Mengen der Bestandtheile muss bei derselben Temperatur konstant sein, gleichviel welcher der Bestandtheile im Ueberschuss vorhanden ist. Vorausgesetzt, dass die von van t'Hoff entdeckte Anwendbarkeit der Gasgesetze auf Lösungen statthaft ist, müssen die wirksamen Mengen der in der Volumeinheit der Lösung befindlichen molekularen Mengen der Bestandtheile proportional sein."

Die Versuchsreihen der Untersuchung des oben erwähnten Doppelsalzes ergaben nach Anbringung einer Korrektur ziemlich befriedigende Resultate.

Zur weiteren Bestätigung untersuchte Behrend den Einfluss der Anwesenheit eines Ueberschusses von Pikrinsäure oder Phenanthren auf die Löslichkeit des Phenanthrenpikrates in Alkohol. Das Phenanthrenpikrat zeigte einen Schmelzpunkt von 143 bis 144° (unkorr.), die verwendete Pikrinsäure schmolz bei 120—121°, und das aus reinem Pikrat gewonnene Phenanthren schmolz bei 98,5—99,5°.

Die Löslichkeitsbestimmung wurde in der Weise ausgeführt, dass die zu untersuchenden Substanzen in warmem absoluten Alkohol gelöst wurden, worauf dieselben in gut verschlossenen Kölbchen acht Tage oder länger in einem Raume von möglichst konstanter Temperatur, durch gute Verpackung gegen etwaige zeitweise Temperaturschwankungen geschützt, aufbewahrt wurden. Die Menge der gelösten Pikrate wurde in einem Bruchtheil der Lösung durch Titration der Pikrinsäure nach Verdunsten des Alkohols und Wiegen des Gesammtrückstandes bestimmt. Die Differenz ergab die vorhandene Phenanthrenmenge.

Bezüglich der Titration sind noch besondere Vorsichtsmassregeln nothwendig, insofern, als ein Uebertitriren mit Natronlauge fehlerhafte Resultate liefert. Als Indikator wurde Phenolphthaleïn verwendet.

Die Ausführung der Versuche gestaltete sich in der Weise, dass man in einer gesättigten Lösung von Pikrinsäure Phenanthrenpikrat auflöst. Dieselbe vermag das Pikrat nur in Gestalt von nicht dissociirten Molekeln aufzunehmen. Das gleiche gilt für die Phenanthrenlösung. Die Versuchsresultate ergaben, dass bei Auflösung von Pikrat in einer Lösung von Pikrinsäure Theorie und Erfahrung übereinstimmen, nicht aber, wenn man Pikrat in einer Lösung von Phenanthren löst. Der Grund hiervon liegt darin, dass das Phenanthren in der alkoholischen Lösung zum Theil in der trimolekularen Form vorhanden ist.

Folgende Tabelle, in der die betreffenden Buchstaben ihre Erklärung finden, zeigt, dass die Gleichung

$$\frac{C}{C_1} = \frac{u_1 u_2}{u} = \text{konst.}$$

der Thatsache entspricht. Es bedarf hierbei nur der Ermittlung der wirklichen Menge von u_2, also des monomolekularen Phenanthrens neben dem trimolekularen, da nur das monomolekulare zur Wirksamkeit kommt.

Die Menge des monomolekularen und des polymolekularen Phenanthrens müssen nun aber auch wieder im Dissociationsgleichgewicht stehen. Für den Zerfall einer Verbindung in n gleiche Moleküle lautet die Dissociationsgleichung:

$$\frac{c}{c_1} = \frac{\left(\frac{u_2}{n}\right)^n}{x} = \text{konst.}$$

wobei x die Menge der zerfallenden Verbindung und u_2 diejenige der Zerfallsprodukte bedeutet. $\frac{u_2^{\,n}}{x}$ muss demnach bei derselben Temperatur konstant sein, n ist in diesem Falle, da es sich um trimolekulares Phenanthren handelt = 3, also ergiebt sich $\frac{u_2^{\,3}}{x}$ = konst.

t.	Pikrinsäure gesammt	Phenanthren gesammt	Pikrat u	Pikrinsäure in Form des Pikrats	Pikrinsäure dissociirt u_1	Phenanthren in Form des Pikrats	Phenanthren polymolekular x	Phenanthren monomolekular u_2	$u_1 \cdot u_2$	$\frac{u_2^{\,3}}{x}$
12,3°	0,354	2,770	0,173	0,097	0,257	0,076	0,0688	2,007	0,516	11,32
„	0,409	2,141	„	„	0,312	„	0,430	1,635	0,516	10,70
„	0,534	1,413	„	„	0,437	„	0,157	1,180	0,516	10,41
„	0,912	0,709	„	„	0,815	„	0,022	0,611	0,498	10,40
17,5°	1,051	0,817	0,220	0,124	0,0927	0,096	0,032	0,689	0,639	10,26
„	1,159	0,751	„	„	1,035	„	0,024	0,631	0,653	10,47
„	1,285	0,682	„	„	1,161	„	0,018	0,568	0,660	10,17
„	2,448	0,371	„	„	2,324	„	0,002	0;273	0,634	10,17
„	6,150	0,195	„	„	6,026	„	0,001	0,098	0,591	9,35

Die Konstanz in der zweitletzten Reihe ist eine durchaus befriedigende. Wir haben also als Erweiterung des von Nernst und Noyes für die Elektrolyte gegebenen Satzes, dass derselbe auch für nicht elektrolytisch disociirbare, wohl aber in anderer Weise dissociirbare Verbindungen giltig ist.

R. Behrend [1]) hat diese Versuche auch auf das Anthracenpikrat ausgedehnt und ist zu gleichen Ergebnissen gelangt.

2. Lösen und Extrahiren.

Man verwendet den Ausdruck Lösen für das Auflösen fester oder flüssiger Körper in irgend einem Lösungsmittel, den Ausdruck Extrahiren mehr für das Entziehen eines Stoffes aus einem Lösungsmittel durch ein anderes oder aus einem Gemische durch irgend ein Lösungsmittel. Mit der Bezeichnung Extrahiren verbindet man meist auch den Begriff einer wiederholten Anwendung eines Lösungsmittels zum Herausziehen einer Substanz und zwar einer so oft wiederholten Anwendung, bis der zu extrahirende Stoff mehr oder weniger vollständig in Lösung übergegangen ist.

a) Lösen.

Die Geschwindigkeit der Auflösung ist je nach der Natur des Stoffes verschieden. So üben z. B. Krystallgestalt, Krystallwassergehalt, sowie auch die Korngrösse u. dgl. einen besonderen Einfluss aus. Von ausserordentlicher Bedeutung ist in den meisten Fällen die Höhe der Temperatur. Vielfach nimmt die Löslichkeit mit Erhöhung der Temperatur zu, in anderen Fällen aber auch ab. Jedem Temperaturgrad kommt auch eine bestimmte Löslichkeit des betreffenden Körpers zu.

Die Wahl des Lösungsmittels ist insofern von Wichtigkeit, als man nicht von vornherein behaupten kann, dass ein Körper, der in einem Lösungsmittel stärker löslich ist als ein anderer, dieses Verhalten auch gegenüber einem zweiten Lösungsmittel zeigt. Vielmehr können hier ausserordentlich grosse Verschiedenheiten obwalten.

Zunächst kommen in Frage die indifferenten Lösungsmittel wie Wasser, Alkohol, Aether, Chloroform, Petroläther, Benzin, Benzol, Toluol etc., bei denen also im allgemeinen keine eingreifende chemische Wirkung des Lösungsmittels auf den gelösten Körper anzunehmen ist, obgleich immerhin bei chemischen Reaktionen auch ein Einfluss der sog. indifferenten Lösungsmittel nicht von der Hand zu weisen ist [2]).

Auch bei den sauren und alkalischen Lösungsmitteln braucht nicht immer eine chemische Wirkung des Lösungsmittels auf den gelösten Körper, also etwa eine Neutralisation einzutreten. So werden

---

1) R. Behrend, Zeitschr. physik. Ch. **15**, 183, 1894.

2) Vgl. z. B. N. Menschutkin, Zeitschr. physik. Ch. **34**, 157, 1900.

Eisessig, sowie auch konc. Schwefelsäure häufiger als Lösungsmittel benützt, ohne dass alsdann deren saure Natur dabei in Frage kommen würde.

Die Entfernung des gelösten Stoffes aus der Lösung kann geschehen durch Verdampfen des Lösungsmittels oder durch Auskrystallisiren der heiss gesättigten Lösung, ausserdem auch durch Fällung mit der einen oder anderen, in dem betreffenden Lösungsmittel löslichen Substanz. Die Methode der Fällung wird in einem gesonderten, sich an dieses anschliessende Kapitel behandelt, da es hierbei vielfach darauf ankommt, durch die vorzunehmende Fällung den zu isolirenden Stoff von anderen mit in Lösung befindlichen Substanzen zu trennen.

b) Extrahiren.

Zur Extraktion eines gelösten Körpers mit Hilfe eines anderen Lösungsmittels muss man sich selbstverständlich einer Flüssigkeit bedienen, die den betreffenden Körper reichlicher löst, als die Flüssigkeit, in der er sich zuerst gelöst befand. Je nach dem Verhältniss der Löslichkeit muss man, um eine möglichst grosse Erschöpfung an gelöstem Stoff in dem ersten Lösungsmittel zu bewirken, einmal oder mehrmals extrahiren. Eine absolute Entfernung des betreffenden Körpers aus dem Lösungsmittel, welches ihn weniger reichlich löst, ist theoretisch ebenso wenig denkbar, wie die Herstellung eines vollkommen luftleeren Raumes mit Hilfe der Luftpumpe. Dagegen wird sich bei geeigneter Wahl des Extraktionsmittels immerhin praktisch eine hinreichende Erschöpfung bewirken lassen.

„Berthelot und Jungfleisch[1]) haben nachgewiesen, dass ein Stoff zwischen zwei flüssigen Lösungsmitteln sich ebenso vertheilt, wie im Falle der Absorption eines Gases durch irgend ein Lösungsmittel; in jedem Falle bleibt der Vertheilungskoefficient, d. h. das Verhältniss der Koncentrationen des Stoffes in beiden Phasen konstant. In letzterer Zeit haben van t'Hoff[2]) und Riecke[3]) auf theoretischem Wege gezeigt, dass dieses unter dem Namen Henry bekannte Gesetz nur in dem Falle anwendbar ist, wenn bei dem Uebergang aus einer Phase in die andere das Molekulargewicht des Stoffes konstant bleibt. Ist aber das Molekulargewicht des einen Stoffes in der ersten Phase n mal kleiner als das in der zweiten, so bleibt das Verhältniss der ersten Potenz der Koncentration von der ersten Phase zu der Koncentration der zweiten konstant. Dieses Gesetz, welches man das potenzirte Henry'sche Gesetz nennen kann,

---

[1]) Berthelot und Jungfleisch, Ann. chim. et phys. **4**, 26, 400; A. A. Jakowkin, Zeitschr. physik. Ch. **18**, 585, 1895.

[2]) J. H. van t'Hoff, Zeitschr. physik. Ch. **5**, 322, 1888.

[3]) E. Riecke, ibid. **7**, 97, 1890.

wurde von W. Nernst[1]) sowohl theoretisch, als auch experimentell bestätigt." Die Formel für dasselbe lautet:

$$\frac{c_1^n}{c_2} = \text{konstant}.$$

Berthelot und Jungfleisch untersuchten das Vertheilungsverhältniss von Brom und Jod zwischen Wasser und Schwefelkohlenstoff, die Vertheilung organischer Säuren zwischen Aether und Wasser. Nernst bearbeitete das Verhalten von Essigsäure und Phenol gegen Wasser und Benzol, von Benzoësäure gegen Wasser und Benzol, desgleichen von Salicylsäure. A. A. Jakowkin (l. c.) wiederholte die Versuche von Berthelot und Jungfleisch und benützte ausser Schwefelkohlenstoff noch $CHBr_3$, CCl_4.

Im allgemeinen bestätigen diese Versuche die Giltigkeit der obigen Darlegung. Als Beispiel seien die Verhältnisse wiedergegeben, wie sie sich bei der Lösungsvertheilung der Bernsteinsäure bei Anwendung von Wasser und Aether als Lösungsmittel ergeben bei 15° C. Angewandte Flüssigkeitsmenge beträgt je 10 ccm.

Wässerige Lösung.	Aetherische Lösung.	Koefficient.
0,486	0,073	6,6
0,420	0,067	6,3
0,365	0,061	6,0

Für Ausschüttelungen ergiebt sich somit die praktische Vorschrift nicht einmal mit viel der betreffenden, zur Ausschüttelung verwendeten Flüssigkeit, sondern öfter mit einer geringeren Quantität auszuschütteln, da eben der Theilungskoefficient unabhängig von dem relativen Volum der Flüssigkeiten, aber abhängig von Koncentration und Temperatur ist.

3. Apparatur und Ausführung.

Für die meisten Fälle dürfte die Behandlung des betreffenden Stoffes mit dem anzuwendenden Lösungsmittel in einem Glaskolben oder einer Porzellanschale je nach Umständen mit oder ohne Erhitzen zur Extraktion oder Auflösung genügen. Man filtrirt alsdann wenn möglich von dem ungelösten Reste ab, wiederholt die Extraktion nach Bedarf noch ein oder mehrere Male und bestimmt in den vereinigten Filtraten die Menge des extrahirten Stoffes durch Titration oder Abdampfen oder Abdestilliren des Lösungsmittels, in anderen Fällen durch das Auskrystallisiren der

---

[1]) W. Nernst, Zeitschr. physik. Ch. **8**, 111, 1891; vgl. auch P. Aulich, ibid. **8**, 105, 1891; E. A. Klobbie, ibid. **24**, 615, 1897; F. A. H. Schreinemakers, ibid. **25**, 543, **26**, 237, **27**, 95, 1898.

betreffenden Substanz aus der heissen Lösung oder aus der Volumzunahme, die das Lösungsmittel durch Aufnahme des gelösten Stoffes erfahren hat oder in selteneren Fällen aus dem specifischen Gewicht und der Menge der erhaltenen Lösung.

Handelt es sich um genaue Löslichkeitsbestimmungen, so kann man den von Noyes[1]) angewandten Apparat benützen, der ein Rührwerk besitzt und sich zum Einhalten einer genauen Temperatur in einem Ostwaldschen Thermostaten befindet. Besondere Beachtung verdienen die leicht eintretenden Uebersättigungserscheinungen, durch welche sich wohl theilweise die oft sehr erhebliche Abweichung der Löslichkeitsangaben in der Litteratur erklären lassen.

Häufig ist es aber auch nothwendig, die Extraktion in besonderen Apparaten vorzunehmen, sei es der Feuergefährlichkeit des Lösungsmittels wegen, sei es um mit der Menge des Lösungsmittels zu sparen und dadurch geringere Quantitäten zur Verdampfung oder Destillation bringen zu können. Unter Umständen sind bei speciellen Fällen auch besondere Ausführungsarten geboten.

Für die Extraktion sind eine grosse Anzahl von Apparaten konstruirt worden von mehr oder weniger brauchbarer Form, wie die von Boessneck[2]), Drechsel[3]), Förster[4]), Knoefler[5]), Kreusler[6]), Rempel[7]), Schwarz[8]), Thorn[9]), Zulkowsky[10]) u. s. w. Für grössere Quantitäten ist von Wegelin und Hübner der sog. Excelsior-Extraktions-Apparat gebaut worden, der in verschiedenen Grössen bis zu einem Rauminhalt von 10 l angefertigt wird.

Einer der gebräuchlichsten Apparate für Labaratoriumszwecke ist der von Soxhlet[11]), welcher aus Glas oder Nickel, im ersteren Falle mit Glas oder Nickelkühler hergestellt wird und hauptsächlich zur Fettextraktion mit Aether verwendet wird. In der nebenstehenden Figur ist A Kochgefäss, E Extraktionsapparat mit der den zu extrahirenden Stoff enthaltenden Hülse C und dem Heber B, durch welchen theilweise der zur Extraktion benützte Aether wieder in das Kölbchen A zurückfliesst, während ein anderer Theil durch die Papierhülse filtrirt. Der Weg, den der Aether zurücklegt, ist durch Pfeilstriche angedeutet.

Schleicher und Schüll bringen besondere Extraktionshülsen für den Soxhlet'schen Aetherextraktionsapparat in den Handel. Dieselben

---

1) A. A. Noyes, Zeitschr. phys. Ch. **6**, 241, 1888 vgl. Th. Paul, ibid. **14**, 112, 1894.

2) Boessneck, Chem. Ztg. **11**, 160, 1887. 3) Drechsel, Zeitschr. analyt. Ch. **16**, 464, 1877. 4) Förster, ibid. **19**, 30, 1888. 5) Knoefler, ibid. **20**, 671, 1889. 6) Kreusler, Chem. Ztg. **10**, 1323, 1884. 7) Rempel, ibid. **11**, 936, 1887. 8) Schwarz, Zeitschr. analyt. Ch. **25**, 369, 1884. 9) Thorn, ibid. **23**, 60, 1882. 10) Zulkowsky, Dingler's polyt. Journ. **208**, 298. 11) Soxhlet, ibid. **232**, 461.

sind aus bestem, fettfreien Filtrirpapierstoff ohne Klebmittel und aus einem Stück geformt. Mit denselben wird durchaus vermieden, dass Spuren der zu extrahirenden Substanzen in den Aether gelangen. Der Aether selbst hebert sich leicht und vollkommen aus den Hülsen ab und können dieselben wiederholt gebraucht werden. Diese Hülsen werden von S. Robertson[1]) durch ein Fläschchen mit durchlöchertem Boden ersetzt, welches so lang ist, dass das obere Ende etwas über das Abflussrohr des Extraktionsapparates hervorragt. Etwa 10 mm oberhalb des durchlöcherten Bodens ist eine Einschleifung angebracht, wodurch eine

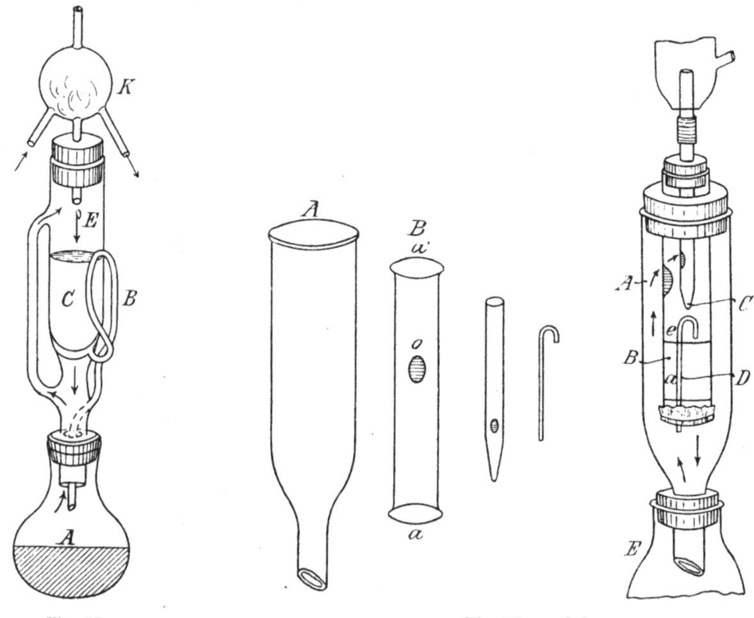

Fig. 37. Fig. 38a und b.

kleine Filtrirpapierhülse mittels dünnen Platindrahtes am Fläschchen befestigt wird. Auf das obere und untere Ende des Fläschchens passen Glaskappen, von denen die untere nur dann gut aufliegt, wenn das Fläschchen mit der Papierhülse versehen ist. Die Hülse muss etwas niedriger, wie die Glaskappe sein, damit sie von derselben vollständig bedeckt ist. Vor der Extraktion werden Fläschchen, Papierhülse und Glaskappen bei 100 ^{0} getrocknet und gewogen und nach Einführung der zu extrahirenden Substanz wieder gewogen. Darauf wird das Fläschchen ohne die Kappen in den Extraktionsapparat gebracht, nach beendeter Extraktion bei 100 ^{0}

1) S. Robertson, Archiv f. Hygiene **30**, 318; Apoth. Zeitung **12**, 751, 1897; Chem. Centrbl. 1898, I, 154.

getrocknet, mit den trockenen Kappen versehen und gewogen. Verlust ist gleich Fett.

Von weiteren Extraktionsapparaten sei noch erwähnt der von Tollens konstruirte und von U. Milone[1]) verbesserte, der in vorstehender Figur 38 wiedergegeben ist. Die Röhre A des Apparates ist 25 cm lang und 5 cm breit, B ist 17 cm lang und 3 cm breit. B ist unten überbunden mit einem Stückchen Zeug, durch dessen Mitte das heberförmige Rohr D geführt ist.

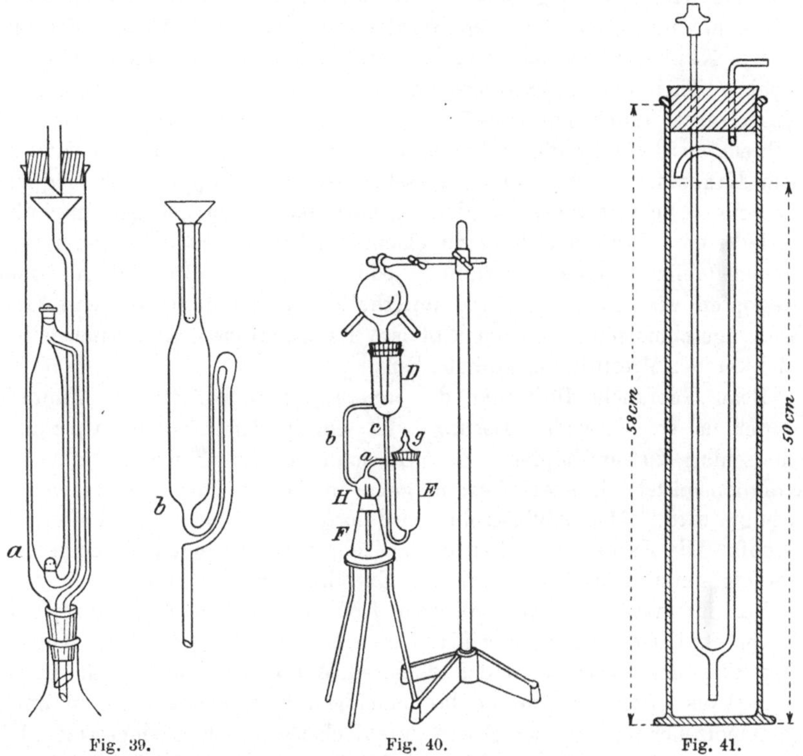

Fig. 39. Fig. 40. Fig. 41.

Auf dieses Filter wird etwas entfettete Watte und dann die zu extrahirende Substanz gebracht, deren Oberfläche dann ebenfalls mit einer Schicht Watte bedeckt wird. Der Kolb n E, in welchem der Aether zum Sieden erhitzt wird, hat einen Inhalt von 60 ccm. Das Spiel des Apparates ist leicht verständlich. Die aus dem Kolben E entweichenden Aetherdämpfe treten durch die beiden Oeffnungen in den Röhren B und C in den Kühler, der kondensirte Aether fliesst dann auf die Substanz zurück und von da aus wieder in den Kolben E. Das heberförmige Rohr D dient

1) U. Milone, Chem. Centrbl. 1894, II, 642.

eigentlich nur als Sicherheitsvorrichtung für den Fall, dass der Druck des Aetherdampfes in E gross genug ist, um das Abtropfen des Aethers zu verhindern. Der Aether sammelt sich in diesem Falle in B an und wird endlich durch den Heber abgesaugt.

Ein Extraktionsapparat für Flüssigkeiten ist von H. Bremer[1]) konstruirt worden. Der in Figur 39 a gezeichnete Apparat dient zum Extrahiren mit Extraktionsmitteln, die specifisch leichter sind als das Lösungsmittel der zu extrahirenden Substanz. Er besteht aus einem äusseren Mantel aus Glas oder Metall, der oben mit dem Kühler, unten mit dem inneren Glasgefäss verbunden ist, dessen bauchiger Theil die zu extrahirende Lösung aufnimmt. In das bauchige Glasgefäss ist unten eine 6—7 mm weite Glasröhre eingeschmolzen, die an ihrem, in den Glaskörper hineinragenden Ende zugeschmolzen und mit einem Kranz feiner Oeffnungen versehen ist. Die Kappe muss möglichst kurz sein. Die Glasröhre ist gleich scharf nach oben gebogen und oben unterhalb der Kühlermündung zu einem Trichter erweitert. Oben ist das bauchige Gefäss ebenfalls verjüngt, jedoch offen oder undicht mit einem Glasstopfen verschlossen. Kurz unterhalb der Mündung ist eine Glasröhre eingeschmolzen, die zum Abfluss des gesättigten Extraktionsmittels zurück in den Destillationskolben dient.

Beim Gebrauche füllt man das innere Gefäss fast bis zur Mündung mit der zu erschöpfenden Lösung. Ist ein in der Lösung suspendirter Niederschlag zu erschöpfen, so füllt man in das Trichterrohr so viel Extraktionsmittel, dass die Lösung ganz in das bauchige Gefäss zurückgedrängt wird. Das Abflussrohr wird locker mit entfetteter Baumwolle verstopft. Die Extraktion vollzieht sich sehr schnell bei einer Temperatur, die wenig unter dem Siedepunkt des Extraktionsmittels liegt.

Für Extraktionsmittel von höherer Dichte als das Lösungsmittel der zu extrahirenden Substanz dient der Apparat in Fig. 39 b, der ebenfalls in den äusseren Mantel eingesetzt wird. In die obere, etwas weitere Oeffnung des bauchigen Glasgefässes ist ein unten zugeschmolzener und an den Seiten durchlöcherter Trichter eingesetzt. Die unten angeschmolzene Röhre dient als Abflussrohr. Sie reicht nicht ganz hinauf bis zur Höhe des bauchigen Glasgefässes, damit die specifisch leichtere Lösung durch ihre grössere Höhe den Druck des specifisch schwereren Extraktionsmittels überwindet und dieses zum Abfluss zwingt. Die Einschnürung der Röhre verhindert eine Heberwirkung der Röhre. Vor Einfüllung der zu extrahirenden Lösung sperrt man die Abflussröhre durch eine genügende Menge des Extraktionsmittels ab. Die untere perforirte Trichtermündung taucht in die Lösung ein, damit die kleinen Tröpfchen des Extraktionsmittels getrennt bleiben.

---

[1]) H. Bremer, Forschungsber. über Lebensm. **1**, 20, 1894; Chem. Centrbl. 1894, I, 130; vgl. a. H. Göckel, Zeitschr. angew. Ch. 1897, 683.

Ausser den hier aufgeführten sind noch eine Reihe anderer Apparate zur Extraktion konstruirt worden, die alle auf demselben Principe beruhen, aber anscheinend wenig Vortheile vor den anderen bieten. Ich erwähne hier noch den von W. Büttner[1]), der sich durch seine Einfachheit auszeichnet, dann den von O. Förster[2]) zur Extraktion von Seifenlösung konstruirten Apparat, den von A. Wroblewski[3]) modificirten Soxhlet'schen Apparat, die für die Extraktion grösserer Flüssigkeitsmengen mit Aether dienende Konstruktion von H. Malfatti[4]), die von E. Diepolder[5]) gegebene Modifikation des Schwarz'schen Apparates.

Näher beschrieben seien noch kurz der von F. Baum[6]) konstruirte Extraktionsapparat und der von A. J. Hopkins[7]) gegebene, der zur Beschleunigung der Lösung dienen soll.

Der Apparat von F. Baum ist in vorstehender Figur 40 wiedergegeben. An das Extraktionsgefäss E, das durch einen eingeschliffenen Deckel geschlossen wird, ist das Aetherübergangsrohr a angeschmolzen, welches durch den Helm H hindurch bis fast auf den Boden des Kölbchens F führt. Der siedende Aether geht durch b nach D, wird hier durch einen Kugelkühler kondensirt und fliesst durch c nach E ab. Das Kölbchen F ist an H angeschliffen. Der zunächst für Extraktionen von Flüssigkeiten bestimmte Apparat kann auch für feste Körper benützt werden.

Der von A. J. Hopkins angegebene, einer von Richards beschriebenen Konstruktion nachgebildete Apparat Figur 41, der allgemein anwendbar ist, besteht aus einem Glascylinder mit doppelt durchbohrtem Stopfen. Durch eine der Bohrungen geht ein Glasrohr von 6 mm Weite, das oben einen Schlauch mit Quetschhahn trägt und unten in ein Y-Rohr ausläuft. Der dritte Arm des Y-Rohres ist bis nahe an die Mündung des Cylinders hochgeführt und dort umgebogen. Durch die zweite Bohrung führt ein kurzes Rohr, das mit der Luftpumpe verbunden wird. Wird dort angesogen, so reisst der Luftstrom durch das Y-Rohr gesättigte Lösung vom unteren Theil des Cylinders nach oben, bringt so neues Lösungsmittel mit dem Salz in Berührung und beschleunigt dadurch die Lösung.

---

1) W. Büttner, Zeitschr. angew. Ch. 1898, 34; Pharm. Centrbl. **40**, 781, 1899; **41**, 243, 1900.
2) O. Foerster, Chem. **22**, 421, 1898.
3) A. Wroblewski, Zeitschr. analyt. Ch. **36**, 671, 1897.
4) H. Malfatti, Zeitschr. analyt. Ch. **37**, 374, 1898.
5) E. Diepolder, Ber. **30**, 1797, 1897.
6) F. Baum, Chem. Ztg. **23**, 249, 1900.
7) A. J. Hopkins, Amer. Chem. Journ. **22**, 407, 1899; Chem. Centrbl. 1900, I, 84.

3. Die Wasserlöslichkeit der organischen Verbindungen.

Bezüglich der allgemeinen Löslichkeitsverhältnisse[1]) der organischen Verbindungen stellten Carnelley und A. Thomson[2]) folgende Regeln auf:

a) „Für eine Gruppe isomerer organischer Verbindungen ist die Reihe der Löslichkeiten gleichzeitig die Reihe der Schmelzpunkte, d. h. der am leichtesten schmelzbare Stoff ist auch am löslichsten." (Ostwald.)

b) „Für eine Gruppe isomerer Säuren ist nicht nur die Reihe der Löslichkeiten der freien Säuren übereinstimmend mit der ihrer Schmelzpunkte, sondern auch die Salze dieser Säuren ordnen sich in dieselbe Reihe."

c) „Für eine Gruppe isomerer organischer Verbindungen ist die Reihe der Löslichkeiten dieselbe, unabhängig von der Natur des Lösungsmittels."

d) „Das Verhältniss der Löslichkeiten zweier Isomeren ist nahezu unabhängig von der Natur des Lösungsmittels."

Die Berechtigung dieser Sätze suchten die oben erwähnten Forscher durch die Vergleichung einer grossen Anzahl in der Litteratur verstreuter Angaben zu erweisen und fanden dieselben in weitaus den meisten Fällen bestätigt. Auch eigene Untersuchungen speciell über die Löslichkeit von m- und p-Nitranilin in verschiedenen Lösungsmitteln bezeugten ihnen die Berechtigung besonders des unter c und d Gesagten. Obige Regeln dürfen jedoch Anspruch auf allgemeinere Geltung nicht machen, wie ich schon in meiner Arbeit über die Löslichkeitsverhältnisse der Benzolderivate ausführte[3]). Zu dem gleichen Ergebniss sind neuerdings auch J. Walker und J. Wood[4]) gelangt.

Bezüglich der einzelnen Gruppen der organischen Verbindungen gestatte ich mir im Folgenden einen kurzen Ueberblick zu geben, ohne jedoch hierin auf Vollständigkeit Anspruch zu machen.

a) Gase.

In Betreff der Wasserlöslichkeit der hierher gehörigen Körper liegt als besonders bemerkenswerth die Arbeit von Bunsen vor, der in seinen „Gasometrischen Methoden" eine Zusammenstellung hierüber giebt. Folgende Tabelle zeigt die Löslichkeit der betreffenden Gase in Wasser:

---

1) Vgl. W. Vaubel, Journ. pr. Ch. **59**, 30, 1899.

2) Carnelley und A. Thomson, Journ. Chem. Soc. 1888, 782; vgl. auch Ostwald, Allg. Ch. I, 1067; sowie J. v. Schroeder, Zeitschr. physik. Ch. **11**, 449, 1893.

3) W. Vaubel, Journ. pr. Ch. **51**, 444.

4) J. Walker und J. Wood, Journ. Chem. Soc. **73**, 618.

1 Theil H_2O	von	20^0	C.	löst	0,9014	Grm.	CO_2
1 „	„	„	„	„	0,02312	„	CO
1 „	„	„	„	„	0,03499	„	CH_4
1 „	„	„	„	„	0,0447—0,0490	Grm.	C_2H_6
1 „	„	„	„	„	unlöslich		C_4H_{10}
1 „	„	„	„	„	0,1488	Grm.	C_2H_4
1 „	„	„	„	„	0,416	„	C_3H_6
1 „	„	„	„	„	1,16	„	C_2H_2.

Daraus berechnet sich:

1 Grm. Mol.	= 44 Grm.	CO_2	bedürfen zur Lösung	48,8	Grm.	H_2O
1 „ „	= 28 „	CO	„ „ „	1211	„	H_2O
1 „ „	= 16 „	CH_4	„ „ „	457,3	„	H_2O
1 „ „	= 30 „	C_2H_6	„ „ „	641	„	H_2O
1 „ „	= 28 „	C_2H_4	„ „ „	188	„	H_2O
1 „ „	= 42 „	C_3H_6	„ „ „	100	„	H_2O
1 „ „	= 26 „	C_2H_2	„ „ „	22,4	„	H_2O.

Aus letzterer Tabelle ersehen wir, dass die Löslichkeit der gesättigten Kohlenwasserstoffe mit steigendem Kohlenstoffgehalt abnimmt; dagegen scheint vorerst noch bei denen der Aethylenreihe eine kleine Zunahme stattzufinden, vorausgesetzt, dass die Absorptionsgleichung des Propylens richtig bestimmt ist.

Aus diesen Daten lässt sich nun der auch durch das Verhalten der übrigen Methanderivate bestätigte Satz ableiten:

Die Wasserlöslichkeit vergleichbarer Verbindungen der kettenförmig gebundenen Kohlenstoffderivate ist am grössten bei solchen mit dreifacher Bindung, am kleinsten bei solchen mit einfacher.

Bezüglich der grossen Wasserlöslichkeit des Acetylens ist noch zu bemerken, dass P. Villard[1]) nachgewiesen hat, dass dieser Körper in Wasser ein Hydrat von der Formel C_2H_2, 6 H_2O bildet.

b) Flüssige und feste Körper.

Hier kommen fast nur die Sauerstoffverbindungen in Betracht; auch in diesem Falle sind die Angaben vielfach ungenau, so dass sich bezüglich der Alkohole, Aether, Aldehyde, Ketone und einbasischen Säuren nur Folgendes sagen lässt:

Die Wasserlöslichkeit nimmt im allgemeinen mit steigendem Kohlenstoffgehalt ab, mit der Zunahme der Sauerstoffatome dagegen zu. Bei den einwerthigen Alkoholen und einbasischen Säuren ist die Wasserlöslichkeit bei dem fünften oder sechsten Gliede der betreffenden Reihe nur eine sehr geringe; es sind das also die Verbindungen, bei denen eine ringförmige Lagerung der Kohlenstoffatome angenommen werden kann, ohne dass eine bedeutendere Ablenkung aus der Normallage statt-

1) P. Villard, Compt. rend. **120**, 1262.

zufinden braucht. Die hier obwaltenden Verhältnisse sind jedoch zu wenig untersucht, als dass sich werthvollere Schlüsse aus den vorhandenen Angaben ableiten liessen.

Bemerkenswerth ist das Verhalten der Aldehyde und Ketone. Bei diesen sind Acetaldehyd und Aceton noch vollkommen mischbar mit Wasser, eine Eigenschaft, die jedoch schon die nächst höheren Glieder einbüssen. So bedürfen Propionaldehyd 5 Vol. H_2O bei 20°, Butyraldehyd 27 Theile, Isobutyraldehyd 9 Vol. bei 20°; Methylpropylketon ist nur sehr wenig löslich, Diäthylketon bedarf 24 Theile. Anscheinend wird also die Löslichkeit eine geringere, je mehr eine Verdeckung des Aldehyd- oder Ketonsauerstoffs durch Alkylgruppen möglich ist.

Bekanntlich zeigt die Löslichkeitstabelle der Essigsäure ein Dichtemaximum und zwar bei einer Lösung mit ca. 80% CH_3COOH. Ein ähnliches Dichtemaximum hat Mac Elroy[1]) bei der Untersuchung wässeriger Acetonlösungen beobachtet, und zwar zeigt sich dies bei der Lösung gleicher Gewichtsmengen Aceton und Wasser. Auch die Acetaldehydlösungen besitzen nach meinen Untersuchungen ein solches Dichtemaximum. Die folgende, auf absolute Genauigkeit keinen Anspruch machende Tabelle giebt dies wieder:

Acetaldehyd.	Wasser.	Dichte bei 18°.
10	90	1,002
20	80	1,0055
30	70	1,0060
40	60	1,0040

Bei der Ameisensäure zeigt sich diese Kontraktion nicht. Das Gleiche konnte ich konstatiren bei der Untersuchung von Monochloressigsäure, Trichloressigsäure, Buttersäure, Isobuttersäure, Isovaleriansäure und Essigäther, ebenso verhält sich Chloralhydrat.

Bei den zweibasischen Säuren zeigen die der Oxalsäurereihe nach L. Henry[2]) folgende Werthe hinsichtlich der Wasserlöslichkeit:

		Temperatur:	Löslichkeit:
Oxalsäure,	$C_2O_4H_2$,	10°	5,3
Malonsäure,	$C_3O_4H_4$,	15°	139
Bernsteinsäure,	$C_4O_4H_6$,	14,5°	5,14
Glutarsäure,	$C_5O_4H_8$,	14°	83
N. Adipinsäure,	$C_6O_4H_{10}$,	15°	1,44
Pimelinsäure,	$C_7O_4H_{12}$,	sehr leicht löslich	
Korksäure,	$C_8O_4H_{14}$,	sehr wenig löslich	
. . . . .	. . . . .	. . . . .	. . . . .
Sebacinsäure,	$C_{10}O_4H_{18}$,	sehr wenig löslich	

1) Mac Elroy, Journ. Americ. Chem. Soc. 1894; **16**, 618.

2) L. Henry, Compt. rend. **99**, 1157; **100**, 60; vgl. auch **100**, 943; F. Lamouroux und Massol, Compt. rend. **128**, 998 und 1000, 1899.

Somit ist nach Henry die Löslichkeit der Säuren mit paarer Anzahl von Kohlenstoffatomen gering, die der mit unpaarer Anzahl gross. In demselben Verhältnisse stehen auch, entsprechend den Regeln von Carnelley und Thomson, die Schmelzpunkte. Der Wechsel in der Löslichkeit dieser Säuren lässt sich durch die Konfiguration erklären[1]).

Entsprechende Verhältnisse wie bei der Oxalsäuregruppe finden sich bei der Fumarsäure und der Maleïnsäure. In Betreff der Löslichkeit derselben liegen folgende Angaben vor:

1 Theil Fumarsäure ist löslich in 148,7 Theilen H_2O bei 16,5°
1 „ Maleïnsäure „ „ „ 2 „ „ „ 10°.

Bei der Fumarsäure,

```
HOOC—C—H
      ||
   H—C—COOH
```

, sind die beiden Karboxylgruppen an den entgegengesetzten Enden des Systems thätig und heben sich deshalb in ihrer Wirkung mehr oder weniger auf. Bei der Maleïnsäure,

```
H—C—COOH
  ||
H—C—COOH
```

, die diesbezüglich der Konfiguration mit der Malonsäure verglichen werden kann, ist dies nicht der Fall, und demgemäss ist die Löslichkeit grösser.

Von besonderem Interesse ist noch das Verhalten der Acetylen- und Diacetylendikarbonsäure. Beide sind in Wasser löslich, die erstere sogar sehr leicht. Wir haben hier zum Theil dieselbe Gruppirung wie beim Acetylen, also eine die Löslichkeit im Wasser befördernde. Ausserdem vermögen die Karboxylgruppen ihre Bewegungen nach derselben Seite hin auszuführen; sie werden sich also in ihrer Wirkung unterstützen und dadurch die Löslichkeit vermehren.

Anschliessend an das Verhalten dieser verschieden konfigurirten und dadurch verschieden löslichen, zweibasischen Säuren der Fettreihe habe ich bereits früher[1]) die diesen entsprechenden Säuren bezw. auch Diamino- und Dioxyderivate der Benzolreihe in Bezug auf ihre Löslichkeit in Rücksicht gezogen und dargethan, dass die gleichen Verhältnisse unter Zugrundelegung der von mir gegebenen Benzolkonfiguration auch hier auftreten.

In Betreff der Wasserlöslichkeit dieser Körper sind folgende Thatsachen bekannt:

100	Gew.-Thle.	der	Lösung	enthalten	bei	14°	0,54	Gew.-Thle.		O-Phtalsäure
100	„	„	„	„	„	25°	0,013	„	„	I.- „
100	„	„	„	„	„	—	fast unlöslich			T.- „
100	„	„	„	„	„	20°	31,1	Gew.-Thle.		Brenzkatechin
100	„	„	„	„	„	20°	63,7	„	„	Resorcin
100	„	„	„	„	„	20°	6,7	„	„	Hydrochinon
100	„	„	„	„	„	20°	23,8	„	„	M.-Phenylendiamin
100	„	„	„	„	„	20°	3,7	„	„	P.-Phenylendiamin.

[1]) W. Vaubel, Journ. pr. Ch. [2] **57**, 72.

Da sich das Orthophenylendiamin aller Wahrscheinlichkeit nach in gleicher Weise wie das Brenzcatechin verhalten wird, kann wohl der Satz gelten, dass bei den Diamido- und Dioxybenzolen die Metaverbindungen weitaus am löslichsten sind; dann folgen die Orthoderivate. Auffallend gering ist die Wasserlöslichkeit der Paraverbindung. Diese ist auch bei den Benzoldikarbonsäuren am wenigsten löslich; dagegen zeigt hier die Orthophtalsäure eine grössere Löslichkeit als die Metaphtalsäure.

Nach der von mir gegebenen Benzolkonfiguration dürfte[1]) ein Vergleich dieser Disubstitutionsprodukte mit einigen Methanderivaten von entsprechender Konfiguration wohl angebracht sein. Dazu eignen sich vor allem die folgenden Dikarbonsäuren: Fumarsäure, Maleïnsäure und Acetylendikarbonsäure. In Betreff der Löslichkeit derselben finden wir:

1 Thl. Fumarsäure ist löslich in 148,7 Thln. H_2O bei 16,5°.
1 „ „ „ „ „ 2 „ H_2O „ 10°.
Acetylendicarbonsäure ist sehr leicht löslich.

Nun entspricht die Fumarsäure, wie leicht aus Modellen ersehen werden kann, den Paradisubstitutionsprodukten, also hier etwa der Terephtalsäure. Bei beiden ist die „lösende Kraft“ der Karboxylgruppen an den entgegengesetzten Enden des Systems thätig. Indem nun sicherlich die beiden Gruppen dieselbe Bewegung ausführen, so wird, da jene sich in ihrer Wirkung beschränken oder fast vollständig aufheben, der Gesammteffekt, d. h. die Löslichkeit nahezu gleich Null sein.

Dagegen lassen sich die Metaderivate mit der Maleïnsäure vergleichen. Bei dieser sowohl, wie etwa auch beim Resorcin oder Metaphenylendiamin sind die die Löslichkeit hervorrufenden Kräfte auf derselben Seite des Systems thätig, wir werden also hier den Gesammteffekt derselben beobachten, da sie ja nicht in entgegengesetzter Richtung wirksam sein können. Aller Wahrscheinlichkeit nach wird die geringere Löslichkeit der Isophtalsäure gegenüber dem Orthoderivat durch den Raummangel verursacht sein, den die beiden Karboxylgruppen gegenseitig hervorrufen. Dadurch sind ihre Bewegungen behindert, und ist deshalb die Löslichkeit geringer. Auf diese beengende Wirkung durfte ich, meiner Benzolkonfiguration entsprechend, wohl mit Recht die Thatsache zurückführen, dass die Isophtalsäure kein Anhydrid zu bilden vermag.

Für die Orthoverbindungen lässt sich nun auch der Vergleich mit Acetylendikarbonsäure durchführen. Betrachten wir die orthoständigen Kohlenstoffatome für sich, so ist leicht ersichtlich, dass zwei an den an Wasserstoff gebundenen Ecken sich befindende Radikale eine ähnliche Lage einnehmen wie bei der Acetylendikarbonsäure, mit dem geringen Unterschiede, dass bei dem Benzolderivat die beiden Kohlenstoffatome auf der Fläche der dreifachen Bindung, also der Tetraëderfläche, etwas

[1]) Vgl. W. Vaubel, Stereochem. Forsch. Bd. I, Heft 1, Der Benzolkern.

verschoben sind. Dies, sowie der Umstand, dass nach der einen Seite hin sich noch ein Theil des für die Löslichkeit kaum in Betracht kommenden Moleküls erstreckt, kann wohl nicht eine irgendwie bedeutende Wirkung ausüben. Es scheint mir deshalb der Vergleich der Acetylendikarbonsäure mit den Orthoderivaten nicht allzu gezwungen zu sein.

Interessant ist noch ein Vergleich zwischen den specifischen Gewichten folgender wässeriger Lösungen:[1])

3,4	g Anilin in 100 ccm H_2O bei 20°	1,0008
3,4	„ Phenol in 100 ccm H_2O bei 20°	1,0035
2,24	„ Phenol in 100 ccm H_2O bei 20°	1,0018
2,6	„ Resorcin in 100 ccm H_2O bei 20°	1,0050
2,6	„ m-Amidophenol in 100 ccm H_2O bei 20°	1,0043
6,7	„ Hydrochinon in 100 ccm H_2O bei 20°	1,0120
6,7	„ Resorcin in 100 ccm H_2O bei 20°	1,0121
34,0	„ Brenzkatechin in 100 ccm bei 20°	1,0918
34,0	„ Resorcin in 100 ccm H_2O bei 20°	1,0638
3,7	„ m-Phenylendiamin in 100 ccm H_2O bei 20° . . .	1,0038
3,7	„ p-Phenylendiamin in 100 ccm H_2O bei 20° . . .	1,0040

Dem Verhalten des Ammoniaks entsprechend bedarf die Amidogruppe des Anilins einen grösseren Raum als das Hydroxyl des Phenols. Auffallend ist, dass die der Phenollösung gleichwerthigen Lösungen von Resorcin und m-Amidophenol ein höheres specifisches Gewicht zeigen als erstere. Von den Dioxybenzolen scheint das Orthoderivat die grösste Kontraktion hervorzurufen, während die specifischen Gewichte der übrigen nahezu gleich sind. Die letztere Erscheinung zeigt sich auch bei den Phenylendiaminen.

Zum Schlusse sei noch eine Zusammenstellung von W. Herz[2]) gegeben über die Löslichkeit einiger in Wasser schwer löslicher Flüssigkeiten. Die Löslichkeiten wurden auf synthetischem Wege bestimmt. In der nachstehenden Tabelle bedeutet die erste Zahl die Löslichkeit des angegebenen Stoffes in Wasser, die zweite die des Wassers in dem Stoffe.

	I.	II.
Chloroform	0,420	0,152
Ligroin	0,341	0,335
Schwefelkohlenstoff	0,961	0,174
Aether	2,930	8,110
Benzol	0,082	0,221
Amylalkohol	3,284	2,214
Anilin	3,481	5,220

Die Zahlen bedeuten Volume Flüssigkeit auf 100 Volume Lösungsmittel.

---

1) Vgl. W. Vaubel, Journ. pr. Ch. [2], **52**, 75.

2) W. Herz, Ber. **31**, 2669, 1898.

Ueber die Löslichkeit der organischen Säureanhydride in Wasser hat E. van de Stadt[1]) noch einige interessante Mittheilungen gemacht.

4. Verwendung von Wasser als Lösungsmittel.

Wie die vorstehenden Zusammenfassungen ergeben haben, ist die Benützung des Wassers als Lösungsmittel nur für bestimmte Substanzen geeignet. Dadurch ist die Möglichkeit gegeben, diese mit Hilfe ihrer Wasserlöslichkeit von anderen zu trennen. Ebenso wie bei den anorganischen Salzen giebt es auch bei den Salzen der organischen Säuren solche, die in Wasser leichter und solche, die in Wasser schwer oder gar nicht löslich sind. Eine Anzahl von in der Litteratur vermerkten, hierher gehörigen Fällen sind unter den Fällungsreaktionen zu finden, obgleich man sie unter Umständen ebenso gut unter der hier vorliegenden Rubrik hätte besprechen können. Nur insofern ist ein kleiner Unterschied vorhanden, als in diesem Kapitel mit Hilfe der Löslichkeit die Trennung bewirkt werden soll, während dort aus der Lösung der betreffende Körper durch Zusatz eines anderen ausgefällt werden soll. Immerhin giebt es manche Fälle, bei denen lediglich aus Zweckmässigkeitsgründen die Anordnung in der einen oder anderen Rubrik erfolgt ist.

a) Bestimmung von Ameisensäure, Essigsäure, Propionsäure und Buttersäure in einem Gemisch dieser vier Säuren.

Hier liegt eine ausführliche Bearbeitung von K. R. Haberland[2]) vor, welcher zunächst die früher bekannt gewordenen Methoden prüfte und zu folgenden Resultaten kam:

1. Die von E. Luck[3]) angegebene Trennung, welche auf dem Löslichkeitsunterschied der Barytsalze jener Säuren in absolutem Alkohol beruht, und wonach z. B. der buttersaure Baryt 41 mal löslicher sein sollte als essigsaurer Baryt, während dies in Wirklichkeit nur 3,26 mal löslicher ist, ist zu verwerfen.

2. Die Angabe Linnemann's[4]), wonach sich die Propionsäure am besten als basisches Bleisalz abscheiden lässt, hat sich als richtig erwiesen.

3. Die Ameisensäure ist von den übrigen Säuren vermittels der Unlöslichkeit ihres Zinksalzes in Alkohol zu trennen.

Buttersäure und Essigsäure lassen sich durch fraktionirte Destillation ihrer Amyläther oder auf Grund der verschiedenen Löslichkeitsverhältnisse ihrer Silbersalze trennen.

---

1) E. van de Stadt, Zeitschr. physik. Ch. **31**, 250, 1899.
2) K. R. Haberland, Zeitschr. analyt. Ch. **38**, 227, 1899.
3) E. Luck, Zeitschr. analyt. Ch. **10**, 184, 1871.
4) Linnemann, Liebig's Ann. **160**, 223.

Die vier Säuren werden, falls Salze vorliegen, durch Phosphorsäure frei gemacht und mit Wasserdampf übergetrieben. Alsdann verfährt man, wie im folgenden Beispiel beschrieben wird.

Angewandt:	0,2157 g Ameisensäure,	Gefunden:	0,2152 g.
„	1,5603 g Essigsäure,	„	1,5528 g.
„	0,4211 g Propionsäure,	„	0,4156 g.
„	0,3145 g Buttersäure,	„	0,3095 g.

Das Säuregemisch wurde mit 200 ccm Wasser übergossen, nach dem Hinzufügen von 20 g Bleioxyd zur Trockne verdampft, das gebildete, basisch propionsaure Blei $3(C_3H_5PbO_2) + 2PbO$ ausgefällt und das Silbersalz hergestellt. Das Gewicht desselben betrug 1,0333 g; demnach stellt sich heraus ein Fehlbetrag von 0,13⁰/₀ Propionsäure.

Die Bleisalzlösungen der Ameisen-, Essig- und Buttersäure wurden nun mit verdünnter Schwefelsäure ausgefällt, das gebildete schwefelsaure Blei abfiltrirt, das Filtrat mit Zinkoxyd zur Trockne verdampft und zwei Stunden bei 150⁰ getrocknet. Darauf wurde das Salzgemenge mit 500 g absolutem Alkohol behandelt. Im Rückstand blieben das ameisensaure und das schwefelsaure Zink, welches ebenfalls in Alkohol unlöslich ist. Diese Salze wurden alsdann mit überschüssiger Phosphorsäure im Dampfstrom der Destillation unterworfen; das 500 ccm betragende Destillat erforderte 2,34 ccm N-Barytwasser. Die ameisensaure Barytlösung wurde zur Trockne verdampft und in $BaSO_4$ übergeführt; sie ergab 0,5450 g. Demnach waren in dem Destillat 0,2152 g Ameisensäure enthalten gegen 0,2157 g angewandte Säure.

Aus der alkoholischen, das essigsaure und buttersaure Zink enthaltenden Lösung wurde der Alkohol verjagt und der Rückstand mit Phosphorsäure mittels Dampfstromes destillirt. Das Destillat wurde mit frisch gefälltem kohlensauren Silber gesättigt und die Lösung der betreffenden Silbersalze auf dem Wasserbade eingedampft. Sehr bald schied sich eine reichliche Menge Silbersalz aus, und zwar das der Buttersäure, da letzteres bedeutend schwerer in Wasser löslich ist als dasjenige der Essigsäure.

Argentum butyricum löst sich in 260 Theilen Wasser,
„ aceticum „ „ „ 100 „ „

Das buttersaure Silber wurde nun abfiltrirt und mit Hilfe von Amylchlorid durch ³/₄stündiges Kochen am Rückflusskühler, darauf folgender fraktionirter Destillation von Alkohol und Amylchlorid befreit, was unter 100⁰ abdestillirt, sodann zwischen 135—138⁰ siedendes Amylacetat und zwischen 175—175,5⁰ siedendes Amylbutyrat überdestillirt. Bei vorstehendem Versuch wurde erhalten:

Amylacetat 0 g

Amylbutyrat 0,5638 g, demnach ein Fehlbetrag von 0,16⁰/₀ Buttersäure.

Die nun allein übrig bleibende Lösung des Silberacetates wurde bis zur Krystallisation eingedampft und das abfiltrirte und über Schwefelsäure getrocknete Salz gewogen; die Menge betrug 4,3182 g, was einer Differenz von 0,5 % an Silbersalz entspricht.

Nach den Untersuchungen von J. Schütz[1]) soll die Methode von Haberland keine brauchbaren Resultate geben, da beim Eindampfen der Lösung der Zinksalze Fettsäuren entweichen. Der Verlust betrug bei der Ameisensäure 10,5 %, bei der Essigsäure 73,9 % und bei der Buttersäure sogar 82,3 % der angewandten Mengen. Etwas günstigere Verhältnisse bestehen für die Bleisalze dieser Säuren.

b) Werthbestimmung des Rohweinsteines.

O. Ottavi[2]) empfiehlt die alte Methode „a la casserôle". Dieselbe wird in Italien und Frankreich viel gebraucht und ist bereits auch von F. Klein[3]) beschrieben worden.

50 g Rohweinstein oder Hefe werden in einer Schaale in 1 l siedendes Wasser eingetragen und damit 10 Minuten gekocht. Man lässt 2 bis 3 Minuten absetzen, giesst ab und lässt die Lösung während 12 Stunden krystallisiren. Die Mutterlauge wird dann abgegossen, die Krystalle werden rasch dreimal mit zusammen 1 l kalten Wassers ausgewaschen, bei 100° C. getrocknet und gewogen. Das gefundene Gewicht verdoppelt und darauf um 10 g als Korrektur für gelöst bleibenden Weinstein vermehrt, zeigt den Procentgehalt des Musters an Kaliumbitartrat an. Zum Auswaschen verwenden einige 90 %igen Alkohol oder eine gesättigte Lösung von reinem Weinstein.

Selbstverständlich giebt das Verfahren nur annähernde Ergebnisse.

c) Bestimmung der Nitrobenzoësäuren.

Eine genaue Trennungsmethode der drei Nitrobenzoësäuren,

$$C_6H_4\langle{COOH \atop NO_2},$$

ist bisher noch nicht gefunden worden. A. F. Holleman[4]) empfiehlt die Analyse der Gemische der drei Säuren folgendermaassen auszuführen:

1—1,5 g der Substanz werden in einer Flasche mit 50 ccm Wasser in dem Rotationsapparat von Noyes und Abbot[5]) drei Stunden lang

---

1) J. Schütz, Zeitschr. analyt. Ch. **39**, 17, 1900.

2) O. Ottavi, Chem. Centrbl. **60**, 83; Zeitschr. analyt. Ch. **29**, 103, 1890.

3) F. Klein, Zeitschr. analyt. Ch. **29**, 381, 1885.

4) A. F. Hollemann, Rec. trav. chim. Pays-Bas **17**, 247 und 335, 1899; Chem. Centrbl. 1899, I, 259, 1898, II, 976; vgl. hierzu auch die Arbeiten von Oechsner de Coninck, Compt. rend. **118**, 474, 538, 1104, 1207; Chem. Centrbl. 1894, I, 679 und 733.

5) Noyes und Abbot, Zeitschr. physik. Ch. **9**, 606.

rotirt. Aus der gesättigten Lösung werden 25 ccm herausgenommen und mit $N/_{20}$ Baryt titrirt, die übrige Lösung filtrirt, der Rückstand nochmals mit Wasser versetzt und so lange in gleicher Weise, wie erwähnt, behandelt, bis der Titer von zwei auf einander folgenden Lösungen derselbe bleibt und dem einer der Säuren in reinem Zustande entspricht. Die Reinheit des schliesslichen Rückstandes wird noch durch seinen Schmelzpunkt geprüft. Durch die successiven Titrationen kennt man die Mengen der Säure, die jedesmal in Lösung gegangen sind, aber auch ihre Natur, da Holleman in früheren Untersuchungen genau die Löslichkeitskonstanten der einzelnen Säuren wie ihrer Gemische ermittelt hat.

Holleman bestimmte unter Benützung des Apparates von Noyes und Abbot[1]) bei einer Temperatur von $25,0^0$—$25,1^0$ durch Titriren mit $N/_{10}$ Kalilauge die Löslichkeitskonstanten und erhielt, die Koncentrationen in Grammmolekülen im Liter ausgedrückt, folgende Werthe:

Für die o-Verbindung $C_{25} = 0,0423$,
„ „ m- „ „ $= 0,0192$,
„ „ p- „ „ $= 0,00176$.

Nach Nernst wird die Löslichkeit eines Stoffes in Wasser durch die Gegenwart eines anderen mit einem gemeinsamen Ion vermindert. Wie Noyes und Abbot[1]) mitgetheilt haben, lässt sich für das Gemisch von zwei Substanzen, die wasserlöslich sind, diese Verminderung der Löslichkeit berechnen. Holleman führt diese Berechnung durch und findet:

1. Für ein Gemenge von o- und m-Säure:

$c_0 - c_0'$ (c_0 = Löslichkeit der o-Säure allein, c_0' = Löslichkeit der o-Säure in einer gleichzeitig mit m-Säure gesättigten Lösung) $= 0,002067$; $c_m - c_m' = 0,00021145$; also Totalabnahme an Löslichkeit 0,002282.

2. Für ein Gemenge von o- und p-Säure:

$c_0 - c_0' = 0,0000156$; $c_p - c_p' = 0,000632$; Totalabnahme $= 0,000648$.

3. Für ein Gemenge von m- und p-Säure:

$c_m - c_m' = 0,0000834$; $c_p - c_p' = 0,0004929$; Totalabnahme $= 0,000576$.

Holleman bestimmte in gleicher Weise wie für die einzelnen Säuren angegeben, durch Titration mit $N/_{10}$ Kalilauge die Löslichkeitskonstanten für die Säuregemische und erhielt folgende Zahlen, welche die zur Sättigung von 50 ccm der sauren Lösung nöthigen Mengen KOH angeben:

$o + m = 31,56$, $o + p = 21,51$, $m + p = 10,10$, $o + m + p = 32,54$.

Da die Summe der Titer der einzelnen Säuren

$o + m = 30,77$, $o + p = 22,08$, $m + p = 10,48$, $o + m + p = 31,65$

beträgt, so ist ihre Differenz:

$o + m = +0,79$ ccm, $o + p = -0,54$, $m + p = -0,38$, $o + m + p = 0,89$.

1) Noyes und Abbot, Zeitschr. physik. Ch. **16**, 127.

Aus den oben angegebenen theoretischen Werthen berechnen sich die Differenzen zu

$$o + m = -1,14, \quad o + p = -0,32, \quad m + p = -0,29 \text{ ccm.}$$

Bei den Gemischen von o und p, sowie m und p stimmen die gefundenen Werthe sehr gut mit den berechneten überein, doch ergab der Versuch bei o und m wie auch bei o, m und p eine Vermehrung der Löslichkeit entgegen der Berechnung. Noyes und Le Blanc[1]) schreiben die auch von ihnen in einigen Fällen beobachtete Löslichkeitsvermehrung der Bildung einer Verbindung zwischen den in Lösung befindlichen Substanzen zu. Die Schwierigkeit der Trennung von o- und m-Säure durch Krystallisiren aus Wasser liess sich so vielleicht erklären.

Weiterhin hat Holleman die Löslichkeitskonstanten der drei Säuren in Chloroform, sowie in absolutem Alkohol ermittelt, ohne dieselben jedoch zur analytischen Verwerthung heranzuziehen. In Chloroform zeigt die m-Säure die grösste Löslichkeit.

d) Bestimmung der Kresotinsäuren in Salicylsäure.

B. Fischer[2]) empfiehlt ein von Prescott und Ewell angegebenes Verfahren, die betreffende Salicylsäure durch Behandeln mit Calciumkarbonat ins Calciumsalz überzuführen und durch Auskrystallisiren von den Calciumsalzen der Kresotinsäuren zu trennen. Aus den Mutterlaugen wird das Gemisch von Kresotinsäuren mit Salicylsäure gefällt, filtrirt, gewaschen und getrocknet und der Titer bestimmt. Aus der Differenz des Titers gegenüber der Salicylsäure ergiebt sich der Gehalt an Kresotinsäure.

5. Verwendung von Säuren als Lösungsmittel.

Ausser Eisessig, der auch vielfach als indifferentes Lösungsmittel verwendet wird, kommen hier hauptsächlich die anorganischen Säuren in Betracht, zumal, wenn man es mit basischen Körpern zu thun hat, oder wenn bei der betreffenden, organischen Verbindung eine Umwandlung in Sulfosäure u. s. w. stattfinden soll. Die Wahl der Säuren richtet sich nach den Umständen, nach der Löslichkeit des betreffenden Salzes, nach der Widerstandsfähigkeit der Base u. s. w. gegenüber den sonstigen Einflüssen der Säure. So wird man Salpetersäure möglichst zu vermeiden suchen, da sie je nach ihrer Koncentration auf viele organische Körper oxydirend oder nitrirend einwirkt. Ein sehr gutes Lösungsmittel für organische Verbindungen ist die koncentrirte Schwefelsäure. Aber auch hier wird man den zerstörenden Wirkungen dieser Säure zumal beim Erwärmen Rechnung tragen müssen und dieselbe nur dann an-

[1]) Noyes und Le Blanc, Zeitschr. f. physik. Ch. **6**, 385.

[2]) B. Fischer, Pharm. Ztg. **34**, 327.

wenden, wenn es sich um eine Trennung handelt oder man sicher ist, dass die zu bestimmende Substanz wieder unverändert zurückerhalten werden kann.

Weiterhin wird bei der Frage der zu verwendenden Säure berücksichtigt werden müssen, wie, was wohl meist der Fall ist, die betreffende Salzverbindung wieder so in ihre Bestandtheile zerlegt werden kann, dass eine exakte Trennung möglich ist. Bei der Schwefelsäure und den entsprechenden Salzen werden hierbei häufig Fällungen mit Barythydrat, Bariumkarbonat oder mit Bleisalzen angewendet. Bei der Salzsäure dürfte die Verwendung von Fällungen als Silbersalz hauptsächlich in Frage kommen. Häufig ist es auch möglich durch Versetzen mit Alkali die betreffende organische Base abzuscheiden und aus der wässerigen Lösung mit einem geeigneten Lösungsmittel zu extrahiren.

a) Trennung der Steinkohlentheer- und Petroleumkohlen-Wasserstoffe.

Benzole und Benzine, wie sie zur Lösung des Kautschuks verwendet werden, lassen sich nach R. Henriques[1]) durch Verwendung rauchender Schwefelsäure trennen. Die Methode ist brauchbar für die unter ca. 180^0 siedenden Kohlenwasserstoffe. Die Benzine sind infolge ihres geringeren Lösungsvermögens für Kautschuk geringwerthiger.

5—7 ccm werden in einem mit Glasstöpsel versehenen, graduirten Glascylinder von 25 ccm Inhalt, der in $^1/_5$ ccm eingetheilt ist, mit dem doppelten Volumen rauchender Schwefelsäure (5 $^0/_0$ freies SO_3) versetzt und gut umgeschüttelt. Nachdem man sich durch häufiges Schütteln überzeugt hat, dass keine Kohlenwasserstoffe mehr gelöst werden, liest man die Menge der nicht absorbirten Benzine ab. Bei den im Handel vorkommenden Benzinen sind bereits ca. 5$^0/_0$ aromatische Kohlenwasserstoffe vorhanden, was eventuell zu berücksichtigen ist.

Von Krämer und Böttcher[2]) ist schon früher eine auf ähnlichem Principe beruhende Methode zur Untersuchung der deutschen Rohpetrole ausgearbeitet werden.

b) Bestimmung der Xylole.

Hierzu benützt J. M. Crafts[3]) ein Verfahren, welches im wesentlichen auf der verschiedenen Zersetzbarkeit ihrer Sulfosäuren bei bestimmten Temperaturen beruht. Die Fraktion des rohen Xylols, welches bei 136—140^0 siedet, besteht aus:

a) In Säure unlöslichen Kohlenwasserstoffen,

b) O. m. u. p. Xylol, sowie Aethylbenzol.

1) R. Henriques, Chem. Ztg. **19**, 958, 1895.

2) Krämer und Böttcher, Chem. Ztg. **12**, R. 11, 1888.

3) J. M. Crafts, Compt. rend. **114**, 1110; Zeitschr. analyt. Ch. **32**, 243, 1893.

Zur Analyse versetzt man 10 bis 20 g des Xylols mit der 2 1/2 fachen Menge konc. Schwefelsäure in einer mit Millimeter-Eintheilung versehenen Röhre aus böhmischem Glas, in welcher man auch das von dem rohen Xylol eingenommene Volumen feststellt. Man schmilzt die Röhre zu, erhitzt 1 Stunde lang nach kräftigem Umschütteln auf 120^0 und giebt 3—4 Theile eines Gemenges von gleichen Theilen Salzsäure und Wasser hinzu. Man schüttelt gut um und liest nach einer Stunde die Menge der in Schwefelsäure unlöslichen Kohlenwasserstoffe (Paraffine) ab. Man vermeidet es ganz erkalten zu lassen, da sich sonst Krystalle ausscheiden.

Hierauf trennt man die Paraffine von der sauren Lösung, bringt letztere wiederum in die Glasröhre, schmilzt dieselbe abermals zu und erhitzt deren Inhalt während 20 Stunden auf 122^0. Es scheiden sich hierdurch 93 % des vorhandenen m-Xylols aus. Man stellt das Volumen desselben fest und kontrollirt die Bestimmung durch Wägen des m-Xylols, nachdem man es mit Wasserdämpfen überdestillirt und so von anhängenden schwarzen Produkten befreit hat. Durch letztere Operation findet man die Menge des m-Xylols um ca. 0,2 g geringer als der Ablesung entspricht.

Die Sulfosäuren des o- und p-Xylols und des Aethylbenzols zersetzen sich bei 122^0 nur in Spuren; sie spalten sich dagegen mit dem zugefügten Wasser in ihre Komponenten, wenn man sie im zugeschmolzenen Rohre noch weitere 20 Stunden auf 175^0 erhitzt. Die regenerirten Kohlenwasserstoffe behandelt man mit 3 Volumen Schwefelsäure und versetzt die erkaltete Lösung mit 1 Volum rauchender Salzsäure. Hierdurch wird bei Abwesenheit von m-Xylol die Sulfosäure des p-Xylols in schönen kleinen Blättchen ausgefällt. Man filtrirt diese durch ein Asbestfilter ab, wäscht sie mit konc. Salzsäure bis zum Verschwinden der Schwefelsäure aus und wägt die an der Luft bis zum konstanten Gewicht getrockneten Krystalle, welche die Zusammensetzung $(C_8H_9SO_3H)_2 + 3H_2O$ haben (Schmp. 88^0); dieselben sind in konc. Salzsäure fast unlöslich, dagegen zum Theil löslich in den Sulfosäuren. Aus diesem Grunde findet man den Gehalt an p-Xylol etwas zu niedrig. Das der Abscheidung entgangene Xylol wird deshalb als o-Xylol mitbestimmt; eine weitere Trennung dieser beiden Körper lässt sich nur durch Oxydation ihrer Tetrabromderivate erzielen.

Es verbleibt nunmehr noch die Trennung und Bestimmung des o-Xylols und des Aethylbenzols. Hierzu dient eine von Friedel und Crafts[1]) schon früher empfohlene Methode. Diese war ursprünglich dazu bestimmt, die drei Xylole von dem Aethylbenzol zu trennen; da aber in diesem Falle schon m-Xylol und der grösste Theil des p-Xylols entfernt sind, wird die Trennung des o-Xylols vom Aethylbenzol bedeutend vereinfacht.

1) Dictionnaire de Wurtz. Suppl. S. 1655.

Die Trennungsmethode der drei Xylole von dem Aethylbenzol beruht darauf, dass die ersteren, mit ihrem zwanzigfachen Gewichte Brom unter Zusatz von Jod behandelt, Tetrabromide liefern, die in Petroläther fast unlöslich sind, während das Aethylbenzol bei der gleichen Operation ein weniger bromirtes Produkt liefert, das in Petroläther sehr leicht löslich ist.

Die Zusammensetzung eines bei 138—140° siedenden rohen Xylols aus der Pariser Gasanstalt fand Crafts nach obiger Methode wie folgt.

Paraffine	2,0 %
m-Xylol	54,9 %
p- „	11,3 %
o-u. p-Xylol	18,4 %
Aethylbenzol	11,3 %
	97,9 %

Bei einer zweiten Behandlung des Paraffins mit Schwefelsäure fiel deren Gehalt auf 0,8 %. Die gelösten 1,2 % können dem p-Xylol oder dem Aethylbenzol zugeschrieben werden, welche beide etwas schwieriger von Schwefelsäure angegriffen werden als die übrigen.

c) Bestimmung des Gehaltes an Alkaloiden in Chinarinden.

Das Arzneibuch für das deutsche Reich III. Ausgabe, schreibt für Chinarinde folgendes Prüfungsverfahren vor: Man schüttle 20 g feines Chinarindenpulver wiederholt kräftig mit 10 ccm Ammoniakflüssigkeit, 20 ccm Weingeist, 170 ccm Aether und giesse nach einem Tage 100 ccm klar ab. Nach Zusatz von 3 ccm N-Salzsäure und 27 ccm Wasser entferne man den Aether und Weingeist durch Destillation und füge nöthigenfalls noch so viel N-Salzsäure zu, als erforderlich ist, um die Lösung anzusäuern. Hierauf wird dieselbe filtrirt und in der Kälte mit 3,5 ccm oder soviel N-Kalilauge unter Umrühren vermischt, bis Phenolphtaleïnlösung geröthet wird. Der auf einem Filter gesammelte Niederschlag wird nach und nach mit wenig Wasser ausgewaschen, bis die abfliessenden Tropfen Phenolphtaleïnlösung nicht mehr röthen. Nach dem Abtropfen presse man die Alkaloide gelinde zwischen Filtrirpapier, trockne sie zunächst über Schwefelsäure und schliesslich im Wasserbade vollkommen aus. — In dieser Weise geprüft müssen 100 Thl. Chinarinde mindestens 5 Thl. Alkaloide ergeben. Dabei versteht das Arzneibuch unter feinem Pulver ein solches, das durch ein Sieb mit 43 Maschen auf den laufenden Centimeter gegangen ist.

Nach diesem Verfahren des Arzneibuches III entzieht sich ein Theil der Alkaloide der Fällung mit Kalilauge, was durch Ausschütteln des alkalischen wässerigen Filtrats mit Chloroform nachgewiesen werden kann.

Haubensack[1]) und C. C. Keller[2]) extrahiren deshalb nur mit Aether-Ammoniak ohne Zusatz von Weingeist aus, heben einen Theil der klaren Aetherlösung ab, ziehen hieraus nochmals mit Schwefelsäure die Alkaloide aus, giessen den grössten Theil des Aethers ab und extrahiren mit 30 g Chloroform und 10 g Aether unter Zusatz von 5 g Ammoniak, wiederholen die Umschüttlung mit 15 g Chloroform und 5 g Aether, filtriren die vereinigten Alkaloidlösungen, um Wassertröpfchen zurückzuhalten, durch ein kleines, mit Chloroform benetztes Filter in ein tarirtes Kölbchen und destilliren Chloroform und Aether ab. Aus Kalisayarinde hinterbleiben die Alkaloide meist krystallinisch, aus Succirubra dagegen in Form eines Firnisses, welcher Chloroform mit bekannter Hartnäckigkeit zurückhält. In diesem Falle übergiesst man den Rückstand mit 3—5 ccm absolutem Alkohol und kocht letzteren im Wasserbad weg. Die Alkaloide hinterbleiben dann krystallinisch und lassen sich leicht trocknen. Diesen Beobachtungen entsprechend siud auch die Angaben des Arzneibuches in Ausgabe IV abgeändert.

Nach H. Meyer[3]) wird die feingepulverte Chinarinde mit frisch dargestelltem Kalihydrat und Spiritus ausgekocht, der Auszug mit Schwefelsäure angesäuert, von Alkohol befreit, die filtrirte wässerige Lösung alkalisch gemacht und durch Schütteln mit Chloroform erschöpft. Der Verdunstungsrückstand wird bei 110° getrocknet und gewogen. Etwas umständlicher arbeitet Hielbig[4]), der vorher mit Schwefelsäure die Rinde aufschliesst und dann mit Alkohol und Kali auszieht.

W. Lenz[5]) empfiehlt Chloralhydrat in koncentrirter wässeriger Lösung anzuwenden. Er erhält damit die abgeschiedenen Alkaloide wesentlich reiner als bei irgend einem der anderen Verfahren. Weiterhin giebt W. Lenz eine Zusammenstellung von nach dem vorliegenden Verfahren erhaltenen Resultaten, welche zeigt, dass das Verfahren des Arzneibuches (III. Ausgabe) wissenschaftlich unbrauchbar ist. Am besten sind die Methoden von Haubensack-Keller und von Lenz. Auch E. Schaer[6]) hat sich von der Brauchbarkeit und der weitgehenden Verwendbarkeit der Methode von Lenz überzeugt.

6. Verwendung von Alkalien als Lösungsmittel.

Die Verwendung alkalischer Lösungsmittel findet dann statt, wenn es sich darum handelt, Säuren zu extrahiren, ausserdem zur Zerlegung

---

1) Haubensack, Zeitschr. analyt. Ch. **31**, 228, 1892.

2) C. C. Keller, Apoth. Ztg. **8**, 542.

3) H. Meyer, Zeitschr. analyt. Ch. **22**, 292, 1883.

4) Hielbig, Zeitschr. analyt. Ch. **20**, 144, 1882.

5) W. Lenz, Zeitschr. analyt. Ch. **38**, 147, 1899.

6) E. Schaer, Zeitschr. analyt. Ch. **38**, 429, 1899; vgl. auch B. A. van Ketel, Zeitschr. angew. Ch. 1901, 313.

von Salzen, oder, wenn einer der begleitenden Stoffe durch die Wirkung des Alkalis in eine lösliche Form umgewandelt oder zerstört werden soll. Je nach diesen Umständen wird sich die Art des Alkalis, ob Ammoniak oder Aetzalkalien, sowie die Stärke desselben richten.

Die Zerlegung der Alkalisalze der betreffenden Säuren geschieht je nach Umständen mit dieser oder jener Säure, sowie auch die weitere Behandlung ganz von den Verhältnissen im Einzelfalle abhängig ist, so dass sich hier nichts Allgemeines darüber sagen lässt.

a) Bestimmung des Schwefelkohlenstoffs im Benzolvorlauf.

Zur Bestimmung des Schwefelkohlenstoffs im Benzolvorlauf empfiehlt A. Goldberg[1]) folgende Methode:

In einen Erlenmeyerkolben von 250 ccm Inhalt, dessen 25—35 cm langer Hals eine lichte Weite von 12—15 mm besitzt und auf eine Strecke von 12—15 cm in $^1/_{10}$ bezw. $^1/_{20}$ ccm eingetheilt ist, bringt man 10 ccm des Benzolvorlaufs, 25 ccm wässeriges Ammoniak von 0,91 spec. Gew. und 50 ccm absoluten Alkohol. Schwefelkohlenstoff und alkoholisches Ammoniak setzen sich nach folgender Gleichung um, wobei sich dithiokarbaminsaures Ammoniak bildet.

$$CS_2 + 2\,NH_3 = CS\begin{cases} SNH_4 \\ SNH_2 \end{cases}.$$

Den Kolben lässt man mit aufgesetztem, eingeschliffenem Glasstopfen, der noch mit einem Gummibändchen festgehalten wird, 3 Stunden lang stehen. Hierauf hebt man die restirenden Kohlenwasserstoffe mittels einer Kalisalzlösung von 1,1 bis 1,2 spec. Gew. in den kalibrirten Hals des Kolbens und liest das Volum der Kohlenwasserstoffe = a ccm ab.

In einem gleichen Kolben wiederholt man die Operation, nur ohne Zusatz von Ammoniak. Das abgegebene Vol. sei b ccm; dann sind (b—a) die Anzahl ccm Schwefelkohlenstoff in 10 ccm Vorlauf. Ist d das specifische Gewicht des letzteren, so ist der Gehalt an Schwefelkohlenstoff in Gewichtsprocenten $= \frac{b-a\,.\,1{,}271.100}{10\ d} = (b-a)\,\frac{12{,}71}{d}$.

Die Abscheidung des Schwefelkohlenstoffs als Xanthogenat (10 ccm Vorlauf + 10 ccm abs. Alkohol + 10 ccm Natronlauge von spec. Gew. 1,4) führte nicht zu richtigen Resultaten, da die Ablesung infolge starker Gerinnselbildung erschwert war, und ausserdem das Xanthogenat beträchtliche Mengen von Kohlenwasserstoffen in Lösung zu halten scheint.

---

1) A. Goldberg, Zeitschr. angew. Ch. 1899, 75.

b) Bestimmung des Glycerins.

Nach Muter[1]) lässt sich zur Bestimmung des Glycerins dessen Lösungsvermögen für Kupferoxyd in Gegenwart von Alkali benützen.

In einem ziemlich engen graduirten Cylinder, welcher einen seitlichen Abflusshahn in solcher Höhe hat, dass das unter demselben liegende Volum der Röhre noch 50 ccm beträgt, bringt man 1 g des zu untersuchenden Glycerins, trägt 50 ccm einer starken Kalilauge (1 : 2) zu und versetzt dann nach und nach unter Umschütteln so lange mit einer schwachen Kupfervitriollösung, bis sich ein ziemlich beträchtlicher bleibender Niederschlag von Kupferoxydhydrat gebildet hat, dann füllt man bis zu einem bestimmten Volum auf, mischt und lässt absitzen. Alsdann giebt man zu einem aliquoten Theile der tiefblauen klaren Flüssigkeit Salpetersäure bis zur sauren Reaktion, dann Ammoniak und setzt soviel einer Cyankalilösung zu, bis Entfärbung eintritt. Nach Abzug der Menge von Cyankalilösung, die ohne Glycerinzusatz verbraucht wird und nach Einstellung der Cyankalilösung auf reines Glycerin, lässt sich die Menge des vorhandenen Glycerins berechnen. Beispiele:

Angewandt.	Gefunden.
1,000	0,985 g Glycerin
0,905	0,922 „ „
0,900	0,905 „ „
0,500	0,498 „ „
0,505	0,502 „ „
0,504	0,501 „ „
0,250	0,248 „ „
0,251	0,254 „ „

c) Trennung der p-Toluidin- o- und m-Sulfosäure.

Hierzu lässt sich nach E. A. Schneider[2]) die verschiedene Löslichkeit ihrer Alkalisalze in kalter Kali- und Natronlauge benützen. Das Kali- wie das Natronsalz der p-Toluidin-m-Sulfosäure ist nämlich darin so gut wie unlöslich, während die entsprechenden Salze der p-Toluidin-o-Sulfosäure sich sehr leicht in kalter Alkalilauge lösen. Man kann die Trennung einfach in der Weise bewirken, dass man das Gemisch der Säuren in heisser Alkalilauge ganz auflöst und dann erkalten lässt. Man filtrirt dann das Salz der Metasulfosäure ab und wäscht es zweckmässig mit etwas Alkohol aus.

---

1) C. Muter, Zeitschr. analyt. Ch. Ref. **21**, 130, 1882.

2) E. A. Schneider, Chem. New. **55**, 290; Zeitschr. analyt. Ch. **27**, 405, 1888.

d) Erkennung und Bestimmung von Baumwolle, Seide und Wolle in gemischten Geweben.

W. M. Gardner[1]) giebt hierüber folgende Zusammenstellung. Die Untersuchungsmethoden zur Trennung der verschiedenen Faserstoffe gründen sich auf die Unterschiede in der Struktur, sowie in den physikalischen und chemischen Eigenschaften. Die einfachste und am meisten angewendete ist die Prüfung unter dem Mikroskop. Ein baumwollener Faden sieht bei einer ca. 150fachen Vergrösserung aus wie ein spiralig gedrehtes Band oder wie ein gedrehtes Seil mit unregelmässiger Oberfläche; ein Seidenfaden stellt sich im Naturzustand dar als Doppelfaden, dessen Fasern der Länge nach aneinander geleimt sind. Nach dem „Entbasten“ sind die einzelnen Fäden getrennt und sehen aus wie durchscheinende cylindrische Glasstäbe. Am mannigfaltigsten ist das Aussehen der Wolle. Ein normaler Wollfaden stellt sich als ein langer, nahezu cylindrischer, spiralig gedrehter Stab dar, dessen Oberfläche mit kleinen Schuppen bedeckt ist. Häufig ist der Längskanal im Inneren zu sehen. Bei der praktischen Prüfung empfiehlt es sich, immer möglichst wenig Fasern auf einmal zu untersuchen und diese in Glycerin- oder Gummilösung auszubreiten. In chemischer Hinsicht ist Baumwolle die einfachste Verbindung, da sie nur aus Kohlenstoff, Wasserstoff und Sauerstoff besteht; in der Seide kommt als weiteres Element der Stickstoff hinzu, und die Wolle enthält ausserdem noch Schwefel.

Bei der qualitativen Untersuchung ist Folgendes zu beachten:

1. Aussehen unter dem Mikroskop.

2. Baumwolle verbrennt ohne Geruch, während Wolle und Seide verschrumpfen und nach verbranntem Horn und dergleichen riechen.

3. Koncentrirte Schwefelsäure löst Baumwolle und Seide in der Kälte auf, während Wolle fast nicht angegriffen wird.

4. Kochende Aetzalkalilauge löst Seide und Wolle, während sie auf Baumwolle wenig einwirkt.

5. Schweitzer's Reagens (ammoniakalische Kupferlösung) löst Baumwolle und Seide, aber nicht Wolle. Aus dieser Lösung wird Baumwolle (Cellulose) durch Gummi, Zucker oder Säuren gefällt, die Seide (Fibroin) nur durch Säuren.

6. Eine Lösung von basischem Chlorzink löst Seide, aber nicht Baumwolle und Wolle.

7. Eine Lösung von Baumwolle in koncentrirter Schwefelsäure giebt mit einer alkoholischen α-Naphtollösung eine rothe Färbung — Reaktion für die Anwesenheit von Zucker, welche Seide und Wolle nicht geben.

---

1) W. M. Gardner, Ref. in Lehne's Färber-Ztg. **7**, 173, 1896.

8. Millon's Reagens (salpetersaures Quecksilberoxydul mit nitrosen Gasen) giebt mit Wolle und Seide eine rothe Färbung, nicht mit Baumwolle.

9. Wolle (und ebenso Haare und Felle) wird durch Erhitzen mit verdünnter alkalischer Bleilösung schwarz — eine Reaktion, die auf der Gegenwart von Schwefel beruht und daher bei Baumwolle und Seide nicht eintritt.

10. Salpetersäure färbt Wolle und Seide gelb, Baumwolle wird nicht verändert.

11. Eine saure Lösung von Indigoextrakt färbt Wolle und Seide, aber nicht Baumwolle.

Behufs quantitativer Bestimmung verfährt man folgendermassen:

a) Baumwolle mit Seide oder mit Wolle.

Man wägt 5 g genau ab und trocknet bei 100—119° C. bis zur Gewichtskonstanz. Der Verlust giebt die Feuchtigkeitsmenge. Die so getrocknete Probe wird dann 5 Minuten lang in dem gleichen Gewicht einer etwa 10%igen Natronlauge gekocht, wobei die Wolle und Seide vollständig in Lösung geht. Die Baumwolle wird dann eventuell unter Zuhilfenahme eines Filters mit Wasser, dann mit verdünnter Essigsäure und schliesslich mit reinem Wasser gut ausgewaschen, bei 100—110° C. getrocknet und gewogen.

b) Wolle und Seide.

Man bestimmt zunächst, wie vorstehend, die Feuchtigkeit; dann löst man durch Kochen mit einer Lösung aus 850 ccm Wasser, 400 g Chlorzink und 40 g Zinkoxyd die Seide heraus; man wäscht mit Wasser, verdünnter Salzsäure und schliesslich mit reinem Wasser aus, trocknet und wägt. Das Gewicht an Seide fällt dabei in der Regel etwas zu niedrig aus, da die Wolle stets etwas Zink zurückhält.

c) Baumwolle, Seide und Wolle.

Man bestimmt zunächst wie unter b) die Menge der Seide und behandelt den Rückstand mit Aetzkalilauge, um die Wolle aufzulösen; der Rückstand wird als Baumwolle gewogen.

Zur Unterscheidung echter Seide von der wilden oder Tussahseide erhitzt J. Persoz[1]) die zu untersuchende Probe eine Minute lang mit Chlorzinklösung von 45° C. Echte Seide löst sich leicht in diesem Reagens, während Tussahseide sich erst in Chlorzink auflöst, wenn die Koncentration des letzteren mindestens 60° Bé. beträgt.

---

1) J. Persoz, Monit. scientif. (4) **1**. 597.

7. Verwendung von organischen, indifferenten Lösungsmitteln.

Von den organischen Lösungsmitteln kommen hauptsächlich folgende in Betracht bezw. unter Umständen auch Gemische derselben.

Name.	Siedepunkt.	Dichte.
Petroläther	50—60°	0,650—0,660
Benzin	60—80°	0,68—0,70
Ligroin	120—130°	—
Chloroform	61°	1,526
Tetrachlorkohlenstoff	78°	1,63
Schwefelkohlenstoff	46°	1,292
Eisessig	119°	1,056
Aceton	56°	0,792
Aether	35,5°	0,736
Methylalkohol	66—67°	0,798
Aethylalkohol	78°	0,8002
Amylalkohol	173°	0,825
Essigäther	73°	0,905
Benzol	80,4°	0,899
Toluol	111°	0,882
Xylol	138—142°	0,84
Anilin	182°	1,036
Terpentinöl	158°	0,86—0,99

Es ist wohl nicht gut möglich, etwas über die allgemeine Verwendungsweise dieser Lösungsmittel mitzutheilen, da sich dieselbe ganz nach den Umständen im Einzelfalle richtet. Ist man im Unklaren über die Wahl des Extraktionsmittels, so müssen, zumal wenn es sich um quantitative Bestimmungen handelt, umfangreiche Vorstudien gemacht werden, die nicht allein die Löslichkeit des zu bestimmenden Stoffes, sondern auch die durch die begleitenden Substanzen hervorgerufenen Störungen umfassen, welche dieselben auf die Löslichkeit des reinen Materials ausüben.

a) Bestimmung des Paraffins.

B. Pawlewski und J. Filemonowicz[1]) haben Versuche über die Löslichkeit des Paraffins mit Rücksicht auf die Bestimmung desselben angestellt. Es ergiebt sich, dass wohl nur Eisessig vortheilhaft zur Trennung der festen, sog. Gesammtparaffine von den flüssigen Kohlenwasserstoffen in verschiedenen Erzeugnissen der Petroleum- und Ozokerit-Industrie Verwendung finden könne. Während nämlich zur völligen Lösung von

1) R. Pawlewski und J. Filemonowicz, Ber. **21**, 2973, 1888; Zeitschr. analyt. Ch. **28**, 372, 1889.

1 Gewichtstheil Paraffin 3856,2 Gewichtstheile Eisessig nothwendig sind, erfordern zur Lösung

1	Vol.	Handelspetroleum	8—16	Vol. Eisessig,
1	„	Erdöle	15—30	„ „
1	„	Blauöle	25—30	„ „
1	„	Grünöle	30—60	„ „
1	„	Petroleumrückstände	20—50	„ „

Dagegen ist Vaselin, Ceresin, Ozokerit und Paraffin in Eisessig fast unlöslich. Schüttelt man ein flüssiges Petroleumprodukt, in welchem feste Kohlenwasserstoffe (Weichparaffin oder Gesammtparaffin) vorhanden sind, gut mit genügenden Mengen Eisessig, so gehen die flüssigen Kohlenwasserstoffe in Lösung, während das vorhandene Paraffin abgeschieden wird und nach dem Waschen mit Eisessig auf übliche Weise bestimmt werden kann. Klebt das ausgeschiedene harzhaltige Paraffin an den Wandungen des Mischgefässes an, so kann man dasselbe nach dem Auswaschen mit Eisessig in Aether oder Benzin lösen, das Lösungsmittel verdunsten und den Rückstand wägen.

Das Verfahren ist leicht, schnell und so scharf, dass man schon in 2—3 ccm Petroleum, welches nur 2 % Paraffin enthält, das letztere sicher nachweisen kann.

b) Bestimmung des Fuselöles im Branntwein.

B. Röse[1]) giebt eine Methode an, die darin besteht, dass man eine bestimmte Chloroformmenge mit fuselölhaltigem Branntwein schüttelt und in einem anderen Versuch die gleiche Menge Weingeist von gleichem specifischen Gewicht mit einer ebenso grossen Quantität Chloroform. Aus der Differenz der Chloroformvolume berechnet man die Menge des Fuselöles. Die Methode beruht darauf, dass sich das Fuselöl in Chloroform löst, der Alkohol dagegen nur zum Theil aus der wässerigen Lösung durch Chloroform herausgelöst wird.

Stutzer und Reitmair[2]) haben diese von B. Röse vorgeschlagene Methode in verschiedenen Punkten verbessert. In den Branntweinen sind ausser Aethylalkohol, Wasser und Fuselöl noch andere Körper, Aldehyde, Aetherarten, flüchtige Säuren, nicht flüchtige Extraktivstoffe und ätherische Oele in kleinen Mengen vorhanden, von denen alle ausser den letzteren in gleicher Weise wie Fuselöl wirken, das heisst eine Zunahme der Chloroformschicht bewirken, während durch die ätherischen Oele eine Verringerung der Volumzunahme der Chloroformschicht herbeigeführt wird. Diese

---

[1]) B. Röse, Ber. Vereinig. bayer. Ch. 1886, 27; Zeitschr. analyt. Ch. **27**, 375, 1887.

[2]) Stutzer und Reitmaier, Repert. analyt. Ch. **6**, 335, 1887; vgl. a. W. Fresenius, Zeitschr. analyt. Ch. **29**, 307, 1890; G. Sell, ibid. **28**, 118, 1889.

Körper können nun mit Ausnahme der sauerstofffreien ätherischen Oele, die aber höchstens in ganz minimalen Mengen vorhanden sind, durch eine Destillation unter Zusatz von einigen Tropfen Natronlauge unschädlich gemacht werden.

Die Methode dieser beiden Forscher gestaltet sich nun folgendermassen: 100 ccm des betreffenden Branntweines oder Spiritus werden unter Zusatz einiger Tropfen Natronlauge unter Benützung eines Kondensationsaufsatzes zu $^4/_5$ abdestillirt. Das Destillat füllt man mit Wasser wieder auf 100 ccm und ermittelt in demselben den Alkoholgehalt durch Bestimmung des specifischen Gewichtes. Dann fügt man in einem 100 ccm Kölbchen zu 50 ccm des Destillates soviel Wasser, dass nach der Verdünnung 30 volumprocentiger Weingeist vorliegt.

Man füllt nun mit reinem 30 volumprocentigen Alkohol zur Marke auf, schüttelt die so erhaltenen 100 ccm Flüssigkeit unter Zusatz von 1 ccm Schwefelsäure von 1,286 specifischem Gewicht in dem von Röse angegebenen Apparat, einem schmalen graduirten Messcylinder, mit 20 ccm Chloroform und bringt den Apparat in ein Kühlgefäss.

Nachstehende Tabelle giebt die gegenüber der Zunahme durch reinen 30 volumprocentigen Alkohol bewirkte Volumvermehrung der Chloroformschicht bei Anwesenheit verschiedener Amylalkoholmengen für die von den Verfassern angegebenen Versuchsbedingungen. Der aus derselben sich ergebende Procentgehalt an Fuselöl (ausgedrückt als Amylalkohol) muss, da er sich nur auf 50 ccm des Destillates bezieht, mit zwei multiplicirt werden, um den Procentgehalt des ursprünglichen Branntweines zu erhalten.

Für 15 ° C.

Volumvermehrung des Chloroforms.	Gehalt an Amylalkohol in Vol.-Procenten.	0,01 ccm Chloroformvermehrung entspricht Procent.
0,20	0,1	0,0050
0,35	0,2	0,0057
0,50	0,3	0,0060
0,65	0,4	0,0062
0,80	0,5	0,0063
0,95	0,6	0,0063
1,10	0,7	0,0064
1,25	0,8	0,0064
1,40	0,9	0,0064
1,55	1,0	0,0065

Für je 1° nimmt das Volumen der Chloroformschicht um 0,1 ccm zu.

W. Glasenapp[1]) macht auf die Nothwendigkeit der Benützung

1) W. Glasenapp, Zeitschr. f. Spiritusind. 1894, Nr. 21.

reiner Gefässe aufmerksam, sowie auf die Schädlichkeit des eventuell vorhandenen Kohlensäuregehaltes, der eine Erhöhung der Steighöhe bedingt.

c) Bestimmung des Trimethylamins in Gegenwart von Ammoniak.

H. Fleck[1]) bewirkt die quantitative Trennung des Ammoniaks von Trimethylamin nach dem von Devillier und Buisine[2]) zur Darstellung des Trimethylamins aus Ammoniak angegebenen Verfahren, Extraktion der Sulfate beider Basen mit kaltem, absoluten Alkohol, in welchem Ammoniumsulfat unlöslich ist. Fleck weist darauf hin, dass die Angabe von Winkeles[3]), Ammoniumchlorid sei in Gegenwart von salzsaurem Trimethylamin in Alkohol unlöslich, nur giltig ist, wenn beide Salze in grösserer Menge vorhanden sind. Ist dagegen die Menge des salzsauren Trimethylamins eine nur geringe, so werden beträchtliche Quantitäten Ammoniumchlorid gelöst. Das Princip, die Chloride mit Alkohol auszuziehen, gestattet daher zwar unter Umständen eine Abscheidung reinen Trimethylamins aus einer Mischung mit Ammoniak, aber niemals eine quantitative Trennung beider Basen.

Fleck verfährt, wenn beide Basen als Chloride vorliegen, folgendermassen. Die getrockneten salzsauren Salze beider Basen werden mehrmals mit dem 6—7fachen Vol. an kochendem absoluten Alkohol extrahirt. Man destillirt den Alkohol ab, versetzt den Rückstand mit einem Ueberschuss an Aetzkali und fängt die beim Kochen übergehenden Basen in einer grösseren Menge Wasser auf. Die wässerige Lösung der Basen versetzt man mit Lackmustinktur, titrirt mit verdünnter Schwefelsäure und verdampft die neutralisirte Lösung zur Trockne. Den Abdampfrückstand behandelt man mit 1 l kalten absoluten Alkohols, in welchem das Sulfat des Trimethylamins löslich ist. Man filtrirt, destillirt den Alkohol ab und bringt das getrocknete Sulfat zur Wägung. Die Extraktion der Chloride war eine vollständige, anderseits ergab die Ueberführung des Sulfats in das Platindoppelsalz des Trimethylamins ein Kriterium für seine Reinheit.

d) Bestimmung von Fetten, Seifen und Fettsäuren im thierischen Organismus.

Auf Veranlassung von E. Pflüger stellte C. Dormeyer[4]) fest, dass selbst monatelange tägliche Behandlung der getrockneten, gepulverten

1) H. Fleck, Journ. Americ. Ch. Soc. **18**, 670; Zeitschr. analyt. Ch. **36**, 721, 1897.

2) Devillier und Buisine, Liebig's Ann. **23**, 299.

3) Winkeles, Liebig's Ann. **93**, 321.

4) C. Dormeyer, Pflüger's Archiv **61**, 341, **65**, 90; Zeitschr. analyt. Ch. **36**, 279, 1897.

und immer aufs neue mit siedendem Aether behandelten Muskelsubstanz nicht zur völligen Extraktion der in Aether löslichen Bestandtheile ausreicht. Wohl aber gelingt sie nach vorgängiger Verflüssigung durch Pepsinverdauung. Das Verfahren der Fettbestimmung gestaltet sich nach Dormeyer's Versuchen folgendermaassen: Etwa 30 g des im Vakuum oder bei 50—60° getrockneten, dann möglichst fein gepulverten Organes werden 4—6 Stunden im Soxhlet'schen Apparat mit Aether ausgezogen. Von dem Organrückstand, dessen Gewicht nun zu ermitteln ist, werden 2—4 g der Einwirkung von 100 ccm wirksamer Pepsinlösung bei 37—38° ausgesetzt. Ist das Pulver verdaut, so wird von dem ungelöst gebliebenen Antheil durch ein Faltenfilter, auf dessen Boden ein Bausch Glaswolle liegt, abfiltrirt. Aus dem Filtrat wird das Fett durch Ausschütteln aus dem Rückstand nach dem Trocknen durch Ausziehen im Soxhlet'schen Apparat gewonnen. Sämmtliche Aetherauszüge werden durch Destillation von Aether befreit, die Rückstände durch einmaliges oder wiederholtes Aufnehmen mit Aether von Wasser und anhaftenden anorganischen Bestandtheilen getrennt, schliesslich nach Verjagen des Aethers im Exsiccator oder bei 40° getrocknet.

Als Verdauungsflüssigkeit benützt Dormeyer entweder Schleimhautauszug — die Schleimhaut eines Schweinemagens wird in 600 ccm 0,5 %iger Salzsäure vertheilt, 1—4 Stunden bei 37—38° stehen gelassen, der Auszug kolirt und filtrirt — oder Lösungen von wirksamem käuflichen Pepsin (0,1 %) in halbprocentiger Salzsäure. Der Fettgehalt der Verdauungsflüssigkeit muss durch eigene Bestimmungen ermittelt und von dem Gesammtresultat in Abzug gebracht werden. Eine Spaltung der Neutralfette durch die Pepsinwirkung tritt nicht ein.

J. Nerking[1]) schlägt vor, an Stelle des bekannten Schwarz'schen Extraktionsapparates einen von ihm konstruirten zur Fettextraktion zu benützen.

e) Bestimmung der Oele.

Nach Benedikt[2]) kann die verschiedene Löslichkeit der Oele in Alkohol und in Eisessig in manchen Fällen zu ihrer Unterscheidung dienen.

Ricinusöl, Krotonöl und Olivenkernöl sind die einzigen Oele, welche sich in kaltem Alkohol leicht lösen, alle übrigen sind darin nahezu unlöslich oder schwer löslich. Oele, welche einen grösseren Gehalt an Glyceriden der niederen Fettsäuren enthalten, sind in Alkohol verhältnissmässig leicht löslich, wie Cocosnussöl, Palmkernöl, Butterfett, Delphinthran, ebenso Oele, welche aus den Glyceriden der

1) J. Nerking, Pflüger's Archiv **73**, 172.

2) R. Benedikt, Analyse der Fette und Wachsarten, Springer.

Linolsäure und Linolensäuren bestehen. Nach Girard lösen sich z. B. in 1000 g absolutem Alkohol bei 15° C.

Rapsöl	15 g	Nussöl	44 g
Colzaöl	20	Buchenkernöl	44
Senföl	27	Mohnöl	47
Haselnussöl	33	Hanföl	53
Olivenöl	36	Krotonöl	64
Mandelöl	39	Erdnussöl	66
Sesamöl	41	Leinöl	70
Aprikosenkernöl	43	Leindotteröl	78

Ricinusöl ist unlöslich in Petroleum und Petroleumäther.

Valenta[1]) unterscheidet die Fette an ihrer verschiedenen Löslichkeit in Eisessig. Gleiche Volumina Oel und Eisessig von der Dichte 1,0562 werden in einem Proberöhrchen innig mit einander gemengt und, wenn keine Lösung eintritt, erwärmt. Hierbei lösen sich

1. Vollkommen bei gewöhnlicher Temperatur (14—20° C.): Olivenkernöl und Ricinusöl.

2. Vollkommen oder fast vollkommen bei Temperaturen von 23° bis zum Siedepunkt des Eisessigs: Palmöl, Lorbeeröl, Muskatbutter, Cocosnussöl, Palmkernöl, Illipeöl, Olivenöl, Cacaobutter, Sesamöl, Kürbiskernöl, Mandelöl, Krotonöl, Rüböl, Arachisöl, Aprikosenkernöl, Rindstalg, amerikanisches Knochenfett, Leberthran und Presstalg.

3. Unvollkommen bei der Siedetemperatur des Eisessigs: Rüböl, Rapsöl, Hederichöl, (Cruciferenöle).

Behufs Unterscheidung der einzelnen Fette der zweiten Gruppe werden gleiche Volumina Fett und Eisessig in einem Proberöhrchen langsam unter Umschütteln bis zur völlig klaren Lösung erwärmt; dann bringt man ein Thermometer in die Flüssigkeit, lässt abkühlen und notirt den Punkt, bei welchem sich die Lösung zu trüben beginnt. Dadurch kann man nach Valenta die Fette der zweiten Gruppe noch in zwei Untergruppen scheiden, deren eine Palmöl, Lorbeeröl, Muskatbutter, Cocosnussöl, Palmkernöl, Illipeöl umfasst, während die andere von den übrigen angeführten Pflanzenölen, der Cacaobutter und den thierischen Fetten gebildet wird.

Die Temperaturen, bei welchen die Trübung der Eisessiglösung beginnt, sind beträchtlichen Schwankungen unterworfen, die hauptsächlich von dem verschiedenen Gehalt der Fette an freien Fettsäuren bedingt sind. Deshalb findet Hurst[2]) die Methode unzuverlässig. Die in der dritten Kolumne der folgenden Tabelle von Allen ermittelten Zahlen

1) Valenta, Dingler's polyt. Journ. **252**, 297.

2) Hurst, Journ. chem. Ind. 1887, 22.

stimmen in der That mit denen Valenta's schlecht. Trotzdem wird die Methode in Verbindung mit anderen zur Erkennung einzelner Oele werthvolle Dienste leisten können.

Man vermeidet die genannte Fehlerquelle, wenn man nach Bach nicht die Löslichkeit der Oele, sondern die ihrer Fettsäuren untersucht. Als Lösungsmittel wird die genau nach der Vorschrift von David[1]) bereitete Alkohol-Essigsäure benützt. Man mischt 300 ccm Alkohol mit 220 ccm Essigsäure, welches Mischungsverhältniss gerade hinreicht, um 100 ccm reine Oelsäure ohne Trübung zu lösen. Hierzu giebt man 1—2 g Stearinsäure und verwendet die überstehende klare Lösung. Man giebt zunächst 1 ccm Fettsäure in eine kleine, in $^1/_{10}$ ccm getheilte Röhre, fügt 15 ccm Alkohol-Essigsäure hinzu, schüttelt tüchtig um und lässt bei 15^0 ruhig stehen. Die Säuren aus reinem Olivenöl lösen sich klar auf, die aus Krotonöl bleiben ungelöst, die durch gelindes Erwärmen erhaltene Lösung erstarrt bei 15^0 zu einer weissen Gallerte. Aehnlich verhalten sich Sesamöl und Arachisöl. Die Fettsäuren aus Sonnenblumenöl lösen sich, scheiden aber beim Stehen bei 15^0 einen körnigen Niederschlag aus, bei Rüböl findet gar keine Lösung statt, die ganze Oelschicht schwimmt auf der Oberfläche. Ricinusölfettsäuren verhalten sich wie die Olivenölfettsäuren.

Tabelle über die Löslichkeit der Fette in Eisessig.

Name des Fettes	Die Lösung in gleichen Theilen Eisessig (spec. Gew. = 1,0562) trübt sich bei:	
	nach Valenta	nach Allen
Olivenöl gelb	111^0	—
„ grün (zweite Pressung)	85	—
Mandelöl (süsse Mandeln)	110	—
Erdnussöl	112	87^0
Aprikosenkernöl	114	—
Sesamöl	107	87
Cottonöl	110	90
Nigeröl	—	49
Leinöl	—	57—74
Kürbiskernöl	108	—
Rüllöl	110	—
Ochsenklauenöl	—	102
Leberthran	101	79
Menhadenthran	—	64
Haifischthran	—	105
Meerschweinthran . . .	—	40
Walfischthran	—	38 und 86
Spermacetiöl	—	98—103
Robbenthran	—	72

[1]) David, Compt. rend. **86**, 1416.

Name des Fettes	Die Lösung in gleichen Theilen Eisessig (spec. Gew. = 1,0562) trübt sich bei:	
	nach Valenta	nach Allen
Palmöl	23	83
Lorbeeröl	26—27	40
Muskatbutter	27	39
Cocosnussöl	40	7,5
Palmkernöl	48	32
Bassiafett (Illipeöl)	64,5	—
Cacaobutter	105	Unlöslich
Rindstalg	95	—
Amerik. Knochenfett	90—95	—
Presstalg (Schmp. 55,8°)	114	—
Schweinefett	—	96,5
Butterfett	—	61,5
Oleomargarine	—	96,5

f) Bestimmung des Lecithins.

Man extrahirt die betreffenden Pflanzentheile oder animalischen Körper mit Aether und dann mit Alkohol, wobei nach Schulze und Frankfurt[1]) nach der Extraktion mit Aether ein 2—3maliges Auskochen mit Alkohol, nach Bèla v. Bitto[2]) ein 30maliges Aufkochen mit Alkohol erforderlich ist. Sehr gut verwendbar ist auch Aceton. In dem Extrakt bestimmt man den Phosphorgehalt durch Schmelzen mit Soda und Salpeter in bekannter Weise.

g) Bestimmung der Hippursäure.

Zur Bestimmung der Hippursäure bezw. gebundenen Benzoesäure neben Benzoesäure im Harn giebt H. Wiener[3]) folgendes Verfahren an. Der Harn wird mit Natriumkarbonat schwach alkalisch gemacht und im Kölbchen bei kontinuirlichem Durchblasen von Luft eingedampft und sodann mit Alkohol extrahirt. Der Auszug wird filtrirt, der Alkohol auf dem Wasserbad verjagt; der Rückstand mit Wasser aufgenommen, mit verdünnter Schwefelsäure angesäuert und im Schwarz'schen Extraktionsapparat mit einem Gemisch von etwas Aether und Essigäther ausgezogen, der Extrakt auf dem Wasserbad eingedampft, der Rückstand in heissem Wasser gelöst und im Extraktionsapparat mit Petroläther von 30—60° Siedepunkt aufgenommen. Der Petrolätherauszug, bei Zimmertemperatur unter Luftdurchleiten eingedampft und zur Gewichtskonstanz getrocknet, liefert die Benzoesäure, während im Rückstand durch

1) Schulze und Frankfurt, Landwirth. Versuchsst. **43**, 307.

2) Bèla v. Bitto, Zeitschr. physiol. Ch. **19**, 488.

3) H. Wiener, Arch. exp. Path. u. Pharm. **40**, 313; Zeitschr. analyt. Ch. **38**, 206, 1899.

einstündiges Kochen mit 10 ccm einer 35 %igen Natronlauge die Hippursäure quantitativ gespalten und die entstandene Benzoesäure mit Petroläther extrahirt, wie oben behandelt und quantitativ bestimmt wird.

h) Bestimmung des Indigos.

Zur Werthbestimmung des Indigos kommen mitunter auch Methoden in Anwendung, die auf der Reindarstellung des Indigotins aus dem zu untersuchenden Indigo beruhen, wobei alsdann die Bestimmung des Indigoblaus eine gewichtsanalytische ist.

Bereits Berzelius[1]) hat ein derartiges Verfahren ausgearbeitet, bei welchem durch successive Behandlung des zu prüfenden Indigos mit Wasser, Alkohol, verdünnten Säuren und Alkalien alle in demselben enthaltenen Verunreinigungen mit Ausnahme der Aschebestandtheile entfernt werden und der hierbei erhaltene Rückstand alsdann gewogen wird. Von dem Gewichte desselben hat man dann noch das der Asche abzuziehen.

Weitere derartige Verfahren sind von Stein, M. Hönig etc. ausgearbeitet worden. Ausserdem sind, wie ich wegen der noch zu beschreibenden Methode von Fritzsche erwähnen will, verschiedene Reduktionsmethoden ausgearbeitet worden, wie von Berzelius, Dana, F. A. Owen, Engel[2]), die als Reduktionsmittel zur Ueberführung von Indigoblau in Indigoweiss das Reduktionsmittel der Küpe, Eisenvitriol und Kalk, sowie Natronlauge und Zinnchlorür und Natronlauge und metallisches Zink vorschlagen, sowie auch noch das hydroschwefligsaure Natron von Schützenberger und Vanadinoxydulsulfat.

Besondere Erwähnung verdient die Methode von Fritzsche[3]), welche Reduktions- und gewichtsanalytische Bestimmung in sich vereinigt. Die Reduktion des Indigos wird durch Traubenzucker, Alkohol und Alkali vorgenommen, wodurch zwar alle drei im Indigo des Handels vorkommenden Farbstoffe, Indigoblau, Indigoroth und Indigobraun, in Lösung gebracht werden. Bei der nachfolgenden Oxydation wird hingegen infolge der Löslichkeit des Indigoroths in Alkohol und des Indigobrauns in Alkalilauge nur Indigoblau ausgeschieden, so dass nach dieser Methode dieses allein bestimmt wird. Um jedoch die Abscheidung des Indigoblaus zu erleichtern, nimmt man die Oxydation in saurer Lösung vor, wodurch das einen geringen Fehler verursachende Indigobraun mit ausgefällt wird. Viel grösser ist jedoch der Fehler, der dadurch entsteht, dass sich durch eine zu weitgehende Reduktion ein Theil des Indigoblaus

1) Vgl. G. v. Georgievics Indigo, Deuticke, Wien und Leipzig, 1892; vgl. auch die von der Bad. Anilin- und Sodafabrik über Indigo herausgegebene Broschüre.

2) Engel, Bull. Soc. ind. Mulhouse **1895**, 61; vgl. auch A. Brylinsk, Bull. Soc. ind. Mulhouse **67**, 331, 1897.

3) Fritzsche, Journ. pr. Ch. **28**, 16, 193; Dingler's Polyt. Journ. 1842, **86**, 306.

der späteren Ausscheidung entzieht; die Resultate fallen daher immer zu niedrig aus.

Diese Methode ist von Rau[1]), G. Mannley[2]) u. a. modificirt worden, und soll sie in der Form, wie sie Rau anwendet, beschrieben werden. G. von Georgievics (l. c.) giebt folgende Darstellung:

1,5—2 g des zu untersuchenden Indigos werden in eine Erlenmeyer'sche Kochflasche von etwa 250 ccm Inhalt gebracht. Durch die eine Oeffnung des die Kochflasche verschliessenden Gummistopfens geht eine rechtwinklig gebogene, mit einem Glashahn versehene Röhre, welche unterhalb des Stopfens abgeschnitten ist und durch die andere Oeffnung ein heberartig gebogenes Glasrohr, welches in einiger Höhe über dem Boden der Kochflasche in einem Trichterchen endigt. Dasselbe ist mit Glaswolle lose zugestopft. Nachdem das Gewicht des Apparates bestimmt worden ist, fügt man zu dem Indigo 15—20 ccm 40%ige Natronlauge, 60 ccm Wasser, etwa 125 ccm 90%igen Alkohol und 3—4 g Traubenzucker, wiegt den gefüllten Apparat und erwärmt denselben dann eine halbe Stunde lang in einem Wasserbade, das jedoch nicht kochend sein darf; man öffnet zuweilen auf kurze Zeit den Glashahn, um den Druck in dem Apparate zu beseitigen.

Das Indigoblau wird reducirt zu Indigoweiss, welches sich auflöst, und die Flüssigkeit nimmt nach und nach eine rothe Färbung, von Indigoroth herrührend, an, während sich die unlöslichen Stoffe am Boden der Flasche ansammeln. Die Reduktion des Indigoblaus zu Indigoweiss erfolgt nach folgender Gleichung[3]).

$$C_6H_4 \left\langle \begin{array}{c} CO—C = C—CO \\ \diagup \qquad \diagdown \\ NH \qquad NH \end{array} \right\rangle C_4H_6 + H_2 =$$

$$C_6H_4 \left\langle \begin{array}{c} C(OH)—CH—CH—C(OH) \\ | \qquad \diagup \qquad \diagdown \qquad | \\ N \qquad\qquad N \end{array} \right\rangle C_6H_4$$

Hierbei bildet der Traubenzucker das reducirende Agens. Nachdem der Inhalt der Flasche erkaltet ist, lässt man durch das Heberrohr einen Theil der klaren Flüssigkeit in ein Becherglas fliessen, was man so bewirkt, dass man durch das zweite mit Glashahn versehene Rohr Leuchtgas einströmen lässt. Durch Zurückwägen des Apparates kann man das Gewicht der abgelassenen Flüssigkeit ermitteln. Durch die letztere wird zuerst Kohlendioxyd und hierauf Luft geleitet, wodurch Indigoblau abgeschieden wird. Diese Abscheidung kann durch Ansäuern der Flüssigkeit

---

1) Rau, Journ. Ann. Chem. Soc. **7**, 16, 1885.

2) G. Mannley, Romens Journ. 1887, Bd. **2**, 16; Dingler's Polyt. Journ. **263**, 443, 1887.

3) A. v. Baeyer, Ber. **15**, 54, 1882.

befördert werden. Der Niederschlag wird auf einem gewogenen Filter gesammelt, mit heissem Wasser, dann mit verdünnter Salzsäure, schliesslich wieder mit Wasser gewaschen, bei 100° getrocknet und gewogen. Dem Umstande, dass diese Methode nur in der Hand eines geübten Analytikers brauchbare Resultate liefert, ist es wohl zuzuschreiben, dass sie sich nur sehr geringer Verbreitung erfreut.

Weiterhin sind noch folgende Extraktionsmethoden zur Gehaltsbestimmung des Indigos empfohlen worden.

Von Schneider ist ätherische Naphtalinlösung angewandt worden; dieselbe lässt jedoch leicht auf dem Filter Naphtalin auskrystallisiren und bedarf daher grosser Mengen Aether zum Auswaschen. W. Stein empfiehlt Extraktion mit über 180° siedendem Theeröl; auch dieses Verfahren hat nach den Untersuchungen von J. Schneider[1]) seine Fehler.

C. Brandt[2]) schlägt deshalb vor, mit Anilin im Soxhlet-Apparat zu extrahiren. Nach dem Erkalten krystallisirt das Indigotin aus. Das Anilin wird mit Wasser und Salzsäure gelöst und das Indigotingewicht analytisch bestimmt. Nach den Untersuchungen von A. Brylinski[3]) ist diese Methode mit zwei Fehlerquellen behaftet. Einmal wird durch länger dauernde (3—4 Stunden) Einwirkung von Anilin ein Theil des Indigotins zerstört (30—40%), und anderseits enthält das aus Anilin krystallisirte Indigotin ca. 10% molekular gebundenes Anilin. Da Brandt nur ca. ½ Stunde kocht, können sich bei seiner Arbeitsweise die beiden Fehler ungefähr ausgleichen.

Brylinski empfiehlt mit Eisessig zu extrahiren, da siedender Eisessig Indigotin in mässiger Menge auflöst, beim Verdünnen mit soviel Wasser, dass 20—30%ige Essigsäure entsteht, jedoch völlig wieder ausfallen lässt. Das Extrahiren mit Eisessig dauert allerdings viel länger. Dafür sind die Resultate sehr genau. Synthetischer Indigo der Badischen Anilin- und Sodafabrik zeigte nach dieser Methode analytisch einen Gehalt von über 99% Indigotin.

A. Binz und F. Rung[4]) haben das Verfahren von Brylinski zur Bestimmung des Indigotins auf der Faser angewandt und damit gute Resultate erhalten.

---

1) J. Schneider, Zeitschr. analyt. Ch. **34**, 347, 1895.

2) C. Brandt, Rev. intern. Falsific. **10**, 130, 1893; Chem. Centrbl. 1897, II, 813.

3) A. Brylinski, Bull. Soc. ind. Mulhouse 1898, 33, 1897; Chem. Centrbl. 1898, I, 1041.

4) A Binz und F. Rung, Zeitschr. ang. Ch. 1898, 904.

i) Bestimmung der Rohfaser und Stärke.

Man verfährt nach den Angaben von M. Hönig[1]), welcher gefunden hat, dass beim Erhitzen eines Gemenges von Cellulose, Stärke, Zucker und Eiweissstoffen mit Glycerin auf 210° C. die Cellulose keine Veränderung erleidet. Die Stärke wird in ein Gemenge von löslicher Stärke und Dextrinen übergeführt, welches sich in heissem Wasser vollständig zu einer opalisirenden Flüssigkeit löst und aus dieser Lösung quantitativ durch ein Gemisch von Alkohol und Aether im Verhältniss von 5 : 1 wieder gefällt werden kann. Zucker und Eiweissstoffe werden gelöst, die Lösung wird jedoch durch Aether-Alkohol nicht gefällt.

Auf dieses Verhalten gründet Hönig ein neues Verfahren zur Bestimmung von Rohfaser und Stärke. Zur Ausführung desselben werden 2 g des möglichst fein zerkleinerten Untersuchungsobjektes mit 60 ccm möglichst wasserfreien Glycerins im Reagensrohr bei eingesetztem Thermometer im Schwefelsäurebade unter fleissigem Umrühren auf 210° C. erhitzt. Bei 150° ungefähr beginnt die sehr dünnflüssig gewordene Glycerinmasse infolge der Abgabe von Wasserdämpfen zu schäumen, was bis zur Verdampfung des grössten Theiles des Wassers anhält. Man hat dafür Sorge zu tragen, dass die von der Schaumdecke emporgehobenen Substanztheilchen wieder in die Glycerinmasse zurückgeführt werden. Ist die Temperatur von 190° erreicht, so hat in der Regel die Blasenbildung schon gänzlich aufgehört. Die Masse fliesst ruhig, und die Cellulosetheilchen sammeln sich an der Oberfläche der specifisch schwereren Flüssigkeit. Durch öfteres Umrühren sucht man sie immer wieder in der Flüssigkeit zu vertheilen, bis die Temperatur von 210° erreicht ist. Die Aufschliessung ist in einer $^1/_2$ bis $^3/_4$ Stunde beendet, worauf man die Glycerinlösung bis auf etwa 130° abkühlen lässt. Die abgekühlte Lösung wird nun in dünnem Strahle in 200 ccm 95 %igen Alkohol unter Umrühren eingegossen, die an den Wandungen zurückgebliebenen Flüssigkeitsreste, sowie Rohfasertheilchen werden mit Hilfe eines sehr dünnen Strahles heissen Wassers ausgespült. Es gelingt leicht, das Reagensrohr sammt Thermometer mit 50 ccm Wasser quantitativ zu reinigen. Man lässt die durch das Waschwasser verdünnte alkoholische Lösung nach einigem Durchmischen vollständig erkalten, fügt 40—60 ccm Aether hinzu, filtrirt durch ein Faltenfilter und wäscht mit Alkohol-Aether (5 : 11) aus. Um den grösseren Theil des Alkohol-Aethers zu entfernen, lässt man den Niederschlag im Filter auf einer porösen Thonplatte absaugen. Alsdann spritzt man den Niederschlag mit etwa 100—150 ccm heissem Wasser in einen Kochkolben. Die wässerige Flüssigkeit erhitzt man nun über der Flamme oder im kochenden Wasserbade so lange zum Sieden, bis aller Alkohol verjagt ist. Alsdann erhitzt man noch, um ein besseres Filtriren

---

[1]) M. Hönig, Chem. Ztg. **14**, 868, 1890; Zeitschr. analyt. Ch. **30**, 91, 1891.

zu ermöglichen, nach Zusatz von 10 ccm Salzsäure von 1,125 spec. Gew. $^1/_2$ Stunde im kochenden Wasserbade mit aufgesetztem Kühlrohr. Die Cellulose bleibt hierbei ganz unverändert. Nunmehr wird filtrirt und die auf tarirtem Filter mit siedendem Wasser bis zum Verschwinden jeder Jod-Reaktion ausgewaschene Rohfaser bei 110^0 getrocknet und gewogen. Dieselbe enthält noch viel Asche, von Stickstoff-Substanzen dagegen sehr wenig (in maximo 1 $^0/_0$ N.). Es genügt daher, den Aschengehalt der trockenen Rohfaser entsprechend in Abzug zu bringen.

Im salzsauren Filtrat wird die Stärke alsdann invertirt und polarisirt.

V.

Methode der Fällung.

Die Methode der Fällung schliesst sich eng an die vorhergehende der Lösung und Extraktion an. Wie dort kommen auch hier abwechselnd physikalische und chemische Einflüsse in Frage; mitunter sind dieselben so mit einander verquickt, dass ebenso wie in vielen anderen Fällen eine Scheidung zwischen denselben nicht möglich ist.

Die Eintheilung des Stoffes ist folgende:

1. Allgemeines über Fällungsmittel und Fällungen.
2. Indifferente Fällungsmittel.
   a) Bestimmung des Paraffins in Erdölen.
3. Verwendung von Säuren.
   a) Fraktionirte Fällung mit Säuren.
4. Verwendung von Alkalien und basisch reagirenden Alkalisalzen.
   a) Bestimmung des Morphins.
5. Verwendung von Alkalidisulfiten zur Fällung.
6. Verwendung von Erdalkalien bezw. deren Salze.
   a) Bestimmung der Oxalsäure.
   b) Bestimmung der Citronen- und Aepfelsäure.
   c) Bestimmung des Harnzuckers als Baryumglukosat.
   d) Isolirung der Pentose und der Methylpentose.
   e) Bestimmung des Saponingehaltes von Drogen.
7. Verwendung von Zinksalzen.
   a) Bestimmung des Kreatinins.
8. Verwendung von Bleisalzen.
   a) Bestimmung der Milchsäure in physiologischen und pathologischen Fällen.

b) Trennung der Oelsäure von Stearinsäure und Palmitinsäure.
c) Bestimmung von Alkaloiden.

9. Verwendung von Kupfersalzen und Quecksilbersalzen.
a) Bestimmung der Rhodanwasserstoffsäure.
b) Bestimmung des Acetons mit Merkurisulfat.
c) Bestimmung der Thioalkohole oder Merkaptane.
d) Bestimmung des Thiophens.
e) Bestimmung des Harnstoffs.
f) Bestimmung der Harnsäure.

10. Verwendung von Jodkalium-Quecksilberjodid.
a) Bestimmung des Glykogens.
b) Bestimmung der Alkaloide.
c) Bestimmung des Morphins.

11. Verwendung von Silbersalzen.
a) Bestimmung der Harnsäure im Harn.
b) Trennung und Bestimmung der Purinbasen im Harn.

12. Verwendung der Platinchlorid- und Goldchlorid-Chlorwasserstoffsäure.
a) Bestimmung der methylirten Amine.

13. Verwendung von Phosphorsäure, Phosphormolybdän- und Phosphorwolframsäure.
a) Bestimmung von o- und p-Toluidin.

14. Verwendung der Oxalsäure.
a) Bestimmung des Harnstoffs.
b) Bestimmung von p-Toluidin im o-Toluidin.
c) Fällung der ätherischen Lösung der Alkaloide.

15. Verwendung der Pikrinsäure.
a) Bestimmung von Naphtalin, Acenaphten, α- und β-Naphtol.
b) Bestimmung als Akridinpikrat.
c) Bestimmung von Pikrinsäure, Naphtolgelb S sowie einiger Azofarben.
d) Fällung der ätherischen Lösung der Alkaloide durch Pikrinsäure.
e) Quantitative Trennung von Strychnin und Brucin.

16. Bestimmung der Eiweisskörper.
a) Fällung mit Ammonsulfat.
b) Fällung mit Zinksulfat.
c) Die Proteinfällungen hinsichtlich der Natur des Fällungsmittels.

1. Allgemeines über Fällungsmittel und Fällungen.

Zum Theil zählen die Fällungen zu den reinen Verdrängungsprocessen, wobei jedoch immerhin die Fähigkeit des Fällungsmittels, die zu fällende Substanz in eine Form zu bringen, die ihr das Gelöstbleiben erschwert, berücksichtigt werden muss, denn nicht jedes Fällungsmittel ist in allen Fällen als Verdrängungsmittel geeignet. Vielmehr zeigen sich hier die konstitutiven Einflüsse in hohem Maasse wirksam. Die theoretische Seite dieser Methode ist bereits zugleich mit derjenigen der Lösung und Extraktion besprochen worden.

Um als Verdrängungsmittel dienen zu können, muss die betreffende Substanz in dem Lösungsmittel, und zwar ist dies in den meisten Fällen das Wasser, in grösserer Menge leicht löslich sein. Sie muss weiterhin vielfach einen möglichst indifferenten Charakter besitzen und nicht in zu grosser Menge dem gefällten Körper beigemischt sein.

Es sei auch auf den Einfluss hingewiesen, den scheinbar indifferente Stoffe auf die Beschaffenheit des gefällten Stoffes ausüben. Von Fällen in der Analyse anorganischer Stoffe erwähnt R. Greig Smith[1]) die Einwirkung von Ammonsalzen bei der Fällung des Baryumsulfats, des Ammoniumphosphormolybdats, des Calciumoxalats u. s. w. Bei der Fällung des Chlorsilbers ist Gegenwart von etwas Aluminiumnitrat in der Lösung sehr vortheilhaft. Chlorammonium bewirkt bessere Coagulirung auch von solchen Niederschlägen, die aus alkalischer Lösung gefällt werden, z. B. von Schwefelnickel, Schwefelzink, Eisenhydroxyd, Magnesiumphosphat. Zusatz von Kaliumsulfat befördert die Fällung des Kupferoxyduls durch Glukose aus Fehling'scher Lösung. Dieselbe giebt auch bessere Niederschläge, wenn man Aetzkali statt Aetznatron für die Herstellung verwendet.

Als klärende Substanzen[2]) zur raschen Bildung des Niederschlags können häufiger gewisse organische Flüssigkeiten von schon bei gewöhnlicher Temperatur verhältnissmässig hoher Dampfspannung verwendet werden, die, ohne sich in hervorragendem Maasse in der Flüssigkeit zu lösen, wohl hauptsächlich durch ihre Dampfbildung eine Beschleunigung der Fällung bewirken. Hierzu benützt man Schwefelkohlenstoff, Chloroform, Aether u. s. w., welcher letztere auch in hervorragendem Maasse geeignet scheint, unangenehme Schaumbildungen zu beseitigen.

Mitunter ist auch kräftiges Durchschütteln geeignet, einen gut filtrirbaren Niederschlag in kürzerer Zeit zu erhalten, als dies bei ruhigem Stehen der Fall gewesen wäre. Das Gleiche gilt vom Erwärmen.

Die fraktionirte Fällung ist schon vor vielen Jahren von

---

1 R. Greig Smith, Journ. Soc. Chem. Ind. **16**, 872, 1897; G. Bodländer, Zeitschr. physikal. **16**, 685; J. Stark, Wied. Ann. **68**, 117, 1899.

2 Vgl. hierzu P. N. Raikow, Chem. Ztg. **18**, 484, 1894.

Heintz[1]) zur Trennung der nichtflüchtigen organischen Säuren verwendet worden, indem man eine kalt gesättigte alkoholische Lösung der betreffenden Säuren partiell mit einer koncentrirten wässerigen Lösung von Magnesiumacetat in der Weise versetzt, dass jedesmal nur etwa $^1/_{20}$ der gelösten Säuren gefällt wird. Die ersten Niederschläge enthalten die kohlenstoffreichste, die letzten die kohlenstoffärmste Säure. Man kann auch Baryumacetat oder eine alkoholische Lösung von Bleizucker verwenden, wie Pebal[2]) dies angegeben hat. Zuletzt setzt man vor dem Fällen der Lösung etwas Ammoniak zu.

Da bei Anwendung von Magnesiumacetat selten alle Säuren eines Fettes ausgefällt werden, so wendet man, sobald Magnesiumacetat keinen Niederschlag mehr giebt, alkoholische Bleizuckerlösung an. Dieser Niederschlag wird für sich behandelt, indem man die Bleisalze der Säuren mit Aether extrahirt.

Alsdann werden die einzelnen Niederschläge mit kochender, verdünnter Salzsäure zerlegt, der Schmelzpunkt der freien Säuren bestimmt und die Fraktionen von annähernd demselben Schmelzpunkt wiederholt aus Weingeist umkrystallisirt. Eine Säure kann als rein betrachtet werden, wenn ihr Schmelzpunkt auch nach mehrmaligem Umkrystallisiren richtig stimmt. Gemenge von Fettsäuren schmelzen meist niedriger als die reinen Säuren und zeigen undeutliche Krystallisation, während reine Säuren schuppig krystallinisch erstarren.

Die Trennung der flüchtigen Säuren geschieht durch partielles Neutralisiren[3]) und nachherige Destillation. Hierbei geht meist die niedriger siedende Säure zuerst über. Wie Veiel[4]) gefunden hat, lassen sich Buttersäure und Isovaleriansäure auf diese Weise nicht trennen.

Hat man nur kleine Mengen von Säure zur Verfügung, so sättigt man am besten fraktionirt mit Silberkarbonat, wobei man nach Erlenmeyer und Hell[5]) zunächst das Salz der Säure mit höherem Kohlenstoffgehalt erhält.

2. Indifferente Fällungsmittel.

Als indifferente Fällungsmittel sind anzusehen die Alkalisalze der unorganischen Säuren wie Kochsalz, Natrium-, Kaliumsulfat, Ammoniumchlorid und Sulfat.

Kochsalz wird in sehr grossen Mengen in der Farbstofftechnik zum Fällen der verschiedensten Farbstoffe, zur Fällung und entsprechen-

---

1) Heintz, Journ. pr. Ch. **66**, 1; vgl. auch A. Findlay, Theorie der fraktionirten Fällung von Neutralsalzen, Zeitschr. physik. Ch. **34**, 409, 1900.

2) A. Pebal, Liebig's Ann. **91**, 141.

3) J. Liebig, Annal. **71**, 355.

4) Veiel, Liebig's Ann. **148**, 163.

5) Erlenmeyer und Hell, ibid. **160**, 296.

den Trennung einer Anzahl Naphtol- und Naphtylaminsulfosäuren u. dergl. mehr verwendet. Meist ist der Umstand, dass die auf diese Art gefällten Farbstoffe grössere oder geringere Mengen von Kochsalz enthalten, hierbei von geringer Bedeutung, da dasselbe bei der Ausfärbung nichts schadet, und die betreffenden Farbstoffe ja doch mit anderen Stoffen wie calcinirtem Glaubersalz, Dextrin u. dergl. auf die entsprechende Farbstärke verdünnt werden.

In den betreffenden Fällen kommen auch die anderen oben erwähnten Mittel zum Niederschlagen anderer Stoffe in Betracht, doch längst nicht in dem Maasse, wie gerade das Kochsalz, welches am geeignetesten scheint, die Azofarbstoffe in eine unlösliche Form umzuwandeln, während dies mit den anderen Fällungsmitteln nicht so leicht gelingt. Also auch hier ist der Einfluss der Individualität unverkennbar. Man kann deshalb wohl von dem Grundsatze ausgehen, dass die Zufügung von so und so vielen Ionen Na oder Cl genügt, um die Dissociation der Ionen der betreffenden Körper aufzuheben. Alsdann kommt es jedoch auf die Löslichkeit der nicht mehr elektrolytisch dissociirten Verbindung an. Hierbei allgemein giltige Regeln aufstellen zu wollen, wäre durchaus verfrüht und unangebracht. Der Einfluss der Konstitution ist hier ein überaus grosser.

Durch Zusatz anderer indifferenter Lösungsmittel zu einer Lösung kann ebenfalls eine Fällung bedingt werden, indem der zu fällende Stoff in dem zweiten Lösungsmittel, welches mit dem ersten mehr oder weniger vollkommen mischbar ist, unlöslich oder sehr schwer löslich ist. So werden viele anorganischen Salze zum Theil oder fast vollständig gefällt aus ihren wässerigen Lösungen durch Zusatz von Alkohol[1]). Ausnahmen hiervon sind die alkohollöslichen Verbindungen wie Jodkalium, Jodnatrium, Sublimat, Silbernitrat und einige andere.

Ein anderes Beispiel ist die Fällung des Paraffins aus einer Lösung in Amylalkohol durch Aethylalkohol, welches nachstehend ausführlich besprochen wird.

Vielfach ist in der Laboratoriumspraxis auch eine andere Methode in Gebrauch, die man als Löslichkeitserschwerung bezeichnen kann. Sie dient dazu, die Löslichkeit des zu beseitigenden oder zu isolirenden Stoffes durch Zusatz indifferenter Stoffe soweit zu verringern, sozusagen die Verwandtschaft des Lösungsmittels zum gelösten Körper derart zu vermindern, dass derselbe mit Hilfe einer anderen, mit dem ersteren Lösungsmittel nicht mischbaren Flüssigkeit extrahirt werden kann. Hier haben wir also einen Uebergang von Fällung zur Extraktion.

Als Beispiel hierfür diene die häufige Verwendung von Pottasche zur Löslichkeitsverminderung bezw. auch zur Entwässerung.

---

[1]) Vgl. die Arbeiten von W. D. Bancroft, Journ. Physical. Ch. **1**, 34, 1895; H. A. Bathrick, ibid. **1**, 157, 1896; A. E. Taylor, ibid. **1**, 718, 1897.

a) Bestimmung des Paraffins in Erdölen.

R. Zaloziecki[1]) empfiehlt ein nach dem Vorgange von Engler und Böhm[2]) bearbeitetes Verfahren. Dasselbe beruht darauf, das Paraffin in amylalkoholische Lösung überzuführen und aus derselben durch Aethylalkohol von bestimmter Koncentration zu fällen.

Zur Ausführung einer Bestimmung werden 10—20 ccm oder Gramm des Untersuchungsobjekts mit der fünffachen Menge Amylalkohol und darauf mit demselben Quantum Aethylalkohol von 75° Tralles versetzt. Man lässt einige Stunden, je länger, desto besser, an einem kalten Orte (möglichst nicht über 40° C.) stehen, filtrirt dann durch ein trockenes, kaltes Filter und wäscht den Rückstand auf dem Filter mit einer gekühlten Mischung von 2 Theilen Amyl- und 1 Theil 70grädigen Aethylalkohol nach. Der an der Luft abgetrocknete Niederschlag wird auf dem Filter in einem geeigneten Extraktionsapparat mit Aether oder Benzin erschöpft, das Lösungsmittel verdunstet, der Rückstand bei 125° C. getrocknet (2 Stunden lang) und gewogen.

Nach dieser Methode lässt sich auch der Gehalt an Paraffin oder richtiger an festen Bestandtheilen in Rohölen bestimmen. Es empfiehlt sich jedoch dann eine grössere Menge der Alkoholmischung zu nehmen (etwa das Zehnfache des zur Analyse verwendeten Rohöles), mindestens 12 Stunden an einem kalten Orte (1—2° C.) stehen zu lassen und schliesslich den Niederschlag auf dem Filter so lange auszuwaschen, als die Waschflüssigkeit noch gefärbt erscheint.

Auch aus Gemischen mit Fettsäuren, Neutralfetten, Harzölen lässt sich Paraffin mit Hilfe dieser Methode rein abscheiden und bestimmen. Dagegen eignet sich das Verfahren nicht zu Wachsuntersuchungen, weil Bienenwachs durch Alkohol fällbare Bestandtheile enthält.

3. Verwendung von Säuren.

Die Verwendung von Säuren zur Fällung dient einmal dazu, andere Säuren aus ihren Salzen frei zu machen, so dass sie alsdann infolge ihrer Unlöslichkeit oder Schwerlöslichkeit ausfallen. Dabei kommt öfter noch die verdrängende Wirkung der zugesetzten Säure mit in Betracht, indem die Löslichkeit der organischen Säuren, abgesehen von einigen Amidosäuren, in anorganisch sauren Lösungen meist entsprechend den von Nernst (l. c.) u. s. w. ermittelten Gesetzmässigkeiten geringer ist als in Wasser selbst. Man giebt deshalb häufig sogar einen Ueberschuss an Säure, um die organische Säure möglichst vollständig aus der Lösung zu

[1]) R. Zaloziecki, Dingler's polyt. Journ. **267**, 274; Zeitschr. analyt. Ch. **29**, 480, 1890.

[2]) M. Böhm, Inaug. Dissert. Wien, 1884.

verdrängen, wobei natürlich die dadurch vermehrte Koncentration der H-Jonen als mitwirkend bei der Ausscheidung anzusehen ist.

Die Verwendung der einen oder anderen anorganischen Säure richtet sich selbstverständlich ganz nach den Umständen. Ebenso ist das Verhalten der organischen Säuren vielfach von der Konstitution abhängig.

So zeigen z. B. einige Amidosulfosäuren wie die Sulfanilsäure, $C_6H_4\begin{matrix}(1)\,NH_2\\(4)\,SO_3H\end{matrix}$, und die Naphthionsäure. $C_{10}H_6\begin{matrix}(1)\,NH_2\\(4)\,SO_3H\end{matrix}$, gerade infolge der p-Stellung von NH_2 und SO_3H zu einander, nur eine äusserst geringe Löslichkeit, so dass sie durch Säurezusatz zum grössten Theile aus der Lösung ihrer Natronsalze ausgefällt werden. Bei anderen Amidosäuren ist das Verhalten ein in mehr oder weniger höherem Grade verschiedenes. So ist die Metanilsäure, $C_6H_4\begin{matrix}(1)\,NH_2\\(3)\,SO_3H\end{matrix}$, entsprechend weniger leicht durch Säure fällbar, und ähnlich verhält sich die o-Säure.

Andere organische Säuren wiederum zeigen eine so grosse Löslichkeit, dass sie durch Zusatz von anorganischen Säuren nicht aus ihrer Lösung verdrängt werden wie z. B. Ameisensäure, Essigsäure, Phenolsulfosäure $C_6H_4\begin{matrix}(1)\,OH\\(4)\,SO_3H\end{matrix}$, Diazoamidobenzoldisulfosäure, $C_6H_4\begin{matrix}(4)\,SO_3H\\(1)\,N:N.NH(1)C_6H_5(4)SO_3H\end{matrix}$, während z. B. die der letzteren isomere Amidoazobenzoldisulfosäure, $C_6H_3(2)\,N:\overset{(1)\,NH_2}{\underset{(4)\,SO_3H}{N}}(1)C_6H_4SO_3H$, infolge der günstigen Konstellation von NH_2 zu SO_3H in der p-Stellung viel schwerer löslich ist und aus der Lösung ihrer Salze direkt durch Säurezusatz gefällt werden kann.

a) Fraktionirte Fällung mit Säuren.

Untersuchungen über fraktionirte Fällung mit Säuren hat Th. Paul ausgeführt. Die Menge der ausgefällten, also durch Säurezusatz in den nicht dissociirten Zustand übergeführten Säure lässt sich aus der Löslichkeit derselben, ihrer Dissociation und der Menge der Salzsäure nach den Gesetzen der Löslichkeitsbeeinflussung und der Massenwirkung berechnen. Um diese Berechnung durchführen zu können, hat Paul die Löslichkeit der betreffenden Säuren in Wasser von 25° bestimmt und hieraus, sowie aus den früher bestimmten Affinitätskonstanten der Säuren die Mengen der dissociirten und nicht dissociirten Antheile in der gesättigten Lösung berechnet.

---

1) Th. Paul, Zeitschr. physik. Ch. **14**, 105, 1894; vgl. vorher Heintz über die fraktionirte Fällung.

Folgende Tabelle (siehe nächste Seite) giebt die betreffenden Daten wieder, wobei zu bemerken ist, dass der Dissociationsgrad nach der Ostwald'schen Formel $\frac{x^2}{(1-x)v} = K$ berechnet worden ist.

Die Untersuchungen beziehen sich auf die fraktionirte Fällung einer Säure aus der Lösung ihres Natronsalzes durch Salzsäure sowie auf die fraktionirte Fällung zweier Säuren. Bei den letzteren Bestimmungen muss unterschieden werden zwischen der fraktionirten Fällung zweier Säuren, wenn nur eine Säure ausfällt, sowie der fraktionirten Fällung zweier Säuren, wenn beide Säuren ausfallen.

Ein Beispiel wird die praktische Bedeutung der fraktionirten Fällung durch Salzsäure näher erläutern.

Es sei ein Gemenge von 2,5 Millimol. (0,5200 g) o-Jodbenzoesäure und 2,5 Millimol (0,3400 g) von p-Toluylsäure zu trennen. Die Fällung ist aus 135 ccm Lösung vorzunehmen. Man löst dasselbe in 50 ccm $N/_{10}$ Natronlauge auf, und setzt ein gewisses Vol. $N/_{10}$ Salzsäure zu, welches auf folgende Weise berechnet wird.

Die betreffende Gleichung, welche entwickelt wird, lautet:

$$(S_1 - l_1 - u_1)(H - l_1 - u_1 - l_2 - u_2) = C_1 = k_1 l_1 v$$
$$(S_2 - l_2 - u_2)(H - l_1 - u_1 - l_2 - u_2) = C_2 = k_2 l_2 v_2$$

Index (1) soll für o-Jodbenzoesäure und (2) für p-Toluylsäure gelten. Alsdann ist

S_1 und S_2 gleich der betreffenden Säuremenge,
H „ gleich der Menge des betreffenden Wasserstoffs,
l_1 und l_2 ist die Anzahl der in Lösung befindlichen nicht dissociirten Säuremolekel,
u_1 und u_2 bedeuten den gesuchten ausgefallenen Antheil,
k_1 und k_2 bedeuten die Affinitätskonstanten.

Da das Produkt der Jonen C_1 grösser als C_2 ist, wie sich aus der Tabelle und demgemäss folgender Zahlenzusammenstellung ergiebt,

$$k_1 l_1 = 0{,}00132 \,.\, 2{,}152 = 0{,}00284064$$
$$k_2 l_2 = 0{,}0000515 \,.\, 2{,}203 = 0{,}0001134545,$$

so lässt man $u_1 = 0$ werden und setzt für l_1 den aus der Tabelle für 135 ccm ersichtlichen Werth 0,002152 . 0,135 = 0,0002905 ein. Ferner ist

$$S_1 = S_2 = 0{,}0025$$

nach der Versuchsbedingung.

l_2 ergiebt sich zu 0,002203 . 0,135. Für H findet man dann 0,00268 Mol. = 26,80 ccm $N/_{10}$ Salzsäure und für u_2, die ausgefallene p-Toluylsäure, 0,002097 Mol. = 0,2845 g.

Filtrit man jetzt ab und setzt noch 23,20 ccm Salzsäure und 1,6 ccm Wasser zu, so fallen bei diesem Volum 0,46695 g o-Jodbenzoesäure aus.

Man erhält demnach durch diese eine Fraktionirung 84 % der in dem Gemische enthaltenen p-Toluylsäure und 75 %

Löslichkeit und Dissociationsgrad organischer Säuren. Nach Th. Paul.

Name	Mol.-Gew.	Affinitäts-konstante (100 k)	Volum in Litern	Dissocia-tionsgrad (x)	In 1000 ccm gelöst					
					g	Millimol.	nicht dissociirt		dissociirt	
							g	Millimol.	g	Millimol.
Anissäure	152	0,0032	671,7	0,1363	0,2263	1,488	0,1955	1,280	0,0308	0,2084
Benzoësäure	122	0,0060	35,63	0,0446	3,4260	28,082	3,2730	26,830	0,1530	1,252
m.-Brombenzoësäure	201	0,0137	499,7	0,2297	0,4023	2,001	0,3099	1,542	0,0924	0,4600
o.- „	„	0,145	108,27	0,3254	1,8564	9,240	1,2523	6,230	0,6041	3,01
p.- „	„	0,00835	3565	0,4168	0,0564	0,2806	0,0330	0,1169	0,0235	0,1636
α-Bromzimmtsäure	227	1,44	57,56	0,5864	3,9325	17,32	1,6265	7,17	2,3059	10,16
β- „	„	0,093	432,0	0,4640	0,5255	2,315	0,2816	1,241	0,2438	1,074
Cuminsäure	164	0,0050	1079	0,2069	0,1519	0,926	0,1204	0,734	0,0314	0,192
m.-Jodbenzoësäure	248	0,0163	2132	0,4408	0,1163	0,469	0,0650	0,262	0,0513	0,207
o.- „	„	0,132	260,6	0,4392	0,9518	3,838	0,5337	2,152	0,4180	1,686
m.-Nitrobenzoësäure	167	0,0345	48,9	0,1217	3,4140	20,44	2,9983	17,96	0,4156	2,49
o.- „	„	0,616	22,63	0,3101	7,3795	44,19	5,0910	30,49	2,2885	13,70
p.- „	„	0,0396	602,7	0,3836	0,2771	1,659	0,1708	1,023	0,1063	0,6375
Salicylsäure	138	0,102	61,03	0,2203	2,2614	16,39	1,7632	12,78	0,4982	3,61
m.-Toluylsäure	136	0,00514	138,8	0,0809	0,9801	7,207	0,9007	6,623	0,0796	0,584
o.- „	„	0,0120	115,1	0,1108	1,1816	8,683	1,0507	7,721	0,1310	0,962
p.- „	„	0,00515	393,8	0,1326	0,3454	2,540	0,2996	2,203	0,0458	0,337
o.-Chlorbenzoësäure	156,5	0,132	75,0	0,2690	2,0868	13,334	1,5255	9,747	0,5613	3,587
β-Naphtoësäure	172	0,00678	296,4	0,3590	0,0580	0,337	0,0372	0,216	0,0208	0,121
Zimmtsäure	148	0,00355	301,3	0,0982	0,4911	3,319	0,4429	2,993	0,0482	0,326

der o-Jodbenzoesäure sogleich in reinem Zustande. Durch Eindampfen des Filtrats lässt sich ferner der in Lösung gebliebene Antheil wieder gewinnen und durch weiteres Fraktioniren trennen.

Auch für den Fall, dass drei oder mehr Säuren gleichzeitig in Lösung sind, gelten dieselben Beziehungen. Man erhält stets so viel Gleichungen als Unbekannte vorhanden sind.

Weiterhin werden Säuren zur Fällung von Basen in der Form ihrer Salze verwendet. Die Wahl der Säure richtet sich nach den Umständen. So werden Anilin, Benzidin, Tolidin in Form ihrer Sulfate nahezu vollständig ausgeschieden, ebenso aber auch in der Form ihrer Chloride, wenn man reichlich Salzsäure zusetzt. Der Zusatz von Schwefelsäure wirkt gewöhnlich längst nicht in dem Maasse fällend, wie der von Salzsäure. Bei vielen anderen Basen zeigt das salzsaure Salz ebenfalls eine sehr geringe Löslichkeit in koncentrirterer Salzsäure.

4. Verwendung von Alkalien und basisch reagirenden Alkalisalzen.

Diese Verbindungen können einmal zur Neutralisation von Säuren verwandt werden, dann aber auch zur Abspaltung von Basen aus ihren Salzen. Vielfach sind die Salze der organischen Basen mehr oder weniger wasserlöslich, während die Basen selbst meist sich in Wasser nur schwer oder nahezu gar nicht lösen. Es gelingt alsdann durch Zusatz von Alkali oder dem Karbonat oder Bikarbonat eines Alkalis die Base aus der Verbindung mit Säure frei und dadurch unlöslich zu machen, somit zur Fällung zu bringen.

In sehr seltenen Fällen giebt man, um eine Säure besser ausfällen zu können, die sich durch grosse Löslichkeit auszeichnet, Alkali hinzu, weil dies nur in wenigen Fällen verdrängend auf das vorhandene leicht lösliche Alkalisalz einer Säure wirkt. Von sehr grossem Vortheil ist z. B. das Zufügen von Alkali bei der Fällung des diazoamidobenzoldisulfosauren Natron in seiner leicht löslichen Form aus der Kochsalz enthaltenden Lösung. Erst durch die Zugabe von Alkali wird die Fällung bewirkt.

a) Bestimmung des Morphins.

Quantitative Bestimmungen des aus Organen als freies Alkaloid durch Fällung abzuscheidenden Morphins liegen vereinzelt vor[1]). Ammoniak oder Natriumbikarbonat dienten dazu als Agentien. Vogt und Tauber versuchten danach Morphin aus Fäces, Marmé aus Harn zu bestimmen. Dass diese genannten Bestimmungen jedoch nur wenig Befriedigung ge-

[1]) Vgl. E. Marquis, Arbeiten des pharmat. Instituts zu Dorpat (R. Kobert) **14**, 140, 1890.

währen können, beweist Neumann[1]), welcher nach Tauber's Methode arbeitete; er erhielt durch Natriumbikarbonat ebenfalls Niederschläge, die von Tauber als zum grössten Theile aus Morphin bestehend angegeben wurden. Neumann fand jedoch in denselben kein Morphin, dieselben erwiesen sich als Verunreinigungen. Diese von Neumann abgeschiedenen Verunreinigungen und die erhaltenen Niederschläge Tauber's sind gewiss dieselben fremden Substanzen, auf welche Dragendorff schon hingewiesen hat, und die auch Marquis durch Fällung mit Natriumbikarbonat hauptsächlich aus Magen, ferner Milz, Fäces, Harn erhalten hat. Mit einigem Erfolg wird man nach der Ansicht von Marquis nur da operiren können, wo grössere Mengen (einige Centigramme) und zwar reinen Morphins sich vorfinden.

5. Verwendung von Alkalidisulfiten zur Fällung.

Besonders die Aldehyde und Ketone haben die Eigenschaft, sich mit Alkalidisulfiten zu krystallinischen Verbindungen zu vereinigen, die beim Erhitzen mit Säuren oder Alkalikarbonaten wieder in ihre Bestandtheile zerfallen. In derselben Weise vereinigen sich die Aldehyde auch mit den Disulfiten von primären organischen Basen und von Amidosäuren.

Die Verbindungen der Aldehyde und Ketone mit Natriumbisulfit[2]) können als Salze von Oxysulfonsäuren aufgefasst werden.

$$CH_2O + HNaSO_3 = CH_2(OH)SO_3Na,$$

$$(CH_3)_2CO + HNaSO_3 = (CH_3)_2C\begin{cases} OH \\ SO_3Na \end{cases}.$$

Man kann die Bildung dieser Molekularverbindungen zur Reinigung und zur Abscheidung aus Gemischen benützen. Die Darstellung geschieht in der Weise, dass man den Aldehyd oder das Keton in der Kälte mit einer koncentrirten Lösung von Natriumbisulfit schüttelt. Der entstehende krystallinische Niederschlag ist in Wasser ziemlich löslich, schwer löslich in Alkohol.

Die Ketone besitzen nicht alle die Eigenschaft, sich mit Natriumbisulfit zu vereinigen, wie die Arbeiten von Limpricht, Grimm, Popoff und Schramm[3]) ergeben haben.

Auch mit einer Reihe von anderen Verbindungen vermag Natriumbisulfit Doppelverbindungen zu geben, die zum Theil dazu dienen, die betreffenden Verbindungen löslich zu machen. So kennt man Bisulfitverbindungen von folgenden Farbstoffen.

---

[1]) M. Neumann, Unters. über die Ausscheidung des Morphins und Codeïns bei Kaninchen, Inaug. Diss., Königsberg 1893.

[2]) Bertagnini, Liebig's Ann. **85**, 179 und 268; Grimm, ibid. **157**, 262.

[3]) Limpricht, ibid. **94**, 246; Grimm, l. c.; Popoff, ibid. **186**, 286, 290; Schramm, Ber. **16**, 1583, 1881.

Naphtazarin S = Alizarinschwarz S ist die Bisulfitverbindung des Naphtazarins,

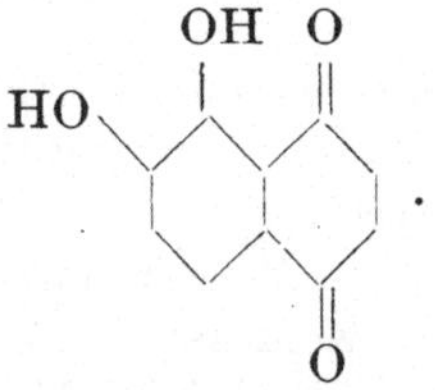

OH O

HO

.

O

Alizaringrün S ist die Bisulfitverbindung des α Alizarinchinolins,

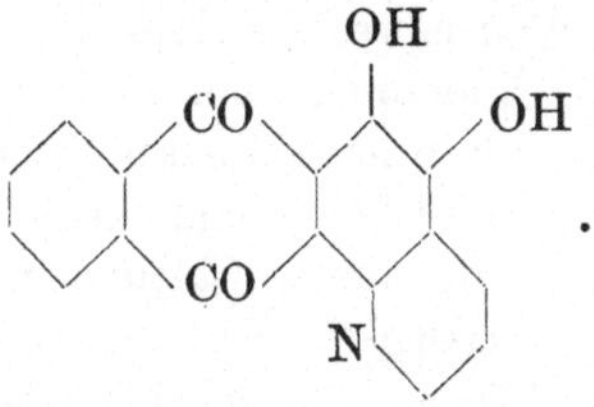

OH

CO OH

.

CO

N

Alizarinblau S ist die Bisulfitverbindung des Dioxyanthrachinonchinolins,

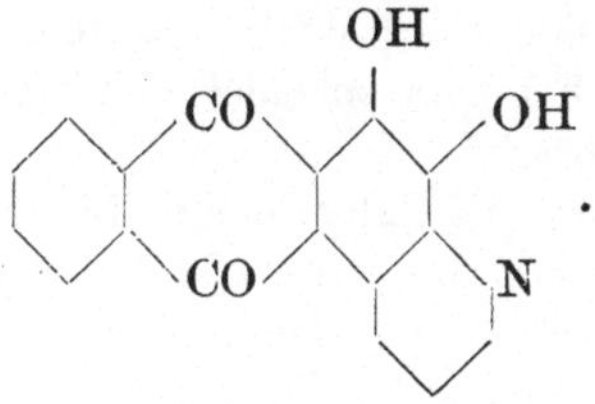

OH

CO OH

.

CO N

Indigosalz ist die Natriumbisulfitverbindung des o-Nitrophenyl-β-Milchsäuremethylketons,

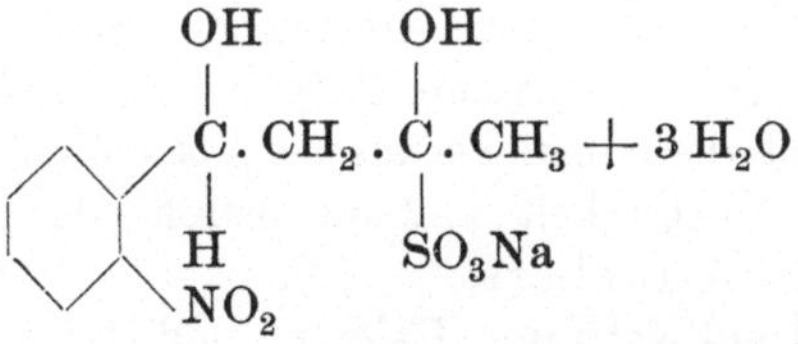

OH OH

$C . CH_2 . C . CH_3 + 3 H_2O$

H SO_3Na

NO_2

u. s. w.

6. Verwendung von Erdalkalien bezw. deren Salze.

Die Verwendung von Salzen der Erdalkalien als Fällungsmittel beruht auf der Fähigkeit, in gleicher Weise wie das Chlorzink Doppelverbindungen zu bilden, so z. B. die Doppelverbindungen des Chlorcalciums mit Alkoholen [1]) nach der Formel $3C_nH_{2n+2}O, CaCl_2$; dieselben sind allerdings sehr unbeständig und zersetzen sich rasch an der Luft. Weiterhin

---

1) Vgl. Heindl, Monatsh. f. Ch. **2**, 200.

12*

sei hier der Einfluss hervorgehoben, den Calciumsalze bei der Gerinnung des Milcheiweisses durch Lab, sowie der Faserstoffgerinnung des Blutserums ausüben[1]).

Ausserdem kommt die Eigenschaft der Unlöslichkeit oder Schwerlöslichkeit der Erdalkalisalze organischer Säuren bei deren Gehaltsbestimmung in Betracht.

Oxalsäure bildet ein in Wasser und Essigsäure unlösliches, in anorganischen Säuren lösliches Kalksalz.

Weinsäure liefert eine in Alkalien lösliche Calciumverbindung, aus der sich beim Kochen Calciumtartrat abscheidet, das sich dann in der Kälte wieder auflöst. Weinsaures Calcium löst sich frisch gefällt auch in Weinsäure, sowie in Chlorammonium und wird wieder gefällt, wenn man Kalkwasser bis zur alkalischen Reaktion zufügt.

Citronensäure giebt mit Chlorcalcium keine Fällung; dagegen werden lösliche citronensaure Salze als weisses Calciumcitrat gefällt, das in Natron- und Kalilauge unlöslich, dagegen in Chlorammonium löslich ist. Erhitzt man letztere Lösung zum Kochen, so scheidet sich das Calciumsalz wieder aus und ist alsdann in Chlorammonium zum Unterschied von der Weinsäure unlöslich. Mit Kalkwasser kann man weder in der Lösung der freien Säure, noch in der eines citronensauren Salzes eine Fällung bewirken; beim längeren Erhitzen scheidet sich Calciumcitrat aus, das sich beim Erkalten wieder löst.

Aepfelsäure liefert mit Chlorcalcium in der Kälte weder in alkalischer noch mit Chlorammonium versetzter Lösung eine Fällung, dagegen aber beim Erhitzen. Auch bildet sich direkt ein Niederschlag, wenn man etwas Alkohol (1—2 Vol.) zu der Lösung giebt. Kalkwasser giebt keine Fällung.

Weiterhin haben mehrwerthige Alkohole die Eigenschaft, mit Erdalkalien salzartige Verbindungen einzugehen. So löst z. B. Glycerin verschiedene Metalloxyde, wie Calcium-, Baryum-, Blei-, Kupferoxyd auf und bildet anscheinend mit denselben chemische Verbindungen.

Von besonderer Wichtigkeit sind die betreffenden Verbindungen der Dextrose und des Rohrzuckers.

Dextrose bildet mit Natrium-, Calcium- und Baryumoxyd die Glukosate, welche unlöslich in Alkohol, aber löslich in Wasser sind, wie z. B. $C_6H_{12}O_6$, CaO; $C_6H_{12}O_6$, BaO. Erwähnt sei hier noch eine Verbindung der Dextrose mit Chlornatrium, $2C_6H_{12}O_6 + NaCl, H_2O$, welche sich häufig beim Eindampfen diabetischer Harne ausscheidet.

Rohrzucker liefert folgende Saccharate:

Baryumsaccharat, $C_{12}H_{22}O_{11}$, BaO,

Strontiumsaccharat, $C_{12}H_{22}O_{11}$, SrO, $5H_2O$ und $C_{12}H_{22}O_{11}$, 2SrO.

---

[1]) Vgl. O. Hammarsten, Zeitschr. physiol. Ch. **22**, 333.

Monocalciumsaccharat, $C_{12}H_{22}O_{11}$, CaO,
Tricalciumsaccharat, $C_{12}H_{22}O_{11}$, 3CaO.
Bleisaccharat, $C_{12}H_{20}PbO_{11}$, PbO.

Von besonderer Wichtigkeit für die Technik ist die Bildung des Monostrontiumsaccharates, $C_{12}H_{22}O_{11}$, SrO + $5H_2O$, bei der Entzuckerung der Melasse nach dem sog. Strontianverfahren. Man fällt den Rohrzucker mittels einer 30%igen Strontiumhydroxyd-Lösung ($Sr(OH)_2$, $8H_2O$), lässt krystallisiren und zerlegt die Doppelverbindung durch Wasser.

Auch die Stärkeverbindungen bilden derartige Doppelverbindungen. Die Verwendung der Barytfällung zur Gehaltsbestimmung von verkleisterter Stärke ist von A. von Asboth[1]) vorgeschlagen worden, indes sollen die betreffenden Niederschläge je nach der Quantität der angewandten Mengen eine verschiedene Zusammensetzung besitzen, so dass eine gewichtsanalytische Bestimmung auf diesem Wege nicht möglich ist. Es dürfte sich aber vielleicht empfehlen, die Bestimmung in derselben Weise zu Ende zu führen, wie sie nachstehend für die Bestimmung des Saponingehaltes der Drogen beschrieben ist.

a) Bestimmung der Oxalsäure.

Berthelot und André[2]) weisen zunächst darauf hin, dass die Niederschläge, welche man in den mit Essigsäure angesäuerten Auszügen aus den Pflanzentheilen durch Kalksalze erhält, keineswegs nur aus oxalsaurem Kalk bestehen müssen, sondern ausser diesem auch noch weinsauren, traubensauren, citronensauren und schwefelsauren Kalk, sowie coagulirte, stickstoffhaltige Substanzen enthalten können, ja sogar fast immer enthalten. Unter Umständen sind solche Niederschläge sogar gänzlich frei von oxalsaurem Kalk. Dieselben können deshalb niemals ohne Weiteres zur quantitativen Bestimmung der Oxalsäure benützt werden und sind auch nicht einmal ein sicherer Beweis für die Anwesenheit der Oxalsäure.

Um die Oxalsäure rein abzuscheiden, verfährt man folgendermassen: Der wässerige oder unter Zusatz von Salzsäure hergestellte, von den festen Pflanzentheilen getrennte Auszug wird aufgekocht und von den sich dabei abscheidenden Körpern abfiltrirt. Die Lösung wird sodann mit Ammoniak im Ueberschuss versetzt, wodurch ein Niederschlag von unreinem oxalsauren Kalk entsteht, welcher mehr oder weniger gefärbt und mit flockigen Substanzen untermischt ist. Nun fügt man einen Ueberschuss einer Borsäurelösung zu, wodurch bei gleichzeitiger Anwesenheit von Chlorammonium die Bildung von Doppelsalzen bewirkt wird, infolgedessen die allmälige Ausfällung des weinsauren, traubensauren, citronensauren etc

---

1) A. v. Asboth, Repert. analyt. Ch. **6**, 299, 1887.

2) Berthelot und André, Compt. rend. 101, 354; Zeitschr. analyt. Ch. **27**, 403, 1888.

Kalkes verhindert wird, bezw. sich die bereits niedergeschlagenen Salze dieser Art wieder lösen. Hierauf säuert man stark mit Essigsäure an, wodurch kohlensaure und verschiedene andere Salze gelöst werden, und fügt essigsauren Kalk zu. Man erhitzt nun eine Stunde lang, ohne jedoch die Flüssigkeit ins Sieden kommen zu lassen, damit der Niederschlag sich besser absetzt, sammelt ihn auf einem Filter und wäscht ihn aus. Da er jedoch noch immer nicht genügend rein ist, so löst man ihn wieder in Salzsäure, fällt ihn mit Ammoniak und säuert mit Essigsäure an, nöthigenfalls wiederholt man dies Verfahren noch 2—3mal.

Der so erhaltene oxalsaure Kalk ist rein und kann in bekannter Weise als solcher gewogen oder auch in Karbonat oder Sulfat übergeführt werden eventuell unter Messung der mit koncentrirter Schwefelsäure entstehenden Gase CO und CO_2 oder durch Titration mit Permanganat.

Die angeführten Belege zeigen sehr befriedigende Uebereinstimmung und lassen erkennen, dass diese Trennungsmethode richtige und die bisher üblichen Verfahren unrichtige Werthe liefern.

b) Bestimmung der Citronen- und Aepfelsäure.

Zur quantitativen Bestimmung dieser beiden Säuren in Früchten empfiehlt E. Claassen[1]) folgendes Verfahren.

Die Früchte werden zerquetscht, mit heissem Wasser angerührt und mit einem geringen Ueberschuss von Kalkmilch versetzt. Nachdem man mit Salzsäure angesäuert hat, wird filtrirt, der Niederschlag ausgewaschen und das Filtrat mit überschüssigem Ammoniak gelinde erwärmt, bis sich die ausgeschiedenen Flocken abgesetzt haben. Man filtrirt die Flocken ab und dampft das Filtrat zur Trockne ein. Den Trockenrückstand nimmt man mit siedendem Wasser unter Ammonzusatz auf, filtrirt das abgeschiedene Calciumcitrat auf ein gewogenes Filter und wäscht mit heissem Wasser aus. Mit Filtrat und Waschwasser verfährt man nach dem Eindampfen zur Trockne in derselben Weise und gewinnt so noch geringe Mengen in Lösung gegangenen Calciumcitrats.

Die Aepfelsäure soll auf folgende Weise bestimmt werden können. Die mit heissem Wasser behandelten, zerquetschten Früchte werden filtrirt und das Filtrat mit Ammoniak in geringem Ueberschuss versetzt. Man filtrirt wieder, dampft das Filtrat zur Trockne ein und befeuchtet den fein zerriebenen Rückstand mit ammonhaltigem, absoluten Alkohol. Nach 24stündigem Stehen filtrirt man wieder, wäscht mit absolutem Alkohol vollständig aus und fällt das Filtrat mit einer gerade ausreichenden Menge alkoholischer Bleiacetatlösung. Der entstandene Niederschlag des Bleimalates wird auf einem bei 100° C. getrockneten und gewogenen Filter gesammelt, mit Alkohol ausgewaschen und nach dem Trocknen bei 100°

---

1) E. Claassen, Chem. Ztg. **14**, R. 159, 1890.

gewogen. Durch Multiplikation der gefundenen Menge des Bleimalates mit 0,2925 erhält man die Aepfelsäure.

c) Bestimmung des Harnzuckers als Baryumglukosat.

Die Methode ist zuerst von H. Will[1]) angegeben und von A. Carpené[2]) neu entdeckt worden. Die zur Verwendung kommende Harnmenge soll höchstens 0,2 g Glukose enthalten. Ist der Harn alkalisch, so wird er zur Verjagung von Ammoniak gekocht. Wenn nöthig, wird mit Kali neutralisirt und dann mit neutralem Bleiacetat in geringem Ueberschuss versetzt. Der so entstehende Niederschlag wird abfiltrirt und auf dem Filter mit möglichst wenig Wasser gewaschen. Das Filtrat wird mit 5—6 g Glycerin versetzt und das Gesammtvolum desselben gemessen: nun versetzt man mit so viel 95 %igen Alkohol, dass die Flüssigkeit am Ende der Operation 85 % Alkohol enthält, filtrirt einen etwa entstehenden Niederschlag ab und versetzt das Filtrat mit Aetzbaryt. Aus solchen alkoholischen Lösungen fällt in Gegenwart von Glycerin gar kein Aetzbaryt, wohl aber alle Glukose als Baryumglukosat.

Zur quantitativen Bestimmung wird die Barytverbindung auf einem Filter gesammelt, in $BaSO_4$ übergeführt und gewogen. Die Analysen des Verfassers ergeben, dass dem Baryumglukosat die Formel $C_6H_{10}O_6Ba$ und nicht die von Mayer gegebene Formel $(C_6H_{11}O_6)_2Ba$ zukommt. Bei geringerem Alkoholgehalt, 68—70 Volumprocent, scheidet sich nach H. Will das barytärmere Glukosat $Ba(C_6H_{11}O_6)_2$ aus.

Die von Will gegebenen Belege zeigen eine genügende Uebereinstimmung mit den durch Titrirung oder Polarisation ermittelten Werthe.

d) Isolirung der Pentose und der Methylpentose.

Arabinose und Xylose liefern eine Strontium- und eine Baryumverbindung, welche in Alkohol unlöslich sind und durch diesen ausgefällt werden, während die Methylpentose (Rhamnose) keine in Alkohol unlösliche Baryumverbindung liefert. P. Bergell und F. Blumenthal[3]) verfahren demgemäss folgendermassen:

Mehrere Liter Harn werden mit Schwefelsäure schwach angesäuert, bis auf 300 ccm eingedampft, der Rückstand mit Thierkohle verrieben und entfärbt, die Flüssigkeit mit gesättigter Barytlösung deutlich alkalisch gemacht und nach der Filtration im Eisschrank mit dem doppelten Volum Alkohol übergossen. Der ausgeschiedene Niederschlag hat nach dem Auswaschen mit Alkohol und Aether die Zusammensetzung $(C_5H_{10}O)_2 + BaO$, was 30,24 % Ba entspricht.

1) H. Will, Archiv. f. Pharm. **225**, 812.

2) A. Carpené, L. Orosi **20**, 157; Chem. Centrbl. 1897, II, 645.

3) P. Bergell und F. Blumenthal, Verh. physiol. Ges. zu Berlin, 1899/1900, 1—4; Ref. Zeitschr. analyt. Ch. **39**, 264, 1900.

Ist weniger Pentose als 1½—2 % vorhanden, so giebt man reine Dextrose zu und fällt wie vorher. Die Baryumverbindung des Traubenzuckers reisst dann bei der Fällung durch Alkohol die der Pentose mit nieder. Man zerlegt durch Kohlensäure und entfernt die Dextrose durch Gährung. Die Methode ist auch verwendbar zum Isoliren der Pentose bei Anwesenheit von Dextrose und Lävulose.

e) Bestimmung des Saponingehaltes von Drogen.

Die Fähigkeit der Zuckerarten, mit den Erdalkalien Doppelverbindungen einzugehen, kommt auch den Verbindungen derselben mit anderen Körpern, den sog. Glykosiden, zu. Eine Anwendung hiervon machte Christophsohn[1]) bei der Bestimmung des Saponingehaltes der Drogen.

Die Saponine, eine Körperklasse, die sich aus Glukose und Sapogenin zusammensetzen, geben in wässeriger Lösung einen Niederschlag mit Barytwasser, der in gesättigtem überschüssigem Barytwasser fast unlöslich ist. Hiernach ergiebt sich die Ausführung folgendermassen:

Eine gewogene Menge der gröblich gepulverten Droge wird wenigstens dreimal (so lange bis das Dekokt nicht mehr schäumt) mit relativ viel destillirtem Wasser ausgekocht. Die vereinigten wässerigen Dekokte werden, da sie sehr langsam filtriren, auf dem Wasserbade auf ein kleines Volum gebracht, mit Alkohol in der Hitze versetzt und filtrirt. Der Filterrückstand wird dann noch wiederholt ausgekocht, diese alkoholischen Dekokte ebenfalls heiss filtrirt und mit dem ersten Filtrate vereinigt. Nachdem der Alkohol abdestillirt ist, wird der Rückstand in wenig Wasser aufgenommen, mit gesättigtem Barytwasser versetzt, gut umgerührt und der ausgeschieedne Saponinbaryt auf einem getrockneten, tarirtem Filter gesammelt. Dieser Niederschlag wird so lange mit gesättigtem Barytwasser ausgewaschen, bis letzteres farblos durchs Filter geht, hierauf wird zuerst im Trockenschrank, dann im Trockenofen bei 110° bis zur Gewichtskonstanz getrocknet. Die letzte Wägung ergiebt nach Abzug des Filtergewichtes die Saponinbarytmenge. Der Saponinbaryt wird sodann nebst dem Filter in einen tarirten Porcellantiegel gebracht und so lange intensiv geglüht, bis die Asche fast weiss ist. Sie wird nach dem Erkalten gewogen und ihr Gewicht von dem des Saponinbaryts in Abzug gebracht. Die Differenz ergiebt die Menge des vorhandenen Saponins.

N. Kruskal[1]) macht auf folgende Mängel dieser Methode aufmerksam. Einmal wird das gewogene Filter nicht mit Wasser, sondern nur mit gesättigter Barytlösung ausgewaschen, ergiebt also immer einen zu

---

[1]) N. Kruskal, Kobert's Arbeiten des pharmakolog. Instit. zu Dorpat, **6**, 43, 1891.

hohen Wägungswerth, den man durch Vergleich mehr oder weniger kompensiren kann. Dann enthält der geglühte Rückstand neben BaO auch $BaCO_3$. Man wandelt demgemäss diesen Rückstand am besten in $BaSO_4$ um und berechnet hieraus rückwärts die betreffende Menge BaO.

Zu beachten ist, dass auch etwa vorhandenes Laktosin mit in den Barytniederschlag eingeht.

7. Verwendung von Zinksalzen.

Die Verwendung von Zinksalzen als Fällungsmittel beruht einmal in ihrer Eigenschaft leicht Doppelverbindungen zu bilden, die sich durch ihre Schwerlöslichkeit auszeichnen, was besonders mit den Chlorzinkdoppelsalzen der Fall ist. Von dieser Eigenschaft des Chlorzinks hat man bereits seit längerer Zeit in der Anilinfarbentechnik Gebrauch gemacht, indem man die betreffenden Farben mit Hilfe des Chlorzinks möglichst vollständig aus ihren Lösungen zu fällen im Stande war und diese Doppelverbindungen auch direkt als solche in den Handel bringen konnte, wie z. B.

Malachitgrün, $3\,C_{23}H_{25}N_2Cl + 2\,ZnCl_2 + 2\,H_2O$,
Akridinorange, $C_{17}H_{20}N_3 + ZnCl_2$,
Methylenblau, $2(C_{16}H_{18}N_3SC_2) + ZnCl_2 + H_2O$, u. s. w.

Für analytische Zwecke ist bisher anscheinend nur das Chlorzinkdoppelsalz des Kreatinins verwendet worden.

Eine sehr ausgedehnte Verwendung findet das Zinksulfat zur Ausfällung der verschiedenen Eiweisskörper. Eine nähere Beschreibung erfolgt am Schlusse dieses Kapitels unter der Rubrik „Bestimmung der Eiweisskörper“.

a) Bestimmung des Kreatinins.

Nachstehend beschriebenes Verfahren ist ursprünglich von Neubauer[1]) ausgearbeitet worden; E. Salkowski[2]) hat dasselbe mehrfach modificirt. Die neue Vorschrift lautet:

240 ccm Harn werden durch vorsichtigen Zusatz von Kalkmilch schwach alkalisch gemacht, mit Chlorcalcium genau ausgefällt, auf 300 ccm aufgefüllt, gut gemischt, nach 15 Minuten durch ein trockenes Filter filtrirt; vom Filtrat, das schwach alkalisch reagiren muss (andernfalls ist, um einen Uebergang von Kreatinin in Kreatin durch das überschüssige Alkali zu vermeiden, etwas mit Salzsäure abzustumpfen), werden 250 ccm im Messkolben abgemessen, anfangs auf freiem Feuer, dann auf dem Wasserbade bis auf etwa 20 ccm eingeengt, mit ungefähr dem gleichen Volum absoluten Alkohols durchgerührt, in einen etwas absoluten Alkohol

1) Neubauer, Liebig's Ann. **119**, 33, 1861.
2) G. Salkowski, Zeitschr. physiol. Ch. **10**, 113.

enthaltenden, 100 ccm fassenden Messkolben gebracht, mit Alkohol nachgespült, auf 100 ccm aufgefüllt und nach tüchtigem Durchschütteln stehen gelassen. Während des Erkaltens muss man den Kolben öfters gelinde aufstossen, um die in dem Niederschlag enthaltene Luft zum Aufsteigen zu bringen. Nach völligem Erkalten ergänzt man das Volum wieder auf 100 ccm, lässt bis zum nächsten Tage stehen, filtrirt durch ein trockenes Filter, misst vom Filtrat 80 ccm zur Bestimmung ab, setzt $^1/_2$—1 ccm alkoholische, säurefreie Chlorzinklösung hinzu und führt die Bestimmung in der Weise, wie Neubauer angegeben hat, zu Ende, indem man den Niederschlag des Chlorzinkdoppelsalzes auf ein Filter bringt, mit 90 % Alkohol auswäscht, bis das Filtrat nur noch eine schwache Opalescenz mit Silbernitratlösung zeigt und bei 100° bis zum konstanten Gewicht trocknet.

1 g Kreatinin-Chlorzink entspricht 0,6242 g Kreatinin.

Kolisch[1]) schlägt vor, das Kreatinin durch Sublimat aus dem Harn zu fällen, und im Niederschlage den Stickstoffgehalt nach Kjeldahl zu bestimmen.

8. Verwendung von Bleisalzen.

Die Verwendung von Bleisalzen zur Ausfällung von Substanzen ist eine sehr weitgehende, besonders wenn es sich darum handelt, gewisse störende Stoffe aus einer Lösung zu entfernen. So benützt man sehr vielfach als Klärmittel den Bleiessig (hauptsächlich $[(C_2H_3O_2)_2Pb]_2 + PbO + H_2O$) oder den Bleizucker, $(C_2H_3O_2)_2Pb + 3H_2O$.

In gewissen Fällen bietet die Verwendung des einen oder anderen Vorzüge. So verwendet man am besten zur Klärung der Invertzuckerlösungen den Bleizucker, da hier Bleiessig einen störenden Einfluss bei der Polarisation oder bei der Bestimmung mit Fehling'scher Lösung ausüben kann. Ebenso wird bei der Klärung und Entfernung der Eiweisskörper aus dem Harn Bleiessig bezw. Bleizucker verwendet, desgleichen bei der Extraktion der Alkaloïde. Auch Bleinitrat ist an Stelle von Bleiessig vorgeschlagen worden.

Für weitere quantitative Bestimmungen dürfte hauptsächlich die Fällbarkeit gewisser Säuren in Form ihres Bleisalzes in Frage kommen. Sehr häufig kommen die Bleisalze der höher molekularen Fettsäuren zur Verwendung, die sich durch verschiedenartige Alkohollöslichkeit auszeichnen[2]).

---

1) Kolisch, Centrbl. f. innere Med. **16**, 265, 1895.

2) Vgl. die vorerwähnten Versuche von A. Pebal, Liebig's Ann. **91**, 141.

a) Bestimmung der Milchsäure in physiologischen und pathologischen Fällen.

Nach R. Palm[1]) liefert die Milchsäure unter gewissen Bedingungen mit Bleioxyd ein basisches, in Wasser unlösliches Laktat von der konstanten Formel $3PbO, 2C_3H_6O_3$. Dasselbe entsteht, wenn Milchsäure mit Bleiessig und alkoholischem Ammoniak vermischt wird. Es wird dadurch sogleich ein körnig-sandiger Niederschlag gebildet, der so schwer ist wie Bleichlorid. In Alkohol ist dieser Niederschlag absolut unlöslich, weshalb derselbe auf dem Filter mit Weingeist auszuwaschen ist. Zur Bildung des Laktates darf nur alkoholisches Ammoniak genommen werden, da durch wässeriges Ammoniak auch ohne Anwesenheit der Milchsäure im Bleiessig ein Niederschlag von basischem Acetat entsteht. Ausserdem ist es zweckmässiger, sowohl die zu bestimmende Milchsäure als auch den Bleiessig in Alkohol gelöst anzuwenden. Dieses Verfahren ist bedeutend einfacher als das der Darstellung des Zinklaktates.

Mit Hilfe der Bildung dieses in Wasser unlöslichen Bleilaktates soll sich die Milchsäure aus menschlichen und thierischen Organen auf eine ganz einfache Weise durch einige chemische Operationen nicht allein ausscheiden, sondern auch quantitativ bestimmen lassen.

Das zerkleinerte Untersuchungsobjekt wird, falls man nur freie Milchsäure nachweisen will, erschöpfend mit Aether ausgezogen, da dieser nur Milchsäure, Fett und möglicherweise auch Farbstoffe löst. Der ätherische Auszug wird auf dem Wasserbade von Aether befreit, der Verdampfungsrückstand in Wasser gelöst, wobei Fett zurückbleibt, und die filtrirte wässerige Lösung wird jetzt mit Bleiessig vermischt. Entsteht hierbei ein Niederschlag, so wird filtrirt. Das Filtrat wird, wenn darin nicht vorher überschüssig zugesetzter Bleiessig zugegen ist, erst mit diesem und darauf mit alkoholischem Ammoniak so lange versetzt, als noch eine Fällung wahrnehmbar ist, wodurch bei Anwesenheit der Milchsäure ganz konstant das Bleiacetat von der oben angegebenen Formel ausfällt.

Ist an Basen gebundene Milchsäure zu bestimmen, so hat man das Untersuchungsobjekt vorher mit Schwefelsäure anzusäuern und darauf mit Aether weiter zu behandeln. Hierbei wird überschüssig zugesetzte Schwefelsäure durch den ersten Zusatz von Bleiessig als Bleisulfat entfernt, vor der Fällung der Milchsäure mit alkoholischem Ammoniak. Durch Glühen des Bleilaktates erfährt man aus dem Verlust, der dabei stattfindet, die Menge der Milchsäure.

Es werden zwar viele organische Stoffe, Säuren u. s. w. durch Bleiessig und alkoholisches Ammoniak gefällt; dieselben sind jedoch schon durch die vorherige Behandlung mit Bleiessig allein entfernt. Zuckerarten, Gummi, Schleim u. s. w. werden ebenfalls durch Bleiessig und alkoholi-

---

[1]) R. Palm, Zeitschr. analyt. Ch. **22**, 223, 1883, **26**, 33, 1887.

sches Ammon gefällt; aber auch diese Stoffe können nicht zugegen sein, da sie in Aether unlöslich sind und das Untersuchungsobjekt nach angegebener Methode mit Aether extrahirt werden muss.

Um sich nun zu überzeugen, dass in dem betreffenden Bleiniederschlag wirklich Milchsäure vorhanden ist, zersetzt man denselben mit Schwefelwasserstoff, behandelt das Gemisch von Bleisulfid und Milchsäure mit Aether, wobei nach dem Verdunsten der ätherischen Flüssigkeit die Milchsäure rein resultirt.

F. Ulzer und H. Seidel[1]) haben die Palm'sche Methode untersucht und keine brauchbaren Resultate bei der Bestimmung der Milchsäure damit erhalten.

b) Trennung der Oelsäure von Stearinsäure und Palmitinsäure.

Dieselbe versuchte O. Hehner[2]) mit Hilfe der verschiedenen Löslichkeit der Bleisalze mit Aether zu bewerkstelligen, jedoch ohne Erfolg.

c) Bestimmung von Alkaloïden.

Alkaloïde werden nach A. Grandval und H. Lajoux[3]) durch Bleiacetate in lösliche Alkaloïdacetate und die eiweissartigen, sowie löslichen Verbindungen grösstentheils in unlösliche Bleiverbindung übergeführt. Man fällt nach dem Filtriren das Blei mit Schwefelsäure und dann die Alkaloïde mit hinreichender Menge Kaliumquecksilberjodid. Der so erhaltene Niederschlag enthält ausser den Alkaloïden noch Eiweiss- und Farbstoffe. Er wird gut ausgewaschen, alsdann mit Cyankalium im Ueberschuss und etwas Aetznatron versetzt und die Mischung mit Aether oder einem anderen geeigneten Lösungsmittel bis zur Erschöpfung ausgeschüttelt. Hierbei soll der Zusatz einiger Tropfen Olivenöl eine schnellere Trennung der Aetherschicht bewirken. Den vereinigten Auszügen wird das Alkaloïd durch verdünnte (1 : 10) Schwefelsäure und wiederholtes Waschen mit Wasser entzogen und schliesslich die saure Lösung, welche erforderlichenfalls durch Ausschütteln mit Aether gereinigt werden kann, mit Natronlauge gesättigt, das Alkaloïd mit frischem Aether aufgenommen und die ätherische Lösung verdunstet. Die so erhaltenen Alkaloïde sind meist krystallinisch.

Man kann auch aus dem Kaliumquecksilberniederschlag das Alkaloïd so gewinnen, dass man den Niederschlag tropfenweise mit Natriumsulfidlösung behandelt, bis eben ein geringer Ueberschuss desselben durch Bleipapier angezeigt wird.

---

1) F. Ulzer und H. Seidel, Monatsh. f. Ch. **18**, 138.

2) O. Hehner, The Analyst **17**, 181.

3) A. Grandval und H. Lajoux, Pharm. Ztg. **38**, 568.

Zur Bestimmung der flüssigen Alkaloïde, mit Ausnahme des Sparteïns, eignet sich das Verfahren nicht. Auch Atropin, welches durch Kaliumquecksilberjodid nicht gut gefällt wird, wird besser nach einem anderen Verfahren bestimmt.

9. Verwendung von Kupfersalzen und Quecksilbersalzen.

Kupfer und Quecksilber bilden in der Form ihrer mit organischen Säuren gebildeten Salze vielfach schwer lösliche Körper, die zur Ausscheidung derselben unter Umständen verwendet werden können. Von grösserer Bedeutung ist jedoch die Fähigkeit der Quecksilber- und Kupfersalze anorganischer Säuren mit gewissen Körpern Molekularverbindungen zu bilden, die sich infolge ihrer quantitativ erfolgenden Ausscheidung zur Gehaltsbestimmung eignen[1]). Einige Beispiele hierfür sind nachfolgend gegeben. Ueber die Verwendung der Doppelverbindung Quecksilberjodid-Kaliumjodid wird im nächsten Abschnitt berichtet.

Von besonderer Wichtigkeit ist die Fähigkeit der Kohlenwasserstoffe der Acetylenreihe, sich mit Quecksilber- und Kupfer- (auch Silbersalzen) zu charakteristischen Verbindungen umzusetzen. So bildet Acetylen mit ammoniakalischer Kupferchlorürlösung die sehr explosible Verbindung $C_2H_2Cu_2O$, mit ammoniakalischer Silberlösung die Verbindung $C_2H_2Ag_2O$. Erstere Verbindung dient zum Nachweis des Acetylens. Man kann mit Hilfe desselben noch 0,01 % Acetylen in Gasgemischen erkennen.

Weiterhin kennt man die Verbindung C_2HCuCl u. s. w., dann C_2HHgJ, HgO, welche beim Einleiten von Acetylen in eine Lösung von HgJ_2 in KJ und KHO entsteht, ausserdem C_2HHg, $Hg(OH)_2$, $Hg_2(OH)_2$ und C_2HHgO, $HgCl_2$ u. s. w. Aehnliche Verbindungen kennt man auch von den höheren Homologen des Acetylens. In der Gasanalyse dient zwar speciell eine Bromlösung zur Bestimmung der ungesättigten Kohlenwasserstoffe; man könnte ebenso gut auch die ammoniakalische bezw. salzsaure Kupferchlorürlösung verwenden, wenn diese nicht schon zur Bestimmung des Kohlenoxyds benützt würde.

Vom Acetylen ist es auch bekannt, dass es sich mit metallischem Kupfer zu Verbindungen vereinigt, die sehr explosibel sind, weshalb Kupfer bei Leitungen oder Apparaten für Acetylengasbeleuchtung durchaus nicht verwendet werden darf.

Auch Quecksilber ist im Stande, sich im metallischen Zustande mit organischen Verbindungen zu vereinigen, wie die Bildung des Quecksilberallyljodids, C_3H_5HgJ, beim Schütteln von Allyljodid mit Quecksilber beweist.

---

[1]) Vgl. hierzu z. B. O. Klein, Ber. **11**, 743, 1878, 1741; **13**, 834, 1880.

a) Bestimmung der Rhodanwasserstoffsäure.

Dieselbe lässt sich bekanntlich leicht durch Fällen mit Kupferlösungen bei Gegenwart von schwefliger Säure bewirken.

$$2CuSO_4 + 3K(CNS) + 2H_2SO_3 + H_2O = Cu_2(CNS)_2 + K_2SO_4 + 2H_2SO_4.$$

Häufiger wird allerdings die Bildung des Kupferrhodanürs zur Bestimmung von Kupfersalzen angewendet.

J. Gondoin[1]) empfiehlt zur Bestimmung der Rhodanwasserstoffsäure das Einhalten folgender Verhältnisse. Die zu untersuchende Flüssigkeit muss vollständig klar und sauer sein. Freie Salpetersäure darf dieselbe nicht enthalten. Am besten macht man die Lösung erst mit Lauge alkalisch und säuert dann mit einer Lösung von schwefliger Säure (spec. Gewicht 1,005 = 2 % SO_2) an. Man fügt das gleiche Vol. an schwefliger Säure hinzu und dann 10% Kupfersulfatlösung. Es fällt sofort ein weisser Niederschlag, und die überstehende Flüssigkeit ist grün gefärbt. Man erwärmt auf etwa 80°, wobei die Flüssigkeit wieder blau wird. Behält sie jedoch die grüne Farbe, so fügt man noch schweflige Säure hinzu und erhitzt zum Kochen. Die schweflige Säure muss stets im Ueberschuss vorhanden sein. Der Niederschlag, welcher vollständig weiss sein muss, wird abfiltrirt. Man wäscht bis zum Verschwinden der sauren Reaktion und trocknet das Kupferrhodanür bei 100° C. Durch Glühen mit Schwefel im Wasserstoffstrom lässt es sich auch leicht in Schwefelkupfer überführen.

b) Bestimmung des Acetons mit Merkurisulfat.

G. Denigès[2]) hatte gefunden, dass sich Aceton qualitativ mit Hilfe von Merkurisulfat nachweisen lässt, indem sich mit diesem Reagens ein weisser Niederschlag bildet. Er schlägt vor, diese Fällung auch zur quantitativen Bestimmung auf gewichtsanalytischem Wege zu benützen und glaubt, dass dem bei 100° getrockneten Körper die Formel

$$(2HgSO_4 \cdot 3HgO)_3 \cdot 4CO(CH_3)_2$$

und dem bei 106° getrockneten die Formel

$$2HgSO_4 \cdot 3HgO \cdot CO(CH_3)_2$$

zuzuschreiben ist.

C. Oppenheimer[3]), der diese Versuche wiederholte, konnte keine einwandsfreien Resultate erhalten. Er fand z. B. unter Zugrundelegung der von Denigès gegebenen Formel 0,06139 g Aceton, während nur 0,05380 g angewandt worden waren. Weiter weist Oppenheimer nach, dass der bei 100° getrocknete Körper sich auch bei 110° nicht verändert. Welche Formel ihm jedoch zukommt, ist noch nicht sicher gestellt und sind weitere Versuche in Aussicht genommen.

---

[1]) J. Gondoin, Chem. Ztg. **19**, R. 4, 1895.

[2]) G. Denigès, Compt. rend. **126**, 1868; **127**, 963.

[3]) C. Oppenheimer, Ber. **32**, 968. 1899.

c) Bestimmung der Thioalkohole oder Merkaptane.

Die Thioalkohole von der allgemeinen Formel $C_nH_{2n+1} \cdot SH$ haben die Eigenschaft, sich mit Quecksilberoxyd zu meist aus Alkohol krystallisirbaren, farblosen Verbindungen, den Merkaptiden, zu vereinigen

$$2C_2H_5SH + HgO = H_2O + (C_2H_5S)_2Hg.$$

Aus diesem Verhalten der Thioalkohole leitet sich bekanntlich auch der Name Merkaptan ab. Auch Blei- und Kupfersalze bilden sich auf diese Weise. Mit Salzsäure liefern diese Merkaptide Metallchlorid und Merkaptan.

Auch mit alkoholischen Lösungen von Quecksilberchlorid bilden die Merkaptane schwer lösliche Verbindungen von der Formel $(C_nH_{2n+1}S)HgCl$, welche zur quantitativen Bestimmung dienen sollen.

d) Bestimmung des Thiophens.

G. Denigès[1]) benützt hierzu die Unlöslichkeit der Verbindung des Thiophens mit basischem Quecksilbersulfat, $Hg_4O_2(SO_4)_2 . C_4H_4S$.

Am bestenverfährt man in der Weise, dass man 30 ccm Methylalkohol und 2 ccm Benzol mischt; hierzu lässt man unter Umrühren 10 ccm der wässerigen Quecksilberlösung (50 g HgO in 200 ccm koncentrirter Schwefelsäure und Auffüllen auf 1 l) rasch hinzufliessen. Nach ca. 20 Minuten filtrirt man auf ein gewogenes Filter, wäscht mit heissem Wasser aus und trocknet. Das Gewicht der Quecksilberverbindung mit $\frac{84}{812}$ multiplicirt, ergiebt die entsprechende Menge Thiophen. Zu beobachten ist, dass man zum qualitativen Nachweis das Gemisch aus Methylalkohol und Quecksilberlösung kurz vor der Benützung darzustellen hat. Bei längerem Stehen (5—6 Stunden) zersetzt sich die Mischung und wird für die Bestimmung unbrauchbar.

e) Bestimmung des Harnstoffs.

Diese von Liebig angegebene Methode beruht auf dem Verhalten einer Harnstofflösung gegen eine Lösung von Quecksilberoxydnitrat, durch welches bei öfterem Neutralisiren der Flüssigkeit mit Sodalösung eine weisse Doppelverbindung von der Formel $[2CO(NH_2)_2 + Hg(NO_3)_2 + 3HgO)$ niedergeschlagen wird. Nimmt man von Zeit zu Zeit aus dem trüben Gemische einen Tropfen heraus und giebt etwas Bikarbonatsuspension zu, so wird erst dann eine Gelbfärbung eintreten durch gebildetes basisches Quecksilbernitrat, wenn der vorhandene Harnstoff vollständig niedergeschlagen ist. Die betreffende Probe nimmt man am besten auf einer Glasplatte mit schwarzer Unterlage vor.

Die Quecksilbernitratlösung wird durch Auflösen von 77,2 g Quecksilberoyd in wenig Salpetersäure, Eindampfen bis zur Syrupkonsistenz

---

[1]) G. Denigès, Compt. rend. **120**, 781.

und Auffüllen auf 1 l hergestellt. Etwa ausgeschiedenes basisches Salz wird durch Zugabe von sehr wenig Salpetersäure wieder gelöst. Der Wirkungswerth der Lösung berechnete sich aus dem Verhältniss

$$120\ CO(NH_2)_2 : 864\ HgO = 0{,}1 : x;\ x = 0{,}720\ g\ HgO,$$

für 0,1 g Harnstoff zu 0,720 g HgO. Der empirisch gefundene Werth beträgt dagegen 0,772, so dass also 1 ccm der betreffenden Harnnitratlösung 0,0772 g HgO und 0,01 g Harnstoff entspricht.

Bei der Titration giebt man von Zeit zu Zeit Sodalösung zu, um die Säure abzustumpfen. In der Nähe des Endpunktes wird die anfangs aufgetretene Gelbfärbung nach Zusatz von etwas Soda wieder verschwinden, und müssen alsdann noch einige Tropfen der Quecksilberlösung bis zur bleibenden Endreaktion zugegeben werden.

Will man im Harn auf diese Weise den Gehalt an Harnstoff ermitteln, so müssen vorher Schwefelsäure und Phosphorsäure durch ein Gemisch von Baryumnitrat mit Barytlösung beseitigt werden. Man filtrirt und prüft im Filtrat, bevor man die Titration beginnt, ob auf erneutem Zusatz der Mischung kein Niederschlag mehr entsteht.

Bei eiweisshaltigen Harnen muss dieses ebenfalls erst durch Erhitzen mit Essigsäure und Abfiltriren von dem Coagulum entfernt werden.

Die Titration muss mehrmals wiederholt werden, um den Endpunkt feststellen zu können.

Bei der letzten Titration giebt man direkt soviel Sodalösung zu, wie zur Neutralisation nothwendig ist und lässt die Quecksilberlösung immer in $^1/_{10}$ ccm zufliessen. Hat man ursprünglich 50 ccm Harn mit 25 ccm Barytmischung versetzt und von dem Filtrat 15 ccm, d. i. 10 ccm des Harns, zur Titration verwendet, so enthält der Harn bei einem Verbrauch von 1,92 ccm Normal-Quecksilberlösung

$$\frac{19{,}2}{10} = 1{,}92\ \%\ \text{Harnstoff.}$$

Die Liebig'sche, von Pflüger verbesserte Methode der Titration des Harnstoffs mit Merkurinitratlösung ist insofern noch fehlerhaft, als die Resultate nur dann brauchbare werden, wenn die Harnstofflösung ca. 2 % ist. Im anderen Falle muss man zunächst den Gehalt provisorisch ermitteln und dann entsprechend verdünnen.

Weiterhin ist die Anwesenheit von Chlornatrium schädlich, indem dadurch Quecksilberchlorid gebildet wird, durch welches aber Harnstoff nicht gefällt wird. Um den dadurch hervorgerufenen Fehler zu kompensiren, lässt man in einer besonderen, schwach angesäuerten Probe soviel Quecksilberlösung zufliessen, bis eine bleibende weissliche Trübung entsteht. Die hierbei verbrauchten ccm Quecksilberlösung, welche der Menge des vorhandenen Chlornatriums entsprechen, bringt man in Abzug.

Unter Anwendung dieser Vorsichtsmassregeln liefert das Liebig'sche Verfahren Werthe, die für klinische Zwecke hinreichend genau sind.

Will man noch genauere Resultate erhalten, so zerlegt man den Quecksilberniederschlag nach dem Abfiltriren mit Schwefelwasserstoff, filtrirt, verjagt den überschüssigen Schwefelwasserstoff durch Durchleiten von Luft, versetzt die Flüssigkeit mit Barytwasser bis zur alkalischen Reaktion, fällt den Baryt durch Einleiten von Kohlensäure und titrirt dann unter entsprechender Verdünnung im Harn nochmals mit Merkurinitrat.

Auf diese Weise kann man auch den Harnstoff in anderen thierischen Flüssigkeiten bestimmen. Ebenso kann man auch die Kjeldahl'sche oder eine andere Bestimmungsmethode zur Ermittlung des aus dem Harnstoff gebildeten Ammoniaks anwenden.

Eine von Rautenberg gegebene Abänderung soll nach Th. Pfeiffer[1]) brauchbare Resultate ergeben, während E. Pflüger[2]) findet, dass sie wohl zur Bestimmung des Gesammtstickstoffs des Harns geeignet sei.

f) Bestimmung der Harnsäure.

Eine volumetrische Bestimmung der Harnsäure gründet G. Denigès[1]) auf die Fällbarkeit desselben durch unterschwefligsaures Kupfer. Für die Ausführung der Bestimmung sind folgende Lösungen erforderlich. Dieselben enthalten in je 1 l:

1. 160 g wasserfreies kohlensaures Natron,
2. 100 g reines krystallisirtes Natriumthiosulfat und 100 g Seignettesalz,
3. 40 g reinen krystallisirten Kupfervitriol und 10 Tropfen konc. Schwefelsäure.

Mittels 10 ccm der Lösung (1) fällt man aus 100 ccm Urin die Phosphate und alkalischen Erden. Das Filtrat versetzt man mit 40 ccm der Lösung (2) und 10 ccm der Lösung (3). Nach 10 Minuten langem Stehen, und nachdem man sich von der vollständigen Ausfällung überzeugt hat, filtrirt man mit der Saugpumpe den Niederschlag ab und wäscht ihn mit kaltem Wasser gut aus, insbesondere wenn zuckerhaltiger Harn vorliegt. Den ausgewaschenen Niederschlag spritzt man mit heissem Wasser in eine Porcellanschale, versetzt mit 0,5—1 ccm Salzsäure und Bromwasser, bis das harnsaure Kupfer vollständig gelöst ist und die Flüssigkeit dauernd gelb oder gelbgrün gefärbt erscheint.

Die Flüssigkeit, deren Volum nicht mehr als 40 ccm betragen soll, erhitzt man zum Sieden, fügt 10 ccm Ammoniaklösung hinzu und titrirt das vorhandene Kupfer, während die Lösung stets im Sieden erhalten bleibt, unter tropfenweissem Zusatz einer $N/_{10}$ Cyankaliumlösung bis zum Verschwinden der Blaufärbung.

---

1) Vgl. Th. Pfeiffer, Zeitschr. analyt. Ch. **24**, 475, 1885.

2) E. Pflüger, Pflüger's Archiv **40**, 533.

1) G. Denigès, Bull. Soc. Pharm. Bordeaux, 1896, 75; Zeitschr. analyt. Ch. **369**, 770, 1897.

Die Titration wird ungenau bei Anwesenheit von Sarkosin, Adenin oder Hypoxanthin [1]) Die Anwesenheit dieser Basen zeigt die Fällung an, die unterschwefligsaures Kupfer in dem mit Kalilauge neutralisirten Urin erzeugt. Man fällt die Basen aus der neutralen Lösung mittels der Lösungen 2 und 3, fügt die 10 ccm der Sodalösung erst dann zu und verfährt im übrigen wie vorher angegeben.

10. Verwendung von Jodkalium-Quecksilberjodid.

Versetzt man Quecksilbersalze mit Jodkaliumlösung, so erhält man zunächst einen Niederschlag von HgJ_2, der sich im Ueberschusse von Jodkalium wieder auflöst zu dem Doppelsalz

$$HgJ_2 + KJ + 1^1/_2\, H_2O.$$

Eine derartige Jodkaliumquecksilberjodidlösung findet unter den verschiedensten Umständen Verwendung zur Fällung und Erkennung bestimmter Körperklassen.

Das Nessler'sche Reagens, welches dadurch erhalten wird, dass man in eine Auflösung von 2 g KJ in 5 ccm H_2O so lange HgJ_2 in kleinen Portionen einträgt, bis dasselbe nicht mehr gelöst wird, hierauf mit 20 ccm Wasser und 30 ccm = 40 g. Liquor Kalii caustici (13,4 g Kalii caust. + 20 ccm H_2O) versetzt und nach dem Absetzen filtrirt, dient zum Nachweis des Ammoniaks, wobei sich die Verbindung $2(HgJNH_2 + HgO)$ abscheidet nach der Gleichung

$$4(HgJ_2, KJ) + 2NH_3 + 6\,KOH = 2\,(HgJNH_2 + HgO) + 10\,KJ + 4H_2O.$$

Das Nessler'sche Reagens wurde von Crismer [2]) bereits im Jahre 1888 auch zum Nachweis der Aldehyde vorgeschlagen.

Das Sachse'sche Reagens, eine Auflösung von 1,8 g HgJ_2, 2,5 g KJ, 8 g KOH und mit Wasser zu 100 g verdünnt, dient zum Nachweis von Traubenzucker, da schon geringe Mengen desselben eine Reduktion bewirken, die sich durch Ausscheidung von metallischem Quecksilber bemerkbar macht. Milchzucker und Lävulose wirken in gleicher Weise; dagegen ist Rohrzucker entsprechend seinem Verhalten gegen Fehling'sche Lösung unwirksam.

Das Mayer'sche Reagens, eine Auflösung von 13,546 g $HgCl_2$ und 49,8 g KJ in 1000 H_2O, dient zum Nachweis und auch zur quantitativen Bestimmung der Alkaloide. Ein Beispiel dafür ist in der Bestimmung des Morphins gegeben. Zur Ermittlung der Endreaktion in der durch die Alkaloidfällung trübe gewordenen Lösung bedient man sich einer Tüpfelprobe, indem ein klares Tröpfchen der Mischung mittels

---

[1]) Vgl. hierzu dieses Kapitel 11 b: „Trennung und Bestimmung der Purinbasen im Harn".

[2]) Crismer, Chem. Ztg. **24**, 318, 1900.

eines zuvor stark geriebenen (um das Anhaften des Niederschlags zu verhindern) Glasstabes herausnimmt und auf einer unten geschwärzten Glasplatte mit einem Tropfen einer verdünnten Alkaloidlösung zusammenfliessen lässt. Tritt alsdann eine Trübung ein, so ist bereits ein geringer Ueberschuss der Quecksilberlösung vorhanden. Die Titration selbst wird am besten in schwach schwefelsaurer Lösung vorgenommen.

Die Brücke'sche Lösung, welche aus einer mit HgJ_2 gesättigten 10 %oigen Jodkaliumlösung besteht, dient zur Trennung der Eiweisskörper vom Glykogen. Die weiteren Umstände sind nachstehend wiedergegeben.

a) Bestimmung des Glykogens.

Für die Ausführung der Brücke-Külz'schen Methode giebt E. Pflüger[1]), nachdem er auf die Fehler aufmerksam gemacht hat, die Külz begangen hat, folgende Vorschrift:

Erforderlich sind: 1) genau 20 %oige Kalilauge, 2) Salzsäure von der Dichte 1,114, 3) Brücke's Lösung, die aus einer mit HgJ_2 gesättigten 10 %oigen Jodkaliumlösung besteht. Nach dem Erkalten wird die Lösung von den rothen Krystallen abgegossen, und es werden noch einige Krystalle von Jodkalium zugegeben, 4) 96 % Alkohol, 99,8 % und 66 % mit 0,008 % Chlornatrium, 5. über Natrium destillirter Aether.

Nach dem Verfahren von Brücke-Külz wird unter besonderen Vorsichtsmassregeln durch 2 %oige Kalilauge die Lösung des Organbreies hergestellt und mit Hilfe von Kaliumquecksilberjodid das Eiweiss ausgefällt. Dieser Niederschlag wird so häufig in Kalilauge gelöst und mit Salzsäure, eventuell unter Zusatz von etwas Kaliumquecksilberjodid gefällt, bis das Filtrat von dem so erhaltenen Niederschlag glykogenfrei ist. Die vereinigten Filtrate werden auf ein bestimmtes Volum gebracht, und aliquote Theile mit dem doppelten Vol. 96 %oigen Alkohols vermischt. Das ausgeschiedene Glykogen wird filtrirt und mit kochsalzhaltigem 66 %oigen Alkohol, dann mit 96 % und mit absolutem Alkohol gewaschen. Das Glykogen wird in einem durch siedendes Wasser erhitzten Trockenschrank 72 Stunden getrocknet. Schliesslich wird es durch 3—4 stündiges Erhitzen mit 2 %oiger Salzsäure auf dem Wasserbade zersetzt und der gebildete Zucker nach Allihn-Pflüger bestimmt. Zu der gefundenen Zahl werden 12 % als Korrektur wegen des erhaltenen Verlustes an Glykogen addirt.

Um Glykogen in Fleischextrakt zu bestimmen, verfährt man nach Lebbin[2]) folgendermassen: Eine Lösung von 25 g Fleischextrakt in 100 ccm Wasser wird mit dem 1—1½ fachen Volum 90 %oigen Alko-

---

[1]) E. Pflüger, Pflüger's Archiv **75**, 120, 1899; Chem. Centrbl. 1899, I, 1168; vgl. auch A. E. Austin, Virchow's Arch. **150**, 185, 1897.

[2]) Lebbin, Pharm. Ztg. **43**, 519, 1898; Chem. Centrbl. 1898, II, 513.

hols, der 4 % Kaliumhydroxyd enthält, versetzt, 1—2 Stunden stehen gelassen, abfiltrirt und mit demselben alkalischen Alkohol nachgewaschen. Alsdann wird der Niederschlag mit Filter mit 50 ccm Wasser bis zur Lösung digerirt und die Lösung mit verdünnter Salzsäure schwach angesäuert. Diese Lösung fällt man nun mit ca. 10 ccm Quecksilberjodidjodkalium; 20 g $HgCl_2$, in 300 ccm Wasser gelöst, werden zur Herstellung dieser Lösung mit 20 g Jodkali, in 200 ccm Wasser gelöst, gemischt und noch soviel $HgCl_2$ zugegeben, bis der entstandene Niederschlag sich noch eben auflöst. Man filtrirt den Niederschlag nach ½ Stunde ab und wäscht mit heissem Wasser nach. Aus dem Filtrat fällt auf Zusatz von dem gleichen Volum 95 %igen Alkohols das Glykogen aus, welches mit Alkohol und Aether gewaschen, getrocknet und gewogen wird[1]).

b) Bestimmung der Alkaloide.

Bei der volumetrischen Bestimmung der Alkaloide mit Mayer'schem Reagens[2]) empfiehlt F. S. Hereth[3]) folgende von Lilly vorgeschlagene Art der Ausführung, bei der Ungleichheiten in Bezug auf die Schnelligkeit des Zusatzes der Lösung, sowie der Gebrauch von Filtern, die immer einen Theil des Reagens zurückhalten, vermieden wird.

50 ccm der zu untersuchenden Extraktlösung werden mit angesäuertem Wasser versetzt und zur Verjagung von Alkohol bei gelinder Wärme vorsichtig abgedunstet. Scheidet sich hierbei Chlorophyll, Harz oder Oel aus, so wird dies abfiltrirt und das Filter mit angesäuertem Wasser ausgewaschen. Die Flüssigkeit wird nun auf 100 ccm gebracht, sie soll etwa 1 % freie Schwefelsäure enthalten. Man misst nun in acht Proberöhren mit einer Pipette je 10 ccm ab, bestimmt durch einen Vorversuch mit dem Reste die Flüssigkeit, wenn man nicht schon durch Erfahrung einigermassen kennt, welche Menge der Mayer'schen Lösung für 10 ccm etwa nöthig ist.

Angenommen, dieselbe betrüge etwa 3 ccm, so setzt man nun zu je einer der Proben 2,7; 2,8; 2,9; 3; 3,1; 3,2; 3,3; 3,4 ccm zu, lässt verschlossen mindestens 8 Stunden stehen, giesst nach dieser Zeit die über den Niederschlägen stehende Flüssigkeit klar in Stehcylinder ab und setzt zu jeder Probe 0,1 ccm der Mayer'schen Lösung. In 1—2 Minuten kann man dann mit Sicherheit erkennen, in welcher Probe keine Ausscheidung mehr stattgefunden hat.

A. B. Lyons[4]) kommt zu folgenden Resultaten bei seinen Arbeiten über die Bestimmung der Alkaloide mit Mayer'schem Reagens.

---

1) Vgl. hierzu auch H. Huppert, Zeitschr. physiol. Ch. **18**, 137, 144.

2) Vgl. Zeitschr. analyt. Ch. **2**, 225, 1863; **12**, 323, 1874.

3) F. S. Hereth, Deutsch. amerik. Apoth. Ztg. **7**, 305; Zeitschr. analyt. Ch. **26**, 647, 1887.

4) A. B. Lyons, Chem. Ztg. **11**, Ref. 52, 1887.

a) Die Zahlen, welche mit Mayer'schem Reagens erhalten werden, haben nur einen angenäherten Werth.

b) In verdünnten Lösungen fallen die Resultate stets höher aus. Hierfür ist entweder eine Korrektur anzubringen, oder die Titration (1:200—300) zu wiederholen.

c) Der Einfluss von Alkohol und Jodiden, bis zu einem gewissen Grade auch von Chloriden und Bromiden auf die Bildung des Niederschlags ist nicht zu verkennen, doch ist derselbe insofern auch ein günstiger, da das Ende der Reaktion schärfer erkennbar ist.

Bei einem Ueberschuss von Jodkalium werden zwar bei gewissen Alkaloiden übereinstimmende Resultate erzielt, aber für eine allgemeine Anwendung ist das Verfahren nicht zu empfehlen.

c) Bestimmung des Morphins.

E. Marquis[1]) beschreibt die Bestimmung des Morphins mit Mayer's Reagens folgendermassen:

Der Morphin als chlorwasserstoffsaures Salz enthaltende Uhrglasrückstand wird mit Wasser ohne Säure aufgenommen und im Reagensglas zuerst auf 2 ccm Flüssigkeit gebracht. Bewirkte ein aus einer graduirten Bürette entnommener Tropfen von Mayer's Lösung eine Fällung, so wurde die zu untersuchende Flüssigkeit auf 5 ccm verdünnt und weiter titrirt. Erwies es sich, dass Morphin in grösserer Quantität vorhanden war, als die Tabelle für 5 ccm aufweist, so wurde so viel Wasser in abgemessenen Mengen hinzugesetzt, bis der Niederschlag beim Durchschütteln sich löste. Der Niederschlag von 0,01 g Morphinhydrochlorat, mit der gerade passenden Menge von Mayer's Reagens versetzt, löst sich in 50 ccm destillirten Wassers auf, der von 0,02 Morphinhydrochlorat in 100 ccm. Der Titer wurde nach einer Lösung von wässerigem Morphinhydrochloricum ohne Säure eingestellt. Die dünne Bürette war an einem Ende fein ausgezogen so dass man leicht ca. 1/3 Tropfen der Mayer'schen Flüssigkeit entnehmen konnte. Die Titration war beendet, wenn nach Umrühren ein neuer Tropfen von Mayer's Flüssigkeit, den man vorsichtig vermittelst eines Glasstabes der Untersuchungsflüssigkeit zusetzt, an der Oberfläche keine Trübung mehr veranlasste. Bei vielen derartigen Versuchen mit bekannten Morphinmengen wurden folgende Ergebnisse erzielt in Bezug auf die Menge des Niederschlages, wobei auf das Absetzenlassen natürlich immer gleichviel Zeit verwendet wurde.

---

1) E. Marquis, Arbeiten des pharmat. Inst. zu Dorpat (R. Kobert), **14**, 141, 1896.

2 ccm Wasser	+ Morph. hydrochl.	0,0010	liefern keine		Fällung mit Mayer's Reagens
2 „ „	+ „ „	0,0011	brauchen	0,01	ccm zur „
2 „ „	+ „ „	0,0012	„	0,03	„ „ „
2 „ „	+ „ „	0,0013	„	0,05	„ „ „
2 „ „	+ „ „	0,0015	„	0,10	„ „ „
2 „ „	+ „ „	0,0020	„	0,15	„ „ „
2 „ „	+ „ „	0,0028	„	0,10	„ „ „
2 „ „	+ „ „	0,0030	„	0,13	„ „ „
2 „ „	+ „ „	0,0032	„	0,15	„ „ „
2 „ „	+ „ „	0,0032	„	0,18	„ „ „
2 „ „	+ „ „	0,0040	„	0,21	„ „ „
2 „ „	+ „ „	0,0050	„	0,24	„ „ „

Das Doppelsalz, Morphin + Mayer's Reagens, setzt sich nach jedesmaligem Umrühren mit einem Glasstabe recht gut ab. Diese genannte titrimetrische Bestimmung hat vor einer kolorimetrischen den Vortheil, dass man aus dem genannten Doppelsalz leicht wieder das Morphin isoliren und identificiren kann. Finden sich in der Untersuchungsflüssigkeit weniger als 11 dmg von Morphin vor, die also durch Zusatz von Mayer's Flüssigkeit nicht gefällt werden konnten, so ist immer noch die Möglichkeit geboten, diese so kleinen Mengen quantitativ vermittelst Natrium sulfurosum auf kolorimetrischem Wege zu bestimmen; vorher muss jedoch das Morphin dazu wieder frei und rein isolirt vorliegen.

In sehr reiner Form konnte das freie Alkaloid durch folgende Zerlegung des Doppelsalzes (Morphin + Mayer's Reagens) erhalten werden. Die ganze Untersuchungsflüssigkeit mit dem Niederschlage oder der Niederschlag für sich allein wird nach Wasserzusatz mit MgO versetzt und in einem Porcellanschälchen auf dem Wasserbade eingedampft, der Rückstand in Wasser aufgenommen und letzteres nochmals bis zur Trockne eingedampft. Hierauf zieht man mit absolutem Alkohol aus, filtrirt, dunstet das alkoholische Filtrat vollständig ein, nimmt den Rückstand mit HCl-haltigem Wasser auf, filtrirt wieder und schwenkt das auf 2—3 ccm Flüssigkeit gebrachte sauer reagirende Filtrat nun zweimal mit Essigäther aus. Aus der abgetrennten wässerigen Flüssigkeit wird das Morphin vermittelst Essigäther und Natriumbikarbonatzusatz isolirt.

11. Verwendung von Silbersalzen.

Die Silbersalze der organischen Säuren sind vielfach, da sie meist schwer löslich sind und gut krystallisiren, zur Reindarstellung derselben sowie bei der Ermittlung der elementaren Zusammensetzung und des Molekulargewichtes verwendet worden. Letzteres wurde aus der Gewichtsmenge Silber, welches beim Glühen zurückblieb, unter Berücksichtigung der Voraussetzung, dass ein Atom Silber einer Karboxylgruppe entspricht, bestimmt. Die Umsetzung erfolgt hierbei nach Iwig und Hecht[1]), sowie Kachler[2]) nach der Gleichung:

$$2n\,Ag\,C_nH_{2n-1}O_2 = 2n\,Ag + (2n-1)\,C_nH_{2n}O_2 + CO_2 + (n-1)\,C.$$

Weiterhin werden Silbersalze und zwar speciell Silbernitrat vielfach zur qualitativen Analyse behufs Erkennung reducirender Körper wie Aldehyde, Zuckerarten und anderer Verbindungen verwendet. Dies wird später ausführlich im zweiten Bande besprochen werden.

In selteneren Fällen findet auch eine Benutzung des Silbers zum Fällen anderer Substanzen statt, und hier kommt hauptsächlich nur die Fällung der Harnsäure in der Form ihres Magnesia-Silberdoppelsalzes in Frage sowie der Purinbasen hinsichtlich ihres Silbersalzes.

Die Harnsäure bildet dabei anscheinend folgende Verbindung:

$$C_5H_2N_4O_3 . Mg + C_5H_2N_4O_3Ag_2.$$

Xanthin liefert mit ammoniakalischer Silberlösung die Verbindung

$$C_5H_4N_4O_2 . Ag_2O.$$

Aus Hypoxanthin erhält man

$$C_5H_2N_4O . Ag_2 + H_2O.$$

Ausserdem sei noch die Vereinigung von Silbernitrat mit Allylsulfid zu der Verbindung $(C_3H_5)_2S$, $AgNO_3$ erwähnt.

a) Bestimmung der Harnsäure im Harn.

Die Methode von E. Salkowski[3]) beruht darauf, dass das Magnesia-Silberdoppelsalz der Harnsäure in ammoniakalischer Flüssigkeit unlöslich ist.

$$C_5H_2N_4O_3Mg + C_5H_2N_4O_3Ag_2.$$

Die Harnsäure wird im Harn nach vorheriger Fällung der Phosphorsäure mit Magnesiamixtur mit einem Gemisch von ammoniakalischer Silberlösung und Magnesiamischung gefällt, und aus dem Niederschlag wird dann durch Zersetzung mit Schwefelwasserstoff die reine Säure dargestellt und gewogen.

Gegen diese Methode kann man einwenden, dass auch mehrere Xanthinkörper, wie das Xanthin selbst, mit der Harnsäure als Silberverbindungen gefällt werden. In gewöhnlichen Harnen sind allerdings nur sehr kleine Mengen davon vorhanden. Da nun das Xanthin, gerade wie die Harnsäure, im Wasser sehr schwer löslich ist, gelangt es mit derselben auf das Filter und wird als solche gewogen. Anderseits ist die Harnsäure im Wasser nicht unlöslich, weswegen man eine Korrektion für die bei der schliesslichen Abfiltrirung der Säure im Filtrat und Waschwasser in Lösung

---

1) Iwig und Hecht, Ber. **19**, 242, 1886.

2) Kachler, Monatsh. f. Ch. **12**, 338.

3) E. Salkowski, Zeitschr. analyt. Ch. Ref. **11**, 234, 1872; E. Salkowski und Leube, Die Lehre vom Harn.

gebliebenen Mengen eingeführt hat. Der Löslichkeitskoefficient der Harnsäure beträgt nach den gewöhnlichen Angaben 0,48 mg Harnsäure auf 10 ccm Flüssigkeit.

E. Ludwig[1]) schlägt vor, an Stelle von Schwefelwasserstoff Schwefelnatrium zur Zerlegung des Silbersalzes anzuwenden. H. Chr. Geelmuyden[2]) weist darauf hin, dass bei diesem Verfahren leicht etwas Schwefel und Schwefelsilber auf das Filter gelangt und als Harnsäure gewogen wird. Auch wirkt die alkalische Flüssigkeit ausserdem zersetzend auf die Harnsäure ein. Geelmuyden schlägt vor mit Schwefelwasserstoff das Silbersalz zu zersetzen und den Stickstoffgehalt des Niederschlags nach Kjeldahl zu bestimmen. Auch hat er ausführliche Versuche über die Fällung mit Barytlösung ausgeführt, ohne jedoch hinreichend brauchbare Resultate erhalten zu können.

b) Trennung und Bestimmung der Purinbasen des Harnes.

Nach M. Krüger und G. Salomon[3]) wird der die Purin- (Xanthin) Basen enthaltende Niederschlag, falls mit ammoniakalischer Silberlösung und Magnesiamixtur nach Salkowski und Ludwig erhalten, durch Kochen mit Salzsäure, falls mit Kupfersulfat und Natriumbisulfit nach Krüger und Wulff erhalten, durch Schwefelwasserstoff in salzsaurer Lösung zerlegt und filtrirt, wobei die Harnsäure zum grössten Theil zurückbleibt. Das Filtrat wird, wenn dies dringend nöthig, mit Thierkohle entfärbt und auf dem Wasserbade zunächst mehrmals mit Wasser, dann mit 96 % Alkohol, zum Schluss bei niedriger Temperatur eingedampft. Der grobkörnige Rückstand wird mit Wasser bei 40° mehrere Stunden digerirt, dann mit Wasser salzsäurefrei und ferner noch mit Alkohol und Aether gewaschen. Das ungelöst Gebliebene und die vereinigten Filtrate werden für sich verarbeitet.

A. Der ungelöste Theil, die Xanthinfraktion (Xanthin, Heteroxanthin und 1-Methylxanthin) wird in der 15fachen Menge 3,3 %iger chlorfreier Natronlauge heiss gelöst. Innerhalb 24 Stunden scheidet sich das Natriumsalz des Heteroxanthins aus. Je 60 ccm des auf 60° erwärmten Filtrat werden in ein vorher ausgekochtes kaltes Gemisch aus. 20 ccm koncentrirter Salpetersäure und 20 ccm Wasser langsam

---

1) E. Ludwig, Ref. in Zeitschr. analyt. Ch. **21**, 148, 1882; **24**, 638, 1885.

2) H. Chr. Geelmuyden, Zeitschr. anal. Ch. **31**, 158, 1892.

3) M. Krüger und G. Salomon, Zeitschr. physiol. Ch. **24**, 364, 1898, **26**, 350 und 389, 1898/1899; Zeitschr. analyt. Ch. **38**, 203, 1899; vgl. die früheren Arbeiten von Krüger und Wulft, Du Bois Archiv 1894, 533; H. Huppert, Zeitschr. physiol. Ch. **22**, 556; E. Salkowski, Deutsch. med. Woch. 1897, Nr. 4; H. Straup, Berl. klin. Woch. 1896, Nr. 43; R. Burian und H. Schurr, Zeitschr. physiol. Ch. **23**, 63; H. Malfatti, Centrbl. f. inn. Med. 1897, 1; R. Flatow und A. Reitzenstein, Deutsch. med. Woch. **23**, 1897, 354.

und unter Umrühren eingetragen. Hierbei wird der Rest etwa noch vorhandener Harnsäure zerstört und innerhalb mehrerer Stunden scheidet sich salpetersaures Xanthin ab. Aus dem Filtrat wird durch Uebersättigen mit Ammoniak und Eindampfen das 1-Methylxanthin erhalten.

B. Aus dem Filtrat der Hypoxanthinfraktion (enthaltend 7-Methylxanthin, Adenin, Hypoxanthin und Paraxanthin) wird das 7-Methylxanthin (früher Epiguanin genannt) durch Ammoniak in geringem Ueberschuss, aus dem Filtrat hiervon nach Entfernen des Ammoniaks durch Erhitzen und Zusatz von 1,1 % Pikrinsäurelösung in der Kälte das Adenin als Pikrat erhalten. Aus dem mit Schwefelsäure versetzten Filtrat werden nach Ausschütteln der Pikrinsäure mit Benzol oder Toluol die noch vorhandenen Basen mit ammoniakalischer Silberlösung oder Kupfersulfat und Natriumbisulfit gefällt, die erhaltenen Niederschläge gelöst, zerlegt und eingedampft. Je 3 g des trockenen Rückstandes werden in 100 ccm heisser Salpetersäure (90 ccm Wasser und 10 ccm koncentrirte Salpetersäure) gelöst, beim Erkalten scheidet sich Hypoxanthinnitrat aus. Das Filtrat von diesem Körper enthält neben geringen Mengen Hypoxanthins den Rest von Heteroxanthin und 1-Methylxanthin, sowie das Paraxanthin. Zu ihrer Trennung hat man die beschriebene Methode von Anfang an noch einmal zu wiederholen, aus dem Filtrat von salpetersaurem Hypoxanthin kann dann das Paraxanthin als Natriumsalz oder freie Base gewonnen werden.

12. Verwendung der Platinchlorid- und der Goldchlorid-Chlorwasserstoffsäure.

Platin bildet mit Chlor zwei verschiedene Chloride, nämlich

Platinchlorür, $PtCl_2$, und

Platinchlorid, $PtCl_4$.

Die Verbindung, welche man durch Auflösen von Platin in Königswasser erhält, ist

Platinchlorid-Chlorwasserstoff, $PtCl_4 + 2HCl + 6H_2O$,

aus welcher Substanz das eigentliche Platinchlorid durch Fällen der Verbindung Ag_2PtCl_6 mit $AgNO_3$ und Zerlegung derselben in der Siedehitze des Wassers erhalten werden kann[1]). Die Verbindung, welche uns hier interessirt, ist die letztgenannte $PtCl_4$, 2HCl.

Die Platinchlorwasserstoffsäure hat die Eigenschaft, mit Ammonium oder Kalium schwerlösliche Doppelsalze zu bilden, die sich zur quantitativen Bestimmung des Gehaltes an Ammonium oder Kalium in einer Lösung eignen. Die Umsetzungen können z. B. in folgender Weise erfolgen:

---

1) N. Jörgensen, Journ. pr. Ch. 2, 345, 1877.

$$2\,KCl + PtCl_4, 2\,HCl = PtCl_4, 2\,KCl + 2\,HCl,$$
$$2\,NH_4Cl + PtCl_4, 2\,HCl = PtCl_4, 2\,NH_4Cl + 2\,HCl.$$

Diese Bildung von Doppelsalzen ist typisch für eine grosse Reihe organischer Verbindungen und zwar der sog. Ammoniakbasen, sowie der übrigen stickstoffhaltigen organischen Basen. Vielfach entstehen hierbei ebenfalls schwer lösliche oder unlösliche Doppelsalze, die sich zu einer quantitativen Bestimmung verwerthen lassen, und die auch zur Ermittlung der Molekulargrösse der betreffenden Verbindung verwendet werden können, indem je nach dem Platingehalt die Grösse der betreffenden Base aus ihrer Verbindungsfähigkeit sich berechnen lässt, sobald eine einsäurige Base vorliegt.

Diese Methode erscheint um so werthvoller, als sich die Platinbestimmung hierbei in gleicher Weise wie bei dem Ammoniumplatinchlorid zu einer sehr einfachen gestaltet. Glühen der betreffenden Verbindung genügt, um das Platin in reinem Zustande als Rückstand wägen zu können.

Derartige Platindoppelsalze sind nun z. B.

Methylaminplatinchlorid,	$PtCl_4, 2\,(NH_2\,CH_3, HCl)$.
Trimethylaminplatinchlorid,	$PtCl_4, 2\,[N\,(CH_3)_3, HCl]$.
Cholinplatinchlorid,	$PtCl_4, 2\,[N\,(CH_3)_3, (C_2H_4OH)Cl]$.
Neurinplatinchlorid,	$PtCl_4, 2\,[N\,(CH_3)_3, (C_2H_3)\,Cl]$.
Aethylendiaminplatinchlorid,	$PtCl_4, (HCl\,.\,NH_2CH_2\text{-}CH_2NH_2HCl)$.
Aethylentriaminplatinchlorid,	$3\,PtCl_4, 2\,[(C_4H_{13}N_3), 3\,HCl]$.
Anilinplatinchlorid,	$PtCl_4, 2\,[C_6H_5NH_2HCl]$.
Pyridinplatinchlorid,	$PtCl_4, 2\,[C_5H_6N, HCl]$.
Chinolinplatinchlorid,	$PtCl_4, 2\,[C_9H_7N, HCl]$.
Coniinplatinchlorid,	$PtCl_4, 2\,[C_8H_{17}N, HCl]$.
Nikotinplatinchlorid,	$PtCl_4, 2\,(C_{10}H_{14}N_2, 2\,HCl)$ u. s. w.

Die Darstellung der Platinchlorid-Doppelsalze kann je nach der Löslichkeit des Ausgangsmaterials und der zu erwartenden Doppelverbindung in wässeriger, alkoholischer oder ätherischer Lösung vorgenommen werden, in welchen drei Flüssigkeiten die Platinchloridchlorwasserstoffsäure löslich ist. Man erhält die Doppelverbindung meist in krystallinischem bezw. krystallisirtem Zustande von mehr oder weniger gelber bis gelbrother Farbe. Man trocknet und bestimmt den Gehalt an Platin wie angegeben durch Glühen [1]).

Die Berechnung der Molekulargrösse geschieht unter Zugrundelegung des Werthes 194,34 für das Atomgewicht des Platins nach der Gleichung:

$$x : y = Pt : M'; \quad x : y = 194{,}34 : M'.$$

---

1) Vgl. hierzu Guareschi-Kunz-Krause, Einführung in das Studium der Alkaloide, Gaertner, Berlin 1896.

Hierbei ist: M' das Molekulargewicht des Chloroplatinates,
x = gefundene Menge Platin,
y = angewandte Menge Chloroplatinat.

Das Molekulargewicht M für einsäuerige Basen, deren Platinchloriddoppelsalze nach der allgemeinen Formel: (Base, $HCl)_2$, $PtCl_4$, zusammengesetzt sind, berechnet sich nach der Formel

$$M = \frac{M' - 409,34}{2},$$

für zweisäuerige Basen (Base, 2HCl, $PtCl_4$) nach der Formel

$$M = M_1 - 409,34,$$

wobei 409,34 das Gewicht von H_2PtCl_6 ist.

Die Goldchlorid-Chlorwasserstoffsäure, HCl, $AuCl_3$, findet in der gleichen Weise Verwendung. Die Berechnung erfolgt wie vorher, wobei als Atomgewicht des Goldes 196,2 angenommen wird.

a) Bestimmung der methylirten Amine.

Zunächst trennt man nach H. Quantin[1]) die drei möglicherweise vorhandenen Amine vom Ammoniak durch Fällen desselben als phosphorsaure Ammoniakmagnesia. Die entsprechenden Methylaminverbindungen fallen nicht aus.

Zu der hinsichtlich ihrer Gesammtalkalinität bestimmten Lösung giebt man eine genügende Menge von phosphorsaurem Natron und schwefelsaurem Magnesia, um alle als Ammoniak berechneten Basen als phosphorsaure Ammoniakmagnesia zu binden. Das phosphorsaure Natron muss im geringen Ueberschuss vorhanden sein. Man macht alsdann stark alkalisch, lässt 12 Stunden stehen, filtrirt die phosphorsaure Ammoniakmagnesia ab, wäscht mit destillirtem Wasser aus, löst in verdünnter Schwefelsäure, destillirt in bekannter Weise nach Zusatz von überschüssiger Natronlauge das vorhandene Ammoniak ab und bestimmt es in der üblichen Weise.

Zur Trennung der drei Methylamine befreit man wiederum einen aliquoten Theil vom Ammoniak und führt die Methylamine durch Behandeln mit Platinchlorid und Alkohol in die entsprechenden Platinverbindungen über. Die Platinsalze des Mono- und Dimethylamins sind in Alkohol unlöslich, das des Trimethylamins dagegen ist löslich. Durch Filtration und Auswaschen mit Alkohol erhält man die Platinverbindungen des Mono- und Dimethylamins. Man bestimmt zunächst die Gesammtmenge, alsdann nach dem Glühen die Menge des darin enthaltenen Platins. Eine einfache Rechnung ergiebt aus diesen Daten den Gehalt des Mono- und des Dimethylamins.

---

1) H. Quantin, Compt. rend. 115, 561; **34**, 101, 1895.

Berechnet man diese beiden Basen als Ammoniak, addirt hierzu die gefundene Menge Ammoniak und subtrahirt das Ganze von der durch Filtration ermittelten Gesammtalkalinität, so ist der Rest die dem vorhandenen Trimethylamin entsprechende Menge Ammoniak.

13. Verwendung von Phosphorsäure, Phosphormolybdän- und Phosphorwolframsäure.

Die Ausfällung von Basen durch Phosphorsäure dürfte von geringerer Verwendbarkeit sein, da die Bildung charakteristischer Niederschläge selten zu erwarten steht. Es liegt deshalb auch nur ein Vorschlag von L. Lewy vor, zur Trennung des o- von p-Toluidin die verschiedene Löslichkeit der ungleichartigen Phosphate derselben zu verwenden[1]).

Eine viel reichlichere Anwendung finden gewisse Molekularverbindungen der Phosphorsäure, die dieselbe mit Wolframsäure und Molybdänsäure bildet. Die Lösungen dieser beiden Doppelverbindungen dienen als wichtige Reagentien für die Erkennung der Alkaloide.

Die Phosphormolybdänsäure entspricht in krystallisirtem Zustande der Formel $2\,H_3PO_4$, $22\,MO_3$, $50\,H_2O$. Sie fällt aus stark sauren Lösungen der Kalium-[2]), Ammonium-, Rubidium-, Caesium- und Thalliumsalze gelbe, in Wasser und in verdünnten Säuren unlösliche Phosphormolybdänsalze. Das Ammoniumsalz wird als charakteristischer Niederschlag bei dem Nachweis der Phosphorsäure mit molybdänsaurem Ammoniak erhalten und hat nach Rammelsberg folgende Zusammensetzung:

$$2\,(NH_4)_3PO_4,\ 22\,MO_3,\ 12\,H_2O.$$

Natrium- und Lithiumsalze werden nicht niedergeschlagen, dagegen aber die Lösungen organischer Basen, besonders die der Alkaloide.

Die Darstellung einer für die Alkaloidbestimmung brauchbaren Lösung geschieht durch Auflösen des phosphormolybdänsauren Ammons in Sodalösung, Verdampfen derselben bis zur Trockne und so lange andauerndem Glühen, bis sämmtliches Ammoniak entwichen ist. Alsdann löst man die zurückbleibende Menge in der zehnfachen Quantität Wasser und versetzt mit soviel Salpetersäure, dass eine klare Lösung erhalten wird.

Die Darstellung einer für die Alkaloidfällung geeigneten Lösung der Phosphorwolframsäure geschieht in der Weise, dass man die wässerige Lösung des Natriumwolframates mit etwas officineller Phosphorsäure versetzt.

---

1) Vgl. hierzu P. N. Raikow und P. Schtarbanow, Chem. Ztg. **25**, 219, 243, 261, 279, 1901.

2) Vgl. z. B. E. Wörner, Ber. deutsch. pharm. Ges. **10**, 4, 1899.

Nach E. Winterstein[1]) verfährt man in der Weise, dass man 4 kg reines und möglichst karbonatfreies Natriumwolframat in 4 l heissem Wasser löst, nach erfolgter Lösung 1 kg krystallisirtes, ammoniakfreies Dinatriumphosphat hinzusetzt und die Flüssigkeit so lange kocht, bis das Phosphat völlig gelöst ist. Die noch warme alkalische Flüssigkeit wird nun mit einem Gemische von 1 l Wasser und 1 l englischer Schwefelsäure schwach angesäuert und die Flüssigkeit bis zur dünnen Krystallhaut eingedampft. Man lässt nun dieselbe 24 bis 30 Stunden ruhig stehen, durchstösst dann die aus Glaubersalzkrystallen bestehende Abscheidung, giesst die syrupöse Flüssigkeit ab und seiht dieselbe eventuell von noch ausgeschiedenem Glaubersalz ab; sie zeigt die Dichte 1,8—2. Zur Reinigung nach Drechsel bringt man in einen grossen Scheidetrichter 200—300 ccm der öligen Säure, schichtet das doppelte Volum Aether darauf und fügt eine gut gekühlte, annähernd 70 %ige Schwefelsäure hinzu. Bald fallen schwere, hellgelbe, ölige Tropfen einer ätherischen Lösung von Phosphorwolframsäure herunter, die man abfliessen lässt. Man setzt das Ausäthern fort, bis keine ölige Ausscheidung mehr erfolgt. Die vereinigten ätherischen Lösungen werden nun nochmals mit Aether unter Wasserzusatz extrahirt. Das Aetherextrakt wird im Dampfstrom aus dem Wasserbad destillirt; in die dunkel gefärbte, noch wässerige, von Aether möglichst befreite Flüssigkeit leitet man so lange Chlor ein, bis die Lösung hellgelb geworden ist. Nach dem Erkalten krystallisirt ein grosser Theil der Phosphorwolframsäure aus; der Rest wird durch Koncentration der Mutterlauge erhalten. Aus 4 kg Wolframat wurden 2,3 kg krystallisirte Säure erhalten.

a) Bestimmung von o- und p-Toluidin.

Nach L. Lewy[2]) lässt sich das Verhalten der Toluidine zu Phosphorsäure zu einer Trennung des o- und p-Toluidins von einander bezw. zu einer Bestimmung derselben neben einander nach dem Princip der indirekten Analyse benützen.

Das o-Toluidin verbindet sich nämlich mit Phosphorsäure nur zu primärem Phosphat, $C_6H_4 < {(1) NH_2 \atop (2) CH_3}$, H_3PO_4, während das p-Toluidin kein primäres, sondern stets sekundäres Phosphat, $C_6H_4 < {(1) NH_2 \atop (2) CH_3}$, H_3PO_4, bildet. Da nun das o-Toluidinphosphat in kaltem Wasser viel leichter löslich ist als das p-Toluidinphosphat, so setzt sich, wenn man p-Toluidin mit einer Lösung von o-Toluidinphosphat behandelt, letzteres mit dem

---

1) E. Winterstein, Chem. Ztg. **22**, 539, 1898; vgl. auch M. Sobolew, Zeitschr. anorg. Ch. **12**, 16, 1895.

2) L. Lewy, Ber. **19**, 1717 und 2728, 1886.

p-Toluidin so um, dass sich dieses in unlösliches Phosphat verwandelt und o-Toluidin frei wird. Ebenso bildet sich, wenn man zu einem Gemisch beider Toluidine Phosphorsäure setzt, zunächst p-Toluidinphosphat, so dass sich das o-Toluidin von dem p-Toluidinphosphat abpressen lässt.

Zur quantitativen Bestimmung beider Basen in einem Gemisch lässt sich eine indirekte Methode in der Weise anwenden, dass man sie als Phosphate wägt und in diesen dann die Phosphorsäure bestimmt.

Diese Methode hat in der Technik keine Verwendung gefunden, da man hierbei wohl am besten mit Oxalsäure fällt.

14. Verwendung der Oxalsäure.

Die Oxalsäure bildet bekanntlich mit den Erdalkalimetallen, mit Blei, Quecksilber u. s. w. unlösliche oder schwer lösliche Salze. In gleicher Weise giebt es auch organische Basen, mit denen sie schwer lösliche Verbindungen giebt, so dass die Oxalsäure mitunter zur Fällung bezw. zur Trennung der einen oder anderen basischen Verbindung benützt wird. Hierbei handelt es sich vorerst nur um o- und p-Toluidin, die Alkaloide theilweise sowie um Harnstoff.

Sicherlich lassen sich noch weitere Verwendungsarten der Oxalsäure finden, da sie als leicht erhältliche zweibasische Säure wohl in einzelnen Fällen brauchbare Resultate liefern wird. Es sei noch daran erinnert, dass manche Farbstoffe als Oxalat gefällt und als solches in den Handel gebracht werden wie z. B. Malachitgrün, dessen Oxalat folgende Zusammensetzung hat, $2\,C_{23}H_{24}N_2 + 3\,C_2H_2O_4$.

a) Bestimmung des Harnstoffes.

Nach dem Verfahren von v. Schröder[1]) lässt sich der Harnstoff in alkoholischer Lösung durch eine gesättigte ätherische Oxalsäurelösung fällen, als $CO(NH_2)_2, C_2H_2O_4$; aus wässeriger Lösung krystallisirt das Salz mit zwei Molekülen Wasser, $CO(NH_2)_2, C_2H_2O_4 + 2\,H_2O$, in langen dünnen Blättchen, die in kaltem Wasser schwer löslich sind.

R. Gottlieb[2]) benützt diese Methode, um den Harnstoff in den Geweben zu bestimmen. Der nach dem Verfahren von v. Schröder isolirte Harnstoff wird zur Bestimmung in wenig Alkohol gelöst und mit etwas mehr ätherischer Oxalsäurelösung versetzt, als zur Fällung ausreicht. Zur Vertreibung des Alkohols wird Niederschlag und Mutterlauge in der Hitze zur Trockne gebracht, und der Rückstand auf einem Filter von der überschüssigen Oxalsäure durch Waschen mit Alkohol und wasserfreiem

1) W. v. Schröder, Zeitschr. analyt. Ch. **22**, 136, 1893.

2) R. Gottlieb, Arch. f. experim. Path. und Pharmakologie **42**, 238; Zeitschr. analyt. Ch. **38**, 396, 1899.

Aether befreit; der auf dem Filter verbleibende Rückstand wird in wenig Wasser gelöst, und die Quantität des gewonnenen oxalsauren Harnstoffes durch Filtration der Oxalsäure mittels Barytwassers bestimmt: 1 ccm N-Barytlösung zeigt 3 mg Harnstoff an. Zur Erzielung genauer Werthe ist auf sorgfältiges Wegwaschen der überschüssigen Oxalsäure Gewicht zu legen. Es genügen 60—100 ccm Aether; der durch die Löslichkeit entstehende Fehler kann durch eine entsprechende Korrektur (10 ccm = 0,1 mg Harnstoff) beseitigt werden.

b) Bestimmung von p-Toluidin im o-Toluidin.

Die meist üblich gewesene und auch bei grösseren Mengen von p-Toluidin genügend genaue Methode der Titrirung mit Oxalsäure in ätherischer Lösung giebt bei geringerem Gehalt an diesem Bestandtheil unzuverlässige Resultate, weil sich bei Anwesenheit von viel o-Toluidin durch die vorgeschriebene Aethermenge nicht sicher alles Oxalat dieser letzteren Verbindung in Lösung halten lässt, eine Vermehrung des Aethers aber wohl eine unvollständige Ausscheidung der p-Verbindung bewirken würde.

C. Häussermann[1]) empfiehlt deshalb für an p-Toluidin ärmeres o-Toluidin, wie es jetzt fast stets im Handel vorkommt, folgende gleichfalls auf der Schwerlöslichkeit des p-Toluidinoxalates beruhende Methode, die zwar nur annähernde Werthe liefert und grosse Uebung erfordert, aber doch für die Technik recht brauchbar sein soll.

In eine in einer Porcellanschale befindliche, auf 70—80^0 erhitzte Lösung von 88 g krystallisirter Oxalsäure in 750 ccm Wasser und 43 ccm Salzsäure (22^0 R.) lässt man 100 g des zu untersuchenden Toluidins einfliessen und erwärmt unter Umrühren so lange, bis die etwa ausgeschiedenen Massen von Oxalat völlig in Lösung gegangen sind, was wenige Minuten in Anspruch nimmt. Hierauf lässt man die von Zeit zu Zeit zu bewegende Flüssigkeit sich langsam abkühlen, bis eine eben sichtbare Ausscheidung von Oxalat auf der Oberfläche derselben bemerkbar wird, was je nach dem Gehalt an der p-Verbindung zwischen 30 und 35^0 eintritt. Sobald eine geringe Menge auskrystallisirt ist und eine Pause in der Krystallisation eintritt, z. B. nach Abscheidung von 0,5 g, wird rasch durch leicht durchlässiges Leinengewebe filtrirt, der Rückstand mit einigen Tropfen Wasser nachgewaschen und schwach abgepresst. Wenn diese erste Krystallisation ein weisses, mattes und glanzloses Aussehen besitzt, wird das Filtrat nach kurzem Stehenlassen abermals filtrirt, um eine der ersten annähernd gleiche Menge des jetzt Ausgeschiedenen zu erhalten. Das Sammeln der einzelnen Ausscheidungen wird so lange fortgesetzt, bis keine matten Schuppen, sondern

[1]) C. Häussermann, Chem. Ind. 1887, Nr. 2.

nur durchaus krystallinische Salzmassen mit stark glänzenden Flächen erhalten werden, die aus reinem o-Oxalat bestehen und bei einiger Uebung sehr scharf von den ersten p Oxalat enthaltenden Ausscheidungen unterschieden werden können. Ist dieser Punkt erreicht, so wird die Flüssigkeit, die jetzt vollkommen frei von der p-Verbindung ist und beim völligen Erkalten zu einer Krystallmasse von reinem o-Oxalat erstarrt, beseitigt.

Die einzelnen Krystallfraktionen werden nun der Reihe nach mit einer Lösung von kohlensaurem Natron destillirt, und die mit den Wasserdämpfen übergehende Base zunächst einer qualitativen Probe unterworfen, die darin besteht, dass man dieselbe mittels Eises abkühlt und auf ihre Erstarrungsfähigkeit untersucht. Wird die Probe beim blossen Umrühren fest, so sammelt man die Krystallmasse auf einem tarirten Filter, presst leicht ab, trocknet über Natronhydrat und bringt die Krystalle als p-Toluidin zur Wägung. Erstarrt sie dagegen erst durch Berühren mit einem Krystall reinen p-Toluidins, so bringt man nur die Hälfte des Gewichtes derselben als p-Toluidin in Anrechnung, während man, wenn bereits die erste Krystallfraktion ein unter diesen Bedingungen flüssig bleibendes Produkt ergiebt, das untersuchte Toluidin für technische Zwecke als p-Toluidinfrei ansehen kann.

Die Anzahl der zu sammelnden Krystallfraktionen und das Gewicht derselben lässt sich nicht im voraus bestimmen, da hierfür nur der Gehalt an p-Verbindung massgebend ist. Bei guter Handelswaare ist in der Regel nur nöthig, zwei Fraktionen von 0,3—0,5 g zu sammeln und zu destilliren, wobei die zweite schon ein vollkommen flüssiges Oel liefert. Die angegebenen Zahlenverhältnisse eignen sich jedoch nur für Produkte, die nicht über 8—10 % der p-Verbindung enthalten. Will man, was weniger zu empfehlen ist, höherprocentige auf dieselbe Weise untersuchen, so müssen die Proben vorher mit reinem o-Toluidin verdünnt werden, während man bei Bestimmung eines nur Spuren betragenden p-Toluidingehaltes in der Art vorgehen muss, dass man zunächst aus einer grösseren Quantität die Hauptmenge des o-Toluidins als in Alkohol schwer lösliches Pikrat abscheidet und so in dem in Alkohol in der Kälte löslichen Theil das p-Toluidin genügend anreichert, um dasselbe nach Wiederabscheidung des Basengemenges nach obigem Verfahren bestimmen zu können.

Man vergleiche hierzu das im zweiten Bande beschriebene Bromirungsverfahren von H. Reinhardt, wobei auch Oxalsäure zur Ausfällung von p-Toluidin benützt wird.

c) Fällung der ätherischen Lösung der Alkaloide.

Man weiss, dass bei der Untersuchung der Alkaloide ein grosses Hinderniss die Schwierigkeit ist, dieselben rein zu erhalten. Oefters sind die aus den verdächtigen Stoffen ausgezogenen Alkaloide von fremden organischen Substanzen begleitet, wodurch besonders die Farbenreaktionen weniger scharf oder ganz verdeckt sind. Diese so empfindlichen und charakteristischen Reaktionen werden bekanntlich mit koncentrirten reinen oder gemischten Mineralsäuren wie Schwefel-. Salpeter-, Salzsäure, mit dem Erdmann'schen, Fröhde'schen Reagens u. s. w. ausgeführt. Die organischen Stoffe, welche die aus den Eingeweiden extrahirten Alkaloide begleiten, verkohlen mit diesen Reagentien und verbergen dadurch die Färbungen. Chandelon[1]) meint, man könnte dies verhindern, wenn man die Alkaloide aus den ätherischen, chloroformischen u. s. w. Lösungen niederschlüge, da diese Lösungsmittel die Unreinigkeiten zurückhalten. Die Alkaloidsalze sind in den angewendeten Lösungsmitteln gewöhnlich unlöslich, es genügte, eine in demselben Lösungsmittel gelöste Säure hinzuzufügen. Chandelon verwendete zunächst Oxalsäure, wobei er bemerkte, dass mehrere Alkaloide als Oxalate ganz, andere nur theilweise, andere gar nicht niedergeschlagen wurden. Die meisten Niederschläge waren krystallinisch, und es war sehr leicht, die Alkaloide daraus zu extrahiren. Der Niederschlag von Alkaloidoxalat wurde mit Aether gewaschen und in Alkohol gelöst; eine verdünnte alkoholische Kalilösung wurde bis zur deutlichen alkalischen Reaktion zugefügt, das Kaliumoxalat abfiltrirt, mit Alkohol gewaschen, welches wie auch das Filtrat mit einem Kohlensäurestrom behandelt wurde, wodurch der Ueberschuss der Kalilauge niedergeschlagen wird. Nach Filtration und Auswaschen liefert die alkoholische Lösung durch freie Verdunstung die Alkaloide in einem hohen Reinheitszustande.

15. Verwendung der Pikrinsäure.

Die Pikrinsäure, das Trinitrophenol $C_6H_2(2.4.6)(NO_2)_3(1)OH$, ist eine gelbe Verbindung, die etwas in Wasser löslich ist, leicht löslich aber in Aether, Alkohol, Benzol u. s. w., und einen Schmelzpunkt von 122,5° besitzt. Sie ist, wie schon der Name sagt, eine Verbindung von säureartigem Charakter, bei der die schwach saure Hydroxylgruppe des Phenols durch die Nitrogruppen entsprechend verstärkt worden ist. Man erkennt die Pikrinsäure an ihrem bitteren Geschmacke und an der geringen Löslichkeit ihres Kaliumsalzes. Durch Cyankalium wird ihre wässerige Lösung roth gefärbt. Sie selbst färbt Seide und Wolle gelb an.

Die Pikrinsäure bildet einmal salzartige Verbindungen, welche ihren Metallsalzen $C_6H_2(NO_2)_3ONH_4$, $C_6H_2(NO_2)_3OK$, $C_6H_2(NO_2)_3ONa$, $[C_6H_2(NO_2)_3O]_2$ Mg u. s. w. entsprechen, die sich zum Theil durch besondere Explosibilität auszeichnen.

Ausserdem kennt man aber noch eine ganze Reihe von Verbindungen der Pikrinsäure mit organischen Substanzen, die man wohl hauptsächlich als molekulare Doppelverbindungen ansehen muss.

---

[1]) Chandelon, Chem. Ztg. Ref. **24**, 974, 1900.

Von diesen Verbindungen der Pikrinsäure mit organischen Körpern seien folgende erwähnt:

1. Pikrinsäure und aromatische Kohlenwasserstoffe.

Pikrinsäure, Benzol, $C_6H_2(NO_2)_3OH$, C_6H_6, Schmelzpunkt 85—90°,

Pikrinsäure, 1-2-3-4-Tetramethylbenzol, $C_6H_2(NO_2)_3OH$, $C_6H_2(CH_3)_4$, Schmelzpunkt 92—95°.

Pikrinsäure, Pentamethylbenzol, $C_6H_2(NO_2)_3OH$, $C_6H(CH_3)_5$, Schmelzpunkt 131°.

Pikrinsäure, Hexamethylstilben, $2C_6H_2(NO_2)_3OH$, $C_{20}H_{24}$,C_6H_6, Schmelzpunkt 123°.

Pikrinsäure, Naphtalin $C_6H_2(NO_2)_3OH$, $C_{10}H_8$, Schmelzpunkt 149°.

Pikrinsäure, Anthracen, $C_6H_2(NO_2)_3OH$, $C_{14}H_{10}$, Schmelzpunkt 138°.

Pikrinsäure, Phenanthren, $C_6H_2(NO_2)_3OH$, $C_{14}H_{10}$, Schmelzpunkt 143 bis 145°.

2. Pikrinsäure und Phenole.

Pikrinsäure, Phenol, $C_6H_2(NO_2)_3OH$, C_6H_5OH, Schmelzpunkt 53°.

Pikrinsäure, α-Naphtol, $C_6H_2(NO_2)_3OH$, $C_{10}H_7OH$, Schmelzpunkt 189 bis 190°.

Pikrinsäure, β-Naphtol, $C_6H_2(NO_2)_3OH$, $C_{10}H_7OH$, Schmelzpunkt 155°.

3. Pikrinsäure und organische Basen.

Pikrinsäure, Aethylamin, $C_6H_2(NO_2)_3OH$, $C_2H_5NH_2$, Schmelzpunkt 165°.

Pikrinsäure, Propylamin, $C_6H_2(NO_2)_3OH$, $C_3H_7NH_2$, Schmelzpunkt 135°.

Pikrinsäure, Guanidin, $C_6H_2(NO_2)_3OH$, CH_5N_3, schmilzt nicht bei 280°.

Pikrinsäure, Kreatinin, $C_6H_2(NO_2)_3OH$, $C_4H_7N_3O$, Schmelzpunkt ca. 240°, entsteht durch Zusatz einer alkoholischen Pikrinsäurelösung zu Hundeharn.

Pikrinsäure, Harnstoff, $C_6H_2(NO_2)_3OH$, CH_4N_2O, Schmelzpunkt 142°.

Pikrinsäure, Asparagin, $C_6H_2(NO_2)_3OH$, $C_4H_8N_2O_3$, zersetzt sich bei 180°.

Pikrinsäure, Semikarbazid, $C_6H_2(NO_2)_3OH$, $CH_2CONHNH_2$, Schmelzpunkt 166°.

Pikrinsäure, Anilin, $C_6H_2(NO_2)_3OH$, $C_6H_5NH_2$, zersetzt sich bei 165°.

Pikrinsäure, p-Toluidin, $C_6H_2(NO_2)_3OH$, $C_6H_4NH_2CH_3$, Schmelzpunkt 169°.

Pikrinsäure, o-Nitrobenzylamin, $C_6H_2(NO_2)_3OH$, $C_6H_4NO_2CH_2NH_2$, Schmelzpunkt 206—208°.

Pikrinsäure, Tribenzylamin, $C_6H_2(NO_2)_3OH$, $(CH_2C_6H_5)_3N$, Schmelzp. —.

Pikrinsäure, α-Naphtylamin, $C_6H_2(NO_2)_3OH$, $C_{10}H_7NH_2$, Schmelzpunkt 165°.

Pikrinsäure, β-Naphtylamin, $C_6H_2(NO_2)_3OH$, $C_{10}H_7NH_2$, Schmelzpunkt 195°.

Die Wahl des Lösungsmittels zur Darstellung der Pikrate richtet sich ganz nach der Löslichkeit der Bestandtheile und des Pikrates. Man wird wohl immer so zu wählen haben, dass die Pikrinsäureverbindung in der betreffenden Flüssigkeit möglichst wenig löslich ist.

Die Pikrinsäureverbindungen werden ihrer charakteristischen Eigenschaften wegen häufig zur Identificirung des einen oder anderen Körpers benützt. Dass die Darstellung derselben auch zu quantitativen Bestimmungen sich eignet, beweisen die nachfolgenden analytischen Methoden.

In Lösung sind die Pikrinsäureverbindungen meist gespalten, wie auch die nachfolgende Untersuchung zeigt.

Ueber das kryoskopische Verhalten der Pikrate machen G. Bruni und R. Carpené[1]) nähere Mittheilungen. Ihre Untersuchungen ergaben, dass alle Pikrate von Verbindungen nichtbasischer Natur völlig in Pikrinsäure und die entsprechende Komponente dissociirt sind; auch die Pikrate schwacher Basen sind selbst in höherer Koncentration vollständig gespalten; nur diejenigen stärkerer Basen befinden sich in einem von der Koncentration abhängigen Dissociationszustand. Gar nicht dissociirt sind die Pikrate einiger starker Basen, wie einiger substituirter Induline und Granatonine. Andere dieser Derivate sind jedoch theilweise dissociirt, was darauf hindeutet, dass die Stärke dieser Basen, die übrigens noch nicht untersucht zu sein scheint, nicht allein massgebend ist.

Eine rein theoretische Abhandlung über die Reaktion zwischen Pikrinsäure und β-Naphtol in der wässerigen Lösung hat B. Kuriloff[2]) veröffentlicht. Hierbei hat sich ergeben, dass die Pikrinsäure und das β-Naphtolpikrat in der wässerigen Lösung denselben Grad der elektrolytischen Dissociation besitzen oder anders ausgedrückt, dass Zusatz des β-Naphtols keinen Einfluss auf die elektrolytische Dissociation der Pikrinsäure ausübt. Weiterhin giebt Kuriloff noch folgende Beobachtungen:

Wenn man Pikrinsäure mit β-Naphtol in Pulverform mischt, so beobachtet man schon bei gewöhnlicher Temperatur den Uebergang der gelben Farbe der Pikrinsäure in die rothe der Verbindung. Aus einer Lösung der Bestandtheile in Aether oder in Benzol krystallisirt die Verbindung in nadelförmigen, intensiv rothen Krystallen aus. Zur Darstellung der reinen Verbindung löst man äquivalente Mengen Pikrinsäure und β-Naphtol in Aether und vermischt die Lösungen. Die weitere Untersuchung ergab, dass nur ein Verbindungsverhältniss zwischen Pikrinsäure und β-Naphtol möglich ist, nämlich folgendes

$$C_{10}H_7OH + C_6H_2(NO_2)_3OH \text{ vom Schmelzpunkt } 157-158.$$

Auch das System Pikrinsäure-Benzol ist ausführlich von Kuriloff studirt worden, während über Pikrinsäure-β-Naphtol auch noch von Behrend Versuche angestellt wurden. Ueber dessen Arbeit ist bereits

1) G. Bruni und R. Carpené, Gazz. chim. ital. **28**, II, 71, 1898.

2) B. Kuriloff, Zeitschr. physikal. Ch. **23**, 90, 1897, **23**, 671, 1897, **24**, 441 1897, **24**, 697, 1897.

vorher berichtet worden bei Besprechung der Löslichkeitsverminderung durch Zusatz gleichartiger Stoffe.

a) Bestimmung von Naphtalin, Acenaphten, α- und β-Naphtol.

F. W. Küster[1]) empfiehlt die Umwandlung dieser Substanzen mit überschüssiger Pikrinsäure in ihre betreffenden Pikrinsäureverbindungen und Zurücktitriren der überschüssig zugesetzten Pikrinsäure mit N-Lauge unter Benützung von Phenolphtaleïn oder Lackmoid als Indikator.

Die Bestimmung geschieht in folgender Weise: Die zu untersuchende Substanz kommt mit der abgemessenen Pikrinsäurelösung von etwa $N/_{20}$ (bei gewöhnlicher Temperatur gesättigt) in eine kleine Korkflasche, die so gross zu wählen ist, dass sie etwa bis zum Halse angefüllt wird. Die Flasche muss genügend stark im Glase sein, so dass sie ohne Gefahr leer gepumpt werden kann. Verschlossen wird sie mit einem guten Kautschukpfropfen, durch dessen Bohrung eine etwa 7 cm lange Röhre geht, die ohne grosse Mühe verschoben werden kann und am unteren Ende zugeschmolzen ist. Etwa $1^1/_2$ cm oberhalb dieses Endes ist ein kleines, seitliches Loch eingeblasen, so dass die Flasche durch dieses hindurch ausgepumpt werden kann, wenn die Röhre genügend tief eingeschoben ist. Nach vollendetem Evakuiren zieht man, während die Pumpe noch wirkt, die Röhre so weit empor, dass das zugeschmolzene Ende mit der unteren Fläche abschneidet, wodurch die Kommunikation des Flascheninneren mit der Umgebung unterbrochen wird. Bei guter Anordnung kann man tagelang auf dem Wasserbad erhitzen, ohne dass Ueberdruck entsteht. Vor dem Oeffnen der erkalteten Flasche lässt man durch Hinunterschieben der Röhre Luft eindringen.

Küster hat bei Naphtalin und den Naphtolen befriedigende Resultate erhalten, bei Acenaphten aber um ca. 2% zu niedrige Resultate gefunden, wahrscheinlich infolge der Unreinheit des Präparates, dessen Schmelzpunkt um 3° zu niedrig lag. Mit Phenanthren gelang keine Bestimmung, da trotz sehr langen Erhitzens keine quantitative Abscheidung des Pikrates erfolgte. Bei der Bestimmung des Naphtalins ist es nothwendig, genügend lange und sehr hoch im Wasserbade zu erhitzen. Im anderen Falle erhält man zu niedere Resultate. Auch ist es zweckmässig, die warme Flüssigkeit häufig umzuschütteln, um die in den leeren Hals der Flasche sublimirenden Antheile von Naphtalin in die Pikrinsäure zurückzuführen. Da Acenaphten in der heissen Pikrinsäurelösung nicht schmilzt, so wendet man die Substanz in fein geriebener Form an, um eine schnellere und vollständige Umsetzung zu erzielen.

Das Pikrat des β-Naphtols ist in der halb gesättigten wässerigen

---

1) F. W. Küster, Ber. **27**, 1101, 1894.

Lösung der Pikrinsäure nicht vollständig unlöslich. Nach Küster's Bestimmung gelangen aus 100 ccm der Pikrinlösung 0,0075 g β-Naphtol nicht zur Abscheidung. Diese Korrektur ist in Anrechnung zu bringen.

b) Bestimmung als Akridinpikrat.

Wie R. Anschütz[1]) beobachtet hat, ist das Akridinpikrat, $C_{13}H_9N$, $C_6H_2(NO_2)_3OH$, infolge seiner Schwerlöslichkeit sehr geeignet dazu, die Pikrinsäure selbst, sowie in der Form ihrer leicht löslichen Verbindungen zu bestimmen. Das Akridinpikrat ist eine für das Akridin ungemein charakteristische Verbindung; es bildet bei raschem Krystallisiren aus Alkohol nur unter dem Mikroskop erkennbare, feine prismatische Nadeln, bei langsamer Krystallisation sternförmig gruppirte, sehr zarte Prismen. Das Salz besitzt eine kanariengelbe Farbe mit grünem Schimmer, es schmilzt sehr hoch; allein der Schmelzpunkt lässt sich nicht mit Sicherheit angeben, da die Substanz bei 208^0 etwa anfängt, partiell schwarze Tröpfchen zu bilden und die allmälig zunehmende Schwärzung den Punkt der vollständigen Schmelzung nicht recht zu beobachten erlaubt.

In kaltem Wasser ist das Akridinpikrat sehr schwer löslich, durch kochendes Wasser wird es theilweise zerlegt; es tritt deutlich der Geruch nach Akridin auf. In kaltem Alkohol und besonders in kaltem Benzol ist das Akridinpikrat ebenfalls sehr wenig löslich und selbst beim Kochen wird von beiden genannten Lösungsmitteln nur wenig Salz aufgenommen. Bei 17,5^0 enthielt die alkoholische Lösung in 100 ccm 0,035 g Akridinpikrat; noch schwerer ist es in Benzol löslich, 100 ccm lösen bei 17,5^0 0,01 g.

Man kann daher das Akridin in vielen Fällen zur Analyse von Pikraten mit Vortheil in Anwendung bringen und zwar das salzsaure Akridin zur Analyse von Pikraten und das freie Akridin zur Analyse von Pikrinsäureverbindungen der Kohlenwasserstoffe. Anschütz hat auf diese Weise die Phenanthrenpikrinsäure und die Naphtalinpikrinsäure mit folgendem Resultat analysirt.

0,1877 Phenanthrenpikrinsäure ergaben 0,1932 g Akridinpikrat.

	Berechnet.	Gefunden.
$C_6H_2(NO_2)_3OH$	56,26 %	57,77 %.

0,1844 g Naphtalinpikrinsäure ergaben 0,2151 g Akridinpikrat.

	Berechnet.	Gefunden.
$C_6H_2(NO_2)_3OH$	64,15 %	65,47 %.

Beide Bestimmungen des Akridinpikrates sind zu hoch ausgefallen, trotzdem das Akridinpikrat in Benzol etwas löslich ist. Es kommt dies

---

1) R. Anschütz, Ber. **17**, 438, 1884.

daher, dass das völlige Auswaschen des Niederschlages mit Benzol auf einem Papierfilter mit Schwierigkeiten verbunden ist. Man muss das Auswaschen des Akridinpikrates mit Benzol so lange fortsetzen, bis das Filtrat auch nach 12stündigem Stehen mit Pikrinsäure keinen Niederschlag von Akridinpikrat mehr giebt.

Eine ähnliche schwer lösliche Verbindung bildet auch das Chrysanilin, dessen Pikrat sich durch ziegelrothe Farbe auszeichnet.

c) Bestimmung von Pikrinsäure, Naphtolgelb S, sowie einiger Azofarben.

Hierzu benützen Chr. Rawson und Edm. Knecht[1]) die Eigenschaft der betreffenden Farbstoffe mit Nachtblau, völlig unlösliche Verbindungen einzugehen. Mit Pikrinsäure bildet Nachtblau die Verbindung $C_{34}H_{36}N_3$, $C_6H_2(NO_2)_3OH$, während zur Bildung der unlöslichen Verbindung mit Naphtolgelb S,

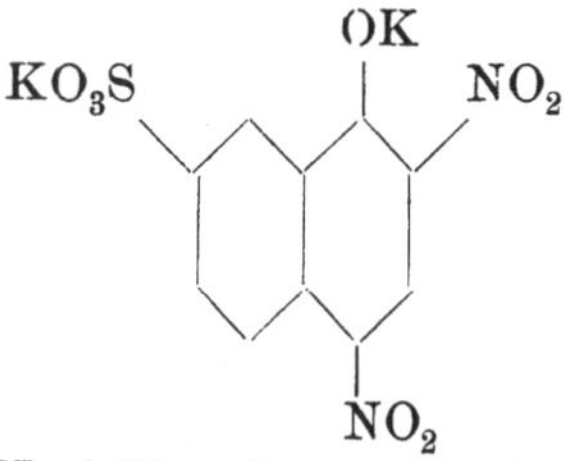

OK
KO_3S NO_2
NO_2

zwei Moleküle dieses Farbstoffes auf ein Molekül Nachtblau kommen unter Bildung der Verbindung $(C_{34}H_{36}N_3)_2$, $C_{10}H_4(NO_2)_2OHSO_3H$.

Für absolute Bestimmungen wäre entweder chemisch reines Nachtblau oder ein chemisch reines Muster des zu untersuchenden Farbstoffes nöthig; für vergleichende Versuche dient aber der technische Farbstoff, der dazu genügend rein ist. Man bereitet sich zunächst eine Lösung von 10 g Nachtblau in 50 ccm Eisessig und verdünnt diese auf 1 l. Sodann werden Lösungen der zu untersuchenden Farbstoffe von je 1 g auf 1 l gemacht.

Die Ausführung der Bestimmung geschieht folgendermassen: Man mischt 10 ccm der Nachtblaulösung mittels einer Pipette in einem Glaskolben und lässt von der Pikrinsäure- oder Naphtolgelblösung eine bestimmte Menge unter Umschütteln einfliessen. Nach Verlauf von ungefähr 1 Minute filtrirt man die Flüssigkeit und beobachtet die Farbe des Filtrates. (Hier dürfte wohl auch die Anwendung einer Tüpfelprobe am Platze sein.) Hierauf wiederholt man den Versuch mit einer frischen Nachtblaulösung und fügt diesmal, je nach der Färbung des Filtrates, mehr oder weniger der Pikrinsäure- oder Naphtolgelblösung zu. Die Flüssigkeit wird nun wieder filtrirt, die Farbe des Filtrates beobachtet und

---

1) Chr. Rawson und Edm. Knecht, Chem. **12**, 857, 1888.

dieser Versuch so oft wiederholt, bis der nächste Tropfen der gelben Farbstofflösung im Filtrate eine Gelbfärbung hervorbringt. Das Filtrat wird am besten in farblosen Glas-Cylindern, wie sie für kolorimetrische Bestimmungen üblich sind, gesammelt. Mit einiger Uebung gelingt es, die Endreaktion in höchstens drei oder vier Versuchen zu erhalten, so dass eine solche Bestimmung nach Bereitung der Lösungen nicht mehr als 10 Minuten in Anspruch nimmt. Der Werth eines und desselben Farbstoffes steht natürlich im umgekehrten Verhältnisse zu der Anzahl Kubikcentimeter, die zur Fällung einer gegebenen Menge Nachtblaulösung erforderlich ist. Die Reaktion ist eine äusserst empfindliche; es genügt z. B. ein einziger Tropfen der erwähnten Pikrinsäurelösung im Ueberschuss, um im Filtrate eine deutliche Gelbfärbung hervorzubringen.

Krystallviolett, $C\begin{cases} C_6H_4 = \overset{\overset{Cl}{|}}{N}(CH_3)_2 \\ [C_6H_4N(CH_3)_2]_2 \end{cases}$, verbindet sich ebenfalls mit Pikrinsäure zu einer unlöslichen Verbindung, der die Formel $C_{25}H_{30}N_3$, $C_6H_2(NO_2)_3OH$ zukommt, und kann deshalb auch zur quantitativen Pikrinsäurebestimmung benützt werden.

Selbstverständlich lassen sich diese Reaktionen auch zur Bestimmung des Nachtblaus und des Krystallvioletts gebrauchen.

d) Fällung der ätherischen Lösung der Alkaloide durch Pikrinsäure.

Chandelon[1]) hat Versuche über die Fällbarkeit der Alkaloide aus ätherischer Lösung durch Pikrinsäure angestellt und dabei folgende Beobachtungen gemacht. Es wurden gefällt:

Gar nicht.	Ganz.	Theilweise.
Coniin,	Cocaïn kryst.,	Chinin amorph,
Veratrin,	Chinidin amorph,	Codeïn „
Solanin,	Atropin kryst.,	Brucin kryst.,
Narkotin,	Pilokarpin „	Cinchonin „
Colchicin,	Strychnin „	Nikotin „
kryst. Aconitin,		Thebaïn „
Coffeïn,		Papaverin „
Theobromin.		

Bei diesen Versuchen wurden 0,01 g Alkaloid in 15 ccm Aethyläther gelöst, welcher zuvor über Kaliumkarbonat getrocknet worden war; nach 48 Stunden waren nicht ganz gelöst: Cinchonin, Atropin, Hyoscin,

1) Chandelon, Chem. Ztg. Ref. **24**, 974, 1900.

Solanin (in Aether fast unlöslich), Codeïn, Colchicin, Aconitin kryst., Coffeïn, Theobromin.

Zu 3—4 ccm dieser Lösungen werden gleiche Volumina einer koncentrirten, in der Kälte mit getrocknetem Aether bereiteten Pikrinsäurelösung zugefügt. Die Fällung ist eine sofortige unter den Versuchsbedingungen für Chinin, Chinidin, Nikotin, Strychnin, Brucin, für die anderen nach 1—24 Stunden. Mit verdünnteren Lösungen ist die Fällung langsamer, die Krystalle aber sind grösser wie z. B. für Cocaïn. Die Krystalle sind für jede Art Alkaloide verschieden und sehr charakteristisch, wie das Mikroskop zeigt. Brucin giebt zwei verschiedene Krystallisationen, die sich aber nie zusammen in derselben Fällung zeigen.

e) Quantitative Trennung von Strychnin und Brucin.

Hierzu benutzt J. E. Gerock[1]) das verschiedene Verhalten dieser Alkaloide bezw. ihrer Pikrinsäureverbindungen beim Erhitzen mit Salpetersäure. Brucin wird bekanntlich durch Salpetersäure roth gefärbt, bei koncentrirterer Säure schon in der Kälte, bei verdünnterer erst beim Erwärmen, und liefert schliesslich beim Erwärmen eine gelbe Lösung, welche keine Alkaloidreaktion mehr giebt und auch nach genauem Neutralisiren durch Pikrinsäure nicht gefällt wird. Das Strychnin wird durch stärkere Salpetersäure etwas beim Erwärmen angegriffen, wobei Nitro-Strychnin und Pikrinsäure entstehen; durch Salpetersäure von 1,056 spec. Gew. und schwächere aber wird trotz der eintretenden Gelbfärbung keine chemische Wirkung mehr ausgeübt. Die Pikrate verhalten sich ebenso wie die freien Basen. Das Verfahren zur Bestimmung bezw. Trennung der beiden Körper ist folgendes:

Die Alkaloide werden unter kurzem Erwärmen auf dem Dampfbade aus möglichst neutraler Lösung mit Pikrinsäure ausgefällt. Besonders das Brucinpikrat, welches sich in der Kälte sehr langsam absetzt, wird dadurch flockiger, und das Filtriren ist nachher erleichtert. Nach einiger Ruhe werden die Pikrate auf einem tarirten Filter gesammelt, mit kaltem Wasser ausgewaschen, bis letzteres farblos abläuft, bei 105° C. getrocknet und gewogen.

Man klopft nun den Niederschlag so gut als möglich vom Filter in ein Becherglas und giesst Salpetersäure von 1,056 spec. Gew., die auf dem Dampfbade erwärmt wurde, zu wiederholten Malen durch das Filter, um das anhängende Brucinpikrat zu zerstören. Diese Salpetersäure wird nun zur Hauptportion des Niederschlages gebracht und damit einige Zeit auf dem Dampfbade erwärmt. Alsdann wird genau neutralisirt, mit einer Spur Essigsäure versetzt (Strychninpikrat ist sowohl in Salpetersäure als in Alkalien löslich, in Essigsäure hingegen bei solcher Verdünnung nicht

[1]) J. E. Gerock, Chem. Ztg. **12**, R. 321, 1888.

merklich); nach dem vollständigen Erkalten wird das zurückbleibende pikrinsaure Strychnin auf das schon angewandte Filter gebracht und wie vorher gewaschen, getrocknet und gewogen. Das Brucin berechnet sich aus der Differenz beider Gewichte.

Nachstehende Resultate gewähren ein Bild der mit der Methode erzielten Genauigkeit.

		I	II	III	IV
Strychnin	abgewogen:	0,084 g	0,0905 g	0,1310 g	0,065 g
	gefunden:	0,081 „	0,0878 „	0,1340 „	0,063 „
Brucin	abgewogen:	0,031 „	0,1435 „	0,0845 „	0,046 „
	gefunden:	0,033 „	0,1510 „	0,0850 „	0,048 „

16. Bestimmung der Eiweisskörper.

Für die Bestimmung der Eiweisskörper sind eine grosse Anzahl von Methoden empfohlen worden, die auch mitunter geeigneten Falles ihre Verwendung fanden und finden werden. Viele der empfohlenen Methoden sind jedoch von geringer Bedeutung.

Wenngleich es den Anschein hat, als gehörten die Eiweisskörper zu den kolloidalen Verbindungen und seien demgemäss auch in ihrem Verhalten gegen Fällungsmittel verschieden von anderen Verbindungen, so lehrt doch eine eingehendere Betrachtung, dass die Eiweisskörper in der That sich von den gewöhnlichen Krystalloiden nur durch die Grösse ihres Moleküls (für ungespaltenes Eier-, Serum- und Milcheiweiss ca. 6500 [1]) unterscheiden. Im übrigen ist es möglich, die Eiweisskörper in Krystallform [2]) zu erhalten, sie zeigen eine ihrer Molekulargrösse entsprechende Gefrierpunktserniedrigung [3]) und von den grösseren Spaltungsprodukten, den Albumosen, wissen wir auch, dass sie zum Theil durch thierische Membran zu diffundiren vermögen. Demgemäss unterscheiden sie sich auch in ihrem Verhalten gegen Fällungsmittel, die einfach verdrängend wirken, ganz abgesehen von chemisch reagirenden Verbindungen, nicht wesentlich von den übrigen Krystalloiden.

Von den Verfahren zur Bestimmung des Eiweisses im Harn und anderen thierischen Flüssigkeiten seien folgende erwähnt.

C. Zouchlos [4]) fällt mit Sublimat in essigsaurer Lösung. Diese Probe lässt nach R. Schick [5]) Eiweiss bis zu 0,014 % nachweisen; sie

---

[1]) Vgl. W. Vaubel, Journ. pr. Ch. **60**, 55, 1899.

[2]) Schmiedeberg, Zeitschr. physik. Ch. **1**, 205, 1877; Drechsel, Journ. pr. Ch. **19**, 331, 1879; Grübler, ibid. **23**, 97, 1881; Hofmeister, Zeitschr. physik. Ch. **16**, 188, **14**, 165, **24**, 120.

[3]) St. Bugarsky und L. Liebermann, Pflüger's Archiv **72**, 51, 1898.

[4]) C. Zouchlos, Wiener allg. med. Zeitschr. 1890, 2.

[5]) R. Schick, Prager med. Wochenschr. 1896, 306.

bietet aber keine Vortheile vor den anderen; sie fällt Eiweiss, nicht aber Pepton, Harnsäure oder Phosphate.

C. T. van Nuys und R. E. Lyons[1]) fällen mit Gerbsäure und bestimmen den Gehalt an Eiweiss hiermit quantitativ durch Ermittlung des Stickstoffgehaltes des gut gewaschenen Niederschlages (Faktor 6,37).

Tanret[2]) und F. Venturoli[3]) empfehlen ein massanalytisches Verfahren; sie titriren mit Sublimatlösung und 1 Tropfen Essigsäure. Als Indikator dient 0,5 % Jodkalilösung und deren Uebergang in das gelbrothe Jodid. 1 ccm 1 %iger Sublimatlösung entspricht 0,0245 g Eiweiss.

Esbach's[4]) Methode beruht auf der Fällung mit Pikrinsäure und Messen des erhaltenen Niederschlages, sie giebt nur ungenäherte Resultate (Esbach's Albuminometer).

Christensen[5]) fällt mit Gerbsäure und suspendirt den Niederschlag mittels etwas Lösung von arabischem Gummi in einer bestimmten grösseren Wassermenge. Aus der Lichtdurchlässigkeit dieser haltbaren milchähnlichen Emulsion wird der Eiweissgehalt bestimmt. Christensen's Albuminometer giebt nach v. Jaksch noch unzuverlässigere Resultate als die Methode von Esbach.

Mittels der Biuretreaktion lassen sich nach R. Neumeister[6]) noch Eiweiss bezw. Albumosen und Peptone bei einer Verdünnung von 1 : 10000 nachweisen, wenn die Probe mit 20 ccm der alkalisch gemachten Lösung und einem Tropfen Kupfersulfatlösung angestellt und die Mischung gegen einen dunklen Hintergrund neben einer Vergleichsprobe betrachtet wird.

H. Winternitz[7]) hält den Nachweis von sehr geringen Mengen Eiweiss nur dann für erbracht, wenn dasselbe durch Ferrocyankalium, ausgefällt und der Eiweissgehalt dieses Niederschlages durch die Millonsche Probe und die Biuretreaktion nachgewiesen wurde.

Nach G. Roch[8]) und J. A. Mac William[9]) zeigt Sulfosalicylsäure gelöste Eiweissstoffe noch bei einer Verdünnung von 1 : 130,000 durch allmälig auftretende Opalescenz, grössere Mengen durch Trübung oder Niederschlag an. Weder Harnsäure noch sonstige Verbindungen

---

1) C. T. van Nuys und R. E. Lyons, Chem. Centrbl. 1890, II, 211.

2) Ch. Tanret, Centrbl. med. Wiss. 1877, 493.

3) F. Venturoli, L'Orosi **13**, 255.

4) Esbach, vgl. P. Guttmann, Berl. klin. Wochenschr. 1886, 117, Nr. 8.

5) A. Christensen, Virchow's Archiv **115**, 128.

6) R. Neumeister, Zeitschr. f. Biologie **24**, 324.

7) H. Winternitz, Zeitschr. physiol. Ch. **15**, 189.

8) G. Roch, Pharm. Centrbl. **30**, 549.

9) J. A. Mac William, Britisch. med. Journ. 1891, 837; Zeitschr. analyt. Ch. **30**, 249, 1891.

sollen gefällt werden, Albumosen oder Peptone werden niedergeschlagen, lösen sich aber beim Erhitzen wieder auf.

Raabe[1]) und F. Obermayer[2]) benützen Trichloressigsäure als Fällungsmittel. Mit Hemialbumose giebt sie beim Erwärmen lösliche, beim Erkalten wieder ausfallende Verbindungen. Die Albuminpeptonfällung, welche nur in koncentrirten Lösungen entsteht, löst sich in geringem Ueberschuss des Fällungsmittels, nicht aber die Leimpeptonfällung, die auch in verdünnter Lösung eintritt. Auch Glutin wird beim Ueberschuss der Trichloressigsäure vollständig gefällt.

Am besten eignet sich nach A. Jolles[3]) zum Nachweis des Eiweisses im Harn die Essigsäure- und Ferrocyankaliumprobe; sie ist die empfindlichste, ihre unterste Grenze liegt bei 0,0008 g Albumin für 100 ccm Harn.

A. R. Cohen[4]) empfiehlt die nach Frou bereitete Jodwismuth-Jodkaliumlösung. Die gleiche Lösung schlägt L. Brasse[5]) vor, der findet, dass Allantoin, Alloxan, Kreatinin, Hypoxanthin, Xanthin, Leucin und Tyrosin hiermit keinen Niederschlag geben. Gallensaure Salze geben einen Niederschlag, der sich zwar nicht in der Wärme, wohl aber in Aether löst.

a) Fällung durch Ammoniumsulfat.

L. Devoto[6]) bestimmt die Eiweissstoffe durch Fällung mit Ammoniumsulfat. Die hierdurch ausfallenden Eiweissstoffe sind mit Ausnahme der sekundären Albumosen und des Peptons von Brücke durch Erhitzen coagulirbar. Hierauf gründet Devoto ein Verfahren, welches eine quantitative Scheidung der sekundären Albumosen und des Peptons von Brücke von allen im Blutserum, Transsudaten, Synovia und Harn sonst vorkommenden eiweissartigen Substanzen ermöglicht und nur bei Gegenwart von Hämoglobin und Heteroalbumose sich als ungenügend erweist. Nach der Entfernung der übrigen Eiweissstoffe wird auf Pepton bezw. sekundäres Albumin mit Hilfe der Biuretreaktion geprüft.

Mit Hilfe des zur fraktionirten Fällung der Verdauungsprodukte der Eiweisskörper geeigneten **Ammoniumsulfates** gelang es Kühne und seinen Schülern Chittenden[7]) und Neumeister[8]), die

---

1) F. Raabe, Zeitschr. analyt. Ch. **21**, 303, 1882.

2) F. Obermayer, Wiener med. Jahrb. 1888, 375.

3) A. Jolles, Zeitschr. analyt. Ch. **29**, 407, 1890.

4) A. R. Cohen, Centrbl. f. med. Wiss. 1889, 89.

5) L. Brasse, Zeitschr. analyt. Ch. Ref. **28**, 757, 1889.

6) L. Devoto, Zeitschr. physiol. Ch. **15**, 465.

7) Kühne und Chittenden, Zeitschr. f. Biolog. **1**, 159, 1883, **2**, 11, 1884, **4**, 423, 1886, **11**, 1, 1892.

8) Neumeister, ibid. **5**, 381, 1887, **8**, 324, 1890, sowie Lehrb. physiol. Ch., Jena 1897.

betreffenden Spaltungsprodukte zu isoliren und zu identificiren. So entstehen bei peptischer Verdauung der wahren Eiweisskörper zunächst die nicht mehr durch Erhitzen coagulirbaren, aber noch durch Sättigung mit Kochsalz oder Magnesiumsulfat fällbaren primären Albumosen, sodann die durch Kochsalz nur bei Anwesenheit von Säure oder besser durch Ammonsulfat fällbaren sekundären Albumosen, endlich die durch Salzsättigung überhaupt nicht mehr abscheidbaren „echten Peptone". Von diesen drei Fraktionen kann die erste durch Diffusion weiter zerlegt werden in Proto- und Heteroalbumose.

E. T. Pick[1]) ermöglichte es, durch geeignete Anwendung des Ammonsulfates aus Witte's Pepton vier Fraktionen zu erhalten, die den auseinander liegenden Fällungsgrenzen nach sicher verschiedenen Substanzen entsprechen. Hierzu kommen noch zwei aus dem Salzfiltrat durch Jod fällbare Fraktionen. Diese vier Fraktionen, die sich durch ihr Verhalten als verschiedene Bruchstücke des Fibrinmoleküls erwiesen, konnten in weiteren Arbeiten von Umber[2]) und Alexander[3]) auch bei der Pepsinverdauung anderer Eiweisskörper, insbesondere auch solcher, welche durch die Möglichkeit ihrer Krystallisation ein einwandsfreies Ausgangsmaterial boten, in gleicher Weise nachgewiesen werden. Auch Jung[4]) vermochte durch Fraktionirung mit Zinksulfat (siehe nachfolgend) aus den peptischen Verdauungsprodukten verschiedener Eiweisskörper ebenfalls die gleichen Fraktionen zu gewinnen. Ebenso bei der Einwirkung verdünnter Säuren auf Serum- und Eieralbumin (Goldschmidt[5]) und bei der Oxydation von Hühnereiweiss mit Kaliumpermanganat (Bernert[6]) konnte das Auftreten der gleichen Albumosenfraktionen sicher gestellt werden.

Beispiel: Aus 43,6 g des trocknen Witte'schen Peptons wurde eine 5%ige neutrale Lösung hergestellt, durch 24stündiges Stehen von unlöslichen Stoffen durch Absitzen gereinigt. Die gesammte Lösung wurde mit der gleichen Menge kalt gesättigter Ammonsulfatlösung gefällt, nach halbstündigem Absitzenlassen aufs Filter gebracht und mit halbgesättigtem Ammonsulfat gründlich gewaschen. Die krümmeligen porösen Massen in ca. 50 ccm heissen Wassers gelöst, wurden abermals mit dem gleichen Volum kalt gesättigter Salzlösung gefällt und nach dem Absitzen auf dem Filter in gleicher Weise wie vorher gewaschen. Dieses Verfahren wurde zum dritten Male wiederholt. In der Waschflüssigkeit war stets nur eine geringe Trübung mit Kupfersulfat nachweisbar. Die so gereinigte Fraktion wurde auf dem ausgebreiteten Filter trocknen gelassen: Fraktion I.

1) E. T. Pick, Zeitschr. physiol. Ch. **24**, 246, 1898, **28**, 219, 1899.
2) F. Umber, ibid. **25**, 258, 1898.
3) F. Alexander, ibid. **25**, 411, 1898.
4) E. Jung, Zeitschr. physiol. Ch. **27**, 219, 1899.
5) F. Goldschmidt, Inaug. Dissert., Strassburg 1898.
6) R. Bernert, Zeitschr. physiol. Ch. **26**, 272, 1898.

Das halbgesättigte, bei der Darstellung der Fraktion I gewonnene Filtrat wurde mit dem halben Volum der Ammonsulfatlösung auf $^2/_3$ Sättigung gebracht, wobei sich am Gefässboden eine gelbe schmierige Masse absetzte. Sie wurde mit $^2/_3$ Lösung gewaschen und wie Fraktion I durch wiederholtes Lösen, Ausfällen und Waschen gereinigt, endlich auf dem Filter getrocknet. Die Ausbeute war etwas geringer als bei Fraktion I, doch vollkommen zufriedenstellend: Fraktion II.

Das Filtrat der vorhergehenden Fraktion wurde durch Eintragung von gepulvertem, möglichst reinen Ammonsulfat gesättigt. Es schied sich dabei die Fraktion III in graulichweissen, zum Theil in der Flüssigkeit suspendirten Klumpen aus. Auch hier wurde wie früher wiederholt der Niederschlag gelöst, gefällt, mit gesättigtem Ammonsulfat gewaschen und getrocknet. Die Substanz wurde in schön weissen Krusten ziemlich reichlich gewonnen: Fraktion III.

In der weit über 2 l betragenden, mit Ammoniumsulfat gesättigten neutralen Lösung, welche nach der Darstellung der drei früheren Fraktionen zurückgeblieben war, wurde $^1/_{10}$ Vol. mit Ammoniumsulfat gesättigte Schwefelsäure hinzugefügt. Nach zweitägigem Stehen setzte sich die erst entstandene milchige Trübung als weisser Bodensatz ab. Die Reinigung dieses Körpers geschah wie in den früheren Fällen. Die Ausbeute war hier verhältnissmässig am geringsten: Fraktion IV.

Nach Ausfällung der Fraktion IV waren anscheinend sämmtliche Albumosen ausgeschieden, da die Lösung alsdann der von Kühne[1]) aufgestellten Forderung entsprach, mit Ammoniak und Ammoniumkarbonat stark alkalisch gemacht, keine Trübung zu geben. Nichtsdestoweniger zeigte sich später, dass Spuren von Albumose doch der Fällung entgangen waren. Diese geringen Reste schieden sich als Opalescenzen beim Eindampfen aus.

Alsdann wurden noch Fraktion V und VI durch Jod gefällt.

Bei der Untersuchung von Fraktion I ergab sich, dass hier das Gemenge von primären Albumosen vorlag, wie es auch durch Sättigung mit Kochsalz und Magnesiumsulfat erhalten wird. Durch Dialyse liess es sich in Protalbumose und Heteroalbumose bezw. die aus letzterer entstehende Dysalbumose mit allen charakteristischen Eigenschaften dieser Substanzen trennen.

Die anderen drei, mit Ammonsulfat erhaltenen Fraktionen entsprechen in ihrer Gesammtheit dem Gemische der Deuteroalbumosen früherer Forscher. Dieses besteht somit bei dem Witte'schen Pepton aus mindestens drei verschiedenen Stoffen.

Die durch Jod abgeschiedenen Fraktionen V und VI stellen zusammen die Hauptmenge des im Witte'schen Pepton enthaltenen „echten

1) Kühne, Zeitschr. f. Biolog. **11**, 2, 1892.

Peptons" dar; die beiden unterscheiden sich durch ihre Alkohollöslichkeit, indem die eine in Alkohol löslich, die andere unlöslich ist.

Der Uebersicht halber seien die Fällungsgrenzen der Fraktionen I bis IV in neutraler und saurer Lösung neben einander gestellt. Die betreffenden Zahlen bedeuten die zur Erreichung der unteren und der oberen Fällungsgrenze nöthige Anzahl von Kubikcentimetern kalt gesättigter Ammonsulfatlösung auf 10 ccm der Gesammtlösung.

	Fraktion I. neutral	Fraktion I. sauer	Fraktion II. neutral	Fraktion II. sauer	Fraktion III. neutral	Fraktion III. sauer	Fraktion IV. sauer
Untere Fällungsgrenze:	2,6	1,2	5,4	4,7	7,2	6,3	9,3
Obere Fällungsgrenze:	4,4	4,3	6,2	5,9	9,5	7,7	9,9

Die Tabelle zeigt, dass in Bezug auf die Fraktion I und II dem Ammonsulfat in saurer Lösung eine stärkere Wirkung zukommt als bei neutraler und bei der mit der neutralen fast gleichartig sich verhaltenden alkalischen Reaktion. Die Fraktion III beginnt sich in saurer Lösung ebenfalls viel früher auszuscheiden, doch ist auch ihre obere Fällungsgrenze relativ bald erreicht, so dass zwischen dieser und der unteren Fällungsgrenze der vierten Fraktion ein unverhältnissmässig breiter Zwischenraum bleibt. Innerhalb dieses Intervalles liess sich keine Albumose isoliren.

Unter Anwendung von Ammonsulfat als Fällungsmittel gelang es A. Osswald[1]), die im Schilddrüsenkolloid vorhandenen Eiweisskörper in zwei Bestandtheile zu trennen, nämlich das jodhaltige, aber phosphorfreie Thyreoglobulin und das jodfreie, hingegen phosphorhaltige Nucleoproteid. Das Thyreoglobulin zeigt die äusseren Eigenschaften der Globuline und ist der wirksame Bestandtheil der Schilddrüse. Er wird durch Halbsättigung mit Ammonsulfat aus seiner Lösung ausgefällt. Durch Eintragen von Ammonsulfat in Substanz bis beinahe zur Sättigung wird auch das Nucleoproteid ausgefällt.

In einer mehr die theoretische Seite der Ammonsulfatfällung betrachtenden Arbeit weist L. Crismer[2]) darauf hin, dass nicht nur fast alle künstlichen Arzneimittel und Alkaloide durch Ammonsulfat gefällt werden, sondern auch ihre Salze, gewisse Glykoside, Bitterstoffe, Aldehyde, Ketone, Alkohole, Säuren, Ester, Phenole, Sulfone, Amide, kurz eine grosse Anzahl der verschiedensten Körper. So findet auch Ammonsulfat mitunter Verwendung bei der Fällung der Saponine.

b) Fällung mit Zinksulfat.

Nach den Untersuchungen von A. Bömer[3]), sowie K. Baumann und A. Bömer[4]) fällt eine gesättigte Zinksulfatlösung die Albumosen

1) A. Osswald, Zeitschr, physiol. Ch. **29**, 14, 1899.

2) L. Crismer, Ann. Soc. méd. chirurg. de Liège 1891; Chem. Ztg. 1891; Rep. 309.

3) A. Bömer, Zeitschr. analyt. Ch. **34**, 562, 1895.

4) K. Baumann und A. Bömer, Zeitschr. f. Unt. der Nahrungs- und Genussmitteln 1898, I, 100.

ebenso gut wie eine Ammoniumsulfatlösung. Mit kleinen Mengen fein gepulverten Zinksulfats erhält man zunächst einen starken flockigen Niederschlag, der zum grössten Theil aus Zinkphosphat gebildet ist und sich in wenig Salzsäure oder Salpetersäure löst. Wenn man daher die Albumosenlösung vorsichtig ansäuert, so bildet sich dieser Zinkphosphatniederschlag nicht. K. Baumann und A. Bömer haben nun gefunden, dass die Fällung der Albumosen am vollkommensten erfolgt, wenn man auf je 100 ccm ihrer Lösung 2 ccm Schwefelsäure (1 Vol. konc. Schwefelsäure, 4 Vol. Wasser) hinzusetzt. Sie sättigen die so angesäuerte Lösung in der Kälte mit feingepulvertem Zinksulfat, so dass sich nach 24stündigem Stehen Zinksulfatkrystalle wieder ausscheiden. Der mit dieser Lösung erhaltene Niederschlag der Albumosen wird auf ein Filter gebracht und mit einer schwach angesäuerten, kalt gesättigten Zinksulfatlösung gewaschen. Das Filtrat enthält keine Spur Albumosen mehr, und die Peptone können daraus direkt durch Phosphorwolframsäure gefällt werden. Bei solchem kann man dann den Albumosenstickstoff unmittelbar nach Kjeldahl bestimmen.

E. Zunz[1]) hat mit Hilfe dieses Reagens eine Untersuchung des Witte'schen Peptons vorgenommen, nachdem er zunächst die Fällungsgrenzen für die einzelnen Albumosen festgestellt hatte, in gleicher Weise, wie dies von Pick für die Ammonsulfatlösung geschehen ist. Es ergab sich, dass die Fällungsgrenzen der verschiedenen Fraktionen, welche man mittels der kaltgesättigten Zinksulfatlösung in neutralen, 5—20%igen Witte-Peptonlösungen bekommt, ineinander greifen und dass nach Sättigung mit dem fein gepulverten Salze im Filtrat noch ungefällte Albumosen zurückbleiben. Eine vollständige Fällung der Albumosen insgesammt erhält man nach den oben mitgetheilten Daten, welche Baumann und Bömer festgestellt haben.

Im übrigen erhielt Zunz in gleicher Weise wie Pick vier eventuell fünf (I und Ia) Fraktionen der Albumosen bei der Fällung mit Zinksulfat. Wenn auch die Fällungsgrenzen andere sind, so ergiebt sich doch stets dieselbe Anzahl Fraktionen mit Zinksulfat, Ammonsulfat und auch Kaliumacetat.

Weiterhin untersuchte Zunz die Fällungsgrenzen der peptischen Verdauungsprodukte des krystallinischen Eier- und Serumalbumins, des Serumglobulins und Kaseins bei Verwendung von Zinksulfat. Es ergiebt sich, dass die Trennung von vier Fraktionen in allen Fällen ebenso leicht gelingt wie mittels Ammonsulfat.

Das Ergebniss der Versuche ist aus nachstehender Tabelle ersichtlich. Die Zahlen geben den Grad der Sättigung mit Zinksulfat an, die Koncentration der kalt gesättigten Lösung gleich 1 gesetzt.

1) E. Zunz, Zeitschr. physiol. Ch. **27**, 217, 1899.

Fraktionen:	kryst. Eiereiweiss. untere	obere Fällungsgrenze.	kryst. Serumeiweiss. untere	obere Fällungsgrenze.	Serumglobulin. untere	obere Fällungsgrenze.	Kasein. untere	obere Fällungsgrenze.
Primäre Albumosen	0,24	0,46	0,24	0,48	0,26	0,46	0,28	0,44
Deuteroalbumose A	0,64	0,68	0,52	0,60	0,58	0,72	0,54	0,66
„ „ B	0,72	0,82	0,72	0,82	0,74	0,84	0,74	0,84
„ „ C	0,84	1	0,88	1	0,88	1	0,90	1

Ob eventuelle Abweichungen von der Quantität der betreffenden Albumose oder von deren abweichender chemischer Beschaffenheit abhängen, muss vorerst noch dahingestellt bleiben.

c) Die Proteïnfällungen hinsichtlich der Natur des Fällungsmittels.

A. Schjerning[1]) hat in einer grossen Anzahl von Untersuchungen diese Frage von einem einheitlichen Gesichtspunkte aus zu lösen versucht und dabei Resultate von allgemeinem Interesse erhalten. Durch seine früheren Versuche in Verbindung mit A. Bömer's Angabe[2]) von dem Fällungsvermögen des Zinksulfats glaubt er einen Faden aufgefunden zu haben, welcher in hohem Grade zu weiteren Versuchen auffordert. Zinksulfat und Magnesiumsulfat geben identische Fällungen, das gleiche gilt von Uranacetat und Phosphorwolframsäure. Die durch eine bestimmte Reihe gleichartiger Salze analoger Metalle ausgefällten Proteïne sind also bestimmte Individuen.

Folgende Tabelle giebt eine Uebersicht über die Resultate im allgemeinen.

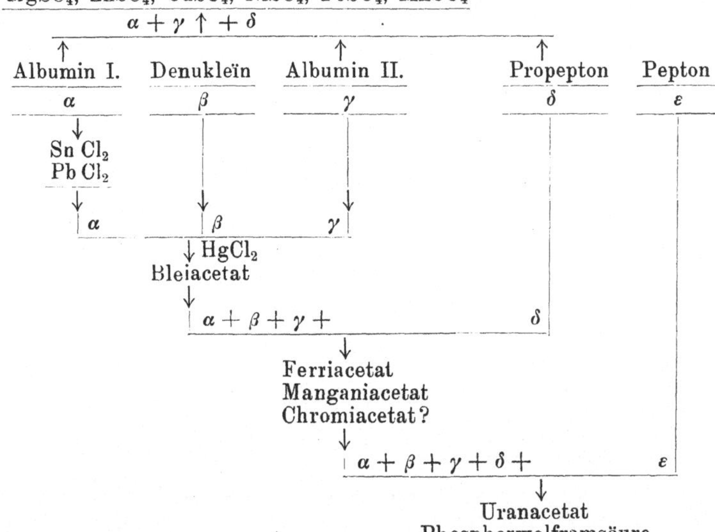

[1]) H. Schjerning, Zeitschr. analyt. Ch. **33**, 263, 1894, **34**, 135, 1895, **35**, 285, 1892, **36**, 643, 1897, **37**, 73, 1898, **37**, 417, 1898.

[2]) A. Bömer, Zeitschr. analyt. Ch. **34**, 562.

Mehr Analogien werden schwerlich aufgestellt werden können, obwohl für das Bleiacetat keine gefunden wurde. Das Chromiacetat ist mit einem ? versehen, weil die volle Analogie dieses Salzes mit dem Ferriacetat zweifelhaft ist.

Die Ausführung der Fällungen geschieht mit sauer reagirender Salzlösung und oft bei gleichzeitiger Anwesenheit freier Säure. Sie dürfen aber niemals mit freien Basen oder in alkalisch reagirenden Lösungen vorgenommen werden, da man hierbei, wenn die Fällung durch die Bildung schwer löslicher oder ganz unlöslicher Verbindungen mit schweren Metallen bedingt ist, leicht Gefahr läuft, dass ausser den gewünschten Proteïnstoffen zugleich grössere oder geringere Mengen saurer Amin- oder Amidverbindungen ausgefällt werden, indem diese bekanntlich mit den genannten Metallen oft sehr schwer lösliche Salze bilden. Liegt eine alkalisch reagirende Proteïnlösung vor, so wird dieselbe erst mit der Säure des Fällungsmittels neutralisirt.

Eine Proteïnfällung ist nur dann brauchbar, wenn die Flüssigkeit sich von dem gebildeten Niederschlag klar abfiltriren lässt. Bei der Zinnchlorürfällung kann das Filtrat selbstverständlich sogleich ganz klar sein und dennoch, nachdem es einige Zeit an der Luft gestanden hat, trübe werden, indem etwas zurückgebliebenes Zinnchlorür mit dem Sauerstoff der Luft unlösliche, basische Zinnoxydverbindungen bildet. Für diese Erscheinung gilt aber die betreffende Forderung nicht.

Die gebildeten Proteïnfällungen werden am besten auf einem mit Flusssäure ausgewaschenen Filter (Schleicher und Schüll) von 11 cm Durchmesser gesammelt, und nach beendigtem Auswaschen ohne Saugen wird im Niederschlage und Filter die gesammte Stickstoffmenge nach Kjeldahl's Methode bestimmt, indem später, falls nicht stickstofffreies Papier verwendet wurde, bei der jodometrischen Titrirung der Ammoniakmenge, eine Korrektion für den Stickstoffgehalt des Filters eingeführt wird. Als Durchschnittszahl wurde für ein Filter von 11 cm Durchmesser 0,2 ccm $N/_{10}$ Säure gefunden. In Bezug auf das Auswaschen sei noch bemerkt, dass ein zweimaliges Füllen des Filters mit der betreffenden Waschflüssigkeit genügt; nur für die Ferriacetatlösung muss 3 oder 4 mal ausgewaschen werden.

Von den vielen Fällungsmitteln kommen sechs besonders in Betracht, nämlich Zinnchlorür, Bleiacetat, Quecksilberchlorid, Ferriacetat, Uranacetat und Magnesiumsulfat. Um mit diesen Salzen Fällungen vorzunehmen, sind die folgenden Reagentien nothwendig:

1. Zinnchlorürlösung, welche durch Auflösen von 50 g geraspeltem Zinn in einem tarirten Kolben mit reichlicher Menge von Salzsäure hergestellt wird unter Zugabe von ein wenig Wasserstoffplatinchlorid. Man dampft nach dem Lösen bis auf 130 g ein, alsdann verdünnt man

auf 1 l und filtrirt. Die Lösung wird in kleinen Flaschen mit dicht schliessenden Glasstöpfchen aufbewahrt.

2. Bleiacetatlösung, enthaltend ca. 10 % normales Bleiacetat und 10—12 Tropfen 45 % Essigsäure pro Liter.

3. Quecksilberchloridlösung 5 %.

4. Ferriacetat, rein trocken und lamellirt.

5. Essigsäure, 15 und 45 %ige Essigsäure.

6. Uranacetatlösung, 10 %, klar, ammoniakfrei.

7. Magnesiumsulfat rein, krystallisirt.

8. Dinatriumphosphatlösung, 0,4 % $Na_2HPO_4 + 12\, H_2O$.

9. Calciumchloridlösung 10 %.

Vor der Fällung wird die betreffende Proteïnlösung mit soviel dest. Wasser versetzt, dass 10 ccm derselben eine ca. 5 ccm $N/_{10}$-Säure entsprechende Stickstoffmenge enthalten. Unter normalen Verhältnissen verlaufen die einzelnen Fällungen völlig befriedigend; ist aber die vorliegende Proteïnlösung aschenfrei oder aschenarm, so lassen die Fällungen mit Zinnchlorür, Bleiacetat und Ferriacetat sich nicht mit Sicherheit ausführen, wenn nicht zuvor mineralische Substanzen zugesetzt werden. Die Anwendung dieser wird bei jeder der betreffenden Fällungen näher erwähnt. Als ein einigermassen sicheres Kriterium, ob eine Proteïnlösung als aschenfrei zu behandeln ist oder nicht, kann Folgendes dienen. Wenn die Anzahl ccm der Proteïnlösung, welche eine ca. 10 ccm $N/_{10}$ Säure entsprechende gesammte Stickstoffmenge enthält, beim Kochen **nicht** die ganze Eisenmenge von 0,8 g in 40 ccm verdünnter Essigsäure (Nr. 5) und 50—100 ccm Wasser gelöstem Ferriacetat auszufällen vermag, muss die Proteïnlösung als aschenfrei oder jedenfalls aschenarm bezeichnet und die drei oben erwähnten Fällungen mit Zinn, Blei und Eisen müssen unter Zugabe mineralischer Substanzen ausgeführt werden.

1. Fällung mit Zinnchlorür.

Zu 25 ccm Proteïnlösung werden unter Umrühren ungefähr 5 ccm Zinnchlorürlösung gesetzt. Die Mischung wird mit einem Deckel bedeckt, 6—20 Stunden bei gewöhnlicher Temperatur hingestellt. Der gebildete Niederschlag wird auf einem Filter gesammelt und mit kaltem Wasser ausgewaschen. Hat die Proteïnlösung sich als eine aschenarme erwiesen, so giebt man vorher 10 ccm Chlorcalciumlösung Nr. 9 zu. Der Niederschlag wird in diesem Falle mit einer kalten, ca. 1 % Calciumchloridlösung gewaschen.

2. Fällung mit Bleiacetat.

Zu 25 ccm Proteïnlösung wird eine passende Menge Bleiacetat, für Bier und Würze ca. 6 ccm, für Eieralbumin 0,2 ccm, für Milch 4—5 ccm etc. zugesetzt. Eiweiss muss soviel zugesetzt werden, dass der Niederschlag sich sammelt und das klare Filtrat noch immer Blei enthält, während anderseits ein grösserer Ueberschuss von Bleiacetat durchaus zu vermeiden ist, da sonst ein Theil des Niederschlags wieder aufgelöst wird. Nach dem Zusatze des Bleiacetats, dem bei aschenarmem Eiweiss der Zusatz von einem dreimal so grossen Volum Natriumphosphatlösung wie das Volum des Bleiacetats vorausgehen muss, wird aufgekocht, filtrirt und mit kaltem Wasser gewaschen. Da der Bleiniederschlag in der Fällungsflüssigkeit etwas löslich ist, muss man hier eine Korrektur von 0,15 $N/_{10}$ Säure für 100 ccm Filtrat + Waschflüssigkeit anbringen.

3. Fällung mit Mercurichlorid.

Zu 25 ccm Proteïnlösung werden ca. 5 ccm Quecksilberchloridlösung gesetzt. Die Mischung wird mehrere Stunden (4—20) bei Zimmertemperatur stehen gelassen. Der Niederschlag wird danach auf einem Filter gesammelt und mit einer kalten, ca. 0,5 % haltigen Mercurichloridlösung ausgewaschen. Beim Abdestilliren des Ammoniaks bei der Kjeldahlbestimmung muss natürlich ein wenig Schwefelkalium oder Schwefelnatrium zugesetzt werden. Diese Fällung ist von dem Aschengehalt unabhängig.

4. Fällung mit Ferriacetat.

In einem geräumigen Becherglas werden 40 ccm von der verdünnten Essigsäure (Nr. 5) und 50—100 ccm destillirtes Wasser abgemessen. Hierin werden 0,8g lamellirtes Ferriacetat gelöst. Nach der Lösung lässt man unter Umrühren aufkochen, hierauf gibt man 20 ccm der Proteïnlösung zu, lässt wieder aufkochen, filtrirt sogleich und wäscht 3—4 mal mit siedendem Wasser aus. Das Filtrat muss klar und nicht durch noch übrig gebliebenes Eisenoxydsalz gefärbt sein. Ist dies der Fall, so war die Proteïnlösung aschenarm, und man muss alsdann unmittelbar nach dem Zusatz der Proteïnlösung und Aufkochenlassen der Flüssigkeit unter ununterbrochenem Umrühren und Kochen eine passende Menge (15—25 ccm) Natriumphosphatlösung zusetzen und dann wie vorher behandeln. Bei einiger Uebung wird es leicht sein, die passende Menge Natriumphosphat zuzusetzen; 20 ccm schaden noch nichts; mehr als 25 ccm soll man nicht anwenden.

5. Fällung mit Uranacetat.

Zu 25 ccm Proteïnlösung giebt man 20—25 ccm Uranacetatlösung. Die Mischung wird unter Umrühren zum Kochen erwärmt, einige Stunden lang oder bis zum folgenden Tag an einer dunkeln Stelle bei gewöhnlicher Temperatur stehen gelassen, filtrirt und mit einer kalten 1—2 % Uranacetatlösung ausgewaschen. Die Korrektion für die Löslichkeit des Niederschlags beträgt hier 0,10 ccm $N/_{10}$ Säure für 100 ccm Filtrat + Waschflüssigkeit. Der Aschengehalt ist ohne Einfluss.

6. Fällung mit Magnesiumsulfat.

Zu 20 ccm Proteïnlösung werden 5—6 Tropfen 45 % Essigsäure gesetzt, die Mischung bei 30—36° C. in einem Wasserbad gehalten, hierzu unter Umrühren 18—20 g pulverisirtes, reines Magnesiumsulfat, $MgSO_4 + 7H_2O$, gegeben und unter wiederholtem Umrühren $^1/_2$—1 Stunde bei dieser Temperatur stehen gelassen. Alsdann wird filtrirt und mit einer kalten, gesättigten Lösung von Magnesiumsulfat, welche 4—5 g 45 % Essigsäure pro Liter enthält, ausgewaschen.

Bei Proteïnlösungen, welche sehr reich an Salzen leichter Metalle sind und mithin gegenüber Ferriacetat sich als aschenhaltig erweisen werden, lassen die fünf zuerst genannten Fällungen sich nicht mit Sicherheit ausführen, da das Salz des leichten Metalls sich reciprok mit der während der Fällung gebildeten Proteïnmetallverbindung von schwerem Metall umsetzen wird, wodurch natürlich eine verhältnissmässig leicht lösliche Proteïnmetallverbindung des leichten Metalls entsteht.

Folgende Uebersicht giebt die Beziehungen der einzelnen Fällungen zu einander wieder:

Die Fällung mit:		enthält die Proteïne:
Zinnchlorür	= a	Albumin I.
Bleiacetat Quecksilberchlorid	= b	Albumin I. " II. Denukleïn
Ferriacetat	= c	Albumin I. " II. Denukleïn Propepton
Uranacetat	= d	Albumin I. " II. Denukleïn Propepton Pepton
Magnesiumsulfat	= e	Albumin I. " II. Propepton

Aus diesen fünf Fällungen lassen die verschiedenen Proteïnindividuen bezw. Gruppen von Proteïnen sich leicht bestimmen, indem

die Menge von Albumin I	=	Fällung a
„ „ „ „ II	=	„ b—[a + (c—e)]
„ „ „ Denukleïn	=	„ c—e
„ „ „ Propepton	=	„ c—b
„ „ „ Peptonen	=	„ c—d ist.

Es ergiebt sich also, dass die Fällungen mit Bleiacetat und Sublimat identisch sind, und man braucht deshalb nur eine von ihnen vorzunehmen. Da indessen die Bleifällung oft misslingt, während die Quecksilberfällung sich fast immer ausführen lässt (nur nicht in hoch abgedarrten Malzpräparaten) und zudem von dem Aschengehalt der Proteïnlösung unabhängig ist, wird diese Fällung überall benützt, wo es geht, und nur im Nothfalle muss man zur Bleifällung seine Zuflucht nehmen.

Folgende Tabellen zeigen die bisher erhaltenen Ergebnisse und lassen eine kritische Würdigung der Versuche Schjerning's zu. Die Berechnung bei Tabelle I ergiebt Procente der gesammten gelösten Stickstoffmenge. Die Bezeichnung Stärke gibt die Anzahl ccm $N/_{10}$ Säure an, welche bei der jodometrischen Titrirung der von 10 ccm Proteïnlösung gebildeten Menge Ammoniak verbraucht wurden. Für die Reihe „Fehler in Procenten" gilt Folgendes: Die jodometrische Säuretitrirung lässt sich mit der Genauigkeit eines Tropfens (0,05 ccm) $N/_{10}$ Thiosulfatlösung ausführen. Beim Vergleich zweier Bestimmungen kann der Fehler also im ungünstigsten Falle doppelt so gross werden. 0,1 ccm $N/_{10}$ Thiosulfatlösung ist daher als zulässiger Fehler gesetzt und der für jeden Versuch procentisch zulässige Fehler hiernach berechnet. Eine N giebt an, dass sich die Fällung nicht ausführen liess.

Infolge einer Kritik seiner Methoden durch Laszcynski[1]) untersuchte Schjerning[2]) auch das Verhalten der von ihm empfohlenen Fällungsmittel gegen andere, eventuell in den zu untersuchenden Lösungen vorkommende stickstoffhaltige Verbindungen.

Ausser den schon vorher erwähnten Fällungsmitteln, wie Zinnchlorür, Quecksilberchlorid, Bleiacetat, Ferriacetat, Uranacetat und Magnesiumsulfat, wurden noch Brom, Gerbsäure, Stutzer's Reagens und Phosphorwolframsäure angewendet.

Die Bromfällung wurde auf die von Allen und Searle[3]) beschriebene Weise ausgeführt, indem die Flüssigkeit mit Salzsäure angesäuert, mit Ueberschuss von Bromwasser versetzt und unter Umrühren $^1/_2$—1 Stunde bei gewöhnlicher Zimmertemperatur stehen gelassen wurde. Der Niederschlag wurde dann auf einem Filter gesammelt und 2—3 mal mit

1) Łaszczynski, Zeitschr. f. d. ges. Brauwesen **22**, 123.
2) H. Schjerning, Zeitschr. f. analyt. Ch. **39**, 545, 1900.
3) Allen und Searle, The Analyst **22**, 258.

Fällung mit	Malz					Bier			Trub-sack-würze		Diastase von E. Merck		Hefe-Absud		Hopfen-Absud		Normaler Harn		Serum von Kälber-blut		Eier-albumin		Abge-rahmte Milch		Liebig's Fleisch-Pepton		Witte's Pepton	
	I.	II.	III.	IV.	V.	Porter	Lager	Pilsner																				
I. a $SnCl_2$	12,0	11,4	[illegible]	12,4	11,2	7,4	7,8	5,9	7,5	7,8	N	N	41,0	41,0	5,7	5,7	0,8	0,8	82,3	83,4	86,3	85,0	81,3	81,3	13,0	13,5	3,0	3,0
$PbAc_2$	24,5	25,2	[illegible]	21,7	24,7	17,1	16,4	19,7	15,1	15,1	N	N	47,5	—	14,3	14 3	3,2	3,2	N	N	86,5	87,8	93,0	91,1	N	N	N	N
b $HgCl_2$	26,0	26,2	[illegible]	24,9	26,0	N	16'6	17,6	19,5	19,5	81 0	81,0	42,0	—	13,3	13,3	4,5	5,3	97,1	98,3	88,8	88,8	91,6	91,6	24,8	24,5	34,0	34,0
c $FeAc_3$	36,2	35.7	34.4	33,3	34,9	29,3	28,4	31,7	26,9	26,3	78,8	76,3	57,5	57,5	14,3	15,5	4,7	3,8	97,1	98,6	92,2	93,8	93,5	93,5	57,2	56,6	59,4	—
d $UrAc_2$	47,0	46,7	44,0	42,7	45,6	36,3	38,3	41,0	35,5	35,0	82,0	87,0	64,0	64,0	15,2	15,2	2,3	2,3	96,0	97,1	93,8	95,0	92,9	92,9	55,3	55,0	55,9	55,1
e $MgSO_4$	24,4	23,8	25,0	24,4	24,4	18,4	18,2	20,7	17,5	17,5	57,5	57,5	N	N	5,5	7,1	0,0	0,0	95,0	95,7	92,2	92,2	91,9	92,7	48,8	48,1	47,6	47,2
Stärke:	4,0	4,2	4,5	4,5	4,3	8,7	5,9	4,1	8,0		4,0		4,0		2,1		5,3		3,5		3,2		6,2		8,0		5,3	
Fehler in %:	1,0	1,0	0,9	0,9	0,9	0,5	0,7	0,9	0,5		1,0		1,0		1,9		0,8		1,1		1,3		0,7		0,5		0,8	
II. Albumin I	12,0	11,4	12,4	12,4	11,2	7,4	7,8	5,9	7,5	7,8	} 59,7	} 62,2	41,0	41,0	5,7	5,7	0,8	0,8	82,3	83,4	86,3	85,0	81,3	81,3	13,0	13,5	3,0	3,0
„ II	2,2	2,9	3,1	2,5	4,3	- 1,2	−1,4	0,7	2,6	2,9			} 1,0	} 16,5	−1,2	−0,8	−1,0	0,7	12,7	12,0	2,5	2,2	8,7	9,5	3,4	2,5	18,8	} 31,0
Denukleïn	11,8	11,9	9,4	10,0	10,5	10,9	10,2	11,0	9,4	8,8	21,3	18,8			8,8	8,4	4,7	3,8	2,1	2,9	0,0	1,6	1,6	0,8	8,4	8,5	12,2	
Propepton	10,2	9,5	9.5	8,4	8,9	12,2	11,8	14,1	7,4	6,8	−2,2	−4,7	15,5		1,0	2,2	0,2	−1,5	0,0	0,3	3,4	5,0	1,9	1,9	32,4	32,1	25,4	} 21,1
Pepton	10,8	11,0	9,6	9,4	10,7	7,0	9,9	9,3	8,6	8,7	8,2	10,7	6,5	6,5	0,9	− 0,3	−2,4	−1,5	−1,1	−1,5	1,6	1,2	−0,6	− 0,6	−1,9	−1,6	− 3,5	
Fehler in %:	1,0	1.0	0,9	0,9	0,9	0,5	0,7	0,9	1,0		1,0		1,0		1,9		0,8		1,1		1,3		0,7		0,5		0,8	

Von den benutzten Proteïnlösungen waren nur die Trubsackwürze und die Bierproben aschehaltig, wogegen alle übrigen Proben als aschenfrei oder aschenarm zu behandeln waren. Für die meisten Fällungen wurden Doppelversuche angestellt, um dadurch die quantitative Genauigkeit jeder einzelnen Fällung kontrolliren zu können. Dieselbe darf als eine vollkommen befriedigende bezeichnet werden. Zu bemerken ist nur noch, dass die angeführten negativen Werthe bei der praktischen Ausrechnung der Analyse natürlich gleich Null sind.

verdünntem Bromwasser ausgewaschen. Da es sich indessen herausstellte, dass der Niederschlag sich oft gar nicht sammeln liess oder sogar gänzlich in der Waschflüssigkeit gelöst war, wurden sowohl die Fällungsflüssigkeit als auch die Waschflüssigkeit stets mit einer geringen Menge Magnesiumsulfat versetzt.

Die Gerbsäurefällung wird bei gewöhnlicher Temperatur vorgenommen, indem die Fällungsflüssigkeit zuerst mit ein wenig Magnesiumsulfat versetzt, mit Essigsäure angesäuert und dann mit einer genügenden Menge 10%iger Gerbsäurelösung gemischt wird — ein grösserer Ueberschuss ist nach Möglichkeit zu vermeiden. Die Fällung wird etwa 2 Stunden lang stehen gelassen und der angesammelte Niederschlag 2—3 mal mit Wasser ausgewaschen.

Die Fällung mit Stutzer's Reagens. Das Reagens wurde nach Fassbender's Methode[1]) dargestellt, indem Kupfersulfat in wässeriger Lösung mit Aetznatron gefällt wurde und nach vollständigem Auswaschen des Alkalis aus dem Kupferoxydhydrat dieses unter einer Lösung von 10% Glycerin enthaltendem Wasser aufbewahrt wurde.

Durch vorläufige Versuche wurde die Fällbarkeit mit Asparagin, Leucin und Tyrosin festgestellt. Die Fällung wurde stets in 100 ccm Flüssigkeit vorgenommen, indem 10 Minuten lang im Wasserbade bei 50° erwärmt und häufig umgerührt wurde. Alsdann wurde der Niederschlag auf einem Filter gesammelt und 4—5 mal mit kaltem Wasser ausgewaschen.

Die Phosphorwolframsäurefällung wurde in einer Flüssigkeit vorgenommen, welche ca. 2% freie Schwefelsäure nebst einem Ueberschuss von Phosphorwolframsäure enthielt. Es wurde eine Fällung bei gewöhnlicher Temperatur und eine unter Kochen vorgenommen, indem der Niederschlag bei letzterer, gleich nachdem die Flüssigkeit zu kochen angefangen hatte, auf einem Filter gesammelt wurde. Beide Fällungen wurden 2—3 mal mit kalter, etwa 2%iger Schwefelsäure ausgewaschen.

In der nachfolgenden Tabelle sind die Versuchsresultate zusammengestellt, indem die Zahlen stets angeben, wieviel Procente der gesammten Stickstoffmenge von dem betreffenden Fällungsmittel ausgefällt wurde. Die Titrirung wurde jodometrisch vorgenommen, und der zulässige Fehler auf dieselbe Weise wie früher ermittelt.

Ausser mit den in der Tabelle angeführten Stoffen wurden auch mit Kaliumnitrat, Harnstoff, Glutaminsäure und Senföl Versuche angestellt, aber bei keinem dieser Stoffe wurden mit den benützten Reagentien Fällungen erzielt.

---

[1]) G. Fassbender, Ber. **13**, 1822, 1880; vgl. auch G. S. Fraps und J. A. Bizzell, Chem. Centrbl. 1900, II, 1281, welche Stutzer's Reagens für die Fällung von vegetabilischen Proteïden empfehlen.

	Angewandte Substanz enthält Stickstoff entsprechend ccm $^n/_{10}$ Säure	Zinnchlorid	Quecksilberchlorid	Bleiacetat	Ferriacetat	Uranacetat		Magnesiumsulfat	Bromwasser	Gerbsäure	Stutzer's Reagens	Phosphorwolframsäure		Zulässige Fehler
						ohne P_2O_5	mit P_2O_5					kalt	kochend	
Ammoniumacetat .	24,4	—	12,3	—	—	—	—	—	—	—	—	x	x	0,4
Neurin	3,9	—	.	.	.	—	—	—	—	15,4	.	69,2	71,8	2,6
Betaïn, HCl . . .	6,8	—	—	.	.	—	—	—	—	—	—	38,2	27,9	1 5
Guanin	4,0	—	—	—	.	—	.	—	—	—	47,5	45,0	—	2,5
Alloxan	9,1	26,4	—	3,3	24,2	—	—	—	—	—	31,9	.	—	1,1
Allantoïn	13,8	—	—	—	.	—	—	.	—	—	2,9	—	—	0,7
Kreatin	8,0	.	—	2,5	—	—	—	—	—	—	2,5	5,0	—	1,3
Asparagin . . .	15,3	—	—	—	.	—	4,5	—	—	—	.	2,5	—	0,7
Leucin	6,1	—	—	—	—	—	—	—	—	—	.	—	—	1,6
Arginin	12,5	—	—	—	—	—	18,4	—	—	—	4,0	79,2	.	0,8
Harnsäure . . .	1,6	—	—	—	—	—	—	—	—	—	31,3	—	—	6,3
Hippursäure . . .	3,2	—	—	—	.	—	—	25,0	—	—	—	—	—	3,1
Tyrosin	2,6	—	—	—	—	—	—	—	x	—	.	—	—	3,8
Piperazin	3,8	—	94,7	.	.	44,7	71,0	—	68,4	.	.	89,5	36,8	2,6
Coffeïn	15,9	—	4,4	—	1,3	.	—	94,3	x	x	—	91,2	93,7	0,6
Theobromin . . .	8,8	—	—	—	—	—	—	5,7	—	—	—	x	—	1,1
Chinin	5,7	—	x	3,5	3,5	—	—	52,6	61,4	x	3,5	96,5	98,2	1,8
Morphin	3,8	—	—	—	.	—	—	—	5,3	—	—	100,0	84,2	2,7
Brucin	9,6	—	—	—	—	—	2,1	25,0	11,4	x	—	101,0	?	1,0
Amygdalin . . .	8,1	—	—	.	.	—	—	19,8	—	—	—	—	—	1,2
Solanin	1,5	—	—	—	—	—	—	66,7	x	x	—	—	—	6,7

x bedeutet, dass wohl eine Ausscheidung entstand, dass dieselbe aber so fein vertheilt war, dass sie sich nicht auf einem Filter sammeln liess. Wo es sich handelt, Proteïnstoffe auszufällen, wird eine solche Ausscheidung doch zugleich mit der Proteïnfällung offenbar ein gesammtes Ganze bilden, welches sich leicht auf einem Filter sammeln lässt.

. bedeutet, dass eine dem zulässigen Fehler entsprechende Stoffmenge ausgefällt ist, siehe die letzte Kolonne. Da dieser Werth ja einen Titrationsfehler vertreten kann, ist er nicht zu berücksichtigen.

? reichliche Ausscheidung, aber die Bestimmung ging verloren. In allen leeren Rubriken war das Versuchsresultat 0.

Es ergiebt sich, dass von keinem der hier geprüften Proteïnfällungsmittel behauptet werden darf, dass es mit absoluter Sicherheit keine anderen stickstoffhaltigen organischen Stoffe fällt, als gerade die Proteïne — ein Resultat, das wohl kaum in Erstaunen versetzen darf.

Immerhin sind als die zuverlässigsten Fällungsmittel Zinnchlorid, Bleiacetat, Ferriacetat und Uranacetat zu betrachten, wenn es sich darum handelt, gegen Ausfällung stickstoffhaltiger organischer Stoffe nichtproteïnartiger Natur gesichert zu sein. Etwas anders verhält es sich in

Bezug auf die Reagentien Quecksilberchlorid und Magnesiumsulfat.

Die Fällung von Ammoniak durch Quecksilberchlorid tritt nur dann ein, wenn das Ammoniak an organische Säuren gebunden ist, und nicht zugleich äquivalente Mengen von Chloriden zugegen sind. Besonders wirksam ist Ammoniumchlorid.

Bromwasser fällt ungefähr dieselben Stoffe wie Magnesiumsulfat, jedoch sind die betreffenden Niederschläge schwer auf dem Filter zu sammeln, was bei der Anwendung von Magnesiumsulfat nicht der Fall ist.

Gerbsäure zu verwenden, empfiehlt sich; jedoch werden wahrscheinlich auch Coffeïn, Chinin, Brucin und Solanin durch Gerbsäure gefällt, wenn sie zusammen mit Proteïnstoffen vorkommen. Dagegen werden Albumosen und wirkliche Peptone [1]) entweder gar nicht oder nur theilweise gefällt.

Stutzer's Reagens zeigt ungefähr dasselbe Verhalten wie Ferriacetat, jedoch ist die Fällung mit ersterem viel weniger zuverlässig als mit Ferriacetat. Die wirklichen Peptone fällt es nicht mit quantitativer Genauigkeit.

Die Anwendbarkeit der Phosphorwolframsäure scheint schon nach der vorliegenden Litteratur recht zweifelhaft [2]). Nichtsdestoweniger wird sie neuerdings von Mallet [3]) als quantitatives Fällungsmittel für Proteïnstoffe verwendet. Da sie jedoch alle möglichen sonstigen stickstoffhaltigen Körper noch mitfällt, eignet sie sich wohl zu der präparativen Chemie, nicht aber als quantitatives Proteïnfällungsmittel.

Der von Laszczynski (l. c.) gemachte Vorschlag, die Eiweissstoffe durch Erhitzen der wässerigen Proteïnlösung bei $1^1/_2$ Atmosphärendruck zu coaguliren, scheitert daran, dass, wie schon Neumeister nachwies, sich hierbei Albumosen und andere lösliche Eiweisskörper bilden, auf welche Fehlerquelle auch Schjerning (l. c.) hinweist.

---

1) Vgl. Lebelien, Zeitschr. analyt. Ch. **28**, 383, 1889.

2) Vgl. E. Bosshard, Zeitschr. analyt. Ch. **22**, 329, 1883; Hedin, Zeitschr. f. physiol. Ch. **21**, 160.

3) Mallet, The Analyst 1898, 328.

VI.

Methode der Kapillaranalyse.

Die Steighöhe einer Flüssigkeit ist in Röhren von verschiedenem Durchmesser dem Durchmesser der Röhren umgekehrt proportional. Dieses Gesetz gilt innerhalb gewisser Grenzen. Hat man es mit einer benetzenden Flüssigkeit, wie z. B. Wasser, Alkohol u. s. w. zu thun, und bringt dieselbe in kommunicirende Röhren, von denen die eine enger als die andere und zwar eine Kapillare ist, so stellt sich die Flüssigkeit in der Kapillare höher ein als in dem weiten Rohre. Bei nicht benetzenden Flüssigkeiten, wie z. B. Quecksilber, steht umgekehrt das Niveau in der Kapillare niedriger als in der weiteren Röhre.

Die Niveauunterschiede bei den benetzenden Flüssigkeiten sind aber auch von der Natur der Flüssigkeit abhängig, so dass es dadurch möglich ist, aus der Niveaudifferenz zweier Flüssigkeiten auf die Natur derselben zu schliessen. Hierauf basirt die Verwendung dieser Methode für die qualitative und quantitative Bestimmung von Flüssigkeiten und Lösungen fester und flüssiger Körper.

Die Eintheilung des Stoffes ist die folgende:

1. Abhängigkeit der Steighöhen.
2. Allgemeine Beziehungen.
3. Verwendung zu Trennungen.
4. Das Kapillarimeter.
5. Bestimmung des Fuselöls.

1. Abhängigkeit der Steighöhen.

Indem sich die Steighöhen in engen Röhren für eine Flüssigkeit umgekehrt verhalten wie die Radien der Röhren, ergiebt es sich, dass das Produkt aus der Höhe der gehobenen Flüssigkeitssäule und dem Radius der Röhre eine Grösse ist, die bis zu einer gewissen Weite vom Radius der Röhre unabhängig ist.

Bei wachsendem Druck und bei wachsender Temperatur nimmt die Steighöhe und damit die Grösse dieses Produkts ab. So fand Brunner für verschiedene Flüssigkeiten für die Abhängigkeit der Steighöhen von der Temperatur folgende Werthe:

Wasser	15,332—0,0286 t	zwischen	0°	und	82°.
Aether	5,400—0,0254 t	„	6°	„	35°.
Olivenöl	7,466—0,0105 t	„	15°	„	150°.
Terpentinöl	6,760—0,0167 t	„	17°	„	137°.

Bei einem Radius von 1 mm geben die Zahlen direkt die Steighöhen an.

Aehnliches gilt für die Zunahme des Druckes. Kundt[1]) fand folgende Werthe:

Aether-Wasserstoff.		Aether-Luft.	
Druck in k pro qcm.	Steighöhe in mm.	Druck in k pro qcm.	Steighöhe in mm.
1	48,8	1	61,3
57	44,7	51	51,5
101	41,8	103	44,0

Obgleich sich diese Werthe auf verschieden grosse Radien der Kapillarröhren beziehen, zeigt sich doch ein Unterschied hinsichtlich des Einflusses von Wasserstoff oder Luft auf die Steighöhe, und zwar ist anscheinend der Einfluss der Luft ein entsprechend grösserer als der des Wasserstoffes.

J. Hock[2]), der über die Abhängigkeit der Kapillaritätskonstanten homologer Reihen von der Temperatur und der chemischen Zusammensetzung arbeitete, weist an der Hand einer grossen Anzahl von Kapillaritätskonstanten, die mittels des Jäger'schen Apparates bestimmt wurden, nach, dass dieselben lineare Funktionen der Temperatur sind, dass dies auch für Flüssigkeiten im unterkühlten Zustande gilt, und dass ein einfacher, allgemein giltiger Zusammenhang zwischen der Kapillaritätskonstante und der chemischen Zusammensetzung nicht besteht. Zur Untersuchung wurden Alkohole und Fettsäuren bei Temperaturen von —50° bis +80° benützt.

2. Allgemeine Beziehungen.

In einer ausführlichen Arbeit, in der sich J. Traube[3]) auf die Publikationen von Mendelejeff, Wilhelmy, R. Schiff, C. A. Valson, E. Musculus, Hagen, Volkmann, Frankenheim, Reynolds, Duclaux u. s. w. stützt, kommt dieser Forscher zu folgenden allgemeinen Resultaten:

1) Kundt, Wiedem. Ann. **12**, 1881.
2) J. Hock, Chem. Ztg. Ref. **24**, 59, 1900.
3) J. Traube, Ber. **17**, 2294, 1884; Journ. pr. Ch. **31**, 177 und 514.

1. „Die Steighöhe der Lösung eines Körpers nimmt ab mit wachsender Koncentration, und zwar sind bei gleichartiger Zunahme derselben die Differenzen der Steighöhen nicht gleich: sie wachsen und nehmen wieder ab, sie bilden also eine Kurve mit einem Maximum."

2. „In einer homologen Reihe nehmen die Steighöhen ab mit wachsendem Molekulargewicht[1]). Die Differenzen der Steighöhen erreichen mit wachsendem Molekulargewicht in koncentrirteren Lösungen früher die Maximalhöhe als in verdünnteren."

3. „Isomere Körper, auch von verwandter Konstitution haben in gleich koncentrirten Lösungen nicht nothwendig gleiche Steighöhen."

4. „Eine Erhöhung der Steighöhe findet statt:

a) beim Uebergange von der Reihe der Alkohole zu der der Aldehyde und der Fettsäurereihe;

b) von den Fettsäuren zu den Oxysäuren;

c) von den einsäurigen zu den zwei- und dreisäurigen Alkoholen;

d) von den normalen und Isoalkoholen zu den tertiären Alkoholen;

e) von den Estern der Ameisensäure zu den isomeren Estern der höheren Fettsäuren;

f) von den Verbindungen der Propylreihe zu denen der Allylreihe."

Das Kapillarverhalten des Propylaldehyds zum Aceton macht es wahrscheinlich, dass die Aldehyde allgemein niedrigere Steighöhen haben wie die isomeren Ketone. Ebenso folgt mit grosser Wahrscheinlichkeit aus dem Kapillarverhalten der untersuchten halogenirten Essigsäure, dass stets eine Erhöhung der Steighöhe stattfindet beim Eintritt eines Atoms der Halogene in die Kohlenwasserstoffgruppe der Fettreihe. Einigermassen auffällig erscheint es jedoch, dass der Eintritt des zweiten und dritten Chloratoms in die Methylgruppe der Essigsäure eine beträchtliche Erniedrigung hervorbringt, die aber bei der Dichloressigsäure ein wenig grösser ist wie bei der Trichloressigsäure. Die Aldehyde zeigen in den koncentrirteren Lösungen eine niedrigere Steighöhe wie die entsprechenden Fettsäuren, dagegen liegt in den verdünnten Lösungen ein umgekehrtes Verhalten vor. Ebenso ist die Steighöhe der normalen Alkohole wenigstens in den koncentrirteren Lösungen geringer als die der Isoalkohole. Während in den untersuchten Koncentrationen die Werthe für die Steighöhe des Isobutylalkohols sämmtlich grösser sind wie die des Butylalkohols, gilt dies für die Propylalkohole nur in den grösseren Koncentrationen. Schliesslich sei noch der relativ hohe Werth für die Steighöhen der Lösungen des Anilins und des Benzaldehyds hervorgehoben.

Für die Lösungen homologer und auch vieler anderen verwandten Körper gilt innerhalb gewisser Koncentrationen das Gesetz:

---

[1]) Vgl. hierzu die vorher mitgetheilten Beobachtungen von J. Hock.

Die Differenz der Quotienten aus Steighöhe und Molekulargewicht ist für die Lösungen je zweier Körper eine nur von der relativen Grösse der Koncentrationen abhängige Konstante.

Sind $h\alpha$ und $h\alpha'$ die Steighöhen der Lösungen eines Körpers, dessen Molekulargewicht m ist, in verschiedenen Koncentrationen, $h\beta$ und $h\beta'$ die Steighöhen der Lösungen eines ihm verwandten Körpers mit dem Molekulargewicht m′ in denselben Koncentrationen, so gilt, falls für diese das vorhergehende Gesetz giltig ist, die Gleichung[1]) $\frac{h\alpha}{m} - \frac{h\alpha'}{m} = \frac{h\beta}{m'} - \frac{h\beta'}{m'}$, aus welcher folgt $\frac{h\alpha - h\alpha'}{h\beta - h\beta'} = \frac{m}{m'}$, in Worten: Die Steighöhenunterschiede der Lösungen je eines Körpers in verschiedenen, aber entsprechend gleichen Koncentrationen verhalten sich zu denen eines anderen wie die Molekulargewichte der gelösten Körper.

Messungen über die kapillare Steighöhe bei Mischungen sind von A. van Eldik[2]) ausgeführt worden. Ebenso wie van der Waals für einen einfachen Stoff die Lösung der Gleichungen in der Nähe des kritischen Punktes durchgeführt hat, so wurde von van Eldik bei Mischungen die Durchführung ausgearbeitet in der Nähe des sogenannten „Faltenpunktes", dem Analogon des kritischen Punktes. Sodann wurde die Theorie mit den Beobachtungen verglichen. Die benützten Stoffe waren Chlormethyl und Aethylen. Die kritische Temperatur des Chlormethyls liegt nach Kuenen bei 143°, diejenige des Aethylens nach Amagat bei 8,8°. Der Verlauf der gefundenen Kurven, welche die Steighöhe der flüssigen Phase in ihrer Abhängigkeit vom Druck wiedergeben, ist in Uebereinstimmung mit den im ersten Theil der sehr werthvollen Schrift gegebenen Betrachtungen. Wie erwartet werden musste, ist bei den Temperaturen, bei welchen die Versuche angestellt wurden, die kapillare Steighöhe im Faltenpunkt = 0.

3. Verwendung zu Trennungen.

Eine der Anwendung von Kapillarröhrchen sehr nahe verwandte Erscheinung ist die der Adsorption, d. h. des Aufsteigens der Lösungen in den Poren von Filtrirpapier und entsprechendes Festhalten von gelösten Körpern in den Papierfasern. Auch die Adsorption kann man als Haarröhrchenattraktion ansehen. Zuerst hat wohl Schönbein im Jahre 1861 Versuche angestellt, welche sich auf Trennungswirkungen durch Papier beziehen. Seine Beobachtungen umfassten die bei Alkalien, Erdalkalien, Säuren, Salzen und Farbstoffen auftretenden Erscheinungen,

1) Vgl. a. M. Goldstein, Zeitschr. phys. Ch. **5**, 233, 1891.

2) A. von Eldik, Inaug. Diss. Leiden 1898; Zeitschr. physik. Ch. Ref. **28**, 383, 1899.

und vermochte er durch Beobachtung der Steighöhen der Lösungen dieser Körper, welche dieselben bei Anwendung von ungeleimtem Papier erreichten, gewisse Unterschiede hinsichtlich der zu erreichenden Höhe festzustellen.

Nach Schönbein hat sich besonders F. Goppelsroeder[1]) mit dem Studium dieser Erscheinungen beschäftigt und die Trennung durch Adsorption oder Kapillaranalyse, wie er auch die bei der Verwendung von Filtrirpapier erzielten Trennungen bezeichnet, weiter ausgebildet. Die von ihm in mehreren Aufsätzen publicirte Monographie[1]) „Ueber Kapillaranalyse und ihre verschiedenen Anwendungen, sowie über das Emporsteigen der Farbstoffe in den Pflanzen" umfasst folgende Kapitel: 1. Einleitung, 2. Ueber Kapillaranalyse, 3. Ueber Anwendung der Kapillarerscheinungen in der anorganischen Analyse, 4. Anwendung der Kapillarerscheinungen in der organischen Analyse und besonders in der Farbenchemie, 5. Anwendung der Kapillaranalyse in der hygienischen, sanitätspolizeilichen und gerichtlichen Chemie, 6. Anregung zur Anwendung der Kapillarversuche in der pathologisch-chemischen Analyse, 7. Ueber den Nachweis der einzelnen Farbstoffe in den verschiedenen Pflanzenorganen mit Hilfe der Kapillaranalyse, 8. Ueber das Emporsteigen der Farbstoffe in den Pflanzen.

Goppelsroeder zeigte in dieser grösseren Abhandlung, dass schon höchst geringe Mengen von Mineralsubstanzen, ja selbst Spuren derselben in ihren Lösungen auf kapillaranalytischem Wege nachgewiesen werden können. Beispielsweise wurden natürliche Wässer untersucht, indem man in je 40 ccm Wasser 24 Stunden lang Streifen von schwedischem Papier, Baumwoll-, Leinen-, Wollen- und Seidenzeug hing. In allen Fällen, wo das Wasser auch nur eine höchst geringe Eisenmenge enthielt, zeigte sich weit oben über einer langen, weissen Papier- oder Gewebszone je nach der Menge des Eisens eine spurenweise oder ziemlich lebhafte ockergelbe schmale Zone, welche beim Betupfen mit verdünnter Salzsäure und Blutlaugensalz die blaue Eisenreaktion gab und ebenso mit den anderen Reagentien auf Eisen reagirte. Organische Verunreinigungen enthaltende Wässer geben ähnliche Zonen, welche man aber durch ihr passives Verhalten gegen die Reagentien auf Eisenoxyd von diesem leicht unterscheiden kann.

Weiterhin geben die Lösungen der Alkaloide oder ihre Salze ziemlich hoch gelegene Zonen, welche dann durch Betupfen mit den geeigneten Reagentien auf die Natur der Alkaloide geprüft werden können. Dasselbe gilt von den verschiedenen Gerbsäuren. Ganz besonders aber eignet

[1]) F. Goppelsroeder, Basler Naturf. Ges. III. Th. 2. Heft, 268, 1861; Mittheil. Technol. Gewerbemuseum Wien 1888/1889; Zeitschr. analyt. Ch. **38**, 291, 1900; vgl. auch Ch. W. Phillips, Chem. News. **58**, 285; Zeitschr. analyt. Ch. **28**, 609, 1889; R. Kayser, Chem. Ztg. **15**, 1054, 1891.

sich die Kapillaranalyse für die Untersuchung der Farbstoffe, für die Prüfung derselben auf ihre Reinheit und für die Untersuchung selbst komplicirter Farbstoffgemische. Hängt man in die Lösung eines reinen Farbstoffes Streifen von Filtrirpapier u. s. w., so steigt der Farbstoff darin aufwärts und bildet verschiedene mehr oder weniger intensive Zonen einer und derselben Farbe. Die Beimischung selbst von Spuren anderer Farbstoffe macht sich durch das Auftreten fremder Zonen bemerkbar. Die so erhaltenen Zonen können dann zur spektral-analytischen Untersuchung verwendet werden.

Die Empfindlichkeit der Kapillaranalyse mit Hilfe von Filtrirpapier und Geweben ist eine so grosse, dass z. B. Diamantfuchsin in einer Lösung, die 0,0000019 g in 40 ccm enthielt, deutlich nachgewiesen werden konnte. Im Seidenstreifen wurde eine 5,7 cm hohe, ziemlich lebhaft rosenrothe Zone erhalten, im Wollstreifen eine 3,5 cm hohe, zarte, röthliche,

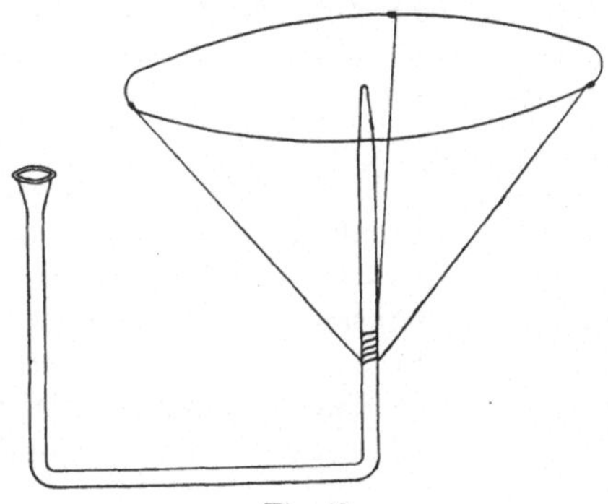

Fig. 42.

im Papierstreifen eine 4,5 cm hohe, nur höchst schwach rosenrothe Zone, während im Baumwollstreifen ungefähr ebenso hoch nur ein rosenrother Schein zu bemerken war.

W. Wobbe[1]) zeigte an einer Reihe von Beispielen, dass die Kapillaranalyse sehr gut geeignet ist zur Beurtheilung der Güte, Reinheit und Echtheit von Tinkturen und Extrakten. Er hängt bei der Ausübung dieses Verfahrens Filtrirpapierstreifen von 2 cm Breite und 20 cm Länge in einem geschlossenen Cylinder frei auf und lässt sie während einer Dauer von 24 Stunden 0,5 cm tief in die zu prüfende Flüssigkeit eintauchen und beobachtet dann das auf dem Papierstreifen entstandene Bild. Die Versuche sind vor direktem Sonnenlicht geschützt und bei einer möglichst gleichbleibenden Temperatur auszuführen.

H. Trey[2]) empfiehlt folgenden Apparat zur besseren Trennung zweier Stoffe. Die in Figur 42 abgebildete enge Glasröhre, welche in einem

1) W. Wobbe, Apoth. Ztg. **14**, 384, 1889.

2) H. Trey, Zeitschr. analyt. Ch. **37**, 743, 1898.

Kork befestigt werden kann, ist an dem einen Ende trichterförmig erweitert und trägt an dem anderen Ende ein Drahtgeflecht, das zum Auflegen von Filtrirpapier dient. Bringt man nun durch den Trichter die Lösung so weit in die Röhre, dass sie bis zur kapillar ausgezogenen Spitze steigt, so wird das auf dem Drahtgeflecht liegende Filtrirpapier sich benetzen und den einen oder anderen gelösten Körper ansaugen. Man lässt die Benetzung des Papiers bis zu einer durch einen Vorversuch ermittelten Entfernung vom Mittelpunkte vorschreiten und kann auf diese Weise in entsprechend verdünnten Lösungen, z. B. Trennungen von Kupfer und Kadmium, ausführen.

4. Das Kapillarimeter.

Schon Valson und Musculus machten darauf aufmerksam, dass das „Kapillarimeter" sehr wohl Anwendung in der Alkoholometrie finden könne. Demgemäss konstruirte Reynolds einen von ihm Lignometer genannten Apparat, der im wesentlichen aus einer Kapillare bestand, welche die empirisch berechneten Alkoholprocente ergab. J. Traube[1]) fand bestätigt, dass namentlich in alkoholarmen Flüssigkeiten, wie in den Weinen, mittels einer Kapillare weit genauere Resultate erzielt werden wie mit Aräometern, specifischen Waagen und Vaporimetern. Da man direkt, worauf schon Musculus aufmerksam machte, ohne wesentliche Fehler zu begehen, die Alkoholbestimmung im Wein selbst vornehmen kann, so ist auch die Zeitdauer einer Alkoholbestimmung mittels Kapillarröhre weit geringer als die, welche bei der Anwendung der übrigen Methoden erforderlich ist.

Wie in den Alkohollösungen, so lässt sich auch in den Lösungen aller anderen „aktiven" Stoffe leicht mittels des Kapillarimeters der Procentgehalt an gelöster Substanz bestimmen; und es dürfte wohl viele Fälle in der analytischen Chemie geben, wo das Kapillarrohr in quantitativer Beziehung wesentliche Dienste leisten könnte. Ueber die Empfindlichkeit der Methode wurden Versuche angestellt in wässerigen Lösungen von Isobutylbutyrat und Isoamylisovalerianat. In einer Kapillare von 0,34 mm Radius war ersterer Körper noch in $^1/_{15000}$, letzterer in $^1/_{60000}$ Verdünnung mit grösster Sicherheit nachweisbar. Auch qualitativ ermöglicht die Messung der Steighöhe leicht eine Erkennung organischer Körper, von denen man weiss, welcher Reihe sie angehören.

Eine ausführliche Beschreibung der Verwendung des Kapillarimeters erfolgt nachstehend.

[1]) J. Traube, l. c.

5. Bestimmung des Fuselöls.

Diese Methode ist von J. Traube[1]) ausgearbeitet worden. Derselbe hatte durch seine früheren Arbeiten dargethan, dass die kapillare Steighöhe wässeriger Lösungen organischer Stoffe einer Reihe bei gleichem Procentgehalt oft sehr beträchtlich abnimmt mit wachsendem Molekulargewicht des gelösten Körpers. Dieser Umstand legte die Annahme nahe, dass schon ein sehr geringer Gehalt an Fuselöl in den Branntweinen namentlich bei einiger Verdünnung sich durch Erniedrigung der Steighöhe bemerkbar machen müsse. Ebenso ergab sich, dass die in den Fuselölen in namhafter Menge vorkommenden Stoffe, wie die Propyl- und die Butylalkohole, die verschiedenen Aldehyde einschliesslich des Furfurols die Steighöhe stärker erniedrigten als der Aethyl-, weniger als der Amylalkohol.

Die Beobachtung der Steighöhe geschah mittels folgenden Apparates:

Man benützt eine genau kalibrirte dünnwandige Kapillarröhre, welche durch Schrauben an einer sehr fein ausgeführten, in halbe Millimeter getheilten Milchglasskala befestigt ist, über welche sie auf beiden Seiten hinausragt. Die Skala ist an ihrem unteren Ende halbkreisförmig ausgeschnitten und endigt infolge dessen bei ihrem Nullpunkte in zwei Spitzen. Hierdurch wird es ermöglicht, den Nullpunkt genau auf die Flüssigkeitsoberfläche einzustellen. Zu diesem Zweck bringt man am besten den Apparat an einem mit feinen Stellschrauben versehenen Stativ an. Die Kapillare kann leicht rein erhalten werden, wenn dieselbe nach jedem Versuche mit Wasser und Alkohol gereinigt und dann mittels einer Saugpumpe ein durch Schwefelsäure gereinigter Luftstrom hindurchgesogen wird.

Bei der Ausführung des Versuches saugt man 2—3 mal die Flüssigkeit im Kapillarrohr empor und liest dann, einige Stunden, nachdem die Flüssigkeit ihre Ruhelage eingenommen hat, den unteren Meniscus ab. Die erhaltenen Steighöhen reducirt man auf diejenigen, welche in einer Kapillare von 1 mm erhalten werden. Es geschieht dies am besten nach der angenäherten Formel $a^2 = rh$, wobei a^2 die Kapillaritätskonstante, d. h. die Steighöhe in einem Kapillarrohr von 1 mm Radius, h die beobachtete Steighöhe und r den Radius des benützten Kapillarrohres bedeutet. Letzterer wird am genauesten durch Messung eines Quecksilberfadens an mehreren Stellen und Wägung des Quecksilbers bestimmt.

Mit diesem Apparate wurden eine Anzahl Lösungen untersucht, welche 0,1—1 Volum von Marquardt in Bonn bezw. von Kahlbaum bezogenen rohen Fuselöls resp. reinen Isoamylalkohols in einem Weingeist gelöst enthielten, dessen specifisches Gewicht stets demjenigen

[1]) J. Traube, Ber. **19**, 892, 1886.

von 20 Volumprocent entsprach. In der folgenden Tabelle finden sich unter h die beobachteten Steighöhen in Millimetern. Jede Beobachtung wurde wiederholt ausgeführt und zwar meist nach vorhergegangenem Trocknen der Röhren.

Volum-Procent-gehalt von 20 % Weingeist an →	Kartoffelfuselöl Marquard h mm	Maisfuselöl Kahlbaum h mm	Melassefuselöl Kahlbaum h mm	Kornfuselöl Kahlbaum h mm	Reiner Isoamylalkohol
0	50,0	50,0	50,0	50,0	50,0
0,1	49,2—,25	49,1	49,0	49,0	48,6—,65
0,2	48,25	48,05	48,0	48,0	47,5
0,3	47,5—,55	47,5	47,45—,5	47,4—,45	46,9—,95
0,4	47,1—,05	46,95	46,9	46,85—,9	46,3—,4
0,5	46,9	46,4—,45	46,25—,3	46,35—,4	45,85—,9
0,6	46,2	45,85	45,8—45,85	45,7—,8	45,2
0,7	45,5	45,1	45,0	44,9	44,3—,35
0,8	44,9—,85	44,15—,25	44,2—4,25	43,9—44,0	43,4—,45
0,9	44,3	43,55—,60	43,6	43,4	42,4
1,0	43,9—,95	43,0	43,05	42,6	41,7—,75

Aus der Tabelle ist ersichtlich, dass unterhalb 0,5 % die Steighöhenwerthe für die verschiedenen Fuselöle höchst annähernd übereinstimmen. Da als Maximalgrenze in Bezug auf die Gesundheitsschädlichkeit der Branntweine 0,3 % Fuselöl angesehen zu werden pflegt, so haben nur die Werthe unterhalb jener Grenze praktischen Werth, und hier wird es möglich sein, Unterschiede im Fuselgehalt, welche noch weit weniger als 0,1 % betragen, mit Sicherheit zu bestimmen.

Soll ein Branntwein auf seinen Fuselgehalt geprüft werden, so nimmt man mittels der Westphal'schen Waage sein specifisches Gewicht. Mittels einer Verdünnungstabelle wird der Branntwein sodann auf annähernd 20 Volumprocent gebracht. Die Steighöhe, verglichen mit der des reinen 20 volumprocentigen Weingeistes, zeigt ohne weiteres an einer empirischen Skala den Gehalt des verdünnten Branntweines an Fuselöl an. Auf diesem Wege kann man leicht in wenigen Minuten eine Branntweinuntersuchung ausführen.

Die specifische Gewichtsbestimmung mittels der Waage liefert genügende Genauigkeit, da selbst ein Fehler von 0,001 (= 1/2 % Alkohol) im specifischen Gewicht im Kapillarimeter nur etwa 0,4 mm Steighöhendifferenz erzeugt, d. h. eine geringere Erniedrigung hervorbringt wie 1/20 % Fuselöl. Auch Temperaturunterschiede bewirken nur eine geringe Korrektion. Einem Temperaturgrade entspricht für die von Traube angewandte Röhre kaum 0,2 mm Steighöhendifferenz.

Von 12 nach dieser Methode untersuchten Branntweinen enthielten nur 2—3 mehr als 0,1 % Fuselöl. Entsprechende Kapillarapparate, sowie Kapillaralkoholometer werden von C. Gerhard in Bonn geliefert.

Stutzer und Reitmayr[1]) haben die Traube'sche Methode einer Untersuchung unterzogen und gefunden, dass dieselbe auch bei den mit Kali destillirten Branntweinen gegenüber der Röse'schen Methode Differenzen giebt, die durch den Einfluss der ätherischen Oele bedingt sei, die trotz der Destillation noch bei dieser Methode störend wirken.

Diesen Angaben widerspricht J. Traube[2]), indem er hinsichtlich der esterartigen ätherischen Oele nachweist, dass sie durch Destillation mit Kali völlig zerstört werden und dann auch die Steighöhen nicht ändern. Ausserdem kommen sonstige ätherische Oele in irgend grösseren, als schädlich anzusehenden Mengen nicht vor. Gegenüber der Röse'schen Methode hebt er hervor, dass alle Fuselöle nahezu gleiche Steighöhen hervorbringen.

1) Stutzer und Reitmayr, Repert. analyt. Ch. **6**, 385, 1887.

2) J. Traube, Repert. analyt. Ch. **6**, 659, 1887; G. Bodländer und J. Traube, ebenda 7, 167, 1887.

VII

Methode der Bestimmung der Viscosisät.

Für gewisse Körpergruppen, namentlich für Oele, ist es nothwendig, die Zähigkeit oder Viscosität zu bestimmen, da z. B. bei den Schmierölen ihre Verwendungsfähigkeit in hohem Grade von ihrer Zähigkeit abhängig ist. Je nach dem Grade der specifischen Zähigkeit, d. h. des Verhältnisses der Ausflusszeit aus Kapillaren gegenüber derjenigen des Wassers unter sonst gleichen Umständen, wird man die Verwendbarkeit des Oeles für diesen oder jenen Zweck beurtheilen müssen. Häufig ist auch die Frage der Grösse der Viscosität bei höheren Temperaturen (100—150°) zu entscheiden, da die Schmieröle bei ihrer Verwendung zum Oelen von Axenlagern u. s. w. auch wohl mitunter höhere Temperaturen erreichen. Da also die Zähigkeit eine wichtige Eigenschaft der betreffenden Körper ist, die im Verein mit anderen oder auch für sich allein eine entscheidende Rolle spielt, soll dieselbe auch hier näher besprochen werden.

Die Eintheilung des Stoffes ist folgende:

1. Viscosität und Konstitution der organischen Verbindungen.
2. Apparate zur Bestimmung der Viscosität.
3. Bestimmung der Viscosität von Erdölrückständen auf dem Engler'schen Apparat.

1. Viscosität und Konstitution organischer Verbindungen.

In einer ausführlichen Arbeit über die Zähigkeit flüssiger Kohlenstoffverbindungen und ihre Beziehung zur chemischen Konstitution kommt R. Gartenmeister[1]) unter Berücksichtigung der von Poiseville, Hagenbach, Finkener, Graham, Rellstab, Guerout, Pribram

1) R. Gartenmeister, Zeitschr. physik. Ch. 6, 524, 1890.

und Handl, sowie Brühl gefundenen Resultate zu folgenden allgemein giltigen Regeln.

Versteht man unter Zähigkeit einer Flüssigkeit den Widerstand, welchen dieselbe der Verschiebung ihrer kleinsten Schichten entgegensetzt, so ist dieser Widerstand für dieselbe Substanz bei der nämlichen Temperatur konstant. Man bezeichnet die Arbeit, welche zur Ueberwindung des Widerstandes erforderlich ist, als die Konstante der Zähigkeit oder der inneren Reibung und bestimmt dieselbe durch Beobachtung des Fliessens in kapillaren Röhren.

Man benützt zur Berechnung der inneren Reibung einer Flüssigkeit die von Poiseville bezw. Hagenbach und Finkener gegebene Gleichung

$$Z = \frac{r^4 \pi p}{8 l v} - \frac{v s}{8 \pi g l},$$

worin r den Radius der Kapillarröhre, p den Druck, unter welchem die Flüssigkeit durch die Kapillare getrieben wird, l die Länge der Kapillare, v das Volum, welches in der Zeiteinheit durch die Kapillare fliesst, s das specifische Gewicht der Flüssigkeit bedeutet.

„Es ergiebt sich, dass die Zähigkeit im allgemeinen mit dem Molekulargewicht wächst. Dies gilt in der Hauptsache für homologe Reihen.“

Ausnahmen sind Ameisensäure gegenüber Essigsäure und diese gegenüber Propionsäure, Methylester der Acetessigsäure gegenüber dem Aethylester. Metamere Ester haben verschiedene Zähigkeit.

„Bei isomeren Körpern ist die Zähigkeit eines Körpers um so grösser, je höher Siedepunkt, Dichte und Brechungsindex der Verbindung sind.“ (J. W. Brühl[1])).

Auch hier giebt es eine erhebliche Zahl von Ausnahmen.

„Körper, die den Kohlenstoff zweifach gebunden enthalten, transportiren langsamer als Körper mit einfach gebundenem Kohlenstoff (Rellstab).“

Die Zähigkeit des Allylalkohols ist jedoch nach Pribram und Handl geringer als diejenige des Propylalkohols, ebenso hat Diallyl geringere Zähigkeit als Dipropyl (Gartenmeister). Dagegen ist die Zähigkeit des Benzols (!) mehr als doppelt so gross als diejenige der beiden zuletzt genannten Substanzen.

„Innerhalb der bei der Beobachtung innegehaltenen Temperaturgrenze ist die Zähigkeit solcher Verbindungen, in welchen Chlor, Brom und Jod gegen einander ausgetauscht sind, proportional dem Molekulargewicht.“

---

1) J. W. Brühl, Ber. **13**, 1529, 1880.

Auch hier giebt es einzelne Ausnahmen, wie Bromisoamyl gegenüber Jodisoamyl.

Weiterhin suchte Gartenmeister zwischen der Keton- und der Enolformel des Acetessigesters zu unterscheiden. Da eine Hydroxylgruppe einer Substanz eine relativ hohe Zähigkeit verleiht, sowie die Zähigkeit der Säuren in allen Fällen ein Vielfaches derjenigen ihrer Aether ist, welche im Alkoholradikal nur wenige Kohlenstoffatome enthalten, so würde bei der Voraussetzung der Richtigkeit der Geuther-schen Formel

$$CH_3C(OH):CHCO_2H$$

für die Alkylderivate des acetessigsauren Methyls und Aethyls, als ätherartige Derivate desselben, eine erheblich geringere Zähigkeit zu erwarten sein als bei ihrer Stammsubstanz. Dies ist jedoch nicht der Fall. Es kommt deshalb dem Acetessigester für gewöhnlich in der Hauptsache die Ketonformel $CH_3CO.CH_2COOH$ zu.

Zur Ausführung der Versuche benützte Gartenmeister den Apparat von Poiseville mit einer geringen Abänderung. Weitere ausführliche Daten sind an der angegebenen Stelle in der Arbeit von Gartenmeister zu finden.

T. E. Thorpe und J. W. Rodger [1]) bearbeiteten die Erscheinungen, welche hinsichtlich der Viscosität von Mischungen mischbarer Flüssigkeiten auftreten. Sie verwendeten Mischungen von Tetrachlorkohlenstoff und Benzol, Methyljodid und Schwefelkohlenstoff und Aether und Chloroform und stellten die Messungen bei verschiedenen Temperaturen an. Die Beobachtungen liefern einen weiteren Beweis für die von Wijkander angegebene und von Linebarger bestätigte Thatsache, dass die Viscosität einer Mischung von mischbaren und chemisch indifferenten Flüssigkeiten selten, wenn überhaupt unter allen Bedingungen eine lineare Funktion der Zusammensetzung ist. Es kommt kaum vor, dass eine Flüssigkeit in einer Mischung die ihr im ungemischten Zustande eigene Viscosität behält.

2. Apparate zur Bestimmung der Viscosität.

Ausser dem bereits vorher erwähnten, von Poiseville konstruirten Apparate giebt es eine ganze Reihe von anderen, welche jedoch durchaus nicht alle von einwurfsfreier Konstruktion sind. Erwähnt seien nur die von Reischauer, Aubry, Wendriner [2]), Neumann-Wender [3]) u. s. w.

---

1) T. E. Thorpe und J. W. Rodger, Chem. Soc. 1897; Chem. Ztg. **21**, 194, 1897.

2) Wendriner, Zeitschr. angew. Ch. 1894, 545; vgl. hierzu R. Kissling, ibid. 642, sowie Zeitschr. analyt. Ch. **34**, 586, 1895.

3) Neumann-Wender, Chem. Ztg. **19**, 856, 1886.

Einer der bekanntesten Apparate, der wohl auch in seinen neuesten Konstruktionen durchweg genaue Resultate liefert, ist der von C. Engler[1]). Hierbei zeigte sich, dass mehrfach Differenzen bei Viscositätsbestimmungen durch Apparate aus verschiedenen Bezugsquellen vorgekommen sind, deren Grund in verschiedenen Dimensionen der Apparate liegt, so dass, obwohl die Auslaufszeit für Wasser die gleiche ist, die Ausflussgeschwindigkeit eines und desselben Oeles sich verschieden ergab und zwar in um so höherem Grade, je grösser die Viscosität des betreffenden Oeles ist. Aus dem Grunde werden jetzt die von der Firma C. Desaga gefertigten Appa-

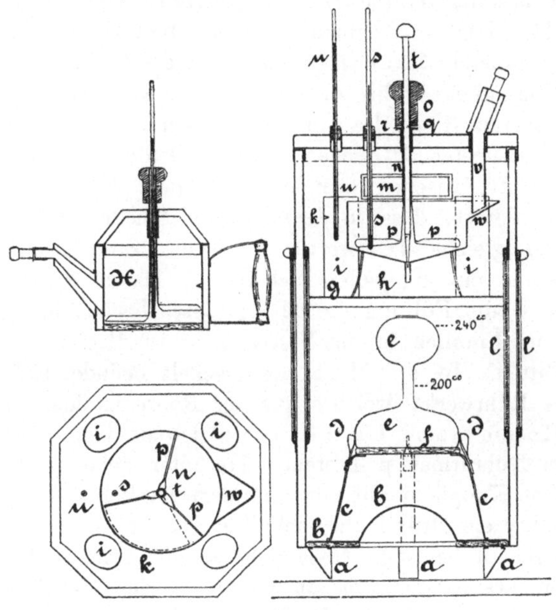

Fig. 43.

rate alle von der chemisch-technischen Prüfungs- und Versuchsanstalt in Karlsruhe geaicht.

Die früher von Engler angegebene Form des Viscosimeters hat für höhere Temperaturen den Nachtheil, dass die Temperatur des Oeles während des Ausfliessens nicht konstant bleibt und die Spitze der Ausflussröhre sich zu sehr abkühlt. Diesem Uebelstande ist durch den vorstehend abgebildeten, von Engler und Künkler[2]) konstruirten Apparat (Fig. 43) abgeholfen. Derselbe ist aus Messingblech doppelwandig gearbeitet, achtseitig, 35 cm hoch und 20 cm breit. Die vier Füsse a stehen derart

1) C. Engler, Zeitschr. angew. Ch. **1892**, 724.

2) C. Engler und A. Künkler, Dingl. polyt. Journ. **276**, 42, 1890, **279**, 115, 1893.

auf dem Ringe eines Dreifusses, dass ihre schrägen Seiten auf der inneren Kante des Ringes aufsitzen, wodurch beim Verschieben des Kastens auf den Füssen ein leichtes Einstellen der Flüssigkeit aufs Niveau ermöglicht ist. Um die Wärme der Flamme eines Bunsenbrenners möglichst nach innen zu leiten, ist auf dem Boden der kupferne Heizboden b mit einer starken Wölbung in der Mitte für die Bunsenflamme aufgeschraubt und durch dazwischen gelegte Asbestplatte möglichst isolirt. Ueber der Wölbung des Bodens steht das Fussgestell c und auf diesem zwischen seitlichen Stützen d das Messgefäss e, welches durch die doppelte Asbestscheibe f vor direkter Wärmestrahlung des Heizbodens geschützt ist. Ueber dem Messgefäss liegt auf einem schmalen Kranze der den Apparat in zwei Theile trennende Zwischenboden g mit der Oeffnung h für den ausfliessenden Flüssigkeitsstrahl und den vier ovalen Steigröhren i, welche bis an den oberen Rand des mit vier Füssen auf dem Zwischenboden g stehenden Viscosimeters k reichen. Durch Oeffnung h und Steigröhren i cirkulirt die Luft zwischen dem unteren Theile des Apparates und dem oberen Theile derart, dass in dem letzteren Theile um das Viscosimeter herum überall gleiche Temperatur herrscht. Zwei einander gegenüber liegende Fenster mit doppelten Scheiben l lassen das Ausfliessen der Flüssigkeit und die Füllung des Messgefässes beobachten, während zwei Fenster m einen Einblick in das Viscosimeter zur Beobachtung der Niveaumarken gestatten. In der Mitte des Deckels befindet sich ein auf- und abschiebbares Rührwerk, welches aus der Röhre n, dem an ihren Enden befestigten Knopfe o zum Umdrehen und den an dem unteren Theile befestigten drei Rührarmen p besteht. Herunter gelassen liegt das Rührwerk mit dem Knopfe o auf einer an dem Deckel befestigten Scheibe q auf, aus welcher ein Drittel ausgeschnitten ist. In diesem Ausschnitt hängt eine an dem Knopf befestigte Nase E herab, die beim Drehen des Knopfes an die Seiten des Ausschnittes anschlägt, so dass der Knopf bezw. das Rührwerk nur etwa ein Drittel Drehung machen und das zur Seite durch den Deckel gehende, bis nahe auf den Boden des Viscosimeters tauchende Thermometer s mit den Rührarmen nicht treffen kann (Fig. b). Eine zweite, an der Röhre u sitzende und beim Heraufziehen und Herunterlassen des Rührwerkes durch einen Schlitz des Deckels gehende Nase verhindert, auf die an dem Deckel befestigte Scheibe q aufgelegt, das Herabfallen des in die Höhe gezogenen Rührwerkes. Durch das Rührwerk hindurch geht der die Ausflussöffnung des Viscosimeters schliessende Stift t. u ist ein die Temperatur im oberen Theile des Apparates anzeigendes Thermometer. v ist ein doppelwandiger Trichter, der bis in den breiten Ausguss w des Viscosimeters reicht. Mittels eines an der Seite des Apparates angebrachten Lothes stellt man die Flüssigkeit ins Niveau. Zum Erwärmen des in das Viscosimeter einzugiessenden Oeles dient die doppelwandige Kanne x (Fig. c) mit in den Boden eingelegter Asbestscheibe und Rührwerk, durch welches hindurch das sich mitdrehende Thermometer bis in die Flüssigkeit reicht.

Bei Temperaturen bis zu 100° ist die Wärmevertheilung im oberen Theil des Apparates um das Viscosimeter herum überall die gleiche und nur die Temperatur der auf dem Boden des Viscosimeters befindlichen stagnirenden Luftschicht ist um einige Grade niederer. Dieselbe wird aber durch das eingegossene Oel verdrängt. Auch bei Temperaturen über 100° ist die über dem Viscosimeter bezw. dem Oel stehende Luftschicht um einige Grade kälter. Diese Differenz, welche bei 150° ein Maximum von 4° erreicht, ist indes auf das Versuchsergebniss ohne Einfluss.

Beim Gebrauch des Apparates setzt man das Fussgestell mit den Asbestscheiben auf den Boden des Apparates, auf diesen das Messgefäss, legt dann den Zwischenboden mit dem darauf stehenden Viscosimeter ein und setzt den Deckel fest auf, wobei zu beachten ist, dass Zwischenboden, Viscosimeter und Deckel mit ihren Strichmarken nach der an ihrer oberen Kante oberhalb markirten Seite des Apparates gelegt werden. Thermometer u lässt man so weit in den Apparat hinabreichen, dass sein Quecksilbergefäss zur Seite des Viscosimeters steht, während Thermometer s bis nahe auf den Boden des Viscosimeters reichen soll. Den Trichter mit aufgesetztem Deckel setzt man ebenfalls ein, lässt das Rührwerk herunter, so dass der Knopf auf der Scheibe nahe dem Deckel aufliegt, und schliesst dann mit dem durch das Rührwerk geführten Verschlussstift die Ausflussöffnung des Viscosimeters. Mittels des Lothes wird der Apparat senkrecht mit der schrägen Seite seiner Füsse auf die innere Kante des Kranzes eines genügend hohen Dreifusses gestellt und mit einer mitten unter die Wölbung des Heizbodens gestellten Flamme geheizt. Man erwärmt zunächst mit stärkerer Flamme bis auf etwa $^4/_5$ der gewünschten Temperaturgrade, dann mit immer kleinerer Flamme, bis die betreffende Temperatur erreicht ist und konstant bleibt, wobei nur Thermometer u massgebend ist. Inzwischen hat man das in die Kanne eingefüllte Oel unter Drehen des Knopfes mit mässiger Flamme bis auf die gewünschte Temperatur erwärmt und dann so viel Oel zu- oder abgegossen, dass dasselbe gerade bis an die Niveaumarken reicht. Ist die Temperatur im Kasten konstant geworden, so erwärmt man wiederum das durch die Manipulation mit der Kanne kälter gewordene Oel auf die betreffende Temperatur, giesst es rasch durch den Trichter ein, lässt gut auslaufen und verschliesst den Trichter wieder. Nachdem man sich überzeugt hat, ob das Oel im Niveau und bis zu den Marken steht, dreht man das Rührwerk um, wobei man, wie auch beim nachherigen Aufziehen des Rührwerkes, der Vorsicht halber den Verschlussstift festhält und sieht, ob die Temperatur des Oeles die richtige ist. Alsdann zieht man das Rührwerk in die Höhe, lässt die Nase auf der Scheibe, auf welcher der Knopf lag, aufsitzen, so dass das Rührwerk nicht herunterfallen kann, zieht den Verschlussstift heraus, verschliesst den Knopf des Rührwerkes durch einen Stift oder Kork und beobachtet, in welcher Zeit, vom Herausziehen des Stiftes an gerechnet, das Messgefäss bis zur Marke 200 ccm gefüllt wird. Das Oel giesst man zweckmässig mit einer um $^1/_4$—$^1/_2{}^0$ höheren Temperatur in das Viscosimeter. Die Kanne darf nur langsam erwärmt werden. Das Rührwerk der Kanne ist vor dem Eingiessen bezw. Ablesen der Temperatur fleissig zu drehen. Ist die Temperatur des bereits eingegossenen Oeles zu hoch oder zu niedrig, so kann man sie durch Steigen- oder Sinkenlassen der Lufttemperatur im Apparate reguliren.

Weitere Modifikationen des Engler'schen Apparates sind noch von A. Künkler[1]) für Schmieröle und Maschinenöle angegeben worden.

Ausserdem sind noch die Untersuchungen von J. Traube[2]) beachtenswerth, welcher auf die Fehlerquellen bei der Bestimmung der Viscosität der Schmieröle hinwies und selbst einen Apparat zur Bestimmung derselben konstruirte. „Traube hebt hervor, dass, wie sich aus den Arbeiten von Poiseville und Hagenbach ergiebt, die allen Ausflussviscosimetern zu Grunde liegende Annahme, dass die Ausflusszeit der Zähigkeit proportional sei, nur dann giltig ist, wenn 1. das Ausfliessen unter konstantem Druck erfolgt und 2. die Weite des Ausflussrohres nicht über und die Länge nicht unter ein gewisses Mass hinausgeht. Diese Grenzen sind von der Viscosität abhängig, und zwar muss das Ausflussrohr umso länger und enger sein, je geringer die Zähigkeit ist. Diesem Umstande ist es zuzuschreiben, dass die mit verschiedenen Auslaufapparaten erhaltenen Werthe für die specifische Zähigkeit (Verhältniss der Auslaufsgeschwindigkeit des Oeles u. s. w. zu der des Wassers) nicht untereinander (d. h. unter den verschiedenen Arten von Apparaten) vergleichbar und überhaupt nicht absolut richtig sind, da man immer mit demselben Auslaufsrohr die Viscosität des Wassers und der Oele bestimmt hat, während doch Röhren, aus denen Oele nicht allzu langsam ausfliessen, für Wasser schon zu weit sind, um dessen Ausflusszeit der Zähigkeit proportional erscheinen zu lassen. Deshalb übt bei diesen Apparaten, von denen nach Traube der Engler'sche einer der besten ist, eine kleine Abweichung in der Weite des Ausflussröhrchens einen bedeutenden Einfluss auf das Resultat aus.“

„Nachstehend ist der von Traube gegebene Apparat abgebildet. Er besteht aus einer Druckvorrichtung A, in welcher, da bei b eine kleine Mariotte'sche Flasche angebracht ist, immer annähernd der gleiche Druck eingehalten werden kann. Durch den Hahn a kann A mit der Ausflussvorrichtung B verbunden werden. Die Ausflussvorrichtung

1) A. Künkler, Dingler's polyt. Journ. **279**, 115, 1891, **290**, 281, 1893.

2) T. Traube, Zeitschr. d. Vereins deutsch. Ingenieure **31**, 251; Zeitschr. analyt. Ch. **27**, 485, 1888.

B besteht aus einer Kapillare c, die an eine weitere Röhre d angeschmolzen ist, deren mittlerer, durch 2 Marken abgegrenzte Theil aus einer Kugel e besteht. Die Flüssigkeit wird entweder von oben eingegossen, oder noch besser mit Hilfe einer Pumpe nach Oeffnung des Hahnes f angesogen."

„Wenn man sich eine Anzahl solcher Ausflussröhren von verschiedener Weite herstellt, so kann man sich durch Versuche mit Wasser und einer verdünnten Glycerinlösung in einer ganz engen Röhre, durch Vergleich dieser verdünnten Glycerinlösung mit einer etwas koncentrirteren in einer etwas weiteren Röhre u. s. w. für die zum Untersuchen von Schmierölen geeignete Röhrenweite eine korrigirte ideale Auslaufszeit für Wasser bestimmen, die ihm zukommen würde, wenn auch bei dieser

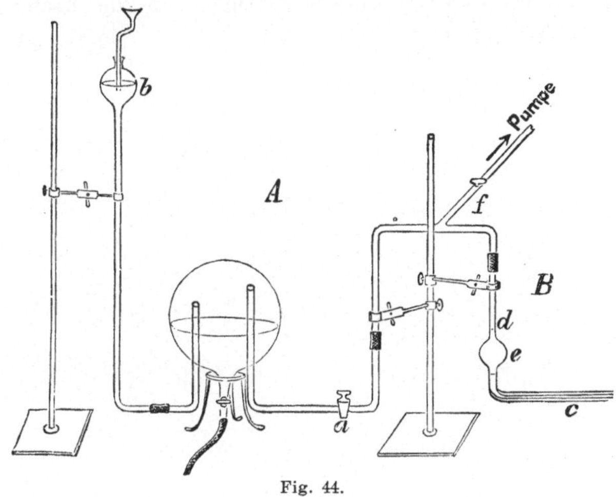

Fig. 44.

Röhrenweite die Zähigkeit der Auslaufszeit proportional wäre. Diese korrigirte Zahl ist nun bei der Berechnung der specifischen zu Grunde zu legen."

3. Bestimmung der Viscosität von Erdölrückständen auf dem Engler'schen Apparat.

D. Holde und M. Stange[1]) machen hierüber folgende Mittheilungen: Die dunklen, bei Zimmerwärme nicht flüssigen Rückstände der Destillation von Mineralölen (Erdöl und Braunkohlentheer) sind im Gegensatz zu den unter allen Umständen zollfreien pechartigen Rückständen der Fett-, Fettsäure-, Steinkohlentheer- uud Holztheerdestillation z. Z. nur dann zollfrei, wenn sie ein specifisches Gewicht von über 1,0 bei 15 ^{0} C.

[1]) D. Holde und M. Stange, Mitthl. kgl. Techn. Versuchsanst. Berlin **18**, 157, 1900; Ch. Ztg., Rep. **24**, 335, 1900.

haben und bei + 45 ⁰ aus dem Engler'schen Apparat unter bestimmten Bedingungen nicht ausfliessen. Diese Bedingungen gehen dahin, dass der zollfreie Mineralölrückstand bei + 45 ⁰ C. nach ¼ stündigem Erwärmen auf diese Temperatur überhaupt nicht oder nur tropfenweise oder so ausfliessen soll, dass der Ausflussstrahl nach höchsten 10 Sekunden aufhört. Eingehende Versuche bestätigten die Vermuthung der Verfasser, dass sich die Einflüsse der Vorbehandlung auf die Zähigkeit der pechartigen Rückstände bei + 45⁰ C. in noch erheblicherem Maasse bemerkbar machen würden, als dies bei der bei + 20 ⁰ C. bestimmten Konsistenz der dunklen Wagenöle und Cylinderöle der Fall war. Hierzu kommt noch der ausserordentlich grosse, durch die Zähigkeit der Peche bedingte Einfluss, den die Füllung des Ausflussröhrchens auf die beobachtete Ausflusszeit der Peche ausübt.

VIII.

Methode der Bestimmung der elektrischen Leitfähigkeit.

Seitdem Kohlrausch seine klassischen Arbeiten über die Bestimmung der elektrischen Leitfähigkeit veröffentlichte, hat diese Methode eine ausgedehnte Anwendung zur Lösung wissenschaftlicher wie auch technischer Fragen gefunden.

Infolge der eingehenden Untersuchungen Kohlrausch's, dem sich alsdann besonders Ostwald und einige seiner Schüler sowie auch Berthelot anschlossen, ist man jetzt im Stande einen Ueberblick über das weite Gebiet mit all seinen Abstufungen zu gewinnen. Speciell auf dem Gebiete der organischen Chemie ist ausser den genannten Forschern auch Hantzsch in hervorragender Weise an der Untersuchung von Stoffen mit labilen Atomgruppen thätig gewesen mit einem überraschenden Erfolge, indem durch seine Arbeiten eine grosse Reihe von schon seit längerer Zeit schwebender Fragen gelöst wurden oder doch als nahe gelöst zu betrachten sind.

Die Eintheilung des Stoffes ist folgende:

1. Theorie der elektrischen Leitfähigkeit der Elektrolyte.
2. Apparatur zur Bestimmung der elektrischen Leitfähigkeit der Elektrolyte.
3. Ausführung der Bestimmung der elektrischen Leitfähigkeit.
4. Die Leitfähigkeit der organischen Säuren und ihrer Natronsalze.
5. Die Bestimmung der Basicität der Säuren aus der elektrischen Leitfähigkeit ihrer Natronsalze.
6. Affinitätskonstanten schwacher Säuren.
7. Die Hydrolyse der Alkalisalze schwacher Säuren.

8. Die Affinitätsgrössen der organischen Basen.

9. Die Leitfähigkeit der Chlorhydride organischer Basen.

10. Konstitutionsbestimmung von Körpern mit labilen Atomgruppen.

11. Pseudosäuren.

a) Nitro- und Isonitrokörper.
b) Cyan- und Isocyanverbindungen.
c) Laktam- und Laktimverbindungen.
d) Oxyazokörper.
e) Primäre Nitrosamine und echte Diazohydrate.
f) Nitrolsäuren und ihre Erythrosalze.
g) α. Oximidoketone.
h) Chinonoxime und Nitrosophenole.
i) Ketol-Enolisomerie.

12. Pseudoammoniumbasen.

13. Pseudosalze.

14. Bestimmung des Aschengehaltes in den Produkten der Zuckerindustrie.

15. Bestimmung der Fette.

1. Theorie der elektrischen Leitfähigkeit der Elektrolyte.

Nachdem längere Zeit die Grotthus'sche Erklärung der Anordnung der Moleküle der in der Lösung befindlichen Elektrolyte in Bezug auf ihre Zerlegung durch den elektrischen Strom als hinreichend angesehen worden war, kamen zuerst Clausius und nach ihm Arrhenius auf den Gedanken, dass die Elektrolyte in der wässerigen Lösung theilweise oder ganz in ihre Ionen gespalten seien. In Uebereinstimmung mit den Bestimmungen des Molekulargewichtes stellte Arrhenius[1]) den Satz auf:

Die Elektrolyte, d. h. die in Lösung befindlichen, die Elektricität leitenden Substanzen, sind zum grösseren oder geringeren Theile entsprechend den aus der Molekulargewichtsbestimmung ermittelten Grössen in ihre Ionen zerlegt, d. h. in die Theile des Moleküls, welche bei dem Durchgang des elektrischen Stromes durch die Lösung sich an der Leitung des Stromes betheiligen.

Nimmt man an, dass die chemische Affinität mindestens aus zwei Komponenten besteht, der Gravitoaffinität und der Elektroaffinität, so ergeben die mit anderen Beziehungen in Uebereinstimmung

---

1) Svante Arrhenius, Zeitschr. physik. Ch. **1**, 631, 1887.

befindlichen Rechnungen des Verfassers[1]) dass die Ionen wie auch schon die Unmöglichkeit der Trennung durch Osmose ergiebt, nur in Bezug auf die Gravitoaffinität, nicht aber hinsichtlich der Elektroaffinität von einander getrennt sind.

Von der Grösse der elektrolytischen Dissociation der Elektrolyte hängt deren Leitfähigkeit ab. Mit zunehmender Verdünnung schreitet die elektrolytische Dissociation weiter fort und wird bei sehr grosser Verdünnung nahezu oder ganz vollständig, d. h. es befinden sich in einer solchen Lösung nicht mehr undissociirte Moleküle neben dissociirten, sondern sie sind sämmtlich dissociirt. Die sog. starken Säuren und Basen sowie deren Salze sind schon bei geringerer Koncentration nahezu oder vollständig dissociirt. Für die übrigen Elektrolyte gilt das Ostwald'sche Verdünnungsgesetz.

$$\frac{\alpha^2}{(1-\alpha)\,v} = k.$$

Hierbei ist α der Aktivitäts- oder Dissociationskoefficient, d. h. der Bruchtheil der dissociirten Moleküle, wenn die Gesammtzahl der ursprünglichen Moleküle zur Einheit genommen wird; v ist die Verdünnung, d. h. das Volum, in welchem ein Gramm-Molekül des Elektrolyts enthalten ist, und k ist eine Konstante, die von der Natur des Elektrolyts, des Lösungsmittels und von der Temperatur abhängig ist, und die man als Affinitätskonstante bezeichnet. $\alpha = \frac{\mu_v}{\mu_\infty}$, d. h. der Dissociationskoefficient, ist gleich dem Verhältniss der molekularen Leitfähigkeit bei der Verdünnung v zum Grenzwerth derselben bei unendlicher Verdünnung bestimmt.

Ostwald's Verdünnungsgesetz stimmt nicht für die Lösungen der sog. starken Säuren und Basen, sowie deren Salze. Da, wie Kohlrausch gefunden hat, die Leitfähigkeit eines Elektrolyten von den Wanderungsgeschwindigkeiten seiner Ionen abhängt und sich aus diesen zusammensetzt, so glaubt Jahn[2]) annehmen zu dürfen, dass die Wanderungsgeschwindigkeit der Ionen der oben erwähnten Ausnahmen mit wachsender Koncentration steige, und es hierauf zurückzuführen sei, dass Ostwald's Formel keine allgemeine Giltigkeit besitze. Anderweitige Versuche von van t'Hoff u. s. w. durch Abänderung der Formel eine bessere Uebereinstimmung zu erreichen, müssen als gescheitert angesehen werden.

Nach dem Faraday'schen Gesetze werden durch gleiche

---

1) W. Vaubel, Chem. Ztg. **24**, 35, 1900.

2) H. Jahn, Zeitschr. physik. Ch. **33**, 545, 1900; **35**, 1, 1900; vgl. auch Sv. Arrhenius, Zeitschr. physik. Ch. 1901.

Elektricitätsmengen die Elektrolyte ihrer chemischen Aequivalenz entsprechend ausgeschieden. Je ein Grammäquivalent irgend eines Elektrolyten wird durch eine Elektricitätsmenge von 96540 Coulomb vollständig in seine Ionen gespalten.

„Wie Kohlrausch[1]) ausführt, wird, je mehr die Anzahl der Wassertheilchen diejenige des Elektrolyts überwiegt, desto mehr die molekulare Reibung der Ionen an den Wassertheilchen, nicht aber ihre Reibung an einander, in Betracht kommen. Dann wird es, um ein Beispiel zu wählen, für das Chloratom gleichgiltig sein, ob dasselbe aus KCl, NaCl, HCl u. s. w. elektrolysirt wird. Es ist ja in allen Fällen dasselbe Chlor, nach Faraday verbunden mit denselben mitgeführten Elektricitätsmengen, welches von der elektrischen Scheidungskraft durch das Wasser getrieben wird. Hiernach muss also jedem elektrochemischen Elemente — z. B. dem H, K, Ag, NH_4, Cl, I, NO_3, $C_2H_3O_2$ — in verdünnter wässeriger Lösung ein ganz bestimmter Widerstand zukommen, gleichgiltig aus welchem Elektrolyten dieser Bestandtheil abgeschieden wird. Aus diesen Widerständen, welche für jedes Element ein für allemal bestimmbar sein müssen, wird sich das Leitungsvermögen jeder verdünnten Lösung berechnen lassen.“

Nennt man das specifische Leitungsvermögen eines gelösten Körpers μ und u und v die Beweglichkeiten der beiden Ionen desselben, so ist

$$u + v = \mu.$$

Nun hatte Hittorf bereits vor längerer Zeit beobachtet, dass die Koncentrationen an der Anode und der Kathode bei der Durchleitung des Stromes sich verschieden ändern, abgesehen von den an den beiden Elektroden ausgeschiedenen, chemisch äquivalenten Mengen des Anions und des Kations. Setzt man diese gleich 1 Grammäquivalent und den Bruchtheil des Kations, der von der Anode nach der Kathode übergeführt wird = n, so ist 1 — n der Bruchtheil von einem Grammäquivalent des Anions, der von der Kathode zur Anode übergeführt wird. Es gilt alsdann die Gleichung

$$\frac{n}{1-n} = \frac{u}{v}.$$

Die Wanderungsgeschwindigkeiten u und v verhalten sich wie die entsprechenden Ueberführungszahlen n und n—1.

Sind z. B. durch den Strom aus Kupfersulfatlösung 0,2955 g Cu ausgeschieden worden, und enthielt die Lösung vor der Elektrolyse an der Kathode so viel Kupfersulfat als 2,8543 g Kupferoxyd entsprachen und nach der Elektrolyse bezw. 2,5897 g Kupferoxyd, so ist die Differenz 0,2646 g Kupferoxyd = 0,2112 g Cu. Das Verhältniss $\frac{0,2112}{0,2955} = 0,715$

1) F. Kohlrausch, Wiedem. Ann. 6, 167, 1879.

stellt somit die relative Wanderungsgeschwindigkeit des SO_3 Ions und $1—0,715 = 0,285$ die des Cu Ions dar (u_1 und v_1).

Auf diese Weise kann also das Verhältniss der Wanderungsgeschwindigkeiten bestimmt werden. Die wirkliche Summe ist aber durch den Maximalwerth der Leitfähigkeit (λ) gegeben. Es gelten die Gleichungen:

$$u_1 : 1 = u : \mu \text{ und } v_1 : 1 = v : \mu.$$

Hieraus ergiebt sich

$$u = u_1\mu \text{ und } v = v_1\mu.$$

Die wirklichen Wanderungsgeschwindigkeiten u und v ergeben sich also aus den relativen, aus den Hittorff'schen Ueberführungszahlen berechneten, durch Multiplikation von letzteren mit dem Maximalwerth der Leitfähigkeit.

Kohlrausch giebt folgende Zusammenstellung der betreffenden wirklichen Wanderungsgeschwindigkeiten:

H	= 290	OH	= 165
K	= 60	Cl	= 62
Na	= 40	I	= 63
Li	= 33	NO_3	= 58
NH_4	= 60	ClO_3	= 52
Ag	= 52	ClO_4	= 54
		$C_2H_3O_2$	= 31.

Für organische Anionen hat W. Ostwald[1]) folgende Werthe gefunden:

		μ	$\varDelta$
Ameisensäure	CH_2O_2	51,2	10,3
Essigsäure	$C_2H_3O_2$	38,4	9,5
Propionsäure	$C_3H_5O_2$	34,3	10,2
Buttersäure	$C_4H_7O_2$	30,7	10,0
Isobuttersäure	$C_4H_7O_2$	30,9	10,5
Valeriansäure	$C_5H_9O_2$	28,8	9,8
Capronsäure	$C_6H_{11}O_2$	27,4	9,6
Acrylsäure	$C_3H_3O_2$	34,8	10,7
α-Crotonsäure	$C_4H_5O_2$	32,0	9,8
β-Crotonsäure	$C_4H_5O_2$	32,2	9,6
Angelicasäure	$C_5H_7O_2$	39,4	9,7
Tiglinsäure	$C_5H_7O_2$	39,6	9,4
Hydrosorbinsäure	$C_6H_9O_2$	28,8	10,3
Tetrolsäure	$C_4H_3O_2$	35,7	10,0
Monochloressigsäure	$C_2H_2ClO_2$	37,3	11,2
Dichloressigsäure	$C_2HCl_2O_2$	35,4	9,9
Trichloressigsäure	$C_2Cl_3O_2$	32,8	9,6

1) W. Ostwald, Zeitschr. physik. Ch. 2, 840, 1888.

		μ	Δ
α-Chlorisocrotonsäure	$C_4H_4ClO_2$	31,9	10,8
β-Chlorcrotonsäure	$C_4H_4ClO_2$	31,9	10,6
β-Chlorisocrotonsäure	$C_4H_4ClO_2$	31,7	10,5
Glykolsäure	$C_2H_3O_3$	37,6	10,7
Milchsäure	$C_3H_5O_3$	32,9	10,2
Trichlormilchsäure	$C_3H_2Cl_3O_3$	28,4	9,2
Brenzschleimsäure	$C_5H_3O_3$	33,5	10,8
Benzoësäure	$C_7H_5O_2$	31,0	9,3
o-Toluylsäure	$C_8H_7O_2$	29,9	10,0
m- „	$C_8H_7O_2$	30,0	10,0
p- „	$C_8H_7O_2$	29,6	10,4
α- „	$C_8H_7O_2$	29,8	9,9
o-Chlorbenzoësäure	$C_7H_4ClO_2$	30,8	10,5
m-Brombenzoësäure	$C_7H_4BrO_2$	30,7	10,0
o-Amidobenzoësäure	$C_7H_6NO_2$	31,0	10,3
m- „	$C_7H_6NO_2$	29,9	9,6
o-Nitrobenzoësäure	$C_7H_4NO_4$	29,8	9,7
p- „	$C_7H_4NO_4$	30,1	9,0
Anissäure	$C_8H_7O_3$	38,6	9,4
Zimmtsäure	$C_9H_7O_2$	27,3	9,5
Tropasäure	$C_9H_7O_2$	29,1	9,6
Phenylpropiolsäure	$C_9H_5O_2$	27,5	9,7
Mandelsäure	$C_8H_7O_3$	28,3	10,4
Phenylglykolsäure	$C_8H_7O_3$	28,0	10,1
Succinursäure	$C_5H_7N_2O_4$	26,6	9,9
Phtalursäure	$C_9H_7N_2O_4$	24,6	10,2
Phtalanilsäure	$C_{14}H_{10}NO_3$	24,3	10,3

Es ergiebt sich hieraus, dass isomere Ionen gleich schnell wandern, sowie dass mit zunehmender Anzahl der im Ion enthaltenen Atome die Wanderungsgeschwindigkeit abnimmt. Weiterhin hat die Natur der zusammensetzenden Elemente einen Einfluss auf die Wanderungsgeschwindigkeit, der indessen nur bei den einfacher zusammengesetzten Ionen deutlich ist. Sobald die Zahl der Atome im Anion mehr als 12 beträgt, hängt die Wanderungsgeschwindigkeit fast nur noch von dieser Zahl ab.

Bezüglich der Wanderungsgeschwindigkeit der organischen Kationen sei auf die nachfolgend mitgetheilte Arbeit von G. Bredig über die Leitfähigkeit der Chlorhydride organischer Basen verwiesen.

2. Apparatur zur Bestimmung der elektrischen Leitfähigkeit der Elektrolyte.

Zur Bestimmung der elektrischen Leitfähigkeit der Elektrolyte sind folgende Stücke nothwendig:

a) Der Induktionsapparat dient zur Erzeugung der Wechselströme, mit welchen die Untersuchung der Leitfähigkeit zum Zwecke der Vermeidung von Polarisation und der sich daraus ergebenden Störungen vorgenommen wird. Man verwendet einen möglichst kleinen Apparat, der durch irgend eine Stromquelle in Thätigkeit versetzt wird.

b) Die Messbrücke kann eine Kohlrausch'sche Brückenwalze oder ein einfacher Rheochord sein.

c) Als Vergleichswiderstand kann ein vollständiger Widerstandskasten von zusammen 2000 Ohm benützt werden.

d) Das Widerstandsgefäss kann die übliche von Kohlrausch empfohlene U-Form, Fig. 45, oder eine von Arrhenius[1]) angegebene Form, Fig. 46, besitzen.

In dem Arrhenius'schen Apparate sind die beiden aus etwas starkem Platinblech kreisförmig geschnittenen Elektroden von 3—4 cm Durchmesser mittels Silberloth und Borax an starke Kupferdrähte gelöthet. Ueber dieselben schiebt man Glasröhren, welche sie möglichst eng um-

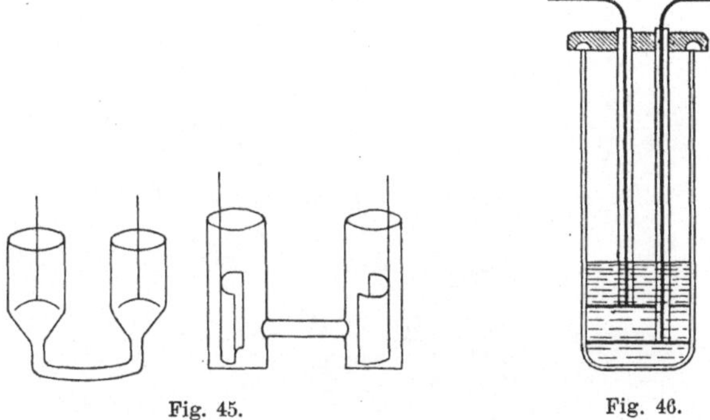

Fig. 45. Fig. 46.

schliessen und kittet diese mit Hilfe dickflüssigen Asphaltlackes an den Drähten fest. Die Entfernung der Elektroden ist meist 1—2 cm.

Arrhenius' Apparat soll für Flüssigkeiten von grossem Widerstand, der von Kohlrausch angegebene für besser leitende Flüssigkeiten verwendet werden. Die Elektroden müssen platinirt sein, was mit Hilfe einer Lösung von Platinchlorid geschieht, aus der man das Platin als sammtschwarzen Niederschlag durch Umkehrung der Stromrichtung auf beiden Elektroden niederschlägt.

e) Zur Einstellung auf den Nullpunkt, d. h. den Punkt, wo die zu untersuchende Flüssigkeit dem eingeschalteten Widerstand gleich ist, dient das Bell'sche Telephon. Um nicht durch das Geräusch des Induktionsapparates gehindert zu sein, verstopft man am besten das unbeschäftigte Ohr.

f) Mitunter ist auch die Anwendung eines Thermostaten nothwendig.

---

1) Vgl. W. Ostwald, Zeitschr. physik. Ch. 2, 561, 1888.

Weitere ausführliche Mittheilungen über diesen Gegenstand finden sich in dem Werke von Kohlrausch und Holborn „Das Leitvermögen der Elektrolyte, insbesondere der Lösungen" u. s. w., sowie bei W. Ostwald (l. c.) und in dessen Buche über physikalisch-chemische Messungen.

3. Ausführung der Bestimmung der elektrischen Leitfähigkeit.

Die Anordnung der Apparatur geschieht am besten in nachstehender Weise. In der Figur 47, die ich R. Lüpke's vorzüglichem Grundriss der Elektrochemie entnehme, ist G eine Akkumulatorzelle, welche den Induktionsapparat J betreibt. ABCD ist das Parallelogramm der Stromverzweigung; a, b und c sind Rheostaten. Die Widerstände in a und b

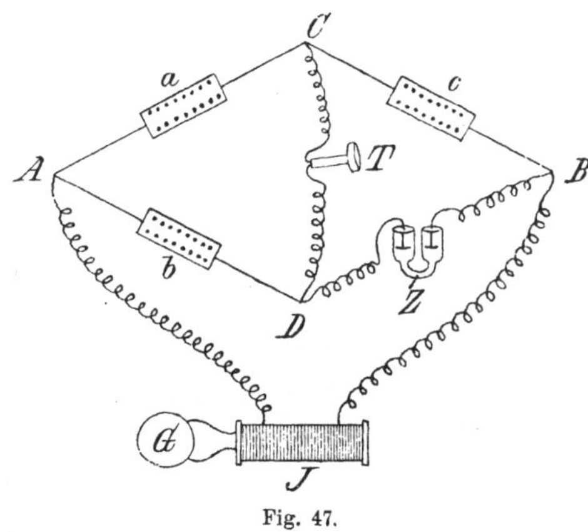

Fig. 47.

bleiben unverändert. Z ist die mit dem zu prüfenden Elektrolyten gefüllte Zersetzungszelle. Verändert man nun den Widerstand c so lange, bis das in der Brücke CD befindliche Telephon T schweigt, so ist der Widerstand in Z, wenn sich $a : b = 1 : 100$ verhält, das Hundertfache von dem in c.

Bei Anwendung einer Kohlrausch'schen Messbrücke wählt man die nebenstehend abgebildete Anordnung[1]), Fig. 48, wobei a, b, c und d die vier Zweige der Wheatstone'schen Brücke bedeuten. Nach Einschaltung eines entsprechenden Widerstandes verschiebt man den Kontakt so lange auf der Messbrücke, bis man das Minimum des Telephongeräusches erreicht hat. Dieses ist gewöhnlich kein sehr scharfes, sondern liegt zwischen einer Differenz von 0,5 bis 2 mm, bei welchen Punkten der Ton gleich deutlich anzusteigen beginnt. Die Mitte zwischen diesen Punkten ist der gesuchte Ort der Einstellung.

---

1) W. Ostwald, Zeitschr. physik. Ch. **2**, 361, 1888.

Zur Berechnung der beobachteten Leitfähigkeit benützt man die Formel $\mu = k\frac{v.a}{w.b}$, worin

μ = molekulare Leitfähigkeit,
v = Volum der Lösung, welches 1 g Molekulargewicht des Elektrolyts enthält, in Litern,
w = eingeschalteter Vergleichswiderstand,
a = linke,
b = rechte Drahtlänge der Messbrücke bis zur Kontaktschneide,
k = Widerstandskapacität des Messgefässes bedeutet.

Zur Bestimmung von k kann man irgend eine Lösung benützen, deren Leitfähigkeit man kennt. Ostwald verwendet eine $N/_{50}$-Chlorkaliumlösung, welche nach Kohlrausch die molekulare Leitfähigkeit

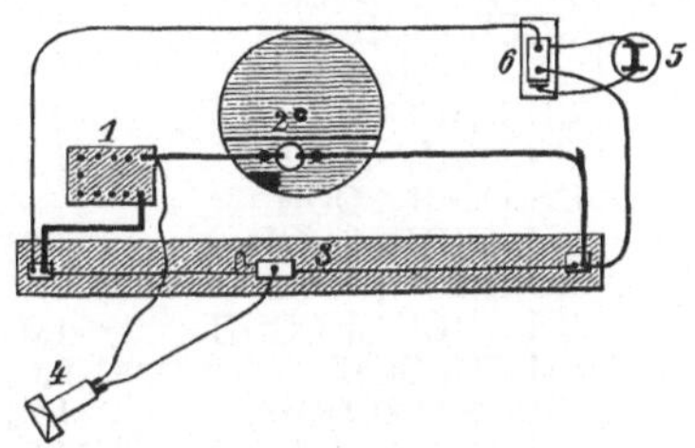

Fig. 48.

112,2 bei 18° und 129,7 bei 25° besitzt. k ergiebt sich also aus der obigen Gleichung zu: $k = \mu\frac{wb}{va} = 112{,}2\frac{wb}{va}$.

Da bekanntlich selbst absolut reines Wasser nach den Messungen von Kohlrausch, Ostwald, Arrhenius und Heydweiler eine, wenn auch sehr geringe Leitfähigkeit besitzt, die aber in noch höherem Grade bei dem gewöhnlichen destillirten Wasser vorhanden ist, so ist bei sehr genauen Messungen der betreffende Werth zu ermitteln und in Abzug zu bringen.

4. Die Leitfähigkeit der organischen Säuren und ihrer Natronsalze.

Die Leitfähigkeit der organischen Säuren und ihrer Natronsalze ist von W. Ostwald[1]) gemessen worden. Ich gebe zunächst die Tabelle, bei welcher die Leitfähigkeit des Grammmoleküls Salzsäure in

1 l	Lösung	=	100
10 l	„	=	118
100 l	„	=	123,8
1000 l	„	=	112,2

gesetzt ist.

1) W. Ostwald, Journ. pr. Ch. **30**, 225, 1884; **31**, 433, 1885; **32**, 300, 1885.

1 Grammmolekül		Verdünnung in Ltr.:			
		1	10	100	1000
1. Salzsäure	HCl	100,0	118,0	123,8	112,2
2. Bromwasserstoffsäure	HBr	101,4	119,8	125,9	112,5
3. Salpetersäure	HNO_3	99,4	116,7	122,5	107,4
4. Aethylsulfonsäure	$HOSO_2C_2H_5$	80,3	106,8	113,5	101,8
5. Aethylschwefelsäure	$HO_4SO_2OC_2H_5$	88,6	108,5	116,6	111,6
6. Isaethionsäure	$HOSO_2C_2H_4OH$	75,3	103,8	110,2	101,7
7. Phenylsulfonsäure	$HOSO_2C_6H_5$	73,6	104,8	111,3	97,2
8. Ameisensäure	HCOOH	1,718	5,31	15,75	42,7
9. Essigsäure	CH_3COOH	0,436	1,557	4,96	14,48
10. Buttersäure	C_3H_7COOH	0,333	1,404	4,45	12,90
11. Isobuttersäure	"	0,329	1,403	4,41	12,65
12. Monochloressigsäure	$CH_2ClCOOH$	5,06	15,26	38,9	78,2
13. Dichloressigsäure	$CHCl_2COOH$	24,75	64,2	99,6	103,0
14. Trichloressigsäure	CCl_3COOH	61,1	100,3	110,2	104,4
15. Glykolsäure	$CH_2OHCOOH$	1,390	4,65	13,90	37,1
16. Methylglykolsäure	$CH_2OCH_3.COOH$	1,787	6,61	19,19	47,7
17. Aethylglykolsäure	$CH_2OC_2H_5COOH$	—	5,46	16,49	43,9
18. Milchsäure	$CH_3CHOH.COOH$	1,085	4,25	13,07	35,4
19. β-Oxypropionsäure	CH_2OHCH_2COOH	0,650	2,310	6,79	19,52
20. Glycerinsäure	$CH_2OHCHOHCOOH$	1,556	5,50	16,27	42,6
21. Brenztraubensäure	$CH_3COCOOH$	6,01	19,26	46,1	76,4
22. Oxyisobuttersäure	$(CH_3)_2COHCOOH$	1,316	4,21	11,80	32,5
23. Schwefelsäure	H_2SO_4	65,0	77,2	102,7	113,4
24. Oxalsäure	$(COOH)_2$	19,50	38,7	53,0	52,8
25. Malonsäure	$COOH.CH_2COOH$	3,16	9,52	24,35	43,9
26. Bernsteinsäure	$COOH(CH_2)_2COOH$	0,695	2,061	6,16	16,91
27. Aepfelsäure	$COOH, CHOHCH_2COOH$	1,401	4,79	13,88	33,2
28. Weinsäure	$COOH(CHOH)_2COOH$	2,370	6,89	20,90	45,5
29. Diglykolsäure	$(COOHCH_2)_2O$	2,621	7,95	21,16	46,1
30. Pyroweinsäure	$(COOH)_2C_3H_6$	1,109	3,31	8,26	20,22
31. Citronensäure	$(COOH)_3C_3H_4OH$	1,728	5,49	14,32	28,32

Die schwachen Säuren Nr. 8 bis 22 zeigen sämmtlich ein sehr rasches Anwachsen des Leitungsvermögens mit steigender Verdünnung, und zwar konvergiren alle einbasischen Säuren gegen denselben Grenzwerth von etwas über 100, welchen die starken Säuren zeigen. Dabei ergiebt es sich, dass die Verdünnungen, bei welchen die molekularen Leitfähigkeiten der einbasischen Säuren gleiche Werthe haben, stets in konstanten Verhältnissen stehen; eine Thatsache, welche zur Aufstellung von Ostwald's Verdünnungsgesetz führte, und die nachfolgend noch eine Erläuterung und Anwendung findet. Dasselbe gilt, wie erwähnt, für schwache Säuren und entsprechende Salze, nicht aber für die elektrolytisch nahezu vollständig dissociirten Elektrolyte.

Nachstehend seien zur näheren Erläuterung noch etwas ausführlicher die Messungen einiger Säuren gegeben.

Ameisensäure, HCOOH.

v	m_1	m_2	m
2	1,759	1,757	1,758
4	2,468	2,462	2,465
8	3,430	3,432	3,431
16	4,800	4,792	4,796
32	6,646	6,622	6,634
64	9,180	9,180	9,180
128	12,59	12,58	12,59
256	16,95	17,00	16,98
512	22,32	22,54	22,43
1024	29,00	29,04	29,02
2048	35,65	36,00	35,83

Essigsäure, CH_3COOH.

v	m_1	m_2	m
2	0,5196	0,5196	0,5796
4	0,7546	0,7556	0,7550
8	1,069	1,088	1,078
16	1,512	1,516	1,514
32	2,120	2,126	2,123
64	2,936	2,950	2,943
128	4,076	4,092	4,084
256	5,622	5,662	5,642
512	7,736	7,770	7,753
1024	10,46	10,48	10,47
2048	14,40	14,48	14,44
4096	19,33	19,37	19,35
8192	29,00	29,04	29,02
16384	35,65	36,35	36,00

Propionsäure, C_2H_5COOH.

v	m_1	m_2	m
2	0,4012	0,4046	0,4029
4	0,5996	0,6024	0,6010
8	0,8698	0,8738	0,8718
16	1,243	1,251	1,247
32	1,762	1,772	1,767
64	2,485	2,498	2,492
128	3,494	3,504	3,499
256	4,900	4,940	4,920
512	6,862	6,892	6,877
1024	9,576	9,550	9,563
2048	13,17	13,20	13,19
4096	18,17	18,22	18,20

Weiterhin gebe ich noch folgende Zusammenstellung der Mittelwerthe der Leitfähigkeiten.

Name	Formel	v = Ltr.:								
		2	8	32	64	128	256	512	1024	2048
Ameisensäure	$HCOOH$	1,758	3,431	6,634	9,180	12,59	16,98	22,43	29,02	35,83
Essigsäure	$CH_3.COOH$	0,5196	1,078	2,123	2,943	4,084	5,642	7,753	10,47	14,44
Propionsäure	$C_2H_5.COOH$	0,4029	0,8718	1,767	2,492	3,499	4,920	6,877	9,563	13,19
Buttersäure	$C_3H_7.COOH$	0,3935	0,876	1,810	2,560	3,594	5,036	7,015	9,740	13,37
Isobuttersäure	$C_3H_7.COOH$	0,3930	0,8911	1,808	2,542	3,552	4,946	6,865	9,500	12,97
Valeriansäure	$C_4H_9.COOH$	—	0,9142	1,875	2,643	3,701	5,159	7,133	9,906	13,45
Capronsäure	$C_5H_{11}.COOH$	—	—	1,700	2,415	3,411	4,781	6,660	9,226	12,58
Monochloressigsäure	$CH_2ClCOOH$	4,994	9,531	17,29	22,85	29,61	37,81	46,75	55,64	63,48
Dichloressigsäure	$CHCl_2COOH$	25,72	43,00	60,25	67,40	72,45	76,24	79,76	80,52	80,87
Trichloressigsäure	CCl_3COOH	57,56	71,14	76,95	78,49	79,10	79,96	79,79	79,72	79,15
Monobromessigsäure	$CH_2BrCOOH$	—	8,65	16,12	21,62	28,52	36,83	46,14	55,47	64,02
Cyanessigsäure	$CH_2CNCOOH$	—	14,03	25,28	32,92	42,05	51,80	61,13	69,11	74,90
α-Brompropionsäure	$CH_3CH_2BrCOOH$	5,574	10,52	17,64	22,59	28,78	36,15	44,74	53,66	62,16
β-Jodpropionsäure	$CH_2J.CH_2COOH$	—	2,220	4,385	6,090	8,448	11,60	15,84	21,35	28,18
Glykolsäure	$CH_2OHCOOH$	1,445	2,953	5,773	8,022	11,05	15,09	20,39	26,91	34,73
Glyoxalsäure	$COHCOOH$	2,571	5,122	9,825	13,49	18,31	24,51	32,08	41,11	50,54
Milchsäure	$CH_3CHOHCOOH$	1,317	2,774	5,489	7,624	10,55	14,42	19,53	25,98	33,77
β-Oxypropionsäure	CH_2OHCH_2COOH	—	1,295	2,625	3,697	5,168	7,181	9,950	13,60	18,32
Trichlormilchsäure	$CCl_3CHOHCOOH$	—	15,42	27,75	35,87	45,08	54,75	63,44	70,66	75,78
Brenztraubensäure	$CH_3COCOOH$	6,442	12,43	22,05	28,52	36,00	43,79	51,35	57,84	62,51
Glycerinsäure	$CH_2OH, CHOHCOOH$	1,694	3,501	6,868	9,522	13,14	17,90	24,11	31,84	41,04
α-Oxybuttersäure	$CH_3CH_2CH(OH)COOH$	1,018	2,058	3,979	5,443	7,439	10,05	13,40	17,61	22,69
β- „	$CH_3CH(OH)CH_2COOH$	—	1,752	3,136	4,225	5,679	7,699	10,47	14,18	19,12
Oxyisobuttersäure	$(CH_3)_2COHCOOH$	1,405	2,718	5,066	6,899	9,417	12,81	17,23	22,99	30,12
Methyloxyessigsäure	$CH_2(OCH_3).COOH$	2,041	4,272	8,288	11,36	15,44	20,75	27,50	35,63	44,97
Aethyl „	$CH_2(OC_2H_5)COOH$	1,582	3,488	6,944	9,635	13,20	17,98	24,19	31,53	40,92
Diglykolsäure	$OCH_2(COOH)_2$	—	7,120	13,78	18,89	25,38	33,58	43,59	55,12	68,01
Thiodiglykolsäure	$S(CH_2COOH)_2$	—	6,214	11,73	15,83	21,25	28,22	37,08	47,85	60,02

Methylendisulfonsäure	$CH_2(SOOH)_2$	134,4	153,3	163,3	167,5	171,2	174,2	176,9	178,0	178,9
Oxalsäure	COOH.COOH	28,17	44,12	61,4	69,0	75,1	79,8	83,6	87,3	92,0
Malonsäure	$CH_2(COOH)_2$	4,48	8,87	16,57	22,27	29,44	37,74	47,11	56,39	64,69
Bernsteinsäure	$COOH(CH_2)_2COOH$	0,879	1,866	3,720	5,215	7,266	10,03	13,80	18,81	25,34
Brenzweinsäure	$C_2H_3(CH_3)(COOH)_2$	1,566	3,175	5,743	7,595	10,02	13,19	17,33	22,74	29,59
Methylmalonsäure	$CH(CH_3)(COOH)_2$	—	6,690	12,91	17,48	23,43	30,79	39,66	49,18	58,33
Aethyl "	$CH(C_2H_5)(COOH)_2$	—	7,959	15,18	20,46	27,08	35,06	44,28	53,89	62,50
Dimethyl "	$C(CH_3)_2(COOH)_2$	—	6,223	12,14	16,59	22,39	29,59	38,24	47,90	57,37
Korksäure	$C_6H_{12}(COOH)_2$	—	—	—	—	5,040	6,986	9,619	13,30	18,16
Sebacinsäure	$C_8H_{16}(COOH)_2$	—	—	—	—	—	—	—	12,87	17,60
Aepfelsäure	$C_2H_3OH(COOH)_2$	1,989	4,320	8,629	11,95	16,43	22,30	29,70	38,74	49,82
Weinsäure	$C_2H_2(OH)_2(COOH)_2$	3,462	7,126	13,68	18,70	25,07	33,15	43,05	54,46	67,00
Traubensäure	$C_2H_2(OH)_2(COOH)_2$	—	7,142	13,66	18,66	25,11	33,25	43,26	54,94	67,40
Zuckersäure	$C_4H_8O_4(COOH)_2$	—	—	12,14	16,53	22,31	29,73	38,94	49,98	62,33
Schleimsäure	$C_4H_8O_4(COOH)_2$	—	—	—	9,012	12,25	16,39	21,63	27,97	35,30
Benzoësäure	C_6H_5COOH	—	—	—	5,199	7,195	9,951	13,63	18,43	24,60
Salicylsäure	$C_6H_4OHCOOH$	—	—	—	19,12	25,13	32,35	41,76	51,22	59,88
m-Oxybenzoësäure	"	—	—	4,309	5,995	8,244	11,24	15,19	20,34	26,82
p- "	"	—	—	2,389	3,379	4,770	6,645	9,208	12,70	17,19
o-Nitro "	$C_6H_4NO_2COOH$	—	—	29,26	37,38	45,91	54,34	61,76	67,25	70,93
m- " "	"	—	—	—	11,19	15,31	20,83	27,69	35,79	44,75
p- " "	"	—	—	—	—	—	—	28,94	37,12	45,83
o-Chlor "	$C_6H_4ClCOOH$	—	—	—	—	27,62	35,54	44,70	53,84	61,88
m- " "	"	—	—	—	—	—	15,13	20,39	20,96	34,91
p- " "	"	—	—	—	—	—	—	—	—	29,64
o-Brom "	$C_6H_4BrCOOH$	—	—	—	—	30,45	38,89	47,95	56,72	64,05
m- " "	"	—	—	—	—	—	—	20,09	26,49	34,36
m-Amidobenzolsulfosäure	$C_6H_4NH_2SO_3H$	—	—	6,257	8,625	11,83	16,13	21,69	28,62	36,69
p- "	"	—	—	10,79	14,62	19,82	26,36	34,08	43,01	51,93
o-Nitrophenol	$C_6H_4(NO_2)OH$	—	—	—	—	0,88	1,02	1,24	—	—
m- "	"	—	—	0,141	0,168	0,214	—	—	—	—
p- "	"	—	—	0,136	0,176	0,233	0,313	—	—	—
op-Dinitrophenol	$C_6H_3(NO_2)_2OH$	—	—	—	—	—	10,95	14,53	19,39	25,28
Pikrinsäure	$C_6H_2(NO_2)_3OH$	—	—	—	77,0	78,3	79,7	80,3	80,5	80,3
Anissäure	$C_6H_4(OCH_3)COOH$	—	—	—	—	—	4,996	6,879	9,286	12,33
α-Toluylsäure	$C_6H_5CH_2COOH$	—	—	3,513	4,835	6,624	9,102	12,41	16,77	22,32

Name	Formel	v = Ltr.:								
		2	8	32	64	128	256	512	1024	2048
Mandelsäure	$C_6H_5CH(OH)COOH$	—	4,595	6,504	9,020	12,46	16,97	22,75	29,95	38.33
Phenyloessigsäure	$C_6H_5OCH_2COOH$	—	—	12.57	16,97	22,71	29,85	38,23	47,66	56,55
Phtalsäure	$C_6H_4(COOH)_2$	—	—	15,15	20,41	27,14	35,23	44,60	54,41	63,39
m-Phtalsäure	„	—	—	—	—	—	—	26,43	34,56	44,82
α-Nitrophtalsäure	$C_6H_3(NO_2)(COOH)_2$	—	—	38,62	47,92	57,57	66.57	73,91	80,48	86,49
β „	„	—	—	29,22	38,24	47,92	57,50	66.28	74,09	81,78
Diphensäure	$(C_6H_4COOH)_2$	—	—	—	—	18,63	25,00	32,81	41,89	51,37
Akrylsäure	C_2H_3COOH	0,865	1,773	3,456	4,786	6,660	9,203	12,62	17,19	23,06
Crotonsäure	C_3H_5COOH	0,4814	1,063	2,149	3,020	4,226	5,878	8,106	11,27	15,40
Fumarsäure	$C_2H_2(COOH)_2$	—	—	13,52	18,29	24,51	32,50	42,15	53,34	64,61
Maleïnsäure	„	12,65	23,61	39,15	48,30	57,34	65,49	71,91	76,71	79,67
Citraconsäure	$C_3H_4(COOH)_2$	6,600	13,28	24,05	31,44	40,16	49,67	58,84	66,76	72,76
Itaconsäure	„	—	2,765	5,534	7,748	10,68	14,66	19,88	26,52	34,63
Mesaconsäure	„	—	5,977	11,93	16,40	22,19	29,45	38,19	48,70	58,74
Hydrozimmtsäure	$C_6H_5CH_2CH_2COOH$	—	—	2,257	3,147	4,401	6,080	8,426	11,55	15,71
Zimmtsäure	$C_6H_5CH = CHCOOH$	—	—	—	—	—	7,559	10,37	14,18	19,18
Phenylpropiolsäure	$C_6H_5C_2COOH$	—	—	27,66	35,29	43,67	51,98	59,13	64,56	67,96
Hydrosorbinsäure	C_5H_9COOH	—	—	2,285	3,222	4,517	6,293	8,684	11,84	15,96
Sorbinsäure	C_5H_7COOH	—	—	—	3,929	5,102	6,709	8,872	11,90	15,87
α-Bromzimmtsäure	$C_6H_5CH = CBrCOOH$	—	—	—	47,37	55,46	62,66	68,80	73,27	76,18
β- „	$C_6H_5CBr = CHCOOH$	—	—	—	—	—	—	42,22	51,17	59,33
Meconsäure	$C_5HO_2(OH)(COOH)_2$	—	—	102,1	114,0	127,9	141,5	153,0	163,3	169,9
Chinasäure	$C_6H_7(OH)_4COOH$	—	4,000	7,812	10,78	14,73	19,92	26,53	34,30	43,27
Camphersäure	$C_6H_9(C_2H_5)(COOH)_2$	—	—	—	3,116	4,354	6,073	8,422	11,65	15,84
Amidoessigsäure	$CH_2(NH_2)COOH$	—	0,236	0,257	0,275	0,306	—	—	—	—
Hippursäure	$CH_2(NHCOC_6H_5)COOH$	—	—	—	9,315	12,77	17,38	23,30	30,59	39,02
Acetursäure	$CH_2(NHCOCH_3)COOH$	—	3,512	6,881	9,530	13,08	17,76	23,81	31,23	39,74
Oxaminsäure	$CO(NH_2)COOH$	—	21,07	35,88	44,36	53,51	62,26	69,54	75,23	78,07
Saur Ammoniumoxalat	$COONH_4.COOH$	—	21,72	24,92	27,13	29,92	33,26	37,67	43,28	50,18
Oxalursäure	$CONHCONH_2COOH$	—	—	57,03	64,04	69,62	74,28	76,77	77,75	78,23
Parabansäure	$\begin{matrix}CONH\\CONH\end{matrix}\!>\!CO$	—	43,35	48,23	50,26	52,14	53,96	55,70	57,06	58,74

Die nachstehenden Leitfähigkeiten von 44 Natriumsalzen organischer Säuren sind von W. Ostwald[1]) gemessen worden bei einer Temperatur von 25° C.

Natriumsalz der	v = Ltr.:						Δ	Wanderungsgeschwindigkeit des Anions.
	32	64	128	256	512	1024		
Ameisensäure	87,8	90,7	92,6	94,4	96,2	98,1	10,3	55,9
Essigsäure	75,5	77,6	79,8	81,6	83,5	85,0	9,5	43,1
Propionsäure	70,8	73,2	75,9	77,6	79,6	81,0	10,2	39,0
Buttersäure	67,4	69,8	72,2	74,0	75,7	77,4	10,0	35,4
Isobuttersäure	67,2	70,0	72,5	74,5	76,2	77,7	10,5	35,6
Valeriansäure	65,6	68,0	70,3	72,2	73,8	75,4	9,8	33,5
Capronsäure	64,4	66,8	68,9	70,6	72,4	74,0	9,6	32,1
Akrylsäure	71,0	73,8	76,2	78,4	80,3	81,7	10,7	39,5
α-Crotonsäure	69,0	71,2	73,2	75,2	76,8	78,8	9,8	36,7
β- „	69,3	71,0	73,6	75,5	77,3	78,9	9,6	36,9
Angelikasäure	66,3	68,6	71,1	72,7	74,4	76,0	9,7	34,1
Tiglinsäure	66,4	68,9	71,1	73,0	74,7	75,8	9,4	34,3
Hydrosorbinsäure	64,9	67,6	70,5	72,6	74,2	75,2	10,3	33,5
Tetrolsäure	72,4	75,1	77,2	79,0	80,8	82,4	10.0	40,4
Monochloressigsäure	73,7	76,2	78,6	80,7	82,3	84,9	11,2	42,0
Di „ „	71,9	74,8	77,0	78,9	80,4	81,8	9,9	40,1
Tri „ „	69,6	71,1	74,2	76,2	77,8	79,2	9,6	37,5
α-Chlorisocrotonsäure	68,4	72,0	73,2	75,2	77,0	79,2	10,8	36,6
β-Chlorcrotonsäure	68,2	70,8	73,1	75,2	77,4	78,8	10,6	36,6
β-Chlorisocrotonsäure	68,4	70,8	73,0	75,2	77,0	78,9	10,5	36,4
Glykolsäure	74,0	76,4	79,0	81,2	83,0	84,7	10,7	42,3
Milchsäure	69,6	71,6	74,1	76,4	78,2	79,8	10,2	37,6
Trichlormilchsäure	65,2	67,4	69,8	71,7	73,3	74,4	9,2	33,1
Brenzschleimsäure	69,8	72,2	74,5	76,9	79,3	80,6	10,8	38,2
Benzoësäure	68,7	70,3	72,3	74,2	75,6	77,0	8,3	35,7
o-Toluylsäure	66,5	69,1	71,8	73,4	75,1	76,5	10,0	34,6
m- „	66,6	69,1	71,3	73,4	75,5	76,6	10,0	34,7
p- „	66,2	68,6	70,8	73,0	75,0	76,6	10,4	34,3
α-Toluylsäure	66,5	68,8	71,1	73,2	75,2	76,4	9,9	34,5
o-Chlorbenzoësäure	67,3	69,6	72,1	74,5	76,2	77,8	10,5	35,5
m-Brombenzoësäure	67,2	69,9	72,2	74,2	75,8	77,2	10,0	35,4
o-Amidobenzoësäure	66,5	68,9	71,4	73,5	75,3	76,8	10,3	35,7
m- „	66,6	69,0	71,4	73,7	75,0	76,2	9,6	34,6
o-Nitrobenzoësäure	66,7	69,1	71,2	73,3	74,8	76,4	9,7	34,5
p- „	67,4	69,4	71,5	73,6	75,0	76,4	9,0	34,8
Anissäure	65,8	68,0	70,4	72,2	73,8	75,2	9,4	33,3
Zimmtsäure	64,3	66,6	68,6	70,8	72,4	73,8	9,5	32,0
Tropasäure	64,0	66,2	68,5	70,4	72,1	73,6	9,6	31,8
Phenylpropiolsäure	64,6	66,9	69,0	71,1	72,4	74,3	9,7	32,2
Mandelsäure	64,6	67,2	69,6	71,5	73,4	75,0	10,4	33,0
Phenylglykolsäure	64,7	67,2	69,4	71,2	73,2	74,8	10,1	32,7
Succinursäure	63,2	65,6	68,1	70,2	71,8	73,1	9,9	31,3
Phtalursäure	61,1	63,8	66,1	68,0	69,9	71,3	10,2	29,3
Phtalanilsäure	60,7	63,4	65,9	67,8	69,8	71,0	10,3	29,0

[1]) W. Ostwald, Zeitschr. physik. Ch. **2**, 840, 1888; Allg. Chemie, Bd. II, 751.

Nach dem von Kohlrausch[1]) aufgestellten Gesetze stellt sich, wie schon erwähnt, die Leitfähigkeit eines Salzes als die Summe zweier Konstanten dar, von denen die eine nur von der Natur der Säure, die andere nur von der Natur der Basis abhängt. Das Gesetz ist zunächst nur für Neutralsalze aufgestellt und erwiesen worden. Von den Säuren folgen ihm nur die starken einbasischen, wie HCl, HBr, HJ, HNO_3; schon die Schwefelsäure weicht bedeutend ab. Bei den organischen Säuren sind die Abweichungen so gross, dass von einer ungefähren Uebereinstimmung keine Rede mehr sein kann.

Aus den Untersuchungen von Ostwald[2]) ergiebt sich, dass je zusammengesetzter das Anion ist, um so geringer seine Leitfähigkeit, d. h. die Geschwindigkeit seiner Bewegung ist. Setzt man der Erfahrung gemäss die Geschwindigkeit der beiden Ionen im Chlorkalium gleich gross, also jede gleich der Hälfte des Leitvermögens, so erhält man folgende Wanderungsgeschwindigkeiten für eine Verdünnung von 32 l:

Cl	62,1	$C_3H_7OSO_3$	28,9
Br	63,5	$C_4H_9OSO_3$	25,1
J	63,3	$C_6H_5SO_3$	27,0
NO_3	55,1	$C_6H_4(NO_2)SO_3$	24,7
ClO_3	50,4	$C_6H_2(NO_2)_3O$	24,5
ClO_4	58,6	$C_{10}H_7SO_3$	23,7
CH_3OSO_3	37,5	$C_9H_{11}SO_3$	20,7
$C_2H_5OSO_3$	35,1		

Die Zahlen für diejenigen Ionen, deren Kalisalze nicht untersucht wurden, sind berechnet, indem die Geschwindigkeit des Natriums gleich 42 . 1,20 Einheiten kleiner als die des Kaliums gesetzt wurde.

Nun hat Ostwald[3]) die oben erwähnte Formel aufgefunden, welche es gestattet, aus der Leitfähigkeit und dem Volum der Verdünnung den Grenzwerth der Leitfähigkeit mit Hilfe einer sich ergebenden Konstante k zu berechnen. Die Formel für Ostwald's Verdünnungsgesetz, das gerade für schwache Säuren Giltigkeit hat, lautet:

$$\frac{\mu_\infty(\mu_\infty - \mu_v)}{\mu_v} = \frac{v}{k}$$

Hierbei sind μ_∞ = Leitfähigkeit bei unendlicher Verdünnung,
μ_v = beobachtete Leitfähigkeit,
v = Verdünnung in Litern.

Setzt man $m = \frac{\mu_v}{\mu_\infty}$, so ergiebt sich

$$k = \frac{m^2}{(1-m)v}.$$

1) F. Kohlrausch, Wiedem. Ann. **6**, 167, 1879.
2) W. Ostwald, Zeitschr. physik. Ch. **1**, 74, 97, 1887.
3) W. Ostwald, ibid. **2**, 277, 1888.

Die Leitfähigkeit setzt sich nach dem Kohlrausch'schen Gesetze zusammen aus

$$\mu = u + v,$$

den Geschwindigkeiten u und v der beiden Ionen. Dieser Ausdruck ist nicht vollständig, denn da bei der Elektrolyse sich nur die dissociirten Antheile an der Leitung betheiligen, so wird die Leitfähigkeit ausser von den Geschwindigkeiten noch von dem Bruchtheil x der Gesammtmenge des Elektrolyts, welcher sich in dissociirtem Zustand befindet, abhängig sein. Der Ausdruck muss daher lauten:

$$\mu = \varkappa(u + v).$$

Dass das Gesetz von Kohlrausch bei neutralen einwerthigen Salzen mit grosser Annäherung gilt, rührt daher, dass hier der Werth von x der Einheit ziemlich nahe und bei den verschiedenen Salzen nicht merklich verschieden ist. Die Summe der Geschwindigkeiten u und v bildet somit nur dann die Leitfähigkeit, wenn $\varkappa = 1$ ist, d. h. bei unbegrenzter Verdünnung. Gelingt es aber, die Geschwindigkeit u des Wasserstoffes einerseits, die des negativen Ions anderseits zu ermitteln, so ergiebt ihre Summe den gesuchten Grenzwerth.

Geht man von den Werthen für die einzelnen Wanderungsgeschwindigkeiten bei 25^0, H = 320,5, Na = 44,5, K = 67,9, Cl = 73,8, aus, so kann man die maximale Leitfähigkeit M einer Säure aus der ihres Natronsalzes auf folgende Weise erhalten:

Es sei μ der letztere Werth, so ist zunächst $\mu = 44{,}5 + m$, wo m die Wanderungsgeschwindigkeit des negativen Jons (die betreffenden Werthe sind in der vorhergehenden Tabelle in der letzten Spalte zu finden und sind erhalten nach Abzug des Werthes 44,5 für die Wanderungsgeschwindigkeit des Natriums von dem Mittel der Leitfähigkeit) und 44,5 die des Natriums ist. Ferner ist

$$M = 320{,}5 + m \text{ und daher}$$
$$N = \mu + 276{,}0.$$

„Somit ist die Maximalleitfähigkeit einer Säure um 276,0 Einheiten grösser als die ihres Natriumsalzes".

Bei endlicher Verdünnung setzt man an Stelle von 44,5 für die Wanderungsgeschwindigkeit des Natriums folgende Werthe ein.

v =	Abzug für Na:
32	32,2
64	34,5
128	36,6
256	38,5
512	40,4
1024	42,1
∞	44,5.

1) W. Ostwald, Zeitschr. physik. Ch. **2**, 840, 1888.

Hierdurch lässt sich die immerhin etwas schwierige Bestimmung der maximalen Leitfähigkeit umgehen.

5. Die Bestimmung der Basicität der Säuren aus der elektrischen Leitfähigkeit ihrer Natriumsalze.

W. Ostwald[1]) hat zuerst auf die Gesetzmässigkeiten hingewiesen, welche sich ergeben, wenn die molekularen Leitfähigkeiten der Alkalisalze ein-, zwei- und dreibasischer Säuren zwischen den Verdünnungen von 32 l und 1024 l mit einander verglichen werden. Hierbei beträgt der Zuwachs der molekularen Leitfähigkeit für die Natronsalze einbasischer Säuren 10 bis 13, zweibasischer etwa das Doppelte, nämlich 19 bis 25 und schwacher dreibasischer Säuren das Dreifache, nämlich 28 Einheiten. Die Unterschiede sind so ausgeprägt, dass sie sehr wohl zur Unterscheidung ein- und mehrbasischer Säuren verwerthet werden können. Ausser von Ostwald sind auch von Walden[2]) Versuche über diesen Gegenstand angestellt worden. Die Erweiterung des obigen Satzes auf mehrsäurige Basen ist nicht ohne Ausnahmen möglich.

Nachstehend seien einige Beispiele der elektrischen Leitfähigkeit der Natronsalze verschiedener Säuren gegeben, aus denen die Bestätigung der oben angeführten Regel sich ergiebt. Bei der Bezeichnung der Säuren sind die Kohlenstoffatome des Pyridinkernes vom Stickstoff ab gezählt worden.

Von einer grossen Anzahl einbasischer organischen Säuren sind die entsprechenden Werthe von Δ in der vorhergehenden Tabelle über die Leitfähigkeit der Natronsalze mitgetheilt.

A. Einbasische Säuren.

Methylschwefelsaures Natron, $SO_2\langle{}^{OCH_3}_{ONa}$

v	μ_1	μ_2	μ	
32	79,7	79,4	79,6	
64	82,3	82,1	82,2	
128	84,7	84,8	84,8	
256	86,7	87,1	86,9	$\Delta = 11,8$
512	88,8	89,6	89,2	
1024	91,0	91,8	91,4	

---

1) W. Ostwald, Zeitschr. physik. Ch. **1**, 74, 1897, **2**, 901. 1888.

2) P. Walden, Zeitschr. physik. Ch. **1**, 529, 1887.

Aethylschwefelsaures Natron, $SO_2\begin{cases}OC_2H_5\\ONa\end{cases}$

32	77,0	77,3	77,2	
64	79,7	79,9	79,8	
128	82,1	82,1	82,1	$\Delta = 10,3$
256	83,6	83,1	83,4	
512	85,6	84,9	85,3	
1024	87,8	87,1	87,5	

Benzolsulfosaures Natron, $C_6H_5SO_3Na$.

32	68,8	69,3	69,1	
64	71,3	72,0	71,7	
128	74,0	74,3	74,2	$\Delta = 11,5$
256	76,5	76,5	76,5	
512	79,0	78,4	78,7	
1024	80,8	80,4	80,6	

m. Nitrobenzolsulfosaures Natron, $C_6H_4\begin{cases}(1)\,NO_2\\(3)\,SO_3Na\end{cases}$

32	68,0	68,0	68,0	
64	70,8	70,6	70,7	
128	73,2	72,9	73,1	$\Delta = 8,8$
256	74,9	74,9	74,3	
512	76,8	76,8	76,8	
1024	78,6	79,0	76,8	

Pikrinsaures Natron, $C_6H_2\begin{cases}(ONa)\\(NO_2)_3\end{cases}$

32	66,7	66,4	66,6	
64	69,4	69,1	66,6	
128	71,5	71,5	71,5	$\Delta = 11,0$
256	73,5	73,5	73,5	
512	75,1	75,7	75,4	
1024	77,3	77,9	77,6	

Nikotinkarbonsaures Natron (COOH = 2).

32	68,5	68,2	68,4	
64	70,8	70,6	70,7	
128	73,4	72,9	73,2	$\Delta = 10,4$
256	75,8	74,7	75,3	
512	77,6	76,9	77,3	
1024	79,0	78,5	78,8	

B. Zweibasische Säuren.

Chinolindikarbonsaures Natron (COOH = 1 . 2).

32	77,3	77,0	77,2	
64	81,8	81,8	81,8	
128	86,4	86,2	86,3	$\Delta = 19,8$
256	90,3	90,3	90,3	
512	93,6	93,6	93,6	
1024	96,6	97,3	97,0	

Phenylpyridindikarbonsaures Natron.

32	70,6	70,3	70,5	
64	74,5	74,3	74,4	
128	78,6	78,4	78,5	$\varDelta = 18,1$
256	82,1	82,0	82,1	
512	85,4	84,8	85,1	
1024	88,8	88,4	88,6	

Citrakonsaures Natron.

32	77,7	77,7	77,7	
64	82,5	82,3	82,4	
128	86,8	86,8	86,8	$\varDelta = 18,9$
256	90,5	90,5	90,5	
512	93,8	93,8	93,8	
1024	96,4	96,8	96,6	

Oxalsaures Natron.

32	93,2	92,8	93,0	
64	98,5	98,3	98,4	
128	103,8	103,5	103,7	$\varDelta = 22,4$
256	107,8	107,8	107,8	
512	111,7	111,7	111,7	
1024	115,4	115,4	115,4	

Malonsaures Natron.

84,5	84,2	84,4	
89,5	89,2	89,4	
93,9	94,1	94,0	$\varDelta = 20,6$
98,2	98,4	98,3	
101,7	102,1	101,9	
104,5	105,5	105,0	

Brenzweinsaures Natron.

78,0	
82,4	
86,5	$\varDelta = 18,9$
90,4	
93,9	
96,9	

Methylendisulfsaures Natron.

92,5	92,8	92,7	
98,4	98,4	98,4	
104,5	104,2	104,4	$\varDelta = 24,8$
109,7	109,2	109,5	
114,3	113,4	113,9	
118,0	117,0	117,5	

Weinsaures Natron.

79,8	
86,0	
90,8	$\varDelta = 22,6$
95,2	
99,2	
102,4	

C. Dreibasische Säuren.

Pyridintrikarbonsaures Natron (COOH = 1 . 2 . 3).

32	82,2	82,0	82,1	
64	88,9	88,7	88,8	
128	95,8	95,7	95,8	$\varDelta = 31,0$
256	102,1	102,1	102,1	
512	107,6	107,8	107,7	
1024	113,2	113,0	113,1	

Pyridintrikarbonsaures Natron (COOH = 1 . 2 . 4).

32	82,5	82,3	82,4	
64	88,7	88,7	88,7	
128	95,0	94,7	94,9	$\varDelta = 29,4$
256	101,2	100,8	101,0	
512	106,9	106,1	106,5	
1024	112,1	111,5	111,8	

Methylpyridin trikarbonsaures Natron.
(COOH = 1 . 2 . 4, CH_3 = 5).

32	84,5	84,1	84,3	
64	91,0	91,2	91,1	
128	98,0	98,0	98,0	
256	104,1	104,3	104,2	$\Delta = 30,8$
512	109,7	110,1	109,9	
1024	115,1	115,1	115,1	

Pseudakonitsaures Natron.

32	84,5	84,1	84,3	
64	90,9	90,7	90,8	
128	97,4	97,4	97,4	
256	103,7	103,9	103,8	$\Delta = 29,6$
512	108,8	109,4	109,1	
1024	113,7	114,0	113,9	

Akonitsaures Natron.

81,8	
87,9	
94,3	
100,1	$\Delta = 27,8$
105,3	
109,6	

Citronensaures Natron.

80,5	
87,5	
94,5	
99,8	$\Delta = 27,7$
104,5	
108,2	

D. Vierbasische Säuren.

Pyridintetrakarbonsaures Natron (COOH = 1 . 2 . 3 . 4).

32	80,9	80,6	80,8	
64	88,9	88,7	88,8	
128	97,9	97,4	97,7	
256	106,2	105,8	106,0	$\Delta = 40,4$
512	114,1	114,1	114,1	
1024	121,4	121,0	121,2	

Propargylentetrakarbonsaures Natron.

32	81,9	81,9	81,9	
64	90,6	90,4	90,5	
128	99,5	99,8	99,7	
256	108,4	108,7	108,6	$\Delta = 41,8$
512	116,4	116,8	116,6	
1024	123,4	124,0	123,7	

E. Fünfbasische Säuren.

Pyridinpentakarbonsaures Natron.

32	77,5	77,9	77,7	
64	87,6	87,2	87,4	
128	97,3	97,3	97,3	
256	108,0	108,4	108,2	$\Delta = 50,1$
512	118,2	119,2	118,7	
1024	127,5	128,1	127,8	

Der Unterschied Δ der Leitfähigkeiten zwischen 32 und 1024 l der Verdünnungsflüssigkeit beträgt also im Mittel

für einbasische Säuren	= 10,4			
„ zwei „ „	= 19,0	= 2	×	9,5
„ drei „ „	= 30,2	= 3	×	10,1
„ vier „ „	= 41,4	= 4	×	10,3
„ fünf „ „	= 50,1	= 5	×	10,0.

„Somit ist die Messung der Leitfähigkeit des Natriumsalzes einer Säure bei verschiedenen Verdünnungen ein sicheres Mittel, um über die Basicität zu entscheiden. Sie versagt nur in dem Falle, dass die Säure zu schwach ist, um ein neutral reagirendes, durch Wasser nicht erheblich spaltbares Salz zu liefern. Lässt sich aber eine Säure mit Baryt und Phenolphtaleïn scharf messen, d. h. schlägt die Farbe von Farblos in Roth ohne Zwischenstufen um, so ist diese Bedingung immer erfüllt."

Hat man auf diese Weise die Basicität einer Säure festgestellt, so ist damit auch ihre Molekulargrösse gegeben.

Ein Beispiel für die Bestimmung des Molekulargewichtes einer Säure, das auf diese Weise ermittelt wurde, ist die Ferricyanwasserstoffsäure. Die Differenz d der Leitfähigkeit des Kaliumsalzes dieser Säure wurde bei Verdünnungen von 1024 und 32 l gleich 31,7 gefunden. Somit ist die Ferricyanwasserstoffsäure dreibasisch und hat die Formel

$$H_3Fe(CN)_6.$$

Weiteres über den sog. Zunahmequotienten siehe bei P. Walden (Zeitschr. physik. Ch. 1. 542, 1887).

6. Affinitätskonstanten schwacher Säuren.

Die Affinitätskonstanten der Phenole sind nach den Versuchen von Bader[1]) nicht nur sehr gering, sondern sollen vielfach gar nicht bestimmbar sein. A. Hantzsch[2]) hat die von Bader angegebenen Schwierigkeiten nicht beobachtet.

Phenol. Käuflich reinstes Phenol gab stets etwas schwankende und mit der Verdünnung wachsende Werthe; so wurde z. B. beobachtet: bei 25° aus den Messungen bei v_{32}: k = 0,00000094, bei v_{64}: k = 0,000001220, während Bader fand: bei v_{25}: k = 0,00000056, bei v_{100}: k = 0,00000120; zwei sehr reine Präparate dagegen zeigten fast dieselben, recht konstanten Werthe bei 25° (μ_∞ = 357):

---

1) Bader, Zeitschr. phys. Ch. **6**, 289, 1890.

2) A. Hantzsch, Ber. **32**, 3067, 1899.

Phenol aus Salicylsäure.			Phenol aus Anilin.	
v	μ	k	μ	k
32	0,14	$4,8 \times 10^{-7}$	0,14	$4,8 \times 10^{-7}$
64	0,20	$4,9 \times 10^{-7}$	0,19	$4,4 \times 10^{-7}$
128	0,26	$4,2 \times 10^{-7}$	0,32	$6,2 \times 10^{-7}$
256	0,43	$5,7 \times 10^{-7}$		

Jm Mittel k = $5,0 \times 10^{-7}$

Resorcin soll nach Bader besonders stark wachsende Affinitätskonstanten besitzen. A. Hantzch fand nur eine innerhalb der Versuchsfehler schwankende Affinitätskonstante und zwar nicht nur bei 25°, sondern auch bei 0° und bei 40°. Die Grenzwerthe bei 0° wurden aus den Messungen am Nitrophenolnatrium berechnet, die für höhere Temperaturen den Bestimmungen Schaller's[1]) entnommen.

	Bei 0°; $\mu_\infty = 221$.		Bei 25°; $\mu_\infty = 356$.		Bei 40°; $\mu_\infty = 422$	
v	μ	k	μ	k	μ	k
8	0,3	$3,0 \times 10^{-7}$	0,09	$7,9 \times 10^{-7}$	—	—
16	0,5	$3,2 \times 10^{-7}$	0,11	$6,3 \times 10^{-7}$	—	—
32	0,7	$3,2 \times 10^{-7}$	0,14	$4,9 \times 10^{-7}$	0,49	42×10^{-7}
64	—	—	—	—	0,61	32×10^{-7}
128	—	—	—	—	0,91	37×10^{-7}
k im Mittel $3,1 \times 10^{-7}$			Mittel $6,4 \times 10^{-7}$		Mittel 37×10^{-7}	

Resorcin ist also bei 25° nur äusserst wenig stärker als Phenol; auffallend ist die starke Zunahme der Affinitätskonstanten mit der Temperatur. Sie wächst von 0° bis 25° etwa um das Doppelte, von 25—40° aber fast um das Sechsfache. Da ein derartig abnorm starkes Wachsthum z. B. bei der Violursäure auf intramolekulare Aenderungen hindeutet, so könnte man auch hier Aehnliches vermuthen, nämlich dass das Resorcin nicht nur als Dioxybenzol sondern auch als Ketodihydrophenol in Lösung vorhanden ist.

2.4.Dichlorphenol; bei 25°; $\mu_\infty = 356$.

v	μ	k	
64	0,47	27×10^{-7}	Mittel 31×10^{-7}
128	0,67	28 „	
256	1,10	37 „	

Dichlorphenol ist also etwa 6 mal stärker als Phenol.

2.4.6Trichlorphenol; bei 25°; $\mu_\infty = 356$.

v	μ	k	
256	5,4	0,00009	Mittel 100×10^{-6}
512	8,1	0,00012	
1024	12,3	0,00012	

Trichlorphenol ist unvergleichlich stärker, nämlich etwa 200 mal stärker als Phenol und mehr als 30 mal so stark als Dichlorphenol.

1) Schaller, Zeitschr. phys. Ch. **25**, 497, 1898.

p-Cyanphenol.

	Bei 0^0; $\mu_\infty = 221$.		Bei 25^0; $\mu_\infty = 356$.		Bei 35^0; $\mu_\infty = 100$.	
v	μ	k	μ	k	μ	k
32	0,25	40×10^{-7}	0,52	67×10^{-7}	0,70	95×10^{-7}
64	0,31	31 „	0,74	68 „	0,91	81 „
128	0,40	27 „	0,95	56 „	1,32	86 „
256	0,52	22 „	1,28	51 „	2,05	102 „
Mittel:		$k = 30 \times 10^{-7}$		$k = 61 \times 10^{-7}$		$k = 81 \times 10^{-7}$

Auch hier tritt zu Tage, dass Cyan viel schärfer negativ wirkt als Chlor; denn das Monocyanphenol ist etwa noch einmal so stark wie Dichlorphenol. Seine Konstante wächst ebenfalls nicht unerheblich mit der Temperatur.

p-Nitrophenol.

	Bei 0^0; $\mu_\infty = 221$.		Bei 25^0; $\mu_\infty = 355$.		Bei 35^0; $\mu_\infty = 400$.	
v	μ	k	μ	k	μ	k
32	0,32	66×10^{-7}	—	—	0,99	188×10^{-7}
64	0,40	51 „	0,89	98×10^{-7}	1,25	161 „
128	0,53	45 „	1,28	102 „	1,65	133 „
256	0,71	41 „	1,79	99 „	2,28	128 „
512	1,14	43 „	2,53	100 „	—	—
Im Mittel:		$k = 51 \times 10^{-7}$		$k = 99{,}7 \times 10^{-7}$		$k = 152 \times 10^{-7}$

o-Nitrophenol.

	Bei 0^0; $\mu_\infty = 221$.		Bei 25^0; $\mu_\infty = 355$.		Bei 35^0; $\mu_\infty = 400$.	
v	μ	k	μ	k	μ	k
128	0,62	62×10^{-7}	1,13	79×10^{-7}	1,29	82×10^{-7}
256	0,88	62 „	1,52	72 „	1,80	80 „
512	1,20	58 „	2,17	74 „	2,67	87 „
1024	1,73	60 „	3,14	79 „	—	—
Im Mittel:		$k = 60 \times 10^{-7}$		$k = 75 \times 10^{-7}$		$k = 83 \times 10^{-7}$

O- und p-Nitrophenol verhalten sich also nach diesen Messungen sehr ähnlich, sowohl hinsichtlich ihrer Stärke als auch hinsichtlich des Einflusses der Temperatur. Durch den Eintritt der Nitrogruppe wird das Phenol 15 bezw. 20 mal stärker, durch den der Cyangruppe etwa 10 mal stärker.

Durch diese Messungen ist nachgewiesen, dass auch sehr schwache Phenole doch annähernd bestimmbare Affinitätskonstanten besitzen. Obgleich sie sehr schwache Säuren sind mit Ausnahme der negativ substituirten, so röthen sie doch sämmtlich Lackmus (ausgenommen Thymol) im Gegensatz zu gewissen neutral reagirenden Pseudosäuren, wie Nitroäthan.

Die Affinitätskonstanten echter Oxime[1]), bei denen intramolekulare Umlagerung ausgeschlossen ist, sind wegen der minimal sauren

1) A. Hantzsch, Ber. **32**, 3072, 1899.

Natur von Aldoximen und Ketoximen so gering, dass sie — im Gegensatz zu denen der Phenole — meist kaum aus ihren sehr kleinen Leitfähigkeitswerthen zu berechnen sind. Damit steht in Uebereinstimmung, dass die meisten Oxime, wieder im Gegensatz zu den Phenolen, selbst empfindliches Lackmus nicht mehr röthen. Ja diese Indifferenz macht es sogar sehr wahrscheinlich, dass die etwas grössere Leitfähigkeit mancher Oxime z. B. des Methylphenylketoxims nicht von einer Dissociation in Form von Säuren, sondern in Form von Salzen herrührt, indem

$$2 \; {>}C:NOH \text{ übergehen könnte in } {>}C:N.O.\overset{}{\underset{H}{N}}{=}\overset{OH}{C}{<} \text{ . }$$

Denn wenn die aus dem μ-Werthe berechneten Affinitätskonstanten (k für Methylphenylketoxim $= 4 \times 10^{-7}$) bisweilen die der Phenole erreichen, so sollte auch saure Indikatorreaction eintreten.

Selbst die Aethylnitrolsäure, das Nitroaldoxim, $CH_3CNO_2:NOH$, besitzt trotz der Nachbarschaft der Nitrogruppe nach den Messungen von A. Hantzsch[1]) nur die Affinitätskonstante $1,4 \times 10^{-7}$, ist also noch etwa 4 mal schwächer als Phenol. Man kann schon aus dieser Thatsache schliessen, dass, wenn sogar ein Nitroxim noch erheblich schwächer als ein Phenol ist, so sind solche Oxime, welche wie die Violursäure sich zu ausgesprochenen Säuren ionisiren, Pseudosäuren, welche konstitutiv verschiedene Säuren bilden.

Die Affinitätskonstanten einiger Stickstoffsäuren wurden von E. Baur[2]) bestimmt. Die Leitfähigkeiten von Nitrourethan Nitroharnstoff und Amidotetrazol wurden in wässeriger Lösung bei verschiedenen Temperaturen gemessen, die des Benzolsulfonitramins bei 0°. Letztere Verbindung ist so stark dissociirt, dass sich für sie keine Konstante k berechnen lässt. Auch für die Natriumsalze der vier Verbindungen wurden die Leitfähigkeiten bestimmt.

Die für Nitroharnstoff, Nitromethan und Amidotetrazol gefundenen Werthe sind folgende:

	k für 0°	10°	20°	30°	40°
Nitroharnstoff	388×10^{-7}	555×10^{-7}	700×10^{-7}	—	—
Nitromethan	3030 „	3850 „	4830 „	5710×10^{-7}	6440×10^{-7}
Amidotetrazol	3,12 „	4,16 „	5,73 „	7,44 „	9,14

Hieran schliesst sich Methylnitramin, $CH_3N_2O_2H$, dessen Affinitätskonstante von Hantzsch[3]) bestimmt wurde.

1) A. Hantzsch, Ber. **31**, 2584, 1898.
2) E. Baur, Zeitschr. phys. Ch. **23**, 409, 1897.
3) A. Hantzsch, Ber. **32**, 409, 1899.

	0^0	25^0	40^0
Methylnitramin	3×10^{-5}	$7{,}2 \times 10^{-5}$	$8{,}6 \times 10^{-5}$

7. Die Hydrolyse der Alkalisalze schwacher Säuren.

Die alkalische Reaktion der Alkalisalze schwacher Säuren ist nicht immer beweisend für die Hydrolyse derselben, da es Alkalisalze giebt, die wegen ihrer Leichtlöslichkeit oder Zersetzlichkeit, wie z. B. viele Diazotate kaum frei von Alkalien oder Alkalikarbonaten zu erhalten sind. Man kann nun die Grösse der Hydrolyse mit Hilfe der Leitfähigkeit[1]) schätzen.

Neutralsalze ohne nachweisbare Hydrolyse sind bekanntlich dadurch charakterisirt, dass die Zuwachse ihrer molekularen Leitfähigkeit mit zunehmender Verdünnung gegen Null konvergiren und von $v = 1000$ an bereits so gering werden, dass man sie von da ab für viele Zwecke vernachlässigen kann. Ferner ist bekanntlich die Zunahme des Leitvermögens von $v_{32}-v_{1024}$ bei 25^0 besonders charakteristisch. Es beträgt $\Delta_{1024-32}$ für Natriumsalze und für Kaliumsalze rund 10—12 Einheiten.

Hydrolytisch gespaltene Alkalisalze zeigen dagegen mit Zunahme der Verdünnung eine abnorm wachsende Leitfähigkeit infolge der zunehmenden Bildung freien Alkalis. Jedoch ist auch hier wie bei der Leitfähigkeit der Aetzalkalien, der „Kohlensäurefehler" von störendem und sehr starkem Einfluss. Wie freies Natron schon von mässiger Verdünnung an nicht mehr Zunahme, sondern wegen der unvermeidlichen Bildung von Karbonat sogar Abnahme der molekularen Leitfähigkeit zeigt, so kann dies auch für hydrolytisch gespaltene Natriumsalze eintreten, wodurch die Δ-Werthe bisweilen fast unveränderlich, bisweilen sogar trotz Zunahme der Verdünnung kleiner werden.

Die Hydrolyse der Natriumsalze von sehr schwachen Säuren, mit einer Affinitätskonstante von rund $(1—10) \times 10^{-7}$, zeigt sich am deutlichsten durch das Verhalten von Natriumphenolat bei 25^0.

Gleichmolekulare Lösungen reinsten Phenols in reinstem Natron ergaben:

v	32		64		128		256		512		1024
μ	72,7		78,0		83,8		89,7		95,0		100,9
Δ		5,3		5,8		5,9		5,3		5,9	

$$\Delta_{1024-32} = 28{,}2.$$

Phenol als sehr schwache Säure ($k = 5{,}0 \times 10^{-7}$) erzeugt also ein Natriumsalz, dessen sehr starke Hydrolyse sich durch die — hier fast

1) A. Hantzsch, Ber. **32**, 3076, 1899.

regelmässig wachsenden Δ-Werthe und ein fast dreimal zu grosses $\Delta_{1024-32}$ auszeichnet.

Wie zu erwarten, wird die Hydrolyse durch Ueberschuss von Phenol zurückgedrängt, bleibt aber stets weitgehend erhalten.

	$2\,C_6H_5OH + 1\,NaOH$.		$4\,C_6H_5OH + 1\,NaOH$.	
v	μ	Δ	μ	Δ
32	67,7		66,2	
		3,7		4,4
64	71,4		70,6	
		3,2		2,3
128	74,6		72,9	
		4,6		2,7
256	79,2		75,6	
		5,3		4,0
512	84,5		79,6	
		6,4		5,1
1024	90,9		84,7	
	$\Delta_{1024-32} = 23,2$		$\Delta_{1024-32} = 18,5$	

Aus der Veränderlichkeit der Δ-Werthe geht auch hervor, dass der Kohlensäurefehler durch überschüssiges freies Phenol allmälig kompensirt wird; denn die Δ-Werthe gehen alsdann auch bei sehr verdünnter Lösung nicht zurück, wie z. B. bei Trinatriumphosphat, sondern nehmen kontinuirlich zu.

o-Chlorphenolnatrium zeigt folgende Werthe, die von R. C. Farmer bei einem nicht absolut reinen Präparat ermittelt wurden.

$Cl\,.\,C_6H_4\,.\,ONa$ bei 25⁰.

v	32	64	128	512	1024
μ	72,0	—	—	84,4	88,7

$\Delta_{1024-32} = 16,7$

Wie man sieht, zeigt sich der Zuwachs der Stärke durch Eintritt des Chloratoms in dem recht erheblichen Sinken des Δ-Werthes von 28 auf ca. 17 Einheiten.

Dichlorphenolnatrium und p-Cyanphenolnatrium sind, entsprechend der erheblich grösseren Affinitätskonstanten der beiden negativ substituirten Phenole (k : 31×10^{-7} und 61×10^{-7}), nur noch wenig hydrolysirt. Die Hydrolyse giebt sich, abgesehen von der alkalischen Reaktion, nicht mehr in den fast normal gewordenen Werthen $\Delta_{1024-32}$ zu erkennen, wohl aber noch daran, dass die Zunahmen bei steigender Verdünnung nicht deutlich gegen Null konvergiren.

	$Cl_2 . C_6H_3 . ONa.$		$CN . C_6H_4 . ONa.$	
v	μ	Δ	μ	Δ
32	64,2		66,3	
		3,0		2,7
64	67,2		69,0	
		2,1		2,1
128	69,3		71,1	
		2,3		2,2
256	71,6		73,3	
		2,9		2,3
512	74,5		75,6	
		1,6		2,4
1024	76,1		78,0	
	$\Delta_{1024-32} = 11,9$		$\Delta_{1024-32} = 11,7$	

Noch stärkere Phenole geben natürlich Natriumsalze, die sich hinsichtlich der Leitfähigkeit nicht mehr sicher von Neutralsalzen unterscheiden lassen; hierzu gehören schon die Natriumsalze der Nitrophenole.

Echte Säuren von der Stärke des Phenols erzeugen Natriumsalze von „abnormer Leitfähigkeit", letztere nähern sich aber schon bei etwa 10 mal so starken Säuren der normalen Leitfähigkeit. Dass die noch weit schwächeren, nicht anlagerungsfähigen Oxime auch noch weit mehr hydrolysirte Natriumsalze erzeugen, geht bereits daraus hervor, dass sich nach H. Goldschmidt viele Oxime, z. B. Synbenzaldoxim, nicht einmal mehr in der gleich molekularen Menge Natron völlig auflösen. So gaben auch die aus demselben Grunde ungenauen Messungen von (1 Benzaldoxim + 1 NaOH) mit steigender Verdünnung einen noch viel höheren Leitfähigkeitszuwachs als Phenolnatrium.

Die Ammoniumsalze schwacher Säuren zeigen wegen der weit geringeren Stärke des Ammoniaks ein abweichendes, aber noch schärfer von neutralen Ammoniumsalzen verschiedenes elektrisches Verhalten. Wie beim freien Ammoniak, gegenüber dem Natron, tritt auch bei Ammoniumsalzen sehr schwacher Säuren der Kohlensäurefehler bei wachsender Verdünnung deshalb zurück, weil die Leitfähigkeit des hydrolytisch erzeugten Ammoniaks viel stärker wächst als die des Natrons. Deshalb äussert sich auch die Hydrolyse in der Leitfähigkeit besonders deutlicher und in umgekehrtem Sinne, als bei den entsprechenden Natriumsalzen, namentlich bei hohen Verdünnungen. Die Leitfähigkeit von Ammoniumsalzen schwacher Säuren steigt mit Ausnahme geringer Abweichungen durch Versuchsfehler mit steigender Verdünnung und zeigt deshalb die Hydrolyse meist schärfer durch wachsende Δ-Werthe an. Die Lösungen von 1 Mol.-Gew. Phenol in 1 Mol.-Gew. Ammoniak gaben folgende Werthe:

	$C_6H_5OH + NH_3$.		Hydrochinon + NH_3.	
v	μ	Δ	μ	Δ
32	30,7		28,1	
		1,9		2,1
64	32,6		30,2	
		3,3		2,6
128	35,9		32,8	
		2,7		6,1
256	38,6		38,9	
		6,6		6,6
512	45,2		45,5	
		9,5		14,1
1024	54,7		59,6	
$\Delta_{1024-32}$ = 24,0			$\Delta_{1024-32}$ = 31,5	

Das Dichlorphenolammonium zeigt, gemäss der grösseren Stärke des Dichlorphenols, diese Verhältnisse nur noch andeutungsweise; Cyanammonium (d. i. eine Mischung von 1 Mol.-Gew. HCN + 1 Mol.-Gew. NH_3) zeigt anfangs geringe negative Δ-Werthe, die dann aber auch mit zunehmender Verdünnung wachsen.

	$Cl_2C_6H_3OH + H_3N$.		$CNH + H_3N$.	
v	μ	Δ	μ	Δ
32	—		68,5	
				— 0,6
64	83,9		67,9	
		2,3		— 0,1
128	86,2		67,8	
		1,8		+ 1,6
256	88,0		69,4	
		1,9		+ 3,6
512	89,9		73,0	
		2,5		+ 4,2
1024	92,4		77,2	
$\Delta_{1024-32}$ = 8,5			$\Delta_{1024-32}$ = 8,7	

Zum Schlusse seien noch die Werthe mitgetheilt, welche sich aus der Beobachtung der Leitfähigkeit bezw. der Bestimmung der Hydrolyse durch Verseifungsgeschwindigkeit und somit Procente der hydrolytischen Zerlegung ergeben.

Säure.	k bei 25°.	$\Delta_{1024-32}$.	Natriumsalz Hydrolyse bei V_{32}.
Phenol	5,0 × 10^{-7}	28,0	ca. 6 %
Monochlorphenol (0)	—	16,7	„ 2,1 „
Dichlorphenol (2.4)	31 × 10^{-7}	11,9	„ 0,52 „
Cyanphenol (4)	61 × 10^{-7}	11,7	„ 0,52 „
Trichlorphenol (2.4.6)	1000 × 10^{-7}	—	„ 0,37 „
Nitrophenol (p)	96 × 10^{-7}	11,9	„ 0,28 „

Die fünf ersten Repräsentanten, bei denen man die tautomeren Keto-Formen nicht zu berücksichtigen braucht, und jede Möglichkeit einer konstitutiven Veränderung des Phenoltypus, d. i. Bildung einer stärker sauren Form ausgeschlossen ist, zeigen sehr deutlich, dass

„Je mehr die Affinitätskonstante der Säure wächst, um so geringer wird der Werth bezw. die Hydrolyse ihres Natriumsalzes."

Abweichend verhält sich nur das Nitrophenol, das mehr als 10 mal so schwach ist wie Trichlorphenol und dennoch ein etwas weniger hydrolysirtes Natriumsalz liefert. Allein gerade dieser Widerspruch deutet auf die auch aus anderen Gründen wahrscheinliche konstitutive Verschiedenheit beider, wonach die Wasserstoffverbindung das echte Nitrophenol, die Natriumverbindung ein Isonitrosalz sein dürfte.

8. Die Affinitätsgrössen der organischen Basen.

Ueber die Bestimmung der Affinitätsgrössen der organischen Basen hat G. Bredig[1]) eine grössere Arbeit publicirt, deren Resultate ich im Folgenden wiedergebe.

Die Methoden, welche zur Bestimmung der Affinitätsgrössen der Basen überhaupt gedient haben, kann man eintheilen in dynamische, statische und elektrische. Die dynamische Methode, d. h. die Messung der relativen Reaktionsgeschwindigkeit wurde zuerst von Warder[2]) angewandt, der die Giltigkeit des Guldberg-Waage'schen Massengesetzes bei der Verseifung von Essigester durch Natron zeigte. Weitere Arbeiten über diesen Gegenstand wurden von Reicher[3]) für Alkalien und alkalische Erden, von Ostwald[4]) über organische Basen, von G. Bredig und W. Will[5]) über die Bestimmung der Reaktionsgeschwindigkeit bei der Katalyse von Hyoscyamin zu Atropin ausgeführt.

Die statische Methode wurde von Berthelot[6]) und Menschutkin[7]) hinsichtlich des Theilungsverhältnisses einer Säure zwischen zwei um diese konkurrirenden Basen, sowie von Walker[8]) bei der Hydrolyse der Salze schwacher Basen angewendet, wobei er eine spektrometrische Bestimmung anwandte. Auch die Arbeiten von Lellmann[9]) und seinen Schülern beruhen auf der statischen Methode.

---

1) G. Bredig, Zeitschr. physik. Ch. **13**, 290, 1894.

2) Warder, Amer. chem. Journ. **3**, 5.

3) Reicher, Liebig's Ann. **228**. 257.

4) W. Ostwald, Journ. pr. Ch. (2) **35**, 112.

5) W. Will und G. Bredig, Ber. **21**, 2777, 1888.

6) Berthelot, Ann. chim. phys. **6**, 442.

7) Menschutkin, Comph. rend. **96**, 256, 348, 381.

8) Walker, Zeitschr. physik. Ch. **4**, 319, 1889.

9) E. Lellmann und Gross, Liebig's Ann. **260**, 262; E. Lellmann und Görtz, ibid. **274**, 121; E. Lellmann, ibid. **263**, 286.

Die elektrische Methode, welche in Bezug auf leichte Ausführbarkeit an erster Stelle steht, wurde zunächst von W. Ostwald angewendet und nach ihm von G. Bredig (l. c.).

Die Arbeit von Bredig fasst diese Untersuchungen zusammen, und wurden dabei folgende Resultate erhalten.

In den nachstehenden Tabellen bedeutet wie auch vorher bei den Affinitätskonstanten der schwachen Säuren:

v die Verdünnung des Molekulargewichtes in Litern,

μ die beobachtete zugehörige molekulare Leitfähigkeit bei 25°, bezogen auf reciproke Siemens-Einheiten. Die mitgetheilten Werthe sind Mittel aus mehreren, meist zwei Versuchsreihen,

μ_∞ den Grenzwerth der molekularen Leitfähigkeit bei 25°,

100 m der procentische Dissociationsgrad, berechnet aus $\frac{\mu}{\mu_\infty}$,

100 k die mit 100 multiplicirte Dissociationskonstante k, berechnet nach Ostwald's Formel $k = \frac{m^2}{v(1-m)}$.

Zum Schlusse ist das Mittel der Affinitätskonstante $K = 100\,k$ angegeben.

1. Ammoniak, NH_4OH.

$\mu_\infty = 237.$

v	μ	100 m	100 k
8	3,20	1,35	0,0023
16	4,45	1,88	0,0023
32	6,28	2,65	0,0023
64	8,90	3,76	0,0023
128	12,63	5,33	0,0023
256	17,88	7,54	0,0024

$K = 0,0023.$

Ammoniak ist also ziemlich schwach, ungefähr wie Essigsäure.

Primäre Amine der Fettreihe.

2. Methylamin, $CH_3 . NH_3 . OH$.

$\mu_\infty = 225.$

v	μ	100 m	100 k
8	14,1	6,27	0,052
16	19,6	8,71	0,052
32	27,0	12,0	0,051
64	36,7	16,3	0,050
128	49,5	22,0	0,049
256	65,4	29,1	0,047

$K = 0,050.$

3. Aethylamin, $C_2H_5 . NH_3 . OH$.

$\mu_\infty = 214.$

8	13,8	6,45	0,056
16	19,6	9,16	0,058
32	27,0	12,6	0,057
64	36,6	17,1	0,055
128	49,4	23,1	0,054
256	65,6	30,7	0,053

4. Normal-Propylamin, $C_3H_7 . NH_2 . OH$.

$\mu_\infty = 207.$

8	12,3	5,94	0,047
16	17,5	8,45	0,049
32	23,9	11,6	0,047
64	33,1	16,0	0,048
128	44,7	21,6	0,047
256	59,6	28,8	0,046

K = 0,047.

5. Isopropylamin, $\left(\begin{matrix}CH_3\\CH_3\end{matrix}\!>\!CH\right) . NH_3 . OH$.

$\mu_\infty = 207.$

v	μ_1	μ_2	μ (Mittel)	100 m	100 k
8	13,0	12,8	12,9	6,23	0,052
16	18,5	18,1	18,3	8,84	0,054
32	25,7	25,1	25 4	12,3	0,054
64	34,9	34,4	34,7	16,8	0,053
128	47,1	46,7	46,9	22,7	0,052
256	62,3	62,3	62,3	30,1	0,051

K = 0,053.

6. Isobutylamin, $(CH_3)_2 . C_2H_3 . NH_3 . OH$.

$\mu_\infty = 204.$

8	9,86	4,83	0,031
16	14,1	6,86	0,032
32	19,6	9,61	0,032
64	27,0	13 2	0,032
128	36,5	17,9	0,030
256	48,6	23,8	0,029

K = 0,031.

7. Sekundäres Butylamin, $(C_2H_5) CH_3 CH . NH_3 . OH$.

$\mu_\infty = 204.$

v	μ	100 m	100 k
8	11,5	5,67	0,043
16	16,5	8,13	0,045
32	23,0	11,3	0,045
64	31,6	15,6	0,045
128	42,8	21,1	0,044
256	57,1	28,1	0,043

K = 0,044.

8. Trimethylcarbinamin, $(CH_3)_3\,C\,.\,NH_3\,.\,OH$.

$\mu_\infty = 204$.

8	10,2	5,00	0,033
16	14,6	7,16	0,035
32	20,3	9,95	0,034
64	27,9	13,7	0,034
128	37,9	18,6	0,033
256	50,4	24,7	0,032

9. Isoamylamin, $(CH_3)_2\,.\,C_3H_5\,.\,NH_3\,.\,OH$.

$\mu_\infty = 201$.

8	12,2	6,07	0,049
16	17,5	8,71	0,052
32	24,3	12,1	0,052
64	33,2	16,5	0,051
128	44,6	22,2	0,049
256	59,1	29,4	0,048

K = 0,050.

Sekundäre Amine der Fettreihe.

10. Dimethylamin, $(CH_3)_2 : NH_2\,.\,OH$.

$\mu_\infty = 217$.

8	16,1	7,42	0,074
16	22,4	10,3	0,074
32	31,0	14,3	0,074
64	42,3	19,5	0,074
128	57,2	26,4	0,074
256	75,4	34,8	0,074

K = 0,074.

11. Diäthylamin, $(C_2H_5)_2 : NH_2\,.\,OH$.

$\mu_\infty = 203$.

8	19,1	9,41	0,122
16	26,9	13,3	0,126
32	37,1	18,3	0,128
64	50,3	24,8	0,128
128	67,1	33,1	0,127
256	86,6	42,7	0,124

K = 0,126.

12. Dipropylamin, $(C_3H_7)_2 : NH_2\ OH$.

$\mu_\infty = 197$.

v	μ	100 m	100 k
8	16,6	8,43	0,097
16	23,7	12,0	0,103
32	33,1	16,8	0,106
64	44,7	22,7	0,104
128	60,0	30,5	0,104
256	77,6	39,4	0,100

K = 0,102.

13. Diisobutylamin, $(C_4H_9)_2 : NH_2 . OH$.

$\mu_\infty = 194$.

64	31,7	16,3	0,050
128	42,4	21,9	0,048
256	55,8	28,8	0,045

K = 0,048.

14. Diisoamylamin, $(C_5H_{11})_2 : NH_2 . OH$.

$\mu_\infty = 191$.

216	70,6	37,0	0,101
432	87,6	45,9	0,090

K = 0,096.

Tertiäre Amine der Fettreihe.

15. Trimethylamin, $(CH_3)_3 : NH . OH$.

$\mu_\infty = 214$.

8	4,95	2,31	0,0069
16	7,20	3,36	0,0073
32	10,2	4,77	0,0075
64	14,4	6,73	0,0076
128	20,0	9,35	0,0075
256	27,5	12,9	0,0074

K = 0,0074.

16. Triäthylamin, $(C_2H_5)_3 : NH . OH$.

$\mu_\infty = 200$.

8	13,3	6,65	0,059
16	19,2	9,60	0,064
32	27,1	13,6	0,066
64	36,9	18,5	0,065
128	50,0	25,0	0,065
256	66,4	33,2	0,065

K = 0,064.

17. Tripropylamin $(C_3H_7)_3 : NH . OH$.

$\mu_\infty = 193$.

209	56,8	29,4	0,059
418	(70,6	36,6	0,050)

(K = 0,055).

18. Triisobutylamin, $(C_4H_9)_3 : NH . OH$.

$\mu_\infty = (190)$.

ν	μ	100 m	100 k
489	(57.6	30,3	0.027)
978	(74,2	39,1	0,025)

(K = 0,026).

19. Methyldiäthylamin, CH_3, $(C_2H_5)_2$: NH . OH.

$\mu_\infty = 203.$

8	8,80	4,34	0,025
16	12,8	6,31	0,027
32	18,0	8,87	0,027
64	24,9	12,3	0,027
128	34,2	16,9	0,027
256	46,2	22,8	0,026

K = 0,027.

Quartäre Basen.

20. Tetramethylammoniumhydroxyd, $(CH_3)_4$ ⋮ N . OH.

$\mu_\infty = 211.$

v	μ
16	205
64	211
256	(213)

21. Tetraäthylammoniumhydroxyd, $(C_2H_5)_4$ ⋮ N . OH.

$\mu_\infty = 199.$

16	176
64	183
256	187

Die quartären Basen sind also, wie bekannt, sehr stark, wie die Alkalien. Eine Konstante kann wegen der nahezu völligen Dissociation nicht berechnet werden. Dagegen sind im allgemeinen die tertiären Amine der Fettreihe sämmtlich schwächer wie die sekundären Amine mit denselben Alkylen, aber ungefähr ebenso stark wie die primären. Alle diese Basen sind aber stärker wie Ammoniak.

Selbst stark negativirende Veränderungen der Alkyle, wie Austritt von Wasserstoff oder Eintritt von Halogen können die Dissociationskonstanten quartärer Basen nicht merklich herabsetzen, wie folgende Körper zeigen.

22. Neurin, C_2H_3 $(CH_3)_3$ ⋮ N . OH.

$\mu_\infty = 209.$

v	μ
16	202
64	208
256	209

23. Jodmethyltrimethylammoniumhydroxyd, $CH_2J.(CH_3)_3NOH$.

$\mu_\infty = 204.$

16	197
64	203
256	202

Es schliessen sich an:

24. Tetramethylphosphoniumhydroxyd, $(CH_3)_4 P.OH$.

$\mu_\infty = 207$.

16	200
64	207
256	208

25. Tetramethylarsoniumhydroxyd, $(CH_3)_4 As.OH$.

$\mu_\infty = 205$.

16	197
64	202
256	204

26. Tetramethylstiboniumhydroxyd, $(CH_3)_4 Sb.OH$.

$\mu_\infty = 199$.

16	166
64	169
256	171

27. Triäthylsulfiniumhydroxyd, $(C_2H_5)_3 S.OH$.

$\mu_\infty = 203$.

16	197
64	203
256	(207)

28. Trimethyltelluriniumhydroxyd, $(CH_3)_3 Te.OH$.

$\mu_\infty = 205$.

16	197
64	203
256	(200)

29. Zinntrimethylhydroxyd, $(CH_3)_3 Sn.OH$.

$\mu_\infty = 200$ (geschätzt).

v	μ	100 m	100 k
17,3	0,39	0,195	0,000022
34,6	0,49	0,245	0,000018
69,2	0,63	0,315	0,000014
138,4	0,89	0,445	0,000014
276,8	1,37	0,685	0,000017

K = (0,000017).

30. Quecksilberaethylhydroxyd, $C_2H_5.Hg.OH$.

v	μ
16	(1,09)
64	(1,30)
256	(1,75)

31. Allylamin, $C_3H_5NH_3OH$.

$\mu_\infty = 209$.

v	μ	100 m	100 k
8	4,40	2,11	0,0057
16	6,29	3,01	0,0058
32	8,85	4,23	0,0059
64	12,3	5,89	0,0058
128	17,0	8,13	0,0056
256	23,5	11,24	0,0056

K = 0,0057.

Aromatische Monamine.

32. Benzylamin, $C_6H_5CH_2 . NH_2OH$.

$\mu_\infty = 201$.

v	μ	100 m	100 k
8	2,69	1,34	0,0023
16	3,88	1,93	0,0024
32	5,56	2,77	0,0025
64	7,80	3,88	0,0025
128	10,9	5,42	0,0024
256	15,3	7,61	0,0025

K = 0,0024.

Anilin und die isomeren Toluidine sind ungefähr 10^8 mal schwächer als Benzylamin.

33. Piperidin, $C_5H_{10}NH_2OH$.

$\mu_\infty = 203$.

v	μ	100 m	100 k
8	21,5	10,6	0,157
16	30,2	14,9	0,163
32	41,3	20,3	0,162
64	55,3	27,2	0,159
128	72,7	35,8	0,156
256	93,2	45,9	0,152

K = 0,158.

34. Coniin, $C_3H_7 . C_5H_9NH_2OH$.

$\mu_\infty = 195$.

v	μ	100 m	100 k
16	26,4	13,5	0,133
32	36,4	18,7	0,134
64	49,6	25,4	0,136
128	65,9	33,5	0,132
256	83,0	42,6	0,123

K = 0,132.

35. Phenyltriaethylammoniumhydroxyd, $C_6H_5(C_2H_5)_3NOH$.

$\mu_\infty = 197$.

v	μ
16	180
64	186
256	188

Diamine.

Bei allen bisher untersuchten Diaminen ist nur die erste Dissociationsstufe merklich.

36. Hydrazin, $(HO)H_3NNH_3(OH)$.

$\mu_\infty = 224$.

v	μ	100 m	100 h
8	1,33	0,594	0,00044
16	1,56	0,70	0,00030
32	1,93	0,86	0,00023
64	2,53	1,13	0,00021
128	3,57	1,59	0,00020
256	5,14	2,30	0,00021

K = (0,00027).

Trotz der ungenauen Werthe zeigen die Resultate, dass wider alles Erwarten das Diammonium selbst in der ersten Amidogruppe (ungef. 1:8) schwächer ist als Ammoniak.

37. Aethylendiamin, $(HOH_3N)C_2H_4(NH_3OH)$.

$\mu_\infty = 210$.

16	7,64	3,64	0,0086
32	10,78	5,13	0,0087
64	15,00	7,14	0,0086
128	20,7	9,83	0,0084
256	28,1	13,39	0,0081

K = 0,0084.

Aethylendiamin lässt sich ebenso, wie alle Diamine, deren Dichlorhydride noch nicht merklich gespalten sind, mit Methylorange noch scharf zweiwerthig titriren.

Die Affinitätsgrösse der Base steigt mit zunehmender Entfernung der Amidogruppen von einander, wie die folgenden Beispiele beweisen.

38. Trimethylendiamin, $(HO)H_3NC_3H_6NH_3(OH)$.

$\mu_\infty = 203$.

v	μ	100 m	100 k
16	14,7	7,25	0,035
32	20,6	10,12	0,036
64	28,4	14,0	0,036
128	38,0	18,7	0,034
256	50,2	24,7	0,032

K = 0,035.

39. Tetramethylendiamin, $(HO)H_3NC_4H_8NH_3(OH)$.

$\mu_\infty = 200$.

32	24,6	12,3	0,054
64	33,2	16,6	0,052
128	45,0	22,5	0,051
256	59,0	29,5	0,047

K = 0,051.

40. β-Methyltetramethylendiamin, $(HO)H_3NC_4H_7(CH_3)NH_3(OH)$.

$\mu_\infty = 197.$

64	33,8	17,2	0,056
128	45,6	23,2	0,054
256	60,6	30,8	0,053

K = 0,054.

41. Pentamethylendiamin, $(HO)H_3NC_5H_{10}NH_3(OH)$.

$\mu_\infty = 197.$

16	20,2	10,3	0,073
32	28,2	14,3	0,075
64	38,4	19,5	0,074
128	51,8	26,3	0,073
256	67,8	34,4	0,071

K = 0,073.

42. Guanidin, $HN : C(NH_2)_2 + H_2O$.

$\mu_\infty = 217.$

v	μ
16	178
64	198
256	208

43. Piperazin, $(HO)H_2N(C_2H_4)_2NH_2(OH)$.

$\mu_\infty = 202.$

32	9,14	4,53	0,0067
64	12,5	6,19	0,0064
128	17,3	8,56	0,0063
256	23,9	11,8	0,0062

K = 0,0064.

9. Die Leitfähigkeit der Chlorhydride organischer Basen.

Auch diese Grössen sind zum Theil von G. Bredig (l. c.) gemessen worden. Ich folge den Angaben desselben.

„Nach Arrhenius kann man für die Hyrolyse der Chlorhydride folgende Gleichung aufstellen, die Guldberg-Waage's Gesetz mit enthält.

$$\frac{k_3}{k_4} = \frac{v\,(1-x)}{x^2}.$$

In derselben bedeutet:

v die Verdünnung des Chlorhydrides in Litern pro Grammmolekulargewicht,

x den hydrolytischen Zersetzungsgrad in Bruchtheilen der Gesammtmenge des Salzes,

k_3 die Dissociations-, also auch Affinitätskonstante der schwachen Base des Chlorhydrides,

k_4 die Dissociations-, also auch Affinitätskonstante des Wassers."

„Die Grösse x lässt sich in der von Walker angegebenen Weise aus der Leitfähigkeit der hydrolytischen Chlorhydridlösung ermitteln nach der Gleichung:

$$M_v = (1-x)\mu_v + x\mu_{HCl},$$

woraus folgt

$$x = \frac{M_v - \mu_v}{\mu_{HCl} - \mu_v},$$

und in welcher bedeutet:

M_v die gemessene äquivalente Leitfähigkeit des reinen hydrolitisch gespaltenen Chlorhydrids bei der Verdünnung v,

μ_v die nach dem Gesetze von Kohlrausch und den Messungen der Arbeit von G. Bredig[1]) „Beiträge zur Stöchiometrie der Ionenbeweglichkeit" leicht zu berechnenden Werthe für die äquivalente Leitfähigkeit desselben nicht hydrolysirten Chlorhydrides,

M_{HCl} die nahezu konstante molekulare Leitfähigkeit der freien Salzsäure, die bei 25° zu 383 angenommen wurde."

„Mit den so experimentell gemessenen Werthen von M_v kann man auch elektrisch die Giltigkeit der oben mitgetheilten, von Arrhenius angegebenen Formel, d. h. das Massengesetz von Guldberg und Waage für hydrolysirte Chlorhydride prüfen und den Quotienten $\frac{k_3}{k_4}$ bestimmen, welcher angiebt, wie vielmal die Base des Chlorhydrids stärker ist als Wasser.

44. Anilinchlorhydrid, $C_6H_5NH_2$, HCl.

v	M_v	μ_v	100 x	k_3/k_4
32	99,6	92,1	2,63	$45 . 10^3$
64	106,2	95,1	3,90	40 „
128	113,7	98,1	5,47	40 „
256	122,0	100,1	7,68	40 „
512	131,8	102,1	10,4	42 „
1024	144,0	103,1	14,4	42 „
				Mittel: $41 . 10^3$.

45. 0-Toluidinchlorhydrid, $C_7H_7NH_2$, HCl.

v	M_v	μ_v	100 x	k_3/k_4
32	98,5	89,7	3,07	$33 . 10^3$
64	105,9	92,7	4,60	29 „
128	114,4	95,7	6,52	28 „
256	123,8	97,7	9,09	28 „
512	135,5	99,7	12,5	29 „
1024	150,2	100,7	17,3	28 „
				Mittel: $29 . 10^3$.

---

1) G. Bredig, Zeitschr. physik. Ch. **13**, 191, 1894.

46. m-Toluidinchlorhydrid, $C_7H_7NH_2$, HCl.

v	M_v	μ_v	100 x	k_3/k_4
32	95,7	89,0	2,33	58 . 10^3
64	102,1	92,0	3,51	50 „
128	108,9	95,0	4,83	52 „
256	116,0	97,0	6,60	55 „
512	125,0	99,0	9,03	57 „
1024	135,4	100,0	12,3	59 „

Mittel: 55 . 10^3.

47. p-Toluidinchlorhydrid, $C_7C_7NH_2$, HCl.

v	M_v	μ_v	100 x	k_3/k_4
32	93,6	89,2	1,53	135 . 10^3
64	98,4	92,2	2,19	131 „
128	104,3	95,2	3,16	124 „
256	109,7	97,2	4,34	130 „
512	116,2	99,2	5,90	138 „
1024	124,2	100,2	8,33	135 „

Mittel: 132 . 10^3.

48. Betaïnchlorhydrid, $(C_2H_2O_2)(CH_3)_3N$, HCl.

v	M_v	μ_v	100 x	k_3/k_4
64	273	103	61,4	0,066 . 10^3
128	308	106	72,9	0,065 „
256	339	108	83,4	0,061 „
512	361	110	90,6	0,059 „
1024	373	111	94,6	0,062 „

Mittel: 0,063 . 10^3.

Die Dissociationskonstante k_3 der Base kann man auch in den üblichen Einheiten annähernd angeben durch Multiplikation der Werthe k_3/k_4 mit dem Werthe $k_4 = 2{,}28 \times 10^{-16}$ für die Dissociationskonstante des Wassers.

Weitere Untersuchungen von G. Bredig über die Dissociation der Chlorhydride der Diamine sind an dem angegebenen Ort zu finden.

10. Konstitutionsbestimmung von Körpern mit labilen Atomgruppen[1]).

„Die Konstitution sogenannter tautomerer Verbindungen kann bekanntlich direkt nur dann sicher bestimmt werden, wenn die verschiedenen möglichen Atomgruppirungen entsprechenden Formen auch wirklich isolirbar und vergleichbar sind. Dieser direkte Isomeriebeweis ist aber bisher nur in den wenigen Ausnahmefällen anwendbar, in denen die Tautomerie zur „Desmotropie" oder zur wirklichen Isomerie wird, wie z. B. bei einigen Körpern von der Form CH_2CO (Enolen und Ketonen) und von der Form CH_2NO_2 (Nitro- und Isonitrokörper). Durch eine Kombination verschiedener Methoden ist es aber möglich, die Konstitution vieler tautomerer Verbindungen (gerade auch bei fehlender Isomerie) eindeutig zu bestimmen;

1) Der Arbeit von A. Hantzsch, Ber. **32**, 575, 1899 entnommen.

nämlich dann, wenn von den beiden möglichen Formen die eine ein Elektrolyt (Säure oder Base), die andere ein Nichtelektrolyt sein müsste. Durch diese letzterwähnte Bedingung wird zwar die allgemeine Anwendbarkeit dieser Methoden beschränkt; allein dafür gehören, wie sich ergeben wird, vielleicht mit Ausnahme einiger Fälle innerhalb der Enol- und Keton-Tautomerie, beinahe alle wichtigeren Tautomerien in diese Kategorie."

Nachstehend sind diejenigen Fälle, bei welchen die Bestimmung der elektrischen Leitfähigkeit zur Ermittlung der Isomerieverhältnisse gedient hat, eingehend beschrieben.

11. Pseudosäuren.

Für die Bestimmung der Pseudosäuren[1]) gelten folgende Merkmale:

1. Wenn bei einer Wasserstoffverbindung langsame oder zeitliche Neutralisationsphänomene beobachtet werden, so ist dieselbe eine Pseudosäure.

2. Wenn eine nicht oder kaum leitende Wasserstoffverbindung ein nicht oder kaum hydrolysirtes neutrales Alkalisalz erzeugt, so hat dieses Salz eine andere Konstitution als die ursprüngliche Wasserstoffverbindung, d. h. letztere ist eine Pseudosäure.

3. Wenn eine farblose, namentlich auch farblos in Wasser lösliche, Wasserstoffverbindung farbige Ionen und farbige, feste Alkalisalze erzeugt, so wird dieselbe eine Pseudosäure sein, die bei der Salzbildung und Ionisation in die echte Säure übergeht. Diese Auffassung wird natürlich auch auf die meisten Indikatoren zu übertragen sein, wozu an dieser Stelle als einziges Beispiel das p-Nitrophenol angeführt sei, dessen farbige Salze und Ionen auch zufolge anderer Beobachtungen höchst wahrscheinlich andere Konstitution besitzen als die farblose Muttersubstanz.

4. Abnorm grosse und mit wachsender Temperatur wachsende Temperaturkoëfficienten der Leitfähigkeit, sowie abnorm stark mit der Temperatur veränderliche Dissociationsgrade und Dissociationskonstanten bei tautomeren Stoffen weisen auf das Vorhandensein von Ionisationsisomerie hin.

5. Die Pseudosäuren lassen sich von ihren Isomeren häufig unterscheiden durch ihr Verhalten gegen Phenylisocyanat[2]), gegen Säurechloride, wie Phosphorchloride, Acetylchlorid, so-

---

1) A. Hantzsch, l. c.

2) H. Goldschmidt, Ber. **23**, 253, 1890.

wie gegen Ammoniak. Dieselben wirken nur auf die Hydroxylgruppen, also die Pseudosäuren.

5b. Wenn eine Wasserstoffverbindung mit Ammoniak nicht direkt additiv ein Salz bildet, wohl aber indirekt, d. i. unter Mitwirkung von Wasser, so ist diese Wasserstoffverbindung eine Pseudosäure.

Beispiele hierfür sind:

1. Echte Antidiazohydrate: R_1N / $\dot{N}{\cdot}OH$; Elektrolyte; also echte Säuren, reaktionsfähig gegen Phosphorchloride und Acetylchlorid, sowie gegen Ammoniak.

2. Echte primäre Nitrosamine: $R_2{\cdot}NH$ / $\dot{N}O$; nicht Elektrolyte, also Pseudosäuren, reaktionslos gegen Phosphorchloride und Acetylchlorid, sowie gegen Ammoniak (Pseudodiazohydrate).

Die Umkehrung des Satzes 5b ist jedoch nicht zulässig: dass direkte additive Bildung von Ammoniumsalzen bei Wasserausschluss ein ausschliessliches Kennzeichen echter Säuren sein. Denn da bekanntlich auch Ammoniak gleich dem Wasser ionisirend wirken kann, wie die Leitfähigkeit von Salzen in flüssigem Ammoniak[1]) beweist, so ist es danach begreiflich, dass es auch auf gewisse „Pseudosäuren" ionisirend bezw. umlagernd wirkt und zwar gerade auf solche mit grosser Tendenz zur Ionisation und damit zur Isomerisation, aus denen also sehr leicht starke echte Säuren gebildet werden. Dies gilt z. B. für Nitroform, $HC(NO_2)_3$, das auch durch trockenes Ammoniak als Isonitroformammonium aus wasserfreien Lösungen gefällt wird.

„Für gewisse Tautomeriefälle ist das Auftreten von „abnormen Hydraten" charakteristisch. Hierbei versteht man unter „abnormen Hydraten" solche, die sich aus den wasserfreien Verbindungen nicht direkt durch Wasseraufnahme, sondern nur dann bilden können, wenn die betreffenden Substanzen vorher chemisch verändert worden sind, also wenn sie z. B. aus gewissen einfachen Derivaten (Salzen u. s. w.) abgeschieden werden. Hierher gehören verschiedene von Hantzsch erhaltene Hydrate aus der Gruppe des Succinylobernsteinesters, z. B. ein Hydrat des Dioxyterephtalesters (Chinonhydrodikarbonesters[2]), die Hydrate der Dichlor- und Dibrom-Dioxyterephtalsäure[3]) (Dichlor-Dibrom-Chinonhydrodikarbonsäure) u. a. m. Im weiteren Sinne können aber überhaupt alle solche Hydrate als abnorm bezeichnet werden,

---

1) E. C. Franklin und Ch. A. Kraus, Americ. ch. Journ. **21**, 8, 1899, **23** 277, 1899.

2) A. Hantzsch, Ber. **20**, 2800, 1887.

3) A. Hantzsch, Ber. **20**, 2397, 1887; **21**, 1758, 1888.

die, wenn sie sich auch durch direkte Hydratisirung aus den Anhydriden regeneriren können; doch durch ihre blosse Existenz insofern abnorm sind, als sie einer Körperklasse zugehören, deren zahlreiche Vertreter bei Abwesenheit von Tautomerie sich nicht hydratisiren, bezw. nicht Hydrate bilden. Als Beispiele hierfür dienen die von Hewitt und Pope[1]) zuerst dargestellten Hydrate von Benzolazophenolen, weil weder die zugehörigen einfachen Azokörper, noch die zugehörigen einfachen Phenole als Hydrate bekannt sind; ferner vielleicht auch die bei Chinonoximen und die kürzlich von Kehrmann[2]) bei sogenannten Azoniumbasen beobachteten Hydrate."

„Diese Verhältnisse lassen sich am besten bei den sog. Oxyazokörpern und ihren Salzen illustriren. Wahrscheinlich ist nicht nur das o-Oxyazobenzol, was schon von Goldschmidt, Auwers[3]) u. a. wahrscheinlich gemacht wurde, sondern auch das gewöhnliche freie Oxyazobenzol kein Phenol, also keine echte Säure, sondern vielmehr eine Pseudosäure, nämlich Chinonhydrazon, $C_6H_5NHN:C_6H_4O$."

„Dagegen bleiben die Oxyazobenzolsalze echte Oxyazoderivate vom Typus $C_6H_5N:NC_6H_4OMe$. Der Uebergang zwischen diesen „Ionisationsisomeren" in wässeriger bezw. alkalischer Lösung lässt sich nun am einfachsten durch Vermittlung einer zwischen beiden stehenden Hydroform, $C_6H_5.NH.N.C_6H_4(OH)_2$ darstellen; und in der That werden viele Oxyazokörper als Hydrate aus ihren Salzen gefällt. Dass gerade für das einfache Oxyabenzol kein Hydrat bekannt ist, ist unwesentlich, da zahlreiche substituirte Oxyazobenzole solche Hydrate bilden."

„Diese Beziehungen lassen sich etwa folgendermassen veranschaulichen:

Festes sog. Oxyazobenzol.
$C_6H_5.NH.N:C_6H_4:O$

$+KOH$ ↙ ↖ $-H_2O$

Salze in wässeriger Lösung. $C_6H_5NHN:C_6H_4<^{OH}_{OH}$ —HCl→ Abnormes Hydrat. $C_6H_5NHN:C_6H_4(OH)_2$

$-HO_2$ ↘ Feste Salze.
$C_6H_5.N:N.C_6H_4OK$.

Man kann also schliessen:

„Die Existenz abnormer Hydrate bei tautomeren Stoffen ist ein Hinweis darauf, dass die betreffenden wasserfreien Substanzen Pseudosäuren sind, die nur indirekt, unter vor-

---

1) Hewitt und Pope, Ber. **31**, 2114 u. a. O. 1897.

2) F. Kehrmann, Ber. **31**, 2427, 1897.

3) Vgl. z. B. K. Auwers, Ber. **25**, 1332, 1892; Zeitschr. phys. Ch. **21**, 355, 1896.

heriger Erzeugung eines Additionsproduktes vom Hydrattypus, Salze bilden.“

Hiezu gehört auch die Bildung abnormer Alkoholate, wie sie z. B. Hantzsch und Rinckenberger[1]) für das Dinitroäthan, $CH_3 . CH(NO_2)_2$, beschreiben, das nach seiner Struktur

$$\begin{matrix} CH_3 & & OC_2H_5 \\ & \searrow CHN \!-\! OH & \\ NO_2 \nearrow & & \searrow\!\!\searrow O \end{matrix}$$

einem beim Uebergang von echten Nitrokörpern in Isonitrokörper anzunehmenden hydratischen Verbindungsgliede entspricht.

Als Ausgangspunkt dieser Entwicklungen eignen sich besonders die von A. Hantzsch und O. W. Schultze[2]) ermittelten Beziehungen zwischen Nitro- und Isonitrokörpern und zwar speciell beim Phenylnitromethan. Hier hat man bekanntlich

1. Echtes Phenylnitromethan, $C_6H_5CH_2NO_2$, im freien Zustand stabil, neutral und nichtleitend, also nicht direkt salzbildend, wohl aber durch Alkalien übergehend in

2. Iso-Phenylnitromethan, $C_6H_5CH : NO . OH$, im freien Zustand labil, aber den Salzen $C_6H_5CH : NO . ONa$ ausschliesslich zu Grunde liegend; sauer und leitend, direkt salzbildend. Verwandelt sich in fester Form langsam in echtes Phenylnitromethan.

„Die glatte Isomerisation des Isonitrokörpers zum echten Nitrokörper lässt sich nun nach den Versuchen von Davidson am p-Bromphenyl-Isonitromethan auch in Lösung dadurch erkennen und gewissermassen Schritt für Schritt verfolgen, dass die anfangs nicht unerhebliche Leitfähigkeit des Isonitrokörpers abnimmt und schliesslich, bei vollendeter Isomerisation, auf Null sinkt. Diese Methode kann somit auch zum indirekten Nachweis der Existenz solcher Isonitrokörper verwerthet werden, die sich deshalb nicht im freien Zustand isoliren lassen, weil sie sich zu rasch zu den echten Nitrokörpern zurückisomerisiren. Dies gilt namentlich für die Isonitroparaffine. Nitromethan- und Nitroäthannatrium sind sowohl wegen ihrer Analogien mit Phenylnitromethannatrium als auch, wie am Verhalten des Nitroäthans zu ersehen ist, thatsächlich Salze des Isonitromethans und Isonitroäthans. So muss auch primär freies Isonitromethan und -äthan entstehen, wenn man die wässerigen Lösungen dieser Salze mit der molekularen Menge Salzsäure versetzt, z. B.

$$CH_3CH : NO . ONa + HCl = NaCl + CH_3CH : NO . OH.$$

„Freies Isonitroäthan lässt sich nun freilich trotz allen Bemühens nicht isoliren; allein in wässeriger Lösung lässt es sich mit aller Schärfe

---

1) A. Hantzsch und Rinkenberger, Ber. **32**, 628, 1899.

2) A. Hantzsch und O. W. Schultze, Ber. **29**, 699, 2251, 1896.

nachweisen, und zwar nicht nur qualitativ durch saure Reaktion gegen Indikatoren, Vorhandensein der für die Iso-Mononitrokörper sehr charakteristischen Eisenchloridfärbung u. a. m., sondern annähernd quantitativ durch Leitfähigkeitsbestimmungen. Denn diese Lösung ($NaCl + CH_3CH:NO.OH$) leitet anfangs ganz erheblich besser als Chlornatrium, da sie eben noch das saure Isonitroäthan enthält. Bei 0° und erheblicher Verdünnung wird dieser Anfangswerth sogar nur sehr langsam geringer, sinkt aber doch nach mehreren Stunden bis auf den des Kochsalzes, während gleichzeitig die saure Reaktion und die Eisenchloridfärbung ebenfalls schwächer werden und endlich verschwinden. Alsdann ist die Isomeriesation vom Isonitroäthan zum echten Nitroäthan vollendet.

$$CH_3.CO:NO.OH \rightarrow CH_3.CH_2.NO_2.$$

„Die Geschwindigkeit dieses Vorganges lässt sich durch Messung des zeitlichen Dissociationsrückganges bestimmen oder wenigstens schätzen; so ergiebt sich z. B., dass bei 25° die Isomerisationsgeschwindigkeit so gewachsen ist, dass die bei 0° mehrere Tage in Anspruch nehmende Umwandlung in wenigen Minuten vollendet ist.“

„Auch der umgekehrte Vorgang lässt sich auf ähnliche Weise beobachten, d. i. die Isomerisation des echten Nitroparaffins zum Salze des Isonitroparaffins durch Basen. Gleich molekulare wässerige Lösungen von echtem Nitroäthan und Natron ergeben also nicht sofort, sondern erst nach messbarer Zeit den konstanten Endwerth der Leitfähigkeit des Isonitroäthannatriums; die Salzbildung kann hier nur unter gleichzeitiger oder vorheriger Atomumlagerung von Nitro- in Isonitro erfolgen:

$$CH_3CH_2NO_2 + NaOH \rightarrow CH_3CH:NO.ONa + H_2O$$

und diese Umlagerung erfordert also, im Gegensatz zu der eigentlichen Salzbildung, eine bestimmte messbare Zeit. Auch dieser Vorgang, d. i. das allmälige Verschwinden des freien Natrons unter Salzbildung, giebt sich, wie im obigen umgekehrten Falle, durch ein allmäliges Sinken der Anfangs-Leitfähigkeit zu erkennen, da die Leitfähigkeit des Natrons bekanntlich stets erheblich grösser ist, als die eines beliebigen Natronsalzes. Wie man sieht, ist diese langsame Salzbildung, d. i. das langsame Verschwinden von Hydroxylionen für echte Nitrokörper, oder allgemeiner für solche Stoffe charakteristisch, welche an sich keine Säuren sind, sich aber in Säuren umwandeln können; diese langsame Salzbildung steht also im Gegensatze zu den mit unmessbar grosser Geschwindigkeit verlaufenden Neutralisationsphänomenen des Natrons mit allen echten und wohl gemerkt auch den äusserst schwachen Säuren, da echte Säuren in Lösungen, auch wenn sie nur spurenweise dissociirt sind, doch erfahrungsgemäss durch Alkalien anscheinend momentan ionisirt werden. Man kann also sagen:

„Wenn sich eine undissociirte Säure als solche, ohne konstitutive Veränderung unter Salzbildung ionisirt, so ist dieser Vorgang innerhalb unserer gegenwärtigen Messmethoden keine

Funktion der Zeit. Lässt sich ein Einfluss der Zeit bei der Salzbildung konstatiren, so ist das ein Beweis dafür, dass sich das betreffende Molekül bei oder vor der Salzbildung intramolekular verändert; es ist dies also auch ein Beweis dafür, dass die undissociirte Substanz und deren Ionen konstitutiv verschieden sind."

„Dasselbe gilt natürlich auch für den umgekehrten Vorgang, für die Zersetzung derartiger Salze durch Säuren; das vorher nachgewiesene, bald raschere, bald langsamere Verschwinden der H-Ionen unter allmäliger Rückbildung der ursprünglichen Substanz bedeutet, dass der Wasserstoff in dem stabilen undissociirten Molekül nicht an dieselbe Stelle tritt, an welchem sich das Metall im dissociirten Zustand des Moleküls befand; auch ein derartiger Process kennzeichnet mit Sicherheit eine intramolekulare Umlagerung oder, mit anderen Worten, selbst bei fehlender Isomerie die Thatsache, dass die freie Wasserstoffverbindung und die von ihr scheinbar ableitbaren Salze verschiedene Konstitution besitzen."

Derartige Verbindungen, welche nur unter Aenderung der Konstitution Metallsalze bilden, werden Pseudosäuren genannt.

Nach den im Vorstehenden entwickelten Methoden hat bisher die Konstitution folgender Körper und Körperklassen von labiler Atomgruppirung bereits sicher oder wenigstens annähernd sicher bestimmt werden können.

a) Nitro- und Isonitro-Körper.

„Die Isomerieverhältnisse dieser Gruppe zeigen sich im wesentlichen bei Mono- und Dinitro-Paraffinen, Nitroform und α-Nitroketonen. Dass die Salzbildung der primären und sekundären Nitrokörper, also ihre Umwandlung in Isonitrokörper unter Vermittlung eines primär entstehenden Additionsproduktes von Natron-Hydrat bezw. -Alkoholat und nachherige Abspaltung von Wasser bezw. Alkohol verlaufen dürfte:

$$\mathrm{RCH_2NO_2} \rightarrow \mathrm{RCH_2N}\begin{cases} \mathrm{O} \\ \mathrm{ONa} \\ \mathrm{OH(C_2H_5)} \end{cases} \rightarrow \mathrm{R.CH:N}\begin{cases} \mathrm{O} \\ \mathrm{ONa} \end{cases} + \mathrm{HO.H(C_2H_5)},$$

ist durch verschiedene Beobachtungen wahrscheinlich gemacht. Freilich sind diese Zwischenformen meist äusserst labil. Sie liegen vielleicht dem krystallalkoholhaltigen Isonitroäthannatrium (1) und dem krystallwasserhaltigen, von den übrigen Nitroformsalzen abweichenden Nitroformsilber (2) und wohl auch dem relativ beständigen „Dinitroäthanalkoholat" (3) zu Grunde, welches A. Hantzsch und Rinckenberger[1]) beschrieben haben.

[1]) A. Hantzsch und Rinkenberger, Ber. **32**, 628, 1899; A. Hantzsch und A. Kissel, Ber. **32**, 3137, 1892; A. Hantsch und A. Veit, Ber. **32**, 607, 1899.

$$1.\ CH_3.CHN \begin{cases} OC_2H_5 \\ ONa \\ OC_2H_5 \end{cases} \quad 2.\ CH(NO_2)_2N \begin{cases} O \\ OAg \\ OH \end{cases} \quad 3.\ CH_3CHNO_2.N \begin{cases} O \\ OH \\ OCH_5 \end{cases}$$

„Eine Stütze für diese Annahme liegt in den Erscheinungen, die bei der Salzbildung gewisser tertiärer Nitrokörper zu beobachten sind. Die Nitrokörper können sich durch Alkalien nicht in Isonitrosalze verwandeln, weil ihnen das zur Umlagerung in die Isonitrogruppe CH : NOOH erforderliche Wasserstoffatom fehlt. Dafür besteht bei ihnen die Salzbildung, wenn sie sich überhaupt realisiren lässt, in einer direkten Addition von Natronhydrat oder Natriumalkoholat an die Nitrogruppe.“

„Die indifferenten, echten Nitrokörper sind also in gewisser Hinsicht den Säureanhydriden vergleichbar, nur dass sie — ähnlich dem Kohlenoxyd und dem Stickoxydul — nicht durch Wasser oder Alkohol allein in Säuren übergehen, sondern nur durch Alkalien und selbst durch diese nur unter gewissen Bedingungen Salze dieser Säuren bilden.“

„Nicht alle Nitrokörper bilden Derivate von Nitrosäuren. Bei Mononitrokörpern tritt die Reaktion anscheinend nie ein, sie erscheint aber bei einigen Dinitrokörpern, z. B. bei den Derivaten des Dinitroäthans und beim p-Nitrobenzylnitramin $NO_2 . C_6H_4CH_2N_2O_2H$, bei dem auch die am Benzolrest direkt gebundene Nitrogruppe in der erwähnten Weise salzbildend fungiren kann. Vor allem ist aber diese Reaktion anscheinend allen symmetrischen Trinitroderivaten des Benzols eigen. Die auffallende Reaktion dieser farblosen oder gelblichen Körper, mit Natriumalkoholat und Alkalien tiefrothe Salze von der empirischen Formel $C_6X_3(NO_2)_3 \cdot NaOR$ zu bilden, ist zuerst von Lobry de Bruyn[1]) am Trinitrobenzol und an der Trinitrobenzoësäure, dann auch von Loring Jackson[2]) am Trinitranisol (Pikrinsäureäthern) studirt, sowie auch bereits von V. Meyer[3]) flüchtig untersucht worden. Doch sind bisher nur die Salze, sowie einige Nitroestersäuren, niemals aber freie Nitrosäuren dargestellt worden. Dagegen ist es mit Hilfe der Bestimmung der elektrischen Leitfähigkeit gelungen, freie Nitrosäuren wenigstens in wässeriger Lösung nachzuweisen. Die freien Nitroestersäuren sind gleich ihren Salzen tiefroth; die Salze und Ionen der Nitrosäuren ebenfalls tiefroth.“

b) Cyan und Isocyan-Verbindungen.

Gewisse salzbildende Cyanverbindungen sind den entsprechenden Nitroverbindungen so analog, dass für sie dasselbe gilt, wie für jene: die indifferenten bezw. undissociirten Repräsentanten dieser Gruppe bleiben echte Cyanide; wenn sie dagegen Ionen und Salze erzeugen, so deriviren die-

---

1) Lobry de Bruyn, Rec. trav. chim. **14**, 89, 151.

2) Loring Jackson, Chem. Ctrbl. 1898, II, 284; Americ. Journ. **20**, 444.

3) V. Meyer, Ber. **27**, 3154, 1894.

selben vom Isocyantypus; ihre Salze enthalten also das Metall am Stickstoff, nicht am Kohlenstoff.

Als Beispiel sei das Cyanoform[1]) gegeben. „Dasselbe ist nicht nur eine deutlich ausgesprochene, sondern sogar eine äusserst starke Säure und zwar anscheinend ebenso stark wie Nitroform. Seine Salze sind gleich denen des Nitroforms Neutralsalze, die nicht hydrolytisch gespalten sind. Auch bei der Aetherifikation ist zwischen Cyanoform und Nitroform völlige Analogie vorhanden. Aus Cyanoformsilber erhält man ebenso wie aus Nitroformsilber „Kohlenstoffäther", also z. B. durch Jodmethyl Tricyanäthan bezw. Trinitroäthan. Wie das echte Nitroform, $CH(NO_2)_3$, so wird auch das echte Cyanoform $CH(CN)_3$, höchstens in wasserfreien Lösungsmitteln bezw. in reinem Zustande existiren, wobei es sich zudem sehr rasch polymerisirt. Wie die Ionen und Salze des Nitroforms der Isoreihe angehören, so werden auch das ionisirte Cyanoform und die Cyanoformsalze thatsächlich vom Isocyanoform deriviren. Die Metalle werden mithin in beiden Fällen nicht am Kohlenstoff, sondern an dem negativen Elemente gebunden sein, also beim Isocyanoform am Stickstoff, was auch der Stellung der Elemente Kohlenstoff, Stickstoff, Sauerstoff im periodischen System und der von J. U. Nef höchst wahrscheinlich gemachten Formel für das Cyankalium C : N . K entspricht. Man gelangt somit zu folgender Formel für die Cyanoformsalze: $(CN)_2 : C : C : N . Me$ und zu folgender Parallele zwischen Nitroform und Cyanoform:

$$HC(NO_2)_3 . \rightarrow C \begin{matrix} \diagup (NO_2)_2 \\ \diagdown NO : O + H \end{matrix} \rightarrow C \begin{matrix} \diagup (NO_2)_2 \\ \diagdown NOOMe \end{matrix}$$

Echtes Nitroform. Isonitroform-Jonen. Isonitroformsalz.

$$HC(CN)_3 \rightarrow C \begin{matrix} \diagup (CN)_2 \\ \diagdown CN + H \end{matrix} \rightarrow C \begin{matrix} \diagup (CN)_2 \\ \diagdown CNMe \end{matrix}$$

Echtes Cyanoform. Isocyanoform-Jonen. Isocyanoformsalz."

Die wässerige Cyanoformlösung (also Isocyanoform) ist mit Natriumhydroxyd unter Verwendung von Phenolphtaleïn scharf titrirbar. Das Leitvermögen von Isocyanformnatrium ist folgendes:

v	64	128	256	1024	
μ bei 25°	81,6	83,7	85,1	87,5	
ber. μ_∞ bei 25°	92,6	91,7	91,1	90,5	im Mittel 91,4.
μ bei 0°	41,3	43,1	46,0	47,5	

Das Leitvermögen des Isocyanforms ist das nachstehend wiedergegebene, wobei β den nach der Formel $\frac{\mu_{25^0} - \mu^0}{\mu_{25^0} . 25}$ berechneten Temperaturkoëfficienten bedeutet.

---

[1]) A. Hantzsch und G. Osswald, Ber. **32**, 641, 1899.

v	32	64	128	256	512	1024	
μ bei 25°	339,6	346,5	351,1	354,7	356,9	358,3	
μ bei 0°	215,9	219,3	220,0	223,2	225,6	225,1	
β (0°—25°)	0,0146	0,0147	0,0147	0,0148	0,0147	0,0149	im Mittel (0,0147).

Isocyanoform ist also schon bei mässiger Verdünnung nahezu vollständig dissociirt.

c) Lactam und Laktim-Verbindungen.

„Von den tautomeren Gruppirungen CO.NH (Laktam) und C(OH):N (Lactim) ist die erstere stets indifferent, also der Pseudosäure zugehörig und nur die letztere direkt Salz bildend, also direkt sauer. Analog den Verhältnissen zwischen Ketothiazolinen und Oxythiazolsalzen verhalten sich auch freies Karbostyril, Isatin und A. als nicht direkt Salz bildende Pseudosäuren, deren Salze also erst durch Umlagerung erzeugt werden. Auch die Konstitution der Cyanursäure und ihre Beziehung zum Cyamelid ist hierdurch ihrer Lösung näher gerückt.“

Für das Isatin kommen also folgende zwei Formeln in Betracht

$$C_6H_4\left\langle\begin{matrix} N \\ CO \end{matrix}\right\rangle COH \qquad\qquad C_6H_4\left\langle\begin{matrix} NH \\ CO \end{matrix}\right\rangle CO,$$

Isatin — Pseudoisatin

von denen nur das Pseudoisatin als salzbildend anzusehen ist.

d) Oxyazokörper.

„Für die sog. Oxyazokörper kommen dieselben tautomeren Atomgruppirungen C.OH...N und CO...NH in Frage, wie für die vorhergehenden Stoffe, nur dass diese Gruppen nicht direkt, sondern nur indirekt vermittels des Benzolrestes und der Azogruppe zusammenhängen.“

„Die zahlreichen Versuche zur Aufklärung der Konstitution der Oxyazokörper haben, soweit sie rein chemischer Natur waren, eine Entscheidung dieser Frage nicht bringen können, sondern nur in immer neuen Formen die Tautomerie derselben gemäss den beiden folgenden bekannten Formeln dargethan:

1. $C_6H_5N:N.C_6H_4OH$ Echtes Oxyazobenzol.
2. $C_6H_5NHN:C_6H_4:O$ Chinon-Phenylhydrazon.

„Zuerst hatte Zincke[1]) gegenüber der älteren echten Azoformel durch seine wichtige Synthese des sog. Benzolazo-α-Naphtols aus α-Naphtochinon und Phenylhydrazin die Hydrazinformel befürwortet. Später hat H. Goldschmidt[2]) diesen chinoiden Typus für die sog. o-Oxyazokörper wahr-

1) Th. Zincke, Ber. **17**, 3026, 1884.
2) H. Goldschmidt, Ber. **23**, 482, 1890; **24**, 2300, 1891.

scheinlich gemacht, während er für die p-Oxyazokörper die Azoformel beibehalten hat, die auch durch Mac Pherson[1]) und Auwers[2]) gestützt zu sein schien."

R. C. Farmer und A. Hantzsch[3]) glauben diese Frage endgiltig folgendermassen entschieden zu haben:

„Alle sog. Oxyazokörper der o- und der p-Reihe sind in freiem Zustande thatsächlich Chinonhydrazone, entsprechen also den beiden einfachsten Typen $O:(4)C_6H_4(1)NNHC_6H_5$ und $O:(2)C_6H_4(1):NNHC_6H_5$."

„Sie sind aber Pseudosäuren, d. h. die aus ihnen ableitbaren Salze sind echte Oxyazobenzolsalze von der Formel

$$NaO.C_6H_4.NN.C_6H_5.$$

Dies ergiebt sich aus den folgenden allgemeinen Versuchsresultaten:

Das sog. freie Oxyazobenzol ist indifferent gegen Indikatoren und ist ein Nichtelektrolyt; es bildet auch bei Ausschluss ionisirend wirkender Lösungsmittel kein Ammoniumsalz. Das Natriumsalz entspricht in jeder Weise einem negativ substituirten Phenolsalz; es ist zwar von alkalischer Reaktion und etwas hydrolisirt, aber doch ausserordentlich viel weniger als Natriumphenolat. Seine Hydrolyse ist nur etwa so stark wie die des Trichlorphenol- oder Nitrophenolnatriums.

Wasserstoff und Natriumverbindung sind also konstitutiv verschieden. Die Umwandlung ginge dann in folgender Weise vor sich:

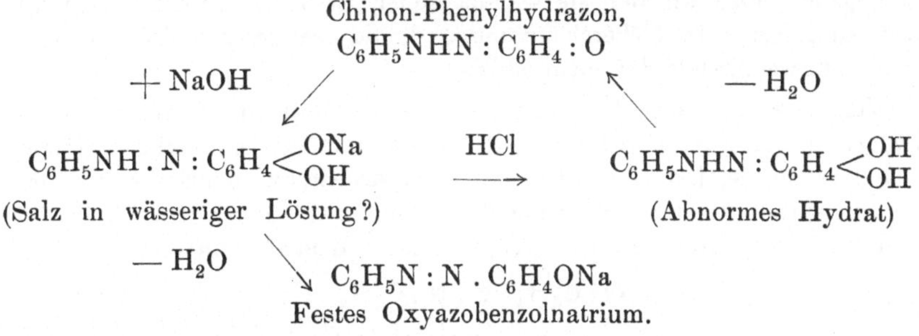

„Eine wichtige Stütze für die Richtigkeit dieser Formulirung liegt darin, dass derartige, als „abnorme Hydrate" bezeichnete Zwischenprodukte nach Hewitt und Pope[4]) wirklich existiren und aus manchen Oxyazobenzolsalzen beim Ansäuern niederfallen, sich aber nicht aus den festen sog. Oxyazokörpern durch Berührung mit Wasser bilden, was bei der An-

---

1) Mac Pherson, Ber. **28**, 2414, 1895.

2) K. Auwers, Zeitschr. phys. Ch. **21**, 355, 1896.

3) R. C. Farmer und A. Hantzsch, Ber. 32, 3089, 1899.

4) Hewitt und Pope, Ber. **28**, 799, 1895.

nahme blossen Krystallwassers anzunehmen wäre. Als abnorm sind diese Hydrate auch deshalb zu bezeichnen, weil das echte Benzolazophenol, $HOC_6H_4N : NC_6H_5$, weder als Phenol- noch als Azokörper ein Hydrat bilden sollte; denn weder echte Phenole noch echte Azokörper hydratisiren sich unter ähnlichen Bedingungen. Dass diese Hydrate nicht sog. molekulare Additionsprodukte sein können, folgt auch daraus, dass einige sogar in indifferenten Lösungsmitteln, wie Benzol, zufolge der von Farmer und Hantzsch ausgeführten kryoskopischen Bestimmungen als einheitliche, ungespaltene Moleküle existiren."

Durch den Nachweis, dass die freien sog. Oxyazokörper Pseudosäuren mit indirekter Salzbildung sind, erklären sich auch einige andere, ohnedem unverständliche Erscheinungen; vor allem die geringere Neigung der o-Oxyazokörper, Alkalisalze zu bilden. Diese sind eben stabilere Pseudosäuren als p-Chinonhydrazone, deshalb werden letztere leichter durch Alkalien isomerisirt und bilden beständigere Alkalisalze als die o-Verbindungen.

Auch die Konstitution der Chlorhydrate der sog. Oxyazokörper wird aus ähnlichen Gründen so gut wie sicher nicht dem Oxyazotypus (Formel 1), sondern dem Chinon-Hydrazontypus (Formel 2) entsprechen:

$$1.\ HOC_6H_4N : \underset{\overset{\wedge}{HCl}}{N} . C_6H_5 \qquad 2.\ OC_6H_4 : \underset{\overset{\wedge}{HCl}}{N} . NH . C_6H_5.$$

Für letztere Formel spricht, dass alsdann die Salzsäure an der wasserstoffreichsten, also an der stärkst basischen Stelle im Molekül sich anlagert, und ferner in Uebereinstimmung damit, die grössere Beständigkeit dieser Chlorwasserstoffadditionsprodukte.

Versuche, das sog. Oxyazobenzol als Chinonphenylhydrazon durch Einwirkung von Phenylhydrazin auf Chinon darzustellen, verliefen immer auf andere Weise, indem das Chinon zu Hydrochinon reducirt wurde und Oxydationsprodukte der Hydrazine (Tetrazone etc.) entstanden. Auch die Herstellung von Alkylverbindungen folgender Konstitution

$$O : C_6H_4 : N . \underset{\underset{Alkyl}{|}}{N} . C_6H_5$$

gelang nicht.

e) Primäre Nitrosamine und echte Diazohydrate.

Die Konstitution[1]) gewisser Verbindungen von der Form RN_2OH, in welcher die Gruppe N_2OH bisher meist als tautomer angesehen wurde, weil sie theils als Diazohydrat N : NOH (sterisch als Antidiazohydrat), theils als primäres Nitrosamin NH . NO reagiren, lässt sich mit Hilfe

[1]) A. Hantzsch, Ber. **32**, 575, 1899; A. Hantzsch, M. Schümann und A. Engler, Ber. **32**, 1703, 1899.

der Bestimmung der Leitfähigkeiten bezw. der Verseifungsgeschwindigkeit scharf und eindeutig bestimmen.

„Alle Salze der Formel RN_2OMe besitzen gleichmässiges Verhalten gemäss ihrer Auffassung als Antidiazotate $R.N:NOMe$; allein die freien Wasserstoffverbindungen lassen sich in zwei physiko-chemisch und auch rein chemisch so scharf gesonderte Abtheilungen gliedern, dass man diese Verschiedenheit nur durch die Annahme erklären kann, es seien die Körper der ersten Abtheilung wirkliche primäre Nitrosamine, R_2NHNO, wobei es ein sonderbarer Zufall gewollt hat, dass gerade die bisher meist als Nitrosamine angesehenen Verbindungen thatsächlich Diazohydrate und die für Diazohydrate angesehenen Verbindungen thatsächlich Nitrosamine sind. Man muss also annehmen, dass die Gruppe N_2OH in Verbindungen RN_2OH je nach der Natur des mit ihr verbundenen Atomkomplexes R entweder nur als Diazohydrat oder nur als Nitrosamin beständig ist, dass also im letzteren Falle beim Uebergang des Salzes (Diazotates) in die Wasserstoffverbindung eine intramolekulare Umlagerung stattfindet."

„Zu den betreffenden Verbindungen der Reihe RN_2OH gehören aus der Fettreihe die durch Thiele entdeckten und als Nitrosokörper bezeichneten Stoffe, nämlich Nitrosourethan, $COOC_2H_5N.NOH$, Nitrosoharnstoff, $CO\langle{}^{NHNO}_{NH_2}$, sowie Nitrosoguanidin, aus der Benzolreihe die vielbehandelten Isodiazohydrate, dann von heterocyklischen Verbindungen namentlich die von Hantzsch entdeckten Diazothiazolhydrate oder Nitroso-Imidothiazoline,

$$\overset{S}{\underset{N}{\bigcirc}}.N:NOH,$$

das Diazouracil Behrend's, die von Bamberger entdeckten Diazohydrate aus Amido-Imidazolen und einige andere weniger wichtige Stoffe."

„Es hat sich nun Folgendes ergeben: Alle Alkalisalze von der Formel RN_2OMe, in welchem $R = COOC_2H_5$ oder ein Benzolrest ist, verhalten sich insofern gleichartig, als sie neutral reagiren und in wässeriger Lösung nicht oder nicht merklich hydrolytisch gespalten sind. Die ihnen zu Grunde liegenden Wasserstoffverbindungen von analoger, nicht veränderter Konstitution sollen also durchweg ausgesprochene Säuren sein; sie müssten sauer reagiren, Elektrolyte mit bestimmbarer Affinitätskonstante sein und mit trockenem Ammoniak direkt Salze bilden. Diese Eigenschaften finden sich nun in der That bei einigen freien Hydraten RN_2OH, vor allem aber beim sog. Nitrosourethan, und da dasselbe auch gegenüber Säurechloriden Hydroxylreaktionen zeigt, und in die bisher noch unbekannten fetten Diazoäther, z. B. $COOC_2H_5N:N.OCH_3$, überführbar ist, so sind derartige Wasserstoffverbindungen unzweifelhaft echte Diazohydrate $R_1N:NOH$, also von demselben Typus wie alle Salze $R.N:NOMe$."

„Andere Verbindungen RN_2OH, vor allem die Repräsentanten der Benzolreihe, sind dagegen hinsichtlich der soeben erwähnten Punkte völlig indifferent; sie reagiren nicht sauer auf Indikatoren, sie leiten den Strom nicht, sie geben nicht direkt additiv mit trockenem Ammoniak Ammoniumsalze, sie reagiren nicht direkt mit Säurechloriden; da sie also keine Hydroxylreaktionen zeigen, so können sie nur die den Diazohydraten isomeren primären Nitrosamine RNHNO sein. Aus der Kombination dieser Thatsachen folgt also, dass zwei Klassen der Verbindungen RN_2OH zu unterscheiden sind:

1. Echte Diazohydrate (sterisch Antidiazohydrate $\begin{matrix} R_1N \\ \ddot{N}OH \end{matrix}$). Elektrolyte von saurer Reaktion und bestimmbarer Affinitätskonstante; direkt salzbildend mit trockenem Ammoniak und direkt reagirend mit Phosphorchloriden und Acetylchlorid, also den Isonitrokörpern vergleichbar. Hierher gehört mit Sicherheit das sog. Nitrosourethan, das also thatsächlich Diazourethanhydrat ist, sowie die untersalpetrige Säure.

2. Primäre Nitrosamine (Pseudodiazohydrate, $R_2NH.NO$). Nichtleiter ohne Indikatorreaktion und ohne bestimmbare Affinitätskonstante, also Pseudosäuren; nicht direkt (sondern erst nach Umlagerung in die saure Diazoform) salzbildend mit trockenem Ammoniak. Bei gewöhnlicher Temperatur nicht reagirend mit Phosphorchloriden und Acetylchlorid, also den echten Nitrokörpern vergleichbar. Hierher gehören sicher die meisten der Benzolreihe zugehörigen Verbindungen, also die sog. Isodiazohydrate, die freilich danach gerade diese Namen nicht mehr tragen dürfen, da sie vielmehr Phenylnitrosamine sind; ferner wahrscheinlich auch die entsprechenden heterocyklischen Verbindungen, z. B. der Thiazol- und Harnsäure-Gruppe, die also wahrscheinlich Nitroso-Imidothiazoline, Nitroso-Amidouracil u. s. w. sind."

„Dass alle Alkalisalze RN_2OMe Diazotate $RN:NOMe$ sind, also nicht nur die von echten Diazolhydraten, sondern gerade auch die von primären Nitrosaminen ableitbaren Salze, ergiebt sich mit Nothwendigkeit aus folgender Ueberlegung."

„Die freien Nitrosamine stehen als Säuren weit hinter den Phenolen zurück. So sollten die echten Nitrosaminsalze, z. B. RNNa.NO überaus stark alkalisch reagiren und noch weit stärker hydrolytisch gespalten sein als z. B. Phenolnatrium. Da nun aber die wirklich existirenden Salze RN_2OMe Neutralsalze sind, müssen sie sich schon deshalb von einer anderen, stärkeren, echten Säure, d. i. von den im freien Zustande nicht existirenden Antidiazobenzolhydraten Arr.N:NOH ableiten, also Antidiazotate ArrN:NOMe sein. Diese stärkere Säureform bleibt im freien

Zustande nur beim Diazourethan erhalten, während alle anderen Nitrosamine bilden, also in die Pseudoform übergehen."

Hierbei dürfte noch eine kurze Zusammenstellung der Eigenschaften der Syn- und Antidiazohydrate von Nutzen sein, die es ermöglicht, das komplicirte Gebiet besser zu überschauen und Verwechslungen zu vermeiden[1]).

Syndiazohydrat. (Hantzsch).	Antidiazohydrat. (Hantzch).
1. Im freien Zustand als Syndiazohydrat theilweise beständig, theilweise in Diazoniumhydrat übergehend.	1. Im freien Zustand Nitrosamin (gilt für Br, Nitro- und wahrscheinlich Sulfoverbindung), reines Antidiazobenzolhydrat zersetzt sich sehr rasch, giebt salpetrige Säure bei der Zersetzung.
2. Natronsalz bis v_8 noch gar nicht hydrolytisch gespalten, mit zunehmender Verdünnung abnorm steigend, wahrscheinlich unter Umbildung des hydrolytisch gespaltenen Antheils in die starke Base Diazoniumhydrat RNOH. N̈	2. Hydrolyse des Natronsalzes nur wenig oder gar nicht vorhanden.
3. Kuppelt.	3. Kuppelt sehr langsam.
4. Reagirt im freien Zustand nur mit Acetylchlorid in Form des Diazoniumhydrats.	4. Reagirt im freien Zustand nicht mit Phosphorchlorid, Acetylchlorid etc.
5. Na-Salz reagirt mit Benzoylchlorid unter Bildung von Nitrosobenzanilid, das durch Verseifung in normales Diazotat übergeht.	5. Na-Salz reagirt mit Benzoylchlorid unter Bildung von Nitrosobenzanilid.
6. Na-Salz wird zu Phenylhydrazin reducirt.	6. Na-Salz wird zu Phenylhydrazin reducirt.
7. Wird in alkalischer Lösung zu (Br) Diazobenzolsäure, $C_6H_5NHNO_2$, oxydirt.	7. Wird in alkalischer Lösung zu (Br) Diazobenzolsäure, $C_6H_5NHNO_2$, oxydirt.

Auch hier möchte ich nicht unerwähnt lassen, dass ich aus den in meinen Stereochem. Forschungen Bd. I, Heft 2, angeführten Gründen vorziehe, die Synform als Antiform und umgekehrt zu bezeichnen.

---

1) Vgl. hierzu auch A. Hantzsch, Ber. 32, 1717, 1899.

f) Nitrolsäuren und ihre Erythrosalze.

Diese Körper enthalten die Gruppe $C:(NOH)NO_2$ [1]). Sie sind von V. Meyer[2]) entdeckt worden und sind nach den von ihm ermittelten Konstitutionsbeweisen anzusehen als Nitroxime oder als Isonitrosokörper,

$$R.C \begin{matrix} NOH \\ \vdots \\ NO_2 \end{matrix}$$

. Ihre auffallendste Eigenschaft beruht in ihrer Fähigkeit, sich in Alkalien mit intensiv rother Farbe zu lösen. Aus diesen rothen Alkalilösungen konnten zwar die ursprünglichen farblosen Nitrolsäuren durch Ansäuern leicht regenerirt werden, die festen rothen Salze sind erst von Hantzsch und Graul isolirt worden. Nach Werner[3]) gehen sie durch Behandlung mit Säurechloriden in Benzoyl- bezw. Benzoylsulfon-Ester über, welche gleich der ursprünglichen Säure, also im Gegensatz zu ihren rothen Alkalilösungen farblos sind.

Die rothen Salze entsprechen der Formel $C_2H_3N_2O_3Me$, sind also nicht etwa durch Hydratisirung aus der farblosen Nitrolsäure $C_2H_4N_2O_3$ abzuleiten. Sie krystallisiren gut, sind aber sehr explosiv und unbeständig; durch verdünnte Säuren regeneriren sie augenblicklich die farblose Nitrolsäure. Diese rothen Salze verwandeln sich schon in festem Zustande beim Erwärmen, besonders leicht aber beim Stehen im direkten Sonnenlicht in eine zweite Reihe von

Farblosen oder leukonitrolsauren Salzen, ebenfalls von der Formel $C_2H_3N_2O_3Me$. Der Uebergang der rothen Salze in die weissen vollzieht sich auch in Lösung, und die von V. Meyer beobachtete Entfärbung der rothen Alkalilösungen ist weniger auf deren freilich nicht ganz zu vermeidende totale Zersetzung zurückzuführen, als auf deren Isomerisation zu den weissen Salzen. Aus diesen können weder die primären rothen Salze, noch die ursprüngliche Nitrolsäure regenerirt werden. Auch die ihnen zu Grunde liegende äusserst zersetzliche Säure war nicht zu isoliren.

Beide Salzreihen zeigen in wässeriger Lösung eine kaum merkbare Hydrolyse und besitzen das gleiche Molekulargewicht, oder, richtiger gesagt, ein gleich grosses Anion $(C_2H_3N_2O_3)$; die beiden Salzreihen sind demnach wirklich isomer, nicht polymer.

Ausserdem existirt noch eine andere Reihe von farblosen Salzen, die aber in die rothen sehr leicht übergehen. Dann bildet die Aethylnitrolsäure noch gelb gefärbte, saure Salze von der Formel $C_2H_3N_2O_3Me + C_2H_4N_2O_3$.

Welcher Art diese hier auftretende Isomerie ist, ist noch nicht entschieden, doch nehmen Hantzsch und Graul folgende Formeln an:

---

1) A. Hantzsch und O. Graul, Ber. 31, 2854, 1898.

2) V. Meyer, Liebig's Ann. **175**, 88, **180**, 170.

3) A. Werner, Ber. **28**, 1280, 1895.

Echte Nitrolsäurederivate, Nitro-Isonitrosokörper,		Erythronitrolsaure Salze,	Leukonitrolsaure Salze, Isonitro-Nitrosokörper,
$CH_3C\begin{smallmatrix} /N(OH)(R') \\ \backslash NO_2 \end{smallmatrix}$	KOH → HCl ←	$CH_3C\begin{smallmatrix} /N(OK) \backslash \\ \backslash NO\ / \end{smallmatrix}O$ →	$CH_3C\begin{smallmatrix} /\!/NO_2K \\ \backslash NO \end{smallmatrix}$
farblos, säurestabil.		farbig, labil.	farblos, alkalistabil.

Für die rothen Salze sind die verschiedensten Strukturformeln möglich. Mit Hilfe der Bestimmung der Leitfähigkeit wird festgestellt, dass, obgleich das Erythrosalz kaum Hydrolyse zeigt und dann erst bei Verdünnungen, die grösser als v = 128 sind, doch die Nitrolsäure selbst nur eine sehr schwache Säure ist, etwa wie Acetonphenonoxim oder Phenol.

g) α Oximidoketone[1]).

„Es sind dies Verbindungen mit der Gruppe C(: NOH).CO. Sie scheinen ebenfalls zu den Pseudosäuren zu gehören, also konstitutiv verschiedene Salze zu bilden. Besonders deutlich ist die Analogie der ringförmigen α-Oximidoketone mit den Nitrolsäuren; in beiden Fällen sind die ursprünglichen Wasserstoffverbindungen farblos, ihre durch Atomverschiebung erzeugten Ionen und Salze intensiv roth bis rothviolett. Hierher gehören verschiedene Oximido-Oxazolone und Oximido-Imidazolone, vor allem aber als bekanntester Repräsentant die Violursäure[2])

R . C . C . (: NOH)CO	R . C . C (: NOH) . CO	CO . C (: NOH) . CO
N ——— O	N ——— NH	NH ——— CO — NH
Oximido-Oxazolone.	Oximido-Imidazolone.	Violursäure.

„Aber auch für die einfachsten offenen α-Oximidoketone, z. B. für das Isonitrosoaceton, $CH_3COCH : N . OH$, gilt ganz dasselbe, nur dass die farblose, nicht saure Muttersubstanz hier gelbe Ionen und gelbe Salze bildet."

„Der allen diesen Körpern gemeinsame, an sich kaum dissociationsfähige Atomkomplex . CO . C (: N . OH), zeigt also Ionisationisomerie unter Bildung farbiger Ionen von anderer Konstitution; höchst wahrscheinlich ganz analog wie bei den Nitrolsäuren im Sinne der Formeln:

$$\begin{matrix} .\,C:O \\ | \\ .\,C:N.\,OH \end{matrix} \rightarrow \begin{matrix} \quad /OMe \\ .\,C - O \\ |\quad\ | \\ .\,C = N \end{matrix} \quad \text{oder} \begin{matrix} .\,C - OMe \\ \| \\ .\,C - NO \end{matrix}$$

Farbloses Oximidoketon. Farbige Salze.

1) Vgl. A. Hantzsch l. c., R. C. Farmer u. A. Hantzsch, Ber. **32**, 3101, 1899.

2) Guinchard, Ber. **32**, 1723, 1899.

„Bemerkenswerth ist, das sich die Zwischenform, das „abnorme Hydrat", mit der Gruppe: $\begin{array}{l} C(OH)_2 \\ \dot{C}:NOH \end{array}$ bisweilen z. B. beim Phenyloximidooxazolon, hat isoliren lassen; ferner, dass gerade in dieser Gruppe ausgezeichnete Beispiele von abnorm mit der Temperatur veränderlichen Affinitätskonstanten vorliegen."

„Am durchsichtigsten liegen die Verhältnisse beim Isonitrosoaceton; sie entsprechen völlig denen der Nitrolsäuren. Das Isonitrosoaceton ist wie die Aethylnitrolsäure von minimalem Leitvermögen; es röthet nicht einmal Lackmus, es ist also auch in wässeriger Lösung ausschliesslich als echtes, kaum dissociirtes Oxim vorhanden. Die Ionisation und damit die Atomverschiebung erfolgt erst unter dem Einflusse des Alkalis. Das Natriumsalz aus Isonitrosoaceton ist nur sehr wenig hydrolysirt; dasselbe kann nicht das konstitutiv unveränderte, echte Oximsalz, $CH_3COCH:NONa$, sein. Auch unterscheidet es sich durch seine gelbe Farbe ebenso von der farblosen scheinbaren Muttersubstanz wie die rothen Nitrolate und die violetten Violurate von den zugehörigen farblosen Wasserstoffverbindungen, den Nitrolsäuren und der Pseudo-Violursäure. Auch offene α-Oximidoketone müssen sich also bei der Salzbildung als Pseudosäuren intramolekular verändern."

h) Chinonoxime und Nitrosophenole[1]).

„Die freien Chinonoxime erscheinen als nicht direkt salzbildende Pseudosäuren, ihre Ionen und Salze entstehen durch Umlagerung; die Salze sind im festen Zustand vielleicht Nitrosophenolsalze,

$$C_6H_4\begin{cases} O \\ N.OH \end{cases} \rightarrow C_6H_4\begin{cases} OMe \\ NO \end{cases}$$

„Die Verhältnisse liegen bei ihnen im allgemeinen komplicirter sowohl in der p- wie in der o-Reihe; sie entsprechen beide als Pseudosäuren der Violursäure; die festen, undissociirten Verbindungen werden in allen Fällen echte Oxime sein; dass sie aber schon in wässeriger Lösung im Gegensatz zum Isonitrosoaceton und der Aethylnitrolsäure wohl ausgesprochene Säuren darstellen, — die Lösung aus Chinonoxim ist etwa so stark wie die der Nitrophenole — und da ihre Salze gar nicht mehr merklich hydrolysirt sind, so können die Salze und Ionen aus Chinonoximen nicht echte Salze und Ionen des Chinonoxims darstellen. Denn alle echten Oxime sind, so lange sie konstitutiv unverändert sind, selbst bei Nachbarschaft stark negativer Gruppen äusserst schwache Säuren; so steht die Aethylnitrolsäure, $CH_3CNO_2:NOH$ an Stärke noch weit hinter dem Phenol. So ist auch das dem Chinonmonoxim, $O:C_6H_4:N.OH$,

[1]) R. C. Farmer und A. Hantzsch, Ber. **32**, 3102, 1899.

nächststehende Chinondioxim $HON:C_6H_4:NOH$, wie übrigens auch das Chinon selbst ein äusserst schlechter Elektrolyt, dessen Salze vom unzweifelhaften Oximtypus deshalb auch äusserst stark hydrolysirt sind."

„Die Salze und Ionen aus Chinonoxim leiten sich also von einer konstitutiv veränderten und dadurch stärker gewordenen Säure ab. Die freien, undissociirten, farblosen echten Oxime werden durch Alkalien total, aber im Gegensatz zum Isonitrosoaceton auch schon durch Wasser partiell, d. i. entsprechend dem jeweiligen Dissociationsgrade isomerisirt, so dass in wässeriger Lösung der dissociirte, farbige Antheil und der undissociirte farblose Antheil konstitutiv verschieden sind. Ja, da Chinonoxim schon in organischen Lösungsmitteln grünliche Flüssigkeiten erzeugt, dürfte schon in diesem Zustande eine minimale Umwandlung eingetreten sein."

„Für die Struktur dieser Salze aus Verbindungen von der Form $COC:NOH$ kommen drei Formeln in Betracht; am einfachsten erscheint ihre Auffassung als Salze von Nitrosophenolen bezw. von Nitrosoalkoholen (1) doch sind auch die Formeln (2) und (3) möglich.

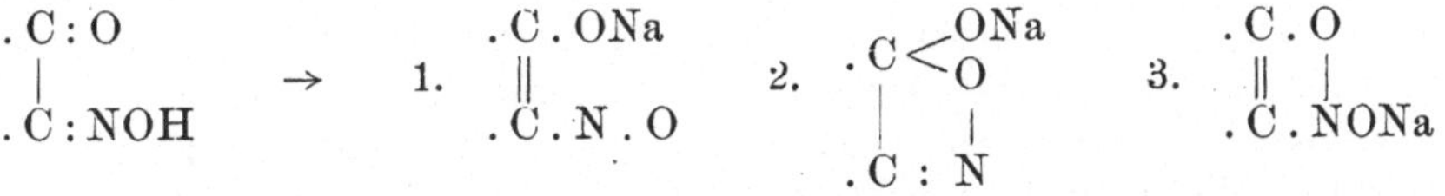

```
.C:O              .C.ONa           ONa        .C.O
 |      →    1.    ||       2.  .C<O     3.    ||  |
.C:NOH            .C.N.O          |   |       .C.NONa
                                 .C : N
```

„Bemerkenswerth ist auch, dass die Kalium- und Natriumsalze aus manchen Chinonoximen je nach ihrem Wassergehalte verschiedenfarbig, roth oder grün, sind; ferner, dass ihre wässerigen Lösungen in konc. Zustande tiefroth, in verdünntem aber gelbgrün sind, und alsdann genau dieselbe Farbe und dieselben Absorptionsspektren besitzen, wie die Lösung der partiell ionisirten Wasserstoffverbindung von gleicher Ionenkoncentration."

i) Ketol-Enol-Isomerie.

Nach dem Vorhergehenden ist die Enolform, $C(OH):CH$, stets die allein direkt salzbildende echte Säure, die Aldo- oder Ketoform $CO.CH_2$, stets die an sich indifferente Pseudosäure, was sich zwar mit allen Beobachtungen Claisen's, nicht aber ohne weiteres mit denen von W. Wislicenus[1]) an den isomeren Phenylformylessigestern deckt.

Die beiden Formeln für diesen Körper würden sein:

$$CHO.CHC_6H_5COOC_2H_5 \text{ (Aldoform)}$$
$$CH(OH):C(C_6H_5)COOC_2H_5 \text{ (Enolform).}$$

Nach der Annahme von Hantzsch sollte nur eine dieser Formen saure Eigenschaften zeigen und salzbildend wirken entsprechend den bei anderen Verbindungen dieser Körperklasse gemachten Beobachtungen. Nun

1) W. Wislicenus, Ber. **28**, 767, 1895; **29**, 742, 1896; Liebig's Ann. **291**, 147, 1896.

hat aber W. Wislicenus von den beiden isomeren Verbindungen Natriumsalze und Kupfersalze dargestellt, wenn schon das Natriumsalz der einen Form nicht isolirt worden ist. Ob hier die Annahme von Hantzsch infolge besonders gearteter Konstellation eine Ausnahme erfährt, müssen weitere Versuche entscheiden.

12. Pseudoammoniumbasen.

„Wie es Pseudosäuren giebt, so existiren auch Pseudobasen, wobei unter Basen natürlich nicht Ammoniak und Amine, sondern Ammoniumhydrate verstanden sind. Es bestehen also Verbindungen, die den eigentlichen Ammonium-Hydroxylbasen isomer sind, sich aber im Gegensatz zu diesen stark alkalischen Elektrolyten als indifferente Nichtelektrolyte erweisen, die also an sich durch Einwirkung von Säuren, wie es die Pseudosäuren umgekehrt durch Einwirkung von Basen thun, intramolekular verändert werden und Salze von einer anderen Konstitution erzeugen. Diese Pseudobasen besitzen also nicht ein ionisirbares Ammoniumhydroxyl, sondern ein nicht ionisirbares, meist alkoholisches Hydroxyl. Sie sind ungemein verbreitet, aber bisher meist für echte Ammoniumhydrate gehalten worden; wenn ihre Eigenschaften mit dieser Auffassung in auffallendem Widerspruch standen, so wurde dies dadurch verschleiert, dass man sie als „abnorme“ oder gar als „unechte“ Ammoniumhydrate bezeichnete.“

„Ein Beispiel hierfür ist das Verhalten des Phenylmethylakridiniums: Seine Salze, z. B. das Chlorid (Formel 1) sind längst bekannt, ebenso auch das anscheinend zugehörige Hydrat, dem bisher die analoge Konstitution, also die eines echten Ammoniumhydrats (Formel 2) zugeschrieben wurde, obgleich es indifferent, in Wasser unlöslich, wohl aber in indifferenten Lösungsmitteln löslich ist.

```
          C6H5                        C6H5
           |                           |
          ,C,                         ,C,
    C6H4<  |  >C6H4             C6H4<  |  >C6H4
         `N´                          `N´
         / \                          / \
      CH3   Cl                     CH3   OH
      Formel 1.                    Formel 2.
```

„Allein wie sich mit der grössten Schärfe nachweisen lässt, entsteht aus den echten Akridiniumsalzen (1) primär in wässeriger Lösung eine äusserst starke völlig dissociirte Base vom Dissociationsgrade der Kalis. Diese Lösung muss also das wirkliche, völlig ionisirte Phenylmethylakridiniumhydrat enthalten. Ihr Leitvermögen geht jedoch, ganz ähnlich wie bei den meisten Isonitrokörpern, unter Trübung zurück und sinkt schliesslich auf Null, während sich alsdann dieselbe indifferente Substanz gebildet hat, die bisher für das echte Ammoniumhydrat gehalten wurde. Letzteres ist also die aus der echten Base unter dem Einflusse ihrer eigenen Hydroxylionen autokatalytisch erzeugte, isomere Pseudobase. Ihre Konstitution ist eindeutig: das vom Ammoniumstickstoff abdissociirte Hydroxyl setzt sich an dem gegenüberliegenden Kohlenstoffatom fest, indem aus dem Akridinderivat ein Hydroakridinderivat wird; die Pseudobase ist ein Karbinol, und zwar das dem ionisirten Phenylmethylakridiniumhydrat (3) isomere Phenylmethylakridol (4)

$$\begin{array}{ccc} & C_6H_5 & \\ & | & \\ & C & \\ C_6H_4 \langle & | & \rangle C_6H_4 \\ & N & \\ & \diagup \diagdown & \\ & CH_3 \quad OH & \end{array} \quad \rightarrow \quad \begin{array}{ccc} & C_6H_5 & \\ & | \diagup OH & \\ & C & \\ C_6H_4 \langle & & \rangle C_6H_4 \\ & N & \\ & | & \\ & CH_3 & \end{array}$$

Formel 3. Formel 4.

„Wie man sieht, liegt auch hier ein Beispiel von Ionisationsisomerie vor: die dissociirte Verbindung hat eine andere Konstitution als die nicht dissociirte. Aber auch die für die Pseudosäuren entwickelten Sätze 1 und 2 bestätigen sich in diesem Falle. Eine „langsame" Neutralisation findet in der allmälig neutral werdenden, alkalischen Lösung statt; „abnorm" ist die Neutralisation insofern, als ein neutrales, nicht hydrolytisch gespaltenes, quaternäres Ammoniumsalz durch Natron als stabilen, in anderen Fällen äusserst rasch erreichten Endzustand ein wiederum neutrales System erzeugt."

A. Hantzsch und M. Kalb[1]) geben folgende Eintheilung der Ammoniumhydrate je nach dem Grade ihrer Beständigkeit und nach der Art ihres Zerfalls.

1. Stabile Ammoniumhydrate, auch im undissociirten, festen Zustand beständig, also nicht freiwillig zerfallend; in Lösung völlige Analoga des Kaliumhydrates: Tetraalkylammoniumhydrate.

2. Labile Ammoniumhydrate mit Tendenz zum Uebergang in Anhydride vom Ammoniumtypus. Ammoniumhydrate mit ein bis vier Wasserstoffatomen. Tri-, Di-, Mono-Alkylammoniumhydrate, einschliesslich des Ammoniumhydrats selbst. Bekanntlich schwache Basen; aber weniger deshalb schwach, weil sie geringe Ionisationstendenz haben (also in undissociirtem Zustande) existiren, sondern vielmehr deshalb, weil sie sich selbst in wässeriger Lösung anhydrisiren, so dass sie auch in wässeriger Lösung nur untergeordnet als undissociirte Hydrate, z. B. als NH_4OH oder $(CH_3)_3HNOH$, sondern ganz vorwiegend als Anhydride H_3N, $(CH_3)_3N$ u. s. w. existiren[2]).

---

1) A. Hantzsch und M. Kalb, Ber. **32**, 3109, 1899.

2) Vgl. A. Hantzsch und Sebaldt, Zeitschr. phys. Ch. **30**, 258, 1899.

3. Labile Ammoniumhydrate mit der Tendenz zur Bildung von Pseudoammoniumhydraten. Nur in völlig dissociirtem Zustande als labile Phase aus den echten Ammoniumsalzen primär entstehend, aber selbst in wässeriger Lösung mehr oder minder rasch in die in fester Form stabilen isomeren Pseudobasen übergehend. Pseudoammoniumhydrate sind die meisten (wenn nicht alle) festen Basen, die aus den Jodalkylaten pyridinähnlicher Basen, namentlich der Chinolin- und Akridinreihe, aber auch die, welche aus vielen Farbstoffsalzen von chinoider Natur entstehen. Diese Umwandlung der echten, primär gebildeten Ammoniumhydrate in die Pseudoammoniumhydrate lässt sich allgemein etwa folgendermassen darstellen:

$$\overset{IV}{R} : \overset{V}{N}OH \quad \rightarrow \quad HO\overset{IV}{R} : N,$$

und erfolgt also dadurch, dass sich das ursprünglich am Ammoniumstickstoff befindliche abdissociirte, basische Hydroxyl an einem Kohlenstoffatom des mehrwerthigen Radikals festsetzt. Man kann sagen, dass sich hierbei ein zusammengesetztes organisches Alkali in ein indifferentes organisches Hydrat verwandelt, oder mit anderen Worten: die Pseudoammoniumbasen sind (meistens) Karbinole.

Der direkte Beweis für diese Entwicklungen liegt in folgendem:

„In einigen, wenn auch seltenen Fällen, lässt sich die Existenz der echten Ammoniumbase, welche der festen Pseudobase isomer ist, mit aller Schärfe als primäre, direkt aus den Ammoniumsalzen gebildete Form nachweisen; allerdings nur in wässeriger Lösung, aber in derselben quantitativ und von allen wesentlichen Eigenschaften des Kalihydrats. Dieses äusserst starke, zusammengesetzte Alkalihydrat isomerisirt sich als labile Form mehr oder minder schnell zu der stabilen, indifferenten Pseudobase."

Ausser der Bestimmung der Leitfähigkeit können auch die abnormen Neutralisationsphänomene, sowie rein chemische Reaktionen zur Diagnose von Pseudobasen dienen. Die Bezeichnung „abnorme Neutralisationsphänomene" rechtfertigt sich am deutlichsten dadurch, dass man die Bildung von Pseudobasen, wie die von Pseudosäuren, einfach durch Titration nachweisen kann; versetzt man z. B. ein Neutralsalz, dessen echte Ammoniumbase sich äusserst rasch in die Pseudoammoniumbase isomerisirt, mit Natron, so bleibt die ursprünglich neutrale, wässerige Lösung trotz Zufügen des Alkalis so lange neutral, bis alles Ammoniumsalz zersetzt, d. i. in Alkalichlorid und indifferente Pseudobase verwandelt ist. Es wird also das Alkali, die stärkste Base, nicht durch eine saure Flüssigkeit, sondern wenigstens scheinbar, durch ein Neutralsalz neutralisirt. Oder umgekehrt: wenn die stärksten Säuren nicht durch basische, sondern durch indifferente Stoffe unter Bildung von Neutralsalzen neutralisirt werden, so sind die betreffenden indifferenten Stoffe keine echten Basen, sondern Pseudobasen.

„Dem Verhalten der Hydrate entspricht das Verhalten der Cyanide. Aus solchen Ammoniumsalzen, welche durch Alkalien in Pseudoammoniumbasen übergehen, bilden sich durch Alkalicyanide häufig zuerst die ionisirten, echten Ammoniumcyanide R : N . CN, die dem K . CN ganz analog sind; aber wie sich das echte Ammoniumhydrat zum nicht dissociirten Pseudoammoniumhydrat isomerisirt, so geht auch das echte Ammoniumcyanid allmälig in das nicht dissociirte Pseudoammoniumcyanid über, welches sich durch seine Säurestabilität, Unlöslichkeit in Wasser, Löslichkeit in indifferenten Flüssigkeiten, ebenso als echte organische Verbindung von dem ihm isomeren ionisirten Salze unterscheidet, wie die Pseudobase von der echten Base. Die beiden Atomverschiebungen: Umlagerung eines organischen Alkalis und eines organischen Salzes (Cyanids) in indifferente organische Verbindungen, Pseudobase und „Pseudosalz“:

org. Base		Pseudobase		org. Salz		Pseudosalz
R : N . OH	→	HOR : N	;	R : N . CN	→	CNR : N
dissociirt		undissociirt		dissociirt		undissociirt.

sind einander auch darin analog, dass sie autokatalytisch durch Hydroxylionen vor sich gehen, die nicht nur in der Lösung der echten Base vorhanden sind, sondern auch in der ihres Cyanids wie beim Kaliumcyanid durch Hydrolyse erzeugt werden. Damit stimmt es überein, dass sich die echten Ammoniumcyanide viel langsamer in die Pseudoammoniumcyanide verwandeln, als die echten Ammoniumhydrate in die Pseudoammoniumhydrate; denn die wässerigen Lösungen der Cyanide enthalten natürlich bei ihrer geringen Hydrolyse viel weniger Hydroxylionen als die der echten Ammoniumhydrate.“

Derartige Umwandlungserscheinungen sind möglich bei

Methylpyridiniumhydrat, $C_5H_5 : N{<}^{CH_3}_{OH}$,

Methylchinoliniumhydrat, $C_9H_7 : N{<}^{CH_3}_{OH}$,

Methylphenylakridiniumhydrat, $C_6H_5 . C_{13}H_8 : N{<}^{CH_3}_{OH}$.

Sie sind nicht beobachtet worden beim Methylpyridiniumhydrat; dagegen findet bei Methylchinoliniumhydrat und ebenso bei Methylphenylakridiniumhydrat erst die Bildung der Ammoniumbase beim Versetzen des Jodids mit Silberoxyd statt. Das Methylchinoliniumhydrat wandelt sich in die Pseudoammoniumbasen (1) und diese in die entsprechenden Anhydride (2) um.

$C{}^{H}_{OH}$ (N, CH_3) → .CH—O—CH (N, CH_3; N, CH_3)

Chinolinmethyliumhydrat. Methylchinolinoxyd.

Das Methylphenylakridiniumhydrat dagegen bildet Methylphenylakridol.

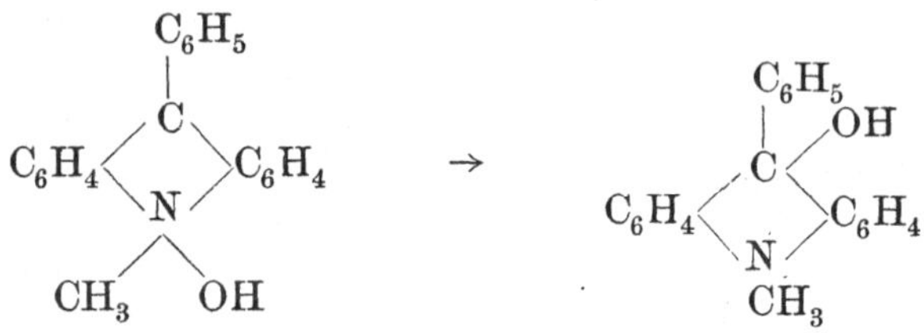

$$C_6H_4\!\left\langle\begin{matrix} C(C_6H_5) \\ N(CH_3)(OH) \end{matrix}\right\rangle\! C_6H_4 \rightarrow C_6H_4\!\left\langle\begin{matrix} C(C_6H_5)(OH) \\ N\cdot CH_3 \end{matrix}\right\rangle\! C_6H_4$$

Auf die weiteren Einzelheiten dieser so äusserst interessanten Untersuchungen kann ich hier nicht näher eingehen und muss diesbezüglich auf das Studium der betreffenden Litteraturstellen[1]) verwiesen werden.

Bezüglich der Rosanilinfarbstoffe sei noch erwähnt, dass drei, aus Rosanilinfarbstoffen entstehende, verschiedene Basen existiren[2]):

1. Echte Farbammoniumbasen; farbig, ätherunlöslich; nur in wässeriger Lösung existirend, vom Dissociationsgrade der Alkalien und des Tetramethylammoniumhydrats, also sehr starke, aber im wesentlichen einsäurige Basen.

2. Pseudoammoniumbasen; die längst bekannten Karbinole, also farblos und ätherlöslich. Anilinähnliche, schwache, dreisäurige Basen. Salze ebenfalls farblos, aber langsam in die Farbstoffsalze übergehend. Karbonate nicht existenzfähig.

3. Imid- oder Anhydridbasen; farbig und ätherlöslich. Mit Säuren, auch mit Kohlensäure, sofort die Farbstoffsalze regenerirend.

Die Bildung der drei Basen aus den Farbstoffsalzen und ihre Uebergänge erfolgen so: Aus dem Farbstoffsalz entsteht durch 1 Mol. Gew. Natron primär die echte Farbammoniumbase (1); dieselbe isomerisirt sich in wässeriger Lösung langsam zur Pseudoammoniumbase (2) und anhydrisirt sich durch überschüssiges Alkali rasch zur Imidbase (3), die sich wiederum langsam zur Pseudoammoniumbase hydratisirt:

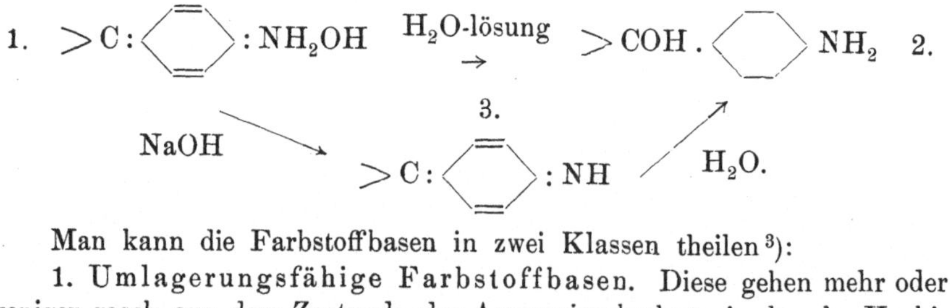

$$1.\quad >C:\langle\,C_6H_4\,\rangle:NH_2OH \xrightarrow{H_2O\text{-lösung}} >COH.\langle\,C_6H_4\,\rangle NH_2 \quad 2.$$

$$\text{NaOH} \searrow \quad 3.\ >C:\langle\,C_6H_4\,\rangle:NH \quad \nearrow H_2O.$$

Man kann die Farbstoffbasen in zwei Klassen theilen[3]):

1. Umlagerungsfähige Farbstoffbasen. Diese gehen mehr oder weniger rasch aus dem Zustande des Ammoniumhydrats in den des Karbi-

1) A. Hantzsch und seine Schüler, l. c. Ber. **33**, 278, 752, 1900.

2) Vgl. G. v. Georgievics, Sitzber. Akad. Wiss. Wien. **109**, II, 301, 1900; Wien. Monatsh. **21**, 407, 1900; H. Weil, Ber. **33**, 3141, 1900.

3) A. Hantzsch und G. Osswald, Ber. **33**, 278, 1900.

nols, der Pseudoammoniumbase, über. Hierher gehören erstens die Basen der Triphenylmethan- und Diphenylmethanreihe, wie Krystallviolett, Pararosanilin, Brillantgrün und Auramin, zweitens gewisse Azoniumfarbstoffe, nämlich die Rosindone, Rosinduline, und endlich das Flavindulin. Die Basen aller genannten Farbstoffe sind so konstituirt, dass sie dem Bestreben des abdissociirten Ammoniumhydroxyls, sich an eine andere Stelle im Molekül, nämlich am Kohlenstoff oder ein anderes Stickstoffatom, wie beim Rosindulin, festzusetzen, unter Atomverschiebung willfahren können.

$$R:NOH \rightarrow HOR:N.$$

Sie zeigen deshalb in wässeriger Lösung eine mehr oder minder rasch bis (fast) auf Null sinkende Leitfähigkeitsabnahme.

2. Nichtumlagerungsfähige Farbstoffbasen. Sie können dem Wanderungsbestreben des Hydroxyls deshalb nicht genügen, weil sie in keine isomere Form (mit anderer Stellung des Hydroxyls) umstellbar sind, und bleiben deswegen als Ammoniumhydrate von der Stärke des Kalis in wässeriger Lösung bestehen, falls sie sich nicht anderweitig zersetzen.

Hierher gehören die Basen der Safranine und Thiazime (Gruppe des Methylenblaus).

13. Pseudosalze.

Als Pseudosalze sehen A. Hantzsch und M. Kalb[1]) solche organische Verbindungen an, die in den dissociirend wirkenden Lösungsmitteln vom Wassertypus, hauptsächlich aber in Wasser selbst, sich isomerisiren, aber nur unter gleichzeitiger Ionisation mehr oder minder vollständig sich zu den strukturverschiedenen Ionen der im festen Zustande nicht beständigen echten Salze umwandeln. Der aus der Leitfähigkeit zu ermittelnde Dissociationsgrad giebt somit in verdünnten wässerigen Lösungen gleichzeitig auch den Ionisationsgrad an.

Beispiele für die Pseudosalze sind: Quecksilbernitroform, von Ley untersucht,

$$\mathrm{hgC(NO_2)_3} \quad \overset{H_2O}{\rightarrow} \quad \left(\mathrm{C}{<}^{(NO_2)_2}_{NOO} + \mathrm{hg}\right)$$

Anisol-Syndiazocyanid:

$$\begin{matrix} CH_3OC_6H_4N \\ CN\ddot{N} \end{matrix} \quad \overset{H_2O}{\rightarrow} \quad \left(\begin{matrix} CH_3OC_6H_4N \\ \ddot{N} \end{matrix} + CN\right)$$

Cotarnincyanid[3]):

$$C_8H_6O_3\begin{matrix} \diagup CH \diagdown \\ \\ \diagdown CH_2 \diagup \end{matrix}\begin{matrix} N{<}^{CH_3}_{CN} \\ | \\ CH_2 \end{matrix} \quad \overset{H_2O}{\rightarrow} \quad C_8H_6O_3\begin{matrix} \diagup \overset{CN}{CH} \diagdown \\ \\ \diagdown CH_2 \diagup \end{matrix}\begin{matrix} N-CH_3 \\ | \\ CH_2 \end{matrix}.$$

---

1) A. Hantzsch und M. Kalb, Ber. **33**, 2201, 1900.

Die Messungen der Leitfähigkeit des Cotarnincyanids bei verschiedenen Temperaturen ergaben folgendes Resultat:

Cotarnincyanid bei v_{1024} zwischen 0—40°.

t	0°	5°	10°	15°	20°	25°	35°	40°
μ (nach Abzug des Wasserwerthes)	7,0	9,5	12,2	15,2	20,4	26,1	38,1	48,4.

„Wie man sieht, wächst die Leitfähigkeit, also der dissociirte Antheil, mit der Temperatur äusserst stark; es wird aus dem undissociirten Pseudosalz bei steigender Temperatur sehr viel mehr echtes, dissociirtes Salz erzeugt, ganz entsprechend dem Verhalten der Violursäure, die mit steigender Temperatur ebenfalls abnorm stark steigende Leitfähigkeiten aufweist. Im Einklang damit steht, dass eine Cotarnincyanidlösung von v_{1024} beim Erwärmen die deutlich gelbe Färbung der echten ionisirten Cotarniniumsalze infolge stark vermehrter Bildung von ionisirtem Cotarniniumcyanid annimmt und dieselbe beim Erkalten wieder nahezu völlig verliert. Wie bei der Violursäure erhält man deshalb auch hier abnorm hohe und mit der Temperatur stark steigende Temperaturkcëfficienten (β), wenn man dieselben nach der Formel

$$\beta = \frac{\mu_{t^0} - \mu_{0^0}}{\mu_{0^0}\, t} \quad \text{berechnet.}$$

Es ergiebt sich

	0—5°	0—10°	0—15°	0—20°	0—25°	0—35°	0—40°
$\beta =$	0,0714	0,0743	0,0781	0,0957	0,1091	0,1269	0,1465.“

Echte Salze besitzen bekanntlich zwischen 0 und 40° den sehr viel kleineren Temperaturkoëfficienten von 0,02. Hier jedoch zeigt sich das vorerwähnte abnorme Verhalten bei dem Cotarnincyanid.

14. Bestimmung des Aschengehaltes in den Produkten der Zuckerindustrie.

E. Reichert[1]) hat die Anwendung der Bestimmung des elektrischen Leitungsvermögens zur quantitativen Bestimmung des Aschengehaltes bei Zucker in Vorschlag gebracht. A. Fock[2]) hat hierüber eine sehr umfangreiche Untersuchung angestellt und gefunden, dass diese Methode unter Umständen mit der gewichtsanalytischen Methode konkurriren kann, wenn man zunächst einmal von der Handlichkeit u. s. w. des Verfahrens absieht.

Besondere Beachtung verdient, dass die Leitfähigkeit der Zuckerlösungen selbst, je nachdem zur Berechnung derselben das Leitungsvermögen der N/10- oder N/20-Lösung benützt wurde, sehr erheblich variiren kann, sogar dann, wenn dieselben Normallösungen zu ihrer Bestimmung verwendet werden und der Aschengehalt der gleiche ist.

1) E. Reichert, Zeitschr. analyt. Ch. **28**, 1, 1889.
2) A. Fock, Zeitschr. analyt. Ch. **29**, 35, 1890.

Die zur Bestimmung des Aschengehalts erforderlichen Manipulationen sind:

a) Von der zu untersuchenden Zuckerart ist eine Lösung von bestimmter Koncentration (Normallösung) herzustellen und im Messgefäss auf eine konstante Temperatur (18 bezw. 25^0) zu bringen.

b) Eine zweite Zuckerlösung von anderer Koncentration ($^N/_{10}$) ist herzustellen und bei dieser ebenso zu verfahren.

c) Aus den erhaltenen Beobachtungsdaten sind zunächst die Leitungskoefficienten R und R_1 der beiden Lösungen herzustellen und hieraus nach der Formel

$$p = 100\, b\, \frac{\frac{1}{g_1} - \frac{1}{g}}{\frac{1}{k_1} - \frac{1}{k}}$$

der Aschengehalt zu berechnen. Hierbei ist b die Leitfähigkeit der reinen Zuckerlösung für sich, k und k_1 diejenige der zu untersuchenden Zuckerlösung bei g und g_1 Grammen Zucker in 100 ccm Lösung.

Folgende Tabelle giebt einen ungefähren Anhalt über die Brauchbarkeit der Methode:

Zucker	b	Aschengehalt p (chem. best.)	Aschengehalt p_1 (rheom. best.)
Nr. I	0,668	0,58	0,64
„ II	0,695	1,16	1,27
„ III	0,711	2,32	2,34
„ IV	0,742	4,64	4,52
„ V	0,754	6,96	6,67
„ IV	0,765	9,28	8,76
Mittel	0,7225		

Es zeigt sich somit, dass die Grösse b gleichmässig mit dem Aschengehalt bis um eine Einheit der ersten Stelle wächst. Man müsste also eventuell mit verschiedenem Aschengehalt auch ein wachsendes b der Berechnung zu Grunde legen.

Zum Schlusse sei noch das Leitungsvermögen verschiedener in Frage kommenden Verbindungen mitgetheilt.

Verbindung	Normallösung $^1/_{10}$	$^1/_{20}$	$^1/_{40}$	$^1/_{60}$	$^1/_{80}$	$^1/_{100}$
Essigsaures Kalium	0,8891	0,4669	0,2422	0,1639	0,1254	0,1007
Weinsaures „	0,9005	0,4835	0,2542	0,1758	0,1347	0,1089
Citronensaures „	0,8114	0,4403	0,2356	0,1648	0,1261	0,1029
Aepfelsaures „	0,9236	0,4922	0,2615	0,1793	0,1364	0,1105
Schwefelsaures Calcium	—	—	0,1736	0,1256	0,0991	0,0830
Chlorkalium	1,185	0,620	0,320	0,218	0,1655	0,1335

Man wird sich also hierbei auf das eine oder andere Salz als Grundlage einigen müssen.

15. Bestimmung der Fette.

Von Palmieri [1]) ist zur Vergleichung des Leitungsvermögens verschiedener Oele, ein besonderer Apparat, das Diagometer, konstruirt worden, mit welchem insbesondere Olivenöl leicht auf seine Reinheit zu prüfen sein soll. Im allgemeinen sind die Fette Nichtleiter der Elektricität, die fetten Oele schlechte Leiter, wie Baumöl, oder Halbleiter wie Mohnöl u. s. w.

Das von Rousseau benützte Diagometer besteht in der Hauptsache aus einer trockenen galvanischen Säule, deren erster Leitungsdraht in eine kleine metallene Schale eintaucht, in welcher das Oel sich befindet. Aus dem Bogen, den eine miteingeschaltete Magnetnadel in einem Galvanometer beschreibt, und der Zeit, welche die Nadel zur Erreichung der grössten Abweichung gebraucht, wird der betreffende Werth der Leitfähigkeit bestimmt.

---

1) Palmieri, Chem. Ztg. **6**, 1157, 1882.

IX.

Methode der Bestimmung des Brechungsexponenten.

Neben der Bestimmung der Identität, sowie eventuell der Konstitution eines Körpers kann im Verein mit anderen Methoden die Ermittlung des Brechungsexponenten auch zur Feststellung seiner Reinheit dienen. Man ermittelt dann diesen und die Dichte der Substanz bei gleicher Temperatur und vergleicht den gefundenen Werth mit dem bekannten.

Die Methode der Bestimmung des Brechungsexponenten kann vorgenommen werden bei festen, flüssigen und gasförmigen Körpern, sowie bei Lösungen. Sie wird jedoch wohl der Einfachheit der Ausführung wegen meist nur bei flüssigen Körpern, sowie bei Lösungen Verwendung finden. Bei festen Körpern ist noch besonders darauf Rücksicht zu nehmen, dass man es vielfach mit anisotropen Körpern zu thun hat, also den Brechungsexponenten als das Mittel der für den ordentlichen und ausserordentlichen Strahl beobachteten Werthe ansehen muss.

Die Eintheilung des Stoffes ist folgende:

1. Bestimmung des Brechungsexponenten.

a) Das Differenzrefraktometer.

b) Das Refraktometer mit veränderlichem, brechenden Winkel.

c) Das Refraktometer nach Pulfrich.

d) Die Abbe'schen Refraktometer (Butterrefraktometer, Eintauchrefraktometer).

e) Andere Instrumente (von Féry, Hach, Sonden).

2. Abhängigkeit des Brechungsexponenten von Druck und Temperatur.

3. Berechnung der Molekularrefraktion.

4. Refraktionskonstante und Konstitution.

5. Tabelle der Brechungsindices verschiedener Flüssigkeiten (G. Marpmann).

6. Tabelle der Brechungsindices fetter und ätherischer Oele (G. Marpmann).
7. Bestimmung des Glycerins.
8. Bestimmung der Fette.
a) Oleorefraktometer von Amagat und Jean.
9. Untersuchung der Butter und des Schweinefetts.
a) Verwendung des Oleorefraktometers.
b) Das Butterrefraktometer von Zeiss.
c) Benutzung des Zeiss'schen Butterrefraktometers.
d) Bestimmung des Schweinefettes.
10. Zucker- und Eiweissbestimmung mit dem Eintauchrefraktometer.

1. Bestimmung des Brechungsexponenten.

Der Brechungsexponent eines isotropen Mediums ist nach dem Snellius- des Cartes'schen Gesetz $= \frac{\sin i}{\sin r} =$ konstant $= n$, wobei i der Einfalls- und r der Brechungswinkel und n der Brechungsexponent, Brechungsindex oder Brechungskoefficient ist. Aus der Huyghens-schen Wellenlehre ergiebt sich $n = \frac{v_1}{v_2}$, wobei v_1 und v_2 die Lichtgeschwindigkeiten in den beiden Medien darstellen. Setzt man v_1, die Lichtgeschwindigkeit im Vakuum oder in Luft $= 1$, so geht die Gleichung über in $n = \frac{1}{v_2}$. In der Bestimmung des Brechungsexponenten haben wir also das Maass für die relative Geschwindigkeit des Lichtes in dem zu untersuchenden Medium.

Die für den Chemiker wichtigen Bestimmungsmethoden des Brechungsexponenten zergliedern sich in zwei Gruppen:

1. die der prismatischen Ablenkung,
2. die der totalen Reflexion.

Die bekannte Firma C. Zeiss[1]) in Jena bringt eine ganze Reihe von Instrumenten in den Handel, die alle dem Zwecke dienen sollen, die Bestimmung des Brechungsexponenten flüssiger und fester Körper möglichst rasch und genau auszuführen. Die in Frage kommenden Refraktometer sind folgende:

a) das Differenzrefraktometer wird in zwei verschiedenen Modellen hergestellt und beruht auf der Differenzwirkung von zwei hintereinander aufgestellten Flüssigkeitsprismen von gleichem brechendem Winkel, aber entgegengesetzter Ablenkung. Die Ablenkung eines solchen Doppel-

1) Vgl. den Specialkatalog der Firma für Spectrometer und Refractometer, welchem auch die meisten der nachstehend gegebenen Abbildungen entnommen sind.

prismas ist dem Unterschied der Brechungsindices der beiden Flüssigkeiten direkt proportional; sie ist nur abhängig von der Differenz der Brechungsindices, nicht aber vom Brechungsindex selbst. Auch ist die Methode hinsichtlich der Höhe des Brechungsindex praktisch keinerlei Einschränkungen unterworfen und ist daher für Flüssigkeiten von hoher

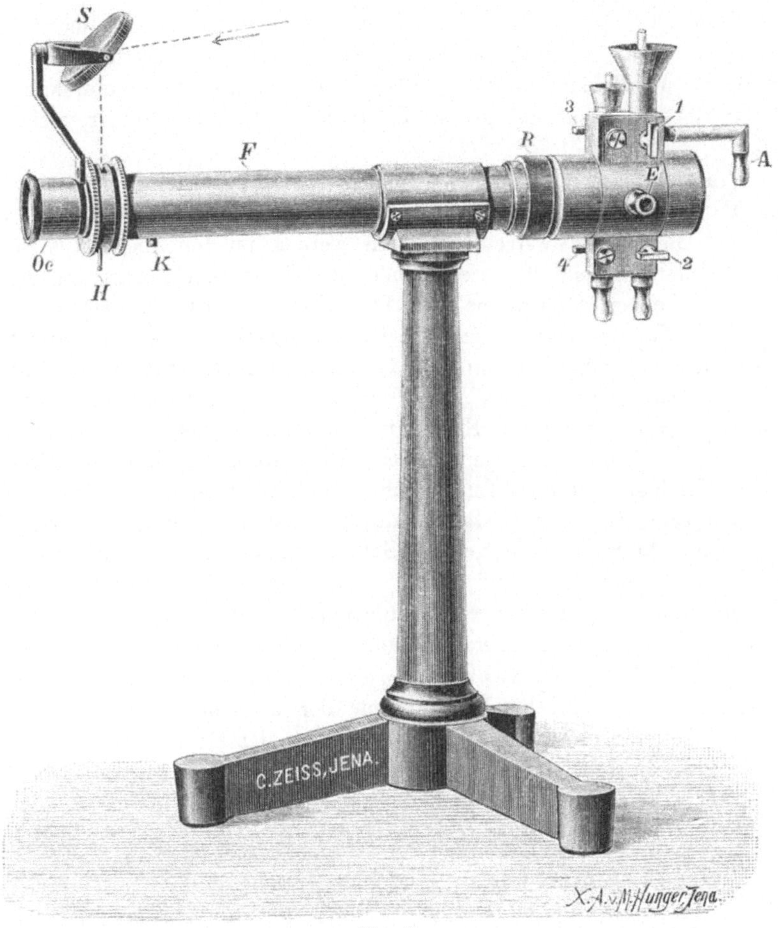

Fig. 49.

und geringer Brechung und auch für Gase und Dämpfe verwendbar. Da Temperaturschwankungen des Beobachtungsraumes oder des das Doppelprisma umfliessenden Wasserstromes die beiden Flüssigkeiten in gleicher Weise treffen, so haben diese auf die Messung selbst keinen Einfluss, denn die Differenz der Indices ist innerhalb der vorkommenden Grenzen von der Temperatur so gut wie unabhängig. Anderseits bietet die Methode den Vortheil, diese Abweichungen selbst mit grösster Genauigkeit zu messen.

Der Apparat wird sehr empfohlen für die Bestimmung des Alkoholgehaltes alkoholischer Lösungen, des Koncentrationsgrades von Salzlösungen u. s. w.

Figur 49 giebt die Einrichtung des betreffenden Instrumentes wieder, wobei als Hauptbestandtheile ein horizontal gelagertes Fernrohr F auf Stativ mit Beleuchtungsspiegel S und Prisma für die Okularskala, das Okular Oc einstellbar auf grösste Deutlichkeit der Skalenbilder vorhanden sind.

Vor dem Fernrohrobjektiv R befindet sich in fester Verbindung mit dem Fernrohr das mit den beiden Flüssigkeiten anzufüllende Doppelprisma. Die beiden Verschlussplatten werden im Inneren des Gehäuses durch Federn gegen die Endflächen des Prismengehäuses angedrückt. Jede der beiden Hohlräume des Doppelprismas ist mit einem aufgeschraubten Trichter zum Eingiessen der Flüssigkeit, einem Luftkanal zum Entweichen der aus dem Inneren verdrängten Luft und einem Abflussrohr versehen. Die vordere, dem Fernrohr näher gelegene und mit dem kleineren Trichter versehene Kammer ist im allgemeinen für die Aufnahme der Normalflüssigkeit bestimmt. Die nach Füllung der hinteren Kammer in dem Trichter und dem Luftröhrchen zurückbleibende Flüssigkeit fliesst nach Umlegen des oberen Hahnes durch A sofort nach aussen ab. Ein unter dem Apparat aufgestelltes Gefäss nimmt die sämmtlichen ausfliessenden Flüssigkeiten auf.

Die Reinigung der inneren Hohlräume geschieht zweckmässig durch Auffüllen mit einem geeigneten Lösungsmittel und Nachspülen mit Aether.

Die Bestimmung des Brechungsunterschiedes verlangt ausser der Kenntniss des brechenden Winkels der einzelnen Prismen (im vorliegenden Falle $\varphi = 45^0$) noch die Kenntniss der Brennweite f des Fernrohrobjektivs in Millimetern, sowie des Werthes (w) dieses Intervalls der Okularskala, ebenfalls in Millimetern gemessen. Es gelten dann folgende Formeln

$$\text{für Modell I } \Delta n = \frac{wA}{2f} \operatorname{tang} \varphi,$$

$$\text{für Modell II } \Delta n = \frac{wA}{4f} \operatorname{tang} \varphi.$$

Unter Zugrundelegung der gegebenen optischen Konstanten $\varphi = 45^0$, $f = 204$ mm und $w = 0{,}2$ mm erhält man, die Unsicherheit in der Bestimmung von A gleich $\pm$ 0,1 Skalentheil gerechnet, diejenige in der Bestimmung von Δn zu $\pm$ 4,9 bezw. $\pm$ 2,5 Einheiten der fünften Decimale von n.

b) Das Refraktometer mit veränderlichem brechenden Winkel dient besonders für die Untersuchung von sehr hoch brechenden Flüssigkeiten. Die hierbei angewendete Methode ist als ein Specialfall der prismatischen anzusehen und lässt sich definiren als die Methode des streifenden Eintrittes und des normalen Austrittes.

c) Das Refraktometer nach Pulfrich beruht auf der Messung des Brechungsindex durch Beobachtung des Grenzwinkels der Totalreflexion in einem Körper von bekannter höherer Lichtbrechung, mit dem der zu untersuchende Körper in ebener Fläche zur Berührung gebracht wird. Aus dem mittels Fernrohr und Theilkreis gemessenen Winkel (i), unter dem der Grenzstrahl die Vertikalfläche des Prismas verlässt und dem bekannten Index (N) des Prismas erhält man den Brechungsindex (n) der Substanz mit Hilfe einer Tabelle zu $n = \sqrt{N^2 - \sin^2 i}$.

Die ältere Konstruktion des Pulfrich'schen Apparates ist von M. Wolz in Bonn zu beziehen, die neuere mit bedeutenden Verbesserungen versehene Konstruktion wird von C. Zeiss in Jena hergestellt und kann für fast alle refraktometrischen und spektrometrischen Untersuchungen verwendet werden, nämlich:

α) zur Bestimmung der Brechungen (nD) und der Dispersion (Differenz der Indices für die Frauenhofer'schen Linien CD, F und G') durchsichtiger, flüssiger und fester, einfach und doppelt brechender Körper;

β) zur Untersuchung von Flüssigkeiten bei höheren Temperaturen, bezw. von solchen Körpern, die erst bei höherer Temperatur flüssig werden;

γ) zur Bestimmung der Brechungs- und Dispersionsunterschiede von solchen festen bezw. flüssigen Körpern, die sich in ihrem optischen Verhalten nur wenig von einander unterscheiden (Verwendung des Apparates als Differenzrefraktometer).

Die Genauigkeit der Messung geht bis auf eine Einheit der vierten Decimale für den Brechungsindex und bis auf eine bis zwei Einheiten der fünften Decimale für die Dispersion und bis auf ebenso viel für alle übrigen Differenzmessungen.

Figur 50 giebt den Apparat wieder.

Die Neueinrichtungen bestehen:

α) in einer Beleuchtungsvorrichtung, durch welche die Anwendung des Natriumlichtes und des Lichtes Geissler'scher (H)-Röhren, sowie ein schneller Wechsel der beiden Lichtarten ermöglicht wird, und in einer den Zwecken einer rationellen Dispersionsbestimmung Rechnung tragenden Mikrometervorrichtung.

β) in einer eigenartigen Heizeinrichtung, welche bei grösstmöglicher Einfachheit der Handhabung eine vollkommene sichere Untersuchung von Flüssigkeiten bis zu 100° und darüber gewährleistet;

γ) in einem auf Vorschlag des Herrn Prof. Ostwald konstruirten Flüssigkeitsgefäss, durch welches die gleichzeitige Untersuchung von

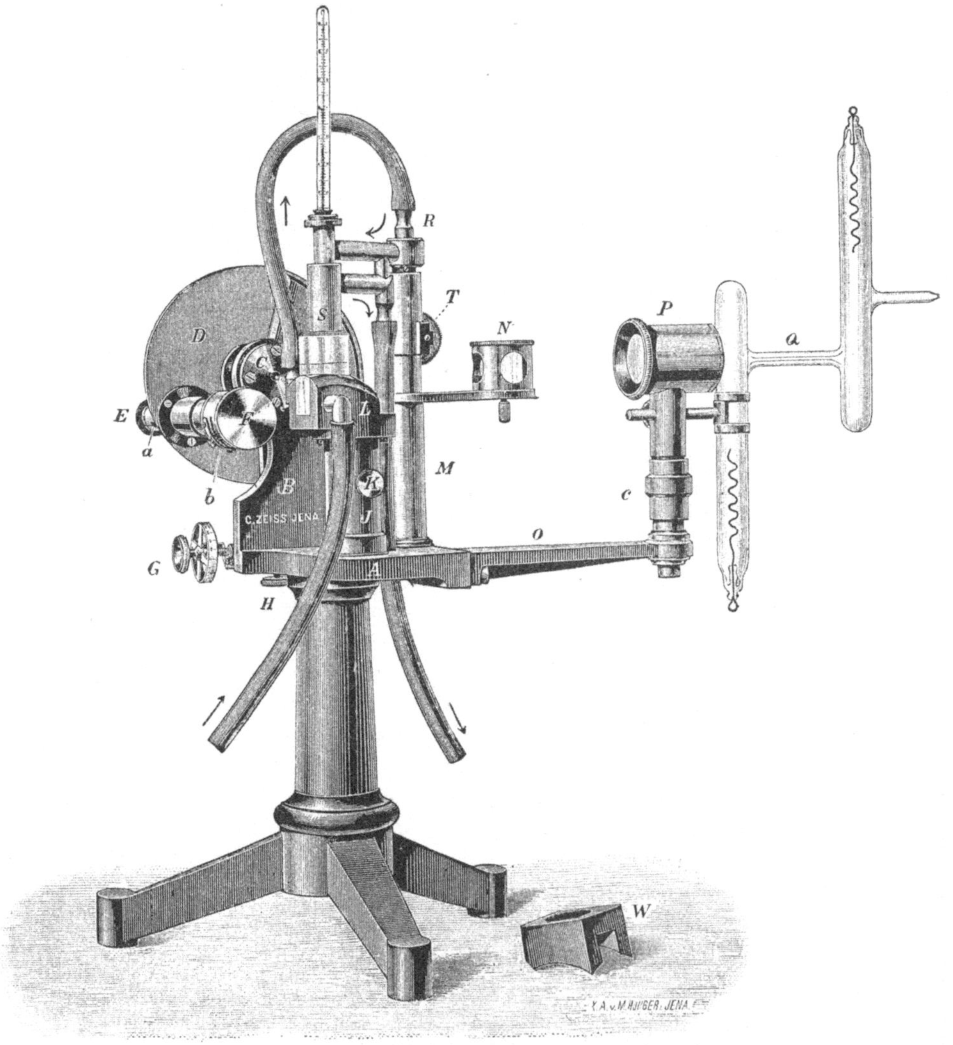

Fig. 50.

zwei Flüssigkeiten und die direkte Bestimmung der Brechungs- und Dispersionsunterschiede möglich gemacht wird;

δ) in einer dauernd mit dem Okular des Fernrohrs verbundenen Hilfsvorrichtung, durch welche ein schnelles und bequemes Auffinden der Nullpunktslage des Fernrohrs (Prüfung der Stellung des Nonius zum Theilkreise) möglich gemacht ist;

ε) in einer vor dem Objektiv des Fernrohrs angebrachten Blendvorrichtung.

In der Figur sind:

N = Reflexionsprisma, drehbar um
M = Drehungsaxe,
Q = Geissler'sche Röhre,
P = Condensor,
H = Axialklemme der Mikrometereinrichtung,
G = Messschraube der Mikrometereinrichtung,
L = Hohlkörperfassung für die Erwärmung,
S = silbernes Gefäss zum Erwärmen der Flüssigkeit,
T = Zahn und Trieb zum Heben von S,
W = Holzstück zum Schutz der Flüssigkeit gegen Temperaturänderung,
K = Schraube zur Iustirung der Prismen auf
I = Hohldreikant auf A angebracht,
F = Vorrichtung zur Einstellung der Blendvorrichtung mit Hilfe der Feder (c),
a = Fensterchen zur Beleuchtung der Skala.

Hierzu gehört noch ein Apparat zur Herstellung von Dampf oder Flüssigkeit von konstanter Temperatur, der in verschiedenen Konstruktionen erhältlich ist. Einer derselben ist näher beschrieben bei der Anwendung des Butterrefraktometers zur Bestimmung des Brechungsexponenten von Butter- und Schweinefett.

d) Die Abbe'schen Refraktometer sind in erster Linie für die Untersuchung von Flüssigkeiten anwendbar vom Brechungsindex 1,3 an aufwärts bis 1,7. Diese Instrumente zeichnen sich durch eine ausser ordentlich bequeme Handhabung aus. Die ganze, mit Tages- oder Lampenlicht vorzunehmende Beobachtung besteht in einer einzigen kunstlosen Einstellung und in der nachfolgenden Ablesung an einem Theilkreis, welche Ablesung den gesuchten Brechungsindex (nD) unmittelbar, d. h. ohne jede Rechnung ergiebt. Dazu kommt, dass die Untersuchung an wenigen Tropfen Flüssigkeit vorgenommen werden kann. Daher sind diese Apparate ganz besonders für die Zwecke der Nahrungsmittelchemie, Pharmacie u. s. w. geeignet.

Im Princip beruht das Abbe'sche Refraktometer auf der Anwendung eines sog. Abbe'schen Doppelprismas, letzteres bestehend aus zwei Flintglasprimen von ca. 61^0 brechendem Winkel, zwischen denen die zu untersuchende Substanz als dünne (ca. 0,05 mm dicke) Schicht eingeschlossen ist. In Wirklichkeit dient das zweite, dem Fernrohr abgewandte Prisma zu Beleuchtungszwecken, insofern nämlich durch dasselbe im Inneren der

Flüssigkeitsschicht im wesentlichen der gleiche Strahlengang erzielt wird, wie bei der Methode des streifenden Eintritts. Zum Zwecke der Beseitigung falschen Lichtes ist die mit der Flüssigkeit in Berührung kommende Fläche des Beleuchtungsprismas matt geschliffen.

Für specielle Zwecke konstruirte Abbe'sche Refraktometer sind das Butterrefraktometer, das Milchrefraktometer, das Procent-

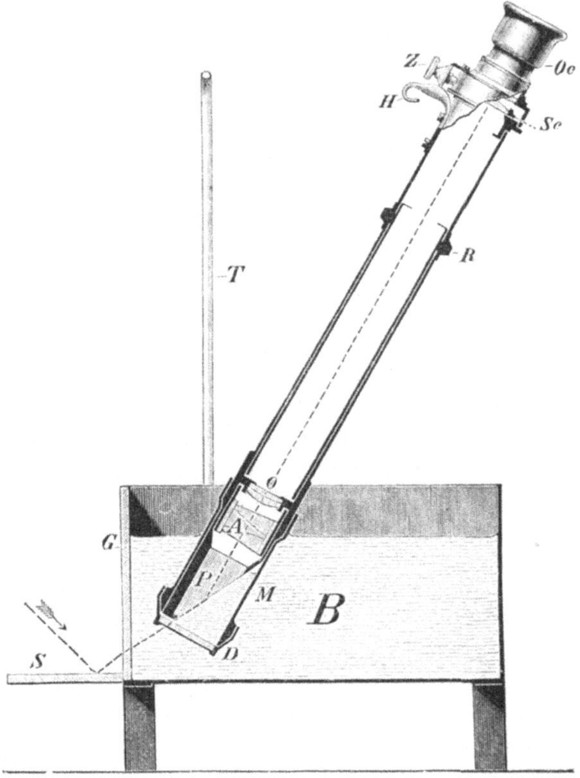

Fig. 51.

und Seewasserrefraktometer, von denen das Butterrefraktometer bei der Bestimmung des Brechungsexponenten beim Butterfett in ausführlicher Weise beschrieben ist.

Ausserdem ist noch infolge seiner bequemen Verwendungsweise das Eintauchrefraktometer erwähnenswerth[1] (Fig. 51). Dem Apparat liegt folgende neue Art des Beobachtungsverfahrens zu Grunde. Bei den vorgenannten Specialkonstruktionen des Abbe'schen Refraktometers kann nämlich

[1]) Vgl. C. Pulfrich, Zeitschr. angew. Ch. 1899, Nr. 48.

das zweite (äussere) Glasprisma, welches den Lichteintritt in die Flüssigkeitsschicht vermittelt, dadurch entbehrlich gemacht werden, dass man das untere Ende des Refraktometers, in dem sich das eigentliche Refraktometerprisma befindet, einfach in die zu untersuchende Flüssigkeit eintaucht (D.-R.-P. 104958), indem man gleichzeitig durch Wahl eines geeigneten Gefässes oder durch die Haltung des Instrumentes dafür Sorge trägt, dass ein den Anforderungen der Methode der Totalreflexion entsprechender — streifender — Lichteintritt stattfindet.

Das Eintauchrefraktometer ist verwendbar, da, wo grössere Flüssigkeitsmengen zur Verfügung stehen, also z. B. für die Bestimmung des Alkohol- und des Extraktgehaltes des Weines und des Bieres, des Salzgehaltes von Meer- und Mineralwasser u. s. w. Dem Instrument wird ein Hilfsprisma beigegeben, welches auf die freie Fläche des Refraktometers gelegt, auch die Untersuchung eines Flüssigkeitstropfens ermöglicht. Vorzüge des Apparates sind die rasche Ausführbarkeit der Bestimmung sowie die grössere Genauigkeit gegenüber der Verwendung eines Abbeschen Doppelprismas.

Die Einrichtung des Instruments ergiebt sich aus der Figur. Hierbei sind:

P = Prisma vom brechbaren Winkel 63° aus hartem, widerstandsfähigen Glase vom Brechungsindex 1,5,
Z = Mikrometereinrichtung,
A = Prisma zur Achromatisirung der Grenzlinie, drehbar mittels des Ringes R,
T = Metallbügel, an den man das Refraktometer mit dem Haken H anhängen kann,
M = Schutzmantel mit Deckel D.
B = Gefäss mit Glaswand G und Spiegel S.

An Stelle von B kann auch ein Gefäss verwendet werden, das mit 8 Glasnäpfen zur Aufnahme des Untersuchungsobjekts versehen ist und das auf konstanter Temperatur gehalten werden kann.

e) Andere Instrumente.

Das von C. Féry[1]) konstruirte Instrument beruht auf dem Princip, das Licht einerseits durch ein mit der zu untersuchenden Substanz gefülltes Hohlprisma von bekanntem Winkel und anderseits durch eine solche Stelle eines Glasprismas von wechselndem Winkel (resp. einer Linse) und bekanntem Brechungsexponenten hindurchgehen zu lassen, so dass die durch beide Medien hervorgebrachte Abweichung aus der ursprünglichen Richtung sich wieder aufhebt und das Licht demnach unabgelenkt erscheint. Féry erreicht diesen Zweck dadurch, dass er sich eines Troges

[1]) C. Féry, Compt. rend. **113**, 1028; Zeitschr. analyt. Ch. **33**, 369, 1894.

mit dicken Wandungen bedient, der im Innern einen prismatischen Hohlraum besitzt, während er aussen sphärisch gekrümmt ist. Man stellt das Okular des Apparates auf das aus dem Kollimator kommende Licht ein und verschiebt dann das Hohlprisma so lange, bis das Licht wieder unabgelenkt erscheint; man kann dann ablesen, welche Schicht des Prismas, bezw. eine wie dicke Glasschicht das Licht durchsetzt, und findet daraus, wie der Verfasser im Original nachweist, unmittelbar den Brechungsexponenten, bezw. man kann denselben direkt auf der Skala aufschreiben.

Auf ein neues Interferenzrefraktometer von L. Mack[1]) sei hier nur verwiesen.

Erwähnt sei noch ein von Klas Sonden[2]) konstruirter Apparat, der sich durch Einfachheit auszeichnet, unter dem Namen Liquoskop beschrieben worden ist, und auf einem ganz anderen Princip aufgebaut wurde. Der Haupttheil des Instrumentes ist ein aus zwei gleichen, prismatischen, oben offenen Zellen, zusammengesetztes Hohlprisma, dessen brechender Winkel von durchsichtigen Wänden begrenzt ist. Um den Inhalt der beiden Zellen auf gleicher Temperatur zu erhalten, wird das Prisma zweckmässig in ein mit zwei einander gegenüberstehenden Glaswänden versehenes Glycerinbad eingesenkt. Die Anwendung des Instrumentes ist leicht verständlich. Sind nämlich die beiden Zellen mit Flüssigkeiten von gleicher optischer Brechung erfüllt, so behalten zwei durch dieselben fallende parallele Lichtstrahlen auch nach der etwaigen Ablenkung ihren Parallelismus. Enthalten sie aber optisch verschiedene Flüssigkeiten, so werden die ursprünglich parallelen Strahlen nach der Ablenkung divergirend.

2. Abhängigkeit des Brechungsexponenten von Druck und Temperatur.

Obgleich im allgemeinen der ein höheres specifisches Gewicht aufweisende Körper auch als optisch dichtere Substanz angesehen werden muss, also den grösseren Brechungsexponenten besitzt, finden sich doch auch Ausnahmen. Dagegen ändert sich bei demselben Körper mit Ab- und Zunahme der Dichte durch Veränderungen des Druckes oder der Temperatur auch in entsprechender Weise der Brechungsexponent. Es ist also nothwendig, solche Gleichungen zu finden, die uns den Brechungsexponenten unabhängig von der Dichteänderung durch Druck und Temperatur wiedergeben. Zu dem Zwecke sind verschiedene Formeln aufgestellt worden, die es gestatten, die Refraktionskonstante, d. h. den von dem Einflusse der zufälligen und wechselnden Dichte des Körpers unabhängigen Brechungsexponenten wiederzugeben.

---

1) L. Mack, Zeitschr. f. Instrum. **12**, 89.

2) Klas Sonden, Zeitschr. analyt. Ch. **30**, 196, 1891.

3. Berechnung der Molekularrefraktion.

Da neben der Brechung auch eine mehr oder weniger weitgehende Dispersion des Lichtes bei dem Durchgang durch ein Medium stattfindet, so würde es eigentlich sich von selbst verstehen, auch die Dispersion mit in Rechnung zu ziehen und demgemäss eine alles umfassende Formel aufzustellen. Selbst wenn man die Dispersion unberücksichtigt lässt und die Molekularrefraktion, d. h. das auf das Molekulargewicht bezogene Brechungsverhältniss, für nur eine bestimmte Lichtart, die rothe Linie des Wasserstoffes oder das Natronlicht bestimmt, so kommen doch Fälle vor, bei denen sich die Dispersion von einiger Bedeutung zeigt, wenn man in ihrer Konstitution nahestehende Verbindungen mit einander vergleicht.

Eine für alle Fälle giltige Formel, welche Refraktion und Dispersion zugleich umfasst, giebt es nun nicht. Es sind wohl eine ganze Reihe von Formeln hierfür aufgestellt worden, so von Cauchy, Wüllner-Helmholtz, Ketteler, Christoffel, Briot, Christiansen u. a. m.; sie alle haben sich jedoch nicht bei einer eingehenderen Betrachtung bewährt. Man hat sich deshalb im allgemeinen darauf beschränkt, nur die Refraktion in Rücksicht zu ziehen und zwar speciell nur die für die rothe Wasserstofflinie oder das Natriumlicht geltende. Nur in einigen wenigen Fällen ist auch die Dispersion innerhalb der durch diese beiden Linien gezogenen Grenzen mit herangezogen worden zur Aufklärung gewisser konstitutiver Einflüsse.

Eür die Berechnung der Refraktionskonstante sind nun drei verschiedene Formeln aufgestellt worden.

1. Die von Laplace:

$$\frac{n^2-1}{d} = \frac{4k}{v^2}.$$

n = Brechungsexponent.
v = Geschwindigkeit des Lichtes im Vacuum.
k = Konstante.
d = Dichte.
P = Molekulargewicht.

2. Die von Dale und Gladstone:

$$P \frac{n_\alpha - 1}{d} = M_\alpha = \text{Molekularrefraktion.}$$

(M_α zum Unterschied von der folgenden in lateinischer Schrift).

3. Die von H. A. Lorentz (Holland) und L. Lorenz (Dänemark):

$$P \frac{n^2-1}{n^2+1} \frac{1}{d} = \mathfrak{M}_\alpha = \text{Molekularrefraktion.}$$

(zum Unterschied von der vorhergehenden in deutscher Schrift).

Von diesen drei Formeln entsprechen ihrem Zweck, eine von Temperatur und Druck unabhängige Konstante zu liefern, nur die beiden letzteren, indem die Laplace'sche Formel beim Uebergang vom Flüssigkeits- in den Gaszustand, sowie auch bei Dichteänderungen von Flüssigkeiten nicht zutrifft.

Bei der Prüfung der beiden anderen Formeln dagegen hat sich Folgendes[1]) ergeben:

a) „Bei Temperaturerhöhung ohne Wechsel des Aggregatzustandes ergeben beide Formeln leidliche Konstanz; die Abweichungen sind bei beiden ziemlich gleicher Ordnung; fast stets zeigt die n-Formel mit steigender Temperatur fallende, die n^2-Formel mit steigender Temperatur steigende Werthe."

b) „Geht ein flüssiger Körper in den Gaszustand über, so zeigen die Refraktionskonstanten für beide Zustände, berechnet nach der n^2-Formel übereinstimmende Werthe, meist bis in die dritte Decimale; berechnet hingegen nach der n-Formel, für Intervalle von 20—100°, Abweichungen bis in die zweite Decimale. Die n-Formel ergiebt auch hier stets abnehmende Werthe bei steigender Temperatur; das Vorzeichen der nach der n^2-Formel erhaltenen Differenzen wechselt unter Umständen."

c) „Beim Uebergang eines festen Körpers in den flüssigen Zustand scheint die Gladstone'sche Formel bessere Resultate zu liefern."

d) „Bei Gemengen liefert die Gladstone'sche Formel bei weitem übereinstimmendere Resultate als die Lorenz'sche."

e) Werden die Aenderungen der Dichte durch Druck bewerkstelligt, so zeigt die Gladstone'sche Formel sich der Lorenz'schen überlegen."

Beide Formeln werden zur Berechnung der Molekularrefraktion hauptsächlich angewendet.

„Die Messung des Brechungsexponenten kann bis auf eine Einheit der vierten Decimale genau erfolgen, das gleiche gilt von der Dichte. Demgemäss setzt Landolt[2]) nach seinen Erfahrungen, indem er die grössten Differenzen zu Grunde legt, welche bei Untersuchung der gleichen Substanz von verschiedenen Darstellern und Beobachtern gefunden wurden, den maximalen Fehler von

$$\frac{n_\alpha - 1}{d} \text{ auf } \pm 0{,}004, \text{ von } \frac{n^2_\alpha - 1}{n^2_\alpha + 2} \cdot \frac{1}{d} \text{ auf } \pm 0{,}0027.$$

Der Werth der Molekularrefraktion, der proportional P steigt, würde danach mit einer Unsicherheit behaftet sein bei dem Molekulargewicht

[1]) Vgl. Graham-Otto, Lehrbuch d. Ch. Abth. III, E. Rimbach, Ueber die Beziehungen zwischen Lichtbrechung und chemischer Zusammensetzung der Körper, welcher Arbeit nachstehende Sätze entnommen sind.

[2]) E. Landolt, Pogg. Ann. **123**, 601, 1864: Liebig's Ann. **213**, 96, 1882.

	100	200	300
für $M\alpha$	0,40	0,80	1,02
für $\mathfrak{M}\alpha$	0,27	0,54	0,81."

Für feste Körper gelten nur bei den isotropen Körpern die obigen Formeln, bei den anisotropen dagegen muss man dieselben in entsprechender Weise abändern. Die optisch einaxigen Krystalle zeigen zwei Brechungsexponenten, o und e, für den ordinären und den extraordinären Strahl, die optisch zweiaxigen dagegen besitzen drei Hauptbrechungsindices (α, β, γ). Gewöhnlich benützt man zur Berechnung des mittleren Brechungsexponenten n_M das geometrische Mittel, und zwar ist dies nach Dufet

(1) $n_M = \sqrt[3]{o^2 e}$ (2) $n_M = \sqrt[3]{\alpha \beta \gamma}$ oder vereinfacht

(1a) $n_M = \frac{1}{3}(2\,o + e)$ (2a) $n_M = \frac{1}{3}(\alpha + \beta + \gamma)$.

Die Gladstone'sche Formel nimmt alsdann folgende Gestalt an:

$$\frac{n-1}{d} \qquad (2\,o + e - 3)\frac{1}{3\,d} \qquad (\alpha + \beta + \gamma - 3)\frac{1}{3\,d}$$

für reguläre, für optisch einaxige, für optisch zweiaxige Krystalle."

Weitere Formeln sind infolge der doch öfter zu Tage tretenden Unzulänglichkeit der beiden vorhergehenden noch von Ketteler und von v. Obermayer aufgestellt worden.

Die Formel von Ketteler[1])

$$R = \frac{n^2 - 1}{n^2 + x} \cdot \frac{1}{d}$$

ist von Schütt[2]) an Kochsalzlösungen geprüft worden und eignet sich nach diesem Forscher am besten zur Darstellung der specifischen Refraktion des Chlornatriums und seiner Lösungen.

E. Matthiesen[3]) fand, dass sich noch besser wie die Kettelersche Formel diejenige von v. Obermayer

$$\frac{n_p - n_1}{p\,d} = \text{konst.}$$

den Beobachtungen anpasst, wobei n_p den mittleren Index einer p-procentigen Lösung und n_1 den Index des destillirten Wassers bedeutet.

M. Rudolphi[4]) hat diese Formeln an den Lösungen von Chloralhydrat in Wasser, Alkohol sowohl hinsichtlich der Molekularrefraktion

---

1) F. Ketteler, Theor. Optik. Braunschweig 1885.

2) Schütt, Zeitschr. physik. Ch. **5**, 349, 1890.

3) E. Matthiesen, Inaug. Dissert. Rostock, 1892.

4) M. Rudolphi, Die Molekularrefraktion fester Körper in Lösungen u. s. w. Habilitationsschrift, Darmstadt 1900.

als auch der Molekulardispersion geprüft und gefunden, dass keine der Formeln der anderen an Tauglichkeit überlegen sei.

Auch bestätigt sich, was schon Brühl bemerkt hat, dass nicht ausnahmslos dasjenige Medium das geeignetste zur Ermittlung der wahren Molekularrefraktion und -dispersion eines Körpers sei, welches dem gelösten Körper optisch am nächsten steht. Von den Lösungsmitteln des Chloralhydrats steht das Toluol demselben optisch am nächsten; trotzdem ergeben sich bei diesen Lösungen die abweichendsten Molekularrefraktionen für das feste Chloralhydrat. Dieser Einfluss des Lösungsmittels kann also sehr gross sein.

Man kann nicht behaupten, eine für ein und dasselbe Lösungsmittel allgemein und durchaus giltige Formel gefunden zu haben und demgemäss noch mit viel weniger Recht diese Behauptung auf alle Lösungsmittel ausdehnen. Ob dies überhaupt erreichbar ist, kann vorerst als fraglich angesehen werden, da sich eben verschiedene Einflüsse nicht durch eine allgemein giltige Formel ausdrücken lassen, indem ihre Grösse eine allzu wechselnde ist.

4. Refraktionskonstante und Konstitution.

Während die Dispersion eine von der Konstitution in hohem Maasse abhängige Grösse ist, zeigt die Refraktionskonstante sich in viel weitgehenderem Maasse von der Molekulargrösse abhängig, sie besitzt also einen viel mehr ausgesprochenen additiven Charakter, obgleich sich auch hier konstitutive Einflüsse recht oft geltend machen.

Auf diese Weise ist es möglich geworden, für eine grosse Zahl von Verbindungen den für die einzelnen Gruppen bezw. Atome zu berücksichtigenden Antheil der Refraktionskonstante zu bestimmen. Indem man die Refraktionskonstante nicht auf die Gewichtseinheit bezieht, sondern auf das Molekulargewicht, erhält man die Molekularrefraktion. Aus dieser wiederum lässt sich, indem man analog konstituirte Verbindungen mit einander vergleicht, der auf das einzelne Atom kommende Antheil, die Atomrefraktion berechnen entsprechend dem von Landolt eingeführten Modus, wobei man annimmt, dass die Refraktionskonstante eine streng additive Grösse ist.

Man kann auch dem Beispiele Eykmann's folgen, der die Refraktionskonstante in die den einzelnen Gruppen zukommenden Antheile zerlegt oder demjenigen von Schröder, welcher speciell bei den Fettkörpern die Molekularrefraktion in eine Anzahl unter sich gleicher Theilrefraktionen zerlegt. Hierbei kommt jedem Atom eine solche Theilrefraktion, Refraktionsstere genannt, zu. Hiervon ausgenommen ist der Karbonylsauerstoff, welchem zwei Refraktionssteren zuertheilt werden. Diese Eintheilung beruht auf der Beobachtung, dass die Gruppe C=O dieselbe molekulare brechende Kraft besitzt wie CH_2, denn die gesättigten Alkohole haben die gleiche Refraktion wie die entsprechenden Säuren.

Folgen wir der von Landolt angewandten Berechnungsweise, so ergeben sich folgende allgemeiner giltige Resultate, die durch die Untersuchungen von Landolt, Gladstone, Brühl, Kannonikoff, Schrauf, Le Blanc, Nasini, Eykman u. a. m. festgestellt worden sind[1]).

1. „Die Brechungsindices der Glieder homologer Reihen nehmen bei den Fettkörpern mit steigender Anzahl der Kohlenstoff- und Wasserstoffatome zu (Landolt)."

2. „Die Molekularrefraktion nimmt für die Zusammensetzungsdifferenz CH_2 um eine ziemlich konstante Grösse zu. Für CH_2 kann im Mittel das Inkrement von $M\alpha = 7{,}60$, von $\mathfrak{M}_\alpha = 4{,}56$ gesetzt werden (Landolt)".

„Die Differenz für das Inkrement CH_2 bleibt nicht gleich; sie wird um so kleiner, je mehr die Zahl der C- und H-Atome in den Gliedern wächst (Landolt."

3. „Bei den Olefinen und Benzolderivaten zeigt das specifische Brechungsvermögen mit steigendem Molekulargewicht nicht immer ständige Zunahme, sondern unter Umständen auch Abnahme (Landolt und Gladstone)."

„Das Molekularbrechungsvermögen weist bei diesen Körpern im allgemeinen ein etwas höheres Inkrement für einen Zuwachs von CH_2 auf (Gladstone)."

4. „Die Atomrefraktion des Sauerstoffes ist variabel, je nachdem Hydroxyl- oder Karbonylsauerstoff vorliegt (J. W. Brühl), oder wenn er mit zwei verschiedenen Kohlenstoffatomen verknüpft ist (Conrady)."

$O'' : r_\alpha = 3{,}4$	$w_\alpha = 2{,}33$
$O' : r_\alpha = 2{,}75$	$w_\alpha = 1{,}51$
$O<$ —	$w_\alpha = 1{,}655$

5. „Die Kohlenstoffdoppelbindung übt einen hervorragenden Einfluss aus. Man muss bei Berechnung der Molekularrefraktion aus den Atomrefraktionen, falls der Körper n Doppelbindungen enthält, dem gefundenen Werthe die Konstante 1,84 hinzufügen (Brühl)."

6. „Der Zuwachs für die dreifache Bindung liegt etwas höher als für die Doppelbindung (Brühl)."

7. „Kettenförmige oder ringförmige Bindung bedingen keinen Unterschied der Molekularrefraktion, wohl aber Kernbindung (Brühl)."

---

[1]) Ich folge auch hier im Wesentlichen der Arbeit von E. Rimbach (l. c.).

8. „Aromatische Verbindungen zeigen häufig Abweichungen von diesen Regeln, die nach Brühl in erster Linie eine ungewöhnliche Dispersion, welcher die abnorme Refraktionssteigerung zuzuschreiben ist, zeigen."

9. „Das Inkrement für eine Doppelbindung in der Seitenkette bei aromatischen Verbindungen zeigt eine leidliche Konstanz und beträgt mit ziemlicher Annäherung = 1,84, wenn

a) die Dispersion der Substanz diejenige des Zimmtalkohols nicht überschreitet,

b) die Anzahl der Doppelbindungen nicht zu gross ist (Brühl)."

10. „Die Atomrefraktion für die Halogene hat sich ergeben aus $\mathfrak{M}_\alpha$ im Mittel für Cl zu 6,014, für Brom zu 8,863, für Jod zu 13,808 (Brühl."

11. „Sättigungsisomere Stickstoffverbindungen besitzen ganz analog den bei Kohlenstoffkörpern gemachten Erfahrungen niemals auch nur annähernd gleiches Refraktions- und Dispersionsvermögen."

12. „Stellungsisomere Körper haben bei Kohlenstoffverbindungen durchschnittlich gleiche oder fast gleiche Refraktion, bei Stickstoffverbindungen trifft dies nicht zu."

13. „Isospektrisch, d. h. von gleichem Brechungs- und Dispersionsvermögen, sind Ketoxime, Aldoxime und Aldoximsauerstoffäther, ferner die zweigisomeren Amine (Butyl- und Isobutylamin, Diäthylamin und Methylpropylamin, Toluidin und Xylidine)."

14. „Heterospektrisch sind kernisomere Amine und Nitrile, bei denen der Stickstoff in einem Falle mittelbar, im anderen Falle unmittelbar mit dem aromatischen Kern verbunden ist (Benzylamin und Toluidin, Chinolin und Isochinolin). Derjenige Körper, bei welchem die Amin- oder Cyangruppe direkt dem Benzolkern anhängt, zeigt immer den höheren Werth."

„Ebenso sind heterospektrisch stammisomere Amine, d. h. solche, in denen die Anzahl der bei dem Stickstoff verbliebenen Stammwasserstoffatome eine verschiedene ist ($C_3H_7NH_2$ und CH_3, C_2H_5NH, $(CH_3)_3N$)."

15. „Für die Atomrefraktion des Stickstoffes in einfacher Bindung schwankt der Werth

für w_α von 2,3—4,1, für w_{Na} von 2,4—4,9,

bei doppelt gebundenem Stickstoff:

für w_α von 3,7—4,1, für w_{Na} von 3,86—4,10,

bei dreifach gebundenem Stickstoff:

für w_α von 2,31—3,92, für $w_{N\alpha}$ von 2,45—3,94.

16. „Für Schwefel zeigt sich die Atomrefraktion bei aliphatischen Verbindungen konstant, bei den aromatischen Körpern zeigt sich die bekannte Abweichung. Thiophen und Chlorschwefel verhalten sich abweichend. Schwefeldoppelbindung bewirkt ebenfalls eine Steigerung, ebenso eine Verknüpfung der Schwefelatome unter sich."

17. „Selen und Phosphor verhalten sich vielfach ähnlich wie Schwefel."

18. „Die Metalle und auch die Metalloide, wie Sb, weisen in organischen Verbindungen einen viel höheren Werth der Atomrefraktion auf als in den Halogeniden oder Salzen."

Zum Schluss sei noch darauf hingewiesen, dass J. W. Brühl auch bei einer Anzahl von Verbindungen die Dispersion eines kleinen Theiles des Spektrums von w_α—$w_{N\alpha}$ mit in Rechnung gezogen hat und dadurch eine etwas intensivere Behandlung des Gesammtverhaltens ermöglicht hat. Demgemäss konnte z. B. die Eintheilung der Stickstoffverbindungen in isospektrische, d. h. solche von gleichem Brechungs- und Dispersionsvermögen, und in heterospektrische erfolgen.

Während Gladstone als Maass der Dispersion die Differenz zwischen den für zwei möglichst auseinander liegende Sonnenlinien (A und H) bestimmten, nach seiner Formel berechneten Refraktionskonstanten, also den Ausdruck

$$\frac{n_H - 1}{d} - \frac{n_A - 1}{d} = \frac{n_H - n_A}{d}$$

benützt, verwendet Brühl unter Zugrundelegung der Lorenz'schen Formel den analogen Ausdruck

$$\frac{n^2_\gamma - 1}{n^2_\gamma + 2} \cdot \frac{1}{d} - \frac{n^2_\alpha - 1}{n^2_\alpha + 2} \frac{1}{d}.$$

Das kleinere Intervall der beiden Wasserstofflinien H_γ—H_α ist der leichteren Bestimmung halber gewählt.

Es sei noch folgende Zusammenstellung der für die Atomrefraktion von den verschiedenen Forschern für die einzelnen Atome gefundenen Werthe mitgetheilt, die ebenfalls der Abhandlung von E. Rimbach entnommen ist:

		Gladstone's Formel			Lorenz-Lorentz's Formel				Dispersion. Brühl-Lorenz's-Formel
		r_α	r_A	r_D	r_α	r_α	r_A	r_D	$W_\gamma - W_\alpha$
		Landolt	Landolt	Zecchini	Landolt	Brühl	Landolt	Conrady	Brühl
Kohlenstoff einfach gebunden	C′	5,00	4,86	4,71	2,48	2,365	2,43	2,501	0,039
Wasserstoff	H	1,30	1,29	1,47	1,04	1,103	1,02	1,051	0,036
Hydroxylsauerstoff	O′	2,80	2,71	2,65	1,58	1,506	1,56	1,521	0,019
Aethersauerstoff	O<					1,655		1,683	0,012
Carbonylsauerstoff	O″	3,40	3,29	3,33	2,34	2,328	2,29	2,287	0,086
Chlor	Cl	9,79	9,53	10,05	6,02	6,014	5,89	5,998	0,176
Brom	Br	15,34	14,75 (Haagen)	15,34	—	8,863	—	8,927	0,348
Jod	J	24,87	23,55 (Haagen)	25,01	—	13,808	—	14,12	0,774
Aethylenbindung	|=	2,4	2,0	2,64	1,78	1,836	1,59	1,71	(0,23)
Acetylenbindung	|≡	—	—	—	—	2,22	—	—	(0,19)

Vermittels dieser Atomrefraktionen kann, falls die empirische Formel eines Körpers bekannt ist, für eine grosse Zahl von Verbindungen die Molekularrefraktion derselben durch einfache Summirung berechnet werden.

5. Tabelle der Brechungsindices verschiedener Flüssigkeiten.

Nach G. Marpmann.

	(n) D =		(n) D =
Aceton	1,358	Essigsäure Amyl	1,392
Aether	1,356	Glycerin	1,470
Amylanilin	1,522	Jodaethyl	1,509
Amylen	1,387	„ amyl	1,489
Aethylalkohol	1,363	Kresol	1,544
Ameisensaures Aethyl	1,358	Lepidin	1,610
Amylalkohol	1,402	Lutidin	1,489
Anilin	1,577	Methylalkohol	1,329
Benzol	1,497	Metacinnameïn	1,593
Bromoform	1,567	Menthol	1,455
Buttersaures Aethyl	1,380	Monobromnaphtalin	1,660
Chinolin	1,568	Nitrobenzol	1,546
Chlorbenzol	1,529	Nikotin	1,523
Chloroform	1,449	Nitroglycerin	1,474
Collidin	1,501	Octan	1,397
Cumol	1,498	Octylalkohol	1,427
Cymol α	1,483	Phenol	1,548
„ aus Kampher	1,480	Phenylsulfid	1,623
Essigsäure	1,371	Phosphor	2,074
„ Aethyl	1,368	Phosphortribromid	1,683

	(n) D =		(n) D =
Phosphortrichlorid	1,514	Selenylchlorür	1,653
Phosphoroxychlorid	1,488	Schwefelkohlenstoff	1,633
Pseudocumol	1,493	Schwefelchlorür	1,654
Quecksilbermethyl	1,929	Trichlorbenzol	1,567
" aethyl	1,539	Triaethylamin	1,466
Pyridin	1,503	Wasser	1,333
Safrol	1,570	Xylol	1,484
Salicylsaures Methyl	1,531	Zimmtaldehyd	1,620

6. Tabelle der Brechungsindices fetter und aetherischer Oele bei 15° C.

Nach Marpmann[1]).

	(n) D =		(n) D =
Anethol rein	1,5560	Oleum Cassiae direkt aus Japan	1,5815
" aus Anisol	1,5560	" Cedri des Handels	1,5300
Balsam canadense	1,5220	" P. aus Bleistiftabfall	1,5650
" Peruvianum	1,5930	" Cinae sem. rein P.	1,4720
Oleum Absinthii rein, von Paulcke (Leipzig) dest.	1,4935	" Camphorae leicht	1,4750
Oleum Absinthii des Handels	1,4960	" Foeniculi	1,5325
Oleum Amygdal. amar. aeth.		" Foeniculi crud. rein P.	1,4793
" sine acido hydrocyanico rein P.[2])	1,5463	" Juniperi baccar. rein P.	1,4793
Oleum cum acido hydrocyanico rein P.	1,5420	" Geranii Aureici (Palmacros) des Handels	1,4753
Oleum Amygdal. pingue, gepresst von P.	1,4735	Oleum Jecor. (Fischthran)	1,4750
Oleum Amygdal. pingue des Handels	1,4810	" Jecor. (Leberthran)	1,4800
Oleum Anisi stellati des Handels	1,5430	" Lini	1,4780
Oleum Anisi stellati altes des Handels	1,5450	" Fagi (Bucheckernöl)	1,5000
Oleum Anisi Stearopten	1,5550	" Cotton(Baumwollsamenöl)	1,4730
" Bergamottae des Handels	1,4640	" Cotton (Baumwollsamensaft)	1,4740
" Butyri (Butteröl)	1,4630	Oleum ligni Santali Westind.	1,5080
" Balsami Copaivae rein	1,5045	" ligni Santali Ostind. P.	1,5100
" Balsami Peruv. rein	1,5478	" ligni Santali Ostind. P.	1,5076
" Carvi rein P.	1,4638	" ligni mit 50 % Ol. Cedri	1,5075
" Cascarillae rein P.	1,4865	" Myrrhae aeth.	1,5255
" Calami P.	1,5075	" Olivar. pur I	1,4710
" Chamomillae P.	1,5110	" Olivar. pur II	1,4670
" Chamomillae des Handels	1,4710	" Olivar. pur III	1,4690
" Chamomillae citratum	1,4676	" Papaveris	1,4670
" Cassiae rein	1,6000	" Paraffini	1,4740
" Cassiae ?	1,5800	" Phellandrii, rein P.	1,4900
		" Petroselini	1,4975
		" Pini	1,4700
		" Petrae	1,4750

1) G. Marpmann, Apoth. Ztg. 7, 312, 1892.

2) P bedeudet Paulcke.

Petroleum	I. Fraktion bei 140—160° C.	II. Fraktion bei 190—200° C.	III. Fraktion bei 240—260° C.	IV. Fraktion bei 290—310° C.
Baku	1,4360	1,4520	1,4670	1,4750
Oelheim	1,4350	1,4500	1,4680	1,4800
Pechelbronn	1,4210	1,4440	1,4540	1,4620
Tegernsee	1,4270	1,4370	1,4510	1,4650
Pennsylvanien	1,4220	1,4390	1,4540	1,4630

Oleum Rapae	1,4720	Oleum Rosar. des Handels	1,4675
„ Rapae raff.	1,4750	„ Sabinae v. P.	1,4775
„ Napi	1,4750	„ Terebinth.	1,4760
„ Ricini I	1,4900	„ Thymi	1,4755
„ Ricini II	1,4870	Walfischthran	1,4830
„ Ricini III	1,4810	Walrathöl	1,4700
„ Rosar. rein, direkt vom Prod. (Bulgarien) P.	1,4423 !	Wallnussöl	1,4910

7. Bestimmung des Glycerins.

Die Bestimmung des Brechungsexponenten wässeriger Glycerinlösungen mit Hilfe des Abbe'schen Refraktometers lässt sich weit rascher ausführen als die Bestimmung des specifischen Gewichtes und hat ausserdem den Vortheil, dass nur ein Tropfen der Flüssigkeit benöthigt wird. Nach Lenz[1]) stimmen die Beobachtungen an dem grossen Refraktometer bis auf wenige Einheiten der vierten Decimale unter einander überein, während die mittlere Differenz der Brechungsindices für 1 % Glycerin 13,5 Einheiten derselben Decimalstelle beträgt.[3]) Man kann daher mit Hilfe der Tabellen den Procentgehalt einer wässerigen Glycerinlösung aus der Refraktion bis auf ca. 0,5 % genau bestimmen. Derartige Tabellen sind von Lenz[1]) Strohmer[2]) und Skalweit[3]) gegeben worden. Indem nach den Untersuchungen von Morawski[4]), der einige Stellen der Tabellen durch die Elementaranalyse kontrollirte, sich ergeben hat, dass die von Lenz aufgestellten Werthe im allgemeinen etwas zu niedrig sind, die Tabelle von Skalweit am besten mit der Verbrennung stimmt, während die aus Strohmer's Tabelle berechneten Glyceringehalte etwas zu hoch sind, gebe ich hier nur die Tabelle von Skalweit.

---

1) Lenz, Zeitschr. analyt. Ch. **19**, 302, 1880.
2) Strohmer, Monatsh. f. Chemie **5**, 61, 1884.
3) Skalweit, Repert. analyt. Ch. **5**, 18.
4) Morawski, Chem. Ztg. **13**, Nr. 27. 1889.

Tabelle über die specifischen Gewichte und die Brechungsexponenten wässeriger Glycerinlösungen nach Skalweit.

% Glycerin	Spec.Gew. bei 15° C.	n (D) bei 15° C.	% Glycerin	Spec.Gew. bei 15° C.	n (D) bei 15° C.	% Glycerin	Spec.Gew. bei 15° C.	n (D) bei 15° C.
0	1,0000	1,3330	34	1,0858	1,3771	68	1,1799	1,4265
1	1,0024	1,3342	35	1,0885	1,3785	69	1,1827	1,4280
2	1,0048	1,3354	36	1,0912	1,3799	70	1,1855	1,4295
3	1,0072	1 3366	37	1,0939	1,3813	71	1,1882	1,4309
4	1,0096	1,3378	38	1,0966	1,3827	72	1,1909	1,4324
5	1,0120	1,3390	39	1,0993	1,3840	73	1,1936	1,4339
6	1,0144	1,3402	40	1,1020	1,3854	74	1,1963	1,4354
7	1,0168	1,3414	41	1,1047	1,3868	75	1,1990	1,4369
8	1,0192	1,3426	42	1,1074	1,3882	76	1,2017	1,4384
9	1,0216	1,3439	43	1,1101	1,3896	77	1,2044	1,4399
10	1,0240	1,3452	44	1,1128	1.3910	78	1,2071	1,4414
11	1,0265	1,3464	45	1,1155	1,3924	79	1,2098	1,4429
12	1,0290	1,3477	46	1,1182	1,3938	80	1,2125	1,4444
13	1,0315	1,3490	47	1,1209	1,3952	81	1,2152	1,4460
14	1,0340	1,3503	48	1,1236	1,3966	82	1,2179	1,4475
15	1,0365	1,3516	49	1,1263	1,3981	83	1,2206	1,4490
16	1,0390	1,3529	50	1,1290	1,3996	84	1,2233	1,4505
17	1,0415	1,3542	51	1,1318	1,4010	85	1,2260	1,4520
18	1,0440	1,3555	52	1,1346	1,4024	86	1,2287	1,4535
19	1,0465	1,3568	53	1,1374	1,4039	87	1,2314	1,4550
20	1,0490	1,3581	54	1,1402	1,4054	88	1,2341	1,4565
21	1,0516	1,3594	55	1,1430	1,4069	89	1,2368	1,4580
22	1,0542	1,3607	56	1,1458	1,4084	90	1,2395	1,4595
23	1,0568	1,3620	57	1,1486	1,4099	91	1,2421	1,4610
24	1,0594	1,3633	58	1,1514	1,4104	92	1,2447	1,4625
25	1,0620	1,3647	59	1,1542	1,4129	93	1,2473	1,4640
26	1,0646	1,3660	60	1,1570	1,4144	94	1,2499	1,4655
27	1,0672	1,3674	61	1,1599	1,4160	95	1,2525	1,4670
28	1,0698	1,3687	62	1,1628	1,4175	96	1,2550	1,4684
29	1,0724	1,3701	63	1,1657	1,4190	97	1,2575	1,4698
30	1,0750	1,3715	64	1,1686	1,4205	98	1,2600	1,4712
31	1,0777	1,3729	65	1,1715	1,4220	99	1,2625	1,4728
32	1,0804	1,3743	66	1,1743	1,4235	100	1,2650	1,4744
33	1,0831	1,3757	67	1,1771	1,4250			

Da sich der Brechungsindex mit der Temperatur ändert, gilt diese Tabelle nur für die betreffende Temperatur. Van der Willigen fand folgende Aenderungen der Brechungsindices für je 1 ° Temperaturerhöhung.

Spec. Gew. des Glycerins.	Aenderung des Brechungsindex.
1,24049	0,00025
1,19286	0,00023
1,16270	0,00022
1,11463	0,00021
1,25350	0,00032 (Listing).

Für reines Wasser ist die Aenderung 0,00008 für 1 ° C.

Auch Alkohol und Extrakt im Wein sind auf diese Weise bestimmt worden von E. Riegler[1]).

8. Bestimmung der Fette.

Nach Benedikt[2]) haben zuerst Leone und Longi[3]) Verfälschungen von Olivenöl mit Sesamöl und Cottonöl an dem geänderten Lichtbrechungsvermögen erkennen wollen. Strohmer[4]) hat die Brechungsexponenten einer grösseren Anzahl von Oelen mit dem Apparat von Abbe bestimmt. Aus der von ihm entworfenen Tabelle ist ersichtlich, dass Olivenöl das kleinste und die trocknenden Oele und Ricinusöl ein erheblich grösseres Brechungsvermögen haben als die nichttrocknenden. Das Brechungsvermögen ist abhängig vom Alter und seiner Gewinnung. Die Bestimmung desselben soll nach Strohmer nur in den seltensten Fällen von Werth für die Fettanalyse sein.

Zur Erläuterung der Tabelle sei noch bemerkt, dass die Kolumne d die Differenzen zwischen dem Brechungsexponenten der Oele und des Wassers giebt, somit von kleinen Iustirungsfehlern des Apparates unabhängig macht. Dagegen müssen die Ablesungen bei den Temperaturen vorgenommen werden, für welche die Tabelle entworfen ist, weil die Brechungsexponenten der Oele durch Temperaturschwankungen weit stärker beeinflusst werden als der des Wassers.

Oel oder Fettsorte.	Bemerkung.	Brechungsexponent.			Differenz zwischen den Brechungsexponenten des Fettes bei 15° C. und des Wassers bei 15° C.
		bei 16° C. nD 16° C.	bei 14° C. nD 14° C.	bei 15° C. Mittel aus a und b nD 15° C.	
		a	b	c	d
Olivenöl	Jungfernöl aus Triest	1,4700	1,4696	1,4698	0,1368
Olivenöl	Dalmatiner Baumöl	1,4702	1,4704	1,4703	0,1373
Sesamöl	frisch	1,4748	1,4748	1,4748	0,1418
Sesamöl	franz., 9 Jahre alt	1,4755	1,4768	1,4762	0,1432
Cottonöl	amerik. beste Marke	1,4743	1,4761	1,4752	0,1422
Cottonöl	Marke Marginis	1,4729	1,4734	1,4732	0,1402
Cottonöl	Triest, 7 Jahre alt	1,4735	1,4751	1,4743	0,1413
Rüböl	3 Jahre alt	1,4733	1,4731	1,4732	0,1402
Rüböl	entsäuert	1,4718	1,4721	1,4720	0,1390
Rapsöl	raffinirt, 7 Jahre alt	1,4727	1,4725	1,4726	0,1396
Rapsöl	aus Winterraps	1,4747	1,4767	1,4757	0,1427
Ricinusöl	kalt gepresst	1,4786	1,4803	1,4795	0,1465
Ricinusöl	warm gepresst	1,4809	1,4796	1,4803	0,1473
Leinöl	kalt gepresst	1,4834	1,4836	1,4835	0,1505

1) E. Riegler, Zeitschr. analyt. Ch. **35**, 27, 1896.

2) R. Benedikt, Analyse der Fette und Wachsarten.

3) Leone und Longi, Gazz. chim. **16**, 393, 1886.

4) Strohmer, Zeitschr. f. Zuckerind. 1889, 189.

Oel oder Fettsorte.	Bemerkung.	Brechungsexponent. bei 16° C. nD 16° C.	bei 14° C. nD 14° C.	bei 15° C. Mittel aus a und b nD 15° C.	Differenz zwischen den Brechungsexponenten des Fettes bei 15° C. und des Wassers bei 15° C.
		a	b	c	d
Mohnöl	—	1,4779	1,4787	1,4783	0,1453
Leberthran	Möller's Original-Leberthr.	1,4841	1,4862	1,4852	0,1522
Leberthran	blond	1,4791	1,4809	1,4800	0,1470
Dorschthran	—	1,4785	1,4792	1,4789	0,1459
Fischthran	—	—	1,4790	1,4790	0,1460
Wasser	—	1,3330	1,3330	1,3330	—
Petroleum	Kaiseröl, sp.G. 0,7897 (15°C.)	—	—	1,4376	0,1046
Mineralschmieröl	russisch, sp.G. 0,9058 (15°C.)	—	—	1,4942	0,1612
Mineralschmieröl	sp. G. 0,9066 (15° C.)	—	—	1,4943	0,1613

a) Oleorefraktometer von Amagat und Jean.

Für die Bestimmung der Refraktionskonstante der Fette haben Amagat und Jean[1]) ein besonderes Instrument mit willkürlicher Skala konstruirt, dessen Theilstriche sie als Grade bezeichnen. Das betreffende Instrument führt den Namen Oleorefraktometer und wird von A. Dubosq in Paris angefertigt (Fig. 52).

Das Instrument ist in folgender Weise aufgebaut: „Die zu prüfende Substanz wird in einen kleinen, aufrecht stehenden Metallcylinder A gefüllt, welcher mit im Winkel von 170° zu einander geneigten Glasplatten C versehen ist. Dieses Prisma ist in ein zweites cylindrisches Metallgefäss eingesetzt, welches zwei parallele Fenster P aufweist. Die dieselben verschliessenden Glasplatten stehen senkrecht auf die Richtung des Collimators und des Visirapparates und sind in dieser Lage unabänderlich fixirt. Der auf diese Weise erhaltene ringförmige Raum um das Prisma ist mit einem „Normalöl" (huile type) gefüllt. Die Ablenkungen werden auf einer sehr kleinen durchsichtigen photographischen, beliebig getheilten Skala H abgelesen, welche sich vor dem Okular M befindet und das vom Kollimator entworfene Bild auffängt. Dieses Bild wird durch den vertikal stehenden Rand eines Schiebers entworfen, welcher das Gesichtsfeld in eine dunkle und eine helle Parthie theilt. Der Apparat wird durch einen zur Entleerung des Prismas dienenden Hahn R und durch ein als Bad dienendes Umhüllungsgefäss vervollständigt, welches zur Temperaturregulirung benützt wird. Der Schieber lässt sich mit Hilfe einer Stellschraube in der Weise einstellen, dass das Instrument auf O steht, wenn man das Normalöl oder im allgemeinen

[1]) Amagat und Jean, Compt. rend. **109**, 616, 1889; Monit. scientif. 1890, 215, 1890, 346.

jede beliebige Flüssigkeit in das Prisma und in den ringförmigen Raum einfüllt.“

Wird in das Prisma ein anderes Oel als in den ringförmigen Raum eingefüllt, so erhält man, je nachdem dieses Oel ein grösseres oder geringeres Brechungsvermögen hat als das Normalöl, Ablenkungen nach rechts oder nach links oder positive oder negative Grade am Oleorefraktometer. Als Normalöl wird Olivenöl verwandt.

Das Oleorefraktometer hat speciell für Fettuntersuchungen einige Vortheile vor Abbe's Refraktometer, da geringe Unterschiede zwischen dem Brechungsvermögen zweier Oele leichter zu erkennen sind; ferner haben das Normalöl und das zu prüfende Oel stets gleiche Temperatur. Auch kann man feste Fette bequem im geschmolzenen Zustande untersuchen.

Thörner[1]) bestimmt die Brechungsexponenten fester Fette bei 60° C mit Pulfrich's Refraktometer, welches ebenfalls ein Arbeiten bei höherer Temperatur gestattet.

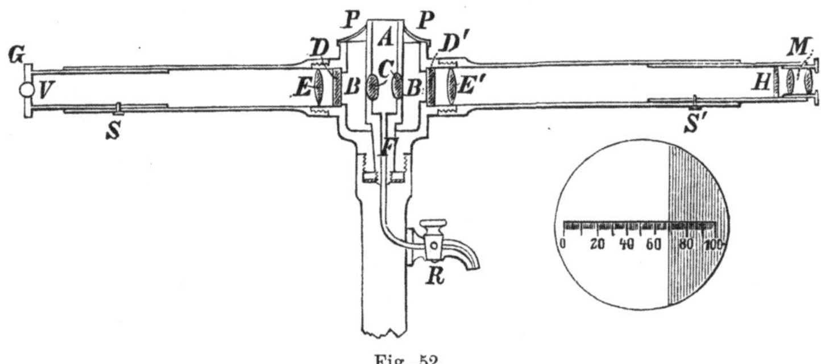

Fig. 52.

Nach Jean und Amagat[2]) bietet das Brechungsvermögen einen vorzüglichen Anhaltspunkt zur Beurtheilung der Reinheit der Oele. Zehn Olivenölproben gaben nur Abweichungen von 1—2 Graden am Oleorefraktometer.

Jean[3]) giebt folgende Zahlen, wobei die Ablenkung nach rechts als positiv, die Ablenkung nach links als negativ verzeichnet ist:

Schafpfotenöl	0	Cottonöl	+ 20
Pferdefussöl	— 12	Maisöl	+ 27
Walrathöl	— 12	Mohnöl	+ 30
Ochsenklauenöl	— 3	Walfischthran	+ 30,5
Olivenöl	+ 1,5 bis 2	Hanföl	+ 33
Mandelöl	+ 6	Ricinusöl	+ 40
Rüböl	+ 16,5 bis 17,5	Leinöl	+ 53
Sesamöl	+ 17		

1) Thörner, Zeitschr. angew. Ch. 1889, 308.

2) Amagat und Jean, Compt. rend. **109**, 616, 1889.

3) Jean, Journ. pharm. chim. **20**, 337, 1889.

Vor der Prüfung im Refraktometer sind die Oele durch Schütteln mit Alkohol entsäuert worden. Demnach geben die vegetabilischen Oele Ablenkungen nach rechts, die animalischen nach links. Vegetabilischen Oelen zugesetztes Harzöl kann an der Verminderung der Ablenkung erkannt werden.

Lobry de Bruijn und van Leent[1]) erhalten bei verschiedenen Fetten Ablenkungen, welche mit denen von Jean beobachteten mit Ausnahme des Sesamöles befriedigend übereinstimmen.

Leinöl	+ 49 bis 51°	statt + 53 bis 54°
Rapsöl	+ 15 bis 16	statt + 17 bis 18
Olivenöl	+ 0 bis 1,5	statt + 0 bis 2
Erdnussöl	+ 4	statt + 3,5
Ricinusöl (Java)	+ 37	statt + 43 bis 46
Ricinusöl (aus der Apothek)	+ 40	statt + 43,5
Sesamöl	+ 45	statt + 17 bis 18
Mandelöl	+ 7	statt + 6

9. Untersuchung der Butter und des Schweinefettes.

Nach Benedikt haben Alex. Müller[2]), Skalweit[3]), sowie Amagat und Jean[4]) die refraktometrische Untersuchung zur Butterprüfung empfohlen. Skalweit nimmt zwei glatt gehobelte Brettchen, schneidet aus einem derselben eine viereckige Vertiefung von 1 mm Tiefe und 40 mm Quadrat heraus, kleidet dieselbe mit dünnem Pergamentpapier aus und belegt das andere Brettchen ebenfalls mit Pergamentpapier. Nun wägt man etwa 1 g des erstarrten Butterfettes ab, legt dasselbe auf ein 100—120 mm im Quadrat grosses Stück Filtrirpapier, schlägt dieses viermal zusammen, bringt es auf ein ebenso grosses Stück Filtrirpapier, wickelt es in gleicher Weise in dasselbe und endlich in ein drittes Stück Filtrirpapier ein. Man bringt das Packet in den Ausschnitt des einen Brettchens, legt das andere lose darüber und bringt das Ganze in einen Vegetationskasten nach Koch, dessen Temperatur man konstant auf 170° C. hält.

Nach einigen Stunden beschwert man das obere Brettchen mit einem Gewichtsstück, lässt wieder einige Stunden stehen, öffnet, wirft die beiden äusseren Hüllen in ein bereit stehendes Becherglas mit Benzin, entfernt vorsichtig das im innersten Papier befindliche feste Fett mittels eines Messers vom Papier, wirft das letztere ebenfalls in das Benzinglas und wägt das feste Fett. Den Benzinauszug befreit man auf dem Wasserbade vom Lösungsmittel, stellt das erhaltene flüssige Fett in den Vegetationskasten und bestimmt davon nach einigen Stunden den Brechungsexponenten.

---

1) Lobry de Bruijn und van Leent, Chem. Ztg. **15**, Rep. 72, 1891.
2) Alex. Müller, Archiv d. Pharm. 1886, 210.
3) Skalweit, Repert. analyt. Ch. **181**, 235, 1886.
4) Amagat und Jean, l. c.

Reine Naturbutter besteht bei 17° etwa aus gleichen Theilen flüssiger und fester Fette, der flüssige Antheil hat bei dieser Temperatur einen Brechungskoefficienten von 1,4648. Kunstbutter enthält 25% flüssiges Fett vom Brechungskoefficienten 1,4698 bis 1,4728.

a) Verwendung des Oleorefraktometers.

Amagat und Jean schmelzen Butter bei niedriger Temperatur, verrühren sie mit 2—3 Messerspitzen voll geschmolzenem und gepulvertem Chlorcalcium zur Entziehung von Wasser, lassen in der Wärme absetzen und filtriren durch Watte. Das Filtrat erwärmt man auf 60—70°, füllt es in das Prisma des Oleorefraktometers und beobachtet die Ablenkung, wenn das in das Fett eingetauchte Thermometer 45° C. zeigt. Aether darf zur Reinigung des Fettes nicht verwendet werden. Naturbutter zeigt eine Ablenkung von 30 Oleorefraktometergraden nach links, Ochsennierenfett eine solche von 17°, Margarin von 14—15°. Zusätze von 10% fremden Fettes zur Butter sollen noch leicht zu erkennen sein. Zusätze von Pflanzenölen sind auf diese Weise noch leichter zu entdecken, da dieselben Ablenkungen nach rechts geben. Sehr zahlreiche Butterproben französischer und belgischer Herkunft schwanken zwischen 29—31°. Dagegen fanden Lobry de Bruijn und van Leent für holländische Butter Ablenkungen von —25 bis —30°, für Margarine von —11°, für Cocosbutter —52°, so dass Gemische von Cocosbutter und Margarine auf diesem Wege nicht von Naturbutter zu unterscheiden sind.

Thörner hat die Brechungsexponenten des Butterfettes und einiger anderen Fette in Pulfrich's Refraktometer bei 60° C. bestimmt und folgende Werthe gefunden.

	Brechungsexponent bei 60°.
Wasser	1,3287
Hammeltalg	1,4504
Rindertalg	1,4527
Schweineschmalz	1,4539
Palmöl roh	1,4501
Palmkernöl	1,4435
Cottonöl	1,4570
Olivenöl	1,4548
Butterfett	1,4477

b) Butterrefraktometer von Zeiss.

In den amtlichen Vorschriften für die Untersuchung von Fetten und Käsen vom 1. April 1898 wird das Butterrefraktometer von C. Zeiss in Jena zur Anwendung vorgeschrieben.

Die wesentlichen Theile des Butterrefraktometers (vgl. Figur 53) sind zwei Glasprismen, die in zwei Metallgehäusen A und B enthalten sind. Je eine Fläche der beiden Glasprismen liegt frei. Das Gehäuse B ist um die Achse C drehbar, so dass die beiden freien Glasflächen der Prismen aufeinander gelegt und von einander entfernt werden können. Die beiden Metallgehäuse sind hohl; lässt man warmes Wasser hindurchfliessen, so werden die Glasprismen erwärmt. An das Gehäuse A ist eine Metall-

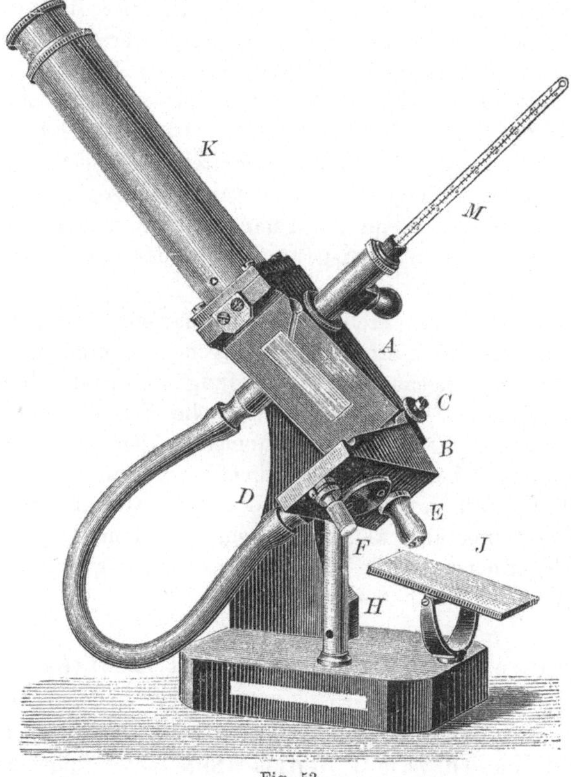

Fig. 53.

hülse für ein Thermometer M angesetzt, dessen Quecksilbergefäss bis in das Gehäuse A reicht. K ist ein Fernrohr, in dem eine von 0 bis 100 eingetheilte Skala angebracht ist. J ist ein Quecksilberspiegel, mit dessen Hilfe die Prismen und die Skala beleuchtet werden.

Zur Erzeugung des für die Butterprüfung erforderlichen warmen Wassers kann die in Figur 54 gezeichnete Heizvorrichtung dienen. Der einfache Heizkessel ist mit einem gewöhnlichen Thermometer T_1 und einem sog. Thermoregulator S_1 mit Gasbrenner B_1 versehen. Der Rohrstutzen A_1

steht durch einen Gummischlauch mit einem $^1/_2$—1 m höher stehenden Gefäss C_1 mit kaltem Wasser (z. B. einer Glasflasche) in Verbindung; der Gummischlauch trägt einen Schraubenquetschhahn E_1. Vor Anheizung des Kessels lässt man ihn durch Oeffnen des Quetschhahnes E_1 voll Wasser fliessen, schliesst dann den Quetschhahn, verbindet das Schlauchstück G_1 mit der Gasleitung und entzündet die Flamme bei B_1. Durch Drehen an der Schraube P_1 regulirt man den Gaszufluss zu dem Brenner B_1 ein für allemal in der Weise, dass die Temperatur des Wassers in dem Kessel etwa 40—45° beträgt. An Stelle der hier beschriebenen Heizvorrichtung können auch andere Einrichtungen verwendet werden, welche eine möglichst gleichbleibende Temperatur des Wassers gewährleisten. Falls eine Gasleitung nicht zur Verfügung steht, behilft man sich in der Weise, dass man das hochstehende Gefäss C_1 mit Wasser von etwa 45° füllt, dasselbe durch einen Schlauch unmittelbar mit dem Schlauchstück D des Refraktometers verbindet und das warme Wasser durch das Prismengehäuse fliessen lässt. Wenn die Temperatur in dem hochstehenden Gefäss C_1 bis auf 40° gesunken ist, muss es wieder auf die Temperatur von 45° gebracht werden.

Dem Refraktometer werden zwei Thermometer beigegeben; das eine ist ein gewöhnliches, die Wärmegrade anzeigendes Thermometer; das andere hat eine besondere, eigens für die Prüfung von Butter bezw. Schweineschmalz eingerichtete Eintheilung. An Stelle der Wärmegrade sind auf letzterem diejenigen höchsten Refraktometerzahlen aufgezeichnet, welche normales Butterfett bezw. Schweineschmalz erfahrungsgemäss bei den betreffenden Temperaturen zeigt. Da die Refraktometerzahlen der Fette bei steigender Temperatur kleiner werden, so nehmen die Gradzahlen des besonderen Thermometers, im Gegensatz zu den gewöhnlichen Thermometern, von oben nach unten, zu.

c) Benützung des Zeiss'schen Butterrefraktometers.

Die amtliche Vorschrift für die Benützung des Zeiss-schen Butterrefraktometers für die Untersuchung von Fetten und Käsen vom 1. April 1898 lautet folgendermassen:

α) Aufstellung des Refraktometers und Verbindung mit der Heizvorrichtung.

Man hebt das Instrument aus dem zugehörigen Kasten heraus, wobei man nicht das Fernrohr K, sondern die Fussplatte anfasst, und stellt es so auf, dass man bequem in das Fernrohr hineinschauen kann. Zur Beleuchtung dient das durch das Fenster einfallende Tageslicht oder das Licht einer Lampe.

Man verbindet das an dem Prismengehäuse B des Refraktometers angebrachte Schlauchstück D mit dem Rohrstutzen D_1 des Heizkessels;

gleichzeitig schiebt man über das an der Metallhülse des Refraktometers angebrachte Schlauchstück E einen Gummischlauch, den man zu einem tiefer stehenden leeren Gefäss oder einem Wasserablaufbecken leitet. Man öffnet hierauf den Schraubenquetschhahn E_1 und lässt aus dem Gefässe C_1 (Figur 54) Wasser in den Heizkessel fliessen. Dadurch wird

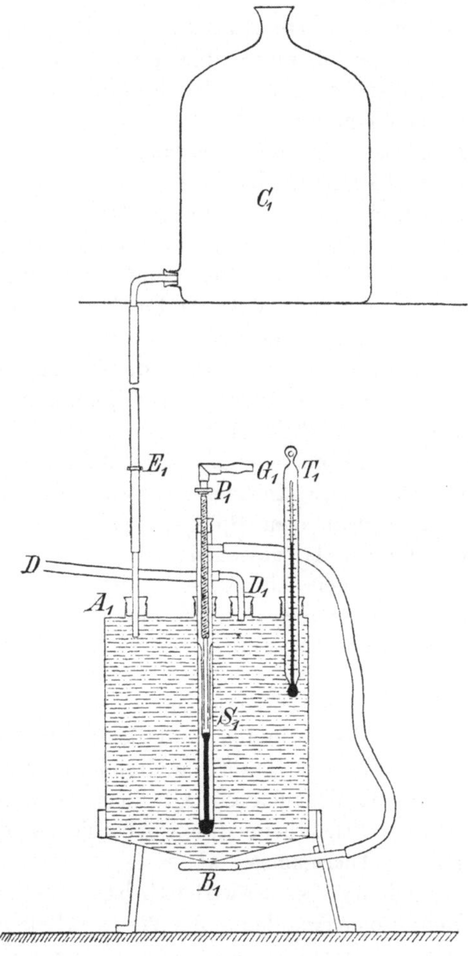

Fig. 54.

warmes Wasser durch den Rohrstutzen D_1 (Figur 54) und mittels des Gummischlauches durch das Schlauchstück D (Figur 53) in das Prismengehäuse B, von hier aus durch den Schlauch nach dem Prismengehäuse A gedrängt und fliesst durch die Metallhülse des Thermometers M, den Stutzen E und den daran angebrachten Schlauch ab. Die beiden Glasprismen und das Quecksilbergefäss des Thermometers werden durch das warme Wasser erwärmt. Durch geeignete Stellung des Quetschhahnes regelt man den Wasserzufluss zu dem Heizkessel so, dass das aus E austretende Wasser nur in schwachem Strahl ausfliesst, und dass bei Verwendung des gewöhnlichen Thermometers dieses möglichst nahe eine Temperatur von 40^0 anzeigt.

β) Aufbringen des geschmolzenen Butterfettes auf die Prismenfläche und Ablesung der Refraktometerzahl.

Man öffnet das Prismengehäuse des Refraktometers, indem man den Stift F (Figur 53) etwa eine halbe Umdrehung nach rechts dreht, bis Anschlag erfolgt; dann lässt sich die eine Hälfte des Gehäuses B zur Seite legen. Die Stütze H hält B in der in Figur 53 dargestellten Lage fest. Man richtet das Instrument mit der linken Hand so weit auf, dass die frei liegende Fläche des Glasprismas B annähernd horizontal liegt, bringt mit Hilfe eines kleinen Glasstabes drei Tropfen des filtrirten Butterfettes auf die Prismenfläche, vertheilt das geschmolzene Fett mit dem Glasstäbchen so, dass die ganze Glasfläche davon benetzt ist und schliesst dann das Prismengehäuse wieder. Man drückt zu dem Zwecke den Theil B an A an und führt den Stift F durch Drehung nach links wieder in seine anfängliche Lage zurück; dadurch wird der Theil B am Zurückfallen verhindert und zugleich ein dichtes Aufeinanderliegen der beiden Prismenflächen bewirkt. Das Instrument stellt man dann wieder auf seine Bodenplatte und giebt dem Spiegel des Instrumentes eine solche Stellung, dass die Grenzlinie zwischen dem hellen und dem dunklen Theile des Gesichtsfeldes deutlich zu sehen ist, wobei nöthigenfalls der ganze Apparat etwas verschoben werden muss. Ferner stellt man den oberen ausziehbaren Theil des Fernrohres so ein, dass man die Skala scharf sieht.

Nach dem Aufbringen des geschmolzenen Butterfettes auf die Prismenfläche wartet man etwa drei Minuten und liesst dann in dem Fernrohr ab, an welchem Theilstriche der Skala die Grenzlinie zwischen dem hellen und dunklen Theil des Gesichtsfeldes liegt; liegt sie zwischen zwei Theilstrichen, so werden die Bruchtheile durch Abschätzen ermittelt. Sofort hinterher liest man das Thermometer ab.

1. Bei Verwendung des gewöhnlichen Thermometers sind die abgelassenen Refraktometerzahlen in der Weise auf die Normaltemperatur von 40^0 umzurechnen, dass für jeden Temperaturgrad, den das Thermometer über 40^0 zeigt, 0,55 Theilstriche zu der abgelesenen Refraktometerzahl zuzuzählen sind, während für jeden Temperaturgrad, den das Thermometer unter 40^0 zeigt, 0,55 Theilstriche von der Refraktometerzahl abzuziehen sind.

2. Bei Verwendung des gewöhnlichen Thermometers mit besonderer Eintheilung zieht man die an dem Thermometer abge-

lesenen Grade von der in dem Fernrohr abgelesenen Refraktometerzahl ab und giebt den Unterschied mit dem zugehörigen Vorzeichen an. Würde z. B. im Fernrohr die Refraktometerzahl 44,5, am Thermometer aber 46,70 abgelesen, so ist die Refraktometerdifferenz des Fettes 44,5—46,7 = —2,2. Die Refraktometerprobe kann nur als Vorprüfung herangezogen werden; sie hat für sich allein keinen ausschlaggebenden Werth.

γ) Reinigen des Refraktometers.

Nach jedem Versuch müssen die Oberflächen der Prismen und deren Metallfassung sorgfältig von dem Fett gereinigt werden. Das geschieht durch Abreiben mit weicher Leinwand oder weichem Filtrirpapier, wenn nöthig unter Benützung von etwas Aether.

δ) Prüfung der Refraktometerskala auf richtige Einstellung.

Vor dem erstmaligen Gebrauch und späterhin von Zeit zu Zeit ist das Refraktometer dahin zu prüfen, ob nicht eine Verschiebung der Skala stattgefunden hat. Hierzu bedient man sich der dem Apparate beigegebenen Normalflüssigkeit, welche von C. Zeiss zu beziehen ist. Man schraubt das zu dem Refraktometer gehörige gewöhnliche Thermometer auf, lässt Wasser von Zimmertemperatur durch das Prismengehäuse fliessen (man heizt also in diesem Falle die Heizvorrichtung nicht an), bestimmt in der vorher beschriebenen Weise die Refraktometerzahl der Normalflüssigkeit und liest gleichzeitig den Stand des Thermometers ab. Wenn die Skala richtig justirt ist, muss die Normalflüssigkeit bei verschiedenen Temperaturen folgende Refraktometerzahlen zeigen:

Bei einer Temperatur von:	Skalentheile:	Bei einer Temperatur von:	Skalentheile:
25° C.	71,2	16° C.	76,7
24	71,8	15	77,3
23	72,4	14	77,9
22	73,0	13	78,6
21	73.6	12	79,2
20	74,3	11	79,8
19	74,9	10	80,4
18	75,5	9	81,0
17	76,1	8	81,6

Weicht die Refraktometerzahl bei der Versuchstemperatur von der in der Tabelle angegebenen Zahl ab, so ist die Skala bei der seitlichen kleinen Oeffnung G (Fig. 1) mit Hilfe des dem Instrumente beigegebenen Uhrschlüssels wieder richtig einzustellen.

d) Bestimmung des Schweinefettes.

Amagat und Jean haben auch für das Schweinefett und die etwa möglichen Verfälschungen desselben die Refraktionskonstante bestimmt. Geschmolzenes Schweinefett giebt bei 45 ° C. eine Ablenkung von — 12,5° des Oleorefraktometers, Ochsentalg von — 16°, Kälbertalg von — 19°, Kottonöl von + 20°. Somit vermindert Kottonöl die Ablenkung nach links, Talg erhöht dieselbe, und kann man Zusätze derselben leicht erkennen.

10. Zucker- und Eiweissbestimmung mit dem Eintauchrefraktometer.

J. A. Grober[1]) macht von dem Eintauchrefraktometer folgende praktische Anwendungen. Wird zuckerhaltiger Harn vor und nach der Vergährung durch das Instrument beobachtet, so ergiebt die abgelesene Differenz, durch 2,9 dividirt, den Gehalt an Zucker in Procenten; eine beigefügte Tabelle gestattet ein sofortiges Ablesen des Procent- und Promillegehaltes.

Auch den Eiweissgehalt des Harns kann man auf diese Weise bestimmen, indem man den Harn vor und nach der Ausfällung in essigsaurer Lösung beobachtet. Die Differenz, dividirt durch 0,3, ergiebt das Prom.-Eiweiss. Das Verfahren ist bereits früher von H. O. G. Ellinger[2]) angegeben worden.

Auch zur Herstellung und Kontrolle von Na-Lösungen wird der Apparat empfohlen.

---

1) J. A. Grober, Centrlbl. inn. Med. **21**. 201, 1900.
2) H. O. G. Ellinger, Journ. pr. Ch. (N. F.) **44**, 256, 1891.

X.

Methode der Kolorimetrie.

Die Methode, durch bestimmte Ursachen hervorgerufene Farbenerscheinungen zum Nachweis des Vorhandenseins eines Körpers zu verwenden, findet in der analytischen Chemie eine ausserordentlich ausgedehnte Anwendung. Neben dieser mehr qualitativen Untersuchung bedient man sich jedoch auch einer quantitativen Methode, indem man aus der Intensität der vorhandenen oder durch eine bestimmte Reaktion auftretenden Farbe auf die Menge des betreffenden Stoffes schliesst.

Diese Bestimmungsmethode heisst Kolorimetrie. Sie findet infolge der Leichtigkeit, mit der sie auszuführen ist, in den verschiedensten Gebieten der quantitativen Bestimmung organischer Körper Verwendung.

Sie umfasst im weiteren Sinne, wenn man das gerade sichtbar werdende Auftreten einer Färbung oder die Umwandlung einer Farbe in eine andere mit einbegreift, auch alle die Fälle, wo man mit Indikatoren arbeitet, wie in der Acidimetrie, der Alkalimetrie, bei der Bestimmung der Phenole und ihrer Sulfosäuren mit Diazolösung, das Probefärben u s. w. Nur aus dem Grunde, dass durch eine gleichzeitige Behandlung dieser Methoden unter der umfassenden Bezeichnung „Kolorimetrie“ der zu behandelnde Stoff allzu sehr anschwellen würde, ist die Veranlassung dazu, diese Methoden unter gesonderten Rubriken zu besprechen. Nimmt man gleichzeitig eine Untersuchung des durch die Farbe der betreffenden Lösung erzeugten Absorptions-Spektrums vor, so hat man es mit der im folgenden Kapitel zu behandelnden Spektrokolorimetrie zu thun.

Eine ausführliche Bearbeitung der „Kolorimetrie nebst der quantitativen Spektralanalyse“ findet sich in dem Buche von G. und H. Krüss, Leop. Voss 1891, welches allen denen, die sich eingehender unterrichten wollen, hiermit empfohlen sei.

Die Eintheilung des nachstehend behandelten Stoffes ist folgende:

1. Farbe und Konstitution.
2. Ausführung der kolorimetrischen Bestimmung:
   a) Kolorimeter von Dubosq,

b) Kolorimeter von Stammer,
c) Kolorimeter von Wolff,
d) Tintometer von Lovibond,
e) Kolorimeter von Gallenkamp,
f) Kolorimeter von Pellet und Demichel,
g) Polarisationskolorimeter von Grosse.

3. Bestimmung des Aldehyds im Aether.
4. Bestimmung des Aldehyds im Weingeist.
5. Bestimmung von Chloroform.
6. Bestimmung von Glukose im Harn.
7. Bestimmung des Invertzuckers.
8. Bestimmung der Stärke.
9. Bestimmung von Kohlehydraten.
10. Bestimmung des Furfurols.
11. Bestimmung der Salicylsäure.
12. Bestimmung des p-Nitrotoluols.
13. Bestimmung der Pikrinsäure in ihren Verbindungen mit organischen Basen.
14. Bestimmung des Rohkreosols.
15. Bestimmung des Guajakols.
16. Bestimmung des Vanillins.
17. Bestimmung des Gerbstoffes.
18. Nachweis und Bestimmung des α-Naphtols im β-Naphtol.
19. Bestimmung des Cholesterins.
20. Bestimmung des Antipyrins.
21. Bestimmung des Morphins.
22. Alkaloidbestimmung im Extractum Chinae liquidum.
23. Bestimmung des Safrans.
24. Bestimmung des Indigos.
25. Bestimmung des Harnindicans.
26. Bestimmung des Urobilins.
27. Blutfarbstoffbestimmung mit v. Fleischl's Haemometer.
28. Blutfarbstoffbestimmung mit Hoppe-Seyler's kolorimetrischer Doppelpipette.
29. Bestimmung des Eiweisses im Harn.
30. Bestimmung des Peptons.

1. Farbe und Konstitution.

Ueber den Zusammenhang zwischen Farbe und Konstitution sind schon zahlreiche Untersuchungen ausgeführt worden, ohne dass es bis jetzt gelungen ist, hier allgemein giltige Gesetze zu entdecken. Der Uebergang von ungefärbten Verbindungen in gefärbte vollzieht sich mitunter unter anscheinend so geringen Veränderungen der Konstitution, dass man zunächst nur die Thatsachen registriren und wohl auch hie und da zutreffende Schlüsse auf das Verhalten anderer Verbindungen ziehen kann.

Wir wissen z. B. durch die Untersuchungen von C. Gräbe und B. von Mantz[1]), sowie C. Gräbe und H. Stindt[2]), dass das Dibiphenylenäthen,

$$\begin{array}{c} C_6H_4 \\ | \\ C_4H_4 \end{array} \!\!> C = C <\!\! \begin{array}{c} C_6H_4 \\ | \\ C_6H_4 \end{array}$$

rothe Nadeln bildet, während Dibiphenylenäthan,

$$\begin{array}{c} C_6H_4 \\ | \\ C_6H_4 \end{array} \!\!> CH . CH <\!\! \begin{array}{c} C_6H_4 \\ | \\ C_6H_4 \end{array}$$

farblos ist.

Bei manchen Verbindungen nimmt die Intensität der Farbe gradatim zu, z. B. bei der Reihe Anilin, $C_6H_5NH_2$, farblos, Hydrazobenzol, $C_6H_5NH.NHC_6H_5$, schwach gefärbt, Azobenzol, $C_6H_5N = NC_6H_5$, ziemlich stark roth gefärbt. Auch sind hier mitunter Einflüsse von Bedeutung, die wir wohl durch Bestimmung der elektrischen Leitfähigkeit kontrolliren können, die uns aber vorerst nur zum Theile erklärlich sind. So weist H. E. Armstrong[3]), der sich mit zahlreichen Arbeiten an der Untersuchung dieser Fragen betheiligt hat, darauf hin, dass o-Nitrophenol gelb gefärbt, p-Nitrophenol dagegen weiss sei, während die Lösungen ihrer Alkalisalze eine gelbe Färbung besitzen.

Farbige organische Körper eignen sich nicht immer schon deshalb als Farbstoffe, weil sie gefärbt sind, sondern hierzu gehört auch ausser Haltbarkeit u. s. w. die Eigenschaft, eine gewisse Verwandtschaft zur Faser oder zu Beizen zu besitzen. Hinsichtlich der die Farbe der Farbstoffe bedingenden, bezw. die Intensität der Farbe vermehrenden oder vermindernden Gruppen hat O. N. Witt eine Theorie aufgestellt[4]), nach der er diese Gruppen in chromogene und chromophore eintheilt.

Im Laufe der Jahre sind eine ganze Reihe von Arbeiten erschienen, die sich mit der Veränderung der Farbe und Farbintensität der Farbstoffe durch Eintritt neuer Gruppen beschäftigen. Es genügt, wenn an dieser Stelle auf diese Arbeiten von G. Krüss und H. Oekonomides[5]), von W. Vaubel[6]), A. Stock[6]), M. Schütze[7]), F. Kehrmann[8]), R. Meyer[9]) u. s. w. hingewiesen wird.

---

1) C. Gräbe und R. von Mantz, Liebig's Ann. **290**, 238, 1896.

2) C. Gräbe und H. Stindt, ibid. **291**, 1, 1896.

3) A. E. Armstrong, Proc. Chem. Soc. **1892**, 101, 103; Chem. News. **73**, 126, 1896, **74**, 300, 1896. Vergl. auch E. L. Michols und R. W. Snow, Philos. Mag. **32**, 401, 1896.

4) Vgl. Nietzki, Chemie der org. Farbstoffe, Springer, Berlin.

5) G. Krüss und S. Oekonomides, Ber. **16**, 2051, 1883.

6) W. Vaubel, Journ. per. Ch. **50**, 351, 1894, **53**, 47, 1895.

7) M. Schütze, Zeitschr. physik. Ch. **9**, 109, 1893.

8) F. Kehrmann, Verh. Deutsch. Naturf. u. Aerzte 1898, II, 89.

9) R. Meyer, Zeitschr. physik. Ch. **24**, 468, 1898; Naturwissensch. Rundschau **13**, 489, 1898, **13**, 495, 1898, **13**, 505, 1898.

2. Ausführung der kolorimetrischen Bestimmung.

Die kolorimetrische Bestimmung lässt sich in der Weise ausführen, dass man gleich grosse Cylinder von möglichst farblosem Glase verwendet, einige derselben mit Lösungen von bekanntem Gehalt füllt und mit dieser Skala die Farbintensität der zu untersuchenden Lösung vergleicht. Auch Gläser von bestimmter Farbintensität können zum Vergleiche dienen, nachdem man mit Hilfe von verschieden koncentrirten Lösungen das Werthverhältniss der gefärbten Gläser ermittelt hat.

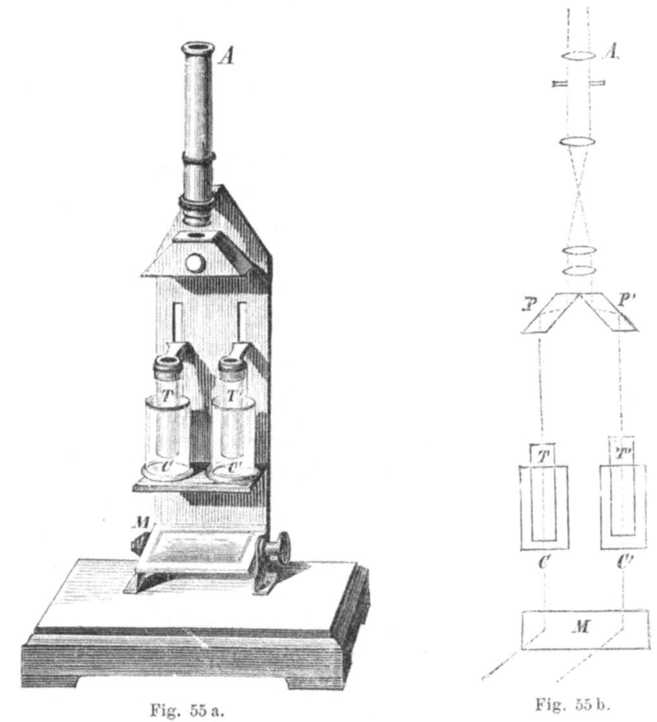

Fig. 55 a. Fig. 55 b.

Die gebräuchlichsten Kolorimeter sind die von Dubosq, von Stammer, C. H. Wolff, das Hämometer von Fleischl, das Kolorimeter von J. König.

Das Kolorimeter von Dubosq[1]), Fig. 55, besteht aus zwei cylindrischen Gefässen (C und C'), deren untere Fläche durch einen Spiegel gleichmässig beleuchtet wird, und in welchen zwei cylindrische Röhren (T und T') angebracht sind, deren untere Flächen durch planparallele Glasplatten geschlossen sind. Diese Röhren sind in den sie umgebenden Cylindern

1) Dubosq, Chem. News Bd. **21**, 31; Zeitschr. analyt. Ch. **9**, 473, 1870.

nach oben oder unten verschiebbar, so dass man die Höhe der zu durchstrahlenden Schicht verändern kann. Die Beobachtung geschieht dadurch, dass die beiden aus den Tauchröhren kommenden Strahlenbündel durch zwei Prismen P und P_1 zweimal reflektirt und unter Benützung von Linsen untersucht werden können. Man ermittelt die Koncentration der zu untersuchenden Lösung aus dem Verhältniss der eingestellten Höhe der Tauchcylinder, bei welcher gerade eine gleich grosse Farbintensität herrschte. Hierbei kommt der Erfahrungssatz zur Verwendung, dass die Farbintensität im umgekehrten Verhältniss zur Dicke der durchstrahlten Schicht steht.

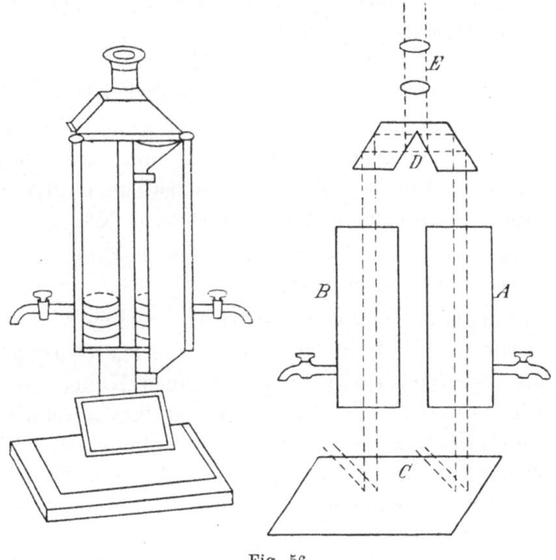

Fig. 56.

Das Kolorimeter von Stammer ist ähnlich eingerichtet, nur besteht darin ein Unterschied, dass hier entsprechend gefärbtes Glas als Vergleichsobjekt benützt wird. Es dient hauptsächlich zur Untersuchung der Farbe des Bieres, von Erdölen u. s. w. Auf einem gleichartigen Princip beruht das von J. König[1]) konstruirte Kolorimeter.

Bei dem Wolff'schen Kolorimeter[2]), welches in Fig. 56 abgebildet ist, wird die Thatsache benützt, dass Lichtstrahlen beim Durchgang durch eine gefärbte Flüssigkeitsschicht in ihrer Helligkeit geschwächt werden und zwar umsomehr, je koncentrirter die betreffende Flüssigkeit ist.

[1]) J. König, Chem. Ztg. **21**, 599, 1897. Vgl. auch M. Müller, Dingl. polyt. Journ. **269**, 609.

[2]) C. H. Wolff, Pharm. Ztg. **24**, 587, 1879.

A und B sind in Kubikcentimeter eingetheilte Cylinder, in welche die Farbstofflösungen gebracht werden und zwar in den einen die Vergleichsflüssigkeit und in den anderen die zu untersuchende Lösung. C ist ein Spiegel zur Beleuchtung, D ist ein Prismenpaar, welches die beiden Strahlenbündel im Gesichtsfelde des Okulars E so vereinigt, dass die eine Hälfte des Gesichtsfeldkreises dem durch den einen Cylinder gehenden Lichtbündel, die andere dem zweiten entspricht.

Man füllt die beiden Lösungen bis zu demselben Theilstrich ein und regulirt so lange durch Abfliessenlassen aus den seitlichen Hähnen, bis beiderseits gleiche Helligkeit vorhanden ist. Das Lichtabsorptionsvermögen ist wie bei dem Kolorimeter von Dubosq umgekehrt proportional der Dicke der durchstrahlten Schicht.

$$C : C_1 = H_1 : H.$$

Die Koncentrationen C verhalten sich umgekehrt wie die Höhen H.

Unter dem Namen Tintometer wurde von J. W. Lovibond[1]) ein kolorimetrisches Instrument beschrieben, das zur Bestimmung der Lichtintensität und der Farbe sowohl von selbstleuchtenden als auch von durchsichtigen und undurchsichtigen beleuchteten Körpern dienen kann.

Auch von A. Jolles[2]) ist ein auf den bekannten Principien beruhendes Kolorimeter konstruirt worden.

Das Hämometer von v. Fleischl, welches nachfolgend beschrieben ist, sowie ein Kolorimeter von v. Gallenkamp beruhen auf dem Princip, die Vergleichsskala in Form eines Keiles zu gestalten, so dass man auf die zu untersuchende Flüssigkeit die betreffende Keilstärke einstellt, welche derselben an Farbintensität gleichkommt. Während aber bei dem Hämometer als Vergleichsobjekt ein Rubinglaskeil dient, ist bei dem Kolorimeter von v. Gallenkamp der Keil zur Füllung mit der Vergleichsflüssigkeit zu benützen.

Eine Modifikation des Apparates von v. Gallenkamp ist von Dr. R. Müncke zu beziehen. Figur 57 giebt denselben wieder. Der früher parallele Glastrog, der die zu untersuchende Flüssigkeit aufnimmt, ist durch ein mit Tubus versehenes Beobachtungsrohr ersetzt. Der die Normalflüssigkeit enthaltende keilförmige Glastrog ist optisch genau hergestellt und mit einer gegen sämmtliche Flüssigkeiten, wie Säuren und Laugen widerstandsfähigen Substanz gekittet. Sowohl das Beobachtungsrohr wie auch der Keil sind nicht mehr fest mit einander verbunden, sondern getrennt und behufs leichterer Reinigung bezw. Füllung aus den Fassungen herausnehmbar.

In das abnehmbare Beobachtungsrohr kommt die zu untersuchende Substanz und die Normallösung in den Keil. Die Flüssigkeit in dem

---

1) J. W. Lovibond, Zeitschr. analyt. Ch., Ref. **28**, 686, 1889.

2) A. Jolles, Zeitschr. angew. Ch. 1889, Heft 13.

Keil zeigt in ihrer Farbintensität eine Abnahme der tiefsten Färbung bis zur allmälig eintretenden Farblosigkeit. Indem man den Keil mit Hilfe des Gegengewichtes langsam vorbeiführt, findet man den Punkt, bei dem gleiche Farbintensität vorhanden ist. An der an dem Keil angebrachten Skala lässt sich der genaue Procentgehalt der zu untersuchenden Flüssigkeit ablesen.

Ein Kolorimeter, das besonders für Rübensäfte bestimmt ist, haben H. Pellet und A. Demichel[1]) konstruirt. Dasselbe besteht aus zwei gleich langen, neben einander liegenden horizontalen Röhren, von denen die eine zur Aufnahme der helleren Vergleichslösung dient. Auf die andere Röhre ist ein im Verhältniss zum Inhalt der Röhre ziemlich grosser Trichter aufgesetzt, durch welchen 10—20 ccm der dunklen Lösung eingebracht werden. Durch Zufügen gemessener Wassermengen und Mischen mittels Luftdurchblasens wird die dunklere Lösung soweit verdünnt, dass in beiden Röhren gleicher Farbenton vorhanden ist. Vor den beiden Röhren ist ein Spiegel angebracht, der das Licht in dieselbe hineinwirft.

Auf einem etwas anderen Princip beruhen die ebenfalls mehrfach Verwendung findenden Polarisationskolorimeter, bei denen an Stelle der Reflexionsprismen aus Glas eine Kombination von Kalkspathprismen nach W. Grosse[2]) getreten ist. Eine ausführliche Abhandlung nebst Abbildung findet sich in der Kolorimetrie und quantitativen Spektralanalyse von G. und H. Krüss[3]).

Fig. 57.

3. Bestimmung des Aldehyds im Aether.

M. François[4]) benützt zur Bestimmung des Aldehyds im Aether die Färbungen, welche beim Behandeln mit Rosanilinbisulfit auftreten. Letzteres wird bereitet aus 220 ccm gesättigter Schwefeldioxyd-

1) H. Pellet und A. Demichel, Zeitschr. analyt. Ch. **31**, 432, 1892.

2) W. Grosse, Zeitschr. f. Instrumentenkunde **7**, 129, 1887, **8**, 95, 1888.

3) Die für die Kolorimetrie und Spectrokolorimetrie verwendeten Apparate sind von Dr. H. Krüss, Hamburg zu beziehen.

4) M. François, J. Pharm. Chim. **5**, 521, 1897; Chem. Centrbl. 1897, II, 144.

lösung, 30 ccm einer Fuchsinlösung 1 : 1000 und 3 ccm Schwefelsäure von 66° Bé. Das Reagens muss farblos sein; es ist umso empfindlicher, je weniger Schwefelsäure es enthält und darf sich in Berührung mit reinem Alkohol und Aether nicht färben. Enthält der Aether nur $^{1}/_{10000}$ Aldehyd, so tritt eine rothviolette Färbung auf.

Zur Ausführung der Bestimmung bedarf man des frisch bereiteten Reagens, eines aldehydfreien Alkohols und Aethers, einer Aldehydlösung in Alkohol von 95 %, enthaltend 0,1 ‰ an ersterem und eines Dubosq'sches Kolorimeters. Man bringt in ein Rohr (1) 5 ccm Alkohol mit 1 ‰ Aldehyd und 5 ccm reinen Aether; in ein zweites Rohr (2) 5 ccm Alkohol mit 1⁰/₀₀₀ Aldehyd und 5 ccm reinen Aether, in ein drittes Rohr (3) 5 ccm reinen Alkohol von 95 % und 5 ccm von dem Aether, dessen Aldehydgehalt festgestellt werden soll. Gleichzeitig werden alle Röhren mit 4 ccm des Reagens versetzt und geschüttelt. Nach 15 Minuten beobachtet man die entstandene Färbung. Das Dubosq'sche Kolorimeter gestattet die Einstellung der Vergleichslösung 1 und 2 auf den Farbenton der Versuchslösung 3 und die Berechnung des Aldehydgehaltes.

Reinen aldehydfreien Aether bereitet man sich durch Behandeln von Aether mit alkalischer Permanganatlösung (200 g gesättigte Permanganatlösung auf 1 l Alkohol und 20 g Aetznatron). Nach 24-stündiger Berührung und öfterem Schütteln lässt man den Aether ab, behandelt ihn nochmals mit Permanganat, entwässert ihn mit Kalk und geschmolzenem Chlorcalcium, filtrirt und destillirt. — Aldehydfreien Alkohol gewinnt man durch Kochen mit 10 ccm Anilin und 10 ccm Phosphorsäure von 45° Bé. auf 1 l, Erkaltenlassen und Destilliren.

A. Bornträger[1]) weist darauf hin, dass diese ursprünglich von M. Gayon[2]) angegebene Methode des Aldehydnachweises nicht verwendbar ist bei acetalhaltigem Sprit, da durch Acetal die anfänglich auftretende Rothfärbung sofort wieder zerstört wird. Ausserdem wirken auch andere oxydirende Körper, wie der Sauerstoff der Luft, unter Rothfärbung auf die Fuchsinlösung.

4. Bestimmung des Aldehyds im Weingeist.

L. Medicus und F. Paul[3]) haben eine Methode hierfür ausgearbeitet, die sich im Princip eng an die vorhergehende anschliesst, der Zeit nach aber früher als diese veröffentlicht worden ist.

---

1) H. Bornträger, Zeitschr. analyt. Ch. **30**, 208, 1891.

2) M. Gayon, Compt. rend. **105**, 1182; Zeitschr. angew. Ch. 1888, 88.

3) L. Medicus und F. Paul, Forsch.-Ber. über Lebensm. u. ihre Bez. zur Hyg. **2**, 299, 1895; Chem. Centrbl. 1895, II, 1060.

5. Bestimmung von Chloroform.

Bekanntlich giebt Chloroform mit Resorcin und Lauge erwärmt eine charakteristische rothe Farbenreaktion. A. Seyda[1]) benützt dieselbe zu einer kolorimetrischen Bestimmung des Chloroforms speciell in Leichentheilen. Die genannte Reaktion wird durch die anderen, in Destillaten von Leichentheilen auftretenden flüchtigen Stoffe, namentlich Ammoniak- und Schwefelaminbasen, nicht beeinträchtigt, anderseits bewahrt die einmal hervorgerufene Farbstofflösung bei gewöhnlicher Temperatur selbst nach 12 Stunden ihre Intensität.

Die für die Bestimmung erforderlichen Flüssigkeiten sind folgende: 1. 4 g reines Chloralhydrat enthaltend 1 g Chloroform, werden in 1 l Wasser gelöst, von dieser Lösung werden 100 ccm nochmals auf 1 l verdünnt, so dass diese Vergleichsflüssigkeit das Chloroform in einer Verdünnung von 1 : 10000 enthält; 1 ccm = 0,1 mg $CHCl_3$. — 2. Resorcin in 10 %iger Lösung. — 3. Natronlauge in 25 %iger Lösung.

Die Reaktion wird ausgeführt, indem man z. B. je 10 ccm der Chloralhydratlösung mit je 2 ccm der Resorcinlösung und je 1 ccm der Natronlauge mischt. Beide Proben werden 10 Minuten lang auf 80° erwärmt. Bei einem Gehalte von 1,0 mg $CHCl_3$ ist die Lösung dunkelroth; bei 0,5 mg $CHCl_3$ rosa; bei 0,1 mg $CHCl_3$ bräunlichroth. Bei letzterer Farbennuance liegt die äusserste Empfindlichkeitsgrenze dieser Reaktion.

6. Bestimmung von Glukose im Harn.

Während Harn ebenso wie Glukose selbst entfärbend auf Methylenblau einwirkt, ist dies bei verdünntem Harn nicht der Fall. Man prüft daher nach Goff[2]) auf Glukose, indem man zu 1 ccm verdünnten Harns (1 : 3) 5—6 ccm mit einigen Tropfen versetzte Methylenblaulösung (1/5000) zufügt. Glukosehaltiger Harn wird sofort entfärbt oder blassgelb, während normaler die blaue Farbe beibehält.

Um diese Reaktion quantitativ zu benützen, werden 30 ccm Methylenblaulösung mit 1 ccm 4,5 % Kalilauge vermischt und tropfenweise zu 1 ccm verdünntem Harn, welcher mit etwas Xylol überschichtet und in siedendes Wasser gestellt worden ist, bis zur bleibenden Blaufärbung zugegeben. Das Xylol dient znr Abhaltung des Luftsauerstoffs, damit das gebildete Methylenweiss nicht oxydirt wird. Der zu untersuchende Harn darf nicht mehr wie 0,3 % Glukose enthalten. 1 ccm 0,1 % Glukoselösung braucht 0,5 ccm Methylenblaureagens.

---

1) A. Seyda, J. f. öffentl. Ch. **3**, 333, 1897; Chem. Centrbl. 1897, II, 815.

2) Goff, Rép. de Pharm. 1897, 250; Chem. Centrbl. 1897, II, 1062.

Harnstoff, Harnsäure, Chlornatrium, Kreatinin, Peptone, Albumine reduciren Methylenblau nicht. Gallenfarbstoffe färben grün. Nach A. Fröhlich[1]) entfernt man diese Farbstoffe mit einer konc. Bleizuckerlösung (300:1000), von der man 5 ccm mit 10 ccm Harn und etwa 5 ccm Bleiessig versetzt. Dann filtrirt man durch ein doppeltes Filter, und falls das Filtrat noch gelb gefärbt ist, behandelt man dasselbe nochmals mit Bleizuckerpulver. Die unterste Empfindlichkeitsgrenze liegt alsdann bei 0,04—005 % Glukose.

7. Bestimmung des Invertzuckers.

Dieses von D. Sidersky[2]) ausgearbeitete Verfahren soll bei schneller Ausführbarkeit eine für technische Zwecke hinreichend genaue Bestimmung des Invertzuckers ermöglichen. Man arbeitet mit derselben Lösung, die für die Saccharosebestimmung gedient hat. Mit einer eigens zu diesem Zwecke bestimmten Pipette entnimmt man der Lösung 2 mal 24,6 ccm, wenn man mit Saccharimetern französischer Gradmessung arbeitet oder 2 mal 15,5 ccm bei deutschen Saccharimetern, welche 4 g Zucker entsprechen, bringt jedes dieser Volume in ein 100 ccm Kölbchen und setzt 5 ccm nach einer gewissen Art titrirter Fehling'schen Lösung zu.

Der Inhalt eines dieser Kölbchen wird zum Sieden gebracht, was man genau drei Minuten dauern lässt, dann setzt man sofort 50 ccm siedenden Wassers zu, schüttelt um und setzt das Kölbchen in ein Kaltwasserbad, um den Inhalt so rasch als möglich auf Zimmertemperatur zu bringen. Unterdessen setzt man der Lösung des zweiten Kölbchens, das die nämlichen Mengen Zucker und Fehling'sche Lösung enthält, aber nicht zum Sieden erhitzt wurde, Wasser zu, kühlt es ebenfalls wie das erste ab und füllt beide Kölbchen auf 100 ccm auf. Es genügt nun, die grünen Lösungen beider Kölbchen zu vergleichen, um danach den nach dem Sieden verbleibenden Ueberschuss an Kupfer zu berechnen.

Bei gefärbten Produkten nimmt man beide Vergleichsflüssigkeiten und setzt jeder 10 % Ammoniak zu, wodurch sie blau gefärbt werden, oder man setzt Essigsäure bis zur sauren Reaktion zu, einige Tropfen Ferrocyankalium und eine genügende Menge Wasser bis zum doppelten Volum. Dann vergleicht man beide blauen oder rothen Lösungen mit dem Kolorimeter und notirt die Höhen, die sich genau entgegengesetzt zu ihrem Kupfergehalt verhalten.

Ist a die Höhe der reducirten Lösung, b die Höhe der nichtreducirten Lösung und entsprechen 5 ccm Fehling'scher Lösung 25 mg Glukose,

[1]) A. Fröhlich, Centrbl. inn. Med. 1898, Nr. 4; Apoth.-Ztg. **13**, 323; Chem. Centrbl. 1899, II, 66.

[2]) D. Sidersky, Bull. de l'Assoc. d. Chim. **15**, 1134, 1898; N. Z. Rubenz. Ind. **41**, 61, 1898; Chem. Centrbl. 1898, II, 648. Dasselbe Verfahren ist bereits von Brunetti angegeben worden.

so ist $x : 0,0025 = b : a$; $x = 0,025 \frac{b}{a}$ = Cu Ueberschuss nach der Reduktion in Invertzucker ausgedrückt. An Invertzucker sind also vorhanden:

$$0,025 \, (1 - \frac{b}{a}) \text{ in 4 g Zucker}$$

und der Invertzucker in 100 g Substanz berechnet sich zu:

$$6,25 \, (1 - \frac{b}{a}) \text{ nach der Gleichung: } 4 : 0,025 \, (1 - \frac{b}{a}) = 100 : x.$$

Zur Vereinfachung der Berechnung nimmt man für die reducirte Lösung eine runde Zahl von Graden am Beobachtungscylinder und verändert die nicht reducirte Lösung so lange, bis beide Flüssigkeiten genau dieselbe Färbung zeigen, z. B. im Kolorimeter von Dubosq und Pellin.

Bei der Titerstellung der Kupferlösung verfährt man genau so, indem man 4 g Raffinade löst, der man 10—20 mg Invertzucker und 5 ccm Fehling'sche Lösung zusetzt. Der Versuch wird doppelt ausgeführt; den einen lässt man genau drei Minuten sieden, während man den anderen kalt lässt.

8. Bestimmung der Stärke.

M. Dennstedt und F. Voigtländer[1]) bezw. G. Ambühl[2]) bauen auf der Annahme, dass die Intensität der in der Stärkelösung durch Jod hervorgebrachten Blaufärbung der Stärkemenge direkt proportional ist, eine Methode zur kolorimetrischen Bestimmung der Stärke auf. Die Einwirkung von Temperatur und verschiedenen Salzen umgeht man durch Verwendung von destillirtem Wasser zur Herstellung der Lösung und Innehalten gleicher Temperaturen.

Kocht man wenig Stärke in viel Wasser, so ist in der Flüssigkeit die Stärkegranulose so fein vertheilt, dass sie sich wie eine Lösung verhält, während die Stärkecellulose zu Boden sinkt. Letztere geht erst beim Kochen unter Druck in Lösung. Das Verhältniss zwischen beiden wurde für Weizenstärke als anscheinend konstant auf 90,5—100 festgestellt.

Für die Herstellung der Lösungen von bekanntem Gehalt wendet man eine möglichst reine Stärke derselben Art an. Man bestimmt, nachdem man sich unter dem Mikroskop von der Reinheit der als Norm dienenden Stärke überzeugt hat, Feuchtigkeit, Asche, Proteïn und Fett und nimmt die Differenz als reine Stärke an.

Man wägt alsdann für jede Bestimmung auf vier Stellen genau die Menge ab, die 0,5 g Stärke entspricht. Man löst dieselbe in einem zwei Liter-Kolben durch lebhaftes Kochen in 1 l Wasser, kühlt ab, füllt genau

---

1) M. Dennstedt und F. Voigtländer, Forsch.-Ber. über Lebensm. u. ihre Bez. zur Hygiene **2**, 173, 1895; Chem. Centrbl. 1895, II, 322.

2) G. Ambühl, Chem. Ztg. **19**, 1508, 1895.

auf 1 l auf, lässt die Stärkecellulose sich absetzen und misst von der überstehenden Flüssigkeit in einer Reihe von in $^1/_2$ ccm getheilte 100 ccm Mischcylinder möglichst gleicher Höhe und Weite je 5 ccm ab. Jeder Cylinder erhält 1 Tropfen einer etwa 2%igen Jodkalilösung und wird auf 100 ccm aufgefüllt. Der Jodzusatz muss so abgemessen sein, dass ein mittelhelles Blau entsteht.

Man stellt die Cylinder auf weisser Unterlage unter einem Winkel von 45° auf. Da es leichter ist, eine Farbe zwischen eine hellere und eine dunklere einzustellen, misst man sich mehrere Cylinder mit 4,9 ccm und mehrere mit 5,1 ccm ab, nimmt von ersteren den hellsten und von letzteren den dunkelsten und stellt den zu untersuchenden zwischen diese beiden ein.

Von dem zu untersuchenden Produkt bestimmt man zunächst die Feuchtigkeit, wiegt die 0,5 g der Trockensubstanz entsprechende Menge ab und stellt die Lösung wie oben her. Man nimmt den Durchschnitt aus einer grossen Zahl von Bestimmungen. Die Lösungen sind stets frisch zu bereiten.

Geringere Mehle geben bei der beschriebenen Behandlung keine Blau-, sondern Violettfärbung. Man kann dem abhelfen, indem man die abgewogene Menge mit Alkohol anrührt und stehen lässt, mit der Saugpumpe auf einem stärkefreien Filter abfiltrirt, nach einander mit Alkohol, Aether und nochmals mit Alkohol auswäscht und dann Filter und Mehl in den Kolben giebt. F. T. Littleton[1]) kommt zu ähnlichen Resultaten. Sie stellt fest, dass das Verhältniss der Arrowrootstärke zur Reisstärke wie 100 : 83,83 ist. Für jede Probe muss also Stärke derselben Pflanze zum Vergleich herangezogen werden.

Hier sei noch auf eine Reihe von Arbeiten hingewiesen, die auf der Annahme beruhten, die Bindung der Stärke mit Jod sei eine quantitativ verlaufende Reaktion. Es wurde deshalb zu der Lösung der eventuell mit Sodalösung von 2° Bé oder mit Schweitzer's Reagens (Kupferoxydammoniak) vorbehandelten Stärke so lange titrirte Jodlösung zugegeben, bis ein herausgenommener Tropfen auf Stärkekleisterpapier einen blauen Fleck macht. Oder es wurde ein Ueberschuss von Jodlösung zugegeben, wie z. B. von F. Seyfert[2]) und derselbe mit Thiosulfat in der nach dem Absitzen der Jodstärke überstehenden klaren Flüssigkeit bestimmt.

Die Zahlen, wie sie von F. Mylius[3]), H. B. Stocks[4]), C. Meineke[5]),

---

1) F. T. Littleton, Amer. Chem. J. **19**, 44, 1897.

2) F. Seyfert, Zeitschr. f. angew. Ch. 1888, 15.

3) F. Mylius, Ber. **20**, 688, 1887.

4) H. B. Stocks, Chem. News **56**, 212, 1887; **57**, 183, 1888.

5) C. Meineke, Chem. Ztg. **18**, 157, 1894. Vgl. auch C. Lomes, Zeitschr. analyt. Ch. **33**, 409, 1894.

A. Girard[1]), L. Bondonneau[2]) und F. Seyfert gefunden wurden für die Jodabsorption der Stärke, weichen jedoch sehr von einander ab. F. W. Küster[3]) hat nachgewiesen, dass der Jodgehalt der entstandenen Jodstärke in hohem Grade abhängig ist von der Koncentration der wässerigen Jodlösung und je nach dieser von 11,5—26,5 % schwankt. So erklärt sich auch, warum jeder Autor, wenn er nur immer unter gleichen Bedingungen arbeitete, konstante Werthe erhielt, und jeder andere, der bei der Nachprüfung dieser Resultate eine Jodlösung anderen Titers anwandte, zu abweichenden Ergebnissen kommen musste. Die auf die quantitative Ermittlung des Jodgehalts von Jodstärke gegründeten Stärkebestimmungen erscheinen hiernach sehr wenig aussichtsvoll.

9. Bestimmung von Kohlenhydraten.

Neitzel[4]) benützt hierzu die bekannten Farbenreaktionen, welche auftreten, wenn man Zuckerlösungen mit Schwefelsäure und einem aromatischen Amin, Alkohol oder Phenol behandelt. Seine Methode soll hauptsächlich für die Analyse der Abwasser der Zuckerfabriken, des Bieres, des Weines u. s. w. in Verwendung kommen.

10. Bestimmung des Furfurols.

Dieselbe geschieht in der Weise[5]), dass man zu je 10 ccm Flüssigkeit 10 Tropfen Anilin giebt, hierzu 2 ccm Essigsäure fügt und die entstehenden Färbungen nach 20—30 Minuten langer Digestion vergleicht. Die Furfurollösung hält sich gut; die Methode erlaubt noch die Bestimmung von ungefähr 0,1 mg Furfurol im Liter Alkohol.

11. Bestimmung der Salicylsäure.

Die kolorimetrische Bestimmung der Salicylsäure wird mit Eisenchlorid ausgeführt. Zur Erzielung richtiger Resultate ist die Einhaltung bestimmter Bedingungen nothwendig, welche Frehse[6]) ermittelt hat.

a) Die zum Vergleich dienende Lösung von bekanntem Gehalt muss öfters erneuert werden, da sich die Salicylsäure, wie auch ihr Natronsalz, in verdünnter wässeriger Lösung mit der Zeit zersetzt.

b) Man muss die Salicylsäure mit Aether extrahiren und nicht etwa wenig gefärbte Flüssigkeiten direkt untersuchen, da viele Substanzen die

---

1) A. Girard, Ann. de chim. phys. (6 Série) **12**, 275, 1887.
2) L. Bondonneau, Compt. rend. **85**, 671, 1877.
3) F. W. Küster, Liebig's Ann. **283**, 360, 1894.
4) Neitzel, Dingler's polyt. Journ. **297**, 164, 1895.
5) E. Mohler, Ref. Zeitschr. analyt. Ch. **31**, 583, 1892.
6) Frehse, Chem. Ztg. **10**; Rep. 261, 1886.

Farbenreaktion schwächen bezw. ganz verhindern. Hierher gehören die Säuren, Alkalien, neutrale Salze wie Phosphate, Oxalate, Tartrate.

c) Die Eisenchloridlösung ist sehr verdünnt zu nehmen, da bei kleinen Mengen von Salicylsäure der geringste Ueberschuss die Färbung zerstört.

A. Fajans[1]) benützt bei Gegenwart von Phenol und dessen Homologen eine Modifikation des Verfahrens von Rémont, indem er alkoholische Lösung verwendet. In diesem Falle erzeugt Eisenchlorid nur mit Salicylsäure, aber nicht mit den Phenolen Färbungen. Zu dem Zwecke extrahirt man erst mit Aether und löst den Rückstand des ätherischen Auszuges in Alkohol. Die Bestimmung ist noch anwendbar bei einem Verhältniss von 800 Phenol zu 1 Salicylsäure.

A. Schneegans und J. E. Gerock[2]) benützen den Umstand, dass die violette Färbung, welche Salicylsäure, Salicylaldehyd und Salicylsäuremethylester mit Eisenoxydsalzen geben, beim Schütteln mit Aether nur bei der Salicylsäure erhalten bleibt, zum Nachweis der Salicylsäure in Gemischen mit diesen Körpern.

12. Bestimmung des p-Nitrotoluols.

Das von F. Reverdin und Ch. de la Harpe[3]) empfohlene Verfahren beruht auf dem Verhalten des sulfonirten p-Nitrotoluols zu Natronlauge. Während dieses durch Kochen mit Natronlauge in Dinitrodisulfostilben übergeht, dessen alkalische Lösung dunkelroth ist, bleibt o-Nitrotoluolsulfosäure bei dieser Behandlungsweise unverändert und erzeugt eine nur schwache gelbliche Lösung. Behufs Anwendung dieser Methode ist es nothwendig, sich ein vollkommen reines o-Nitrotoluol darzustellen.

Man erhält dasselbe nach Angabe der Verfasser, indem man 100 g käufliches o-Nitrotoluol (mit 4—5 % p-Verbindung) mit 25 g Natronhydrat, 25 g Wasser und 50 g Alkohol am Rückflusskühler 24 Stunden lang kocht, mit Wasser verdünnt und die schwach angesäuerte Lösung mit Wasserdampf destillirt. Das übergehende o-Nitrotoluol wird nochmals obiger Behandlung unterworfen. Bei der zweiten Destillation fängt man nur die ersten $^4/_5$ auf, rektificirt das so erhaltene o-Nitrotoluol und benützt das bei konstanter Temperatur Uebergegangene zur Darstellung einer reinen o-Nitrotoluolsulfosäure-Lösung. Man erhält dieselbe, indem man 20 ccm des reinen o-Nitrotoluols mit 6 ccm rauchender Schwefelsäure (25 % Anhydrid) 3 Stunden lang auf dem Wasserbade kocht, alsdann das Produkt in Wasser giesst und auf 1 l auffüllt. Ausserdem

[1]) A. Fajans, Chem. Ztg. **17**, 69, 1893.

[2]) A. Schneegans und J. E. Gerock, Pharm. Centrbl. **33**, 40, 1892.

[3]) F. Reverdin und Ch. de la Harpe, Chem. Ztg. **12**, 787, 1888.

stellt man sich ein Gemisch von 96 % o-Nitrotoluol und 4 % p-Nitrotoluol dar, das als Vergleichstypus dienen soll.

Will man nun ein o-Nitrotoluol auf seinen Gehalt an p-Nitrotoluol untersuchen, so sulfonirt man gleichzeitig, wie oben angegeben, das Untersuchungsobjekt und das 4 % p-Verbindung enthaltende o-Nitrotoluol, giesst in Wasser und verdünnt auf je 200 ccm. Alsdann erhitzt man, auch gleichzeitig und in gleichen Reagensröhrchen, je 1 ccm der so erhaltenen Lösungen mit 5 ccm einer 10 %igen Natronlauge auf dem Wasserbade und vergleicht die Färbungen. Zeigt das zu untersuchende Gemisch eine stärkere Rothfärbung als der Typus, so versetzt man ein bekanntes Volum (20—50 ccm) der sulfonirten Lösung so lange mit der 0,2 %igen reinen o-Nitrotoluolsulfosäurelösung, bis 1 ccm des Gemisches nach der Behandlung mit Natronlauge dieselbe Färbung erzeugt wie das als Typus dienende Gemenge von 96 % o- und 4 % p-Nitrotoluol. Durch Umrechnung findet man alsdann den Gehalt an p-Nitrotoluol.

Die Methode giebt bei bis zu 20 % p-Verbindung enthaltenden Gemischen Resultate, die höchstens um 0,5 % von den berechneten abweichen, bei stärkerem Gehalt an p-Verbindung sind die Differenzen grösser.

Bei der Anwendung der Methode hat man vor allem sein Augenmerk darauf zu richten, dass die Vergleichsoperationen gleichzeitig und in gleichartigen Gefässen vorgenommen werden. Die Färbungen vergleicht man am besten, nachdem man etwa eine halbe Stunde auf dem Wasserbade gekocht hat.

13. Bestimmung der Pikrinsäure in ihren Verbindungen mit organischen Basen.

Dieselbe wird von L. Kutosow[1]) auf kolorimetrischem Wege ausgeführt. Er vergleicht die Farbenintensität der Lösungen der Pikrate mit derjenigen einer Normalpikrinsäurelösung (1 : 10000). Die angeführten Beleganalysen sind ziemlich befriedigend. Die Methode lässt sich wohl nur in speciellen Fällen anwenden. Sie soll bei der Bestimmung der Ptomaine benützt werden.

Neben der kolorimetrischen Methode wurden auch Versuche mit dem Hüfner'schen Polarisationsspektrophotometer angestellt und ebenfalls hinreichend genaue Resultate erhalten.

14. Bestimmung des Rohkresols.

Eine annähernde Werthbestimmung des Rohkresols gründet A. Schneider[2]) auf die Intensitätsvergleichung der gelben Färbung, welche einerseits reines Kresolgemisch, anderseits die aus dem Untersuchungsobjekt

1) L. Kutusow, Zeitschr. physiol. Ch. **20**, 166, 1895.

2) A. Schneider, Pharm. Centrhl. **36**, 552, 1895.

erhaltenen Kresole bei Behandlung mit Salpetersäure und Ammoniak annehmen.

15. Bestimmung des Guajakols.

H. Fonzes-Diacon[1]) hat ein einfaches Verfahren angegeben, um den Gehalt der Guajakol- und Kreosotsorten des Handels an krystallisirtem Guajakol zu ermitteln. Dasselbe beruht auf der Färbung einer Lösung von 0,5 g des Produktes in 1000 Theilen Lösungsmittel bei der Behandlung mit Nitrit und Salpetersäure.

Eine ähnliche Farbenskala, welche von orangegelb bis grüngelb geht, kann man durch Behandeln von etwa 10 ccm der Lösungen, welche man durch Auflösen von 10 Tropfen des zu untersuchenden Guajakols und Kresols in 1 l Wasser erhält, in einer Reihe von Röhren desselben Umfanges mit 2 ccm einer Lösung von 0,5 g Kupfersulfat in 1000 Theilen Wasser und mit 1 ccm einer 4 %igen Cyankaliumlösung darstellen. Der Farbenunterschied der verschiedenen Lösungen ist sehr schön, und kann man den Gehalt einer Kreosotsorte durch Vergleichen mit Typelösungen mit genügender Genauigkeit bestimmen. In den Flüssigkeiten entsteht allmälig eine Trübung. Man kann mittels obiger Reaktion sogar ohne Typelösung erkennen, ob eine Kreosotsorte 12—25 % und ob eine Guajakolsorte 65—70 oder 85—90 % enthält. Es genügt dazu, eine Spur des zu untersuchenden Produkts auf die Wand eines Glases zu bringen, Wasser zum Lösen und 2—3 ccm einer 4 %igen Kupfersulfat- und 1—2 ccm einer 4 %igen Cyankalilösung zuzusetzen. Es bilden sich dann sofort Streifen eines Niederschlages, welcher im durchscheinenden Licht smaragdgrün für das Kreosot, grauroth für das geringwerthige und purpurroth für das gehaltreiche Guajakol ist. Man braucht diese Niederschläge nur einmal gesehen zu haben, um ohne eine Vergleichslösung den annähernden Werth des zu untersuchenden Produktes bestimmen zu können.

16. Bestimmung des Vanillins.

Franz X. Moerk[2]) empfiehlt ein kolorimetrisches Verfahren, das auf dem Umstande beruht, dass künstliches Vanillin nach Behandeln mit Bromwasser und Zusatz von Eisenvitriol eine blaugrüne Färbung giebt. Seine weiteren Versuche ergaben, dass auch natürliches Vanillinextrakt sogar in sehr starker Verdünnung mit diesen Reagentien eine Färbung giebt, deren Intensität und Reinheit aber durch andere, darin vorhandene Substanzen stark beeinträchtigt wird. Entfernt man dieselben jedoch durch

---

[1]) H. Fonzes-Diacon, Bull. Soc. Chim. **19**, 191, 1898; Chem. Centrbl. 1898, I, 909.

[2]) Frank X. Moerk, Zeitschr. analyt. Ch. **32**, 242, 1893.

Behandeln des Extrakts mit frisch gefälltem Bleihydroxyd, so lässt sich im Filtrate die deutliche Vanillin-Reaktion erhalten.

Zu einem aliquoten Theile des so gereinigten Extraktes fügt man nach dem Verdünnen mit Wasser so lange tropfenweise Bromwasser, bis der Bromgeruch nach dem Schütteln nicht mehr verschwindet; es entsteht alsdann bei vorsichtiger Zugabe von 1 %iger Eisenvitriollösung eine bläulichgrüne Färbung, die allmälig an Intensität zunimmt, bis schliesslich ein Maximum erreicht ist. Durch Vergleich mit Flüssigkeiten von bekanntem Vanillingehalt lässt sich der Gehalt des Extrakts an Vanillin annähernd bestimmen.

17. Bestimmung des Gerbstoffes.

S. J. Hinsdale[1]) bringt folgendes Verfahren in Vorschlag.

Man stellt sich eine „Eisenlösung" dar durch Auflösen von 0,04 g Ferricyankali in 500 ccm Wasser und Versetzen dieser Lösung mit 1,5 ccm Eisenchloridlösung. Ausserdem bereitet man sich eine Tanninlösung durch Auflösen von 0,04 g bei 100° C. getrockneten reinen Tannins in 500 ccm Wasser.

Zur Untersuchung der Rinden etc. auf Tannin werden 0,8 g des betreffenden Materials mit heissem Wasser ausgezogen und die Lösung nach dem Erkalten auf 500 ccm aufgefüllt. Man stellt nun sechs weisse Standgläschen auf eine weisse Unterlage und bringt in das eine desselben mittels einer halbgefüllten Tropfpipette fünf Tropfen des Rindenextrakts und alsdann mittels derselben Pipette nach dem Ausspülen in die anderen Standgläschen je 4, 5, 6, 7, 8 Tropfen der Tanninlösung. Es ist von Wichtigkeit, dass die Tropfen gleich gross sind; man bedient sich deshalb derselben Pipette. Alsdann bringt man in jedes Gläschen 5 ccm der Eisenlösung und nach Verlauf einer Minute in jedes noch 20 ccm Wasser und vergleicht innerhalb drei Stunden die Färbungen. Besitzt beispielsweise das die Rindenlösung enthaltende Standgläschen dieselbe Färbung wie dasjenige, in welches sieben Tropfen der Tanninlösung gebracht werden, so enthält die untersuchte Rinde 7 % Tannin. Die Procente entsprechen also direkt der Anzahl der Tropfen.

Man beobachtet in horizontaler Richtung, indem man die zu vergleichenden Gläschen gegen eine weisse Wand stellt.

In dieser Weise lassen sich alle Substanzen untersuchen, die weniger als 10 % Tannin enthalten. Enthalten die Substanzen 10—20 % Tannin, so verdünnt man die Auszüge mit dem gleichen Vol. Wasser und macht die Prüfung mit den so verdünnten Flüssigkeiten. Für Substanzen mit mehr als 20 % Tannin verdünnt man entsprechend, und für solche mit

1) S. J. Hinsdale, Chem. News **62**, 19; d. Zeitschr. analyt. Ch. **30**, 365, 689, 1891.

1—1 1/2 % Tannin macht man den Auszug von 8 g statt von 0,8. Sowohl die Eisen- als auch die Tanninlösung müssen vor jedem Versuch frisch dargestellt und vor Sonnenlicht bewahrt werden. F. Jean[1]) schlägt die Benützung einer Eisenchloridlösung vor, die im Liter 10 ccm Salzsäure und 14 g Eisenchlorid enthält.

18. Nachweis und Bestimmung des α-Naphtols im β-Naphtol.

Bei der grossen Bedeutung, die das β-Naphtol als Grundirungsmittel zur Erzeugung unlöslicher Azofarbstoffe auf der Faser gewonnen hat, ist es von Interesse, eine Methode zu besitzen, welche es gestattet, die Gegenwart von α-Naphtol im Handels-Naphtol nachzuweisen, zumal durch eine Notiz in der Zeitschrift „Oesterreichs Wollen- und Leinen-Industrie" von neuem auf die schädlichen Wirkungen des α-Naphtols als Verunreinigung des β-Naphtols hingewiesen worden ist.

A. Dubosq[2]) hat ein Verfahren bekannt gegeben, welches von Léger ausgearbeitet worden ist und das den Nachweis von selbst 1 Theil α-Naphtol in 100 Theilen β-Naphtol leicht gestattet. Es beruht in der Einwirkung von Natriumhypobromit auf α-Naphtol. Die Lösung des Hypobromits wird durch gründliche Mischung von 30 ccm Natronlauge (36° Bé), 100 ccm Wasser und 5 ccm Brom erhalten. Werden 10 ccm einer gesättigten α-Naphtollösung mit zwei Tropfen der obigen Natriumhypobromitlösung versetzt, so entsteht eine deutliche, schmutzig violette Färbung, die noch bei einer Verdünnung mit neun Theilen Wasser wahrnehmbar bleibt. Mit β-Naphtol erhält man zuerst eine gelbe Färbung; diese geht allmälig in Grün und dann wieder in Gelb über. Verdünnt man jedoch die β-Naphtollösung mit Wasser auf das doppelte Vol., so entsteht in dieser verdünnten Lösung zwar auf Zusatz von wenig Natriumhypobromit ebenfalls eine Gelbfärbung. Diese verschwindet aber sofort wieder beim Umschütteln.

Zur Untersuchung des Handelsproduktes auf α-Naphtol stellt man sich also von diesem eine gesättigte Lösung her, verdünnt dieselbe mit dem gleichen Vol. Wasser und fügt zwei Tropfen Hypobromitlösung zu. Bei Gegenwart von α-Naphtol in der Handelswaare entsteht dann eine violette bis rothviolette Färbung. War das β-Naphtol dagegen frei von α-Verbindung, so entsteht nur eine gelbe, schnell wieder beim Umschütteln verschwindende Färbung. Die Lösungen sind thunlichst frisch bereitet anzuwenden.

Elbe[3]) giebt an, dass, während noch ein Zusatz von 1 % α-Naphtol

---

1) F. Jean, Bull. soc. chim. de Paris **44**, 183, 1885.

2) A. Dubosq bezw. Léger, Bull. soc. ind. de Rouen 1897, 434; Lehne's Färber Ztg. **9**, 60, 1898.

3) Elbe, Oesterreichs Wollen- und Leinen-Ind. 1897, 1330.

zum β-Naphtol ohne besondere Wirkung auf die Zersetzlichkeit der Grundirung auf der Faser ist, bereits ein Zusatz von 3% α-Naphtol die Verwendung eines derartig verunreinigten Präparates unmöglich macht; bei einem Zusatz von 10% α-Naphtol erfolgt Graubraunwerden der Waare schon während der Operation des Grundirens.

A. Liebmann[1]) empfiehlt, 0,144 g des fraglichen Naphtols in einem graduirten Cylinder in 5 ccm reinem Alkohol zu lösen, hierzu 15 ccm Toluol zu geben und mit 0,14 g diazotirtem Nitranilin (gelöst in 9 ccm verdünnter Salzsäure und nach Kühlung mit 1 ccm N-Nitritlösung versetzt) kombiniren, nachher schüttelt man, giebt etwas Wasser zu, scheidet die beiden Schichten im Scheidetrichter, schüttelt die Toluollösung mit 5 ccm N-Natronlauge und vergleicht die Farbe mit derjenigen von Lösungen, die auf gleiche Weise aus β-Naphtol mit bestimmtem Gehalt an α-Naphtol hergestellt worden sind. Diese Lösungen verändern ihre Farbe beim Aufbewahren; sie müssen also jedesmal frisch bereitet werden. Es gelingt, Gehalte an α-Naphtol bis herab zu 0,010 g auf diesem Wege zu bestimmen.

Von sechs Proben technischen β-Naphtols war nur eine nahezu frei von α-Naphtol, die anderen enthielten 0,09—0,7% α-Naphtol. 0,1% α-Naphtol können schon an der Wirkung auf das Nitranilinroth erkannt werden.

19. Bestimmung des Cholesterins.

Nach den Beobachtungen von Tschugajew[2]) lässt sich Cholesterin auf kolorimetrische Weise bestimmen. Wenn man zu einer Lösung von Cholesterin in Eisessig überschüssiges Zinkchlorid zusetzt und dann erwärmt, so erhält man eine eosinähnliche Färbung, die nach fünf Minuten langem Kochen ihr Maximum erreicht, und deren Intensität von der Menge des Cholesterins abhängt. Die Reaktion ist äusserst empfindlich. Sie erscheint noch bei einer Verdünnung von 1 : 80000. Zugleich mit der Färbung lässt sich eine grünlich gelbe Fluorescenz beobachten.

20. Bestimmung des Antipyrins.

Die Bestimmung basirt auf der Bildung von Nitrosoantipyrin, dessen blaugrüne Färbung noch in Verdünnungen von 1 : 20000 erkennbar ist; in koncentrirter Lösung entsteht ein Niederschlag von gleicher Farbe. F. Schaak[3]) wendet als Vergleichsflüssigkeit eine Lösung von 0,02 g Antipyrin in 25 ccm Wasser an, die nach Zusatz von 1,6 ccm

1) A. Liebmann, Journ. Soc. Chem. Ind. **16**, 294, 1897; Chem. Centrbl. 1897, II, 228.

2) Tschugajew, Chem. Ztg. **24**, 542, 1900.

3) F. Schaak, Amer. Journ. Pharm. **66**, 634; Zeitschr. analyt. Ch. **34**, 250, 1895.

einer 1 %igen Schwefelsäure und 0,8 ccm einer 1 %igen Natriumnitritlösung mittels Wasser auf 100 ccm verdünnt wird.

Zur Untersuchung von Pulvern und Flüssigkeiten wird aus diesen das Antipyrin mit Chloroform extrahirt.

21. Bestimmung des Morphins.

Dieselbe geschieht nach E. Marquis[1]) vermittelst konc. Schwefelsäure und Natrium sulfurosum (Na_2SO_3). Letzteres Salz lässt mit Morphin sowie mit anderen Opiumalkaloiden zusammengebracht, charakteristische Farben entstehen.

Die quantitative Bestimmung des Morphins unter 0,0011 g wurde derart ausgeführt, dass der das Alkaloid enthaltende Essigätherrückstand in wenig Wasser aufgenommen und die Flüssigkeit zuerst im Reagensglase bis zum Trocknen verdunstet wird. Man setzt dann 5 ccm konc. Schwefelsäure hinzu, erhitzt das Reagensglas 1/2 Minute auf dem Wasserbade bei 100 °, setzt eine bestimmte Menge (0,75 g) Natrium sulfurosum crystallisatum (nicht verwittertes) rasch hinzu und erhitzt wieder bei 100 ° 3 Minuten lang. Je nach den anwesenden Morphinmengen treten mehrere Tage lang haltbare Farben von schwachviolett bis intensiv rosaviolett auf, die mit einer Skala von Morphinnormallösungen verglichen werden. Besonders charakteristisch sind die Farbenunterschiede, die bei Anwesenheit von 5 cmg 1 dmg, 5 dmg Morphinhydrochloricum auftreten. Weniger deutlich sind die dazwischen liegenden Zahlen, ebenso die von 5 cmg bis 1 mg M. Um jedoch auch diese noch mit einigem Erfolg gebrauchen zu können, versucht man die entstandenen Farben durch Wasserzusatz zum Verschwinden zu bringen, die Anzahl verbrauchter Kubikcentimeter Wasser dürfte hierbei proportional sich verhalten der vorhandenen Morphinmenge.

22. Alkaloidbestimmung im Extractum Chinae liquidum.

Die Methode ist von W. P. H. van den Driessen-Mareeuw[2]) ausgearbeitet worden. Man bestimmt, bei welcher Verdünnung der zu prüfende Extrakt mit Mayer's Reagens[3]), einer Lösung von Quecksilberjodid in Jodkalium, noch eine opalescirende Trübung giebt, und bei welcher Verdünnung diese auszubleiben beginnt.

1 g Extrakt wird auf 1 l Wasser gelöst. Wird 1 ccm hiervon mit 2 Tropfen verdünnter Salzsäure versetzt und auf 8 ccm aufgefüllt, so

---

[1]) E. Marquis, Arbeiten des pharmak. Institutes zu Dorpat (R. Kobert) **14**, 142, 1890.

[2]) W. T. H. van den Driessen-Mareeuw, Nederl. Tijdschr. Pharm. **8**, 105, 1896; Chem. Centrbl. 1896, I, 1086.

[3]) Vgl. die Anwendung des Mayer'schen Reagens unter der Methode der Fällung.

muss, wenn der Extrakt den von der niederländischen Pharmakopöe vorgeschriebenen Mindestgehalt von 4 % Alkaloiden besitzt, durch 5 Tropfen von Mayer's) Reagens noch eine opalescirende Trübung entstehen.

23. Bestimmung des Safrans.

Von der Voraussetzung ausgehend, dass die Färbekraft des Safrans den Werth derselben bedinge, schlägt B. S. Procter[1]) eine kolorimetrische Werthbestimmung derselben vor. Man überzeugt sich zunächst durch Ausschütteln mit Aether von der Abwesenheit von Theerfarbstoffen. Dann werden 0,06 g abwechselnd mit kleinen Mengen (7,5 ccm) Alkohol und Wasser ausgezogen, bis der Safran erschöpft ist. Die Auszüge werden dann auf 60 ccm gebracht. Ihre Farbentiefe muss bei echtem Safran derjenigen einer Auflösung von 0,84 g Kaliumbichromat in 60 ccm Wasser gleichen. Genauere kolorimetrische Vergleiche können aber erst nach grosser Verdünnung dieser Lösungen durchgeführt werden.

E. Vinassa[2]) macht darauf aufmerksam, dass 50 ccm Wasser, um die Färbung einer aus Safran bereiteten Lösung (1 : 1000) anzunehmen, etwa 5—6 ccm der (10 %) Bichromatlösung bedürfen sollen. Diese Zahl ist jedoch nur eine relative, da je nach Boden, Klima und Jahrgang auch die Menge des in den Narben aufgespeicherten Polychroits variiren wird. Bei Beurtheilung des Safrans nach dem Farbstoffgehalt muss daher sehr vorsichtig vorgegangen werden. Die Lösung von 1 : 1000 ist auf Trockengewicht des Safrans bezogen und nicht auf lufttrockenes Material. (Höchst zulässiger Feuchtigkeitsgehalt 15—16 %).

24. Bestimmung des Indigos.

Die kolorimetrische Methode ist von allen Indigobestimmungsmethoden die bequemste und eignet sich besonders für praktische Fälle. Nach Koppeschaar[3]) soll sie auch die sicherste sein, aber nur dann, wenn keine anderen Farbstoffe zugegen sind. Sie ist schon im Jahre 1830 zur Werthbestimmung des Indigos verwendet worden.

Man bedient sich hierbei der allgemein üblichen gleichartigen Röhren, die kalibrirt sind, gleichen Durchmesser und gleiche Länge besitzen. Man bringt in die eine den Type, der aus einer N-Indigolösung besteht und verdünnt solange die Lösung des zu untersuchenden Indigos, bis beide gleiche Farbintensität zeigen.

Das Kolorimeter von C. H. Wolff[4]) ist besonders für diesen Zweck konstruirt.

---

1) R. S. Procter, Pharm. Centralhalle **30**, 375, 1889.

2) E. Vinassa, Arch. d. Pharm. **231**, 353, 1893.

3) W. F. Koppeschaar, Zeitschr. analyt. Ch. **38**, 1, 1899.

4) Vgl. hierüber Georgievicz, Indigo, Deuticke, Wien und Leipzig 1892; Zeitschr. analyt. Ch. **9**, 302; Journ. p. Ch. **66**, 193; Wagner's Jahresber. **1865**, 650.

W. F. Koppeschaar giebt folgende Beschreibung der von ihm angewandten Methoden, die verschieden sind, je nachdem viel oder wenig Indigoroth in den betreffenden Indigosorten enthalten ist.

a) Beim Vorhandensein von wenig Indigoroth. Hierbei werden 0,5 g des fein zerriebenen und ganz durchgesiebten Indigomusters in einem kleinen Kolben mit 25 ccm reiner Schwefelsäure 6 Stunden bei höchstens 60^0 digerirt, nach dem Abkühlen in einen 250 ccm fassenden Messkolben gebracht und aufgefüllt bis zur Marke. Nach dem Durchmischen wird filtrirt und das später erhaltene Filtrat zur Untersuchung verwandt. Die Anwendung der relativ grossen Menge Schwefelsäure beim Auflösen des Indigos ist nothwendig, weil viele Verunreinigungen in viel Schwefelsäure enthaltendem Wasser unlöslicher sind als in Wasser, welches wenig Schwefelsäure enthält. Von dem Filtrat werden 25 ccm in einem Becherglase mit 75 ccm einer gesättigten Chlornatriumlösung gemischt. Der präcipitirte Indigokarmin, das disulfonsaure Natriumsalz, welches so gut wie unlöslich in starker Chlornatriumlösung ist, wird auf ein Filter gebracht. Das Becherglas wird mit der durchgelaufenen, schwach gefärbten Flüssigkeit gut nachgespült, die Spülwasser werden ebenfalls durch das Filter gegossen, und das Filter wird zuletzt mit gesättigter Chlornatriumlösung ausgewaschen. Der Verlust an Indigoblau ist dabei gleich Null.

Der auf dem Filter befindliche Indigokarmin wird hierauf durch Aufspritzen von kochend heissem Wasser in einem 500 ccm fassenden Messkolben gelöst, und das Filter so lange mit heissem Wasser gewaschen, bis es keine blaue Färbung mehr zeigt. Nach dem Erkalten wird zur Marke aufgefüllt und die prächtig blaue Flüssigkeit gut durchgeschüttelt. In dieser Lösung wird das Indigoblau mit dem Kolorimeter von Laurent bestimmt. Als Vergleichsflüssigkeit dient eine reine 0,1 g im Liter enthaltende Indigotinlösung. Da nach dem oben beschriebenen Gange alle schmutzig gefärbten Verunreinigungen entfernt wurden, kann die Bestimmung mit grosser Genauigkeit ausgeführt werden.

b) Beim Vorhandensein von viel Indigoroth. Nach dem Verfahren von van Lookeren Campagne wird ein bis zu $10^0/_0$ Indigoroth enthaltender Indigo aus der Natal-Pflanze erhalten. Die Bestimmung von Indigoroth bezw. Indigobraun neben Indigoblau beruht darauf, dass die beiden ersteren in Eisessig löslich sind, das Indigoblau aber nicht[1]). Wird die vom ungelöst gebliebenen Indigoblau abfiltrirte Lösung mit Wasser verdünnt oder theilweise neutralisirt, so scheiden sich Indigoroth und Indigobraun wieder aus.

Zur Ausführung der Untersuchung werden 0,5 g der gut gemischten und fein gepulverten Probe in einem Erlenmeyer'schen Kolben von

---

[1]) Vgl. hierzu Kap. IV, 82, die Extraktion des käuflichen Indigos geschieht dort nach Brylinski mit siedendem Eisessig.

8—9 ccm Durchmesser mit 100 ccm Eisessig übergossen und 1 Stunde lang auf dem Wasserbad bei 100° erhitzt. Man legt hierauf den Kolben schief, so dass die Flüssigkeit bis in den Hals des Kolbens ragt, lässt erkalten und filtrirt über geglühten, wolligen Asbest. Enthält die zu untersuchende Indigoprobe wenig Indigoroth, was sich schon an der Intensität der Farbe erkennen lässt, so kann die in dem Kolben zurückbleibende Flüssigkeit, die ca. 6 ccm beträgt, vernachlässigt werden, da die in derselben enthaltene geringe Menge Indigoroth keinen störenden Einfluss auf die kolorimetrische Bestimmung des Indigoblaus ausübt. Im anderen Falle bringt man noch etwas Eisessig in den Kolben, lässt wieder absitzen und giesst die Flüssigkeit so gut wie möglich in den Trichter ab.

Das Indigoblau wird wie gewöhnlich sulfonirt und bestimmt. Hierbei benützt jetzt Koppeschaar nicht mehr den Laurent'schen Apparat, sondern ein Kolorimeter, welches dem von Salleron angegebenen[1]) nachgebildet ist.

Zur Bestimmung des Indigoroths werden 5, 10 oder 25 ccm der Eisessiglösung in einem Becherglase theilweise mit Aetznatron neutralisirt. Für je 5 ccm der Eisessiglösung sind 12 ccm einer 20 %igen Lauge erforderlich. Man lässt ¼ Stunde stehen, bringt den Niederschlag auf ein kleines Filter und wäscht ihn, um das Indigobraun zu entfernen mit 5 % Natronlauge aus. Um dem Filter seine ursprüngliche Festigkeit wieder zu geben, wird es zuletzt noch mit 2 % Essigsäure gewaschen. Nach dem Trocknen bringt man das Filter sammt Niederschlag in einen Messkolben von 5 ccm Inhalt, fügt Eisessig hinzu und befördert durch kräftiges Schütteln die Lösung des Indigoroths. Alsdann bestimmt man den Gehalt in gleicher Weise wie beim Indigoblau, indem man eine Lösung von reinem Indigoroth in Eisessig, welche im Liter 50 mg Indigoroth enthält als Normallösung nimmt. An Stelle des Wassers dient zum Verdünnen natürlich Eisessig.

Die Genauigkeit der Koppeschaar'schen Methode ist sehr abhängig von der Schärfe der Augen. Die von ihm bei seinen Untersuchungen beobachteten Differenzen bewegen sich für die Bestimmung von Indigoblau zwischen 0,2 und 0,8 %; für die Bestimmung von Indigroth sind sie viel geringer.

25. Bestimmung des Harnindikans.

Die von Jaffé[2]) und von Salkowski[3]) ausgearbeitete Methode besteht darin, dass man die Indoxylschwefelsäure mit unterchlorigsauren

---

1) Vgl. Zeitschr. analyt. Ch. **11**, 302, 1872.

2) Jaffé, Pflüger's Arch. **3**, 448, 1870.

3) E. Salkowski, Virchow's Archiv **68**, 407, 1876.

Salzen oder, wie F. Obermayer[1]) empfohlen hat, mit Eisenchlorid in Indigo überführt, dasselbe mit Chloroform ausschüttelt und den Gehalt kolorimetrisch ermittelt.

Man bestimmt zunächst durch einen Vorversuch, wie viele Kubikcentimeter Chlorkalklösung erforderlich sind, um das Maximum der Indigoausscheidung zu erhalten. Zu dem Zwecke versetzt man 2,5—5 ccm Harn, die man auf 10 ccm mit Wasser verdünnt, mit der gleichen Menge Salzsäure und giebt so lange Chlorkalklösung zu, bis das Maximum der Färbung erreicht ist. Ist der Harn arm an Indikan, so verwendet man 10 ccm Harn und verfährt in der gleichen Weise. Alsdann neutralisirt man mit Natronlauge und macht mit Soda alkalisch. Das gebildete Indigoblau sammelt man auf einem Filter, wäscht mit Wasser aus bis zum Verschwinden der alkalischen Reaktion, trocknet und zieht wiederholt mit heissem Chloroform aus. — Urobilin entfernt Vl. Michailow[2]) vorher durch Eintragen von Ammonsulfat in den angesäuerten Harn und Extraktion des Urobilins mit Essigäther.

Aus der 24stündigen Harnmenge des Menschen können bei gemischter Kost 5—20 mg Indigoblau erhalten werden.

Auch Indigoroth findet sich bisweilen im Harn. Zum Nachweis extrahirt man den mit Soda alkalisch gemachten Harn mit Aether[3]) Falls beim Kochen mit Salpetersäure Indigoroth auftritt, so kann man nur daraus schliessen, dass der Harn reich an Indigo liefernden Körpern ist.

Mit Indigoroth sind nach Rosin identisch die von Hoppe-Seyler und Jaffé beobachteten Spaltungsprodukte des Harnindikans, sodann die von Nencki, Nigeller und Leube beschriebenen rothen Farbstoffe, dann das Urrhodin Heller's und das Urorubin von Plósz und Udransky.

Das Uroroseïn, dessen rothe Farbe auf Zusatz von Mineralsäuren, daher auch bei der Jaffé'schen Probe auftritt, lässt sich leicht durch seine Unlöslichkeit in Aether und die Entfärbung der sauren Lösung auf Alkalizusatz von Indigoroth unterscheiden.

26. Bestimmung des Urobilins.

T. Bogomolew[4]) hat ein acidimetrisches, A. Studensky[5]) ein kolorimetrisches Verfahren angegeben. Das erstere beruht auf der Farben-

---

1) F. Obermayer, Wiener klin. Wochenschr. **3**, 176, 1890.

2) Vl. Michailow, Chem. Centrbl. 1887, 1270.

3) Rosin, Virchow's Archiv **123**, 519, 1891. Weitere Angaben s. R v. Jaksch, klinische Diagnostik 1896, 406, ferner J. Bouma, Zeitschr. physiol. Ch. **30**, 117, **32**, 82, 1901; L. Maillard, Compt. rend. **132**, 990, 1901.

4) T. Bogomolow, St. Petersburger med. Wochenschr. 1892, Nr. 16; Zeitschr. analyt. Ch. **33**, 121, 1894.

5) A. Studensky, ibid. 1893, Nr. 283.

wandlung, welche das Urobilin bei Umschlag der Reaktion zeigt. Aus der Menge N/100-Lauge, die zu dem vorher neutral gemachten Harn gesetzt, eben diese mit blossem Auge oder spektroskopisch zu verfolgende Aenderung hervorbringt, soll sich die Urobilinmenge (pro Kubikcentimeter 0,00063 g Urobilin) berechnen lassen.

Studensky schüttelt 20 ccm Harn nach Zusatz von 2 ccm Kupfersulfatlösung und Sättigen mit Ammonsulfat einige Minuten mit 10 ccm Chloroform. Das sich absetzende, Urobilin enthaltende Chloroform wird durch den Scheidetrichter getrennt, seine Farbe mit der einer Lösung von bekanntem Gehalt verglichen. Diese Controllösung lässt sich durch ganz ähnliches Ausschütteln von urobilinreichem Harn mit Chloroform und Bestimmung des Trockenrückstandes erhalten. Durch passendes Verdünnen

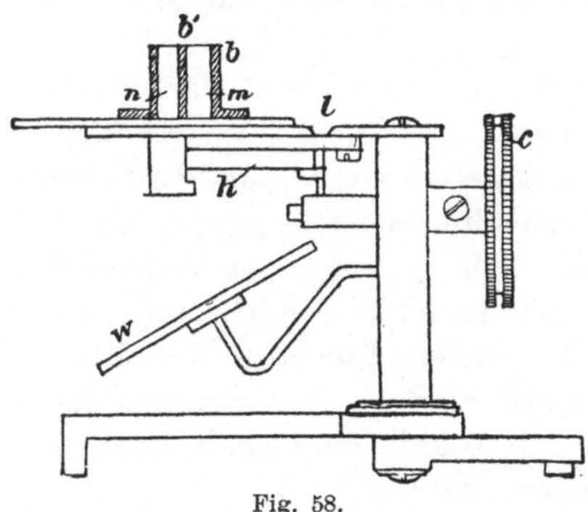

Fig. 58.

der Lösung erhält man Vergleichsproben von beliebigem Procentgehalt. Dieselben halten sich mit Ammonsulfat übergossen und gut verschlossen monatelang unverändert.

27. Blutfarbstoffbestimmung mit von Fleischl's Hämometer.

Bei dem von E. v. Fleischl[1]) zur Bestimmung des Hämoglobingehaltes des Blutes konstruirten Hämometer (Fig. 58) ist die Vergleichsflüssigkeit durch ein passend gefärbtes Glas ersetzt. Dieses rubinrothe Glas besitzt Keilform, so dass dessen Dicke verändert werden kann; hier wird also das Vergleichsobjekt eingestellt auf die zu untersuchende Flüssigkeit. Der Cylinder b ist durch eine auf dem durchsichtigen Boden stehende Scheidewand b' in zwei Kammern m und n getheilt. Man füllt die Kammer m, unter welcher das Rubinglas befestigt ist, mit Wasser, die Kammer n mit dem zu untersuchenden Blut. Sieht man nun von oben auf die weisse Fläche w, so erblickt man einen rothen Kreis, dessen beide

1) E. v. Fleischl, Wiener med. Jahrb. **1885**, 425, **1886**, 167; Zeitschr. analyt Ch. **26**, 126, 1887; G. u. H. Krüss, l. c.

Hälften gleich starke Rothfärbung zeigen müssen, wenn die Koncentration des Hämoglobins der Farbintensität des betreffenden Theiles des Rubinglasprismas gleichkommt. Man hat also so lange zu verschieben, bis dieser Fall eingetreten ist.

Die Beobachtung ergiebt bei gewissen Schichtdicken des Rubinglases gute Resultate; bei dickeren Schichten jedoch wird die Untersuchung erschwert durch die verschiedene Absorption, welche Blut und Rubinglas auf die violetten Strahlen ausüben. Schaltet man dieselben durch Beobachtung bei Kerzenlicht oder Verwendung einer gelben Glasplatte aus, so werden die Resultate entsprechend bessere.

Nach H. Winternitz[1]) ergeben die Bestimmungen mit dem Fleischl-schen Hämometer gewöhnlich Fehler von 2—3 %.

Das Fleischl'sche Hämometer hat sich trotz seiner geringen Genauigkeit allgemein eingebürgert. F. Miescher[2]) hat hieran einige Verbesserungen angebracht; sie betreffen die Farbnuance, Reinheit und Gleichmässigkeit des Goldpurpurglases, die Verwendung eines Melangeurs an Stelle der ungenauen Kapillarröhrchen und eine Umgestaltung der Kammer, wonach der Bedarf an Blutlösung geringer, ein Ueberfliessen aus einer Kammerhälfte in die andere, sowie das Auftreten von störenden Lichtreflexen vermieden und auch die Unsicherheit, welche sich aus der Ungleichheit der ins Gesichtsfeld fallenden Keilfärbung ergiebt, vermindert wurde. Die 100theilige Skala ist beibehalten, durch Vergleich mit Oxyhämoglobinlösungen von bekanntem Gehalt kann dieselbe aber leicht auf Gewichtsprocente geaicht werden.

E. Veillon hat in sorgfältigen Versuchen für das Fleischl-Miescher'sche Hämometer die Fehlergrenze — einige Uebung vorausgesetzt — zu etwa 1 % der Skala, entsprechend 0,15 % Oxyhämoglobin, gefunden, eine Genauigkeit, die der mit dem Spektrophotometer erreichbaren nahezu gleichkommt.

A. Loewy[3]) kommt in Betreff der Brauchbarkeit des Hämometers von F. Miescher zu einem weniger günstigen Resultat als Veillon[4]), indem er darauf aufmerksam macht, dass bei stärkerer Beleuchtung höhere Werthe erzielt werden, dass ferner, je weniger Hämoglobin sich in der Kammer findet, um so niedrigere, vom wahren Werth abweichende Zahlen erhalten werden, gleichviel ob dieselben Hämoglobinlösungen bei verschiedener Schichtendicke oder verschiedener Verdünnung untersucht wurden. Für absolute Hämoglobinbestimmungen ist deshalb eine genaue Durchprüfung, bezw. Nachaichung des Apparates auch in seiner verbesserten Form unerlässlich.

1) H. Winternitz, Zeitschr. physiol. Ch. **21**, 468, 1896.

2) Vgl. Zeitschr. analyt. Ch. **38**, 133, 1899.

3) A. Loewy, Centrbl. f. med. Wochenschr. 1898, Nr. 29.

4) E. Veillon, Arch. f. exp. Path. u. Pharm. **39**, 385, 1897.

28. Blutfarbstoffbestimmung mit Hoppe-Seyler's kolorimetrischer Doppelpipette.

Hoppe-Seyler[1]) verwendet als Vergleichslösung zur Bestimmung des Blutfarbstoffes eine Lösung von Kohlenoxydhämoglobin, welche aus zwei- bis dreimal umkrystallisirtem Pferde- oder Hundehämoglobin durch Lösen in wenig Wasser von Zimmertemperatur und minutenlanges Durchleiten eines Stromes von Kohlenoxyd erhalten wird. Die filtrirte Lösung in Flaschen von 15—30 ccm Inhalt gefüllt, dann noch durch einige Sekunden einem Kohlenoxydstrom ausgesetzt und gut mit Kork verschlossen, hält sich bei Aufbewahrung in gleichmässiger Wärme jahrelang unverändert. Die Gehaltsbestimmung geschieht in Portionen von 20 ccm durch Eindampfen, Trocknen bei 120° und Wägen. Hat man eine Flasche angebrochen, so leitet man in den Rest der Flüssigkeit einen kräftigen Kohlenoxydstrom ein und schliesst mit dem Kork das mit Schaum erfüllte Gefäss.

Für die kolorimetrische Bestimmung muss diese Normallösung, wenn der Vergleich, wie zweckmässig ist, mit Flüssigkeitsschichten von 5 mm Dicke ausgeführt werden soll, so weit verdünnt werden, dass sie mindestens 0,18, höchstens 0,23 g Kohlenoxydhämoglobin in 100 ccm enthält. Nach dem Verdünnen ist nochmals Kohlenoxyd durchzuleiten.

Das Blut, dessen Gehalt an Farbstoff bestimmt werden soll, wird in einem etwa 5 ccm fassenden, genau in Zehntel Kubikcentimeter getheilten, mit Glasstöpsel verschliessbaren Cylinder gewogen. Wenige Tropfen Blut genügen. Dann werden 3 oder 4 ccm Wasser und ein Tropfen nicht zu koncentrirter Sodalösung hinzugefügt und durch Umrühren für vollständige Zertheilung der Fibrincoagula Sorge getragen. Nach Auffüllen auf 5 ccm wird 1—2 Minuten lang ein langsamer Strom von Kohlenoxydgas durch ein fein ausgezogenes Glasröhrchen eingeleitet und vom Filtrat ein genau bestimmtes Volum (4 ccm) zur Bestimmung verwendet.

Zur Ausführung der Bestimmung bedient sich Hoppe-Seyler eines zu diesem Zwecke besonders konstruirten Kolorimeters, der kolorimetrischen Doppelpipette. Dieselbe besteht im Princip aus zwei hinter einander stehenden, parallelepipedischen, 5 mm weiten, den Hämatinometern ähnlichen Kästchen (siehe Fig. 59), deren Vorder- und Rückwand von geschliffenen Glasplatten, deren Seitenwände von einem Messingrahmen gebildet werden. Jeder Trog wird zur Hälfte von einem genau hinein passenden, geschliffenen Glaskörper ausgefüllt, und zwar so, dass derselbe im vorderen Troge links, im hinteren rechts liegt (Fig. b) und die inneren Kanten beider Glaskörper bei Visirung von vorne genau in eine Senkrechte zusammenfallen. Der den Hohlraum abschliessende Messingrahmen ist für jedes Kästchen an der oberen und unteren Wand durch-

---

[1]) F. Hoppe-Seyler, Zeitschr. physiol. Ch. **16**, 505, 1892, **21**, 461, 1895. vgl. auch H. Winternitz, Zeitschr. physiol. Ch. **21**, 468, 1896.

bohrt und trägt Röhrchen r und r' zum Ansatz von Kautschukschläuchen, welche mit Quetschhähnen versehen sind. Mit Hilfe der Röhren m und n lassen sich bei r und r' die Flüssigkeiten ansaugen. Der linksseitige Hohlraum wird durch Ansaugen mit der Normallösung, sodann der rechtsseitige mit der zu untersuchenden Blutprobe gefüllt, die Färbung dann mit freiem Auge oder durch ein kurzes Fernrohr verglichen. Da beide Farbflächen nur durch eine feine Linie von einander getrennt sind, so ist der Vergleich ausserordentlich erleichtert. Ist die Blutlösung, wie dies die Regel, dunkler als die Normallösung, so wird die Flüssigkeit zurück-

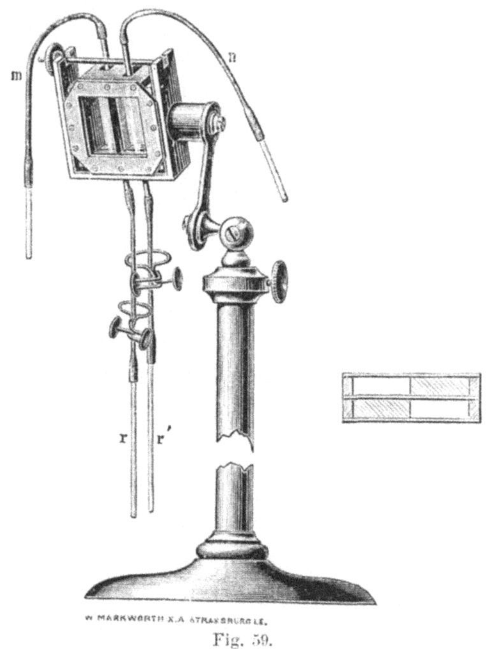

Fig. 59.

gelassen und mit gemessenen Wassermengen so lange verdünnt, bis sie, in den Hohlraum hinaufgesogen, die Farbe der Normallösung aufweist. Die Berechnung ergiebt sich aus dem geschilderten Verfahren. Der Fehler der einzelnen Bestimmung übersteigt selten 2 °/o und ist meist verschwindend gering. Durch Drehung der Doppelpipette um 90°, so dass die innere Kante beider Glaskörper horizontal zu liegen kommt, wird dieselbe für die spektroskopische Untersuchung verwendbar. Beide Spektra sind dann nur noch durch eine feine Linie von einander getrennt. Doch bietet diese Form der Bestimmung nur dann einen Vortheil, wenn die zu untersuchende Blutlösung noch fremde Farbstoffe enthält. Es genügt dazu jedes Spektroskop.

E. Albrecht[1]) hat durch Einführung eines besonderen Glaswürfels eine noch viel schärfere Vergleichung der beiden Farbstofflösungen ermöglicht durch die unmittelbare Zusammenstellung der gleich belichteten Flächen beider Blutlösungen, welche durch die Kombination der Doppelpipette mit dem Albrecht'schen Glaswürfel, Kollimator und Fernrohr in sehr vollkommener Weise erreicht wird. Das Fernrohr, mit welchem der Kollimator verbunden ist, erhöht die Leistungsfähigkeit durch die Vergrösserung der farbigen Bildflächen und ermöglicht eine scharfe Beobachtung der belichteten Flächen, weil nur diese ins Auge gefasst werden, während bei der gewöhnlichen Doppelpipette die beiden Lösungen im diffus auffallenden Tageslicht betrachtet werden. Die Beobachtungsfehler reduciren sich nach Winternitz hierbei auf 0,1—0,2%.

29. Bestimmung des Eiweisses im Harn.

A. Clarency[2]) bestimmt aus der Stärke der durch Trichloressigsäure oder das Esbach'sche Reagens erzeugten Trübung den Eiweissgehalt. Er benützt hierbei einen von Aglot beschriebenen Apparat. Hierbei sei darauf hingewiesen, dass die Anwendung des Esbach'schen Reagens nach A. Grutterink[3]) und O. Rössler[4]) keine zuverlässigen Resultate giebt.

30. Bestimmung des Peptons.

Nach E. Salkowski[5]) lässt sich eine annähernde quantitative Bestimmung des Peptons durch Anstellung der Xanthoproteïnreaktion erzielen.

Die mit Salpetersäure erhitzte Peptonlösung wird nach Erzielung der grössten erreichbaren Farbenintensität mit einer gleich behandelten Peptonlösung von bekanntem Gehalt verglichen. Als Vortheile des Verfahrens namentlich gegenüber der mehrfach benützten, auf die Biuretreaktion begründeten kolorimetrischen Bestimmung nach Schmidt-Mülheim, betont Salkowski die Leichtigkeit, mit der die grösste Farbenintensität erzielt wird, den geringen störenden Einfluss der Eigenfärbung der Flüssigkeit, endlich den Umstand, dass Leim und Leimpepton nur eine so geringe Xanthoproteïnreaktion geben, dass ihre Anwesenheit die Prüfung nicht beeinträchtigt.

---

1) E. Albrecht, Zeitschr. f. Instrumentenkunde 1892, Heft 12.

2) A. Clarency, Journ. de Pharm. et de Chimie (5) **30**, 484, 1894.

3) A. Grutterink, Nederl. Tijdschr. voor Pharmacie **6**, 75, 1891.

4) O. Rössler, Apoth. Ztg. **14**, 293, 1899. Vgl. auch Kap. V, 16, Bestimmung der Eiweisskörper S. 217.

5) E. Salkowski, Zeitschr. physiol. Ch. **12**, 219, 1888.

XI.

Methode der Spektrokolorimetrie[1]).

Die Methode der Spektrokolorimetrie schliesst sich eng an die vorhergehende Kolorimetrie an. Während letztere die mit dem blossen Auge wahrnehmbaren Farbenerscheinungen behandelt, umfasst die Methode der Spektrokolorimetrie die Absorptionsspektren der betreffenden Lösungen. Da die Intensität der Absorption von der Koncentration der Lösung bezw. von der Dicke der durchstrahlten Schicht abhängig ist, so lässt sich auf die Beobachtung der Intensität der Lichtabsorption eine quantitative Bestimmungsmethode gründen. Dieselbe ist nachstehend in Bezug auf Anwendung und Ausführung näher beschrieben.

Die Eintheilung des Stoffes ist folgende:

1. Allgemeines Verhalten.
2. Absorptionsgesetz und Absorptionsverhältniss.
3. Ausführung der Bestimmung.
   a) v. Vierordt's Messmethode.
   b) Glahn's Apparat.
   c) Apparat von G. und H. Krüss.
   d) Vorsichtsmassregeln.
4. Verhalten der Fette.
5. Bestimmung der Kohlenhydrate im Harn.
6. Eisen- bezw. Rhodanbestimmung.
7. Bestimmung des Eiweisses.
8. Bestimmung von Oxyhämoglobin und Methämoglobin im Blute.
9. Bestimmung des Blutfarbstoffes nach Preyer.
10. Bestimmung des Alters des Weines.

---

1) Litteratur: Vierordt, Quant. Spektralanalyse, Tübingen 1876; H. W. Vogel, Praktische Spektralanalyse, Nördlingen 1877; G. u. H. Krüss, Kolorimetrie und quantitative Spektralanalyse, Voss. Hamburg 1891; J. Formanek, Spektralanalytischer Nachweis künstlicher org. Farbstoffe, Springer, Berlin 1900.

1. Allgemeines Verhalten.

Bei Beobachtung einer Fuchsinlösung, die von einer Lichtquelle mit kontinuirlichem Spektrum beleuchtet wird, mittels des Spektroskops zeigt sich ein schwarzer Streifen im Gelbgrün, weil das grüngelbe Licht gewisser Brechbarkeit durch Fuchsin absorbirt wird. Alle übrigen Farben lässt die Fuchsinlösung durch, wobei manche, z. B. Roth, ungeschwächt bleiben, andere wenig geschwächt werden, wie z. B. Gelb. Erhöht man die Koncentration der Lösung, so wird die Absorption stärker und der schwarze Streifen wird dunkler, er verbreitert sich nach Blau hin und bringt schliesslich Blau und Violett ganz zum Verschwinden, so dass nur noch Orange und Roth übrig bleibt. Es ergiebt sich also der Satz:

„Die Intensität der Absorption ist abhängig von der Koncentration der Lösung."

Macht man die Beobachtungen mit einer verdünnten Fuchsinlösung, aber das eine Mal mit einer kürzeren, vollständig gefüllten Röhre, das andere Mal in einer längeren, so zeigt es sich, dass mit der Zunahme der durchstrahlten Schicht auch der Absorptionsstreifen bedeutend breiter und dunkler wird. Wir können demgemäss den Satz aufstellen:

„Die Intensität der Absorption ist auch abhängig von der Dicke der Schicht."

Es gelten also hier dieselben Sätze für die absorbirten Lichtstrahlen, wie für die Intensitäten der Farbe der betreffenden Körper, wie wir es bei der Kolorimetrie kennen gelernt haben.

Man kann die lichtabsorbirenden Körper hinsichtlich ihrer Absorptionsspektra in vier Klassen eintheilen[1]):

1. „solche, bei denen die Absorption von dem einen Punkt des sichtbaren Spektrums nach dem einen oder anderen Ende mit Zunahme der Koncentration oder der Dicke der Schicht ansteigt. Die meisten der hierher gehörigen Körper absorbiren die blaue Seite des Spektrums. Mit der Zunahme der Koncentration nimmt die Absorption nach der anderen Seite des Spektrums hin zu."

2. „solche, bei denen die Absorption mit Zunahme der Koncentration mehr oder weniger rasch nach beiden Seiten hin zunimmt. Dies sind die zweiseitig absorbirenden Körper."

3. „Solche, bei denen die Absorption sehr allmälig ansteigt, um darauf innerhalb des sichtbaren Spektrums wieder abzunehmen. Alsdann entstehen breite, verwaschene, dunkle Felder oder Streifen, die die Bezeichnung Schatten

---

[1]) Vgl. H. W. Vogel, l. c.

führen. Dieselben treten nicht selten mit einseitiger oder zweiseitiger Absorption auf."

4. „Solche, bei denen die Absorption an gewissen Stellen plötzlich ansteigt, um darauf wieder rasch abzunehmen. Hierbei entstehen die Absorptionsstreifen, von denen einige Körper theils nur einen, theils aber mehrere von verschiedener Intensität und Schattirung besitzen."

Dabei treten auch mitunter noch verschiedene Uebergänge zu Tage.

Die Lage der Absorptionsstreifen kann wechseln infolge der Anwendung verschiedener Lösungsmittel, durch Einwirkung eines anderen mitgelösten Körpers, sei es durch Salzbildung oder andere Umstände. Weiterhin ist der Einfluss der Temperatur mitunter sehr bemerkbar[1].

Während die qualitative Spektralanalyse die verschiedenartige Lage der Bänder und Streifen berücksichtigt, lässt die quantitative Spektralanalyse durch die Intensität der Absorption einen Schluss zu auf die Koncentration der Lösung bezw. die Dicke der durchstrahlten Schicht.

„Als die ersten, welche quantitative Messungen der Absorptionsspektra ausführten, sind wohl zu nennen: Preyer, Sorby, Hennig, v. Vierordt etc.

„Je nach der Art des zu untersuchenden Körpers hat man auch verschiedene Methoden angewendet, um die Koncentration der Lösung bezw. die Dicke der durchstrahlten Schicht zu ermitteln. Es sind dies folgende:

1. Verdünnen bis zum Auftreten einer vorher verdeckten Farbe.

Beispiel: Bestimmung der Koncentration des Blutfarbstoffes (Preyer).

2. Messen der Intensität der Absorption

a) durch Vergleich mit der Helligkeit eines Spaltes.

b) durch Vergleich mit einer Flüssigkeit von bekanntem Gehalt."

Hierbei ist es nöthig, sich zunächst über das Absorptionsgesetz und Absorptionsverhältniss zu orientiren. Die Vortheile der optischen Bestimmungsmethode liegen in der raschen Ausführbarkeit, die diejenige der Titrirmethode noch übertrifft, sowie in der Anwendbarkeit auf Substanzen, wo andere Methoden uns im Stiche lassen.

2. Absorptionsgesetz und Absorptionsverhältniss[2].

Wenn eine Substanz in einer Schichtendicke = 1 durch sie hindurch fallendes Licht von der Intensität J durch Absorption auf 1/n J schwächt,

---

[1]) Vgl. hierzu z. B. Sorby, Proc. R. Soc. **15**, 433.

[2]) G. u. H. Krüss, Zeitschr. anorg. Ch. **10**, 31, 1895.

also den Schwächungsfaktor $1/n$ für die Schichtendicke 1 hat, dann wird die Intensität J^1 des durch eine Schicht von der Dicke m hindurchgehenden Lichtes sein

$$J^1 = \frac{1}{n^m}. \quad (1)$$

Dies gilt für monochromatisches Licht mit nur einem Schwächungsfaktor.

Setzt man die ursprüngliche Lichtstärke = 1, so erhält man die Gleichung

$$J^1 = \frac{1}{n^m}, \text{ also } \log n = -\frac{\log J^1}{m}. \quad (2)$$

Bezeichnet man mit e den Extinktionskoëfficienten der betreffenden Substanz, d. h. den reciproken Werth der Schichtendicke, die nöthig ist, um das durch dieselbe hindurchgehende Licht auf $^1/_{10}$ seiner ursprünglichen Intensität abzuschwächen, so wird für den Fall, dass $m = \frac{1}{e}$ ist, $J' = -\frac{1}{10}$. Hieraus ergiebt sich dann log=Logarithmus n=e oder auch

$$e = -\frac{\log J^1}{m}. \quad (3)$$

Arbeitet man mit der Schicht m = 1, so ergiebt sich

$$e = -\log J^1; \quad (4)$$

es ist also der Extinktionskoëfficient gleich dem negativen Logarithmus der übrig bleibenden Helligkeit, und derselbe kann, wenn man für die Schicht = 1 diese übrig bleibende Helligkeit bestimmt hat, aus den betreffenden Tabellen direkt entnommen werden.

G. und H. Krüss[1]) machen mit Recht darauf aufmerksam, dass das Verständniss des Verfahrens vielen dadurch erschwert wird, dass man nicht die Schichtendicke misst, bei welcher die Helligkeit auf $^1/_{10}$ herabgemindert wird, sondern statt dessen die von einer stets gleich bleibenden Schichtendicke bewirkte, für die einzelnen Körper verschieden grosse Helligkeitsverminderung.

Um aus der ermittelten Grösse des Extinktionskoëfficienten einer Lösung auf ihre Koncentration einen Schluss ziehen zu können, hat man zu berücksichtigen, dass die Helligkeitsverminderung nur von der Menge der in einer bestimmten Schichtendicke vorhandenen absorbirenden Substanz abhängt, so dass eine grössere Koncentration bei gleich bleibender Schichtendicke der Lösung denselben Effekt haben muss wie die Einschaltung einer entsprechend dickeren Schicht einer Lösung von gleich bleibender Koncentration. Hieraus ergiebt sich, dass das Verhältniss der Koncentration c

---

1) G. u. H. Krüss, Zeitschr. f. anorg. Ch. **10**, 31, 1895.

zu dem Extinktionskoëfficienten e für jede absorbirende Substanz eine konstante Grösse ist, die aber von der Art der Substanz abhängig sein muss; man bezeichnet sie als das Absorptionsverhältniss

$$A = \frac{c}{e}, \qquad (5)$$

woraus sich bei bekanntem A aus der Messung von e die Koncentration als

$$c = Ae \text{ ergiebt.} \qquad (6)$$

G. und H. Krüss haben die Methode, um die oben erwähnte Schwierigkeit im Verständniss zu beseitigen, so abgeändert, dass die Dicke der Schicht m, welche eine gewisse Helligkeitsverminderung bewirkt, wirklich gemessen wird. Wird durch eine Schicht von der Dicke m einer Lösung von der Koncentration c die Intensität J des Lichtes auf J′ vermindert, während eine Schicht von der Dicke 1 einer Lösung der gleichen Substanz von der Koncentration 1 eine Lichtschwächung auf 1/n bewirkt, so hat man

$$J^1 = \frac{n^{m\,e}}{J}. \qquad (7)$$

Setzt man $J' = \frac{I}{x}$, so ergiebt sich $x = n^{mc}$ oder $\log . x = m c \log n$

$$c = \frac{\log x}{m \log n}. \qquad (8)$$

Setzt man x = 10, d. h. wählt man die Versuchsbedingungen bezw. die Schichten so, dass die Helligkeit gerade auf $^1/_{10}$ der ursprünglichen Stärke reducirt wird, so wird, da $\log 10 = 1$ ist,

$$c = \frac{1}{m \log n}.$$

n, das specifische Lichtabsorptionsvermögen, ist nun für jede Substanz eine Konstante, demnach auch log.n bezw. sein reciproker Werth; nennen wir ihn k, so ist

$$c = \frac{k}{m}. \qquad (9)$$

Diese Grösse k ist aber nun nichts anderes wie das oben abgeleitete Absorptionsverhältniss A; denn wir hatten oben c = Ae, und wir haben ferner, wenn m so gewählt wird, dass x = 10 ist, $e = \frac{1}{m}$. Hieraus ergiebt sich $c = \frac{A}{m}$. Es lassen sich somit die für viele Körper bereits bestimmten Absorptionsverhältnisse benützen, um bei Bestimmung der Schicht m die Koncentration direkt zu erhalten.

Beispiel für die Bestimmung des Absorptionsverhältnisses:

Chromalaunlösung, die in 1 ccm 0,07176 g Substanz enthält, zeigt bei 1 cm Dicke die Lichtschwächung 0,050.

Nach Gleichung (4) ist $e = -\log I'$, $\log 0{,}050 = 0{,}69897 - 2$; dies negativ genommen, giebt $e = 2 - 0{,}69897 = 1{,}30103$. Demgemäss ist [nach Gleichung (5)]

$$A = \frac{c}{e} = \frac{0{,}07176}{1{,}30103} = 0{,}05515.$$

Hat man also das Absorptionsverhältniss A mit Hilfe des Extinktionskoëfficienten e einmal bestimmt, so ist es leicht, aus dem beobachteten Extinktionskoëfficienten einer anderen Lösung mit Hilfe der Gleichung $A = \frac{c}{e}$, die Koncentration c zu berechnen.

Ist e' der Extinktionskoëfficient der Lösung mit unbekanntem Gehalt, und x die Koncentration derselben, so ist

$$\frac{x}{e'} = \frac{c}{e} = A.$$

Hat man also e' bestimmt, so lässt sich x berechnen aus der Gleichung:

$$x = \frac{e' c}{e} = e' A.$$

Das ist die Grundlage für die quantitative Bestimmung absorbirender Stoffe nach der Methode von K. von Vierordt.

Nun wäre es jedoch ein Irrthum, anzunehmen, dass weisses Licht zur Bestimmung der Absorption hinreichend sei. Obgleich die auswählende Absorption, also die Bildung von Streifen, sich wohl nur auf bestimmte Gebiete des Spektrums erstreckt, werden doch auch die anderen Theile desselben mehr oder weniger geschwächt, und die Schwächung, welche das Gesammtbild erfährt, richtet sich nach der Schwächung jeder Einzelfarbe. Nimmt man an, eine Farbe würde beim Durchgang durch die Schichteneinheit eines Mediums auf $1/n$, die andere auf $1/n'$ geschwächt, so ist die Lichtstärke nach dem Durchgange $\frac{1}{n} + \frac{1}{n'}$. Setzt man diesen Werth $= \frac{1}{q}$ und vergleicht hiermit die Schwächung nach dem Durchgang durch eine zweite Schicht $\frac{1}{n^2} + \frac{1}{n'^2}$, so ergiebt sich, dass dieses letztere keineswegs $= \frac{1}{q^2}$ ist, denn $\left(\frac{1}{n} + \frac{1}{n'}\right)^2 = \frac{1}{n^2} + \frac{2}{n' n} + \frac{1}{n'^2}$.

Das Gesetz gilt somit nur für homogenes Licht.

Zur Erzeugung desselben bedient man sich eines kontinuirlichen Spektrums, von dem man einen bestimmten schmalen Streifen auswählt, dessen Absorption durch den zu prüfenden Körper besonders hervorragend ist.

Vierordt[1]) hat gefunden, dass das Gesetz der Proportionalität zwischen Extinktionskoëfficient und Koncentration nicht für alle Stellen des Spektrums gilt. Für gewisse lichtschwache Spektralregionen, wie das Violett der Lampenflamme besteht der Extinktionskoëfficient innerhalb einer sehr grossen Breite der Koncentrationen aus einem konstanten und einem der Koncentration proportionalen Theil. Als Beispiel führt er den Chromalaun an, der in der Region seines Absorptionsstreifens $C_{56}D$ bis $D_{72}E$ dem Gesetze sich fügt, nicht aber im Violett. Für die Stelle kräftiger Absorption in hellen Spektralbezirken ist aber die Richtigkeit des Gesetzes durch Vierordt's Untersuchungen zweifellos erwiesen.

3. Ausführung der Bestimmung.

Die quantitative Spektralanalyse hat also die Aufgabe, die Lichtschwächung, die irgend eine Substanz auf einen bestimmten Theil eines kontinuirlichen Spektrums ausübt, in Abhängigkeit von der Koncentration zu bestimmen. Unser Auge vermag nur zu beurtheilen, ob etwas heller oder dunkler ist als ein anderer Körper, dagegen ist es nicht im Stande, das Verhältniss der Lichtintensitäten zu bestimmen.

Die Methoden, welche die Grösse der Absorption mit der Helligkeit des ungeschwächten Lichtes vergleichen, sind folgende:

a) Vierordt's Messmethode beruht auf dem Erfahrungsgesetze, dass bei einem kontinuirlichen Spektrum ein um so grösseres Strahlenquantum hindurchgeben kann, je grösser der Spalt ist. Somit wird dasselbe bei unveränderter Spaltlänge offenbar der Spaltbreite proportional sein.

Vierordt theilt den Spalt eines gewöhnlichen Bunsen'schen Spektralapparates in zwei übereinander befindliche Hälften, setzt vor die untere den zu untersuchenden Körper, der gewisse Spektralbezirke erheblich verdunkelt, und verengert dann die Oeffnung des freien oberen Spaltes so lange, bis die beiden Spektralbezirke gleichmässig dunkel sind. Ist zu dem Zweck der Spalt auf $^1/_4$ oder $^1/_8$ seiner Breite verengert worden, so ist die Lichtstärke in dem Absorptionsspektrum an der betreffenden Stelle $=$ $^1/_4$ oder $^1/_8$ der ursprünglichen. Zur richtigen Einstellung, die mit Hilfe von Mikrometerschrauben geschieht, ist eine öftere Uebung erforderlich. Im allgemeinen ist die Empfindlichkeit des Auges hinsichtlich der Unterscheidung der Helligkeit für Grün und Gelb viel grösser als für Orange, Roth, Indigo und Violett.

Zur Bestimmung des Absorptionsverhältnisses von Lösungen, um welche es sich bei den organischen Körpern meistens handeln wird, benützt man

---

[1]) K. v. Vierordt, Ber. **5**, 34, 1872.

Absorptionszellen, die aus planparallelen Glasplatten von genau bekannter Entfernung zusammengesetzt sind; für mässig stark gefärbte Flüssigkeiten genügen Zellen von 1 cm Querschnitt, für schwach gefärbte verwendet man solche von 2—10 cm Querschnitt. Man stellt so ein, dass der Meniskus genau mit der Grenze der oberen und unteren Hälfte der Eintrittsspalte zusammenfällt.

Der als dunkle Leiste erscheinende Meniskus erschwert die Beobachtung. Zur Vermeidung derselben benützt man den sog. Schulz'schen Körper. Derselbe besteht aus Flintglas mit planparallelen Wänden und wird so in die Zelle gelegt, dass er vollständig in die zu untersuchende Flüssigkeit untertaucht. Man stellt dann die Zelle so, dass die obere ebene Fläche des Glaskörpers horizontal ist und genau an die Grenze beider Spalthälften fällt. In der Regel verwendet man die Zelle von 11, die Körper von 10 mm Querschnitt. Dadurch, dass das Licht oben durch eine 11 mm lange gefärbte Flüssigkeitsschicht durchgehen muss und unten durch 1 mm, entspricht also die Helligkeitsdifferenz einer Flüssigkeitsschicht von 10 mm.

Bei sehr stark absorbirenden Flüssigkeiten ist die Absorptionsgrösse nicht mit Sicherheit durch blosse Verschmälerung der einen Eintrittsspalte zu messen, indem bei starker Verengung der Spalten eine störende Differenz der Farbentöne auftritt. Vierordt verwendet in solchen Fällen zur Lichtschwächung der freien Eintrittsspalte Rauchgläser; er empfiehlt fünf schwache Rauchgläser, von denen jedes einzelne das Licht ungefähr auf die Hälfte schwächt, und von denen man nach Bedarf 1—5 übereinander legt. Bei Flüssigkeiten kann man die Verwendung von Rauchgläsern durch grössere Verdünnung umgehen.

Vierordt's Messmethode leidet unter dem Fehler, dass durch Erweiterung des Spalts genau genommen die Lichtstärke nur dadurch wächst, dass benachbarte Theile des Spektrums sich übereinander lagern. Daher kann man monochromatisches Licht, wie z. B. Natronlicht, überhaupt mit Vierordt's Apparat nicht ohne weiteres messen. Eine Abänderung hat P. Schottländer[1]) vorgeschlagen.

In der „quantitativen Spektralanalyse in ihrer Anwendung auf Physiologie, Physik, Chemie und Technologie (Tübingen 1876) hat v. Vierordt Bestimmungen mitgetheilt, die er über die entfärbende Kraft der Knochenkohle, Messungen der Farbstoffimbibationen von Gallertblättchen, der Absorptionsspektra des Blutes, der Fluida von Cystenkröpfen, der Gallenpigmente, Menschenharne etc. ausgeführt hat.

b) Glahn's Apparat ist auf einem anderen Grundsatz aufgebaut. Er wendet einen einfachen Spalt an, der durch ein 2 mm breites Blech

[1]) P. Schottländer, Zeitschr. f. Instrumentenk. **9**, 98, 1889.

in der Mitte getheilt ist und mittels einer Mikrometerschraube beliebig verengert werden kann. Vor dem Prisma ist ein doppelt brechendes Prisma angebracht. Man erhält also ein Bild des ordentlichen und ein solches des ausserordentlichen Strahles, die bei richtiger Konstruktion sich gerade berühren müssen. Diese Berührung kann bei einer bestimmten Einstellung nur für eine Farbe vollkommen sein infolge der verschiedenen Dispersion. Es ist jedoch eine Einrichtung vorhanden, die es ermöglicht, die Berührung für jeden Strahl zu einer vollkommenen zu machen. Durch Anbringen eines Nicol'schen Prismas hinter dem vorher beschriebenen Prismakörper kann man das eine Spaltbild heller oder dunkler machen oder ganz zum Verschwinden bringen. Es lässt sich auch ein Punkt finden, wo beide gleich hell sind.

Die Untersuchung mit Hilfe dieses Apparates erfolgt in der Weise, dass man vor die eine Spalthälfte ein Vergleichsprisma bringt, welches das Licht der einen Lichtquelle in den Spalt wirft, während das Licht der anderen direkt einfällt. Durch Drehung des Nicol'schen Prismas stellt man dann die Gleichheit der Lichtstärke der aneinander grenzenden Felder her und kann daraus das Verhältniss der Helligkeiten leicht ableiten.

Ist α der betreffende Winkel, um den die Drehung erfolgen muss, wenn gleichmässig hell sein soll, so verhalten sich die beiden Lichtintensitäten $J : J_1 = \cos^2\alpha : \sin^2\alpha$ und somit ist

$$J_1 = J \frac{\sin^2\alpha}{\cos^2\alpha} = J \operatorname{tg}^2 \alpha.$$

Der Winkel α wird an einer Kreistheilung abgelesen, an welcher die Drehung des Nicols gemessen werden kann.

Es lässt sich mit Glahn's Apparat mit grösserer Sicherheit arbeiten als mit dem von v. Vierordt. Dagegen geben G. und H. Krüss[1]) dem Vierordt'schen Apparat den Vorzug, da derselbe ein Arbeiten mit möglichst reinem Spektrum gestattet, während bei dem Polarisationsspektrophotometer das zur Vergleichung kommende Licht durch Zerlegung der auf den Spalt fallenden Strahlen in ein ordentlich und in ein ausserordentlich polarisirtes Bündel getrennt wird und daher gegenüber dem Vierordt'schen System nur die halbe Intensität besitzt. Im Anschlusse hieran geben G. und H. Krüss eine Beschreibung ihres verbesserten Vierordt'schen Spektrophotometers, welches eine Verbindung des Vierordt'schen Doppelspaltes mit dem Hüfner'schen Reflexionsprisma darstellt. Hierdurch wird zwar die Helligkeit etwas beeinträchtigt, dafür aber wird die Trennungslinie beider Spektren bedeutend verschärft.

Die Methode, welche die Grösse der Absorption durch Vergleich mit einer Lösung von bekanntem Gehalt be-

---

1) G. u. H. Krüss, Zeitschr. anorg. Ch. **1**, 103, 1892; Ber. **18**, 983, 1885.

stimmt, kann bei verschiedenen Apparaten Anwendung finden; sie ist wohl zuerst von Hennig[1]) in der Weise ausgeführt worden, dass er eine N-Lösung des betreffenden Farbstoffes zugleich mit der zu prüfenden vor das Spektroskop bringt und dann die Dicke der N-Lösung so lange verändert, bis beide untersuchten Spektren gleich sind.

Hinsichtlich der weiterhin in Vorschlag gebrachten Apparatur sei noch das Spektroskop von T. L. Patterson[2]) erwähnt, welches eine Kombination von Kolorimeter und Spektroskop darstellt und einfach dadurch erhalten ist, dass an einem Dubosq'schen Kolorimeter anstatt des Okulars ein Spektroskop mit gerader Durchsicht aufgesetzt ist, so dass an Stelle der bei dem Dubosq'schen Instrument auftretenden, gefärbten, halbkreisförmigen Gesichtshälften, die Spektra der ihnen entsprechenden Farben auftreten.

Ein Kolorimeter mit Lummer-Brodhun'schem Prismenpaar beschreibt H. Krüss[3]); ein ebensolches wird von C. Pulfrich[4]) erwähnt, doch ist dasselbe nach den Untersuchungen von H. Krüss[5]) nicht fehlerfrei. G. und H. Krüss[5]) empfehlen den Vierordt'schen Apparat.

c) Apparat von G. und H. Krüss. Ein von diesen Forschern hergestellter Apparat, der in Figur 60 wiedergegeben ist, besteht aus zwei kolorimetrischen Mensuren A und B, vertikal stehenden, eingetheilten Cylindern, die unten mit ebenen Glasplatten verschlossen sind, und von denen der eine B nur einen unteren seitlichen Hahn hat, um die Flüssigkeit entleeren zu können, während bei dem anderen A auf dem horizontalen Hahnrohre zwischen Cylinder und Hahn ein vertikales, seinerseits auch mit einem Hahn und darüber einer kugeligen Erweiterung versehenes Glasrohr aufgesetzt ist. Diese Vorrichtung gestattet in der zweiten Mensur eine sehr feine Eintheilung der Flüssigkeitshöhe. Beide Mensuren werden auf eine durch das Stativ S getragene Metallplatte P gestellt, die unter den Mensuren Oeffnungen besitzt. Unter und über den Mensuren sind total reflektirende Prismen v_1—v_4 angebracht, so dass das von der durch T in richtiger Höhe einstellbaren Lichtquelle G ausstrahlende, durch die Linse L nach r_1 und r_2 geworfene Licht vertikal nach unten und dann horizontal auf das Hüfner'sche Reflexionsprisma R geführt wird. Es kann nun entweder mit der Lupe l oder mit einem beliebigen Spektrophotometer betrachtet werden. Im ersteren Falle stellt der Apparat ein Kolorimeter dar, das sehr geeignet ist, durch Vergleichung einer Lösung von bekannter Koncentration die einer unbekannten Koncentration

---

1) Hennig, Pogg. Ann. **149**, 349, 1878.

2) T. L. Patterson, J. Soc. chem. Ind. **9**, 36; Zeitschr. analyt. Ch. **31**, 192, 1892.

3) H. Krüss, Zeitschr. f. anorg. Ch. **5**, 325, 1893; Zeitschr. f. Instrumentenk. **14**, 283, 1894.

4) C. Pulfrich, Zeitschr. f. Instrumentenk. **14**, 210, 1894.

5) G. u. H. Krüss, Zeitschr. anorg. Ch. **1**, 103, 1892. Vgl. Gallenkamp, Chem. Ztg. **15**, 324, 1891.

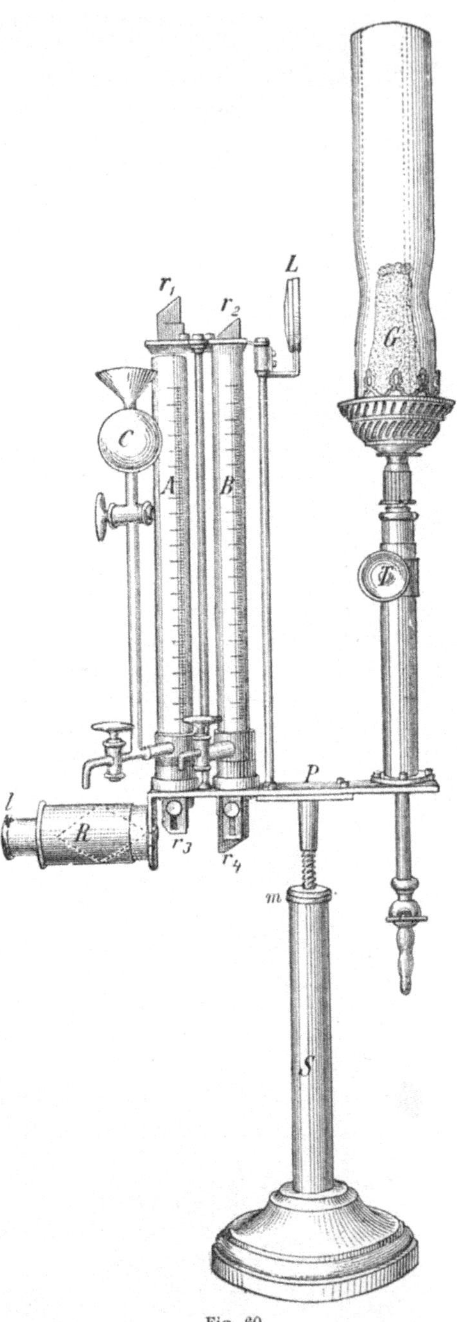

Fig. 60.

zu ermitteln, indem man beide so einstellt, dass die im Gesichtsfeld auftretenden, je durch das durch einen Cylinder gegangene Licht beleuchteten Hälften gleich hell erscheinen. Es ergiebt sich für jeden Cylinder entsprechend Gleichung (7)

$$J_1 = \frac{J}{n^{m_1 c_1}} \text{ und } J_2 = \frac{J}{n^{m_2 c_2}}.$$

Macht man, wie angenommen, die Schicht so dick, dass $J_1 = J_2$ ist, dann wird $\frac{J}{n^{m_1 c_1}} = \frac{J}{n^{m_2 c_2}}$, woraus folgt $m_1 c_1 = m_2 c_2$ oder $c_2 = \frac{m_1 c_1}{m_2}$. Ist c_1 bekannt, so ergiebt sich durch Messungen von m_1 und m_2 der Werth für c_2.

Zur quantitativen Spektralanalyse bringt man in A die Lösungsflüssigkeit, in B die zu untersuchende Lösung und lässt das Licht von dem Hüfner'schen Reflexionsprisma auf ein Spektrophotometer fallen, welches so eingestellt ist, dass bei gleicher Beleuchtung die eine Hälfte des Gesichtsfeldes nur $^1/_{10}$ der Helligkeit der anderen Gesichtsfeldshälfte zeigt, bei dem also z. B. die Breite des einen Spaltes genau 10 mal so gross ist als die des anderen. Man stellt nun die Flüssigkeit in B so ein, dass beide Gesichtshälften gleich hell scheinen, bringt hierauf in A die Lösungsflüssigkeit auf gleiche Höhe, stellt B definitiv ein und liest m ab, worauf sich dann nach Gleichung (9)

$$c = \frac{A}{m} \text{ ergiebt.}$$

d) Vorsichtsmassregeln. Zu beobachten sind möglichst grosse Reinheit der Gläser, in welchen man die Flüssigkeiten untersucht, von Staub befreite Lösungen, Einhalten einer bestimmten Temperatur.

G. Krüss[1]) fand, dass die Temperatur des Apparates, mit dem die Beobachtungen ausgeführt werden, von so grossem Einfluss auf die Lage der Linien ist, dass man, wo es sich um genaue Ortsbestimmungen im Spektrum und um Umrechnung auf Wellenlängen der einzelnen Lichtstrahlen handelt, dieselbe nicht vernachlässigen darf. Im allgemeinen ergiebt sich, dass bei Temperaturerhöhungen alle Absorptions- und Emissionserscheinungen bei Anwendung von Quarzprismen gegen das rothe Ende des Spektrums verschoben sind, bei Glas dagegen, bei dem das Brechungsvermögen mit Zunahme der Temperatur wächst, nach dem violetten Ende eine Verschiebung eintritt.

Man muss demnach bei feinen Messungen die Temperatur bestimmen und entsprechend berücksichtigen. Selbst Temperaturunterschiede bis zu $0{,}5^0$ konnte Krüss noch an seinem Apparat durch Verschiebung der Linsen erkennen.

---

1) G. Krüss, Ber. **17**, 2732. 1885; vgl. hierzu W. Hempel, Zeitschr. angew. Ch. 1901, 237, „Ueber Messung hoher Temperaturen mittels des Spectralapparates".

4. Verhalten der Fette.

Nach Benedikt[1]) ist das verschiedene Verhalten der Oele im Spektralapparate von Nickels, Mylius und zuletzt von Doumer und Thibaut zu ihrer Unterscheidung benützt worden. Die beobachteten Absorptionsspektren sind natürlich nur von der Natur der in den Oelen enthaltenen Farbstoffe abhängig, somit besitzt diese Methode keinen viel grösseren Grad von Zuverlässigkeit als die Farbenreaktionen, welche beim Vermischen mit Säuren, Alkalien u. s. w. eintreten.

Doumer[2]) theilt die Oele nach ihren Spektren in vier Gruppen:

1. Oele, welche das Spektrum des Chlorophylls geben: Olivenöl, Hanföl, Nussöl.

2. Oele, die keinen Theil des Spektrums absorbiren: Ricinusöl, Mandelöl aus süssen und bitteren Mandeln.

3. Oele, die alle chemisch wirksamen Strahlen absorbiren. Roth, Orange, Gelb und die Hälfte des Grün bleiben unverändert, alles andere wird absorbirt: Rapsöl, Rübenöl, Leinöl, Senföl.

4. Diese Klasse scheint eine Modifikation der vorigen zu sein. Die Absorption tritt bandenweise im chemisch wirksamen Theile des Spektrums auf: Sesamöl, Erdnussöl, Mohnöl, Cottonöl.

5. Bestimmung von Kohlenhydraten im Harn.

Zum Nachweis von Kohlenhydraten im Harn hat v. Udranszky[3]) die Zuckerprobe von Mollisch mit α Naphtol empfohlen. E. Luther[4]) führt nach neueren, mit v. Udranszky ausgeführten Untersuchungen diese äusserst empfindliche Reaktion in der Art aus, dass er einen Tropfen einer 10 %igen Lösung des α Naphtols in Chloroform mit $^1/_2$ ccm Wasser und 1 ccm konc. Schwefelsäure vorsichtig mischt und zu dem Gemisch, welches von rein gelblicher Farbe sein muss, einen Tropfen des zu untersuchenden Harns hinzubringt. An der Berührungsstelle bildet sich ein erst gelber, dann violett werdender Ring; beim Umschütteln tritt himbeerrothe, mehr oder weniger bläuliche Färbung ein.

Für die quantitative Bestimmung der Kohlenhydrate auf diesem Wege geht Luther vom unverdünnten Harn aus. Je nach der Intensität der Färbung, welche ein Tropfen davon mit dem α Naphtol-Schwefelsäuregemisch hervorbringt, werden die weiteren Verdünnungen ge-

---

1) R. Benedikt, Analyse der Fette und Wachsarten.

2) Doumer, Chem. Ztg. **9**, 534, 1885.

3) v. Udránszky, d. Zeitschr. analyt. Ch. **28**, 130, 1889, **29**, 114, 1890, **29**, 732, 1890.

4) E. Luther, d. Zeitschr. analyt. Ch. **29**, 732, 1890.

wählt, wobei als Richtschnur dient, dass eine 0,1 %ige Traubenzuckerlösung nach dem Umschütteln rasch eine genügend intensive Färbung erzeugt, um bei spektroskopischer Betrachtung die Erkennung eines zwischen D und E, ganz dicht bei D gelegenen schmalen, tief dunkeln und eines auf D selbst fallenden, mit dem erstgenannten, bei stärkerer Koncentration verschmelzenden Absorptionsstreifens zu ermöglichen. Als weitere Grenzreaktion dient das Auftreten röthlicher Färbung nach starkem Umschütteln binnen einer Minute, was einem Gehalt an 0,02 % Traubenzucker entspricht, während bei einem Gehalt von 0,01 % erst nach längerem Stehen eine sehr schwache Rothfärbung erkennbar wird.

6. Eisen- bezw. Rhodanbestimmung.

G. Krüss und H. Moraht[1]) stellten fest, dass die Entstehung der Rothfärbung von Ferrisalzen mit Rhodankalium nicht auf der Bildung eines Ferrirhodanids nach der Gleichung

$$FeCl_3 + 3KCNS = Fe(CNS)_3 + 3KCl$$

beruht, sondern dass, da immer ein Ueberschuss an Rhodankalium bezw. Rhodanammonium vorhanden sein muss, die Umsetzung in folgender Weise stattfindet

$$FeCl_3 + 12KCNS = Fe(CNS)_3, 9KCNS + 3KCl.$$

K. von Vierordt[2]) hatte nun zur quantitativen Bestimmung des Schwefelcyankaliumgehaltes im Speichel die Messung des entsprechenden Eisenrhodanidspektrums vorgeschlagen, indem er sich auf die von ihm zuvor schon ermittelten „Absorptionsverhältnisse" des Eisenrhodanids stützte. Nach der bekannten vorher beschriebenen Methode der Ermittlung des Extinktionskoëfficienten e in bestimmten Regionen des Spektrums von Lösungen, deren Lichtabsorptionsverhältnisse A bekannt sind, lässt sich die Koncentration c nach der Gleichung

$$EA = c$$

berechnen.

Nun haben aber die Untersuchungen von Krüss und Moraht dargethan, dass diese Methode hier nicht verwendbar ist, indem das oben beschriebene Eisendoppelrhodanid (in Krystallform $Fe(CNS)_3, 9KCNS + 4H_2O$), dem das betreffende Spektrum hauptsächlich zukommt, durch Verdünnen mit Wasser sich zerlegt, wobei alsdann in verdünnteren Lösungen das ursprünglich vorhandene Eisensalz z. B. Eisenchlorid zum Theil zurückgebildet wird. Dadurch, dass die Eisenrhodanidverbindung viel stärker gefärbt ist und ein stärkeres Lichtabsorptionsvermögen besitzt als z. B. Eisenchlorid, wird beim Entstehen des letzteren durch Ver-

---

1) G. Krüss u. H. Moraht, Ber. **22**, 2054, 1889, **22**, 2061.

2) K. v. Vierordt, Die Anwendung des Spektralapparates, Tübingen 1873.

dünnung der Flüssigkeit der Extinktionskoëfficient des Eisendoppelrhodanids mehr erniedrigt, als es dem Verdünnungsgrade entsprechen sollte. Folgender Versuch zeigt dies deutlich:

Angewandte Lösungen:

{ 1 ccm Ferrichlorid = 0,00301 g Fe = 1 Molekel.
{ 1 ccm Kaliumrhodanid = 0,01564 g KCNS = 3 Molekel.
{ 1 ccm Ferrichlorid = 0,00147392 g Fe = 1 Molekel.
{ 1 ccm Ammonrhodanid = 0,00600096 g NH_4CNS = 3 Molekel.
{ 1 ccm Eisenammonalaun = 0,0011618 g Fe = 1 Molekel.
{ 1 ccm Kaliumrhodanid = 0,00603735 g KCNS = 3 Molekel.

Es wurden x ccm Eisensalzlösung 1 ccm = 1 Molekel.	Versetzt mit x ccm		Uebrigbleibende Lichtstärke (beob. in der Region λ 589,2 – λ 583,7)	Extinktions-koëfficienten.
	Rhodansalzlösung 1 ccm=3 Mol.	Wasser.		
{ 1 $FeCl_3$	4 KCNS	15	0,085	1,07059
{ 1 „	4 „	35	0,435	0,36152
{ 1 „	4 $(NH_4)CNS$	5	0,035	1,45594
{ 1 „	4 „	15	0,340	0,46853
1 $Fe(NH_4)(SO_4)_2,12H_2O$	4 KCNS	5	0,045	1,34679
1	4 „	15	0,300	0,52288
1	4 „	25	0,460	0,33728
1	4 „	35	0,660	0,18046
1	4 „	45	0,800	0,09691

Die Extinktionskoëfficienten der Eisenrhodanidverbindung verhalten sich bei verschiedenen Koncentrationen der Lösungen also nicht proportional den Koncentrationen, woraus folgt, dass bei den starken Verdünnungen, bei welchen man infolge der intensiven Farbe des Eisendoppelrhodanids zu arbeiten gezwungen ist, letzteres durch Wasser theilweise zersetzt wird, das Lichtabsorptionsvermögen dieser Verbindung also nicht direkt verwendbar ist für spektrokolorimetrische Eisen- oder Rhodanbestimmungen. Demgemäss sind die von K. von Vierordt ausgeführten spektrokolorimetrischen Rhodanbestimmungen im menschlichen Speichel nicht zutreffend.

A. Wróblewski[1]) bestätigt die Erfahrungen, welche Krüss gemacht hat; er versucht die Inkonstanz der Absorptionsverhältnisse zu vermeiden durch Auflösen von Eisenoxydhydrat in Rhodanwasserstoffsäure, ebenfalls zuerst mit negativem Erfolg. Er erhielt erst eine zur Beobachtung brauchbare Lösung durch Zusatz eines Ueberschusses der

[1]) A. Wróblewski, Anzeiger der Ak. d. Wissensch. Krakau **96**, 389, 1896; Chem. Centrbl. 1897, II, 532.

Rhodanwasserstoffsäure oder eines Eisensalzes. Für die spektrophotometrische Bestimmung des Rhodans im Speichel verwendet er eine 1%ige Lösung von Ferrichlorid in 1,4 % Salzsäure. A wurde zu 0,00001022 gefunden.

7. Bestimmung des Eiweisses.

F. Klug[1]) hat ein Verfahren der Eiweissbestimmung ausgearbeitet, welches sich auf das Spektralverhalten der Biuretreaktion gründet. 4 ccm der Eiweisslösung werden mit 2 ccm konc. Natronlauge und 4 Tropfen einer 10%igen Kupfersulfatlösung versetzt und nach gutem Umschütteln filtrirt. Das violettblaue Filtrat wird im Schulz'schen Trog spektrophotometrisch in dem an E grenzenden grünen Theil des Spektrums (bei D_{75} E-E) untersucht.

Auf Grund des von Klug ermittelten Absorptionsverhältnisses lässt sich der Procentgehalt aus dem Extinktionskoëfficienten berechnen. Das Absorptionsverhältniss ist nach Klug für Syntonin 0,64, Alkalialbuminat 0,64, Kasein, dargestellt nach Hammarsten, 0,72, Serumalbumin 0,796, Eieralbumin 0,774, Serumglobulin 0,93, Hemialbumose 0,91 bis 0,944, Pepton nach Kühne 2,65—2,635.

Aus vergleichenden Versuchen entnimmt Klug, dass dieses Verfahren den anderen Bestimmungsverfahren mit Ausnahme der Coagulationsmethode zur Seite gesetzt werden kann. Auch für den Harn ist es verwendbar.

8. Bestimmung von Oxyhämoglobin und Methämoglobin im Blute.

A. Wróblewski[2]) hat mit dem Glan'schen Spektrophotometer für Hunde-, Katzen- und Menschenblut das Absorptionsverhältniss, also die Koncentration der Lösung durch den Extinktionskoëfficienten als 0,00150 bestimmt.

Das Absorptionsverhältniss ist nur bei Koncentrationen des Oxyhämoglobins von 0,06—0,2% konstant; es wird bei zunehmender Verdünnung erst etwas kleiner und steigt dann wesentlich. Die beobachtete Region ist $\lambda = 554$ bis $\lambda = 545$. Bei der Verdünnung fällt das Absorptionsverhältniss in der Region für Hämoglobin $\lambda = 562,5$ bis $\lambda = 554$, während es in der Region des Oxyhämoglobins steigt. Wróblewski glaubt daher, dass bei zunehmender Verdünnung eine Dissociation des Oxyhämoglobins unter Bildung von Hämoglobin eintritt.

G. Hüfner[3]) benützt zur Ermittlung des Verhältnisses des

1) F. Klug, Centrbl. f. Physiol. 1893, 227; Zeitschr. analyt. Ch. **33**, 380, 1894.

2) A. Wróblewski, Anz. d. Akad. der Wissensch. Krakau **96**, 386; Chem. Centrbl. 1897, II, 532.

3) G. Hüfner, Archiv f. Anat. u. Physiol. (His u. Engelmann); Physiol. Abth. **1900**, 39.

im Blute enthaltenen Oxyhämoglobins zu dem Hämoglobin, desjenigen von Oxyhämoglobin zu Methämoglobin, sowie des von Oxyhämoglobin zu Kohlenoxydhämoglobin folgendes Verfahren:

Schon von Vierordt ist darauf hingewiesen worden, dass bei der Bestimmung des Blutfarbstoffes mit Hilfe des Spektrophotometers es nicht genügt, die Lichtintensität des Absorptionsspektrums nur in einer einzigen Region zu messen, sondern dass dazu die Messung in zwei verschiedenen Regionen nothwendig ist. Erst dadurch kann man darüber Aufschluss erhalten, ob die Grösse der Lichtabsorption, die ja das Maass für die vorhandene Farbstoffmenge sein soll, in den untersuchten Regionen in der That nur durch den vorausgesetzten einen oder durch das Zusammenwirken mehrerer verschiedener Farbstoffe, die gleichzeitig neben einander vorhanden sind, bedingt ist. Es hat sich nun weiterhin ergeben, dass für jeden der hierher gehörigen Farbstoffe das Verhältniss der Extinktionskoëfficienten von je zwei charakteristischen Absorptionsstreifen ein konstantes ist.

Für eine mit $^1/_{10}$% Sodalösung alkalisch gemachte Oxyhämoglobinlösung ist das Verhältniss der Extinktionskoëfficienten bezw. der Lichtstärken, welche die hellen Zwischenräume zwischen den beiden charakteristischen Absorptionsstreifen zwischen den Wellenlängen 554 und 565 $\mu\mu$ und denen von 531,5 und 542,5 $\mu\mu$ besitzen, E_o und $E'_{o'}$ = 1,578.

$$\frac{E_o'}{E_o} = 1{,}578$$

Bezeichnet man die Extinktionskoëfficienten des reducirten Farbstoffes, des Hämoglobins, für die oben gewählte Region 554 bis 565 $\mu\mu$ mit E_r, für 531,5 bis 542,5 $\mu\mu$ mit E_r', so ist also der Quotient $\frac{E_r'}{E_r}$ wiederum für alle Koncentrationen der Lösung eine konstante Grösse, nur hat derselbe einen ganz anderen Werth wie der Quotient $\frac{E_o'}{E_o}$, nämlich

$$\frac{E_r'}{E_r} = 0{,}762$$

Enthält nun die Lösung zugleich beide Farbstoffe, so muss das Verhältniss der Extinktionskoëfficienten dieser Lösung zwischen den Werthen 1,578 und 0,762 liegen. Aus dem ermittelten Verhältnisswerth lässt sich unter Benützung früher ermittelter Daten alsdann mit Hilfe der von Dreser[1]) gegebenen Gleichung

$$\frac{E_1}{E} = \frac{(100-x)\,E_o' + xE_r'}{(100-x)\,E_o + E_r}$$

---

1) Dreser, Archiv exp. Pathol. u. Pharmakologie **29**, 119, 1892.

das Verhältniss des vorhandenen Hämoglobins (x) zu dem des Oxyhämoglobins (100—x) berechnen. E_1 und E sind die beobachteten Extinktionskoëfficienten der zu untersuchenden Lösung.

Die wirklich vorhandene Menge an Hämoglobin und Oxyhämoglobin lässt sich dann durch Ueberführung des Hämoglobins in Oxyhämoglobin ermitteln, indem man alsdann nochmals eine spektrokolorimetrische Bestimmung vornimmt. Das gleiche Verfahren kann für die anderen, oben erwähnten Mischungen angewendet werden.

9. Bestimmung des Blutfarbstoffes nach Preyer.

Diese von Preyer[1]) ausgearbeitete Methode beruht darauf, dass koncentrirtere Lösungen der Blutfarbstoffe nur für Roth durchsichtig sind, während weniger koncentrirte Lösungen auch Gelb und Grün hindurch lassen. Verdünnt man daher eine abgemessene Blutmenge vor dem Spalt eines gewöhnlichen Spektralapparates so lange mit Wasser, bis im Spektrum Grün auftritt, so kann man aus der Verdünnung einen Schluss auf den Farbstoffgehalt machen. Die Berechnung ist sehr einfach.

Nöthig ist es, das Blut fortwährend umzurühren, damit die Blutkörperchen sich nicht setzen.

L. Lewin und C. Posner[2]) machen darauf aufmerksam, dass in Blutharn der Nachweis von Methämoglobin und Hämatin neben Oxyhämoglobin mittels des Spektroskops oft nur bei Verwendung so dicker Schichten gelingt, dass das ganze Spektrum mit Ausnahme des Roth ausgelöscht ist. Das Spektrum der beiden Farbstoffe, wenn sie im Harn auftreten, ist übrigens nicht von dem ihrer wässerigen Lösungen verschieden. Methämoglobin zeigt einen im Roth nahe dem Orange gelegenen Streifen, der bei Alkalizusatz nach rechts bis nahe an den ersten Oxyhämoglobinstreifen rückt, bei der Reduktion verschwindet. Hämatin zeigt in saurer Lösung einen unmittelbar an der ersten Oxyhämoglobinlinie liegenden Streifen. Das bei der Reduktion erhaltene Produkt ist an einem scharf konturirten dunklen Bande im Grün kenntlich, vor dem nach rechts ein verwaschener Streifen liegt. Das dunkle Band im Grün übertrifft an Intensität alle übrigen in Blutspektren auftretenden Absorptionsstreifen, weshalb es zum Nachweis der geringsten Blutmengen im Harn nach vorhergehendem vorsichtigen Ansäuren und Zusatz von Schwefelammonium oder auch direktem Zusatz von Schwefelnatrium verwendet werden kann.

---

1) Preyer, Pogg. Ann. **114**, 192, 1866.

2) L. Lewin u. C. Posner, Centrbl. f. med. Wiss. 1887, 354.

10. Bestimmung des Alters des Weines.

Diese Methode ist von Sorby[1]) angegeben worden. Die Farbe von sehr altem Wein wird nicht geändert durch Hinzuthun von schwefligsaurem Natron, wohl aber die von jungem, welche stark gebleicht wird. Hierdurch lässt sich das Alter von im Fass befindlichen Portwein ungefähr erkennen.

Man verdünnt den Wein mit einem Theil Alkohol und drei Theilen Wasser, so dass das Spektrum eine deutliche, aber durchaus nicht vollständige Absorption des hellen Endes im Gelben und im gelben Ende des Grünen zeigt. Nachdem ein Theil des Weines so weit verdünnt ist und soviel Citronensäure zugesetzt ist, dass er eine stark saure Reaktion hat, wird er in zwei Reagensgläser gegossen und pulverisirtes schwefligsaures Natron in dieses gegeben, in ein anderes kommt dieselbe Lösung ohne Bleichmittel. Man lässt ein oder zwei Stunden in den zugekorkten Gläsern stehen und untersucht dann, eine wie viel dünnere Schicht von dem nicht mit Sulfit versetzten Wein einer bestimmten Schicht des anderen entspricht.

Es ergiebt sich das Resultat, dass die Geschwindigkeit der Farbenänderung bei neuen Weinen viel grösser ist als bei älteren; sie ist etwa 10 mal so gross im ersten Jahre als im dritten und etwa 100 mal so schnell als im zwanzigsten. Nach 20 Jahren zeigt ein Unterschied selbst von 10 Jahren keinen auffallenden Abstand. Bis zu sechs Jahren soll man nach Sorby das Alter des Weines bis auf ein Jahr genau angeben können. Bei Weinen, die älter sind als 10 Jahre, geht dies nicht mehr. Dies gilt aber alles nur für im Fass lagernde Weine.

---

[1]) Vgl. H. W. Vogel, Spektralanalyse p. 301.

XI.

Methode der Probefärbung.

Diese Methode der Werthbestimmung ist selbstverständlich nur bei Farbstoffen anwendbar; sie ist aber auch hier zur Ermittlung der Farbkraft und der Farbnuance die einzige brauchbare. Die zu verwendende Art der Probefärbung richtet sich natürlich ganz nach dem betreffenden Farbstoff und soll derjenigen möglichst nachgeahmt werden, wie sie nachher im Grossbetriebe zur Verwendung gelangt. Die Bestimmung des Gehaltes und der Nuance der Farbstoffe ist ebenso unentbehrlich für den Fabrikanten wie für den Käufer. Ersterer sucht den Bedürfnissen des Färbers möglichst dadurch Rechnung zu tragen, dass er bestimmte Marken von garantirter Färbekraft herstellt. Zu dem Zwecke werden die Farbstoffe fast durchgängig gestellt, d. h. durch Zufügen von entsprechenden Stoffen, wie Glaubersalz, Dextrin etc. unter möglichst inniger Vermischung auf den gewünschten Farbton gebracht.

Die Art der Ausführung der Methode kann, da sie sich, wie schon erwähnt, ganz nach dem betreffenden Farbstoff richtet, hier nicht näher beschrieben werden. Nur soviel sei gesagt, dass man von bestimmten Gewichtsmengen des zu färbenden Materials, wie Seide, Wolle und Baumwolle ausgeht und die erhaltenen Färbungen mit denen eines Farbstoffmusters von bekanntem Gehalt, einem sog. Type, vergleicht. Zur genauen Ermittlung gehört eine reichliche Uebung. Die einzelnen Verfahren sind aus den Anleitungen zur Färberei zu ersehen.

Wie vorsichtig man dabei zu Werke gehen muss, mag das Beispiel der Bestimmung des Indigos[1]) zeigen. Da die Nuance der verschiedenen Indigosorten eine sehr verschiedene ist, so kann man die Bestimmung aller Sorten durch Vergleichung mit einer N-Indigolösung schwer und nur ungenau vornehmen. So ist es beispielsweise nicht möglich, einen Bengalindigo durch Vergleich mit einem Javaindigo genau zu bestimmen. Man

[1]) G. von Georgievics, Indigo, Deuticke, Wien und Leipzig 1892.

bereitet sich deshalb zweckmässig mehrere N-Lösungen verschiedener Sorten und vergleicht die fragliche Sorte mit der entsprechenden. Dies fällt allerdings wohl bei der Benützung des künstlichen Indigos weg.

Jedenfalls sind für die Werthbestimmung des Indigos die einzigen Methoden, bei welchen man wirklich das erfährt, was man wissen will, nämlich die Intensität und Qualität der Färbungen, — das Probefärben und die Bestimmung auf kolorimetrischem Wege.

Für die übrigen Farbstoffe dürfte hauptsächlich nur das Probefärben in Frage kommen.

Die Eintheilung ist folgende:

1. Theorie des Färbens.

(Chemische Wirkung, mechanischer Vorgang, feste Lösung).

2. Ueberblick über die Farbstoffe und ihre Verwendung.

a) Färben der Wolle,

b) Färben der Baumwolle und des Leinens,

c) Färben der Seide.

3. Genauigkeit des Probefärbens.

4. Das Färben der verschiedenen Fasern in tabellarischer Uebersicht.

1. Theorie des Färbens.

Im Laufe der Zeit sind die verschiedensten Theorien über das Wesen des Färbeprocesses aufgestellt worden. Man unterscheidet:

a) solche, die den Färbeprocess als rein chemischen Vorgang ansehen wie die von Knecht, Vignon, Reisse,

b) solche, die ihn als mechanischen Vorgang auffassen wie die von v. Georgievics, Hwass und v. Perger,

c) die Theorie von O. N. Witt, der den Färbeprocess als die Bildung einer festen Lösung ansieht.

Einen Kompromissweg schlagen die Erklärungsversuche von C. O. Weber und R. Gnehm ein.

Für fast jede dieser Theorien bringen die betreffenden Forscher Material vor, das wohl für den einen oder anderen Fall Giltigkeit besitzt, aber eine umfassende Theorie lässt sich hieraus nicht ableiten.

Nach Knecht bezw. Hummel[1]) zeigt die Wolle den Charakter einer Amidosäure; eine solche lässt sich aus der Wolle isoliren; es ist dies die sog. Lanuginsäure. Wir können also die chemische Natur

[1]) Hummel, Journ. Soc. Dyers and Col. 1885, 209.

der Wolle durch die Formel $W<^{NH_2}_{COOH}$ ausdrücken. Die Vereinigung mit Farbstoffen beruht dann auf der Bildung von Farblacken mit der Säure- oder Basengruppe des Farbstoffs. Mit Naphtoloronge gefärbte Wolle wäre dann

$$W\left\langle\begin{array}{l} NH_3OSO_2C_6H_4N = NC_{10}H_6OH \\ COOH \end{array}\right.$$

und mit Fuchsin gefärbte Wolle

$$W\left\langle\begin{array}{l} NH_2 \\ CO.O - H_2N \end{array}\right. \overset{C_6H_4}{\frown} C\left\langle\begin{array}{l} C_6H_4NH_2 \\ C_6H_4NH_2 \end{array}\right.$$

Eine mit der Amidogruppe bewirkte Lackbildung darf also keinen Einfluss auf die mögliche Lackbildung der noch freien Karboxylgruppe ausüben. In der That vermag ein mit Ponceau gefärbter Wollstrang noch genau so viel Fuchsin aufzunehmen wie ein ungefärbter. Auch R. Nietzki[1]) sowie E. Reisse[2]) sprechen sich für die chemische Theorie des Färbevorganges bei Seide und Wolle aus, wobei die basischen Eigenschaften der Wolle stärker als die der Seide, die sauren aber als schwächer anzusehen sind. Dementsprechend ist auch das Verhalten gegen Farbstoffe verschieden.

Einen weiteren Beweis für die chemische Bindung der Farbstoffe durch die lackbildende Eigenschaft der Wollfaser sieht C. O. Weber[3]) darin, dass der aus dem Säuregrün durch Lackbildung in der Sulfogruppe mittels Chlorbarium entstehende Lack, welcher von ziemlich stumpfer und im Verhältniss zur verbrauchten Farbstoffmenge auffallend schwacher Nuance ist, bei der Behandlung mit Tannin durch Bindung desselben die Nuance unvergleichlich kräftiger und brillanter wird; auch ist die Lichtechtheit dieses Baryt-Tannin-Lackes reichlich das Dreifache von der des einfachen Barytlackes. Genau dieselbe Beobachtung macht man bei der Lackfärbung jeder anderen derartigen Amidosulfosäure, immer vorausgesetzt, dass die Amidogruppe des unsulfonirten Farbstoffes der Salzbildung fähig ist. Färbt man nun einen dieser Farbstoffe auf Wolle in bekannter Weise, und behandelt man den gefärbten Strang in einem Tanninbade, so tritt weder in der Stärke noch in der Nuance und Lichtechtheit der Färbung die geringste Veränderung ein. Ebensowenig ist eine Veränderung durch Behandlung der Ausfärbung in einem Bade von Chlorbarium zu konstatiren. Von einer einfachen „Lösung" des Farbstoffes in der Wollfaser

---

1) R. Nietzki, Chem. d. org. Farbst. S. 4.

2) E. Reisse, Lehne's Färberztg. **6**, 330 u. 351, 1895.

3) C. O. Weber, Lehne's Färberztg. **5**, 69, 163, 1894, 184, 201 u. 213.

kann daher absolut nicht die Rede sein, denn in diesem Falle dürfte die Lackbildungsfähigkeit der auf Wolle gefärbten Farbstoffe nicht vernichtet sein.

C. O. Weber bespricht alsdann in ausführlicher Weise die substantiven Färbungserscheinungen bei der Baumwolle. Diese oder vielmehr die Cellulose ist im Vergleich zur thierischen Faser ein sehr indifferenter Körper, nicht so sehr in ihrem allgemeinen chemischen Verhalten, wie in ihrem Verhalten gegen Farbstoffe der verschiedenen Art. Die Aldehydnatur der Cellulose, die Abwesenheit lackbildender saurer oder basischer Gruppen in derselben lässt diese Indifferenz durchaus nicht überraschend erscheinen. Sobald wir auf der Baumwolle eine Karboxylgruppe (durch Tannin) oder Amidogruppe nach dem Verfahren von L. Vignon befestigt haben, zeigt sich die Baumwollfaser in ähnlicher Weise reaktionsfähig wie die Wollfaser.

Indessen ist die Baumwollfasser auch ohne weitere Vorbereitung im Stande, mit vielen basischen Farbstoffen, mit den überaus zahlreichen Benzidin- und Diaminfarbstoffen sich direkt anzufärben. Dies ist besonders auffallend bezüglich der Farbstoffe der zuletzt genannten Klasse, da dieselben ihrer Konstitution zufolge Säuren sind vom Typus der Ponceaux und Croceine, denen aber die Fähigkeit, die Baumwolle substantiv zu färben, nach unseren bisherigen Erfahrungen vollständig abgeht, während anderseits die meisten Benzidinfarbstoffe auch Wolle genau in der Weise der Säurefarbstoffe färben.

Trotzdem also in der That bei der substantiven Baumwollfärbung mit basischen Farbstoffen alles auf einen Lösungsvorgang im Witt'schen Sinne deutet, ist C. O. Weber der Ansicht, dass es sich in diesem Falle höchstens um einen Uebergang von der chemischen substantiven Färbung (Lackbildung) zur physikalischen substantiven Färbung (Lösung) handelt.

R. Möhlau[1]) versuchte diese Färbungserscheinungen auf die Affinität der Diphenylbasen zur Baumwolle zurückzuführen, da er die Beobachtung gemacht hatte, dass Baumwolle sich durch Behandlung mit salzsaurem Benzidin „beizen" und durch entsprechende Nachbehandlung Congoroth in der Faser entwickeln lässt; diese Erklärung verschiebt den Kernpunkt der Frage, löst ihn aber nicht. Das Gleiche gilt von der Theorie von L. Vignon[2]), nach welcher die Affinität bedingt ist von der Atomverkettung $R\langle{N= \atop N=}$, und die Verbindung dieser Körper mit der Faser würde dann anolog der Bildung von Ammoniumverbindungen sein.

[1]) R. Möhlau, Ber. **19**, 2014, 1886. Vgl. auch l. c. R. Meyer u. J. Schäfer.
[2]) L. Vignon, Lehne's Färberztg. **9**, 6, 1898.

G. Schultz[1]) betrachtete das Färben mit diesen Farbstoffen als einen dem Bläuen mit in Wasser suspendirtem Ultramarinblau ähnlichen Vorgang, wobei er diese Lösungen der substantiven Farbstoffe als ausserordentlich feine Suspensionen ansieht. Wenn nun auch nicht geleugnet werden kann, dass unter den Benzidinfarbstoffen eine ganz auffallend grosse Zahl schwer löslicher Produkte sich befindet, so ist es doch auch sicher, dass eine ganze Reihe leicht löslicher Farbstoffe dieser Art existirt. Ebenso ist die Reibechtheit dieser Farbstoffe eine so hohe, wie sie ein Färbeprocess der von Schultz angenommenen Art nie ergeben könnte.

C. O. Weber weist darauf hin, dass der auf der Baumwollfaser befestigte substantive Farbstoff nach wie vor säureempfindlich und lackbildungsfähig (Bildung des Barytlackes) ist. Unter dem Mikroskop beobachtet man bei einer mit substantivem Farbstoff gefärbten Baumwolle zahlreiche Fasern, deren Zellwände vollkommen farblos sind, während der centrale Kanal der Faser mit Farbstoff gefüllt erscheint.

Da die substantiven Farbstoffe ein ausserordentlich viel geringeres Diffusionsvermögen besitzen, als andere Farbstoffe, so kommt Weber zu dem Schlusse: Wir können die substantive Baumwollfärbung mit Benzidinfarbstoffen vollständig definiren als eine unter hohem osmotischen Druck des Farbbades, in den Zellräumen der Baumwolle erzeugte wässerige Lösung eines Farbstoffes von sehr kleinem Diffusionsvermögen, und der Grad der Fixirung dieser Farbstoffe auf der Faser ist proportional der durch seinen kleinen Diffusionskoëfficienten bedingten Diffusionsträgheit.

G. v. Georgievics[2]) unternimmt es, die Gründe, welche die bis jetzt angenommenen Theorien des Färbeprocesses stützen, auf ihre Stichhaltigkeit hin zu untersuchen.

Als bisherige Stützen der chemischen Theorie galten folgende Erscheinungen:

a) Nach E. Knecht erscheint beim Färben mit salzsauren Farbbasen die Salzsäure quantitativ in der Flotte — dies ist aber auch der Fall beim Anfärben von Fuchsin auf Thonstücken und Glasperlen.

b) Die Rosanilinbase ist in ammoniakalischer Lösung farblos, und doch färbt sich Wolle darin fuchsinroth. — Nach den Untersuchungen von v. Georgievics besteht die Rosanilinbase in zwei Modifikationen als farbloses Karbinol und als fuchsinrothe Ammoniumbase[3]). In letzterer Modifikation bildet sie die Farbe der mit Fuchsin gefärbten Wolle. Auch ergiebt sich aus den Versuchen, dass die gefärbte Rosanilinbase in freiem

---

1) G. Schultz, Ch. d. Steinkohlentheers, II. Aufl., Bd. II, 341.

2) G. v. Georgievics, Lehne's Färberztg. **6**, 9, 119, 188, 1894.

3) Vgl. hierzu die Untersuchungen von A. Hantzsch, Methode VII dieses Buches.

Zustande in ihrer wässerigen Lösung dieselbe Farbstärke habe, wie die im Fuchsin enthaltene Rosanilinbase.

Färbt man Wolle in einer Lösung von Amidoazobenzoldisulfosäure, die roth gefärbt ist, so nimmt die Wolle darin eine gelbe Farbe an, ähnlich der Farbe eines amidoazobenzolsulfosauren Salzes. — Hier weist v. Georgievics nach, dass freie Amidoazobenzolsulfosäure in verdünnten Lösungen gelb gefärbt ist. Färbt man Wolle und Seide in einer mässig koncentrirten Lösung von Amidoazobenzolsulfosäure, so zeigen sie nach dem Herausnehmen in der That die rothe Farbe der Lösung, die erst durch starkes Auspressen oder Waschen in Gelb umschlägt; und wird Wolle, die mehr von jener Farbsäure aufzunehmen vermag, in einer sehr konc. Lösung derselben gefärbt, so wird sie dauernd roth.

d) Weiterhin wurde noch für die chemische Theorie geltend gemacht, dass, wie E. Knecht fand, Wolle in einem Bade von überschüssigem Naphtolgelb, Trinitrophenol u. s. w. molekulare Mengen dieser Farbstoffe aufnimmt, sowie

e) dass die thermochemischen Untersuchungen L. Vignon's ergeben haben, dass die thierische Faser saure und basische Eigenschaften besitzt.

Es folgt dann die Besprechung der Witt'schen Lösungstheorie, nach welcher die Erscheinung des Färbevorganges mit einer festen Lösung verglichen werden kann, wie sie etwa bei der Diffusion von Eisen in Kohlepulver oder des Kohlenstoffes in Eisen vorliegt. Witt bringt folgende Gründe vor.

a) Fuchsin, Methylviolett müssen in der gefärbten Faser in gelöstem Zustande vorhanden sein, da diese nicht die metallisch glänzende, grüne Farbe dieser Farbstoffe im festen Zustande, sondern die Farbe ihrer Lösungen besitzt. — Demgegenüber stellt v. Georgievics fest, dass Fuchsinpulver, welches allerdings grün aussehe, sofort seine rothe Eigenfarbe annehme, wenn man es mit etwas Kreide oder Schwerspath mischt, oder wenn man es sehr fein zerkleinere. In gleicher Weise verhält sich das Methylviolett.

b) Die Seidenfärbungen mit Rhodamin, Eosin, Fluoresceïn u. dergl. fluoresciren, ebenso wie die Lösungen der genannten Farbstoffe, während diese selbst in fester Form keine Fluorescenz zeigen. — Nach v. Georgievics zeigen Seidenfärbungen mit Fluoresceïn Fluorescenz, Wollfärbungen aber nicht; auch vermögen Seidenfärbungen keine Fluorescenz anzunehmen, sobald die Seidenfaser durch mechanische Eingriffe ihren Glanz verloren hat.

c) Die Lösungstheorie giebt eine ungezwungene und einfache Erklärung für die Thatsache, dass sich nicht alle Farbstoffe zu substantiven Färbungen eignen. — v. Georgievics weist demgegenüber darauf hin, dass auch adjektive Farbstoffe, wie etwa Alizarin und Hämatein ganz ebenso wie substantive Farben von der Faser aufgenommen (also im Sinne Witt's gelöst) werden können; der Unterschied liege nur darin, dass die ersteren nur in Form ihres Farblackes gefärbt erscheinen, die letzteren aber an und für sich schon „Farben" darstellen.

d) Der Färbeprocess ist sehr ähnlich jenem Vorgange, welcher beim Ausschütteln von wässerigen Lösungen mit solchen Lösungsmitteln stattfindet, die für den im Wasser gelösten Körper ein grösseres Lösungsvermögen zeigen, als dieses selbst. — Nach v. Georgievics ist dieser Vergleich wenig zutreffend, da Ausschüttelung und Lösung im allgemeinen ein umkehrbarer Process ist, während dies nur bei sehr wenigen Färbungen der Fall ist. Er stützt seine Beweisführung gegen die Witt'sche Lösungstheorie noch mit dem folgenden Grunde: Die Schafwolle nimmt die meisten direkt färbenden Farbstoffe am besten aus dem kochenden Bade auf; man müsste also annehmen, dass sie für diese bei der Siedetemperatur ein grösseres Lösungsvermögen als das Wasser besitze. Bei Behandlung mit kochendem Wasser müsste also die Färbung weniger Farbstoff verlieren als mit kaltem Wasser, was den Thatsachen widerspricht.

Der Verfasser zieht aus seiner Beweisführung den Schluss, dass man nicht berechtigt sei, die Färbung als eine Lösung zu betrachten, dass aber zwischen beiden Erscheinungen vielleicht eine gewisse Aehnlichkeit bestehe.

Es folgt die Besprechung der mechanischen Theorie des Färbens. Indem v. Georgievics auf die Arbeiten von Hwass[1]), v. Perger[2]) und Spohn[3]) hinweist, führt er als Hauptstütze der mechanischen Färbetheorie gegenüber der chemischen an, dass sie nämlich nach bestimmten Gewichtsverhältnissen vor sich geht, und dass die Verbindungen nicht andere Eigenschaften als die Komponenten aufweisen. Die Färbungen von Asbest, Glas und Thon seien ferner Beispiele für auf Adhäsion beruhende Färbevorgänge. Weitere Gründe, die für die mechanische Färbetheorie sprechen, sind: Schwefelsaurer Baryt lässt sich tanniren und z. B. mit Fuchsin fast ebenso waschecht färben wie gefällte Cellulose. Viele Färbungen färben sehr leicht auf Papier u. dergl. ab, andere sublimiren von der Faser weg in ihrer ursprünglichen Form. Auch das grosse Egalisirungsvermögen mancher Farbstoffe und die Erscheinung des Ueberfärbens einer Färbung mit einer anderen werden zu Gunsten der mechanischen Färbetheorie angeführt. Die letztere Erscheinung zeigt eben, dass eine Färbung ohne chemische Bindung auf der anderen aufzusitzen vermag.

Die übliche Erklärung, dass beim Beizen der Wolle mit Metallsalzen das „Zerlegungsvermögen" der Wolle eine Rolle spiele, erscheint v. Georgievics aus zwei Gründen als unwahrscheinlich, a) weil solche Absorptionsvorgänge auch bei gewöhnlicher Temperatur stattfinden und

1) Hwass, Lehne's Färberztg. **2**, 224 u. 243, 1890/91, 191.
2) v. Perger, ibid. **2**, 356 u. 371, 1890/91.
3) Spohn, Dingler's pol. Journ. **287**, 210, 1893.

b) weil ausser den von Hwass untersuchten Beizvorgängen, die Wolle sich gegen verdünnte und koncentrirte Alaunlösungen verschieden verhält; aus verdünnten Alaunlösungen nimmt sie mehr Thonerde als Schwefelsäure, aus koncentrirten Lösungen aber mehr Schwefelsäure auf. Dieser Vorgang erklärt sich durch die Annahme, dass die wässerige Alaunlösung dissociirt sei, und die Wolle in der verdünnten Lösung für Thonerde ein grösseres Absorptionsvermögen besitze als für Schwefelsäure. Diese Ansicht wird dadurch unterstützt, dass die Wolle aus verdünnter Schwefelsäure thatsächlich keine Säure aufzunehmen vermag, während sie aus starken Lösungen sogar mehrere Procente davon absorbirt, und dass die Dissociation der Alaunlösung auch aus anderen Erscheinungen geschlossen werden kann[1]). Da ausserdem die mit Alaun gebeizte Wolle saure Reaktion zeigt, so bestärkt dies den Verfasser in der Ansicht, dass nicht nur Färbungen, sondern auch richtige Beizvorgänge auf mechanischem Wege zu Stande kommen.

Auch giebt es eine Reihe von anderen Bestimmungen, die unabhängig von der sauren oder alkalischen Natur der Bestandtheile als rein physikalische Vorgänge angesehen werden, wie Adhäsion, Benetzung und Kapillarität. Aetzalkalien z. B. adhäriren stark am Glase, Mineralsäuren wenig; Quecksilber gar nicht, trotzdem wird diese Verschiedenheit nicht auf chemischem Wege erklärt.

v. Georgievics gelangt zu dem Schlusse, dass man nicht berechtigt sei, physikalische Erscheinungen, unter die auch der Färbevorgang zu zählen sei, als chemische aufzufassen, wenn auch dabei die chemischen Eigenschaften der aufeinander wirkenden Körper eine gewisse Rolle zu spielen berufen seien.

Bei der Prüfung, ob das Henry'sche bezw. von van 'tHoff und Nernst erweiterte Henry'sche Gesetz bei einem reversiblen Färbevorgang, wie es die Aufnahme von Indigokarmin durch Seide darstellt, und wonach der Theilungskoefficient der Formel $\frac{Cs}{Cr}$ entsprechen würde, seine Giltigkeit behält, zeigte es sich, dass dies nicht der Fall ist. Vielmehr ergab sich, dass der Werth $\sqrt{\frac{Cw}{Cs}}$ bei den vergleichenden Versuchen mit nicht zu viel Farbstoff und gleich viel Schwefelsäure eine befriedigende Konstanz hat, so dass also für diese lichten Seidenfärbungen das erweiterte Henry'sche Gesetz Geltung hat. Daraus wäre zu schliessen, dass die Seide einfachere Farbstoffmoleküle aufnimmt, während die in der Flotte befindlichen zum grössten Theile doppelte Molekulargrösse besitzen. Am geeignetsten erscheint der allgemeinere Ausdruck

---

1) Vgl. Carey Lea, Zeitschr. anorg. Ch. 4, 440, 1893.

$$\frac{\sqrt[x]{C_{Flotte}}}{C_{Faser}} = \text{konst.}$$ [1])

Obwohl nun, wie an dem Beispiel der Indigokarmin-Seidenfärbung gezeigt wurde, eine Analogie zwischen Färbung und Lösung besteht, spricht sich v. Georgievics' gegen eine Identificirung dieser beiden Begriffe und somit gegen die Witt'sche Lösungstheorie aus, indem er meint, dass besonders zwischen dem Zustandekommen und Verhalten dieser beiden Vorgänge Unterschiede bestehen. Nach v. Georgievics ist der Färbevorgang gegenwärtig noch am besten als Oberflächenwirkung zu betrachten und daher mit dem Du Bois-Reymond'schen Ausdruck Adsorption zu bezeichnen.

Gegen die Beweiskraft der aus der Fuchsinfärbung von v. Georgievics gezogenen Schlüsse wendet sich R. Gnehm[2]) indem er nachweist, dass die mit Fuchsin oder mit Rosanilinbase oder mit Fuchsin und Ammoniak auf Seide oder Glasperlen erhaltenen Färbungen in Bezug auf ihre Echtheit sich gegen die Extraktionskraft des Alkohols verschieden verhalten. Weiterhin spricht sich Gnehm dahin aus, dass keine der zur Zeit diskutirbaren Theorien über den Färbeprocess befriedigenden Aufschluss zu geben vermöge.

In einer weiteren Arbeit gründen schliesslich R. Gnehm und E. Rötheli[3]) auf die von ihnen gewonnenen Resultaten die Ansicht, dass die substantiven Färbungen auf thierischer Faser Gemische sind von chemischer Verbindung mit einem Ueberschuss von mechanisch zurückgehaltenem Farbstoff, so dass der Färbeprocess für die Thierfaser, wenn man von einzelnen Ausnahmen absieht, in einer Salzbildung bestände, die von einer reichlichen Adsorption des Farbstoffes durch die Wolle oder Seide begleitet wäre. In gleicher Weise werden die Beizen zugleich auf chemischem Wege und auf dem Wege der Adsorption oder einfachen Präcipitation von den animalischen Fasern aufgenommen. Anders verhält es sich mit der Pflanzenfaser. Während die Färbungen mit Pigmentfarben und mit den auf der Cellulose entwickelten Azofarbstoffen als reine Präcipitationen zu betrachten sein dürften, die mechanisch den kapillaren Räumen der Fasern anhaften, kann man für Indigo und die basischen substantiven Baumwollfarbstoffe mit v. Georgievics annehmen, dass sie von der Baumwolle adsorbirt werden, und betreffs der direkten Baumwollfärbungen mit Benzidinfarben an Weber's[4]) Anschauung sich halten, dass sie

---

1) Vgl. hierzu G. v. Georgievics u. E. Löwy, Lehne's Färberztg. **6**, 286, 1895, Ref.

2) R. Gnehm, Lehne's Färberztg. **6**, 362, 1895, **7**, 50, 1896, **8**, 119, 1897. Vgl. hierzu G. v. Georgievics, ibid. **7**, 17, 1897.

3) R. Gnehm u. E. Rötheli, Lehne's Färberztg. **10**, 408, 1899.

4) Vgl. hierzu C. O. Weber, ibid. **10**, 1, 1899; vgl. ferner P. D. Zacharias, ibid. **12**, 149, 1901; P. Sisley, Bull. Soc. Chim. (3), **23**, 865, 1900.

Lösungen der mit geringer Diffusionsgeschwindigkeit begabten Farbsalze im Zellsaft vorstellen.

Alles in allem genommen ist das Färben der verschiedenen Gespinnstfasern kein einheitlicher Vorgang. Die Färberei der Pflanzenfasern beruht nicht oder nur zum Theil auf denselben Prozessen wie die der Thierfasern. Aber auch die Färberei der Thierfasern ist nach Gnehm und Rötheli für jeden Einzelfall kein einheitlicher Vorgang, sondern das Produkt des Zusammentreffens der chemischen Reaktion mit mechanischen Kräften oder Adsorptionserscheinungen.

2. Ueberblick über die Farbstoffe und ihre Verwendung.

Eine ganz kurze Uebersicht über die bei den Anilinfarbstoffen obwaltenden Verhältnisse sei in Folgendem gegeben [1]).

a) Bei dem Färben der Wolle unterscheidet man verschiedene Methoden:

α) Im neutralen bezw. schwach angesäuerten Bade werden die basischen und Resorcinfarbstoffe gefärbt. Man erhitzt zum Kochen und erhält einige Zeit darin. Oft empfiehlt es sich, nach dem Kochen die Temperatur wieder etwas sinken zu lassen, wodurch die Farbstoffe besser angezogen werden. Bei manchen Farbstoffen, wie z. B. Fuchsin und seinen Nebenprodukten, wie Cerise, Grenadin u. s. w. empfiehlt sich ein Zusatz von sehr wenig Marseiller Seife, falls sehr reines Wasser zugegen ist. Kalkhaltiges Wasser muss mit etwas Essig-, oder Weinsäure versetzt werden. Bei den Resorcinfarbstoffen setzt man dem Wasser einen kleinen Ueberschuss von Essigsäure oder Weinsäure, statt dessen auch häufig etwas Weinstein oder Alaun zu.

β) Im sauren Bade werden die Säure- oder Azofarbstoffe gefärbt. Erfahrungsgemäss empfiehlt es sich 4 % Schwefelsäure vom Gewicht der Wolle und 10 % Glaubersalz, oder statt der beiden 10 % Weinsteinpräparat (saures schwefelsaures Natron) anzuwenden. In dem sauren Bade werden die Farbsalze zerlegt und die Säure des Farbstoffes in Freiheit gesetzt. Einzelne dieser Säuren sind in saurem, salzhaltigen Wasser auch in der Hitze schwer löslich und sind deshalb schwierig zu egalisiren, andere sind leichter löslich und bereiten weniger Schwierigkeiten in dieser Beziehung. Bei den ersteren, wie z. B. Echtroth, Bordeaux u. s. w. muss deshalb vorsichtig verfahren werden; man geht bei ca. 40° C. mit der Waare ein und steigert die Temperatur allmälig zum Siede-

[1]) Die betreffenden Angaben sowie die unter 4. folgende Uebersicht sind theilweise einer Anleitung entnommen, welche die Farbwerke vorm. Meister, Lucius u. Brüning in Höchst a/M. zur Belehrung ihrer Kundschaft herausgegeben haben.

punkt; bei den letzteren kann man bei höherer Temperatur, bei vielen, wie bei Säurefuchsin, Säuregrün sogar in der Siedehitze eingehen. Immerhin empfiehlt es sich jedoch, wenn es die Umstände gestatten, bei niedriger Temperatur zu beginnen. Im sauren Bade werden zuweilen auch basische Farbstoffe, wie z. B. Fuchsin, Violett und Grün verwandt, wenn es sich darum handelt, wollene Gewebe zu färben, welche Strohtheile und etwas Baumwolle enthalten, und die sich nur auf diese Weise so färben lassen, dass sie nicht bemerkbar sind. Verwendet man Azofarbstoffe in Verbindung mit basischen, so muss man vorsichtig verfahren, da viele derselben unter sich Niederschläge bilden; obwohl dieselben in saurem, heissen Wasser löslich sind, können sie Anlass zur Fleckenbildung geben. Man verfährt dann am besten so, dass man den einen Farbstoff unterfärbt und den anderen aufsetzt.

γ) Einzelne Säurefarbstoffe, die sogen. Alkalifarben, werden im alkalischen Bade gefärbt und liefern nur so gleichmässige, nicht schmutzende Farben. Dieselben entwickeln sich erst im darauf folgenden Säurebade und auf dem alkalischen Bade muss stets weiter gefärbt werden, da es nur zum Theil ausgezogen wird. Zur Herstellung desselben empfiehlt sich die Anwendung von Borax (10 %) oder Wasserglas von 33° Bé (8 % vom Wollgewicht). Zuweilen wird auch wenig Soda oder auch Bikarbonat verwandt. Man geht in das kochend heisse Bad ein und hantirt die Waare, bis eine abgesäuerte Probe die gewünschte Nuance zeigt. Nachdem die Wolle gut gespült ist, entwickelt man die Farbe auf einem heissen, mit 4 % Schwefelsäure oder 10 % Weinsteinpräparat hergestellten Bade. Einzelne Farben, wie z. B. Alkaliblau, werden schöner, wenn man auf kaltem Bade absäuert. Für walkechte Farben verwendet man statt des Säurebades Doppelchlorzinn oder Alaun.

δ) Ein kombinirtes Verfahren für einzelne Säurefarbstoffe, wie z. B. Azoindigo, Azomarineblau, Echtblau u. s. w., welche ziemlich schwer egalisiren, ist folgendes: Man färbt zuerst 2—3 Stunden im kochenden neutralen Bade, dem man ca. $^1/_3$ mehr Farbstoff zugesetzt hat, als die Nuance erfordert, da derselbe nicht vollständig ausgezogen wird und avivirt im sauren Bade. Dieses Verfahren ist unerlässlich bei schwierig egalisirenden und harten Stoffen; bei Tuchen und loser Wolle dagegen kann man die Säure auf demselben Bade bei kleinen Quantitäten allmälig zusetzen, nachdem man vorher hinreichende Zeit neutral gekocht hat. Man kann so das zweite Bad umgehen, muss aber bei der nächsten Operation wieder auf frischer Flotte beginnen. Dem neutralen Bade kann man pro Kubikmeter 5 kg essigsaures Natron zusetzen; auf demselben wird weiter gefärbt.

ε) Ein Ersatz für das vorher beschriebene kombinirte Verfahren ist das folgende, welches auf der Thatsache beruht, dass sich Lösungen von essigsaurem Ammoniak beim Kochen unter Entweichen von Ammoniak zersetzen, wodurch das Bad allmälig immer saurer wird. Das kochende Bad wird zuerst mit 10 % (vom Wollgewicht) 50 %iger Essigsäure bestellt, die Farbstofflösung zugefügt und dann mit Salmiakgeist versetzt, bis das Wasser nur noch schwach sauer reagirt. Darauf geht man mit der Waare ein und kocht zwei Stunden. Man setzt dann wieder 10 % Essigsäure zu und kann auf demselben Bade mit den meisten Farbstoffen (basischen und sauren) nuanciren. In der nächsten Operation wird wieder mit Ammoniak bis zur sauren Reaktion abgesättigt und weiter verfahren, wie oben. Hat man so 4—5 Partien gefärbt, so kann man statt Essigsäure 4 % Schwefelsäure zur Beendigung der Operation verwenden. Es ist dann soviel essigsaures Ammoniak im Bade vorhanden, dass durch die Schwefelsäure Essigsäure in Freiheit gesetzt wird.

Anstatt des essigsauren Ammoniaks lässt sich auch das sich beim Kochen gleichfalls nur etwas langsamer zersetzende schwefelsaure Ammoniak anwenden. Dieses Verhalten der trägeren Dissociation lässt sich durch Zusatz grösserer Quantitäten ausgleichen. Auf einen Kubikmeter Wasser nimmt man 20—25 kg schwefelsaures Ammoniak. Man geht in der Siedehitze ein und kocht 2—2½ Stunden. In dem Maasse, als freie Schwefelsäure entsteht, geht der Farbstoff und zwar sehr gleichmässig an die Faser; nach genügendem Kochen ist das Bad ausgezogen. Bei der nächsten Partie wird wieder mit Ammoniak neutralisirt und auf dem Bade beliebig lange weiter gearbeitet. Sobald der Farbstoff ausgezogen, ist so viel Säure im Bade, dass man mit allen anderen Säurefarben nuanciren kann; eventuell kann man auch noch etwas Schwefelsäure zusetzen.

ε) Die sogenannten Alizarinfarben werden nur auf gebeizter, oder, wie man sagt „vorgesottener“ Wolle gefärbt. Von den Beizen kommen fast nur Thonerdebeizen und Chrombeizen in Betracht. Die letzteren geben mit den meisten Farbstoffen die echtesten Verbindungen.

b) Bei dem Färben der Baumwolle und des Leinens kann man folgende Methoden unterscheiden:

α) Die basischen Farbstoffe lassen sich mittels des Tannin-Brechweinsteinverfahrens auf Baumwolle nahezu vollständig, einige, wie z. B. Methylenblau, ganz waschecht fixiren. Man verwendet gewöhnlich 5 % vom Gewicht der Waare Tannin. Einzelne Farbstoffe, wie z. B. das Echtbaumwollblau, brauchen mehr. Für dunkle Farben ersetzt man das Tannin vortheilhaft durch Sumak oder Gallus, deren färbende Eigenschaft in diesem Falle zugleich ausgenützt wird (Tannin = 10 Sumak oder 5 Gallus). Das Tanninbad soll nur soviel Wasser enthalten wie zum Einbringen der Baumwolle nöthig ist und soll 70—80 °C. heiss sein. Es ist günstig, wenn man dieselbe über Nacht in dem Bade lassen kann; sie muss aber mindestens 6 Stunden in demselben verweilen. Durch Zusatz einiger Tropfen alkoholischer Karbolsäurelösung wird die

Haltbarkeit des Tanninbades wesentlich erhöht und Schimmelbildung vermieden. Nach dem Tanniren wird gut ausgewunden und direkt in das Brechweinsteinbad eingegangen, welches je nach der Tiefe der zu erzielenden Nuance 0,5—2,5 % Brechweinstein enthält. Das Bad wird stets weiter benützt und jedesmal ergänzt; der sich bildende Weinstein muss von Zeit zu Zeit mit Kreide abgestumpft werden, da stark saure Reaktion die Wirksamkeit des Bades beeinträchtigt.

Nach der 25—30 Minuten dauernden Brechweinsteinpassage wird gründlich gewaschen. Für einzelne Farben z. B. Methylenblau, empfiehlt es sich, dem Bade etwas Marseiller Seife zuzusetzen oder besser nach dem Brechweinsteinbade mit der gewaschenen Waare auf ein warmes Seifenbad (1—2 Kilo Marseiller Seife in 1000 Liter Wasser) zu gehen, $^{1}/_{4}$ Stunde darin umzunehmen und dann wieder zu waschen.

Den Brechweinstein kann man durch oxalsaures Antimon, Antimonkaliumfluorid oder Chlorantimon, mit etwas geringerem Erfolge durch verschiedene andere Metallsalze, wie z. B. essigsaures Zink, Zinnsalz, Doppelchlorzinn, zinnsaures Natron mit nachfolgender Schwefelpassage ersetzen. Für dunkle, besonders dunkelblaue Farben kann man mit holzessigsaurem Eisen fixiren oder auch nach der Antimonpassage durch Eisen gehen. Methylenblau und Echtbaumwollblau geben so sehr schönes Tiefblau.

Von anderen Methoden, um die basischen Farbstoffe mit schönerer Nuance als dies bei Anwendung von Tannin möglich ist, dann aber weniger echt zu fixiren, sind folgende zu erwähnen:

β) In einem Bade, welches 10 % Türkisch-Rothöl oder Marseiller Seife vom Gewicht der Waare enthält, wird die Baumwolle mehrmals eingeweicht und wieder ausgerungen und darauf nicht zu heiss getrocknet. Alsdann passirt man $^{1}/_{2}$ Stunde durch ein schwaches 50° C. warmes Bad von essigsaurer Thonerde (auf 100 Liter ca. $^{1}/_{2}$ Liter von 9° Bé). Darauf wird gewaschen und nochmals durch ein schwaches Seifenbad (100 g in 100 l) passirt, wieder gut gewaschen und dann gefärbt.

Man kann auch eine Beize von Bleizucker und Zinnsalz oder eine basische Alaunbeize verwenden.

γ) Die Resorcinfarben werden in lauwarmem, 5° Bé. starken Kochsalzbad gefärbt, oder man beizt sie vorher mit Türkisch-Rothöl und essigsaurer Thonerde oder mit zinnsaurem Natron.

δ) Von Säurefarben werden nur wenige auf Baumwolle gefärbt, in keinem Falle lassen sich damit waschechte Farben erzielen. Die wasserlöslichen Rosanilinblaus (Baumwollblau, Wasserblau) werden auf Tannin-Brechweinstein gefärbt.

ε) Die gewöhnlichen Azofarben färbt man mit zinnsaurem Natron und basischem Alaun.

ζ) Die direkt färbenden Anilinfarbstoffe, wie Congo, Benzopurpurin, Diaminfarben u. s. w. färben Baumwolle in ungebeiztem Zustande direkt oder im Seifenbade oder schwach alkalischem Bade und sind aus diesem Grunde von ausserordentlicher Wichtigkeit geworden, obgleich die mit ihnen erzielten Färbungen häufig an Echtheit zu wünschen übrig lassen.

η) Anilinschwarz wird in folgender Weise entwickelt. Per Liter Farbe verwendet man 57 g Anilinsalz und 13 g Anilinöl, 31,6 chlorsaures Kali, 20 g Kupfervitriol, 8,6 g Salmiak. Die einzelnen Substanzen werden in soviel Wasser gelöst, dass sie in der Kälte gelöst bleiben, die erkalteten Lösungen zusammengegossen und auf 1 l gebracht. Die Stoffe werden mit der Lösung geklotzt und bis zur Entwicklung der Farbe verhängt. Um das Grünen zu verhindern, passirt man durch eine 4 %ige lauwarme Chromkalilösung und dann rasch durch ein heisses Bad, welches 1 % Schwefelsäure enthält oder klotzt die getrocknete Waare mit einer 5 %igen Salmiaklösung, trocknet und dämpft.

ϑ) Die sogenannten Alizarinfarben verlangen eine komplicirtere Behandlung. Man kann mit Türkisch-Rothöl (1 : 15, genau neutralisirt mit Ammoniak) flatschen und trocknen bei 40—45 °C; oder man flatscht mit essigsaurer oder basisch schwefelsaurer Thonerde 24—36 Stunden bei 32 °C. und verhängt bei 5° Differenz (Augustsches Psychrometer) u. s. w.

c) Bei dem Färben der Seide ist es ein Haupterforderniss, dass sie ihren schönen „Griff" behält. Die besten Resultate erzielt man bei fast allen Farbstoffen durch das Färben im gebrochenen Bastseifenbad. Dasselbe stellt man her durch Mischen mit 1/3 der beim Abkochen der Seide erhaltenen Bastseife mit 2/3 Wasser und Zusatz von soviel verdünnter Schwefelsäure, bis deutlich saurer Geschmack eintritt. Da sich bei kalkhaltigem Wasser durch den Zusatz der neutralen Seife Kalkseife bilden würde, ist es durchaus geboten, die Seife vor dem Wasserzusatz oder das Wasser vorher anzusäuern. Es ist nöthig, die Farblösung dem Bade allmälig zuzusetzen und langsam zum Kochen zu gehen. Besonders wichtig ist dies bei allen blauen und den indulinartigen Farbstoffen. Bei diesen muss auch zwei- bis dreimal aufgekocht werden, während man sonst nur einmal aufzukochen hat. Nach dem Färben wird die Seide in schwach saurem Wasser lauwarm gewaschen (avivirt). Die basischen Farbstoffe und Resorcinfarben avivirt man am besten mit etwas Weinstein- oder Essigsäure, die anderen mit Schwefelsäure.

Bei einzelnen basischen Farbstoffen wie z. B. Fuchsin oder Methylenblau empfiehlt es sich, auf frischem, heissem Seifenbad (100 l Wasser, 50—60 g Marseiller Seife) zu färben und dann mit Weinstein- oder Essigsäure zu aviviren. Fuchsin färbt man auch, wenn man bläuliche Nuancen erzielen will, auf lauwarmem, mit Essigsäure oder Weinsäure angesäuerten Bade und avivirt mit denselben Säuren. Auramin färbt man in ganz neutralem Bade bei ca. 100 °C. und avivirt äusserst vorsichtig mit sehr wenig Essigsäure. Die Alkalifarben wie Alkaliblau, werden im kochenden Bade (500 l Wasser, 1 kg Marseiller Seife, 500 g Borax) gefärbt und nach gründlichem Waschen im heissen Schwefelsäurebad entwickelt, dann nochmals kalt mit etwas Schwefelsäure avivirt.

Weiter kommen noch in Betracht das Färben gemischter Stoffe wie halbwollene und halbseidene Waare, dann das Färben von Jute, Federn, Papier, Leder, Horn, Stroh, Holz und ähnlichen Stoffen, die als weniger wichtig an dieser Stelle unbesprochen bleiben mögen, wo es sich nur um einen kurzen Ueberblick handelt.

3. Genauigkeit des Probefärbens.

Ueber die Genauigkeit des Probefärbens liegen einige Versuche von Ch. S. Boyer[1]) vor. Zwei Muster von geraspeltem Campecheholz ergaben auf Grund der Probefärbung ein Werthverhältniss 100 : 128,5. In denselben Proben wurde mit Hilfe der Hautpulvermethode der Farbstoffgehalt bestimmt und auf diesem Wege ein Werthverhältniss 100 : 130,4 festgestellt. Endlich ergab sich nach Trimble's volumetrischer Methode, die sich auf die Farbenreaktion mit Kupfersulfat gründet, ein Werthverhältniss 100 : 127.

Sechs Proben Sumachextrakt ergaben durch Probefärben ein Werthverhältniss 100 : 146,7 : 120 : 105 : 122 : 134. Durch Tanninbestimmung mittels Hautpulver ergab sich das Werthverhältniss 100 : 145,5 : 119,7 : 107,2 : 119,9 : 136,1.

---

[1]) Ch. S. Boyer, Journ. Americ. Ch. Soc. **17**, 468, 1895.

4. Das Färben der verschiedenen Fasern in tabellarischer Uebersicht.

Die Herstellung der Bäder und Beizen ist in den vorhergehenden Artikeln zu finden.

Farbstoffe.	Wolle.	Baumwolle und Leinen.	Jute.	Seide.
Die basischen Farbstoffe. Fuchsin, Cerise, Grenadin, Marron, Rubin G, Cardinal, Lederbraun, Ledergelb, Phosphin:	Im kochenden, neutralen Bade.	Tannin-Brechweinstein oder Seife-Thonerdebeize.	Wie Wolle.	Im gebrochenen Bastseifenbade oder mit Weinstein- oder Essigsäure, oder im frischen Seifenbade. Aviviren mit Essig- oder Weinsäure.
Primula, Methyl-Violett, (Dahlia, Neuviolett), Krystallviolett.	Im kochenden, neutralen Bade (kalkhaltiges Wasser durch Zusatz von Weinstein- oder Essigsäure zu korrigiren).	Tannin-Brechweinstein oder basische Alaunbeize, oder essigsaure Zinnbeize.	Wie Wolle.	Im gebrochenen Bastseifenbade oder in heissem Bade mit Weinsteinsäure. Aviviren mit Weinsteinsäure.
Brillantgrün, Malachitgrün.	Im kochenden, neutralen Bade (kalkhaltiges Wasser wie bei Violett zu korrigiren). Statt der angeführten Säuren kann etwas Weinsteinpräparat oder Alaun angewandt werden.	Tannin-Brechweinstein. (Mit Auramin wird nuanzirt).	Wie Wolle.	Das 70° warme Bastseifenbad wird nur schwach gebrochen, d. h. nur so wenig Säure zugesetzt, dass das Bad noch nicht sauer reagirt. Aviviren mit Essigsäure.
Safranin, Scharlach für Baumwolle, Vesuvin, Auramin, Rhodamin.	Im heissen neutralen Bade. Ebenso färbt man Azocarmin, Rosindulin.	Tannin-Brechweinstein. Lauwarm ausfärben. Für Vesuvin nimmt man statt Tannin stets Sumach oder Gallus.	Im kochenden, neutralen Bade.	Im 50° warmen frischen Seifenbade; mit Essig- oder Weinsäure aviviren.

Methylenviolett, Methylenblau, Methylenindigo, Methylengrün, Echtbaumwollblau.	Im kochenden Bade, das man mit etwas Borax schwach alkalisch gemacht hat (1 Kubikm. Wasser 150 g Borax). Die Farbstoffe werden auf Wolle sehr selten gefärbt.	Tannin-Brechweinstein. Nach der Brechweinsteinpassage kann man bei Methylenblau noch lauwarm seifen (1 Kubikm. Wasser 1—1,5 Kilo Seife). Für Echtbaumwollblau wird mehr Tannin, bis zu 10 % vom Gewicht der Baumwolle und dementsprechend mehr Brechweinstein angewandt.	Im kochenden Bade.	Im frischen Seifenbade oder im ungebrochenen Bastseifenbade. Man geht bis zum Kochen und avivirt mit Weinstein- oder Essigsäure.
Die Resorcinfarbstoffe. Eosin, Erythrosin, Phloxin, Rosebengale, Cyanosin wasserlöslich.	Im kochenden Bade, dem man etwas Essigsäure oder Alaun zugesetzt hat, oder die Wolle zuerst im Bade, das im Kubikmeter 2 Kilo Alaun und 750 g Weinstein enthält, 20—30 Minuten kochen, dann den Farbstoff zugeben, einige Zeit umziehen, aufkochen und noch so bis 30 Minuten auf dem Bade lassen.	1. In Kochsalzlösung von ca. 4° Bé. 2. Seife-essigsaure Thonerde. 3. Zinnsaures Natronbasischer Alaun.	Wie Wolle.	Im kochenden Bastseifenbade, welches mit Weinsteinsäure gebrochen ist; mit Essig- oder Weinsteinsäure aviviren.
Die Säure- und Azofarbstoffe. 1. Die Alkalifarben: Alkaliviolett, Alkaliblau, Alkaligrün.	Im alkalischen, kochenden Bade (1 Kubikmeter Wasser 4—5 Kilo Borax). Entwickeln im heissen Säurebad, bei walkechten Farben mit Alaun oder Doppelchlorzinn. Die erhaltenen Farben schmutzen nicht. Auf dem Bade wird weiter gefärbt.		Wie Wolle oder besser wie Seide. Entwickeln mit Alaun.	Im kochenden alkalischen Bade (ein Kubikmeter Wasser, 2 Kilo Marseiller Seife, 1 Kilo Borax). Aviviren mit Schwefelsäure.

Farbstoffe.	Wolle.	Baumwolle und Leinen.	Jute.	Seide.
2. Die leicht egalisirenden sog. Wasserblaus. Bleu de Lyon, Opalblau, Lichtblau f. Wolle, Chinablau, konc. Baumwollblau, Reinblau, Baumwolllichtblau (die letzteren 4 für Baumwolle).	Mit Glaubersalz oder Alaun und Schwefelsäure. Man geht kalt ein, geht langsam zum Kochen und kocht ½ Stunde. Die erhaltenen Farben schmutzen stets etwas ab, egalisiren aber leicht. Ebenso färbt man Patentblau.	1. Auf Tannin-Brechweinstein (im Färbebade etwas Alaun) 2. Seife-Doppelchlorzinn, im Färbebade etwas Alaun. 3. Man giebt ins Färbebad etwas Natron (1 Kubikmeter 250—300 g), hantirt ½ Stunde auf dem warmen Bade und fügt dann etwas Schwefelsäure bis zur schwach sauren Reaktion zu.	Im kochenden Bade mit Alaun.	Im gebrochenen Bastseifenbade. Langsam zum Kochen gehen. Mehrmals aufkochen. Aviviren mit Schwefelsäure. Ebenso färbt man Patentblau.
3. Die schwierig egalisirenden blauen und schwarzen Farbstoffe. Höchster Neublau, Indigoblau, Echtblau, Echtblauschwarz, Tiefschwarz, Azoindigo, Azomarineblau, Azoschwarz.	1. Im neutralen Bade 2—4 Stunden kochen. Korrektur des kalkhaltigen Wassers sehr wichtig. Das Bad wird nicht ausgezogen und auf demselben weiter gefärbt. Entwickeln der Nuance im heissen Säurebade. 2. Mit essigsaurem Natron (3 Kilo im Kubikmeter) im korrigirten Bade 2 Stunden kochen, dann nach und nach soviel Schwefelsäure oder Weinsteinpräparat, bis das Bad ausgezogen ist. Bei loser Wolle kann man das essigsaure Natron weglassen, muss aber 3 Stunden kochen.		Kochen im neutralen Bade, am Schlusse Alaun oder wenig Weinsteinpräparat zusetzen.	Im gebrochenen Bastseifenbade; der Farbstoff muss langsam in das laue Bad gegeben und allmälig zum Kochen erhitzt werden. Es wird mehrmals aufgekocht und mit Schwefelsäure avivirt.

	Man färbt stets auf frischem Bade. 3. Mit essigsaurem oder schwefelsaurem Ammoniak. Siehe Beschreibung. Man färbt auf demselben Bade weiter. Die erhaltenen Farben schmutzen nicht im Geringsten ab u. zeichnen sich durch grosse Echtheit aus.			
4. Die schwer egalisirenden, rothen, rothbraunen und braunen Azofarbstoffe. Echtroth, Bordeaux, Echtbraun.	Diese Farbstoffe können nach dem Verfahren 2 und 3 der vorhergehenden Gruppe gefärbt werden, brauchen aber nicht so lange zu kochen. Indessen kommt man bei vielen Waarensorten schon aus, wenn man nur mit Essigsäure färbt, das Bad zur Hälfte entleert und bei der nächsten Operation bei 40 bis 50° eingeht. Bei sehr vorsichtigem Arbeiten lange Zeit bei sehr niederer Temperatur hantiren und sehr langsam zum Kochen gehen, kann man auch auf dem gewöhnlichen Bade mit Glaubersalz und Schwefelsäure arbeiten. Sehr vortheilhaft ist es dabei, die Wolle nach dem Hantiren bei 40° C. abzuschlagen, dann auf 60—70° zu erhitzen, dann wieder einzugehen und erst nach 30 Minuten zu kochen.	1. Beizen mit basischem Alaun, warm ausfärben. 2. Zinnsaures Natron-Alaun, warm ausfärben. 3. Sämmtliche unter Resorcinfarben angegebene Methoden lassen sich anwenden.	Im kochenden Bade; man kann etwas Alaun oder Essigsäure zusetzen.	Im gebrochenen Bastseifenbade, ziemlich lange kochen. Mit Schwefelsäure aviviren.

Farbstoffe.	Wolle.	Baumwolle und Leinen.	Jute.	Seide.
5. Die ohne besondere Schwierigkeit egalisirenden Säurefarbstoffe und Azofarben. Säurefuchsin, Säureviolett, Säure-Cerise u. Marron, Orseillin, Säuregrün, Azogelb, Orange, Ponceau, Coccinin, Amaranth, Scharlach f. Seide, Brillant-Rubin, Brillant-Carmoisin, Azo-Säurerubin.	Auf saurem Bade mit 4 % Schwefelsäure und Glaubersalz (10 % oder mehr) oder 8–10 % Weinsteinpräparat vom Wollgewicht. Man geht lauwarm ein, steigert innerhalb einer halben Stunde bis zum Kochen und kocht noch ebenso lange. Ebenso verfährt man bei Viktoriaschwarz, Jetschwarz, Naphtylaminschwarz, Naphtolschwarz, Resorcinbraun, Echtbraun, Chromotrop, Patentschwarz, Metanilgelb.	Wie bei der Gruppe 4.	Man beizt mit basischem Alaun und färbt kochend.	Wie bei der Gruppe 4.
6. Sehr leicht egalisirende Farbstoffe. Brillant-Scharlach, Viktoria-Scharlach.	Diese können ohne Gefahr dem kochenden sauren Bade zugegeben werden, bezw. man kann im heissen Bade zu färben beginnen. Bei allmäligem Farbstoffzusatz können Säurefuchsin, Säureviolett 4 R und R. conc., sowie Säuregrün ebenso benützt werden.	Wie bei 4 und 5.	Wie bei 5.	Wie bei 4 und 5.

Die direkt färbenden Baumwollfarbstoffe. Congo, Benzopurpurin, Diaminscharlach, -roth, -blau, -braun, -schwarz, Chrysamin, Toluylenorange, -braun, Dianisidinblau, Benzoazurin, Hessisch Bordeaux, -Purpur, -Violett, -Gelb, Chrysophenin etc. sowie Echtschwarz als Schwefelfarbstoff.	Für Wolle wenig verwendet.	Färben Baumwolle im neutralen, Seifen- oder schwach alkalischen Bade direkt an. Ebenso verhalten sich die Safranin-Azofarbstoffe, wie Indoin, Naphtindon, für welche aber auch tannirte Baumwolle in Verwendung kommt.		Diaminfarben färben Seide direkt. Bei 1 % Farbstoff-Bad versetzt mit 5% essigsaur. Ammonium, zur völligen Erschöpfung des Bades 2 % Essigsäure zufügen. Bei mehr wie 1 % Farbstoff 10 % Glaubersalz und 5 % Essigsäure.
Die Alizarinfarben. Alizarin, Alizarinorange, -Gelb, -Grün, -Blau, -Roth, -Schwarz, Anthracen-Gelb, -Blau.	Färben nur auf chrom- oder alaungebeizter Wolle. Je nach der Beize verschiedene Farben.	Vorheriges Beizen mit Chrom, Alaun, bezw. Zinn, Eisen. Je nach der Beize verschiedene Farben.		
Die Schwefelfarben. Vidalschwarz, Immedialschwarz, Anthrachinonschwarz, Cachou de Laval.		Bedürfen nach der Auffärbung einer Entwicklung mit Chromkali oder Kupfervitriol und Essigsäure. Für halbwollene Sachen verwendet man am besten Zinksalze.		

XIII.

Methode der Bestimmung der optischen Aktivität.

Eine weitere Methode der quantitativen Bestimmung ist die nachstehend beschriebene, welche sich auf die Eigenschaft gewisser Körper gründet, die Polarisationsebene des Lichtes zu drehen. Diese Methode erfreut sich einer ausserordentlich ausgedehnten Anwendung in der Technik wie auch bei wissenschaftlichen Untersuchungen, indem sich bei der Einwirkung der hier in Frage kommenden Verbindungen auf die Ebene des polarisirten Lichtes Gesetzmässigkeiten zeigen, welche die Verwendung dieser Methode zu quantitativen Bestimmungen ermöglichen.

Eine ausführliche Bearbeitung findet sich bei H. Landolt, Das optische Drehungsvermögen. Braunschweig 1898, welche für eingehenderes Studium hiermit bestens empfohlen sei.

Die Eintheilung des Stoffes ist die folgende:

1. Asymmetrisches Kohlenstoffatom und optische Aktivität.
    a) Verbindungen mit einem asymmetrischen Kohlenstoffatom.
    b) Verbindungen mit mehreren asymmetrischen Kohlenstoffatomen.
2. Konstanz des Drehungsvermögens.
3. Optische Superposition.
4. Abhängigkeit des Drehungsvermögens und Berechnung.
5. Verwendbarkeit der Methode. (Landolt).
    a) Bei Lösungen, welche nur aus einem aktiven Körper und einer inaktiven Flüssigkeit bestehen.
    b) Bei Lösungen einer aktiven Substanz in zwei inaktiven Flüssigkeiten.

c) Bei Lösungen zweier aktiven Substanzen in einer inaktiven Flüssigkeit.

d) Zur Analyse nichtaktiver Substanzen.

6. Einfluss verschiedener Substanzen auf die Polarisation.

7. Klärmittel und ihr Einfluss auf die Zuckerbestimmung.

8. Polarisationsapparate.

a) Polarisationsapparate mit gekreuzten Nicols.
Apparat von Mitscherlich.
Polaristrobometer von Wild.
Halbschattenapparat von Laurent.
Diaphragmen-Polarisator von Landolt.

b) Saccharimeter mit Quarzkeilen.
Apparat von Soleil-Dubosq.
Apparat von Soleil-Ventzke-Scheibler.

9. Umrechnung der Saccharimetergrade auf Kreisgrade.

10. Einfluss der Temperatur auf die Angaben der Saccharimeter.

11. Anleitung zur Ausführung der Polarisation.

a) Bei Anwendung des Farbenapparates.

b) Bei Benützung von Halbschattenapparaten.

12. Inversion der Polysaccharide.

13. Anlage A zu den vom Bundesrathe erlassenen Ausführungsbestimmungen zu dem Gesetze betreffend die Besteuerung des Zuckers vom 9. Juli 1887.

14. Bestimmung des Rohrzuckers im Rübensaft.

15. Bestimmung der Polarisation bei Zuckerabläufen und Berechnung des Quotienten.

16. Anlage B. Anweisung zur Untersuchung solcher Syrupe, welche 2% oder mehr Invertzucker enthalten, stärkezuckerhaltiger und raffinosehaltiger Syrupe, sowie raffinosehaltiger fester Zucker.

a) Es braucht auf die Anwesenheit von Stärkezucker überhaupt keine Rücksicht genommen zu werden.

b) Der zu untersuchende Syrup kann Stärkesyrup enthalten.

c) Es ist auf die Anwesenheit von Raffinose Rücksicht zu nehmen.

d) Untersuchung fester Zucker auf Raffinose.
Nachtrag.

1. Asymmetrisches Kohlenstoffatom und optische Aktivität.

Bekanntlich ist es nur eine bestimmte Anzahl von Körpern, welche optische Aktivität, d. h. die Fähigkeit, die Polarisationsebene des Lichtes zu drehen, besitzen. Die Erscheinung der optischen Aktivität zeigt sich einmal bei einer kleinen Anzahl von Krystallen anorganischer und organischer Substanzen, wenn der polarisirte Strahl eine Platte derselben durchläuft. Bei diesen Körpern liegt die Ursache des Drehungsvermögens in der Struktur der Krystalle, denn die Aktivität erlischt, sobald man die krystallinische Struktur durch Schmelzen oder Auflösen zerstört. Man bezeichnet diese Art der optischen Aktivität als Krystalldrehung.

Weiterhin tritt die optische Aktivität bei einer sehr grossen Zahl fast ausschliesslich zu den Kohlenstoffverbindungen gehöriger Körper auf, wenn dieselben im flüssigen oder gelösten Zustande sich befinden. Diese Art der optischen Aktivität ist bedingt durch den Aufbau der einzelnen Moleküle. Man bezeichnet sie daher auch als molekulare Drehung.

Nur solche Körper besitzen die Eigenschaft, die Polarisationsebene des Lichtes zu drehen, bei denen ein asymmetrisches Kohlenstoffatom oder eventuell auch Stickstoffatom, Schwefelatom[1]) oder Zinnatom[2]) vorhanden ist. Unter einem asymmetrischen Kohlenstoffatom versteht man ein solches, bei dem alle vier Substituenten von einander verschieden sind.

Ordnet man, wie dies von Le Bel und van't Hoff geschehen ist, die vier Valenzen des Kohlenstoffatoms in den Ecken eines Tetraëders an, so lassen sich bei dem Vorhandensein von vier verschiedenen Substituenten dieselben auf zwei Arten wiedergeben.

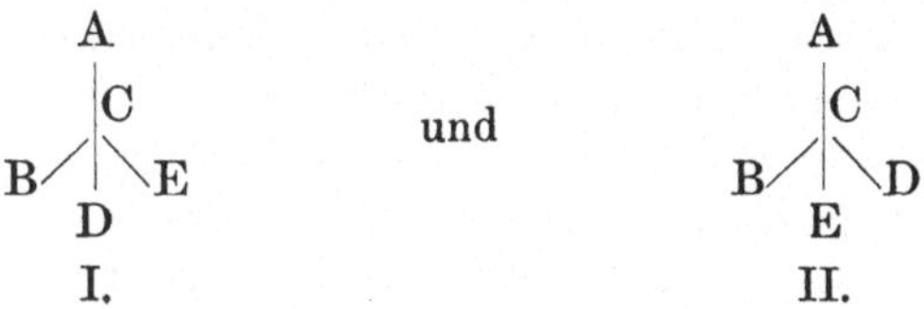

Bei I folgen die Substituenten BDE in der entgegengesetzten Reihenfolge wie bei II. Die Form I ist daher das durch Wendung nicht umwandelbare Spiegelbild der Form II. Die eine Form dreht die Polarisationsebene des Lichtes nach rechts (d = dextrogyr.), die andere nach links (l = laevogyr.). Ausserdem unterscheiden sich d- und l-Form noch in der Enantiomorphie und der Pyroelektricität der Krystalle.

Dagegen zeigen sie in anderen physikalischen Eigenschaften, wie Dichte, Schmelz- und Siedepunkt, Löslichkeit, Lösungswärme, Verbrennungswärme, Neutralisationswärme, elektrischem Leitvermögen und Brechungsexponenten Uebereinstimmung, während die Antipoden sich in chemischer Hinsicht theils gleich, theils ungleich verhalten.

Es kommt ganz auf die Stellung der Substituenten des asymmetrischen Kohlenstoffatoms an, ob die betreffende Substanz nach links oder nach rechts dreht. Eine Regel hat sich hier noch nicht feststellen lassen, ebenso wenig wie über die Grösse des Drehungswinkels in Bezug auf seine Abhängigkeit von der Grösse oder dem Gewicht der Substituenten. Ein derartiger Versuch ist von Ph. A. Guye, sowie gleichzeitig von Crum-Brown 1890 gemacht worden; man kann jedoch nicht behaupten, dass derselbe als gelungen anzusehen wäre. Anscheinend sind es, wie auch Guye findet, nicht die Massen der vier Substituenten allein, sondern auch ihre verschiedenen Entfernungen vom Kohlenstoffatom, die Wirkungen,

[1]) W. J. Pope und St. J. Peachey, Proc. Chem. Soc. **16**, 42, 1900.

[2]) W. J. Pope und St. J. Peachey, Proc. Chem. Soc. **16**, 12, 1900; Journ. Chem. Soc. **77**, 1072, 1900; L. Vanzethi, Gaz. chim. ital. **30**, I, 175, 1899; Brjuchonenko, Ber. **31**, 3176, 1898; O. Aschan, Ber. **32**, 993, 1899; S. Smiles, Journ. Chem. Soc. **77**, 1174, 1900.

welche sie auf einander ausüben, und endlich die Natur der Elemente, welche ihren Einfluss auf die Grösse und den Sinn der Rotation bedingen.

Hat man ein aus gleichen Theilen der d- und l-Form bestehendes Gemisch, so wird die Polarisationsebene des Lichtes nicht mehr gedreht, indem sich die Wirkung der beiden aktiven Formen aufhebt. Man hat auf diese Weise eine inaktive, sogenannte racemische Form erhalten, wie sie z. B. in der Traubensäure vorliegt, welche aus gleichen Theilen d- und l-Weinsäure besteht. Aus einer derartigen racemischen Verbindung kann durch bestimmte Mittel, sei es durch Krystallauslese der enantiomorphen Formen, sei es durch die auswählende Wirkung der Enzyme oder durch Krystallisation von Salzen, die aus optisch aktiver Base und Säure bestehen, wieder die eine oder andere Form erhalten werden.

Ausserdem ist aber noch bei Verbindungen mit zwei oder einem vielfachen von zwei asymmetrischen Kohlenstoffatomen die Möglichkeit gegeben, dass bei gleichen Substituenten die des einen asymmetrischen Kohlenstoffatoms in entgegengesetzter Reihenfolge angeordnet sind, wie beim anderen. Derartige Verbindungen sind aus gleichem Grunde wie die racemischen Körper optisch inaktiv und im Gegensatze zu der racemischen Form nicht in optisch aktive Formen zerlegbar. Ein Beispiel hierfür bildet die Mesoweinsäure.

Zu den Verbindungen mit asymmetrischem Kohlenstoffatom, also den optisch aktiven Körpern gehören nun hauptsächlich folgende[1]), wobei $[\alpha]_D$ die specifische Drehung für die Länge einer durchstrahlten Schicht von 1 dm bedeutet, unter Verwendung von Natriumlicht (Linie D), während α_D die direkt beobachtete Drehung ist. Die asymmetrischen Kohlenstoffatome sind durch schrägen Druck ausgezeichnet. c bedeutet die mitunter angegebene Koncentration. (b. J.) vor dem Namen bedeutet, dass beide Isomeren bekannt sind.

A. Verbindungen mit einem asymmetrischen Kohlenstoffatom.

Von den Kohlenwasserstoffen mit asymmetrischem Kohlenstoffatom seien erwähnt: Aethylamyl, Propylamyl, Isobutylamyl, Diamyl, Phenylamyl.

Von Alkoholen sowie den entsprechenden Halogenderivaten sind folgende optisch aktiv:

Butylalkohol, $CH_3\mathit{C}HOHC_2H_5$, $[\alpha]_D = -$,
(b. J.) Amylalkohol, $CH_3(C_2H_5)\mathit{C}HCH_2OH$, $[\alpha]_D = -5^0$,
Amylalkohol, $CH_3\mathit{C}HOHC_3H_7$, $\alpha_D = -8{,}7^0$ für 22 cm,
Amyljodid, $CH_3\mathit{C}HJC_3H_7$, $\alpha_D = +1{,}8^0$ für 22 cm,

1) Vgl. C. A. Bischoff, Stereochemie, Frankfurt 1894 sowie J. H. van 'tHoff, Lagerung der Atome im Raum, S. 10 etc., 2. Aufl. 1894, Braunschweig; H. Landolt, Das optische Drehungsvermögen org. Substanzen, Braunschweig 1898; B. Tollens, Handbuch der Kohlenhydrate, Breslau 1898.

Amylchlorid, $CH_3\mathit{C}HClC_3H_7$, $\alpha_D = -0{,}5^0$ für 20 cm,
Hexylalkohol, $C_2H_5CH_3\mathit{C}HCH_2CH_2OH$, $[\alpha]_D = 8^0$,
Hexylalkohol, $CH_3\mathit{C}HOHC_4H_9$, linksdrehend,
Hexylalkohol, $C_2H_5\mathit{C}HOHC_3H_7$, rechtsdrehend,
Hexylchlorid, $C_2H_5\mathit{C}HClC_3H_7$, linksdrehend,
Hexyljodid, $C_2H_5\mathit{C}HJC_3H_7$, rechtsdrehend,
Propylenglykol, $CH_3\mathit{C}HOHCH_2OH$, $\alpha_D = -5^0$ für 22 cm,
Propylenoxyd, $CH_3\mathit{C}H - CH_2$ (mit O-Brücke), $\alpha_D = +1^0$ für 22 cm,

Von den **Säuren** und den entsprechenden **Lactiden** und **Amidoverbindungen** sind folgende optisch aktiv:

(b. J.) Aethylidenmilchsäure, $CH_3\mathit{C}HOHCO_2H$, $[\alpha]_D = +3^0$ (c = 7,38),
Lactid, $CH_3\mathit{C}H - CH$ (mit O-Brücke), $[\alpha]_D = -86^0$,
Cysteïn, $CH_3\mathit{C}SHNH_2CO_2H$, $[\alpha]_D = -8^0$,
(b. J.) Glycerinsäure, $CH_2OH\mathit{C}HOHCO_2H$, stark wechselnd mit Zeit und Koncentration,
Oxybuttersäure, $CH_3\mathit{C}HOHCH_2CO_2H$, $[\alpha]_D = -21^0$,
(b. J.) Aepfelsäure, $CO_2H\mathit{C}HOHCH_2CO_2H$, stark wechselnd mit der Koncentration. $[\alpha]_D = -2{,}3^0$ (c = 8,4)
$[\alpha]_D = +3{,}34^0$ (c = 70),
(b. J.) Brombernsteinsäure, $CO_2H\mathit{C}HBrCH_2CO_2H$, $[\alpha]^{21}_D = +20^0$ (c = 3,2 bis 16),
(b. J.) Methoxybernsteinsäure, $CO_2H\mathit{C}H(OCH_3)CH_2CO_2H$, $[\alpha]^{18}_D = 33^0$ (c = 5,5 bis 10,8),
Aethoxybernsteinsäure, $CO_2H\mathit{C}H(OC_2H_5)CH_2CO_2H$, $[\alpha]^{18}_D = 33^0$ (c = 5,6 bis 11,2),
(b. J.) Asparaginsäure, $CO_2H\mathit{C}HNH_2CH_2CO_2H$, $[\alpha]_D = -4^0$ bis -5^0 (Wasser gel.),
Malamid, $CONH_2\mathit{C}HOHCH_2CONH_2$, —
(b. J.) Asparagin, $CO_2H\mathit{C}HNH_2CH_2CONH_2$, $[\alpha]_D = -8^0$ bis -5^0,
(b. J.) Uramidosuccinamid, $CO_2H\mathit{C}HNH(CONH_2)CH_2CONH_2$, —
(b. J.) Valeriansäure, $CH_3(C_2H_5)\mathit{C}HCO_2H$, $[\alpha]_D = +14^0$,
Oxyglutarsäure, $CO_2H\mathit{C}HOHC_2H_4CO_2H$, $[\alpha]_D = -2^0$ (Wasser gel.),
(b. J. Glutaminsäure, $CO_2H\mathit{C}HNH_2C_2H_4CO_2H$, $[\alpha]_D = +35^0$ (verd. HNO_3),
Hexylsäure, $C_2H_5(CH_3)\mathit{C}HCH_2CO_2H$, $[\alpha]_D = +9^0$,
(b. J.) Leucin, $(CH_3)_2CHCH_3\mathit{C}HNH_2CO_2H$, $[\alpha]_D = +18^0$ (HCl-lösung),
(b. J.) Mandelsäure, $C_6H_5\mathit{C}HOHCO_2H$, $[\alpha]_D = \pm 156^0$,
(b. J.) Tropasäure, $C_6H_5\mathit{C}H(CH_2OH)CO_2H$, $[\alpha]_D = 71^0$ (Wasser gel.),
Phenylcystin, $CH_3\mathit{C}(SC_6H_5)NH_2CO_2H$, $[\alpha]_D = -4^0$,
Bromphenylcystin, $CH_3\mathit{C}(SC_6H_4Br)NH_2CO_2H$, —

Phenylbrommerkaptursäure, $CH_3\mathit{C}(SC_6H_4Br)NH(COCH_3)CO_2H$, $[\alpha]_D = -7^0$,
Phenylamidopropionsäure, $C_6H_5CH_2\mathit{C}HNH_2CO_2H$, —
Tyrosin, $C_6H_4OHCH_2\mathit{C}HNH_2CO_2H$, $[\alpha]_D = -8^0$,
(b. J.) Isopropylphenylglykolsäure, $C_3H_7C_6H_4\mathit{C}HOHCO_2H$, $[\alpha]_D = 135^0$,
Leucinphtaloylsäure, $C_6H_4(CO_2H)CONH\mathit{C}HC_4H_9CO_2H$, —
Phtalylamidokapronsäure, $C_6H_4(C_2O_2)N\mathit{C}HC_4H_9CO_2H$, —

Von optisch aktiven **Basen** bezw. **Alkaloiden**, die zum Theil auch mehr als ein asymmetrisches Kohlenstoffatom besitzen, seien folgende erwähnt:

(b. J.) Tetrahydronaphtylendiamin,

```
         H NH2
      H   \/
      C   C
HC //  \/   \ CH2
HC  ||   |    | CH2
   \\ /  \   /
 H2NC    CH2
```

$[\alpha]_D = -7^0$ und $+8^0$,

(b. J.) α-Pipekolin = α-Methylpiperidin, $[\alpha]_D = 35^0$,
(b. J.) α-Aethylpiperidin, $[\alpha]_D = 7^0$,

(b. J.) Koniin = α-Propylpiperidin,

```
      CH2
H2C /    \ CH2
H2C \    / CHC3H7
      NH
```

$[\alpha]_D = 14^0$,

Nikotin,

```
   CH              CH2
HC/  \C  —  HC /    \
HC\  /CH       N — CH2
   N            \
                 CH3
```

$[\alpha]_D = -161^0$,

Akonitin, $C_{33}H_{45}NO_{12}$, $[\alpha]^{23}_D = +11{,}01^0$ (p = 3,726),
Akonin, $C_{26}H_{41}NO_{11}$, $[\alpha]^{15}_D = +23^0$ (p = 3,534),
Argininchlorhydrat, $C_6H_{14}N_4O_2$, HCl, $[\alpha]_D^{19} = 33{,}1^0$ (c = 8),
Atropin, $C_{17}H_{23}NO_3$, $[\alpha]^{15}_D = -0{,}4^0$ (abs. Alkohol),
Scopolamin, $C_{17}H_{21}NO_4 + H_2O$, $[\alpha]_D^{15} = -13{,}7^0$ (absol. Alkohol),
Hyoscyamin, $C_{17}H_{23}NO_3$, $[\alpha]^{20}_D = -21{,}60^0$ (absol. Alkohol),
Hydrastin, $C_{21}H_{21}NO_6$, $[\alpha]^{17}_D = -67{,}8^0$ (c = 2,552) (Chloroform),
Kupreïn, $C_{19}H_{22}N_2O_2 + 2\,H_2O$, $[\alpha]^{17D} = -175{,}4$ (absol. Alkohol),
Chinin, $C_{19}H_{21}N_2OOCH_3 + 3\,H_2O$, $[\alpha]^{15}_D = -145{,}2 + 0{,}657\,c$ (97 Vol. % Alkohol),
Apochinin, $C_{19}H_{22}N_2O_2 + 2\,H_2O$, $[\alpha]^{15}_D = -178{,}1$ (97 Vol. % Alkohol),

Conchinin, (Chinidin), $C_{20}H_{24}N_2O_2$, $[\alpha]^{17}_D = + 255,4^0$ (absol. Alkohol),

Cinchonin, $C_{19}H_{22}N_2O$, $[\alpha]^{17}_D = + 223,3^0$ (absol. Alkohol),

d. Ecgonin, $C_9H_{15}NO_3$, HCl, $[\alpha]_D = + 18,2^0$ (Wasser), (Chlorhydrat)

l. Ecgonin, $C_9H_5NO_3$, HCl, $[\alpha]_D = - 57^0$ (Wasser), (Chlorhydrat)

Kodeïn, $C_{17}H_{17}(OCH_3)(OH)NO$, $[\alpha]^{20}_D = - 134,3$ (absol. Alkohol),

Morphin, $C_{17}H_{17}(OH)_2NO$. $[\alpha]^{20}_D = - 140,5^0$ (absol. Alkohol),

Strychnin, $C_{21}H_{22}N_2O_2$, $[\alpha]^{20}_D = - 114,7^0$ ($c = 0,25$) (Alkohol, $d = 0,8543$)

Brucin, $C_{23}H_{26}N_2O_4$, $[\alpha]^{20}_D = - 80,1$ ($c = 2,129$) (absol. Alkohol).

Von den optisch aktiven Terpenen und Kampher führe ich folgende an:

(b. J.) Limonen,

C_3H_7
C
HC CH
H_2C CH
$C<^{H}_{CH_3}$

, $[\alpha]_D = \pm 105^0$.

(b. J.) Karvol,

CC_3H_7
HC CH
OC CH
$C<^{H}_{CH_3}$

, $[\alpha]_D = \pm 62^0$.

(b. J.) Kampher,

CC_3H_7
HC CH_2
OC CH_2
$C<^{H}_{CH_3}$

, $[\alpha]_D = \pm 55,4^0$.

d. Kampher[1]), $C_{10}H_{16}O$,

für Essigsäurelösung, $[\alpha]^{20^0}_D = 55,49 - 0,3172\,q$,

für Essigaether, $[\alpha]^{20^0}_D = 55,15 - 0,04383\,q$,

für Benzol, $[\alpha]^{20^0}_D = 55,21 - 0,1630\,q$,

für Methylalkohol, $[\alpha]^{20^0}_D = 56,15 - 0,1749\,q + 0,0006617\,q^2$,

für Aethylalkohol, $[\alpha]^{20^0}_D = 54,38 - 0,1614\,q + 0,000369\,q^2$.

---

[1]) H. Landolt, Liebig's Ann. **189**, 333, 1877.

d. Pinen, (Strukturformel: C — CH_2; H_2C, $C<^{CH_3}_{CH_3}$; HC, CH; CCH_3) $[\alpha]_D = + 45,04^0$,

l. Pinen, „ „ $[\alpha]_D = - 44,95^0$.

B. Weitere Verbindungen mit mehreren asymmetrischen Kohlenstoffatomen[1]).

Sehr complicirt liegen die Verhältnisse bei der Weinsäure, bei welcher Temperatur und Zusatz von anderen Körpern einen sehr grossen Einfluss auf die Grösse der Drehung ausüben, wozu auch noch das Auftreten der Multirotation kommt.

(b. J.) Arabinose, $COH(CHOH)_3CH_2OH$, $[\alpha]^{20}_D = \pm 104,55^{0(1)}$ (in 1 % Ammoniaklösung).

Rhamnose, (Isodulcit), $CH_3(CHOH)_4CHO + H_2O$, $[\alpha]^{17}_D = 8,48$ bis $8,65^0$ (in 1 % Ammoniaklösung).

Xylose, $HOH_2C - \underset{OH}{\overset{H}{C}} - \underset{H}{\overset{OH}{C}} - \underset{OH}{\overset{H}{C}} - COH$, $[\alpha]_D^{15-20^0} = 19,22^0$ (in 1 % Ammoniaklösung).

Quercit, $CH_2<^{CHOH - CHOH}_{CHOH - CHOH}>CHOH$, $[\alpha]^{16}_D = + 24,16^0$ ($+ 33,5^0$).

l. Chinasäure, $^{HO}_{H}>C<^{\overset{H\ OH}{C} - CH_2}_{CH_2 - \underset{H\ OH}{C}}>C<^{OH}_{COOH}$, $[\alpha]^{15^0}_D = - 44,5^0$.

d. Glukose = Dextrose, $HOH_2C - \underset{OH}{\overset{H}{C}} - \underset{OH}{\overset{H}{C}} - \underset{H}{\overset{OH}{C}} - \underset{OH}{\overset{H}{C}} - CHO$,

$[\alpha]_D^{(0-100^0)}$[2]) $= 52,50^0 + 0,018796\ p + 0,00051683\ p^2$ (p = Zuckergehalt).

1) Die mit (1) bezeichneten Verbindungen zeigen Multirotation; jedoch ist nach Schulze und Tollens (Liebig's Ann. **271**, 51, 1892) der Endwerth in 0,1 % Ammoniaklösung in wenigen Minuten erreicht.

2) B. Tollens, Ber. **9**, 1531, 1876; **17**, 2234, 1884; E. v. Lippmann, Ber. **13**, 1815, 1880.

$$\text{l. Glukose, } \begin{array}{cccccccccc} & & OH & & OH & & H & & OH & \\ & & | & & | & & | & & | & \\ HOH_2C & — & C & — & C & — & C & — & C & — CHO, \\ & & | & & | & & | & & | & \\ & & H & & H & & OH & & H & \end{array} \quad [\alpha]_D = 51{,}4^0. \text{ (beob.)}$$

Glukuronsäure, $COOH(CHOH)_4COH$, $[\alpha]_D^{18-20^0} = + 19{,}1^0$

d. Mannit, $HOH_2C(CHOH)_4OH$, in wässeriger Lösung inaktiv oder schwach linksdrehend.

$$\text{d. Mannose, } \begin{array}{cccccccccc} & & H & & H & & OH & & OH & \\ & & | & & | & & | & & | & \\ HOH_2C & — & C & — & C & — & C & — & C & — CHO, \\ & & | & & | & & | & & | & \\ & & OH & & OH & & H & & H & \end{array} \quad [\alpha]_D^{20} = + 3{,}1^0.$$

$$\text{l. Mannose, } \begin{array}{cccccccccc} & & OH & & OH & & H & & H & \\ & & | & & | & & | & & | & \\ HOH_2C & — & C & — & C & — & C & — & C & — CHO, \\ & & | & & | & & | & & | & \\ & & H & & H & & OH & & OH & \end{array} \quad \text{linksdrehend.}$$

d. Galactose, $HOH_2C\,(CHOH)_4\,CHO$, $[\alpha]^{20} = + 78{,}5\,^0$ (0,1 % NH_3),

l. „ „ „ „ $[\alpha]_D = - 74{,}7$ bis $- 73{,}6$.

$$\left.\begin{array}{l}\text{d. Fructose} \\ = \text{Laevulose}\end{array}\right\} \begin{array}{cccccccc} & & H & & H & & OH & \\ & & | & & | & & | & \\ HOH_2C & — & C & — & C & — & C & — CO — CH_2OH, \\ & & | & & | & & | & \\ & & OH & & OH & & H & \end{array}$$

$[\alpha]_D^{20} = - 90{,}65$ (0,1 % NH_3) $= -(91{,}90 + 0{,}111\,p)$ [1]).

$$\left.\begin{array}{l}\text{l. Fructose,} \\ \text{l. Laevulose,}\end{array}\right\} \begin{array}{cccccccc} & & OH & & OH & & H & \\ & & | & & | & & | & \\ HOH_2C & — & C & — & C & — & C & — COCH_2OH, \\ & & | & & | & & | & \\ & & H & & H & & OH & \end{array}$$

starke Rechtsdrehung.

Sorbose [2]), $HOH_2C(CHOH)_3OH$, $[\alpha]_D^{20} = -(42{,}65 + 0{,}0047\,p + 0{,}00007\,p^2)^0$

d. Sorbit, $HOH_2C(CHOH)_4CH_2OH$, $[\alpha]_D = - 1{,}73^0$,

l. „ „ „ „ „ „

---

1) H. Ost, Ber. **24**, 1636, 1891; A. Wohl, Ber. **23**, 2090, 1890.

2) R. H. Smith und B. Tollens, Ber. **33**, 1285, 1900.

```
                      H   H   OH  H
                      |   |   |   |
d. Zuckersäure, HOOC — C — C — C — C — COOH,
                      |   |   |   |
                      OH  OH  H   OH
```

geht in wässeriger Lösung allmählich (2 Monate) ins Lacton $C_6H_8O_7$ über,
$[\alpha]_D = + 22{,}5^0$.

Dulcit, $HOH_2C\,C(OH)_2 . CH_2(CHOH)_2CH_2OH$, inaktiv.

```
                 HOH   HOH
                 ,C — C.
d. Inosit, HOHC<         >CHOH,  [α]D = + 65°.
                 `C — C´
                 HOH   HOH
```

```
                                 O
                              /     \
Rohrzucker, CH2(CHOH)4CHCH2OHC(CHOH)2CHCHOH,
                  \    /          \     /
                    O               O
```

$[\alpha]^{20^0}_D = 66{,}386 + 0{,}015035\,p - 0{,}0003986\,p^2$ ($p = {}^0/_0$ Zucker[1])

„ $= 63{,}9035 + 0{,}0646859\,q - 0{,}0003986\,q^2$ ($q = {}^0/_0$ Wasser)

„ $= 66{,}886$.

Invertzucker[2]) = 1 Thl. Glukose + 1 Thl. Fructose

$[\alpha]_D = 27{,}19 - 0{,}004995\,p + 0{,}002291\,p^2$

$= 50{,}602 - 0{,}483385\,q + 0{,}002391\,q^2$

$= 50{,}602$.

Maltose, $C_{12}H_{22}O_{11} + H_2O$ (für Hydrat) $[\alpha]^{20}_D = + 130^0$.

Raffinose, $C_{18}H_{32}O_{16} + 5\,H_2O$ $[\alpha]^{20}_D = + 104{,}5^0$.

Glykogen, $6\,(C_6H_{10}O_5) + H_2O$ $[\alpha]^{20}_D = + 196{,}33^0$ ($200{,}2^0$).

Milchzucker,

```
                   / O — CH2 \
HOH2C(CHOH)4 CH               CH (CHOH)3CHO + 1 H2O,
                   \    O    /
```

$[\alpha]_D = + 52{,}53^0$.

In den vorstehenden Angaben bedeutet

p Procente an gelöster Substanz,

q „ „ Lösungsmittel.

Wie schon erwähnt wurde, erhält man durch Mischen von gleichen Theilen der rechtsdrehenden und der linksdrehenden Form eine der

---

1) B. Tollens, Ber. **10**, 1410, 1877; **17**, 1757, 1884.

2) Burckhard, Chem. Ztg. **9**, 661, 1885.

Traubensäure entsprechende inaktive Form, die sogen. racemische Form. Dieselbe lässt sich wieder in ihre Einzelbestandtheile zerlegen bezw. einer der Bestandtheile lässt sich aus der racemischen Form wiedergewinnen. Die hierzu verwendbaren Methoden sind alle von Pasteur zuerst angegeben worden.

a) Spaltung durch Vereinigung mit aktiven Verbindungen, wie die Bildung der Salze der Traubensäure mit dem aktiven Cinchonin, der Milchsäure mit Strychnin oder des Koniins, α Pipekolins u. s. w. mit der d-Weinsäure.

b) Spaltung durch Organismen, welche vielfach eine auswählende Kraft besitzen. So verzehrt Penicillium d-Weinsäure, l-Amylalkohol und von der isomeren Form den d-Amylalkohol, die d-Milchsäure, d-Leucin etc.

c) Spaltung durch Erniedrigung der Temperatur bis auf den Umwandlungspunkt, bei welchem das Racemat in seine Komponenten zerlegt wird. So entstehen bei gewöhnlicher Temperatur hauptsächlich beide Tartrate bei Natrium-Ammoniumsalzen, während bei höherer Temperatur das Racemat sich bildet. Bei der Bildung des Racemates findet eine Ausdehnung statt, wodurch der Eintritt der Umwandlung genau festgestellt werden kann. Man wendet also die der Bildung der Tartrate günstige Temperatur an und trennt die Krystalle durch Auslesen der enantiomorphen Formen. Verwendbar ist diese Methode für Traubensäure, Milchsäure, Asparagin und das Lakton der Gulonsäure.

Der der inaktiven Mesoweinsäure entsprechende Typus der nicht spaltbaren Form tritt ausserdem noch auf bei

Dulcit, $CH_2OH . C(OH)_2 . (CHOH)_2$, CH_2OH,

Erythrit, $CH_2OH(CHOH)_2 CH_2OH$,

Schleimsäure, $COOH(CHOH)_4 COOH$.

Besonders bemerkenswerth ist das Verhalten der Trioxyglutarsäure[2]), $COOH(CHOH)_3COOH$, bei der das mittlere Kohlenstoffatom nicht mehr als asymmetrisch angesehen werden kann. Ueben die beiden anderen infolge der Anordnung der Substituenten den entgegengesetzten Einfluss aus, so hebt sich dies auf, und die betreffende Verbindung ist optisch inaktiv, wie dies in der That bei der Trioxyglutarsäure der Fall ist, sowie den entsprechenden Alkoholen, z. B. Adonit,

$$\begin{array}{ccccccc} & & H & & H & & H & \\ & & | & & | & & | & \\ CH_2OH & - & C & - & C & - & C & - CH_2OH. \\ & & | & & | & & | & \\ & & OH & & OH & & OH & \end{array}$$

Zum Schlusse sei noch der von Maquenne[3]) vorgeschlagenen ziffernmässigen Bezeichnung der Isomeren der aktiven Verbind-

[1]) H. Landolt, Liebig's Ann. **189**, 333, 1877.

[2]) E. Fischer, Ber. **24**, 1839, 1891.

[3]) Maquenne, Internat. Congress Paris 1900; Chem. Ztg. **24**, 659, 1900.

ungen gedacht, welche an Stelle der zu Irrthümern und Druckfehlern oftmals Veranlassung gebenden graphischen Darstellung, wie sie allgemein benützt wird, gesetzt werden soll.

Folgende Beispiele geben eine Erläuterung des Vorschlages. Maquenne schneidet die Molekularformel durch einen wagerechten Strich und bezeichnet die über und unter dem Strich befindlichen C-atome durch fortlaufende Ziffern. Die Stellung des Hydroxyls wird also durch einen Bruch ausgedrückt, welcher für Rechtsweinsäure $\frac{2}{3}$ ist, da das OH über dem Strich in der Stellung 2, unter demselben in Stellung 3 ist.

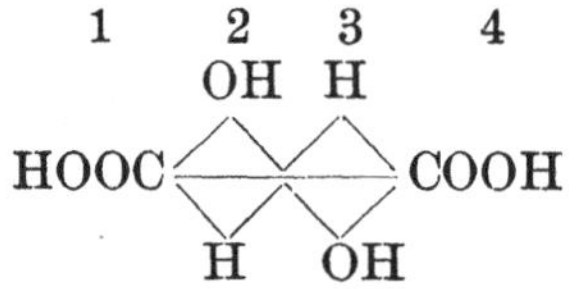

1 2 3 4

OH H

$$\mathrm{HOOC} \ldots \mathrm{COOH} = \frac{2}{3} = \text{Rechtsweinsäure.}$$

H OH

Bequem ist diese Art der Benennung für Zuckerarten. So kommt nach diesem System dem Mannit folgende Benennung zu:

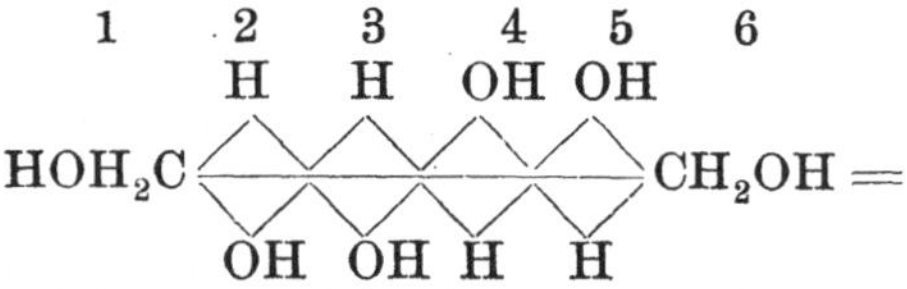

1 2 3 4 5 6

H H OH OH

$$\mathrm{HOH_2C} \ldots \mathrm{CH_2OH} = 1\frac{4.5}{2.3}6.$$

OH OH H H

Analog gilt für Arabinose die Formel $\frac{3.4}{2}.5$, für gewöhnliche Arabinose $\frac{2}{3.4}5$.

2. Konstanz des Drehungsvermögens.

Biot[1]) hatte 1835 auf Grund seiner Versuche über das Drehungsvermögen der wässerigen Lösungen von Rohrzucker, sowie ätherischer Lösungen von Terpentinöl folgenden Satz aufgestellt:

„Der Drehungswinkel einer Lösung eines aktiven Körpers in einer inaktiven Flüssigkeit, die keine chemische Wirkung auf ihn ausübt, ist proportional der Gewichtsmenge an aktiver Substanz in der Volumeinheit Lösung. Somit ist die specifische Drehung eine konstante Grösse.“

Das Biot'sche Gesetz ist jedoch, wie die Untersuchung ergeben hat, nur von beschränkter Giltigkeit. Vielfach nimmt die specifische Drehung mit zunehmender Verdünnung zu, so bei Rohrzucker, der Maltose und der Weinsäure in Wasser. Bei anderen zeigen sich gewisse kleine Schwankungen, die wohl auf Versuchsfehler zurückzuführen sind, so dass hier thatsächlich Konstanz vorhanden ist, wie z. B. krystallwasserhaltiger Milchzucker in Wasser, Rhamnose ebenso, Parasantonid in Chloroform, Kokaïn in Chloroform. Dagegen giebt es

---

[1]) Biot, Mem. de l'Acad. **13**, 39, 1835.

auch Körper, bei denen die specifische Drehung mit zunehmender Verdünnung abnimmt. Dies gilt z. B. für die Kamphersäure, die Dextrose, die Lävulose, die Xylose und die Rhamnose in Wasser, für das Koniin in Alkohol und Benzol etc.

Man hat die Ursache der Aenderung der specifischen Drehung bei wechselnder Koncentration auf verschiedene Umstände zu beziehen versucht, so bei Elektrolyten auf die Zunahme der elektrolytischen Dissociation, bei anderen auf die der hydrolytischen Dissociation, auf Bildung von Molekülassociationen, auf Hydratbildung u. s. w. Jedenfalls sind für verschiedene aktive Substanzen auch verschiedene Umstände verantwortlich zu machen, ohne dass es möglich ist, dieselben auf eine einzige Ursache zurückzuführen.

Vielfach lässt sich die Zu- oder Abnahme der specifischen Drehung, also die wahre specifische Rotation, mit wechselnder Koncentration durch eine gerade Linie wiedergeben. Alsdann kann man $[\alpha]$ durch die Gleichung

$$\text{I.}\quad [\alpha] = A + Bq$$

ausdrücken, deren Konstanten aus den Versuchen zu berechnen sind, und wobei q die Procentmengen an inaktivem Lösungsmittel bedeutet. Bei anderen wiederum lässt sich die Abhängigkeit der specifischen Drehung von q durch eine Kurve wiedergeben, die ein Stück einer Parabel oder Hyperbel bilden. Man hat alsdann die Gleichungen

$$\text{II.}\quad [\alpha] = A + Bq + Cq^2 \quad \text{oder} \quad [\alpha] = A + \frac{Bq}{C + q}$$

oder eine andere Gleichung mit mehreren Konstanten.

Hierbei ist A die specifische Rotation der reinen Substanz und die Werthe für B (Formel I) oder B und C (Formel II) stellen die Zu- oder Abnahme dar, welche A durch die Einwirkung von 1⁰/₀ inaktiven Lösungsmittels erleidet. Ist $q = 0$, so hat man die specifische Drehung der reinen Substanz.

Die Konstanz der specifischen Drehung wird auch häufig in grösserem oder geringerem Grade durch Zusatz von sonst auf die Drehung der Ebene des polarisirten Lichtes nicht wirkenden Stoffen beeinflusst. So wird das Drehungsvermögen des Weinsteins erhöht durch Zusatz von neutralen Kalium- und Ammoniumsalzen, dagegen vermindert durch Natriumsalze. Eine weitere kurze Besprechung dieser Erscheinung findet später statt.

Ausserdem ist noch eine Erscheinung von ausserordentlicher Wichtigkeit für die Bestimmung der optischen Aktivität und dementsprechend der Gehaltsbestimmung einer Lösung; es ist dies das Auftreten der Birotation oder besser Multirotation, da sich nur bei Traubenzucker die anfängliche Drehung als doppelt so gross erweist wie nachher nach dem Eintreten der Enddrehung. Die Multirotation beruht also darauf, dass bei gewissen Substanzen der Drehungswinkel frisch hergestellter Lösungen sich allmälig vermindert oder auch vermehrt und schliesslich einen konstant bleibenden Werth annimmt. Die Dauer der Zeit, bis zu welcher eine konstante Enddrehung erreicht ist, ist verschieden; meist sind es bei gewöhnlicher Temperatur mehrere Stunden. Die Umwandlung kann durch Temperaturerhöhung, sowie häufig auch durch Zusatz von etwas Ammoniak, wie Urech[1]) und nachher Tollens[2]) und seine Schüler beobachtet haben, beschleunigt werden. Ersteres ist der Fall bei verschiedenen Zuckerarten, sowie gewissen Oxysäuren und deren Laktone.

Von den Zuckerarten ist für Glukose, Galaktose, Rhamnose und Milchzucker nachgewiesen worden, dass die Erscheinung der Multirotation durch das Vorhandensein einer oder mehrerer labiler Modifikationen (α, β, γ) bedingt ist, die allmälig in die stabile Form β übergehen. Bei anderen existirt nur die α- und β-Form, wie bei Arabinose, Xylose, Fruktose u. s. w.

Die nachstehende Tabelle[3]), welche ich der Zusammenstellung von E. Landolt in Graham-Otto's Lehrbuch der Chemie, Abtheilung III, entnehme, enthält die für eine Anzahl von Zuckern beobachteten specifischen Drehungen der verschiedenen Modifikationen und zwar bezogen auf die krystallwasserfreien Verbindungen. Unter C ist die Koncentration in 100 ccm der angewandten Lösungen verzeichnet.

Zuckerart.		C.	Modifikation		
			$\alpha \rightarrow$ Anfangsdrehung $[\alpha]^{20}_{D}$	β Enddrehung $[\alpha]^{20}_{D}$	$\leftarrow \gamma$ Anfangsdrehung $[\alpha]^{20}_{D}$
$C_5H_{10}O_5$	l. Arabinose	9,7	+ 157°	+ 104,6°	—
	l. Xylose	10	+ 86°	+ 19,0°	—
$C_6H_{12}O_6$	d. Glukose	9	+ 105°	+ 52,5°	+ 22,5°
	l. "	4,2	— 95°	— 51,4°	—
	d. Galactose	10	+ 135°	+ 81,6°	+ 52°
	d. Fructose	10	+ 104°	— 92,3°	—
$C_6H_{12}O_5$	Fukose	6,9	— 112°	— 77°	—
	Rhamnose	10	— 5°	+ 9,2°	+ 23°
$C_7H_{14}O_6$;	Rhamnohexose . . .	10	— 83°	— 61,4°	—
$C_7H_{14}O_7$	α Glukoheptose . . .	10	— 25°	— 19,7°	—
	d. Mannoheptose . .	10	+ 85°	— 68,6°	—
$C_8H_{16}O_8$;	α Glukooctose . . .	6,6	— 62°	— 43,9°	—
$C_{12}H_{22}O_{11}$	Milchzucker . . .	7	+ 88°	+ 55,3°	+ 36°
	Maltose	10	—	+ 137,0°	+ 124°

1) Urech, Ber. **15**, 2132, 1882; **17**, 1545, 1884.
2) Tollens und Schulze, Liebig's Ann. **271**, 49, 1892.
3) Tanret, Compt. rend. **120**, 1060, 1895.

„Die Drehungsgrösse der labilen Modifikationen α und γ lässt sich nicht mit Sicherheit bestimmen, da vom Momente des Auflösens der Substanz bis zur Prüfung im Polarisationsapparate immer einige Zeit verstreicht, in welcher die Umwandlung schon zum Theil vorangeschritten ist. Es müssen daher die Werthe für die mehr drehenden α-Formen zu klein und die für die weniger drehenden γ-Formen zu gross erhalten werden. Nur bei den stabilen β-Modifikationen ist eine genaue Feststellung möglich.“

„Bezüglich der Gewinnung der drei bezw. zwei Modifikationen der obigen Zuckerarten sei noch bemerkt, dass die gewöhnlichen, aus Wasser krystallisirten Präparate die α-Formen bilden. Die β-Modifikationen lassen sich im allgemeinen erhalten, indem man Lösungen der α- oder γ-Körper auf dem Wasserbade zur Trockniss eindampft oder die koncentrirten Lösungen mit Alkohol versetzt, wobei krystallinische Abscheidungen erfolgen. Die γ-Modifikationen von Glukose, Rhamnose und Milchzucker sind durch rasches Eindampfen der gelösten α-Körper und Erhitzen des Rückstandes auf 90—110° erhalten worden. β- und γ-Modifikationen geben beim Umkrystallisiren aus Wasser wieder die α-Formen.“

Die Umwandlung der labilen Modifikationen α und γ in die stabile erfolgt, wie Urech[1]) gefunden hat, nach der von Wilhelmy für die Reaktionen ersten Grades gegebenen Formel. Salze beschleunigen dieselbe; durch Zusatz von Ammoniak wird bei Glukose und Milchzucker die Umsetzung in wenigen Minuten beendet.

Die Multirotation einiger Oxysäuren und deren Laktone ist zuerst von Wislicenus bei der Milchsäure, $C_2H_4OH \cdot COOH$, und später von Tollens

bei Zuckersäure $C_6H_{10}O_8$,	Glukonsäure $C_6H_{12}O_7$,
Galaktonsäure $C_6H_{12}O_7$,	Arabonsäure $C_5H_{10}O_6$,
Xylonsäure $C_5H_{10}O_6$,	Rhamnonsäure $C_6H_{12}O_6$

u. a. beobachtet worden. Die Ursache liegt wohl darin, dass Säure und Lakton in wässeriger Lösung wahrscheinlich eine gegenseitige Umwandlung erleiden, bis ein Gleichgewichtszustand eingetreten ist.

Ueber den Einfluss der Temperatur auf das specifische Drehungsvermögen einer grösseren Anzahl optisch aktiver Körper haben P. A. Guye und E. Aston[2]) eingehende Versuche angestellt. Bei sämmtlichen Versuchen konnte eine Abnahme des specifischen Drehungsvermögens $[\alpha]_D$ mit steigender Temperatur beobachtet werden.

Ueber den Zusammenhang zwischen Volumänderung und dem specifischen Drehungsvermögen optisch aktiver Verbindungen haben R. Pribram und C. Glücksmann[3]) Versuche angestellt und

---

1) Urech, Ber. **16**, 2270, 1883; **17**, 1547, 1884; **18**, 3059, 1885.

2) P. A. Guye und E. Aston, Compt. rend. **124**, 194.

3) P. Pribram und C. Glücksmann, Monatsh. f. Ch. **18**, 303 und 510, 1897.

diese zunächst auf Nikotinlösungen und Rubidiumtartratlösungen ausgedehnt. Sie haben konstatirt, dass zwischen Volumänderung und polarimetrischem Verhalten ein gewisser Parallelismus besteht, und dass eine Aenderung der Lage der Polarisationskurve mit dem Maximum der Kontraktion zusammenfällt. Diese Knicke der Drehungslinie lassen die Bildung anderer chemischen Individuen vermuthen, wenn man diese verdünnt etc. Beim Nikotin in Wasser könnte es sich z. B. um Molekularaggregate oder Hydrate handeln.

3. Optische Superposition.

Bei Verbindungen mit mehreren asymmetrischen Kohlenstoffatomen wird der optische Effekt jeder einzelnen, wie schon van't Hoff[1]) vorausgesetzt hatte, nicht geändert. Vielmehr addiren oder subtrahiren sich die Wirkungen der einzelnen Glieder je nach ihren Vorzeichen. Versuche von Guye[2]) sowie von Walden[3]) haben den Beweis für diese Annahme geliefert. Sie stellten isomere flüssige Amylester theils aus aktiven, theils aus inaktiven Materialien in drei Kombinationen her, die erste aus aktiver Säure und inaktivem Alkohol, die zweite aus inaktiver Säure und aktivem Alkohol und die dritte aus aktiver Säure und aktivem Alkohol.

„Die Untersuchungen derartiger Systeme zeigten, dass sich bei der dritten Kombination aus beiderseits aktivem Material die Wirkung der beiden optisch aktiven Bestandtheile summirt, sei es mit positivem oder negativem Vorzeichen."

Etwas anders liegen die Verhältnisse, wenn keine Bindung, sondern nur eine Mischung vorliegt. Hier können sehr wohl störende Einflüsse auftreten, wie weiter unten näher erläutert wird.

4. Abhängigkeit des Drehungsvermögens und Berechnung.

Die grundlegenden Versuche von Biot haben ergeben, dass die Grösse des Drehungswinkels, den eine aktive Substanz im Polarisationsapparat zeigt, von verschiedenen Umständen bedingt ist.

a) „Von der Länge der durchstrahlten Schicht, welcher die Grösse des Drehungswinkels genau proportional ist. Als Einheit der Länge wird 1 dm genommen."

b) „Von der Wellenlänge des angewandten Lichtstrahles, welche bewirkt, dass die Drehung des polarisirten Strahles mit abnehmender Wellenlänge zunimmt. Für die Bestimmung nimmt man meist die gelbe Natriumlinie."

---

1) J. H. van t'Hoff, Lagerung der Atome im Raum, II. Aufl., S. 120.

2) Guye und Goudet, Compt. rend. **122**, 932, 1896; **110**, 714, 1890.

3) F. Walden, Zeitschr. physik. Ch. **15**, 638, 1894.

c) „Von der Temperatur, indem mit steigender Temperatur der Drehungswinkel meist abnimmt.“

Hierbei muss selbstverständlich auf die Längenzunahme der Röhre, sowie die Abnahme der Dichte mit Erhöhung der Temperatur Rücksicht genommen werden, wodurch die Anzahl aktiver Theilchen in der durchstrahlten Schicht geringer wird. Alsdann müssten jedoch, falls sonst keine Veränderung stattfindet, die Quotienten aus Drehungswinkel und specifischem Gewicht, beide bei der betreffenden Temperatur gemessen, gleich bleiben. Dies ist jedoch bei keiner Substanz vollständig der Fall; es finden sich vielmehr Abweichungen nach beiden Seiten.

Von besonderem Interesse ist noch, dass die Drehung durch Temperaturerhöhung in die umgekehrte Richtung umschlagen kann. Eine Invertzuckerlösung mit 17,21 g in 100 ccm, die bei gewöhnlicher Temperatur linksdrehend ist, wird bei 87^0 inaktiv und darüber hinaus rechtsdrehend.

Man giebt bei der specifischen Drehung also die Lichtart und die Temperatur an. So besagt z. B. Nikotin $[\alpha]^{20}_{D} = -162{,}8$, dass die Beobachtung der optischen Aktivitätskonstante des Nikotins bei 20^0 und für die D-linie ausgeführt worden ist.

Weiterhin ist natürlich auch die Art des Lösungsmittels von Bedeutung und muss dieselbe da, wo verschiedene Flüssigkeiten in Frage kommen können, angeführt werden.

Häufig und besonders für theoretische Betrachtungen bezieht man die Rotation auf das Molekulargewicht. Um nicht zu grosse Zahlen zu erhalten, wird der hunderste Theil der betreffenden Werthe eingesetzt. Die Molekularrotation [M] ist demgemäss $= \frac{M\,[\alpha]}{100}$. Hierbei ist also [M] gleich dem Drehungswinkel gesetzt, der auftreten müsste, wenn in 1 ccm 1 g Mol. der aktiven Substanz enthalten ist und die Dicke der durchstrahlten Schicht 1 mm beträgt.

Landolt[1]) macht darauf aufmerksam, dass man eigentlich von bestimmter Drehung beliebiger Lösungen aktiver Körper nicht mehr sprechen kann, dass man vielmehr auf die wasserfreie Substanz zurückgreifen muss, indem man die Kurven oder die Formeln ermittelt, welche sich aus verschiedenen Beobachtungen ergeben, und indem man dann $[\alpha]_D$ für $P = 100$ oder die trockene Substanz berechnet. Landolt hebt weiterhin hervor, dass bei nicht sehr leicht löslichen Körpern dies seine Schwierigkeit hat, indem der Extrapolation jenseits der gemachten Beobachtungen dann zu grosser Spielraum gegeben wird.

Demgegenüber macht B. Tollens[2]) geltend, dass beim Zucker,

---

1) H. Landolt, Ber. **9**, 903, 1876.

2) B. Tollens, Ber. **10**, 1412, 1877.

von welchem 2 Theile in 1 Theil Wasser löslich sind, eine solche Berechnung zulässig sein mag, bei vielen anderen Stoffen aber, welche höchstens in 10—15%ige Lösung gebracht werden können, ist dies jedoch unzulässig, und es wäre gut, um das zur Charakterisirung und Identificirung von so manchen Stoffen so wichtige, ja unentbehrliche Kennzeichen der spec. Drehung nicht zu verlieren, wenn sich die Chemiker in der Annahme einer gewissermassen konventionellen specifischen Drehung d. h. in 10%iger Lösung einigten und diese etwa mit $[\alpha]10^{D}$ bezeichneten, denn eine 10%ige Lösung lässt sich von sehr vielen optisch aktiven Körpern herstellen, und wenn dies einmal nicht möglich ist, so operirt man mit 5- oder 2%iger Lösung und den Symbolen $[\alpha]5^{D}$ oder $[\alpha]2^{D}$.

Die Berechnung der specifischen Drehung $[\alpha]$ und umgekehrt der Koncentration der Lösung einer optisch aktiven Substanz geschieht nach folgender, auf den vorher angegebenen Gesetzmässigkeiten beruhenden Formel:

$$[\alpha] = \frac{\alpha}{l\,c};\ c = \frac{\alpha}{l\,[\alpha]}.$$

Hierin ist: α der beobachtete Drehungswinkel,
l die Länge der Schicht,
c die Anzahl Gramme aktiver Substanz in 1 ccm Flüssigkeit.

Für 100 ccm ergiebt sich also

$$c = \frac{100\,\alpha}{l\,[\alpha]}.$$

Beispiele:

a) Traubenzucker. $[\alpha]_{D}^{20} = 52{,}8^{0}$.

Ist l = 2 dm, so ergiebt sich

$$c = \frac{100\,\alpha}{2 \times 52{,}8} = 0{,}947\,\alpha.$$

Verwendet man hierbei Röhren von 189,4 bezw. 94,7 mm Länge, wie bei den meisten der für die Bestimmung von Harnzucker eingerichteten Apparate so ergiebt sich

$$c = \alpha \quad \text{oder} \quad c = 2\,\alpha.$$

b) Rohrzucker. $[\alpha]_{D}^{20} = 66{,}5$

$$c = \frac{100\,\alpha}{66{,}5\ l} = 1{,}504\ \frac{\alpha}{l}$$

Für l = 2 dm, ist dann

$$c = 0{,}752\,\alpha.$$

Hat man 2 Gramme Rohrzucker zu 100 ccm gelöst, so ergiebt sich der Procentgehalt nach folgender Berechnung:

$$p : c = 100 : x,$$

$$x = \frac{100\,c}{p} = \frac{100 . 0{,}752\,\alpha}{p} = \frac{75{,}2\,\alpha}{p}.$$

Es sei noch darauf hingewiesen, dass bei den eigentlichen Saccharimetern sich bei der Lösung von 26,048 g (in Luft mit Messinggewichten abgewogen) zu 100 Mohr'schen ccm aufgefüllt, der Procentgehalt der Lösung direkt aus der Ablesung ergiebt, indem bei Anwendung einer derartigen aus 100 %igem Zucker hergestellten Lösung der betreffende Werth der Drehung = 100 gesetzt ist.

5. Verwendbarkeit der Methode.

Nach H. Landolt[1]) lässt sich die Methode der Bestimmung der optischen Aktivität verwenden bei:

a) Lösungen, welche nur aus einem aktiven Körper und einer inaktiven Flüssigkeit bestehen.

Hierbei unterscheidet man zweierlei Arten, je nachdem die specifische Drehung der Substanz von der Koncentration nur in geringem oder andererseits in starkem Grade abhängig ist. Zu den ersteren gehören Rohrzucker, Milchzucker, Maltose, Raffinose, Dextrose, Laevulose, Invertzucker und Galaktose. Zu den stark von der Koncentration abhängigen Lösungen gehört z. B. Nikotin in Alkohol gelöst, Kampher ebenso.

b) Lösungen einer aktiven Substanz in zwei inaktiven Flüssigkeiten.

Hier können die verschiedensten Verhältnisse auftreten. Die Mischung kann eine höhere specifische Drehung erzeugen, als jede der Flüssigkeiten für sich allein, bei anderen wieder liegt der Drehungswinkel zwischen den für beide Flüssigkeiten beobachteten.

Beispiele: a) Narkotin[2]).

Lösung in Alkohol von 97 Vol. %	$[\alpha]_D$	= — 185,0
„ „ Chloroform	„	= — 207,4
„ „ Mischung aus 1 Vol.-Thl. Alkohol und 2 Vol.-Thl. Chloroform		= — 191,5.

b) Cinchonidin[2])

gelöst in Alkohol von 97 Vol. %	$[\alpha]_D$	= — 106,9
„ „ Chloroform	„	= — 83,9
„ „ Alkohol-Chloroform (1 : 2)	„	= — 108,9

1) H. Landolt, Ber. **21**, 191, 1888.

2) Hesse, Liebig's Ann. **176**, 192, 219, 1877.

Von Körpern, von denen bestimmt nachgewiesen ist, dass ihr Drehungsvermögen durch gemischte Lösungsmittel fast gar nicht verändert wird, lässt sich bloss der Rohrzucker nennen. Tollens giebt folgende Zahlen.

Wenn für Wasser	$[\alpha]_D$	= 66,667,
so ist für Methylalkohol und Wasser	„	= 66,827,
„ „ „ Aceton und Wasser	„	= 67,396,
„ „ „ Methylalkohol und Wasser	„	= 68,628.

c) Bei Lösungen zweier aktiver Substanzen in einer inaktiven Flüssigkeit.

Hierbei kann Einwirkung des Lösungsmittels auf die specifische Rotation jeder der beiden aktiven Körper stattfinden, und dann können sich die letzteren auch unter einander beeinflussen. Eine quantitative Bestimmung ist nur dann möglich, wenn diese Einwirkungen so schwach sind, dass sie vernachlässigt werden können. Man unterscheidet

α) solche Verhältnisse, bei denen das Gesammtgewicht der beiden Körper bekannt ist.

Alsdann lassen sich x und y, die Anzahl der Gramme der beiden Bestandtheile nach folgender Formel berechnen:

$$[\alpha]_x \, x + [a]_y \, (100 - x) = 100[\alpha], \qquad \text{woraus folgt:}$$

$$x = 100 \, \frac{[\alpha] - [\alpha]_y}{[\alpha]_x - [\alpha]_y},$$

$$y = 100 - x = 100 \, \frac{[\alpha]_x - [\alpha]}{[\alpha]_x - [\alpha]_y}.$$

$[\alpha]_x$ und $[\alpha]_y$ sind die entsprechenden specifischen Drehungen, $[\alpha]$ der beobachtete Drehungswinkel.

Beispiele: Gemischter Rohrzucker und Raffinose[1]), Chininsulfat und Conchininsulfat[2]).

β) Solche Verhältnisse, bei denen das Gesammtgewicht der beiden aktiven Körper nicht bekannt ist.

Unter diesen Umständen ist ausser der Kenntniss des Drehungswinkels und der specifischen Drehung noch die Kenntniss einer anderen Beziehung erforderlich, um den Gehalt an beiden Bestandtheilen berechnen zu können. Dieselbe ergiebt sich z. B. bei Gemischen von Rohrzucker und Invertzucker aus der von Clerget[3]) angegebenen Inversionsmethode. Hierbei bestimmt man den Drehungswinkel vor und nach der Inversion mit Hilfe der Formel

---

1) Creydt, Z. V. f. R. Z. I. 1887, 153.
2) Hesse, Liebig's Ann. **182**, 148, 1878.
3) Clerget, Ann. chim. phys. 13, **26**, 175, 1849.

$$R = \frac{100\,S}{142{,}4 - {}^1/_2 t}$$

unter Benützung eines Soleil-Ventzke'schen Apparates, wobei S gleich der Summe der Winkelablesungen ist, wenn, wie es gewöhnlich der Fall ist, die Flüssigkeit vor der Inversion rechtsdrehend, nach derselben linksdrehend ist.

Die Zahl 142,4 bezw. 144, wie zuerst angenommen wurde, ergiebt sich aus der Beobachtung, dass das Normalgewicht Rohrzucker nach der Inversion eine Linksdrehung von 42,4 bezw. 44 ergiebt, während vorher ja eine Rechtsdrehung von 100 vorhanden war (100 + 42,4 = 142,4).

Schwieriger gestaltet sich die Sache, wenn bei der chemischen Behandlung beide Körper in eine Verbindung übergeführt werden.

Ein solcher Fall liegt z. B. vor bei Mischungen von Rohrzucker und Raffinose. Derselbe ist von Creydt[1]) behandelt worden. Er gelangt unter Benützung des Ventzke'schen Saccharimeters zu den Formeln

$$\text{Rohrzucker } Z = \frac{C - 0{,}493\ A}{0{,}827} \text{ und Raffinose } R = \frac{A - Z}{1{,}57},$$

wenn A die Polarisation der ursprünglichen Lösung und C die Summe der Polarisationen vor und nach der Inversion in Ventzke'schen Theilstrichen bedeutet.

d) Zur Analyse nicht aktiver Substanzen.

Diese Verwendungsart beruht darauf, dass gewisse aktive Körper, wie Weinsäure, Aepfelsäure, Asparaginsäure, Invertzucker, die meisten Alkaloide, Santonin, Kampher etc. die Eigenschaft zeigen, dass sich ihr Rotationsvermögen in bedeutendem Grade ändert, wenn zu dem Lösungsmittel noch eine andere inaktive Substanz zugesetzt wird. Man bestimmt also zunächst den Wirkungsgrad der zugesetzten Stoffe und kann mit Hilfe der sich hieraus ergebenden Tabellen oder Formeln die Menge der eventuell in einer Lösung eines aktiven Körpers vorhandenen inaktiven Substanzen bestimmen.

Beispiele: Bestimmung der Borsäure mit Hilfe der Weinsäure, desgleichen die der arsenigen, antimonigen Säure, der Molybdän- und Wolframsäure[2]), sowie von Formamid, Acetamid und Harnstoff.

6. Einfluss verschiedener Substanzen auf die Polarisation.

Bereits oben ist auf den Einfluss hingewiesen worden, den oft in hohem Maasse andere sonst indifferente Stoffe auf das Drehungsvermögen

---

1) Creydt, Z. V. f. d. Rübenz. Ind. d. D. R. 1887, 164.

2) Gernez, Compt. rend. **104**, 783, 1887.

der optisch aktiven Substanzen im allgemeinen ausüben. Häufig werden fremde Stoffe beigemischt, um eine Beschleunigung bezüglich des Eintretens der endgiltigen Drehung zu bewirken, in anderen Fällen wiederum verwendet man die Stoffe zur Klärung der betreffenden Lösung. Hierbei ist jedoch immer Vorsicht geboten.

Nach den Untersuchungen von H. A. Weber und V. Mc. Phearson[1]) sind grössere Mengen von Salzsäure, Natriumkarbonat und Essigsäure nicht ohne Einfluss auf die Polarisation. Dieses Ergebniss bestätigt die Angabe von Ost, der die Behauptung von Jungfleisch und Grimbert, Essigsäure sei ohne Einfluss auf die Drehung einer Invertzuckerlösung, widerlegte.

Weitere derartige Untersuchungen sind ausgeführt worden von Gerney[2]), J. H. Long[3]), R. Pribram[4]), A. Haller[5]) K. Farnsteiner[6]), J. W. Bremer[7]). Als besonders bemerkenswerth sei auf die starke Erhöhung der Aktivität hingewiesen, welche Borsäure auf Weinsäure ausübt, eine Beobachtung, die bereits von Biot 1837 gemacht worden ist. Ebenso verhalten sich Molybdate und Wolframate, sowie auch Uransalze. Aehnliches gilt auch von der Aepfelsäure, doch liegt hier die Sache etwas komplicirter.

Bei Rohrzucker bewirkt Borax wie die anderen Alkalisalze eine Abnahme der optischen Aktivität. Bei manchen Körpern wie z. B. in der Mannitreihe[8]) wird erst durch Zufügung von Borax die optische Aktivität bemerkbar. Weitere Litteraturangaben hierüber finden sich bei Landolt, das optische Drehungsvermögen, pag. 227.

Das Drehungsvermögen wässeriger Lösungen von Weinsäure, das nach den Beobachtungen von Pribram durch Zusatz von Alkoholen oder Fettsäuren vermindert wird, wird nach den von H. Pottevin[9]) gemachten Mittheilungen durch Hinzufügen von Formaldehyd beträchtlich vergrössert, wie folgende Tabelle zeigt:

---

[1]) H. A. Weber und W. Mc. Pherson, Journ. Amercan chem. Soc. **17**, 312 und 320, 1895.

[2]) D. Gernez, Compt. rend. **106**, 1527, **108**, 942, **109**, 151, **110**, 529, **111**, 792, **112**, 226, 1888—1891.

[3]) J. H. Long, Chem. Soc. **60**, 249, 1890.

[4]) R. Pribram, d. Zeitschr. analyt. Ch. **30**, 313, 1891.

[5]) A. Haller, Compt. rend. **112**, 144, 1891.

[6]) K. Farnsteiner, Ber. **23**, 3570, 1890.

[7]) J. W. Bremer, d. Beibl. Ann. d. Physik und Chemie **12**, 203.

[8]) E. Fischer, Ber. **23**, 385, 1890.

[9]) H. Pottevin, Journ. phys. (3) **8**, 373, 1899; Chem. Ztg. Repert. **23**, 289, 1899.

Menge Formaldehyd in 100 ccm Lösungsmittel.	Weinsäure in 100 ccm: 7,78 g.	18,80 g.	37,10 g.
	Drehungsvermögen.		
0,00	14,01	12,50	10,60
0,55	14,64	13,00	—
2,75	16,83	15,00	13,30
5,50	19,52	17,70	—
11,00	25,18	23,00	21,40
22,00	37,51	35,10	34,60

Die beiden optischen Isomeren werden in gleicher Weise, aber entgegengesetzt beeinflusst, so dass das Racemat inaktiv bleibt. Bei einer Reihe Zuckerarten ist der Effekt bei weitem nicht so stark und wirkt stets im Sinne einer Rechtsdrehung, vermindert also z. B. das Drehungsvermögen der Lävulose. Acetaldehyd wirkt ebenfalls auf das Drehungsvermögen.

7. Klärmittel und ihr Einfluss auf die Zuckerbestimmung.

Zur Klärung der zu polarisirenden Lösungen ist Knochenkohle nicht brauchbar, da sie nach den Untersuchungen von E. Bauer[1]) Zucker absorbirt, und zwar nimmt die procentuale Absorption des Zuckers, wie Walberg beobachtete, mit der Koncentration ab. Weisberg[2]) stellte fest, dass Bleiessig speciell in alkoholischen Zuckerlösungen das Drehungsvermögen beträchtlich vermindert, in wässerigen dagegen nicht beeinträchtigt. H. Claassen[3]) findet, dass bei Anwesenheit anderer organischer Stoffe die Ausfällung des Zuckers aus alkoholischer Lösung durch Bleiessig ganz unbedeutend sei. Herles[4]) empfiehlt Bleinitrat als Klärmittel; auch Stift[5]) hat gute Erfahrungen damit gemacht, ohne jedoch eine allgemeine Einführung vorerst befürworten zu wollen.

In der Zeitschr. f. analyt. Ch. **33**, 234. 1894. geben W. Fresenius und P. Dobriner weiterhin folgende Zusammenstellung:

Çourtonne empfiehlt zur Darstellung eines stets gleichmässigen Bleiessigs 350 g neutrales, krystallisirtes Bleiacetat in 825 g Wasser zu lösen und mit 55 g Ammoniak von 22 ° Bé. versetzen.

Poupé bestätigte die Angaben von Herles[6]) über die Anwendbarkeit des basischen Bleinitrats zur Klärung von Melassen etc., macht aber darauf aufmerksam, dass die Alkalinität des betreffenden Produktes genau beachtet werden muss, da sonst erhebliche Fehler entstehen.

1) E. Bauer, Zeitschr. f. angew. Ch. 1888, 384.
2) Weisberg, Chem. Ztg. **12**, Ref. f. 1888.
3) H. Claasen, Zeitschr. angew. Ch. 1890, 467.
4) Fr. Herles, Zeitschr. analyt. Ch. **30**, 88, 1891.
5) Stift, Chem. Ztg. **15**, R. 21, 1891.
6) Fr. Herles, Zeitschr. analyt. Ch. **30**, 88, 1891, **31**, 710, 1892, **33**, 234, 1893, **36**, 720, 1897.

Weisberg weist darauf hin, dass die Drehung der Raffinoselösungen durch einen Bleiessigzusatz vermindert wird und zwar umso stärker, je grösser der Bleiessigüberschuss ist. Es muss dies bei Zuckerbestimmungen in Raffinose enthaltenden Rübensäften berücksichtigt werden, um Fehler zu vermeiden.

Saillard zeigt, dass bei der Klärung von Rohrzuckerfabrikprodukten mit Bleiessig die Lävulose zum Theil ausgefällt und dadurch die Rechtsdrehung zu hoch erhalten wird.

Gravier berichtet über den Einfluss der Nitrate auf die Drehung des Rohrzuckers. In wässeriger Lösung üben selbst grössere Mengen (bis zu 50 % des Rohrzuckers) von Alkalinitraten keinen Einfluss auf das Rotationsvermögen des Rohrzuckers aus, auch nicht bei Klärung mit Bleiessig. In alkoholischer Lösung bleibt die Drehung gleichfalls unverändert, wenn man keinen Bleiessig zufügt. Werden aber 1—2 ccm Bleiessig zugesetzt, so dass letzterer im Ueberschuss ist, dann tritt eine Abnahme der Drehung ein.

Eine weitere ausführliche Darstellung der hierher gehörigen Beobachtungen findet sich in der Arbeit von A. Bornträger[1]) „Ueber die Bestimmung des Zuckers und über die polarimetrischen Untersuchungen bei Süssweinen.“

Ueber den unmittelbaren Einfluss der Bleiacetate auf die Resultate der polarimetrischen Beobachtungen hat wohl zuerst Gill Angaben gemacht. Er fand beispielsweise beim Verdünnen von 15 ccm einer Invertzuckerlösung auf 50 ccm mit Wasser, bezw. mit Wasser und 2 ccm konc. Bleiessig, bezw. nur mit dem Bleiessig, unter Anwendung einer Beobachtungsröhre von 20 cm Länge und bei 29° C. Ablenkungen von —28,25, bezw. — 24,7 und + 57 (bei 25° C.) Theilstriche Soleil. Der Einfluss des Bleiessigs erstreckt sich nur auf das Drehungsvermögen der Lävulose, nicht aber auf dasjenige der Dextrose, des anderen Bestandtheiles des Invertzuckers. Wenn man das Blei entfernt oder die Flüssigkeit mit Essigsäure ansäuert, so tritt wieder das ursprüngliche Rotationsvermögen der Lävulose hervor. Die Veränderung der Drehung hängt nicht von der blossen Alkalinität des Bleiessigs ab. Wahrscheinlich bildet sich eine lösliche Bleiverbindung der Lävulose mit rechtsseitigem Drehungsvermögen. Nach E. von Raumer und E. Spaeth[2]) findet durch Kochen von Milchzuckerlösung mit Bleiessig, wie es bei der Milch vorkommt, eine erhebliche Zerstörung von Milchzucker statt.

Die gleichen Beobachtungen haben Bittmann und H. Winter gemacht sowie Reichardt und Bittmann. Nach Herzfeld ist in

---

1) A. Bornträger, Zeitschr. analyt. Ch. **37**, 152, 1898.

2) E. von Raumer und E. Spaeth, Zeitschr. angew. Ch. 1897, 70.

stark sauren Lösungen der Einfluss des Bleies viel geringer, nach Herles sogar für gewöhnlich ganz zu vernachlässigen, was auch von Bornträger, B. B. Rois und Crawley gefunden worden ist. Auch Svoboda und H. Pellet[1]) haben ähnliche Erfahrungen gemacht.

Man verwendet deshalb zur Klärung bezw. Fällung von anderen, den optisch aktiven Substanzen beigemischten Stoffen, wenn möglich am besten Bleizucker. Den Ueberschuss derselben kann man mit Dinatriumphosphat fällen, welcher Körper einmal eine vollständige Fällung des Bleies erzielt und nicht auf die Drehungsvermögen der in Frage kommenden Zuckerarten einwirkt, wie die Untersuchungen von Bornträger ergeben haben. Fällt man mit Bleiessig, so darf die Bestimmung des Drehungsvermögens nur in essigsaurer Lösung vorgenommen werden.

8. Polarisationsapparate.

Die zur Messung des Drehungswinkels dienenden Polarisationsapparate zerfallen in zwei Klassen:

a) Polarisationsapparate mit gekreuzten Nicols.

b) Saccharimeter mit Quarzkeilen (Soleil).

a) Von den Polarisationsapparaten mit gekreuzten Nicols ist der älteste der Apparat von Mitscherlich, der aus einem feststehenden polarisirenden Nicol, dem Polarisator, sowie dem auf einem Theilkreis drehbaren Okular-Nicol, dem Analysator, besteht. Zwischen die beiden Nicols bringt man eine leere oder mit Wasser gefüllte Röhre und dreht unter Benützung des Natriumlichtes, das man durch einen Spalt auf den Polarisator fallen lässt, den Analysator so, dass die Mitte des Gesichtsfeldes dunkel erscheint. Alsdann schiebt man die mit Zuckerlösung gefüllte Röhre ein und dreht nun wieder so lange, bis das Gesichtsfeld wiederum dunkel erscheint. Die Anzahl der Grade, welche die Grösse der Umdrehung anzeigen, nennt man den Drehungswinkel α. Der Apparat von Mitscherlich dürfte wohl in der Technik kaum noch Verwendung finden.

Das Polaristrobometer von Wild enthält eine eingeschobene Savart'sche Platte und giebt demgemäss Streifen im Gesichtsfeld, die bei homogenem Licht hell und dunkel, bei weissem Licht aber farbig sind. Man stellt ein auf das Verschwinden der Streifung in der Mitte des Gesichtsfeldes. Eine Kreistheilung ermöglicht direkt den Gehalt an g Zucker in 1 l der Lösung abzulesen, wenn man eine 200 mm lange Röhre be-

[1]) H. Pellet, Ann. Chim. anal. appl. **4**, 253 und 256, 1899.

nützt. Das Polaristrobometer hat wenig Eingang in die Technik gefunden.

Viel häufiger ist der Halbschattenapparat von Laurent in der einen oder anderen Modifikation in Gebrauch. Hierbei ist die eine Hälfte des Gesichtsfeldes von einer aus Quarz oder Glimmer hergestellten Krystallplatte bedeckt, die durch Doppelbrechung die Polarisationsebene des Lichtes verschiebt, wodurch als Nullpunktsstellung diejenige sich ergiebt, bei der beide Hälften gleich hell erscheinen.

Eine modificirte Form des Laurent'schen Apparates ist die von Lippich angegebene. Dieser Apparat ist ein Halbschattenapparat mit dreitheiligem Polarisator. H. Landolt[1]) hat demselben eine veränderte Form gegeben. Die Verbesserungen bestehen darin, dass die Bewegung des Analysators nicht mehr durch Mikrometerschraube, sondern mittels eines einfachen Hebels geschieht. Auch ist die Länge des Apparates auf die Einschaltung aktiver Schichten von höchstens 2 dm Dicke verkürzt. Dies konnte geschehen, weil der dreitheilige Lippich'sche Polarisator eine wesentlich genauere Einstellung giebt als das frühere zweitheilige Feld, vorausgesetzt, dass derselbe gut konstruirt ist, d. h. die beiden seitlichen Felder in ihrer Helligkeit völlig übereinstimmen.

Zur Beobachtung mit Natriumlicht benützt man die Pribram'sche Lampe[2]) oder einen von Landolt[3]) angegebenen Brenner. Um die Drehung von Strahlen anderer Wellenlängen zu bestimmen, dient das Auerlicht in Verbindung mit Farbenfiltern[4]).

Ein anderer Halbschattenapparat mit Diaphragma-Polarisator ist von H. Landolt[5]) konstruirt worden. Hierbei ist die Trennungslinie nicht quer durch das Gesichtsfeld gelegt, sondern dieselbe besitzt die Kreisform Fig. 61. Man stellt vorerst auf die kreisförmige Trennungslinie scharf ein und dreht mittels des seitlichen Hebels den Analysator so lange, bis eine gleichmässige Schattirung des Gesichtsfeldes eintritt. Dieses ist nun der Nullpunkt und Anfangs- und Endpunkt einer jeden Beobachtung. Figur 62 giebt eine Form des Apparates wieder. (Zu beziehen von Dr. R. Muencke, Berlin.)

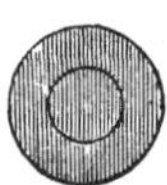

Fig. 61.

Die Einstellung ist eine leichte und sichere; auch wird beim Vergleichen der Schatten das Auge lange nicht so angestrengt, wie bei solchen Apparaten, bei denen das Gesichtsfeld gradlinig getheilt ist. Der in der Figur abgebildete Apparat hat einen Kreis von 115 mm Durchmesser,

1) H. Landolt, Ber. **28**, 3102, 1895.
2) Pribram, Zeitschr. analyt. Ch. **34**, 166, 1895.
3) H. Landolt, Zeitschr. f. Instrumk. 1884, 390.
4) H. Landolt, Ber. **27**, 2872, 1894.
5) H. Landolt, Zeitschr. f. Instrumk. 1896, 269.

dessen gegenüber liegende Nonien 0,1 Grad angeben. Bei einiger Uebung lässt sich auf 0,05 % genau einstellen. Nachdem der Nullpunkt abgelesen, wird das mit der zu untersuchenden Flüssigkeit gefüllte Rohr in den Apparat gelegt, das Fernrohr aufs Neue eingestellt und nun der Analysator so lange gedreht, entweder nach rechts oder links, je nach der Natur der polarisirenden Flüssigkeit, bis die Gleichschattirung wieder eintritt. Der am Theilkreis abgelesene Werth entspricht dann dem Ablenkungswinkel der zu untersuchenden Substanz.

Der in Fig. 63 abgebildete, ebenfalls von H. Landolt konstruirte Polarisationsapparat ist von der bekannten Firma Schmidt und Haensch

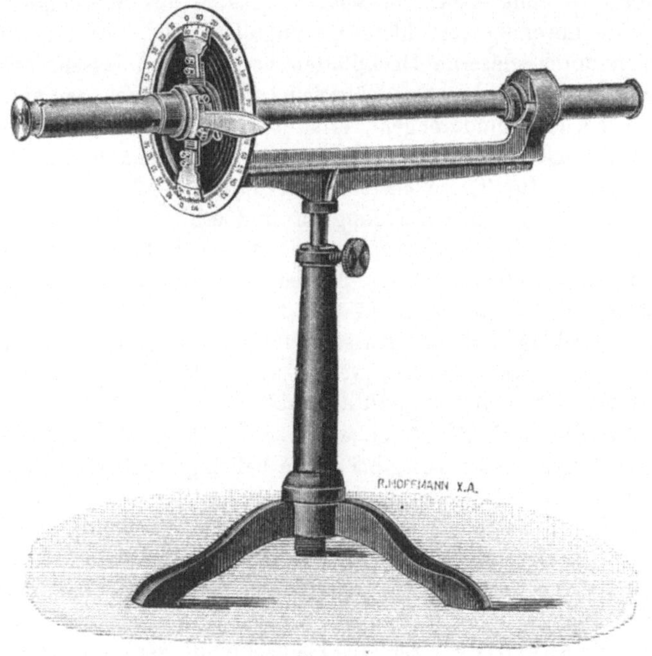

Fig. 62.

zu beziehen. Er besitzt den grossen Vorzug, dass nicht nur Beobachtungsröhren, sondern auch beliebig gestaltete Beobachtungsgefässe eingeschaltet werden können. Nach meinen Erfahrungen ist es ein ausgezeichneter Apparat.

„Eine horizontale, starke eiserne Schiene B trägt an einem Ende den dreitheiligen Lippich'schen Polarisator P. An dem anderen Ende der Schiene ist die drehbare Analysatorvorrichtung befestigt, welche im wesentlichen aus dem Theilkreise R und dem Fernrohre F besteht. Der ganze Apparat kann an der Säule eines starken Stativs verschoben und festgeklemmt werden. Die Führungshülse ist am unteren Ende mit Gewinde und mit einer Schraubenmutter g versehen; letztere dient dazu, eine horizontale Schiene, an welcher die beiden prismatischen Träger cc sitzen, zu heben und zu senken; zwei dünne Stahlstangen, welche durch den hinteren Theil der Hauptschiene B gehen, vermitteln die genaue Vertikalführung. Auf die beiden Träger cc kann 1. die zum Einlegen von Flüssigkeitsröhren dienende Rinne D gesetzt und horizontal verschoben werden, bis die Röhre in der optischen Axe liegt; die nöthige Vertikaleinstellung bewirkt man mit der Schraube q, 2. lässt sich eine ebene, unten mit Führungsleisten versehene Messingplatte T auflegen, die als Unterlage für Glaströge dient. Um auch Substanzen in stärker erhitztem bezw. geschmolzenen Zustande untersuchen zu können, lässt sich 3. die Vorrichtung g einschalten, ein mit Asbest bekleideter Kasten aus Messingblech, durch welchen eine inwendig vergoldete Messingröhre geht, deren herausragende Enden sich durch gläserne Deckplatten verschliessen lassen. Ein an die Röhre angelöthetes senkrechtes Röhrchen, welches durch den abnehmbaren Deckel des Kastens hindurchgeht, erlaubt die Ausdehnung oder Zusammenziehung der eingefüllten aktiven Substanz. Ausserdem besitzt der Deckel zwei Oeffnungen für Thermometer und Röhren. Füllt man den Kasten mit einer als Bad geeigneten Flüssigkeit und erhitzt mittels untergestellter Lampe, so lässt sich das Drehungsvermögen der Substanz bis zu ziemlich hohen Temperaturen untersuchen. Werden behufs Beobachtung bei niedrigen Temperaturen Kältemischungen in den Kasten gebracht, so müssen, um den Wasserbeschlag auf der Aussenseite der Deckgläser zu verhindern, Glascylinder angesteckt werden, welche am Ende mit Platten verschlossen und mit etwas Chlorcalcium gefüllt sind."

b) Von den nach der Angabe von Soleil konstruirten Saccharimetern mit Quarzkeilen, bei denen beliebige Dicken von keilförmigen Quarzstücken zur Kompensation der Drehung des Zuckers eingeschaltet werden, und bei welchen aus der Dicke der eingeschalteten Schicht auf die Grösse der Drehung geschlossen wird, sind zwei in Gebrauch. Es sind dies der Apparat von Soleil-Dubosq, der hauptsächlich in Frankreich, Belgien u. s. w. benützt wird und der Apparat von Soleil-Ventzke[1])-Scheibler, der in Deutschland verwendet wird. Beide Apparate dienen ausschliesslich der Zuckerbestimmung, und zwar verwendete man früher nicht einfarbiges Licht, sondern beliebiges Licht (Gas oder Petroleumlampe), weil die Farbenzerstreuung im Quarz derjenigen in der Zuckerlösung sehr nahe proportional ist. Als Polarisator dient wiederum ein Nicol. Die Einstellung findet immer auf gleiche Färbung der beiden Quarzplatten statt, und zwar wird durch Stellung des Nicols ein Theil der Strahlen unwirksam gemacht, so dass die Quarzkeile eine blassblauviolette Färbung zeigen in der Nullstellung. Bei der geringsten Veränderung der Polarisationsebene findet ein Uebergang in Blau oder Roth statt.

---

1) Ventzke, J. pr. Ch. **25**, 84, 1842, **28**, 111, 1843.

Bei dem Apparat von Soleil-Ventzke-Scheibler entspricht die Verschiebung um einen Theilstrich einer Drehung der Natronlinie um 0,346°, bei dem Apparat von Soleil-Dubosq um 0,217°. Zur Verwendung kommen 200 mm lange Röhren. Der Theilstrich 100 zeigt die Drehung einer Lösung von 26,05 bezw. 16,35 g Rohrzucker in 100 Mohr'schen ccm bei 17,5° an.

Man löst also bei Verwendung des Soleil-Ventzke'schen Apparates 26,05 g der zu untersuchenden Substanz in 100 ccm Wasser,

Fig. 63.

bei Verwendung des Soleil-Dubosq'schen Apparates 16,35 g in 100 ccm und erhält alsdann nach den Gleichungen (n = abgelesene Theilstriche):

$$\text{a) } 100 : 26{,}05 = n : x; \quad x = \frac{26{,}05 .\, n}{100},$$

$$\text{b) } 100 : 16{,}35 = n : x; \quad x = \frac{16{,}35 .\, n}{100},$$

direkt die Anzahl g Zucker in 100 ccm der Lösung.

Ausser diesen beiden Apparaten kommt noch ein Halbschattenapparat mit Keilkompensation und Ventzke'scher Skala von F. Schmidt und Haensch häufiger in Verwendung. Ein ähnlicher Apparat mit Keilkompensation, linearer Skala und Diaphragma-Polarisator wird von Dr. R. Muencke in den Handel gebracht.

Ein aichungsfähiger Polarisations-Apparat ist von G. Bruhns[1]) konstruirt worden. Das charakteristische Merkmal dieses Apparates besteht darin, dass die Skala auf dem Quarzkeil, der Nonius auf dem kurzen Gegenkeil eingeätzt oder eingeritzt ist und somit die Skala aichungsfähig wird. Fig. 64a zeigt durch Abnahme des vorderen Deckels von dem Apparat den Quarzkeil Qu in seiner Fassung und mit der Andeutung der Skala, welche mitten durch das Gesichtsfeld gehen darf, weil bei der Ausführung einer Polarisation das Fernrohr F des Apparates (Fig. 64 b) auf die Schnittlinie des Halbschattennicols eingestellt ist, welche ungefähr 30 cm von der Ebene der Skala entfernt liegt. Die Skala ist daher vorläufig unsichtbar und stört die Einstellung nicht.

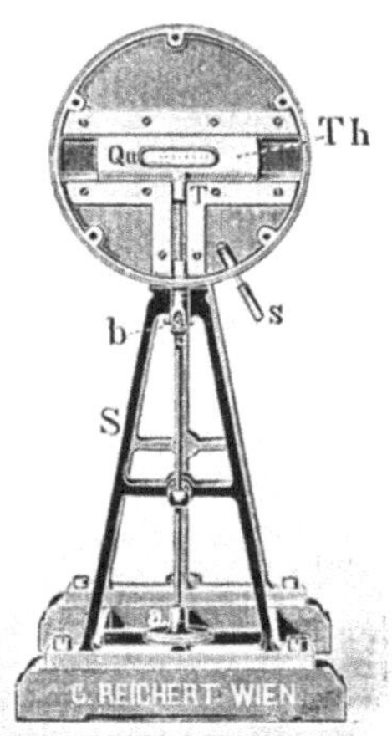

Fig. 64 a.

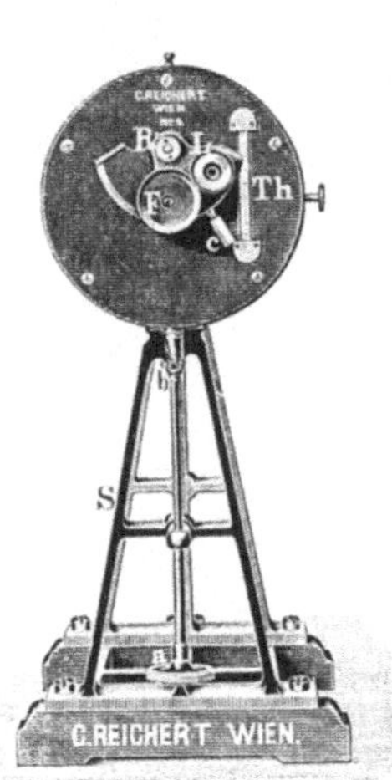

Fig. 64 b.

Soll nun die Ablesung auf der Skala erfolgen, so schaltet man durch eine kurze Drehung der Revolvervorrichtung, welche die Figur b an der vorderen Seite des Apparates sichtbar macht, mittels des Handgriffes c anstatt des Fernrohres F die Lupe L ein, welche auf die Ebene der Skala einzustellen ist. Durch eine Vorrichtung an der Axe des Revolvers wird gleichzeitig mit der Lupe eine Aufhellungsquarzplatte automatisch zwischen Analysator und Quarzkeil eingeschaltet. Zur Ablesung der jeweilig herrschenden Temperatur des Keiles dient das Thermometer Th (Fig. 64 b), welches sich möglichst dicht an dem langen Keil befindet. Ein Wärmeschutzkasten umgiebt den ganzen Apparat. Um Polarisationsfehler durch falsche oder veränderliche Aufstellung der Polarisationslampe möglichst zu verhindern, ist die Lampe auf einer Dreiecksschiene verschiebbar. Ihre richtige Stell-

1) G. Bruhns, Zeitschr. öffentl. Ch. **5**, 208, 1899; Chem. Ztg. Repert. **23**, 209, 1899.

ung kann bei der Aichung durch eine Marke auf der Schiene bezeichnet werden.

An der von Bruhns gegebenen Anordnung übt Martens[1]) Kritik, die aber von Bruhns[2]) als ungerechtfertigt zurückgewiesen wird.

Es sei hier noch darauf hingewiesen, dass die Versammlung der österreichisch-ungarischen Zucker-Chemiker vom 31. Mai 1892 beschlossen hat, dass allgemein Halbschattenapparate anzuwenden und Farbenapparate, wenigstens für Handelsanalysen auszuschliessen seien[3]). Dagegen hat sich bei den Kommissionsberathungen[4]) des Vereins für die Rübenzuckerindustrie des deutschen Reiches herausgestellt, dass die Mehrzahl der Handelschemiker, namentlich die mit zahlreichen Untersuchungen beauftragten, den Farbenapparat nicht entbehren wollen. Die Firma Schmidt und Haensch dagegen stellt nur noch Halbschattenapparate her.

Die Beobachtungsröhren bedürfen einer sorgfältigen Reinigung. Nach der Reinigung müssen alle Theile vollständig getrocknet werden, falls man nicht genügend Flüssigkeit von dem zu untersuchenden Material hat, um mehrmals mit demselben auszuspülen. Ganz besonders müssen die Endflächen der Röhren gut behandelt werden, um einen völligen Verschluss und eine genaue Beobachtung zu garantiren. Die Deckgläser sind darauf zu prüfen, dass sie nicht selbst eine Drehung der Polarisationsebene bewirken.

Bezüglich der Ausführung der Polarisation weist J. Seiffart[5]) darauf hin, dass nur dann ein ganz sicherer Nullpunkt für die Beobachtung vorhanden ist, wenn die in das Auge gelangenden Lichtstrahlen sämmtlich genau parallel der Axe des Rohres verlaufen, da z. B. bei Halbschattenapparaten, wenn man in der Mitte des Gesichtsfeldes gleiche Helligkeit der Felder beobachtet, eine schwache Beschattung der oberen oder unteren Hälfte des Gesichtsfeldes wahrzunehmen ist, wenn man mit dem Auge nach links oder rechts rückt. In gleicher Weise tritt eine derartige Wirkung ein, wenn zwar die Stellung des Auges die richtige ist, dagegen die Stellung der Beleuchtungslampe nicht so ist, dass das Flammenmittel mit der Axe des Beobachtungsrohres übereinstimmt. Auch durch mehr oder weniger grosse Helligkeit kann bei unveränderter Stellung der Lampe eine Verschiebung des Nullpunktes eintreten. Ebenso kann der Lampencylinder, wenn er sich während der Beobachtungszeit verschieden erwärmt, infolge auftretender Spannungen Fehler ähnlicher Art hervorbringen. Am besten verwendet man Thoncylinder mit offenem Seitenstutzen.

---

1) Martens, Centrbl. Zucker-Ind. **7**, 997, 1899.
2) G. Bruhns, ibid. **8**, **25**, 1899.
3) Chem. Ztg. **10**, R. 25, 1892.
4) Zeitschr. analyt. Ch. **29**, 610, 1890.
5) J. Seyffart, Zeitschr. angew. Ch. 1888, 179.

Aehnliche Beobachtungen hat Degener[1]) gemacht. Herles[2]) macht darauf aufmerksam, dass auch, wenn sonstige bekannte Fehler, wie nicht parallele Deckgläschenflächen u. s. w. nicht vorliegen, doch beim Drehen des Polarisationsrohres um seine Axe Ablesungsverschiedenheiten eintreten, und empfiehlt deshalb stets mehrere Ablesungen unter Drehung des Rohres vorzunehmen und den sich ergebenden Mittelwerth anzunehmen.

Zur Beleuchtung der Skala bei Polarisationsapparaten empfiehlt H. Schneider[3]), statt eine besondere Lichtquelle zu benützen, das Licht von der zur Beleuchtung des eigentlichen Gesichtsfeldes dienenden Leuchtflamme mittels eines total reflektirenden Glasstabes auf die Skala zu leiten, genau nach dem Princip, welches der Mikroskopirlampe von Kochs und Wolz zu Grunde liegt. Das zu benützende Licht ist, wie schon erwähnt wurde, meist monochromatisch, und zwar verwendet man dann das Natriumlicht. Bei kleinen Drehungswinkeln zwischen 0 und 5 ^{0} und bei einer Genauigkeit von nur 0,1 ^{0} kann man die Lampe direkt vor den Polarisationsapparat stellen. Bei grösseren Drehungen und bei grösserer Genauigkeit (0,01 ^{0}) muss das Natriumlicht gereinigt werden, d. h. von fremden Beimengungen befreit werden. Man kann die Reinigung erreichen durch Verwendung einer 3 cm dicken Schicht einer gesättigten Kaliumbichromatlösung oder durch Benützung eines Lippich'schen Natriumlichtfilters[4]), wobei neben Kaliumdichromatlösung noch Uranosulfatlösung (US_2O_8) dazwischen eingeschaltet wird.

9. Umrechnung der Saccharimetergrade auf Kreisgrade.

Zur Umrechnung von Saccharimetergraden auf Kreisgrade kann nicht der theoretisch aus der Rotationskonstante des Rohrzuckers abgeleitete Werth dienen, es muss vielmehr der betreffende Faktor für jede Substanz experimentell ermittelt werden wegen der Dispersionsdifferenz zwischen den Quarzkeilen des Saccharimeters einerseits und der Polarisationsflüssigkeit anderseits. Derartige Messungen haben bisher nur Landolt und Rathgen[5]) durch Polarisation derselben Lösung in verschiedenen Instrumenten vorgenommen. Es ist nicht möglich, zu beurtheilen, welchen Einfluss hierbei die unvermeidlichen Konstruktionsfehler der einzelnen Apparate auf die Resultate ausgeübt haben. E. Rimbach[6]) hat deshalb einschlägige Versuche mit einem Instrument angestellt, das die Einrichtung eines Saccharimeters mit der eines Polaristrobometers vereinigte, indem

---

[1]) Degener, Chem. Ztg. **12**, R. 6, 1888.

[2]) Herles, Chem. Ztg. **14**, R. 227, 1890.

[3]) H. Schneider, Zeitschr. angew. Ch. 1890, 274,

[4]) F. Lippich, Zeitschr. f. Instrumk., **12**, 333, 1892.

[5]) H. Landolt, Ber. **21**, 191, 1888; Landolt und Rathgen, Zeitschr. d. Vereins f. Rübenz. Ind. d. deutsch. R. **41**, 512.

[6]) E. Rimbach, Ber. **27**, 2282, 1894.

es neben einer einfachen Quarzkeilkompensation mit Ventzke'scher Zuckerskala auch einen Lippich'schen Polarisator besass. Je nachdem man den Kreis oder die Quarzkeilkompensation auf den betreffenden Nullpunkt einstellte und festklemmte, konnte man den Apparat als Polaristrobometer oder als Saccharimeter verwenden, und es ist ersichtlich, dass der Einfluss etwaiger Konstruktionsfehler der optischen Theile des Apparates bei dieser Anordnung fast ganz in Wegfall kommt. Als Lichtquelle für die Kreistheilung benützte Rimbach Natriumlicht, für die Saccharimetertheilung gewöhnliche Gas- und Petroleumbrenner, die übrigens stets gleiches Resultat lieferten, und Auer'sches Gasglühlicht, letzteres mit und ohne Zufügung eines mit gesättigter Kaliumbichromatlösung gefüllten Absorptionstroges von 1,5 cm Lumen. Die Temperatur der Röhren wurde bis auf 0,1°C. konstant erhalten. Die Saccharimeterablesungen mit gewöhnlichem Gaslicht und durch Chromatvorlage gereinigtem Auer-Licht weichen kaum von einander ab; unterlässt man jedoch die Reinigung mit Kaliumbichromat, so ergeben sich infolge Beimengung anderer Strahlengattungen Differenzen. Rimbach's Beobachtungen gaben folgende Werthe:

	Koncentration c (g in 100 ccm).	1° Ventzke = Kreisgrade bei Natriumlicht.
Rohrzucker in Wasser	5	0,3423
	10	0,3438
	15	0,3451
	20	0,3443
	25	0,3442
	Durchschnitt.	0,34394
Glukose in Wasser	10	0,3474
	15	0,3437
	25	0,3421
Santonin in Chloroform	2,6	0,3458
Kampher in Alkohol	30	0,3446

Auch G. W. Rolfe und G. Defren[1]) kamen zu einem ähnlichen Resultat wie Rimbach für Glukose, nämlich 0,344.

A. Herzfeld[2]) giebt noch folgende Daten, die er beim Vergleiche von Invertzucker für 20°C. ermittelt hat.

Volum °/o Rohrzucker.	Entsprechend Invertzucker.	Saccharimetergrade.	Kreisgrade.	$(\alpha)_D$
10	10,53	—12,2	— 4,22	20,04
11	11,58	—13,5	— 4,65	20,08
12	12,64	—14,7	— 5,08	20,11
13	13,68	—16,0	— 5,52	20,15
14	14,74	—17,2	— 5,95	20,19
15	15,79	—18,5	— 6,39	20,23
16	16,84	—19,8	— 6,83	20,27
17	17,90	—21,2	— 7,27	20,30
18	18,95	—22,4	— 7,71	20,34

1) G. W. Rolfe und G. Defren, Journ. Americ. ch. Soc. **18**, 869, 1896.

2) A. Herzfeld, d. Chem. Ztg. **11**, R. 278, 1887.

Volum % Rohrzucker	Entsprechend Invertzucker.	Saccharimeter-grade.	Kreisgrade.	$(\alpha)_D$
19	20,00	—23,6	— 8,15	20,38
20	21,05	—24,9	— 8,60	20,42
21	22,10	—26,2	— 9,04	20,46
22	23,16	—27,5	— 9,49	20,49
23	24,21	—28,8	— 9,94	20,53
24	25,26	—30,1	—10,39	20,57
25	26,32	—31,4	—10,85	20,61

10. Einfluss der Temperatur auf die Angaben der Saccharimeter.

A. Herzfeld[1]) hat infolge der von ihm und Wiechmann beobachteten Pressungen der zur Kontrolle dienenden festgefassten Quarzplatten bei höheren Temperaturen, sowie von unregelmässigen Fehlern, die von Wiley bezüglich der Quarzkeile bemerkt wurden, umfassende Versuche angestellt und zwar sowohl mit den Quarzplatten als auch mit Zuckerlösungen bei verschiedenen Temperaturen. Das Drehungsvermögen der Quarzplatten hatte sich am meisten geändert beim Erwärmen von in einen Ring gekitteten Platten, weniger bei ganz auf eine Glasplatte aufgekitteten.

Die Versuche wurden mit einem besonders konstruirten Heizapparat ausgeführt, in den das Polarisationsrohr eingelegt wurde. Diese Untersuchungen führten zu folgenden Schlussfolgerungen:

a) Es ist nicht möglich, genaue Polarisationen mit Saccharimetern in einem Raum auszuführen, dessen Temperatur nicht seit mindestens 3 Stunden eine konstante war.

b) Es ist nothwendig, in jedem Laboratorium bestimmte Normaltemperaturen innezuhalten, bei denen die Drehung der Quarzplatten zu ermitteln ist, indem die Lösung des Normalgewichtes Zucker bei der betreffenden Temperatur bereitet, deren Drehung bestimmt und danach der Werth der Quarzplatten berechnet wird.

Verfährt man so und hält auch bei der Analyse die Normaltemperatur inne, so ist es möglich, mit Halbschattenapparaten innerhalb sehr weiter Temperaturintervalle richtige Resultate zu erzielen. Doch sind bei stark von der Justirungstemperatur des Apparates abweichenden Arbeitstemperaturen bei Rohrzuckerpolarisationen für jeden Grad Abweichung vom Hundertpunkt und für jeden Grad Temperaturabweichung die Resultate zur Korrektur der Skalen-

[1]) A. Herzfeld, Zeitschr. d. Vereins d. deutsch. Zucker-Ind. **49**, 516; Rep. Zeitschr. analyt. Ch. **39**, 366, 1898. Vgl. z. B. auch Wartze, Chem. Ztg. **15**, R. 1891, der schon damals auf die Nothwendigkeit einer Temperaturkontrolle aufmerksam machte.

ablesung um 0,00036 zu berichtigen. Diese Korrektur wird häufig so gering ausfallen, dass man sie vernachlässigen kann.

Bei Abweichungen von der einmal gewählten Normalarbeitstemperatur kann man nicht erwarten, dass die Polarisationen richtig ausfallen.

c) Die in der Praxis noch vielfach übliche Kontrolle der Apparate lediglich durch Nullpunktseinstellung gestattet zwar mit richtigen Instrumenten bei der Normaltemperatur, für welche der Apparat justirt ist (17,5^0 oder 20^{0}C.) richtige Polarisationen auszuführen, gewährleistet aber keineswegs die Erreichung richtiger Resultate bei abweichenden Temperaturen, da mit den letzteren sich auch der Werth der Skala ändert.

Für nahezu normale Lösungen (c = etwa 26) hat O. Schönrock[1]) die Abhängigkeit zwischen den Temperaturen t = 10—32^0 festgestellt zu

$$[\alpha]_t^D = [\alpha]_{20}^D \; 0{,}000217\,(t-20).$$

Zu ähnlichen Resultaten ist auch Wiley[2]) gekommen, der folgende Regel aufstellt: Die Ablesung ist für t $\gtrless$ 17,5^0, um den Betrag ± 0,03 (t—12,5) zu korrigiren; für den Laurent'schen Apparat ist die Korrektur ± 0,0215 (t—15).

11. Anleitung zur Ausführung der Polarisation.

(Anlage C zum Zuckersteuergesetz vom 9. Juli 1887.)

Zur Ausführung der Polarisation bedient man sich entweder eines Ventzke-Soleil'schen Farbenapparates oder des Halbschattenapparates von Schmidt und Haensch. Die Arbeitsweise für beide Instrumente ist nur in einzelnen Punkten verschieden. Es gilt deshalb das in nachfolgender Instruktion im allgemeinen Gesagte für beide Apparate; unter a) ist demnächst das ausschliesslich auf den Farbenapparat, unter b) das auf den Halbschattenapparat Bezügliche angegeben.

Unbedingtes Erforderniss ist, dass man vor Ingebrauchnahme des Instrumentes sich von seiner Richtigkeit überzeuge. Es geschieht dies, indem man den Nullpunkt des Apparates einstellt und sich von der Richtigkeit der Skala des Apparates mittels sogen. Normalquarzplatten, deren Polarisation bekannt ist, oder einer Normalzuckerlösung, welche im Apparat 100^0 zeigt, überzeugt.

---

1) O. Schönrock, Zeitchr. Zucker-Ind. **50**, 413, 1900; **51**, 106 und 285, 1901; vgl. hierzu F. G. Wiechmann, ibid. **50**, 902, 1900; **51**, 283, 1901.

2) H. Wiley, Zeitschr. Zucker-Ind. **50**, 823, 1900. Vgl. auch Pellat, Chem. Ztg. **24**, 710, 1900.

Bei der Bestimmung der Polarisation eines Zuckers ist folgendermassen zu verfahren.

Man stellt auf der amtlich gelieferten Waage zunächst die Tara eines zur Aufnahme des zu untersuchenden Zuckers zweckmässig an den beiden Längsseiten umgebogenen Kupferbleches fest und bringt darauf 26,048 g des zu untersuchenden Zuckers, d. i. diejenige Menge, welche als Normalgewicht zu bezeichnen ist. Der Bequemlichkeit halber benützt man dazu ein Gewichtsstück, welches auf die angegebene Anzahl Gramme justirt ist. Falls die Zuckerprobe, welche untersucht werden soll, nicht gleichmässig gemischt war, ist es nothwendig, dieselbe eventuell unter Zerdrücken der Klumpen mit einem Pistill oder mit der Hand vor dem Abwägen gut durchzurühren. Die Wägung muss mit einer gewissen Schnelligkeit geschehen, weil besonders in warmen Räumen sonst während der Ausführung derselben die Substanz Wasser abgeben kann, wodurch die Polarisation erhöht wird. Man schüttet den abgewogenen Zucker alsdann vom Kupferblech auf einen Messingtrichter, bringt ihn mittels eines Glasstabes in das 100 ccm-Kölbchen, spült anhängende Zuckertheilchen mit etwa 80 ccm destillirtem Wasser von Zimmertemperatur, welches man einer Spritzflasche entnimmt, nach und bewegt die Flüssigkeit im Kolben unter leisem Schütteln und Zerdrücken grösserer Klümpchen mit einem Glasstab so lange, bis sämmtlicher Zucker sich gelöst hat. Etwaige unlösliche Bestandtheile, wie Sand und dergleichen, erkennt man daran, dass sie sich mit dem Glasstab nicht zerdrücken lassen. Am Glasstab haftende Zuckerlösung wird beim Entfernen desselben mit destillirtem Wasser ins Kölbchen zurückgespült. Schliesslich wird das Volumen der Flüssigkeit im Kolben mittels destillirten Wassers genau bis zu der 100 ccm zeigenden Marke aufgefüllt. Zu diesem Zweck nimmt man den Kolben in die Hand, hält ihn in senkrechter Stellung so vor sich, dass die Marke sich in der Höhe des Auges befindet, und setzt Wasser zu, bis die untere Kuppe der Flüssigkeit im Kolbenhalse in eine Linie mit dem als Marke dienenden Aetzstrich im Glase fällt.

Die hier beschriebene Art des Verfahrens gilt jedoch nur für solche Zucker, welche bei nachfolgender Filtration durch Papier ganz klare Flüssigkeiten geben, bezw. nicht so dunkel gefärbt sind, dass die Lösung im Polarisationsapparat nicht hinlänglich durchsichtig erscheint.

Wenn diese Voraussetzungen nicht zutreffen, so muss man die Zuckerlösung klären bezw. entfärben.

a) Bei Verwendung des Farbenapparates benützt man als Klärmittel, je nachdem Zucker ersten oder zweiten Produktes oder Nachprodukte zur Untersuchung stehen, und je nachdem man eine Lampe von grösserer oder geringerer Lichtintensität besitzt (vergl. weiter unten), 2—3, 3—10, bezw. 10—20 Tropfen oder noch mehr Bleiessig, welcher der Zuckerlösung aus einer Heberspritzflasche oder einer kleinen Pipette zugesetzt wird. Gelingt die Klärung in dieser Weise nicht, so lässt man dem Bleiessigzusatz denjenigen von ebensoviel Alaunlösung folgen, oder man setzt zuerst einen bis mehrere ccm Alaunlösung und darauf eine grössere Menge Bleiessig als zuvor hinzu, bis es gelingt, ein Filtrat von weisslicher oder gelbweisser Farbe zu erzielen. Werden die Lösungen dennoch nicht klar, so wird nur mit Bleiessig geklärt und das Filtrat mit möglichst wenig (1, 2, auch 3 g) extrahirter Blutkohle oder bei 120^0 getrockneter Knochenkohle versetzt. Bei Anwendung derselben ist das Polarisationsergebniss um den Betrag des Absorptionskoefficienten zu erhöhen, welcher für die dem Beamten gelieferte Kohle angegeben ist.

Nach der Klärung wird der innere Theil des Kölbchenhalses mit destillirtem Wasser, welches einer Heberspritzflasche oder einer gewöhnlichen Spritzflasche entnommen wird, abgespült und durch tropfenweises Zulaufenlassen die Flüssigkeit auf genau 100 ccm aufgefüllt. Zu diesem Zweck bringt man in der vorgeschriebenen Weise das Kölbchen in senkrechter Stellung vor das Auge und setzt Wasser hinzu, bis der Aetzstrich des Glases und die untere Kuppe der Flüssigkeit in eine Linie fallen. Hierauf wird mit Fliesspapier etwa im Halse des Kölbchens noch anhaftende Flüssigkeit abgetupft, die Oeffnung derselben durch Andrücken des Daumens oder des Zeigefingers geschlossen und der Inhalt des Kolbens durch wiederholtes Umkehren und Schütteln desselben gut durchgemischt.

b) Bei Benützung von Halbschattenapparaten genügt für Rohrzucker ersten Produktes in der Regel als Klärmittel der Zusatz eines dünnen Breies von Thonerdehydrat, welcher in Mengen von 3—5 ccm in das 100 ccm Kölbchen vor dem Auffüllen zur Marke mittels einer Pipette gegeben wird. Nur wenn die Zuckerlösung sehr dunkel gefärbt ist, muss als Klärungsmittel Bleiessig angewendet werden. Bezüglich des Zusatzes desselben wird hier ebenso verfahren, wie unter a für die Farbenapparate angegeben. Lässt sich mit Bleiessig allein genügende Klärung nicht erzielen, so wird Alaunlösung in der ebenfalls unter a beschriebenen Weise zu Hilfe genommen. Bis zur Verwendung von Blut- oder Knochenkohle wird man hier kaum zu gehen brauchen, da im Halbschattenapparat noch ziemlich dunkle Zuckerlösungen polarisirt werden können.

Schliesslich wird auch hier zur Marke aufgefüllt.

Bezüglich der Klärung gelten folgende allgemeine Bemerkungen für beide Apparate:

1. Die Flüssigkeit kann um so dunkler gefärbt sein, je grösser die Lichtintensität der Lampe ist, welche zur Beleuchtung des Polarisationsapparates dient. Besitzt man die patentirte Lampe mit Reflektor von Schmidt und Haensch, welche sowohl für Gas als Petroleum eingerichtet ist, so wird man auch bei Farbenapparaten Blut- oder Knochenkohle zur Klärung nicht bedürfen, überhaupt im allgemeinen viel weniger von dem Klärmittel gebrauchen, als wenn man eine minder vollkommene

Lampe zur Verfügung hat. Menge und Art des Klärmittels sind also nicht nur von der Beschaffenheit der zu untersuchenden Probe, sondern auch von der Qualität der Lampe abhängig.

2. Bei Anwendung von Bleiessig zur Klärung darf nie ein Ueberschuss davon verwandt werden. Ein neuer Tropfen Bleiessig muss stets noch einen deutlichen Niederschlag in der Flüssigkeit hervorbringen. Bei einiger Uebung lernt man sehr bald den Punkt finden, wo mit dem Bleiessigzusatz aufgehört werden muss. Ist zuviel zugesetzt worden, so muss der Ueberschuss durch nachträglichen Zusatz von Alaun in der oben unter *a*) beschriebenen Weise ausgefällt werden.

3. Es ist dringend nöthig, nach dem Auffüllen zu 100 ccm auf das Durchschütteln der Flüssigkeit die grösste Sorgfalt zu verwenden, da andernfalls eine genaue Polarisation unmöglich ist.

Man schreitet alsdann zur Filtration der Flüssigkeit, welche mittels eines in einem Glastrichter eingesetzten Papierfilters geschieht. Der Trichter wird auf einen sogen. Filtrircylinder gestellt, welcher die Flüssigkeit aufnimmt, und wird während der Operation, um Verdunstung zu verhüten, mit einer Glasplatte oder mit einem Uhrglase bedeckt gehalten. Trichter und Cylinder müssen ganz trocken sein, um nicht durch eventuellen Feuchtigkeitsgehalt derselben eine nachträgliche Verdünnung der 100 ccm zu bewirken.

Zweckmässig wird das Filter gerade so gross genommen, dass man die 100 ccm Flüssigkeit auf einmal aufgeben kann, es empfiehlt sich ferner, falls das Papier nicht sehr dick ist, ein doppeltes Filter anzuwenden. Die ersten durchlaufenden Tropfen werden weggegossen, weil sie trübe sind und in ihrer Koncentration durch einen eventuellen Feuchtigkeitsgehalt des Papiers beeinflusst sein können. Auch das nachfolgende Filtrat muss häufig wiederholt auf das Filter zurückgegossen werden, ehe die Flüssigkeit klar durchläuft. Es ist dringend nothwendig, diese Vorsichtsmassregeln nicht zu verabsäumen, da nur mit ganz klaren Flüssigkeiten sich sichere polarimetrische Beobachtungen anstellen lassen.

Nachdem auf die beschriebene Weise eine klare Lösung durch Filtration erzielt worden ist, wird ein Theil der Flüssigkeit aus dem Cylinder, welcher zum Auffangen derselben gedient hat, in die Röhre eingefüllt, welche zur polarimetrischen Beobachtung dienen soll.

Man bedient sich dazu in der Regel 200 mm langer, genau justirter Messing- oder Glasröhren, deren Verschluss an beiden Enden durch runde Glasplatten sogen. Deckgläschen bewirkt wird. Festgehalten werden die Deckgläschen entweder durch eine aufzusetzende Schraubenkapsel oder an Röhren neuer Konstruktion, die vorzuziehen sind, durch eine federnde Kapsel, welche einfach über das Rohr geschoben und von der Feder festgehalten wird. Bei Auflösung von 26,048 g Zucker zu 100 ccm (Mohr) und Benützung einer derartigen Röhre zeigt der Polarisationsapparat direkt den Procentgehalt an Zucker in der zu untersuchenden Probe an. Zuweilen ist es jedoch vorzuziehen, statt des 200 mm langen Rohres nur ein 100 mm Rohr zu benützen, in solchen Fällen nämlich, wo trotz aller Klärversuche die Flüssigkeit zu dunkel geblieben ist, um in einem 200 mm Rohr hinlänglich durchsichtig zu sein, wohl aber im 100 mm Rohr sich die Beobachtung im Apparat ausführen lässt. In diesen Fällen muss das abgelesene Resultat mit 2 multiplicirt werden, um Procente zu geben.

Vor dem Einfüllen der Flüssigkeit in die Röhren muss man sich zunächst überzeugen, dass die Röhren auf das gründlichste gereinigt und getrocknet seien. Diese Reinigung geschieht zweckmässig durch wiederholtes Ausspülen mit Wasser und Nachstossen eines trockenen Pfropfens aus Filtrirpapier mittels eines Holzstabes. Desgleichen müssen die Deckgläser blank geputzt sein und dürfen nicht fehlerhafte Stellen und Schrammen zeigen. Bei dem Füllen des Rohres ist unnützes Erwärmen mit der Hand zu vermeiden. Man fasst deshalb das unten geschlossene Rohr mit zwei Fingern am oberen Theil an und umschliesst es nicht mit der ganzen Hand, giesst alsdann das Rohr so voll, dass die Flüssigkeit knapp die obere Oeffnung derselben überragt, wartet kurze Zeit, um etwa hineingekommenen Luftblasen Zeit zum Aufsteigen zu lassen, und schiebt das Deckgläschen von der Seite in wagrechter Richtung über die Oeffnung des Rohres. Letztere Operation muss so schnell und sorgfältig ausgeführt werden, dass keine Luftblase unter das Deckgläschen gelangen kann, wie überhaupt die Flüssigkeit im Rohr gänzlich frei von Bläschen sein muss. Ist das Ueberschieben des Deckgläschens das erste Mal nicht befriedigend ausgefallen, so muss es wiederholt werden: man putzt zu dem Zweck das Deckgläschen von neuem trocken und blank und stellt die Kuppe der Zuckerlösung im Rohr durch Hinzufügen einiger neuen Tropfen der Flüssigkeit wieder her. Nach dem Aufschieben des Deckgläschens wird das Rohr mit der Schraubenkapsel, bezw. federnden Schieberkapsel verschlossen. Wendet man Schraubenkapseln an, so ist mit peinlicher Sorgfalt darauf zu achten, dass dieselben lose nur soweit angezogen werden, dass das Deckgläschen eben nur in feste Lage gebracht wird; sind die Deckgläschen zu fest angezogen, so werden dieselben optisch aktiv, und man erhält falsche Resultate bei der Polarisation. Ist eine Schraube zu stark angezogen worden, so genügt es häufig nicht, dieselbe zu lockern und dann sofort die Polarisation vorzunehmen, man muss vielmehr längere Zeit damit warten, da die Deckgläschen ihr angenommenes Drehungsvermögen zuweilen nur langsam wieder verlieren, und muss die Polarisation alsdann von 10 zu 10 Minuten wiederholen, bis die Resultate konstant sind.

Nachdem das Rohr gefüllt ist, wird der Polarisationsapparat bereit gemacht, indem man die Lampe anzündet. Dieselbe ist soweit als möglich vor dem Apparat aufzustellen, und zwar bei Anwendung der Reflektorlampe von Schmidt und Haensch in einer Entfernung von 35 bis 40 cm, bei Anwendung gewöhnlicher Lampen von schwächerer Lichtintensität in solcher von mindestens 15 cm vom Apparat. Mit grösster Sorgfalt ist darauf zu achten, dass die Lampe gut im Stande sei. Jede Veränderung in der Beschaffenheit der Flamme, sowie der Lage der Lampe zum Apparat, also Hoch- und Niederschrauben des Dochtes, bezw. der Flamme, Vorwärtsschieben oder Drehen derselben verändert auch das Resultat. Lage und Intensität der Lichtquelle dürfen deshalb während der Beobachtung keine Veränderung erfahren.

Im Uebrigen trägt man Sorge, den Raum, in welchem der Polarisationsapparat steht, nach Möglichkeit durch Verhängen der Fenster und dergleichen zu verdunkeln, da die Beobachtungen sich um so besser ausführen lassen, je weniger das Auge durch seitliche Lichtstrahlen gestört wird.

Durch Verschiebung des Apparates bezw. des Fernrohres, welches an dem vorderen Ende desselben sich befindet, sucht man alsdann denjenigen Punkt der Einstellung, wo der Faden, welcher das Gesichtsfeld im Apparat in zwei Theile theilt, scharf zu erkennen ist. Man drückt dabei das Auge nicht direkt an das Fernrohr an, sondern hält dasselbe in einer Entfernung von vielleicht 1 bis 3 cm davor, sorgt dafür, dass der Körper sich während der Dauer der Beobachtung in angemessener bequemer Stellung befindet, da jede Verrenkung desselben auch zu unnöthiger Anstrengung des Auges führt. Wenn der Apparat richtig eingestellt ist, so muss das Gesichtsfeld kreisrund und scharf begrenzt erscheinen. Man beruhige sich niemals mit einer unvollkommenen Erfüllung dieser Vorbedingung der polarimetrischen Analysen, sondern ändere Lage der Lampe, bezw. des Apparates, und Stellung des Fernrohres so lange, bis man das bezeichnete Ziel erreicht hat.

Alsdann schreitet man zur Einstellung des Nullpunktes. Anfänger thun gut dabei, ein mit Wasser gefülltes Rohr in das Gesichtsfeld zu legen, weil dadurch das Gesichtsfeld vergrössert und die Beobachtung erleichtert wird.

a) Bei den Farbenapparaten nach Ventzke-Soleil muss der Einstellung des Nullpunktes die der sogen. teinte de passage vorausgehen, welches mittels der rechten seitlichen Schraube geschieht. Man dreht so lange, bis man einen gewissen, bei einiger Uebung leicht zu findenden hellblauen bis blauvioletten Ton bei ungefährer Nullpunktseinstellung gefunden hat. Die Scharfeinstellung des Nullpunktes geschieht, indem man die Schraube unterhalb des Fernrohrs in hin- und herspielende Bewegung setzt und endlich denjenigen Punkt fixirt, wo die beiden durch den Faden getrennten Hälften des Gesichtsfeldes genau gleich gefärbt erscheinen.

b) Bei dem Halbschattenapparat ist für die Nullpunktseinstellung keine Vorbereitung von nöthen; sie geschieht ohne weiteres durch Spielenlassen der unterhalb des Fernrohrs befindlichen Schraube und Fixiren des Punktes, wo beide Hälften des Gesichtsfeldes gleich beschattet erscheinen.

Das Resultat der Nullpunktablesung wird bei den Apparaten in gleicher Weise festgestellt. Man liest an der mit einem Nonius versehenen Skala des Apparates, welche man durch Verschiebung eines zur Beobachtung derselben dienenden Fernrohres und durch Beleuchtung mit einer Kerze scharf sichtbar machen kann, das Resultat der Einstellung ab. Auf dem festliegenden Nonius ist der Raum von 9 Theilen der Skala in 10 gleiche Theile getheilt. Der Nullpunkt des Nonius zeigt die ganzen Grade an, die Theilung des Nonius wird zur Ermittlung der zuzuzählenden Zehntel benützt. Wenn der Nullpunkt des Apparates richtig steht, so muss die ihn bezeichnende Linie mit der des Nullpunktes des Nonius zusammenfallen. Ist dies nicht der Fall, so muss die gefundene Abweichung notirt und nachher bei der Polarisation in Anrechnung gebracht werden.

Man begnügt sich nicht mit einer Einstellung des Nullpunktes, sondern macht eine grössere Anzahl, vielleicht 5 bis 6, und nimmt das Mittel aus den sich anschliessenden Ablesungen an der Skala. Geben eine oder mehrere der Ablesungen eine Abweichung von mehr als $^{3}/_{10}$ Theilstrichen gegenüber dem grossen Durchschnitt, so werden dieselben als unrichtig verworfen. Zwischen jeder einzelnen Beobachtung gönnt man dem Auge 20 bis 30 Sekunden Ruhe.

Nachdem die Nullpunktseinstellung stattgefunden hat, wird das Rohr mit der Zuckerlösung in den Apparat gelegt. Man wiederholt jetzt die Scharfeinstellung des Fernrohres, bis der Faden wieder deutlich sichtbar wird. Unter allen Umständen muss, wie wiederholt hervorgehoben wird, ein scharfes, kreisrundes Bild erzielt werden, um richtige Resultate erhalten zu können. Lässt sich das durch Veränderung in der Einstellung nicht erreichen, sondern erscheint das Gesichtsfeld getrübt, so ist es nöthig, die ganze Untersuchung nochmals von vorn zu beginnen. Hat man dagegen ein klares Bild erzielt, so dreht man die Schraube so lange, bis wiederum a) im Farbenapparat Farbengleichheit, b) im Halbschattenapparat gleiche Beschattung eingetreten ist. Ist durch Spielenlassen der Schraube der Punkt möglichst genau festgestellt, so liest man die ganzen Procente Zucker an der Skala, als durch denjenigen Punkt bezeichnet, welcher zunächst dem Nullpunkt des Nonius steht, die Zehntel mittels des letzteren ab. Wiederum führt man fünf bis sechs Beobachtungen in Zwischenräumen von 10 bis 40 Sekunden aus und nimmt als Endresultat der Polarisation den mittleren Durchschnittswerth an. Stand der Nullpunkt nicht genau ein, so muss man die Abweichung desselben hinzurechnen, wenn derselbe nach links, dagegen abziehen, wenn er nach rechts verschoben war.

Hat man mehrere Analysen neben einander auszuführen, so ist es nicht nöthig, von jeder einzelnen den Nullpunkt zu kontrolliren, sondern es genügt, wenn dies nach Verlauf je einer Stunde geschieht.

Von Zeit zu Zeit, besonders aber, wenn der Polarisationsapparat starken Erschütterungen ausgesetzt gewesen ist, ist es nothwendig, sich von der Richtigkeit desselben zu überzeugen; dies geschieht, wie eingangs erwähnt, durch Einstellung des Nullpunkts, Kontrolle der Skala durch eine Quarzplatte oder durch Prüfung des Hundertpunkts, in dem 26,048 g chemisch reiner Zucker, der zu diesem Zwecke vorräthig gehalten wird, in der beschriebenen Weise gelöst und untersucht wird. Wenn der Nullpunkt richtig stand, muss die Zuckerlösung genau 100 polarisiren.

a) Bei den Farbenapparaten wird demgemäss die Ablenkung der Quarzplatte, bezw. der Zuckerlösung, zur Kontrolle der Skala in derselben Weise wie oben beschrieben bestimmt.

b) Bei Halbschattenapparaten geschieht die Kontrolle der Skala gleichfalls in derselben Weise, mit Quarzplatten oder chemisch reinem Zucker, doch muss hier zuweilen in den Apparat zuvor ein anderes Fernrohr gesteckt werden. Der Grund hierzu liegt darin, dass reine farblose Zucker Lösungen geben, welche im Halbschattenapparat bei der Untersuchung insofern Schwierigkeiten bereiten, als sich völlige Gleichheit beider Gesichtshälften überhaupt durch Verstellen der Schraube nicht mehr erzielen lässt. Dieselbe Erscheinung tritt ein bei Verwendung von hochpolarisirenden Quarzplatten. Es gelingt aber bei einiger Uebung trotzdem, denjenigen Punkt zu finden, welcher der richtigen Einstellung entspricht. Wenn dies nicht möglich ist, setzt man in den Apparat statt des gewöhnlichen Fernrohrs ein solches mit einer dünnen Platte von rothem, chromsauren Kali ein. Dieselbe beseitigt die Farbenungleichheit, und gelingt alsdann die Einstellung des richtigen Punktes auch solchen, die im Gebrauch des Apparates weniger geübt sind.

12. Inversion der Polysaccharide.

Mit dem Namen Inversion bezeichnete man ursprünglich die Erscheinung, dass in bestimmter Weise veränderter Rohrzucker seine Drehungsrichtung von rechts nach links verändert; der Rohrzucker ist alsdann invertirt worden. Wir wissen, dass Rohrzucker ein Disaccharid ist, das aus gleichen Theilen Glukose (Dextrose) und Fruktose (Lävulose) unter Wasseraustritt gebildet ist. Wird der Rohrzucker mit Säuren u. s. w. behandelt, so nimmt er wieder Wasser auf und zerfällt in Glukose und l.-Fruktose. Da die Drehung der d.-Fruktose die der d.-Glukose überwiegt, ist die Drehungsrichtung des erhaltenen Produkts links im Gegensatz zu dem des rechtsdrehenden Ausgangsmaterials. Der Vorgang ist folgender:

a) $C_{12}H_{22}O_{11} + H_2O = 2\,C_6H_{12}O_6$.

b) $CH_2(CHOH)_4CHCH_2OHC(CHOH)_2CHCH_2OH + H_2O =$ (Brückensauerstoffe O zwischen den Kettengliedern)

Rohrzucker.

$$CH_2OH\overset{H}{\underset{O\atop H}{C}}-\overset{H}{\underset{OH}{C}}-\overset{OH}{\underset{H}{C}}-\overset{H}{\underset{OH}{C}}-CHO+CH_2OH\overset{H}{\underset{OH}{C}}-\overset{H}{\underset{OH}{C}}-\overset{OH}{\underset{H}{C}}-COCH_2OH$$

d. Glukose (Dextrose). d. Fruktose (Laevulose).

Nach den Untersuchungen von E. van Melckebeke[1]) beruht die bei langem Aufbewahren des Rohrzuckers eintretende Inversion auf der Einwirkung von Mikroorganismen, deren Lebensthätigkeit durch Feuchtigkeit und Luftzufuhr erhöht wird. Die Magazine müssen also trocken gehalten werden; ausserdem muss auch entgegen der herrschenden Ansicht jedes Lüften vermieden werden. Das Magazin soll aus Abtheilungen bestehen, die vollständig getrennt beschickt und geleert werden können, und zwar soll jede Abtheilung mit Zuckersäcken möglichst voll gepackt werden, um möglichst wenig Luft dazwischen zu lassen. Die Qualität des Zuckers hat weniger Einfluss, doch scheinen sich alkalische Zucker besser zu halten als solche mit saurer oder neutraler Reaktion.

Nach der Vorschrift von Herzfeld wird die Inversion des Rohrzuckers in der Weise vorgenommen, dass man das halbe Molekulargewicht des Zuckers, also 171 g in 75 ccm Wasser löst, auf dem Wasserbade nach Zusatz von 5 ccm konc. Salzsäure (38 % = spec. Gew. 1,188) bei 67—70° C. 7 1/2 Minuten lang unter Umschwenken erwärmt, wovon 2 1/2 Minuten auf das Anwärmen kommen, sofort abkühlt und auf 100 ccm auffüllt. Die betreffende halbnormale Lösung giebt dann bei reinem Lösungsmittel eine Drehung von — 16,33°, bei normaler Lösung von —32,66°. Ein zu langes Erhitzen mit der Salzsäure ist zu vermeiden, da sonst Laevulose zerstört wird.

Unter Zugrundelegung folgender Beobachtungen:

d. Glukose (Dextrose) $[\alpha]^{20}_D = + 52{,}50 + 0{,}0188\,p + 0{,}000517\,p^2$,
(Tollens)

d. Fruktose (Laevulose $[\alpha]^{20}_D = - 88{,}13 - 0{,}2583\,p$ (Hönig und Jesser)

Invertzucker $[\alpha]^{20}_D = - 19{,}447 - 0{,}06068\,p + 0{,}000221\,p^2$,
(Gubbe)

haben Hönig und Jesser[2]) nachstehende orientirende Tabelle über das

1) E. van Melckebeke, Chem. Ztg. **24**, 579, 1900.

2) Hönig und Jesser, Zeitschr. Ver. Rübenz.-Ind. 1888, 1037; H. Ost, Ber. **24**, 1640, 1891.

Verhältniss von Dextrose und Lävulose einerseits gegenüber Invertzucker anderseits gegeben.

p.	Dextrose.	Laevulose.	Arithmetisches Mittel.	Invertzucker.	Differenz.
20	+ 53,08	— 93,30	— 20,11	— 20,57	+ 0,46
25	+ 53,29	— 94,59	— 20,65	— 20,83	+ 0,18
30	+ 55,53	— 95,88	— 21,18	— 21,07	— 0,11
35	+ 53,79	— 97,17	— 21,69	— 21,30	— 0,39

Man erfährt die Drehung des Invertzuckers aus der des vorhandenen Rohrzuckers durch Multiplikation mit 0,33.

In ähnlicher Weise wie der Rohrzucker wird auch der Milchzucker durch die Einwirkung verdünnter Schwefelsäure oder Salzsäure invertirt, indem unter Wasseraufnahme Galaktose und Dextrose entstehen.

$$CH_2OH(CHOH)_4 - CH \left\langle {OCH_2 \atop O} \right\rangle CH(CHOH)_3CHO + H_2O =$$

Milchzucker.

$$CH_2OH\,.\,\underset{OH}{\overset{H}{C}} - \underset{OH}{\overset{H}{C}} - \underset{H}{\overset{OH}{C}} - \underset{OH}{\overset{H}{C}} - CHO + CH_2OH(CHOH)_4CHO.$$

d. Glukose (Dextrose). d. Galaktose.

Da Dextrose und d.-Galaktose beide nach rechts drehen und das Gleiche beim Milchzucker selbst der Fall ist, so ergiebt sich als Endprodukt der Inversion ein ebenfalls rechts drehendes Produkt; also findet entgegen der in dem Ausdrucke Inversion liegenden Bezeichnung keine Umwandlung der Drehung von rechts nach links statt.

Die Inversion des Rohrzuckers bei Gemischen mit Milchzucker, wie z. B. in kondensirter Milch kann vorgenommen werden nach dem Verfahren von A. W. Stokes und R. Bodmer[1]) mit Citronensäure. Kocht man eine Lösung von Milchzucker und Rohrzucker 7 bis 10 Minuten mit 2 % Citronensäure, so wird der Rohrzucker vollständig invertirt, der Milchzucker bleibt unverändert. Selbst ein längeres Erwärmen sowie Abweichungen des Gehaltes an Citronensäure bis zu 1 % bewirken noch eine richtige Inversion[2]).

Schon seit längerer Zeit ist auch die Anwendung von Invertin in Gebrauch zur Inversion bei der Analyse kondensirter Milch[3]). Wie

---

1) R. W. Stokes und R. Bodmer, Analyst. **10**, 62, 1885.

2) E. W. T. Jones, Analyst. **14**, 81, 1889 und A. W. Blythe, **20**, 121, 1895.

3) Vgl. L. Grünhut und S. H. R. Riiber, Zeitschr. analyt. Ch. **39**, 19, 1900; A. H. Allen, Analyst. **10**, 72, 1885; H. D. Richmond und L. K. Bosely, Analyst. **18**, 170, 1893; H. D. Richmond, Analyst. **20**, 127, 1895.

W. D. Bigelow und K. P. Mc. Elroy[1]) nachweisen, wird Milchzucker durch die Enzyme der Hefe den Erwartungen gemäss nicht gespalten. Nach ihren Versuchen wird der Rohrzucker vollständig invertirt, wenn man 25 g kondensirte Milch in einem 100 ccm Kölbchen mit Wasser übergiesst und im Wasserbad auf 55° C. erhitzt. Dann soll man „einen halben Kuchen" Presshefe hinzufügen und die Temperatur fünf Stunden auf 55° C. erhalten, worauf die Inversion beendigt ist.

Grünhut und Riiber haben das von Kjeldahl[2]) empfohlene Verfahren der Inversion mit Invertin nachgeprüft und damit gute Resultate erhalten. Kjeldahl verwendet einen mit alkoholischer Thymollösung versetzten Hefebrei.

Hierbei bereitet es jedoch Schwierigkeiten, jederzeit einen Hefebrei von gleicher enzymatischer Wirkung herzustellen, und es ist somit unmöglich, bequeme Vorschriften über die Dosirung des Zusatzes zu geben, die unter allen Umständen ausreichen. Man wird deshalb diese Methode besser nicht anwenden. Praktische Bedeutung würde sie ohnedies nur besitzen, wenn in der kondensirten Milch neben Milchzucker auch noch Invertzucker zugegen wäre, dessen Zerstörung bei einer Säureinversion befürchtet werden müsste. Invertzucker ist aber bisher noch nicht beobachtet worden, und es liegt daher kein Grund vor, die viel schärfer zu präcisirende Säureinversion hier zu verlassen.

Neben der Inversion mit Citronensäure kommt noch diejenige mit Salzsäure in Betracht. Milchzucker wird nach der in der sog. Zollvorschrift[3]) gegebenen Methode nicht wesentlich verändert. Dieselbe ist nachstehend beschrieben. Auch das Kupferreduktionsvermögen der gesammten Milchtrockensubstanz bleibt unverändert; ebenso besitzt es bei polarimetrischen Bestimmungen vor der Citronensäuremethode den Vorzug, dass der Einfluss der Salzsäure auf das specifische Drehungsvermögen des entstehenden Invertzuckers bekannt ist und in der üblichen Berechnungsweise berücksichtigt wird, während ausreichende Erfahrungen über den Einfluss der Citronensäure fehlen.

Auch Oxalsäure[4]), die das specifische Drehungsvermögen des Invertzuckers gar nicht oder nach Grünhut und Riiber doch etwas verändert, ist empfohlen worden bei derartigen Gemischen. Die Bundesrathsvorschrift spricht sich jedoch für die Verwendung der Salzsäure nach der Zollvorschrift aus.

Von anderen Polysacchariden seien noch erwähnt:

---

1) W. D. Bigelow und K. P. Mc. Elroy, Journ. Americ. Ch. Soc. **15**, 668, 1893.

2) Kjeldahl, Zeitschr. analyt. Ch. **22**, 588, 1883.

3) Vgl. Zeitschr. analyt. **32**, 9, 1893.

4) Herzfeld und Krone, Zeitschr. f. Zuckerind. **41**, 689; Th. Omeis, Beibl. Ann. Phys. u. Ch. **14**, 334.

a) die Maltose (Malzzucker), welche bei der Inversion mit verdünnter Schwefelsäure nahezu theoretisch in zwei Moleküle Dextrose zerfällt.

$C_{12}H_{22}O_{11} + H_2O = 2C_6H_{12}O_6$.

b) die Raffinose (Melitriose, Melitose) zerfällt in je ein Molekül Dextrose, Lävulose und Galaktose.

$C_{18}H_{32}O_{16} + 2H_2O = 3C_6H_{12}O_6$.

c) die Trehalose liefert nach Winterstein[1]) ausser Dextrose noch einen anderen Zucker.

Die Theorie der Inversion der Polysaccharide ist von verschiedenen Seiten bearbeitet worden, ohne dass es jedoch gelungen wäre, eine allseitig befriedigende Erklärung zu finden, eine Thatsache, die ja auch für die Gesammtheit der katalytischen Erscheinungen gilt. Eine Zusammenstellung und kritische Beleuchtung der einzelnen Hypothesen findet sich in der Arbeit von Edm. O. von Lippmann[2]), „Zur Frage der Inversion des Rohrzuckers.“ „Die auf einem ohnehin schon so schwierigen Gebiete arbeitenden Vorkämpfer würden sich zweifellos ein Verdienst um viele ihrer mitstrebenden Fachgenossen erwerben, wollten sie in derartigen Fällen ihre Gedanken fassbarer klarlegen und ihre Hypothesen eingehender präcisiren.“

13. Anlage A zu den vom Bundesrathe erlassenen Ausführungsbestimmungen zu dem Gesetze, betreffend die Besteuerung des Zuckers vom 9. Juli 1887.

Anleitung für die Steuerstellen zur Bestimmung der Quotienten der Syrupe oder Melassen.

Die Bestimmung der Quotienten von Zuckerabläufen (Syrup oder Melasse) kann vom Steuerbeamten nur ausgeführt werden, wenn weniger als 2 % Invertzucker in der betreffenden Probe enthalten sind. Zuvörderst ist daher

1. festzustellen, ob der Gehalt an Invertzucker unter 2 % oder höher ist. Zu diesem Zweck wird eine Porcellanschale auf einer Waage, wie sie bei der Polarisation der festen Zucker Verwendung findet, basirt und alsdann in derselben genau die Menge von 10 g des zuvor durch Anwärmen dünnflüssig gemachten Syrups u. s. w. abgewogen. Darauf wird durch Zusatz von etwa 50 ccm warmen Wassers und durch Umrühren mit einem Glasstab der Syrup u. s. w. zur Lösung gebracht. Einer Filtration der erhaltenen dünnen Flüssigkeit bedarf es in der Regel nicht, auch wenn dieselbe getrübt erscheinen sollte.

---

1) Winterstein, Dingl. polyt. Journ. **301**, 209; Ber. **26**, 3094, 1894.

2) Edm. O. v. Lippmann, Ber. **33**, 3560, 1900. Vgl. hierzu H. Euler, Ber. **33**, 3302, 1900; Zeitschr. physik. Ch. **36**, 641, 1901; Ber. **34**, 1568, 1901.

Man bringt die Lösung des Syrups sodann in eine sogen. Erlenmeyer'sche Kochflasche von etwa 200 ccm Inhalt oder in eine entsprechend grosse Porcellanschale und fügt dazu 50 ccm Fehling'sche Lösung. In 2 Flaschen getrennt, bewahrt man im Laboratorium einerseits eine Lösung von Kupfervitriol, anderseits Seignettesalz-Natronlauge auf; gleiche Theile von beiden Flüssigkeiten bilden die Fehling'sche Lösung. Wenn man gerade viele Analysen vorhat, kann man grössere Mengen beider Lösungen mischen, also vielleicht von jeder derselben 250 ccm verwenden, und der Mischung für die Analyse 50 ccm entnehmen; sind dagegen nur wenig Analysen auszuführen, so entnimmt man direkt der Seignettesalz-Natronlaugenflasche und der Kupfervitriolflasche je 25 ccm mittels zweier Pipetten und bringt dieselben in die Erlenmeyer'sche Kochflasche. Gemischte Fehling'sche Lösung darf nur drei Tage lang zum Gebrauche aufbewahrt werden, da sie bei längerem Stehen zur Analyse untauglich wird. Man kocht alsdann die Flüssigkeit im Kochkolben über einem sogen. Bunsen-Brenner auf, indem man dieselbe auf ein darüber befindliches, durch einen Dreifuss getragenes Drahtnetz stellt, und erhält die Flüssigkeit mindestens zwei Minuten im Sieden. Die Zeit des Kochens darf nicht abgekürzt, kann aber ohne Gefahr für den Ausfall der Analyse einige Minuten verlängert werden (?).

Man nimmt alsdann die Flamme weg, wartet einige Minuten, bis ein in der Flasche entstehender Niederschlag sich abgesetzt hat, hält dieselbe darauf gegen das Licht und beobachtet, ob die Flüssigkeit noch blau gefärbt ist. Deutlicher noch erkennt man die Färbung, wenn man ein Blatt weisses Schreibpapier hinter die Flasche hält und dieselbe im auffallenden Licht beobachtet.

Nur in dem Falle, dass die blaue Farbe noch vorhanden ist, enthält die Lösung weniger als 2 % Invertzucker und kann der Beamte die weitere Untersuchung des Syrups vornehmen; andernfalls muss die Untersuchung durch einen Chemiker ausgeführt werden. Häufig wird die Flüssigkeit nach dem Kochen, trotzdem dass noch unzersetzte blaue Kupferlösung in derselben vorhanden, nicht blau sondern gelbgrün erscheinen, weil die blaue Farbe durch die gelbbraune Färbung des Syrups verdeckt wird.

In solchen Fällen hat der Beamte folgendes Verfahren einzuschlagen: Er filtrirt durch ein kleines Papierfilter aus gutem, dicken Filtrirpapier, welches in einen Glastrichter eingesetzt ist, wenige ccm, vielleicht 10, von der gekochten Flüssigkeit ab. Dabei wird die Vorsicht gebraucht, dass das Filter zunächst mit etwas Wasser angefeuchtet und am Rande des Trichters gut festgedrückt wird. Das Filtrat fängt man in einem sogen. Reagensgläschen auf, setzt dazu ungefähr die gleiche Menge Essigsäure, wie sie in den Laboratorien gebräuchlich ist, und einen oder zwei Tropfen einer Lösung von gelbem Blutlaugensalz hinzu, die man sich entweder durch Lösen des Salzes in Wasser frisch bereiten oder auch vorräthig halten kann. Falls noch Kupfer in Lösung war, entsteht sofort eine intensiv rothe Färbung. Nur wenn dieselbe beobachtet worden ist, kann der Beamte selbst den Syrup weiter untersuchen.

2. Bestimmung des Gehaltes des Syrups nach Brix. In einem tarirten Becherglase werden etwa 200—300 g des zu untersuchenden Syrups abgewogen. Man fügt alsdann dazu 100—200 ccm heisses destillirtes Wasser, rührt mit einem Glasstab, welcher mit tarirt wurde, so lange vorsichtig (um das Glas nicht zu zerstossen) um, bis der Syrup sich darin vollständig gelöst hat, und stellt alsdann das Becherglas so lange in kaltes Wasser, bis der Inhalt ungefähr Zimmertemperatur angenommen hat. Darauf stellt man das Becherglas wiederum auf die Waage und setzt vorsichtig aus einer Spritzflasche so viel Wasser zu, dass das Gewicht derselben gleich dem des angewandten Syrups ist; waren also beispielsweise 251 g Syrup abgewogen worden, so sind in Summa 251 g Wasser zuzusetzen. Nach dem Zufügen des Wassers rührt man nochmals um und giesst alsdann die Flüssigkeit in einen Glascylinder, welcher zur Vornahme der Spindelung dient. Die Weite des Cylinders muss derartig sein, dass die Spindel frei in demselben schwimmen kann, ohne an der Wandung anzuhaften; auch muss derselbe zur Verhinderung eines solchen Anhaftens möglichst senkrecht stehen, also auf eine horizontale Fläche aufgestellt werden. Man senkt die Spindel vorsichtig und langsam in die Flüssigkeit ein und trägt Sorge, dass der ausserhalb verbleibende Theil derselben möglichst wenig benetzt wird. Nachdem das Instrument zur Ruhe gekommen ist, liest man den Gehalt an derjenigen Stelle der Spindel ab, welche mit dem Niveau der Flüssigkeit im Cylinder sich in einer Linie befindet. Man erfährt ferner die Temperatur der Flüssigkeit aus dem Stande eines Thermometers, welches an dem Bauch der Spindel angebracht ist, und korrigirt die abgelesenen Grade, falls die Flüssigkeit nicht zufällig die Normaltemperatur von 17,5 ^{0}C. besass, mittels der folgenden, von Stammer entworfenen Tabelle, für deren Anwendung eine besondere Erklärung nicht nöthig ist.

In der amtlichen Vorschrift ist die Tabelle insofern fehlerhaft als einige Reihen des unteren Abschnittes in dem oberen Abschnitt eingefügt sind, so dass die Zollbeamten, welche nicht wissenschaftlich vorgebildet sind, leicht Irrthümer begehen können [1]).

---

1) Vgl. z. B. Zeitschr. analyt. Ch. **36**, 1887.

Berichtigung der Procente Brix nach der Temperatur 17,5° C.

Temperatur nach Celsius.	Procente Brix der Lösung.							
	20	30	35	40	50	60	70	75
	von der Araeometeranzeige abzuziehen.							
0°	0,72	0,82	0,92	0,98	1,11	1,22	1,25	1,29
5°	0,59	0,65	0,72	0,75	0,80	0,88	0,91	0,94
10°	0,39	0,42	0,45	0,48	0,50	0,54	0,58	0,61
11°	0,34	0,36	0,39	0,41	0,43	0,47	0,50	0,53
12°	0,29	0,31	0,33	0,34	0,36	0,40	0,42	0,46
13°	0,24	0,26	0,27	0,28	0,29	0,33	0,35	0,39
14°	0,19	0,21	0,22	0,22	0,23	0,26	0.28	0,32
15°	0,15	0,16	0,17	0,16	0,17	0,19	0,21	0,25
16°	0,10	0,11	0,12	0,12	0,12	0,14	0,16	0,18
17°	0,04	0,04	0,04	0,04	0,04	0,05	0,05	0,06
	zur Araeometeranzeige hinzuzufügen.							
18°	0,03	0,03	0,03	0,03	0,03	0,03	0,03	0,02
19°	0,10	0,10	0,10	0,10	0,10	0,10	0,08	0,06
20°	0,18	0,18	0,18	0,19	0,19	0,18	0,15	0,11
21°	0,25	0,25	0,25	0,26	0,26	0,25	0,22	0,18
22°	0,32	0,32	0,32	0,33	0,34	0,32	0,19	0,25
23°	0,39	0,39	0,39	0,40	0,42	0,39	0,36	0,33
24°	0,46	0,46	0,47	0,47	0,50	0,46	0,43	0,40
25°	0,53	0,54	0,55	0,55	0,58	0,54	0,51	0,48
26°	0,60	0,61	0,62	0,62	0,66	0,62	0,58	0,55
27°	0,68	0,68	0,69	0,70	0,74	0,70	0,65	0,62
28°	0,76	0,76	0,78	0,78	0,82	0,78	0,72	0,70
29°	0,84	0,84	0,86	0,86	0,90	0,86	0,80	0,78
30°	0,92	0,92	0,94	0,94	0,98	0,94	0,88	0,86
35°	1,33	1,33	1,35	1,36	1,39	1,34	1,27	1,25
40°	1,79	1,79	1,80	1,82	1,83	1,78	1,69	1,65
50°	2,80	2,80	2,80	2.80	2,79	2,70	2,56	2,51
60°	3,88	3,88	3,88	3,90	3,82	3,70	3,43	3,41
70°	5,13	5,08	5,08	5,06	4,90	4,72	4,47	4,35
80°	6,46	6,30	6,30	6,26	6,06	5,82	5,50	5,33

Nachdem die Korrektur angebracht ist, wird das erhaltene Resultat noch mit 2 multiplicirt, da ja der Syrup mit Wasser auf die Hälfte verdünnt worden war.

Beispiel. 200 g Syrup seien mit 200 g Wasser verdünnt worden. Die Ablesung an der Spindel betrage 40,3° bei einer Temperatur von 20° C. Aus der Tabelle ergiebt sich, dass dieser Betrag um 0,19 zu vergrössern ist; wir runden diese Zahl auf 0,2 ab, da wir nur Zehntel, nicht Hundertstel bei der Spindelung berücksichtigen, finden demgemäss den korrigirten Werth $40,3 + 0,2 = 40,5$ und den Werth für den ursprünglichen Syrup zu $40,5 \times 2 = 81,0^{0}$ Brix. Die Abrundung der gefundenen Hundertstel der Grade Brix auf Zehntel erfolgt stets nach oben.

3. Polarisation des Syrups. Zur Polarisation des Syrups wiegt man das halbe Normalgewicht des Syrups, also 13,024 g in einer ebensolchen Porcellanschale ab, wie dieselbe zur Wägung des festen Zuckers gebraucht wird; darauf bringt man in die Schale etwa 40—50 ccm destillirtes, am besten lauwarmes Wasser und rührt mit einem Glasstab um, bis sich der Syrup gelöst hat. Die Flüssigkeit wird in derselben Weise wie bei der Polarisation der festen Zucker in den Kolben gespült, überhaupt die Polarisation bis auf geringe Abweichungen genau in derselben Weise wie bei Untersuchung der letzteren ausgeführt.

Die eine dieser Abweichungen besteht darin, dass man zur Klärung der dunkleren Flüssigkeit hier vielmehr Bleiessig anwenden muss. Man lässt deshalb vor dem Auffüllen zur Marke mit destillirtem Wasser in den Kolben so lange Bleiessig einfliessen, bis die Flüssigkeit genügend geklärt erscheint. Man verfährt so, dass man zunächst vielleicht 5 ccm Bleiessig zulaufen und den entstehenden Niederschlag absetzen lässt. Dies geschieht zumeist in wenigen Minuten; ist die Flüssigkeit sehr dunkel gefärbt, so fährt man für den Fall, dass Bleiessig überhaupt noch einen Niederschlag darin hervorruft, so lange mit Zusatz derselben fort, bis die genügende Helligkeit erreicht ist. Man verbraucht oftmals bis 12 ccm Bleiessig, ehe dieser Punkt erreicht ist.

Keinesfalls darf aber überschüssiger Bleiessig hinzugesetzt werden; ein neuer Tropfen davon muss in der filtrirten Flüssigkeit immer noch einen Niederschlag hervorbringen.

Lässt sich trotzdem die Polarisation im 200 mm langen Rohr nicht ausführen, so versucht man, ob dieselbe mittels eines nur 100 mm langen Rohres, also in halb so langer Schicht möglich ist. Ist dieselbe auch in dieser Weise nicht ausführbar, so wiederholt man die ganze Procedur der Analyse von Anfang an und giebt vor dem Bleiessigzusatz etwa 10 ccm einer Lösung von Alaun oder Gerbsäure hinzu; diese Flüssigkeiten geben mit Bleiessig starke Niederschläge, die klärend wirken, und gestatten weit mehr Bleiessig anzuwenden, als ohne Zusatz derselben gebraucht werden darf.

Die zweite Abweichung gegenüber dem Untersuchungsverfahren für feste Zucker beruht darin, dass das Resultat der Polarisation, welches mittels des Apparates gefunden wird, hier mit 2 multiplicirt werden muss, da nur das halbe Normalgewicht an Syrup angewandt wurde, der Apparat aber nur für das ganze Normalgewicht Procente angiebt. Hat man statt des 200 mm-Rohres ein solches von nur 100 mm Länge angewendet, so muss das abgelesene Resultat aus leicht ersichtlichen Gründen sogar mit 4 multiplicirt werden, wenn man die Procente Zucker im Syrup erhalten will.

4. Berechnung des Quotienten aus den ermittelten Zahlen. Den Quotienten berechnet man nach der Formel $A = \frac{100 \cdot P.}{B}$,

wo P die gefundene Polarisation bedeutet und B den Gehalt des Syrups, wie er mit der Brix-Spindel gefunden wurde.

Beispiel: Die Polarisation sei zu 50,4 gefunden, der Gehalt nach Brix mittels der Spindel zu 70,1.

Der Quotient ist alsdann:

$$\frac{100 \cdot 50{,}4}{70{,}1} = 71{,}9.$$

Bei der Berechnung des Quotienten werden Hundertstel nach unten abgerundet, beispielsweise ist statt 69,99 nicht 70, sondern 69,9 zu setzen.

14. Bestimmung der Polarisation bei Zuckerabläufen und Berechnung des Quotienten.

Nach der vom Bundesrath erlassenen Vorschrift vom 31. Mai 1892 verfährt man mit Zuckerabläufen mit weniger als 2 % Invertzucker folgendermassen:

Zur Untersuchung wird nur das halbe Normalgewicht — 13,024 g — des Zuckerablaufes verwendet. Man wiegt diese Menge in einer Porcellanschale ab, fügt 40 bis 50 ccm lauwarmes destillirtes Wasser hinzu und rührt mit einem Glasstabe so lange um, bis der Ablauf im Wasser sich vollständig gelöst hat. Hierauf wird die Flüssigkeit in den Kolben gespült und vor dem Auffüllen zur Marke geklärt.

Behufs der Klärung lässt man zunächst also 5 ccm in den Kolben einfliessen. Ist die Flüssigkeit, nachdem der entsprechende Niederschlag sich abgesetzt hat, — was meist in wenigen Minuten geschieht — noch zu dunkel, so fährt man mit dem Zusatze von Bleiessig fort, bis die genügende Helligkeit erreicht ist. Oft sind bis zu 12 ccm Bleiessig zur Klärung erforderlich. Dabei ist jedoch zu beachten, dass Bleiessig zwar genügend, aber nicht in zu grosser Menge zugesetzt werden darf; jeder neu hinzugesetzte Tropfen Bleiessig muss noch einen Niederschlag in der Flüssigkeit hervorbringen.

Gelingt es nicht, die letztere durch den Zusatz von Bleiessig so weit zu klären, dass die Polarisation im 200 mm Rohre ausgeführt werden kann, so ist zu versuchen, ob dies im 100 mm Rohre möglich ist. Gelingt auch dies nicht, so muss eine neue Untersuchungsprobe hergestellt und diese vor dem Bleiessigzusatze mit etwa 10 ccm Alaun- oder Gerbsäurelösung versetzt werden; diese Lösungen geben mit Bleiessig starke Niederschläge, welche klärend wirken, und gestatten die Anwendung grosser Mengen Bleiessig.

Nachdem die Polarisation ausgeführt ist, sind die abgelesenen Polarisationsgrade mit 2 zu multipliciren, weil nur das halbe Normalgewicht zur Untersuchung verwendet worden ist. Hat man statt eines 200 mm

Rohres nur ein 100 mm Rohr angewendet, so sind die abgelesenen Grade mit 4 zu multipliciren.

Als Quotient gilt derjenige Procentsatz des Zuckergehaltes des betreffenden Ablaufes, welcher sich auf Grund der Polarisation und des specifischen Gewichtes nach Brix berechnet.

Bezeichnet man die ermittelten Grade Brix mit B und die ermittelten Polarisationsgrade mit P, so berechnet sich der Quotient Q nach der Formel $Q = \frac{100 \cdot P}{B}$. Bei der Angabe des Endergebnisses sind geringere Bruchtheile als volle Zehntel fortzulassen.

Beispiele:

a) mit weniger als 2 % Invertzucker

200 g eines Zuckerablaufes sind mit 200 g Wasser verdünnt worden. $B = 35{,}2$ bei 21^0 C.; durch Umrechnung aus der bei der Bestimmung des spec. Gewichtes gegebenen Tabelle erhält man 35,45 oder abgerundet 35,5 und nach der Verdoppelung 71^0 Brix. Die Polarisation des halben Normalgewichtes im 200 mm Rohr zeigt $25{,}2^0$ an; daher beträgt die wirkliche Polarisation $25{,}2 \times 2 = 50{,}4^0$. Der Quotient berechnet sich hiernach auf $\frac{100 . 50{,}4}{71} = 70{,}9$.

b) mit mehr als 2 % Invertzucker

$$B = 75{,}6^0\ ,\ P = 52{,}9^0,$$

$$Q = \frac{100 . 52{,}9}{75{,}6} = 69{,}97 \text{ oder abgerundet } 69{,}9.$$

15. Bestimmung des Rohrzuckers im Rübensaft.

Zur Analyse verwendet man eine grössere Anzahl von Rüben, zerlegt die von Erde etc. durch Waschen mit Wasser befreiten Rüben nach der Entfernung des Blattkopfes und der Blattscheibe in zwei Theile, wiegt die zur Untersuchung gelangenden Hälften und presst den Saft aus den zerkleinerten Rüben aus. Hierauf wird der Saft durchgemischt, mittels Filtrirens durch ein Kolirtuch von etwa mit hindurchgegangenen Pülpetheilchen befreit und mittels eines Saccharometers das specifische Gewicht des Saftes bestimmt. Die Saccharometerangabe entspricht dem scheinbaren Zuckergehalt, da ausser dem Zucker auch noch andere Stoffe in Lösung sind.

Alsdann versetzt man 100 ccm Saft mit $^1/_{10}$ des Volums Klärmittel, das aus 6 ccm Bleiessiglösung (spec. Gew. 1,235 — 1,240) und 4 ccm Alaunlösung besteht. Man lässt 10 Minuten absitzen, filtrirt durch ein trockenes Filter und polarisirt. Die ermittelte Polarisationsangabe entspricht nicht genau dem vorhandenen Zuckergehalt, da im Rübensafte verschiedene Stoffe enthalten sind oder durch Krankheiten sich bilden können, welche ebenfalls optisch aktiv sind, wie Asparagin, Asparaginsäure, Aepfelsäure, Dextran u. s. w. Durch das Klärmittel werden die Substanzen nur theilweise gefällt.

Zur Vermeidung dieses Fehlers kann man die Methode der Alkoholfällung von Sickel[1]) benützen. Alkohol beeinflusst die optische Aktivität des Rohrzuckers nicht, wirkt aber in dieser Hinsicht auf die anderen aktiven Substanzen, indem dieselben dadurch optisch inaktiv werden.

Man versetzt hierbei 25 ccm Saft mit 1—2 ccm Bleiessiglösung und fügt soviel Alkohol (95 %) hinzu, bis in einem 50 ccm Kölbchen bis zur Marke aufgefüllt ist. Alsdann filtrirt man nach dem Durschschütteln und polarisirt. Man kann auch nach Scheibler[2]) direkt den Rübenbrei mit Alkohol extrahiren, klären, filtriren und polarisiren.

Verwendet man den Mitscherlich'schen Apparat, so ist der Procentgehalt P des Saftes $= \frac{0{,}75\,D}{s}$, wobei D die Drehung und s das specifische Gewicht bedeutet.

Bei Benützung des Soleil'schen Apparates berechnet man nach der Formel

$$P = \frac{D}{6{,}116 s}.$$

Wendet man also 16,35 g an und verdünnt zu 100 ccm mit Wasser, dann giebt die Beobachtung direkt den Zuckergehalt in Procenten.

Bei Verwendung eines Polarimeters von Ventzke-Scheibler gilt die Formel

$$P = \frac{0{,}26048\,D}{s}.$$

Man erhält also direkt den Procentgehalt an Zucker, wenn man 26,048 g Saft auf 100 ccm verdünnt.

Benützt man das Wild'sche Polaristrobometer, so giebt man 100 ccm des Saftes in ein bei 110 ccm geaichtes Kölbchen, versetzt mit 10 ccm Bleiessiglösung, mischt, filtrirt und beobachtet in der 220 mm Röhre. Die Berechnung geschieht nach der Formel

$$P = \frac{D}{s\,.\,10}.$$

Nach der Methode von Krause wird das 4fache Normalgewicht feinen Rübenbreies, nämlich 104,2 g, in einen Kolben mit Marke bei 402,8 ccm gebracht, worauf man mit heissem Wasser nachspült, auf ca. $^4/_5$ des Volums mit Wasser füllt, unter öfterem Schwenken 5 Minuten in ein

---

1) Sickel, siehe Post, Chem. techn. Analyse 755.

2) Scheibler, siehe Post, Chem. techn. Analyse S. 725.

90° heisses Wasserbad setzt, den Schaum mit Aether vertreibt und mit heissem Wasser etwas über die Marke auffüllt. Dann digerirt man noch bei feinem Brei 5 Minuten auf dem Wasserbade, kühlt ab, stellt mit kaltem Wasser bis zur Marke ein und filtrirt durch ein feines, unten geschlossenes, als Trichter gestaltetes Centrifugensieb ab. Man bringt das klare Filtrat in einen 200—300 ccm fassenden Cylinder und spindelt es mit Krause's Spindel, welche mit Thermometer und Temperaturkorrektion versehen ist und auf ihrem flachen Stengel zwei Skalen enthält. Die eine giebt die Brix-Grade der verdünnten Lösung an, die andere empirisch graduirte, aber reducirte Brix-Grade, die der löslichen scheinbaren Trockensubstanz des ursprünglichen Rübenbreis auf das Normalgewicht bezogen, entsprechen.

Man liest also direkt die Brix-Grade des ursprünglichen Rübensaftes ab, und wenn man dann 100 ccm des Saftes wie gewöhnlich polarisirt, kann man die Reinheit der Rübe in wirklich zutreffender Weise berechnen.

Die Versuche von Feldges[1]) und von Stift[2]) bestätigen, dass Krause's Methode sehr brauchbar ist. Nur hat letzterer das Bedenken, dass bei abnormen Rüben, wie gefrorenen, kranken u. s. w. Schwankungen von 0,67—0,90 % gegenüber der warmen alkoholischen Extraktion vorkommen. Deshalb ist immerhin in diesem Falle etwas Vorsicht geboten.

Nach der von A. Herzfeld[3]) gegebenen Arbeitsvorschrift des Vereinslaboratoriums wird die Scheibler'sche Extraktionsmethode zur Bestimmung der Polarisation der Rüben in der Weise ausgeführt, dass man 26,0 g Rübenbrei mit 3 ccm Bleiessig und einigen ccm 90 %igen Alkohol gut durch einander mischt, ohne Verlust in den Müller'schen Extraktionsapparat bringt und solange mit Alkohol extrahirt, bis eine dem Heberröhrchen entnommene Probe der Auslaugeflüssigkeit mit α Naphtol und Schwefelsäure Zucker nicht mehr anzeigt.

16. Anlage B. Anweisung zur Untersuchung solcher Syrupe, welche 2 % oder mehr Invertzucker enthalten, stärkezuckerhaltiger und raffinosehaltiger Syrupe, sowie raffinosehaltiger fester Zucker.

Bei der Untersuchung derjenigen Syrupe, welche infolge des Invertzuckergehalts von 2 % und mehr dem Chemiker überwiesen worden sind, kann die Bestimmung des specifischen Gewichts, bezw. der Grade Brix, in derselben Weise geschehen wie in Anlage A. Selbstverständlich kann an Stelle dieser Methode auch die direkte Bestimmung des specifischen Gewichts mittels des Pyknometers genommen werden, keinesfalls aber ist

1) Feldges, Zeitschr. Zuckerind. **50**, 209, 1900.
2) Stift, Oest. Zeitschr. Zuckerind. **28**, 793, 1900.
3) A. Herzfeld, Z. Ver. Rübenzuck. Ind. **1901**, 334.

es gestattet, die Trockensubstanzbestimmung an Stelle derselben treten zu lassen, da einerseits damit eine ungleiche Art der Feststellung des Quotienten seitens der Beamten und Chemiker eingeführt werden würde, anderseits die Bestimmung der Trockensubstanz in invertzuckerhaltigen Syrupen viel zu zeitraubend und schwierig für den Gebrauch in der Praxis ist.

Bei der Berechnung des Quotienten ist nicht so zu verfahren wie im Fabrikbetriebe, dass nämlich nur der Rohrzucker als Zucker gerechnet wird, sondern der vorhandene Invertzucker ist dadurch, dass $^1/_{20}$ der gefundenen Menge abgezogen wird, in Rohrzucker umzurechnen, zu der direkt gefundenen Menge des letzteren zu addiren und die Summe des Gesammtzuckers der Berechnung zu Grunde zu legen.

Für die Bestimmung des Zuckergehalts sind verschiedene Methoden anzuwenden, je nachdem mehr oder weniger Invertzucker oder auch Stärkezucker oder auch Raffinose zugegen ist. Zur Erläuterung seien folgende Bemerkungen vorausgeschickt.

Der Invertzucker in den Syrupen pflegt zwar häufig inaktiv zu sein, kann aber doch auch die normale Linksdrehung, welche nach neueren Untersuchungen 0,33 mal, nach älteren 0,34 mal so gross ist als die Rechtsdrehung des Rohrzuckers, besitzen. Sobald sehr viel Rohrzucker zugegen ist, kann daher die Polarisation des vorhandenen Rohrzuckers entsprechend herabgedrückt werden. Bekanntlich ist deshalb von Meissl für die Untersuchung der festen Kolonialzucker vorgeschlagen worden, man solle den gefundenen Invertzucker mit 0,34 multipliciren und die erhaltene Zahl der Polarisation zuzählen, um auf diese Weise den richtigen Zuckergehalt zu berechnen. Ein solches Verfahren bei der Syrupanalyse anzuwenden, wäre jedoch unstatthaft, weil, wie erwähnt, in den Syrupen der Invertzucker häufig nicht das normale Drehungsvermögen zeigt, sondern ein geringeres bezw. optisch inaktiv wird. Hier würde eine derartige Korrektur, wie sie Meissl anwendet, den Charakter der Willkür tragen und in vielen Fällen dazu führen, dass der Zuckergehalt zu hoch gefunden wird. Immerhin wird aber die Möglichkeit im Auge zu behalten sein, dass infolge des Drehungsvermögens des Invertzuckers nach links die Menge des Rohrzuckers viel zu niedrig gefunden wird. Im Hinblick auf diese Verhältnisse erscheint im allgemeinen die Berechnung des Gesammtzuckers aus der Polarisation und dem gefundenen Invertzucker nur in solchen Fällen statthaft, wo die Menge des Invertzuckers nicht über ein gewisses Maass hinausgeht. Beispielsweise würde bei Anwesenheit von 6 % Invertzucker die Polarisation des Rübenzuckers bereits um $6 \times 0,33 = 1,98$ % zu niedrig ausfallen können, demgemäss so viel Zucker zu wenig gefunden werden können. Es empfiehlt sich daher, da die dem Chemiker zur Untersuchung übergebenen Syrupe beträchtliche Mengen Invertzucker enthalten können, dessen Drehungsvermögen wir nicht kennen, im allgemeinen von der optischen Methode der Zuckerbestimmung gänzlich abzusehen und die gewichtsanalytische anzuwenden, für welche weiter unten unter a eine neue, rasch auszuführende Modifikation angegeben ist.

Eine Ausnahme tritt ein bei Anwesenheit von Stärkezucker oder Raffinose. Da wir die Menge des vorhandenen Stärkezuckers nicht genau bestimmen können, und da ferner das Reduktionsvermögen des Stärkezuckers, welches bei der Handelswaare entsprechend einem Gehalt von ungefähr 40 bis 60 Zucker schwankt, unter denjenigen Bedingungen, unter welchen die Inversion der Zuckergruppe behufs Ausführung der gewichtsanalytischen Zuckerbestimmung vorgenommen wird, fast unverändert bleibt, so ist in Fällen, wo solcher vorhanden ist, die gewichtsanalytische Methode zur Feststellung des gesammten Gehalts an Rübenzucker, bezw. des Quotienten nicht mehr anwendbar. Sie würde im Gegentheil zu grossen Irrthümern führen, und es würden Syrupe von über 70 Quotient, nach dieser Methode untersucht, nach Zusatz einer gewissen Menge Stärkezucker als solche von unter 70 Quotient erscheinen. In solchen Fällen, wo Stärkezucker zugegen ist, wird dann aber der deprimirende Einfluss der Linksdrehung des Invertzuckers auf die Polarisation des Zuckers gar nicht mehr in Betracht kommen können, weil der Stärkezucker ein ungleich höheres Rechtsdrehungsvermögen besitzt als die anderen vorhandenen Zuckerarten.

Um Täuschungen zu verhüten, welche sonst durch Vermischen von Syrupen über 70 Quotient mit Stärkezucker leicht möglich sein würden, ist deshalb in allen Fällen, wo Stärkezucker zugegen ist, der Gesammtzuckergehalt aus der Polarisation und dem direkt zu bestimmenden Invertzucker zu berechnen. Näher beschrieben ist die Methode unter b. Für den Fall endlich, dass Raffinose zugegen ist, muss wieder anders verfahren werden; die nähere Beschreibung der Methode findet sich unter c angegeben.

a) Es braucht auf die Anwesenheit von Stärkezucker überhaupt keine Rücksicht genommen zu werden.

Untersuchungen von Syrupen, welche notorisch frei von Stärkezuckersyrup sind, werden vielfach vorkommen, da die meisten Fabriken nicht selbst Stärkezuckersyrup zumischen, sondern diese Mischung erst von zweiter oder dritter Hand vorgenommen zu werden pflegt.

Die Gesammtzuckerbestimmung kann hier in einer einzigen Operation ausgeführt werden.

Man wägt das halbe Normalgewicht (13,024 g) Syrup ab, löst in einem Hundertkölbchen in 75 ccm Wasser, setzt 5 ccm Salzsäure (von 38,8 %) hinzu und erwärmt auf 67 bis 70° im Wasserbade. Sobald der Inhalt des Kolbens diesen Grad erreicht hat, wird die Temperatur noch fünf Minuten auf 67 bis 70° unter häufigem Umschütteln gehalten. Da das Anwärmen 2½ bis 5 Minuten in Anspruch nehmen kann, so wird die Ausführung dieser Operation im ganzen $7^1/_2$ bis 10 Minuten in Anspruch nehmen. Man füllt zur Marke auf, verdünnt darauf 50 ccm von den 100 ccm zum Liter, nimmt davon 25 ccm (entsprechend 0,1628 g Substanz) in eine Kochflasche und setzt dazu, um die vorhandene freie Säure zu neutralisiren, 25 ccm einer Lösung von kohlensaurem Natron, welche durch Lösen von 1,7 g wasserfreien Salzes zum Liter bereitet und vorräthig gehalten wird. Darauf versetzt man mit 50 ccm der allgemein gebräuchlichen Soxhlet'schen Lösung, erhitzt in derselben Weise wie bei der Invertzuckerbestimmung zum Sieden und hält die Flüssigkeit drei Minuten im Kochen. Da hier sämmtlicher Zucker invertirt ist, Rohrzucker somit das Resultat der Reduktion bei längerem Erhitzen nicht beeinflussen kann, so braucht man bezüglich des Innehaltens der Zeit des Erwärmens nicht so ängstlich zu sein als bei der Invertzuckerbestimmung. Zwei auch drei Minuten längeres Erwärmen beeinflusst das Resultat, wie aus Soxhlet's Versuchen hervorgeht, nicht merklich. Nach beendetem Erhitzen verdünnt man die Flüssigkeit in der Kochflasche mit dem gleichen Vol. luftfreien Wassers und verfährt im übrigen genau wie bei der Invertzuckerbestimmung. Zur Berechnung des Resultats können selbstverständlich die in der Litteratur vorhandenen Tabellen nicht dienen, weil dieselben nicht für Invertzucker, sondern nur für Glukose oder auch Gemenge von Invertzucker mit Saccharose gelten. Es ist deshalb die folgende Tabelle für Invertzucker bei drei Minuten Kochdauer aufgestellt worden, welche gestattet, aus der gefundenen Kupfermenge sogleich die entsprechende Menge an Saccharose zu berechnen. Der Umrechnung des Invertzuckers in Rohrzucker ist man demnach bei Benützung derselben überhoben.

Tabelle zur Berechnung des dem vorhandenen Invertzucker entsprechenden Rohrzuckergehalts aus der gefundenen Kupfermenge bei drei Minuten Kochdauer.

Rohrzucker mg.	Kupfer mg.	Rohrzucker mg.	Kupfer mg.	Rohrzucker mg.	Kupfer mg.	Rohrzucker mg.	Kupfer mg.
40	79,0	51	101,3	62	123,5	73	145,2
41	81,0	52	103,3	63	125,4	74	147,1
42	83,0	53	105,3	64	127,4	75	149,1
43	85,2	54	107,3	65	129,4	76	151,0
44	87,2	55	109,4	66	131,4	77	153,0
45	89,2	56	114,4	67	133,4	78	155,0
46	91,2	57	113,4	68	135,3	79	156,9
47	93,3	58	115,4	69	137,3	80	158,9
48	95,3	59	117,4	70	139,3	81	160,8
49	97,3	60	119,5	71	141,3	82	162,8
50	99,3	61	121,5	72	143,2	83	164,7

Rohrzucker mg.	Kupfer mg.	Rohrzucker mg.	Kupfer mg.	Rohrzucker mg.	Kupfer mg.	Rohrzucker mg.	Kupfer mg.
84	166,6	106	208,6	128	249 3	150	288,8
85	168,6	107	210,5	129	251,2	151	290,5
86	170,5	108	212,3	130	252,9	152	292,3
87	172,4	109	214,2	131	254,7	153	294 0
88	174,3	110	216,1	132	256,5	154	295,7
89	176,3	111	217,9	133	258,3	155	297,5
90	178,2	112	219,8	134	260,1	156	299,2
91	180,1	113	221,6	135	261,9	157	300,9
92	182,0	114	223,5	136	263,7	158	302,6
93	183,9	115	225,3	137	265,5	159	304,4
94	185,8	116	227,2	138	267,3	160	306,1
95	187,8	117	229,0	139	269,1	161	307,8
96	189,7	118	230,9	140	270,9	162	309,5
97	191,6	119	232,8	141	272,7	163	311,3
98	193,5	120	234,6	142	274,5	164	313,0
99	195,4	121	236,4	143	276,3	165	314,7
100	197,3	122	238,3	144	278,1	166	316,4
101	199,2	123	240,2	145	279,9	167	318,1
102	201,1	124	242,0	146	281,6	168	319,9
103	202,9	125	243,9	147	283,4	169	321,6
104	204,8	126	245,7	148	285,2	170	323,3
105	206,7	127	247,5	149	286,9		

Beispiel: 25 ccm der wie oben beschrieben bereiteten Lösung des invertirten Syrups = 0,1628 g Substanz geben bei der Reduktion 0,1628 g Kupfer, diese entsprechen 0,082 g Zucker, demnach vorhanden im Syrup 50,4 % Zucker.

Angenommen, derselbe Syrup habe einen Gehalt von 80° Brix gezeigt, so ist demnach sein Quotient 63,0. Der Quotient wird nur bis auf Zehntel, nicht auf Hundertstel berechnet, die Abrundung der sich durch Rechnung ergebenden Hundertstel auf Zehntel erfolgt bezüglich der Grade Brix nach oben, des Quotienten nach unten, so dass also bei einem Befunde der Grade Brix von 82,85, 82,9, des Quotienten von 69,99 dagegen nicht 70,0 sondern 69,9 angegeben ist.

b) Der zu untersuchende Syrup kann Stärkesyrup enthalten.

In diesem Falle führt man zunächst eine Polarisation des Syrups direkt in bekannter Weise aus. Ergiebt die Quotientenberechnung aus dieser und den Graden Brix bereits ein höheres Resultat als 70, so ist eine weitere Untersuchung nicht von nöthen, da dieselbe doch nur dazu führen könnte, den Quotienten zu erhöhen, niemals aber ihn erniedrigen könnte.

Ergiebt dagegen diese Berechnung einen niedrigeren Werth als 70, so ist die Anwesenheit von Stärkezucker immer noch nicht ausgeschlossen. Um festzustellen, ob solcher vorhanden ist oder nicht, wird daher das halbe Normalgewicht in der unter a bereits beschriebenen Weise im Hundertkolben in 75 ccm Wasser gelöst und mit 5 ccm Salzsäure von 38,8% bei 67—70° invertirt. Darauf wird zu 100 aufgefüllt und mit ½—1, bei dunklen Syrupen auch mit 2—3 g mit Salzsäure ausgewaschener Knochenkohle oder mit Blutkohle, die man in trockenem Zustande direkt in den Hundertkolben bringt, entfärbt. Wendet man Blutkohle an, so ist der Absorptionsfaktor für Invertzucker für das betreffende Präparat zu bestimmen und je nach der angewandten Menge eine Korrektur der am Polarimeter abgelesenen Zahlen anzubringen, falls die Linksdrehung genau festgestellt wird. Im vorliegenden Falle genügt es, bei annähernder Temperatur von 20° dieselbe festzustellen. Unverfälschte Syrupe nehmen zwar erfahrungsgemäss häufig nicht ganz die normale Linksdrehung an, welche 0,33mal so gross als die ursprüngliche Rechtsdrehung ist; doch beträgt dieselbe immer mindestens den fünften Theil der ursprünglichen Rechtsdrehung. Es muss also ein Syrup von 55 Polarisation beispielsweise mindestens nach der Inversion eine Linksdrehung von —11, auf das ganze Normalgewicht berechnet, zeigen. Würde dieser Syrup statt dessen alsdann nur eine Drehung von —10 oder weniger oder gar Rechtsdrehung annehmen, so ist derselbe als mit Stärkesyrup versetzt zu betrachten.

Ist in der vorbeschriebenen Weise die Abwesenheit von Stärkezucker, nachgewiesen, so wird die unter a beschriebene gewichtsanalytische Methode zur Bestimmung des Gesammtzuckers angewendet und in der dort angegebenen Weise das Resultat berechnet.

Ist dagegen die Anwesenheit von Stärkezucker erwiesen, so muss zur Feststellung des Gesammtzuckergehaltes der Weg eingeschlagen werden, dass zu der Polarisation der bereits vorhandene Invertzucker, welcher sich aus dem direkten Reduktionsvermögen des Syrups gegen Fehling-sche Lösung berechnet, hinzugerechnet wird.

Man verfährt dabei genau so, wie jetzt im Handel üblich, indem man die bekannte Fehling'sche Lösung nach Soxhlet benützt. Man muss jedoch, da für 10 g Substanz, welche gewöhnlich zur Invertzuckerbestimmung angewendet werden, hier die Fehling'sche Lösung nicht ausreichen würde, erst ausprobiren, welche Substanzmenge genommen werden darf. Es geschieht dies am bequemsten, indem man 10 g Syrup zu 100 ccm löst, in mehrere Reagensgläser je 5 ccm Fehling'sche Lösung bringt und successive je 8, 6, 4, 2 ccm der Syruplösung in die einzelnen Reagensgläser mit Fehling'scher Lösung aus einer graduirten Pipette laufen lässt und aufkocht, bis schliesslich derjenige Punkt erreicht ist, wo die Fehling'-sche Lösung nicht mehr entfärbt wird. Ist dies beispielsweise bei 6 ccm der Fall, so wiegt man 6 g Substanz zur Analyse ab, bei 4 ccm 4 g Substanz, löst in 50 ccm Wasser und versetzt ohne vorherige Klärung mit Bleiessig mit 50 ccm Fehling'scher Lösung, kocht 2 Minuten und verfährt weiter in der Weise, wie für die Untersuchung der festen Zucker auf Invertzucker üblich ist. Die Berechnung des Invertzuckers geschieht nach der Tabelle von Meissl. Folgende Angaben über die Art der Benützung dieser Tabelle sind dessen Originalarbeit, Zeitschrift des Vereins für die Rübenzuckerindustrie des Deutschen Reiches 1883 S. 768, entnommen: Es sei

I. $\frac{Cu}{2}$ = annähernde absolute Menge Invertzucker = Z;

II. $Z \times \frac{100}{p}$ = annähernde procentische Menge Invertzucker = y;

III. $\frac{100\,Pol}{Pol + y}$ = R, Verhältnisszahl für den Rohrzucker,

100 — R = J, Verhältnisszahl für den Invertzucker,

R : J Verhältniss von Rohrzucker: Invertzucker;

IV. $\frac{Cu}{p} \times F$ = richtige Procente Invertzucker.

Cu bedeutet in dieser Formel die Menge des gewogenen Kupfers,

p bedeutet darin die Menge der angewandten Substanz,

Pol bedeutet darin die Polarisation,

Z dient zur Orientirung für die vertikale Spalte nachstehender Tabelle,

R : Z dient zur Orientirung für die horizontale Spalte nachstehender Tabelle.

Man benützt jene Spalten, die dem gefundenen Werthe von Z und R : Z am nächsten kommen; dort, wo die vertikale und horizontale Spalte zusammentreffen, findet sich in der folgenden Tabelle der gesuchte Faktor F.

Rohrzucker zu Invertzucker = R : Z	Milligramme Invertzucker = Z.									
	245	225	200	175	150	125	100	75	50	
90 : 10	56,2	55,1	54,1	53,6	53,1	52,6	52,1	51,6	51,2	Faktoren = F.
91 : 9	56,2	55,1	54,1	53,6	52,6	52,1	51,6	51,2	50,7	
92 : 8	56,2	54,6	53,6	53,1	52,1	51,6	51,2	50,7	50,3	
93 : 7	55,7	54,1	53,6	53,1	52,1	51,2	50,7	50,3	49,8	
94 : 6	55,7	54,1	53,1	52,6	51,6	50,7	50,3	49,8	48,9	
95 : 5	55,7	53,6	52,6	52,1	51,2	50,3	49,4	48,9	48,5	
96 : 4	—	—	52 1	51,2	50,7	49,8	48,9	47,7	46,9	
97 : 3	—	—	50,7	50,3	49,8	48,9	47,7	46,2	45,1	
98 : 2	—	—	49,9	48,9	48,5	47,3	45,8	43,3	40,0	
99 : 1	—	—	47,7	47,3	46,5	45,1	43,3	41,2	38,1	

Beispiel: Die Polarisation eines Zuckers sei mit 86,4, und es seien für 3,256 g Substanz = p, 0,290 g Kupfer = Cu gefunden, so ist:

I. $\frac{Cu}{2} = \frac{0,290}{2} = 0,145 = Z;$

II. $Z \times \frac{100}{p} = 0,145 \times \frac{100}{3,256} = 4,45 = y;$

III. $\frac{100 \times Pol}{Pol + y} = \frac{8640}{86,4 + 4,45} = 95,1 = R;$

$100 - R = 100 - 95,1 = Z; \; R : Z = 95,1 : 4,9.$

Um nun den Faktor F zu finden, müssen wir die richtige Vertikal- und Horizontalspalte aufsuchen. Dem Werthe von Z = 145 kommt die mit 150 überschriebene Spalte am nächsten; dem Verhältniss R : Z = 95,1 : 4,9 kommt in den Horizontalspalten das Verhältniss von 95 : 5 am nächsten; am Kreuzungspunkte dieser 2 Spalten findet sich der Faktor 51,2, mit Hilfe dessen die letzte Rechnung ausgeführt wird.

IV. $\frac{Cu}{p} \times F = \frac{0,290}{3,256} \times 51,2 = 4,56\,\%$ Invertzucker.

Wir rechnen den Invertzucker in Saccharose um, indem wir $^1/_{20}$ der gefundenen Menge abziehen, demnach ihm entsprechend 4,56 — 0,23 = 4,33 Saccharose, addiren diese Zahl zur Polarisation und berechnen aus den Graden Brix und der Summe in bekannter Weise den Quotienten.

c) Es ist auf die Anwesenheit von Raffinose Rücksicht zu nehmen[1]).

Falls dem Chemiker aufgegeben ist, die Anwesenheit der Raffinose zu berücksichtigen, wird in folgender Weise verfahren:

a) es wird in bekannter Weise die Polarisation des Zuckers bestimmt,

b). es wird die Polarisation nach der Inversion bei genau 20°C. bestimmt.

Die Ausführung der Inversion geschieht unter Beachtung der bekannten Vorsichtsmassregeln nach der oben unter a und b bereits beschriebenen Methode. Das halbe Normalgewicht wird im 100 ccm Kolben in 25 ccm Wasser gelöst und mit 5 ccm Salzsäure von 38,8% Gehalt HCl 7,5 bis 10 Minuten auf 60—70° C. erwärmt. Nach dem Auffüllen und Klären mit durch Salzsäure ausgewaschener Knochenkohle oder Blutkohle wird die Beobachtung bei 20°C. ausgeführt.

Zur Berechnung des Resultates dienen folgende beide Formeln:

$$Z\ (\text{Zucker}) = \frac{0,5188 \cdot P - Z}{0,845} \text{ und } R\ (\text{Raffinose}) = \frac{P - Z}{1,85},$$

[1]) Vgl. hierzu J. W. Gunning, Zeitschr. analyt. Ch. **28**, 45, 1889.

wo P die direkte Polarisation und Z diejenige nach der Inversion für das ganze Normalgewicht mit Umkehrung des Vorzeichens bedeutet.

Bezüglich des Invertzuckers wird ebenso verfahren wie bei den gewöhnlichen Syrupen. Hat die Probe, welche in der Anlage A beschrieben ist, ergeben, dass so wenig davon vorhanden ist, dass seine Menge bei der Quotientenberechnung vernachlässigt werden kann (unter 2 %), so wird derselbe weiter nicht berücksichtigt. Sind 2 % oder mehr davon vorhanden, so muss die Menge desselben quantitativ nach der Methode von Meissl, wie unter b beschrieben, bestimmt und als Saccharose berechnet werden. Bezüglich der Benützung der Meissl'schen Tabelle ist hier zu beachten, dass die Raffinose bei Aufsuchung des Berechnungsfaktors der Saccharose gleich zu achten ist, demnach für den Meissl'schen Werth Pol. überall die Summe von Zucker und Raffinose einzusetzen ist.

Die Berechnung des Quotienten erfolgt aus den Graden Brix und die Summe des Gehaltes an Zucker und Invertzucker, auf Zucker umgerechnet, ohne Berücksichtigung der Raffinose.

Beispiel: Bei der Untersuchung eines Syrups seien gefunden:

85,6° Brix, 76,6 direkte Pol., — 3 Pol nach der Inversion:

Daraus berechnet sich mittels obiger Formel 50,5 Zucker und 14,0 Raffinose. Ausserdem seien 2,1 % Zucker als Invertzucker gefunden, demnach beträgt die Summe des Zuckers 52,6 und der Quotient 61,4.

Es wäre denkbar, dass grobe Täuschungen dadurch versucht würden, dass sehr reine Zuckersyrupe mit wenig Stärkesyrup versetzt würden und die Untersuchung der Syrupe unter Berücksichtigung des Raffinosegehalts beantragt würde. In derartigen Fällen würden durch Anwendung der hier beschriebenen Methode Irrthümer in der Richtung begangen werden, dass viel zu wenig Zucker und ein bedeutender Gehalt an Raffinose je nach der Menge des zugesetzten Stärkezuckers sich berechnen würden, demnach für hochwerthige Zuckersyrupe ein Quotient unter 70 gefunden werden könnte.

Tabelle zur Erkennung der Anwendbarkeit der Raffinoseformel bei der Untersuchung von Syrupen.

A. Direkte Polarisation eines Gemenges von Zucker und wasserfreier Raffinose für 26,048 g. Substanz zu 100 ccm.

$$P = Z + 1{,}85\ R.$$

Z =	R =																			
	1	2	3	4	5	6	7	8	9	10	11	12	13	14	15	16	17	18	19	20
41 °/o	42,9	44,7	46,6	48,4	50,3	52,1	54,0	55,8	57,7	59,5	61,4	63,2	65,1	66,9	68,8	70,6	72,5	74,3	76,2	78,0
42 „	43,9	45,7	47,6	49,4	51,3	53,1	55,0	56,8	58,7	60,5	62,4	64,2	66,1	67,9	69,8	71,6	73,5	75,3	77,2	79,0
43 „	44,9	46,7	48,6	50,4	52,3	54,1	56,0	57,8	59,7	61,5	63,4	65,2	67,1	68,9	70,8	72,6	74,5	76,3	78,2	80,0
44 „	45,9	47,7	49,6	51,4	53,3	55,1	57,0	58,8	60,7	62,5	64,4	66,2	68,1	69,9	71,8	73,6	75,5	77,3	79,2	81,0
45 „	46,9	48,7	50,6	52,4	54,3	56,1	58,0	59,8	61,7	63,5	65,4	67,2	69,1	70,9	72,8	74,6	76,5	78,3	80,2	82,0
46 „	47,9	49,7	51,6	53,4	55,3	57,1	59,0	60,8	62,7	64,5	66,4	68,2	70,1	71,9	73,8	75,6	77,5	79,3	81,2	83,0
47 „	48,9	50,7	52,6	54,4	56,3	58,1	60,0	61,8	63,7	65,5	67,4	69,2	71,1	72,9	74,8	76,6	78,5	80,3	82,2	84,0
48 „	49,9	51,7	53,6	55,4	57,3	59,1	61,0	62,8	64,7	66,5	68,4	70,2	72,1	73,9	75,8	77,6	79,5	81,3	83,2	85,0
49 „	50,9	52,7	54,6	56,4	58,3	60,1	62,0	63,8	65,7	67,5	69,4	71,2	73,1	74,9	76,8	78,6	80,5	82,3	84,2	86,0
50 „	51,9	53,7	55,6	57,4	59,3	61,1	63,0	64,8	66,7	68,5	70,4	72,2	74,1	75,9	77,8	79,6	81,5	83,3	85,2	87,0
51 „	52,9	54.7	56,6	58,4	60,3	62,1	64,0	65,8	67,7	69,5	71,4	73,2	75,1	76,9	78,8	80,6	82,5	84,3	86,2	88,0
52 „	53,9	55,7	57,6	59,4	61,3	63,1	65,0	66,8	68,7	70,5	72,4	74,2	76,1	77,9	79,8	81,6	83,5	85,3	87,2	89,0
53 „	54,9	56,7	58,6	60,4	62,3	64,1	66,0	67,8	69,7	71,5	73,4	75,2	77,1	78,9	80,8	82,6	84,5	86,3	88,2	90,0
54 „	55,9	57,7	59,6	61,4	63,3	65,1	67,0	68,8	70,7	72,5	74,4	76,2	78,1	79,9	81,8	83,6	85,5	87,3	89,2	91,0
55 „	56,9	58,7	60,6	62,4	64,3	66,1	68,0	69,8	71,7	73,5	75,4	77,2	79,1	80,9	82,8	84,6	86,5	88,3	90,2	92,0
56 „	57,9	59,7	61,6	63,4	65,3	67,1	69,0	70,8	72,7	74,5	76,4	78,2	80,1	81,9	83,8	85,6	87,5	89,3	91,2	93,0
57 „	58,9	60,7	62,6	64,4	66,3	68,1	70,0	71,8	73,7	75,5	77,4	79,2	81,1	82,9	84,8	86,6	88,5	90,3	92,2	94,0
58 „	59,9	61,7	63,6	65,4	67,3	69,1	71,0	72,8	74,7	76,5	78,4	80,2	82,1	83,9	85,8	87,6	89,5	91,3	93,2	95,0
59 „	60,9	62,7	64,6	66,4	68,3	70,1	72,0	73,8	75,7	77,5	79,4	81,2	83,1	84,9	86,8	88,6	90,5	92,3	94,2	96,0
60 „	61,9	63,7	65,6	67,4	69,3	71,1	73,0	74,8	76,7	78,5	80,4	82,2	84,1	85,9	87,8	89,6	91,5	93,3	95,2	97,0

B. Polarisation eines Gemenges von Rohrzucker und wasserfreier Raffinose nach der Inversion.

(Die Werthe gelten für das ganze Normalgewicht).

$$J = -0{,}327\,Z + 0{,}96\,R.$$

Z =	R =																			
	1	2	3	4	5	6	7	8	9	10	11	12	13	14	15	16	17	18	19	20
41 %	—12,4	—11,4	—10,5	— 9,5	— 8,6	— 7,6	— 6,6	— 5,7	— 4,7	— 3,8	—2,8	—1,8	—0,9	+0,1	+1,0	+2,0	+2,9	+3,9	+4,8	+5,8
42 „	—12,7	—11,7	—10,8	— 9,8	— 8,9	— 7,9	— 6,9	— 6,0	— 5,0	— 4,1	—3,1	—2,1	—1,2	—0,2	+0,7	+1,7	+2,6	+3,6	+4,5	+5,5
43 „	—13,1	—12,1	—11,2	—10,2	— 9,3	— 8,3	— 7,3	— 6,4	— 5,4	— 4,5	—3,5	—2,5	—1,6	—0,6	+0,3	+1,3	+2,2	+3,2	+4,1	+5,1
44 „	—13,4	—12,4	—11,5	—10,5	— 9,6	— 8,6	— 7,6	— 6,7	— 5,7	— 4,8	—3,8	—2,8	—1,9	—0,9	+0,0	+1,0	+1,9	+2,9	+3,8	+4,8
45 „	—13,7	—12,7	—11,8	—10,8	— 9,9	— 8,9	— 7,9	— 7,0	— 6,0	— 5,1	—4,1	—3,1	—2,2	—1,2	—0,3	+0,7	+1,6	+2,6	+3,5	+4,5
46 „	—14,0	—13,0	—12,1	—11,1	—10,2	— 9,2	— 8,2	— 7,3	— 6,3	— 5,4	—4,4	—3,4	—2,5	—1,5	—0,6	+0,4	+1,3	+2,3	+3,2	+4,2
47 „	—14,4	—13,4	—12,5	—11,5	—10,6	— 9,6	— 8,6	— 7,7	— 6,7	— 5,8	—4,8	—3,8	—2,9	—1,9	—1,0	+0,0	+0,9	+1,9	+2,8	+3,8
48 „	—14,7	—13,7	—12,8	—11,8	—10,9	— 9,9	— 8,9	— 8,0	— 7,0	— 6,1	—5,1	—4,1	—3,2	—2,2	—1,3	—0,3	+0,6	+1,6	+2,5	+3,5
49 „	—15,0	—14,0	—13,1	—12,1	—11,2	—10,2	— 9,2	— 8,3	— 7,3	— 6,4	—5,4	—4,4	—3,5	—2,5	—1,6	—0,6	+0,3	+1,3	+2,2	+3,2
50 „	—15,3	—14,3	—13,4	—12,4	—11,5	—10,5	— 9,5	— 8,6	— 7,6	— 6,7	—5,7	—4,7	—3,8	—2,8	—1,9	—0,9	+0,0	+1,0	+1,9	+2,9
51 „	—15,7	—14,7	—13,8	—12,8	—11,9	—10,9	— 9,9	— 9,0	— 8,0	— 7,1	—6,1	—5,1	—4,2	—3,2	—2,3	—1,3	—0,4	+0,6	+1,5	+2,5
52 „	—16,0	—15,0	—14,1	—13,1	—12,2	—11,2	—10,2	— 9,3	— 8,3	— 7,4	—6,4	—5,4	—4,5	—3,5	—2,6	—1,6	—0,7	+0,3	+1,2	+2,2
53 „	—16,3	—15,3	—14,4	—13,4	—12,5	—11,5	—10,5	— 9,6	— 8,6	— 7,7	—6,7	—5,7	—4,8	—3,8	—2,9	—1,9	—1,0	+0,0	+0,9	+1,9
54 „	—16,6	—15,6	—14,7	—13,7	—12,8	—11,8	—10,8	— 9,9	— 8,9	— 8,0	—7,0	—6,0	—5,1	—4,1	—3,2	—2,2	—1,3	—0,3	+0,6	+1,6
55 „	—17,0	—16,0	—15,1	—14,1	—13,2	—12,2	—11,2	—10,3	— 9,3	— 8,4	—7,4	—6,4	—5,5	—4,5	—3,6	—2,6	—1,7	—0,7	+0,2	+1,2
56 „	—17,3	—16,3	—15,4	—14,4	—13,5	—12,5	—11,5	—10,6	— 9,6	— 8,7	—7,7	—6,7	—5,8	—4,8	—3,9	—2,9	—2,0	—1,0	—0,1	+0,9
57 „	—17,6	—16,6	—15,7	—14,7	—13,8	—12,8	—11,8	—10,9	— 9,9	— 9,0	—8,0	—7,0	—6,1	—5,1	—4,2	—3,2	—2,3	—1,3	—0,4	+0,6
58 „	—17,9	—16,9	—16,0	—15,0	—14,1	—13,1	—12,1	—11,2	—10,2	— 9,3	—8,3	—7,3	—6,4	—5,4	—4,5	—3,5	—2,6	—1,6	—0,7	+0,3
59 „	—18,3	—17,3	—16,4	—15,4	—14,5	—13,5	—12,5	—11,6	—10,6	— 9,7	—8,7	—7,7	—6,8	—5,8	—4,9	—3,9	—3,0	—2,0	—1,1	—0,1
60 „	—18,6	—17,6	—16,7	—15,7	—14,8	—13,8	—12,8	—11,9	—10,9	—10,0	—9,0	—8,0	—7,1	—6,1	—5,2	—4,2	—3,3	—2,3	—1,4	—0,4

Die Anwendung der vorbeschriebenen Untersuchungsmethode der Syrupe unter Berücksichtigung des Raffinosegehalts ist deshalb nur statthaft, wenn kein Stärkezucker zugegen ist. Ist solcher vorhanden, so tritt die unter b beschriebene, im allgemeinen für Stärkezuckersyrupe geltende Untersuchungsmethode in Kraft.

Die Prüfung auf Stärkezucker kann hier nicht in der Weise geführt werden, wie unter b für die Syrupe im allgemeinen vorgeschrieben, da raffinosehaltige Syrupe eine viel schwächere Linksdrehung nach der Inversion anzunehmen pflegen, als dem fünften Theil der Rechtsdrehung entspricht. Es liegt aber die Rechtsdrehung bezw. die Linksdrehung nach der Inversion bei solchen Syrupen stets innerhalb ganz bestimmter Grenzen, welche die einfach und bequem zu benützende Tabelle auf den vorhergehenden Seiten erkennen lässt.

Liegt daher ein angeblich raffinosehaltiges Produkt vor, so wird die Untersuchung desselben in jedem Fall nach der oben beschriebenen Methode ausgeführt und der Gehalt an Zucker und Raffinose berechnet. Man vergleicht darauf die beobachteten Polarisationen mit den aus dem gefundenen Zucker- und Raffinosegehalt mittels der Tabelle berechneten. Die beobachtete Rechtsdrehung darf nicht mehr als höchstens 5° höher sein, die Linksdrehung nicht mehr als 5° weiter nach der positiven Seite zu liegen, als sie sich aus der Tabelle berechnet, andernfalls ist Stärkezucker sicher zugegen, die Raffinoseformel demnach nicht mehr anwendbar und die Untersuchung des Syrups nach dem unter b für stärkezuckerhaltige Syrupe vorgeschriebenen Verfahren auszuführen.

d) Untersuchung fester Zucker auf Raffinose.

Die Untersuchungsmethode für raffinosehaltige Syrupe ist ohne weiteres auch für feste Zucker anwendbar. Man bestimmt bei denselben die direkte Polarisation in üblicher Weise, diejenige nach der Inversion mittels des halben Normalgewichts genau wie die Syrupe unter IIIb angegeben und berechnet den Zucker und Raffinosegehalt mit Hilfe der beiden unter III angegebenen Formeln. Zahlreiche Versuche haben ergeben, dass diese Methode zuverlässige Resultate giebt. So wurden in einem Gemenge von Zucker und Raffinose mittels der Methode gefunden.

Gewicht.		Wiedergefunden mittels der Methode.	
Zucker.	Raffinose.	Zucker.	Raffinose.
%	%	%	%
97,00	3,00	97,02	2,98
91,00	9,00	90,99	8,95
85,00	15,00	85,06	14,97

Wenn demnach nicht zu zweifeln ist, dass die Methode als eine scharfe bezeichnet werden kann, so wird doch angesichts der Neuheit derselben die Grenze für Versuchsfehler zunächst ziemlich weit gezogen werden müssen. Diese Grenze wird deshalb auf 0,6 Abweichung des Zuckergehalts, wie er sich nach der Raffinoseformel berechnet, gegenüber dem direkt mittels Polarisation gefundenen festgesetzt. Beträgt also z. B. die Polarisation eines Zuckers 92,6 und berechnet sich nach der Raffinoseformel 92,0 % Zucker, so wird noch anzunehmen sein, dass die Abweichung des Ergebnisses auf Versuchsfehler zurückzuführen ist; es ist deshalb in einem derartigen Falle anzugeben, dass Raffinose nicht vorhanden sei, und der Zuckergehalt gleich der direkten Polarisation zu setzen.

Ist dagegen mittels der Raffinoseformel ein Gehalt von nur 91,9 % Zucker gefunden, gegenüber 92,6 Polarisation, so ist an dem Vorhandensein von Raffinose zwar kaum zu zweifeln; um indes auch Irrthümer zu verhüten, welche aus noch grösseren Versuchsfehlern hervorgehen könnten als 0,6, ist bei einem Minderbefunde bis 1 % Zucker gegenüber der Polarisation nach einem sogleich zu beschreibenden Verfahren eine Kontrollbestimmung auszuführen, von deren Ausfall abhängig gemacht wird, ob das Vorhandensein von Raffinose anzunehmen ist oder nicht.

Da der Raffinosegehalt der hochprocentigen Zucker, soweit ein solcher bis jetzt überhaupt beobachtet ist, mehr betragen hat als der obigen Grenze von 0,6 % entspricht, so wird die Anwendbarkeit der Methode auf derartige Zucker dadurch, dass die Fehlergrenze so weit hat gezogen werden müssen, nicht beeinträchtigt werden. Mengen von Raffinose, welche einer Abweichung des Zuckergehalts nach der Raffinoseformel von weniger als 0,6 gegenüber der Polarisation entsprechen, lassen sich auch nach einer anderen bekannten Methode nicht bestimmen, so dass sie zur Zeit überhaupt nicht berücksichtigt werden können. Die von Scheibler angegebene Methode, unter Gleichsetzung des Asche- und organischen Nichtzuckergehalts den Minimalgehalt an Raffinose zu berechnen, wird so geringe Mengen Raffinose mit Zuverlässigkeit gleichfalls nicht mehr erkennen lassen, weil letztere durch den unbekannten Ueberschuss der organischen Substanz gegenüber dem Aschegehalt verdeckt werden wird. Diese rechnerische Methode ist aber sehr geeignet, in vielen Fällen, wo mittels der Raffinoseformel nach der Inversionsmethode verhältnissmässig geringe Abweichungen von der Polarisation gefunden werden, also vielleicht weniger als 1 % Zucker entsprechend, eine Kontrolle dafür zu liefern, dass wirklich Raffinose vorhanden ist und nicht doch noch Versuchsfehler vorliegen.

Zu diesem Behuf wird Polarisation, Wasser, Asche (Salze) des Zuckers bestimmt, der organische Nichtzucker wird gleich den Salzen gesetzt und die Summe von Polarisation, Wasser, Asche und dem auf diese Weise berechneten Nichtzucker genommen. Diese Summe beträgt in allen denjenigen Fällen, wo Raffinose in bestimmteren Mengen zugegen ist, über 100. Beträgt sie unter 100, so ist anzunehmen, dass der Zucker frei von Raffinose ist.

Ist sie grösser als 100, so wird der Zuckergehalt an Raffinose wie folgt berechnet.

Der Procentgehalt an Wasser plus der doppelten Asche wird von 100 abgezogen. Die Differenz entspricht dem Gehalt an Zucker plus wasserfreier Raffinose. Setzen wir die dafür erhaltene Zahl $= a$, bezeichnen mit p die gefundene Polarisation, mit x den vorhandenen Zucker, mit y die vorhandene Raffinose, so ist

$$x + 1{,}85\,y = p,$$

$$x + y = a,$$

$$x \text{ (Zuckergehalt} = \frac{1{,}85\,a - p}{0{,}85},$$

$$y \text{ (Raffinosegehalt)} = \frac{a - 1{,}85\,a - p}{0{,}85}.$$

Die Grenze für Versuchsfehler ist hier auf 0,3 festzusetzen, d. h. die Summe von Polarisation, doppelter Asche und Wasser muss mehr als 100,3 betragen, wenn die Methode angewendet werden soll; andernfalls ist in Anbetracht dessen, dass bei der Polarisation Beobachtungsfehler bis zu 0,2 sehr wohl vorkommen können, das Resultat für den praktischen Gebrauch zu unsicher.

Folgendes Beispiel ist absichtlich so gewählt, dass daran gezeigt werden kann, dass sich Abweichungen mit 0,6 % Zucker von der Polarisation bei obiger Fehlergrenze mit der Methode nicht mehr bestimmen lassen.

Ein Zucker gäbe 99,7 Polarisation, 0,4 Wasser und 0,1 Asche, dann ist die Summe sämmtlicher Bestandtheile:

$$\begin{aligned} &= 99{,}7 \\ &+ \ \ 0{,}4 \\ 2 \times 0{,}1 &= \ \ \underline{0{,}2} \text{ (org. Nichtzucker + Asche)} \\ &\ 100{,}3, \\ a \text{ ist} &= 100{,}0 \\ &- \ \ 0{,}4 \quad p = 99{,}7 \\ &- \ \ \underline{0{,}2} \\ a &= \ \ 99{,}4, \end{aligned}$$

folglich x (Zucker) $= 99{,}05$, welche Zahl zu 99,1 abgerundet wird, y (Raffinose) $= 0{,}3$.

Man sieht, dass 0,3° Ueberpolarisation, welche sich nach der Bestimmungsmethode ergeben, und welche hier als Fehlergrenze festgesetzt werden mussten, gerade derselben Abweichung von Polarisation und wahrem Zuckergehalt entsprechen, welche für die Inversionsmethode mit Raffinoseformel als Fehlergrenze festgesetzt worden ist.

Ist mittels letzterer Methode ein Mindergehalt an Zucker von 1 % oder mehr gegenüber der Polarisation gefunden, so tritt die Kontrolluntersuchung nach der Bestimmungsmethode überhaupt nicht ein, bezw. wird auch bei negativem Befund der letzteren das Resultat der Raffinoseformel als endgiltig angegeben.

Hat man zur Kontrolle die Rechnungsmethode bei einem Zucker mit geringeren Abweichungen als 1 % Zucker von der Polarisation mit negativem Erfolg angewendet, so ist anzugeben, dass Raffinose nicht nachweisbar sei. Lässt bei einem solchen Zucker die Rechnungsmethode die Anwesenheit von Raffinose dagegen zweifelhaft erscheinen, indem die wie oben berechnete Summe aller Bestandtheile zwischen 100,0 und 100,3 liegt, oder hat sie mit Sicherheit die Anwesenheit von Raffinose ergeben, so ist nicht das Resultat der Rechnungsmethode, welches nur einen Annäherungswerth giebt, sondern in allen Fällen dasjenige der Inversionsmethode mit Benützung der Raffinoseformel in das Attest aufzunehmen, sofern die Abweichung des mit letzterer gefundenen Zuckers von der Polarisation mehr als 0,6 % beträgt. Beträgt diese Abweichung 0,6 % oder weniger, so ist anzugeben, dass Raffinose nicht nachweisbar sei. Bezüglich der Berechnung gilt die Regel, dass Hundertstel Zucker nach oben abzurunden sind; statt 97,01 Zucker ist also 97,1 in das Attest einzusetzen.

Nachtrag.

Der Bundesrath hat in seiner Sitzung vom 24. Januar 1889 — § 50 der Protokolle — beschlossen, dass

1. Syrupe mit einem Gehalt von 2 % Invertzucker und darüber zur Untersuchung auf Raffinosegehalt nach der Vorschrift unter Abschnitt III der Vorlage B der Ausführungsbestimmungen zum Zuckersteuergesetz vom 9. Juli 1887 nicht mehr zuzulassen sind, und

2. die im Abschnitt d. a. a. O. für die Untersuchung fester Zucker auf Raffinosegehalt angegebene sog. Rechnungsmethode nicht für sich allein, sondern nur zur Kontrolle der ebendaselbst vorgeschriebenen Inversionsmethode angewendet werden darf, und zwar nur in solchen Fällen, in denen Zucker von mindestens 96 % Polarisation zur Untersuchung vorliegen und die Abweichung des mittels der Inversionsmethode gefundenen Zuckergehalts von dem durch die Polarisationsmethode ermittelten nicht mehr als 1 % beträgt.

17. Bestimmung des Invertzuckers neben Rohrzucker nach dem Clerget'schen System.

Bei Gemischen von Rohrzucker und Invertzucker lässt sich mit der von Clerget[1]) angegebenen Inversionsmethode der Gehalt an diesen beiden Substanzen berechnen. Man benützt hierbei die Formel

$$R = \frac{100\,S}{142{,}4 - {}^1/_2\,t}$$

1) Clerget, Ann. chim. phys. (3), **26**, 175, 1849; H. Landolt, Ber. 21, 191, 1888.

und bestimmt den Drehungswinkel vor und nach der Inversion unter Benützung eines Soleil-Ventzke'schen Apparates. S ist gleich der Summe der Winkelablesungen, wenn, wie es gewöhnlich der Fall ist, die Flüssigkeit vor der Inversion rechtsdrehend und nach derselben linksdrehend ist.

Die Zahl 142,4 bezw. 144, wie zuerst angenommen wurde, ergiebt sich aus der Beobachtung, dass das Normalgewicht Rohrzucker nach der Inversion eine Linksdrehung von 42,4 bezw. 44 ergiebt, während vorher ja eine Rechtsdrehung vorhanden war.

Nachstehend seien noch einige Vorschläge und Erläuterungen inbetreff der Clerget'schen Formel gegeben.

Gantenberg[1]) macht auf diejenigen Punkte besonders aufmerksam, welche bei der Ausführung der Clerget'schen Methode vorzugsweise zu beachten sind. Dieselben sind jedoch nach G. Burkhard[2]) bereits in der ursprünglichen Clerget'schen Abhandlung vorhanden.

Nach R. Creydt[3]) ist die ursprüngliche Clerget'sche Formel $R = \frac{100\,S}{144 - \frac{1}{2}t}$, in welcher R die von dem Rohrzucker bewirkte Drehung, S die Summe der Drehungen vor und nach der Inversion bedeutet, nicht, wie vielfach angegeben, unbedingt und für alle Verhältnisse richtig. Während dieser Formel nämlich die Annahme zu Grunde liegt, dass diejenige Rohrzuckermenge, welche direkt eine Rechtsdrehung gleich 100 zeigt, nach der Inversion bei 0° C — 44 bezw. bei 20° C. — 34 drehe, zeigt sich, dass man bei Verwendung gleicher Zuckermenge, gleicher Mengen der Salzsäure und gleicher Inversionsdauer doch zu verschiedenen Werten gelangt, je nachdem man die Inversion in einer verdünnten oder koncentrirten Lösung vornimmt. Creydt schlägt daher vor, das halbe Normalgewicht im 100 ccm Kölbchen nicht in einer beliebigen Wassermenge, sondern stets in 50 ccm zu lösen, mit 5 ccm koncentrirter Salzsäure in bekannter Weise zu invertiren und auf 100 ccm aufzufüllen. Er fand unter diesen Umständen, dass eine Rechtsdrehung von 100 nach der Inversion einer Linksdrehung = — 32,4 entspricht, was mit den Beobachtungen von Landolt recht gut übereinstimmt.

Demzufolge würde die ursprüngliche Clerget'sche Formel umzuwandeln sein in

$$R = \frac{100\,S}{142{,}4 - \frac{1}{2}t}.$$

Herzfeld[4]) weist darauf hin, dass bei Benützung der Creydtschen Vorschrift ein Theil der Lävulose durch die Salzsäure zerstört

---

1) W. Gantenberg, Chem. Ztg. **11**, 953, 1887.
2) G. Burkhard, Chem. Ztg. **11**, 1042, 1887.
3) R. Creydt, Chem. Centrbl. (3. F.) **19**, 572.
4) A. Herzfeld, Chem. Ztg. **12**, R. 238, 1888.

wird und man deshalb zu niedrige Resultate erhält. Nach Dammüller[1]), der diese Verhältnisse auf Veranlassung von Herzfeld untersuchte, verfährt man deshalb am besten in folgender Weise. Man löst das halbe Normalgewicht des Zuckers (171 g) in 75 ccm Wasser, erwärmt auf dem Wasserbade nach Zusatz von 5 ccm konc. Salzsäure von 38 % (spec. Gewicht 1,188) bei 67—70 °C. $7^1/_2$ Minuten lang, wovon $2^1/_2$ Minuten auf das Anwärmen kommen, unter Umschwenken, kühlt sofort ab, füllt auf 100 ccm auf und polarisirt im 200 mm Rohr genau bei 20 ° C. Alsdann hat eine vollständige Inversion stattgefunden, und aller Invertzucker ist noch unverändert vorhanden. Bei reinen Rohrzuckerlösungen ist der beobachtete Drehungswinkel —16,33°, bezw. —32,66° für das ganze Normalgewicht, und gilt alsdann die modificirte Clerget'sche Formel

$$R = \frac{100\,S}{142{,}66 - {}^1/_2\,t}.$$

Die genannten Vorschriften müssen peinlichst eingehalten werden. Das Wasserbad habe eine Temperatur von 70—71 ° C. so dass der Inhalt des Kölbchens ungefähr eine Temperatur von 69° besitzt.

Wohl[2]) fand, dass, wenn man genau nach diesen Angaben arbeitet, bei verschiedenen Koncentrationen der Zuckerlösung, wobei jedoch stets 5 ccm Salzsäure zu der schliesslich auf 100 ccm aufzufüllenden 75 ccm Lösung gesetzt werden, für die Clerget'sche Formel folgende Werthe erhalten werden:

p	c	J	C
= 13,024	= 13,700	= —16,34	= 142,7
= 10,000	= 10,526	= —12,40	= 142,3
= 6,512	= 6,855	= —7,92	= 141,7
= 5,000	= 5,263	= —6,01	= 141,3
= 3,256	= 3,427	= —3,80	= 140,4

Hierbei bedeutet p die abgewogene Zuckermenge, $c = p\frac{20}{19}$ die Koncentration der erhaltenen Invertzuckerlösungen, J die Drehung im 200 mm Rohr und C die Clerget'sche Konstante.

Bei Melassen kommt jedoch in Betracht, dass durch den Einfluss der Nichtzuckerstoffe, des Salpeters, schwefelsauren und essigsauren Kalis u. s. w. die Drehung erhöht wird, so dass man auch trotz des wesentlich geringeren Zuckergehaltes derselben bei Anwendung des halben Normalgewichtes doch den Faktor C = 142,7 beibehalten soll. Wird nur $^1/_4$ Normal-Gewicht abgewogen, so muss, weil der Einfluss der Verdünnung schon zu sehr überwiegt, der Faktor 142 in die Clerget'sche Formel eingesetzt werden.

---

1) Dammüller, Chem. Ztg. **12**, R. 240, 1888.

2) Wohl, Chem. Ztg. **12**, R. 240, 1888.

Wohl theilt sodann noch mit, dass die Inversionsmethode auf Grund zahlreicher Rohrzuckeranalysen bis zu 0,4 % (im Mittel 0,26 %) niedrigere Werthe liefert als die direkte Polarisation und dass demnach 0,4 % als unterste Grenze der Zulässigkeit der Berechnung der Raffinose festzustellen sei. Bei Melassen sind die Differenzen erheblich grösser, so dass in diesem Falle erst dann auf die Gegenwart von Raffinose geschlossen werden darf, wenn die nach Clerget erhaltenen Werthe gegenüber der direkten Polarisation mehr als 1 % zu niedrig erscheinen.

F. Strohmer und J. Cech[1]) finden die Angaben Herzfeld's bestätigt, ebenso Herles[2]). L. Lindet[3]) empfiehlt die Inversion bei Gegenwart von Zinkstaub und allmäligem Hinzufügen der Salzsäure vorzunehmen. Alsdann ist es nicht nöthig, so vorsichtig zu arbeiten. Courtonne[4]) bestätigt die Angaben von Lindet.

In ausführlicher Weise bearbeitete R. Hammerschmidt[5]) die Clerget'sche Methode in ihrer allgemeinsten Form, indem er mit Hilfe der Gesetze der chemischen Kinetik festzustellen suchte, in welcher Abhängigkeit die bei einer vollständigen Inversion in Betracht kommenden vier Faktoren:

1. Gehalt der Lösung an Zucker,
2. Gehalt der Lösung an Säure,
3. Temperatur der Inversionsflüssigkeit,
4. Zeitdauer der Reaktion,

von einander stehen, derart, dass aus drei dieser Faktoren der vierte berechnet werden kann.

18. Anleitung zur Bestimmung des Gehaltes an Raffinose und Invertzucker in den Produkten der deutschen Rübenzuckerfabrikation.

Auf Grund der Kommissionsberathungen des Vereins für die Rübenzucker-Industrie des deutschen Reiches sind die nachstehenden Anleitungen vereinbart und zur allgemeinen Benützung empfohlen worden[6]).

a) Polarisation.

α) Erwärmung der Proben. Gegen das Erwärmen der Proben sind wissenschaftliche Bedenken nicht zu erheben, es ist bei Einzelunter-

---

1) F. Strohmer und J. Cech, Chem. Centrbl. (4. F.) **1**, 299.
2) Herles, Chem. Ztg. **13**, R. 283, 1889.
3) L. Lindet, Compt. rend. **109**, 115, 1889.
4) Courtonne, Chem. Ztg. **14**, R. 137, 1890.
5) R. Hammerschmidt, Zeitschr. d. Vereines f. d. Rübenzuckerindustrie d. deutschen Reiches **40**, 465, 1890.
6) Zeitschr. analyt. Ch. **29**, 613, 1890.

suchungen vielmehr vorzuziehen. Bei gleichzeitiger Inangriffnahme einer grösseren Zahl von Analysen wird die Rücksicht auf Zeitersparniss über die Wahl zwischen der Arbeit mit kalten bezw. mit erwärmten Proben entscheiden.

β) Anwendung von Bleiessig bei Erstprodukten ist, besonders bei Benützung der Ventzke-Soleil-Scheibler'schen Apparate nicht wohl zu entbehren. Der Bleiessig ist aber nach der Vorschrift der deutschen Pharmaopöc II. Ausgabe S. 700 zu bereiten; spec. Gewicht 1 235 bis 1,240; ausser Bleiessig soll überdies in allen Fällen zur Klärung noch kolloidale Thonerde nach Scheibler's Vorschrift bereitet, zugesetzt werden.

γ) Klärung dunkler Nachprodukte. Die Anwendung anderer Klärmittel als Bleiessig oder kolloidaler Thonerde ist möglichst zu vermeiden. Von Kohlensorten darf nur extrahirte Kohle verwendet werden, welche nach Vivien's Vorschrift aus guter Knochenkohle durch Auswaschen mit Salzsäure und Wasser mit nachfolgendem Glühen bereitet ist.

δ) Polarisation der Melasse. Das halbe Normalgewicht Melasse gelöst, wird mit thunlichst viel Bleiessig geklärt und zu 100 aufgefüllt, das Ergebniss der Analyse wird, ohne Korrektur für das Volum des Niederschlages, berechnet durch Multiplikation der im 200 mm Rohr beobachteten Ablenkung mit 2, bezw. der im 100 mm Rohr beobachteten Ablenkung mit 4.

b) Bestimmung des Invertzuckers.

α) Qualitativ. Behufs der qualitativen Invertzuckerbestimmung wird bezüglich der Menge der Substanz und der Fehling'schen Lösung sowie der Dauer des Kochens genau so verfahren, wie bei quantitativen Bestimmungen. Ergiebt sich dabei keine oder eine nicht wägbare Ausscheidung von Kupferoxydul, so ist die Untersuchung nicht weiter zu verfolgen, andernfalls wird sie quantitativ zu Ende geführt.

β) Quantitativ. Wird für Rohrzucker oder Melasse die Bestimmung der reducirenden Substanz gefordert, so kann, falls die Beschaffenheit des Musters dazu nöthigt, dieselbe in einer vorher mit Bleiessig geklärten Lösung vorgenommen werden.

Melasse mit nicht mehr als 1 % Invertzucker ist wie fester Zucker zu untersuchen und das Ergebniss nach der Herzfeld'schen Tabelle zu berechnen.

Melasse mit mehr als 1 % Invertzucker wird zwar in gleicher Weise untersucht, jedoch unter Anwendung von weniger Substanz von der zur Analyse genommenen Melasse entsprechend dem steigenden Gehalt an Invertzucker, nach der in den Ausführungsvorschriften zum Zuckersteuergesetze Anlage B unter a gegebenen Anleitung. Bei

Berechnung des Ergebnisses sind die Tabellen von Meissl bezw. von Hiller zu benützen.

c) Zuckerbestimmung in der Melasse nach Clerget.

Eine Klärung durch Bleiessig findet nicht statt. Das halbe Normalgewicht an Melasse wird direkt im 100 ccm Kolben nach der Vorschrift in Anlage B der Ausführungsbestimmungen zum Zuckersteuergesetze invertirt, nach Auffüllen bis zur Marke wird, falls nöthig mit extrahirter Kohle geklärt. Das Ergebniss wird nach der Formel $\frac{100\ S}{132{,}66}$ für 20 °C. berechnet, bei abweichender Temperatur erfolgt die Korrektur entweder nach der Tuchschmidt'schen Formel $\frac{100\ S}{132{,}66 - {}^{1}/_{2}t}$ oder nach der Formel $J_{20} = J_t + 0{,}0038\ S\ (20 - t)$.

d) Bestimmung der Raffinose.

α) Die Bestimmung der Raffinose erfolgt nur bei Produkten der Melasse-Entzuckerung. Zu verfahren ist nach der obigen Inversionsvorschrift bezw. nach Anlage B der Ausführungs-Bestimmungen zum Zuckersteuergesetze. Das Ergebniss ist jedoch nicht nach der dort angegebenen Formel zu berechnen, sondern nach der Formel

$$Z = \frac{0{,}5124\ P - J}{0{,}8390} \text{ und } R = \frac{P - Z}{1{,}852}.$$

β) Bei Produkten mit mehr als 2 % Invertzucker ist von Bestimmung der Raffinose mittels der Inversionsmethode Abstand zu nehmen.

19. Bestimmung von Rohrzucker, Invertzucker und Raffinose.

Zur gleichzeitigen Bestimmung von Rohrzucker, Invertzucker und Raffinose giebt Wortmann[1]) ein Verfahren an, welches sich auf folgendes Princip gründet. Bei 20 °C. sind auf Saccharose S bezogen die Drehungsfaktoren

für wasserfreie Raffinose (R) $= + 1{,}85$,
„ invertirte wasserfreie Raffinose $1{,}85 \times 0{,}5188 = + 0{,}9598$,
„ Invertzucker $= - 0{,}3103$.

Es seien P und P' die beobachteten Polarisationen vor und nach der Inversion und der annähernde procentische Invertzuckergehalt

$$N = \frac{Cu\ 47}{q}.$$

1) Wortmann, Chem. Ztg. **13**, R. 283, 1889; vgl. auch Anm. in Zeitschr. analyt. Ch. **33**, 261, 1894.

q ist die Menge der angewandten Substanz und 47 der Durchschnittsfaktor der Meissl'schen Tabelle. Alsdann ist:

$$\text{I.}\quad P = S + 1,85\,R - 0,3103\,N \text{ und}$$
$$\text{II.}\quad P' = -0,3266\,S + 0,9598\,R - 0,3103\,N.$$

Hieraus ergiebt sich:

$$R = \frac{P - S + 0,3103\,N}{1,85}, \qquad S = \frac{0,9598\,P - 1,85\,P' - 0,2762\,N}{1,5640},$$

und R und S lassen sich berechnen. Da aber P — 1,85 R die durch Rohrzucker und Invertzucker allein hervorgerufene Drehung ist, welche in der bekannten Weise zur Ermittlung des Invertzuckergehaltes unter Benützung der Meissl-Hiller'schen Tabelle dienen kann, so lernt man hierdurch den wahren Invertzuckergehalt kennen. Setzt man den so erhaltenen Werth für N in obige Gleichungen ein, so findet man den wahren Gehalt an Rohrzucker und Raffinose.

20. Bestimmung des Zuckers in Glycerinseifen.

Als Glycerinseifen bezeichnet man im Handel gewöhnlich alle durchscheinenden Toilettenseifen, auch wenn dieselben kein Glycerin als Füllmaterial enthalten. Neuerdings wird mit Vorliebe Rohrzucker statt Glycerin genommen, meist 10—15 %, da solche Seifen eine höhere Temperatur gut vertragen, ohne Flüssigkeit auszuschwitzen. Bei der Analyse ist neben Rohrzucker auch auf Invertzucker, Dextrose und Dextrin zu achten. F. Freyer[1]) löst 16,28 g Seife, d. i. ¼ Normalgewicht für 250 ccm, in 50—100 ccm Wasser auf dem Wasserbade, giebt unter starkem Umrühren so viel 10 %ige Chlorbaryumlösung zu, bis die Schaumbildung aufhört, und füllt auf 260 ccm auf, wobei das Vol. des Baryumniederschlages mit 10 ccm berücksichtigt ist. Das Filtrat wird direkt polarisirt, dann auf reducirende Zucker geprüft, eventuell invertirt und wieder polarisirt, oder der Zucker nach der Inversion gewichtsanalytisch bestimmt.

22. Bestimmung von Rohrzucker neben Milchzucker.

L. Grünhut und S. H. R. Riiber[2]) geben folgenden kritischen Bericht über diese Bestimmung mit Hilfe des Polarisationsapparates. Sie beruht auf zwei polarimetrischen Bestimmungen. Aus der Drehung der Polarisationsebene des Lichtes vor und nach der Inversion berechnet man mit Hilfe der Clerget-Formel den Rohrzuckergehalt. Die erste Bedingung, deren Erfüllung verlangt werden muss, wenn diese Formel richtige Resultate geben soll, ist, dass ausser Rohrzucker keine andere

---

1) F. Freyer, Oester. Chem. Ztg. **3**, 25, 1900; Chem. Centrbl. 1900, I, 693.

2) L. Grünhut und S. H. R. Riiber, Zeitschr. analyt. Ch. **39**, 19, 1900.

Substanz in dem Untersuchungsobjekt zugegen ist, deren specifisches Drehungsvermögen durch die Inversion verändert wird. Dieser Bedingung wird genügt, wenn man die Inversion nach der Zollvorschrift mit Salzsäure vornimmt, wodurch auch die sonstigen Bestandtheile der normalen Kuhmilch, welche bei einer Bestimmung von Rohr- und Milchzucker in kondensirter Milch in Frage kommen, nicht verändert werden. Namentlich letzteres ist von Wichtigkeit, weil die Kohlenhydrate, die nach einigen Autoren[1]) neben Milchzucker zuweilen in der Milch sich finden sollen, wohl die direkte polarimetrische Bestimmung des Milchzuckers, nicht aber die des Rohrzuckers nach Clerget ungünstig beeinflussen.

Wenn somit principielle Bedenken gegen die Anwendung der Methode von Clerget nicht bestehen, so erfordert die Ausführung dennoch die Beachtung einiger Vorsichtsmassregeln. Zunächst muss die Herstellung der Polarisationsflüssigkeit in der Weise erfolgen, dass man die kondensirte Milch mit siedendem Wasser übergiesst und die erhaltene Lösung erkalten lässt. Auf diese Weise gelingt es, einen schädlichen Einfluss der Multirotation des Milchzuckers vollständig auszuschliessen. Andere Störungen, welche durch den Milchzucker veranlasst würden, sind kaum zu befürchten. Zwar gaben H. D. Richmond und L. K. Boseley[2]) an, dass das specifische Drehungsvermögen des Milchzuckers beim Erhitzen seiner Lösung auf 100^{0} erheblich geändert würde und zogen aus dieser Beobachtung den Schluss, dass eine polarimetrische Bestimmung in gekochter und also auch in sterilisirter und kondensirter Milch unzulässig ist. Sie stehen jedoch mit dieser Beobachtung völlig isolirt. Auch Bigelow und Mc. Elroy[3]) sagen ausdrücklich, es sei ihnen bisher keine derartige Schwierigkeit erwachsen.

Ein zweiter Punkt, der bei der polarimetrischen Bestimmung Berücksichtigung finden muss, ist die Temperatur. Invertzucker und Milchzucker besitzen ein mit der Temperatur wechselndes specifisches Drehungsvermögen, und es muss deshalb die Polarisation vor der Inversion bei derselben, genau zu messenden Temperatur (am besten + 20^{0} C.) vorgenommen werden, wie die Inversionspolarisation.

Die dritte Forderung, welche erhoben werden muss, bezieht sich auf die Klärung der Lösungen. Durch geeignete Zusätze muss das Kaseïn und Fett in Form eines Niederschlages abgeschieden werden, von welchem sich das Serum vollständig klar abfiltriren lässt, so dass bei der optischen Untersuchung keinerlei Schwierigkeiten erwachsen. Hierzu eignen sich besonders der Bleiessig, sowie anderseits das von H. Wiley[4]) empfohlene

---

1) Vgl. E. v. Raumer und E. Spaeth, Zeitschr. angew. Ch. 1896, 72; Zeitschr. analyt. Ch. **38**, 190, 1900.

2) H. D. Richmond u. L. K. Boseley, Analyst **18**, 141 und 171, 1893.

3) Bigelow u. Mc. Elroy, Journ. Americ. Ch. Soc. **15**, 668, 1893.

4) H. Wiley, Zeitschr. analyt. Ch. **24**, 479, 1885; **38**, 188, 1899.

Merkurinitrat. Man verfährt gewöhnlich so, dass man die Milchlösung nach Zusatz des Fällungsmittels auf ein bestimmtes Volum bringt und dann nach der auch sonst eingebürgerten Gewohnheit das Volum des entstandenen Niederschlages ausser Acht lässt. Wenn letzteres in vielen Fällen auch ganz unbedenklich ist, so giebt es doch bei der kondensirten Milch Veranlassung zu recht grossen Fehlern.

Will man bei polarimetrischen Versuchen genaue Resultate erlangen, so muss man ziemlich koncentrirte Lösungen verwenden; dann ist aber auch das Volum des Niederschlages viel grösser und giebt zu grösseren Fehlern Veranlassung als zum Beispiel bei den Kupferreduktionsmethoden, die ja nur dünne, höchstens 1 % Zucker enthaltende Lösungen erfordern. Am leichtesten gewinnt man ein Urtheil über das Volumen des Niederschlages mit Hilfe der zuerst von C. Scheibler angegebenen und neuerdings gleichzeitig von mehreren Seiten [1]) wieder in Vorschlag gebrachten Methode der doppelten Verdünnung. Bringt man dieselbe Substanzmenge mit derselben Menge des Fällungsmittels, das eine Mal auf das Vol. V., das andere Mal auf das doppelte Vol. 2 V., so verhalten sich die Polarisationen der beiden Filtrate nicht wie 2 : 1, sondern wie (2 V — x) : (V — x), worin x das Vol. des Niederschlages bezeichnet. Dasselbe kann nunmehr leicht berechnet werden.

Weiterhin ist zu untersuchen, welche der Clerget-Formeln zur Berechnung zu benützen ist. Die meist übliche $Z = \frac{R - J}{1{,}3266}$, worin Z die vom gesuchten Rohrzucker stammende direkte Polarisation, R die direkte Polarisation bei 20° C. bedeutet, gilt, streng genommen, nur für den Fall der saccharimetrischen Normallösung bezw. Halbnormallösung. Für alle anderen Koncentrationen ist dagegen die von A. Herzfeld [2]) aufgestellte Formel zu benützen, welche für die Temperatur von 20° lautet:

$$Z = \frac{(P - J)\,100}{131{,}84 - 0{,}05\,J}.$$

Es fragt sich jetzt noch, welches Fällungsmittel am besten zu verwenden ist. Grünhut und Riiber möchten das von Wiley angegebene nur deshalb nicht empfehlen, weil über den Einfluss des im Ueberschuss zugegebenen Quecksilbernitrats auf den Verlauf der Zollinversion und auf das Drehungsvermögen des Invertzuckers nichts Näheres bekannt ist, und ziehen deshalb die Benützung des Bleiessigs in den in der Zollvorschrift angegebenen Mengen vor. Freilich ist auch der Bleiessig nicht ohne weiteres als unbedenklich zu bezeichnen. Grössere Mengen desselben als die angegebenen würden wahrscheinlich nicht nur die Inversion selbst, sondern vor allem die Inversions-Polarisation stark beeinflussen, wie

---

1) Vgl. Zeitschr. analyt. Ch. **38**, 188, 1899.

2) A. Herzfeld, Zeitschr. analyt. Ch. **35**, 717, 1896.

namentlich aus Bittmann's Versuchen[1]) hervorgeht. In den hier benützten Koncentrationen ist er aber sicher unschädlich.

Die doppelte Verdünnung ist auch von Bigelow und Mc. Elroy für ihr Inversionsverfahren mit Invertin herangezogen worden. Die Bundesrathsvorschrift dagegen berücksichtigt den Volumfehler in anderer Weise, indem sie einen empirisch gefundenen Faktor (0,962) in die Berechnung einführt. Dieser Faktor, sowie die in derselben Vorschrift mitgetheilte Clerget-Formel entsprechen jedoch nur einer bestimmten chemischen Zusammensetzung. Bei Präparaten, welche von diesem Typ nicht allzu verschieden sind, wird man auch so brauchbare Resultate erhalten; ist die Zusammensetzung jedoch stark abweichend, so erhält man minder gute Werthe.

22. Untersuchung der kondensirten Milch auf Zuckergehalt.

(Amtliche Verordnung vom 28. Oktober 1897.)

Es werden 100 g der kondensirten Milchprobe abgewogen, mit Wasser zu einer leichtflüssigen Masse verrührt und in einen Messkolben von 500 ccm Inhalt gespült. Die Flüssigkeit wird darauf mit etwa 20 ccm Bleiessig versetzt, zu 500 ccm aufgefüllt, durchgeschüttelt und filtrirt.

Vom Filtrat werden 75 ccm in einen Kolben von 100 ccm Inhalt gebracht, mit etwas Thonerdebrei versetzt, zur Marke aufgefüllt, filtrirt und die direkte Polarisation ermittelt.

Ferner werden 75 ccm des obigen selben Filtrats mit 5 ccm Salzsäure vom spec. Gew. 1,19 versetzt, nach Vorschrift der Anlage B der Ausführungsbestimmungen zum Zuckersteuergesetz invertirt, zu 100 ccm aufgefüllt, filtrirt und, wie in Anlage B vorgeschrieben, die Inversionspolarisation für 20° C. bestimmt.

Die vom Rohrzucker stammende direkte Polarisation x berechnet sich nach der Gleichung

$$x = \frac{1{,}016 \cdot P - J_{20}}{1{,}3426},$$

worin P die beobachtete direkte, J_{20} die gefundene Inversionspolarisation bedeutet.

Aus der Polarisation der verdünnten Lösung findet man durch Multiplikation mit 0,26048 den Procentgehalt der verdünnten Lösung an Rohrzucker. Da die verdünnte Lösung 15 g der kondensirten Milch enthält, so ist der Zuckergehalt der letzteren 6,667 mal grösser. Die durch Multiplikation des Procentgehalts der verdünnten Lösung mit 6,667 erhaltene Ziffer ist, da die vorgenommenen Untersuchungen dies als wünschenswerth

[1]) Vgl. E. O. v. Lippmann, Die Chemie d. Zuckerarten, II. Aufl., Braunschweig 1895, S. 512.

erscheinen lassen, mit dem Korrektionsfaktor 0,962 zu multipliciren und das Resultat als amtlich ermittelter Gehalt der kondensirten Milch an Zucker anzugeben.

Beispiel: 100 g kondensirte Milch werden, wie oben angegeben, mit 20 ccm Bleiessig geklärt, zu 500 ccm aufgefüllt, durchgeschüttelt und filtrirt. Vom Filtrat werden 75 ccm nach Zusatz von etwas Thonerde zu 100 ccm aufgefüllt. Die direkte Polarisation des Filtrats P sei + 28,10. Ferner werden 75 ccm nach Vorschrift invertirt und zu 100 ccm aufgefüllt. Die Inversionspolarisation dieser Lösung J_{20} wurde zu — 0,30 ermittelt. Setzt man diese beiden Zahlenwerthe für P und J_{20} in die oben angegebene Formel, so erhält man

$$x = \frac{1,016 \,.\, 28,10 + 0,30}{1,3426} = 21,48.$$

Durch Multiplikation dieses für x erhaltenen Werthes mit 0,26048 findet man 5,59 als den Procentgehalt der verdünnten Lösung an Rohrzucker. Durch Multiplikation dieser Zahl mit 6,67 erhält man den Procentgehalt der kondensirten Milch an Rohrzucker = 37,27 %. Dieses Resultat ist schliesslich noch mit dem Korrektionsfaktor 0,962 zu multipliciren und der so erhaltene Werth 35,85 % als amtlich ermittelter Gehalt der kondensirten Milch an Rohrzucker anzugeben.

23. Bestimmung des Zuckers im Blut.

Im normalen Blut sind 0,12 bis 0,2 % Dextrose vorhanden, deren Menge bei Diabetes bis zu 0,9 % steigen kann.

Zur Bestimmung ist es nothwendig, den Bleizucker zu entfernen. Dies geschieht am besten nach der Methode von Claude-Bernard, wonach man eine abgewogene Menge des Blutes mit der gleichen Gewichtsmenge krystallisirten schwefelsauren Natrons versetzt, aufkocht und im Filtrat den Zucker mit Fehling'scher Lösung oder eventuell auch im Polarimeter von Lippich bestimmt. An Stelle von Glaubersalz kann man auch Ammoniumsulfat oder nach Abeles[1]) auch eine Lösung von essigsaurem Zink in Alkohol mit kohlensaurem Natron verwenden. Ebenso soll die Methode von Schmidt-Mühlheim und Seegen[2]), wonach man mit Eisenchlorid und essigsaurem Natron fällt, gute Resultate liefern.

F. Schenck[3]) schlägt vor, das zu untersuchende Blut in einen Dialysator zu bringen und nach einiger Zeit, nachdem der Zuckergehalt aussen und innen gleich gross geworden ist, lässt sich in der äusseren, von Eiweiss freien Flüssigkeit der Zucker bestimmen.

---

1) Abeles, Zeitschr. physiol. Ch. **15**, 495, 1891.

2) J. Seegen, Centrbl. f. Physiol. 1892; Pickhardt, Zeitschr. physiol. Ch. **17**, 217, 1893.

3) F. Schenck, Pflüger's Archiv **47**, 621, 1890.

24. Bestimmung des Zuckers im Harn.

Spuren von Zucker finden sich wohl in jedem normalen Harn, worauf zuerst v. Brücke aufmerksam machte. Es existirt also eine physiologische Glukosurie. Obschon ausser Traubenzucker auch andere Zuckerarten im Harn unter pathologischen Verhältnissen vorkommen können, wie z. B. Milchzucker im Harn der Wöchnerinnen, dann auch in selteneren Fällen Lävulose, Maltose, sowie Pentosen sich finden, so überwiegt doch bei weitem das Vorkommen von Dextrose. Das Vorkommen der anderen Zuckerarten hat gegenüber dem der Dextrose nur eine geringe diagnostische Bedeutung.

Von Interesse dürfte folgende Beobachtung sein, die über die Häufigkeit des Auftretens von verschieden drehender Substanz Aufschluss giebt: L. Pansini[1]) hat bei der Untersuchung von 230 Urinproben, die von kranken Individuen verschiedenen Alters, Standes und Geschlechts herstammten, gefunden, dass davon 152 optisch inaktiv waren; 44 drehten die Ebene des polarisirten Lichts nach rechts, 34 nach links. Sieht man von den ausgesprochen zuckerhaltigen (11), eiweisshaltigen (18) und ikterischen Harnen (6) ab, so verbleiben 195 Harnproben, die, obgleich von mehr oder minder kranken Individuen herrührend, sonst ein normales Verhalten darboten. Von diesen waren 70 % optisch unwirksam, 19,3 % drehten rechts, 10,7 % links. Bei den rechts drehenden Harnen war die Drehung nicht dem Reduktionsvermögen proportional, auch zeigten einzelne kein Gährungsvermögen. In den linksdrehenden Harnen betrug die Ablenkung meist nur 0,1—0,2° und ging annähernd der Reduktionsprobe parallel. Vermuthlich handelte es sich um gepaarte Glukuronsäuren. Bemerkenswerth ist, dass von den sechs untersuchten ikterischen Harnen vier eine deutliche Rechtsdrehung, in einem Falle bis zu 1°, darboten.

Wie schon erwähnt, kann die Bestimmung des Traubenzuckers im Harn durch die Beobachtung der optischen Aktivität auch zu Fehlern führen, indem auch linksdrehende Körper, wie β-Oxybuttersäure, Lävulose und Glukuronsäure im diabetischen Harn sich finden können. Man verfährt deshalb am besten in der Weise, dass man den Harn vor und nach der Gährung polarisirt. Die Differenz zwischen den beiden Bestimmungen giebt den Gehalt des Harns an Traubenzucker.

Der zu bestimmende Harn muss frei von Eiweiss sein und durchaus klar. Das Eiweiss wird durch Zusatz von verdünnter Essigsäure und Kochen der Lösung entfernt. Die Klärung geschieht in der Weise, dass man 50 ccm Harn mit 10 ccm einer 25 %igen Lösung von Bleiessig versetzt, gut durchschüttelt und filtrirt. Das Filtriren ist so oft zu wiederholen, bis vollständige Klarheit erreicht ist. Es kommen einzelne, sehr seltene Fälle (bei Hundeharnen) vor, bei denen selbst wiederholtes Fil-

[1]) L. Pansini, Berl. klin. Wochenschr. **31**, 1106, 1894.

triren nicht hilft, in dem dieselben so stark gefärbt erscheinen, dass sie die Beobachtung unmöglich machen.

Man benützt zur Beobachtung den Apparat von Lippich bezw. den von Landolt verbesserten Lippich'schen Apparat.

Die Berechnung ist einfach. 100 g Traubenzucker in 100 ccm bringen eine Drehung von $\alpha_D = + 52{,}8^0$ hervor, also 1^0 bei $\frac{100}{52{,}8}$ g in 100 ccm. Betrug die Drehung $1{,}8^0$, so würde also der Zuckergehalt in diesem Falle $c = 0{,}947 . 2\alpha = \frac{100 \times 1{,}8}{52{,}5} = 3{,}40$ betragen[1]).

Selbstverständlich ist alsdann noch die Verdünnung mit der Bleiessiglösung zu berücksichtigen; in unserem Fall ist also bei einer Verdünnung von 50 ccm Harn mit 10 ccm Bleiessiglösung mit 1,2 zu multipliciren.

H. Pellet[2]) weist auf die Wirkung des Bleiessigs auf die Polarisation des Harnzuckers hin; dieselbe wechselt mit der Reaktion des Harns und der Basicität des Bleiessigs. Bei neutraler oder alkalischer Reaktion besteht die Gefahr, dass durch Bleiessig ein Theil des Zuckers mit niedergerissen und der gelöst bleibende Theil in seiner Drehkraft verändert wird. An Stelle von Bleiessig ist besser Quecksilbernitrat oder Bleizucker anzuwenden. Ebenso ist eine Entfärbung mit Thierkohle unstatthaft, da sie Zucker absorbirt.

G. Patein und E. Dufeau[3]) machen noch weitere Mittheilung hinsichtlich der Anwendung ihres Quecksilbernitratreagens bei der Klärung des Harns. Sie bereiten dasselbe durch Lösen von 200 ccm saurem Quecksilbernitrat in 500 bis 600 ccm destillirtem Wasser, Zusatz von Natronlauge bis zum Eintreten eines leichten gelben Niederschlags und Füllen zum Liter auf. 50 ccm Harn werden mit dem Reagens versetzt, bis Neufällung nicht mehr eintritt, dann tropfenweise unter beständigem Schütteln Natronlauge bis zur ganz schwach alkalischen Reaktion zugegeben und zu 100 oder 150 ccm aufgefüllt. Das Filtrat kann ohne weiteres titrirt oder in Glasröhren polarisirt werden. Bei Verwendung von Metallröhren muss der Rest des gelösten Quecksilbers entfernt werden, am besten durch Natriumhypophosphit. Bei derartig geklärtem Harn stimmen polarimetrische und titrimetrische Zuckerbestimmung völlig überein.

Die Verfasser können die Mittheilung von Pellet insofern bestätigen,

---

1) Siehe vorher den Abschnitt über „Abhängigkeit des Drehungsvermögens und Berechnung".

2) H. Pellet, Ann. chim. anal. appl. **4**, 256, 1899; Chem. Centrbl. 1899, II, 574; N. Schoorl, Chem. Centrbl. 1900, I, 318; siehe vorher den Abschnitt „Klärmittel und ihr Einfluss auf die Zuckerbestimmung".

3) G. Patein und E. Dufeau, Journ. Pharm. Chim. **10**, 433, 1900; Chem. Centrbl. 1900, I, 69.

als bei Anwendung von Bleiessig zur Klärung in manchen Fällen weniger Zucker erhalten wird, als bei Anwendung von Bleizucker. Dagegen werden gewisse linksdrehende Eiweisskörper, namentlich Peptone, durch diese beiden Klärungsmittel nicht, wohl aber durch Quecksilbernitrat, ausgeschieden. Anwesenheit solcher Eiweisskörper führt bei Anwendung der Bleiacetate zur Klärung zu völlig falschen Ergebnissen. Béhal hat derartige Eiweisskörper aus dem Harn isolirt. Sie waren durch Magnesiumsulfat nicht aussalzbar, sind durch Essigsäure nicht fällbar, zwar durch Salpetersäure, aber in einem Ueberschuss davon leicht löslich, geben die Ferrocyankalium-Fällung und werden durch Kochen koagulirt. Weiter wird empfohlen, den Zucker im Harn stets gleichzeitig durch Polarisation und Titration zu bestimmen. Sobald die beiden Resultate nicht stimmen, ist mit Quecksilbernitrat zu klären.

R. Pribram[1]) macht darauf aufmerksam, dass im Harne der Diabetiker sich auch häufig Aceton findet, und dass dieses von Einfluss auf die Grösse des drehenden Winkels sein kann; mit steigendem Gehalt an Aceton vergrössert sich auch das Drehungsvermögen des Traubenzuckers merkbar. Bezeichnet x den Procentgehalt an Aceton, so entspricht die Gleichung

$$\alpha_D = 16,587 + 0,026\ x$$

den Beobachtungen.

Harnstoff dagegen erniedrigt das Drehungsvermögen, wenn auch nur in geringem Grade. Aehnlich verhält sich Ammoniumkarbonat.

25. Bestimmung der Lävulose im Honig.

Dieselbe bewirkt H. W. Wiley[2]) auf polaristrobometrischem Wege. Die Methode basirt auf dem Umstande, dass der Unterschied des specifischen Rotationsvermögens der Lävulose bei verschiedenen Temperaturen ein sehr grosser ist, während er für die anderen im Honig vorkommenden Substanzen kaum ins Gewicht fällt. Der Verfasser hat für die Bestimmung die Temperaturen 0 und 88° gewählt. Es werden stets 26,048 g (das Normalgewicht für Zucker) Honig zu 100 ccm gelöst, und dann wird die Polarisation bei den beiden Temperaturen im 200 mm Rohr bestimmt. In Bezug auf die Abänderung des Polarisationsapparates für den Zweck, die zu polarisirende Zuckerlösung konstant bei verschiedenen Temperaturen zu erhalten, muss auf die Originalarbeit verwiesen werden.

Die Berechnung des Procentgehaltes eines Honigs an Lävulose erläutert am besten folgendes Beispiel:

Für jeden Temperaturgrad beträgt die Abweichung der durch 1 g

[1]) R. Pribram, Monatsh. f. Ch. **9**, 395, 1888.

[2]) H. W. Wiley, Journ. Americ. Chem. Soc. **18**, 81; Zeitschr. analyt. Ch. **36**, 531, 1897.

Lävulose bewirkten Drehung in Winkelgraden 0,01256°, mithin für 88° = 1,10528°. Es beträgt nun die beobachtete Abweichung der Rotation zwischen 0 und 88° C. = 10,404°. Das in der Lösung vorhandene Gewicht an Lävulose beträgt alsdann $\frac{10,404}{1,10528} = 9,413$ g.

Da 26,048 g Honig angewandt worden sind, beträgt der Procentgehalt an Lävulose

$$= \frac{9,413 \times 100}{26,048} = 36,13\,\%.$$

Auf demselben Princip beruht die von H. Allen in seiner Commercial Organic Analysis Bd. I 291 angegebene Methode.

26. Bestimmung des Glykogens.

Die Bestimmung des Glykogens auf polarimetrischem Wege, wie sie zuerst E. Külz[1]) empfohlen hat, steht nach von A. Cramer[2]) ausgeführten zahlreichen Versuchen an Genauigkeit der Wägungsbestimmung nach Brücke kaum nach, obgleich die Opalescenz der Glykogenlösungen die Verwendung von Flüssigkeiten, die mehr als 0,6 % Glykogen enthalten, kaum je gestattet. Bei den hohen Drehungskonstanten des Glykogens ist selbst weitgehende Verdünnung für die Genauigkeit der Bestimmung unbedenklich. Zu beachten ist jedoch, dass das Glykogen je nach der vorhergehenden Behandlung eine verschiedene specifische Drehung darbieten kann. Das von Cramer nach Behandlung mit Kali erhaltene zeigte eine specifische Drehung von + 200,2°, Böhm und Hoffmann fanden + 226,07°, Külz beobachtete + 211°.

Die mit Zugrundelegung dieser von Cramer beobachteten Drehung berechneten Zahlen für den Glykogengehalt verschiedener Organauszüge ergaben mit den durch Wägung ermittelten, zumeist doch etwas höheren Werthen befriedigende Uebereinstimmung.

27. Gesetze der hydrolytischen Spaltung der Stärke durch Säuren und ihre Anwendung auf die Analyse des Stärkesyrups.

G. W. Rolfe und G. Defren[3]) haben in 88 Einzelversuchen bei verschiedenen Drucken (1 bis 4 Atm.), verschiedener Koncentration und verschiedener Zeitdauer (15 bis 22 Min.) Stärke sowohl mit Salzsäure als auch mit Schwefelsäure und Oxalsäure verzuckert.

---

1) E. Külz, vgl. Zeitschr. analyt. Ch. **20**, 598, 1881.

2) A. Cramer, Zeitschr. f. Biol. **24**, 67; vgl. a. Zeitschr. analyt. Ch. **25**, 605, 1886, **27**, 259, 1888.

3) G. W. Rolfe u. G. Defren, Journ. Americ. Ch. Soc. **18**, 869, 1896; Zeitschr. analyt. Ch. **37**, 398, 1898.

Alle erhaltenen Reaktionsprodukte werden durch Schütteln mit Marmorstaub und Versetzen mit 2 Tropfen $N/_{10}$ Natronlauge neutralisirt und filtrirt. Von den Filtraten wurde das spec. Gewicht bei 15,5° bestimmt. Bezeichnet man diesen Werth mit d, so entspricht $\frac{d-1}{0,00386}$ dem Gehalt von 100 ccm der Lösung an Trockensubstanz. Die so erhaltenen Werthe entsprechen ziemlich genau der Balling'schen Tabelle. Wenn nöthig wurden die Nicht-Kohlenhydrate (Asche) bestimmt und von der in der beschriebenen Weise ermittelten Gesammt-Trockensubstanz abgezogen.

Ferner wurde überall die Polarisationsdrehung bestimmt. Aus diesem Werthe und aus der Trockensubstanz berechneten die Verfasser das specifische Drehungsvermögen des Komplexes aller vorhandenen Kohlenhydrate. Schliesslich prüften die Verfasser das Verhalten der Reaktionsprodukte gegen Fehling'sche Lösung. Die Menge des abgeschiedenen Kupferoxyduls berechneten sie auf Dextrose und dividirten diesen Werth durch die Gesammt-Trockensubstanz bezw. die Gesammt-Kohlenhydrate. Den erhaltenen Quotienten bezeichnen sie als „Kupferreduktionsvermögen."

Die Verfasser tragen die bei sämmtlichen Versuchen erhaltenen Werthe für das specifische Drehungsvermögen als Abscissen und die zugehörigen Werthe für das Kupferreduktionsvermögen als Ordinaten in ein rechtwinkliges Koordinatensystem ein. Die erhaltenen Punkte liegen auf einem flachen Kreisbogen, welchem die Gleichung

$$x^2 + y^2 + 468\,x - 646\,y + 1580 = 0$$

entspricht. Merkliche, aber nicht sehr grosse Abweichungen der Beobachtungen von dieser Kurve ergeben sich nur in einigen Fällen, in denen x sich dem Werthe für das Drehungsvermögen der reinen Dextrose (53,5) nähert. Offenbar werden diese Ausnahmen durch die störende Einwirkung von Reversionsprodukten veranlasst, welche sich bei so weit fortgeschrittener Inversion in erheblicherer Menge zu bilden beginnen. Abgesehen hiervon darf als Resultat der bisherigen Untersuchungen hingestellt werden, dass unter beliebigen Inversionsbedingungen eine bestimmte, gesetzmässige Beziehung zwischen dem specifischen Drehungsvermögen und dem Kupferreduktionsvermögen der Stärkeabbauprodukte besteht.

Man nimmt an, die Produkte der Stärkehydrolyse enthielten nur Dextrin, Maltose und Glukose (Dextrose), wobei unter Dextrin alle Kohlenhydrate zusammengefasst werden, die Fehling'sche Lösung nicht reduciren und ein specifisches Drehungsvermögen 195 besitzen. Von der Gegenwart von Reversionsprodukten wird abgesehen. Bezeichnet man mit g, m und d den Gehalt von 1 g der Trockensubstanz an Glukose, Maltose und Dextrin, ferner mit K das Kupferreduktionsvermögen und mit α das specifische Drehungsvermögen des Komplexes aller Kohlenhydrate im vorher entwickelten Sinne, so ergeben sich folgende 3 Gleichungen, wobei zum Verständniss der zweiten derselben daran erinnert sei, dass das Kupferreduktionsvermögen der Maltose ca 61 % von dem der Dextrose beträgt.

$$g + m + d = 1$$
$$g + 0{,}61\,m = K$$
$$195\,d + 135{,}2\,m + 53{,}3\,g = \alpha.$$

Dieses System dreier Gleichungen enthält neben drei Unbekannten g, m und d nur noch die Werthe K und α. Diese stehen aber, wie im ersten Theile der Arbeit gezeigt wurde, in einer gesetzmässigen Beziehung zu einander, derart dass K aus α berechnet werden kann. Es sind daher für jedes beliebige Stärkeinversionsprodukt g, m und d durch das specifische Drehungsvermögen α des Komplexes der Kohlenhydrate eindeutig bestimmt, falls nicht erhebliche Mengen von Reversionsprodukten zugegen sind.

Die Verfasser berechneten entsprechende ausführliche Tabellen und entwarfen auf Grund derselben folgende Kurventafel (Fig. 65):

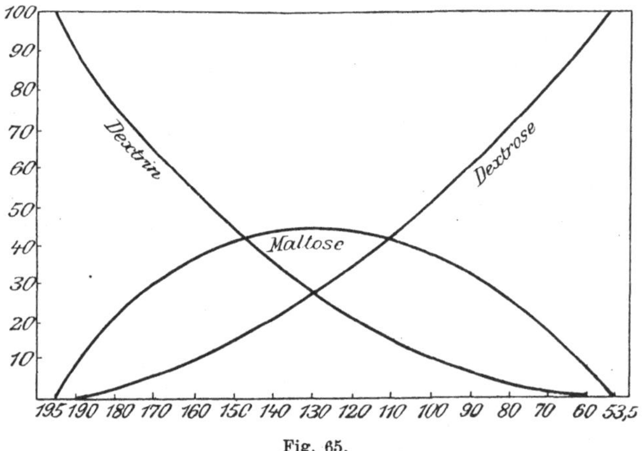

Fig. 65.

Mit ihrer Hilfe lässt sich die technische Analyse des Stärkesyrups und die Betriebskontrolle der Stärkesyrupfabrikation auf das einfachste durchführen. Man bestimmt die Polarisationsdrehung und das specifische Gewicht; aus letzterem berechnet man die Trockensubstanz und mit deren Hilfe das specifische Drehungsvermögen. Das letztere sei beispielsweise 125. Diesen Werth sucht man auf der Abscissenachse auf und geht die entsprechende Ordinate in die Höhe. Dieselbe schneidet die Dextrinkurve bei 24,8; die Glukosekurve bei 31,3 und die Maltosekurve bei 43,9. Die (aschefreie) Trockensubstanz des Syrups enthält also 24,8 % Dextrin,

31,3 % Glukose und 43,9 Maltose. Der Syrup ergab im ganzen 83,5 % Trockensubstanz; er enthielt also annähernd:

20,7 % Dextrin,
26,1 % Glukose, (Dextrose),
36,7 % Maltose.

28. Bestimmung der Stärke.

In der Kälte entsteht bei der Einwirkung von Säuren auf Stärke hauptsächlich Amylodextrin. Behandelt man die Stärke bei Kochhitze mit verdünnten Mineralsäuren, so entsteht zunächst lösliche Stärke (Amylogen), dann Dextrin und schliesslich Traubenzucker. Starke organische Säuren und Aetzalkalien verhalten sich ähnlich.

Nach P. Guichard[1]) gelingt die Saccharifikation am besten mit 10 % Salpetersäure. Er kocht z. B. 4 g der feingemahlenen Cerealien mit 100 ccm dieser Säure am Rückflusskühler und verwendet die Lösung, eventuell nach dem Entfärben mit Thierkohle zur Polarisation.

Effront[2]) empfiehlt 5 g Stärke mit 20 ccm konc. Salzsäure in einer Reibschale anzurühren, nach 5—8 Minuten auf 200 ccm aufzufüllen und zu polarisiren. H. Ost[3]) fand, wenn die Einwirkung nicht kürzer als 8—10 Minuten gewählt wurde, konstante Werthe $[\alpha]_D = + 196,3$ bis 196,7°; gleiche Werthe erhielt er bei Behandlung der Stärke im Druckfläschchen während 3—5 Stunden bei 2—3 Atmosphären.

Nach A. Baudry[4]) wird Stärke durch Salicylsäure in der Wärme vollständig in Lösung übergeführt, und er benützt diese Eigenschaft zu einer polarimetrischen Bestimmung des Stärkegehaltes von Kartoffeln. 8,65 g der zu äusserst feinem Brei geriebenen Kartoffeln werden mit etwa 80—90 ccm Wasser in einem 200 ccm Kolben gebracht, man fügt 0,5 g Salicylsäure hinzu, setzt einen Stopfen mit Kühlrohr auf und kocht 45—50 Minuten über freier Flamme. Dann füllt man, um ein Ausscheiden von löslicher Stärke zu vermeiden, mit Wasser nahezu zur Marke, kühlt binnen 15 Minuten auf 15—18° ab, fügt zur Zerstörung etwaiger von Eisen herrührender Violettfärbung 1 ccm Ammoniak hinzu und füllt auf 200 ccm auf. Hierauf filtrirt man und polarisirt im 400 mm Rohr; die Grade Ventzke geben direkt die Stärkeprocente an. Für Pektinstoffe sind 0,2 % vom gefundenen Stärkegehalt abzuziehen. Zur Beschleunigung der Aufschliessung der Zellen kann man 2 g Zinkchlorid hinzufügen, muss jedoch dann den Ammoniakzusatz weglassen und für Pektinstoffe 0,35 % abziehen.

---

1) P. Guichard, Bull. soc. chim. (3), **7**, 630.
2) Effront, Monit. scientif. (4), 1, I, 538, 1887.
3) H. Ost, Chem. Ztg. **19**, 1502, 1895.
4) A. Baudry, Zeitschr. analyt. Ch. **35**, 616, 1896.

O. Saare[1]) weist darauf hin, dass Baudry den 0,4 bis 3,4 % betragenden Zuckergehalt der Kartoffel nicht berücksichtigt.

29. Bestimmung der Stärke in Wurst.

H. Weller[2]) benützt hierbei die Löslichkeit der Stärke in Zinkchlorid (vgl. hierzu Best. der Stärke bei der Methode der gewichtsanalyt. Best. nach A. Leclerc) und die Drehung der Polarisationsebene des Lichtes, welche durch eine solche Lösung veranlasst wird. 40 g der fein zerhackten und in einem Porcellanmörser gleichmässig zerriebenen Wurstprobe werden in einem 200 ccm Kolben mit etwa 100 ccm Wasser, 0,3 g Zinkchlorid und 0,5 g konc. Salzsäure vom spec. Gewicht 1,19 übergossen und unter öfterem Umschütteln in einem siedenden Wasserbad ½ St. erhitzt; nach dem Erkalten wird bis zur Marke aufgefüllt, ordentlich durchgeschüttelt und die trübe Flüssigkeit von der Wurstmasse abkolirt. 50 ccm der Kolatur werden in ein 100 ccm Kölbchen gebracht, nochmals mit 0,3 g Zinkchlorid und 0,5 g konc. Salzsäure vom spec. Gewicht 1,19 versetzt und einmal aufgekocht. Nach dem Erkalten fällt man die optisch aktiven Eiweisskörper aus, indem man mit kalt gesättigter Quecksilberchloridlösung zur Marke auffüllt, gut umschüttelt und das wasserklare Filtrat im 200 mm Rohr polarisirt.

Die einzelnen Stärkearten zeigen ein verschiedenes specifisches Drehungsvermögen in Zinkchloridlösung. Es ist daher vor Ausführung der quantitativen Bestimmung mit Hilfe des Mikroskops festzustellen, welche Stärke vorliegt. Nachdem dies geschehen, berechnet man das Ergebniss der Untersuchung mit Hilfe der folgenden Faktoren. Bei der erhaltenen Verdünnung entspricht 1° Ventzke 0,37732 g trockener Kartoffelstärke in der eingewogenen Substanzmenge, bezw. 0,40966 g trockener Weizenstärke, bezw. 0,48284 g trockener Roggenstärke. Die angegebene Methode gilt für alle aus Fleisch oder Blut hergestellten Wurstwaaren; sie ist dagegen nicht auf Leberwürste anzuwenden, weil diese neben Eiweisskörpern auch Glykogen und andere optisch aktive Substanzen enthalten.

30. Optische Aktivität bei flüssigen Fetten.

Nach den Untersuchungen von Bishop[3]) und Peter[4]) giebt es auch gewisse Oele, welche die Polarisationsebene des Lichtes zu drehen vermögen. Die meisten Pflanzenöle sind schwach linksdrehend, so namentlich Mandelöl, Rüböl, Hanföl, Leinöl und Mohnöl. Nussöl ist inaktiv,

1) O. Saare, Zeitschr. analyt. Ch. **35**, 617, 1896.

2) H. Weller, Forschungsber. über Lebensmittel etc. **3**, 430; Zeitschr. analyt. Ch. **38**, 375, 1899.

3) Bishop, Journ. Pharm. Chim. **16**, 300, 1887.

4) Peter, Chem. Ztg. 1887, Rep. 267.

Arachisöl meist linksdrehend, zuweilen schwach rechtsdrehend, ebenso ist Sesamöl rechtsdrehend. Mehr als 100 Proben Olivenöl erwiesen sich als schwach rechtsdrehend. Ein besonders hohes Drehungsvermögen besitzen Krotonöl und Ricinusöl.

Die Prüfung wird im Polarimeter von Laurent ausgeführt bei 13 bis 15°. Trübe Oele müssen vorher filtrirt und dunkle mit Thierkohle entfärbt werden. Folgende Tabelle giebt die beobachteten Werthe wieder:

	Saccharimeter-grade.		Saccharimeter-grade.
Süssmandelöl	—0,7°	Sesamöl, kalt gepresst	+3,1°
Erdnussöl	—0,4	„ warm gepresst	+7,2
Rüböl, franz.	—2,1	„ 1878	+4,6
„ japan.	—1,6	„ 1882	+3,9
Leinöl	—0,3	„ 1882	+9,0
Nussöl	—0,3	„ indisches	+7,7
Mohnöl	0,0	Krotonöl	+43
Olivenöl	+0,6	Ricinusöl	+40,7

Ein Polarimeter zur Untersuchung ätherischer Oele auf deren Polarisationsvermögen beschreibt E. R. Budden[1]).

31. Bestimmung des Kamphers im Celluloid.

F. Foerster[2]) hat ein Verfahren ausgearbeitet, nach welchem das Untersuchungsobjekt durch Behandlung mit Natronlauge zersetzt, alsdann der Kampher durch Destillation übergetrieben und dem Destillat mit Hilfe gemessener Mengen Benzol entzogen wird. Aus dem Drehungsvermögen der so erhaltenen Benzollösung ergiebt sich der Kamphergehalt.

Zur Ausführung einer Bestimmung bringt man die abgewogene Substanz (10 g) in einen etwa 1 l fassenden Kolben, dessen Kork einen Tropftrichter und das Verbindungsrohr zum Kühler trägt. Das letztere ist, um nach Möglichkeit das Mitreissen kleiner fester Theilchen zu vermeiden, am unteren Ende schräg nach oben umgebogen. Der Kühler mündet in eine Vorlage, welche gleichzeitig als Schüttelgefäss dient. Dieselbe besteht zunächst aus einem etwa 150 ccm fassenden Rundkolben, welcher nach oben in eine etwa 1 cm weite Spindel übergeht, die als Messrohr dient und etwa 30 ccm Inhalt hat. Gleich über dem Rundkolben befindet sich der Nullpunkt, über welchem das Rohr in halbe Kubikcentimeter getheilt ist. Das Messrohr geht oben in eine zweite, birnartige, zweifach tubulirte Erweiterung über. In den einen Tubulus mündet der Kühler, dem anderen wird ein mit Benzol beschicktes U-

1) E. R. Budden, The Analyst **21**, 41, 1896.
2) F. Förster, Ber. **23**, 2981, 1890.

röhrchen angefügt. Hat man sich davon überzeugt, dass der Apparat schliesst, so lässt man aus dem Tropftrichter so viel 10%ige Natronlauge hinzufliessen, als zur Zersetzung der Substanz etwa nöthig ist, und erhitzt auf dem Wasserbade bei etwa 80%. Ist die Verseifung ihrem Ende nahe, so lässt man noch etwas konc. Natronlauge nachfliessen, deren Menge so berechnet ist, dass die schliesslich im Kolben vorhandene Natronlauge etwa 10%ig ist. Die Zersetzung ist vollendet, wenn die Form der angewandten Substanz völlig zerstört ist. Alsdann bringt man den Kolben auf ein Drahtnetz, lässt, falls sein Inhalt noch nicht 200—250 ccm beträgt, durch den Trichter die nöthige Menge Wasser zufliessen und treibt den Kampher durch Destillation über. Beträgt das Destillat 120—150 ccm, so unterbricht man die Destillation, füllt bis zum Nullpunkt auf, spült den Kühler wie das vorgelegte U-Röhrchen sorgfältig mit Benzol aus und setzt eventuell noch Benzol hinzu, bis das Volumen desselben 25—30 ccm beträgt. Durch vorsichtiges Neigen der Vorlage sorgt man dafür, dass im Wasser des unteren Kolbens kein Benzol mehr schwimmt, bringt dann das Ganze durch Einstellen ins Wasserbad auf 20° C., liest das Volumen des Benzols ab, wobei man Zehntel ccm schätzt, schüttelt kräftig um, lässt die Schichten sich trennen, bringt die Lösung mit Hilfe einer Pipette in die Polarisirungsröhre und bestimmt den Drehungswinkel. Die Menge der bei einer solchen Bestimmung anzuwendenden Substanz bemisst man zweckmässig so, dass die Menge des überzudestillirenden Kamphers 2—3 g beträgt.

Foerster hat nun das Drehungsvermögen des reinen, aus 50%igem Weingeist umkrystallisirten Kamphers bestimmt. Die folgende Tabelle enthält die für die verschiedenen Koncentrationen (c) gefundenen Werthe:

c	α	$[\alpha]_D$	d
5	8,122°	40,630°	
			0,822
10	16,574	41,452	
			0,897
15	25,406	42,348	
			0,871
20	34,551	43,209	
			0,872
30	53,927	44,961	
			0,832
40	74,588	46,638	

In dieser Uebersicht bedeutet d die Differenz der specifischen Drehungswinkel für einen Unterschied von 5 in der Koncentration. Aus den Werthen für $[\alpha]_D$ ergiebt sich nach der Methode der kleinsten Quadrate folgende Gleichung:

1. $(\alpha)_D = (39,755 + 0,17254\,c)^0$. Unter Hinzuziehung der Formel $c = \frac{100\,\alpha}{l\,(\alpha)_D}$, in welcher l die Länge des angewandten Rohres in Decimetern bedeutet, kann man durch Näherungsrechnung aus dem gefundenen Werth α den Werth von c berechnen. Statt diese auszuführen, kann man sich auch der folgenden, von Foerster berechneten Formel bedienen:

2. $c = 115,2052\,(-1 + \sqrt{1 + 0,0436683\,\frac{\alpha}{l}})$. Oder man kann nach Landolt's Vorgange aus der oben gegebenen Uebersicht nach der Methode der kleinsten Quadrate direkt eine Beziehung von c zu α ausrechnen. Man erhält dabei nach Foerster

3. $c = 2,46826\,\frac{\alpha}{l} - 0,01747\,\left(\frac{\alpha}{l}\right)^2$; dieser Formel wird man sich am zweckmässigsten bedienen. Da die diesen Formeln zu Grunde liegenden Wägungen sich auf den luftleeren Raum, die Koncentrationen auf wahre Kubikcentimeter beziehen, so muss man die durch Wägungen in Luft und mit Hilfe der Mohr'schen Messgefässe erhaltenen Zahlen — wenigstens für sehr genaue Arbeiten — mit einem Faktor multipliciren, dessen Grösse der Verfasser auf 0,9966 angiebt. In den meisten praktischen Fällen wird diese Korrektion vernachlässigt werden können.

Das Verfahren eignet sich mit entsprechenden Abänderungen[1]) auch zur Bestimmung des Kamphers in einigen pharmaceutischen Präparaten. So wird aus den Mischungen des Kamphers mit Oelen oder Fetten ersterer am besten wohl durch Destillation im Dampfstrom ohne Verseifung abgetrieben. Es gelingt dies vollständig, wenn man etwa 300 ccm Wasser überdestillirt. Als Vorlage muss man in diesem Falle einen grösseren Kolben verwenden, aus welchem dann in die oben beschriebene Vorlage hinein nochmals destillirt wird.

In Celluloidspänen wurde auf diese Weise 22,53 % und 22,43 % Kampher gefunden; ein fertiges Fabrikat, welches in geraspeltem Zustande angewandt wurde, enthielt 30,89 %.

32. Bestimmung des Nikotins.

M. Popovici[2]) hat ein speciell für die Untersuchung von Tabak bestimmtes Verfahren ausgearbeitet. Er extrahirt in der von Kissling[3]) angegebenen Weise das Tabakspulver, nachdem es mit Natronlauge durch-

---

1) Vgl. hierzu A. Partheil u. A. v. Haaren, Archiv d. Pharm. **238**, 164, 1900.

2) M. Popovici, Zeitschr. physiol. Ch. **13**, 445, 1889; Zeitschr. analyt. Ch. **29**, 210, 1890.

3) R. Kissling, Zeitschr. analyt. Ch. **21**, 75, 1882; Chem. Ztg. **13**, 1030, 1889.

tränkt ist, mit Aether im Soxhlet'schen Apparate 3—4 Stunden lang. Der ätherische Auszug wird nun mit 10 ccm einer ziemlich koncentrirten Lösung von Phosphormolybdänsäure in Salpetersäure geschüttelt, wodurch das Nikotin, zusammen mit dem Ammoniak u. s. w. in Form eines sich leicht absetzenden Niederschlages gefällt wird. Man giesst den überstehenden Aether ab, versetzt den Schlamm mit Wasser, so dass man in dem Kolben im ganzen 50 ccm Flüssigkeit hat, und fügt nun, um das Nikotin in Freiheit zu setzen, 8 g fein gepulvertes Barythydrat zu.

Man lässt dieses einige Stunden, während deren man öfter umschüttelt, einwirken, wobei der anfangs blaue Niederschlag grün und schliesslich gelb wird, und filtrirt ab. Von dem klaren, immer etwas gelblichen Filtrat bestimmt man dann mittels eines Polarisationsapparates das Drehungsvermögen und berechnet daraus den Nikotingehalt.

Durch Bestimmung des Nikotins in ätherischen Lösungen von bekanntem Gehalt an reinem Nikotin ermittelte Popovici die in folgender Tabelle zusammengestellten Beziehungen zwischen der vorhandenen Nikotinmenge und dem beobachteten Drehungswinkel. Er verfuhr dabei mit der ätherischen Lösung genau wie oben angegeben und macht speciell darauf aufmerksam, dass die Tabelle nur genau für die Verhältnisse gilt, welche bei den zu ihrer Aufstellung benützten Versuchen eingehalten wurden. Bei Abweichungen von denselben muss man demnach selbst eine solche Tabelle aufstellen. Die betreffenden Werthe wurden mit dem 200 mm Rohr ermittelt unter Verwendung von Natriumlicht.

50 ccm Lösung enthielten Nikotin in g.	Differenz in g.	Drehungswinkel in Minuten.	Differenz in Minuten.	Einer Minute entsprechen g Nikotin für 50 ccm Lösung.
2,000	—	337	—	—
1,875	0,125	318	19	0,00658
1,750	„	298	20	0,00625
1,625	„	278	„	„
1,500	„	258	„	„
1,375	„	238	„	„
1,250	„	217	21	0,00595
1,125	„	196	„	„
1,000	„	175	„	„
0,875	„	154	„	„
0,750	„	133	„	„
0,625	„	111	22	0,00569
0,500	„	89	„	„
0,375	„	67	„	„
0,250	„	45	„	„

Bei vergleichenden Tabaksuntersuchungen nach der polaristrobometrischen Methode und dem Kissling'schen Verfahren fand Popovici recht gute Uebereinstimmung. Die Kissling'sche Methode lieferte durchgehends ein wenig niedrigere Werthe, was der Verfasser auf geringe Verluste bei der Destillation zurückführt.

P. Kissling weist diese Ansicht zurück und führt aus, dass eventuell die ausser Nikotin vorhandenen Tabaksbestandtheile einen gewissen Einfluss auf das Drehungsvermögen der Lösung ausüben können. Im übrigen erklärt er, dass es sich nur um sehr kleine Differenzen zwischen den nach verschiedenen Methoden erhaltenen Werthen handelt.

XIV.

Methode der Bestimmung der Verbrennungswärme.

„Die Methode der Bestimmung der Verbrennungswärme hat gegenwärtig einen so hohen Grad von Vollkommenheit erreicht, dass sie jeder anderen chemisch-physikalischen Methode an Schärfe gleichkommt, sehr viele sogar übertrifft. Die Fehlergrenzen sind bei exakten Arbeiten nicht grösser, als dass Einzelbeobachtungen mit höchstens 2 pro Mille vom Mittel abweichen [1]."

Diese empfehlenden Worte Stohmann's sind bisher auf einen nicht gerade fruchtbaren Boden gefallen, da man ausser der Ermittlung des Kalorienwerthes der Nahrungsmittel und der Bestimmung des Heizwerthes von Brennmaterialien von dieser Methode nicht allzu reichlich Gebrauch gemacht hat. Die Gründe dafür liegen wohl zum Theil darin, dass es für die meisten der betreffenden Körper genügend andere Methoden giebt, die geeignet sind, auf rascherem Wege und ohne Anwendung einer immerhin theuren Apparatur sich über die Reinheit einer Verbindung zu orientiren.

Dagegen sind die thermochemischen Bestimmungen und speciell auch die Ermittlung der Verbrennungswärmen von der allergrössten Wichtigkeit für die Praxis sowie theoretische Betrachtungen, und ist hier dank der vortrefflichen Bestimmungen verschiedener Forscher noch eine grosse Fülle von werthvollem Material für künftige Forschungen, zunächst noch allzu wenig benützt, vorhanden.

Es liegt folgende Eintheilung bei der Bearbeitung des Stoffes zu Grunde:

1. Apparatur.
   - Kalorimeter.
   - Thermometer.
   - Berthelot's Bombe.
   - Kompressionsvorrichtung.

---

[1] F. Stohmann, Zeitschr. physik. Ch. **10**, 410, 1892.

2. Bestimmung des Wasserwerthes des Apparats.
Wasserwerth des Rührwerks,
" " Kalorimeters,
" der Bombe.
3. Ausführung der Verbrennungen.
4. Verbrennungs- und Bildungswärmen der organischen Verbindungen.
Elemente.
Körper von fraglicher Konstitution.
Kohlenwasserstoffe der Fettreihe.
Kohlenwasserstoffe der aromatischen Reihe.
Einsäurige Alkohole.
Mehrsäurige Alkohole und Zuckerarten.
a) Pentosen.
b) Hexosen.
c) Heptosen.
d) Disaccharide.
e) Trisaccharide.
f) Polysaccharide.
g) Phenole.
Kampher.
Aether.
Phenoläther.
Aldehyde.
Einbasische Säuren der Fettreihe.
Mehrbasische Säuren der Fettreihe.
Einbasische Säuren der aromatischen Reihe.
Mehrbasische Säuren der aromatischen Reihe.
Säureanhydride.
Laktone und Laktonsäuren.
Ketone.
Chinone.
Methylester einbasischer Säuren.
Methylester zwei- und mehrbasischer Säuren.
Aethylester einbasischer Säuren.
Aethylester zwei- und mehrbasischer Säuren.
Ester sonstiger einsäuriger Alkohole.
Ester mehrsäuriger Alkohole.
Phenolester.
Nitrile.
Amide und Amidosäuren.
Ammoniak und Amine.
Azoverbindungen.

Nitroverbindungen.
Eiweissstoffe.
Chloride.
Bromide.
Jodide.
Thioverbindungen.

5. Die Kalorienbewerthung der Nahrungsmittel.
6. Nachweis von Verfälschungen in Butter und Schweineschmalz.
7. Bestimmung des Saccharins.
8. Bestimmung des Brennwerthes der Kohle.

Apparat von F. Fischer.
Apparat von Hempel.
Apparat von Mahler (Langbein).
Apparat von Kroeker.
Apparat von Junkers.

1. Apparatur.

Zunächst benützten Stohmann[1]) und seine Schüler bei ihren Untersuchungen die Methode von Frankland, die Oxydation mit Hilfe von chlorsaurem Kali auszuführen; späterhin wendeten sie jedoch, nachdem sie die Vorzüge der Berthelot'schen Bombe erkannt hatten, nur diesen Apparat an und oxydirten mit komprimirtem Sauerstoff. Von dieser Methode geben sie eine ausführliche Beschreibung[2]), welcher ich im wesentlichen hier folge.

Der Untersuchungsraum: Zur Ausführung genauer thermochemischer Messungen ist ein Beobachtungsraum erforderlich, dessen Temperatur von den Schwankungen der Aussenwärme so wenig wie möglich beeinflusst wird, und dessen Wärme während der kalten Jahreszeit beliebig geregelt und gleichmässig gehalten werden kann.

Das Kalorimeter. Das Kalorimetergefäss, dessen sich Stohmann und seine Schüler bedienten, war ein Messingcylinder von 205 mm Höhe und 448 mm Weite. Dasselbe wog 566 g. Es wurde von drei Ebonitklötzchen, welche durch Glasstäbe verbunden sind, mit einer Auflage von 2 mm getragen und steht 165 mm hoch über dem Innenboden eines doppelwandigen, mit 40 l Wasser gefüllten Behälters.[3])

Auf dem Wasserbehälter sind drei, oben untereinander verbundene Messingsäulen befestigt, die einerseits als Stativ für die das Wasser- und

---

[1]) F. Stohmann, Journ. pr. Ch. (2), **19**, 115, 1879.

[2]) F. Stohmann, Cl. Kleber und H. Langbein, Journ. pr. Ch. (2), **39**, 503, 1889.

[3]) Vgl. Journ. pr. Ch. (2), **33**, 246, 1886.

das Lufthermometer haltenden Klammern und für die Lupenträger dienen, sowie anderseits dazu bestimmt sind, den Bewegungsmechanismus für das im Innern des Kalorimetergefässes befindliche Rührwerk, durch welches das Wasser während der Dauer der Beobachtung in beständiger Bewegung erhalten wird, zu tragen.

Das „Rührwerk bestand aus drei in gleichmässigen Abständen über einander angeordneten, gelochten, ringförmigen Messingblechen, welche in dem Wasser des Kalorimetergefässes in vertikaler Richtung auf- und abwärts bewegt werden. Bei der tiefsten Stellung des Rührwerkes trifft die unterste Platte fast bis auf den Boden des Gefässes, während die oberste bei der höchsten Stellung des Rührwerkes, bis dicht unter den Wasserspiegel, ohne diesen aber jemals ganz zu erreichen, kommt."

„Der äussere Durchmesser der ringförmigen Scheibe beträgt 145 mm, der innere 105 mm. Sie erfüllt den ganzen Raum zwischen der Innenwand des Kalorimetergefässes und der Aussenwand der Bombe. Zur Einführung des Thermometers befindet sich an einer Stelle der beiden oberen Bleche ein entsprechender Ausschnitt. Die drei Blechplatten sind durch einen bügelförmig gebogenen Draht unbeweglich unter einander verbunden, und letzterer ist am höchsten Punkte der Biegung durch eine leicht zu lösende Schraube an einem sich vertikal bewegenden Schlitten befestigt. Der das Rührwerk tragende Schlitten hängt mittels eines in Stiften drehbaren Stabes excentrisch an einer runden Scheibe und nimmt daher bei der Drehung der Scheibe eine vertikale Bewegung an."

Als Bewegungsmechanismus kann man eine Dynamomaschine oder Turbine oder ein durch Fallgewicht betriebenes Uhrwerk verwenden.

Das Thermometer: Zur Temperaturbestimmung bedienten sich Stohmann u. s. w. eines Thermometers (8a) mit willkürlicher, in 0,5 mm getheilter Skala, deren Werth durch Vergleichung mit einem von Tonnelot in Paris gelieferten, von der internationalen Aichungskommission zu Sèvres mit allen Korrektionstabellen versehenen Normalthermometer Nr. 4504 für jeden Zehntelgrad der letzteren, sowohl in aufsteigender, wie in absteigender Richtung, von neuem festgestellt worden ist. Da jeder der Theilstriche des Thermometers einem Werthe von etwa 0,014° entspricht, und da mittels der Lupe noch 0,1 Theilstrich zu schätzen ist, so wurden die Temperaturen auf 0,001 bis 0,002° genau gemessen.

Die Ablesungen wurden mit einer an dem vertikalen Stative gleitenden, scharfen Lupe vorgenommen, nachdem jedes Mal das Thermometer durch einen leichten Schlag mittels eines mit Kautschuk überzogenen Glasstabes erschüttert worden ist, um die Adhäsion des Quecksilberfadens an der feinen Kapillarwand aufzuheben. Bei einer Beleuchtung des Thermometers ist dasselbe, um es vor der Einwirkung der durch eine Glühlampe ausgestrahlten Wärme zu schützen, in einem grösseren, mit Flüssigkeit gefüllten Metallgehäuse, an dessen Vorderwand ein mit Glas abgedichteter Schlitz von der Weite der Thermometerskala sich befindet, eingeschlossen.

„Berthelot's Bombe. Dieser Apparat besteht im wesentlichen aus einem hermetisch verschliessbaren Tiegel, in welchem die Substanz in auf 24 Atmosphären Druck komprimirtem Sauerstoff verbrannt wird. Die Entzündung erfolgt, indem eine Spirale von feinstem Eisendraht, welche unmittelbar über der Substanz zwischen zwei Polen einer galvanischen Batterie liegt, durch Schliessen des Stromes erhitzt wird, wobei das Eisen sofort verbrennt und als weissglühendes Kügelchen von geschmolzenem Eisenoxyduloxyd auf die Substanz fällt, die dadurch entflammt wird und vollständig zu Kohlendioxyd und Wasser ohne Bildung von Kohlenoxyd verbrennt. Letzteres ist aber nur zu erreichen, wenn der Sauerstoff in grossem Ueberschuss vorhanden ist, und es lässt sich als Regel aufstellen, dass das Verhältniss von zu verbrennender Substanz zum Sauerstoffbedarf ungefähr 30 % des vorhandenen Sauerstoffs nicht übersteigen sollte. Stohmann's Bombe hatte einen Innenraum von 294 ccm und nimmt daher bei 24 Atmosphären Druck 7 l oder in runder Zahl 10 g Sauerstoff auf. Da hiernach 3 g Sauerstoff verfügbar sind, so würde man bei den Bestimmungen z. B. etwa 1 g Naphtalin oder eine diesem in ihrem Sauerstoffbedarf äquivalente Menge anderer Körper verwenden können. Die Menge der zu verbrennenden Substanz kann jedoch bis zu 1,6 g Naphtalin gesteigert werden, wobei alsdann bei dem Durchleiten der Gase durch Palladiumlösung dieselbe gänzlich unverändert blieb, während in einem Kontrollversuche die geringste Menge von Kohlenoxyd die Ausscheidung eines schwarzen Niederschlags hervorbrachte."

„Das zur Entflammung dienende Eisen bestand aus feinstem sog. Blumendraht, von welchem ein Meter 0,114 g wiegt. Um weiteren Berechnungen und Wägungen überhoben zu sein, wurden jedesmal 50 mm dieses Drahtes im Gewicht von 0,0057 g angewandt. Da 1 g Eisen beim Verbrennen zu Eisenoxyduloxyd nach Berthelot 1601 kal. frei werden lässt, so ist hierfür jedesmal 9,1 kal. von der beobachteten Verbrennungswärme in Abzug zu bringen."

Die Bombe ist in Figur 66 dargestellt. Darin ist

A der grosse, aus einem Gussstahlblock gedrehte, mit einem starken Platinfutter ausgekleidete Tiegel, welcher auf einem ringförmigen, aus vernickeltem Messingblech gefertigten Träger ruht.

B der in seinem unteren und inneren Theile ganz aus Platin gefertigte Deckel, dessen obere Platte und äusseren Ansatzstücke dagegen aus Stahl bestehen. Der konische Platinrand des Deckels ist auf das sorgfältigste in die schwach konische Erweiterung des Tiegels eingeschliffen.

C eine grosse Ueberwurfsschraube aus Stahl, durch welche der Deckel fest auf den Tiegel gedrückt wird. Um diese Schraube fester anziehen zu können, als es mit der blossen Hand möglich ist, sind in ihre obere

Flächen zwei Vertiefungen eingebohrt, in welcher sich zwei Bolzen einer in die Zeichnung nicht aufgenommenen Stahlklaue einsetzen. Letztere

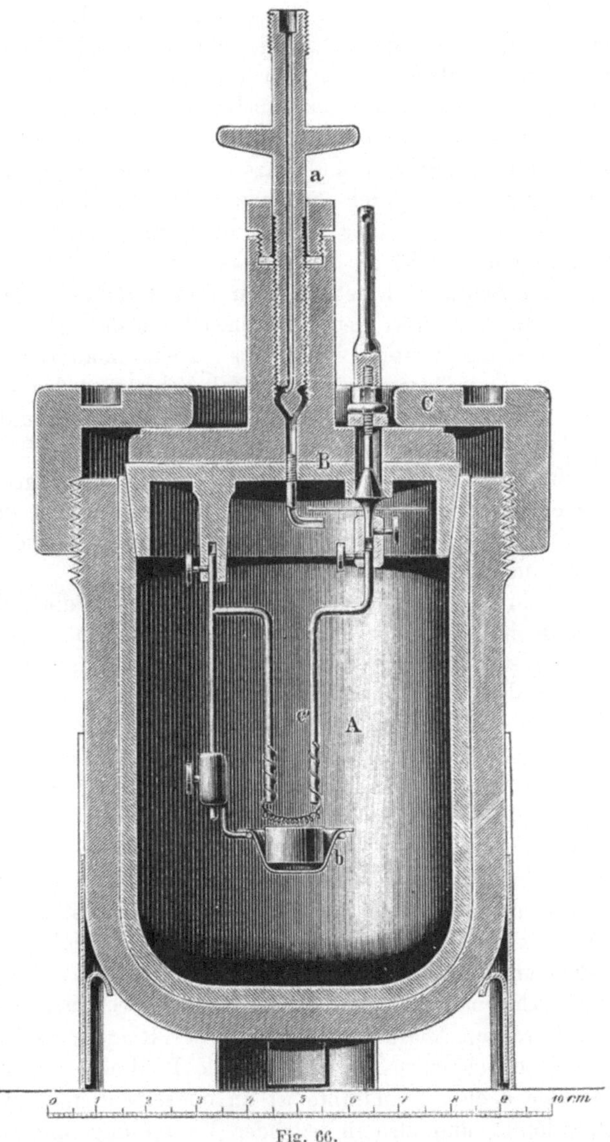

Fig. 66.

wird, nachdem die mit der Substanz beschickte Bombe in einen aus zwei beweglichen, mit weichem Blei gefütterten Hälften bestehenden Stahlring eingespannt ist, und von diesem unverrückbar gehalten wird, kräftig angezogen, und sichert damit den Verschluss des Tiegels.

Im Mittelpunkt der oberen Fläche des Deckels erhebt sich ein Stahlcylinder, in welchem die Schraube a ihre Führung hat. Die mit 70 Gängen auf 35 mm Länge versehene Schraube bildet das Abschlussventil der Bombe und dient zu gleicher Zeit zum Einpumpen des Sauerstoffs, wie nach Beendigung des Versuchs zum Auslassen der rückständigen Gase. Um als Abschlussventil wirken zu können, ist die Schraube an ihrem unteren Ende konisch abgedreht und setzt sich in eine genau entsprechende konische Erweiterung eines durch die ganze Dicke des Deckels gebohrten Kanales, welcher im Innern der Bombe in einem kurzen, seitwärts gebogenen Platinröhrchen endet.

Die Axe der Schraube a ist zu einer feinen Röhre ausgebohrt und letztere tritt unten, dicht über dem konischen Ende der Schraube, in eine über dem Konus eingeschnittene Rinne aus. Denkt man sich die Bombe unter hohem Druck mit Gasen gefüllt und die Schraube a bis zum tiefsten Punkt herabgedreht, so verschliesst der Konus die Bombe am unteren Ende hermetisch. Soll die Bombe geöffnet werden, so wird die Schraube um etwa eine halbe Drehung aufwärts gedreht, worauf die eingeschlossenen Gase ihren Weg durch das konische Ventil, durch die dicht darüber befindliche Rinne nehmen, durch die seitliche Bohrung in die Röhre der Schraube treten und aus dieser ins Freie entweichen.

Den umgekehrten Weg nimmt der Sauerstoff beim Füllen der Bombe. Bei geöffnetem Konus wird das obere Ende der Schraube *a* mittels einer kleinen Ueberwurfsschraube mit der von der Kompressionspumpe kommenden Röhre verbunden. Der Sauerstoff geht dann durch die Bohrung der Schraube, durch die Rinne und durch das Ventil in die Bombe. Sobald ein an der Kompressionspumpe befindliches Manometer einen Druck von 24 Atmosphären zeigt, wird das Ventil bei festgehaltener Schraube durch eine Drehung der Bombe geschlossen, worauf die Verbindung mit der Kompressionspumpe gelöst werden kann.

Im Innern der Bombe befinden sich folgende Theile: Ein Platinschälchen b zur Aufnahme der zu verbrennenden Substanz. Dasselbe wird von einem Platinringe, welcher mittels eines durchbohrten Platinkörpers an dem am Deckel befestigten starken Platindraht höher oder tiefer gestellt und durch ein Platinschräubchen in jeder Stellung festgehalten werden kann, getragen. Diese Verstellbarkeit des Ringträgers ist erforderlich, um das Platinschälchen dicht unter die Poldrähte cc_1 bringen zu können. Der eine c dieser Poldrähte ist an denselben Draht, welcher die Schale trägt, gelöthet, und also in leitender Verbindung mit dem Körper der Bombe.

Der zweite Poldraht c_1 muss selbstverständlich von dem übrigen Theil der Bombe isolirt sein. Um dies zu erreichen, ist derselbe mit einem in den Deckel luftdicht eingeschlossenen Platinkonus, der an seiner Fläche nach Berthelot mit einer dünnen Schicht von Schellackfirniss überzogen wird, verbunden. Beim Austritt aus dem Deckel wird ein kleiner Elfenbeinring über den den Konus tragenden Platinstift geschoben und der luftdichte Verschluss durch Anziehen einer Schraube herbeigeführt.

Der Schellacküberzug des Konus sichert die Isolirung vollkommen, jedoch ist derselbe recht vergänglich und bedarf häufiger Erneuerung. Um hierdurch beim Arbeiten nicht gestört zu werden, hat man immer mindestens einen gefirnissten Konus in Reserve zu halten und muss vor jedem Versuch das Unverletztsein der Isolirung prüfen, indem man beide Poldrähte mittels eines feinen Eisendrahtes verbindet und sich überzeugt, ob derselbe beim Stromschluss sofort verbrennt.

Diesen Uebelstand haben Stohmann u. s. w. auf höchst einfache Weise beseitigt, indem sie statt des Firnisses ein kleines Stückchen einer ganz dünnwandigen Röhre von schwarzem Kautschuk über den Konus schieben. Beim Anziehen der oberen Schraube presst sich der Kautschuk zu einer haardünnen Membran zusammen, welche die Isolirung ebenso gut wie der Firniss bewirkt, aber fast unvergänglich ist. Kleine Theilchen des Firnisses oder des Kautschuks, welche beim Anziehen der den Konus befestigenden Schraube ins Innere der Bombe dringen können, müssen selbstverständlich vor der Ausführung der ersten Verbrennung beseitigt werden. Um einer Berührung der Flamme mit der Firniss- bezw. Kautschukschicht vorzubeugen, ist der Vorsicht halber, obgleich unnöthigerweise, noch ein durchbohrtes Glimmerblättchen zwischen den in die Bombe hineinragenden Stift des Konus und den Deckel geschoben.

Die Kompressionsvorrichtung: Zur Verdichtung des Sauerstoffs dient eine sorgfältig gearbeitete Saug- und Druckpumpe, welche den von etwa vorhandenem freien Chlor durch Behandlung mit Kalihydrat befreiten Sauerstoff aus einem gewöhnlichen Gasbehälter schöpft. Der Sauerstoff wird vor dem Eindampfen in die Bombe nicht getrocknet, sondern stets in mit Wasserdampf gesättigtem Zustand verwendet. Hierdurch wird jede Korrektion für den bei der Verbrennung gebildeten Wasserdampf vermieden, da derselbe sich in der mit Feuchtigkeit gesättigten Atmosphäre der Bombe vollständig verdichten muss.

Ebenso wenig ist es erforderlich, den Sauerstoff von etwa vorhandener Kohlensäure zu befreien. Dagegen ist die grösste Sorgfalt darauf zu verwenden, dass mit dem Sauerstoff nichts Verbrennliches in die Bombe eingeführt werde. Auf eine hieraus hervorgehende Fehlerquelle haben Stohmann u. s. w. schon früher[1]) aufmerksam gemacht, insofern als der durch Erhitzen von Kaliumchlorat mit Braunstein gewonnene Sauerstoff unter

[1]) Journ. pr. Ch. (2), **33**, 249, 1886.

Umständen Kohlenoxyd enthalten kann. Ausserdem werden aber leicht gewisse Mengen von Oel, mit welchem der Kolben der Pumpe schlüpfrig zu erhalten ist, durch den Sauerstoff fortgerissen, und diese würden, wenn sie in die Bombe gelangten, das Resultat der Verbrennung erheblich zu hoch ausfallen lassen.

Um diesen Fehler zu beseitigen, hat Berthelot zwei Schutzvorrichtungen angebracht. Die erste besteht aus einem mechanischen Oelfänger, einer cylindrischen Metallkapsel, in welcher 30 feine Drahtnetze durch ringförmig gebogene Drähte in Abständen von je etwa 0,5 mm gehalten, angebracht sind. Dieser Oelfänger befindet sich unmittelbar hinter dem Druckventil der Pumpe. Die Menge des darin zurückgehaltenen Oeles ist durchaus nicht unbeträchtlich. Es ist derselbe bei regelmässigem Arbeiten wöchentlich einmal abzuschrauben und durch Auswaschen mit Aether von dem darin angesammelten Oele zu reinigen.

Die zweite Schutzvorrichtung besteht in einem 30 mm langen kupfernen Rohr von 25 mm äusserem Durchmesser und 5 mm innerer Weite, welches zwischen dem Oelfänger und der Bombe, in einem Verbrennungsofen liegend, eingeschaltet ist. Dasselbe wird vor dem Beginn der Füllung zum Glühen erhitzt. Indem der Sauersoff durch dieses glühende Rohr streicht, werden auch die letzten Spuren von organischer Substanz, welche noch vorhanden sein könnten, sicher verbrannt. An das Glührohr schliesst sich ein längeres, zu einer Spirale aufgerolltes, enges Kupferrohr, in welchem der Sauerstoff erkaltet, ehe er in die Bombe gelangt. Man kann die Spirale in kaltes Wasser legen, es ist jedoch eine solche künstliche Abkühlung nicht erforderlich.

Bei der Arbeit mit der Kompressionspumpe ist eine Vorsicht geboten. Wird die Kurbel der Pumpe rasch gedreht und geht der Kolben schwer, so kann der Stiefel der Pumpe sich soweit erhitzen, dass das zum Schmieren dienende Oel in Berührung mit dem stark verdichteten Sauerstoff explosionsartig verbrennt, wodurch eine Zerstörung der Lederpackung des Kolbens herbeigeführt wird. Zur Sicherung gegen diesen Zufall kann man den Stiefel der Pumpe mit einem Mantel umgeben, durch welchen während der Dauer des Pumpens kaltes Wasser geleitet wird.

Die Bombe sowie die Kompressionsvorrichtungen, welche Stohmann benützte, waren von dem Mechaniker Golaz in Paris konstruirt. Sie haben sich in jeder Beziehung vortrefflich bewährt.

2. Bestimmung des Wasserwerthes des Apparates.

Zur Erzielung genauer Resultate ist vor allem die genaue Kenntniss des Wasserwerthes des Kalorimeters mit sämmtlichen zugehörigen Theilen erforderlich, da die denselben ausdrückende Zahl bei allen mit dem Apparat auszuführenden Messungen zur Verwendung kommt und also ein hier gemachter Fehler sich durch alle Beobachtungen zieht. Bei kleinen Kalorimetern, die zu den gewöhnlichen physikalischen Bestimmungen dienen, und bei denen der Wasserwerth 15 bis 20 g kaum erreicht, ist eine Ermittlung desselben nach der gewöhnlichen Mischungsmethode leicht und mit hinreichender Genauigkeit ausführbar. Anders verhält es sich aber bei grossen Apparaten von 4 Kilo Metallgewicht.

Berthelot[1]) empfiehlt hierfür, eine Verbrennung von Naphtalin vorzunehmen, dessen Verbrennungswärme 19 mal bestimmt ist und als Mittelwerth 9694 Kal. pro Gramm und konstantem Volum ergab. Immerhin sind die Differenzen der Einzelwerthe noch gross genug, als dass es angebracht wäre, diesen Mittelwerth als Fundamentalwerth anzusehen. Das Verfahren durch Zusammenbringen einer bestimmten Menge von konc. Schwefelsäure mit einer bestimmten Menge Wasser eine genau bekannte Wärmemenge zu erzeugen, ist auch nicht immer verwendbar und zumal nicht für den vorher beschriebenen Apparat.

In diesem Falle muss man auf die eigentliche Mischungsmethode zurückkommen. Zur Ausführung derselben bringt Berthelot die Bombe in das Wasser des Kalorimeters und fügt eine bestimmte Menge von Wasser, welches vorher auf etwa 60° erwärmt worden ist, hinzu. Dieses Verfahren erscheint ebenso einfach wie zuverlässig, da es leicht ist, die Menge und die Temperatur des heissen Wassers zu ermitteln. Trotzdem besitzt es einen principiellen, seiner Grösse nach nicht bestimmbaren Fehler. Giesst man Wasser von 60° aus einem Gefäss in das andere, so lässt sich während dieses Umgiessens ein gewisser Wärmeverlust, der durch die beim Umgiessen eintretende Verdampfung herbeigeführt wird, nicht vermeiden. Bringt man z. B. 150 g Wasser von 60° in das Kalorimeter, so führt man damit nicht 150 . 60 = 9000 kal. zu, sondern nur 9000—n 564,7 kal., worin n die Menge des verdampften Wassers und 564,7 kal. die eigentliche Verdampfungswärme des Wassers bei 60° ist. Es ist ersichtlich, dass der Werth von n keine erhebliche Grösse anzunehmen braucht, um doch schon einen nicht zu unterschätzenden Fehler herbeizuführen.

Auch ein anderes Verfahren durch Einbringen einer gewogenen Menge Eis von 0° den Wasserwerth des Kalorimeters zu bestimmen, ergiebt keine guten Resultate.

Stohmann ging deshalb dazu über, den Wasserwerth der einzelnen Bestandtheile des Kalorimeters zu bestimmen.

1. Der Wasserwerth des Kalorimetergefässes wurde ermittelt durch Zufügen einer bestimmten Wassermenge zu dem durch Erwärmen auf eine bestimmte, infolge der geringen specifischen Wärme des Messings (0,093) möglichst hohe Temperatur gebrachten Kalorimetergefäss.

---

1) Berthelot, Ann. chim. (6), **10**, 439, 442; (6), **13**, 301, 322.

Die Temperaturbestimmung geschah in der Art, dass man auf die Aussenwand des Kalorimetergefässes einen Kumarinkrystall brachte, der als Temperaturindikator diente. Kumarin erstarrt bei 65,7° mit einer Unsicherheit von etwa 0,2°, wenn man das flüssige Kumarin mit einem Kumarinkrystall berührt. Von diesem Punkt an wurde beobachtet. Während der eine Beobachter die Beschaffenheit des Tropfens im Auge behielt und beim Beginn des Erstarrens ein Zeichen gab, goss der andere das bereit gehaltene Wasser aus einem mit Handtüchern umwickelten Becherglas rasch in das Kalorimetergefäss.

Ist t_z die Endtemperatur, so ist der Anfangszustand

$$Wt_\alpha + CT,$$

worin C der Wasserwerth des Gefässes ist; der Endzustand dagegen ist

$$(W + C)t_z,$$

und es ist daher:

$$Wt_\alpha + C \,.\, T = (W + C)t_z$$

oder

$$Wt_z - Wt_\alpha = C(T - t_z),$$

woraus

$$C = \frac{W(t_z - t_\alpha)}{T - t_z}.$$

Die Beobachtungen ergaben folgende Resultate:

	W	t_α	t_z	T	$t_z - t_\alpha$	C
1.	3533 g	15,780	16,504	65,7	0,724	51,9
2.	3533 g	15,245	15,953	65,7	0,708	50,3
3.	3533 g	15,218	15,990	65,7	0,772	54,9
4.	3533 g	14,890	15,614	65,7	0,724	51,1
5.	3533 g	15,069	15,834	65,7	0,765	54,1

Als Mittel aus fünf Versuchen ergeben sich 52,46 kal., während sich aus dem Gewicht 566 g und der specifischen Wärme des Messings 0,093 als Wasserwerth 52,64 kal. berechnen.

2. Wasserwerth des Rührwerks. Die Bestimmung geschah bei Stohmann's Versuchen durch Einführen des Rührwerks mit der Temperatur der umgebenden Luft in das mit Wasser gefüllte Kalorimetergefäss von 65,7° und Beobachtung der Temperatur. Die Berechnung geschah in gleicher Weise wie vorher und ergab für die 225 g Messing, aus denen das Rührwerk bestand, 15,90 kal., während sich, wenn das Rührwerk ganz eintauchen würde, aus der specifischen Wärme und dem Gewichte 20,93 kal. berechnen würden.

3. Wasserwerth der Bombe. Die Ermittlung geschah, nachdem die spec. Wärme des zur Herstellung benützten Stahles festgestellt und zu 0,10968 gefunden worden war.

Die Berechnung des Wasserwerths der Bombe aus der Zusammensetzung ergab:

2717 g	Stahl	× 0,10968	= 298,00 kal.
1233,3 g	Platin	× 0,0324	= 39,96 „
129,5 g	Messing	× 0,093	= 12,04 „
4079,8 g	Metallgewicht		= 350,00 kal.

Die Ausführung der Bestimmung bot gewisse Schwierigkeiten, da es nicht ganz leicht ist, die voluminöse Bombe auf eine genau bekannte Temperatur zu bringen. Die besten Resultate wurden erhalten durch Bestimmung des Wasserwerths der Bombe in dem Kalorimetergefäss mit Hilfe der oben beschriebenen Methode. Es ergaben sich 349,1 kal., während die oben durchgeführte Berechnung 350,00 kal. lieferte.

Eine Reihe von anderen Beobachtungen, bei denen die Bombe auf eine bestimmte Temperatur gebracht wurde und alsdann rasch in das Kalorimetergefäss, dessen Temperatur vorher festgestellt worden war, übergeführt wurde, ergab im Mittel 350,3 kal.

Als Gesammtwasserwerth des Apparates ergab sich:

Kalorimetergefäss	52,46 g
Rührwerk	15,90 g
Thermometer	1,70 g
Bombe	350,30 g
Sauerstoff	2,18 g
Sa.	422,54 g

Der Wasserwerth des auf 24 Atmosphären Druck komprimirten Sauerstoffs berechnet sich aus dem Volum der Bombe (294 ccm), also 7,056 l Sauerstoff = 10 g zu dem obigen Werthe.

Die geringe Menge von Wasser, welche mit dem feuchten Sauerstoff eingeführt wird, kann füglich ausser Rechnung bleiben, da sie nur 0,19 g beträgt.

Um mit einfachen Zahlen rechnen zu können, wählten Stohmann und seine Schüler die Wasserfüllung im Kalorimeter so, dass der Wasserwerth genau 2500 g beträgt. Hierzu sind, da man das Gewicht des Wassers auf luftleeren Raum bezieht, 2074,97 oder rund 2075 g erforderlich. Diese Menge war ausreichend, um die Bombe bis dicht unter die Handhabe der Verschlussschraube in das Wasser eintauchen zu lassen. Wie Kontrollversuche ergaben, sind dadurch keine merklichen Fehler bedingt, dass die Bombe nicht tiefer eintaucht, was wegen der Leitungsdrähte nicht gut möglich ist.

3. Ausführung der Verbrennungen.

Der Berthelot'sche Apparat eignet sich zur Bestimmung des Wärmewerthes der Körper von jedem Aggregatzustand. Die Verbrennung in verdichtetem Sauerstoff erfolgt fast momentan, explosionsartig. Die Dauer des ganzen Versuchs beschränkt sich daher auf die Zeit, welche erforderlich ist, um den Wärmeausgleich zwischen den einzelnen Theilen des Apparates und dem Wasser, mit dem das Kalorimetergefäss gefüllt ist, sich vollziehen zu lassen. Trotz der grossen Masse der Bombe (ca. 4 Kilo) erfolgt der Temperaturausgleich doch ungemein rasch; es sind nach vielen Beobachtungen nur 3—4 Minuten dazu erforderlich. Dabei wird der bei weitem grösste Theil der Wärme bereits vor Ablauf der ersten Minute vom Beginn der Entzündung gerechnet an das Wasser abgegeben. Durch diese kurze Dauer wird die Grösse der erforderlichen Korrektionen ausserordentlich gering.

Bei der stürmisch verlaufenden Verbrennung können Theile der Substanz fortgeschleudert werden und damit der Verbrennung entgehen. Um diesem vorzubeugen, formt man die Substanzen zu möglichst festen, zusammenhängenden Pastillen. Es dient dazu eine Form, welche eine genaue Nachbildung des bekannten Diamantmörsers ist, der in der Analyse zum Zertrümmern harter Mineralien schon lange benützt wird, nämlich ein starker Stahlcylinder von 13 mm weiter Bohrung, mit beweglichem Bodentheil und einem im Innenraum gleitenden Stempel. Die zunächst annähernd gewogene Menge der Substanz, bei deren Quantitätsbemessung auf das früher Gesagte Rücksicht zu nehmen ist, wird in den Innenraum der Form geschüttet und nach dem Aufsetzen des Stempels ein kräftiger Druck auf dieselbe ausgeübt. Bei vielen Substanzen genügt der blosse Druck der Hand. Erweist sich dieser als nicht ausreichend, um den Pastillen genügend Festigkeit zu geben, so nimmt man eine Presse irgend welcher Art zu Hilfe. Nach Entfernung des Bodenteils der Form lässt sich die fertige Pastille leicht mit dem Stempel aus der unteren Oeffnung hervordrücken.

Die Pastille wird bis unmittelbar vor der Verbrennung in einem Exsiccator aufbewahrt, und dann in dem vorher tarirten Platinschälchen der Bombe genau gewogen. Bei unzersetzt schmelzbaren Substanzen kann die Formung der Pastillen unterbleiben. Solche Substanzen erwärmt man vorsichtig in dem tarirten Platinschälchen bis gerade zum Schmelzpunkt, lässt im Exsiccator erkalten und wägt.

Inzwischen ist die Bombe herzurichten. Nach Lösung der Ueberwurfsschraube wird der Deckel abgenommen und mit abwärts gerichteten Poldrähten mit seinem Rande auf den Ring eines Stativs gelegt. Der zur Zündung dienende Eisendraht wird durch Aufwickeln auf eine nicht zu feine Stecknadel in eine Spirale verwandelt, deren Enden entweder unmittelbar um die beiden Poldrähte geschlungen oder mittels feiner Platindrähte an denselben befestigt werden. An den Poldrähten haftet leicht ein dünner Ueberzug von dem bei der Verbrennung entstehenden Eisenoxydul-Oxyd, wodurch deren Leitungsfähigkeit aufgehoben wird. Um diesen zu beseitigen, erhitzt man ihr unteres Ende von Zeit zu Zeit in geschmolzenem sauren Kaliumsulfat.

Ist die Eisenspirale an den Poldrähten befestigt, so wird der obere Rand des konischen Theiles des Tiegeldeckels mit einer Spur von Fett bestrichen, das Schälchen mit der Substanz in den zu seiner Aufnahme bestimmten Ring gehängt und letzterer so weit gehoben, bis die Substanz gerade die Eisenspirale berührt. Um dieses ausführen zu können, muss der das Schälchen tragende Ring verstellbar sein, da die Enden der Poldrähte, welche der ganzen bei der Verbrennung frei werdenden Wärme ausgesetzt sind, zu kugelförmigen, immer dicker werdenden Gebilden unter gleichzeitiger Verkürzung ihrer Länge schmelzen.

Bei den weitaus meisten Substanzen erfolgt die Entzündung leicht und sicher durch das verbrennende Eisen. Bei manchen dagegen gelingt sie nicht immer. In diesem Falle kann man sich aber helfen, indem man auf eine Pastille von etwa 1 g Substanz einen gewogenen Krystall von Naphtalin, etwa 2 bis höchstens 10 mg legt. Dieses entzündet sich und überträgt die Verbrennung auf die Substanz. Ganz vereinzelte Verbindungen widerstehen aber auch diesem Kunstgriffe. So hat es Stohmann nicht gelingen wollen, reine Mellithsäure und Oxalsäure selbst bei Anwendung grösserer Mengen von Naphtalin zur Entflammung zu bringen. Das auf den Pastillen liegende Naphtalin brannte ab, das geschmolzene Kügelchen von Eisenoxydul-Oxyd sank in die Masse ein, ohne aber die Verbrennung hervorrufen zu können. Ebenso verhielt sich krystallisirte Citronensäure. Die Ester dieser Säuren lassen sich jedoch leicht verbrennen.

Während der Vorbereitung der Bombe werden die Brenner des Ofens, welcher das Kupferrohr erhitzt, entzündet. Ist dieses zum vollen Glühen gekommen, so wird durch zwei Kolbenstösse der Druckpumpe die in der Pumpe und in dem Rohre befindliche Luft durch Sauerstoff verdrängt, und die Bombe bei geöffnetem Ventil mit der Kompressionsvorrichtung verbunden. Nach genügender Verdichtung des Sauerstoffs, bei einem Manometerstande von 24 Atmosphären, wird das Ventil der Bombe geschlossen, letztere von dem Kompressionsapparat abgenommen, in den ausschliesslich für die Temperaturmessungen bestimmten Raum gebracht und in das mit einer genau bekannten Menge von Wasser gefüllte Gefäss des Kalorimeters versenkt. Die Bombe taucht im Wasser soweit ein, dass nur der oberste Theil der Verschlussschraube daraus hervorragt. Nachdem der eine Leitungsdraht einer aus drei Bunsen'schen Chromsäureelementen bestehenden Tauchbatterie in ein in das oberste Ende des mit dem isolirten Pole verbundenen Stiftes gebohrtes Loch gesteckt und der andere Leitungsdraht mit der Ventilschraube in Verbindung gebracht ist, bleibt die Bombe in dem Wasser stehen, bis sich ihre Temperatur mit der des Wassers ausgeglichen hat, wozu bei gehendem Rührwerk höchstens fünf Minuten erforderlich sind.

Die Temperatur des Wassers im Kalorimetergefäss nehmen wir zu Anfang des Versuches nicht der der umgebenden Luft gleich, sondern lassen das Wasser etwas kälter als die Luft sein. Beträgt die Temperatur der Luft in dem Raume z. B. 17°, und haben wir bei der Verbrennung eine Temperatursteigerung des Kalorimeterwassers von etwa 3° zu erwarten, so geben wir dem Wasser eine Anfangstemperatur von annähernd 15,5°. Durch dieses Verfahren wird die für den Einfluss der umgebenden Luft anzubringende Korrektion an der Temperaturbestimmung auf eine minimale Grösse herabgedrückt. Sobald die Temperatur der Bombe sich mit der des Kalorimeterwassers ausgeglichen hat, wird der Gang des im Kalorimeter befindlichen Thermometers von 60 zu 60 Sekunden abgelesen.

Wir erhalten auf diese Weise eine Reihe von Beobachtungen des Vorversuches T_1, T_2, T_3, . . . T_{n_1}. Nach Beendigung des Vorversuches, während dessen die Differenzen der Werthe T_1, T_2 u. s. w. keine wesentlichen Verschiedenheiten zeigen dürfen, wird die Substanz in der Bombe durch kurzen Schluss des Stromes der Batterie entzündet. Die letzte Beobachtung des Vorversuches T_{n_1} nehmen wir als Anfangstemperatur der Verbrennung und bezeichnen sie als ϑ_1. Mit der sechzigsten Sekunde wird die zweite Ablesung ϑ_2 gemacht und so fort, bis die Differenzen der letzten Minuten gleich werden, wodurch wir die Beobachtungsreihe ϑ_1, ϑ_2, $\vartheta_3 \ldots \vartheta_n$ erhalten. Meistens brauchen nicht mehr als fünf Beobachtungen gemacht zu werden; nur bei sehr starker Wärmeentwicklung muss die sechste Minute noch zu der Verbrennung gerechnet werden.

Auf diese Periode folgt der Nachversuch, dessen Beginn mit der Beobachtung ϑ_n zusammenfällt. Wir setzen deshalb die erste Beobachtung T'_1 des Nachversuches $= \vartheta_n$ und beobachten den jetzt regelmässig fallenden Gang des Thermometers weiter für eine Anzahl von Minuten und erhalten so die Beobachtungsreihe T_1', T_2', T_3', T_4' . . . T_{n2}'.

Nennen wir nun:

$$\frac{T_{n_1} - T_1}{n_1 - 1} = v,$$

$$\frac{T_{n2} - T_1'}{n_2 - 1} = v',$$

$$\frac{T_1 + T_2 + T_3 \times \ldots T_n}{n_1} = T,$$

$$\frac{T_1' + T_2' + T_3' + \ldots . T_{n2}'}{n_2} = T',$$

so ist nach Regnault-Pfaundler die der Differenz $\vartheta_n - \vartheta_1$ hinzuzufügende Korrektion für den Einfluss der Aussentemperatur:

$$\Sigma \Delta t = \frac{v - v'}{T' - T} \left(\sum_1^{n-1} \vartheta r + \frac{\vartheta_n + \vartheta_1}{2} - n\,T \right) - (n-1)\,v$$

Bei der Ausführung nach der vorbeschriebenen Methode findet der Ausgleich der Temperatur so rasch statt, dass die Maximaltemperatur bereits nach Ablauf einer Minute nach der Zündung fast vollständig erreicht ist. Unter diesen Umständen lassen sich leicht die Bedingungen ableiten, unter denen der Werth $\Sigma \Delta t$ ein absolutes Minimum wird.

Da nach Ablauf der ersten Minute keine erheblichen Temperaturveränderungen mehr vorkommen, so kann man in roher Annäherung setzen:

$$\vartheta_2 = \vartheta_3 = \vartheta_4 = \vartheta_n.$$

Ebenso angenähert ist $T = \vartheta_1$ und $T' = \vartheta_n$. Daher wird

$$\Sigma \Delta t = \frac{v - v'}{\vartheta_n - \vartheta_1}\left((n-2)\vartheta_n + \vartheta_1 + \frac{\vartheta_n + \vartheta_1}{2} - n\vartheta_1\right) - (n-1)v$$

oder umgerechnet:

$$\Sigma \Delta t = (-n + {}^3/_2)\, v' - \tfrac{1}{2} v = (n-2)\, v' - \frac{v + v'}{2}.$$

Die Bedingung dafür, dass $\Sigma \Delta t$ ein absolutes Minimum wird, ist also:

$$-(n-2)\, v' = \frac{v + v'}{2} \text{ oder } v = (-2n + 3)\, v'.$$

Da im allgemeinen die bei der Verbrennung entwickelte Wärme sich nach fünf Minuten völlig ausgeglichen hat, so würde die Minimalkorrektion erreicht werden, wenn $v = -7v'$ wäre. Dies ist bei konstanter Umgebungstemperatur leicht zu erreichen, da sich die muthmassliche Grösse der Temperatursteigerung und damit die Grösse des Einflusses der Umgebungstemperatur mit für diese Zwecke genügender Genauigkeit unter Anwendung des Welter'schen Gesetzes im voraus berechnen lässt.

Beim Arbeiten mit Körpern von sehr hoher Verbrennungswärme ist es jedoch nicht zweckmässig, die Erreichung der Minimalkorrektion anzustreben. Es ist dann $v - v'$ sehr gross, und es müsste, um jener Bedingung zu genügen, v sehr gross, d. h. in den Vorversuchen stark steigende Temperatur genommen, oder es müsste die Temperatur des Kalorimeterwassers zu Anfang des Versuches bedeutend unter die der umgebenden Luft gelegt werden. Dies führt jedoch der Thaubildung wegen[1]) leicht zu fehlerhaften Resultaten. Dazu kommt noch, dass die Sicherheit der genauen Temperaturbestimmung beim Momente der Entflammung der Substanz sehr beeinträchtigt wird, wenn im Vorversuch eine erhebliche Bewegung des Quecksilberfadens des Thermometers stattfindet. Es ist daher besser, sich in solchen Fällen mit einer etwas grösseren, dafür aber um so genauer bestimmbaren Korrektion zu begnügen, indem man die Anfangstemperatur so wählt, dass nur ein geringes Steigen in den Vorversuchen erfolgt. Betont muss aber werden, dass die Korrektion selbst unter diesen ungünstigen Umständen nur eine geringe Grösse erreicht.

Die Geschwindigkeit des Temperaturausgleiches zwischen der Bombe und dem Kalorimeterwasser hängt hauptsächlich von der Grösse der Be-

1) F. Stohmann, Journ. pr. Ch. (2), **35**, 22, 1887.

wegung, welche dem Kalorimeterwasser ertheilt wird, ab. Rührt man das Wasser nur intermittirend mit dem Thermometer um, wie es anfangs im Berthelot'schen Laboratorium geschah, so wird das wirkliche Maximum erst nach etwa 7 Minuten erreicht. Hierauf ist es zurückzuführen, dass bei derartig ausgeführten Versuchen noch nach Ablauf der zweiten und dritten Minute eine nicht unbedeutende Temperatursteigerung beobachtet wird, während bei ununterbrochen und kräftig bewegtem Wasser in der zweiten Minute nur noch verhältnissmässig wenig Wärme abgegeben wird.

Folgende Zahlen geben Auskunft über den Stand des Thermometers in Theilstrichen, von denen jeder sehr annähernd 0,014° entsprechend ist.

Erste Minute	0	Sekunden	103,7	pp. Zündung
	5	"	104	
	10	"	113	9
	15	"	143	30
	20	"	180	37
	25	"	212	32
	30	"	238	26
	35	"	258	20
	40	"	271	13
	45	"	283	12
	50	"	290	7
	55	"	297	7
Zweite Minute	0	"	302	5
	5	"	305	3
	10	"	307	2
	15	"	309	2
	20	"	310	1
	25	"	311	1
	30	"	312	1
	35	"	313	1
	40	"	313	0
	45	"	314	1
	50	"	314	0
	55	"	314,5	0,5
Dritte Minute	0	"	314,5	0
	5	"	314,7	0,2
	10	"	314,8	0,1
	15	"	314,8	0,0
	20	"	314,8	0,0
	25	"	314,8	0,0
Vierte Minute	—	—	314,9	0,1
Fünfte Minute	—	—	314,7	0,2
Sechste Minute	—	—	314,4	0,3

Die Geschwindigkeit der Temperaturzunahme des Wassers wird daher schon zwischen der 10. und 15. Sekunde sehr erheblich, sie erreicht zwischen der 15. und 20. Sekunde ihr Maximum, um bis zur 70. Sekunde zuerst langsam, dann aber immer rascher sich zu verringern. Die Zahlen werden noch verständlicher, wenn man die für die vollen Minuten beobachteten Werthe in wirkliche Grade umrechnet und die Differenzen der einzelnen Minuten nimmt.

		Differenzen.
0 Minute	13,862°	
		2,702°
1 „	16,564°	
		0,169°
2 „	16,733°	
		0,006°
3 „	16,739°	
		0,003°
4 „	16,736°	
		0,004°
5 „	16,732°	

Hieraus ergiebt sich, dass während der ersten Minute rund 94% und nach Ablauf der zweiten Minute 99,8% der Wärme von der Bombe an das Kalorimeter abgegeben sind. Da aber wegen des nicht gleichförmigen Temperaturverlaufes die mittlere Temperatur der ersten Minute höher liegt als das arithmetische Mittel der Temperaturen zu Anfang und zu Ende derselben, so ist das $\sum_{1}^{n-1} \vartheta r$ der Regnault-Pfaundler'schen Gleichung um eine gewisse Grösse zu vermehren, die durch einige Versuche zu nahezu $^1/_9$ der Differenz $\vartheta_2 - \vartheta_1$ gefunden wurde. Die hierdurch herbeigeführte Korrektionsänderung ist jedoch sehr gering, sie erreicht selten den Werth von 0,002°.

Ist an dem Werthe $\vartheta_n - \vartheta_1$ die Korrektion $\Sigma \Delta t$ angebracht und der sich ergebende Werth mit dem Wasserwerth des Kalorimeters multiplicirt, so sind noch zwei weitere Korrektionen zu machen.

1. Es ist die Wärmemenge in Abzug zu bringen, welche durch die Verbrennung des zum Entflammen der Substanz dienenden Eisendrahtes frei wird. Da man immer eine gleiche Menge desselben (50 mm von 5,7 mg geben 9,1 kal.) verwendet, so ist hier auch immer die Korrektion konstant.

2. Vor dem Beginn des Einpumpens des Sauerstoffes ist die Bombe mit atmosphärischer Luft gefüllt, deren Stickstoff sich bei der Verbrennung zum Theil in Salpetersäure verwandelt. Letztere löst sich in dem bei der Verbrennung gebildeten und aus dem feuchten Sauerstoff verdichteten Wasser. Bei der Bildung von in Wasser gelöster Salpetersäure werden nach Berthelot 14,3 Kal. pro G.-Mol. (63) frei. Die Menge der entstandenen Salpetersäure ist nach jedem Versuch festzustellen und danach die hierfür anzubringende Korrektion zu ermitteln.

Unmittelbar nach beendigter Verbrennung wird der Innenraum der Bombe mit Wasser ausgespült und die darin vorhandene Säure mit einer Lösung von Natriumkarbonat unter Zusatz von Aethyl-Orange, auf welche Kohlensäure nicht wirkt, titrirt. Verwendet man dabei eine Lösung, welche im Liter genau 3,706 g Natriumkarbonat enthält und also $^{63}/_{14,3} = 4,406$ g HNO_3 äquivalent ist, so entspricht je 1 ccm der zum Neutralisiren der Salpetersäure erforderlichen Lösung auch 1 kal; und man hat daher einfach die Zahl der Kubikcentimeter der Lösung als kleine Kalorien in Abzug zu bringen.

Um die Berechnung der Resultate der Versuche zu zeigen, sei hier ein Versuch Stohmann's in seinen Einzelheiten mitgetheilt:

Substanz: 1,0700 g Anissäure, $C_6H_4\langle{}^{OCH_3}_{COOH}$, Mol. gew. 152.

Wasserwerth des Kalorimeters; 2500 g.

Vorversuch.		Verbrennung.		Nachversuch.	
T_1	26,8	ϑ_1	28,9	T_1'	214,0
T_2	27,2	ϑ_2	202	T_2'	213,8
T_3	27,7	ϑ_3	203	T_3'	213,6
	28,1	ϑ_4	214,2		213,5
	28,5	ϑ_n	214		213,3
T_n	28,9				213,1
					212,9
					212,7
					212,6
					212,4
					212,2

Hiernach wird:

$v = 0,42$
$v' = -0,18$
$T = 27,9$
$T' = 213,1$
$n = 5$

$$\sum_1^{n-1} \vartheta r = \vartheta_1 + \vartheta_2 + \vartheta_3 + \vartheta_4 + \frac{\vartheta_2 - \vartheta_1}{9} = 677.$$

Fügen wir diese Werthe in die Gleichung ein, so ergiebt sich:

$$\Sigma \Delta t = \left[\frac{0,42 - (-0,18)}{213,1 - 27,9}\left(677 + \frac{214 + 29}{2} - 5 . 27,9\right) - 4 . 0,42\right]$$
$$= + 0,45$$

Also Endtemperatur ϑ_n 214,0 + 0,45 = 214,45	=	15,3699°
Anfangstemperatur ϑ_1 28,9	=	12,8406°
		2,5293°
2,5293 × 2500	=	6323,3 kal.
Davon geht ab für verbranntes Eisen 9,1 kal, für Salpetersäurebildung 8,2 kal.		17,3 kal.
Folglich hat 1,070 g Anissäure geliefert		6 306,0 kal.
oder 1 g		5 893,5 „
oder 1 G.-Mol.		895,8 Kal.

Die gefundenen Werthe beziehen sich auf konstantes Volum der Verbrennungsprodukte, während die nach anderen Methoden ermittelten Werthe sich auf konstanten Druck beziehen. Es ist daher zweckmässig, die nach dieser Methode gefundenen Zahlen, welche mit [Q] bezeichnet werden mögen, auf die Werthe bei konstantem Druck Q umzurechnen. Dies geschieht am einfachsten nach folgender Gleichung:

$$Q = [Q] + \left(\frac{H}{2} - O\right)0{,}291,$$

worin H die Zahl der Wasserstoffatome, O die Zahl der Sauerstoffatome im Molekül der verbrannten Verbindung und 0,291 eine für die Temperatur von 18° giltige Konstante ist. Hinsichtlich der Begründung der Gleichung, welche in dieser Form jedoch nur für feste und flüssige Körper Geltung hat, sei auf die betreffenden Lehrbücher[1]) verwiesen.

Hieraus ergeben sich nach Stohmann folgende allgemeine Regeln:

1. Bei allen Körpern, welche im Molekül auf je zwei Wasserstoffatome je ein Sauerstoffatom enthalten, ist die Verbrennungswärme bei konstantem Volum und bei konstantem Druck gleich.

2. Bei allen Körpern, welche im Molekül mehr Wasserstoffatome enthalten als der im Molekül vorhandene Sauerstoff zu oxydiren vermag, ist die Verbrennungswärme bei konstantem Druck grösser als bei konstantem Volum.

3. Bei allen Körpern, welche im Molekül mehr Sauerstoffatome enthalten, als dem zu verbrennenden Wasserstoff entspricht, ist die Verbrennungswärme bei konstantem Druck geringer als bei konstantem Volum.

Bei der Bestimmung der Verbrennungswärme sehr leicht flüchtiger Flüssigkeiten wenden Berthelot und Delépine[2]) eine nicht zu dünne Glaskugel an, welche mit der Flüssigkeit gefüllt, zugeschmolzen und gewogen wird. Dann wird die Glaskugel, welche ca. 1 g Substanz enthält, in die kalorimetrische Bombe gebracht, ca. 0,03 bis 0,04 g Kampher (genau gewogen) und ein Zünder von ca. 0,025 g Schiessbaumwolle, deren kalorimetrischer Werth genau bestimmt ist, daneben gelegt. Der Zünder steht mit einem Platindraht in Verbindung. Die Bombe wird dann geschlossen, mit komprimirtem Sauerstoff gefüllt und in das Kalorimeter gebracht. Durch den elektrischen Strom wird der Zünder zur Explosion gebracht und dadurch die Glaskugel zertrümmert. Dann geht die Verbrennung wie gewöhnlich von statten. Vorher hat man

1) Berthelot, Essai de Mechanique chimique **1**, 115; Ostwald, Allgem. Chemie **2**, 292.

2) Berthelot und Delépine, Compt. rend. **330**, 1045, 1900.

sich durch einen blinden Versuch überzeugt, dass die geschlossene Glaskugel den Druck von 25 Atmosphären aushält.

3. Verbrennungs- und Bildungswärmen der organischen Verbindungen.

Das reiche Material der Verbrennungswärmen organischer Verbindungen ist in dankenswerther Weise von F. Stohmann[1]) übersichtlich zusammengestellt worden, so dass jetzt das Ganze systematisch geordnet vorliegt. Dabei wurde von den Arbeiten von Favre und Silbermann vom Jahre 1852 ausgegangen, und es sind alle von jener Zeit publicirten, direkt durch Verbrennung ermittelten Wärmewerthe aufgenommen. Ausgeschlossen sind absichtlich die von Frankland 1866, Ramsay 1879, von Rechenberg 1880 und Danilewski 1881 ausgeführten Untersuchungen, weil hier nachweislich mangelhafte Methoden oder als falsch erkannte Konstanten bei den Berechnungen benützt worden sind.

Für die Berechnung der Bildungswärmen sind die Werthe

$$C + O_2 = CO_2 + 94 \text{ Kal.}$$
$$H_2 + O = H_2O + 69 \text{ „}$$
$$S + O_2 = SO_2 + 69{,}3 \text{ „}$$

angenommen. Mit Ausnahme dieser Umrechnungen sind überall die Originalzahlen der Beobachter, soweit nicht leicht erkennbare Druck- oder Rechenfehler vorliegen, mit Kürzung der letzten, ganz bedeutungslosen Decimale gegeben. Jeder Zahl ist der Name des Beobachters und der Litteraturnachweis beigefügt. Die Zusammenstellungen von Stohmann sind, soweit dies möglich war und vertrauenswürdige Daten vorlagen, in den nachstehend angegebenen Beobachtungen ergänzt worden.

Abkürzungen.

A.	André	Og.	Ogier
B.	Berthelot	P.	Petit
F.	Favre	R.	Recoura
Fo.	Fogh	Ro.	Rodatz
H.	Herzberg	Ru.	Rubner
K.	Kleber	S.	Silbermann
L.	Louguinine	St.	Stohmann
La.	Langbein	Th.	Thomsen
M.	Matignon	V.	Vieille
O.	Ossipoff	W.	Wilsing.

[1]) F. Stohmann, Zeitschr. physik. Ch. **6**, 334, 1890; **10**, 410, 1892.

Bei den Litteraturnachweisen sind folgende Abkürzungen gebraucht:

A.Ch.	=	Annales de Chimie et de Physique.
A.Phys.	=	Annalen der Physik und Chemie N.F.
Biol.	=	Zeitschrift für Biologie.
Bull.Par.	=	Bulletin de la société de Paris.
C.r.	=	Comptes rendus de l'Académie.
J.pr.	=	Journal für praktische Chemie N.F.
Phys.Chem.	=	Zeitschrift für physikalische Chemie.
Unt.	=	Thomsen, thermo-chemische Untersuchungen.

Name.	Formel.	Mol. Gew.	Verbrennungswärme. pro Gramm kal.	Verbrennungswärme. pro Grammmolekül. Vol konst. Kal.	Verbrennungswärme. pro Grammmolekül. Druck konst. Kal.	Bildungs-Wärme.	Beobachter.	Litteratur-Nachweis.
Elemente.								
Wasserstoff	H_2	2	34177	—	68,4	—	Th.	Unt. **2**, 52.
„	„	„	34462	—	68,9	—	F. u. S.	A. Ch. (3), **34**, 399.
„	„	„	34600	—	69,2	—	B.	A. Ch. (5), **23**, 177.
Kohlenstoff, Diamant . .	C	12	7770	—	93,24	—	F. u. S.	A. Ch. (3), **34**, 425.
„ „ . .	„	„	7859	—	94,31	—	B. u. P.	A. Ch. (6), **18**, 99.
„ „ Bort	„	„	7860	—	94,34	—	B. u. P.	A. Ch. (6), **18**, 104.
„ „ „	„	„	7878,7	—	94,54	—	F. u. S.	A. Ch. (3), **34**, 425.
„ Graphit . .	„	„	7779,45	—	93,5	—	F. u. S.	A. Ch. (3), **34**, 424.
„ „ . .	„	„	7901,2	—	94,81	—	B. u. P.	A. Ch. (6) **18**, 93.
„ amorph. . .	„	„	8033	—	96,4	—	Gottlieb	J. pr. Ch. **28**, 420.
„ „ . .	„	„	8080	—	96,99	—	F. u. S.	A. Ch. (3), **34**, 414.
„ „ . .	„	„	8137,4	—	97,65	—	B. u. P.	A. Ch. (6), **18**, 81.
Schwefel	S	32	2165,6	—	69,3	—	B.	A. Ch. (5), **22**, 428.
„	„	„	2220,5	—	71,1	—	F. u. S.	A. Ch. (3), **34**, 447.
„	„	„	2221,2	—	71,1	—	Th.	Unt. **2**, 247.
„ monoklin . .	„	„	2241,2	—	71,7	—	Th.	Unt. **2**, 247.
Körper von fraglicher Konstitution.								
Graphitoxyd aus Eisen .	$C_{28}H_8O_{12}$	536	4720,1	2530,0	2527,7	380,3	B. u. P.	A. Ch. (6), **20**, 46.
„ aus elektr. Graphit	$C_{28}H_{10}O_{19}$	650	4009,3	2606,5	2602,0	375,0	B. u. P.	A. Ch. (6), **20**, 54.
„ „ amorph. Graphit	$C_{28}H_{10}O_{15} + {}^1/_2H_2O$	595	4431,4	2637,7	2633,8	377,7	B. u. P.	A. Ch. (6), **20**, 50.
Pyrographitoxyd aus amorphem Graphit . .	$C_{44}H_6O_6$	630	6598,4	4157,0	4156,1	186,9	B. u. P.	A. Ch. (6), **20**, 52.
Pyrographitoxyd aus Eisen	$C_{46}H_5O_6$	638	7021,4	4479,4	4478,8	17,7	B. u. P.	A. Ch. (6), **20**, 47.
Humussäure	$C_{54}H_{46}O_2$	1014	5880,0	5962,3	5963,2	699,8	B. u. A.	C. r. **112**, 1237.
„	$C_{28}H_{16}O_7$	344	—	—	1983,5	260,5	B. u. A.	C. r. **112**, 1237.

Kohlenwasserstoffe der Fettreihe.

Methan	CH_4	16	13063	—	209,0	23,0	F. u. S.	A. Ch. (3), **34**, 423.
"	"	"	13243,7	—	211,9	20,1	Th.	Unt. **4**, 49.
"	"	"	13275	212,4	213,5	18,5	B.	A. Ch. (5), **23**, 178.
Acetylen	C_2H_2	26	11923,1	—	310,0	—53,0	Th.	Unt **4**, 74.
"	"	"	12112	314,9	315,7	—58,7	B.	A. Ch. (5), **23**, 180.
"	"	"	12211,6	—	317,5	—60,5	B.	A. Ch. (5), **13**, 14.
Aethylen	C_2H_4	28	11858	—	322,0	—6,0	F. u. S.	A. Ch. (3), **134**, 428.
"	"	"	11883,6	—	333,3	—7,3	Th.	Unt. **4**, 65.
"	"	"	11946,4	—	334,5	—8,5	B.	A. Ch. (5), **13**, 14.
"	"	"	12154	340,3	341,4	—15,4	B.	A. Ch. (5), **23**, 180.
Aethan	C_2H_6	30	12346,7	—	370,4	24,6	Th.	Unt. **4**, 51.
"	"	"	12913	387,4	388,8	5,7	B.	A. Ch. (5), **23**, 179.
"	"	"	—	—	389,7	5,25	B.	A. Ch. (5), **23**, 229.
Allylen	C_3H_4	40	11635	465,4	466,5	—46,5	B.	A. Ch. (5), **23**, 184.
"	"	"	11690	—	467,6	—47,6	Th.	Unt. **4**, 75.
Propylen	C_3H_6	42	11730,9	—	492,7	— 3,7	Th.	Unt. **4**, 66.
"	"	"	12045	505,9	507,3	—18,3	B.	A. Ch. (5), **23**, 184.
Trimethylen	C_3H_6	42	11890,5	—	499,4	—10,4	Th.	Unt. **4**, 69.
Propan	C_3H_8	44	12027,3	—	529,2	28,8	Th.	Unt. **4**, 52.
"	"	"	12543	551,9	553,5	4,5	B.	A. Ch. (5), **23**, 182.
Isobutylen	C_4H_8	56	11617,9	—	650,6	1,4	Th.	Unt. **4**, 70.
Trimethylmethan . . .	C_4H_{10}	58	11848,2	—	687,2	33,8	Th.	Unt. **4**, 53.
Amylen	C_5H_{10}	70	11491	—	804,2	10,6	F. u. S.	A. Ch. (3), **34**, 429.
Trimethylaethylen . . .	C_5H_{10}	70	11537,1	—	807,6	7,4	Th.	Unt. **4**, 71.
Tetramethylmethan . .	C_5H_{12}	72	11765,3	—	847,1	36,9	Th.	Unt. **4**, 54.
Dimethyl-Diacetylen . .	C_6H_6	78	10863,9	847,4	848,3	—77,3	L.	C. r. **106**, 1472.
Dipropargyl, Dampf . .	C_6H_6	78	10944	853,6	854,5	—83,5	B.	A. Ch. (5), **23**, 194.
"	"	"	11319,2	—	882,9	—111,9	Th.	Unt. **4**, 76.
Diallyl, Dampf	C_6H_{10}	82	11004	902,3	904,3	4,7	B. u. Og.	A. Ch. (5), **23**, 197.
" "	"	"	11375,6	—	932,8	—23,8	Th.	Unt. **4**, 72.
Hexan, Dampf	C_6H_{14}	86	11618,6	—	999,2	47,8	Th.	Unt. **4**, 58.
Hexan, normal	"	"	11501,2	989,15	991,2	55,8	St. u. K.	J. pr. **43**, 7.
Heptan, Sdp. 99° . . .	C_7H_{16}	100	11374	—	1137,4	72,6	L.	C. r. **93**, 275.
Isodibutylen	C_8H_{16}	112	11183,0	—	1252,5	51,5	Malbot	A. Ch. (6), **18**, 405.
Nononaphten	C_9H_{18}	126	10958,3	1380,7	1383,2	83,8	O.	Phys. Chem. **2**, 647.
Isonononaphten	C_9H_{18}	126	10966,0	1381,7	1384,2	82,8	O.	Phys. Chem. **2**, 648.
Paramylen	$C_{10}H_{20}$	140	11303	—	1582,4	47,6	F. u. S.	A. Ch. (3), **34**, 430.
Isotributylen	$C_{12}H_{24}$	168	11064,9	—	1858,9	97,1	Malbot	A. Ch. (6), **18**, 405.
Ceten	$C_{16}H_{32}$	224	11078	—	2481,5	126,5	F. u. S.	A. Ch. (3), **34**, 430.
Metamylen	$C_{20}H_{40}$	280	10928	—	3059,8	200,2	F. u. S.	A. Ch. (3), **34**, 430.

Name.	Formel.	Mol. Gew.	Verbrennungswärme. pro Gramm kal.	pro Grammmolekül. Vol. konst. Kal.	Druck konst. Kal.	Bildungs-Wärme.	Be-obachter.	Litteratur-Nachweis.
Kohlenwasserstoffe der aromatischen Reihe.								
Benzol	C_6H_6	78	9949	—	776,0	—5,0	B.	A. Ch. (5), **13**, 15.
„	„	„	9977,5	778,25	779,2	—8,2	St. K. La.	J. pr. **40**, 81.
„	„	„	9997	—	779,8	—8,5	St. Ro. H.	J. pr. **33**, 256.
„ Dampf	„	„	10041	783,2	784,1	—13,1	B.	A. Ch. (5), **23**, 193.
„ „	„	„	10096	—	787,5	—16,5	St. Ro. H.	J. pr. **33**, 257.
„ „	„	„	10101,3	—	787,9	—16,9	Th.	Ber. **15**, 328.
„ „	„	„	10247,4	—	799,3	—28,3	Th.	Unt. **4**, 61.
Toluol	C_7H_8	92	10150	—	933,8	0,2	St. Ro. H.	J. pr. **35**, 41.
„ Dampf	„	„	10388,0	—	955,7	—21,7	Th.	Unt. **4**, 62.
Hexahydrotoluol	C_7H_{14}	98	11173	—	1095,0	46,0	L.	C. r. **93**, 275.
Styrol, flüssig	C_8H_8	104	10044,7	1044,6	1045,5	—17,5	St. K. La.	
m-Xylol	C_8H_{10}	106	10228	—	1084,2	12,8	St. Ro. H.	J. pr. **35**, 41.
o-Xylol	C_8H_{10}	106	10229	—	1084,3	12,7		
p-Xylol	C_8H_{10}	106	10229	—	1084,3	12,7	„	„
Mesitylen	C_9H_{12}	120	10424	—	1251,6	8,4	„	„
„ Dampf	„	„	10685,8	—	1282,3	—22,3	Th.	Unt. **4**, 63.
Pseudokumol, Dampf	C_9H_{12}	120	10679,2	—	1281,5	—21,5	Th.	Unt. **4**, 64.
Naphtalin	$C_{10}H_8$	128	9618,7	—	1231,2	—15,2	St. K. La.	J. pr. Ch. **40**, 88.
„	„	„	9628,3	1232,4	1233,6	—17,6	„	„ 90.
„	„	„	9664,0	1237,0	1238,2	—22,2	B. u. R.	A. Ch. (6), **13**, 302.
„	„	„	9688,0	1240,1	1241,2	—25,2	„	„
„	„	„	9710,8	1243,0	1244,2	—28,2	B. u. L.	„ 322.
„	„	„	9681,3	1239,2	1240,4	—24,4	„	
„	„	„	9773	—	1250,9	—34,9	Ru.	Biol. **21**, 267.
Tetramethylbenzol, Durol	$C_{10}H_{14}$	134	10387,1	1391,9	1393,9	29,6	St. K. La.	J. pr. **40**, 82.
Cymol	$C_{10}H_{14}$	134	10460	—	1401,6	21,4	St. Ro. H.	J. pr. **35**, 41.
„	„	„	10526,0	1410,5	1412,5	10,5	St. K.	
Tereben	$C_{10}H_{16}$	136	10662	—	1450,0	46,0	F. u. S.	A. Ch. (3), **34**, 443.
Kamphen, kryst. inaktiv	$C_{10}H_{16}$	136	10786,1	1466,9	1469,2	22,8	B. u. V.	A. Ch. (6), **10**, 454.
Terekamphen	$C_{10}H_{16}$	136	10768,0	1464,4	1466,7	25,2	St. u. K.	
Borneokamphen	$C_{10}H_{16}$	136	10793,8	1468,0	1470,3	21,6	St. u. K.	
Terpentinöl	$C_{10}H_{16}$	136	10852	—	1475,9	16,1	F. u. S.	A. Ch. (3), **34**, 443.

Terebenten	$C_{10}H_{16}$	136	10869,9	1478,3	1480,6	11,3	St. u. K.	
Terebenten	$C_{10}H_{16}$	136	10945,7	1488,6	1490,8	1,2	B. u. M.	A. Ch. (6), **23**, 541.
Citronenöl	$C_{10}H_{16}$	136	10959	—	1490,4	1,6	F. u. S.	A. Ch. (3), **34**, 443.
Citren	$C_{10}H_{16}$	136	10817,3	1471,1	1473,3	18,7	B. u. M.	A. Ch. (6), **23**, 541.
Menthen	$C_{10}H_{18}$	138	11018,4	1520,5	1523,1	37,9	St. u. K.	
Pentamethylbenzol	$C_{11}H_{16}$	148	10485,4	1551,8	1554,1	31,9	St. K. La.	J. pr. Ch. **40**, 83.
Acenaphten	$C_{12}H_{10}$	154	9678,9	1490,2	1491,7	—18,7	St K. La.	
„	„	„	9868,8	1519,8	1521,2	—48,1	B. u. V.	A. Ch. (6), **40**, 441.
Diphenyl	$C_{12}H_{10}$	154	9693,9	1492,8	1494,3	—19,8	St. K. La.	J. pr. **40**, 86.
„ altes Präp.	„	„	9723,4	1497,4	1498,9	—25,9	B. u. V.	A. Ch. (6), **10**, 448.
„ neues „	„	„	9796,8	1508,7	1510,1	—37,1	B. u. V.	
Hexamethylbenzol	$C_{12}H_{18}$	162	10552,9	1709,6	1712,2	36,8	St. K. La.	J. pr. **40**, „ 84.
Diphenylmethan	$C_{13}H_{12}$	168	9844,6	1653,9	1655,7	—19,7	St. K. La.	
Phenanthren	$C_{14}H_{10}$	178	9505,6	1692,0	1693,5	—32,5	„	J. pr. Ch. **40**, 94.
„	„	„	9544,7	1699,0	1700,4	—39,4	B. u. V.	A. Ch. (6), **10**, 446.
Anthracen	$C_{14}H_{10}$	178	9510,1	1692,8	1694,3	—33,3	St. K. La.	J. pr. **40**, 92.
„	„	„	9585,6	1706,2	1707,6	—46,6	B. u. V.	A. Ch (6), **10**, 444.
Tolan	$C_{14}H_{10}$	178	9766,5	1738,4	1739,9	—78,9	St. K. La.	
„	„	„	9756,7	1736,7	1738,2	—77,2	St. K.	
Stilben	$C_{14}H_{12}$	180	9787,4	1761,5	1763,2	—33,2	St. K. La.	
„	„	„	9842,8	1771,7	1773,3	—43,3	O.	Phys. Chem. **2**, 646.
„	„	„	9864,4	1775,6	1777,3	—47,3	B. u. V.	A. Ch. (6), **10**, 450.
„	„	„	9800,2	1764,0	1765,7	—35,7	St. u. K.	
Dibenzyl	$C_{14}H_{14}$	182	9941,3	1809,3	1811,3	—12,3	St. K. La.	
„	„	„	10045,6	1828,3	1830,2	—31,2	B. u. V.	A. Ch. (6), **10**, 451.
Chrysen	$C_{18}H_{12}$	228	9379,9	2138,6	2140,3	—34,3	St. K. La.	
Reten	$C_{18}H_{18}$	234	9851,1	2305,2	2307,8	5,2	„	
„	„	„	9922,0	2321,7	2324,3	—11,3	B. u. R.	A. Ch. (6), **13**, 298.
„	„	„	9925,5	2323,6	2326,1	—13,1	B. u. V.	A. Ch. (6), **10**, 447.
Triphenylmethan	$C_{19}H_{16}$	244	9746,5	2378,1	2380,4	—42,4	St. K. La.	
Triphenylbenzol	$C_{24}H_{18}$	306	9593,7	2935,7	2938,3	—61,3	„	

Einsäurige Alkohole.

Methylalkohol	CH_4O	32	5307,1	—	169,8	62,2	F. u. S.	A. Ch. (3), **34**, 434.
„	„	„	5321,5	170,3	170,6	61,4	St. K. La.	J. pr. **40**, 343.
„ Dampf	„	„	5693,7	—	182,2	49,8	Th.	Unt. **4**, 158.
Aethylalkohol	C_2H_6O	46	7183,6	—	330,4	64,6	F. u. S.	A. Ch. (3), **34**, 434.
„	„	„	7068,0	325,1	325,7	69,3	B. u. M.	C. r. **114**, 1146.
„ Dampf	„	„	—	—	336,8	58,2	„	
„	„	„	7402,2	—	340,5	54,5	Th.	Unt. **4**, „ 159.
Propargylalkohol, „ Dampf	C_3H_4O	56	7692,9	—	430,8	—10,8	Th.	Unt. **4**, 170.

Name.	Formel.	Mol. Gew.	Verbrennungswärme. pro Gramm kal.	pro Grammmolekül. Vol. konst. Kal.	pro Grammmolekül. Druck konst. Kal.	Bildungs-Wärme.	Be-obachter.	Litteratur-Nachweis.
Allylalkohol	C_3H_6O	58	7631,9	—	442,7	46,3	L.	C. r. **91**, 298.
„ Dampf			8013,8	—	464,8	24,2	Th.	Unt **4**, 168.
Isopropylalkohol	C_3H_8O	60	7970,9	—	478,3	79,7	L.	A. Ch. (5), **21**, 141.
„ Dampf	„	„	8221,7	—	493,3	64,7	Th.	Unt. **4**, 162.
Propylalkohol norm.	C_3H_8O	60	8005,2	—	480,3	77,7	L.	A. Ch. (5), **21**, 140.
„ Dampf	„	„	8310,0	—	498,6	59,4	Th.	Unt. **4**, 160.
Trimethylkarbinol (fest)	$C_4H_{10}O$	74	8551,6	—	632,8	88,2	L.	A. Ch. (5), **25**, 142.
Isobutylalkohol	$C_4H_{10}O$	74	8604,1	—	636,7	84,3	L.	A. Ch. (5), **21**, 141.
„ Dampf	„	„	8666,2	—	641,3	79,7	Th.	Unt. **4**, 163.
Aethylvinylkarbinol	$C_5H_{10}O$	86	8758,3	—	753,2	61,8	L.	C. r. **91**, 298.
Dimethylaethylkarbinol	$C_5H_{12}O$	88	8960,7	—	788,5	95,5	L.	A. Ch. (5), **21**, 142.
„ Dampf	„	„	9209,1	—	810,4	73,6	Th.	Unt. **4**, 165.
Amylalkohol	$C_5H_{12}O$	88	8958,6	—	788,4	26,6	F. u. S.	A. Ch. (3), **34**, 435.
„	„	„	9021,8	—	793,9	90,1	L.	A. Ch. (5), **21**, 142.
Isoamylalkoh.prim.Dampf	$C_5H_{12}O$	88	9319,3	—	820,1	63,9	Th.	Unt. **4**, 164.
Allyldimethylkarbinol	$C_6H_{12}O$	100	9140,3	—	914,0	64,0	L	A. Ch. (5), **23**, 384.
Diallylmethylkarbinol	$C_8H_{14}O$	126	9535,1	—	1201,4	33,6	L.	A. Ch. (5), **23**, 387.
Octylalkohol	$C_8H_{18}O$	130	9708,5	—	1262,1	110,9	L.	A. Ch. (5), **25**, 141.
Allyldipropylkarbinol	$C_{10}H_{20}O$	156	9935,4	—	1549,9	90,1	L.	A. Ch. (5), **23**, 385.
Cetylalkohol	$C_{16}H_{34}O$	242	10348	—	2504,2	172,8	St.	J. pr. **31**, 304.
„	„	„	10600	—	2565,2	111,8	F. u. S.	A. Ch. (3), **34**, 436.
Benzylalkohol	C_7H_8O	108	8276,5	893,9	894,8	39,2	St. K. La.	
„	„	„	8289,5	—	895,3	38,7	St. Ro. H.	J. pr. **36**, 4.
Diphenylkarbinol	$C_{13}H_{12}O$	184	8774,6	1614,6	1616,0	20,0	St. K. La.	
Triphenylkarbinol	$C_{19}H_{16}O$	260	8999,3	2339,8	2341,8	—3,8	„	

Mehrsäurige Alkohole.

Name.	Formel.	Mol. Gew.	pro Gramm kal.	Vol. konst. Kal.	Druck konst. Kal.	Bildungs-Wärme.	Be-obachter.	Litteratur-Nachweis.
Glykol	$C_2H_6O_2$	62	4569,3	—	283,3	111,7	L.	A. Ch. (5), **20**, 561.
„	„	„	4543,6	281,4	281,7	113,3	St. u. La.	J. pr. **45**, 327.
„ Dampf	„	„	4808,1	—	298,1	96,9	Th.	Unt. **4**, 173.
Propylenglykol	$C_3H_8O_2$	76	5673,3	—	431,2	126,8	L.	C. r. **91**, 299.
Isopropylenglykol	$C_3H_8O_2$	76	5740,0	—	436,2	121,8	L.	C. r. **91**, 300.
Glycerin	$C_3H_8O_3$	92	4265,2	—	392,5	165,5	L.	A. Ch. (5), **20**, 561.

Glycerin	$C_3H_8O_3$	92	4312,4	396,8	397,1	160,9	St. u. La.	J. pr. **42**, 377.
„	„	„	4317	—	397,2	160,8	St.	J. pr. **31**, 304.
Erythrit	$C_4H_{10}O_4$	122	4075	—	497,1	223,9	St.	J. pr. **31**, 292.
„	„	„	4112,5	501,7	502,0	219,0	L.	C. r. **108**, 621.
„	„	„	4117,6	502,3	502,6	218,4	B. u. M.	C. r. **111**, 12.
„	„	„	4131,3	504,0	504,3	216,7	St. K. La.	
„	„	„	4132,3	504.1	504,4	216,6	St. u. La.	J. pr. **45**, 327.
Pentaerythryt	$C_5H_{12}O_4$	136	4859,0	660,8	661,4	222,6	St. u. La.	„
Arabinose	$C_5H_{10}O_5$	150	3695	—	548,0	266,2	St.	J. pr. **31**, 286.
„	„	„	3714,0	557,0	557,0	258,0	B. u. M.	C. r. **111**, 13.
Arabit	$C_5H_{12}O_5$	152	4024,6	611,7	612,0	272,0	St u. La.	J. pr. **45**, 320.
Xylose	$C_5H_{10}O_5$	150	3739,9	560,7	560,7	254,3	B. u. M.	C. r. **111**, 13.
Pinakon	$C_6H_{14}O_2$	118	7607,6	—	897,7	149,3	L.	A. Ch. (5), **25**, 143.
Mannit	$C_6H_{14}O_6$	182	3939	—	716,9	330,1	St.	J. pr. **31**, 292.
„	„	„	3996,4	727,4	727,7	319,3	St. K. La.	
„	„	„	3997,8	727,6	727,9	319,1	St. u. La.	J. pr. Ch. **45**, 330.
„	„	„	4001,2	728,2	728,5	318,5	B. u. V.	A. Ch. (6), **10**, 456.
Dulcit	$C_6H_{14}O_6$	182	3959	—	720,5	326,5	Gibson	Storrs School III. Rep.
„	„	„	3908	—	711,3	335,7	St.	J. pr. **31**, 292.
„	„	„	4006,2	729,1	729,4	317,6	B. u. V.	A. Ch. (6), **10**, 456.
„	„	„	3975,9	723,6	723,9	323,1	St. u. La.	J. pr. **45**, 331.
Perseït	$C_7H_{16}O_7$	212	3942,5	835,8	836,1	373,9	St. u. La.	„ 332.
„	„	„	3966,5	840,9	841,2	368,8	Fogh	C. r. **114**, 921.

Kohlehydrate.

a. Pentosen.

Arabinose	$C_5H_{10}O_5$	150	3722,0	558,3	558,3	256,7	St. u. La.	J. pr. **45**, 305.
Xylose	$C_5H_{10}O_5$	150	3746,0	561,9	561,9	253,1	„	„ 306.
Fukose	$C_6H_{12}O_5$	164	4340,9	711,9	712,2	265,8	„	„ 309.
Rhamnose, wasserfrei .	$C_6H_{12}O_5$	164	4379,3	718,2	718,5	259,5	„	„ 307.
„ kryst. . . .	„ H_2O	182	3909,2	711,5	711,8	335,2	„	„ 308.

b. Hexosen.

Sorbinose	$C_6H_{12}O_6$	180	3714,5	668,6	668,6	309,4	St. u. La.	J. pr. **45**, 312
Galaktose	$C_6H_{12}O_6$	180	3721,5	669,9	669,9	308,1	„	„ 310.
Dextrose	$C_6H_{12}O_6$	180	3742,6	673,7	673,7	304,3	„	„ 309.
„	„	„	3692	—	664,6	313,4	St.	J. pr. **31**, 286.
„	„	„	3740,9	673,4	673,4	304,6	St. K. La.	
„	„	„	3762,0	677,2	677,2	300,8	B. u. R.	A. Ch. (6), **10**, 458.

Name.	Formel.	Mol. Gew.	Verbrennungswärme.			Bildungs-Wärme.	Be-obachter.	Litteratur-Nachweis.
			pro Gramm kal.	pro Grammmolekül.				
				Vol. konst. Kal.	Druck konst. Kal.			
Dextrose	$C_6H_{12}O_6$	180	3754,0	—	675,7	302,3	Gibson	Storrs School III. Rep.
Fructose	$C_6H_{12}O_6$	180	3755,0	675,9	675,9	302,1	St. u. La.	J. pr. **45**, 311.
Laktose	$C_6H_{12}O_6$	180	3659	—	658,6	319,4	St.	J. pr. **31**, 286.
Inosit	$C_6H_{12}O_6$	180	3703,0	666,5	666,5	311,5	B. u. R.	A. Ch. (6), **13**, 341.
„	„	„	3679,6	662,3	662,3	315,7	St. u. La.	J. pr. **45**, 937.
„ inakt. p. conflux.	„	180	3676,8	661,8	661,8	316,2	B. u. M.	C. r. **111**, 13.
Quercit	$C_6H_{12}O_5$	164	4293,6	704,1	704,4	273,5	St. u. La.	J. pr. **45**, 336.
„	„		4330,0	710,1	710,4	267,6	B. u. R.	A. Ch. (6), **13**, 341.

c. Heptosen.

Name.	Formel.	Mol. Gew.	pro Gramm kal.	Vol. konst. Kal.	Druck konst. Kal.	Bildungs-Wärme.	Be-obachter.	Litteratur-Nachweis.
Glukoheptose	$C_7H_{14}O_7$	210	3732,8	783,9	783,9	357,1	Fogh	C. r. **114**, 921.

d. Disaccharide.

Name.	Formel.	Mol. Gew.	pro Gramm kal.	Vol. konst. Kal.	Druck konst. Kal.	Bildungs-Wärme.	Be-obachter.	Litteratur-Nachweis.
Trehalose, wasserfrei	$C_{12}H_{22}O_{11}$	342	3947,0	1349,9	1349,9	537,1	St. u La.	J pr. **45**, 317.
Maltose, wasserfrei	$C_{12}H_{22}O_{11}$	342	3549,3	1350,7	1350,7	536,3	St u. La.	J. pr. **45**, 316.
Milchzucker, wasserfrei	$C_{12}H_{22}O_{11}$	342	3920,0	—	1340,6	546,4	Gibson	Storrs School III. Rep.
„ „	„	„	3877	1351,4	1325,9	561,1	St.	J. pr. **31**, 288.
„ „	„	„	3951,5	—	1351,4	535,6	St. u. La.	„ **45**, 314.
„ kryst	$C_{12}H_{24}O_{12}$	360	3663	—	1318,7	637,3	St.	„ **31**, 289.
„ „	„	„	3738,9	1346,0	1346,0	610,0	St. K. La.	J. pr. **45**, 314.
„ „	„	„	3736,8	1345,2	1345,2	610,8	St. u. La.	
„ bei 65° getr.	„	„	3777,1	1359,8	1359,8	596,2	B. u. V.	A. Ch. (6), **10**, 457.
Rohrzucker	$C_{12}H_{22}O_{11}$	342	3955,2	1352,7	1352,7	534,3	St. u. L.	J. pr. **45**, 313.
„	„	„	3921,0	—	1341,0	546,0	Gibson	Storrs School III. Rep.
„	„	„	3866	—	1322,2	564,8	St.	J. pr. **31**, 288.
„	„	„	3961,7	1355,0	1355,0	532,0	B. u. V.	A. Ch. (6), **10**, 458.
„	„	„	4001	—	1368,3	518,7	Ru	Biol. **21**, 265.
Maltose, kryst.	$C_{12}H_{22}O_{11}$, H_2O	360	3721,8	1339,8	1339,8	616,2	St. u. La.	J. pr. **45**, 316.
Trehalose, kryst.	$C_{12}H_{22}O_{11}$, $2H_2O$	378	3550,3	1345,3	1345,3	679,7	St. u. La.	„ 318.
Arabinsäure	$C_{12}H_{22}O_{11}$	342	4004	—	1369,4	517,6	St.	„ **31**, 289.

e. Trisaccharide.

Raffinose, wasserfrei . .	$C_{18}H_{32}O_{16}$	504	3928	—	1979,7	816,3	St.	J. pr. **31**, 289.
„ . .	„	„	4020,0	2026,1	2026,1	769,9	B. u. M.	C. r. **111**, 13.
Melitriose, wasserfrei .	$C_{18}H_{32}O_{16}$	504	4020,8	2026,5	2026,5	769,5	St. u. La.	J. pr. **45**, 318.
„ kryst. . . .	$C_{18}H_{32}O_{16}$, $5H_2O$	594	3399,1	2019,1	2019,1	1121,9	„	„ 320.
Melecitose	$C_{18}H_{34}O_{17}$	522	3913,7	2043,0	2043,0	822,0	„	„ 321.

f. Polysaccharide.

Dextran	$C_6H_{10}O_5$	162	4112,3	666,2	666,2	242,8	St. u. La.	J. pr. **45**, 325.
Stärkemehl	$C_6H_{10}O_5$	162	4164,0	—	675,6	233,4	Gibson	Storrs School III. Rep.
„	„	„	4182,5	677,5	677,5	231,5	St. u. La.	J. pr. **45**, 333.
„	„	„	4123	—	667,9	241,1	St.	J. pr. **31**, 291.
„	„	„	4228,0	684,9	684,9	224,1	B. u. V.	A. Ch. (6), **10**, 459.
Dextrin	$C_6H_{10}O_5$	162	4180,4	667,2	667,2	241,7	„	„ 461.
Cellulose	$C_6H_{10}O_5$	162	4185,4	678,0	678,0	231,0	St. u. La	J. pr. **45**, 322.
„	„	„	4146	—	671,7	237,3	St	„ **31**, 290.
„	„	„	4155	—	673,1	235,9	Gottlieb	„ **28**, 418.
„	„	„	4200,0	680,4	680,4	228,6	B. u. V.	A. Ch. (6), **6**, 552.
Inulin	$C_6H_{10}O_5$	162	4070,0	—	659,3	249,7	St.	J. pr. **31**, 291.
„	„	„	4187,1	678,3	678,3	230,6	B. u. V.	A. Ch. (6), **10**, 460.
„	$C_{36}H_{62}O_{31}$	990	4133,5	4092,1	4092,1	1230,9	St. u. La.	J. pr. **45**, 326.

Phenole.

Phenol	C_6H_6O	94	7681	—	722,0	49,0	St.	J. pr. **31**, 304.
„	„	„	7716	—	725,3	45,7	St. Ro. H.	„ **33**, 465.
„	„	„	7786,7	731,9	732,5	38,5	St K. La.	
„ 2. Probe . . .	„	„	7805,1	733,7	734,9	36,1	B. u. L.	A. Ch. (6), **13**, 328.
„	„	„	7816,0	734,7	735,9	35,1	B. u. L.	„ 326.
„	„	„	7835,6	736,5	737,1	33,9	B. u. V.	„ **10**, 452.
„	C_6H_6O	94	7842	—	737,1	33,9	F. u. S.	A. Ch (3), **34**, 443.
„	„	„	7786,7	731,9	732,5	38,5	St. u. La.	J. pr. **45**, 332.
„ Dampf	„	„	8178,7	—	768,8	2,2	Th.	Unt. **4**, 172.
Brenzkatechin	$C_6H_6O_2$	110	6075	—	668,2	102,8	St.	J. pr. **31**, 304.
„	„	„	6226,3	684,9	685,2	85,8	St. K. La.	
Resorcin	$C_6H_6O_2$	110	6210,3	683,1	683,4	87,6	St. u. La.	J. pr. **45**, 334.
„	„	„	6098	—	670,8	100,2	St.	„ **31**, 304.
Hydrochinon	$C_6H_6O_2$	110	6209,2	683,0	683,4	87,7	St. u. La.	„ **45**, 335.
„	„	„	6092	—	670,1	100,9	St. Ro. H.	„ **33**, 467.
„	„	„	6229,5	685,2	685,5	85,5	B. u. L.	A. Ch. (6), **13**, 335.
„	„	„	6209,2	683,0	683,3	87,7	St. K. La.	

Name.	Formel.	Mol. Gew.	Verbrennungswärme. pro Gramm kal.	Verbrennungswärme. pro Grammmolekül. Vol. konst. Kal.	Verbrennungswärme. pro Grammmolekül. Druck konst. Kal.	Bildungs-Wärme.	Be-obachter.	Litteratur-Nachweis.
Pyrogallol	$C_6H_6O_3$	126	4891	—	616,3	154,7	St.	J. pr. **31**, 305.
„	„	„	4893	—	616,5	154,5	St. Ro. H.	J. pr. **33**, 468.
„	„	„	5026,2	633,3	633,3	137,7	B. u. L.	A. Ch. (6), **13**, 337.
„	„	„	5071,8	639,0	639,0	132,0	St. u. La.	J. pr. **45**, 336.
Phloroglucin	$C_6H_6O_3$	126	4902	—	617,7	153,3	St. Ro. H.	J. pr. **33**, 469.
o-Kresol, flüssig	C_7H_8O	108	8176	—	883,0	51,0	„	„ **34**, 312.
„ fest	„	„	8146	—	879,8	54,2	„	„ 313.
m- „ flüssig	„	„	8157	—	881	53,0	„	„ „
p- „ fest	„	„	8152,2	—	880,4	53,6	„	„ 314.
„ flüssig	„	„	8175	—	882,9	51,1	„	„ „
Orcin	$C_7H_8O_2$	124	6651	—	824,7	109,3	„	„ 315.
o-Xylenol	$C_8H_{10}O$	122	8487	—	1035,4	61,6	„	„ 316.
m- „	„	„	8506	—	1037,5	59,5	„	„ 317.
p- „	„	„	8489	—	1035,6	61,4	„	„ 317.
Pseudokumenol	$C_9H_{12}O$	136	8761	—	1191,5	68,5	„	„ 319.
Thymol, flüssig	$C_{10}H_{14}O$	150	9025	—	1353,7	69,3	„	„ 320.
„ fest	„	„	9000	—	1350,0	73,0	„	„ 321.
Carvacrol	$C_{10}H_{14}O$	150	9032	—	1354,8	68,2	„	„ 319.
			Kampher.					
Laurineenkampher	$C_{10}H_{16}O$	152	9225,1	1402,2	1404,2	87,8	L.	A. Ch. (6), **18**, 381.
Kampher, racemisch	$C_{10}H_{16}O$	152	9290,9	1412,2	1414,2	77,8	„	383.
„	„	„	9298,7	1413,4	1415,4	76,6	L.	C. r. **107**, 1006.
Matrikarienkampher, links drehend	$C_{10}H_{16}O$	152	9302,8	1414,0	1416,0	76,0	L.	A. Ch. (6), **18**, 382.
α-Nitrokampher	$C_{10}H_{15}NO_3$	197	6957,0	1370,5	1371,4	86,1	B. u. P.	A. Ch. (6), **20**, 6.
Nitrokampher, Phenol, wasserfrei	$C_{10}H_{15}NO_3$	197	6778,2	1335,8	1335,3	122,2	„	„ 10.
Borneol	$C_{10}H_{18}O$	154	9504,4	1463,7	1466,0	95,0	St. u. K.	
„ (Dryobalanops) rechts	„	„	9492,7	1461,9	1464,2	96,8	L.	A. Ch. (6), **18**, 387.
„ 2. Präp.	„	„	9529,0	1467,5	1469,8	91,2	L.	„ 389.
Eukalyptol, Cineol, fl.	$C_{10}H_{18}O$	154	9481,3	1460,1	1462,4	98,6	L.	„ 400.
Terpilenol, inaktiv	$C_{10}H_{18}O$	154	9530,4	1467,7	1470,0	91,0	L.	„ 394.

Borneol aus franz. Terp.	$C_{10}H_{18}O$	154	9551,0	1470,9	1473,2	87,8	L.	A. Ch. (6), **18**, 397.
Baldriankamphol . . .	$C_{10}H_{18}O$	154	9561,6	1472,5	1474,8	86,2	L.	„ 390.
Kamphol par compens. .	$C_{10}H_{18}O$	154	9570,3	1473,8	1476,1	84,9	L.	„ 391.
Terpilenol aktiv . . .	„	„	9575,2	1474,6	1476,9	84,1	L.	„ 396.
Hydrate de Caoutchine .	$C_{10}H_{18}O$	154	9578,7	1475,1	1477,4	83,6	L.	A. Ch. (6), **18**, 395.
Terpilenol aktiv . . .	„	154	9597,9	1478,1	1480,4	80,6	L.	„ 396.
Nitrokamph.,Phenol kryst.	$C_{10}H_{17}NO_4$	215	6200,7	1332,8	1334,3	192,2	B. u. P.	A. Ch. (6), **20**, 9.
Menthol	$C_{10}H_{20}O$	156	9674,1	—	1509,2	120,8	L.	„ **23**, 386.
Terpenhydr. wasserfrei .	$C_{10}H_{20}O_2$	172	8455,6	1454,4	1456,7	173,3	L.	„ **18**, 403.
„ kryst. . . .	$C_{10}H_{22}O_3$	190	7626,9	1449,1	1451,4	247,6	L.	„ 402.

Aether.

Aethylenoxyd, flüssig .	C_2H_4O	44	6870,4	—	302,3	23,8	B.	A. Ch. (5), **27**, 374.
„ Dampf .	„	„	6988,6	307,5	308,4	17,7	B.	„
„ . .	„	„	7102,3	—	312,5	13,5	Th.	Unt. **4**, 150.
Methyläther, Gas . . .	C_2H_6O	46	7459	343,1	344,2	50,8	B.	A. Ch. (5), **23**, 181.
„ . . .	„	„	7595,7	—	349,4	45,6	Th.	Unt. **4**, 146.
Methyl-Aethyläther . .	C_3H_8O	60	8431,7	—	505,9	52,1	Th.	Unt. **4**, 147.
Methylen-Dimethyläther, flüssig	$C_3H_8O_2$	76	5709	—	433,9	124,1	B. u. Og.	A. Ch. (5), **23**, 201.
Methylen-Dimethyläther, Dampf	„	„	5784	439,6	440,7	117,3	„	„ 200.
Methylpropargyläther, Dampf	C_4H_6O	70	8625,7	—	603,8	—20,8	Th.	Unt. **4**, 153.
Methylallyläther, Dampf	C_4H_8O	72	8711,1	—	627,2	24,8	„	„ 151.
Aethyläther, flüssig . .	$C_4H_{10}O$	74	8805	—	651,6	69,4	St. Ro. H.	J. pr. **35**, 138.
„ . .	„	„	9027,6	—	668,0	53,0	F. u. S.	A. Ch. (3), **34**, 433.
„ Dampf . .	„	„	8913,5	—	659,6	61,4	Th.	Unt. **4**, 149.
„ . .	„	„	8921	—	660,2	60,8	St. Ro. H.	J. pr. **35**, 140.
Diallyläther, Dampf . .	$C_6H_{10}O$	98	9296,9	—	911,1	—2,1	Th.	Unt. **4**, 152.
Amyläther	$C_{10}H_{22}O$	158	1018,8	—	1609,7	89,3	F. u. S.	A. Ch. (3), **34**, 433.

Phenoläther.

Anisol	C_7H_8O	108	8345	—	901,3	32,7	St. Ro. H.	J. pr. **35**, 23.
„	„	„	8375,5	904,6	905,5	28,5	St. u. La.	Ber. K. s. Ges. 1892, 323.
„ Dampf	„	„	8581	—	936,3	—2,3	Th.	Unt. **4**, 154.
Phenetol	$C_8H_{10}O$	122	8666	—	1057,2	39,8	St. Ro. H.	J. pr. **35**, 23.
m-Kresylmethyläther . .	$C_8H_{10}O$	122	8666	—	1057,3	39,7	„	„ 24.
Dimethylo-Hydrochinon .	$C_8H_{10}O_2$	138	7456	—	1015,1	81,9	„	„ 27.

Name.	Formel.	Mol. Gew.	Verbrennungswärme.			Bildungs-Wärme.	Beobachter.	Litteratur-Nachweis.
			pro Gramm kal.	pro Grammmolekül.				
				Vol. konst. Kal.	Druck konst. Kal.			
Dimethylo-Resorcin . .	$C_8H_{10}O_2$	138	7413	—	1023,0	74,0	St. Ro. H.	J. pr. **35**, 27.
Phenyl Propyläther . .	$C_9H_{12}O$	136	8922	—	1213,4	46,6	„	„ 24.
p-Kresyl-Aethyläther . .	$C_9H_{12}O$	136	8920	—	1213,1	46,9	„	„ 25.
m-Xylenyl-Methyläther .	$C_9H_{12}O$	136	8924	—	1213,7	46,3	„	„ 25.
p- „ Aethyläther .	$C_{10}H_{14}O$	150	9126	—	1368,8	54,2	„	„ 26.
Thymyl-Methyläther . .	$C_{11}H_{16}O$	164	9296	—	1524,6	61,4	„	„ 26.
„ Aethyläther . .	$C_{12}H_{18}O$	178	9439	—	1680,1	68,9	„	„ 26.
Isosafrol, flüssig . . .	$C_{10}H_{10}O_2$	162	7614,8	1233,6	1234,5	50,5	St. u. La.	Ber. K. s. Ges. 1892, 323.
Safrol, flüssig	$C_{10}H_{10}O_2$	162	7677,6	1243,8	1244,7	40,3	„	„ 316.
Anethol, fest	$C_{10}H_{12}O$	148	8937,1	1322,7	1324,2	29,8	„	„ 318.
Methylchavikol, flüssig .	$C_{10}H_{12}O$	148	9010,5	1333,6	1335,1	18,9	„	„ 310.
Isoeugenol, flüssig . . .	$C_{10}H_{12}O_2$	164	7786,0	1276,9	1278,1	75,9	„	„ 319.
Eugenol, flüssig . . .	$C_{10}H_{12}O_2$	164	7839,7	1285,7	1286,9	67,1	„	„ 311.
Betelphenol, Chavibetol fl.	$C_{10}H_{12}O_2$	164	7839,4	1285,7	1286,9	67,1	„	„ 314.
Methylisoeugenol, fl. . .	$C_{11}H_{14}O_2$	178	8126,3	1446,5	1448,0	69,0	„	„ 323.
Methyleugenol, fl. . . .	$C_{11}H_{14}O_2$	178	8188,9	1457,6	1459,1	57,9	„	„ 315.
Isapiol, fest	$C_{12}H_{14}O_4$	222	6703,3	1488,1	1489,0	122,0	„	„ 324.
Safrol, fest	$C_{12}H_{14}O_4$	222	6751,0	1498,7	1499,6	111,4	„	„ 317.
Aethylisoeugenol, fest .	$C_{12}H_{46}O_2$	192	8338,9	1601,1	1602,9	77,1	„	„ 322.
Asaron, fest	$C_{12}H_{16}O_3$	208	7572,9	1575,2	1576,7	103,3	„	„ 324.
			Aldehyde.					
Acetaldehyd, Dampf . .	C_2H_4O	44	6241	274,6	275,5	50,5	B. u. Og.	A. Ch. (5), **23**, 199.
„ . .	„	„	6406,8	—	281,9	44,1	Th.	Unt. **4**, 174.
Propionaldehyd, Dampf .	C_3H_6O	58	7598,3	—	440,7	48,3	Th.	„ 175.
Methylal, Dampf . . .	$C_3H_8O_2$	76	6348,0	—	476,1	81,9	Th.	„ 156.
Krotonaldehyd	C_4H_6O	70	7747,4	—	542,3	40,7	L.	C. r. **100**, 65.
Isobutylaldehyd, Dampf .	C_4H_8O	72	8331,9	—	599,9	52,1	Th.	Unt. **4**, 175.
β-Oxybutylaldehyd, Aldol	$C_4H_8O_2$	88	6214,3	—	546,9	105,1	L.	C. r. **101**, 1063.
Valeraldehyd	$C_5H_{10}O$	86	8629,7	—	742,2	72,8	L.	A. Ch. (5), **23**, 388.
Metaldehyd, fest . . .	$C_6H_{12}O_3$	132	6093,3	805,0	805,8	172,2	L.	C. r. **108**, 620.
Paraldehyd, flüssig . .	$C_6H_{12}O_3$	132	6123,5	—	813,2	164,8	L.	„
Acetal	$C_6H_{14}O_2$	118	7784,8	—	918,6	128,4	L.	„ **100**, 64.

Oenanthol	$C_7H_{14}O$	114	9321,0	—	1062,6	78,4	L.	A. Ch. (5), **21**, 143.
Benzaldehyd	C_7H_6O	106	7941	—	841,7	23,3	St. Ro H.	J. pr. **36**, 3.
Piperonal	$C_8H_6O_3$	150	5804,1	870,6	870,6	88,4	St. u. La.	
Vanillin	$C_8H_8O_3$	152	6015,7	914,4	914,7	113,3	„	
Zimmtaldehyd	C_9H_8O	132	8424,4	1112,0	1112,9	9,1	„	

Einbasische Säuren der Fettsäure-Reihe.

Ameisensäure	CH_2O_2	46	1366,8	—	62,87	100,13	Jahn	A. Phys. (2), **37**, 414.
„	„	„	2091	—	96,2	66,8	F. u. S.	A. Ch. (3), **34**, 438.
„	„	„	1365,8	62,8	62,5	100,5	B. u. M.	C. r. **114**, 1147.
„ Dampf . .	„	„	1508,5	—	69,39	93,6	Th.	Unt. **4**, 180.
Essigsäure	$C_2H_4O_2$	60	3480,0	—	208,8	117,2	Jahn	A. Phys. (2), **37**, 430.
„	„	„	3505,2	—	210,3	115,7	F. u. S.	A. Ch. (3), **34**, 438.
„	„	„	3555,0	—	213,3	112,7	St. u. Ro.	J. pr. **32**, 418.
„	„	„	3491,1	204,9	204,9	116,6	B. u. M.	C. r. **114**, 1148.
„ Dampf . . .	„	„	3755,0	—	225,3	100,7	Th.	Unt. **4**, 181.
Glykolsäure	$C_2H_4O_3$	76	2172,3	165,1	164,8	161,2	L.	A. Ch. (6), **23**, 211.
„	„	„	2203,7	167,5	167,2	158,8	„	„
„	„	„	2197,3	167,0	166,7	159,3	St. K. La.	
Propionsäure	$C_3H_6O_2$	74	4957,8	—	366,9	122,1	L.	C. r. **101**, 1062.
„	„	„	4971,6	—	367,9	121,1	St. u. Ro.	J. pr. **32**, 418.
„ Dampf . .	„	„	5223,0	—	386,5	102,5	Th.	Unt. **4**, 183.
Buttersäure	$C_4H_8O_2$	88	5647	—	496,9	155,1	F. u S.	A. Ch (3), **34**, 439.
„	„	„	5939,8	—	522,7	129,3	St u. Ro.	J. pr. **32** 418.
Isobuttersäure	$C_4H_8O_2$	88	5884,0	—	517,8	134,2	L.	C. r. **100**. 66.
Oxyisobuttersäure . . .	$C_4H_8O_3$	104	4554,7	473,7	474,0	178,0	„	„ **107**, 599.
„	„	„	4536,0	471,7	472,0	180,0	„	A. Ch. (6), **23**, 212.
Tetrolsäure	$C_4H_4O_2$	84	5389,2	452,7	452,7	61,3	St. u. K.	
Krotonsäure	$C_4H_6O_2$	86	5554,2	477,7	478,0	105,0	„	
„	„	„	5566,3	478,7	479,0	104,0	St. u. La.	
Brenzschleimsäure . . .	$C_5H_4O_3$	112	4378,3	490,4	490,1	117,9	St. K. La.	
Tiglinsäure	$C_5H_8O_2$	100	6260,2	626,0	626,6	119,4	St. u. K.	
Angelikasäure	$C_5H_8O_2$	100	6344,5	634,5	635,1	110,9	„	
Valeriansäure	$C_5H_{10}O_2$	102	6439	—	656,8	158,2	F. u. S.	A. Ch. (3), **34**, 439.
„	„	„	6634,3	—	676,7	138,3	St. u. R.	J. pr. **32**, 418.
Sorbinsäure	$C_6H_8O_2$	112	6631,9	742,8	743,4	96,6	St. u. La.	
Kapronsäure	$C_6H_{12}O_2$	116	7157,0	—	830,2	147,8	L	A. Ch. (5), **25**, 140.
„	„	„	7165,5	—	831,2	146,8	St. u. Ro.	J. pr. **32**, 418.
Kaprylsäure	$C_8H_{16}O_2$	144	7907,6	—	1138,7	165,3	L.	A. Ch (6), **11**, 221.
„	„	„	7916,7	—	1140,0	164,0	St. u. Ro.	J. pr. **32**, 418.

Name.	Formel.	Mol. Gew.	Verbrennungswärme. pro Gramm kal.	Verbrennungswärme. pro Grammmolekül. Vol. konst. Kal.	Verbrennungswärme. pro Grammmolekül. Druck konst. Kal.	Bildungs-Wärme.	Beobachter.	Litteratur-Nachweis.
Nonylsäure	$C_9H_{18}O_2$	158	8147,8	—	1287,0	179,6	L.	A. Ch. (6), **11**, 221.
Kaprinsäure	$C_{10}H_{20}O_2$	172	8427,3	—	1449,5	180,5	St. u. Ro.	J. pr. **32**, 418.
„	„	„	8463	—	1455,6	174,4	St.	„ **31**, 298.
Undekolsäure	$C_{11}H_{18}O_2$	182	8440,0	1536,1	1538,1	116,9	St. u. K.	
Undecylensäure	$C_{11}H_{20}O_2$	184	8568,3	1576,6	1578,9	145,1	„	
„	„	„	8579,8	1578,7	1581,0	143,0	„	
Undecylsäure	$C_{11}H_{22}O_2$	186	8673,8	1613,3	1615,9	177,1	„	
Laurinsäure	$C_{12}H_{24}O_2$	200	8738	—	1747,6	208,4	St. u. R.	J. pr. **32**, 94.
„	„	„	8798,6	—	1759,7	196,3	L.	A. Ch. (6), **11**, 222.
„	„	„	8848,8	1768,9	1771,8	184,2	St. u. La.	J. pr. Ch. **42**, **374**.
Myristinsäure	$C_{14}H_{28}O_2$	228	9004	—	2052,9	229,1	St.	J. pr. **31**, 298.
„	„	„	9008	—	2053,8	228,2	St. u. Ro.	J. pr. **32**, 91.
„	„	„	9042,6	—	2061,7	220,3	L.	A. Ch. (6), **11**, 222.
„	„	„	9133,5	2082,4	2085,9	196,1	St. u. La.	J. pr. **42**, 437.
Palmitinsäure	$C_{16}H_{32}O_2$	256	9226	—	2361,9	246,1	St.	J. pr. **31**, 299.
„	„	„	9264,8	—	2371,8	236,2	L.	A. Ch. (6), **11**, 223.
„	„	„	9316,5	—	2385,0	233,0	F. u. S.	A. Ch. (3), **34**, 439.
„	„	„	9352,9	2394,3	2398,4	209,6	St. u. K.	
Stearolsäure	$C_{18}H_{32}O_2$	280	9373,9	2624,7	2628,9	167,1	St. u. La.	
Elaïdinsäure	$C_{18}H_{34}O_2$	282	9432,3	2659,9	2664,3	200,7	„	
Oelsäure	$C_{18}H_{34}O_2$	282	9494,9	2677,6	2682,0	183,0	„	
Stearinsäure	$C_{18}H_{36}O_2$	284	9429	—	2677,5	256,2	St.	J. pr. **31**, 299.
„	„	„	9716,5	—	2759,5	174,5	F. u. S.	A. Ch. (3), **34**. 439.
Behenolsäure	$C_{22}H_{40}O_4$	336	9672,3	3249,9	3255,1	192,9	St. u. La.	J. pr. **42**, 380.
„	„	„	9671,8	3249,7	3254,9	193,1	St. u. La.	
Brassidinsäure	$C_{22}H_{42}O_2$	338	9717,7	3284,6	3290,1	226,9	St. u. La.	J. pr. **42**, 369.
Erukasäure	$C_{22}H_{42}O_2$	338	9738,6	3291,7	3297,2	219,8	„	„ 368.
Behensäure	$C_{22}H_{44}O_2$	340	9801,4	3332,5	3338,3	247,7	„	„ 379.
Dioxybehensäure	$C_{22}H_{44}O_4$	372	8684,4	3230	3235,5	350,5	„	„ 382.

Mehrbasische Säuren der Fettsäure-Reihe.

Name.	Formel.	Mol. Gew.	pro Gramm kal.	Vol. konst. Kal.	Druck konst. Kal.	Bildungs-Wärme.	Beobachter.	Litteratur-Nachweis.
Oxalsäure	$C_2H_2O_4$	90	571	—	51,4	205,6	St.	J. pr. **31**, 301.
„	„	„	678,6	61,1	60,2	196,8	St. K. La.	„ **40**, 204.

Oxalsäure	$C_2H_4O_4$	90	672,5	—	60,53	186,5	Jahn	A. Phys. (2), **37**, 442.
Malonsäure	$C_3H_4O_4$	104	1960	—	203,8	216,2	St.	J. pr. **31**, 301.
„	„	„	1998,2	207,8	207,2	212,8	L.	A. Ch. (6), **23**, 195.
„	„	„	2006,2	208,6	208,0	212,0	L.	C. r. **107**, 597.
„	„	„	1999,3	207,9	207,3	212,7	St. K. La.	J. pr. **40**, 206.
Acetylendikarbonsäure	$C_4H_2O_4$	114	2693,9	307,1	306,2	138,8	St. u. K.	
Fumarsäure	$C_4H_4H_4$	116	2742,9	318,2	317,6	196,4	St. K. La.	J. pr. **41**, 575.
„	„	„	2761,1	320,3	319,7	194,3	„	„ **40**, 216.
„	„	„	2765,1	320,7	320,1	193,9	„	„ **40**, 217.
„	„	„	2748,9	318,9	318,3	195,7	L.	A. Ch. (6), **23**, 186.
„	„	„	2755,0	319,6	319,0	195,0	„	„
Maleïnsäure	$C_4H_4O_4$	116	2818,4	326,9	326,3	187,7	St. K. La.	J. pr. **40**, 217.
„	„	„	2859,5	331,7	331,3	182,7	L.	C. r. **106**, 1290.
„	„	„	2814,6	326,5	325,9	188,1	L.	A. Ch. (6), **23**, 186.
„	„	„	2829,7	328,2	327,6	186,4	„	„ 188.
Bernsteinsäure	$C_4H_6O_4$	118	3017,7	356,1	355,8	227,2	L.	C. r. **107**, 597.
„	„	„	3019	—	356,2	226,8	St.	J. pr. **31**, 302.
„	„	„	3026,3	357,1	356,8	226,2	St. K. La.	„ **40**, 207.
„	„	„	3006,2	354,7	354,4	228,6	L.	A. Ch. (6), **23**, 186.
Methylmalonsäure	$C_4H_6O_4$	118	3097,8	365,1	364,8	218,2	St. K. La.	J. pr. **40**, 208.
„	„	118	3074,4	362,8	362,5	220,5	St. u. K.	
Weinsäure	$C_4H_6O_6$	150	1745	—	261,7	321,3	St.	J. pr. **31**, 302.
Traubensäure, kryst.	$C_4H_6O_6$, H_2O	168	1660,8	278,4	277,6	374,4	O.	A. Ch. (6), **20**, 374.
„ wasserfrei	$C_4H_6O_4$	150	1863,2	279,5	278,7	304,3	O.	„ 375.
Itakonsäure	$C_5H_6O_4$	130	3666,0	476,3	476,3	200,7	L.	C. r. **106**, 1291.
„	„	„	3662,9	476,2	475,9	201,1	St. u. K.	
„	„	„	3675,5	477,8	477,5	199,5	L.	A. Ch. (6), **23**, 191.
Citrakonsäure	$C_5H_6O_4$	130	3697,5	477,9	477,6	199,4	L.	C. r. **106**, 1291.
„	„	„	3692,2	480,0	479,7	197,3	St. u. K.	
„	„	„	3715,3	483,0	482,7	194,3	L.	A. Ch. (6), **23**, 192.
„	„	„	3723,5	484,1	483,8	193,2	„	„ 193.
Mesakonsäure	$C_5H_6O_4$	130	3673,3	477,5	477,2	199,8	St. u. K.	
„	„	„	3685,7	479,1	478,8	198,2	L.	A. Ch. (6), **23**, 190.
„	„	„	3685,1	479,1	478,8	198,2	L.	C. r. **106**, 1291.
$\alpha\alpha$-Trimethylendikarbonsäure	$C_5H_6O_4$	130	3719,1	483,5	483,2	193,8	St. u. K.	J. pr. **45**, 482.
$\alpha\beta$-Trimethylendikarbonsäure	$C_5H_6O_4$	130	3726,7	484,4	484,1	192,9	St. u. K.	„ 483.
Glutarsäure	$C_5H_8O_4$	132	3901,2	515,0	515,0	231,0	„	„ 484.
Methylbernsteinsäure	$C_5H_8O_4$	132	3926,5	518,3	518,3	227,7	L.	A. Ch. (6), **23**, 197.
„	$C_5H_8O_4$	132	3942,8	520,4	520,4	225,6	„	„
„	„	„	3876,3	511,7	511,7	234,3	„	C. r. **107**, 598.

Name.	Formel.	Mol. Gew.	Verbrennungswärme. pro Gramm kal.	Verbrennungswärme. pro Grammmolekül. Vol konst. Kal.	Verbrennungswärme. pro Grammmolekül. Druck konst. Kal.	Bildungs-Wärme.	Be-obachter.	Litteratur-Nachweis.
Methylbernsteinsäure . .	$C_5H_8O_4$	132	3902,9	515,2	515,2	230,8	St. K. La.	J. pr. **40**, 209.
Dimethylmalonsäure . .	$C_5H_8O_4$	132	3903,9	515,3	515,3	230,7	St. K. La.	„ **40**, 208.
Glutarsäure	$C_5H_8O_4$	132	3917,7	517 2	517,2	228,8	„	„
Aethylmalonsäure . . .	$C_5H_8O_4$	132	3923,8	517,9	517,9	228,1	„	„ 209.
Trioxyglutarsäure . . .	$C_5H_8O_7$	180	2163,7	389,5	388,7	357,3	Fogh	C. r. **114**, 923.
Akonitsäure	$C_6H_6O_6$	174	2737,5	476,3	475,4	295,6	St. u. K.	
„	„	„	2738,9	476,6	475,7	295,3	L.	A. Ch. (6), **23**, 207.
„	„	„	2766,2	481,3	480,4	290,6	„	„ 206.
αβ-Hydromukonsäure . .	$C_6H_8O_4$	144	4369,0	629,1	629,1	210,9	St. u. K.	
„ . .	„	„	4371,1	629,4	629,4	210,6	St. u K.	
Allylmalonsäure	$C_6H_8O_4$	144	4431,4	638,1	638,1	201,9	„	
αα-Tetramethylendikarbonsäure	$C_6H_8O_2$	144	4461,1	642,4	642,4	197,6	St. u. K.	J. pr. **45**, 486.
αα-Tetramethylendikarbonsäure	„	„	4461,5	642,5	642,5	197,5	„	„
Trikarballylsäure . . .	$C_6H_8O_4$	176	2919,3	513,8	513,2	326,8	L.	A. Ch. (6), **23**, 208.
„ . . .	„	„	2936,7	516,9	516,3	323,7	St. u. K.	
„ . . .	„	„	2938,2	517,1	516,6	323,4	L	A. Ch. (6), **23**, 207.
Citronensäure	$C_6H_8O_7$	192	2397	—	460,2	379,8	St.	J. pr. **31**, 302.
„	„	„	2477,7	475,7	474,6	365,4	St. K. La	„ **40**, 352.
„	„	„	2477,9	475,8	474,9	365,1	L.	A. Ch. (6), **23**, 204.
„ kryst. . .	$C_6H_8O_7$, H_2O	210	2250,4	472,6	471,7	437,3	„	„
Adipinsäure	$C_6H_{10}O_4$	146	4579,8	668,2	668,9	240,1	St. K. La.	J. pr. **40**, 210.
α-Methylglutarsäure . . .	$C_6H_{10}O_4$	146	4592,2	670,5	670,8	238,2	„	„ 214.
Sym. α-Dimethylbernsteinsäure	$C_6H_{10}O_4$	146	4593,6	670,7	671	238,0	„	„ 212.
Mal. sym. α-Dimethylbernsteinsäure	„	„	4618,0	674,2	674,5	234,5	St. u. La.	
Unsym. Dimethylbernsteinsäure	$C_6H_{10}O_4$	146	4598,8	671,4	671,7	237,3	St. K. La.	J. pr. **40**, 213.
Aethylbernsteinsäure . .	$C_6H_{10}O_4$	146	4602,1	671,9	672,2	236,8	„	„
Methylaethylmalonsäure .	$C_6H_{10}O_4$	146	4602,6	672,0	672,3	236,7	„	„ 210.
Propylmalonsäure . . .	$C_6H_{10}O_4$	146	4621,3	674,7	675,0	234	„	„ 211.
Isopropylmalonsäure . .	$C_6H_{10}O_4$	146	4622,6	674,9	675,2	233,8	„	„

Alloschleimsäure . . .	$C_6H_{10}O_8$	210	2358,8	495,3	495,5	414,5	Fogh	C. r. **114**. 923.
$\alpha\alpha\beta\beta$-Trimethylentetra-karbonsäure	$C_7H_6O_8$	218	2222,5	484,5	483,0	382,0	St. u. K.	J. pr. **45**, 483.
Pentamethylendikarbon-säure	$C_7H_{10}O_4$	158	4909,4	775,7	776,0	227,0	„	„ 487.
Terakonsäure	$C_7H_{10}O_4$	158	5038,9	796,1	796,4	206,6	O.	A. Ch. (6), **20**, 381.
Pimelinsäure	$C_7H_{12}O_4$	160	5181,1	829,0	829,6	242,4	St. K. La.	J. pr. **40**, 215.
„	„	„	5176,5	828,3	828,9	243,1	St. u. K.	J. pr. **45**, 487.
Korksäure	$C_8H_{14}O_4$	174	5562	—	967,8	267,2	St.	J. pr. **31**, 302.
„	„	„	5659,4	984,7	985,6	249,4	St. K. La.	„ **40**, 215.
„	„	„	5703,5	992,4	993,3	241,7	L.	C. r. **107**, 598.
„	„	„	5648,3	982,8	983,7	251,3	St. u. K.	J. pr. **45**, 488.
„	„	„	5681,8	988,6	989,5	245,5	L.	A. Ch. (6), **23**, 199.
Sym. Dimethyladipinsäure	$C_8H_{14}O_4$	174	5665,2	985,7	986,6	248,4	St. K. La.	
Azelaïnsäure	$C_9H_{16}O_4$	188	6064,6	1140,1	1141,3	256,7	„	J. pr. **40**, 216.
Kamphersäure, rechts. .	$C_{10}H_{16}O_4$	200	6202,9	1240,6	1241,8	250,2	L.	A. Ch. (6), **18**, 384.
„ links . .	$C_{10}H_{16}O_4$	200	6222,7	1244,6	1245,8	246,2	„	„ 386.
„ racemisch	$C_{10}H_{16}O_4$	200	6261,3	1252,6	1253,5	238,5	„	„ 387.
Sebacinsäure	$C_{10}H_{18}O_4$	202	6412,4	1295,3	1296,8	264,2	St. K. La.	J. pr. **40**, 216.
„	„	„	6414,2	1295,7	1297,2	263,8	L.	C. r. **107**, 598.
„	„	„	6395,5	1291,9	1293,4	267,6	„	A. Ch. (6), **23**, 200.

Einbasische Säuren der aromatischen Reihe.

Benzoësäure	$C_7H_6O_2$	122	6281	—	766,3	98,7	St.	J. pr. **31**, 303.
„	„	„	6315	—	770,5	94,5	St. Ro. H.	„ **36**, 2.
„	„	„	6322,1	771,3	771,6	93,4	B. u. L.	A. Ch. (6), **13**, 330.
„	„	„	6322,3	771,4	771,7	93,3	St. K. La.	J. pr. **40**, 128.
„	„	„	6345,0	774,1	774,4	90,6	B. u. R.	A. Ch. (6), **13**, 313.
Salicylsäure	$C_7H_6O_3$	138	5286,2	729,5	729,5	135,5	St. K. La.	J. pr. **40**, 129.
„	„	„	5326,0	735,0	735,0	130,0	B. u. R.	A. Ch. (6), **13**, 317.
m-Oxybenzoësäure . .	$C_7H_6O_3$	138	5282,9	729,0	729,0	136,0	St. K. La.	J. pr. **40**, 130.
p- „ . .	$C_7H_6O_3$	138	5259,7	725,9	725,9	139,1	„	„
β- Resorcylsäure . . .	$C_7H_6O_4$	154	4347,7	677,2	676,9	188,1	„	„ 132.
Pyrogallolkarbonsäure .	$C_7H_6O_5$	170	3731,5	634,3	633,7	231,3	„	„ 133.
Gallussäure	$C_7H_6O_5$	170	3733,6	634,7	634,1	230,9	„	„ 132.
Chinasäure	$C_7H_{12}O_6$	192	4342,0	833,7	833,7	238,3	B. u. R.	A. Ch. (6), **13**, 342.
Phenylessigsäure . . .	$C_8H_8O_2$	136	6857,3	932,6	933,2	94,8	St. K. La.	J. pr. **40**, 134.
„ 2. Präp.	„	„	6855,7	932,4	933,0	95,0	„	
o. Toluylsäure	$C_8H_8O_2$	136	6829,4	928,8	929,4	98,6	„	„ 133.

Name.	Formel.	Mol. Gew.	Verbrennungswärme. pro Gramm kal.	pro Grammmolekül. Vol. konst. Kal.	pro Grammmolekül. Druck konst. Kal.	Bildungs-Wärme.	Be-obachter.	Litteratur-Nachweis.
m-Toluylsäure	$C_8H_8O_3$	136	6827,1	928,5	929,1	98,9	St. K. La.	J. pr. **40**, 134.
p- „	„	136	6814,9	926,8	927,4	100,6	„	„ 133.
Anissäure	$C_8H_8O_3$	152	5882,3	894,9	895,2	132,8	„	„ 131.
Mandelsäure	$C_8H_8O_3$	152	5859,1	890,5	890,8	137,2	„	
Phenoxylessigsäure . .	$C_8H_8O_3$	152	5940,8	903,0	903,0	125,0	„	
Phenylpropiolsäure . .	$C_9H_6O_2$	146	7009,7	1023,4	1023,7	29,3	„	
Atropasäure	$C_9H_8O_2$	148	7052,6	1043,8	1044,8	77,2	O.	A. Ch. (6), **20**, 379.
„	„	„	7056,7	1044,4	1045,0	77,0	St. u. K.	
Zimmtsäure	$C_9H_8O_2$	148	7038,6	1041,7	1042,3	79,7	St. K. La.	J. pr. **40**, 136.
„	„	„	7042,2	1042,2	1042,8	79,2	O.	A. Ch. (6), **20**, 377.
Allozimmtsäure	$C_9H_8O_2$	148	7074,0	1047,0	1047,6	74,4	St. u. K.	
Hydrozimmtsäure . . .	$C_9H_{10}O_2$	150	7230,7	1084,6	1085,5	105,5	St. K. La.	J. pr. **40**, 135.
Dimethylbenzoësäure . .	$C_9H_{10}O_2$	150	7229,1	1084,3	1085,2	105,8	„	„
Isophenylkrotonsäure . .	$C_{10}H_{10}O_2$	162	7377,3	1195,1	1196,0	89,0	St. u. K.	
p-Isopropylbenzoësäure .	$C_{10}H_{12}O_2$	164	7544,9	1237,4	1238,6	115,4	St. K. La.	J. pr. **40**, 136.
„ .	„	„	7553,3	1238,7	1239,9	114,1	B. u. L.	A. Ch. (6), **33**, 331.
α-Naphtoësäure	$C_{11}H_8O_2$	172	7162,8	1232,0	1232,6	77,4	St. K. La.	J. pr. **40**, 137.
β- „	$C_{11}H_8O_2$	172	7138,1	1227,8	1228,4	81,6	„	„
β-Benzallaevulinsäure .	$C_{12}H_{12}O_2$	204	6927,7	1413,2	1414,1	127,9	„	
δ- „ . .	$C_{12}H_{12}O_2$	204	6911,6	1409,9	1410,8	131,2	„	
Diphenylessigsäure . .	$C_{14}H_{12}O_2$	212	7788,5	1651,5	1652,5	77,5	„	
Benzilsäure	$C_{14}H_{12}O_3$	228	7097,6	1618,3	1619,1	110,9	„	

Mehrbasische Säuren der aromatischen Reihe.

Name.	Formel.	Mol. Gew.	pro Gramm kal.	Vol. konst. Kal.	Druck konst. Kal.	Bildungs-Wärme.	Be-obachter.	Litteratur-Nachweis.
Phtalsäure	$C_8H_6O_4$	166	4658,1	773,2	772,9	186,1	St. u. K.	
„	„	„	4690,3	778,6	778,3	180,7	L.	A. Ch. (6), **23**, 223.
„	„	„	4699,1	780,1	779,8	179,2	„	„ 224.
„	„	„	4649,8	771,9	771,6	187,4	St. K. La.	J. pr. **40**, 138.
Dihydrophtalsäure . . .	$C_8H_8O_4$	168	5018,2	843,1	843,1	184,9	St. u. K.	„ **43**, 539.
m- oder Isophtalsäure .	$C_8H_6O_4$	166	4633,2	769,1	768,8	190,2	St. K. La.	J. pr. **40**, 138.
p- oder Terephtalsäure .	$C_8H_6O_4$	166	4646,0	771,2	770,9	188,1	„	„ 139.
Δ1.4.Dihydroterephtal-säure	$C_8H_8O_4$	166	4976,6	836,1	836,1	191,9	St. K. La.	

Δ1.5.Dihydroterephtalsäure	$C_8H_8O_4$	**168**	5015,8	842,7	842,7	185,3	St. K. La.	
Δ2.5.Dihydroterephtalsäure	$C_8H_8O_4$	168	5032,2	845,4	845,4	182,6	St. u. K.	J. pr. **43**, 538.
Δ1.Tetrahydroterephtalsäure	$C_8H_{10}O_4$	170	5191,3	882,5	882,8	214,2	St. K. La.	
Δ2.Tetrahydroterephtalsäure	$C_8H_{10}O_4$	170	5184,3	881,3	881,6	215,4	St. K.	J. pr. **43**, 539.
cis Hexahydroterephtalsäure	$C_8H_{12}O_4$	172	5395,4	928,0	928,6	237,4	St. K. La.	
fum Hexahydroterephtalsäure	$C_8H_{12}O_4$	172	5400,6	928,9	929,5	236,5	"	
Uvitinsäure, Mesidinsäure	$C_9H_8O_4$	180	5160,6	928,9	928,9	193,1	St. K. La.	J. pr. **40**, 139.
α-Diphenylbernsteinsäure, kryst.	$C_{16}H_{14}O_4, H_2O$	288	6417,7	1848,3	1849,1	206,9	O.	A. Ch. (6), **20**, 382.
α-Diphenylbernsteinsäure, l. löslich, wasserfrei	$C_{16}H_{14}O_4$	270	6704,8	1810,3	1811,2	175,8	St. K. La.	
" + Aceton	$C_{19}H_{20}O_5$	328	6818,2	2236,4	2237,9	238,1	"	
β-Diphenylbernsteinsäure, schwer löslich	$C_{16}H_{14}O_4$	270	6692,0	1806,8	1807,7	179,3	"	
β Diphenylbernsteinsäure, schwer löslich	"	"	6751,5	1822,9	1823,7	163,3	O.	A. Ch. (6), **20**, 383.
Trimesinsäure	$C_9H_6O_6$	210	3659,5	768,5	767,6	285,4	St. K. La.	J. pr. **40**, 140.
Pyromellithsäure	$C_{10}H_6O_8$	254	3066,4	778,9	777,4	369,6	"	" 141.
Mellithsäure	$C_{12}H_6O_{12}$	342	2312,4	790,8	788,2	546,8	"	" 143.
Hexahydromellithsäure	$C_{12}H_{12}O_{12}$	348	2659,8	925,6	923,9	618,1	St. u. K.	" **43**, 542.
Benzalmalonsäure	$C_{10}H_8O_4$	192	5504,2	1056,8	1056,8	159,2	"	
Benzylmalonsäure	$C_{10}H_{10}O_4$	194	5595,9	1085,6	1085,9	199,1	"	
Kamphersäure, rechts	$C_{10}H_{16}O_4$	200	6202,9	1240,6	1241,8	250,2	L.	A. Ch. (6), **18**, 384.
"	"	"	6215,4	1243,1	1244,3	247,7	St. u. K.	J. pr. **45**, 489.
"	"	"	6247,1	1249,4	1250,6	241,4	L.	A. Ch. (6), **23**, 218.
"	"	"	6250,1	1250,0	1251,2	240,8	"	"
Kamphersäure, links	$C_{10}H_{16}O_4$	200	6222,7	1244,6	1245,8	246,2	"	" **18**, 386.
" racemisch	$C_{10}H_{16}O_4$	200	6261,3	1252,3	1253,5	238,5	"	" 387.
Isokamphersäure	$C_{10}H_{16}O_2$	200	6248,3	1249,7	1250,9	241,1	"	" **23**, 221.
Naphtalsäure	$C_{12}H_8O_4$	216	5764,7	1245,2	1245,2	158,8	"	" 227.

Säureanhydride.

Maleïnsäureanhydrid	$C_4H_2O_3$	98	3415,4	334,7	334,1	110,9	St. K. La.	
"	"	"	3437,9	336,9	336,4	108,6	O.	A. Ch. (6), **20**, 386.
"	"	"	3421,6	335,3	334,7	110,3	L.	" **23**, 214.

Name.	Formel.	Mol. Gew.	Verbrennungswärme. pro Gramm kal.	pro Grammmolekül. Vol. konst. Kal.	pro Grammmolekül. Druck konst. Kal.	Bildungs-Wärme.	Beobachter.	Litteratur-Nachweis.
Bernsteinsäureanhydrid	$C_4H_4O_3$	100	3711,6	371,2	370,9	143,1	L.	A. Ch. (6), **23**, 215.
"	"	"	3731,0	373,1	372,8	141,2	"	" 216.
"	"	"	3699,9	370,0	369,7	144,3	St. K. La.	
Essigsäureanhydrid, Dampf	$C_4H_6O_3$	102	4510,8	—	460,1	122,9	Th.	Unt. **4**, 183.
Propionsäureanhydrid	$C_6H_{10}O_3$	130	5746,8	—	747,1	161,9	L.	C. r. **101**, 1062.
Itakonsäureanhydrid	$C_5H_4O_3$	112	4304,8	482,1	481,8	126,2	St. u. K.	
Glutarsäureanhydrid	$C_5H_6O_3$	114	4633,6	528,2	528,2	148,8	"	
Terebinsäure (Laktonsäure)	$C_7H_{10}O_4$	158	4926,3	778,3	778,6	224,2	Ö.	A. Ch. (6), **20**, 380.
Phtalsäureanhydrid	$C_8H_4O_3$	148	5295,6	783,7	783,1	106,9	L	" **23**, 225.
"	"	"	5294,0	783,5	782,9	107,1	"	
"	"	"	5299,6	784,3	784,0	106,0	St. K. La.	J. pr. **40**, 139.
Opianoximsäureanhydrid	$C_{10}H_9NO_4$	207	5566,8	1152,3	1152,2	98,3	St. u. K.	
Kamphersäureanhydrid	$C_{10}H_{14}O_6$	182	6873,8	1251,0	1252,2	170,8	"	
"	"	"	6874,7	1251,2	1252,4	170,6	"	
"	"	"	6921,2	1259,7	1260,9	162,1	L.	A. Ch. (6), **23**, 219.
"	"	"	6934,9	1262,6	1263,4	159,6	"	" 221.
"	"	"	6824,1	1242,0	1243,2	179,8	"	" **18**, 385.
Naphtalsäureanhydrid	$C_{12}H_6O_3$	198	6351,4	1257,6	1257,6	77,4	"	" **23**, 228.
Benzoësäureanhydrid	$C_{14}H_{10}O_3$	226	6886	—	1556,2	104,8	St. Ro. H.	J. pr. **36**, 3.
Diphenylmaleïnsäureanhydrid	$C_{16}H_{10}O_3$	250	7078,2	1769,5	1770,1	78,9	St. K. La.	

Laktone und Laktonsäuren.

Name.	Formel.	Mol. Gew.	pro Gramm kal.	Vol. konst. Kal.	Druck konst. Kal.	Bildungs-Wärme.	Beobachter.	Litteratur-Nachweis.
Saccharin	$C_6H_{10}O_5$	162	4055,0	656,9	656,9	252,1	St. u. La.	J. pr. **45**, 312.
l. Gulonsäure-Lakton	$C_6H_{10}O_6$	178	3456,8	615,3	615,0	294,0	Fogh	C. r. **114**, 921.
l. Mannonsäure-Lakton	$C_6H_{10}O_6$	178	3465,7	616,9	616,6	292,4	"	"
d. "	$C_6H_{10}O_6$	178	3477,8	619,0	618,7	290,3	"	"
Glukoheptonsäure-Lakton	$C_7H_{12}O_7$	208	3494,8	726,9	726,6	345,4	"	"
Glukooctonsäure-Lakton	$C_8H_{14}O_8$	238	3518,7	837,5	837,2	397,8	"	"
Phenylparakonsäure, kryst.	$C_{11}H_{10}O_4$, $^1/_4$ H_2O	210,5	5674,8	1194,6	1194,9	201,4	St. u. K.	"
"	$C_{11}H_{10}O_4$	206	5805,4	1195,9	1196,2	182,8	"	

Ketone.

Dimethylketon	C_3H_6O	58	7303	—	423,6	65,4	F. u. S.	A. Ch. (3), **34**, 437.
„ Dampf .	„	„	7537,9	—	437,2	51,8	Th.	Unt. **4**, 176.
Diaethylketon	$C_5H_{10}O$	86	8569	—	736,9	78,1	L.	C. r. **98**, 94.
Methylpropylketon, Dampf	$C_5H_{10}O$	86	8769,8	—	754,2	60,8	Th.	Unt. **4**, 177.
Mesityloxyd	$C_6H_{10}O$	98	8634,1	—	846,1	62,9	L.	C. r. **100**, 64.
Diisopropylketon . . .	$C_7H_{14}O$	110	9172,4	—	1045,7	95,3	„	„ **98**, 95.
Dipropylketon	$C_7H_{14}O$	110	9244,5	—	1053,8	87,2	„	„
Methylhexylketon . . .	$C_8H_{16}O$	128	9467,1	—	1211,8	92,2	„	„
Acetophenon	C_8H_8O	120	8345	—	1001,4	26,6	St. Ro. H.	J. pr. **34**, 322.
„	„	„	8230,4	987,6	988,5	39,5	St. u. K.	
Benzalaceton	$C_{10}H_{10}O$	146	8608,7	1256,9	1258,1	26,9	St. u. K.	
„	„	„	—	—	1262,5	22,5	„	
Karvol	$C_{10}H_{14}O$	150	9165	—	1374,7	48,3	St. Ro. H.	J. pr. **34**, 322.
Benzophenon	$C_{13}H_{10}O$	182	8558	—	1557,6	9,4	„	„ **36**, 357.
„	„	„	8554,6	1556,9	1558,1	8,9	St. u. K.	
Benzil	$C_{14}H_{10}O_2$	210	7736,5	1624,6	1625,5	35,5	St. K. La.	
Benzoïn	$C_{14}H_{12}O_2$	212	7883,4	1671,3	1672,5	57,5	„	
Dibenzalaceton	$C_{17}H_{14}O$	234	8920,0	2087,3	2089,0	—8,0	St. u. K.	

Chinone.

Chinon	$C_6H_4O_2$	108	6061,3	654,6	654,6	47,4	B. u. L.	A. Ch. (6), **13**, 333.
„	„	„	6102,0	659,0	659,0	43,0	B. u. R.	„ 309.

Methylester einbasischer Säuren.

Ameisensäure-Methyl, flüssig	$C_2H_4O_2$	60	3863	—	231,8	94,2	B. u. Og.	A. Ch. (5), **23**, 205.
Ameisensäure-Methyl, flüssig	„	„	4197,4	—	251,8	74,2	F. u. S.	„ (3), **34**, 411.
Ameisensäure, Dampf .	„	„	3970	238,2	238,7	87,3	B. u. Og.	„ (5), **23**, 204.
„ . .	„	„	4020,0	—	241,2	84,8	Th.	Unt. **4**, 201.
Essigsäure-Methyl . . .	$C_3H_6O_2$	74	5342	—	395,3	93,7	F. u. S.	A. Ch. (3), **34**, 441.
„ Dampf . . .	„	„	5394,6	—	399,2	89,8	Th.	Unt. **4**, 203.
Propionsäure-Methyl, Dampf	$C_4H_8O_2$	88	6294,3	—	553,9	98,1	Th.	Unt. **4**, 205.
Buttersäure-Methyl . .	$C_5H_{10}O_2$	102	6798,5	—	693,4	121,6	F. u. S.	A. Ch. (3), **34**, 441.
Isobutter-Methyl, Dampf	$C_5H_{10}O_2$	102	7028,4	—	716,9	98,1	Th.	Unt. **4**, 209.
Valeriansäure-Methyl . .	$C_6H_{12}O_2$	116	7375,6	—	855,6	122,4	F. u. S.	A. Ch. (3), **34**, 441.

Name.	Formel.	Mol. Gew.	Verbrennungswärme. pro Gramm kal.	Verbrennungswärme. pro Grammmolekül. Vol. konst. Kal.	Verbrennungswärme. pro Grammmolekül. Druck konst. Kal.	Bildungs-Wärme.	Be-obachter.	Litteratur-Nachweis.
Benzoësäure-Methyl . .	$C_8H_8O_2$	136	6941	—	944,0	84,0	St. Ro. H.	J. pr. **36**, 4.
p-Oxybenzoësäure-Methyl	$C_8H_8O_3$	152	5850	—	889,2	138,8	,,	,, ,, 367.
,,	,,	,,	5892,7	895,7	896,0	132,0	St. K. La.	,, **40**, 344.
Salicylsäure-Methyl . .	$C_8H_8O_3$	152	5913	—	898,8	129,2	St. Ro. H.	,, **36**, 364.
Gallussäure-Methyl . .	$C_8H_8O_5$	184	4360,8	802,4	801,3	226,7	St. K. La.	,, **40**, 346.
Anissäure-Methyl . . .	$C_9H_{10}O_3$	166	6438,0	1068,7	1069,3	121,7	,,	,, **40**, 345.
Zimmtsäure-Methyl . .	$C_{10}H_{10}O_2$	162	7486,0	1212,7	1213,6	71,4	,,	,, ,, 346.
β-Naphtoësäure-Methyl .	$C_{12}H_{10}O_2$	186	7534,7	1401,5	1402,4	70,6	,,	,, ,, 347.
Methylester zwei- und mehrbasischer Säuren.								
Kohlensäure-Dimethyl .	$C_3H_6O_3$	90	3774,3	—	339,7	149,3	L.	A. Ch. (6) **8**, 134.
,, Dampf . .	,,	,,	3973,3	—	357,6	131,4	Th.	Unt. **4**, 212.
Oxalsäure-Dimethyl . .	$C_4H_6O_4$	118	3409,95	402,4	402,1	180,9	St. K. La.	J. pr. **40**, 349.
Fumarsäure-Dimethyl . .	$C_6H_8O_4$	144	4602,6	662,8	662,8	177,2	O.	A. Ch. (6), **20**, 386.
,, . .	,,	,,	4615,9	664,7	664,7	175,3	St. K. La.	J. pr. **40**, 350.
Maleïnsäure-Dimethyl .	$C_6H_8O_4$	144	4649,8	669,6	669,6	170,4	O.	A. Ch. (6) **20**, 385.
Bernsteinsäure-Dimethyl	$C_6H_{10}O_4$	146	4817,0	703,3	703,6	205,4	St. K. La.	J. pr. **40**, 350.
a) fest, b) flüssig . . .	,,	,,	4850,7	708,2	708,5	200,5	,,	
Traubensäure-Dimethyl .	$C_6H_{10}O_6$	178	3474,4	618,4	618,2	290,8	Ö.	A. Ch. (6), **20**, 376.
Weinsäure(r)-Dimethyl .	$C_6H_{10}O_6$	178	3480,3	619,5	619,2	289,8	,,	,,
m-Phtalsäure-Dimethyl .	$C_{10}H_{10}O_4$	194	5728,8	1111,4	1111,7	173,3	St. K. La.	J. pr. **40**, 348.
p- ,, .	$C_{10}H_{10}O_4$	194	5731,5	1111,9	1112,2	172,8	,,	,,
,, .	,,	,,	5734,3	1112,4	1112,7	172,3	,,	
o- ,, .	$C_{10}H_{10}O_4$	194	5773,5	1120,1	1120,4	184,6	,,	J. pr. **40**, 347.
Δ1.4.Dihydroterephtal-säure-Dimethyl . . .	$C_{10}H_{12}O_4$	196	6023,8	1180,7	1181,3	172,7	,,	
Δ1.Tetrahydroterephtal-säure-Dimethyl . . .	$C_{10}H_{14}O_4$	198	6191,3	1225,9	1226,8	196,2	St. K. La.	
fum. Hexahydroterephtal-säure-Dimethyl . . .	$C_{10}H_{16}O_4$	200	6363,8	1272,7	1273,9	218,1	,,	
o-Ameisensäure-Trimethyl Dampf	$C_4H_{10}O_3$	106	5652,8	—	599,2	121,8	Th.	Unt. **4**, 157.
Citronensäure-Trimethyl	$C_9H_{14}O_7$	234	4203,1	983,5	983,5	345,5	St. K. La.	J. pr. **40**, 351.

Trimesinsäure-Trimethyl	$C_{12}H_{12}O_6$	252	5129,0	1292,5	1292,5	249,5	St. K. La.	J. pr. **40**, 351.
Mellithsäure-Hexamethyl	$C_{18}H_{18}O_{12}$	426	4287,6	1826,5	1825,6	487,4	„	„ 352.
Dimalonsäure-Tetramethyl	$C_{10}H_{14}O_8$	262	3992,3	1046,0	1045,7	377,3	St. u. K.	
Trimethylentetrakarbonsäure-Tetramethyl	$C_{11}H_{14}O_8$	274	4272,6	1170,7	1170,4	346,6	St. u. K.	J. pr. **45**, 484.
Methylendimalonsäure-Tetramethyl	$C_{11}H_{16}O_8$	276	4355,2	1202,2	1202,2	383,8	„	„ 485.
Kollidindikarbonsäure-Dimethyl	$C_{12}H_{15}NO_4$	237	6161,5	1460,3	1461,0	184,5	„	
Dihydrokollidinsäure-Dimethyl	$C_{12}H_{17}NO_4$	239	6347,2	1517,0	1517,9	196,6	„	
Diphenylmaleïnsäure-Dimethyl	$C_{18}H_{16}O_4$	296	7135,0	2112,0	2113,2	130,8	St. u. La.	
β-Truxillsäure-Dimethyl	$C_{20}H_{20}O_4$	324	7472,5	2421,1	2422,9	167,1	St. u. K.	

Aethylester einbasischer Säuren.

Salpetrigsäure-Aethyl, Dampf	$C_2H_5NO_2$	75	4456	—	331,2	26,3	Th.	Unt. **4**, 217.
Salpetersäure-Aethyl, Dampf	$C_2H_5NO_3$	91	3560,4	—	324,0	36,5	Th.	Unt. **4**, 214.
Ameisensäure-Aethyl, flüssig	$C_3H_6O_3$	74	5143	—	380,6	108,4	B. u. Og.	A. Ch. (5), **23**, 208.
Ameisensäure-Aethyl, flüssig	„	„	5278,8	—	390,6	98,4	F. u. S.	„ (43), **34**, 441.
Ameisensäure, Dampf	„	„	5231	387,1	388,0	101,0	B. u. Og.	„ (5), **23**, 208.
„	„	„	5406,8	—	400,1	88,9	Th.	Unt. **4**, 204.
Essigsäure-Aethyl	$C_4H_8O_2$	88	6292,7	—	553,8	98,2	F. u. S.	A. Ch. (3), **34**, 441.
„ Dampf	„	„	6211,4	—	546,6	105,4	Th.	Unt. **4**, 207
Milchsäure-Aethyl	$C_4H_{10}O_3$	106	5559,4	—	656,0	65,0	L.	A. Ch. (6), **8**, 136.
Acetessigsäure-Aethyl	$C_6H_{10}O_3$	130	5797,3	—	753,6	155,4	L.	C. r. **91**, 329.
Buttersäure-Aethyl	$C_6H_{12}O_2$	116	7090,9	—	822,5	155,5	F. u. S.	A. Ch. (3), **34**, 441.
„	„	„	7348,4	—	851,3	126,7	L.	„ (6), **8**, 130.
Isobuttersäure-Aethyl	$C_6H_{12}O_2$	116	7290,7	—	845,7	132,3	L.	„ 131.
Valeriansäure-Aethyl	$C_7H_{14}O_2$	130	7834,9	—	1018,5	122,5	F. u. S.	„ (43), **34**, 441.
Benzoësäure-Aethyl	$C_9H_{10}O_2$	150	7329	—	1099,3	91,7	St. Ro. H.	J. pr. **36**, 5.
p-Oxybenzoësäure-Aethyl	$C_9H_{10}O_3$	166	6285	—	1043,3	147,7	„	„ 368.
Salicylsäure-Aethyl	$C_9H_{10}O_3$	166	6336	—	1051,7	139,3	„	„ 365.
Polyzimmtsäure-Aethyl	$C_{14}H_{22}O_8$	318	5223,4	1661,0	1661,9	413,1	St. u. K.	

Name.	Formel.	Mol. Gew.	Verbrennungswärme. pro Gramm kal.	Verbrennungswärme. pro Grammmolekül. Vol. konst. Kal.	Verbrennungswärme. pro Grammmolekül. Druck konst. Kal.	Bildungs-Wärme.	Beobachter.	Litteratur-Nachweis.
Aethylester zwei- und mehrbasischer Säuren.								
Kohlensäure-Diaethyl . .	$C_5H_{10}O_3$	118	5442,8	—	642,2	172,8	L.	A. Ch. (6) **8**, 133.
„ Dampf	„	„	5712,7	—	674,1	140,9	Th.	Unt. **4**, 213.
Oxalsäure-Diaethyl . .	$C_6H_{10}O_4$	146	4905,5	—	716,2	192,8	L.	A. Ch. (6), **8**, 141.
Malonsäure-Diaethyl . .	$C_7H_{12}O_4$	160	5379,0	—	860,6	211,4	L.	„ 142.
Bernsteinsäure-Diaethyl .	$C_8H_{14}O_4$	174	5791,3	—	1007,7	227,3	L.	„ 143.
α-Dimethylbernsteinsäure-Diaethyl	$C_{10}H_{18}O_4$	202	6420,1	1296,9	1298,2	262,8	O.	„ **20**, 383.
β-Dimethylbernsteinsäure-Diaethyl	$C_{10}H_{18}O_4$	202	6453,3	1303,6	1304,9	256,1	O.	„ 384.
Citronensäure-Triaethyl .	$C_{12}H_{20}O_7$	276	5288,5	—	1459,6	358,4	L.	„ **8**, 138.
Fum. Symm. Dimethylbernsteinsäure-Diaethyl	$C_{10}H_{18}O_4$	202	6573,6	1327,9	1329,4	231,6	St. u. La.	
Dikarbintetrakarbonsäure-Tetraaethyl	$C_{14}H_{20}O_8$	316	5152,5	1628,8	1628,8	377,2	St. u. K.	
Acetylentetrakarbonsäure-Tetraaethyl	$C_{14}H_{22}O_8$	318	5223,4	1661,0	1661,0	413,1	„	
Ester sonstiger einsäuriger Alkohole.								
Ameisensäure-Allyl, Dampf	$C_4H_6O_2$	86	6124,1	—	527,9	55,1	Th.	Unt. **4**, 212.
Essigsäure-Allyl . . .	$C_5H_8O_2$	100	6558,3	—	655,8	90,2	L.	A. Ch. (6), **8**, 132.
Essigsäure-Cetyl . . .	$C_{18}H_{30}O_2$	284	9589,3	2715,6	2720,3	213,7	St. u. K.	
Ameisensäure-Propyl, Dampf	$C_4H_8O_2$	88	6350,0	—	558,8	93,2	Th.	Unt. **4**, 209.
Benzoësäure Propyl . .	$C_{10}H_{12}O_2$	164	7652	—	1255,0	99,0	St. Ro. H.	J. pr. **36**, 5.
p-Oxybenzoësäure-Propyl	$C_{10}H_{12}O_3$	180	6673	—	1201,1	152,9	„	„ 368.
Salicylsäure-Propyl . .	$C_{10}H_{12}O_3$	180	6701	—	1206,1	147,9	„	„ 365.
Salpetrigsäure-Isobutyl, Dampf	$C_4H_9NO_2$	103	6288,3	—	647,7	38,8	Th.	Unt. **4**, 218.
Ameisensäure-Isobutyl, Dampf	$C_5H_{10}NO_2$	102	7057,8	—	719,9	95,1	„	„ 211.

Benzoësäure-Isobutyl	$C_{11}H_{14}O_2$	178	7933	—	1412,0	105,0	St. Ro. H.	J. pr. **36**, 6.
Salicylsäure-Isobutyl	$C_{11}H_{14}O_3$	194	7042	—	1366,3	150,7	„	„ 365.
Salpetrigsäure-Amyl, Dampf	$C_5H_{11}NO_2$	117	6945,3	—	812,6	36,9	Th.	Unt. **4**, 218.
Essigsäure-Amyl	$C_7H_{14}O_2$	130	7971,2	—	1036,3	104,7	F. u. S.	A. Ch. (3), **34**, 441.
Valeriansäure-Amyl	$C_{10}H_{20}O_2$	172	8543,6	—	1469,5	160,5	„	„
Benzoësäure-Amyl	$C_{12}H_{16}O_2$	192	8177	—	1570,0	110,0	St. Ro. H.	J. pr. **36**, 6.
Palmitinsäure-Cetyl	$C_{32}H_{64}O_2$	480	10153	—	4873,4	342,6	St.	„ **31**, 305.
„	„	„	10342,2	—	4964,3	251,7	F. u. S.	A. Ch. (3), **34**, 441.

Ester mehrsäuriger Alkohole.

Glycerintribenzoat	$C_{24}H_{20}O_6$	404	6734	—	2720,5	225,5	St. Ro. H.	J. pr. **36**, 354.
Trilaurin	$C_{39}H_{74}O_6$	638	8930,1	5697,4	5707,0	512,0	St u. La.	„ **42**, 375.
„	„		8945,8	—	5707,4	511,6	L.	A. Ch. (6), **11**, 226.
Trimyristin	$C_{45}H_{86}O_6$	722	9085	—	6559,4	637,6	St.	J. pr. **31**, 306.
„	„	„	9143,9	—	6601,9	695,1	L.	A. Ch. (6), **11**, 226.
„		„	9196,3	6639,7	6650,5	546,5	St. u. La.	J. pr. **42**, 376.
Dibrassidin	$C_{47}H_{88}O_5$	732	9484,1	6942,4	6953,7	500,3	„	„ 370.
Dierucin	$C_{47}H_{88}O_5$	732	9519,4	6968,2	6979,5	474 5	„	„
Tribrassidin	$C_{69}H_{128}O_6$	1052	9714,0	10219,1	—	682,9	„	„ 372.
Trierucin	$C_{69}H_{128}O_6$	1052	9742,0	10248,6	10265,5	636,5	„	„ 373.
Mannit-Hexabenzoat	$C_{48}H_{38}O_{12}$	806	6652,5	—	5361,9	461,1	St. Ro. H.	J. pr. **36**, 355.
Leinöl	—	—	9323	—	—	—	St.	„ **31**, 278.
Olivenöl	—	—	9328	—	—	—	„	„
„ andere Sorte	—	—	9442	—	—	—	„	„
Butterfett	—	—	9192	—	—	—	„	„ **2**, 277.
„	—	—	9230	—	—	—	St. u. La.	„ **42**, 863.
Thierfett (Schwein, Ochs, Schaf, Hund, Pferd, Mensch, Gans, Ente)	—	—	9365	—	—	—	St	„ **31**, 276.
„	—	—	9423	—	—	—	Ru.	Biol. **21**, 333.
„	—	—	9500	—	—	—	St. u. La.	J. pr. **42**, 363.
Rüböl	—	—	9489	—	—	—	St.	„ **31**, 278.

Phenol-Ester.

Essigsäure, Isoeugenol	$C_{12}H_{14}O_3$	206	7222,3	1487,8	1489,0	122,0	St. u. La.	Ber. K. s. G. **1892**, 320.
„ Eugenol	$C_{12}H_{14}O_3$	206	7268,6	1497,3	1498,5	111,5	„	„ 312.
Benzoësäure, Phenyl	$C_{13}H_{10}O_2$	198	7628,5	1510,4	1511,3	55,7	St. u. La.	
„	„	„	7602	—	1515,2	61,8	St. Ro. H.	J. pr. **36**, 6.

Name.	Formel	Mol. Gew.	Verbrennungswärme. pro Gramm kal.	pro Grammmolekül. Vol. konst. Kal.	pro Grammmolekül. Druck konst. Kal.	Bildungs-Wärme.	Beobachter.	Litteratur-Nachweis.
Benzoësäure, p-Kresyl	$C_{14}H_{12}O_2$	212	7835	—	1661,0	69,0	St. Ro. H.	J. pr. **36**, 8.
„ o-Xylenyl	$C_{15}H_{14}O_2$	226	8032	—	1815,2	77,8	„	„
„ Pseudokumenyl	$C_{16}H_{16}O_2$	240	8203	—	1968,8	87,2	„	„
„ Thymyl	$C_{17}H_{18}O_2$	254	8380	—	2128,5	90,5	„	„ 9.
Resorcyl-Dibenzoat	$C_{20}H_{14}O_4$	318	7039	—	2238,4	124,6	„	„ 10.
Benzoësäure-Isoeugenol	$C_{17}H_{16}O_3$	268	7666,4	2054,6	2056,1	93,9	St. u. La.	B. K. s. G. **1897**, 320.
„ Eugenol	$C_{17}H_{16}O_3$	268	7700,7	2063,8	2065,3	84,7	„	„ 313.
„ Betelphenol	$C_{17}H_{16}O_3$	268	7701,2	2063,9	2065,4	84,6	„	„ 315.
Nitrile.								
Formonitril, Cyanwasserstoff, flüssig	HCN	27	5640,7	152,3	152,15	—23,6	B.	A. Ch. (5), **23**, 257.
Formonitril, Gas	„	„	5874,1	—	158,6	—30,1	Th.	Unt. **4**, 127.
„	„	„	5900,0	159,3	159,15	—30,6	B.	A. Ch. (5), **23**, 256.
Acetonitril	C_2H_3N	41	7110,6	291,5	291,65	— 0,15	B. u. P.	„ (6), **18**, 108.
„ Dampf	„	„	7612,2	—	312,1	—20,6	Th.	Unt. **4**, 128.
Propionitril	C_3H_5N	55	8114,3	446,3	446,7	7,8	B. u. P.	A. Ch. (6), **18**, 112.
„ Dampf	„	„	8570,9	—	471,4	—16,9	Th.	Unt. **4**, 129.
Benzonitril	C_7H_6N	104	8403,3	865,5	865,9	— 0,9	B. u. P.	A. Ch. (6), **18**, 113.
Benzylcyanid	C_8H_7N	117	8744,6	1023,0	1023,8	—30,3	„	„ 124.
o-Tolunitril	C_8H_7N	117	8803,1	1030,0	1030,7	—37,2	„	„ 120.
Cyankampher	$C_{11}H_{15}NO$	177	8445,3	1494,8	1496,3	55,2	„	„ **20**, 12.
Oxalonitril, Cyan	C_2N_2	52	4992,3	—	259,6	—71,6	Th.	Unt. **4**, 127.
„	„	„	5048,0	262,5	262,1	—74,1	B.	A. Ch. (5), **23**, 178.
Malononitril	$C_3H_2N_2$	66	5990,9	395,4	395,1	—44,1	B. u. P.	„ (6), **18**, 128.
Succinonitril	$C_4H_4N_2$	80	6824,8	545,0	545,0	—31,0	„	„ 131.
Glutaronitril	$C_5H_6N_2$	94	7442,0	699,55	699,8	—22,8	„	„ 135.
Amide und Amidosäuren.								
Harnstoff	CH_4N_2O	60	2465	—	147,9	84,1	St.	J. pr. **31**, 283.
„	„	„	2523	—	151,4	80,6	Ru.	Biol. **21**, 284.
„	„	„	2530,1	151,8	151,5	80,5	B. u. P.	A. Ch. (6), **20**, 15.
„	„	„	2541,9	152,5	152,2	79,8	St. K. La.	

Guanidinnitrat	CN_3H_5, HNO_3	122	—	—	207,8	93,2	Matignon	C. r. **114**, 1432.
Formylharnstoff	$C_2H_4N_2O_2$	88	—	—	207,3	118,7	„	„ **112**, 1367.
Glykokoll	$C_2H_5NO_2$	75	3129,1	234,7	234,6	125,9	St. u. La.	J. pr. **44**, 381.
„	„	„	3053	—	229,0	131,5	St.	J. pr. **31**, 285.
„	„	„	3133,6	235,0	234,0	125,6	B. u. A.	C. r. **110**, 885.
Parabansäure	$C_3H_2N_2O_3$	114	—	—	212,7	138,3	Matignon	„ **113**, 198.
Oxalursäure	$C_3H_4N_2O_4$	132	—	—	211,0	209,0	„	„
Acetylharnstoff	$C_3H_6N_2O_2$	102	—	—	360,9	128,1	„	„ **112**, 1367.
Alanin	$C_3H_7NO_2$	89	4355,5	387,6	387,7	135,8	St. u. La.	J. pr. **44**, 382.
„	„	„	4357,3	387,8	388,2	135,3	„	
„	„	„	4370,7	389,0	389,2	134,3	B. u. A.	C. r. **110**, 885.
Sarkosin	$C_3H_7NO_2$	89	4505,9	401,0	401,1	122,3	St. u. La.	J. pr. **44**, 384.
Aethylharnstoff	$C_3H_8N_2O$	88	—	—	472,2	85,8	Matignon	C. r. **113**, 550.
Alloxan	$C_4H_2N_2O_4$, H_2O	160	—	—	278,5	235,5	„	„ **112**, 1263.
Allantoin	$C_4H_6N_4O_3$	158	—	—	413,8	169,2	„	„
Diglykolamidsäure	$C_4H_7NO_4$	133	2983,1	396,7	396,3	221,2	St. u. La.	
Asparaginsäure	$C_4H_7NO_4$	133	2899,0	385,6	385,0	232,5	St. K. La.	
„	„	„	2911,1	387,2	386,8	230,7	B. u. A.	C. r. **110**, 886.
Asparagin	$C_4H_8N_2O_3$	132	3396,8	448,4	448,1	203,9	„	
„	„	„	3428	—	452,5	199,5	St.	J. pr. **31**, 285.
„	„	„	3514,0	463,8	463,2	188,8	St. K. La.	
Kreatin kryst.	$C_4H_9N_3O_2$, H_2O	149	3714,1	553,4	553,3	202,2	St. u. La.	J. pr. **44**, 389.
„ wasserfrei	$C_4H_9N_3O_2$	131	4275,4	560,1	60,0	126,5	„	„
Dimethylparabansäure, Cholestrophan	$C_5H_6N_2O_3$	142	—	—	538,6	138,4	Matignon	C. r. **113**, 550.
Pyruvil	$C_5H_8N_4O_3$	172	—	—	566,9	179,1	„	„
Triglykolamidsäure	$C_6H_9NO_6$	191	2935,6	560.7	560,0	314,5	St. u. La.	
Leucin	$C_6H_{13}NO_2$	131	6525,1	854,8	855,8	156,7	St. u. La.	J. pr. **44**, 383.
„	„	„	6536,5	856,1	857,1	155,4	B. u. A.	A. Ch. (6), **22**, 10.
„	„	„	6526,1	854,9	855,9	156,6	B. u. A	C. r. **110**, 886.
„	„	„	6522,9	854,5	855,5	157,0	St. u. La.	
Theobromin	$C_7H_8N_4O_2$	180	—	—	845,9	88,1	Matignon	C. r. **113**, 550.
Alloxantin	$C_8H_4N_4O_7$, $3H_2O$	322	—	—	586,3	510,3	„	„ **112**, 1263.
Koffeïn	$C_8H_{10}N_4O_2$	194	5231,4	1014,9	1014,6	82,1	St. u. La.	J. pr. **44**, 391.
„	„	„	—	—	1016,0	81,0	Matignon	C. r. **113**, 550.
Hippursäure	$C_9H_9NO_3$	179	5642	—	1009,9	146,6	St.	J. pr. **31**, 284.
„	„	„	5659,3	1013,0	1012,9	133,6	B. u. A.	C. r. **110**, 886.
„	„	„	5668,2	1014,6	1014,5	142,0	St. K. La.	
Tyrosin	$C_9H_{11}NO_3$	181	5915,9	1070,8	1071,2	154,3	B. u. A.	C. r. **110**, 886.
Acetamid	C_2H_5NO	59	4881,4	288,0	288,1	72,4	B. u. Fo.	„ **111**, 144.
Propionamid	C_3H_7NO	73	5967,1	435,6	436,0	87,5	„	„
Succinimid	$C_4H_5NO_2$	99	4437,4	439,3	439,2	109,3	„	„

Name.	Formel.	Mol. Gew.	Verbrennungswärme. pro Gramm kal.	Verbrennungswärme. pro Grammmolekül. Vol. konst. Kal.	Verbrennungswärme. pro Grammmolekül. Druck konst. Kal.	Bildungs-Wärme.	Be-obachter.	Litteratur-Nachweis.
Benzamid	C_7H_7NO	121	7040,5	851,9	852,3	47,2	B. u. Fo.	C. r. **111**, 144.
Acetanilid	C_8H_9NO	135	7526,7	1016,1	1016,8	45,7	"	"
Benzanilid	$C_{13}H_{11}NO$	197	8031,5	1582,2	1583,7	17,8	"	"
Harnsäure	$C_5H_4N_4O_3$	168	2621	—	440,3	167,7	St.	J. pr. **31**, 285.
"	"	"	2754,0	462,7	461,4	146,6	M.	C. r. **110**, 1267.
"	"	"	2749,9	462,0	460,5	147,5	St. K. La.	
Ammoniak und Amine.								
Ammoniak	NH_3	17	5322,2	—	90,6	12,9	Th.	Unt. **2**, 71.
"	"	"	5370,6	—	91,3	12,2	B.	C. r. **89**, 882.
Hydroxylaminnitrat	$N_2H_4O_4$	96	535,5	51,4	50,29	87,7	B. u. A.	A. Ch. (6), **21**, 388.
Methylamin	CH_5N	31	8276	—	256,9	9,6	Müller	Bull. Par. **44**, 609.
"	"	"	8332,3	—	258,3	8,2	Th.	Unt. **4**, 134.
Aethylamin	C_2H_7N	45	9078	408,5	409,7	19,8	B.	A. Ch. (5), **23**, 244.
"	"	"	9237,8	—	415,7	13,8	Th.	Unt. **4**, 137.
Dimethylamin	C_2H_7N	45	9344,4	—	420,5	9,0	"	" 135.
"	"	"	9458	—	426,0	3,5	Müller	Bull. Par. **44**, 609.
Allylamin, Dampf	C_3H_7N	57	9321,1	—	531,3	—7,8	Th.	Unt. **4**, 143.
Propylamin, Dampf	C_3H_9N	59	9741,1	—	575,7	16,8	"	" 140.
Trimethylamin	C_3H_9N	59	9783	—	577,6	14,9	Müller	Bull. Par. **44**, 609.
" Dampf	"	"	9874,6	—	582,6	9,9	Th.	Unt. **4**, 136.
" "	"	"	10008	590,5	592,0	0,5	B.	A. Ch. (5) **23**, 246.
Isobutylamin, Dampf	$C_4H_{11}N$	73	9937,0	—	725,4	30,1	Th.	Unt. **4**, 140.
Diaethylamin, flüssig	$C_4H_{11}N$	73	9820,5	—	716,9	38,6	Müller	Bull. Par. **44**, 609.
" Dampf	"	"	9918	—	724,4	31,1	"	"
" "	"	"	10061,6	—	734,5	21,0	Th.	Unt. **4**, 138.
Isoamylamin, flüssig	$C_5H_{13}N$	87	9972,4	—	867,6	50,9	Müller	Bull. Par. **44**, 609.
" Dampf	"	"	10069	—	876,4	42,1	"	"
Amylamin, Dampf	$C_5H_{13}N$	87	10236,8	—	890,6	27,9	Th.	Unt. **4**, 141.
Triaethylamin, flüssig	$C_6H_{15}N$	101	10280,2	—	1038,3	43,2	Müller	Bull. Par. **44**, 609.
" Dampf	"	"	10363	—	1047,1	34,4	"	"
" "	"	"	10419,8	—	1052,4	29,1	Th.	Unt. **4**, 139.
Pyridin, Dampf	C_5H_5N	79	8545,6	—	675,1	—32,6	"	" 144.

Piperidin, Dampf	$C_5H_{11}N$	85	9809,4	—	833,8	15,7	Th.	Unt. **4**, 145.
Anilin	C_6H_7N	93	8731,5	812,0	812,7	—7,2	St. K. La.	
„ Dampf	„	„	8794,0	817,8	818,5	—13,0	Petit	C. r. **106**, 1089.
„ „	„	„	9016,1	—	838,5	—33,0	Th.	Unt. **4**, 144.
o-Toluidin	C_7H_9N	107	9007	963,75	964,7	3,8	P.	C. r. **107**, 266.
m- „	C_7H_9N	107	9015	964,6	965,6	2,9	„	„
p- „ fest	C_7H_9N	107	8952	957,86	958,8	9,7	„	„ 267.
Benzylamin	C_7H_9N	107	9043	967,6	968,6	—0,1	„	„ 268.
Methylanilin	C_7H_9N	107	9094	973,1	974,0	—5,5	„	„ 21.
Dimethylanilin	$C_8H_{11}N$	121	9434,3	1141,55	1142,9	—11,3	St. K. La.	
Diaethylanilin	$C_{10}H_{11}N$	149	9731,0	1449,9	1451,8	5,7	„	
Diphenylamin	$C_{12}H_{11}N$	169	9086,0	1535,5	1536,9	—29,4	„	
Triphenylamin	$C_{18}H_{15}N$	245	9253,3	2267,3	2269,0	—59,5	„	
Phenylpyrrol	$C_{10}H_9N$	143	8972,5	1283,1	1284,1	—33,6	St. u. K.	
Morphin	$C_{17}H_{19}O_3N$	285	7545,3	—	2150,4	+ 108,2	E. Leroy	Ann. Chim. Phys. (7), **21**, 87, 1900.
Kodeïn	$C_{18}H_{21}O_3N$	301	7740,5	—	2329,9	+ 92,2	„	„
Thebaïn	$C_{19}H_{21}O_3N$	313	7801,2	—	2441,8	+ 74,6	„	„
Papaverin	$C_{20}H_{21}O_4N$	341	7269,2	—	2478,8	+ 131,9	„	„
Narkotin	$C_{22}H_{23}O_7N$	415	6373,0	—	2644,8	+ 223,5	„	„
Narceïn	$C_{23}H_{27}O_8N$	447	6391,7	—	2798,4	+ 302,2	„	„

Azoverbindungen.

Diazobenzolnitrat	$C_6H_5N_3O_3$	167	4694,0	783,9	782,9	—47,4	B. u. V.	A. Ch. (5), **27**, 196.
Phenylhydrazin	$C_6H_8N_2$	108	7456,0	805,24	806,3	33,7	Petit	C. r. **106**, 1668.
Azobenzol	$C_{12}H_{10}N_2$	182	8544,0	1555,0	1556,4	—83,4	„	„
Azoxybenzol	$C_{12}H_{10}N_2O$	198	7725,0	1529,5	1530,6	—57,6	„	„
Hydrazobenzol	$C_{12}H_{12}N_2$	184	8685,0	1598,0	1599,6	—57,6	„	„

Nitroverbindungen.

Nitromethan, Dampf	CH_3NO_2	61	2965,6	—	180,9	16,6	Th.	Unt. **4**, 215.
Nitroaethan, Dampf	$C_2H_5NO_2$	75	4505,3	—	337,9	22,6	„	„ 216.
Nitroguanidin	$CH_4N_4O_2$	104	—	—	210,3	21,7	Matignon	C. r. **114**, 1432.
Trinitrobenzol, 1.3.5.	$C_6H_3N_3O_6$	213	—	665,9	663,8	3,7	B. u. M.	„ **113**, 246.
„ 1.2.4.	$C_6H_3N_3O_6$	213	—	680,6	678,5	—11,0	„	„
p- Dinitrobenzol	$C_6H_4N_2N_4$	168	—	696,5	695,4	6,6	„	„
m- „	$C_6H_4N_2O_4$	168	—	698,1	697,0	5,0	„	„
o- „	$C_6H_4N_2O_4$	168	—	704,6	703,5	—1,5	„	„

Name.	Formel.	Mol. Gew.	Verbrennungswärme. pro Gramm kal.	pro Grammmolekül. Vol. konst. Kal.	pro Grammmolekül. Druck konst. Kal.	Bildungs-Wärme.	Beobachter.	Litteratur-Nachweis.
Eiweissstoffe.								
Tunicin	—	—	4163,2	—	4163,2	—	B. u. A.	C. r. **110**, 931.
Chitin	—	—	4655,0	—	4655,0	—	„	„
„	—	—	4650,3	—	—	—	St. u. La.	J. pr. **44**, 379.
Fibroin	—	—	5095,7	—	5097	—	B. u. A.	C. r. **110**, 930.
„	—	—	4979,6	—	—	—	St. u. La.	J. pr. **44**, 378.
Hausenblase	—	—	5240,1	—	5242	—	B. u. A.	C. r. **110**, 930.
Chondrin	—	—	5342,1	—	5345,8	—	„	„ 929.
„	—	—	5130,6	—	—	—	St. u. La.	J. pr. **44**, 376.
Konglutin	—	—	—	—	5362	—	St.	„ **31**, 281.
„	—	—	5479,0	—	—	—	St. u. L.	„ **44**, 373.
Osseïn	—	—	5039,9	—	—	—	St. u. La.	J. pr. **44**, 377.
„	—	—	5410,4	—	5414	—	B. u. A.	C. r. **110**, 929.
Blutfibrin (3 versch. Präp.)	—	—	—	—	5511	—	St.	J. pr. **31**, 280.
„	—	—	5529,1	—	5532,4	—	B. u. A.	C. r. **110**, 929.
„	—	—	5637,1	—	—	—	St. u. La.	J. pr. **44**, 370.
Wollfaser	—	—	5510,2	—	—	—	St. u. La.	J. pr. **44**, 372.
„	—	—	5564,2	—	5567,3	—	B. u. A.	C. r. **110**, 931.
Hautfibroin	—	—	5355,1	—	—	—	St. u. La.	J. pr. **44**, 374.
Harnack's Eiweiss	—	—	5553,0	—	—	—	„	„ 371.
Kryst. Eiweiss	—	—	5672,0	—	—	—	„	„ 369.
„	—	—	—	—	5598	—	St.	„ **31**, 281.
Pepton	—	—	5298,8	—	—	—	St. u. La.	„ **44**, 375.
Kaseïn	—	—	5626,4	—	5629,2	—	B. u. A.	C. r. **110**, 929.
„ (3 versch. Präp.)	—	—	—	—	5717	—	St.	J. pr. **31**, 281.
„	—	—	5849,6	—	—	—	St. u. La.	„ **44**, 360.
„	—	—	5867,0	—	—	—	„	„ 359.
Paraglobulin	—	—	—	—	5637	—	St.	„ **31**, 881.
Eieralbumin (2 versch. Pr.)	—	—	—	—	5579	—	„	„ 280.
„	—	—	5687,4	—	5690,6	—	B. u. A.	C. r. **110**, 927.
„	—	—	5735,2	—	—	—	St. u. La.	J. pr. **44**, 363.
Fleisch, fettfrei	—	—	—	—	5324	—	St.	J. pr. **31**, 283.
„ „	—	—	—	—	5345	—	Ru.	Biol. **21**, 312.

Fleisch, fett- u. aschefrei	—	—	—	—	5656	—	Ru.	Biol. **21**, 313.
„ aschefrei . . .	—	—	5728,4	—	5731,4	—	B. u. A.	C. r. **110**, 927.
„ mit Wasser und Alkohol extrahirt . .	—	—	—	—	5778	—	Ru.	Biol. **21**, 298.
Rindfleisch, entfettet . .	—	—	5640,9	—	—	—	St. u. La.	J. pr. **44**, 364.
Kalbfleisch „ . .	—	—	5662,6	—	—	—	„	„ 366.
Rindfleisch mit Wasser und Aether extrahirt .	—	—	5720,5	—	—	—	„	„ 368.
Kalbfleisch mit 5,68 % Fett	—	—	5812,8	—	—	—	„	„ 367.
Rindfleisch mit 7,07 % Fett	—	—	5874,4	—	—	—	„	„ 365.
Haemoglobin	—	—	5885,1	—	—	—	„	„ 357.
„	—	—	5910	—	5914,8	—	B. u. A.	C. r. **110**, 928.
„	—	—	—	—	5949	—	Ru.	Biol. **21**, 314.
Syntonin		—	5907,8	—	—	—	St. u. La.	„ **44**, 356.
Serumalbumin	—	—	5917,8	—	—	—	„	„ 355.
Pflanzenfibrin	—	—	5941,6	—	—	—	„	„ 354.
„	—	—	5832,3	—	5836,5	—	B. u. A.	C. r. **110**, 930.
Elastin	—	—	5961,3	—	—	—	St. u. La.	J. pr. **44** 353.
Vitellin	—	—	5745,1	—	—	—	„	„ 361.
„	—	—	5780,6	—	5784,1	—	B. u. A.	C. r. **110**, 929.
Legumin	—	—	5793,1	—	—	—	St. u. La.	J. pr. **44**, 360.
Eidotter	—	—	5840,9	—	—	—	„	„ 359.
„	—	—	8112,4	—	8124,2	—	B. u. A.	C. r. **110**, 929.
Weizenbrot, wasserfrei .	—	—	—	—	4302	—	St.	J. pr. **31**, 283.
Roggenbrot, „ .	—	—	—	—	4421	—	St.	„
Kleber (Gluten)	—	—	5990,3	—	5994,8	—	B. u. A.	C. r. **110**, 930.

Chloride.

Tetrachlormethan . . .	CCl_4	154	385,1	59,3	58,8	35,2	B. u. M.	A. Ch. (6), **23**, 526.
Chloroform	$CHCl_3$	119,5	838,05	100,15	99,95	28,55	„	„ 530.
„ Dampf . .	„	„	590,0	—	70,5	20,5	Th.	Unt. **4**, 110.
Methylenchlorid, Dampf	CH_2Cl_2	85	1262,3	107,3	106,8	31,2	B. u. Og.	A. Ch. (5), **23**, 226.
Methylchlorid	CH_3Cl	50,5	3099,0	156,5	157,2	27,8	B.	„ 218.
Tetrachloraethylen . .	C_2Cl_4	„	3263,4	—	164,8	20,2	Th.	Unt. **4**, 89.
Monochloraethylen . .	C_2H_3Cl	166	1098,6	182,3	181,8	6,2	B. u. M.	A. Ch. (6), **23**, 522.
Monochloraethylenchlorid	$C_2H_3Cl_3$	62,5	4579,2	—	286,2	—7,2	Th.	Unt. **4**, 97.
Dampf	$C_2H_4Cl_2$	133,5	1692,1	—	225,9	28,1	„	„ 111.
Aethylenchlorid, Dampf .	„	99	2747,5	—	272,0	29,0	„	„ 104.
Aethylidenchlorid . . .	$C_2H_4Cl_2$	99,5	2701,0	267,4	267,1	33,9	B. u. Og.	A. Ch. (5), **23**, 227.
„ Dampf .	„	„	2747,5	—	272,0	29,0	Th.	Unt. **4**, 105.

Name.	Formel.	Mol. Gew.	Verbrennungswärme. pro Gramm kal.	Verbrennungswärme. pro Grammmolekül. Vol. konst. Kal.	Verbrennungswärme. pro Grammmolekül. Druck konst. Kal.	Bildungs-Wärme.	Beobachter.	Litteratur-Nachweis.
Aethylchlorid	C_2H_5Cl	64,5	4990,7	—	321,9	26,1	Th.	Unt. **4**, 91.
„ Dampf	„	„	5058,9	326,3	326,9	21,1	B.	A. Ch. (5), **23**, 221.
Hexachloraethan	C_2Cl_6	237	557,2	132,0	131,2	56,8	B. u. M.	A. Ch. (6), **23**, 518.
Monochlorpropylen	C_3H_5Cl	76,5	5763,3	—	441,2	—0,8	Th.	Unt. **4**, 98.
Allylchlorid	C_3H_5Cl	76,5	5784,3	—	442,5	—0,5	„	„ 100.
Chloracetol, Dampf	$C_3H_6Cl_2$	113	3800,9	—	429,5	34,5	„	„ 107.
Propylchlorid	C_3H_7Cl	78,5	6117,2	—	480,2	30,8	„	„ 93.
Isobutylchlorid	C_4H_9Cl	92,5	6896,2	—	637,9	36,1	„	„ 95.
Monochlorbenzol, Dampf	C_6H_5Cl	112,5	6681,8	—	751,7	—27,7	„	„ 102.
Dichlorbenzol	$C_6H_4Cl_2$	147	4601,5	676,4	676,7	25,3	B. u. M.	A. Ch. (6), **23**, 510.
Hexachlorbenzol	C_6Cl_6	285	1868,2	532,4	531,6	32,4	„	„ 514.
Terebentenchlorhydrat	$C_{10}H_{16}HCl$	172,5	8504,9	1467,0	1469,2	57,3	„	„ 551.
Kampherchlorhydrat	$C_{10}H_{16}HCl$	172,5	8507,7	1467,6	1469,8	56,7	„	„ 545.
Terpilen-Dichlorhydrat	$C_{10}H_{16} . 2HCl$	209	7011,8	1465,5	1467,7	93,3	„	„ 548.

Bromide.

Name.	Formel.	Mol. Gew.	pro Gramm kal.	Vol. konst. Kal.	Druck konst. Kal.	Bildungs-Wärme.	Beobachter.	Litteratur-Nachweis.
Methylbromid, Dampf	CH_3Br	95	1891,6	179,7	180,4	17,1	B.	A. Ch. (5), **23**, 220.
„	„	„	1200,0	—	184,7	12,8	Th.	Unt. **4**, 117.
Aethylbromid, „	C_2H_5Br	109	3012,8	328,4	329,5	31,0	B.	A. Ch. (5), **23**, 222.
„ „	„	„	3135,8	—	341,8	18,7	Th.	Unt. **4**, 119.
Allylbromid, „	C_3H_5Br	121	3819,0	—	462,1	—7,6	„	„ 122.
Propylbromid, „	C_3H_7Br	123	4059,3	—	499,3	24,2	„	„ 120.

Jodide.

Name.	Formel.	Mol. Gew.	pro Gramm kal.	Vol. konst. Kal.	Druck konst. Kal.	Bildungs-Wärme.	Beobachter.	Litteratur-Nachweis.
Methyljodid, Dampf	CH_3J	142	1321.5	187,65	188,7	8,8	B.	A. Ch. (5), **23**, 220.
„	„	„	1419,0	—	201,5	—4,0	Th.	Unt. **4**, 125.
Aethyljodid, Dampf	C_2H_5J	156	2302,6	—	359,2	1,3	„	„ 126.

Thioverbindungen.

Schwefelwasserstoff . .	H_2S	34	4020,6	—	136,7	1,6	Th.	Unt. **4**, 189.
Karbonylsulfid	COS	60	2183,3	—	131,0	32,3	„	„ 199.
Schwefelkohlenstoff, Dampf	CS_2	76	3326,2	252,8	253,3	—20,7	B.	A. Ch. (5), **23**, 209.
„ „	„	„	3488,2	—	265,1	—32,5	Th.	Unt. **2**, 378.
„ flüssig	„	„	3244,7	—	246,6	—14,0	B.	A. Ch. (5), **23**, 210.
„ „	„	„	3403,9	—	258,7	—26,1	Th.	Unt. **2**, 378.
„ „	„	„	3400,0	—	258,4	—25,8	F. u. S.	A. Ch. (5) **34**, 450.
„ „	„	„	5217,0	396,4*	398,1	—	B. u. M.	C. r. **111**, 11.
Methylmerkaptan, Dampf	CH_4S	48	6225,0	—	298,8	2,5	Th.	Unt. **4**, 190.
Aethylmerkaptan, „	C_2H_6S	62	7348,4	—	455,6	8,8	„	„ 192.
Dimethylsulfid, „	C_2H_6S	62	7375,9	—	457,3	7,0	„	„ 193.
Diaethylsulfid, „	$C_4H_{10}S$	90	8580,0	—	772,2	18,1	„	„ 194.
Methylsulfocyanid, „	C_2H_3NS	73	5464,4	—	398,9	—38,4	„	„ 196.
Methylsenföl, „	C_2H_3NS	73	5371,2	—	392,1	—31,6	„	„ 197.
Allylsenföl, „	C_4H_5NS	99	6822,2	—	675,4	—57,6	„	„ 198.
Taurin	$C_2H_7NSO_3$	125	3080,6	385,0*	385,7	—	B. u. M.	C. r. **111**, 10.
Thiophen, Dampf . . .	C_4H_4S	84	7269,0	—	610,6	—27,3	Th.	Unt. **4**, 195.
„	„	„	7970,1	669,5*	670,9	—	B. u. M.	C. r. **111**, 10.
α-Thiophensäure	$C_5H_4SO_2$	128	4618,7	591,2	592,1	85,2	St. K.	
Tetrahydro-α-Thiophen-säure	$C_5H_8SO_2$	132	5294,7	698,9	700,4	114,9	„	

Die mit * bezeichneten Bestimmungen sind nicht direkt mit den übrigen vergleichbar, da diese sich auf die Verbrennungsprodukte Kohlensäure, Wasser und verdünnte Schwefelsäure beziehen, während bei den sonstigen Werthen eine Verbrennung des Schwefels zu schwefliger Säure angenommen ist.

5. Die Kalorienbewerthung der Nahrungsmittel[1]).

Die Nahrungsmittel wie Fett und Kohlenhydrate werden im thierischen Körper zu Kohlendioxyd und Wasser verbrannt, während die Eiweisskörper ausserdem noch Harnstoff als hauptsächliches Endprodukt liefern. Diese Stoffe geben bei ihrer Oxydation, welche man als eine langsame Verbrennung anzusehen hat, je nach ihrer Zusammensetzung eine gewisse Wärmemenge ab. So liefert

1 g Eiweiss beim Uebergang in Wasser, Kohlensäure und Harnstoff	4,1	kal. in Wärme od. Arbeit
1 g Kohlenhydrat beim Uebergang in Wasser und Kohlensäure	4,1	„ „ „ „ „
1 g Fett beim Uebergang in Wasser und Kohlensäure	9,3	„ „ „ „ „

Die einzelnen Nahrungsmittel können sich gemäss des in ihnen vorhandenen Energievorrathes vertreten, so dass nicht nur die gleiche Wärmeentwicklung, sondern auch die gleiche äussere Arbeit geliefert wird, wenn z. B. 410 kalorien entwickelt werden aus 100 g Eiweiss oder 100 g Kohlenhydrat oder 44 g Fett.

Durch die Arbeiten zahlreicher Forscher, wie Berthelot, Stohmann, Rubens u. s. w. ist für die einzelnen Nahrungsmittel der Kalorienwerth festgestellt worden.

Folgende Tabelle giebt die für die menschliche Nahrung wichtigsten Daten wieder:

100 g.	Trocken-Substanz. g.	N. g.	Fett. g.	Kohlen-hydrat. g.	Kalorien. g.
Mageres Ochsenfleisch .	24	3,4	0,9	—	95
Gute Milch	12	0,5	3,0	4,5	59
Butter	88	0'1	87,0	0,5	814
Speck	—	—	95,6	—	889
Weissbrod	72	1,3—1,5	1,0	60,0	291
Schwarzbrod	63	1,0	—	52,5	242
Cakes	90	1,2	4,6	73,3	374
Reis (enthülst)	87	1,1	0,9	77,5	354
Kakao (v. Houten) . . .	95	3,1	31,6	40,0	537
Zucker	—	—	—	100,0	410
Lachsschinken	36	4,2	3,6	—	141
Ei ohne Schale	26	2,19	10,9	—	157
Liebig's Fleischextrakt .	81	8,9	—	—	—
Dünne Suppen	9	0,07	1,5	5,0	34

[1]) Vgl. J. König, Chem. d. menschl. Nahrungs- u. Genussmittel, Springer, Berlin; C. v. Noorden, Stoffwechsel-Untersuchungen, A. Hirschwald, Berlin 1892.

6. Nachweis von Verfälschungen in Butter und Schweineschmalz.

E. A. Schweinitz und J. A. Emery[1]) haben sich durch eine Reihe von Versuchen davon überzeugt, dass die Bestimmung der Verbrennungswärme von sehr grossem Werthe für die Untersuchung von Butter und Oleomargarin ist. Die Anzahl der Kalorien bei der Verbrennung des Oleomargarins ist viel grösser als die bei der Verbrennung der Butter erzeugte, und im Falle eines Gemisches steigt die Anzahl der Kalorien in demselben Verhältniss, wie die Quantität des Oleomargarins zunimmt. Beim Schweinefett ist die Anzahl der bei der Verbrennung entwickelten Kalorien nicht so bestimmend, aber doch von grosser Bedeutung im Vereine mit anderen analytischen Daten.

7. Bestimmung des Saccharins.

H. Langbein[2]) hat die Untersuchung des Handelssaccharins mit Hilfe der kalorischen Bombe vorgenommen. Für chemisch reines Saccharin fand er 4753,1 kal. als Verbrennungswärme, für chemisch reine Parasulfaminbenzoësäure 4307,3 kal. Die Untersuchung eines Handelspräparates ergab folgendes Resultat:

Der Feuchtigkeitsgehalt betrug 0,26 %, der Aschengehalt 0,06 %, die Verbrennungswärme war 4751,2 kal., also etwas niedriger wie bei chemisch reinem Saccharin. Somit konnte Parasäure vorhanden sein. Zum Nachweis derselben wurden 38,39 g des Präparates in Aceton gelöst und die Lösung mit Petroläther fraktionirt gefällt. Die erste Fraktion betrug 8,1014 g. Wegen der Löslichkeitsverhältnisse der Parasäure musste dieselbe vollständig in dieser Fraktion vorhanden sein; sie war aschefrei und hatte eine Verbrennungswärme von 4743,3 kal. Die Differenz gegen reines Saccharin beträgt 4753,1 — 4745,3 = 7,8 kal. Dieselbe entspricht einem Gehalt von 1,75 % Parasäure. Die 8,1014 g enthielten demnach 0,1418 g Parasäure; da dieselbe aus 38,39 g stammte, enthielt das Präparat 0,37 % Parasäure. Aus der direkt beobachteten Verbrennungswärme berechnen sich 0,43 % Parasäure.

8. Bestimmung des Brennwerthes der Kohle.

Die Bestimmung des Brennwerthes der Kohle kann erfolgen:

1. Durch direkte Verdampfungsversuche, wobei grössere Kohlenmengen verbraucht werden.

2. Durch Bestimmung der Bestandtheile der Kohle und zwar besonders des Kohlenstoffes, Wasserstoffes und Sauerstoffes. Die Berechnung

---

1) E. A. Schweinitz und J. A. Emery, Ref. Chem. Ztg. **20**, 83, 1896.

2) H. Langbein, Zeitschr. angew. Ch. 1896, 486.

geschieht dann durch Anwendung der Dulong'schen Regel[1]), nach welcher bei sauerstofffreien organischen Verbindungen die Verbrennungswärme gleich der Summe der Verbrennungswärmen der einzelnen Elemente sein soll; bei den sauerstoffhaltigen Verbindungen dagegen, zu denen die Brennstoffe gehören, und bei welchen der Sauerstoff bereits mit einem Theile des Wasserstoffes zu Wasser verbunden ist, geschieht die Berechnung nach Abzug des für den entsprechend dem Sauerstoffgehalt als vorhandenes Wasser einzusetzenden Wasserstoff. Man zieht also diejenige Menge Wasserstoff von der gefundenen ab, welche sich aus dem vorhandenen Sauerstoff ergiebt, nach dem Verhältniss 9 : 1.

Im allgemeinen liefert die Anwendung der Dulong'schen Regel ziemlich richtige Resultate[2]). Doch wurden auch Abweichungen bis zu 140 kal. von Langbein beobachtet. Gegenwärtig wird zur Berechnung die sog. Verbandsformel

$$\text{Heizwerth} = 81\,C + 290\,(H + {}^1/_8\,O) + 25\,S + 6\,W$$

zu Grunde gelegt, die den bisher allgemein gemachten Erfahrungen entspricht. In derselben bedeutet C, H, O und S den gefundenen Prozentgehalt des Heizmaterials an Kohlenstoff, Wasserstoff, Sauerstoff und Schwefel sowie W den an hygroskopischem Wasser.

3. Durch Verwendung des Kalorimeters.

Mit Heizwerth bezeichnet man die auf Wasserdampf bezügliche direkt verwendbare Zahl, da ja in der Technik die Heizgase mit erhöhter Temperatur abziehen und Wasserdampf enthalten. Die Verbrennungswärme dagegen bezieht sich auf flüssiges Wasser als Endprodukt.

Zur Bestimmung des Brennwerthes der Kohle hat F. Fischer[3]) folgendes Kalorimeter angegeben. (Fig. 67.)

Man erzielt dadurch eine gute Verbrennung, dass die in dem sichtbaren Verbrennungsgefässe A entwickelten Gase nach unten durch Rohr i in den flachen Raum c gehen, hier, wie der Querschnitt zeigt, durch einen Einsatz gezwungen werden, zunächst bis an die äussere Wandung zu gehen, um schliesslich durch das flache Rohr e zu entweichen. Die Verbrennungskammer wird durch drei Füsse f am Boden des kupfernen, stark versilberten Kühlgefässes B durch entsprechende Vorsprünge festgehalten. Mit diesem silbernen Apparate sind in der Wasserlinie durch kurze Gummischläuche die Glasaufsätze a und b verbunden. Das Zuführungsrohr a für den vorher getrockneten Sauerstoff ist durch ein aus dünnem Platinblech gebogenes Rohr verlängert, welches oben einige kleine seitliche Oeffnungen besitzt. Der Platintiegel z ist mit einem Platindrahtnetz u bedeckt.

---

1) Vgl. A. Naumann, Technisch-thermoch. Berechnungen zur Heizung, Braunschweig 1893.

2) H. Bunte, Schilling's Journ. f. Gasbeleuchtung **34**, 21, 41, 108, 1891; P. Mahler, ibid. **1892**, 150.

3) F. Fischer, Zeitschr. ang. Ch. 1888, 351.

Die bei der Verbrennung der Kohlenprobe entwickelten Gase steigen somit durch das Platinsieb auf, wärmen den durch Rohr a zugeführten Sauerstoff vor, mischen sich mit dem durch die Oeffnungen im Platinrohre eintretenden Sauerstoff und werden durch das ringförmige Blech v gezwungen, wieder durch das überragende heisse Drahtnetz u an der Tiegelwand vorbei nach unten durch Oeffnung i zu entweichen. Die Abkühlung im Boden c

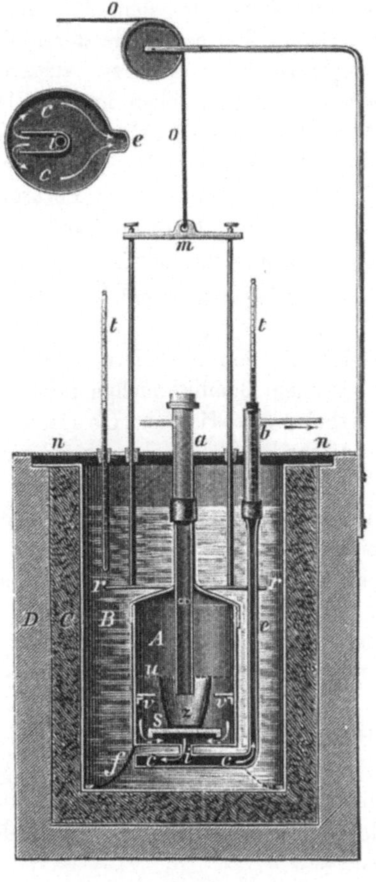

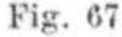
Fig. 67.

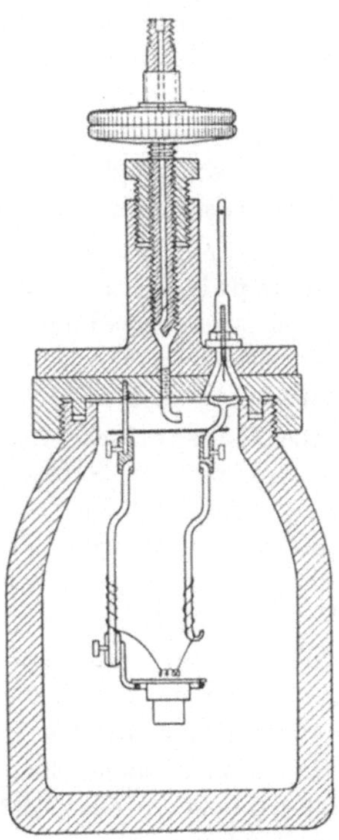
Fig. 68.

und Rohr e ist so vollständig, dass die Gase mit kaum 0,1 ^{0} über der Temperatur des Kühlwassers durch Rohr b abgehen.

Die Gase gehen dann zur Bestimmung von Wasser- und Kohlensäure durch zwei Chlorcalciumröhren, durch drei Kaliapparate, dann zur Bestimmung der nicht völlig verbrannten Stoffe durch ein Rohr mit glühendem Kupferoxyd und nochmals durch Chlorcalcium und Natronkalk. Der übrig gebliebene Sauerstoff wird durch ein Glokengasometer angesaugt und kann nochmals verwendet werden. Der Raum C zwischen dem versilberten Kupfergefäss B und dem Holzbehälter D ist mit Eiderdunen gefüllt. Der versilberte Deckel n besteht aus zwei Hälften, deren eine zwei halbkreisförmige Ausschnitte für die Röhren a und b, eine Oeffnung für das Thermometer t und zwei für die silberne Rührvorrichtung m hat. Das Thermometer ist in $^1/_{20}$ Grade getheilt, so dass man mittels Fernrohres noch 0,01^0 genau ablesen kann. Um die Wärmeübertragung von dem Rührer auf die Umgebung möglichst zu vermindern, sind die beiden letzteren Oeffnungen im Deckel mit kleinen Elfenbeinführungen ausgesetzt, ausserdem sind die beiden Drähte, welche die Scheibe r tragen, oben in ein Elfenbeingestell eingeschraubt. Zur Bewegung des Rührers geht eine Seidenschnur o über eine von einem Messingbügel getragene Rolle, so dass man während des Versuches aus kurzer Entfernung mittels eines Fernrohres die Thermometer beobachten und dabei den Rührer bewegen kann.

Weitere ausführliche Mittheilungen finden sich in F. Fischer's Chemische Technologie der Brennstoffe, Braunschweig, sowie Taschenbuch für Feuerungstechnik von demselben Verfasser.

Andere häufig benützte Apparate sind die von Mahler bezw. auch von Hempel, welche der Berthelot'schen Bombe nachgebildet sind. Dieselben sind neuerdings in einer Arbeit von H. Langbein[1]), in welcher derselbe alle gebräuchlichen Methoden bespricht, beschrieben worden.

Die Hempel'sche Bombe ist von kleineren Dimensionen als sonst üblich und wird die Substanz nur bei einem Druck von 12—15 Atmosphären verbrannt. Die Bombe besteht aus Flusseisen und einem aufschraubbaren Kopfstück; als Dichtung dient Blei- oder Vulkanfiber; sie war anfangs nicht geschützt gegen den korrodirenden Einfluss der bei der Verbrennung gebildeten Säuren. Jetzt wird sie auch emaillirt geliefert.

Die Mahler'sche Bombe, welche in Fig. 68 abgebildet ist, hat als Ersatz des bei der Berthelot'schen Bombe vorhandenen theueren Platinfutters (im ganzen 1300 g Platin) einen Ueberzug von Emaille, der von den Säuren nicht angegriffen wird. Die Ueberwurfsschraube ist mit dem Deckel verbunden. Die Dichtung erfolgt durch einen Bleiring, der in dem oberen Rand des Tiegels eingelassen ist.

Eine besondere Konstruktion der Mahler'schen Bombe mit Platinblecheinlage ist von H. Langbein gegeben worden. Die Berechnung des Wasserwerthes der Bombe aus der specifischen Wärme der angewandten Metalle ist nur sicher, wenn man die specifische Wärme des angewandten Stahles bezw. Flusseisens genau kennt.

---

[1]) H. Langbein, Zeitschr. angew. Ch. **1900**, 1227 u. 1259, **1901**, 517.

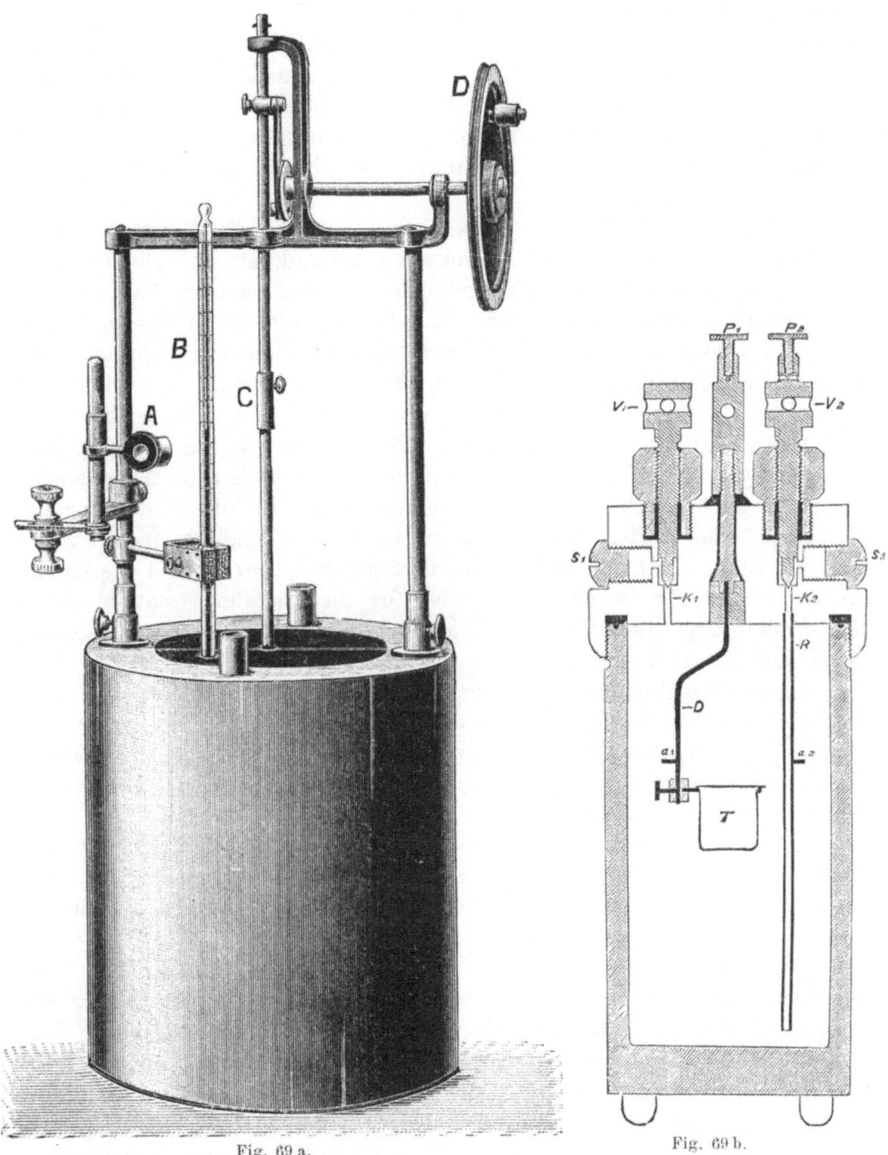

Fig. 69 a.

Fig. 69 b.

Nach den Untersuchungen von K. Kroeker[1]) ist neben der Bestimmung der Verbrennungswärme der Kohle auch unbedingt eine Er-

1) K. Kroeker, Zeitschr. angew. Ch. **1901**, 111 und 444; Zeitschr. d. Ver. Rübenzucker ind. **46**, 177.

mittlung des hygroskopischen, sowie des aus der Verbrennung resultirenden Wassers nothwendig, wenn man ein den wirklichen Verhältnissen entsprechendes Urtheil gewinnen will. Er hat zu diesem Zwecke eine Bombe konstruirt, die es gestattet, gleichzeitig die Menge des gebildeten Wassers zu ermitteln, von welcher in vorstehender Figur 69 a und b eine Modifikation der zuerst gegebenen Konstruktion abgebildet ist. Fig. 69a stellt das Kalorimetergefäss vor.

Die in Fig. 69b abgebildete Konstruktion gewährt die Möglichkeit, nach Beendigung der Verbrennung getrocknete Luft durch das Platinrohr R zu saugen und dieselbe alsdann durch einen anderen verschliessbaren Kanal in Chlorcalciumröhren einzuleiten. Die Bombe (Fig. 69 a), welche rund 300 ccm Inhalt hat, ist durch einen Deckel mit Ueberwurfsschraube verschliessbar. Derselbe ist, um eine überflüssige Anhäufung von Masse zu vermeiden, in einer Dicke von 10 mm gearbeitet. Ueber denselben hinweg (aus der Figur nicht ersichtlich) führt eine Leiste von 20 × 20 mm Querschnitt. Diese Leiste giebt dem Deckel die erforderliche Widerstandsfähigkeit gegen Verbiegen und bietet den Raum für die Unterbringung der beiden Gaskanäle. Die Bombe ist im Innern emaillirt und zwar ist eine Emaille verwendet worden, die eine grössere Anzahl von Verbrennungen in der Bombe ohne Nachtheil für die Emaille gestattet. Eine Neu-Emaillirung des Gefässes ist jeder Zeit ausführbar. Für wissenschaftliche Zwecke wird die Bombe auch mit Platinfutter hergestellt. Die Spitzen der Gasabschlussventile sind aus Platiniridium angefertigt. Die zu verbrennende Substanz wird durch einen Platintiegel T getragen, welcher durch einen Platinhalter an einem Platinstifte S befestigt ist. Dieser Platinstift ist zugleich ein Pol einer galvanischen Batterie. Der zweite Pol wird durch das Platinröhrchen R gebildet.

Die Bombe hat am Boden drei Füsschen, welche in einen auf den Tisch fest aufschraubbaren eisernen Untersatz fassen, wodurch das Einspannen in eine Klaue, wie bei der Mahler'schen Bombe überflüssig geworden ist.

Als Kalorimetergefäss (Fig. 69b) dient ein dünnwandiger vernickelter Messingcylinder, der in einem doppelwandigen, mit Wasser gefüllten Kupfergefäss auf einem Hartgummiuntersatz aufgestellt wird. Der Rührer C, bestehend aus drei ringförmigen, durch Spangen mit einander verbundenen, vielfach durchlöcherten Messingflügeln, kann durch einen mechanischen Antrieb in Bewegung gesetzt werden. Das Thermometer B, ein in Hundertstel-Grade getheiltes Einschlussthermometer, gestattet bei Ablesung mit der Lupe A noch eine Abschätzung von Tausendstel-Graden. Für die Lupe ist ein besonderer verschiebbarer Halter vorgesehen. In dieser Ausführung sollen Kalorimeter und Bombe die genauesten Bestimmungen ermöglichen.

In Fig. 70 ist dann noch die Abbildung einer Pastillenpresse

(H. Langbein l. c.) gegeben, wie sie zum Zusammenpressen der Kohle in Briquettform dient, um hierdurch ein besseres Verbrennen zu ermöglichen. Vielfach wird auch von einem vorherigen Pressen abgesehen und direkt die pulverförmige Kohle verwendet.

Bei Brennkohlen genügt der leiseste Druck zum Zusammenhalten der Kohlen. Wasserverlust tritt dabei nicht ein, wenn man lufttrockene Kohle verwendet.

Verwendet man eine Zündung, so sind an dem erhaltenen Werthe folgende Korrekturen anzubringen:

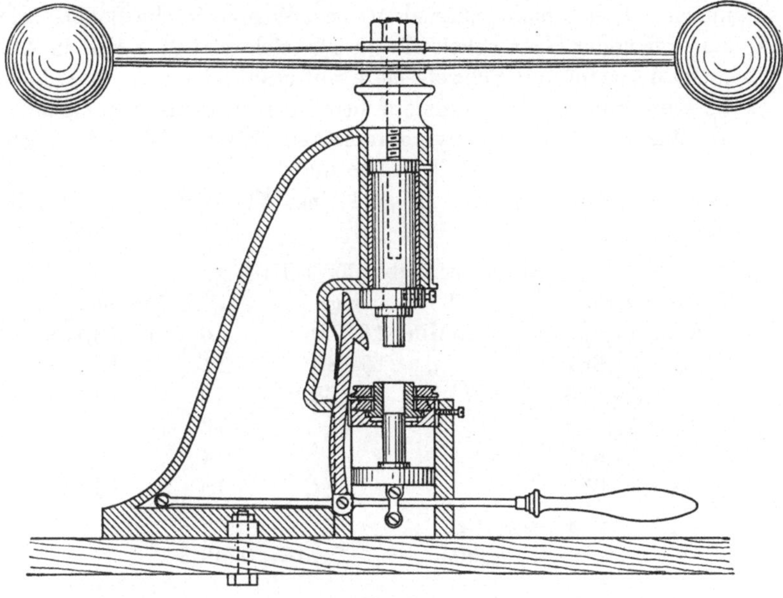

Fig. 70.

a) Korrektur für das verwendete Zündmaterial,
b) Korrektur für gebildete Salpetersäure,
c) Korrektur für gebildete Schwefelsäure,
d) die Verdampfungswärme des gebildeten und in der Bombe flüssig niedergeschlagenen Wassers.

Die in a und b angeführten Korrekturen sind schon vorher bei der von Stohmann angegebenen Arbeitsweise besprochen worden. Sie betragen für 10 cm Eisendraht = 0,01059 g rund 17 kal. und für die gebildete Salpetersäure 14,3 kal. pro Gr.-Mol. (63 g).

An Stelle der in der Bombe vorhandenen Schwefelsäure erhält man in der Praxis beim Verbrennen des Schwefels in der Kohle schweflige Säure und muss demgemäss folgende Reduktion eintreten lassen (H. Langbein).

Die Bildungswärme der Schwefelsäure beträgt:

$$SO_2 + O + H_2O = H_2SO_4 + 54{,}4 \text{ Kal.}$$

Für 1 g berechnen sich daher 555,1 kal.

Die bei der Verdünnung der Schwefelsäure mit Wasser frei werdende Wärmemenge berechnet sich nach folgender Formel

$$w = \frac{17860\ b}{98\frac{b}{a} + 32{,}37};$$

darin bedeutet b die Menge des Wassers, a die Menge der Schwefelsäure in Grammen. Wenn man jedesmal 10 ccm Wasser in die Bombe bringt, kann man mit voller Genauigkeit für je 1 % Schwefel 22,5 kal. in Abzug bringen, um die verdünnte Schwefelsäure auf gasförmige SO_2 zu reduciren.

„Die Korrektur für Wasserdampf berechnet sich aus dem Gehalt der Kohle an Wasserstoff H und hygroskopischem Wasser W und ist gleich

$$(9\,H + W) \times 600.“$$

Langbein giebt folgendes Beispiel einer Verbrennung einer erdigen Braunkohle:

Gewicht der Substanz 1,0104 g.

Vorversuch.		Verbrennung.		Nachversuch.	
1 Min.	14,859	7 Min.	16,100	10 Min.	16,188
2 „	14,861	8 „	16,180	11 „	16,188
3 „	14,863	9 „	16,188	12 „	16,187
4 „	14,865			13 „	16,187
5 „	14,868			14 „	16,186
6 „	14,870			15 „	16,186

$v = -0{,}0022$

$v' = +0{,}0004$ $\qquad \Sigma \Delta t = 0{,}0003$

$n = 3$

Endtemperatur korrigirt	16,1883°
Anfangstemperatur	14,870°
Temperaturerhöhung	1,3183°“

Der Wasserwerth des Apparates betrug 2710 kal. Es ist also die beobachtete Wärmeentwicklung $1{,}3183 \times 2710 = 3572{,}6$ kal. Titrirt waren 37,0 ccm Baryt und 8,2 Soda verbraucht. Die verbrauchte Menge Baryt giebt Schwefelsäure und Salpetersäure, die Soda, welche nach der Fällung mit Baryt zugegeben wurde, und deren Ueberschuss durch Titration des Filtrates mit Methylorange bestimmt wurde, entspricht der Menge Salpetersäure. Die Sodalösung ist so gestellt, dass 1 ccm 1 kal. entspricht.

Die Korrektur für Eisendraht betrug 17,0 kal. Ziehen wir zunächst ab von

		3572,6 kal.	
Korrektur für Zündung	17,0	25,2 „	
„ „ Salpetersäure	8,2		
so bleiben		3547,4 kal.	oder pro Gramm 3511 kal.

Die Kohle enthielt 2,84 % H. und 36,96 % Wasser. 1 g Kohle giebt also 0,6252 g Wasser, die Verdampfungswärme beträgt 375 kal. Die Kohle enthielt 4,96 % S, es ist somit die Korrektur 4,96 × 22,5 = 112 kal. Es wird also der Heizwerth 3511 — 487 = 3024 kal. für 1 g.

Langbein giebt weiterhin noch ein ausserordentlich umfangreiches Material über die von ihm ausgeführten Verbrennungen, von denen ich nur eine kleine Zusammenstellung zur besseren Orientirung geben will.

Bezeichnung.	100 Theile Rohkohle enthalten:							Heizwerth in kal.
	C.	H.	N.	S.	O.	Wasser	Asche	
Cellulose	44,45	6,17	—	—	49,38	—	—	3852 (auf dampfförmiges Wasser bez.)
Holz (Sägemehl-Briketts)	39,24	4,74	—	—	34,15	21,12	0,75	3395
Torf	47,97	4,21	1,15	0,25	25,57	19,58	1,27	4229
Braunkohle, sächsische	27,55	2,14	0,28	0,84	13,03	52,48	3,68	2167
„ böhmische	56,42	4,21	1,01	0,27	16,82	18,00	3,27	5249
Steinkohle, schlesische	74,61	4,44	1,15	0,53	11,03	6,00	2,24	7062
„ sächsische	67,52	4,58	1,35	1,67	10,27	3,09	11,52	6529
„ Saargebiet	77,48	4,80	1,31	0,66	9,87	2,50	3,38	7424
„ Westfalen	81,99	4,94	1,67	0,66	6,07	2,02	2,65	7893
„ englische .	76,68	4,89	1,49	1,11	5,69	1,51	8,63	7404
Anthracit, Westfalen .	84,22	3,50	1,30	0,99	3,12	1,20	5,67	7684
„ Süd-Ungarn	75,31	3,48	0,90	3,48	0,44	0,88	15,51	7024
„ England .	87,07	3,09	1,11	1,43	2,62	2,31	2,31	7902
Koks (Braunkohlen, sächs.)	42,88	1,38	—	1,12	6,30	10,17	38,15	3511
Koks (Steinkohlen, sächs.)	68,86	0,45	—	1,14	1,27	12,72	15,56	5575
Koks (Steinkohlen, westfäl.)	85,45	0,41	—	1,44	1,69	0,63	10,38	6919
							Heizwerth pro k.	Verbrennungswärme:
Paraffinöl (spec. Gew. $15^0 = 0{,}915$) . . .	85,42	11,33	—	—	3,25	—	9790	10440 (für flüssiges Wasser)
do. (0,890)	85,58	11,49	—	—	2,93	—	9836	10454
Solaröl (0,825) . . .	85,48	12,31	—	—	2,21	—	9988	10653
Petroleum (0,796) . .	84,76	14,09	—	—	1,15	—	10305	11066
do. (0,789)	85,24	14,34	—	—	0,42	—	10335	11109
Benzin (0,716) . . .	85,2	14,8	—	—	—	—	10359	11157

Bei den verschiedenen Kohlensorten theilt Langbein auch noch eine grosse Reihe von für die Verkokung wichtigen Zahlen mit, die wohl bei dieser Stelle unberücksichtigt bleiben können, die aber ein werthvolles Material für jeden bilden, der sich mit diesen Fragen näher zu beschäftigen hat.

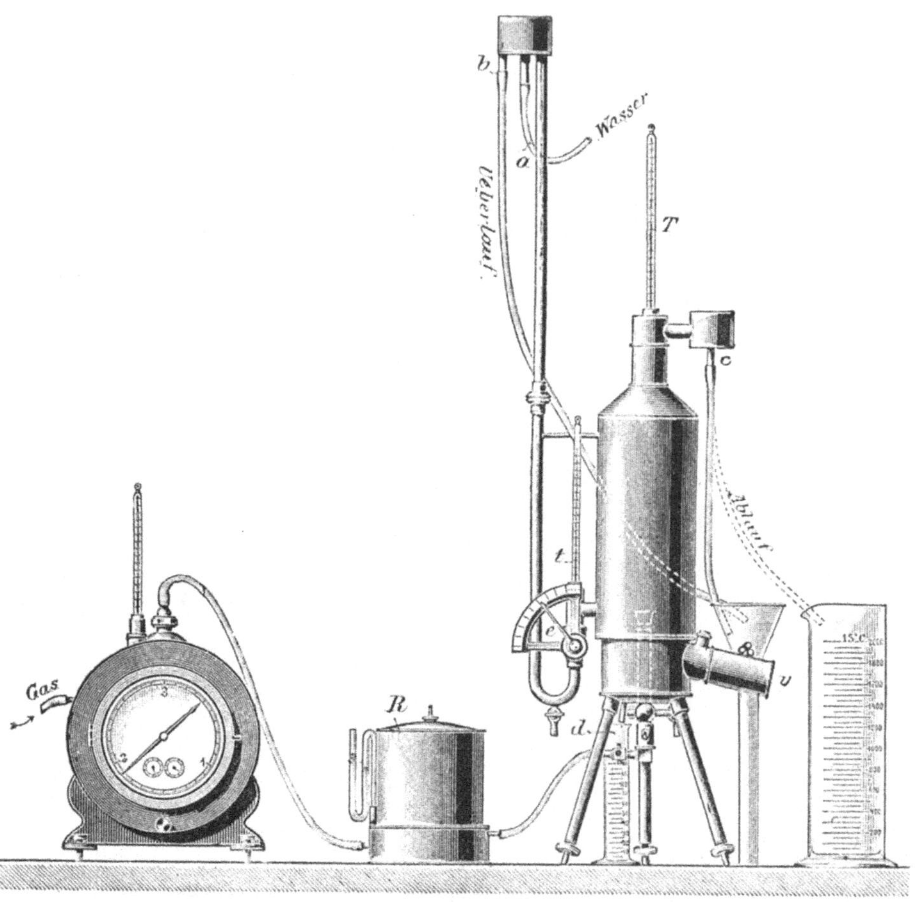

Fig. 71.

Hinsichtlich der Bestimmung der Asche und des Wassergehaltes der Kohlen verweise ich auf Band II.

Für die Bestimmung des Heizwerthes von Gasen ist von Junkers[1]) das in Fig. 71 abgebildete Kalorimeter konstruirt worden. Das Kalorimeter ist ein Flammenrohrkessel mit stehenden Siederöhren. Der

[1]) Junkers, Chem. Ztg. Repert. **19**, 173, 1895.

Wassereintritt erfolgt bei e, der Austritt der Feuergase durch die Drosselklappe v. Das zu prüfende Gas wird im Gasmesser gemessen und durch den Druckregler R in den Brenner geleitet und in demselben verbrannt. Das zur Messung dienende Wasser strömt bei a in einen Ueberfall b und von hier durch e in den Apparat, den es durch c verlässt.

Vor der Vornahme einer Messung wird der Abzug der Verbrennungsgase so geregelt, dass sie bei v die Temperatur des durch das Thermometer im Gasmesser gemessenen Gases zeigen. Ist das erreicht, so wird während einer bestimmten Zeit der Gasverbrauch abgelesen, ferner durch Thermometer T und t die Temperaturerhöhung des durchfliessenden Wassers. Letzteres wird während der Ablesung in das rechtsstehende Messgefäss geleitet.

Ist nun G der Gasverbrauch, T die Temperaturdifferenz des Wassers, W die Menge des abfliessenden Wassers, w die Menge des bei d aufgefangenen, aus den Verbrennungsprodukten niedergeschlagenen Tropfwassers, so ist der Heizwerth $H = \frac{WJ}{G} - 600\,w$.

Wurde die Messung bei t^0 C. und q mm Barometerstand vorgenommen, war $G = \frac{1}{x}$ cbm, so ist der wirkliche Heizwerth, auf 0^0 C. und 760 mm reducirt, für 1 cbm verbranntes Gas

$$H_1 = x\,h\,\frac{273 + t}{273 + 0}\,\frac{760}{q}.$$

Wie wenig Anhalt für den Heizwerth eines Leuchtgases in dessen Leuchtkraft gegeben ist, erhellt aus folgender Angabe von Bueb, welcher die betreffenden Werthe zusammenstellte:

	Leuchtkraft.	Heizwerth.
1. Bremer Gas	21,9 Einheiten	5434 kal.
2. Gas aus Cannelkohle	26,0 „	5963 „
3. Dessauer Gas	14,0 „	4400 „

Demzufolge betrug die Erhöhung der Leuchtkraft bei 2 gegen 1 18,7 %, die Erhöhung des Heizwerthes 9,7 %, bei 1 gegen 3 stellten sich dieselben Zahlen 56,4 % und 23,5 %.

XV.

Methode der Bestimmung der Reaktionswärme.

Diese Methode der Gehaltsbestimmung organischer Verbindungen, welche sich eng an die vorige anschliesst und eigentlich alle Reaktionen umfasst, bei denen sich Wärme entwickelt, dürfte eine grössere Verwendung beanspruchen, als dies bisher der Fall war. Es ist deshalb sehr wohl angebracht, die Aufmerksamkeit der Fachgenossen auf die Brauchbarkeit dieser Methode zu lenken. Die Ausführung ist eine verhältnissmässig einfache, indem man immer den Versuch in der gleichen Weise anstellt und nur die Temperaturdifferenz beobachtet. Selbstverständlich ist es nothwendig, die Fehlerquellen der Strahlung und Leitung der Wärme möglichst zu verringern, was durch Isolation und Anwendung grösserer Mengen der reagirenden Substanzen zu erreichen ist. Um einen richtigen Vergleich durchführen zu können, ist es dann auch nothwendig, immer möglichst dieselbe Apparatur zu benützen, bezw. die Wärmekapacität der zu benützenden zu bestimmen. Bei sehr exakten Beobachtungen wird man sich selbstverständlich am besten des Kalorimeters bedienen.

Die Eintheilung des vorerst nicht allzu reichhaltig vorliegenden Stoffes ist folgende:

1. Thermische Bestimmung der Fette nach Maumené mit koncentrirter Schwefelsäure.
2. Thermische Bestimmung der Fette nach Hehner mit Brom.
3. Bestimmung des Anilins und Monoalkylanilins in Dialkylanilinen.

1. Thermische Bestimmung der Fette nach Maumené mit koncentrirter Schwefelsäure.

Nach den Untersuchungen von Maumené[1]) zeigen die Reaktionswärmen der trocknenden Oele mit koncentrirter Schwefelsäure grössere Unterschiede gegenüber den nicht trocknenden Oelen, indem sich die trocknenden Oele weit stärker erhitzen. Zu den gleichen Resultaten sind auch Fehling, Casselmann[2]), Allen[3]) und Archbutt[4]), Bishop[5]), Jean[6]) etc. gelangt. Man führt die Untersuchung in der Weise aus, dass man 50 g Oel mit 10 ccm Schwefelsäure von 96—99 %, deren Gehalt titermässig bestimmt ist, mischt, und zwar lässt man die Schwefelsäure in ca. einer Minute zufliessen. Man rührt mit einem Thermometer um und liest die Temperaturerhöhung ab. Selbstverständlich ist das Reaktionsgefäss gut zu isoliren, was durch Einstellen in ein mit Baumwolle gefülltes Gefäss geschieht. Ebenso muss immer eine Vergleichsprobe mit einem reinen Oel angestellt werden zur Feststellung des Wirkungsgrades der betreffenden Schwefelsäure. Bei Oelen, die hohe Erhitzungsgrade zeigen, mischt man mit Olivenöl oder Mineralöl.

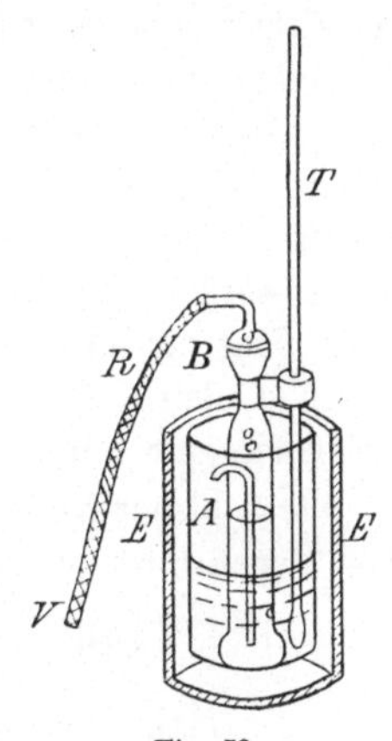

Fig. 72.

„F. Jean hat zur Bestimmung des Erhitzungsgrades nach Maumené einen besonderen Apparat (Fig. 72) konstruirt, den er „Thermelaeometer“ nennt. Das kleine Gefäss A von 4 cm Durchmesser und 6 cm Höhe trägt einen Theilstrich für 15 cm und dient zur Aufnahme des zu untersuchenden Oeles. B ist der Säurebehälter, der durch einen eingeschliffenen Hohlstopfen mit seitlich gebogenem Röhrchen geschlossen wird. R ist ein Kautschukschlauch. Der Hals des Säurebehälters ist mit einer Metallarmatur verbunden, welche ihrerseits ein Thermometer trägt. Man giebt in den Säurebehälter 5 ccm Schwefelsäure von 65 °Bé. und in das Gefäss A 15 ccm des zu prüfenden Oeles, das man auf 40—50 ° erwärmt. Sodann stellt man den Säurebehälter B in das Gefäss A und lässt unter zeitweiligem Rühren erkalten, bis das Thermometer genau 30 ° zeigt, worauf A, behufs Vermeidung weiterer Abkühlung, in den mit Filz ausgefütterten

1) Maumené, Compt. rend. **92**, 721, 1881; vgl. auch R. Benedikt, Analyse der Fette und Wachsarten.

2) Casselmann, Zeitschr. f. analyt. Ch. **6**, 484, 1867.

3) H. Allen, Monit. scient. **14**, 725, 1879.

4) Archbutt, J. Soc. Chem. Ind. **16**, 309, 1897.

5) V. Bishop, Journ. Pharm. Chem. **20**, 302, 1889.

6) F. Jean, Chem. Ztg. 1889, Rep. 306; Journ. Pharm. Chim. 1889, 5. Sér. 20, 337.

Messingbehälter E gestellt wird. Man treibt nun durch Einblasen von Luft durch R die Säure durch das in B befindliche kleine Röhrchen in das Oel, mischt, indem man B als Rührer benützt und notirt das Maximum der Temperaturanzeige. Jedes Oel zeigt beim Arbeiten mit diesem Apparate unter Einhaltung der gegebenen Vorschrift einen konstanten Erhitzungsgrad."

Ein für den gleichen Zweck konstruirter Apparat ist der thermische Oelprober, welcher von der Glasinstrumentenfabrik von F. Fischer & Roewer in Stutzerbach (Thüringen) hergestellt wird. Derselbe besteht aus einem graduirten Cylinder mit aufgesetztem Kautschukpfropfen mit zweifacher Durchbohrung. Durch die eine Durchbohrung wird ein Universalthermometer, wie es für die Gefrier- und Schmelzpunktsbestimmungsmethoden verwendet wird, eingeführt, durch die andere ein offenes Röhrchen, das zum Entweichen der Gase dient. Während des sekundenlangen Schüttelns nach der Zugabe der 5 ccm Schwefelsäure zu 25 ccm Oel wird das Röhrchen mit dem Finger geschlossen, — alsdann muss sofort geöffnet werden. Wie schon erwähnt, wirken trocknende Oele sehr heftig unter Entwicklung von schwefliger Säure. Es ist deshalb nothwendig, bei diesen Oelen mit Olivenöl oder Mineralöl zu verdünnen. Alsdann hat natürlich eine entsprechende Umrechnung stattzufinden.

Die bisher beobachteten Reaktionswärmen sind folgende, wobei das Verhältniss von Oel zu Schwefelsäure wie 25 : 5 oder 50 : 10 war:

Oel.	Temperaturerhöhung	
	Schwankungen[1]):	nach Schädler[2]).
Bucheckernöl	65	65
Kottonöl, roh	61—84	71
„ raff.	75—77	76
Erdnussöl	60—67	67
Hanföl	98—125	125
Harzöl, roh	—	43
„ ger.	—	28
Leberthran (Dorsch)	102—116	103
Leinöl	103—133	133
Mandelöl	52—54	53
Mineralöl	—	22
Mohnöl	74—88	71
Nussöl	101	102
Olivenöl	39—43	42—43
Oelsäure	37,5—38,5	—

1) Vgl. R. Benedikt, Analyse der Fette und Wachsarten, Springer, Berlin.

2) Vgl. C. Schädler, Untersuchungen der Fette, Oele, Wachsart etc., Baumgärtner, Leipzig.

Oel.	Temperaturerhöhung Schwankungen:	nach Schädler.
Pferdeklauenöl	51	—
Pfirsichkernöl	—	58
Ricinusöl	46—47	48
Robbenthran	92	102,5
Rüböle	91—92	58—59
Sesamöl	65—68	68,5
Specköl	41	—
Talgöl	41—44	—

Die durch Vermischen mit der konc. Schwefelsäure auftretende Reaktionswärme der Oele beruht wohl in der Hauptsache auf einer Absättigung der Doppelbindungen, dann aber auch auf einer oxydirenden Wirkung bei den leicht Sauerstoff aufnehmenden trocknenden Oelen.

2. Thermische Bestimmung der Fette nach Hehner mit Brom.

Tenille, de Negri, Fabris u. a. erkannten bereits gewisse Beziehungen zwischen dem Erhitzungsgrad der Fette nach Maumené, die auf der Reaktion mit konc. Schwefelsäure beruhen, und der Hübl'schen Jodzahl, ohne dass es jedoch gelang, diese Beziehungen in einen scharfen zahlenmässigen Ausdruck zu bringen. Kaum mehr erreichte Fawsitt, der die Schwefelsäure bei dem Verfahren von Maumené durch S_2Cl_2 ersetzte. O. Hehner und E. A. Mitschell[1]) fanden, dass die Einwirkung von Brom auf die Fette augenblicklich verläuft und mit grosser Wärmeentwicklung verbunden ist. Um die Reaktion zu mässigen, liessen dieselben Brom auf eine Lösung der Fette in Chloroform oder Eisessig einwirken. Die Ausführung geschah in der Weise, dass in ein gewöhnliches Probirrohr, das in einem mit Baumwollwatte ausgefüllten Becherglas stand, 1 g Fett in 10 ccm Chloroform gelöst eingeführt wurde und hierzu genau 1 ccm Brom zugegeben wurde. Multiplicirt man die Temperaturerhöhungen mit 5,5, so erhält man in den meisten Fällen Werthe, die den Hübl'schen Jodzahlen sehr nahe kommen. Grössere Differenzen zeigten sich nur bei Rüböl und Leinöl.

H. W. Wiley[2]) benützt eine Lösung von 2 Vol. Brom in 4 Vol. Tetrachlorkohlenstoff. Ebenso wird auch das Fett oder Oel in gelöster Form verwendet und zwar 10 g auf 50 ccm Chloroform. Alsdann werden je 5 ccm Bromlösung und Fettlösung mit einander gemischt. Wiley hat auch mit Bromchloroformlösung Bromirungsversuche angestellt, die

---

[1]) O. Hehner und E. A. Mitchell, The Analyst **20**, 146, 1895; vgl. a. Aug. H. Gill u. Israel Hatch jr., Journ. Americ. Chem. Soc. **21**, 27, 29, 1898.

[2]) H. W. Wiley, J. Amer. Chem. Soc. **18**, 378, 1896; vgl. a. J. H. B. Jenkins, J. Soc. Chim. Ind. **16**, 193—195, 1897.

jedoch weniger günstig ausfielen als mit einer Lösung von Brom in Tetrachlorkohlenstoff. Er beobachtete folgende Resultate.

Oel.	Lösungsmittel.	Temperaturerhöhung.
Olivenöl	$CHCl_3$	19,5 ^{0}
„	CCl_4	18,2 ^{0}
Calycanthussamenöl	$CHCl_3$	28,7 ^{0}
„	CCl_4	27,7 ^{0}
Salatöl (Cottonöl?)	$CHCl_3$	25,8 ^{0}
„ „	CCl_4	24,9 ^{0}
Sonnenblumenöl	$CHCl_3$	28,4 ^{0}
„	CCl_4	27,6 ^{0}

W. Bromwell und J. L. Meyer[1]) verdünnen Oel und Brom mit Chloroform, ersteres im Verhältniss 30 : 6, letzteres von 4 : 1 ccm. Beim Mischen von je 5 ccm der beiden, auf die Temperatur eingestellten Lösungen wurden folgende Temperaturerhöhungen beobachtet:

Mandelöl	20,25 ^{0}	Kakaoöl	8,75 ^{0}
Leinöl	30—33 ^{0}	Butter	9,5 ^{0}
Olivenöl	20—23 ^{0}	Walrat	22,1 ^{0}
Sesamöl	23—23,9 ^{0}		

L. Archbutt[2]) zeigte dann, dass man für jedes Oel und den angewandten Cylinder den Faktor besonders feststellen muss, durch welchen die Temperaturerhöhung auf die Jodzahl reducirt wird. Die betreffenden Faktoren waren folgende: für Talg 6,2, für Olivenöl 5,7, für Rüböl 5,92 und für rohes Leinöl 6,0. Oele von verschiedener Herkunft gaben bei Anwendung dieser Faktoren sehr genaue Uebereinstimmung der berechneten mit der gefundenen Jodzahl.

3. Bestimmung des Anilins und Monoalkylanilins in Dialkylanilinen.

Bekanntlich prüft man die Dialkylaniline auf ihre Reinheit durch Bestimmung der Abkühlung bezw. Erwärmung, welche sie mit Essigsäureanhydrid geben. Etwa auftretende Erwärmung zeigt uns die Anwesenheit von Anilin oder Monoalkylanilin an. Wie schon Reverdin und de la Harpe[3]) anführen, steigt die Höhe der Erwärmung nicht gleichmässig mit dem Gehalte an Monoalkylanilin (Methylanilin) bezw. Anilin. Durch Ausführung einer grossen Zahl von Erwärmungs-Bestimmungen bei wechselndem Gehalte an Monoalkylanilin einerseits und Anilin anderseits fand ich[4]), dass

1) W. Bromwell u. J. L. Meyer, Amer. J. Pharm. **1897**, 145.
2) L. Archbutt, J. Soc. Chem. Ind. **16**, 309, 1897.
3) F. Reverdin u. de la Harpe, Chem. Ztg. **13**, 387, 1889.
4) W. Vaubel, Chem. Ztg. **17**, 27, 1893.

dieselbe bis zu einem gewissen Procentsatze steigt und dann wieder fällt, wenn auch die Differenz bei den von mir ausgeführten und in besonderer Weise abgeänderten Versuchen keine bedeutende war. Da bei Verwendung von reinem Anilin bezw. Monoäthylanilin das im Ueberschusse zugefügte Essigsäureanhydrid ins Sieden geräth, wurde Xylol als Verdünnungsmittel verwendet und sind folgende Versuchsreihen ausgeführt worden:

I.

Zusammengemischt:			Zugefügt:			
Xylol.	Monoäthyl-anilin.	Diäthyl-anilin.	Essigsäure-anhydrid.	Erwärmung.	Differenz.	Differenz f. je 4 Proc. Monoäthyl-anilin.
50 ccm	25 ccm	0 ccm	25 ccm	68,3° C.		
50 „	24 „	1 „	25 „	65,2° „	3,1	3,1
50 „	23 „	2 „	25 „	62,7° „	2,5	2,5
50 „	22 „	3 „	25 „	59,6° „	3,1	3,1
50 „	21 „	4 „	25 „	56,7° „	2,9	2,9
50 „	20 „	5 „	25 „	54,2° „	2,5	2,5
50 „	19 „	6 „	25 „	51,5° „	2,7	2,7
50 „	18 „	7 „	25 „	48,8° „	2,7	2,7
50 „	15 „	10 „	25 „	41,3° „	7,5	2,5
50 „	10 „	15 „	25 „	26,9° „	14,4	2,9
50 „	5 „	20 „	25 „	12,4° „	14,5	2,9
50 „	4 „	21 „	25 „	9,4° „	3,0	3,0
50 „	3 „	22 „	25 „	6,3° „	3,1	3,1
50 „	2 „	23 „	25 „	3,3° „	3,0	3,0
50 „	1 „	24 „	25 „	Steigt langsam auf +0,3 „	3,1	3,1
50 „	0 „	25 „	25 „	—2,9° „	3,2	3,2

II.

Zusammengemischt:			Zugefügt:			
Xylol.	Anilin.	Diäthyl-anilin.	Essigsäure-anhydrid.	Erwärmung.	Differenz.	Differenz f. je 4 Proc. Anilin.
50 ccm	25 ccm	0 ccm	25 ccm	98,5° C.		
50 „	24 „	1 „	25 „	94,8° „	3,7	3,7
50 „	20 „	5 „	25 „	86,5° „	8,3	2,1
50 „	15 „	10 „	25 „	67,0° „	19,5	3,9
50 „	10 „	15 „	25 „	44,6° „	22,4	4,5
50 „	5 „	20 „	25 „	21,8° „	22,8	4,6
50 „	4 „	21 „	25 „	17,0° „	4,8	4,8
50 „	3 „	22 „	25 „	12,5° „	4,5	4,5
50 „	2 „	23 „	25 „	7,5° „	5,0	5,0
50 „	1 „	24 „	25 „	2,4° „	5,1	5,1
50 „	0 „	25 „	25 „	—2,9° „	5,3	5,3

Zur Verwendung kamen fast völlig reines Monoäthylanilin, sowie reines Anilin und Diäthylanilin. Letzteres gab mit Essigsäureanhydrid (50 : 5) eine Abkühlung von — 1,5 ° C., während 25 ccm desselben mit 50 ccm Xylol vermischt und mit 25 ccm Anhydrid versetzt eine Abkühlung von — 2,9 ° C. gaben. Das Monoäthylanilin enthielt ganz geringe

Spuren von Anilin, siedete innerhalb eines Grades und löste sich in Salzsäure vollkommen klar. Das Essigsäureanhydrid, welches zur Verwendung kam, enthielt 99,7 %.

Die Versuche wurden in der Weise ausgeführt, dass das betreffende Monoäthylanilin bezw. Anilin mit dem Diäthylanilin und 50 ccm Xylol gemischt wurde. Die Menge des Monoäthylanilins und Diäthylanilins bezw. Anilins und Diäthylanilins betrug bei allen Versuchen 25 ccm. Alsdann wurde dieses Gemisch mit dem Essigsäureanhydrid auf gleiche Temperatur gebracht, wobei zwei in $^1/_5{}^0$ eingetheilte Thermometer zur Verwendung kamen, und darauf 25 ccm des Anhydrids unter Anwendung jeglicher Vorsichtsmassregeln herauspipettirt und zu dem Gemische gefügt. Das in dem Gemische stehende Thermometer zeigte die Temperatur-Erhöhung an. Als Flüssigkeitsbehälter dienten kleine Erlenmeyer'sche Kölbchen von ungefähr gleichen Dimensionen.

Zur Ausführung der Bestimmungen wird nun folgendermassen verfahren. Nach Ermittelung des Anilingehaltes nach dem nicht fehlerfreien Verfahren der Kombinirung der Diazolösung mit R-Salz, das im Band II besprochen wird, werden 25 ccm des zu untersuchenden Oeles mit 50 ccm Xylol gemischt und mit 25 ccm Essigsäureanhydrid von gleicher Temperatur versetzt. Bei dem Zusammenbringen des Anilinöles mit dem Xylol findet eine Temperaturerniedrigung statt, die natürlich erst ausgeglichen sein muss, ehe der Zusatz des Anhydrids erfolgen kann. Von der genau beobachteten Temperaturerhöhung wird diejenige abgezogen, welche uns ein Gemisch von Diäthylanilin und Anilin (zusammen 25 ccm) liefern würde, das so viel Anilin enthält, als wir in dem betreffenden Oele gefunden haben, z. B. bei 8 % Anilin die Temperaturerhöhung, welche wir für $^8/_4 = 2$ Anilin und $^{92}/_4 = 23$ Diäthylanilin beobachtet haben, in diesem Falle 7,5 °C. Der verbleibende Rest der Temperaturerhöhung wird durch das Monoäthylanilin hervorgerufen, und wir können durch Interpoliren aus der Tabelle leicht den Monoäthylanilingehalt bestimmen. Dabei wird die durch Versuche bewiesene Voraussetzung gemacht, dass die spec. Wärme des Acetanilids gleich der des Diäthylanilins gesetzt werden kann, ohne einen erheblichen Fehler zu begehen. Da die Versuche immer in der Weise ausgeführt wurden, dass die Anilinöle abgemessen und nicht abgewogen wurden, könnte daraus ein Vorwurf abgeleitet werden. Jedoch unterscheiden sich die spec. Gewichte dieser Oele so wenig von 1, dass dieser Umstand zu Gunsten der rascheren Ausführbarkeit der Analyse vernachlässigt werden kann. Ausserdem ist es wohl nicht besonders zu empfehlen, den einen Theil einer Gehaltsbestimmung möglichst genau zu machen, während doch der andere, welcher das Resultat des ersteren sehr stark beeinflusst, durchaus nicht fehlerfrei ist. Im übrigen lassen sich die Resultate leicht auf Gewichtsprocente umrechnen. — Dass die Methode brauchbare Resultate liefert, mögen folgende Bestimmungen zeigen:

a) Ein Oelgemisch von 20 ccm Anilin, 20 ccm Diäthylanilin, 60 ccm Monoäthylanilin ergab auf diese Weise analysirt 59,52 Vol.-Proc. Monoäthylanilin, indem für 5 Anilin und 20 Diäthylanilin eine Erwärmung von 21,8 °C. abzuziehen war von der beobachteten Temperaturerhöhung von 62,8 °C.

b) Ein Oelgemisch von 8 ccm Anilin, 12 ccm Diäthylanilin und 80 ccm Monoäthylanilin ergab 79,2 Vol.-Proc. Monoäthylanilin.

XVI.

Methode der Bestimmung der Entflammungs- bezw. Entzündungstemperatur.

Für eine gewisse Reihe von Körpern ist es für die Kontrolle wichtig, bestimmte Normen für die Entflammungs- bezw. Entzündungstemperatur festzustellen. Dabei versteht man unter Entflammungspunkt diejenige Temperatur, bei welcher der betreffende Körper entflammbare Dämpfe abgiebt, die mit Luft gemischt explodiren, ohne jedoch dabei den Stoff selbst zu entzünden. Demgemäss ist der Entzündungspunkt diejenige Temperatur, bei welcher die Flüssigkeit durch Berührung mit einem brennenden Körper selbst entzündet wird.

Die Eintheilung ist folgende:

1. Entflammungs- und Entzündungstemperatur verschiedener organischer Verbindungen.
2. Bestimmung des Entflammungspunktes der Mineralöle.
3. Bestimmung der Entflammungstemperatur hochsiedender Mineralöle.

1. Entflammungs- und Entzündungstemperatur verschiedener organischer Verbindungen.

Die Kenntniss der niedrigsten Temperatur, bei welcher eine organische Substanz entflammbare Dämpfe aussendet, ist nicht ohne Interesse, sowohl von theoretischer wie von praktischer Seite. Die Entflammbarkeit organischer Verbindungen ist abhängig von der Siedetemperatur, Dampfspannung u. s. w., kurz von dem ganzen chemischen Aufbau der Verbindung. Der Entflammungspunkt kann sogar, wie die Versuche von P. N. Raikow[1]) ergeben haben, unter den Schmelzpunkt herabsinken, wie z. B. beim

---

[1]) P. N. Raikow, Chem. Ztg. **23**, 145, 1899.

Benzol, dessen Schmelzpunkt bei + 4,5° und dessen Entflammungspunkt bei — 8°C. liegt.

Die Kenntniss des Entflammungspunktes ist also vielfach nicht weniger wichtig wie die des Schmelz- oder Siedepunktes, da der Entflammungspunkt unter denselben Umständen stets bei derselben Temperatur liegt.

Durch Beimengung anderer Stoffe kann der Entflammungspunkt erhöht oder erniedrigt werden. So liegt z. B., wie Raikow beobachtet hat, der Entflammungspunkt des absoluten Alkohols bei 12°, während der Entflammungspunkt eines Gemisches von 99,5% Alkohol und 0,5% Aethyläther bei 9° liegt, und das Gemisch von 98% Alkohol und 2% Aether sich bei 2,5° entflammt. Setzt man aber dem Alkohol Wasser zu, so erhöht sich der Entflammungspunkt des Alkohols mehr oder weniger je nach der Menge des zugesetzten Wassers, wie folgende Tabelle zeigt.

Entflammungstemperaturen des wässerigen Aethylalkohols bei 710—713 mm Barometerstand.

Volum %.	Entflammungspunkt 0° C.	Differenz für je 5% Alkohol.	Volum %.	Entflammungspunkt 0° C.	Differenz für je 5% Alkohol.
100	12		35	27,75	
98	13,25	2,5	30	29,5	1,75
96	14		25	33,25	3,75
94	15		20	36,75	3,5
92	15,75	2	15	41,75	5
90	16,5	1,25	14	43	
85	17,75	1,25	13	44,25	
80	19	0,75	12	45,75	7,25
75	19,75	1,25	11	47	
70	21	0,25	10	49	
65	21,25	1	9	50,25	
60	22,25	0,75	8	52,5	
55	23		7	55	
51,9	**23,75**	1	6	58,25	13
50	24		5	62	
45	24,75	0,75	4	68	
40	26,25	1,5			

Die Grenze der Entflammbarkeit des wässerigen Aethylalkohols liegt bei 3% Alkohol.

Mit Hilfe der Bestimmung des Entflammungspunktes kann man mitunter quantitative Bestimmungen ausführen. So lässt sich z. B. die Anwesenheit von 0,1% Aether in Aethylalkohol ganz genau erkennen und quantitativ bestimmen. Ein Zusatz von 1% Benzol zu Monochlorbenzol erniedrigt den Entflammungspunkt von 27,5 auf 24°. Man kann also durch Bestimmung des Entflammungspunktes des Chlorbenzols dessen Gehalt an freiem Benzol bis auf 0,1% genau bestimmen, was auf andere Weise und auf so einfachem Wege wohl kaum so leicht möglich ist.

Raikow hat zu seinen Versuchen den Apparat von Abel, Fig. 73a und b, benützt, der nachstehend beschrieben ist. Mit dem gleichen Apparat hat auch F. Gantter[1]) die Entzündungstemperaturen verschiedener organischer Flüssigkeiten beobachtet speciell, um dieselben nach

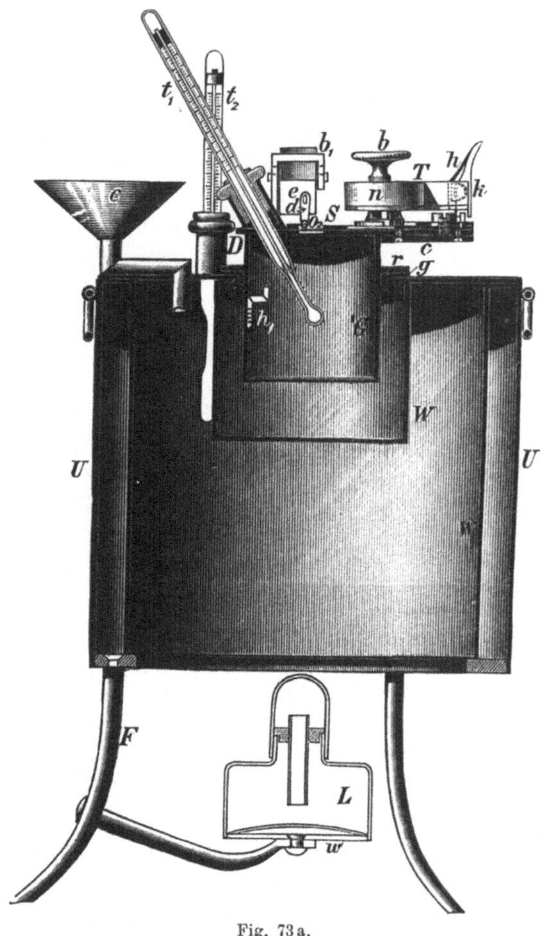

Fig. 73a.

ihrer Gefährlichkeit eintheilen zu können. Setzt man den Entflammungspunkt des Aethyläthers, der bei — 20 °C. liegt = 100 und die Differenz von dieser Temperatur von je 5 °C. = 1 Grad „Gefährlichkeit", so ergeben sich folgende Werthe.

[1]) F. Gantter, Chem. Ztg. Rep. **11**, 65, 1887.

Aethyläther (Handelswaare)	100
Schwefelkohlenstoff	100
Petroläther (spec. Gew. 0,70)	100
Benzol (90 %)	99
Benzol (50 %)	97
Methylalkohol	96
Toluol (rein)	94,5
Aethylalkohol (95 %)	93,4
Aethylalkohol (60 %)	92,8
Aethylalkohol (45 %)	92
Petroleum (Test)	91
Xylol	90
Terpentinöl	89
Kumol (roh)	88,2
Eisessig	87,2
Amylalkohol	86,8
Solaröl	84
Theeröl (Mittelfraktion)	83,4
Anilin (rein)	80,8
Dimethylanilin	80,8
Anilin für Roth	79,0
Toluidin (käuflich)	79
Nitrobenzol	78
Xylidin (technisch)	76,6
Paraffinöl	74,6
Mineralöl (Naphta)	56

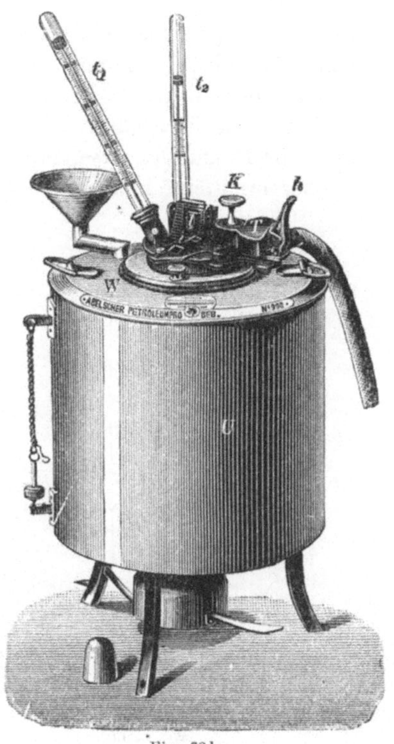

Fig. 73 b.

Es ergiebt sich hieraus, dass mit dem Fallen des Siedepunktes nicht immer die Gefährlichkeit steigt. Petroläther siedet z. B. bei 90—100 ⁰ und hat den Entflammungspunkt bei — 20 ⁰, Aethylalkohol dagegen siedet bei 80 ⁰ und entflammt bei + 14 ⁰.

2. Bestimmung des Entflammungspunktes der Mineralöle.

Einer der gebräuchlichsten Apparate hierfür ist der Abel'sche Petroleumprober, der in Fig. 73 a und b abgebildet ist.

Derselbe besteht aus einem Wasserbade W zur langsamen und gleichmässigen Erwärmung, aus einem Gefässe zur Aufnahme des Petroleums, in welches das Thermometer t_1 hineintaucht, während t_2 zur Bestimmung der Temperatur des Wassers dient. Durch das Triebwerk T wird ein Schieber S, der ebenso wie der Deckel durchbrochen ist, bewegt, wodurch einem kleinen Flämmchen, dessen Dochthülse d ist, die Möglichkeit gegeben ist, in den mit Petroleumdämpfen erfüllten oberen Theil des Petroleumgefässes gemäss dem bei dem Triebwerk eingeschlagenen Tempo hereinzuschlagen.

Der Abel'sche Petroleumprober wird bei Temperaturen unter 85^0 gebraucht, für höher entflammbare Petroleumsorten bezw. Schmieröle verwendet man den Pensky-Martens'schen Prober. Der Mindestwerth für Petroleum war in Deutschland 21^0, doch soll derselbe erhöht werden.

Auch die Entzündungstemperatur des Petroleums lässt sich im Abelschen Prober ermitteln, indem man einfach mit offenem Petroleumbehälter

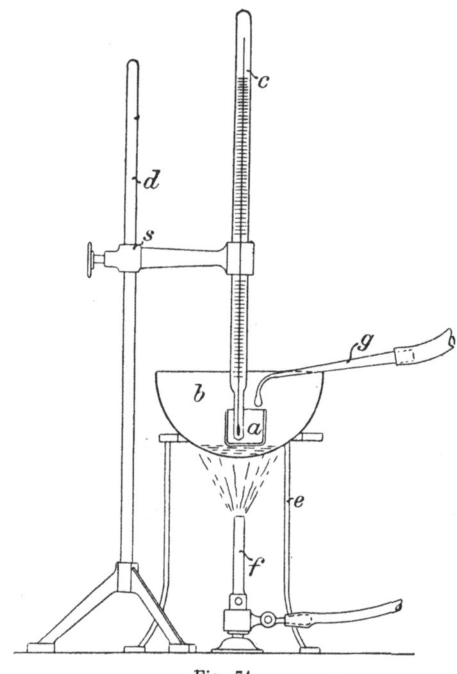

Fig. 74.

die Prüfung vornimmt und die Flamme auf die Oberfläche des Petroleums schlagen lässt.

Eine genaue Beschreibung wird jedem Abel'schen Petroleumprober beigegeben.

3. Bestimmung der Entflammungstemperatur hochsiedender Mineralöle.

Für dieselben kann man sich einmal des in Lunge-Boeckmann's Werk „Chemisch-technische Untersuchungsmethoden" (Bd. III, 45) näher beschriebenen Pensky-Marten'schen Apparates bedienen oder des in

Fig. 74 abgebildeten, der bei der Ermittlung des Entflammungspunktes bei den preussischen Eisenbahnen vorgeschrieben ist.

Dabei bedeutet

a) einen cylindrischen, glasirten Porcellantiegel von 4 cm Höhe und 4 cm lichtem Durchmesser zur Aufnahme des zu untersuchenden Oeles.

b) eine mit feinem Sande gefüllte, halb kugelförmige Blechschale von 18 cm Durchmesser, 1,5 cm Höhe,

c) ein Thermometer, eine Skala von 100—200^0 umfassend und g ein Zündrohr mit Gummischlauch.

Die Quecksilberkugel des Thermometers muss vollständig in das Oel eintauchen. Von 100^0 an erhitzt man langsam. Ist die Temperatur bis zu der Höhe gestiegen, bei welcher die Prüfung vorgenommen werden soll, so führt man die auf 10 mm Länge eingestellte Flamme des Rohres g langsam und gleichmässig in wagerechter Richtung über den Tiegel a in der Höhe seines Randes einmal hin und her, so dass die Flamme jedes Mal 4 Sekunden sich über dem Tiegel befindet und von den etwa sich entwickelnden Dämpfen bestrichen wird, ohne dass die Flamme das zu prüfende Oel oder den Rand des Tiegels berührt. Es wird mit dieser Prüfung angefangen, sobald das Oel sich bis auf 120^{0}C. erwärmt hat und bis zur Erwärmung auf 145^0 von 5 zu 5^0 von 145^0 aufwärts von Grad zu Grad sich wiederholt. Die Erwärmung soll so lange fortgesetzt werden, bis bei Annäherung des Flämmchens ein vorübergehendes Aufflammen über der Oeloberfläche oder eine durch schwachen Schall wahrnehmbare Verpuffung eintritt.

Der Apparat zeigt alle Mängel, die bei Benützung einer offenen Schale auftreten können.